中国石化“十三五”重点科技图书
中国石油和化学工业优秀出版物奖(图书奖)二等奖

Petroleum Refinery Process Modeling

Integrated Optimization Tools and Applications

石油炼制过程模拟

【美】刘裔安(Y. A. Liu) 【美】章艾茀(Ai-Fu Chang)
基兰·帕什坎蒂(Kiran Pashikanti) 著

何顺德 汤磊 马建民
马后炮化工网 译

内 容 提 要

《石油炼制过程模拟》以 Aspen HYSYS Petroleum Refining 为模拟软件，重点阐述油品物理性质和炼油反应工业装置建模和验证，是迄今为止唯一一部完整讲述炼油反应模拟的教程。全书共分 7 章：第 1 章介绍油品物理性质和热力学性质的表征；第 2 章介绍常压装置；第 3 章介绍减压装置；第 4 章介绍催化裂化装置；第 5 章介绍催化重整装置；第 6 章介绍加氢裂化装置；第 7 章介绍烷基化、延迟焦化和全炼厂模拟。每一章都基于工业化装置数据建模并配详细的步骤说明，读者按书中的说明与步骤进行学习可逐步掌握 Aspen HYSYS Petroleum Refining 模拟软件的使用方法和技巧。

本书可作为高等院校石油化工相关专业本科生和研究生的教学参考书，特别适合从事石油炼制过程的设计人员与生产管理技术的专业人员学习参考。

著作权合同登记　图字：01-2019-6271

Petroleum Refinery Process Modeling/Y.A.Liu, Ai-Fu Chang, and Kiran Pashikanti/ISBN 978-3-527-34423-9

Copyright © 2018Wiley - VCH Verlag GmbH&Co. All Rights Reserved. Authorised translation from the English language edition published by John Wiley & Sons Limited. Responsibility for the accuracy of the translation rests solely with China Petrochemical Press Co.LTD and is not the responsibility of John Wiley & Sons Limited. No part of this book may be reproduced in any form without the written permission of the original copyright holder, John Wiley & Sons Limited.

本书简体中文版由 John Wiley & Sons Limited 出版的英文版本授权翻译。翻译的准确性完全由中国石化出版社有限公司负责。未经原版权所有人书面许可，不得以任何形式复制或发行本书的任何部分。

Copies of this book sold without a Wiley stickers on the cover are unauthorizedand illegal.

本书封面贴有 Wiley 公司防伪标签，无签者不得销售。

图书在版编目(CIP)数据

石油炼制过程模拟 /（美）刘裔安著 ；马后炮化工网等译. —北京 ：中国石化出版社，2019. 11（2022. 3 重印）

ISBN 978-7-5114-5599-4

Ⅰ. ①石… Ⅱ. ①刘… ②马… Ⅲ. ①石油炼制-过程模拟 Ⅳ. ①TE62

中国版本图书馆 CIP 数据核字（2019）第 273673 号

未经本社书面授权，本书任何部分不得被复制、抄袭，或者以任何形式或任何方式传播。版权所有，侵权必究。

中国石化出版社出版发行

地址：北京市东城区安定门外大街 58 号

邮编：100011　电话：(010)57512500

发行部电话：(010)57512575

http://www. sinopec-press. com

E-mail：press@ sinopec. com

北京富泰印刷有限责任公司印刷

全国各地新华书店经销

*

787×1092 毫米 16 开本 29. 75 印张 752 千字

2020 年 1 月第 1 版　2022 年 3 月第 2 次印刷

定价：168. 00 元

译者序

20 世纪 60 年代初，我国炼油技术要比世界先进水平落后三四十年，中国人还没有摆脱使用“洋油”的历史。1962 年，原石油部召开香山会议，决定要依靠自己的力量，尽快掌握五项关键的炼油新技术，即催化裂化、催化重整、延迟焦化、尿素脱蜡、新型常减压。当时正值电影《五朵金花》上映，“五朵金花”是五位年轻、美丽、勤劳的姑娘，因此石化人也亲切地把这五项世界尖端技术称作“五朵金花”。

“五朵金花”技术突破成功之后，经过改革开放四十年的快速发展，炼油化工行业经过不断引进、消化、吸收和再创新，开发了催化裂化系列技术、加氢裂化系列技术、劣质重油加工技术、高效环保芳烃成套技术(荣获 2015 年度国家科学技术进步特等奖)等一系列核心工艺技术，取得了行业发展的巨大成就。我国已经从新中国炼油能力 19 万吨/年到突破 6 亿吨/年(截至 2018 年底)，炼油能力占全球炼油能力的 17%，是仅次于美国的世界第二石油大国。

根据国家石化产业规划布局方案，将推动产业集聚发展，重点建设七大石化产业基地，包括大连长兴岛(西中岛)、河北曹妃甸、江苏连云港、上海漕泾、浙江宁波、广东惠州、福建古雷；还将积极发展混合所有制，鼓励有实力的民企特别是下游产业的民营企业，按照行业准入要求参与石化产业重组改造和基地建设。

从近期新建或新投产项目看，不但装置规模是世界级，设计理念也是全球领先，都代表了所在行业全球最顶尖水平，炼油化工行业迎来了“黄金时代”。以炼化为例，浙江石化是全球首个按照 4000 万吨/年一次性统筹规划的炼化一体化项目，不但原油适应性强，还充分体现了最先进的“分子炼油”理念，对各类原料能做到物尽其用，充分利用每一个分子，实现内涵式循环发展。

炼油化工装置向大型化、集约化、一体化发展，需要提高自动化控制水平和精细化管理水平，并能够根据市场变化及时做出反应，通过调整生产提供满足市场需求的高效产品。与传统炼油企业以物理反应为主、资源利用相对粗放的“馏分管理”模式相比，炼化一体化转为以化学反应为主，对资源的利用更加精细，要求按不同的分子结构精确定位资源配置和物料流向，即“分子管理”。从“馏分管理”到“分子管理”的转变，对智能型工厂建设和精细化管理提出了更高的要求。

伴随信息技术迅速发展，世界各国正积极应用信息技术、智能技术推动企业快速提升竞争力。德国提出了“工业 4. 0”智能制造战略，我国也提出了“中国制造 2025”的总体战略。炼化行业作为传统流程行业，炼化企业对智能型工厂建设需求的日益迫切，其中炼化过程的严格机理模型、过程控制模型等为核心的优化技术是智能炼厂建设的必要条件。

本书以石油炼制过程典型装置“五朵金花”为例，以 Aspen HYSYS Petroleum Refining 为模拟软件，重点阐述油品物理性质和炼油反应工业装置建模和验证，是迄今为止唯一完整讲述炼油反应模拟的教科书。第一章介绍油品物理性质和热力学性质的表征；第二章介绍常压装置；第三章介绍减压装置；第四章介绍催化裂化装置；第五章介绍催化重整装置；第六章介绍加氢裂化装置；第七章介绍烷基化、延迟焦化和全炼厂模拟。每一章都基于工业化装置数据建模并配详细的步骤说明，读者按书中的说明与步骤进行学习可逐步掌握 Aspen HYSYS Petroleum Refining 模拟软件的使用方法和技巧。

本书重新采集软件截图，相关案例模拟文件请关注微信公众号“马后炮化工”或“智能炼厂”下载资料。译作虽反复修正校对，但限于我们知识的局限，误译、片面理解及其他疏漏仍难以避免。在此，恳请各方面专家和广大读者不吝指教。

伴随 2018 年电视剧《大江大河》热播，引发了不少石油化工行业相关从业者和建设者的共鸣和回忆。据潘鸿先生《化工模拟攻关实录》网络连载中记录：20 世纪 70 年代，电子计算机推动着非军事行业的技术进步，世界化工技术在酝酿着革命性的飞跃。我国化工设计系统中一群知识分子，在当时极其艰难和险恶的形势下，紧跟世界发展潮流，奋起攀登电子计算机应用于化工设计的技术高地。国家化工规划局的决策者也敏锐地意识到，我国化工设计与国外先进企业的主要差距，可能就在于化工设计中计算机软件的开发和应用。于是及时地组织了各主要化工设计院参加的大规模化工软件的协同开发，称之为“化工流程模拟系统”的攻关会战。这是我国第一次组织大规模开发专业设计软件的试探，它奠定了我国计算机辅助化工过程模拟的技术基础。

在化工流程模拟系统攻关会战中，涌现出一批技术专才，如潘鸿、韩方煜、雷行之等。当时，国内化工模拟技术本身，较之外国先进同行，并无多大差距。因为，无论是化学工程总体，以及化工热力学、反应动力学等领域，国内都有一流的专家同心协力，攻克技术难关。但四五十年过去了，通用的先进过程模拟软件仍由国外占据主导地位，我们仍要向科技前沿奋力追赶、努力攀登。

本书是马后炮化工组织翻译出版的第六本关于化工行业技术领域的译著。马后炮化工团队将更多的目标投向化工工程技术学习的基础教程，引入国外优秀的专业书籍，给国内的化工同行提供更好的学习资料和交流环境，我们的宗旨是“让天下没有难学的化工技术”。

本书可作为正在从事炼厂建模的工程师、炼厂计划调度和生产优化工程师、设计院的工艺设计师以及研究院的工艺研发人员的有用工具。在这炼化黄金时代，希望本书每位读者努力奋斗成为“宋运辉”式技术专家，把技术当成理想，做一个矢志前行的逐梦人，不负时代不负己！

何顺德

舟山绿色石化基地

陈赞柳

马后炮化工创始人

序言一

石油炼制是庞大的行业，全球每天生产超过 80 亿美元的石化产品，炼厂设计和运营的小改进都可以带来巨大的经济效益。原油是含有数千种组分的天然原料。炼厂将原油加工转化为各种各样的产品，从车用燃料、石化原料到沥青和焦炭，所有产品必须满足规范要求，而且要执行越来越严格的环保规范。

计算机模拟已广泛应用于石油炼制过程模拟，工程师可以利用流程模拟工具设计新炼厂、改善现有炼厂运营、原油采购以及生产计划优化。在炼油工艺中，准确模拟每个过程是优化炼厂全厂性能的关键点。炼厂建模非常有挑战性，因为原油由数千种化合物组成，炼油过程将原油中大分子裂解为车用燃料的小分子，还必须通过化学反应改变产品分布来满足政策规范要求。这些反应网络是非常复杂的。

在职业生涯的大部分时间里，我一直致力于化工过程计算机模型的开发。今天，已有非常优秀的商业软件可以帮助工程师建模和使用复杂模型对炼厂进行模拟和优化。然而，这些工具通常由专家掌握，刘裔安教授和他的同事撰写本书为非专家级的工程师提供了能够开发和使用最先进的计算机模型模拟以及优化炼油反应与分离集成系统的教程，是流程模拟推广应用的一项重大进步。

本书内容非常系统，第 1 章介绍了油品以及其他中间物料的热力学和物理性质；接下来两章介绍了炼厂主要分离装置：常压蒸馏装置(ADU)和减压蒸馏装置(VDU)；最后四章重点介绍了化学反应装置及其分离单元，包括催化裂化、连续催化重整、加氢装置、烷基化和延迟焦化装置以及全厂工艺模型。除第 1 章外，本书的每一章都采用相同的模式，首先讲述装置简介、炼厂相关数据的收集和使用方法，然后介绍在商业模拟软件中构建严格模型的工作流程，最后总结模型校准的策略、案例研究以及讨论炼厂生产计划等其他模型的应用。本书采用 Aspen HYSYS 进行模拟，但大多数概念同样适用于其他系统。本书的辅助材料提供了所有模型和案例的电子表格和模拟文件(关注微信公众号“马后炮化工”或“智能炼厂”下载相关案例文件。)

本书的独特优势是不局限于理论或案例研究和例题，还涵盖了实际问题：如何处理数据，如何根据已知数据构建正确模型以及如何根据装置数据校准模型。正如笔者所言，没有任何模型是完美的。本书还包含了最新的参考文献。石油炼制过程模拟技术仍在不断发展和进步，任何从事或探索这个领域的人都会发现它非常有价值的。本书的最新版本对行业从业人员和学院派化学工程师也是非常有价值的：通过在炼油工艺模拟和优化过程中暴露问题，并帮助解决实际问题，可以将由专家使用的技术转化为辅助炼厂工程师日常工作的工具。

劳伦斯 · B. 埃文斯(Lawrence B. Evans)
麻省理工学院化学工程荣誉教授
艾斯本技术有限公司创始人
美国工程院院士
美国化学工程师学会前任主席

序言二

石油炼制是世界上最重要、最具有挑战性的行业之一。在过去的100多年里，现代炼油厂的发展已经充满尖端科技，包括最先进的催化系统、复杂反应器设计、先进的计算机控制硬件和软件，以及安全环保控制措施。

中型炼油厂含有数百台机泵、换热器和容器，几十台加热炉、压缩机和高温/高压反应器，以及数千个控制回路和相关的先进控制技术。炼油厂同样还具有几十种不同的原油和其他原料，可根据消费需求和全球市场经济情况选择不同的产品分布，实现效益最优化。除了原料和产品的日常决策外，炼油厂每天还有数百个操作条件的决策，如操作温度、操作压力、装置进料量、催化剂添加量、蒸馏切割点、产品规格、库存等。

在竞争日益激烈的行业中，应尽可能降低总运营成本，同时为每个碳氢化合物分子实现最大可能的“升级”是至关重要的，这通常称为“分子管理”。所有这些决策和选择都需要复杂的计算机模拟，帮助选择原料和产品分布，以及排查和优化单炼厂的工艺性能(如常减压装置、催化裂化装置、连续重整装置、加氢裂化和加氢精制装置、烷基化装置和延迟焦化装置)。最终，所有这些单装置都必须整合到全炼厂模型中，便于提供全厂优化的(LP)模型。工艺模拟与优化集成是刘裔安教授、章艾茀和基兰·帕什坎蒂撰写本书的主题。

本书通过现代炼油厂广泛采用的工具和技术，对炼厂过程模拟和优化做出了非常扎实的介绍。我相信，本书及相关例题将是任何在炼油行业的工程师不可多得的材料。

史蒂文·R. 科普(Steven R. Cope)

埃克森美孚炼油与供应公司　北美地区炼油总监

前　言

本书是对 2012 年出版的 *Refinery Engineering: Integrated Process Modeling and Optimization* 重大修订，并更名为 *Petroleum Refinery Process Modeling: Integrated Optimization Tools and Applications*，以便更好地反映新版本的重点和内容。自第一版出版以来，石油炼制行业和模拟软件技术有三个重要变化，为本书内容更新、修订和拓展提供了强大的动力。

第一个重要变化是：原油价格下跌及其对石化行业的影响。笔者自 1993 年起担任《财富》杂志评选出的 2017 年全球最大的两家石油公司(中国石化和中国石油)的顾问，并在全球石化行业积累了丰富的知识和经验。对于许多依赖老技术和劳动密集型的石油公司而言，从全球市场购买更便宜的原油比继续开采和生产昂贵的原油更有利。因此，许多石化企业面临巨大的压力，一方面要减少上游石油开采和生产的亏损，另一方面需增加下游的炼油和化工生产中的利润。因此，如我们的书中所述，以工艺集成建模和石油炼制优化来提高企业利润率是非常重要的。

第二个重要变化是：石油炼制往往严重依赖工程师和操作员的知识和经验，方能对炼油装置的运行条件和工艺性能做出较好的预测。然而，专业人员的不断退休和整个行业的经验流失，使得这项以经验为基础的任务变得困难或不可能。因此，方便用户使用的模拟工具和技术变得非常宝贵。此外，随着对炼油行业智能制造的日益关注，炼厂对操作员培训软件(OTS/仿真)和流程模拟软件的需求越来越迫切。操作员培训软件用于帮助培训新操作员，流程模拟软件则可以帮助工程师对工厂的工艺操作进行高效、准确的预测。

第三个重要变化是：自 2012 年以来，用于炼厂过程模拟和优化的先进软件工具的用户界面和模拟能力已经取得了许多重大进展。特别是，Aspen HYSYS Petroleum Refining 已经包括了新版原油管理工具 Petroleum Assay Manager，它可以基于馏程划分虚拟组分，定量计算虚拟组分的物理性质，另外它为精馏塔和分馏塔的设计和校核(性能评估)增加了强大的新型精馏塔水力分析工具，还为炼油反应过程提供了新的建模工具，如烷基化反应器模型、延迟焦化模型和异构化反应器模型。

此外，Aspen HYSYS 以及其他 Aspen 工程套件已经开发出一种新的“通用”的用户界面，与 2012 年出版的第一版数百幅图中所示的旧用户界面相比，它有着截然不同的用户友好界面，这也是本书更新和修订的重要原因之一。新的用户界面易于使用，它通过激活工具将模拟、集成和优化整合到一个框架中。一旦用户开发了流程模拟模型，新模型界面使用户能够“激活”基于夹点技术的严格能量分析、严格的换热器设计和校核、技术经济分析。此外，新的用户界面将过程模拟与基于过程泄压装置和安全阀的新型安全分析工具进行集成。通过这种激活方式，新的 Aspen HYSYS 大大加速了工程师和专家在生产、设备设计、成本、安全等方面的参与过程。其他商用模拟工具在激活和集成方面没有这种独特而重要的功能。

本书的具体修订内容如下：

(1) 根据新的用户界面，替换了前六章中演示案例的图片和步骤，包括 600 余幅图片。

(2) 每章中都包含了新的例题和应用案例研究，并通过步骤说明扩展了对实践例题的讨论。第 1.7 节、第 1.8 节、第 2.4 节、第 2.10 节、第 2.12 节至第 2.15 节、第 4.13 节和第 6.12 节都是最新内容。本书介绍了新版 Petroleum Assay Manager 及其对老版本 Oil Manager 的改进，精馏塔水力学分析，等等，教会读者如何使用新的精馏塔水力学分析工具对现有精馏塔进行校核和改造。例题 4.3 是重要的案例，因为它是第一个详细地逐步演示如何建立 FCC 主分馏塔和气体分离装置的模拟模型。炼油工程师可以应用相同的步骤对加氢裂化、延迟焦化等分馏系统建立模型。

(3) 新增了第 7 章内容，介绍了烷基化、延迟焦化、全炼厂模拟和利润率分析的模拟和优化。

(4) 更新了参考文献部分，包括自 2012 年以来发布的新文献以及其他参考资料，以供读者进一步阅读。

(5)全书表格中的物理量和数据为与软件保持一致性，未作翻译。

最后，我们注意到，自 2012 年以来，有关炼油过程模拟与优化方面，还没有任何新的竞争性教科书和参考文献面世，然而我们已经向全球最大的两家石油公司(中国石化和中国石油)的工程师和科学家介绍了上述修订内容。我们的学员将很快发现我们的材料(尤其是实践例题和案例研究)简单易懂，而且对于如何根据工厂数据模拟和优化生产装置非常有用，并且对于提高炼油厂的利润率很有帮助。

刘裔安

致　谢

非常感谢为本书编写做出贡献的专家和企业。

衷心感谢艾斯本技术有限公司高层领导自 2002 年以来对弗吉尼亚理工大学过程系统工程卓越中心的大力支持：总裁兼首席执行官(Antonio Pietri)，高级副总裁兼首席技术官(Willie Chan)，亚太地区高级副总裁(Filipe Soares-Pinto)，研发副总裁(Andy Lui)，工程产品管理副总裁(Vikas Dhole)，客户支持和培训副总裁(Steven Qi)，大学项目高级经理(Fran Royer)，高级客户服务专家(Theresa Foley)；同时感谢艾斯本技术有限公司炼油建模专家提供炼油过程模拟技巧：Sandeep Mohan，Dinu Ajikutira，Stephen Dziuk，Hiren Shethna，Dave Dhaval，Darin Campbell，Maurice Jett 和 John Adams。

感谢中国石油化工股份有限公司和台塑石化有限公司在 2007 年给予我们进入炼油过程建模领域的机会。

感谢 BAE 系统(BAE Systems)、艾斯本技术有限公司、中国石化、中国石油、诺维信生物技术有限公司(Novozymes Biologicals)、环球化纤有限公司(Universal Fibers)、伊士曼化工公司(Eastman Chemical)和大西洋中部技术研究与创新中心(Mid-Atlantic Technology、Research and Innovation Center)对弗吉尼亚理工大学计算机辅助设计和过程系统工程教育项目提供的支持。非常感谢曹湘洪院士以及何盛宝先生、杜吉洲先生、徐英俊先生、陈元鹏先生在炼油技术开发和工程培训方面的大力支持。

感谢麻省理工学院 Lawrence B. Evans 教授和埃克森美孚公司 Steve Cope 先生为本文撰写序言。

感谢我的妻子刘罗庆霞(Hing-Har Liu)对本书艰辛的编写和修订过程给予大力支持。

软件选择和版权声明<<<

Aspen HYSYS 和 Aspen HYSYS Petroleum Refining(版本 8.8 或新版本)可从 Aspen Technology(http://www.aspentech.com/)申请授权。

Microsoft Excel 和 Visual Basic for Applications(VBA)由 Microsoft Office(http://office.microsoft.com/zh-cn/default.aspx)提供。

Aspen HYSYS® 和 Aspen HYSYS Petroleum Refining® 可从 Aspen Technology 公司申请授权(http://www.aspentech.com/)。

Aspen HYSYS® 和 Aspen HYSYS Petroleum Refining® 的相关图片经过艾斯本技术有限公司许可打印。AspenTech®、aspenONE®、Aspen HYSYS®、Aspen HYSYS Petroleum Refining® 和 Aspen LOGO 等商标由艾斯本技术有限公司保留所有权利。

目 录

第1章
油品物理性质和热力学性质的表征

(汤磊　何顺德　译)

本章介绍了原油和石油馏分的常规表征方法以及热力学性质估算。首先，定义了石油馏分的整体性质和馏分性质，并阐述了不同蒸馏曲线及其相互转换(第1.1节❶)。接着，讨论了石油馏分根据馏程划分虚拟组分，并估算其密度和分子量的分布(第1.2节❷)。第1.3~1.6节介绍了Excel电子表格和Aspen HYSYS Petroleum Refining的6个应用案例：(1)蒸馏曲线的相互转化；(2)不完整蒸馏曲线的外推；(3)油品平均沸点的计算(MeABP)；(4)老版本Oil Manager油品管理器；(5)新版本Petroleum Assay Manager油品管理器；(6)从Oil Manager到Petroleum Assay Manager的转换方法及功能对比。

第1.10节介绍了炼油反应和分馏过程基本热力学性质的开发，提出了估算虚拟组分热力学性质(如分子量、液体密度、临界性质、理想气体热容和汽化热)的实用方法；第1.11节介绍了炼油反应和分离过程中重要的热力学模型；第1.12节介绍了炼油厂原料中其他诸如闪点、凝点和PNA含量(烷烃、环烷烃和芳烃)的估算方法；第1.13节是本章小结；本章的结尾部分提供了相关术语和参考文献。

1.1　原油评价

原油和石油馏分是石油炼制中最重要的原料。为了正确地模拟炼油过程，必须充分掌握原油和石油馏分的组成和热力学性质。但是，由于原油和石油馏分的分子组成复杂，使得将其划分为单独分子是不可能的。取而代之，现代炼油使用化验分析法表征原油和石油馏分。

典型的原油分析包含两类信息：整体性质和馏分性质。表1.1给出一个原油评价的案例。从设计和模拟的角度来看，由于在一定时期内一个油田的油品组成和性质会发生变化，最佳的方法是获得同一时间范围的化验分析数据和工艺数据。(Kaes)[1]建议用于建模的工艺数据采用近两年内的分析数据。

表1.1　典型的原油评价

项　　目	全馏分	C_4 and C_4^-	C_5~74℃	74~166℃	166~480℃	480~249℃	249~537℃	537℃+
切割馏分体积收率/%	100	1.57	8.26	20.96	17.11	17.52	24.71	9.87
API度	38.6	117.9	80.6	55.7	42.82	34.7	25.5	10.9
碳含量/%		82.5	83.9	86	86.1	86.4	86.4	

❶原著有误，译者注。

❷原著有误，译者注。

续表

项　　目	全馏分	C_4 and C_4^-	C_5~74℃	74~166℃	166~480℃	480~249℃	249~537℃	537℃+
氢含量/%		17.5	16.1	14	13.9	13.2	12.8	
倾点/℃	-12.2				-53.9	-10.6	38.9	56.7
硫含量/%	0.3675			0.0137	0.058	0.2606	0.6393	1.1302
氮含量/(μg/g)	970	0	0	0	2.4	94.6	1346	4553
黏度(20℃)/(mm^2/s)	4.59	0.41	0.46	0.73	1.74	6.76	118.4	1789683
黏度(100℃)/(mm^2/s)	1.35	0.24	0.26	0.38	0.68	1.43	5.91	372
硫醇硫/(μg/g)	25			22.8	35.3			
CCR/%	1.71					0	0.11	14.21
镍含量/(μg/g)	1.7					0	0.1	12.8
钒含量/(μg/g)	5.2					0	0.1	41.5
总热值/(BTU/lb)	19701							
净热值/(BTU/lb)	18496	19078	18729	18561	18546			
盐含量/(lb/千桶)	1.7							
烷烃含量/%(体)		100	84.77	46.64	48.83	39.42	30.18	
环烷烃含量/%(体)		0	13.85	36.56	31.54	37.44	31.83	
芳烃含量/%(体)				16.8	15.15			
凝点/℃					-43.9	-0.6		
烟点/mm					23.3			
十六烷值(D4737)	37	131	44	30	43	55	59	43
浊点/℃					-47.8	-3.9		
苯胺点/℃					57.7	69.5		
馏程	D1160	D86	D86	D86	D86	D86	D1160	D1160
初馏点/℃	0.2	-70.9	57.2	206.9	97.2	263.1	365.2	559.1
5%/℃	51.9	-27.3	32.9	212.1	100.1	265.6	367.8	561.7
10%/℃	79.7	13.8	10.1	214.8	101.6	266.7	373.1	565.7
20%/℃	119.9	30.2	1	220.8	104.9	269.7	384.1	575.1
30%/℃	160.7	36.8	2.7	227.6	108.7	273.7	396.7	585.8
40%/℃	205.6	38.2	3.4	235.8	113.2	278.4	410.8	598.2
50%/℃	254.3	38.3	3.5	244.1	117.8	283.2	426.3	612.4
60%/℃	308.7	42.7	5.9	254.1	123.4	288.7	442.8	631.2
70%/℃	364	46.5	8.1	265	129.4	294.8	459.5	653.1
80%/℃	425.6	49.3	9.6	276.8	136	301.4	477.6	681.3
90%/℃	502.9	47.5	8.6	289.4	143	308.3	496	718.7
95%/℃	570.9	47.1	8.4	296.4	146.9	312.2	507.4	751
终馏点/℃	730.7	47.9	8.8	307.7	153.2	318.2	520.7	791.6

1.1.1　整体性质

整体性质包括相对密度、硫含量、氮含量、金属含量(镍、钒、铁等)、沥青质含量、C/H 比、倾点、闪点、凝点、烟点、苯胺点、浊点、黏度、残炭值、轻端组分收率(C_1 ~ C_4)、酸值、折光率和沸点曲线。原油的相对密度通常采用 API 度表示：

$$API = (141.5/SG) - 131.5 \tag{1.1}$$

或者

$$SG = 141.5/(API + 131.5) \tag{1.2}$$

相对密度定义为在 15.6℃ (60℉)条件下，原油与水的密度之比。API 度小于 10 表示超重油、10~30 表示重质原油、30~40 表示中质原油，大于 40 表示轻质原油。

硫含量采用质量百分比(%)表示，其范围为 0.1%~>5%。原油中硫含量低于 1%称为低硫原油，硫含量高于 1%称为高硫原油或含硫原油。原油中含硫组分包括简单的硫醇(例如硫醇)、硫化物和多环硫化物。硫醇硫是烷基链(R—)末端附着—SH 基团，R—SH 最简单的形式为甲硫醇(CH_3SH)。

倾点是表示原油流动性难易程度的参数，特别是在低温条件下。倾点是指油品在规定的实验条件下，被冷却的试样能够流动的最低温度。原油或沸点在 232℃(450℉)以上的石油馏分的倾点是根据 ASTM D97 标准来确定的。

闪点是液体表面产生足够的蒸气与空气混合形成可燃性气体，遇火源发生自燃或闪燃的最低温度。ASTM D3278 是闪点测试方法之一。

凝点为常压下液态烃类凝固的温度，是煤油和喷气燃料的重要指标，因为喷气飞机在高海拔时的温度非常低。ASTM D4790 是凝点测试方法之一。

烟点指的是燃料生烟超过无烟火焰的高度，主要影响煤油和喷气燃料的燃烧质量，根据 ASTM D1322 标准来测定。

苯胺点表示石油产品与等体积的苯胺完全互溶的最低温度，是柴油的重要指标，根据 ASTM D611 标准来测定。

浊点指的是油品在降温实验条件下，开始出现烃类的微晶粒或者从溶液中分离的温度，是燃料油的重要指标，根据 ASTM D2500 标准来测定。

康氏残炭(CCR)是根据 ASTM D189 标准测试得到的，表示积炭倾向程度。油品在无空气的条件下，加热至高温时，油中烃类发生蒸发和分解反应，最终生成焦炭(表示焦炭占原始油品的质量百分数)。残炭的另一种测量方法是兰氏残炭法，根据 ASTM D524 来测定。高残炭值的原油是炼油厂廉价的原料。

酸值是根据 ASTM D3339 标准来测定炼油厂物料的有机酸性。

折光率表示油品与真空下光速的比值，根据 ASTM D1218 标准来测定。

燃烧总热值或高热值(HHV)表示单位质量燃料完全燃烧产生的热量，即燃烧产物被冷却到初始温度，当其中的水蒸气以凝结水的状态排出时，所放出的全部热量。

燃烧净热值或低热值(LHV)是通过高热值扣除水的汽化潜热而得到的。

实沸点蒸馏(TBP)是通过美国矿务局(U. S. Bureau of Mines)的汉柏法(Hempel)和 ASTM D-285 标准测试得到的。在蒸馏中，这些方法指定理论板数或者摩尔回流比。ASTM D2892 使用 15：5 蒸馏代替 TBP(15：5 蒸馏表示理论板为 15 和摩尔回流比为 5)。

蒸馏测试的主要结果为沸点曲线，即油品的沸点与蒸发率的关系。初馏点(IBP)是馏程测定时从冷凝器的末端落下第一滴冷凝液的温度，终馏点(EBP)是测试中记录的最高温度。

此外，油品在常压、约650℉(344℃)下，易发生分解或裂解。因此，TBP蒸馏的压力逐渐降低至40mmHg，因为在该温度下可尽量避免油品裂解以及油品中真实组分的测量失真。

TBP蒸馏通常需要消耗大量的时间和精力。实际中，油品蒸馏测试采用低成本的ASTM方法并使用 *API Technical Data Book-Petroleum Refining*[2] 中的关联式将所得沸点曲线转化为TBP曲线。第1.4节将阐述在Excel电子表格中使用这些关联式实现ASTM蒸馏曲线的相互转化。

油品的ASTM D86蒸馏测试是在实验室温度和压力下进行的。注意：在常压下，D86蒸馏的油品在约650℉(344℃)时开始产生裂解，需要停止蒸馏。

高沸点油品(如重质导热油、裂解蜡油原料、渣油等)在常压下会发生显著裂解，故采用ASTM D1160蒸馏测试。样品对减压条件下进行蒸馏，可抑制裂解，操作压力一般是10mmHg。实际上，油品在10mmHg条件下的蒸馏温度转化为760mmHg的蒸馏温度可达到950~1000℉(510~538℃)。D1160减压蒸馏在减压条件下分离组分比D86蒸馏更加理想。

ASTM D2887色谱模拟蒸馏是常用的色谱法，用来“模拟”或预测油品沸点曲线。将样品注入气相色谱中，烃类按沸点顺序依次分离，然后通过标定曲线对停留时间与沸点进行关联。

1.1.2 馏分性质

整体性质可以对油品类型进行快速分类，例如低硫原油和含硫原油，轻质原油和重质原油等。但是，炼油厂油品的馏分性质反映了一定沸程范围内油品的物性和组成，用来合理地细分为不同终端产品(如汽油、柴油和化工原料)。馏分性质通常包含煤油和柴油的PNA含量、硫含量、氮含量、汽油辛烷值、凝点，煤油和柴油的十六烷指数和烟点。

辛烷值是根据ASTM D2700测定的表示实验室汽油发动机燃料抗爆性能的一项重要指标。我们通过正庚烷和异辛烷或正庚烷与异辛烷(224TMP)混合物的抗爆值来确定燃料的辛烷值。根据定义，正庚烷的辛烷值为0,2,2,4-三甲基戊烷的辛烷值定为100。因此，70%异辛烷和30%正庚烷混合物的辛烷值等于70。

辛烷值有两种表示方法：马达法辛烷值(MON)，表示900r/min高速条件下的发动机性能，而研究法辛烷值(RON)对应的是600r/min低速条件。一般情况下，由于发动机测试效率不同，RON高于MON。抗爆指数为MON和RON的算术平均值。

十六烷值是一种表示柴油易燃性的方法，基本上与辛烷值相反，表示当柴油与十六烷和α-甲基萘混合物具有相同着火性能时，混合物中纯十六烷(正十六烷)的百分比，它是中间馏分燃料油的重要指标。

十六烷指数是柴油十六烷值的取代方法，根据ASTM D976和D4737标准对燃料的比重和馏程进行计算。

1.1.3 蒸馏曲线的相互转化

在炼油过程建模中，由于使用不同方法获得油品挥发特性的分析数据，使得蒸馏曲线成为最令人困惑的信息。蒸馏曲线常用的测试方法有 ASTM D86(恩式蒸馏)、ASTM D1160(常压蒸馏)、ASTM D1160 (减压蒸馏)、ASTM D2887(色谱模拟蒸馏)和实沸点蒸馏(TBP)。API Technical Databook[2]提供了每种测试法的特点并给出了 ASTM 蒸馏曲线之间相互转换的关联式。大多数商业模拟软件都具有蒸馏曲线相互转换的功能。本文提供了任意两种 ASTM 蒸馏曲线相互转换的 MS Excel 电子表格(见图 1.1)，第 1.4 节将阐述蒸馏曲线数据相互转化的案例。

760 mmHg ASTM-D86 (C)	Vol. %	760 mmHg ASTM-D86 (F)	760 mmHg TBP (F)	760 mmHg TBP (C)		760 mmHg TBP (C)	760 mmHg TBP (F)	760 mmHg ASTM-D86 (F)	760 mmHg ASTM-D86 (C)
160.0	0%	320	259.1	126.2		126.2	259.1	320	160.0
176.7	10%	350	316.5	158.1		158.1	316.5	350	176.7
193.3	30%	380	372.6	189.2		189.2	372.6	380	193.3
206.7	50%	404	411.2	210.7		210.7	411.2	404	206.7
222.8	70%	433	451.2	232.9		232.9	451.2	433	222.8
242.8	90%	469	496.7	258.2		258.2	496.7	469	242.8
248.9	100%	480	503.0	261.7		261.7	503.0	480	248.9
ASTM-D2887(C)	Wt%/Vol%	ASTM-D2887(F)	760 mmHg TBP (F)	760 mmHg TBP (C)		760 mmHg TBP (C)	760 mmHg TBP (F)	ASTM-D2887 (F)	ASTM-D2887(C)
145.0	5%	293	322.2	161.2		348.0	658.4	639.1711023	337.3
151.7	10%	305	327.7	164.3		369.0	696.2	685.3443333	363.0
162.2	30%	324	332.4	166.9		406.0	762.8	756.2204757	402.3
168.9	50%	336	336.0	168.9		433.0	811.4	811.4	433.0
173.3	70%	344	339.6	170.9		459.0	858.2	861.2301007	460.7
181.7	90%	359	350.1	176.7		495.0	923.0	922.5542047	494.8
187.2	95%	369	357.4	180.8		512.0	953.6	974.5478925	523.6
198.9	100%	390	366.2	185.7		556.0	1032.8	1038.378625	559.1
ASTM-D2287 (C)	Wt%/Vol. %	ASTM-D2287 (F)	760 mmHg ASTM-D86 (F)	760 mmHg ASTM-D86 (C)		760 mmHg ASTM-D86 (C)	760 mmHg ASTM-D86 (F)	ASTM-D2887 (F)	ASTM-D2287 (C)
25.0	0%	77	121.3	49.6		298.8	569.9	446.4892018	230.3
33.9	10%	93	128.2	53.5		349.7	661.5	605.3731877	318.5
64.4	30%	148	154.8	68.2		392.0	737.5	715.3377437	379.6
101.7	50%	215	206.3	96.8		424.2	795.5	787.7262099	419.8
140.6	70%	285	270.6	132.5		459.0	858.2	856.5298061	458.1
182.2	90%	360	334.0	167.8		514.5	958.0	964.7774337	518.2
208.9	100%	408	367.5	186.4		577.9	1072.2	1273.441992	689.7
760 mmHg ASTM-D1160 (C)	Vol%	760 mmHg ASTM-D1160 (F)	760 mmHg TBP (F)	760 mmHg TBP (C)		760 mmHg TBP (C)	760 mmHg TBP (F)	760 mmHg ASTM-D1160 (F)	760 mmHg ASTM-D1160 (C)
280.8	10%	537.3541391	527.3	275.2		143.1	289.5	300.1	149.0
350.6	30%	663.1131895	657.8	347.7		201.5	394.7	400.1	204.5
402.7	50%	756.9327522	756.9	402.7		246.1	475.0	475.0	246.1
450.5	70%	842.8909373	842.9	450.5		287.7	549.9	550.0	287.8
513.0	90%	955.4507826	955.6	513.1		343.3	650.0	650.0	343.4

图 1.1　蒸馏曲线转换的电子表格

1.2　基于馏程划分虚拟组分

模拟炼油过程的首要任务是建立一套虚拟组分来表征原料。数据需求和虚拟组分的定义取决于炼油过程建模类型，分馏单元和反应单元的虚拟组分需要进行不同处理。

分馏单元的虚拟组分必须准确表征原料中烃类组分的挥发度，以便于计算蒸馏塔内汽液平衡。因此，炼油厂采用基于馏程的虚拟组分来表征原料并用于模拟分馏单元。对于反应单元建模，炼油厂采用基于分子结构或/和馏程将烃类划分为多种集总组分(或模拟组分)，并假设每一集总组分具有相同的反应，以便于开发反应单元的反应动力学。

本节介绍处理基于馏程划分分馏单元的虚拟组分，第 4 章至第 7 章将阐述现代炼油厂中几个主要反应的虚拟组分方案——催化裂化装置、催化重整装置、加氢裂化装置、延迟焦化装置和烷基化装置。

大多数商业过程模拟软件均具有基于馏程生成虚拟组分表示油品的功能。第 1.7 节例题 1.4 阐述了如何使用 Aspen HYSYS 将油品分析数据生成虚拟组分。

具体来说，基于馏程开发虚拟组分表示石油馏分有四个步骤：

(1) 如果没有 TBP 蒸馏曲线，则通过 ASTM D86 / ASTM D1160 / ASTM D2887 将其转化

为 TBP 蒸馏曲线。本文开发了电子表格 ASTMConvert. xls，根据《石油炼制技术数据手册》关联式实现不同的 ASTM 蒸馏曲线的相互转换(见图 1.1)。

(2) 将全馏程切割为若干切割馏程，用于划分虚拟组分(见图 1.2)。切割点数是任意的。表 1.2 列出了商业模拟软件中典型馏程的虚拟组分数。

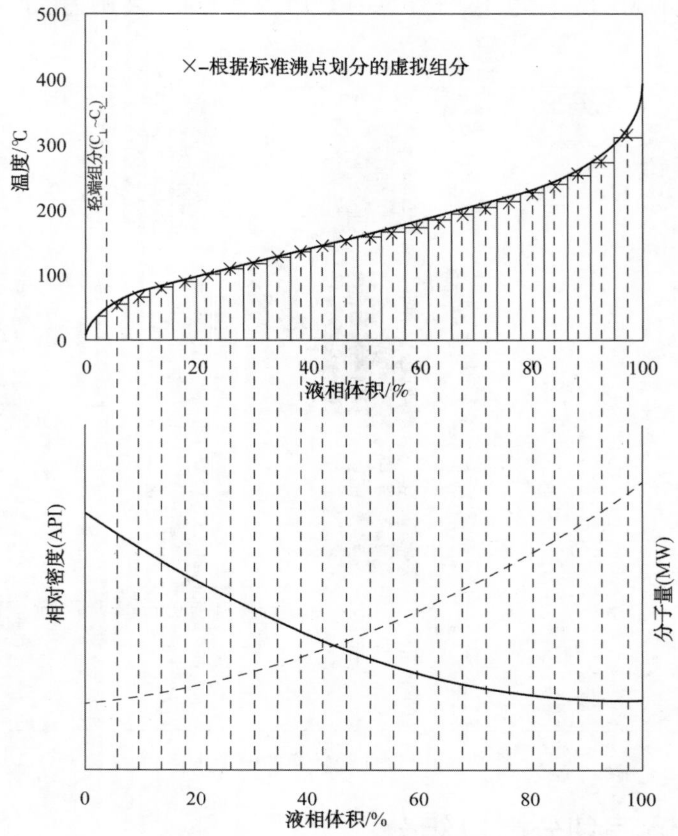

图 1.2 虚拟组分物性和 TBP 曲线的关系[1]

表 1.2 商业模拟软件中典型馏程的虚拟组分

馏程	切割虚拟组分数(推荐值)	馏程	切割虚拟组分数(推荐值)
IBP~800℉ (425℃)	30	1200~1650℉ (900 ℃)	8
800~1200℉ (650 ℃)	10		

(3) 如果整体性质可用，估算虚拟组分的密度分布。假设全馏程范围内 UOP K 因子或 Watson-Murphy 特性因数为常数来计算平均沸点(MeABP)。与质量平均沸点(WABP)不同的是，MeABP 定义为摩尔平均沸点(MABP)和立方平均沸点(CABP)的平均值。四种沸点定义如下：

$$\mathrm{WABP} = \sum_{i=1}^{n} x_i T_{bi} \tag{1.3}$$

$$\mathrm{MABP} = \sum_{i=1}^{n} x_i T_{bi} \tag{1.4}$$

$$\mathrm{CABP} = \left(\sum_{i=1}^{n} x_i \, T_{bi}^{1/3} \right)^3 \tag{1.5}$$

$$\mathrm{MeABP} = \frac{MABP + CABP}{2} \tag{1.6}$$

其中，T_{bi} 表示组分 i 的沸点，式(1.3)~式(1.5)中 x_i 分别表示组分 i 的质量分率、摩尔分率和体积分率。本文根据(Bollas)等[3]的方法通过电子表格(见图 1.3)进行迭代计算估算 MeABP(见第 1.5 节)。

$$K_{\mathrm{avg}} = [\mathrm{MeABP}]^{0.333} / \mathrm{SG}_{\mathrm{avg}} \tag{1.7}$$

其中，K_{avg} 表示 Watson K 因子，$\mathrm{SG}_{\mathrm{avg}}$ 表示 60℉/60℉时的密度。

	A	B	C	D
4				
5	Vol%	Temperature (F)		Initial
6	0	310.2		0
7	10	341.3		5
8	30	369.8		10
9	50	387.4		15
10	70	406.4		20
11	90	433.4		25
12	100	480.6		30
13				35
14	Specific gravity	0.7457		40
15	Refractive index @ 20 C			45
16	Oxygen content (wt%)	0.00		50
17	Initial MeABP (F) [Enter as first guess in yellow cell]	384.93		55
18				60
19	Trial MeABP (F)	422.00		65
20	Trial MeABP (R)	881.67		70
21	Watson-K	12.86		75
22				80
23	Calc. VABP (R)	847.70		85
24	Calc. WABP (R)	848.19		90
25	Calc. MABP (R)	845.17		95
26	Calc. CABP (R)	847.21		
27				
28	Calc. MeABP (R)	846.19		
29				
30	Error (Trial MeABP - Calc. MeABP)	1258.74304	(Use goalseek to drive	
31				
32	Correlation for refractive index	A	B	C
33	Naphthas	1.028	0.53	
34	Straight or hydrosulfurized gas oils	0.9734	0.59	
35	Deeply hydrogenated fractions	0.9713	0.59	
36	Short residues	0.9345	0.63	0.006
37	FCC feeds	0.9365	0.63	0.006
38	Coal liquids	0.9448	0.63	0.006
39	Stream cracker residue	0.881	0.7	
40				
41	Selected correlation	5		
42				
43		FCC feeds		
44		Naphthas		
45		Straight or hydrosulfurized g		
46		Deeply hydrogenated fractio		
47		Short residues		
48		FCC feeds		
49		Coal liquids		
50		Stream cracker residue		

图 1.3 MeABP 迭代计算的电子表格

全馏程的密度分布计算公式如下：

$$\mathrm{SG}_i = [T_{i,b}]^{0.333} / K_{\mathrm{avg}} \tag{1.8}$$

其中，SG_i 表示虚拟组分 i 在 60℉/60℉的密度，$T_{i,b}$ 表示虚拟组分 i 的正常沸点。

(4) 对于建模而言，如果分子量分布以及建模需要的其他物性不可用，可以进行估算(详见 1.4 节)。

高沸点馏分(>570℃)的分析数据缺失是基于馏程建立虚拟组分时存在的普遍问题。因此，需要对不完整蒸馏曲线进行外推，使其覆盖整个馏程范围。最小二乘法和概率分布函数广泛应用于商业模拟软件中蒸馏曲线外推，Sanchez 等[5]对概率分布函数拟合石油馏分蒸馏曲线进行了全面概述，结论是累积 Beta 函数(四参数)适用于大部分石油产品。Beta 累积密度函数定义如下：

$$f(x,\ \alpha,\ \beta,\ A,\ B) = \int_{A}^{x \leqslant B} \left(\frac{1}{B-A}\right) \frac{\Gamma(\alpha+\beta)}{\Gamma(\alpha)\,\Gamma(\beta)} \left(\frac{x-A}{B-A}\right)^{\alpha-1} \left(\frac{B-x}{B-A}\right)^{\beta-1} \tag{1.9}$$

其中，α 和 β 表示控制分布曲线形状的正值参数，而 Γ 是指标准 gamma 函数(是阶乘函数的扩展)，通过参数 1 实现实数和复数的切换。也就是说，如果 ν 是正整数，那么 $\Gamma(\nu) = (\nu-1)!$ ，参数 A 和 B 表示分布的上限和下限，x 表示归一化参数值。本文开发了 MS Excel 电子表格 Beta. xls，通过使用累积 β 分布函数来计算蒸馏曲线的外推(见图 1.4)。

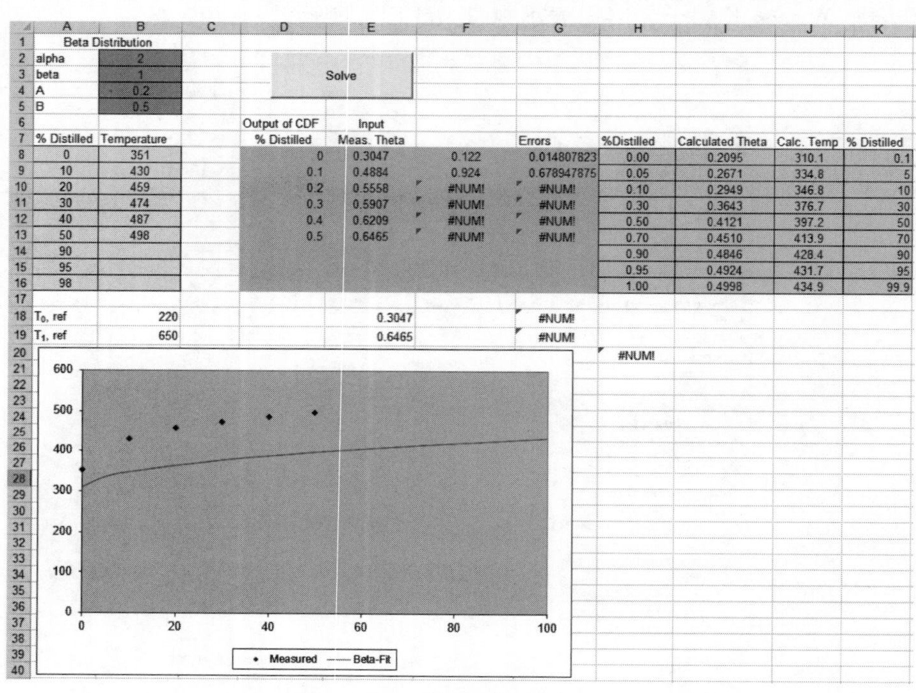

图 1.4　蒸馏曲线外推的电子表格

第 1.4 节例题 1.2 使用本书提供的电子表格来外推不完整蒸馏曲线。注意：如果密度分布可用，需要将密度分布与沸点一起使用(在第 3 步中)，因为在低沸点和高沸点范围内，假设 Watson K 因子为常数总是失败的。图 1.5 比较了基于 Watson K 常数与密度分布函数生成的虚拟组分。根据分析化验数据估算虚拟组分的密度，基于 Watson K 常数生成虚拟组分有明显偏差，特别是蒸馏曲线中的轻馏分和重馏分。另外，使用密度分布函数很好的估算虚拟组分的密度，虚拟组分的密度估算是非常重要的内容，因为大多数物性估算都需要提供密度。

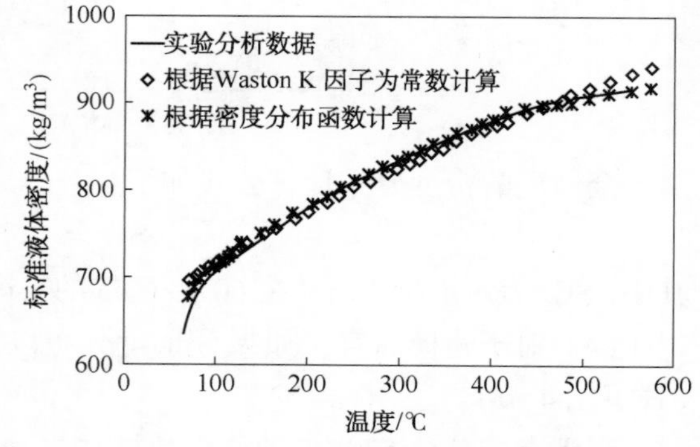

图 1.5　基于 Watson K 常数与密度分布函数生成虚拟组分的比较(数据来自 Kaes 2000[1])

1.3 例题 1.1——蒸馏曲线的互相转换

当可用的蒸馏曲线不是 TBP 曲线并需要转换时，可能会遇到两种情况：(1)其他 ASTM 类型的蒸馏曲线；(2)ASTM D1160 减压蒸馏曲线。本文开发的电子表格能够解决这两种情况，将 ASTM D1160 曲线(10mmHg)转换为 TBP 曲线的步骤如下：

第 1 步：打开 WS1. 1 ASTMConvert. xls(见图 1.6)。

760 mmHg		760 mmHg	760 mmHg	760 mmHg		760 mmHg	760 mmHg	760 mmHg	760 mmHg
ASTM-D86 (C)	Vol. %	ASTM-D86 (F)	TBP (F)	TBP (C)		TBP (C)	TBP (F)	ASTM-D86 (F)	ASTM-D86 (C)
160.0	0%	320	259.1	126.2		126.2	259.1	320	160.0
176.7	10%	350	316.5	158.1		158.1	316.5	350	176.7
193.3	30%	380	372.6	189.2		189.2	372.6	380	193.3
206.7	50%	404	411.2	210.7		210.7	411.2	404	206.7
222.8	70%	433	451.2	232.9		232.9	451.2	433	222.8
242.8	90%	469	496.7	258.2		258.2	496.7	469	242.8
248.9	100%	480	503.0	261.7		261.7	503.0	480	248.9
			760 mmHg	760 mmHg		760 mmHg	760 mmHg		
ASTM-D2887(C)	Wt%/Vol%	ASTM-D2887(F)	TBP (F)	TBP (C)		TBP (C)	TBP (F)	ASTM-D2887 (F)	ASTM-D2887(C)
145.0	5%	293	322.2	161.2		348.0	658.4	639.1711023	337.3
151.7	10%	305	327.7	164.3		369.0	696.2	685.3443333	363.0
162.2	30%	324	332.4	166.9		406.0	762.8	756.2204757	402.3
168.9	50%	336	336.0	168.9		433.0	811.4	811.4	433.0
173.3	70%	344	339.6	170.9		459.0	858.2	861.2301007	460.7
181.7	90%	359	350.1	176.7		495.0	923.0	922.5542047	494.8
187.2	95%	369	357.4	180.8		512.0	953.6	974.5478925	523.6
198.9	100%	390	366.2	185.7		556.0	1032.8	1038.378625	559.1
			760 mmHg	760 mmHg		760 mmHg	760 mmHg		
ASTM-D2287 (C)	Wt%/Vol. %	ASTM-D2287 (F)	ASTM-D86 (F)	ASTM-D86 (C)		ASTM-D86 (C)	ASTM-D86 (F)	ASTM-D2887 (F)	ASTM-D2287 (C)
25.0	0%	77	121.3	49.6		298.8	569.9	446.4892018	230.3
33.9	10%	93	128.2	53.5		349.7	661.5	605.3731877	318.5
64.4	30%	148	154.8	68.2		392.0	737.5	715.3377437	379.6
101.7	50%	215	206.3	96.8		424.2	795.5	787.7262099	419.8
140.6	70%	285	270.6	132.5		459.0	858.2	856.5298061	458.1
182.2	90%	360	334.0	167.8		514.5	958.0	964.7774337	518.2
208.9	100%	408	367.5	186.4		577.9	1072.2	1273.441992	689.7
760 mmHg		760 mmHg	760 mmHg	760 mmHg		760 mmHg	760 mmHg	760 mmHg	760 mmHg
ASTM-D1160 (C)	Vol%	ASTM-D1160 (F)	TBP (F)	TBP (C)		TBP (C)	TBP (F)	ASTM-D1160 (F)	ASTM-D1160 (C)
280.8	10%	537.3541391	527.3	275.2		143.1	289.5	300.1	149.0
350.6	30%	663.1131895	657.8	347.7		201.5	394.7	400.1	204.5
402.7	50%	756.9327522	756.9	402.7		246.1	475.0	475.0	246.1
450.5	70%	842.8909373	842.9	450.5		287.7	549.9	550.0	287.8
513.0	90%	955.4507826	955.6	513.1		343.3	650.0	650.0	343.4

图 1.6 WS1. 1 ASTMConvert. xls

第 2 步：将 ASTM D1160 曲线复制和粘贴至电子表格中，测试不同压力下 ASTM D1160 的相互转化(见图 1.7)。

Pressure =	30	mmHg	2 =< P =< 760			
X	0.00180742			760 mmHg	760 mmHg	760 mmHg
TBP/D1160 (C)	Vol%	TBP/D1160 (F)	TBP/D1160 (R)	TBP/D1160 (R)	TBP/D1160 (F)	TBP/D1160 (C)
143.1	10%	289.5	749.2	941.7	482.1	250.0
201.5	30%	394.7	854.4	1063.5	603.8	317.7
246.1	50%	475.0	934.7	1154.8	695.1	368.4
287.7	70%	549.9	1009.6	1238.8	779.1	415.1
343.3	90%	650.0	1109.7	1349.2	889.5	476.4

图 1.7 ASTMConvert. xls 中 ASTM D1160 转换的输入单元格

第 3 步：输入测试压力，本例为 10mmHg(见图 1.8)。

第 4 步：蓝色单元格 G50：G54 表示 ASTM D1160 转化为 1 atm 的对应结果(见图 1.9)。

47	Pressure =	10	mmHg	2 =< P =< 760			
48	X	0.00195599			760 mmHg	760 mmHg	760 mmHg
49	TBP/D1160 (C)	Vol%	TBP/D1160 (F)	TBP/D1160 (R)	TBP/D1160 (R)	TBP/D1160 (F)	TBP/D1160 (C)
50	143.1	10%	289.5	749.2	997.0	537.4	280.8
51	201.5	30%	394.7	854.4	1122.8	663.1	350.6
52	246.1	50%	475.0	934.7	1216.6	756.9	402.7
53	287.7	70%	549.9	1009.6	1302.6	842.9	450.5
54	343.3	90%	650.0	1109.7	1415.1	955.5	513.0

图 1.8 ASTM D1160 转换中压力输入单元格

47	Pressure =	10	mmHg	2 =< P =< 760			
48	X	0.00195599			760 mmHg	760 mmHg	760 mmHg
49	TBP/D1160 (C)	Vol%	TBP/D1160 (F)	TBP/D1160 (R)	TBP/D1160 (R)	TBP/D1160 (F)	TBP/D1160 (C)
50	143.1	10%	289.5	749.2	997.0	537.4	280.8
51	201.5	30%	394.7	854.4	1122.8	663.1	350.6
52	246.1	50%	475.0	934.7	1216.6	756.9	402.7
53	287.7	70%	549.9	1009.6	1302.6	842.9	450.5
54	343.3	90%	650.0	1109.7	1415.1	955.5	513.0

图 1.9　ASTM D1160 转换的结果

第 5 步：复制 ASTM D1160（1 atm)数值至电子表格中，将 ASTM D1160（1 atm)转化为 TBP(见图 1.10)。

37	760 mmHg		760 mmHg	760 mmHg	760 mmHg
38	ASTM-D1160 (C)	Vol%	ASTM-D1160 (F)	TBP (F)	TBP (C)
39	280.8	10%	537.3541391	527.3	275.2
40	350.6	30%	663.1131895	657.8	347.7
41	402.7	50%	756.9327522	756.9	402.7
42	450.5	70%	842.8909373	842.9	450.5
43	513.0	90%	955.4507826	955.6	513.1

图 1.10　ASTMConvert. xls 中其他 ASTM 转换的输入单元格

第 6 步：蓝色单元格 E39：E43 转化的 TBP 曲线的结果(见图 1.11)。

37	760 mmHg		760 mmHg	760 mmHg	760 mmHg
38	ASTM-D1160 (C)	Vol%	ASTM-D1160 (F)	TBP (F)	TBP (C)
39	280.8	10%	537.3541391	527.3	275.2
40	350.6	30%	663.1131895	657.8	347.7
41	402.7	50%	756.9327522	756.9	402.7
42	450.5	70%	842.8909373	842.9	450.5
43	513.0	90%	955.4507826	955.6	513.1

图 1.11　ASTMConvert. xls 中 ASTM 转换的结果单元格

1.4　例题 1.2——不完整蒸馏曲线外推

第 1 步：打开 WS1. 2 Beta. xls。紫色单元格 B2：B5 为 Beta 分布函数的可调整参数，黄色单元格 A8：B16 要求输入蒸馏曲线，黄褐色单元格 H8：K16 以及插图表示拟合结果(见图 1.12)。

第 2 步：在黄色单元格 A8：B16 输入不完整蒸馏曲线。允许用户根据蒸馏曲线的点数

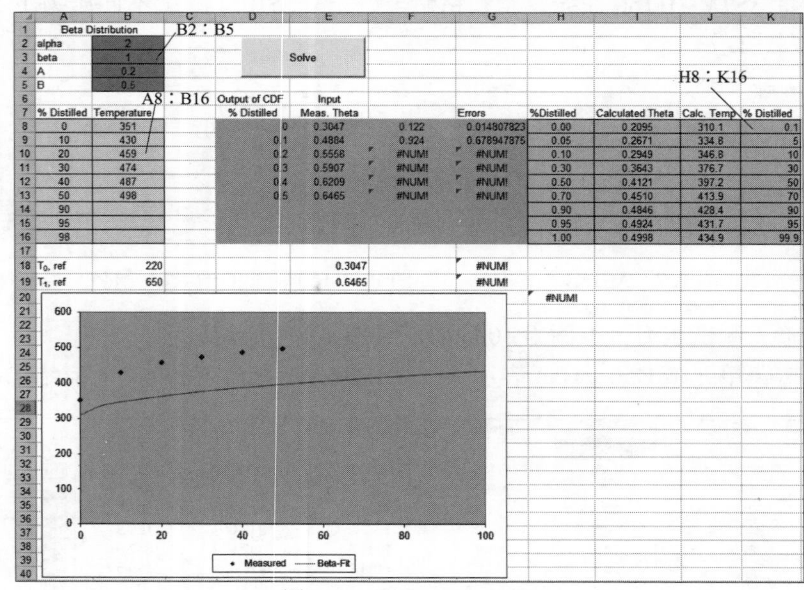

	A	B	C	D	E	F	G	H	I	J	K
1	Beta Distribution										
2	alpha	2									
3	beta	1									
4	A	0.2									
5	B	0.5									
6				Output of CDF	Input						
7	% Distilled	Temperature		% Distilled	Meas. Theta		Errors	%Distilled	Calculated Theta	Calc. Temp	% Distilled
8	0	351		0	0.3047	0.122	0.014807823	0.00	0.2095	310.1	0.1
9	10	430		0.1	0.4884	0.924	0.678947875	0.05	0.2671	334.8	5
10	20	459		0.2	0.5558	#NUM!	#NUM!	0.10	0.2949	346.8	10
11	30	474		0.3	0.5907	#NUM!	#NUM!	0.30	0.3643	376.7	30
12	40	487		0.4	0.6209	#NUM!	#NUM!	0.50	0.4121	397.2	50
13	50	498		0.5	0.6465	#NUM!	#NUM!	0.70	0.4510	413.9	70
14	90							0.90	0.4846	428.4	90
15	95							0.95	0.4924	431.7	95
16	98							1.00	0.4998	434.9	99.9
17											
18	T_0, ref	220			0.3047		#NUM!				
19	T_1, ref	650			0.6465		#NUM!				
20								#NUM!			

图 1.12　WS1. 2 Beta. xls

增加/移除“% Distilled”和“Temperature”单元格(见图 1. 13)。

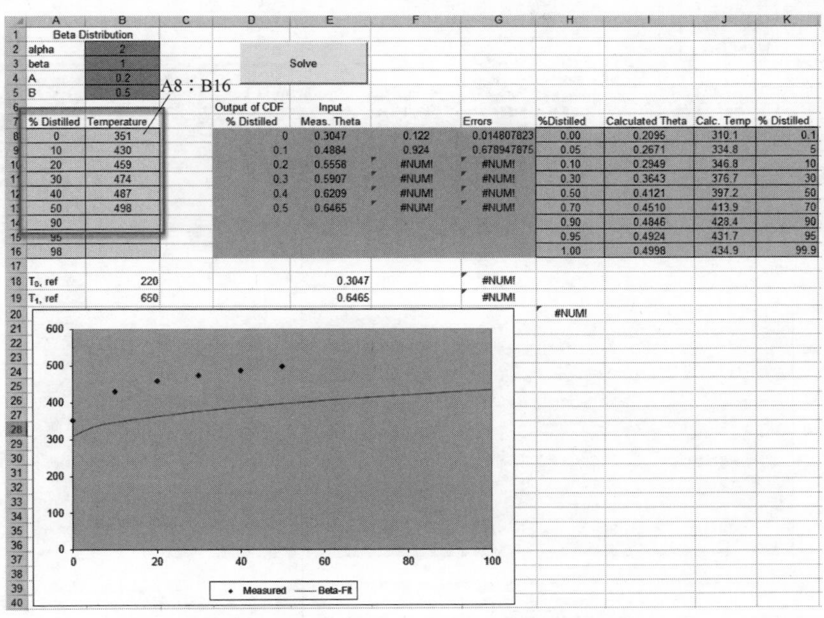

图 1. 13　WS1. 2 Beta. xls 中输入单元格

第 3 步：点击“Solve”按钮，运行拟合程序(见图 1. 14)。

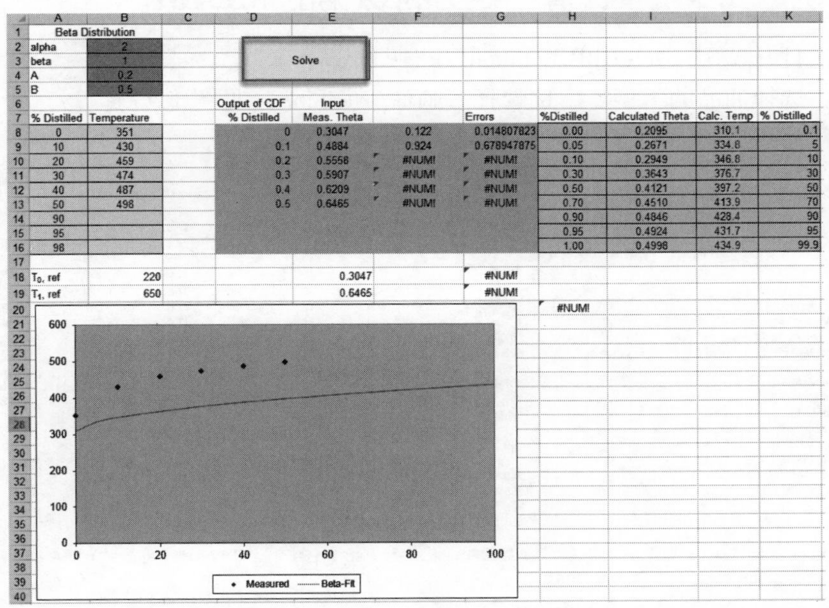

图 1. 14　WS1. 2 Beta. xls 中激活按钮

第 4 步：单元格 B2：B5 给出了拟合结果，单元格 H8：K16 以及插图表示外推的蒸馏曲线(见图 1. 15)。

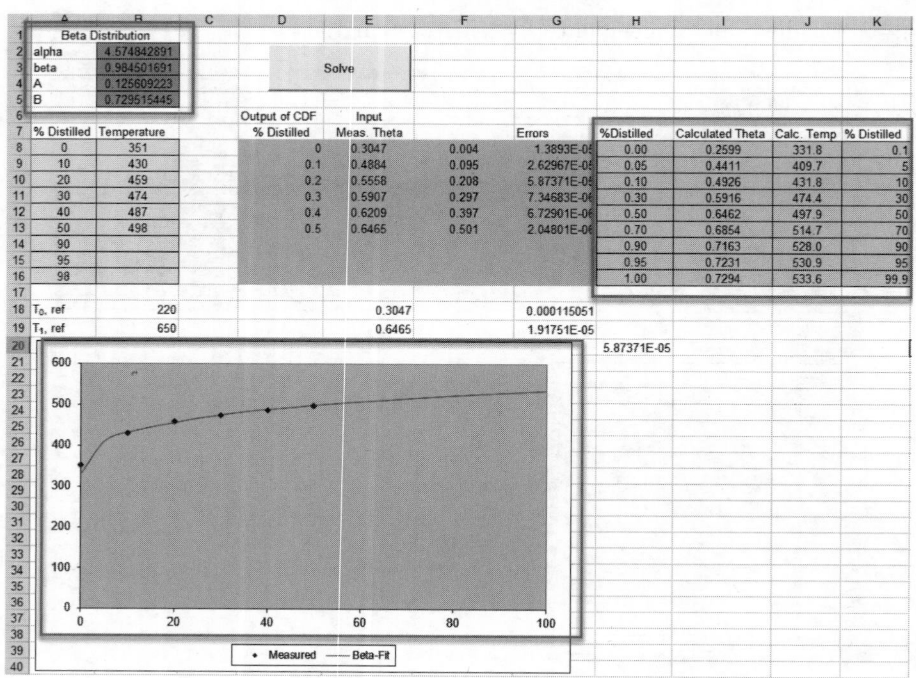

	A	B	C	D	E	F	G	H	I	J	K
1	Beta Distribution										
2	alpha	4.574842891			Solve						
3	beta	0.984501691									
4	A	0.125609223									
5	B	0.729515445									
6				Output of CDF	Input						
7	% Distilled	Temperature		% Distilled	Meas. Theta		Errors	%Distilled	Calculated Theta	Calc. Temp	% Distilled
8	0	351		0	0.3047	0.004	1.3893E-05	0.00	0.2599	331.8	0.1
9	10	430		0.1	0.4884	0.095	2.62967E-05	0.05	0.4411	409.7	5
10	20	459		0.2	0.5558	0.208	5.87371E-05	0.10	0.4926	431.8	10
11	30	474		0.3	0.5907	0.297	7.34683E-06	0.30	0.5916	474.4	30
12	40	487		0.4	0.6209	0.397	6.72901E-06	0.50	0.6462	497.9	50
13	50	498		0.5	0.6465	0.501	2.04801E-06	0.70	0.6854	514.7	70
14	90							0.90	0.7163	528.0	90
15	95							0.95	0.7231	530.9	95
16	98							1.00	0.7294	533.6	99.9
17											
18	T_0, ref	220			0.3047		0.000115051				
19	T_1, ref	650			0.6465		1.91751E-05				
20								5.87371E-05			

图 1.15　WS1.2 Beta.xls 的拟合结果

1.5　例题 1.3——计算给定分析数据的 MeABP

第 1 步：打开 WS1.3 MeABP Iteration.xls(见图 1.16)。

第 2 步：选择油品的类型，本例选择石脑油(Naphtha)(见图 1.17)。

	A	B	C	D	E	F	G	H	I
4									
5	Vol%	Temperature (F)		Initial	End	Vol%	Mid	Temperature (F)	Temperature (R)
6	0	256.8		0	5	5	2.5	287.659	747.329
7	10	368.2		5	10	5	7.5	344.563	804.233
8	30	447.2		10	15	5	12.5	387.343	847.013
9	50	516.9		15	20	5	17.5	414.072	873.742
10	70	583.9		20	25	5	22.5	430.210	889.880
11	90	633.4		25	30	5	27.5	441.536	901.206
12	100	722.2		30	35	5	32.5	453.690	913.360
13				35	40	5	37.5	469.123	928.793
14	Specific gravity	0.8505		40	45	5	42.5	487.097	946.767
15	Refractive index @ 20 C			45	50	5	47.5	506.733	966.403
16	Oxygen content (wt%)	0.00		50	55	5	52.5	527.137	986.807
17	Initial MeABP (F) [Enter as first guess in yellow cell]	506.73		55	60	5	57.5	547.046	1006.716
18				60	65	5	62.5	564.827	1024.497
19	Trial MeABP (F)	497.46		65	70	5	67.5	578.830	1038.500
20	Trial MeABP (R)	957.13		70	75	5	72.5	587.568	1047.238
21	Watson-K	11.59		75	80	5	77.5	593.260	1052.930
22				80	85	5	82.5	601.831	1061.501
23	Calc. VABP (R)	969.21		85	90	5	87.5	619.367	1079.037
24	Calc. WABP (R)	972.97		90	95	5	92.5	651.641	1111.311
25	Calc. MABP (R)	948.84		95	100	5	97.5	697.172	1156.842
26	Calc. CABP (R)	965.41							
27									
28	Calc. MeABP (R)	957.13							
29									
30	Error (Trial MeABP - Calc. MeABP)	0.00000	(Use goalseek to drive green cell to 0 by changing yellow cell, less than 1 R difference is ok)						
31									
32	Correlation for refractive index	A	B	C					
33	Naphthas	1.028	0.53			497.46	957.13	11.59	
34	Straight or hydrosulfurized gas oils	0.9734	0.59						
35	Deeply hydrogenated fractions	0.9713	0.59						
36	Short residues	0.9345	0.63	0.006					
37	FCC feeds	0.9365	0.63	0.006					
38	Coal liquids	0.9448	0.63	0.006					
39	Stream cracker residue	0.881	0.7						
40									
41	Selected correlation	5							
42									
43		FCC feeds							

图 1.16　WS1.3MeABP Iteration.xls

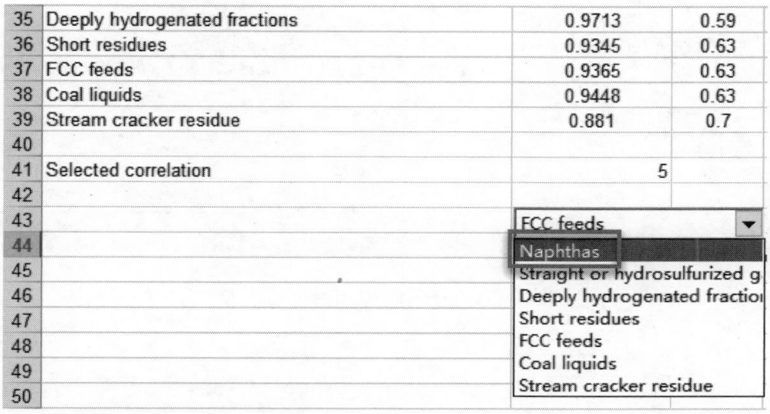

35	Deeply hydrogenated fractions	0.9713	0.59
36	Short residues	0.9345	0.63
37	FCC feeds	0.9365	0.63
38	Coal liquids	0.9448	0.63
39	Stream cracker residue	0.881	0.7
40			
41	Selected correlation	5	
42			
43		FCC feeds	
44		Naphthas	
45		Straight or hydrosulfurized g	
46		Deeply hydrogenated fractio	
47		Short residues	
48		FCC feeds	
49		Coal liquids	
50		Stream cracker residue	

图 1.17 选择油品类型

第 3 步：在(B6：B14)单元格中输入 TBP 曲线和比重(见图 1.18)。

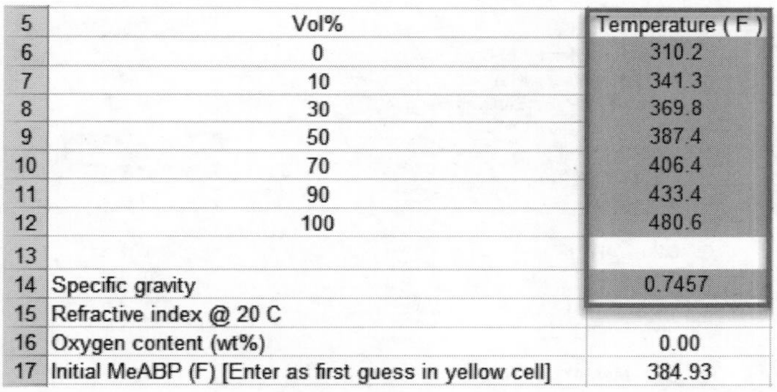

5	Vol%	Temperature (F)
6	0	310.2
7	10	341.3
8	30	369.8
9	50	387.4
10	70	406.4
11	90	433.4
12	100	480.6
13		
14	Specific gravity	0.7457
15	Refractive index @ 20 C	
16	Oxygen content (wt%)	0.00
17	Initial MeABP (F) [Enter as first guess in yellow cell]	384.93

图 1.18 输入蒸馏曲线和比重

第 4 步：执行数据工具/单变量求解(在 Microsoft Excel 2013 中文版中，数据→模拟分析→单变量求解[1])(见图 1.19)。

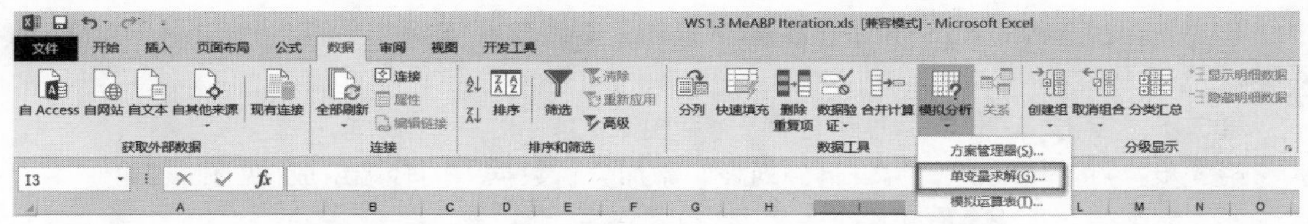

图 1.19 在 WS1. 3MeABP Iteration. xls 中启动“单变量求解”[2]

第 5 步：设置黄色单元格 B19 为“可变单元格”，绿色单元格 B30 为“目标单元格”，在“目标值”中输入“0”，然后点击“确定”(见图 1.20)。

第 6 步：黄色单元格 B19 给出了油品的 MeABP 计算结果(见图 1.21)。

[1] 译者注。

[2] Microsoft Office 2013

18			
19	Trial MeABP (F)	422.00	
20	Trial MeABP (R)	881.67	
21	Watson-K	12.86	
22			
23	Calc. VABP (R)	847.70	
24	Calc. WABP (R)	848.19	
25	Calc. MABP (R)	845.17	
26	Calc. CABP (R)	847.21	
27			
28	Calc. MeABP (R)	846.19	
29			
30	Error (Trial MeABP - Calc. MeABP)	1258.74304	(Use goalseek to drive green cell to 0 by changir

单变量求解 ? ×
目标单元格(E): B30
目标值(V): 0
可变单元格(C): B19
确定 取消

图 1.20 分配调整和目标单元格

5	Vol%	Temperature (F)
6	0	310.2
7	10	341.3
8	30	369.8
9	50	387.4
10	70	406.4
11	90	433.4
12	100	480.6
13		
14	Specific gravity	0.7457
15	Refractive index @ 20 C	
16	Oxygen content (wt%)	0.00
17	Initial MeABP (F) [Enter as first guess in yellow cell]	384.93
18		
19	Trial MeABP (F)	386.55
20	Trial MeABP (R)	846.22
21	Watson-K	12.68
22		
23	Calc. VABP (R)	847.70
24	Calc. WABP (R)	848.19
25	Calc. MABP (R)	845.19
26	Calc. CABP (R)	847.21
27		
28	Calc. MeABP (R)	846.20
29		
30	Error (Trial MeABP - Calc. MeABP)	0.00042

图 1.21 WS1.3MeABP Iteration.xls 中迭代计算 MeABP

1.6 例题 1.4——使用老版本 Oil Manager 表征油品

第 1 步：在 Aspen HYSYS Petroleum Refining 中创建新案例，另存为 WS1.4 Oil Manager.hsc(见图 1.22)。

第 2 步：点击“Add”，添加组分列表(见图 1.23)。

第 3 步：点击“View”，编辑组分列表，添加分析数据中的轻端组成(见图 1.24)。

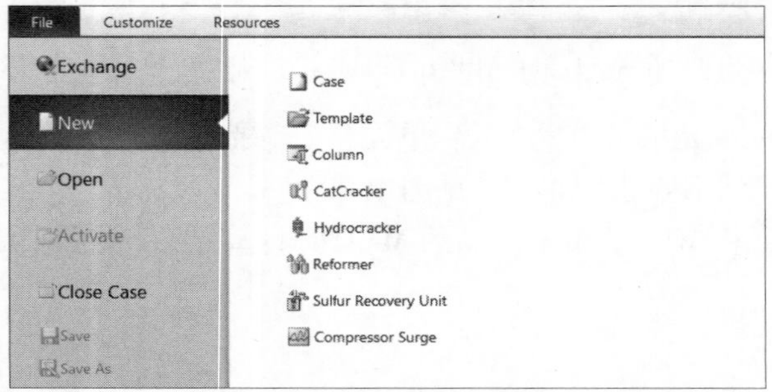

图 1.22 在 Aspen HYSYS Petroleum Refining 新建案例

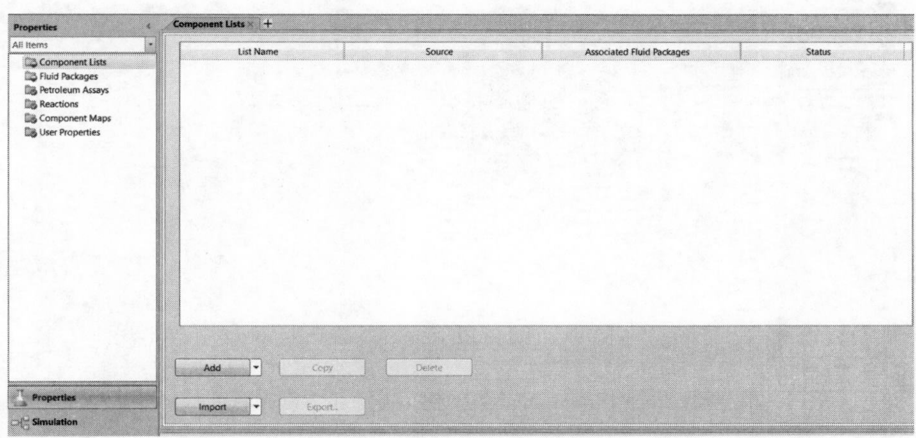

图 1.23　添加新组分列表

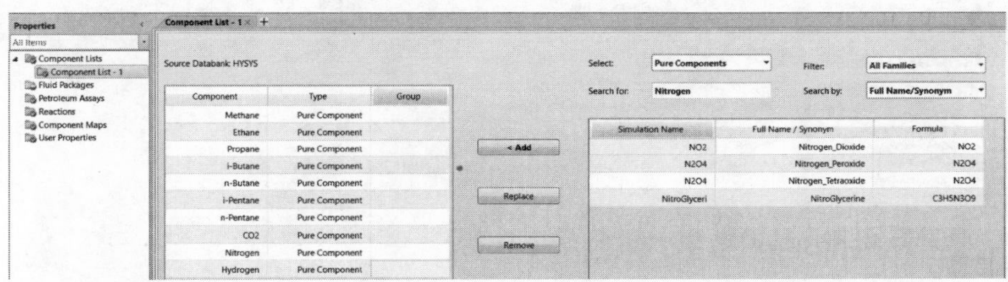

图 1.24　添加轻组分

第 4 步：在“Fluid Pkgs”标签页，点击“Add”，添加热力学模型(见图 1.25)。

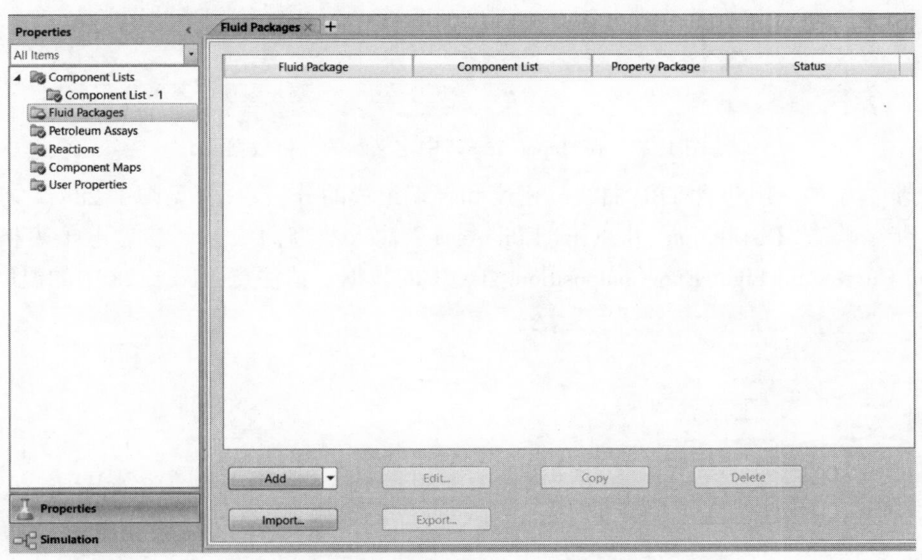

图 1.25　点击“Add”进入热力学模型选择列表

第 5 步：选择热力学方法为 Peng-Robinson(见图 1.26)。

第 6 步：在“Oil Manager”环境中，点击“Input Assay”按钮(见图 1.27)。

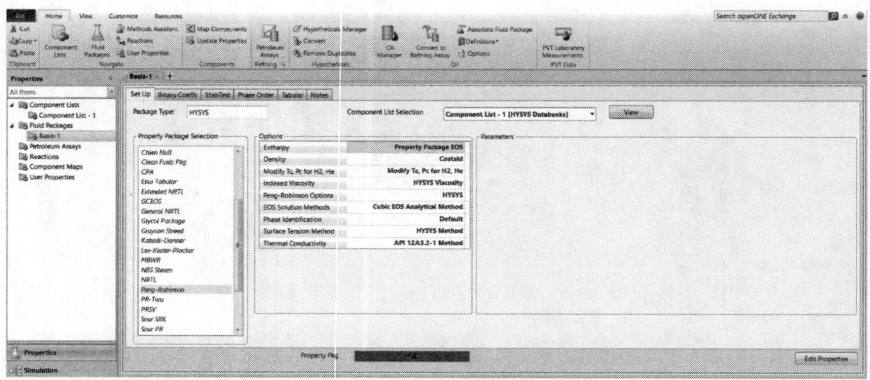

图 1.26 选择 Peng-Robinson 热力学模型并点击“Oil Manager”标签页

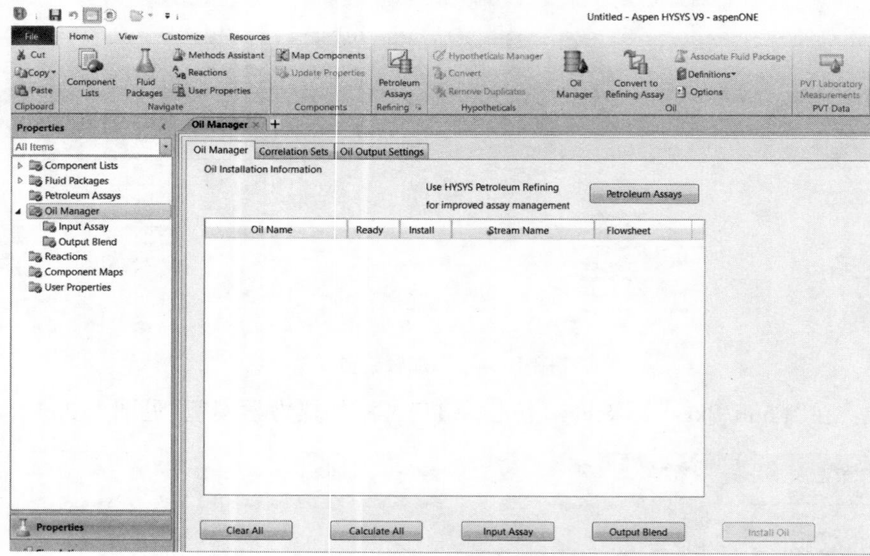

图 1.27 在“Input Assay”中定义新的分析数据

第 7 步：添加一组包含 TBP 曲线、密度和轻端组成的分析数据(见图 1.28)。

第 8 步，检查“Distillation”并点击“Edit Assay”输入蒸馏曲线，请参考电子表格 WS1.4 Distillation Curve And Light End Composition.xlsx 中的数据。请注意，图 1.28 中的温度单位是

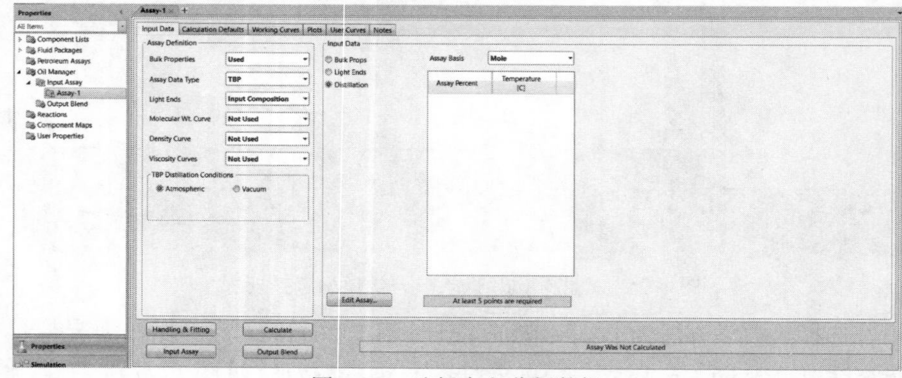

图 1.28 选择定义分析数据

华氏度。若将其更改为摄氏度，请转至 File 菜单并单击 Options，打开 Simulation Options 窗口，在 Variables 标签页上，单击 Units。选择 SI 单位，然后温度单位更改为摄氏度（见图1.29）。

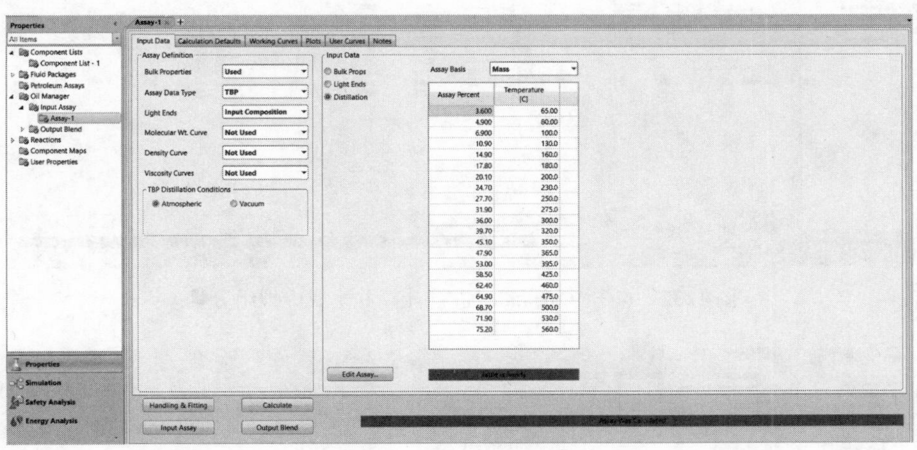

图 1.29　定义蒸馏曲线

第 9 步：选择“Bulk Props”，输入密度和其他可用物性（见图 1.30）。

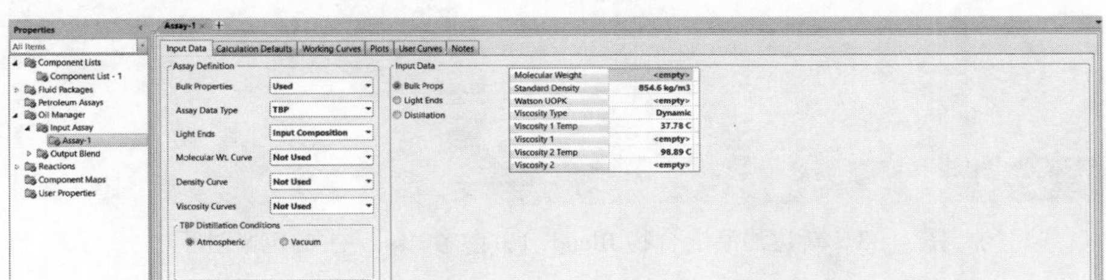

图 1.30　定义密度

第 10 步：选择“Light Ends”，输入轻端组成组成（见图 1.31）。

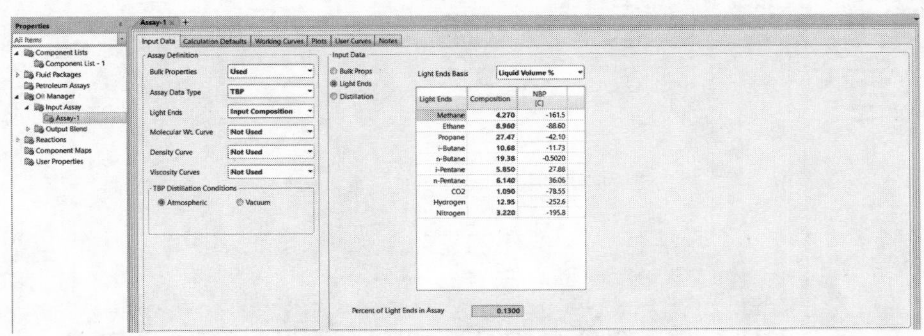

图 1.31　定义轻端组成

第 11 步：点击“Calculate”，启动 Aspen HYSYS Petroleum Refining，计算生成虚拟组分（见图 1.32）。

第 12 步：点击“Output Blend”标签页，点击“Add”，创建油品混合物 Blend-1（见图1.33）。

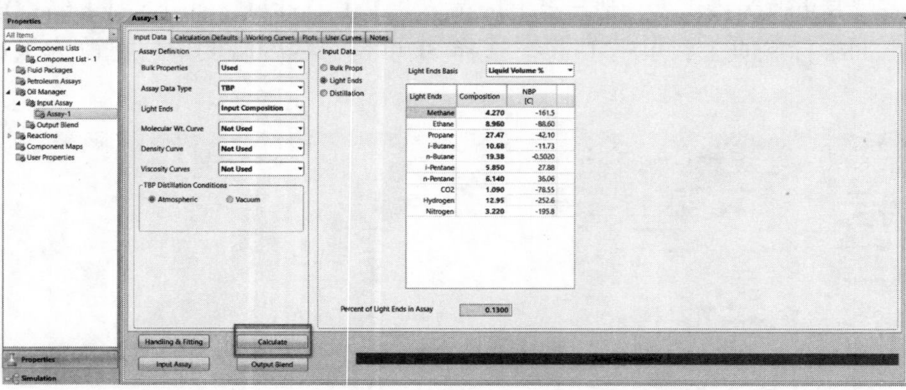

图 1.32　点击“Calculate”进行计算并生成虚拟组分❶

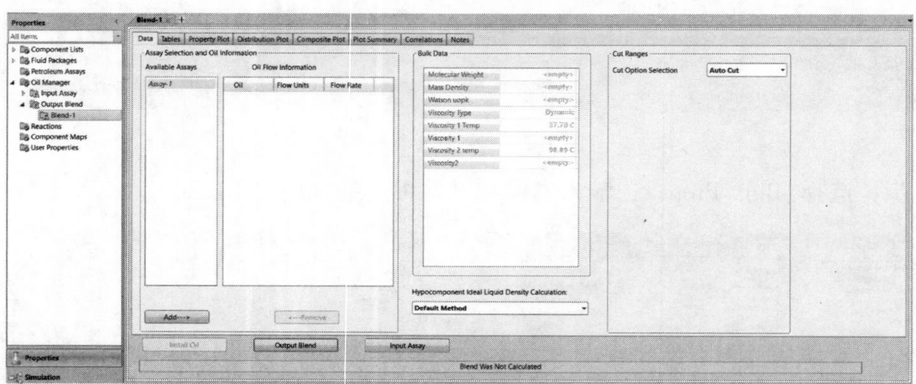

图 1.33　新建油品混合物 Blend-1，参考 Assay-1 的定义过程

第 13 步：选择“Assay-1”，点击“Add”，生成对应的虚拟组分(见图 1.34)。

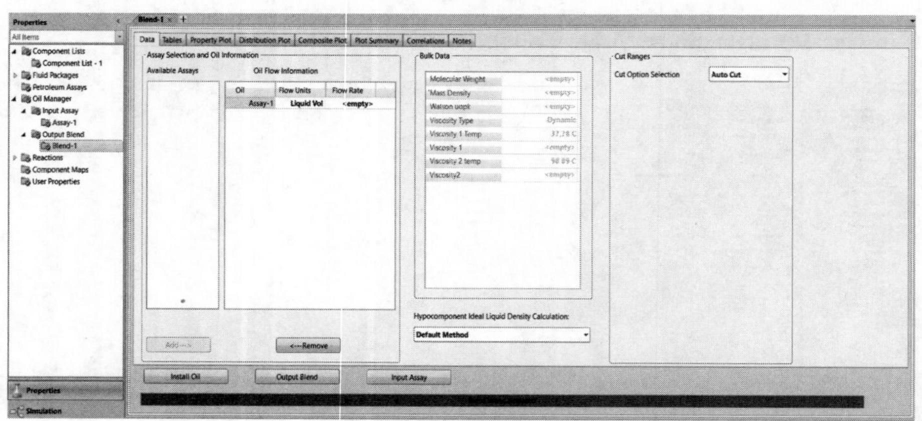

图 1.34　选择 Assay-1 作为切割馏分或油品混合物，使用油品调合计算

第 14 步：转至“Tables”标签页，检查生成的虚拟组分(见图 1.35)。

❶原著有误，译者注。

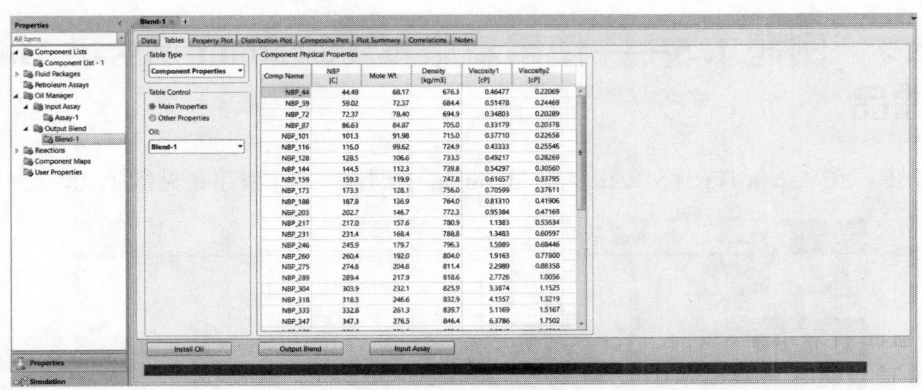

图 1.35 使用虚拟组分表示切割馏分或油品混合物

第 15 步：点击“Install Oil”标签页，选择“Install”选框，输入物流名称(本例中输入 Oil)(见图 1.36)。

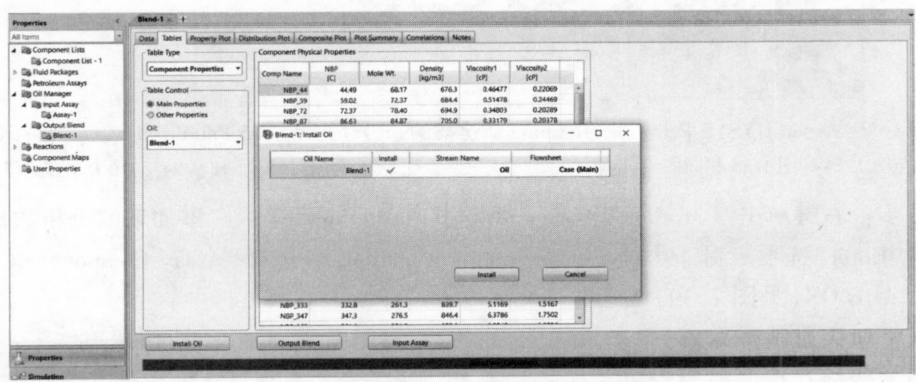

图 1.36 安装切割馏分/油品混合物

第 16 步：切换到 Simulation 环境。“Oil”物流表示创建的石油馏分。点击物流，查看 Worksheet 中的组分。通过 Aspen HYSYS Petroleum Refining 中的 Oil Manager 复制石油馏分(见图 1.37)。

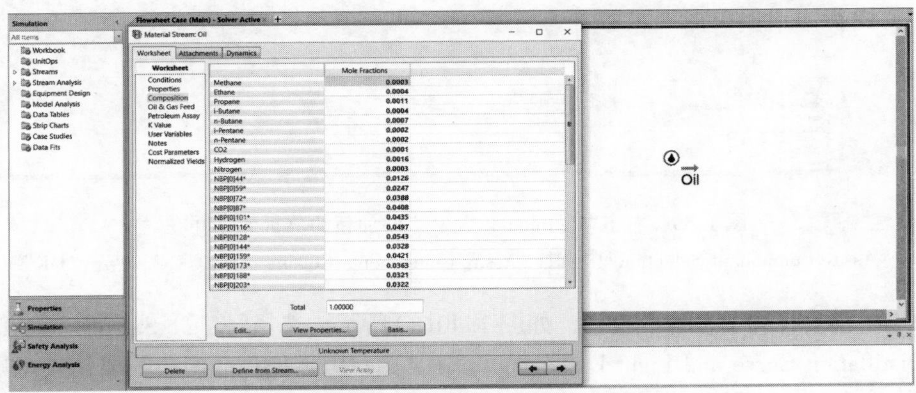

图 1.37 在模拟环境中使用流股表示石油馏分

1.7 例题 1.5——使用新版本 Petroleum Assay Manager 表征油品

第 1 步：在 Aspen HYSYS Petroleum Refining 中创建一个新案例(见图 1.38)。

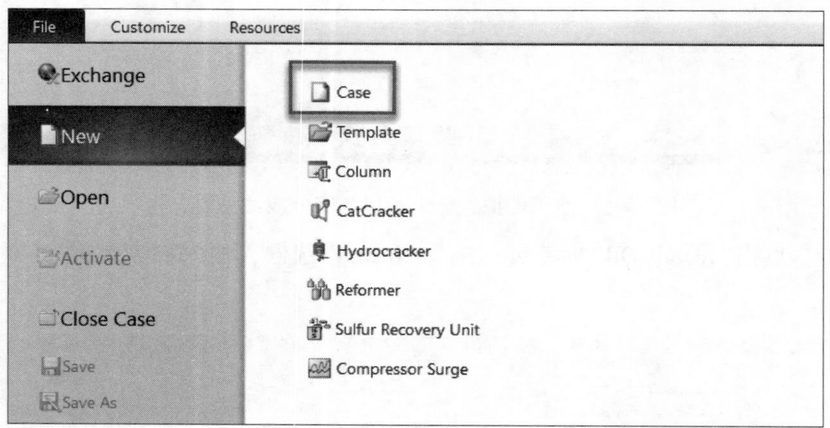

图 1.38 在 Aspen HYSYS Petroleum Refining 新建案例并另存为 WS1.5 Petroleum Assay Manager.hsc

注：添加与图 1.24 和图 1.25 相同的组分(C_1、C_2、C_3, iC_4, nC_4, iC_5, nC_5, CO_2, H_2, N_2)与热力学方法(Peng-Rob)

第 2 步：右键单击“Petroleum Assays”并选择“Add New Essays”添加新的分析数据，选择“Manually Enter”选项。对于“Assay Component Selection”，选择“Assay Component Celsius To 850℃”，点击 OK(见图 1.39)。

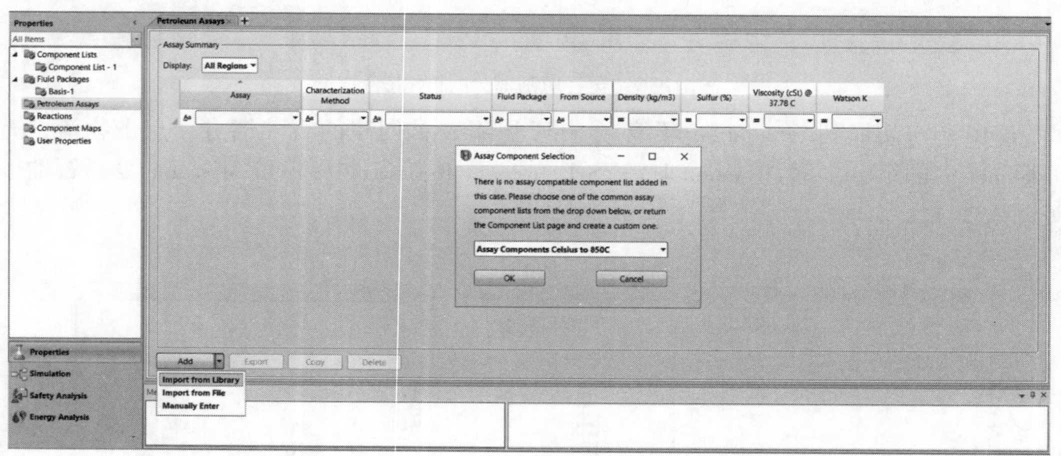

图 1.39 右击“Petroleum Assays”添加新的分析数据并在“Assay Component Selection”中选择“Assay Components Celsius to 850 ℃”，点击“OK”

第 3 步：显示“New Assay”表格，如图 1.40(a)所示。选择“Single Steam Properties”，将 WS1.4 Distillation Curve and Light End Compositions.xls 中的 TBP 蒸馏曲线复制并粘贴到 New Assay 表格中，输入结果汇总如图 1.40(b)所示。

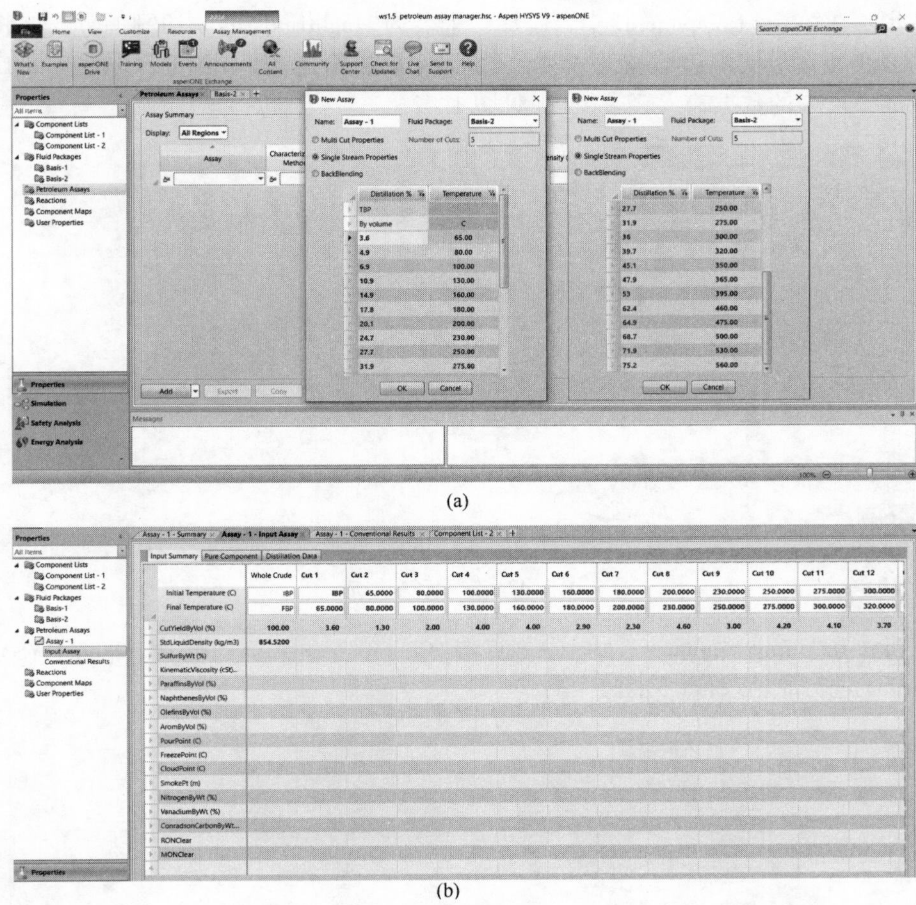

(a)

(b)

图 1.40 (a)在“New Assay”中输入 TBP 蒸馏曲线；(b)在“New Assay”中输入汇总表单

第 4 步：输入密度(Bulk Density)和其他整体性质(如果可用)(见图 1.41)。

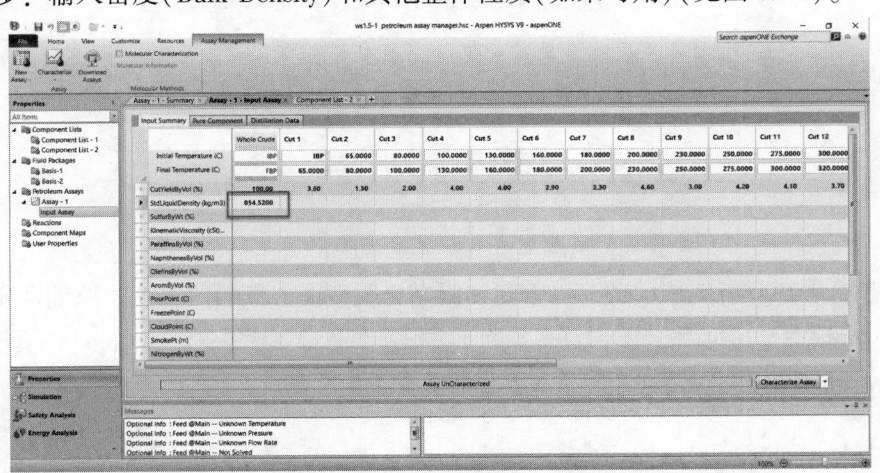

图 1.41 输入整体密度 854.52kg/m^{3}❶

❶原著有误，译者注。

第 5 步：在“Pure Component”中，添加一个名为“LightEnd”的新切割馏分，并将初始温度设置为 IBP 和其最终温度设置为 FBP。然后，按照 WS1. 4Distillation Curve and Light End Compositions. xls 中的数据输入轻端组成(见图 1. 42)。

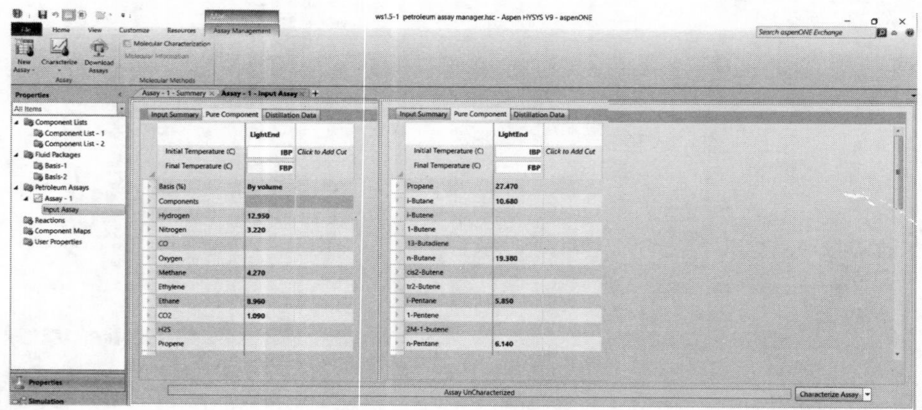

图 1. 42　输入轻端组成

第 6 步：在“Input Summary”表单中，点击“Characterize Assay”启动 Aspen HYSYS Petroleum Refining 进行原油表征(见图 1. 43)。

	Whole Crude	Cut 1	Cut 2	Cut 3	Cut 4	Cut 5	Cut 6	Cut 7	Cut 8	Cut 9	Cut 10	Cut 11	Cut 12
Initial Temperature (C)	IBP	IBP	65.0000	80.0000	100.0000	130.0000	160.0000	180.0000	200.0000	230.0000	250.0000	275.0000	300.0000
Final Temperature (C)	FBP	65.0000	80.0000	100.0000	130.0000	160.0000	180.0000	200.0000	230.0000	250.0000	275.0000	300.0000	320.0000
CutYieldByVol (%)	100.00	3.72	1.18	2.00	4.00	4.00	2.90	2.30	4.60	3.00	4.18	4.12	3.70
StdLiquidDensity (kg/m3)	854.5635	280.8508	549.1735	553.3313	548.6172	542.2626	522.8707	591.4778	873.8424	884.9236	894.1606	902.9332	910.6216
SulfurByWt (%)		0.000	0.000	0.000	0.000	0.000	0.000	0.000					
KinematicViscosity (cSt)...	0.608	0.200	0.200	0.200	0.200	0.200	0.200	0.200	1.532	2.117	2.929	4.225	6.178
ParaffinsByVol (%)	20.225	41.568	90.779	100.000	100.000	100.000	100.000	79.878	23.728	18.142	12.510	8.010	5.191
NaphthenesByVol (%)	46.168	0.000	0.000	0.000	0.000	0.000	0.000	11.086	40.471	42.649	45.749	47.917	48.911
OlefinsByVol (%)		0.000	0.000	0.000	0.000	0.000	0.000	0.000					
AromByVol (%)	31.326	0.000	0.000	0.000	0.000	0.000	0.000	9.036	35.801	39.209	41.741	44.073	45.898
PourPoint (C)	165.902	-138.642	-153.104	-147.904	-151.080	-150.918	-162.674	-187.650	-28.569	-19.564	-11.653	-4.158	2.327
FreezePoint (C)	1.528	-216.646	-167.179	-158.581	-162.572	-164.638	-177.179	-187.650	-44.344	-30.518	-18.042	-5.109	6.927
CloudPoint (C)	-16.092	-259.798	-115.747	-102.902	-84.985	-64.642	-47.111	-40.002	-42.222	-30.940	-20.688	-10.868	-2.214
SmokePt (m)	0.01	0.29	0.09	0.09	0.09	0.09	0.10	0.10	0.01	0.01	0.01	0.01	0.01
NitrogenByWt (%)		0.000	0.000	0.000	0.000	0.000	0.000	0.000					
VanadiumByWt (%)	0.000	0.000	0.000	0.000	0.000	0.000	0.000	0.000	0.000	0.000	0.000	0.000	0.000
ConradsonCarbonByWt...	7.054	0.000	0.000	0.000	0.000	0.000	0.000	0.000	0.000	0.000	0.000	0.000	0.000
RONClear		111.76	88.78	95.15	101.96	103.61	108.26	71.05	-50.30	-67.61	-90.75		
MONClear	20.22	38.18	82.82	89.18	93.48	93.61	95.51	81.53	38.34	35.17	32.25	29.21	26.31

图 1. 43　油品表征

第 7 步：表征分析完成后，可以创建切割馏分收率图、蒸馏曲线图、原油性质图、切割馏分黏度图和 PNA 分布图(见图 1. 44 和图 1. 45)。

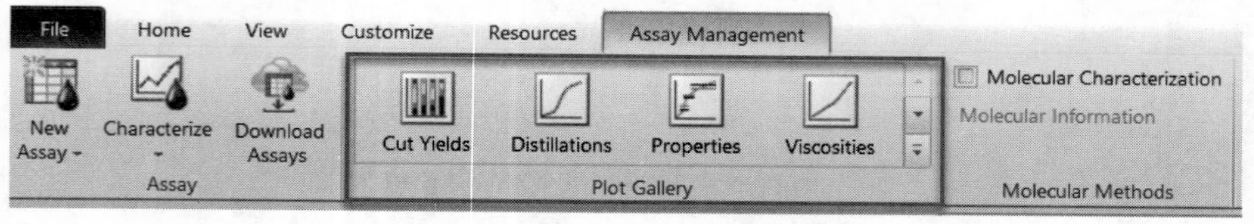

图 1. 44　添加和编辑分析数据

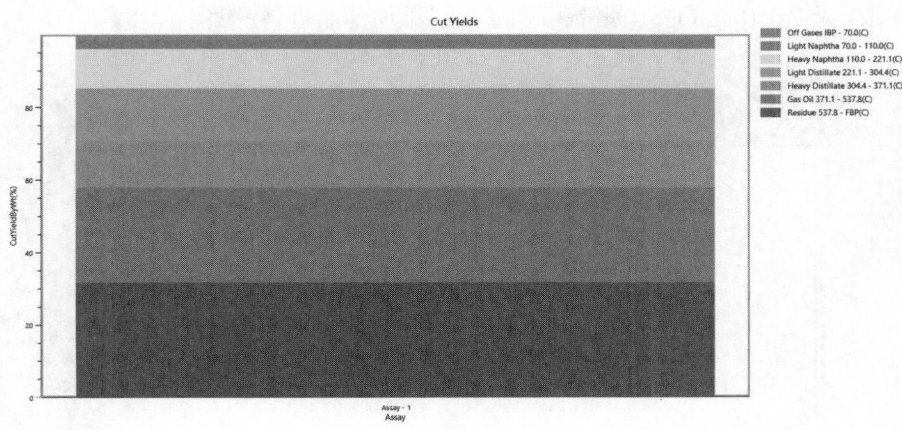

图 1.45　绘制馏分收率图

第 8 步：点击“Simulation”进入模拟环境(见图 1.46)。

图 1.46　进入模拟环境

第 9 步：点击“Model Palette”打开单元模型窗口(见图 1.47)。

图 1.47　打开单元模型窗口

第 10 步：点击“Refining> Petroleum Feeder”添加油品进料(见图 1.48)。

图 1.48　添加 Petroleum Feeder 模块

第 11 步：添加一个进料物流(见图 1.49)。

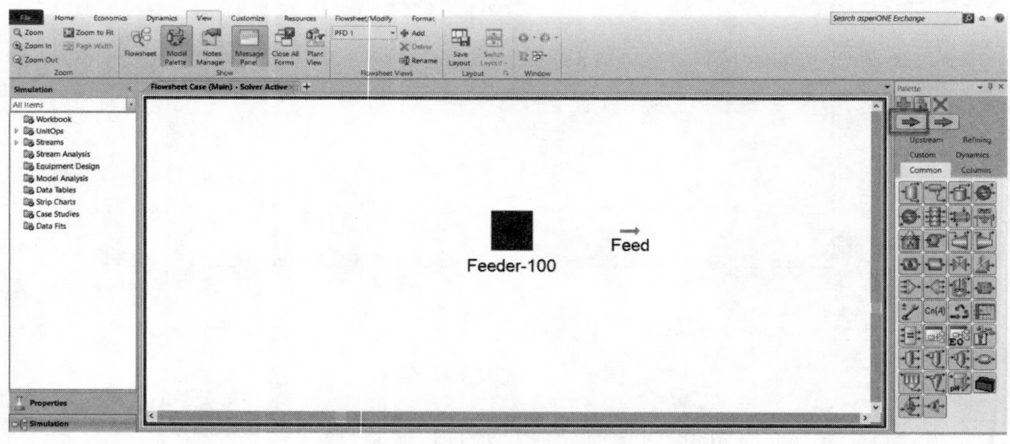

图 1.49　添加进料流股

第 12 步：点击 Feeder 选择进料分析数据和产品物流(见图 1.50)。

1.8　例题 1.6——从 Oil Manager 到 Petroleum Assay Manager 的转换方法及功能对比

打开文件 WS1.4 Oil Manager. hsc 并另存为 WS1.6 Conversion from Oil Manager to Petroleum Assay Manager. hsc。点击图 1.51 中的 Properties 环境→Petroleum Assay 按钮→Convert to Refinery Assay 进行转换。

选择使用现有的流体包，然后点击转换，如图 1.52 所示。

转化结果如图 1.53 所示，与图 1.42 中 Petroleum Assay Manager 中的表示相同。

表 1.3 总结了新版本 Petroleum Assay Manager 对老版本 Oil Manager 的改进方面。

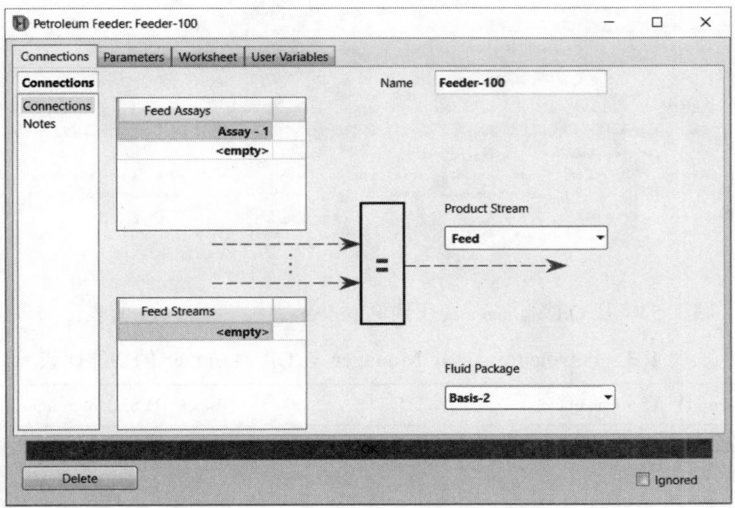

图 1.50　在 Petroleum Feeder 中设置进料分析数据

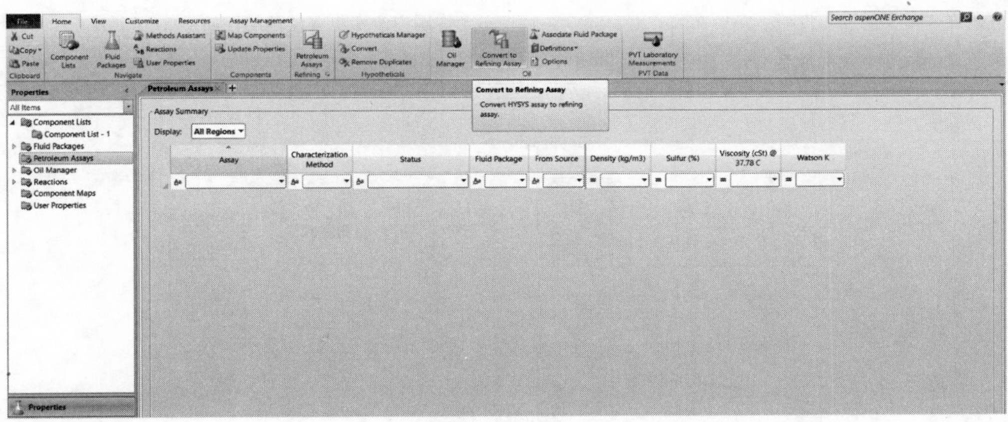

图 1.51　将 Oil Manager 转化为 Petroleum Assay Manager

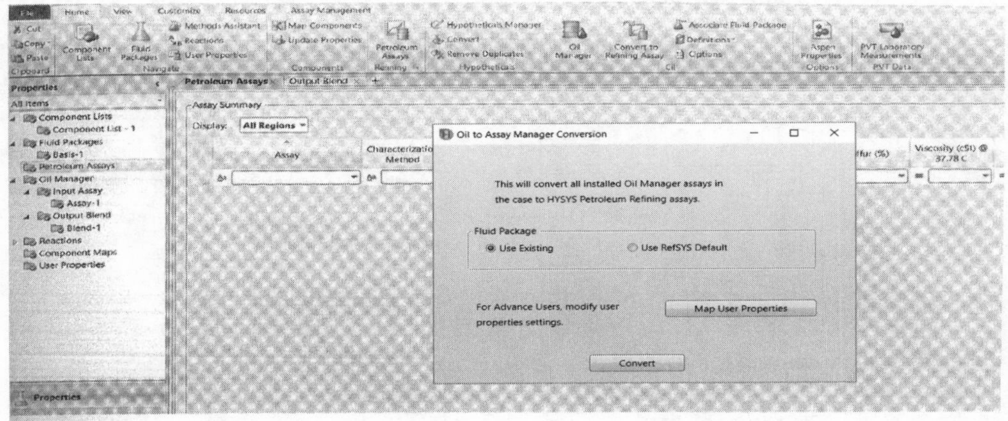

图 1.52　在 Petroleum Assay Manager 进行油品转换

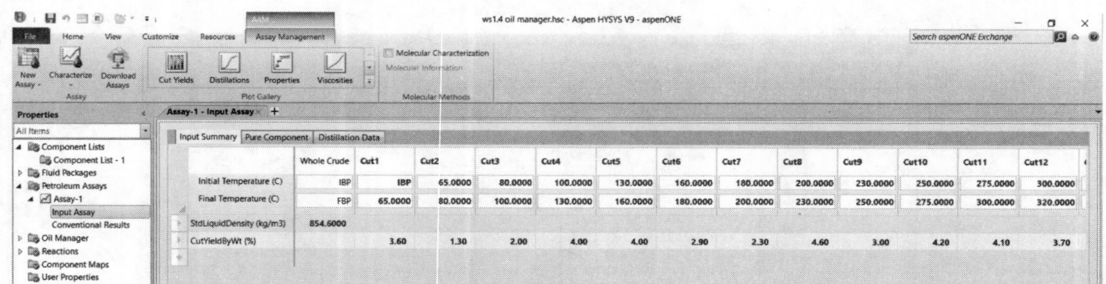

图 1.53　从 Oil Manager 转化到 Petroleum Assay Manager 的表征结果

表 1.3　Petroleum Assay Manager 与 Oil Manager 的功能比较

Aspen HYSYS oil manager	Aspen HYSYS petroleum refining
每一个馏分都有自己的一套组分列表（详见图 1.54、第 2.11.2 节及图 2.82）	多股馏分使用共同组分列表（详见图 1.54、第 2.11.2 节及图 2.82）
使用的混合规则不够精确，因为每个馏分都有其自己的组分列表 允许改变非常少的油品性质 使用简化的选项来表征油品	根据精确的混合规则计算物性值，所有分析数据都采用相同的组分列表 允许用户改变更多的油品性质

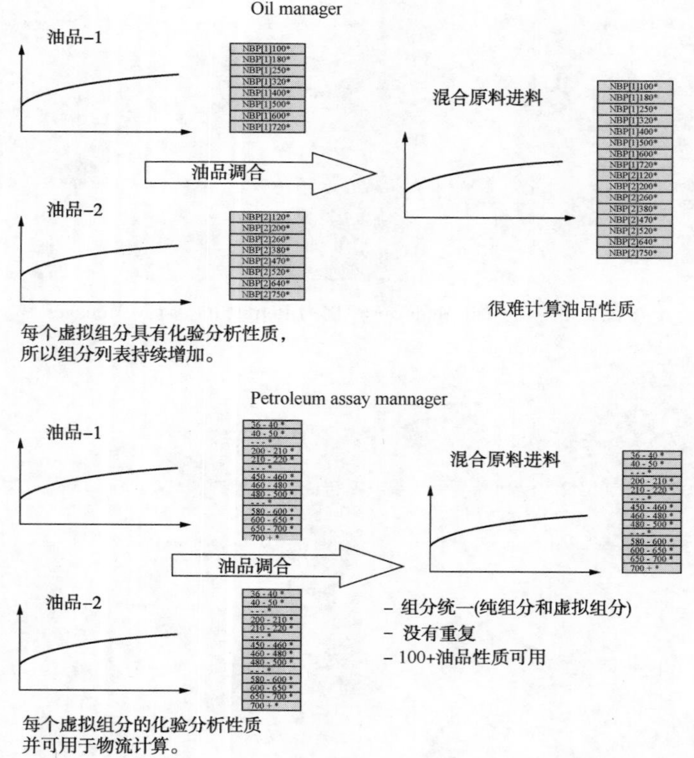

图 1.54　Oil Manager 和 Petroleum Assay Manager 的分析比较

本文强烈推荐使用 Petroleum Assay Manager 进行原油评价。

1.9 炼厂工艺模型的物性需求

现代炼油工艺单元主要分为两类：分离单元和反应单元。为了开发适合任何工艺单元的模型，需要对流程进行物料衡算和能量衡算以及对目标装置性能进行演算。因此，用于过程模拟所需的基本物性(物理性质和化学性质)取决于目标单元、虚拟组分和反应动力学模型。第4章至第6章展示了现代炼油工艺反应单元中三个主要装置——催化裂化装置、催化重整装置和加氢裂化装置，第7章介绍其他炼油反应装置，如烷基化和延迟焦化。虽然本章主要关注分馏过程模拟所需的热力学性质，但不同类型虚拟组分(如根据集总动力学生成的虚拟组分)的物性是基本类似的。

本章前几节介绍了通过将化验分析曲线切割成基于馏程的一组离散组分来创建虚拟组分，同时在练习中还简要涉及了物理性质和热力学方法的选择。以下我们将详细讨论过程模拟软件如何表示这些组分的问题，主要从两个方面考虑：虚拟组分的物理性质和在复杂炼油模型中处理烃类虚拟组分热力学方法的选择。过程模拟中气相和液相工艺物流的质量和能量的精确计算取决于物理性质和过程热力学的正确选择。

1.10 物理性质

对于只涉及气-液相的过程模拟，每一相的某些关键物性和热力学性质必须是可用的。表1.4列出了所有相所需的基本物性。一般可以从DIPPR[2]等通用数据库中获得纯组分(如正己烷、正庚烷等)的物性。商业模拟软件(包括Aspen HYSYS)同样提供了大量的纯组分及其物性和热力学性质。但是在使用这些数据库时，首先根据组分名称和分子结构来确认组分，并且使用相同数据库中的实验测量值或估算值。由于原油的复杂性，不可能将原油完全分析为一系列的纯组分，因此，必须根据某些测量值估算虚拟组分的物性。

表1.4 每一相所需的物性

相　态	所需物性
气相	理想气体热容(CP_{IG})
液相	液相热容(CP_L) 液相密度(ρ_L) 汽化潜热(ΔH_{VAP}) 蒸气压(P_{VAP})
相同点	分子量(MW)

注意：表1.4给出了过程模拟中物料和能量严格计算所需物性的最低要求。后续的章节将继续讨论，根据选用不同类型的热力学方法，不同工艺模型可能额外的物性要求(特别是蒸气压)。

1.10.1 估算虚拟组分物性的“最低像素”

前面章节阐述了创建虚拟组分的基本条件为蒸馏曲线和比重/密度分布。如果仅有整体密度，则假设Watson K因子为常数，然后估算密度分布；如果仅有部分密度分布，可用Beta函数外推不完整蒸馏曲线。注意，在建模过程中，密度曲线尽量使用实际测量值。当蒸馏曲线和密度曲线可用时，可切割出若干虚拟组分，且每个组分包含沸点和密度，然后使用这两个实测性质估算其他物性(如分子量、临界温度、临界压力、偏心因子等)。这些估算的物性可满足过程模拟所需最少物性要求。本书附加材料还提供了Microsoft Excel电子表格Critical-Property-Correlations.xls以及许多关联式。

1.10.2 分子量

分子量是虚拟组分的最基本信息，是确保工艺流程中精确的物料平衡的必要属性。研究人员大量研究了各类烃类纯组分和油品分子量的总体规律。下面有几个基于沸点、密度和黏度的关联式用于估算分子量。在一般情况下，仅输入沸点进行估算分子量是最不准确的，而提供沸点、密度和黏度的关联式是最准确的。关联式中黏度是与分子类型有着良好关联的参数——可进一步优化分子量估算。在大多数情况下，使用的关联式需要给定组分的沸点和密度。两个常用的关联式分别为 Lee-Kesler 关联式[9,10] [式(1.10)] 和 Twu 关联式[11] [式(1.11) ~式(1.13)]。

$$MW = -12272.6 + 9486.4(SG) + (8.3741 - 5.99175 \cdot SG) T_b + (1 - 0.77084 \cdot SG - 0.02058 \cdot SG^2) \times \left(0.7465 - \frac{222.466}{T_b}\right) \cdot \frac{10^7}{T_b} + (1 - 0.80882 \cdot SG - 0.0226 \cdot SG^2) \times \left(0.3228 - \frac{17.335}{T_b}\right) \cdot \frac{10^{12}}{T_b^{\ 3}} \tag{1.10}$$

$$MW^o = \frac{T_b}{5.8 - 0.0052\, T_b} \tag{1.11}$$

$$SG^o = 0.843593 - 0.128624\alpha - 3.36159\,\alpha^3 - 13749.5\,\alpha^{12} \tag{1.12}$$

$$T_c^o = T_b \begin{pmatrix} 0.533272 + 0.343838 \times 10^{-3} \times T_b + 2.52617 \times 10^{-7} \times T_b^{\ 2} - \\ 1.654881 \times 10^{-10} \times T_b^3 + 4.60773 \times 10^{-24} \times T_b^{-13} \end{pmatrix}^{-1} \tag{1.13}$$

$$\alpha = 1 - \frac{T_b}{T_c^o} \tag{1.14}$$

$$\ln(MW) = \ln(MW^O)\left[\frac{(1 + 2f_M)}{(1 - 2f_M)^2}\right] \tag{1.15}$$

$$f_M = \Delta SG_M\left[\chi + \left(-0.0175691 + \frac{0.143979}{T_b^{0.5}}\right)\right] \tag{1.16}$$

$$\chi = \left|0.012342 - \frac{0.244515}{T_b^{0.5}}\right| \tag{1.17}$$

$$\Delta SG_M = \exp[5(SG^o - SG)] - 1 \tag{1.18}$$

Riazi[4]列出了其他分子量关联式，如 Cavett 和 Goosens 关联式，但和 Lee-Kesler 关联式或 Twu 关联式相比没有明显优势。Lee-Kesler 关联式是根据校正各种轻质油品(<850℉或454℃)而开发的，其结果是，对于高沸点虚拟组分的关联趋势不够准确。Twu 关联式利用了大量的数据来解决重组分问题。推荐使用 Twu 关联式，特别是减压塔处理重质原料的过程。Aspen HYSYS 也利用 Twu 关联式计算分子量。图 1.55 给出了 Aspen HYSYS 中对于特定调合是如何选择分子量关联式的。

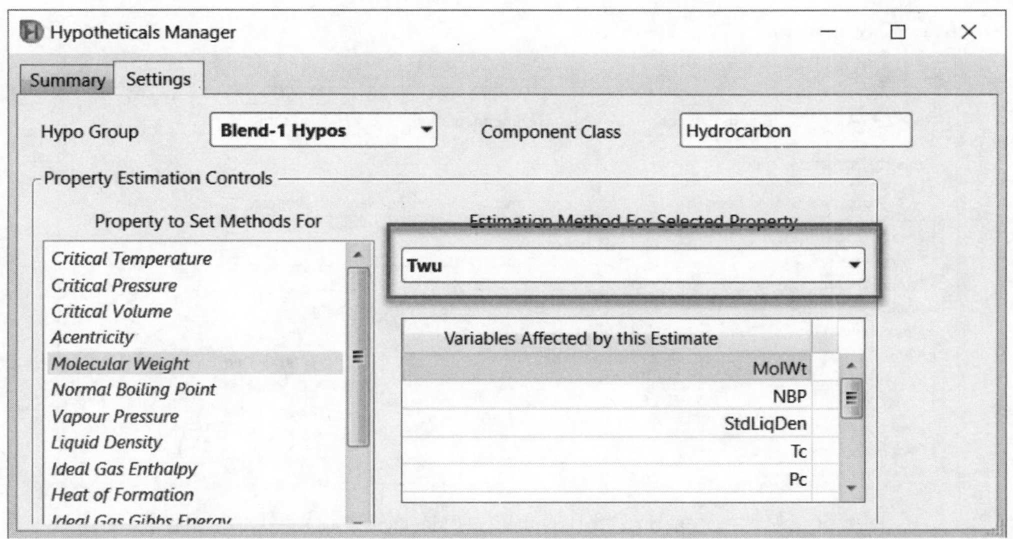

图 1.55 修改 Aspen HYSYS Hypothetical Manager 中的分子量关联式

1.10.3 临界性质

当过程模拟不能充分定义虚拟组分时，研究人员需要提供一些必需物性用于物料和能量的计算。幸运的是，研究人员通过各种渠道获得的烃类组分的临界温度(T_c)、临界压力(P_c)和偏心因子(ω)与这些物性能够关联起来。当我们使用虚拟组分时，必须估算其临界性质。与分子量估算一样，相关文献记载了许多临界性质的估算方法，这些计算方法的区别在于所需的基本参数以及进行关联所需的基础数据。注意：虚拟组分越重，沸点越高，其临界压力变化趋势越缓慢。

Lee-Kesler[9, 10]和 Twu[11]也给出了临界性质的关联式。本文主要使用 Lee-Kesler 普遍关联式，式(1.19)和式(1.20)给出了计算临界温度(T_c)和临界压力(P_c)的 Lee-Kesler 关联式。在全馏程范围内，我们推荐使用该关联式，因为相比于其他关联式，该关联式的偏差较小。图 1.56 和图 1.57 显示了在 Aspen HYSYS 中如何在关联式中修改相关物性。

$$T_c = 189.8 + 450.6SG + (0.4244 + 0.1174SG)\,T_b + (0.1441 - 1.0069SG)\,10^5/T_b \tag{1.19}$$

$$P_c = 5.689 - \frac{0.0566}{SG} - \left(0.43639 + \frac{4.1216}{SG} + \frac{0.21343}{SG^2}\right)\times 10^{-3}\,T_b + \left(0.47579 + \frac{1.182}{SG} + \frac{0.15302}{SG^2}\right)\times 10^{-6}\,T_b^{\,2} - \left(2.4505 + \frac{9.9099}{SG^2}\right)\times 10^{-10}\,T_b^{\,3} \tag{1.20}$$

另一个关联因素是偏心因子。偏心因子表示不同分子的大小和形状，简单分子的偏心因子接近于0，而大分子或复杂烃类分子的偏心因子为 0.5~0.66。偏心因子不能够测量，而是定义为正常沸点时❶的饱和蒸气压与临界压力测量值或估算值的比值的函数。偏心因子定义如式(1.21)所示：

---

❶在一个标准大气压下(101.325kPa)。

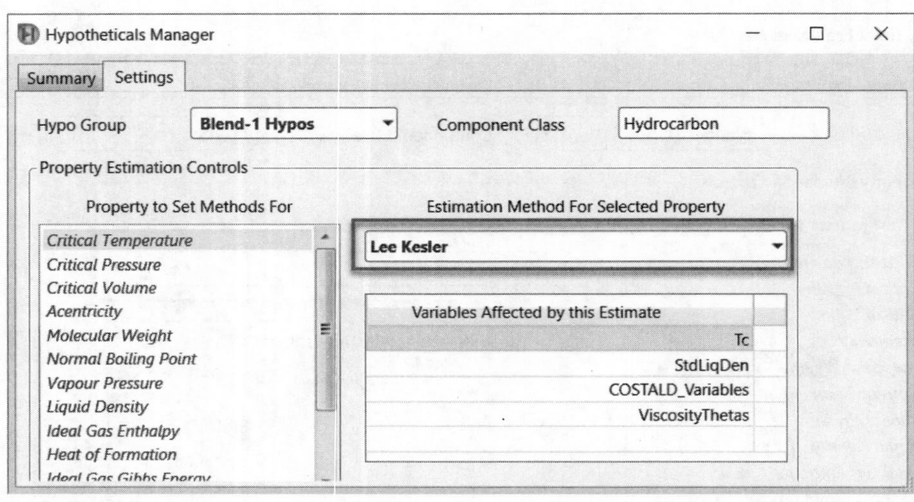

图 1.56 修改 Aspen HYSYS Hypotheticals Manager 中临界温度 T_c 关联式

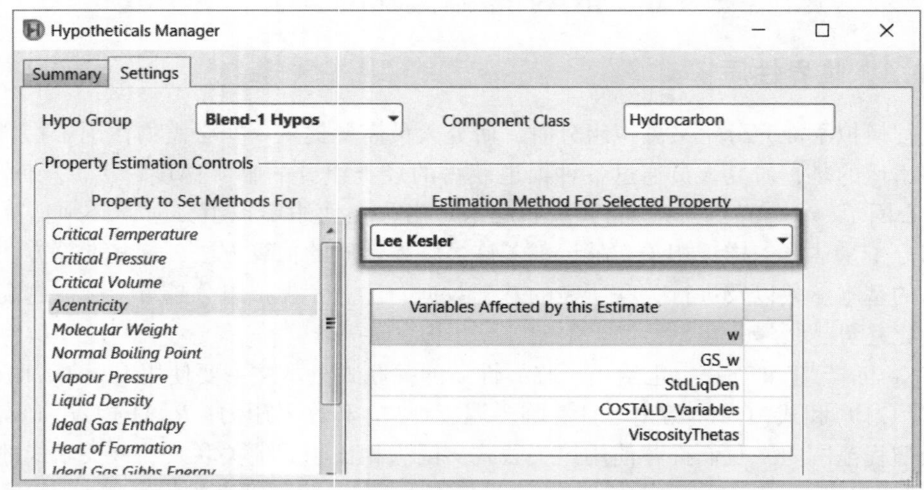

图 1.57 修改 Aspen HYSYS Hypotheticals Manager 中偏心因子关联式

$$\omega = -\log_{10}(P_r^{VAP}) - 1.0 \tag{1.21}$$

式中，P_r^{VAP} 表示对比温度（T_r）为 0.7 时的对比蒸气压。对比蒸气压即虚拟组分饱和蒸气压与其临界压力的比值，对比温度表示该温度与临界温度的比值。

由于偏心因子的范围较小，大多数关联式都可以提供合理的数据。其精确度在很大程度上依赖于临界温度和临界压力关联式的精确度。但是，即使出现较大的相对误差，也不会对诸如理想气体热容等导出性质产生较大偏差。本文选择 Lee-Kesler[9, 10] 关联式（式 1.22）作为偏心因子关联式，该关联式基于 Lee 和 Kesler 根据临界温度和临界压力关联式收集的大量饱和蒸气压数据。该关联式的局限为对比沸点温度（T_{br}）低于 0.8，但是已经地成功使用在高对比沸点温度（T_{br}）条件中。图 1.57 显示了如何修正 Aspen HYSYS Hypotheticals Manager 中油品混合物偏心因子的估算方法。

$$\omega = \frac{-\ln\left(\frac{P_c}{1.01325}\right) - 5.92714 + \frac{6.09648}{T_{br}} + 1.28862\ln(T_{br}) - 0.169347\,T_{br}^{\ 6}}{15.2518 - \frac{15.6875}{T_{br}} - 13.4721\ln(T_{br}) + 0.43577\,T_{br}^{\ 6}} \tag{1.22}$$

其中，T_{br} 表示对比沸点，即正常沸点除以临界温度 T_c。

1.10.4 液体密度

烃类液体密度对于摩尔流量和质量流量转化为体积流量是非常重要的。炼油厂许多装置都是以体积流量为基准，另外，产品密度是炼油厂产品销售的重要约束指标。在流程模拟中，由于许多状态方程的热力学模型不能准确地预测液体密度，而液体密度又是重要的物性参数，所以必须对液体密度进行校正。即使使用工艺模拟软件状态方程法对炼油厂建模，液体密度也需要单独计算以确保结果准确。图 1.58 显示了当使用 Aspen HYSYS 状态方程(本例为 Peng-Robinson 方程)作为热力学模型时，如何单独计算液体密度。

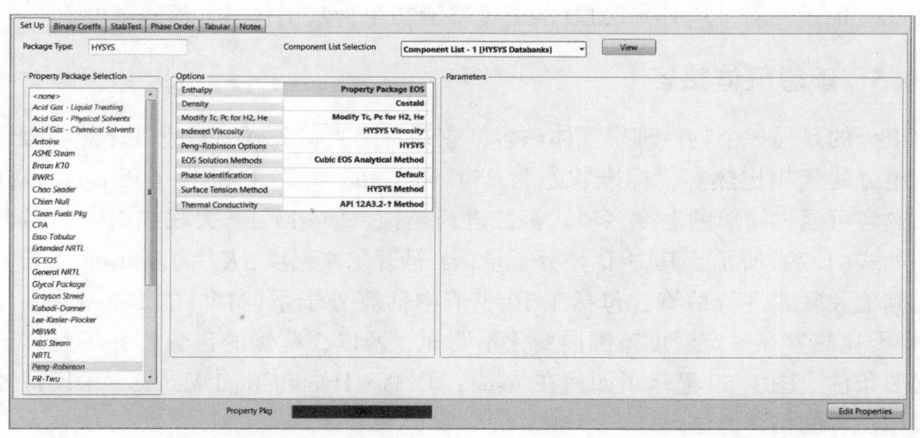

图 1.58 Aspen HYSYS 中 Peng-Robinson 状态方程的选项

相关文献报道了许多基于不同临界性质计算液体密度或液体摩尔体积的关联式。根据组分分子量将液体质量密度转化为液体摩尔体积是可能的，同样这也意味着分子量或临界性质的预测错误会给液体密度或摩尔体积关联式中带来额外的错误。液体密度常用关联式包括 Yen-Woods 关联式[12]，Gunn-Yamada 关联式[13]和 Lee-Kesler 关联式[9, 10]。具有修正压力的 COSTALD(对比状态液体密度)关联式[15]的 Spencer-Danner(Rackett 修正方程)法[14]可以准确地关联液体密度(当对比温度小于 1 时)。式(1.23)给出了标准 Spencer-Danner 方程，该方程实际是预测饱和液体条件下的摩尔体积，可使用分子量将摩尔体积转换为液体密度。

$$V^{SAT} = \left(\frac{R\,T_C}{P_C}\right) Z_{RA}^{\ n},\quad n = 1.0 + (1.0 - T_r)^{2/7} \tag{1.23}$$

$$Z_{RA} = 0.29056 - 0.08775\omega \tag{1.24}$$

Z_{RA} 是计算组分临界压缩因子的一个特殊参数，许多纯组分的 Z_{RA} 是 Aspen HYSYS 纯组分数据库的一部分。虚拟组分 Z_{RA} 可能需要通过式(1.24)进行估算，式(1.24)是与偏心因子关联的函数。根据 Spencer-Danner 方程，液体密度仅是温度的函数，炼油工艺条件可能需要足够的苛刻度，以至液体密度也是压力的函数。我们引入 COSTALD 关联式[式(1.25)]

校正高压下的液体密度，该式需提供参考压力 P^o 下的液体密度。式(1.25)能够预测操作压力 P 的密度(ρ_P)，ρ_P 是两个参数(B 和 C)的函数。

$$\rho_P = \rho_{P^o}\left[1 - C\ln\left(\frac{B + P}{B + P^o}\right)\right]^{-1} \tag{1.25}$$

$$e = \exp\,(4.79594 + 0.250047\omega + 1.14188\,\omega^2) \tag{1.26}$$

$$B = P_c[-1 - 9.0702\,(1.0 - T_r)^{\frac{1}{3}} + 62.45326\,(1.0 - T_r)^{\frac{2}{3}} - 135.1102(1.0 - T_r) + e\,(1.0 - T_r)^{\frac{4}{3}}] \tag{1.27}$$

$$C = 0.0861488 + 0.0344483\omega \tag{1.28}$$

COSTALD 关联式即使在高对比温度和高对比压力下也相当准确(一般地，液体密度预测值与测量值误差范围为 1%~2%)，使得提供的临界性质预测值的误差较小。当对比温度大于 1 时，Spencer-Danner 方程预测液体密度可能出现间断，导致工艺模拟的失败。但是，在对比温度大于 1 时，状态方程更加准确，可以直接使用。Aspen HYSYS 使用平滑方法(Chueh-Prausnitz[16])确保从 COSTALD 的密度平滑转化为基于状态方程的密度。

1.10.5 理想气体热容

虚拟组分的是另一个物性理想气体热容，它通常是直接关联。理想气体热容表示标准状态下虚拟组分的气相比热容，标准状态为 25℃ 和 1 atm 或 77℉ 和 14.696 psia。众所周知，烃类的比热容可通过简单的温度多项式函数进行模拟，Lee-Kesler 关联式[9, 10]是目前常用的关联式，如式(1.29)所示，其中 M 是分子量，T 是开尔文温度，K_W 为 Watson 因子。这些参数可通过其他关联式进行估算，包括 1.10.3 节中估算分子量(MW)的 Lee-Kesler 方程(式 1.10)。烃类比热容在一定温度范围内变化不明显，所以，精确的比热容并不是理想的模拟结果的必要条件。图 1.59 显示了如何在 Aspen HYSYS Hypothetical Manager 中模拟油品混合物理想气体热容的估算方法。

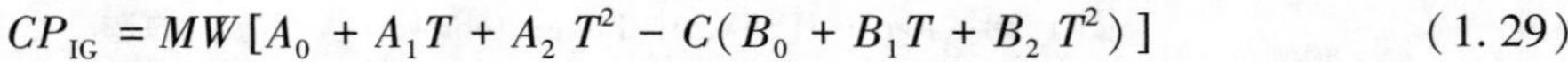

$$CP_{IG} = MW[A_0 + A_1T + A_2T^2 - C(B_0 + B_1T + B_2T^2)] \tag{1.29}$$

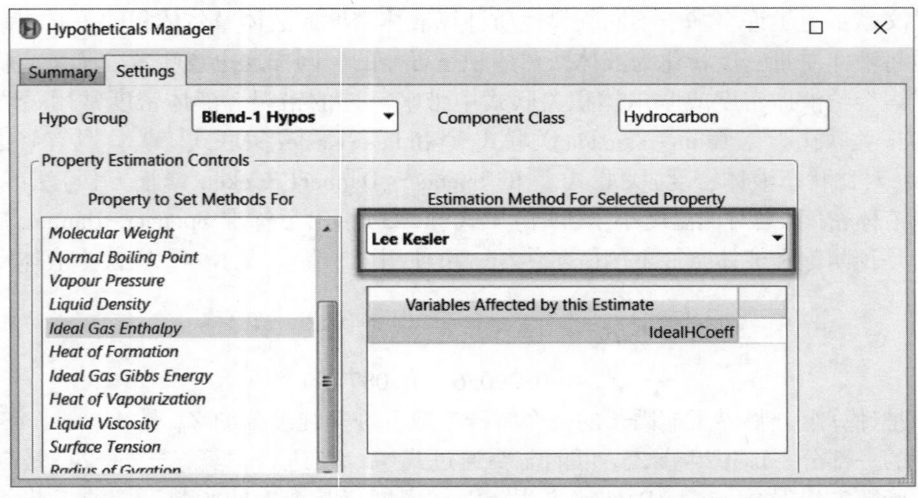

图 1.59　修改 Aspen HYSYS Hypotheticals Manager 中理想气体热容的关联式

$$A_0 = -1.41779 + 0.11828\,K_W \tag{1.30}$$

$$A_1 = -(6.99724 - 8.69326\,K_W + 0.27715\,K_W{}^2) \times 10^{-4} \tag{1.31}$$

$$A_2 = -2.2582 \times 10^{-6} \tag{1.32}$$

$$B_0 = 1.09223 - 2.48245\omega \tag{1.33}$$

$$B_1 = -(3.434 - 7.14\omega) \times 10^{-3} \tag{1.34}$$

$$B_2 = -(7.2661 - 9.2561\omega) \times 10^{-7} \tag{1.35}$$

$$C = \left[\frac{(12.8 - K_W) \times (108 - K_W)}{10\omega}\right]^2 \tag{1.36}$$

1.10.6 其他物理性质

一旦获得部分虚拟组分的沸点、密度或比重、分子量和临界性质，我们便可以对过程模拟需要的其他物性进行估算，如表 1.4 所示。这些预测值的准确性在很大程度上依赖于分子量和临界性质预测值的准确性。除此之外，预测值的准确性还取决于选择的热力学方法，在某些情况下我们可能不需要对某些物性进行任何关联。例如，如果选择状态方程法，对于蒸气压(P^{VAP})或汽化热(ΔH_{VAP})则不需要任何其他关联，因为这些数值可以直接通过状态方程进行计算。状态方程的特点将在后续章节进行讨论，而本节呈现了虚拟组分所有性质的关联式，使模型开发者了解模型的局限性，以及状态方程不是过程模拟热力学所需的附加数据。

在炼油建模的过程中，虚拟组分的液体热容通常是较大的常数。Walas[6] 指出，随着虚拟组分的沸点和密度的增大，烃类的液体热容在正常沸点下将维持在 1.8~2.2 kJ/kg · K。因此，粗略估算液体热容对模拟结果不会有显著影响。常用的烃类液体热容关联式有两个：Kesler-Lee 关联式[9, 10]［式(1.37)］和 API 关联式［式(1.41)］。使用其中任何一个关联式，都可能得到理想的结果。一般地，这些关联式不受温度的限制，因为这些关联式与温度的相关性不强。过程模拟软件利用不同模型来估算液体热容，但是这些模型仅仅比这两种简单的关联式略微好一点。

$145K < T < 0.8\,T_c$

$$CP_L = a(b + cT) \tag{1.37}$$

$$a = 1.4561 + 0.2302\,K_W \tag{1.38}$$

$$b = 0.306469 - 0.16734SG \tag{1.39}$$

$$c = 0.001467 - 0.000551SG \tag{1.40}$$

$T_r < 0.85$

$$CP_L = A_1 + A_2 T + A_3\,T^2 \tag{1.41}$$

$$A_1 = -4.90383 + (0.099319 + 0.104281SG)\,K_W + \left(\frac{4.81407 - 0.194833\,K_W}{SG}\right) \tag{1.42}$$

$$A_2 = (7.53624 + 6.214610\,K_W) \times \left(1.12172 - \frac{0.27634}{SG}\right) \times 10^{-4} \tag{1.43}$$

$$A_3 = -(1.35652 + 1.11863\,K_W) \times \left(2.9027 - \frac{0.709584}{SG}\right) \times 10^{-7} \tag{1.44}$$

与热容相关的另外一个物性是虚拟组分的汽化热，汽化热表示一定质量(或体积)的液体汽化为气体所需的热量。和热容相似，相关文献给出了各种计算汽化热的关联式。本书给出了两个常用的关联式：Riedel 关联式[17]［式(1.45)］和 Chen-Vettere 关联式[17]［式(1.46)］。两个关联式均与临界温度和临界压力有关，并给出了正常沸点的汽化热。当需要获得其他温度下的汽化热可使用 Watson 关联式(式 1.47)；对于烃类，每个关联式都可以提供非常好的结果［平均相对偏差(ARD)< 2%］。如果流程模拟软件尚未使用相关关联式，推荐使用式(1.45)或式(1.46)。除了这些关联式外，Aspen HYSYS 还提供了使用两个参考状态液体的高级关联式。

$$\Delta H_{\mathrm{NBP}}^{\mathrm{VAP}} = 1.093R\,T_{\mathrm{C}}\,T_{\mathrm{br}}\,\frac{\ln P_{\mathrm{c}} - 1.103}{0.93 - T_{\mathrm{br}}} \tag{1.45}$$

$$\Delta H_{\mathrm{NBP}}^{\mathrm{VAP}} = R\,T_{\mathrm{C}}\,T_{\mathrm{br}}\,\frac{3.978\,T_{\mathrm{br}} - 3.958 + 1.555\,P_{\mathrm{c}}}{1.07 - T_{\mathrm{br}}} \tag{1.46}$$

$$\Delta H^{\mathrm{VAP}} = \Delta H_{\mathrm{NBP}}^{\mathrm{VAP}}\left(\frac{1 - T_{\mathrm{r}}}{1 - T_{\mathrm{br}}}\right)^{0.38} \tag{1.47}$$

当不使用状态方程法时，虚拟组分的蒸气压是非常重要的物性。过程模拟中的其他方法均需与蒸气压进行关联，烃类纯组分的蒸气压已经被广泛地收集在数据库中，例如，DIPPR (Design Institute for Physical Property Research，美国化学工程师协会)和现代过程模拟软件中可用的专用数据库。相关文献报道了各种虚拟组分蒸气压关联式，值得一提的是 Clausius-Clapeyron 方程式(1.48)对蒸气压和汽化热进行了关联。在一般情况下，诸如 Lee-Kesler[9, 10]等常用蒸气压关联式与汽化热关联式可以很好地吻合，并保持热力学一致性。Lee-Kesler 蒸气压关联式如式(1.49)所示：

$$\frac{\mathrm{d}\ln P}{\mathrm{d}T} = \frac{\Delta H_{\mathrm{VAP}}}{R\,T^2} \tag{1.48}$$

$$\ln P_{\mathrm{r}}^{\mathrm{VAP}} = 5.92714 - \frac{6.096648}{T_{\mathrm{r}}} - 1.28862\,T_{\mathrm{r}} + 0.16934\,T_{\mathrm{r}}^{6} + \omega\left(15.2518 - \frac{15.6875}{T_{\mathrm{r}}} - 13.4721\,T_{\mathrm{r}} + 0.43577\,T_{\mathrm{r}}^{6}\right) \tag{1.49}$$

Lee-Kesler 关联式对于低沸点或中沸点虚拟组分的蒸气压计算是相当准确的，对于极轻的组分，建议直接使用纯组分物性。对于重组分，Ambrose [17]提出了 Lee-Kesler 关联式的辅助项，实际上，该辅助项对于炼油模拟是没有必要的。

1.11 过程热力学

在工艺模型中充分表征虚拟组分和任意真实组分后，必须选择一种合适的热力学方法。热力学方法类似于一个框架，它介绍了部分组分混合后形成单相或两相中的组分分布，以及在给定的工艺条件下，这些相的物料流和能量流。过程热力学中同样设置了模型和实际工厂中不同分馏装置、反应装置的物料和能量传递的限制条件。

现代炼油厂是一个复杂的系统，每一套炼厂装置及辅助工艺模拟都需要不同的热力学模型。例如，不能使用原油蒸馏系统的热力学模型处理酸水汽提装置。实际上，合适的热力学模型是工艺模型的核心。陈超群等[7]记载了常用化学系统和物理系统的可用热力学方法，Agarwal 等[18]详述了不合适的热力学方法对于工艺模型的影响以及对工厂改造造成的不良后果。工艺模型的开发者和用户必须清楚基本热力学及其局限性。

鉴于热力学模型的范围宽广，本书只重点介绍烃类相互作用的热力学模型在炼油厂中的应用。该模型中唯一的复杂因子(除了选择合适的热力学方法)是不同分馏装置和反应装置中存在大量的水蒸气。在大多数情况下，可将烃类与水相作为不互溶体系处理，即“Free-Water”方法。Kaes [1]对该方法进行了充分的论证，并把它作为许多模拟软件的通用方法。某些模拟软件使用“Dirty-Water”方法，该模型校正了水在烃中的溶解度和酸性气体在水中的溶解度。本书旨在炼油反应和分馏过程的模拟，两种方法对总体工艺模型不会产生影响。任何热力学模型中汽液相平衡的描述如式(1.50)所示：

$$y_i \varphi_i^{V} P = x_i \varphi_i^{L} P \tag{1.50}$$

式中　y_i——组分 i 气相组成；

φ_i^V——组分 i 气相逸度系数；

P——总压力；

x_i——组分 i 液相组成；

φ_i^L——组分 i 液相逸度系数。

对于模拟炼油分馏塔，需要进行一些简化处理，每一种简化都表示一种热力学方法。主要方法、需求的虚拟组分性质以及推荐使用范围如表 1.5 所示。每一种方法及其所需的物性将在后续章节讨论。

表 1.5　不同热力学方法的比较

方　法	所需的物性	建　议
简捷法	分子量(MW) 理想气体热容(CP_{IG}) 蒸气压(P^{VAP}) 汽化热(ΔH_{VAP}) 液相热容(CP_{LIQ}) 液相密度(ρ_L)	无
混合方程法或活度系数法	分子量(MW) 理想气体热容(CP_{IG}) 蒸气压(P_{VAP}) 汽化热(ΔH_{VAP}) 液相热容(CP_{LIQ}) 液相密度(ρ_L) 溶解度参数(δ)	适用于状态方程法(EOS)无法处理的重组分

续表

方　法	所需的物性	建　议
状态方程法	分子量(MW) 理想气体热容(CP_{IG}) 蒸气压(P^{VAP}) 汽化热(ΔH_{VAP}) 液相热容(CP_{LIQ}) 液相密度(ρ_L) 交互作用参数(k_{ij})	充分校正液体密度

1.11.1　过程热力学

简捷法是最基础和要求最低的严格热力学模型。在简捷法或拉乌尔定律(Raoult's law)中，假设气相和液相是理想状态，在这种情况下，相平衡方程式(1.50)修正为式(1.51)，其中，y_i 表示组分 i 气相摩尔组成，P 表示压力，x_i 表示组分 i 液相摩尔组成，P^{SAT} 表示组分 i 饱和蒸气压，仅是温度的函数。这些性质通常适用于纯组分，后续将讨论虚拟组分如何获取这些性质。

$$y_i P = x_i P^{SAT}(T) \tag{1.51}$$

对该方程式进行重排可得相平衡分配系数 $\frac{y_i}{x_i}$，如式(1.52)所示，该比值也被称为组分 i 的 K 值。纯组分和虚拟组分的 K 值存在大量的关联式，其中最常用的是 Braun-K10 (BK-10)关联式[6]：

$$K_i = \frac{y_i}{x_i} = \frac{P^{SAT}(T)}{P} = f(T) \tag{1.52}$$

当获得一定温度和压力下的 K 值时，我们可进行质量衡算和能量衡算，包括等温闪蒸、等压闪蒸和等焓闪蒸。同样可利用气相的理想气体热容、汽化热以及液相的热容表示相关的气相和液相物流的焓值。

大多数模拟软件都包含上述关联式，但是，它们仍有大量的历史版本保持一致以及与旧模型相互兼容。我们不推荐使用简捷法，因为它不能比原始关联式更能充分地定量分析气相到液相的转变。另外，这些关联式的热力学性能差(不考虑高压下组分间的相互作用和热力学一致性)，若不能将状态方程法或活度系数法与这些关联式集成到新的模型中，其热力学性能将不会有明显的改善。

1.11.2　混合方程法或活度系数法

由于组分的相互作用和压力的影响，使用基于活度系数的混合方程或活度系数方程单独描述非理想的状态。对于活度系数法，相平衡方程修正为：

$$y_i \varphi_i^{V} P = x_i \gamma_i \varphi_i^{SAT} P^{SAT}(T)\, PF_i \tag{1.53}$$

$$\mathrm{PF}_i = \exp\left(\int_{P^{SAT}}^{P} \frac{V_i(T,\ \pi)}{RT} \mathrm{d}\pi\right) \tag{1.54}$$

式中 y_i ——组分 i 气相摩尔分率；

φ_i^{V} ——组分 i 气相逸度系数；

P ——系统压力；

x_i ——组分 i 液相摩尔分率；

φ_i^{SAT} ——组分 i 在饱和蒸气压下的逸度；

$P^{SAT}(T)$ ——组分 i 的蒸气压；

PF_i ——组分 i 在压力 P 下的 Poynting 因子；

V_i ——组分 i 的摩尔体积，是温度 T 和压力 P 的函数(基于 P^{SAT} 与 P 的比值)。

一般地，PF_i 因子接近于 1(除了在压力非常高的情况下[17])。K 值关系式修正为式(1.55)：

$$K_i = \frac{y_i}{x_i} = \frac{\gamma_i \varphi_i^{SAT} P^{SAT}(T)}{\varphi_i^{V} P} \tag{1.55}$$

我们使用 Redlich-Kwong 状态方程[6]和液相关联式(或另外一个状态方程)得出用温度、压力和组分临界性质表示的 V_i 和 φ_i^{SAT} 表达式。这种方法经在 Chao-Seader 方程和 Grayson-Streed[6]方程中出现。剩下未定义的因子是液相活度系数，Chao-Seader 方程和 Grayson-Streed 方程使用正规溶液理论得出如下表达式：

$$\ln \gamma_i = \frac{V_i}{RT}(\delta_i - \bar{\delta}) \tag{1.56}$$

$$\bar{\delta} = \frac{\sum x_i V_i \delta_i}{\sum x_i V_i} \tag{1.57}$$

式中 V_i ——组分 i 的液相摩尔体积；

δ_i ——组分 i 的溶解度参数。

纯组分的摩尔体积都是很容易得到的，在 1.10.5 节已经讨论估算虚拟组分的摩尔体积的一些方法。可使用式(1.58)得出虚拟组分的溶解度参数，其中 ΔH_{VAP} 表示汽化热，R 表示通用气体常数，T 表示系统温度，1.11 节已经讨论如何计算虚拟组分的汽化热。

$$\delta_i = \left(\frac{\Delta H_{VAP} - RT}{V_i}\right)^{0.5} \tag{1.58}$$

我们可以使用 K 值表达式计算各种平衡性质以及进行闪蒸计算。和简单热力学方法一样，我们可以使用热容和汽化热得出气相和液相的焓值。另外，考虑到组分的相互作用导致气相和液相的非理性，以及受到温度和压力的影响，我们还可以利用标准热力学关联式计算超额焓等。超额性质表示与理想混合溶液的偏差，或产生的平衡态的偏差。

使用基于活度系数法的 Chao-Seader 方程或 Grayson-Streed 方程进行炼油模拟相对于简捷法有显著的改进。活度系数法在相平衡和焓值计算中对于气相和液相非理性的计算更加准确。另外，该方法更容易与其他类型的活度系数方法组合并用于炼厂建模(特别是酸水体系)。我们推荐使用活度系数法处理重组分，特别是在减压蒸馏系统中，该方法的主要缺陷是轻组分需要实际数据来拟合虚拟溶解度参数，其在临界点附近的性能会显著下降。一般地，该方法适合于炼油厂反应系统和分馏系统中真实组分和虚拟组分的热力学模型。

1.11.3 状态方程法

状态方程法(EOS)是最严格的方法。使用状态方程法时，气相和液相采用相同的模型，不需要修正相平衡方程式(1.50)，因为在选择特殊状态方程后可直接计算逸度系数。

现有许多类型的复杂状态方程，其中 Redlich- Kwong 状态方程(RK EOS)是常用的状态方程，因为它仅仅依赖于所有组分的临界温度和临界压力来计算气相和液相的相平衡性质。但是，RK EOS 不能准确的预测液相，因此不能广泛使用，只能作为活度系数法中计算气相逸度系数的方法。另外，含有 16 个参数的 BWRS EOS 方程[6]可以处理给定组分，但该状态方程非常复杂且不能预测多组分的混合物性质。

对于炼油分馏和反应建模而言，最有效的状态方程是 Peng-Robinson (PR) EOS [6]或 Soave-Redlich-Kwong (SRK) EOS [6]。PR EOS 和 SRK EOS 是典型的立方型状态方程，立方型状态方程可简单快速地用于模拟工作，并能很好地平衡热力学鲁棒性和预测准确性。在炼油厂的许多反应和分馏过程中，我们使用 PR EOS 均得到很好的结果。炼油建模同样还使用高级状态方程模型，但本文仅限于讨论 PR EOS。

PR EOS 的基本形式见式(1.65)。PR EOS 需要三个主要参数：临界温度、临界压力和偏心因子。

$$a_i = 0.45724 R^2 \frac{P_{ci}{}^2}{T_{ci}} \tag{1.59}$$

$$b_i = 0.07780R \frac{T_{ci}}{P_{ci}} \tag{1.60}$$

$$\alpha_i = [1 + (0.37464 + 1.5426\,\omega_i - 0.26992\,\omega_i{}^2)(1 - T_{ri}{}^{0.5})]^2 \tag{1.61}$$

$$a\,\alpha_{\mathrm{MIX}} = \sum \sum x_i\, x_i\, (a\alpha)_{ij} \tag{1.62}$$

$$b_{\mathrm{MIX}} = \sum x_i\, x b_i \tag{1.63}$$

$$a\,\alpha_{ij} = \sqrt{a\,\alpha_{ii} a\,\alpha_{jj}}\,(1 - k_{ij}) \tag{1.64}$$

$$P = \frac{RT}{V_{\mathrm{MIX}} - b_{\mathrm{MIX}}} - \frac{a\,\alpha_{\mathrm{MIX}}}{V_{\mathrm{MIX}}{}^2 + 2\,b_{\mathrm{MIX}}\,V_{\mathrm{MIX}} + b_{\mathrm{MIX}}{}^2} \tag{1.65}$$

式中 V_{MIX}——混合物的摩尔体积；

k_{ij}——组分 i 和组分 j 的交互作用参数。

纯组分的临界性质和交互作用参数在大多数模拟软件中均可获得。在 1.10.4 节中，我们已经讨论如何获得虚拟组分的临界性质。一般地，可以设置虚拟组分的交互作用参数为 0，使得对模拟结果没有显著影响。Riazi [4]讨论了以临界体积为函数的关联式来估算交互作用参数。

状态方程法的功能非常强大，结合使用标准热力学关联式可得出蒸气压、汽化热、液体密度和液相热容以及诸如临界性质和理想气体热容等基本信息。推荐参考 Poling 等的研究成果，其中详述了直接使用状态方程估算这些导出性质的公式。一般地，PR EOS 可以对轻组分和中沸点组分的相平衡做出很好的预测。另外，为了确保热力学一致性，我们对气相和液相使用相同的模型。PR EOS 同样可得出可以接受的气相和液相焓值的预测值以及预测在临

界点的相行为。

状态方程法(特别是 PR EOS)的主要缺陷是预测液体密度相当差。处理该问题常用的方法是不用状态方程法预测液体密度，而用 1.10.5 节中描述的 COSTALD 法提供准确的预测值。同理，部分模拟软件使用 Lee-Kesler 热容和焓值关联式替换 EOS 的热容和焓值关联式，但是，这不是必要的，因为虚拟组分的预测性质本身就具有不准确性。最后，当有氢气和氦气等轻组分存在时，状态方程法可能会提供虚假的结果。对于轻组分，Aspen HYSYS 提供几种修正方法(见图 1.58)来防止不期望的行为。一般地，当进行炼油反应和分馏工艺建模时，我们推荐使用状态方程法。

1.12　炼油模型的其他物理性质

除了以模拟为目的的热力学性质外，完整模型必须对炼油厂一些燃料性质做出预测。一般地，燃料性质或产品性质包括闪点、凝点、浊点和 PNA。这些性质不仅是产品质量和分布的指标，还受到政府或炼厂内部规范的限制。通过合理地建模以及预测燃料性质，我们可以证明炼厂建模的实用性。以下简要讨论两种方法的使用范围并给出预测闪点、凝点和 PNA 的具体案例(选择这些特殊性质是因为它们可以显示各种类型燃料性质关联方法的特点)。具体参考 API 相关规范[35]和 Riazi [4]中关于燃料性质的各种关联式，本节不再赘述。

1.12.1　估算燃料性质的两种方法

燃料性质或产品性质是与原料组成、工艺条件和分析方法相关的复杂参数。一般地，我们在估算燃料性质时，不会考虑到所有变量。

最简单的方法是模拟或测量整体性质来关联燃料性质(例如，将闪点与 ASTM D 86 曲线的 10%蒸馏点进行关联)，也可以利用虚拟组分获得所需的蒸馏曲线。相关软件以沸点递增的方式重排虚拟组分并对其液相馏分进行累加而实现模拟的，并给出了物流的 TBP 曲线。大多数模拟软件(包括 Aspen HYSYS)都具有自动将 TBP 曲线转化为 ASTM D 86 曲线或 D 1160曲线的功能。在获得蒸馏曲线后，我们可以通过一些关联式估算闪点、凝点等。该方法简单易用并适合各种模拟软件，但是，该方法依赖于可靠的关联式，当炼油厂原料频繁变化时，这些关联式可能失效或者计算结果不准确。

第二种方法是基于虚拟组分组成的指数。在该方法中，我们使用下式表示燃料性质：

$$PROP_{\mathrm{MIX}} = \sum_{i=0}^{N} PROP_i \, w_i \tag{1.66}$$

式中　$PROP_{\mathrm{MIX}}$——一种燃料性质；

$PROP_i$——组分 i 的性质指数；

w_i——液相摩尔分率或质量分率；

N——虚拟组分总数。

过程模拟软件和相关文献都使用该方法来量化燃料性质，如辛烷值。该方法的一个重要优势是通过修改 $PROP_i$ 值来调整部分工厂的燃料性质预测值。当校正各种调和燃料的闪点时，该方法是非常有用的。但是，该方法通常在不同流程模拟软件之间无法兼容并需要大量数据回归 $PROP_i$ 的初始值。另外，过度拟合这些数值来匹配工厂性能存在一定风险，因为过度拟合性质指数对模型预测的作用不大。

在我们的研究过程中，上述两种方法都成效显著。但是，为了简化，推荐使用第一种方法，尤其是在缺少大量数据而不能提供 $PROP_i$ 初始值的情况下。

1.12.2 闪点

闪点通常是指燃料在点火源与足够的空气条件下，发生闪燃的温度。低闪点是汽油发动机的一个重要考虑因素，因为汽油的低闪点是发动机性能优化的关键。相反，柴油和喷气燃料的发动机则不需要依赖点火(而是基于压缩)，并且要求燃料具有高闪点。API[35] 有各种燃料的关联数据，且发现开口闪点和闭口闪点(不同的测量方法)与 ASTM D 86 曲线的 10% 蒸馏点温度有很好的线性关联。

闪点关联式如下：

$$FP = A(D86_{10\%}) + B \tag{1.67}$$

其中　FP——测量闪点，℉；

$D86_{10\%}$——10%蒸馏点的测量温度，℉；

A 和 B——不同类型原料的特定常数，A 和 B 的典型范围分别为 0.68~0.70 和 110~120。

我们建议根据测量值对该关联式进行简单的线性回归。API 提到使用 5%蒸馏点温度代替 10%蒸馏点温度可能会提高该方程的准确性。该关联式的偏差在 5~7℉范围内。

1.12.3 凝点

凝点表示对给定样品进行降温直至开始出现固体结晶的温度。凝点决定了燃料油销售牌号，另外在燃料油中添加添加剂或调和组分，能够确保燃料在低温环境下不会堵塞发动机。与凝点相关的一个概念是烟点，表示样品发烟的温度。样品发烟主要是由于样品中的烷烃具有比其他组分更高的固化温度。凝点和烟点在不考虑物流中烷烃含量时难以得到很好的关联。API 关于凝点的关联式如下：

$$FRP = A(SG) + B(K_W) + C(MeABP) + D \tag{1.68}$$

式中　FRP——凝点，℉；

SG——相对密度；

K_W——Watson K 因子；

MeABP——平均沸点；

A、B、C 和 D——一定燃料组成的特定常数，A、B、C 和 D 典型值分别为 1830、122.5、-0.135和-2391.0。

对于窄馏分，我们可将 K_W 固定为常数(约 12)；我们可以使用第 1.4 节中的电子表格计算 MeABP；最重要的是将计算凝点的关联式[式(1.68)]与计算烟点的关联式[式(1.67)]进行比较。式(1.68)使用更多的整体性质测量值(SG 和 K_W)来表示进料组成对凝点的影响。

1.12.4 PNA 组成

我们探讨的最后一组关联式是组成关联式。这些关联式根据特定物质的总 PNA 含量来确定原料的化学成分。首先，使用这些关联式筛选不同炼油反应装置的原料，例如，当希望增加炼油厂芳烃组分收率时，则希望输送环烷烃❶含量高的原料进入重整装置。其次，这些关联式是形成详细的集总动力学模型的基础（在后续章节将展开深入讨论），我们使用这些关联式创建扩展组分列表并用于炼油反应过程建模。

组分信息对于炼油厂是非常有用的，相关文献报道了许多通过不同整体性质测量值关联PNA含量的关联式。一般地，这些关联式依赖于密度或比重、分子量、蒸馏曲线以及一个或多个黏度值。常用的关联式有n-d-M关联式（折射率、密度和分子量）[1]、API/Riazi-Daubert关联式[2, 4]和TOTAL关联式[19]。Riazi-Daubert关联式依赖于最直接观测的信息，我们希望它与测量值的偏差最小。其他关联式需要的参数（苯胺点等）可能不适合所有原料的常规测量。Riazi-Daubert关联式如下：

$$\% X_P(\text{或} \% X_N,\ \text{或} \% X_A) = A + B \cdot R_i + C \cdot VGC' \tag{1.69}$$

式中 $\%X$——烷烃、环烷烃或芳烃的摩尔组成或体积组成的百分比；

R_i——折光率；

VGC'——黏度比重常数或黏度比重因子；

A、B和C——根据芳烃、环烷烃或烷烃选择不同的数值。

当输入高精度的关键参数值时，该关联式可提供合理准确的结果。根据已知测量结果，该方法获得的绝对平均偏差（AAD）为6%~7%。Riazi [1]使用比重、折光率和黏度对该关联式进行拓展，其形式如下：

$$\% X_P(\text{或} \% X_A) = A + B \cdot SG + C\, R_i + D \cdot VGC' \tag{1.70}$$

$$\% X_N = 1 - (X_P + X_A) \tag{1.71}$$

式中 $\%X$——烷烃、环烷烃或芳烃的摩尔组成或体积组成的百分比；

R_i——折光率；

VGC'——黏度比重常数或黏度比重因子；

A、B、C、D——根据烷烃和环烷烃含量以及燃料类型进行设置（详见表1.6和表1.7），也可根据馏程对进行分类（轻石脑油等）。

该关联式与工厂数据的绝对平均偏差为3%~4%，相对于Riazi-Daubert关联式有很大提高。根据馏程分类的常数对于第4章中创建FCC集总动力学是非常有用的。

表1.6 油品中烷烃含量的系数

烷烃含量/%（体）					
馏 程	A	B	C	D	AAD(%)
轻石脑油	311.146	-771.335	230.841	66.462	2.63
重石脑油	364.311	-829.319	278.982	15.137	4.96
煤油	543.314	-1560.493	486.345	257.665	3.68
柴油	274.530	-712.356	367.453	-14.736	4.01
蜡油	237.773	-550.796	206.779	80.058	3.41

❶原著有误，译者注。

表 1.7 油品中芳烃含量的系数

	芳烃含量/%(体)				
馏程	*A*	*B*	*C*	*D*	*AAD*(%)
轻石脑油	-713.659	-32.391	693.799	1.822	0.51
重石脑油	118.612	-447.589	66.894	185.216	3.08
煤油	400.103	-1500.360	313.252	515.396	1.96
柴油	228.590	-686.828	12.262	372.209	4.27
蜡油	-159.751	380.894	-150.907	11.439	2.70

1.13 本章小结

本章讨论了关于原油和石油馏分热力学性质的建模的几个关键步骤。开发一套用于模拟炼油分馏系统的虚拟组分的基本过程如下：

(1) 因为分馏系统进料很难采用实际组分进行定义，所以我们使用分析数据和辅助整体性质测量值(如密度)，通过使用第 1.1 至第 1.4 节讨论的方法生成完整 TBP 蒸馏曲线、密度或比重分布曲线。

(2) 当获得 TBP 曲线和密度曲线后，我们可以将其切割成若干虚拟组分。每个虚拟组分至少定义 TBP 和密度，每个切割馏分的虚拟组分数量取决于分馏系统的产品范围。部分产品馏分的虚拟组分数量见表 1.2，本文后续章节将阐述特定分馏系统的更多内容。

(3) 在获得虚拟组分后，我们便要确定如何模拟这些组分关键性质(1.10.1 节)。过程模拟软件通常包含大量的关联式和估算方法，但是，在大多数情况下，计算临界性质和理想气体热容采用的是 Lee-Kesler 关联式。在获得给定虚拟组分的临界性质和分子量后，我们可以通过 Riazi[1] 关联式估算所有其他所需的性质(热容等)。

(4) 当选择一种热力学方法模拟虚拟组分的气液平衡时，对于原油蒸馏塔而言，状态方程法的预测结果较为准确。但是，状态方程法不能准确地预测液体密度以及重组分(虚拟组分)的相平衡，故我们通过使用更加准确的密度关联式[如 COSTALD，式(1.25)]来弥补状态方程法的不足。如果原料和产品中含有一定量的重组分，则使用经验热力学模型(如 Grayson-Streed 或 BK-10)效果更好。

(5) 最后，我们必须确保使用虚拟组分的产品要经过产品性质测量值的验证。本章讨论了产品的闪点、凝点和化学组成性质。读者可从 API[2] 和 Riazi[1] 的研究成果中获得其他燃料性质的关联式。

本章内容主要集中在分馏系统的建模上，在炼油反应过程中同样可以使用这些方法。本书的第 4 章至第 7 章将对这些工艺做出详细的讨论。若要使得分馏系统获得很好的预测结果，我们则需提供合理的热力学模型和虚拟组分的物理性质。

专业术语

A, B, α, β	Beta 函数的拟合参数	φ^{SAT}	组分 i 在饱和蒸气压下的液相活度系数
CP_{IG}	理想气体热容	φ_i^L	组分 i 的液相活度系数
CP_L	液相热容	R	气体常数
δ	溶解度参数	T	温度
$\bar{\delta}$	平均加权溶解度参数	T_c	临界温度
D86 10%	ASTM D86 10%蒸馏点	T_r	对比温度
FP	闪点	T_b	沸点
FRP	凝点	T_{br}	对比沸点
γ	活度系数	ρ_L	液相密度
ΔH^{VAP}	汽化热	ρ_P	压力 P 下的液相密度
ΔH_{VAP}^{NBP}	正常沸点的汽化热	ρ_P^o	参考压力下的液相密度
K_i	K 值，y_i 与 x_i 之比	R_i	折光率
K_w	Watson K 因子	SG	比重
K_{avg}	Watson K 因子	$VSAT$	饱和液体摩尔体积
k_{ij}	PR EOS 中组分 i 和组分 j 的交互作用参数	V_i	组分 i 的摩尔体积，是温度和压力的函数
$MeABP$	平均沸点温度	VGC'	黏度重力常数或黏度重力因子
MW	分子量	w_i	物性指数混合的加权因子
P	压力	$\%X_P$	烷烃的摩尔组成或体积组成
P_c	临界压力	$\%X_N$	环烷烃的摩尔组成或体积组成
P_r	对比压力	$\%X_A$	芳烃的摩尔组成或体积组成
P^{SAT}	饱和蒸气压	x_i	组分 i 的液相组成
PF_i	Poynting 校正因子	y_i	组分 i 的气相组成
$PROP_{MIX}$	燃料的混合性质	ZRA	Rackett 参数
$PROP_i$	给定组分的燃料性能指数	ω	偏心因子
φ_i^V	组分 i 的气相逸度系数		

参　考　文　献

1 Kaes, G.L. (2000) *Refinery Process Modeling. A Practical Guide to Steady State Modeling of Petroleum Processes*, The Athens Printing Company, Athens, GA.

2 Daubert, T.E. and Danner, R.P. (1997) *API Technical Data Book – Petroleum Refining*, 6th edn, American Petroleum Institute, Washington, DC.

3 Bollas, G.M., Vasalos, I.A., Lappas, A.A., Iatridis, D.K., and Tsioni, G.K. (2004) Bulk molecular characterization approach for the simulation of FCC feedstocks. *Industrial and Engineering Chemistry Research*, **43**, 3270.

4 Riazi, M.R. (2005) *Characterization and Properties of Petroleum Fractions*, 1st edn, American Society for Testing and Materials, West Conshohocken, PA.

5 Sanchez, S., Ancheyta, J., and McCaffrey, W.C. (2007) Comparison of probability distribution functions for fitting distillation curves of petroleum. *Energy & Fuels*, **21**, 2955.

6 Walas, S.M. (1985) *Phase Equilibria in Chemical Engineering*, Butterworth-Heinemann, Burlington, MA.
7 Chen, C.C. and Mathias, P.M. (2002) Applied thermodynamics for process modeling. *AIChE Journal*, **48**, 194.
8 de Hemptinne, J.C. and Behar, E. (2006) Thermodynamic modeling of petroleum fluids. *Oil and Gas Science and Technology*, **61**, 303.
9 Lee, B.I. and Kesler, M.G. (1975) A generalized thermodynamic correlation based on three-parameter corresponding states. *AIChE Journal*, **21**, 510.
10 Kesler, M.G. and Lee, B.I. (1976) Improve prediction of enthalpy of fractions. *Hydrocarbon Processing*, **55**, 153.
11 Twu, C.H. (1984) An internally consistent correlation for predicting the critical properties and molecular weights of petroleum and coal-tar liquids. *Fluid Phase Equilibria*, **16**, 137.
12 Rackett, H.G. (1970) Equation of state for saturated liquids. *Journal of Chemical and Engineering Data*, **15**, 514.
13 Yamada, T.G. (1973) Saturated liquid molar volume. The Rackett equation. *Journal of Chemical and Engineering Data*, **18**, 234.
14 Spencer, C.F. and Danner, R.P. (1972) Improved equation for the prediction of saturated liquid density. *Journal of Chemical and Engineering Data*, **2**, 236.
15 Thomson, G.H., Brobst, K.R., and Hankinson, R.W. (1982) An improved correlation for densities of compressed liquids and liquid mixtures. *AIChE Journal*, **28**, 671.
16 Cheuh, P.L. and Prausnitz, J.M. (1969) A generalized correlation for the compressibilities of normal liquids. *AIChE Journal*, **15**, 471.
17 Poling, B.E., Prausnitz, J.M., and O'Connell, J.P. (2000) *Properties of Gas and Liquids*, 5th edn, McGraw-Hill, New York.
18 Agarwal, R., Li, Y.K., Santollani, O., Satyro, M.A., and Vieler, A. (2001, May) Uncovering the realities of simulation. *Chemical Engineering Progress*, **42**.
19 Sadeghbeigi, R. (2000) *Fluid Catalytic Cracking Handbook. Design, Operation and Troubleshooting of FCC Facilities*, Gulf Publishing Company, Houston, TX.
20 Mohan, S.R. (2016) *Five Best Practices for Refineries: Maximizing Profit Margins through Process Engineering*, https://www.aspentech.com/White-Paper-Five-Best-Practices-Refineries.pdf.
21 Niederberger, N. (2009) *Modeling, Simulation and Optimization of Refining Processes*, https://www.slideshare.net/Bioetanol/wks-biorefinery-jacques-niederbergerpetrobras-refino.
22 Wu, Y. (2010) Molecular modeling of refinery operations. Ph.D. dissertation. University of Manchester, Manchester, United Kingdom, https://www.escholar.manchester.ac.uk/api/datastream?publicationPid=uk-ac-man-scw:93706&datastreamId=FULL-TEXT.PDF.
23 Mullick, S., Dooley, K., Dziuk, S., and Ajikutira, D. (2012) *Benefits of Integrating Process Models with Planning and Scheduling in Refining Operations*, https://www.scribd.com/document/269573466/Integrating-Process-Models-With-Refining-PandS.
24 Aspen, Technology, Inc. (2012) *Molecule-Based Characterization Methodology for Correlation and Prediction of Properties for Crude Oil and Petroleum Fractions* (Molecular Characterization White Paper), https://origin-www.aspentech.com/Molecular_Characterization_White_Paper.pdf.

第2章 常压蒸馏

（汤磊　何顺德　译）

2.1 引言

原油蒸馏是炼厂最重要的组成部分，历史悠久。原油蒸馏既可以生产直接销售的成品油（汽油、柴油等），也可以为下游炼油装置提供原料。随着炼油装置向大型化、集约化方向发展，掌握主要装置的操作条件和预测关键操作条件将对装置性能起到至关重要的影响。近年来，人们对非常规原油、节能降耗以及 CO_2 排放的关注，极大地推动了对工艺参数、原料性质和产品分布的认知[1]。

原油蒸馏历史悠久，炼厂对进料条件和工艺变量已经开发出成百上千的经验关联式，但是很难开发出解决现代炼厂各种操作模式的通用关联式。部分关联式只适用于特定场合而不能被广泛应用，当操作条件和进料条件发生明显变化时，这些关联式通常会失效。一般地，有经验的工程师和操作工可以对装置性能做出很好的判断，但随着专家老龄化和行业经验的不断流失，准确地判断装置各方面的性能指标变得越来越困难。

鉴于以上情况，使用模拟工具及相关技术来解决上述问题则变得更有价值。实际上，炼厂是可以用工艺数据模型来改进装置工艺操作的用户之一。计算机硬件和软件的飞速发展使得工程师开发大量的炼油工艺模型成为现实。尽管现在建立一个模型的任务并不是那么困难，但要使模型能准确地反映工厂的实际操作而且具有很好的预测能力，仍然是非常困难的。我们要始终牢记建模的一个基本前提：“种瓜得瓜、种豆得豆（GARBAGE IN = GARBAGE OUT）”❶。

在这个背景下，本章主要讨论如何模拟现有炼油装置，主要包括相关数据收集与验证、如何估算缺失的数据、如何搭建与验证模型，以及案例分析、总结炼油建模的经验和相关公开文献中的研究工作。

2.2 本章内容

本章主要介绍常压蒸馏（CDU）模拟的相关重要内容：

（1）常压蒸馏概述（第2.3.1节）。建模者对常压蒸馏的描述，并提出求解炼厂蒸馏模型的塔效率和计算收敛的方法（第2.4节）。

（2）常压蒸馏的进料表征（第2.5节）。

（3）讨论所需的关键数据和估算缺失（或不完整参数）（第2.6节）。

---

❶译者注：建模所使用的数据要有代表性，利用垃圾数据建立的工艺模型，其预测的结果也很垃圾。

(4) 阐述常压蒸馏建模的代表性数据(第 2.7 节)。

(5) 使用 Aspen HYSYS 对采集数据进行建模(第 2.8.1~第 2.8.3 节)。

(6) 模型的初始化和成功收敛模型(第 2.8.4~第 2.8.8 节)。

(7) 使用装置数据验证模型的预测功能(第 2.9 节)。

(8) 相关提高利润率、产品收率和模型预测性的工况研究(第 2.10.1 节)。

(9) 使用“反推合成法(Back-Blending)”进行建模演示(第 2.11 节),根据新产品需求探讨新产品分布(第 2.12 节),研究工艺变量对产品质量的影响(第 2.13 节),Column Internal 工具应用(精馏塔水力学分析)(第 2.14 节),以及 Petroleum Distillation Column(石油蒸馏塔)的应用(第 2.15 节)。

(10) 本章小结(第 2.16 节)、专业术语和参考文献。

2.3 工艺概述

炼厂一次加工和产品回收的常规工艺流程图如图 2.1 所示。实线表示主要物料,虚线表示能量。不同来源(储罐、管线等)的原油进入炼厂后需要进行预处理以脱除杂质和沉淀物,然后进入初步热回收单元并升温至一定温度,预热后的原油进入电脱盐单元,脱除溶解盐和有关杂质。

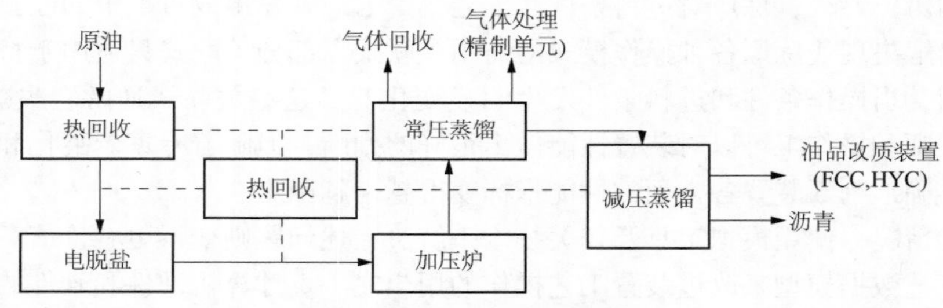

图 2.1 原油一次加工基本工艺流程

当充分脱盐后,原油进入预热单元。预热单元可显著提高原油温度,降低炼厂能耗;接着原油被引入加热炉,大部分原油在加热炉中汽化,并以气-液混合物的形式进入常压蒸馏塔。为提炼出各类产品,常压拔出馏分进一步被送至减压蒸馏及其他深加工装置(催化裂化、加氢裂化、催化重整装置等)。

图 2.1 所示的每个过程是非常简略的,实际上,在炼化一体化中是极其复杂的。本项工作仅限于呈现本装置的简要概述和如何定量模拟装置的性能,本章重点介绍如何对常压蒸馏进行建模。

2.3.1 电脱盐

现代炼厂一次加工基本工艺流程如图 2.1 所示。原油在进入实际蒸馏塔前,必须经过以下几个步骤才能确保可靠的操作:

(1) 脱盐;

(2) 脱水;

(3) 脱除固体(机械杂质)。

大多数原油含有一定量的盐类(20~500μg/g)[9]。电脱盐对减少结垢和增强表面传热非常重要。传热效率降低将显著增加蒸馏装置的能耗。

典型的电脱盐流程如图 2.2 所示。来自罐区的原油被加热到一定的脱盐温度(约 80~150℃)[9]；在原油中注入一定量的水，盐类优先溶解在水中直至饱和；在强电场的作用下，微小液滴逐渐聚集成大水滴，在重力的作用下，水滴从油中沉淀出来。不同原油加工需要不同的电脱盐级数，方能确保有效地将盐含量降低到最低水平；同时由于原油中含有其他杂质，需要加入破乳剂防止形成油包水乳状液。

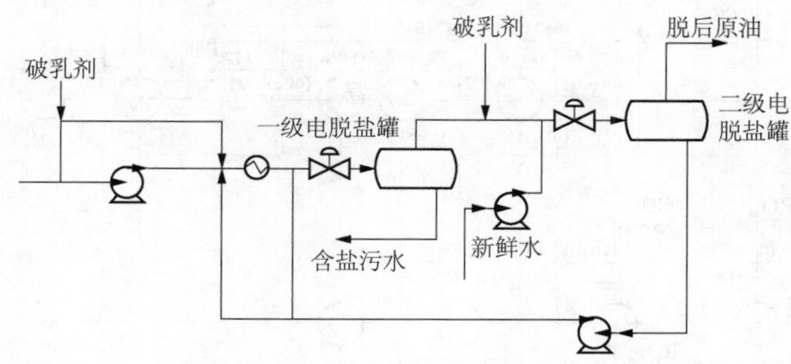

图 2.2 脱盐和脱水工艺流程

电脱盐过程主要受热力学和流体力学限制。对于常压蒸馏模拟而言，可使用简单的组分分离器(Component Splitter)脱除原油中的水分；由于脱盐和脱水过程是高效的，相对于其他装置而言，不会消耗大量能量，所以用简捷模型代替是合理的。

2.3.2 换热网络和热量回收

常压蒸馏装置占原油加工总能耗的 20%~30%[13]，因此，从全厂物料换热的角度来优化原油分馏的加热和汽化流程，对优化和回收尽可能多的热量是非常重要的。预热单元由常减压装置、其他下游装置的热物流与原油换热的换热网络组成。预热单元(见图 2.3)的出口温度约为 250℃[13]。

预热单元的模拟与优化是非常重要的工作。虽然过程模拟软件可处理复杂的换热网络，但是需要另外的工具来优化换热网络(例如，Aspen Energy Analyzer)。Aspen Technology 在这方面做了大量的工作，它通过使用夹点技术[11]和数值优化方法[12]来尽可能降低能耗。这些方法不是本文的重点，我们将简化预热网络的模拟，使用简单加热器来替代这些换热网络。

2.3.3 常压蒸馏

离开预热单元后，预热原油进入常压炉(见图 2.4)，其目的是使部分原油汽化，然后在蒸馏塔内回收产品。一般地，设定加热炉热负荷(或出口温度)使汽化量等于产品回收量加上一定的百分比。该百分比[8,9,14](一般为 2%~10%)称之为“过汽化率”(overflash)。过汽化率指的是一定量的重质渣油进入轻质产品中，从而提高了 D86 95%点温度。进入原油蒸馏塔的汽-液混合物温度为 380~410℃[14]，并在塔底闪蒸段立即闪蒸。大多数蒸馏塔塔底也配置一定量的汽提蒸汽，其作用是汽提部分渣油以及防止高温过度热裂解。

蒸馏塔一般具有 50~60 块实际塔板[3,14]。而不是理论塔板。理论板与实际板是完全不同的两个概念(见第 2.4.2 节)。一般地，每个侧线产品需要 5 块实际塔板，塔底和闪蒸段需要 10~12 块实际塔板[9]。

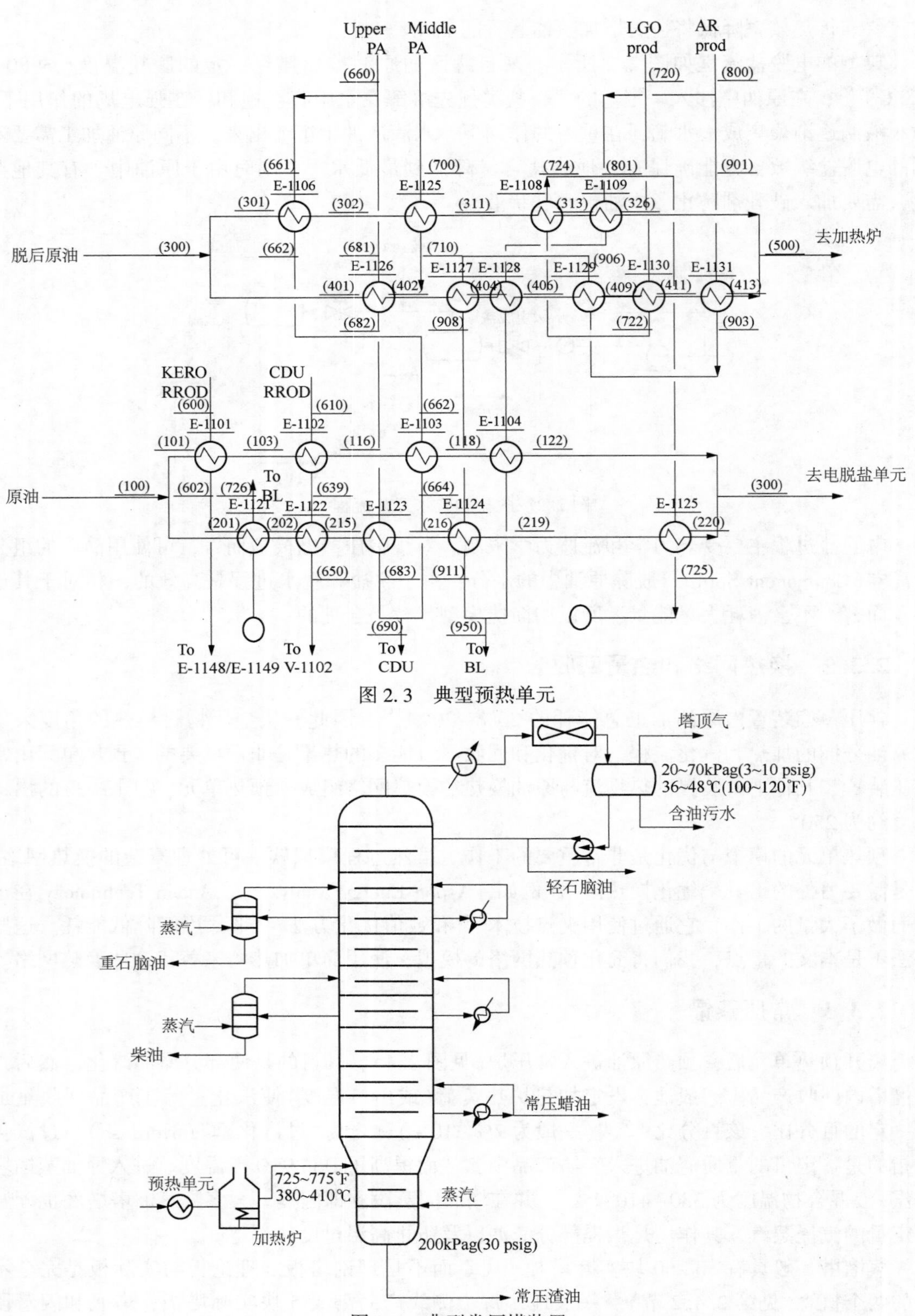

图 2.3　典型预热单元

图 2.4　典型常压塔装置

沿着蒸馏塔向上，组分越来越轻，在不同位置采出不同侧线产品，侧线采出位置表示液相产品的馏程。常压蒸馏装置的主要产品馏程如表 2.1 所示。根据产品需求和加工效益，选择不同的侧线采出位置和塔的结构配置。侧线采出的 D86 5%点越低，表示轻组分越多。

表 2.1 常压蒸馏装置的主要产品[13]

馏　分	馏程/℃	馏　分	馏程/℃
直馏轻石脑油(LSR)	32~104	轻质蜡油(LGO)	216~338
直馏重石脑油(HSR)	82~204	常压蜡油(AGO)	288~443
煤油	166~282		

轻组分(如戊烷和更轻的组分)在塔内向上移动，并以不凝气和塔顶冷凝液排出。冷凝器温度取决于操作压力和其他工艺条件，一般范围为 30~65℃[14]。大多数蒸馏塔的另外一个特点是含有侧线冷却器和中段循环，其目的是减少塔内气相流率(降低温度)和实现热量回收，同时使用中段循环油作为预热单元中换热器的热侧流体。

本次模拟采用简单加热器来表示加热炉，通过热负荷匹配过汽化率。过程模拟软件中也含有详细的加热炉模型，使用这些加热炉模型是非常复杂的，不是本文重点讲解的内容，但是，本文将对原油蒸馏塔和所有侧线操作进行严格模拟。

2.4 模型开发

有关精馏模拟的理论非常广泛，并且有很多作者采用不同的方法进行精馏建模。一般地，精馏模拟的两个主要方法是非平衡级法(Rate-Based)和平衡级法(Equilibrium-Stage)。非平衡级法基于气相和液相的严格热量和质量传递以及气-液界面的汽液平衡，该方法是非常准确的，并且可解释很多现象，包括塔内件实际配置。但是，该方法需要大量的参数来构造一个合理的模型。

多组分分离模拟的传统方法是平衡级法，其假设每块理论级基于热力学分离气-液混合物以及独立的热量和质量平衡约束。逐板法流程如图 2.5 所示，不同点是包含一个闪蒸罐分离气相和液相物流(见图 2.6)。

2.4.1 MESH 方程

式(2.1)~式(2.5)分别为物料平衡方程(M)、相平衡方程(E)、归一化方程(S)和热量平衡方程(H)，统称为 MESH 方程[5,7]。给定所有进料的 K 值函数、焓值以及物料参数，可使用不同方法求解该方程组，本文将在第 2.5 节中讨论求解方法。

$$L_{j-1}x_{i,j-1} + V_{j+1}y_{i,j+1} + F_j z_{i,j} - (L_j + U_j)x_{i,j} - (V_j + W_j)y_{i,j} = 0 \tag{2.1}$$

$$y_{i,j} - K_{i,j}x_{i,j} = 0 \tag{2.2}$$

$$\sum_{i=1}^{N} x_i - \sum_{i=1}^{N} y_i = 0 \tag{2.3}$$

$$L_{j-1}H_{L,j-1} + V_{j+1}H_{V,j+1} + F_j H_{F,j} - (L_j + U_j)H_{L,j} - (V_j + W_j)H_{V,j} - Q_j = 0 \tag{2.4}$$

$$K_i = f(T, P, x, y) \tag{2.5}$$

$$H_L = f(T, P, x, y) \tag{2.6}$$

$$H_F = f(T, P, x, y) \tag{2.7}$$

$$H_V = f(T, P, x, y) \tag{2.8}$$

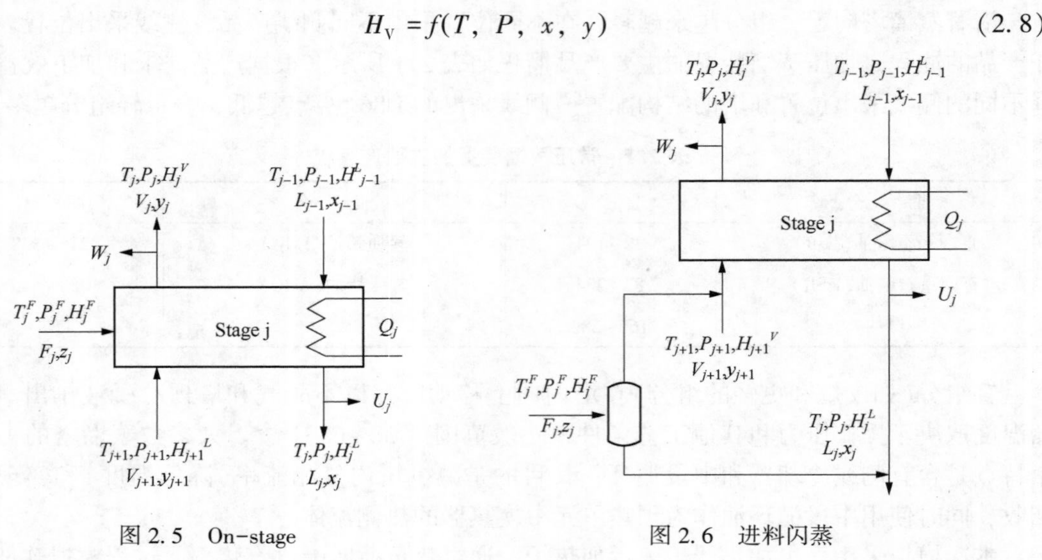

图 2.5　On-stage　　　　图 2.6　进料闪蒸

2.4.2　全塔效率和默弗里(Murphree)板效率

多级精馏塔模拟的关键假设是平衡级。离开塔板 j 的气相 V_j 和液相 L_j 如图 2.5 所示，平衡级假设气相和液相具有相同的温度 T_j 和压力 P_j。另外，离开塔板 j 的气相和液相中组分 i 处于热力学平衡状态，其摩尔组成($y_{i,j}$ 和 $x_{i,j}$)满足相平常数或式(2.2)中 K 因子。

对于实际精馏塔模拟而言，首先通过全塔效率将实际塔板数转化为当量理论塔板数。全塔效率是指精馏塔(不包括冷凝器和再沸器)的理论板与实际板的比值。如果精馏塔含有 20 块实际塔板，全塔效率为 50%，可以使用 10 块理论板进行模拟。此时，每个塔板都处于热力学平衡状态，对于烃类体系而言，全塔效率为 50%~90%，对于吸收过程而言，全塔效率为 10%~50%。

表 2.2 列出了原油蒸馏塔每个区域所需的理论板数，一般而言，全塔效率约为 50%，即大约具有 28 块理论板(不包括侧线汽提塔)[3]。

表 2.2　常压蒸馏塔每个分馏区域的理论塔板[3]

区　域	理论板/块	全塔效率/%
塔顶至石脑油段	6~8	60
石脑油至煤油段	4~5	50
煤油至柴油段	3~4	50
柴油至蜡油段	4~5	40
蜡油至闪蒸段	3~4	30
闪蒸段至塔底	1~2	20
常压塔，不包括侧线汽提塔	21~28	
蒸汽加热侧线汽提塔	2~3	30
再沸加热侧线汽提塔	3~4	50

图 2.14 和图 2.15 比较了 56 块实际塔板(不含侧线汽提塔)和 28 块理论塔板的常压塔(不含侧线汽提塔)。

过程模拟软件中处理非理想塔板状态的一种常用方法是板效率，即默弗里板效率。

在方程中，下标 i 表示组分，j 表示塔板编号。$y^*_{i,j}$ 表示离开塔板 j 气相中组分 i 摩尔分率，与离开塔板 j 液相中组分 i 摩尔分率($x_{i,j}$)在塔板 j 上处于热力学平衡状态。$y_{i,j}$ 和 $y_{i,j+1}$ 分别是离开塔板 j 和塔板 j+1 气相中组分 i 的摩尔分率。此外，为了在过程模拟软件中使用默弗里板效率，通常假设板效率与组分无关，简化可得式(2.9)：

$$E_{MVij} = (y_{i,j} - y_{i,j+1}) / (y^*_{i,j} - y_{i,j+1}) \tag{2.9}$$

式中，下标 n 表示塔板编号。

$$E_{MVn} = (y_n - y_{n+1}) / (y^*_n - y_{n+1}) \tag{2.10}$$

注意，应用默弗里板效率之后，离开塔板的气相与液相不再成气液平衡，即该塔板与精馏模型中理论塔板不对应。

2.4.3　处理板效率的合理建议

我们在下文中总结了 Kaes[3] 和 Kister[5] 关于板效率和全塔效率的基本观点。

过程模拟用户通常根据工艺流程图(PFD)输入实际塔板数进行模拟，并且输入与组分无关的板效率，对于精馏塔中的不同塔板，实际上可以重复操作复制。事实上，商业模拟软件是通过提供各种板效率模型来支持这个思路。不幸的是，许多工程师并不了解板效率模型的局限性。

离开塔板非平衡态的液相和气相会导致传热和传质计算不准确，此外，对于油品蒸馏而言，默弗里等板效率模型对于存在大量组分和各种操作条件的工况过于简单，用户为了使模拟结果与装置数据相匹配，则必须调整精馏塔各塔段的板效率(板效率调整类似于方程回归拟合)。使用严格精馏理论板数进行模拟，可以预测精馏塔除当前操作条件外的结果的准确性，因为其避免了板效率的影响。但是用户调整板效率使得离开塔板汽液相平衡的理论被打破，因此，调整板效率的结果会使得模型可能无法用于不同条件下的精馏塔的性能预测。

相比之下，全塔效率模型总是与严格精馏相对应，因为离开塔板的液相和气相处于热力学平衡状态。这些模型在预测模式下更加有效和准确，因为精馏理论总是能够直接预测新操作工况下的操作结果。

总而言之，我们推荐 Kaes[3] 和 Kister[5] 的建议，并建议不要使用板效率模型，如默弗里板效率。在对现有精馏塔建模时，我们推荐使用全塔效率将实际塔板数转化为理论塔板数。

表 2.3 总结了 Kaes[3] 给出的炼厂分馏装置的全塔效率，该表不包括表 2.2 常压蒸馏装置和第 3 章减压蒸馏装置(VDU)以及第 4 章催化裂化(FCC)主分馏塔的全塔效率。

表 2.3　炼厂蒸馏装置的全塔效率[3]

塔	典型实际塔板数/块	全塔效率/%	典型理论板数/块
简单吸收/汽提塔	20~30	20~30	4~9
蒸汽加热侧线汽提塔	5~7	30~40	2~3
再沸器加热侧线汽提塔	7~10	30~40	3~4
再沸加热吸收塔	20~40	40~50	10~20

续表

塔	典型实际塔板数/块	全塔效率/%	典型理论板数/块
脱乙烷塔	25~35	65~70	16~24
脱丙烷塔	35~40	70~80	25~32
脱丁烷塔	38~45	85~90	32~40
烷基化装置脱异丁烷塔(有回流)	75~90	85~90	64~81
烷基化装置脱异丁烷塔(无回流)	55~70	55~60	30~42
石脑油分馏塔	25~35	70~75	18~26
C_2分离塔	110~130	95~100	104~130
C_3分离塔	200~250	95~100	190~250
C_4分离塔	70~80	85~90	60~72
胺液吸收塔	20~24	20~30	4~7
胺液汽提塔	20~24	45~55	9~13

2.4.4 精馏收敛算法——双迭代法(Inside-Out)

对于炼厂蒸馏塔收敛算法，本文推荐由 Boston[7] 首先提出并由 Kister[5] 和 Seader 等[8] 进一步开发的双迭代法。双迭代法不需要重要的初值并且收敛的鲁棒性(robustness)好，该方法可以快速收敛，并可用于多个子单元操作。

双迭代法最初通过将 K 值、液相焓值和气相焓值的温度关联式以及拟合的参数进行模拟。对于参考组分或基准组分 B 而言，组分 i 相对于基准组分 B 的相对挥发度为：

$$\alpha_i = \alpha_{i,\mathrm{B}} = (y_i / x_i)/(y_\mathrm{B} / x_\mathrm{B}) = K_i / K_\mathrm{B} \tag{2.11}$$

将方程改写为

$$K_i = K_\mathrm{B}\,\alpha_i \tag{2.12}$$

双迭代法中 K_B 为温度 T 和参考温度 T_ref 的函数。

$$\ln K_\mathrm{B} = A + B(1/T - 1/T_\mathrm{ref}) \tag{2.13}$$

接下来，双迭代法将气相焓值 H^V 和液相焓值 H^L 定义为理想气体焓值 H^IG 和气相剩余焓 ΔH^V 和液相剩余焓 ΔH^L 的总和，剩余焓是温度和参考温度的函数。

$$H^\mathrm{V} = H^\mathrm{IG} + \Delta H^\mathrm{V} \tag{2.14}$$

$$\Delta H^\mathrm{V} = C + D(T - T_\mathrm{ref}) \tag{2.15}$$

$$H^\mathrm{L} = H^\mathrm{IG} + \Delta H^\mathrm{L} \tag{2.16}$$

$$\Delta H^\mathrm{L} = E + F(T - T_\mathrm{ref}) \tag{2.17}$$

双迭代法所涉及的步骤如图 2.7 所示。外回路进行热力学计算，包括根据初始温度和压力分布、拟合参数 A、B、C、D、E 和 F 以及式(2.13)~式(2.17)(根据选择的热力学模型如 Peng-Robinson 状态方程预测的相平衡常数、气相焓值和液相焓值)来计算不同塔板上所有组分的相平衡常数和相对挥发度。内回路进行相平衡、质量平衡和能量平衡计算。当内回路计算无法收敛时，返回外回路重新进行热力学计算和更新拟合参数 A、B、C、D、E 和 F。

商业模拟软件(如 Aspen HYSYS Petroleum Refining)已经包含了 Inside-Out 算法和用于炼厂蒸馏塔模拟的 Modified Inside-Out Algorithm 算法。一般而言，如果 Inside-Out 算法无法收

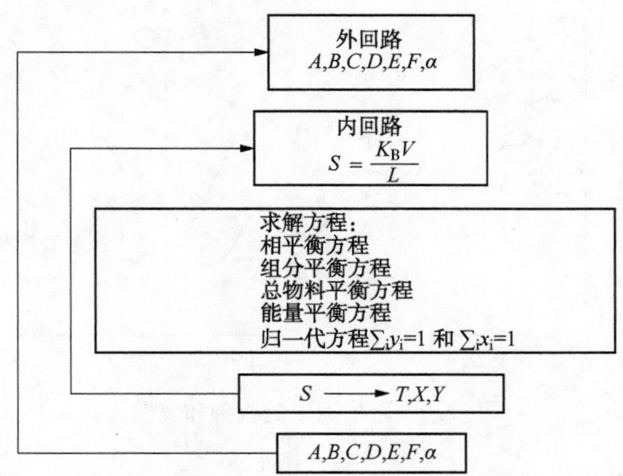

图 2.7 精馏塔计算的双迭代算法

敛，可以选择 Modified Inside-Out Algorithm 算法以及自适应阻尼因子(Adaptive Damping Factor)来促进收敛。Aspen HYSYS Petroleum Refining 中的选项如图 2.8 所示。

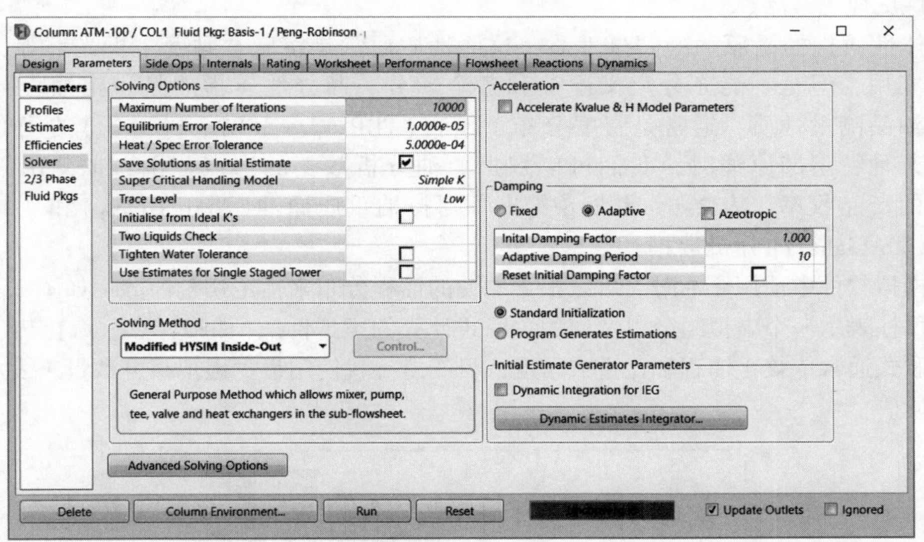

图 2.8 选择“Modified HYSYS Inside-Out Algorithm”及“Adaptive”阻尼因子来改善精馏塔收敛计算：Parameters→Solver→Solver Method 和 Damping

修正项是指使用 Newton-Raphson 算法收敛内回路的求解方法(在精馏塔固定温度和压力下，逐板计算质量平衡和能量平衡，外回路侧重于相平衡计算)。通过使用阻尼因子，在有限迭代次数中常常将工艺变量的均方根残差与容差比值降低到小于 1，从而实现收敛。图 2.9 说明了在应用自适应阻尼因子后，在有限迭代次数中该比值如何降至小于 1，以及该比值在欠阻尼系统中是如何发散的。

许多软件都包含加速和提高收敛性的附加选项，并且开发人员已将这些算法调整到最佳性能。在此需要重点强调的是，收敛失败通常是由精馏塔设计规定不合理造成的，而不是算法本身的问题。我们将在后续章节中将讨论有效的设计规定和初值。

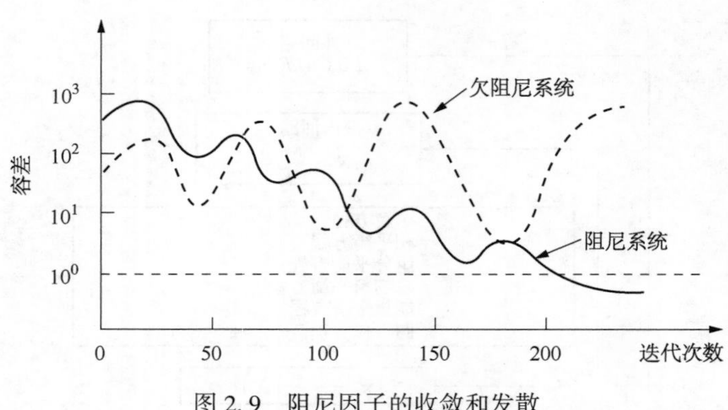

图 2.9　阻尼因子的收敛和发散

2.5　进料表征

原油是由不同烃类化合物组成的混合物，其包含成千上万种不同分子，因此，通常不会使用分子组成表示原油，特别是在原油蒸馏中。我们通过整体性质和馏分性质来表示原油组分以及炼厂烃类产品。

整体性质指的是原油的测量性质，这些性质通常是密度、黏度、折光率等，虽然它们非常实用，但是不能充分定义原油和各个馏分。馏分性质指的是一定馏程范围内一定量的油品测量性质，通常是密度分布、馏程(TBP、D-2887、SimDist)的函数。当炼厂使用某种特定的原油时，我们可以根据原油分析数据的沸点范围，推测出不同切割点范围的产品收率。表 2.6~表 2.8 给出了阿拉伯重质原油(Arab Heavy)和阿拉伯轻质原油(Arab Light)的分析数据。

在模拟软件中使用原油时，可以根据原油的馏程分布来指定切割馏分，如图 2.10 所示。每个条形柱表示一个虚拟组分以及使用关联式计算的虚拟性质(如临界点、汽化热、比热)。这些关联式通常依赖于馏程和比重或密度，目的是寻找使用最少虚拟组分数量来表示原油的全部性质。

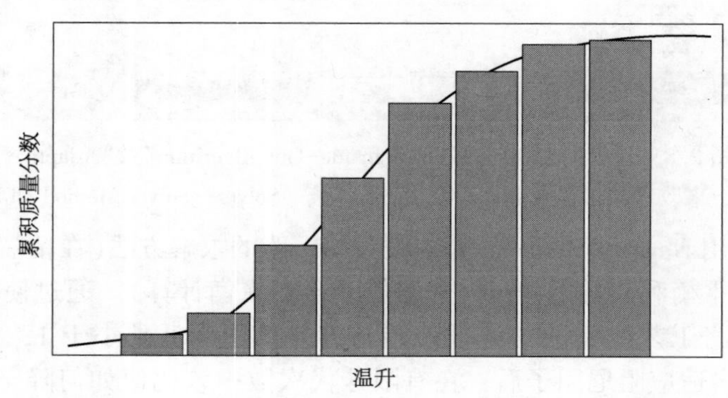

图 2.10　根据蒸馏曲线划分虚拟组分

在模拟过程中，我们通常希望虚拟组分的数量尽可能少，以便于减少工艺流程模拟的复杂性。表 2.4 给出了基于馏程的虚拟组分数的推荐值，表中的组分数大于 Kaes[1] 的推荐值。为了解决现代炼厂处理重质原油的情况，建议增加高沸点馏程的切割点数量；除此之外，增大高沸点馏程的切割点数量有助于使用同一组分库模拟常减压蒸馏，而计算量的增加对于现代计算机硬件已不是那么重要了。

表 2.4 每个馏分的虚拟组分数量

馏　程	虚拟组分数(推荐值)	馏　程	虚拟组分数(推荐值)
100~800	30	1200~1600	8
800~1200	10		

2.6 数据需求和有效性

任何建模都需要一组合理的输入数据，确保模型在一定操作范围内保持有效性和预测性。与使用预定义组分数据库建模相比，原油复杂的本质和组成造成出乎寻常的建模难度。最有效的方法是尽可能多地收集工艺信息，确保模型在一定操作范围内的有效性。但是，在蒸馏塔正常操作时，收集详细参数的成本太高或者不可行，因此，必须向不需要详细参数的方向进行建模，并且确保在一定操作范围内的有效性和预测性。

影响原油蒸馏塔建模成败的最主要因素是进料表征的准确性。有两种方法对原油性质进行量化表征：第一种方法依赖于可用的原油分析数据和进入装置的原油混合比例(当一台蒸馏塔只加工几种原油时是非常有效的)；另外一种方法是利用当前产品收率和数量进行反推合成，其目的是重新计算蒸馏塔原油进料的组成(在只有少量原油进料参数或者分析数据太旧(或不可用)的情况下，这种方法是非常实用的)。当模拟使用“反推合成法”数据时，Kaes[1]提供了估算缺失数据的方法。

当使用第一种方法时，最重要的是从原油分析数据中尽可能地获得更多信息，至少必须获得详细的蒸馏曲线和密度分布。由于原油的密度不能够满足产生一组合理的虚拟组分，建议使用 Beta 统计函数[式(1.7)和第 1.6 节例题 1.4]进行拟合和外推缺失数据[3]。同样，我们可用平滑滤波处理不合理的数据。拟合过程的结果如图 2.11~图 2.13 所示，部分模拟软件可能提供该功能。

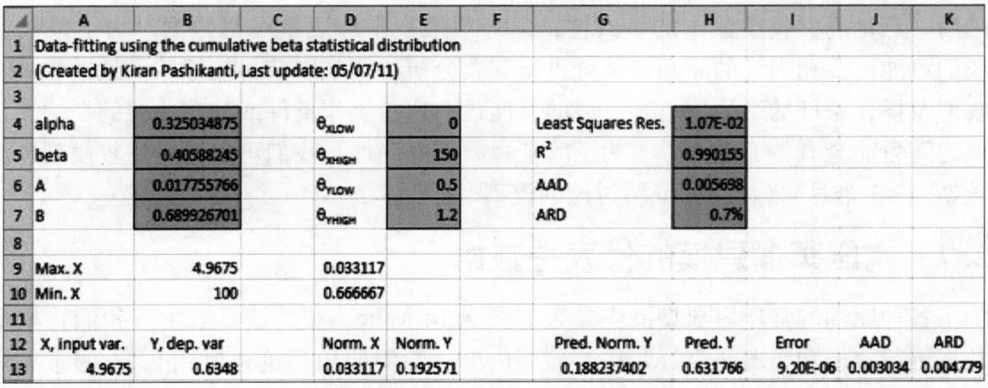

	A	B	C	D	E	F	G	H	I	J	K
1	Data-fitting using the cumulative beta statistical distribution										
2	(Created by Kiran Pashikanti, Last update: 05/07/11)										
3											
4	alpha	0.325034875		θ_{XLOW}	0		Least Squares Res.	1.07E-02			
5	beta	0.40588245		θ_{XHIGH}	150		R^2	0.990155			
6	A	0.017755766		θ_{YLOW}	0.5		AAD	0.005698			
7	B	0.689926701		θ_{YHIGH}	1.2		ARD	0.7%			
8											
9	Max. X	4.9675		0.033117							
10	Min. X	100		0.666667							
11											
12	X, input var.	Y, dep. var		Norm. X	Norm. Y		Pred. Norm. Y	Pred. Y	Error	AAD	ARD
13	4.9675	0.6348		0.033117	0.192571		0.188237402	0.631766	9.20E-06	0.003034	0.004779

图 2.11 Beta 数据拟合函数的 Excel 电子表格 Beta. xls

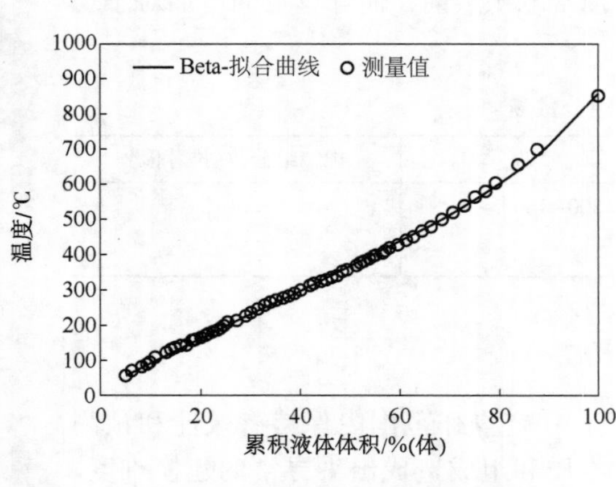

图 2.12　使用 Beta 函数拟合蒸馏曲线

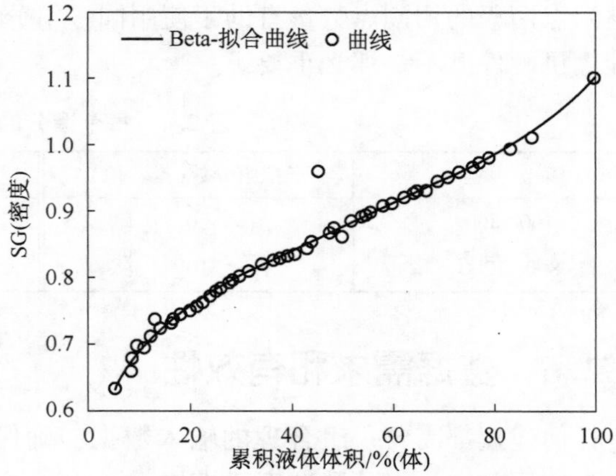

图 2.13　使用 Beta 函数拟合密度与液相体积关联式

在原油进料组成估算完成后，我们必须采集蒸馏塔操作条件和产品分布的数据。表 2.5 列出了用于搭建常压蒸馏模型所需的基本数据。

表 2.5　常压蒸馏初始模型的基本要求

流量	温度
进料和产品物流	塔底
中段循环流量	侧线产品采出位置
汽提蒸汽流量	加热炉入口和出口温度
压力	转油线温度及温降
闪蒸段	中段循环采出和返回温度
塔顶	中段循环冷却物流入口和出口温度
塔底	分析数据
温度	常压渣油的蒸馏曲线和相对密度(SG)
闪蒸段	各产品的蒸馏曲线和 SG
塔顶	塔顶不凝气的组成

最后一点是确保收集数据的一致性，即必须检查全塔质量平衡数据。为了采集有效数据，我们可能需要相当长的时间对装置进行观察分析。若难以获得较好的一致性数据，收集各类收率及操作条件的平均值也是可以的，但是，这些操作条件或分布曲线的平均测量值与预测值之间可能会有较大的误差。为了验证模型的准确性，我们可以通过比较模型预测值与历史数据(1~3 个月)来帮助验证所讨论的模型。

2.7　常压蒸馏建模的代表性数据

加工各种原油的常压塔典型操作参数如图 2.14 所示。在后续章节中，我们将根据这些初始数据进行建模和工况研究。紧接着前面内容，我们使用理论板对图 2.15 的常压塔进行建模(注意，理论板数大约是实际板数的一半，即全塔效率为 50%)。每个区域的位置(重石脑油、煤油等)反映了第 2.4.3 节的 Kaes[3] 描述的分馏区域概念。关键操作条件汇总如表 2.6~表 2.9 所示。

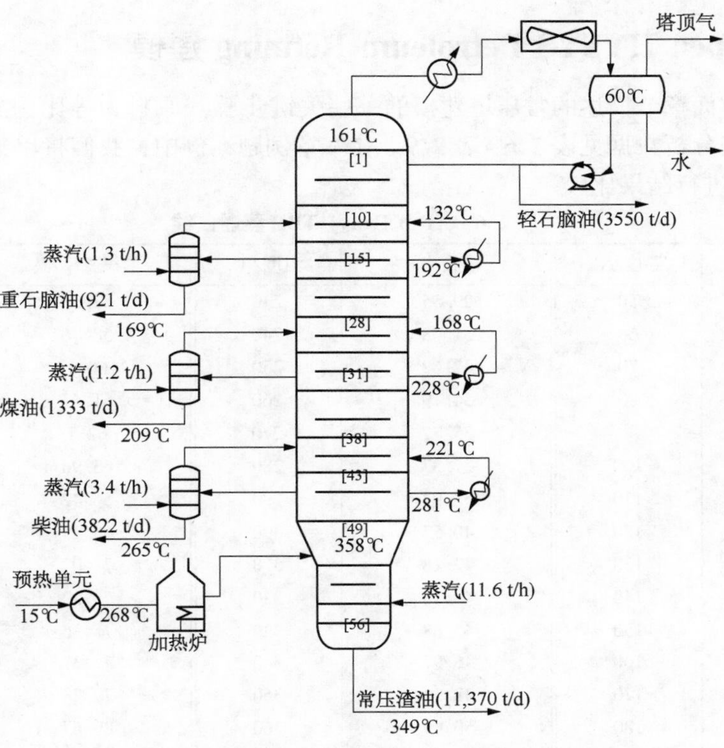

图 2.14 实际常压蒸馏塔

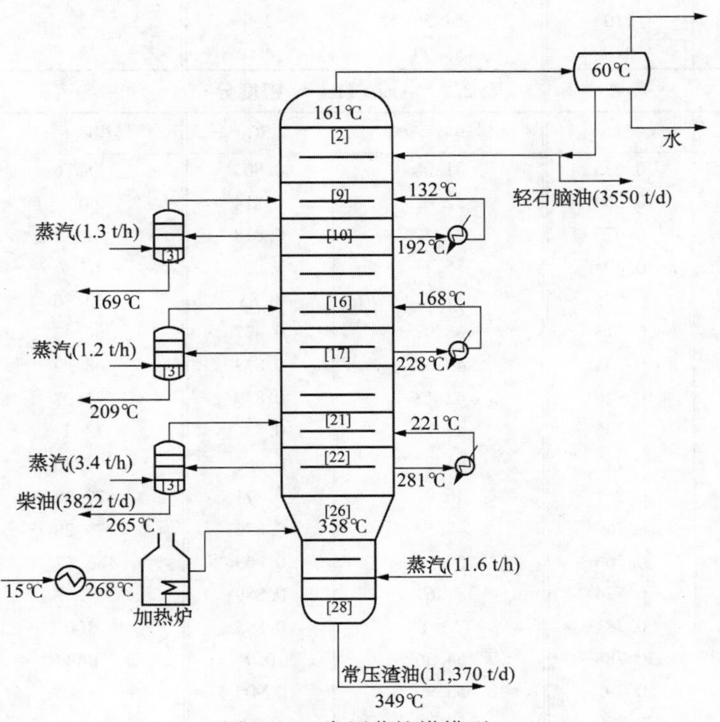

图 2.15 常压蒸馏塔模型

2.8 Aspen HYSYS Petroleum Refining 建模

本节介绍前面章节描述的常压塔建模的一些关键步骤。原料为等比例混合的阿拉伯轻、重原油，具体的分析数据见表2.6~表2.9。在本章例题案例中，我们将单独使用“反推合成法”进行模拟并进行结果比较。

表 2.6 Arab Heavy TBP 蒸馏曲线

累积收率/%	温度/℃	累积收率/%	温度/℃	累积收率/%	温度/℃
4.97	50	29.55	230	57.39	410
6.32	60	31.08	240	58.76	420
7.83	70	32.62	250	60.1	430
8.06	80	34.19	260	61.41	440
9.45	90	35.77	270	62.7	450
11.00	100	37.37	280	63.96	460
11.81	110	38.97	290	66.42	480
13.21	120	40.57	300	68.79	500
14.14	130	42.18	310	71.07	520
15.76	140	43.78	320	73.27	540
17.38	150	45.38	330	75.36	560
18.98	160	46.97	340	77.37	580
20.55	170	48.54	350	79.28	600
22.08	180	50.09	360	83.67	650
23.59	190	51.61	370	87.53	700
25.08	200	53.10	380	100	850
26.57	210	54.56	390		
28.05	220	55.99	400		

表 2.7 Arab Heavy 密度分布

累积收率/%	SG	累积收率/%	SG	累积收率/%	SG
4.97	0.635	31.08	0.808	58.76	0.914
7.83	0.664	32.62	0.814	60.1	0.919
8.06	0.673	34.19	0.818	61.41	0.923
9.45	0.694	35.77	0.824	62.7	0.928
11	0.695	37.37	0.83	63.96	0.932
11.81	0.713	38.97	0.837	66.42	0.936
13.21	0.734	40.57	0.843	68.79	0.947
14.14	0.726	42.18	0.849	71.07	0.955
15.76	0.735	43.78	0.856	73.27	0.962
17.38	0.743	45.38	0.962	75.36	0.97
18.98	0.751	46.97	0.871	77.37	0.978
20.55	0.759	48.54	0.877	79.28	0.986
22.08	0.766	50.09	0.863	83.67	0.999
23.59	0.774	51.61	0.889	87.53	1.017
25.08	0.781	53.1	0.895	100	1.112
26.57	0.788	54.56	0.9	Bulk	
28.05	0.795	55.99	0.905		
29.55	0.802	57.39	0.91		

表 2.8 Arab Light TBP 蒸馏曲线

累积收率/%	温度/℃	累积收率/%	温度/℃	累积收率/%	温度/℃
3.79	40	32.41	220	64.48	400
4.51	50	34.26	230	66.01	410
5.14	60	36.12	240	67.50	420
7.06	70	37.97	250	68.94	430
7.97	80	39.81	260	69.96	440
8.78	90	41.64	270	71.32	450
10.89	100	43.47	280	72.65	460
11.82	110	45.37	290	75.23	480
12.79	120	47.18	300	77.68	500
15.33	130	48.99	310	80.02	520
17.11	140	50.78	320	82.24	540
18.88	150	52.57	330	84.19	560
21.10	160	54.35	340	85.88	580
23.11	170	56.11	350	87.45	600
25.13	180	57.90	360	90.90	650
26.99	190	59.61	370	93.72	700
28.86	200	61.28	380	100.00	850
30.54	210	62.90	390		

表 2.9 Arab Light 密度分布

累积收率/%	SG	累积收率/%	SG	累积收率/%	SG
3.79	0.634	32.41	0.802	64.48	0.908
4.51	0.654	34.26	0.808	66.01	0.91
5.14	0.653	36.12	0.814	67.5	0.915
7.06	0.663	37.97	0.816	68.94	0.919
7.97	0.716	39.81	0.822	69.96	0.923
8.78	0.704	41.64	0.828	71.32	0.927
10.89	0.702	43.47	0.834	72.65	0.93
11.82	0.724	45.37	0.84	75.23	0.936
12.79	0.766	47.18	0.847	77.68	0.941
15.33	0.733	48.99	0.853	80.02	0.948
17.11	0.759	50.78	0.86	82.24	0.955
18.88	0.765	52.57	0.869	84.19	0.962
21.1	0.763	54.35	0.875	85.88	0.97
23.11	0.771	56.11	0.882	87.45	0.978
25.13	0.777	57.9	0.887	90.9	0.991
26.99	0.785	59.61	0.893	93.72	1.01
28.86	0.792	61.28	0.898	100	1.098
30.54	0.796	62.9	0.903		

本文案例使用的是应用非常广泛的 Aspen HYSYS Petroleum Refining[13] 软件。尽管如此，本文所描述的方法可直接运用到其他模拟软件中。模拟需重点考虑的因素是双迭代法的鲁棒性、处理虚拟组分的能力和软件所选的热力学方法，大多数现代模拟软件都可以满足这些要

求。正如第1.8节和第1.9节所讨论的，Aspen HYSYS Petroleum Refining V8.0及后续的新版本都包含了原油管理工具Petroleum Assay Manager。我们可以使用Petroleum Assay Manager更准确的混合规则来计算物性，同时用来管理不同的原油分析数据和油品调合。

根据第1.6节和第1.7节，我们定义了两个新的油品，ArabLight和ArabHVY，如图2.16所示，将文件另存为Crude Assay Only. hsc。

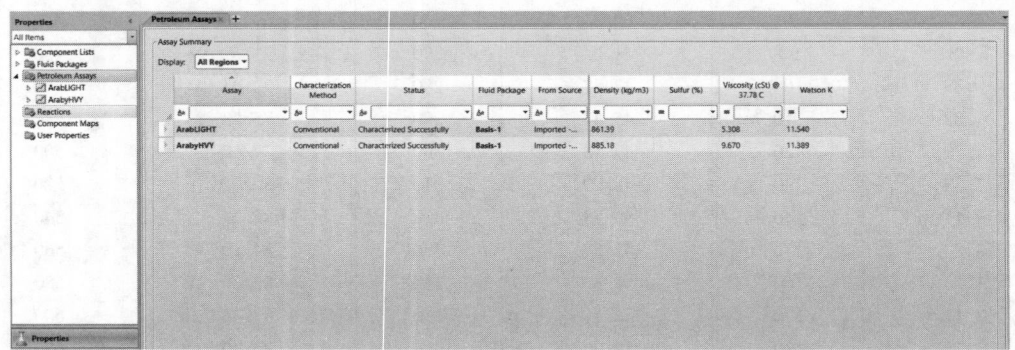

图2.16 在Aspen HYSYS Petroleum Assay Manager中定义油品分析数据，文件保存为Crude Assays Only. hsc

2.8.1 输入原油数据

常压蒸馏建模的第一步是输入原油分析数据并生成模拟所需的虚拟组分。本例使用表2.6~表2.9的原油分析数据。谨记，在软件输入分析数据时，要剔除与蒸馏曲线无关的内容，以避免发生不合理的蒸馏现象。本文使用TBP蒸馏曲线、密度分布和总密度来定义常压蒸馏模型，如图2.17~图2.20所示。

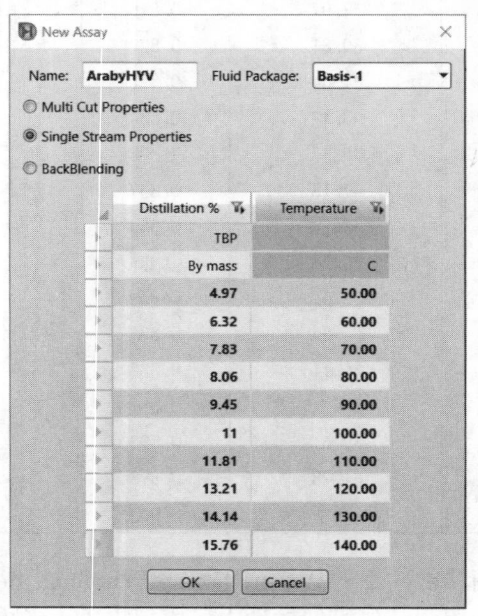

图2.17 TBP蒸馏数据定义(Arab Heavy)

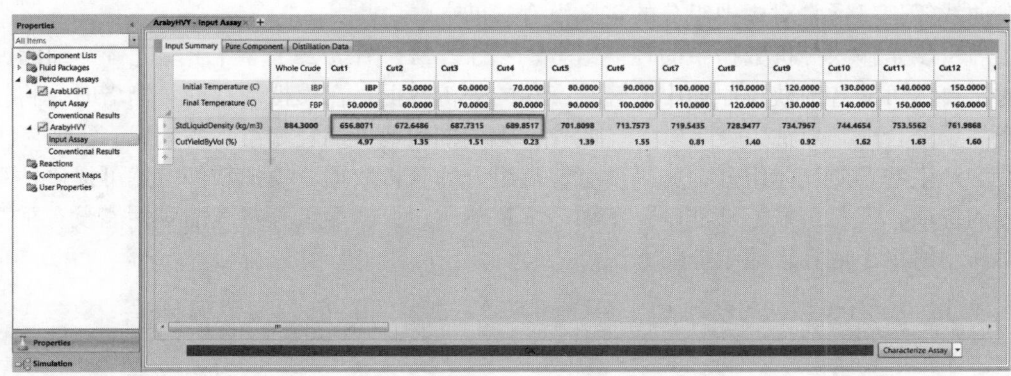

图 2.18　设定密度分布曲线

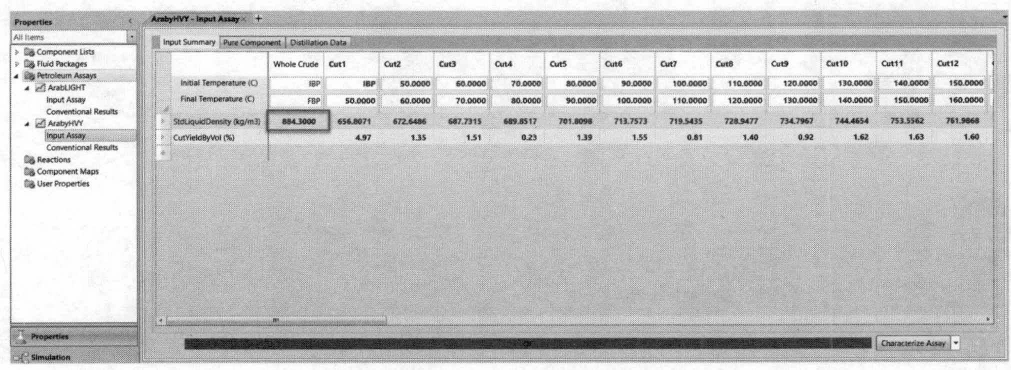

图 2.19　设定总密度(Arab Heavy)

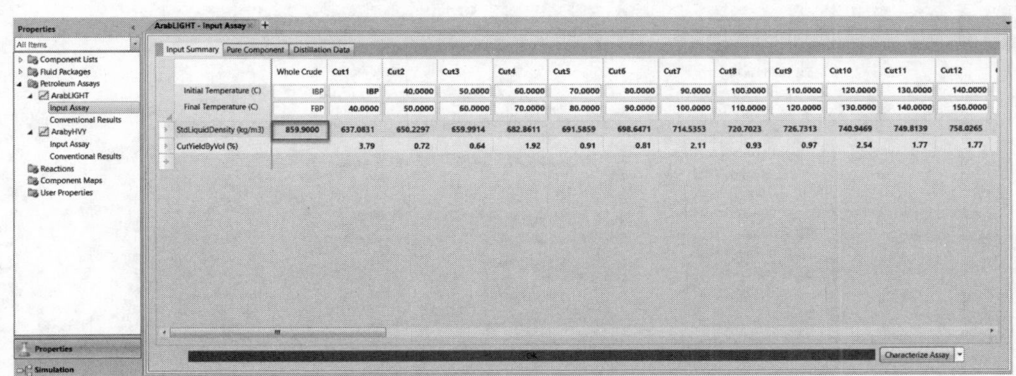

图 2.20　设定总密度(Arab Light)

许多模拟软件具有根据蒸馏曲线和总密度生成虚拟组分的功能。虽然这种方法可以产生一组虚拟组分，但仍不能满足准确计算原油蒸馏的要求。仅仅使用总密度和 Watson K 因子(默认值为 12.0)，可能导致原料中重组分预测出现较大偏差，图 2.18~图 2.20 分别给出了密度分布曲线和总密度的输入结果。建议使用式(1.7)的 Beta 函数和第 1.4 节描述的平滑滤波处理异常的密度分布曲线或预测一条密度分布曲线。图 2.21~图 2.23 给出的数据来自表 2.6~表 2.9 的阿拉伯轻质原油(Arab Light)和阿拉伯重质原油(Arab Heavy)。其他诸如黏度分布曲线等信息通常对虚拟组分的定义没有帮助❶。

最后一步是输入分析数据中的轻端组分(见图 2.21～图 2.23)。当开始进行详细的原油评价时，要尽可能各地获得原油中的轻端产品的分析数据。在模拟现有的蒸馏塔时，将轻质气体产品反推合成到原油中就足够了。此外，为了准确地描述轻端组分的组成，需要考虑塔内热裂解产生的轻质气体组分。如果没有轻端组分的分析数据，模拟软件虽然可提供估算轻端组分的选项，但是可能不够准确。正如后续章节所述，轻端组分对蒸馏塔性能没有重要影响。Kaes[3] 给出了估算轻端组分的方法。

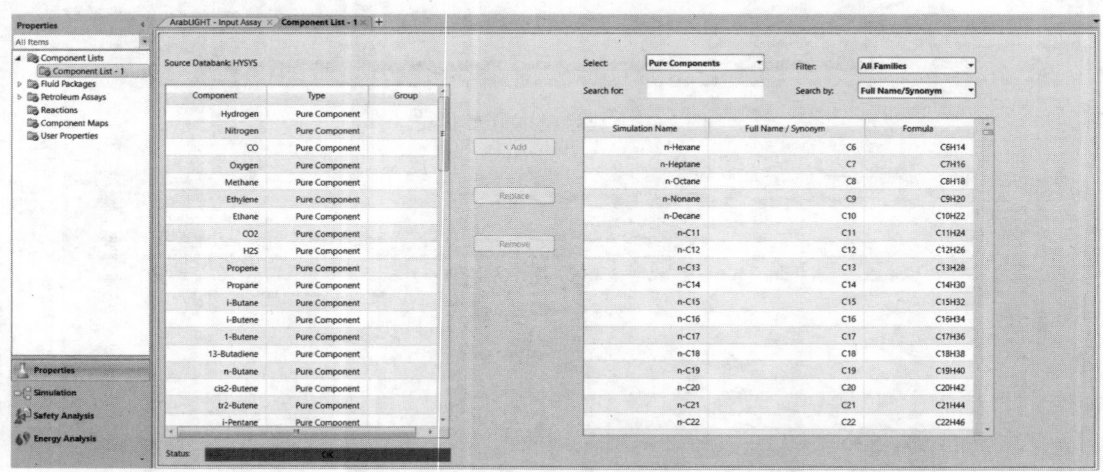

图 2.21 添加轻端组分

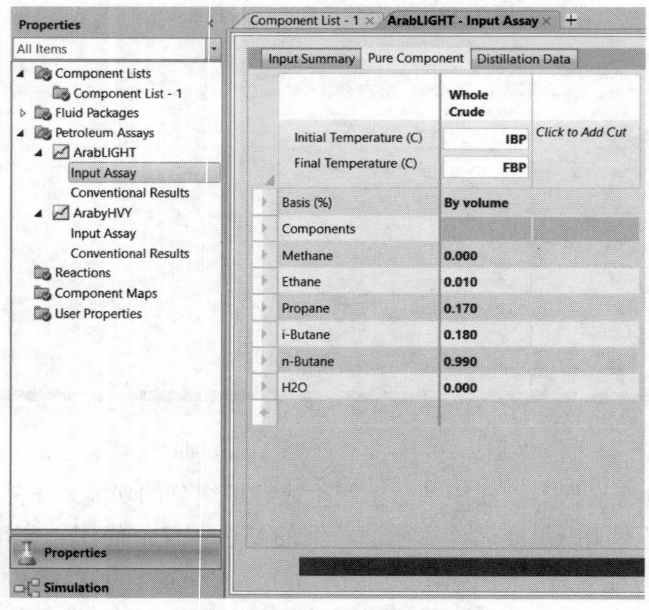

图 2.22 输入油品轻端组分(Arab Light)

❶黏度数据对于管道输送的模拟非常重要。

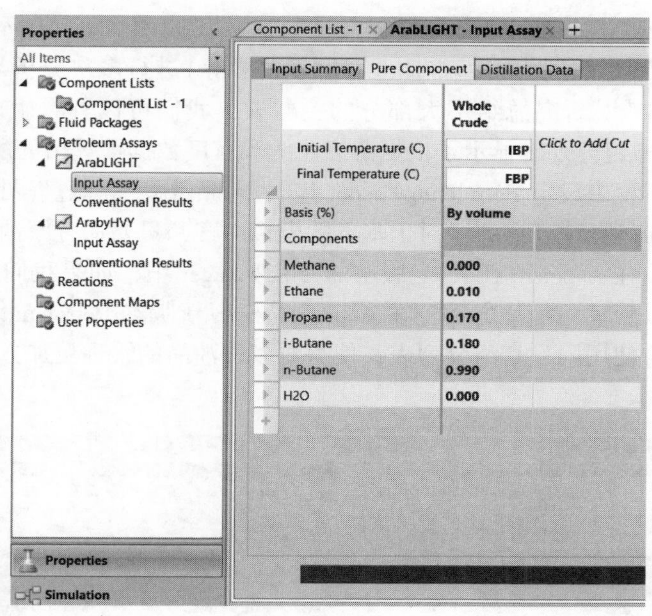

图 2.23　输入油品轻端组分(Arab Heavy)

根据可用的分析数据，用户可以添加轻质气体组分来反映工厂的实际测量值。一般地，不需要添加沸点高于正丁烷或正戊烷的组分。如果希望计算蒸气压[雷氏蒸气压(RVP)]和预测汽油馏分类型时，我们需要增加丁烷等组分。

接下来，根据虚拟组分创建一股混合物流。通过质量或体积基准将两种或多种原油分析数据进行组合，最终作为 Aspen HYSYS 生成虚拟组分的输入值。对于此次模拟，进料采用第 2.8 节所提到的原油分析数据。当然，也可以使用实际蒸馏塔的产品数据，采用反推合成法来得到原油，然后在流程图中添加 Petroleum Feeder 模块，同时将合成的原油输入其中，混合油进料的比例如图 2.24 所示。

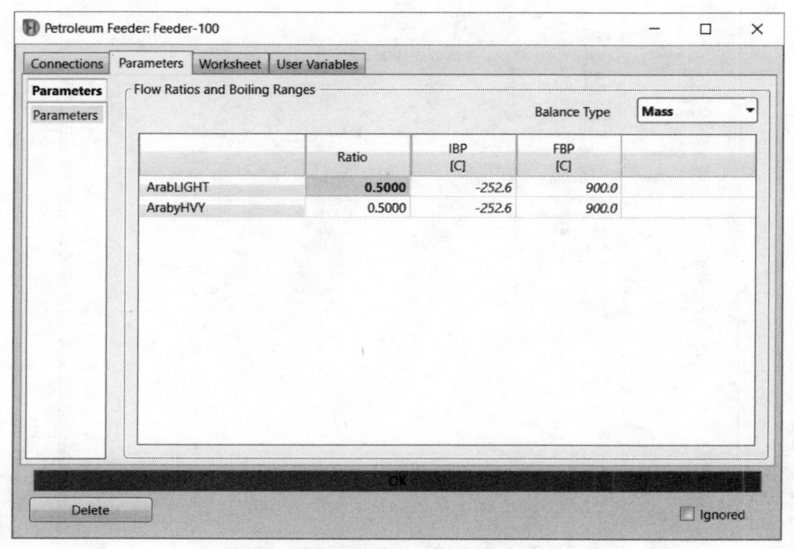

图 2.24　根据油品分析数据建立混合进料

在 Aspen HYSYS Petroleum Feeder 中定义进料后，我们便可在 Aspen HYSYS Petroleum Assay Manager 中对所计算的性质(蒸馏曲线、黏度曲线等)进行多次分析与检查。AspenTech 技术文档[19]和 Riazi[9,11]研究总结了大部分的关联式，我们可以查看生成的虚拟组分列表(见图 2.25)。该虚拟组分列表显示了根据蒸馏曲线和密度数据计算出的所有相关物性参数。

最后一步是在流程中设定 Petroleum Feeder 进料压力、温度和流量(见图 2.26)。当组成发生变化时，我们必须创建新进料；对于基本的模拟而言，只要拥有原油评价数据或者产品反推数据就已足够。在 Aspen HYSYS 老版本的 Oil Manager 中，如果我们对多种原料进行评估，其组分列表难以管理。相比之下，在 Aspen HYSYS 新版本 Petroleum Assay Manager 中，我们对所有原油评价使用同一套组分列表，使得对多种油品的管理更加方便，比较结果请参考第 1.8 节的表 1.3。

	Light ends	36-40*	40-50*	50-60*	60-70*	70-80*	80-90*	90-100*	100-110*	110-120*	120-130*	130-140*	140-150*
Initial Temperature (C)	IBP	36.0000	40.0000	50.0000	60.0000	70.0000	80.0000	90.0000	100.0000	110.0000	120.0000	130.0000	140.0000
Final Temperature (C)	36.0000	40.0000	50.0000	60.0000	70.0000	80.0000	90.0000	100.0000	110.0000	120.0000	130.0000	140.0000	150.0000
CutYieldByWt (%)	1.18	1.49	0.71	0.76	1.35	0.46	0.87	1.51	0.71	0.99	1.48	1.45	1.47
CutYieldByMol (%)		4.80	2.20	2.21	3.75	1.20	2.17	3.58	1.60	2.10	3.01	2.82	2.72
MolecularWeight		72.05	75.14	79.66	83.83	88.51	93.17	97.95	103.29	108.73	114.02	119.61	125.32
StdLiquidDensity (kg/m3)		659.8598	663.1710	668.3487	684.9769	691.2308	700.6282	714.2093	720.1728	728.0263	739.3370	747.3042	755.9191
TotalAcidNumber (mg...			0.021	0.024	0.027	0.031	0.034	0.037	0.041	0.044	0.047	0.050	0.054
AnilinePoint (C)			-49.275	-46.480	-44.456	-41.701	-39.141	-36.825	-34.020	-31.321	-28.811	-26.094	-23.404
AromByVol (%)		0.000	0.000	0.000	0.000	0.032	0.149	0.440	0.606	0.608	1.352	2.691	4.719
AromByWt (%)		0.000	0.000	0.000	0.000	0.040	0.185	0.542	0.740	0.735	1.628	3.210	5.570
AsphalteneByWt (%)		0.000	0.000	0.000	0.000	0.000	0.000	0.000	0.000	0.000	0.000	0.000	0.000
BasicNitrogenByWt (%)		0.000	0.000	0.000	0.000	0.000	0.000	0.000	0.000	0.000	0.000	0.000	0.000
CtoHRatioByWt			5.188	5.150	5.161	5.154	5.177	5.250	5.270	5.317	5.417	5.487	5.577
CloudPoint (C)			-136.451	-129.694	-123.512	-116.940	-110.601	-104.575	-98.262	-92.153	-86.354	-80.490	-74.789
CopperByWt (%)		0.000	0.000	0.000	0.000	0.000	0.000	0.000	0.000	0.000	0.000	0.000	0.000
CetaneNumber			27.11	34.50	34.13	38.92	41.23	40.71	43.89	45.66	45.31	46.43	46.99
FlashPoint (C)						-24.592	-16.192	-7.892	0.295	8.357	16.281	24.055	31.669
FreezePoint (C)			-131.458	-124.696	-118.513	-111.940	-105.601	-99.575	-93.262	-87.153	-81.355	-75.491	-69.790
MONClear			68.11	64.31	59.09	53.55	49.97	46.91	45.13	43.89	43.08	41.88	40.71

图 2.25 检查虚拟组分物性计算

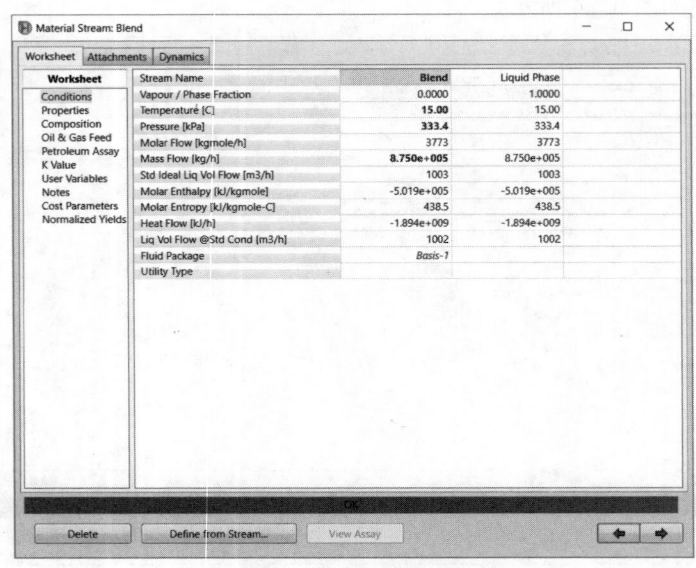

Stream Name	Blend	Liquid Phase
Vapour / Phase Fraction	0.0000	1.0000
Temperature [C]	15.00	15.00
Pressure [kPa]	333.4	333.4
Molar Flow [kgmole/h]	3773	3773
Mass Flow [kg/h]	8.750e+005	8.750e+005
Std Ideal Liq Vol Flow [m3/h]	1003	1003
Molar Enthalpy [kJ/kgmole]	-5.019e+005	-5.019e+005
Molar Entropy [kJ/kgmole-C]	438.5	438.5
Heat Flow [kJ/h]	-1.894e+009	-1.894e+009
Liq Vol Flow @Std Cond [m3/h]	1002	1002
Fluid Package	Basis-1	
Utility Type		

图 2.26 输入进料操作参数

2.8.2 选择热力学方法

热力学方法的选择对模拟结果至关重要，其主要误差是 K 值关联性差(特别是重质原油)。下列选项适用于富烃物流(如原油)：

基于状态方程法：Peng-Robinson (PR)，Soave-Redlich-Kwong (SRK)。

基于逸度关联式：Grayson-Streed，Chao-Seader。

基于经验关联式：BK-10，ESSO，API。

状态方程法一般依赖于纯组分性质，如临界温度、临界压力和偏心因子，另外需要考虑混合物的交互作用参数。而经验关联式法依赖于蒸气压和实际数据的测量值对不同虚拟组分进行经验关联。

在第 1 章中，我们已经对各种热力学体系和不同方法进行了简单评论。总的来说，在现代模拟软件中，我们推荐使用状态方程法或逸度关联式。尽管每种模型都具有一定的缺点，但是，大多数模拟软件中的高级选项可以抵消这些问题并提供近似结果。我们将在第 2.10 节中阐述热力学模型的影响。

2.8.3 原油进料和预分馏

针对原油进料及相关组分选择了合适的热力学方法后，我们便可进行实际模拟了。我们将原油引入一台简单换热器模拟常减压蒸馏装置的换热单元，对于更加真实的模型，我们可以模拟完整的预热单元。由于预热单元不是本文的重点，因此使用简单换热器表示预热单元(见图 2.27，另存为 CDU EX-1.hsc)。图 2.28 给出了换热器出口的操作条件。

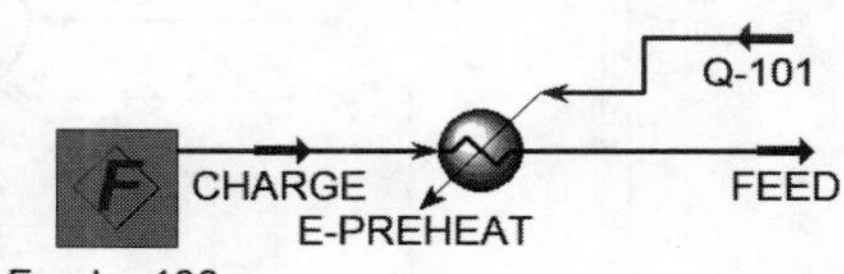

图 2.27 预热单元简化流程

Material Stream: FEED

Worksheet | Attachments | Dynamics

Worksheet: Conditions, Properties, Composition, Oil & Gas Feed, Petroleum Assay, K Value, User Variables, Notes, Cost Parameters, Normalized Yields

Stream Name	FEED	Vapour Phase	Liquid Phase
Vapour / Phase Fraction	0.4813	0.4813	0.5187
Temperature [C]	**268.0**	268.0	268.0
Pressure [kPa]	333.4	333.4	333.4
Molar Flow [kgmole/h]	3773	1816	1957
Mass Flow [kg/h]	8.750e+005	2.081e+005	6.669e+005
Std Ideal Liq Vol Flow [m3/h]	1003	281.9	721.2
Molar Enthalpy [kJ/kgmole]	-3.562e+005	-1.563e+005	-5.417e+005
Molar Entropy [kJ/kgmole-C]	789.3	415.3	1136
Heat Flow [kJ/h]	-1.344e+009	-2.839e+008	-1.060e+009
Liq Vol Flow @Std Cond [m3/h]	1002	278.8	726.7
Fluid Package	*Basis-1*		
Utility Type			

OK

Delete | Define from Stream... | View Assay

图 2.28 预热单元出口温度

另一个主要设备是常压炉，通常它是具有一定汽化能力的加热炉，也是原油蒸馏装置的主要能耗部分。如果能够提供加热炉的相关详细信息，那么 Aspen HYSYS 可以模拟加热炉，但是，由于我们无法提供该类详细数据，所以用给定一定热负荷的简单换热器表示加热炉；但是，必须考虑加热炉的过汽化率。图 2. 29 和图 2. 30 给出了加热炉的操作条件。

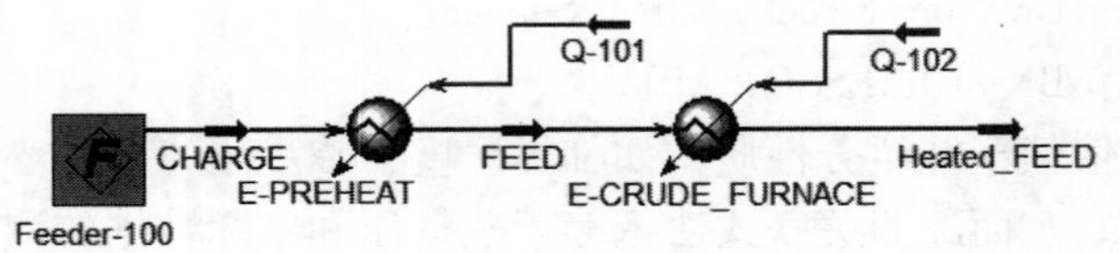

图 2. 29　加热炉简化模型

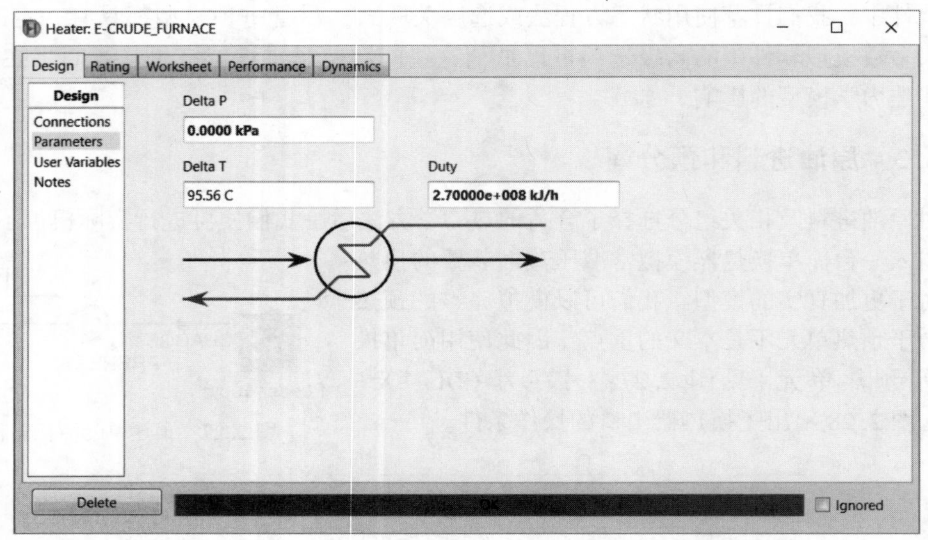

图 2. 30　加热炉负荷初值

可使用调节模块(Adjust)来设定过汽化率。注意，过汽化率是塔内除了渣油外的所有回收产品的汽化量，渣油是蒸馏塔原料中未汽化的部分。我们可以通过估算热负荷来设定加热炉初值，可以通过调节模块来调整加热炉的热负荷从而满足设定的加热炉出口汽化分率(质量基准)的要求。

从表 2. 13 中可以看出，液相产品总和为 45. 84%，若设定过汽化率为 3%，则加热炉出口汽化分率(质量基准)为 48. 84%(液相产品和过汽化量的总和)。

调节变量的选择(本例为加热炉热负荷)，如图 2. 31 所示；(2)目标变量的选择(本例为加热炉出口质量汽化分率)，如图 2. 32 所示；(3)设定目标值，如图 2. 33 所示。

(1)调节模块在初始迭代计算后可能没有收敛，通常可以增大迭代次数和调整步长来促进其收敛，如图 2. 34 所示。

第 2. 8. 4 节中 Heated_ FEED 模拟流程如图 2. 35 所示，将模拟文件保存为 CDU EX-1. hsc，并开始配置实际的精馏塔。

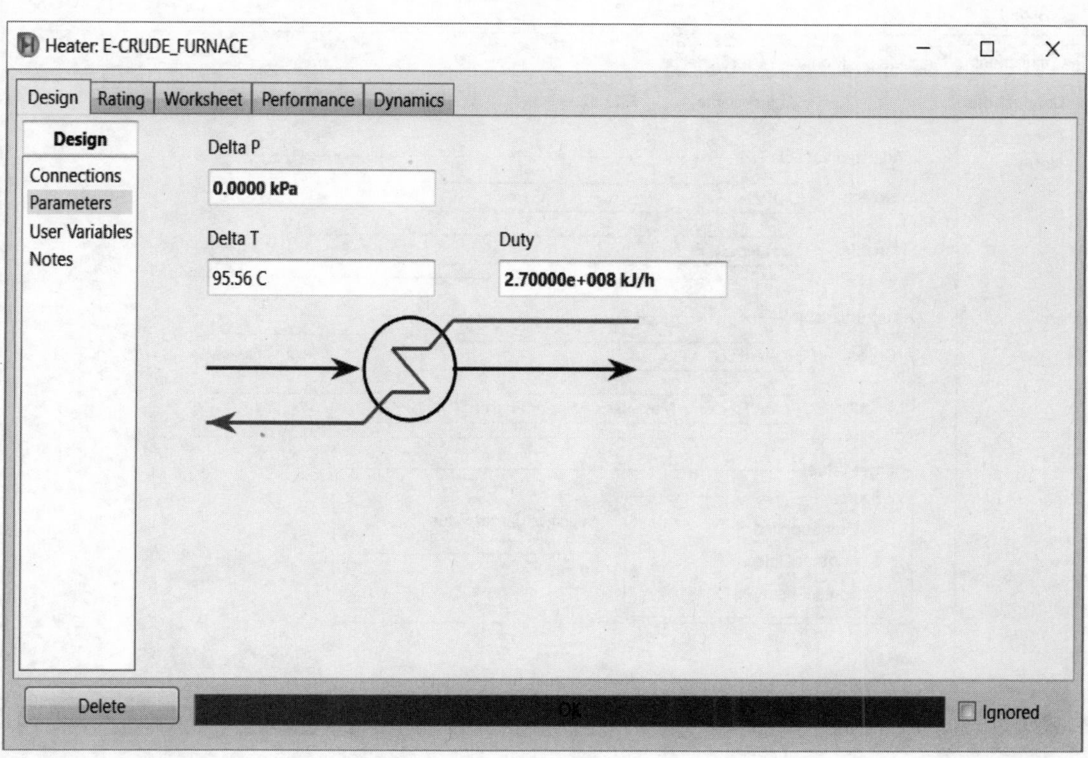

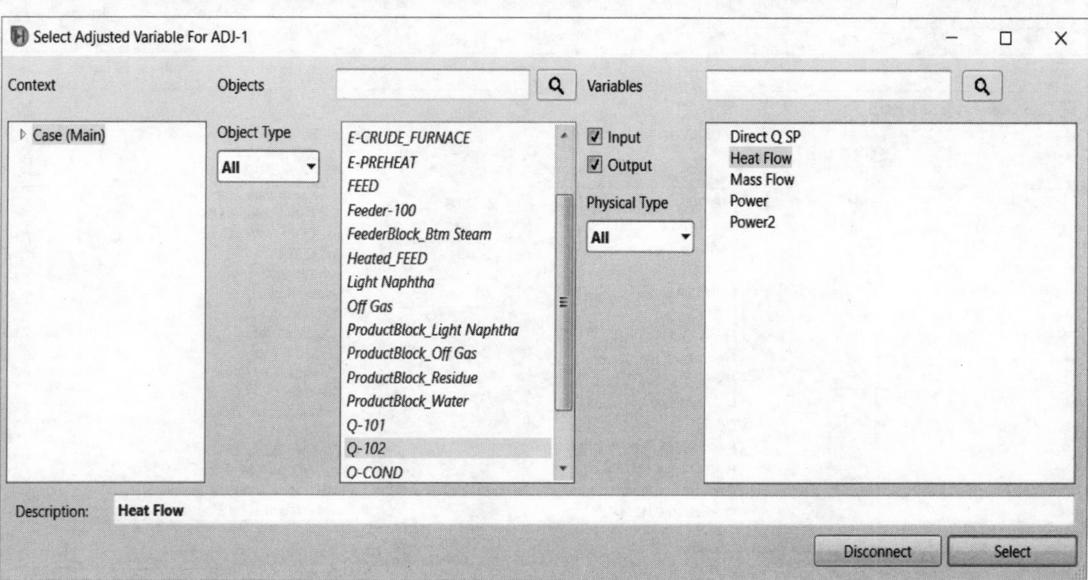

图 2.31　选择 Heat Flow 作为调节变量

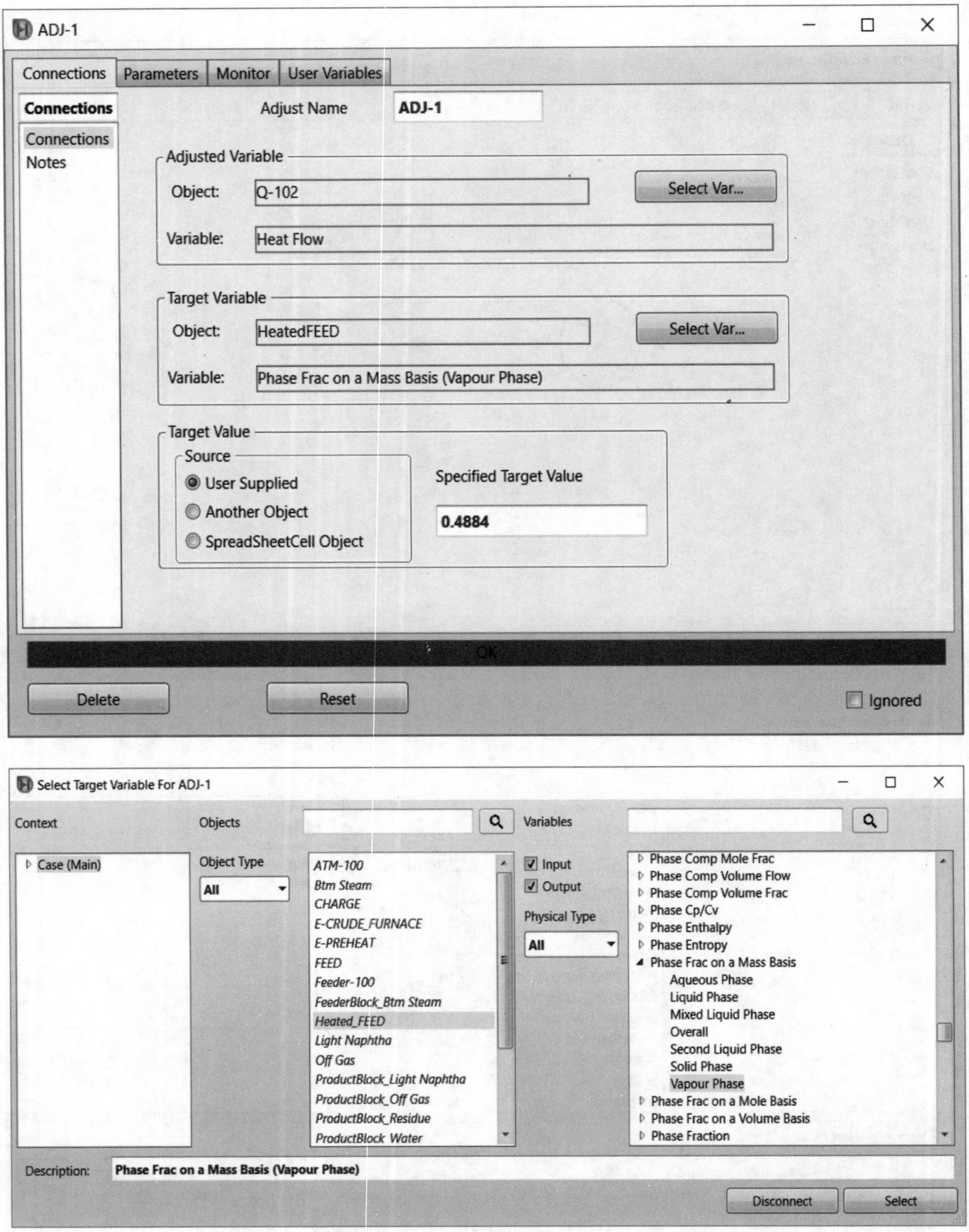

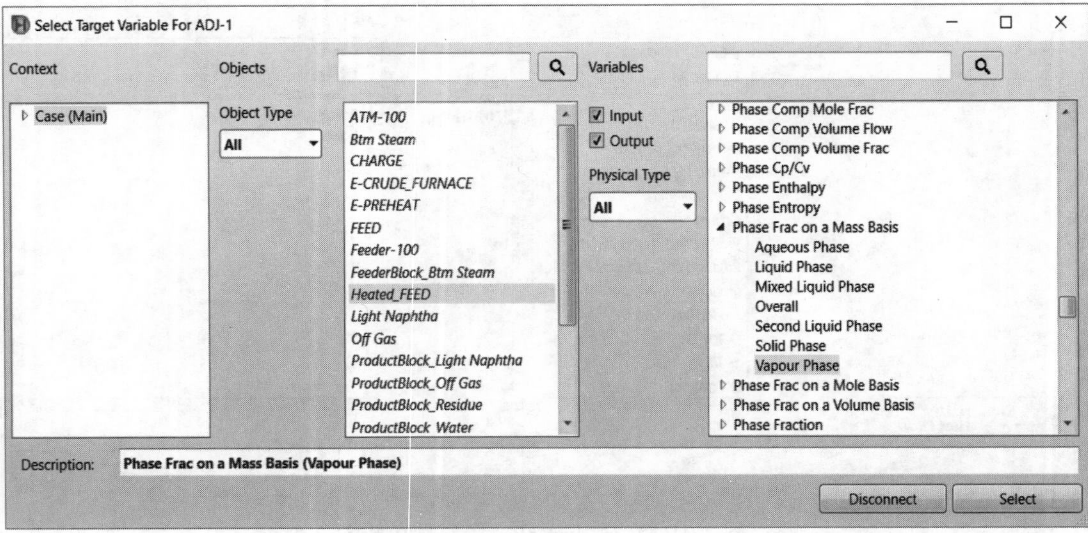

图 2.32 选择 Mass Vapor Fraction Of Heater Outlet 作为目标变量

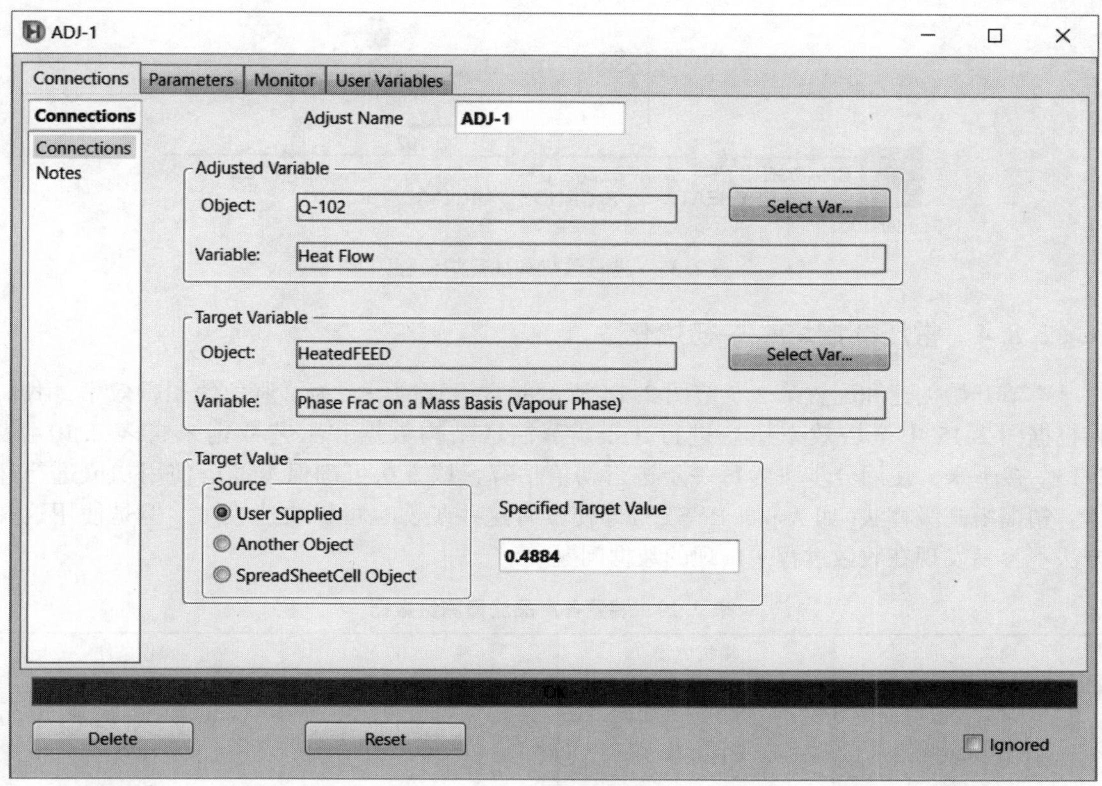

图 2.33　设定目标变量值

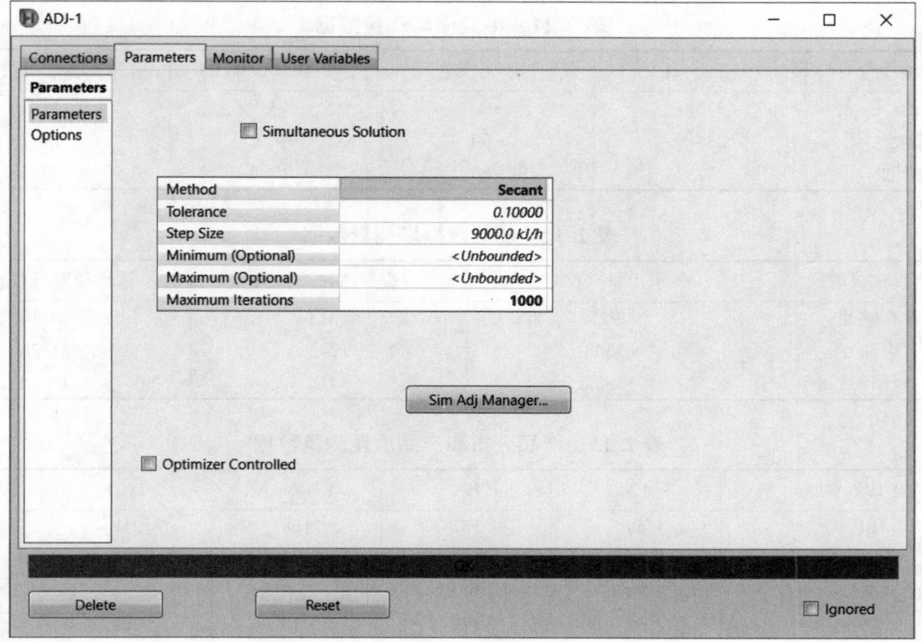

图 2.34　调整 Adjust 模块的求解参数

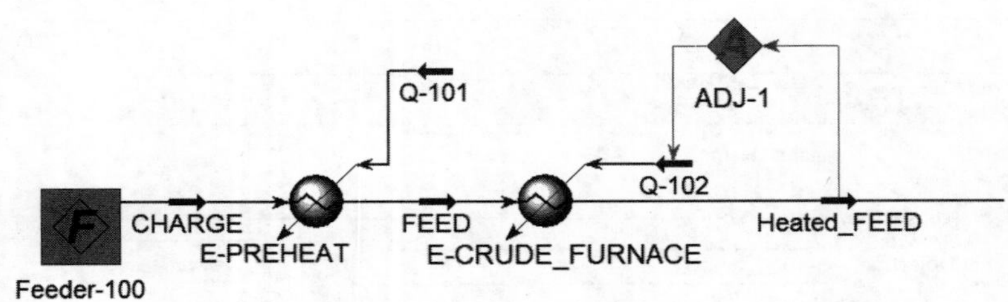

图 2.35 进料预热和加热炉流程图

2.8.4 常压蒸馏塔——初始化

本节开始创建和配置第 2.7 节图 2.14 所示的常压蒸馏塔。为了避免使用板效率，我们将根据图 2.15 中全塔效率概念进行建模。蒸馏塔结构数据和工艺数据来自表 2.10~表 2.13。接下来，使用分步法为每一步进行初值估算，该方法可确保蒸馏塔使用初值进行计算。精馏塔高级算法(如 Aspen HYSYS)即使没有这些步骤也可以快速收敛，但是使用这种方法不容易发现在收敛过程中出现的数据问题。

表 2.10 装置各产品流量测量数据

原料/产品	塔板位置	流量/(t/d)	操作条件
进料原料油	49	21000	3.0%过汽化率
塔底蒸汽	56	278.4	饱和蒸汽(250℃)
塔顶不凝气	冷凝器	—	60℃
轻石脑油	冷凝器	3549	60℃
渣油	塔底	11375	349℃

表 2.11 中段循环测量数据

中段循环	流量/(t/h)	温差/℃	热负荷/(Gcal/h)	采出位置/返回位置
重石脑油	376.1	-90	-13.9	15/10
煤油	234.9	-60	-9.1	31/28
轻蜡油	298.1	-60	-12.2	43/38

表 2.12 侧线汽提塔测量数据

侧线汽提塔	采出量/(t/d)	汽提蒸汽量/(kg/h)	采出位置/返回位置
重石脑油	921	1313	15/10
煤油	1333	1243	31/28
轻蜡油	3822	3418	43/38

表 2.13 产品分布和产品质量测量数据

ASTM D86 (℃)	LN	HN	Kerosene	LGO	Residue
IBP	69	137	168	218	319
5%	71	165	198	246	368
10%	74	172	203	254	381
30%	88	179	210	268	454
50%	104	183	215	283	533
70%	122	187	221	301	684

续表

ASTM D86（℃）	LN	HN	Kerosene	LGO	Residue
90%	146	193	229	328	874
95%	153	196	235	337	—
FBP	162	204	251	378	—
比重	0.7037	0.7826	0.8034	0.8456	0.9713
收率(%)	16.9	4.39	6.35	18.2	54.16
产量（t/d）	3549	921	1333	3822	11375

继续使用文件 CDU EX-1.hsc 并创建一个 Refluxed Absorber 模块：F4 → Operation Palette（Model Menu）→ Columns → Insert “Refluxed Absorber T-100”（见图2.36）。

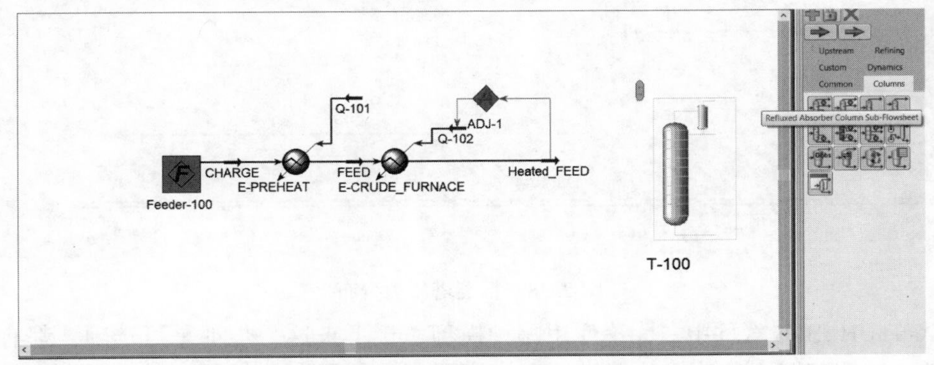

图2.36 添加 Refluxed Absorber 模块

接下来，双击塔 T-100 打开输入界面，重命名为 ATM-100 并输入相关参数。该精馏塔具有27块理论板及相关能量流股和物料流股(见图2.37)。

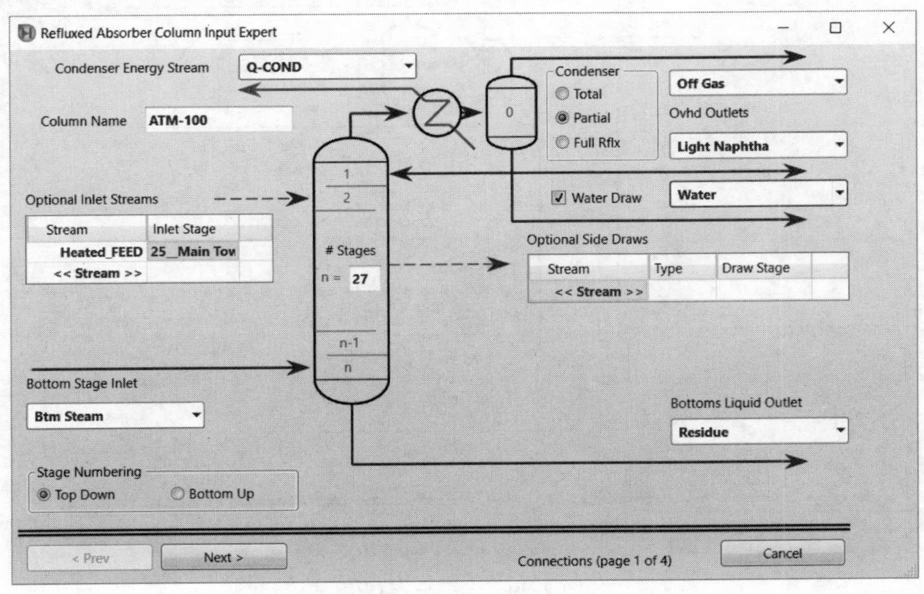

图2.37 ATM-100 物流设置：(1)能量流股有 Q-Cond 和 Btm Steam；(2)物料流股有 Heated_ FEED、Off Gas、Light Naphtha、Water、Residue

设定压力分布，如图 2.38 所示。

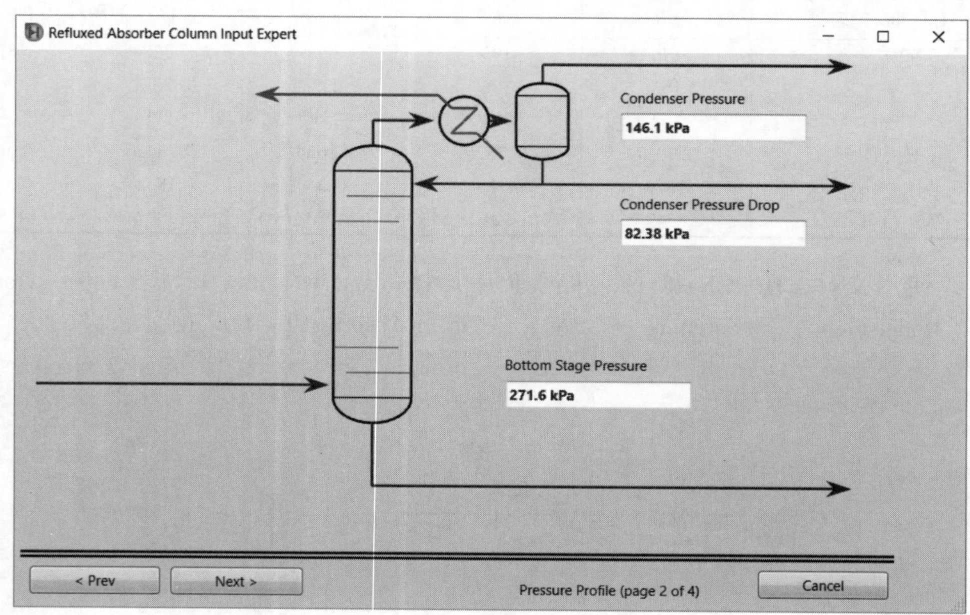

图 2.38 精馏塔压力分布

在 Aspen HYSYS 软件中，无论使用哪种模型，接下来这一步都是可选项，都有助于蒸馏塔收敛。根据装置测量数据估算塔顶和塔底温度，如图 2.39 所示。对于初次计算而言，温度计算值可能不同于给定的估计值。

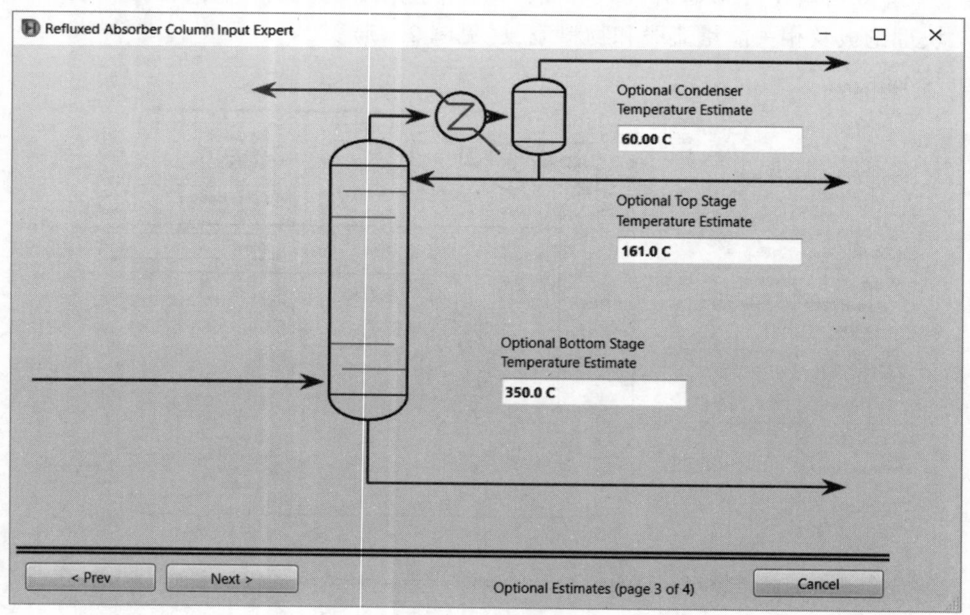

图 2.39 温度分布初值

由于使用 Refluxed absorber 模型，必须提供两个初始设计规定，如图 2.40 所示。设定 Vapor Distillate Rate[例如，不凝气流量]为 1.421×10^4kg/h 和 Liquid Distillate Rate[例如，轻

石脑油流量]为 1.479×10^5kg/h，回流比设定为 2.0，可确保快算收敛；如果回流比为 2.0，蒸馏塔没有收敛，那么原料加热器中的物料没有充分汽化。点击图 2.40 中的“Done”按钮进入到图 2.41 中的精馏塔 Input Summary 界面，我们看到 HYSYS 开始进行计算，并给出红色提示“未收敛(Unconverged)”。为什么？原因是还未设定 Btm Steam。

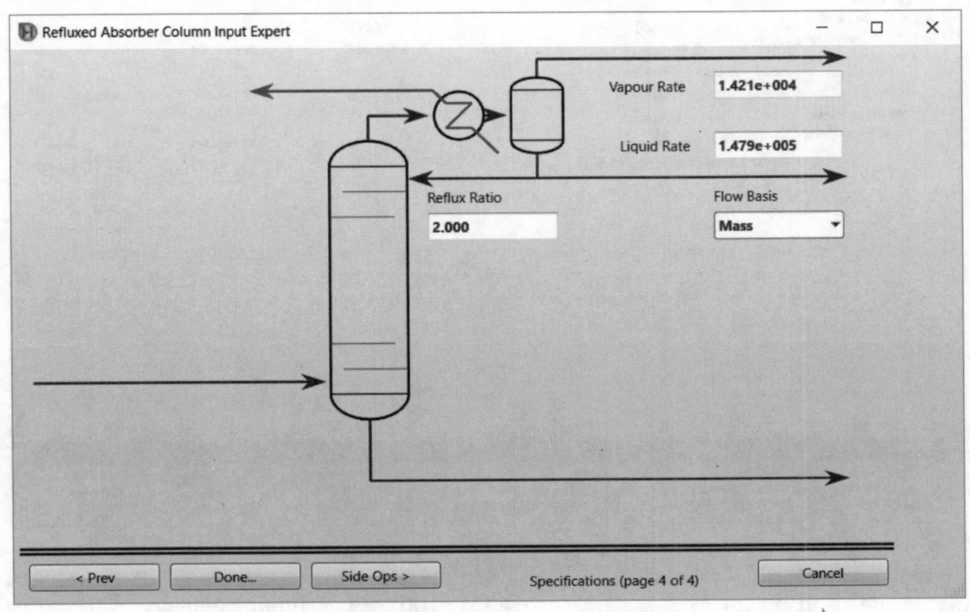

图 2.40 回流比、气相流量和液相流量的初值

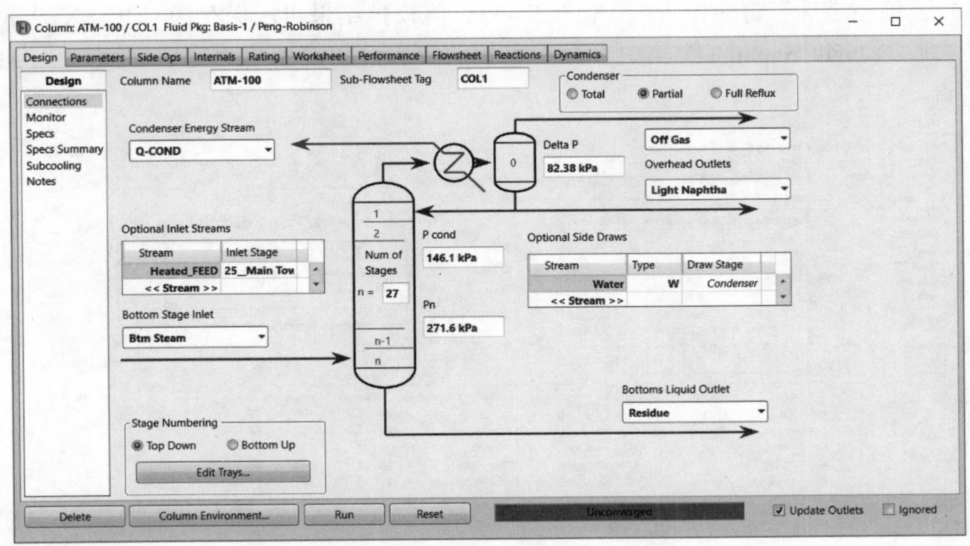

图 2.41 精馏塔输入参数汇总

关闭精馏塔输入窗口并返回主流程，点击 Btm Steam 物流，在“Conditions”中输入汽化分率为 1，温度为 250℃，质量流量为 1.116×10^4kg/h，以及在“Composition”中输入水的质量分率为 1(见图 2.42)。

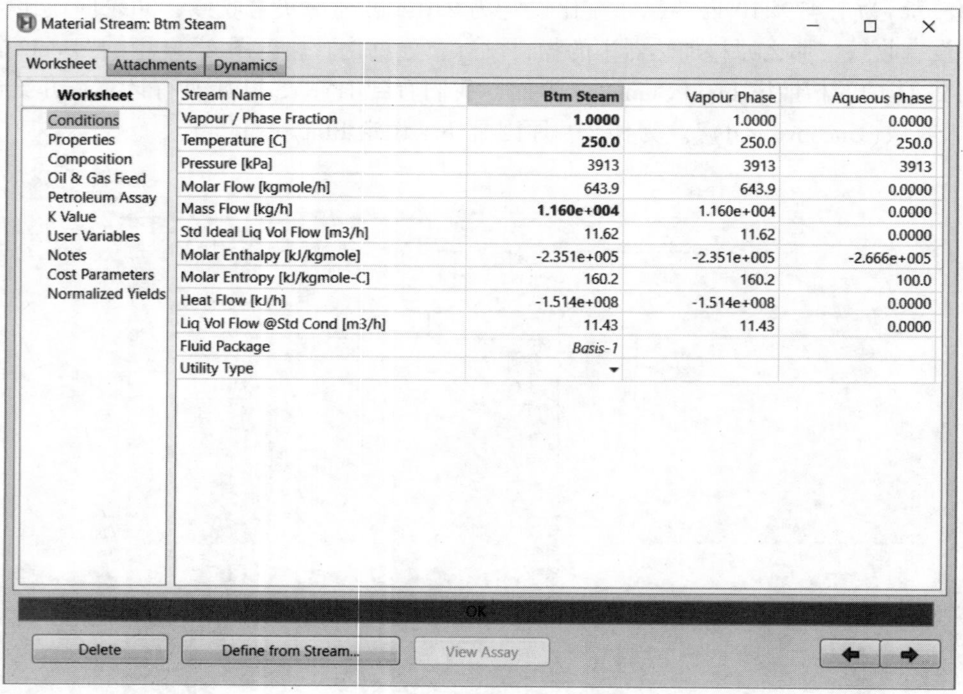

Material Stream: Btm Steam

Worksheet | Attachments | Dynamics

Worksheet: Conditions, Properties, Composition, Oil & Gas Feed, Petroleum Assay, K Value, User Variables, Notes, Cost Parameters, Normalized Yields

Stream Name	Btm Steam	Vapour Phase	Aqueous Phase
Vapour / Phase Fraction	**1.0000**	1.0000	0.0000
Temperature [C]	**250.0**	250.0	250.0
Pressure [kPa]	3913	3913	3913
Molar Flow [kgmole/h]	643.9	643.9	0.0000
Mass Flow [kg/h]	**1.160e+004**	1.160e+004	0.0000
Std Ideal Liq Vol Flow [m3/h]	11.62	11.62	0.0000
Molar Enthalpy [kJ/kgmole]	-2.351e+005	-2.351e+005	-2.666e+005
Molar Entropy [kJ/kgmole-C]	160.2	160.2	100.0
Heat Flow [kJ/h]	-1.514e+008	-1.514e+008	0.0000
Liq Vol Flow @Std Cond [m3/h]	11.43	11.43	0.0000
Fluid Package	*Basis-1*		
Utility Type			

OK

Delete | Define from Stream... | View Assay

图 2.42　Btm Steam 操作参数

然后，关闭 Btm Steam 物流，再次点击 ATM-100，进入 Input Summary 界面。在 Column→Design→Monitor 界面中，选择 Reflux Ratio 和 Distillate Rate 为激活状态(Active)，然后点击"Run"，精馏塔计算将快速收敛(见图 2.43)，将模拟结果再次保存为 CDU EX-2. hsc。我们可能会收到 Light Naphtha 物流中存在在水相的警告。在模型构建完成之前，我们会忽略这些警告。

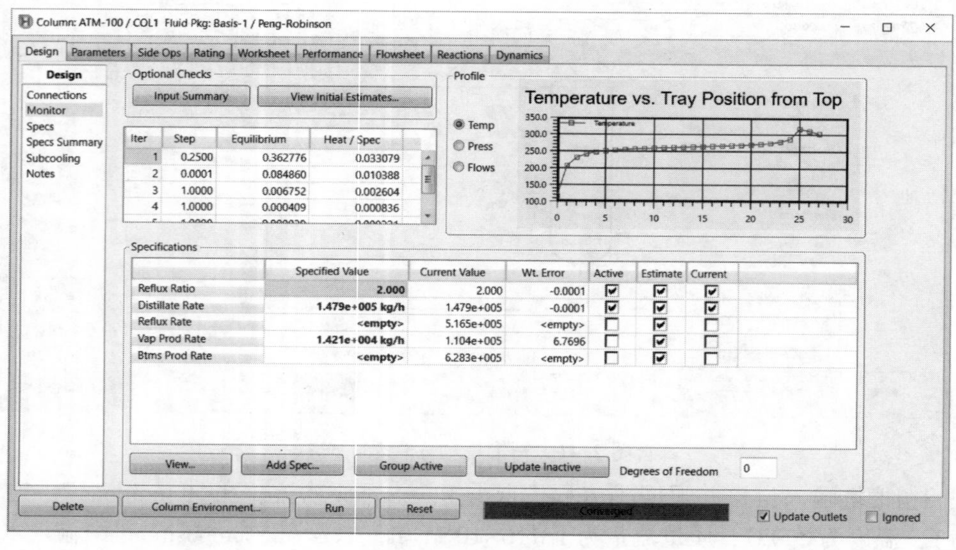

图 2.43　精馏塔初步收敛模型

2.8.5 常压蒸馏塔——侧线汽提塔

在获得塔顶和塔底产品的收敛结果后，接下来我们将连续添加 3 台侧线汽提塔(见表 2.14)。将文件 CDU EX-2.hsc 保存为含有侧线汽提塔的新文件 CDU EX-3.hsc。

表 2.14 常压蒸馏模型侧线汽提塔操作参数

侧线汽提塔	SS1	SS2	SS3
采出位置	10	17	22
返回位置	9	16	21
产品名称	SS heavy naphtha	SS kerosene	SS LGO
采出量/(kg/h)	3.838×10^4	5.554×10^4	1.617×10^5
汽提蒸汽名称和流量/(kg/h)	Heavy naphtha steam at 1313	Kerosene steam at 1243	LGO steam at 3418

① 所有汽提蒸汽的汽化分率为 1，温度为 250℃，水的质量分率为 1。

以重石脑油汽提塔为例，其他所有侧线汽提塔与之类似。在 Aspen HYSYS 软件中，用户可在“Side-Ops”界面添加主塔的侧线汽提操作，通过直接在主塔上添加侧线汽提，在选择蒸馏塔或产品回收的设计规定上具有较强的灵活性。“Side-Ops”界面如图 2.44 所示。

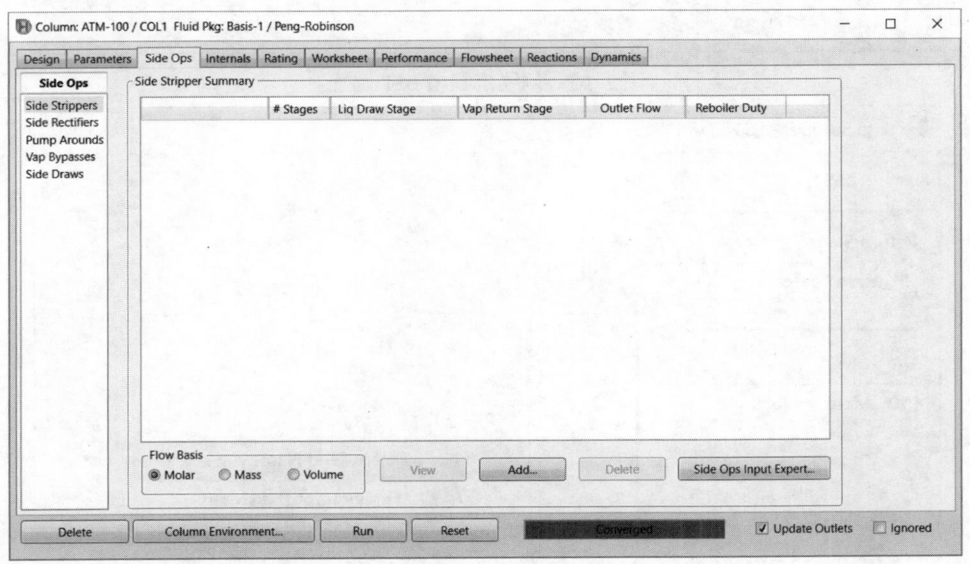

图 2.44 Aspen HYSYS Side Ops 界面

添加具有 3 块理论板的重石脑油(Heavy Naphtha)汽提塔 SS1，侧线采出位置为第 10 块塔板，返回位置为第 9 块塔板，如图 2.45 所示。设定产品物流为 SS Heavy Naphtha，抽出量为 3.838×10^4kg/h(见图 2.45)。然后，点击“Install”安装侧线汽提塔(见图 2.46)。

关闭侧线汽提塔窗口，返回主流程，点击“Heavy Naphtha Steam”物流，按照表 2.14 输入相关参数(见图 2.47)。

关闭“Heavy Naphtha Steam”物流窗口，点击 ATM-100 进入输入窗口：Column → Design → Monitor → Run → Converged(见图 2.48)。

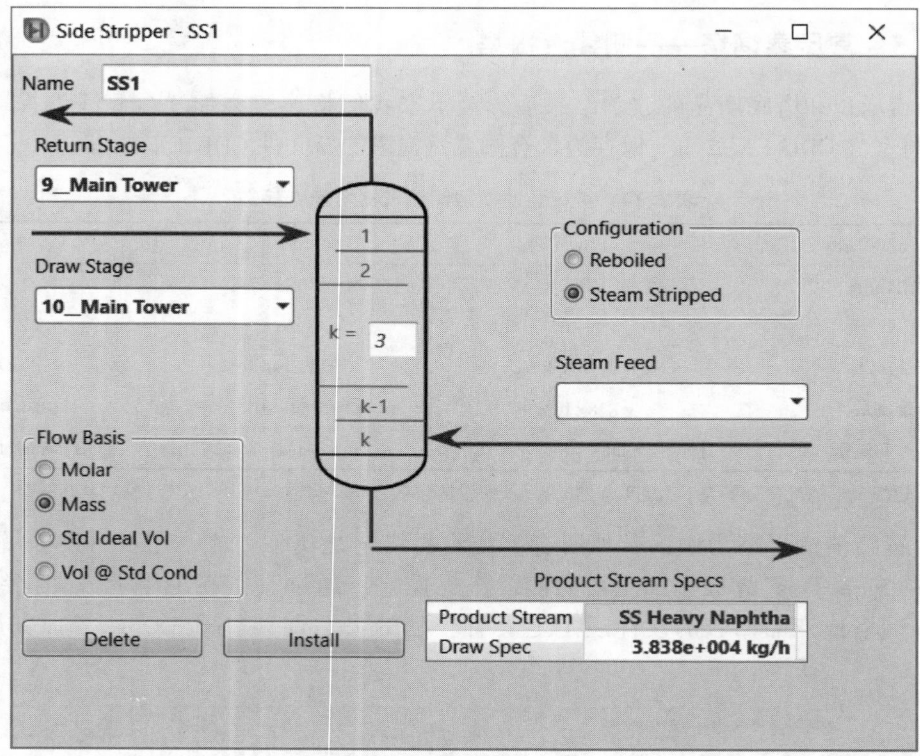

图 2.45　侧线汽提塔 SS1 设置

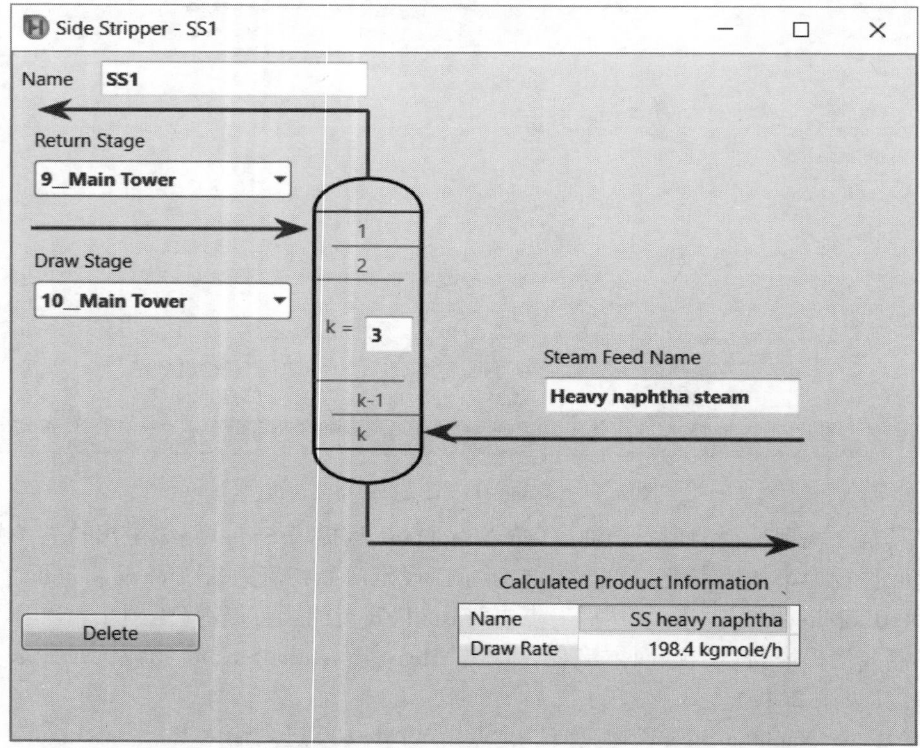

图 2.46　缺少参数的侧线汽提塔 SS1(缺少 Heavy Naphtha Steam 采出量参数)

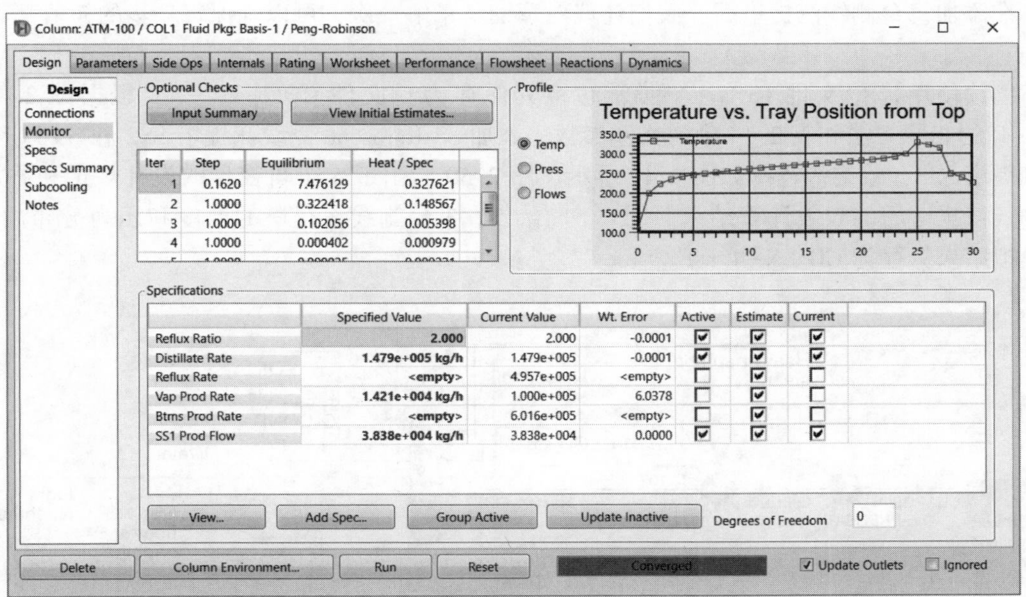

图 2.47 重石脑油汽提塔 SS1 汽提蒸汽操作条件

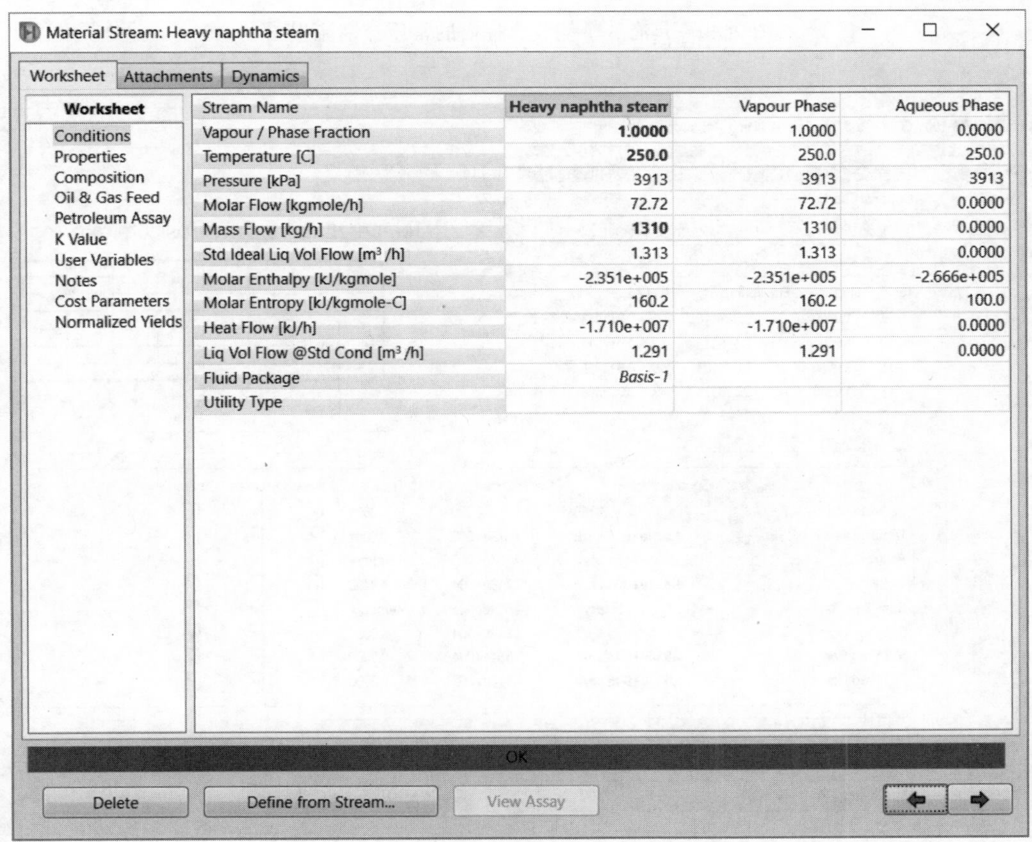

图 2.48 具有重石脑油汽提塔 SS1 的 ATM-100 收敛模型

在添加每台侧线汽提塔后，我们建议对蒸馏塔求解一次，可以确保每一步的初值都得到改进。

继续使用模拟文件 CDU EX-3，并将其保存为新文件 CDU-EX-4。根据图 2.44～图 2.48的相同方法和表 2.14 中的操作参数，添加 SS Kerosene 侧线汽提塔 SS2 和 SS LGO 侧线汽提塔 SS3，最终流程图如图 2.49 所示。图 2.50 给出了 5 个自变量的设计规定和添加 3 台侧线汽提塔后的收敛计算结果。图 2.51 给出了 3 台侧线汽提塔的温度和压力分布曲线，将模拟结果保存为 CD EX-4. hsc。

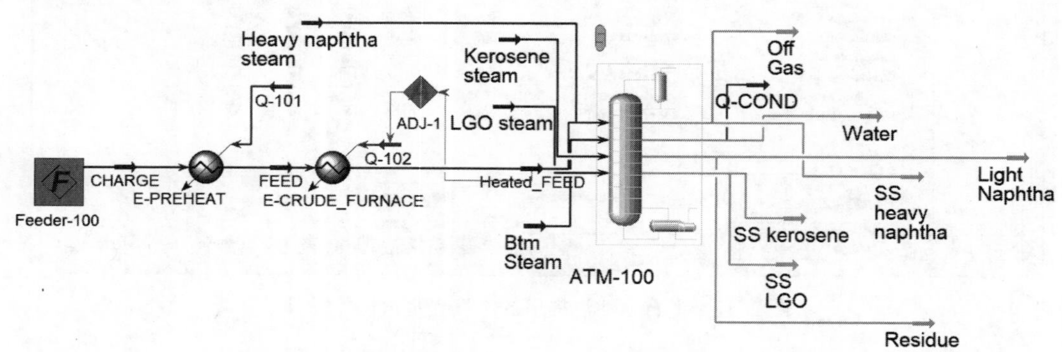

图 2.49　具有 3 个侧线汽提塔的常压蒸馏流程图

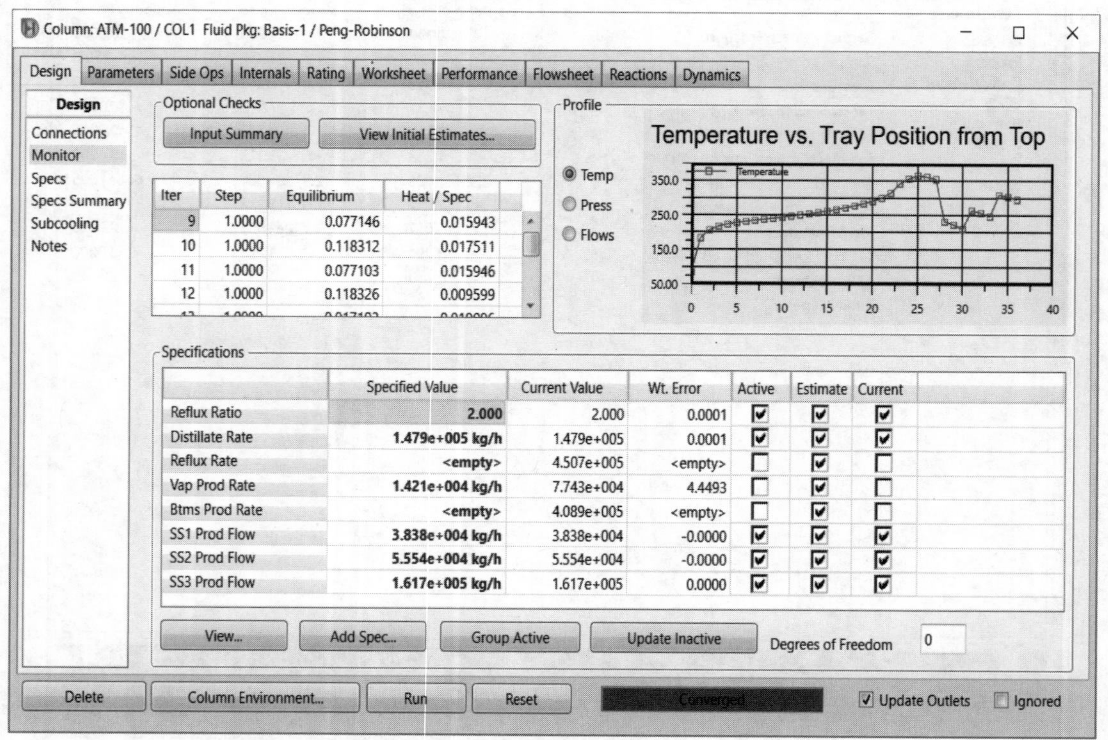

Iter	Step	Equilibrium	Heat / Spec
9	1.0000	0.077146	0.015943
10	1.0000	0.118312	0.017511
11	1.0000	0.077103	0.015946
12	1.0000	0.118326	0.009599

	Specified Value	Current Value	Wt. Error	Active	Estimate	Current
Reflux Ratio	2.000	2.000	0.0001	☑	☑	☑
Distillate Rate	1.479e+005 kg/h	1.479e+005	0.0001	☑	☑	☑
Reflux Rate	<empty>	4.507e+005	<empty>	☐	☑	☐
Vap Prod Rate	1.421e+004 kg/h	7.743e+004	4.4493	☐	☑	☐
Btms Prod Rate	<empty>	4.089e+005	<empty>	☐	☑	☐
SS1 Prod Flow	3.838e+004 kg/h	3.838e+004	-0.0000	☑	☑	☑
SS2 Prod Flow	5.554e+004 kg/h	5.554e+004	-0.0000	☑	☑	☑
SS3 Prod Flow	1.617e+005 kg/h	1.617e+005	0.0000	☑	☑	☑

图 2.50　添加 3 台侧线汽提塔的常压蒸馏收敛模型

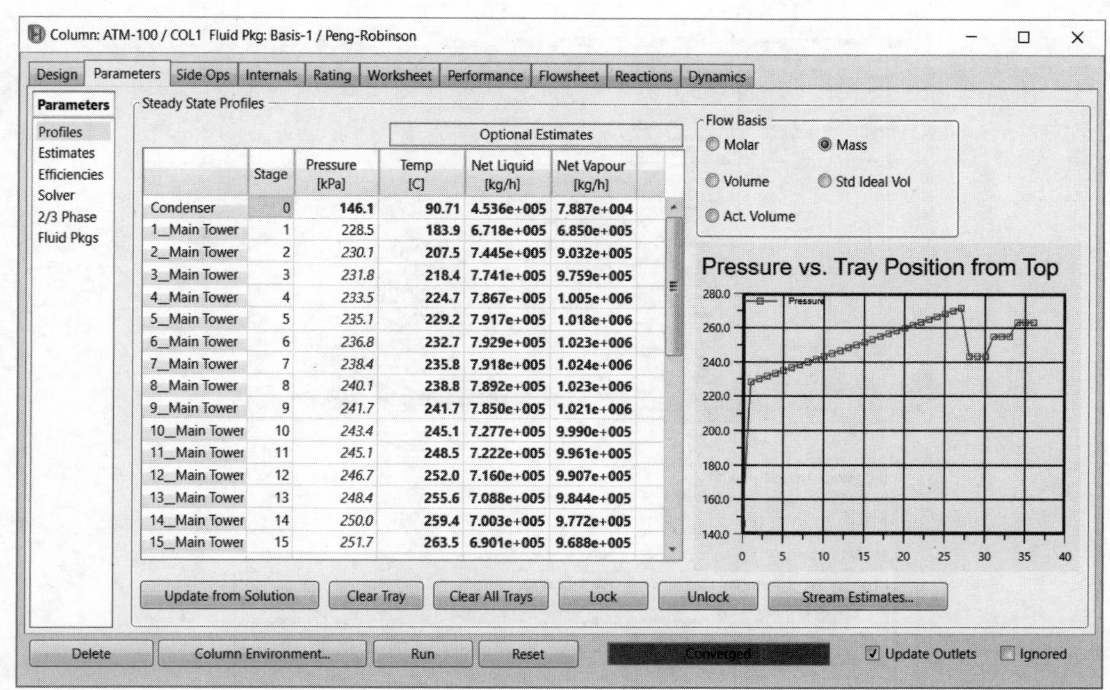

图 2.51　常压蒸馏塔的温度分布和压力分布：ATM-100→Parameters→Profiles

由图 2.51 可知，冷凝器温度计算结果为 90.71℃，与图 2.39 中初始参数 60℃不一致，接下来将调整计算偏差。

2.8.6　常压蒸馏塔——中段循环

蒸馏塔建模的最后一步是为每一个采出产品建立中段循环。我们将模型文件 CDU-EX-4.hsc 保存为 CDU-EX-5.hsc，再次进入“Side-Ops”并为每股产品建立中段循环，采出塔板和返回塔板通常与侧线汽提塔的采出塔板与返回塔板一致。Kaes[3] 给出了一些可替代的配置方案，在与其他模拟假设的误差相比时，这些方案的偏差通常比较小。表 2.15 给出了常压蒸馏模型的中段循环的操作参数。

表 2.15　中段循环操作参数

中段循环	SS heavy naphtha(PA1)	SS kerosene(PA2)	SS LGO(PA3)
侧线汽提塔	汽提塔	汽提塔	汽提塔
采出位置	10	17	22
返回位置	9	16	21
中段循环流量/(kg/h)	3.761×10^5	2.35×10^5	2.981×10^5
温差/℃	90	60	60

设定每个中段循环的取热负荷或温差可以解决大部分收敛问题。设定绝对返回温度在收敛时可能存在求解问题，尤其是在蒸馏塔中设定采出温度替代产品收率时。

添加中段循环，转到 ATM-100 中“Side-Ops”窗口，单击“Pump Arounds”按钮，然后按照图 2.52(a)(b)(c)的步骤添加 PA1。

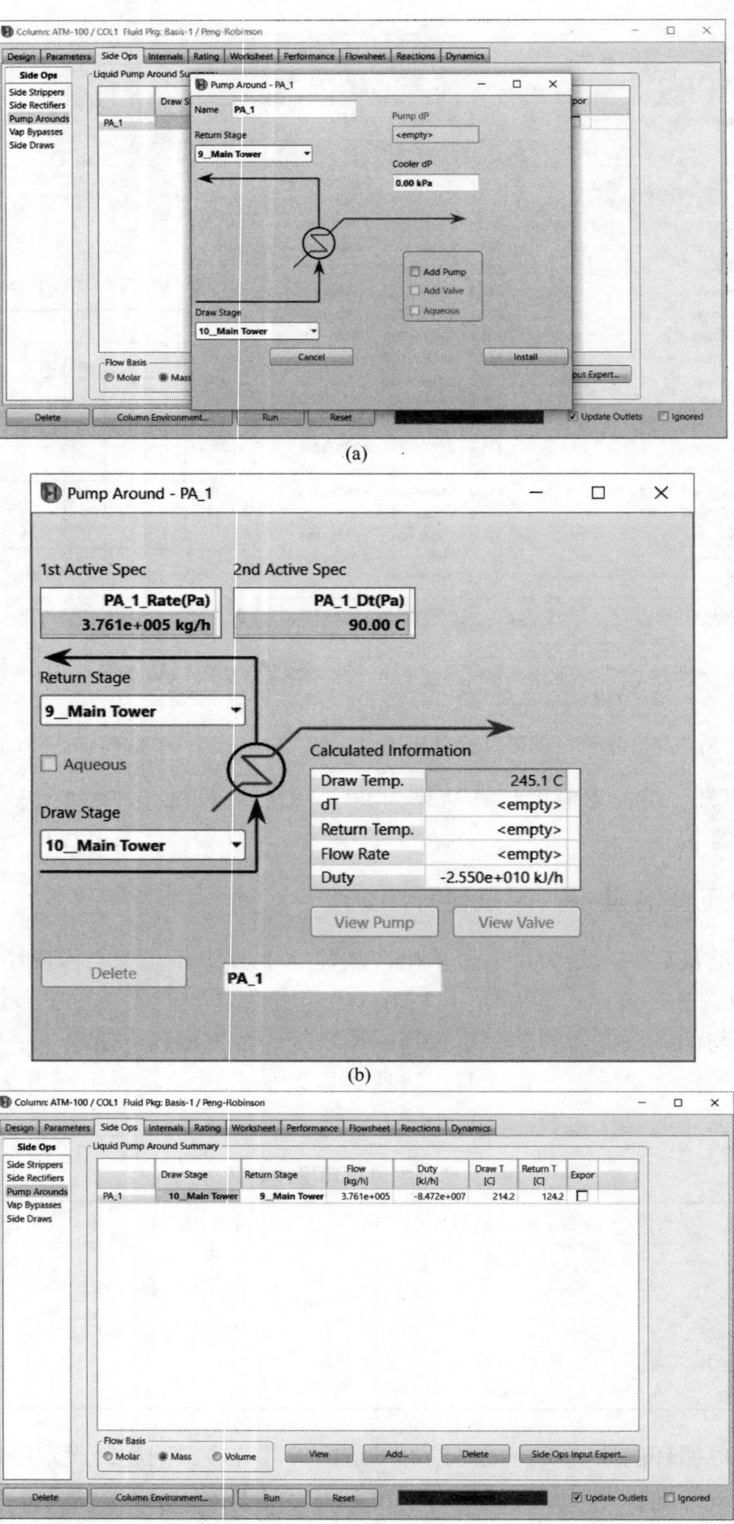

图 2.52　(a)添加中段循环 PA1(b)添加中段循环设计规定(c)运行模拟计算

在 PA1 模拟收敛后，按照表 2. 15 重复添加和运行 PA2 和 PA3。使用 3 个中段循环的初始模拟可能无法收敛，如图 2. 53 所示。

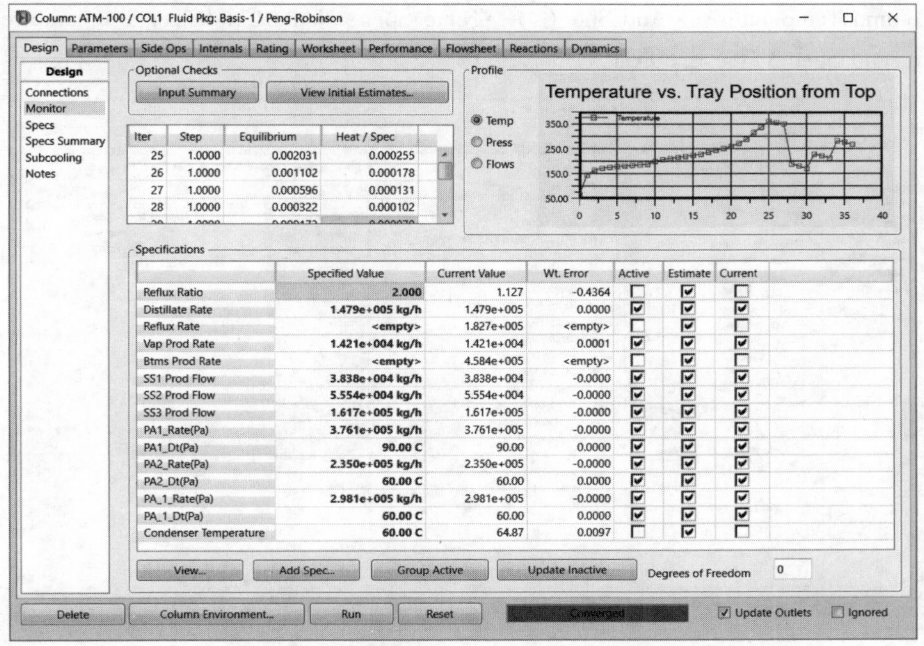

图 2. 53 具有 3 个中段循环的常压蒸馏未收敛模型

通常可以选择"Modified HYSIM Inside-Out"算法(详见 2. 4. 4 节)来改进收敛性。"Modified"是指求解过程使用 Newton-Raphson 算法来收敛内回路(在固定的塔板温度下，精馏塔逐级计算质量平衡和能量平衡，以及在固定压力下计算相平衡外回路)。修改后的方法可以像标准的 Inside-Out 算法一样轻易地处理各种各样的设计规定(见图 2. 54)。

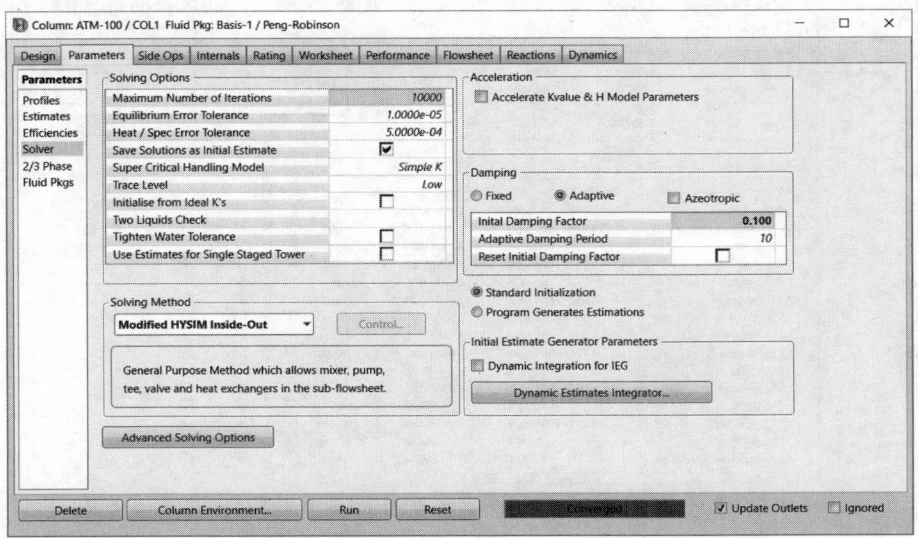

图 2. 54 精馏塔收敛算法调整：Parameters→Solver→Solving Method（Modified HYSYS Inside-Out）和 Damping（Adaptive）

图 2.51 中的冷凝器温度为 90.71℃，而不是估算值 60℃。接下来使用设计规定来校正冷凝器的温度，步骤如下：Design→Specs→Column Specifications→Add→Column Specification Types→Column Temperature→ Add Spec(s)→Temp Spec：Name-Condenser Temperature，Stage-Condenser，and Spec Value － 60℃（见图 2.55）。

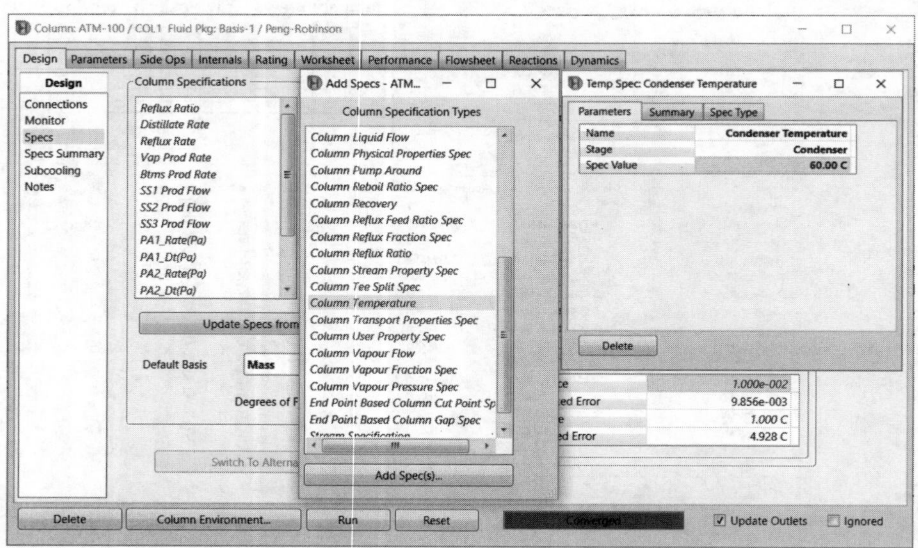

图 2.55　定义设计规定的方法：设定冷凝器温度

将 Reflux Ratio 状态从 Active 修改为 Estimate，如图 2.56 所示，设置 Condenser Temperature 为 Estimate，模拟计算快速收敛，将收敛的模拟文件保存为 CDU EX-6. Hsc。

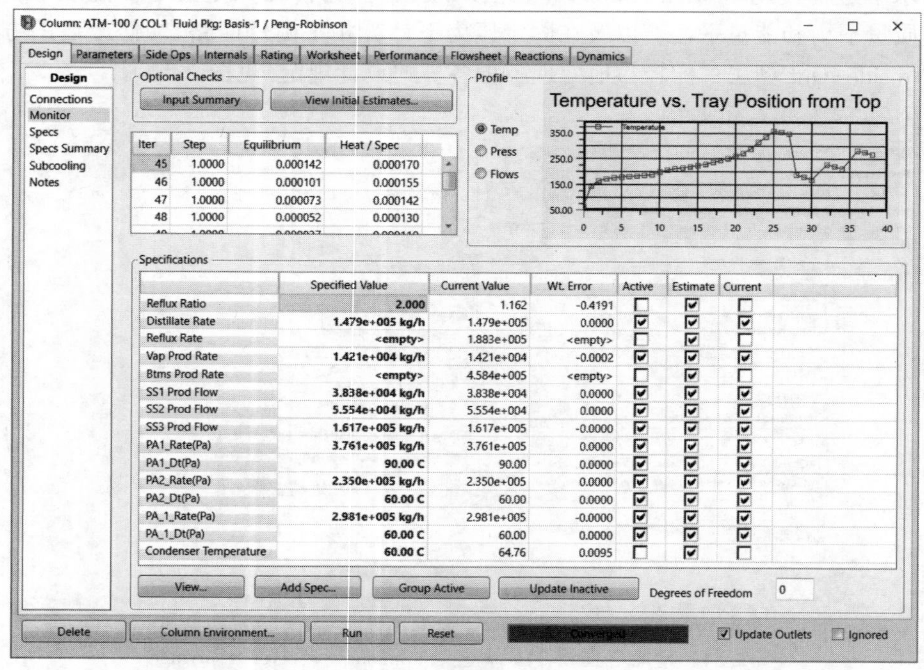

图 2.56　取消回流比的设计规定并作为估算值，添加冷凝器温度估算值，收敛精馏塔

2.8.7 常压蒸馏塔——添加自定义性质

含有所有中段循环和侧线汽提塔的精馏塔完整模型如图 2.57 所示。如果我们按照分步过程进行操作，在所有侧线汽提操作添加完成后，模拟通常快速收敛。在极少数情况下，模拟可能不会收敛。

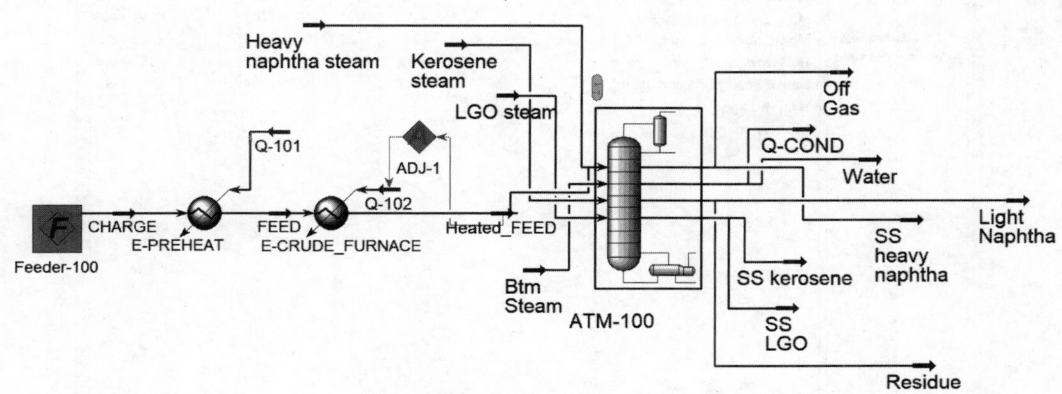

图 2.57 完整的常压蒸馏装置

接下来演示在 Stream Reports 中如何自定义油品物性，例如，在 SS LGO 中添加 D86 5%点温度和 D86 95%点温度。

步骤如下：Flowsheet → click on SS LGO stream → Material Stream SS LGO → Properties → click on“+”（append new correlation）→ Correlation Picker → Petroleum → Choose D86 5% and apply；choose D86 95% and apply → Close（见图 2.58）。以此类推，添加 Light Naphtha，SS Heavy Naphtha，SS Kerosene 和 Residue D86 5%点温度和 D86 95%点温度，并将结果保存为 CDU EX-7. hsc。

2.8.8 二次收敛

如果模型收敛后，不能匹配装置性能，需要进行一些调整使其匹配装置性能。建议如下：

（1）汽提段过于理想，移除闪蒸段塔板可能有助于预测精馏塔的低效率工况。

（2）由于汽提蒸汽流量不易被精确测量，因此可以自由地调整流量来匹配装置数据。但是，必须确保调整值在有效范围内。

（3）我们可以转移或降低某塔板的热量来调整中段循环的温差。

（4）如果精馏塔塔顶气相采出量或塔底采出量已规定，可以删除或调整此设计规定来匹配其他产品测量值。塔顶气体或塔底产品通常不易被精确测量。

注意，以上所做的改变仅仅对产品收率和质量产生较小影响，而对产品收率和质量影响最大的是进料组成。如果存在明显偏差，最可能的原因是进料组成发生了变化。

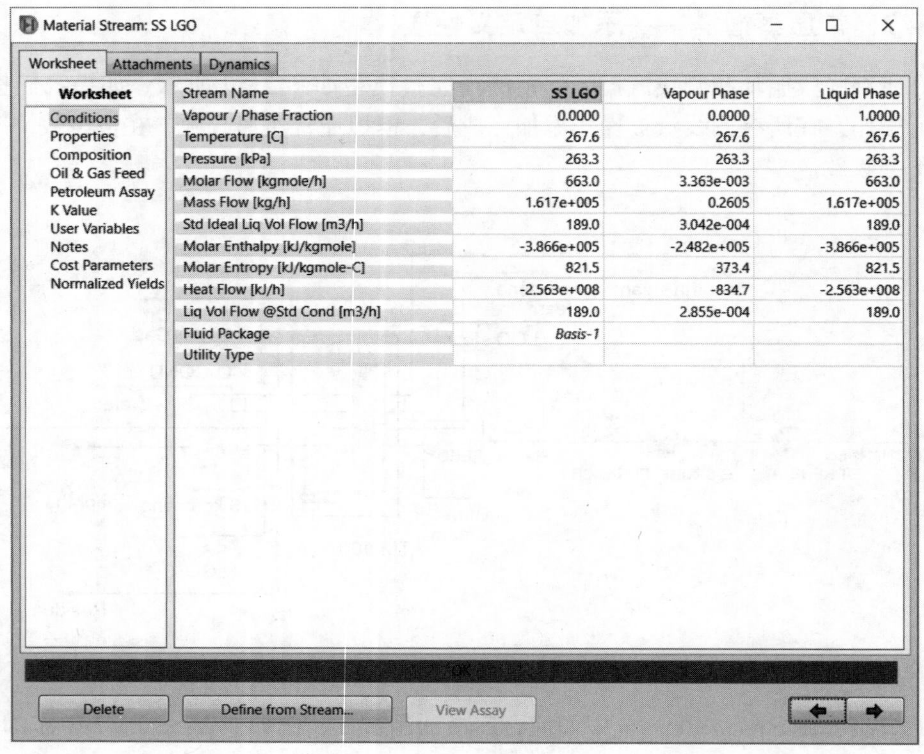

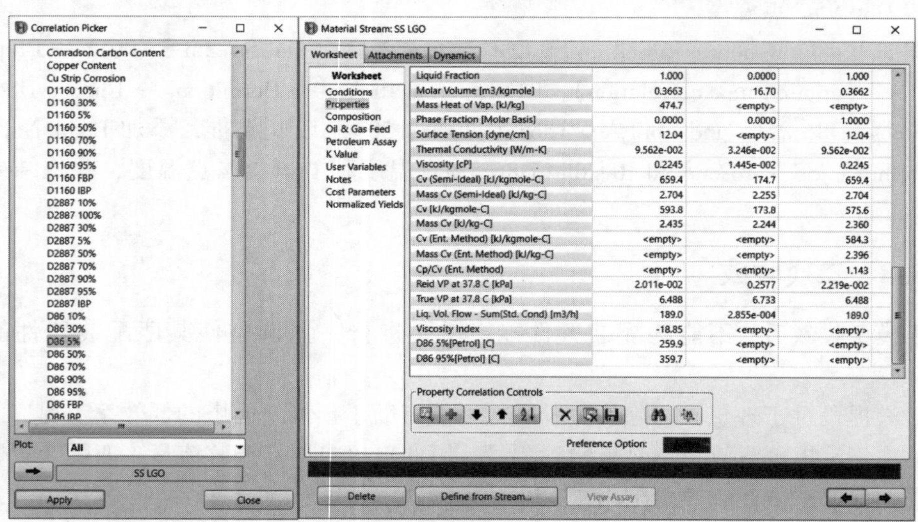

图 2.58　添加自定义性质

2.9　结果

在使用模型研究不同操作模式和工况研究前，我们必须确保模型能够匹配蒸馏塔操作条件分布的基准情况。对于常压塔而言，关键操作分布测量值有：

（1）蒸馏塔温度分布，特别是冷凝器温度、塔顶温度和塔底温度。

（2）关键产品的采出温度。

（3）关键产品的蒸馏曲线。

（4）关键产品的密度。

上述调整顺序是非常重要的。首先，蒸馏塔温度分布需要达到一致；其次，尝试匹配馏分性质；另外，模型与实际装置完全匹配是不可能的。Kaes[3]提出了一些指导方法来判断模拟结果是否反映真实的蒸馏塔性能。这些“真实性检查(Reality Checks)”见表2.16。

表2.16　检查是否验证模型预测

模型预测值或规定值	备　注
塔顶温度	计算值通常比实际值高7~15℃
塔底温度	由于等焓冷却，计算值必须比闪蒸段温度低。塔底温度应比进料温度低5~7℃
中段循环负荷/侧线汽提蒸汽流量	在实际生产中，这些数据可能不能被准确测量，并且可能存在显著变化。一般而言，调整这些数据来促进收敛是不可取的
产品收率	如果进料表征不准确，不可能得到匹配的产品收率。原油评价数据过旧或不准确是不能表示当前操作工况的。反推合成法是唯一正确表示进料的方法
产品质量	调整汽提蒸汽流量匹配D86 5%点温度；调整相邻馏分采出量控制D86 95%点温度

考虑到这些因素，根据上述章节的蒸馏塔模拟结果，蒸馏塔温度测量值与模拟结果的比较如图2.59所示。一般地，模拟观察到的趋势与Kaes[3]描述的基本一致，如塔顶温度的模拟值比测量值高。另外，从闪蒸段(第25块塔板)至塔底(第27块塔板)，存在一定的温降。塔底物流温度同样低于进料温度(3%过汽化率下为366℃)。

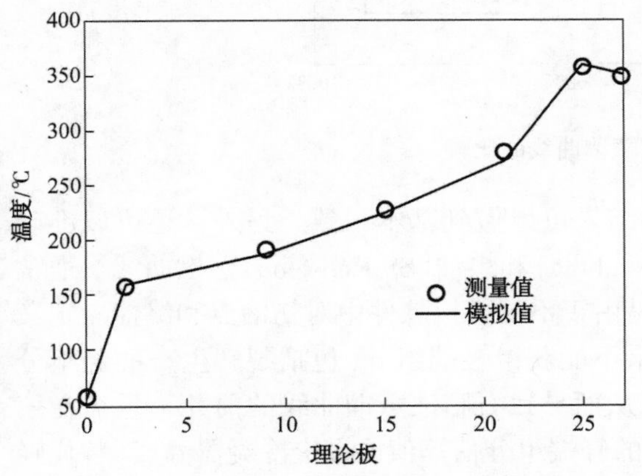

图2.59　精馏塔温度分布模拟值与测量值的比较

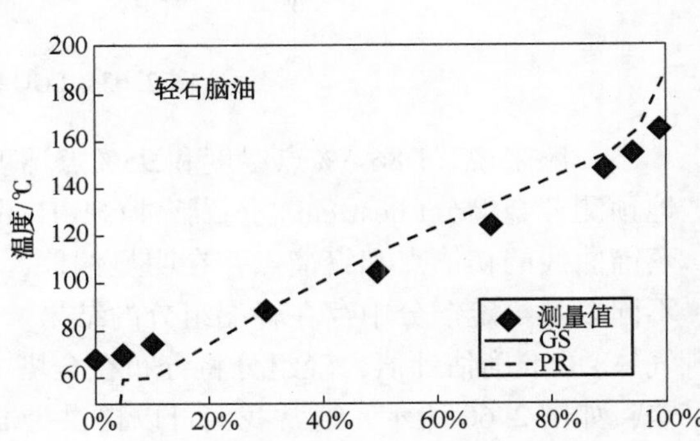

图2.60　轻石脑油D86蒸馏曲线的比较

（注：GS=Grayson-Streed，PR=Peng-Robinson。）

接下来，检查关键产品质量的预测结果。我们一般是比较所有液相产品的D86蒸馏曲线(或TBP蒸馏曲线)，图2.61~图2.63给出了测量值与模拟值的比较结果。本例中，使用了两种不同热力学模型(GS-Grayson-Streed和PR-Peng-Robinson)进行计算。模拟文件为CDU EX-8_GS.hsc。

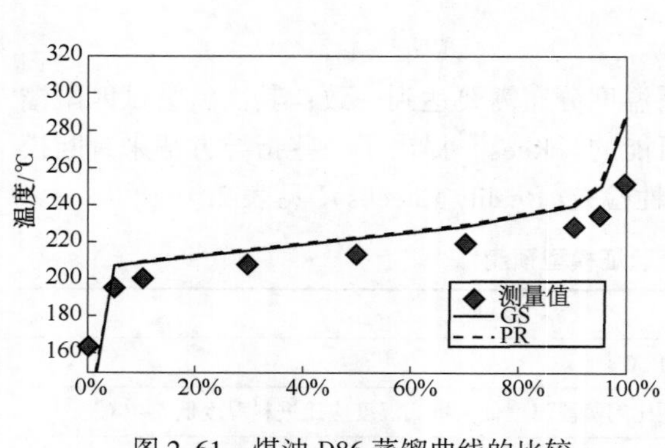

图 2.61 煤油 D86 蒸馏曲线的比较

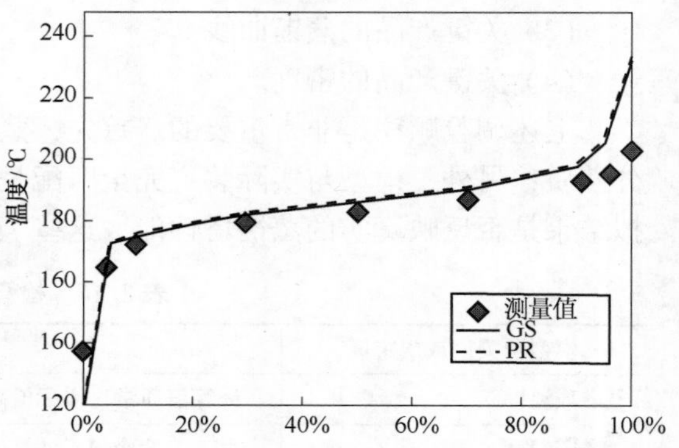

图 2.62 重石脑油 D86 蒸馏曲线的比较

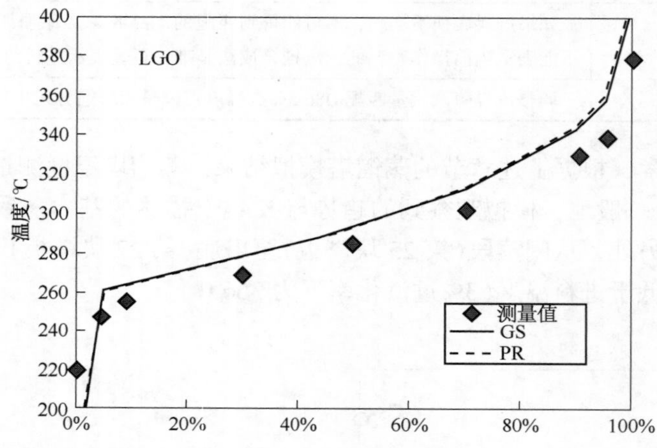

图 2.63 LGO D86 蒸馏曲线的比较

一般来说，D86 5%点温度和 95%点温度的结果可以做到基本一致。另外，还可以准确地预测黄金馏分(heartcut)重石脑油(SS Heavy Naphtha)和煤油(SS Kerosene)蒸馏曲线。通常蒸馏曲线的初馏点和终馏点存在明显偏差，这是由于不同模拟软件中对初馏点和终馏点定义不同以及给定馏分中存在轻端组分的结果。如果不能获得轻端组分(包括裂解生产的轻组分气体)的准确估计值，轻组分将分布在全塔中，从而导致石脑油蒸馏曲线的前几个点存在偏差，如图 2.60 所示。通常我们可以提供更准确的轻端组分估算值或设定冷凝器温度(替代轻组分的采出量)来解决这些错误。

当我们验证模型的预测性能时，关键产品密度 SG 也是一个重要的考虑因素。图 2.64 给出了不同产品的模拟值和测量值的比较结果。对于大多数现代流程模拟软件而言，改变热力学模型和使用复杂的热力学模型是相当容易的，但是，正如图 2.61~图 2.63 所示，不同热力学方法的模拟结果可能略有不同。这对于含有大量虚拟组分的常压塔是非常重要的。一般地，高级状态方程可以准确预测 K 值，但与使用简单的 Grayson-Streed 模型相比，其密度的预测结果比较差。不同模拟软件供应商使用状态方程的单个选项来提高预测 K 值的准确性，同时使用其他简捷模型来计算其他性质。在 Aspen HYSYS 软件中，COSTALD[13] 液体密度关联式[式(1.27)]为灵活使用状态方程提供了准确的结果。模型开发者必须掌握这些方法，以及在使用模型预测蒸馏塔性能前进行验证。

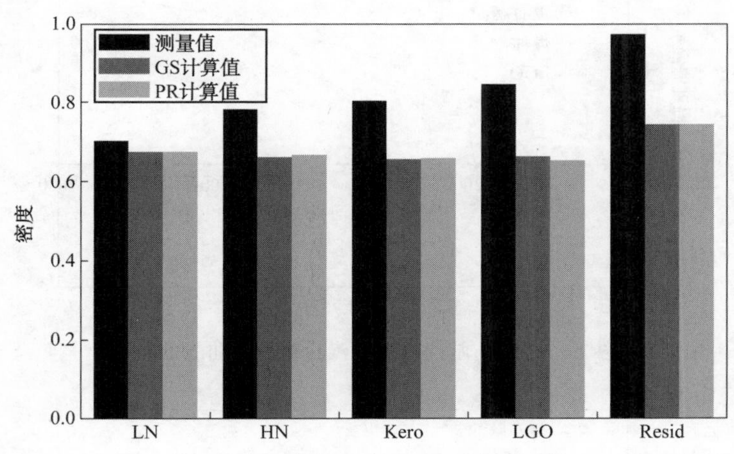

图 2.64 不同产品密度的模拟值和测量值的比较

2.10 工艺优化

在使用装置数据验证模型预测的准确性后，接下来我们可以使用该模型预测新的操作工况或进行实际常压塔难以实现或耗费巨大的试验。虽然炼厂花费大量精力来开发模型，但是很少得到再次使用，因为在很多情况下，用户忽略这些模型而直接改变实际蒸馏塔的操作(当用户实际运行模型时，预测值往往偏离实际值)。避免模型荒废的最简单方法是使用模型作出不同的决策分析，然后经常对模型进行维护。本节将考虑几种不同情况并使用模型预测这些情况。

2.10.1 提高馏分的5%点

随着全球原油供应与需求的变化，重质原油加工比例越来越大。但是，现有的蒸馏塔大多不能生产合格产品。许多工艺条件的变化有助于改善产品蒸馏曲线，但是，不清楚会造成什么影响。本例中，我们考察了如何提高重石脑油和煤油的蒸馏曲线的5%点。我们采用的方法是采出更多或更少的特定馏分使得蒸馏曲线偏移。这种方法同样也会对其他产品造成影响。

Nelson[15]指出，当侧线产品的初馏点总是很低时，必须调整汽提蒸汽或进行二次加工。对此，我们需要做一个工况研究，查看汽提蒸汽量对蒸馏塔侧线汽提塔的影响情况。随着汽提蒸汽量的增大，各产品 D86 5%点温度与基本工况产生正偏差，结果如图 2.65 和图 2.66 所示。注意，对于重石脑油工况而言，只对相邻的侧线产品产生影响，对其他产品的蒸馏曲线并没有影响。但是，提高煤油侧线汽提塔的汽提蒸汽量，轻质柴油的 D86 5%点损失量增大。根据下游装置加工轻质柴油要求，显然这是不合理的情况。使用合理的精馏模型可以让炼厂避免采用这种工艺调整方案。

2.10.2 改变馏分的收率

在现代炼油的操作过程中，我们需考虑经济、法规和工艺特性等多种要素。在很多情况

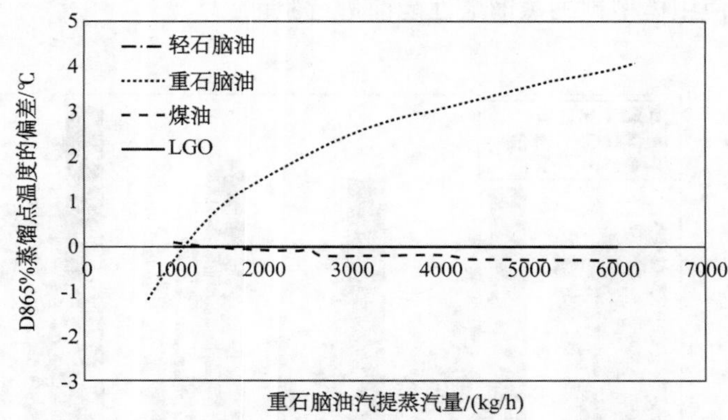

图 2.65 重石脑油汽提蒸汽量对蒸馏曲线的影响

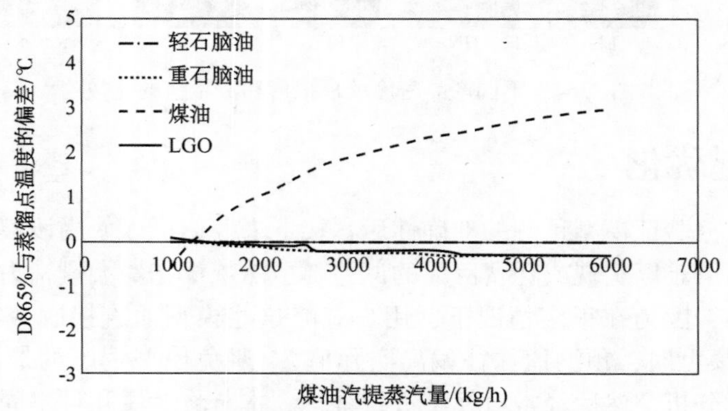

图 2.66 煤油汽提蒸汽量对蒸馏曲线的影响

下，常压塔首选的操作模式可能不是考虑产品收率最大化，而是考虑与炼厂其他装置的联合生产。因此，掌握不同给定馏分的采出量对产品收率的影响是非常重要的。

如图 2.67 所示，使用前述章节开发的模型研究煤油采出量对相邻产品的性质的影响。注意，随着煤油采出量的增大，轻质柴油的 D86 95%点温度显著增大，而重石脑油的 D86 蒸馏曲线没有明显变化。这表明，如果煤油的采出的量增加，那么增加的部分是由原油中重组分上移贡献的。

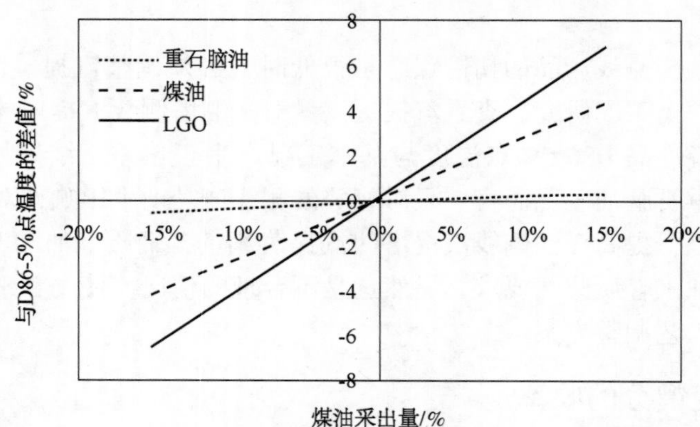

图 2.67 煤油采出量对 D86 95%点温度的影响

煤油采出量对 D86 5%点温度的影响如图 2.68 所示，令人感兴趣的结果是 5%点温度的变化比 95%点温度要小。表明改变轻杂油和煤油侧线汽提塔蒸汽量有可能改善产品分布，同时保证重石脑油和轻石脑油收率相对稳定。我们采用的另一种方法是增大进料加热炉的过汽化率。过汽化率主要控制重组分的量，而汽提蒸汽和采出量可以很好地控制重组分变化量。

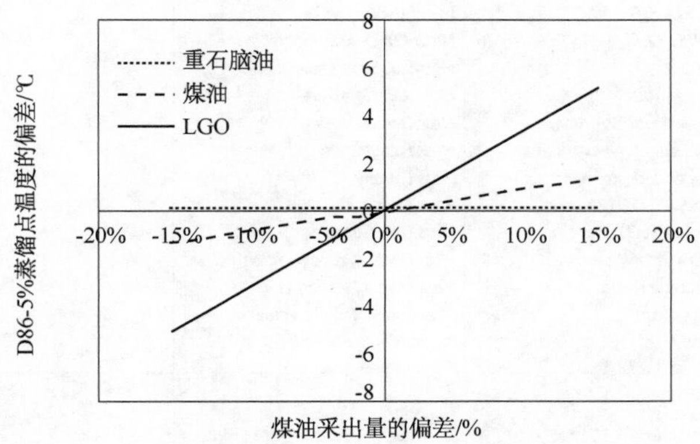

图 2.68　煤油采出量对 D86 5%点的影响

2.10.3　例题 2.1——汽提蒸汽量和产品采出量对产品质量的影响

打开模拟文件 CDU-EX-6.hsc，并将其保存为 Workshop 2.1.hsc，用于演示如何使用 HYSYS 中的“Case Studies”工具(见图 2.69)。

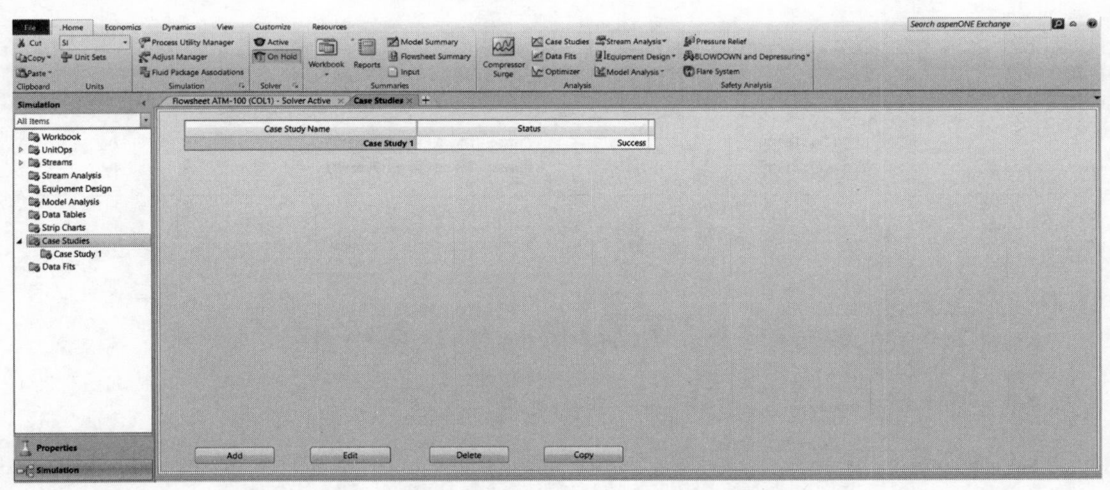

图 2.69　添加 Case Study：Case Studies→Add→Case Study 1→Edit

自变量(Independent Variables)定义流程如图 2.70 和图 2.71 所示，因变量(Dependent Variables)定义流程如图 2.72 和图 2.73 所示。

图 2.74 和图 2.75 给出了工况研究计算结果。将模拟文件保存为 Workshop 2.1.hsc。

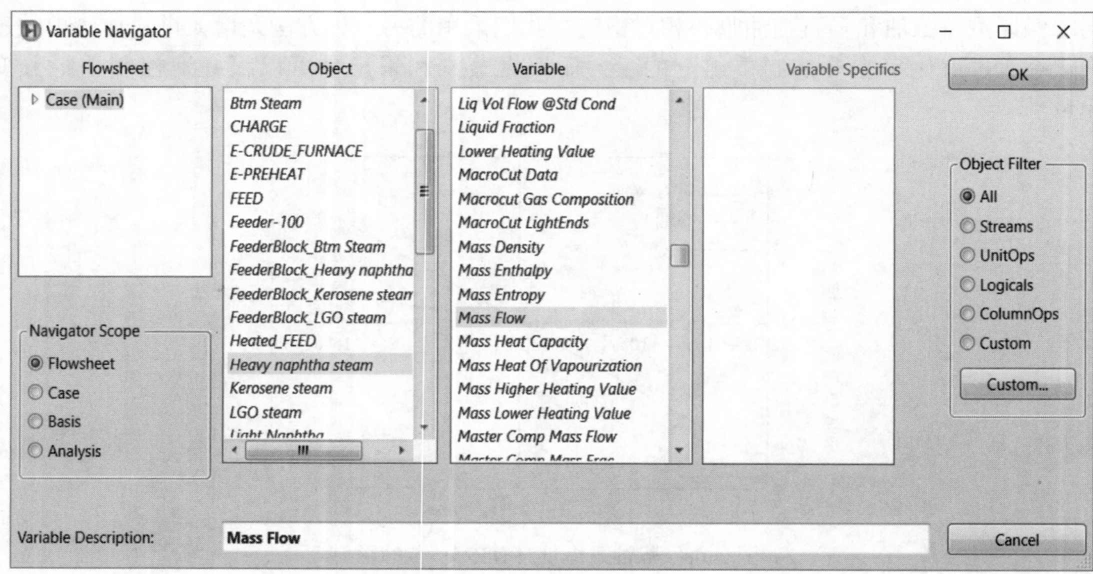

图 2.70　定义自变量

（1）Flowsheet-Case（Main）→Object-Heavy naphtha steam→Variable-Mass Flow→Add；

（2）kerosene steam mass flow，以此类推

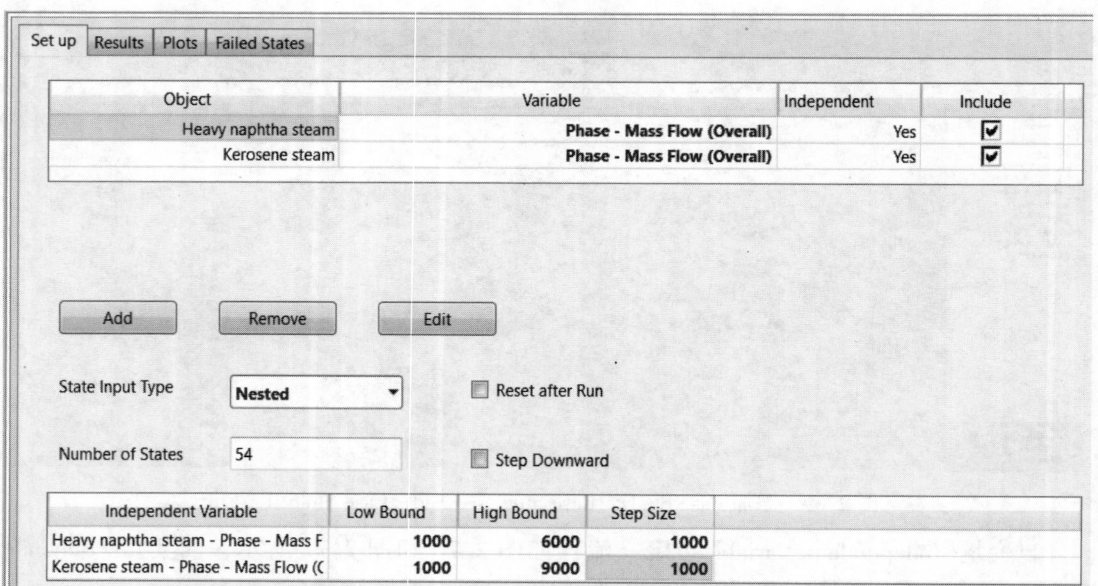

图 2.71　自变量范围和步长

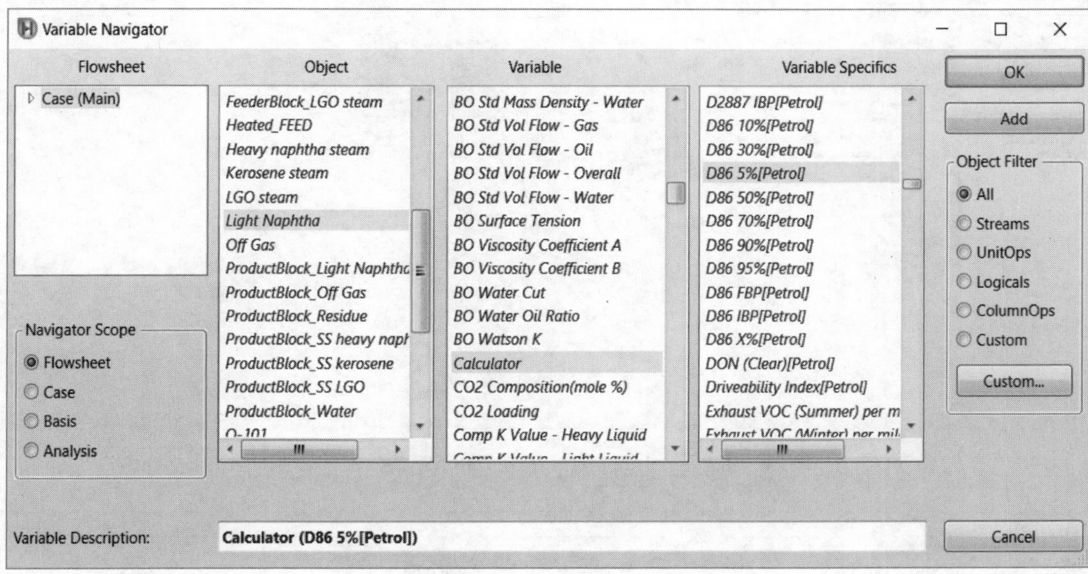

图 2.72　因变量定义

（1）Flowsheet-Case(Main)→Object-Lightnaphtha→Variable-Calculator→Variable Specifics-D86 5%（Petrol）→Add；

（2）SS Heavy Naphtha，SS Kerosene，and SS LGO D86 5%（Petrol），以此类推

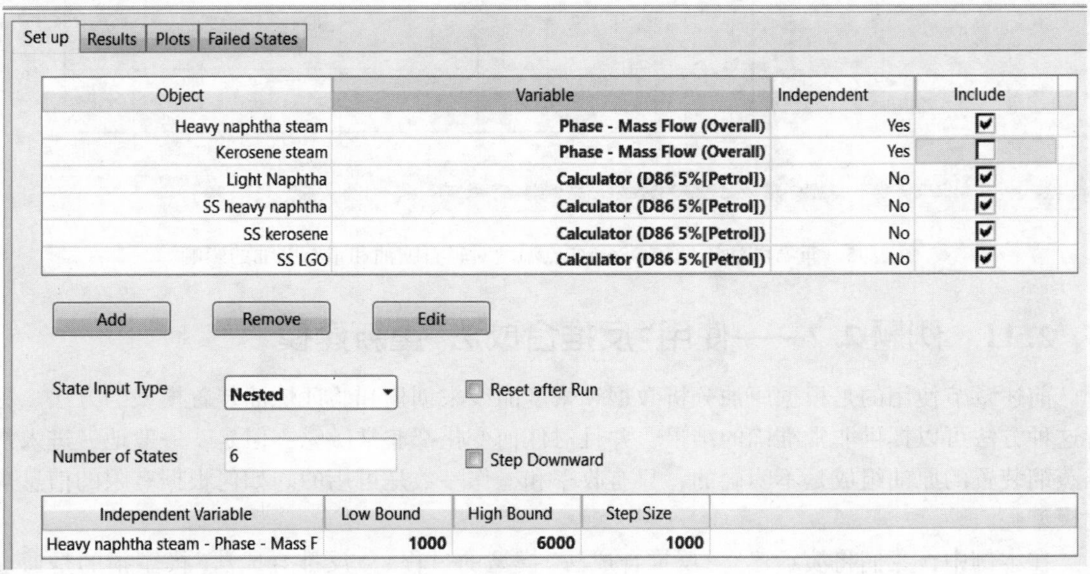

Set up | Results | Plots | Failed States

Object	Variable	Independent	Include
Heavy naphtha steam	Phase - Mass Flow (Overall)	Yes	☑
Kerosene steam	Phase - Mass Flow (Overall)	Yes	☐
Light Naphtha	Calculator (D86 5%[Petrol])	No	☑
SS heavy naphtha	Calculator (D86 5%[Petrol])	No	☑
SS kerosene	Calculator (D86 5%[Petrol])	No	☑
SS LGO	Calculator (D86 5%[Petrol])	No	☑

Add　Remove　Edit

State Input Type: Nested　☐ Reset after Run

Number of States: 6　☐ Step Downward

Independent Variable	Low Bound	High Bound	Step Size
Heavy naphtha steam - Phase - Mass F	1000	6000	1000

图 2.73　自变量和因变量列表

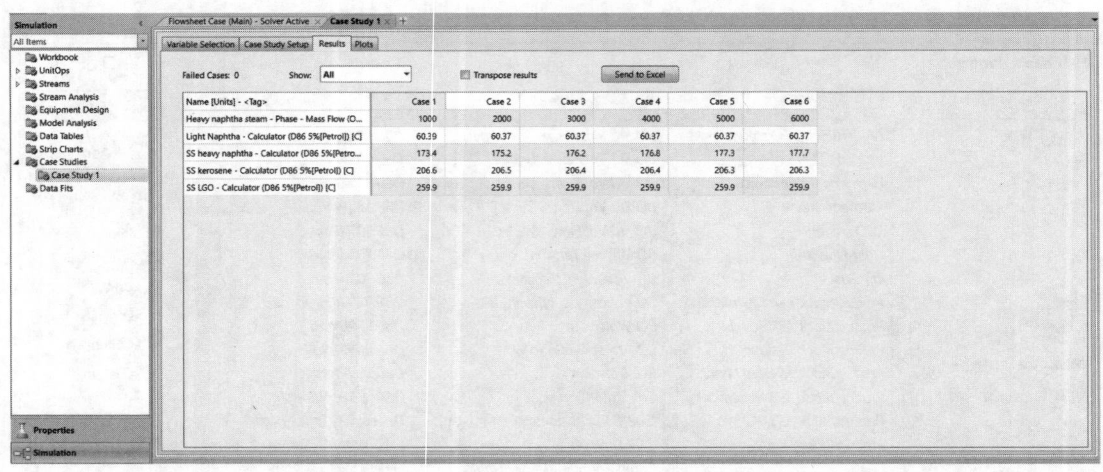

图 2.74　重石脑油汽提蒸汽量对 D86 5%点温度的影响

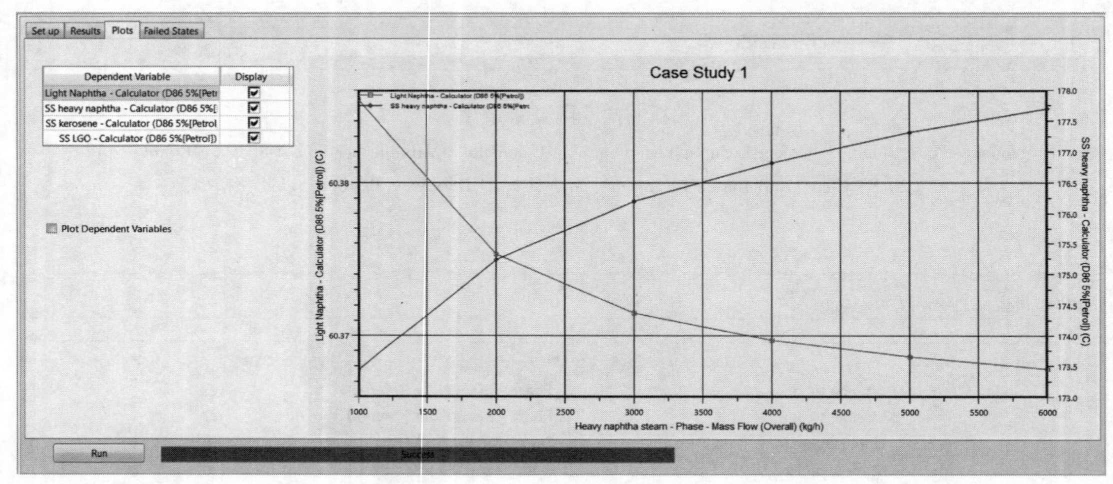

图 2.75　重石脑油流量和 D86 5%点温度对轻石脑油和重石脑油的影响

2.11　例题 2.2——使用“反推合成法”重新建模

前述章节使用的是根据原油分析数据和密度曲线来创建和验证炼油装置模型的方法。尽管这种方法可以提供非常准确的结果，并且对任何变化都非常敏感，但是，一般地，进入常压蒸馏装置的原油组成是不明确的，只有收率和操作参数是可用的。如何根据有限的信息构建模型呢？

在本例中，我们将演示建立“反推合成法”模型的过程。“反推合成法”模型指的是通过已知各产品的测量值来重新构建进料，并使用重建的原料来模拟炼油装置模型的过程。我们从至少包含蒸馏曲线和密度的产品分析数据开始建模，因为这类数据是炼厂直接测量的，一般适用于建模。表 2.17 给出了本章前述的开发模型的产品收率测量值。我们将使用这组收率重新设置装置的进料。

表 2.17 “反推合成法”的产品收率和产品性质

ASTM D86/℃	Heavy naphtha (HN)	Light naphtha (LN)	Kerosene	Light gas oil (LGO)	Residue
IBP	69	137	168	218	323*
5%	71	165	198	246	358*
10%	74	172	203	254	381*
30%	88	179	210	268	459*
50%	104	183	215	283	543*
70%	122	187	221	301	656*
90%	146	193	229	328	877*
95%	153	196	235	337	1009*
FBP	162	204	251	378	1178*
标准液体密度/(kg/m^3)	703.7	782.6	803.4	845.6	971.3
收率/%	16.9	4.39	6.35	18.2	54.16
产量/(t/d)	3549	921	1333	3822	11375

注：蒸馏曲线已转化为 D86 曲线，* 表示估算值。

表 2.17 含有每个馏分的蒸馏曲线和密度。如果完整蒸馏曲线不可用，那么我们建议使用 Beta 分布拟合模型来估算缺失的数据(第 1.4 节例题 1.2)。渣油蒸馏曲线一般是不可用的，故我们使用 Kaes[3] 列出的使用渣油密度函数的简单关联式确定蒸馏曲线上的几个关键点，然后使用 Beta 分布函数拟合完整的蒸馏曲线。最后，我们在使用蒸馏曲线时，同样需要石脑油和塔顶产品的轻端组成($C_1 \sim C_5$)。

2.11.1 向 Aspen HYSYS Oil Manager 导入蒸馏数据

继续拓展第 2.8.1 节的内容，打开模拟文件 Crude Assay Only. hsc，其中，我们已经在 Petroleum Assay Manager 中定义了两种油品，即 Arabian Light 和 Arabian Heavy，将文件重命名为 CDU-Backblending-1. hsc(见图 2.76)。

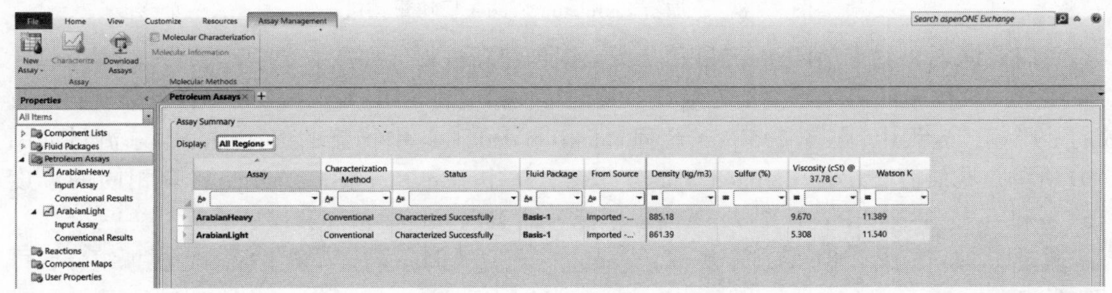

图 2.76 在 Petroleum Assay Manager 中定义 ArabianLight 和 ArabianHeavy 油品分析数据

在第 1.7 节例题 1.5 之后，我们在 Petroleum Assay Manager 中定义了 5 种常压蒸馏产品的分析数据、蒸馏曲线和标准液体密度。在 Petroleum Assay Manager 中的 Assay 选项卡，我们可以添加所有产品的分析数据，如图 2.77 所示。注意，Aspen HYSYS 具有不断更新和验证油品的性质。如果虚拟组分的沸点高于 1100℃，Aspen HYSYS 计算的结果可能会产生偏差。尽管常压装置可以忽略这些影响，但是它们对减压装置是非常重要的。对于高沸点馏分而言，我们还需要其他关联式来进行计算。

Assay	Characterization Method	Status	Fluid Package	From Source	Density (kg/m3)	Sulfur (%)	Viscosity (cSt) @ 37.78 C	Watson K
ArabianHeavy	Conventional	Characterized Successfully	Basis-1	Imported -...	885.18		9.670	11.389
ArabianLight	Conventional	Characterized Successfully	Basis-1	Imported -...	861.39		5.308	11.540
Kerosene	Conventional	Characterized Successfully	Basis-1	User-Specif...	803.40		1.540	11.910
LGO	Conventional	Characterized Successfully	Basis-1	User-Specif...	845.60		3.685	11.830
Light Naphtha	Conventional	Characterized Successfully	Basis-1	User-Specif...	703.70		0.548	12.481
Residue	Conventional	Characterized Successfully	Basis-1	User-Specif...	971.30		1523.328	11.651

图 2.77　建立常压蒸馏产品评价数据

2.11.2　定义新的混合原油进料

继续使用 CDU-Backblanding-1.hsc 文件，并将其保存为 CDU-Backblending-2.hsc。下一步是根据产品分析数据创建一股正确表示原料进料的油品，在流程图中添加 Petroleum Feeder 模型并添加物流“BackBlended”，如图 2.78 所示。击点“View”编辑 Petroleum Feeder 模型并设定每个产品馏分的比例。

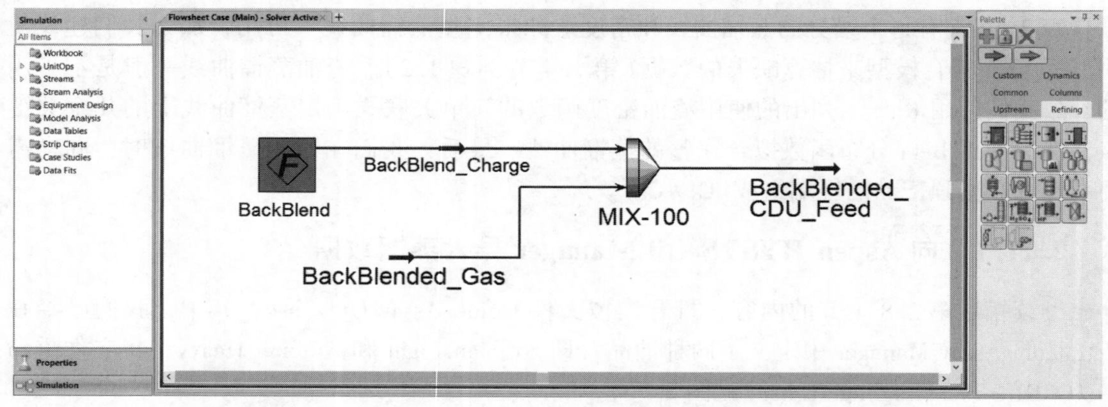

图 2.78　添加新 Petroleum Feeder 模块重构进料

我们根据表 2.17 中给出的流量和分析数据创建新进料，如图 2.79 所示。

注意，重构原油仍然不包括轻组分。我们将模拟文件 CDU EX-6.hsc 中轻组分复制到收敛的常压蒸馏流程中(见图 2.57)。流程 BackBlended_Gas 中物流的气体组分摩尔流量如图 2.80 所示。我们假设 BackBlended_Gas 与图 2.79 中 BackBlended_Charge 具有相同的温度(15℃)和压力(333.4kPa)。图 2.81 给出了混合器 MIX-100 的工艺参数。

通过图 2.77~图 2.81 的几个步骤，Petroleum Assay Manager 自动生成一套虚拟组分，可以通过 Properties→Component Lists→Component List-1 查看虚拟组分，如图 2.82 所示。

相比而言，正如第 1.8 节中的表 1.3 所述，在使用老版本 Oil Manager 时，每套分析数据都会生成自身的组分列表。实际上，图 2.83 给出了两套虚拟组分 NBP[0]＊和 NBP[1]＊(当 Aspen HYSYS Petroleum Refining 老版本 Oil Manager 可用时生成的组分列表)。NBP[0]＊表示根据原料分析数据创建的虚拟组分，NBP[1]＊表示根据产品分析数据创建的虚拟组分。老版本 Oil Manager 的用户需要注意，当连续添加不同分析数据时，虚拟组分数量将变得非常庞大并且难以管理。因此，我们强烈推荐利用新版本 Petroleum Assay Manager 替代老版本 Oil Manager。

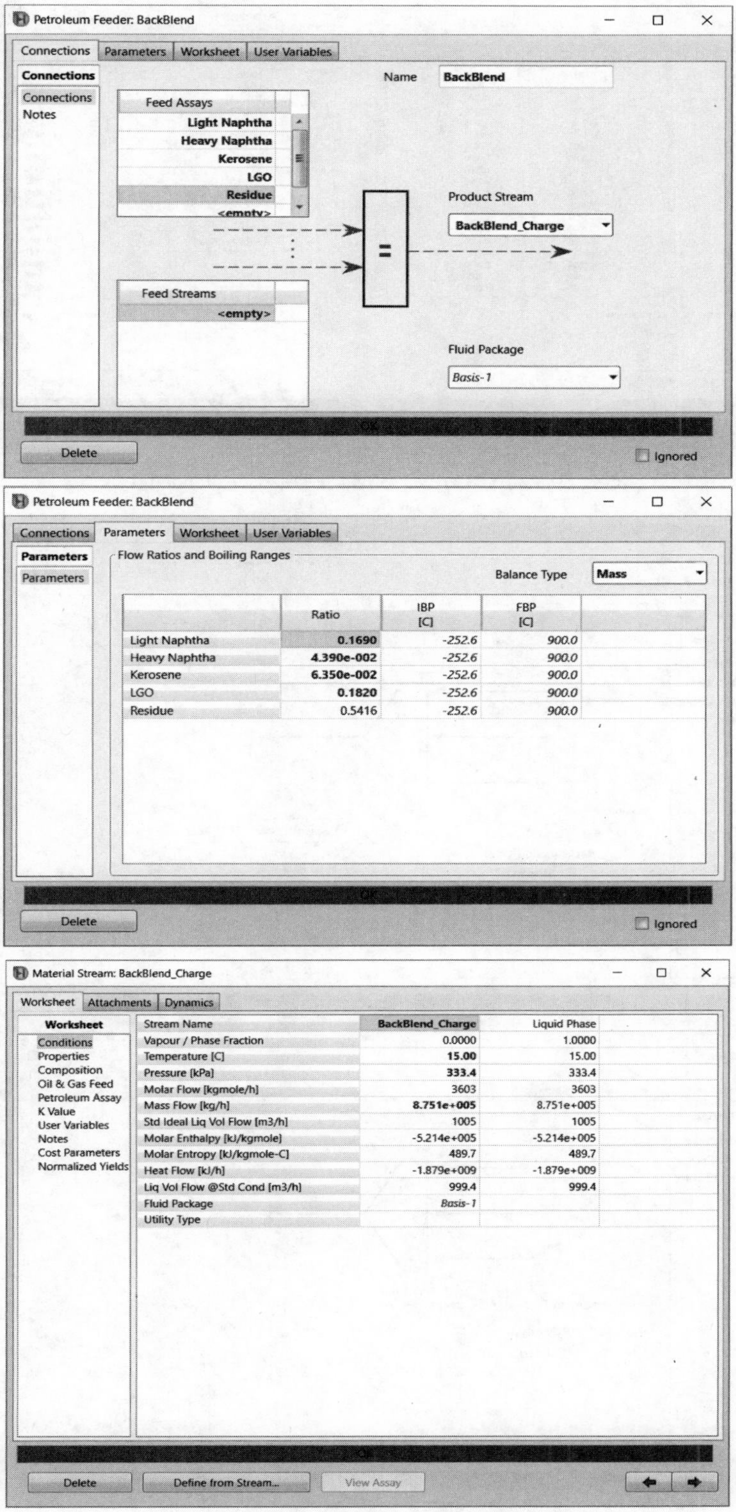

Petroleum Feeder: BackBlend

Connections | Parameters | Worksheet | User Variables

Connections: Connections, Notes

Name: BackBlend

Feed Assays
Light Naphtha
Heavy Naphtha
Kerosene
LGO
Residue
<empty>

Feed Streams
<empty>

Product Stream: BackBlend_Charge

Fluid Package: Basis-1

OK

Delete　Ignored

Petroleum Feeder: BackBlend

Connections | Parameters | Worksheet | User Variables

Parameters: Parameters

Flow Ratios and Boiling Ranges

Balance Type: Mass

	Ratio	IBP [C]	FBP [C]
Light Naphtha	0.1690	-252.6	900.0
Heavy Naphtha	4.390e-002	-252.6	900.0
Kerosene	6.350e-002	-252.6	900.0
LGO	0.1820	-252.6	900.0
Residue	0.5416	-252.6	900.0

OK

Delete　Ignored

Material Stream: BackBlend_Charge

Worksheet | Attachments | Dynamics

Worksheet: Conditions, Properties, Composition, Oil & Gas Feed, Petroleum Assay, K Value, User Variables, Notes, Cost Parameters, Normalized Yields

Stream Name	BackBlend_Charge	Liquid Phase
Vapour / Phase Fraction	0.0000	1.0000
Temperature [C]	15.00	15.00
Pressure [kPa]	333.4	333.4
Molar Flow [kgmole/h]	3603	3603
Mass Flow [kg/h]	8.751e+005	8.751e+005
Std Ideal Liq Vol Flow [m3/h]	1005	1005
Molar Enthalpy [kJ/kgmole]	-5.214e+005	-5.214e+005
Molar Entropy [kJ/kgmole-C]	489.7	489.7
Heat Flow [kJ/h]	-1.879e+009	-1.879e+009
Liq Vol Flow @Std Cond [m3/h]	999.4	999.4
Fluid Package	Basis-1	
Utility Type		

OK

Delete　Define from Stream...　View Assay

图 2.79　BackBlend_Charge 操作条件

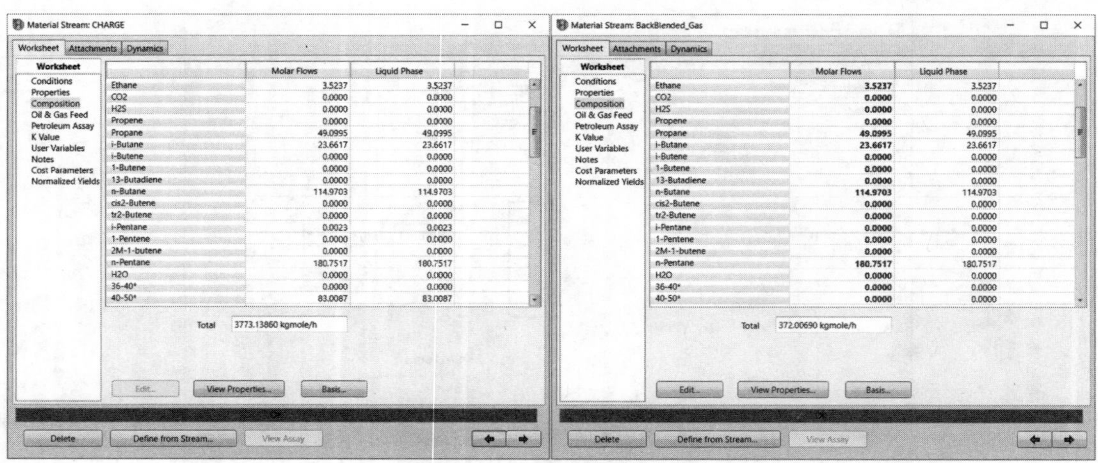

图 2.80　将 CHARGE 数据复制到 BackBlended_Gas

注：总摩尔流量=372.4kmol/h。

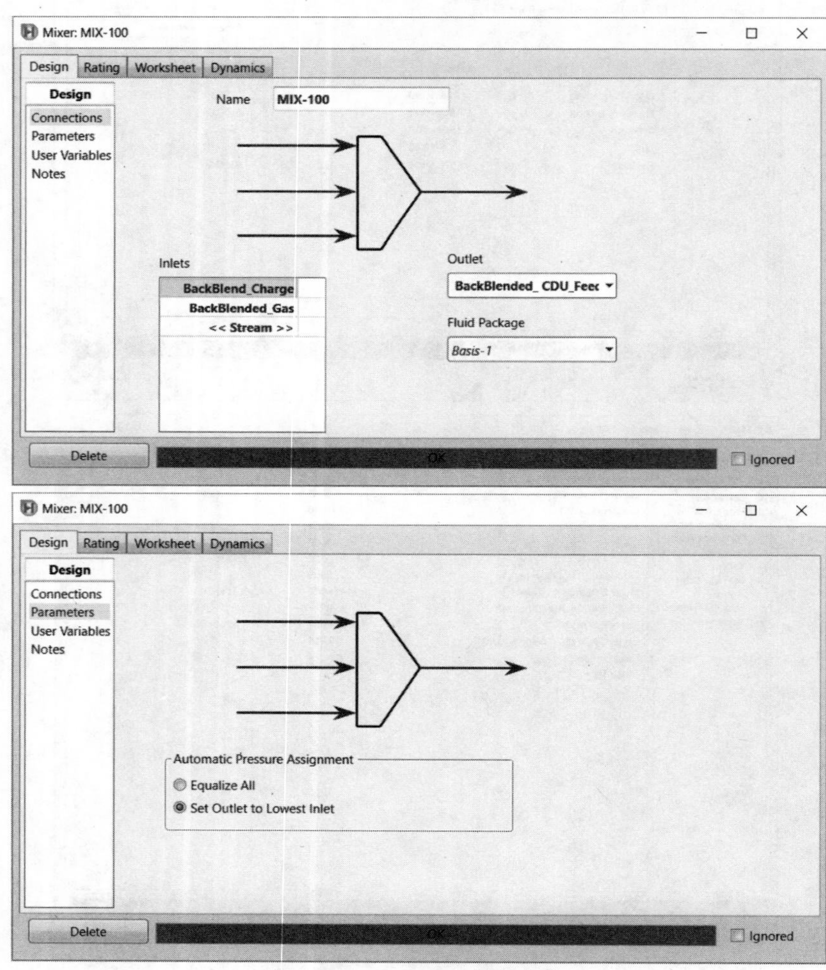

图 2.81　MIX-100 操作参数

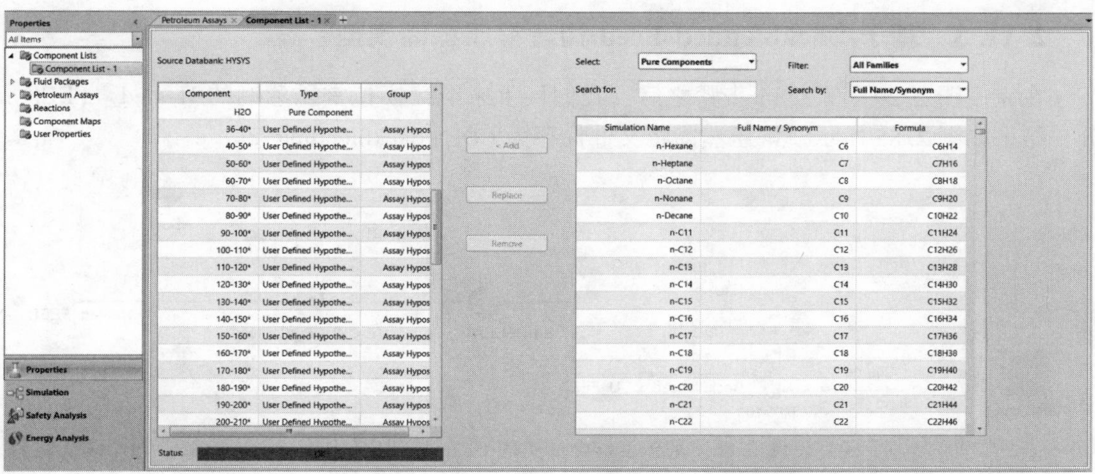

图 2.82　通过 Petroleum Assay Manager 生成虚拟组分

- Component Lists
  - Component List - 1
- Fluid Packages
- Petroleum Assays
- Oil Manager
- Reactions
- Component Maps
- User Properties

Properties

Source Databank: HYSYS

Component	Type	Group
NBP[0]673*	Oil Hypothetical	Blend-1 Hypos
NBP[0]724*	Oil Hypothetical	Blend-1 Hypos
NBP[0]774*	Oil Hypothetical	Blend-1 Hypos
NBP[0]825*	Oil Hypothetical	Blend-1 Hypos
NBP[1]43*	Oil Hypothetical	BackBlend Hypos
NBP[1]58*	Oil Hypothetical	BackBlend Hypos
NBP[1]72*	Oil Hypothetical	BackBlend Hypos
NBP[1]86*	Oil Hypothetical	BackBlend Hypos
NBP[1]100*	Oil Hypothetical	BackBlend Hypos
NBP[1]114*	Oil Hypothetical	BackBlend Hypos
NBP[1]127*	Oil Hypothetical	BackBlend Hypos
NBP[1]141*	Oil Hypothetical	BackBlend Hypos
NBP[1]156*	Oil Hypothetical	BackBlend Hypos
NBP[1]169*	Oil Hypothetical	BackBlend Hypos
NBP[1]184*	Oil Hypothetical	BackBlend Hypos
NBP[1]197*	Oil Hypothetical	BackBlend Hypos

图 2.83　老版本 Oil Manager 对多套评价数据生成虚拟组分列表

最终模拟结果如图 2.84 所示。我们将文件保存为 CDU-Backblending-2. hsc。

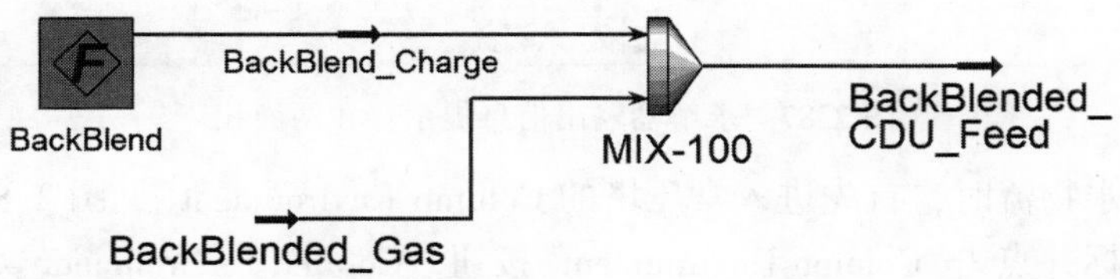

图 2.84　使用“BackBlended CDU feed”替代“Charge”

2.11.3 基于 Backblended Feed 构建常压蒸馏模型

在完成图 2.29~图 2.35 步骤之后，我们接下来继续模拟常压蒸馏的 Heated_ FEED 部分，结果如图 2.85 所示。常压蒸馏将文件保存为 CDU-Backblending-3. hsc。

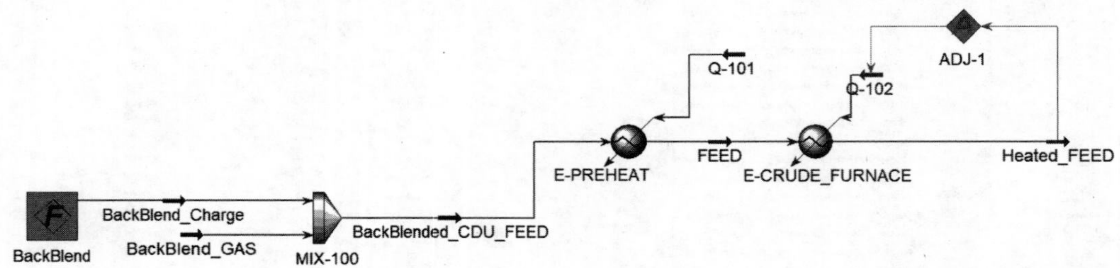

图 2.85　基于反推合成法的 Heated_FEED 物流

然后，完全按照图 2.36~图 2.57 的步骤开发基于 BackBlended Feed 的完整常压蒸馏模型。常压蒸馏最终流程如图 2.86 所示。我们将文件保存为 CDU-backblending-4. hsc。

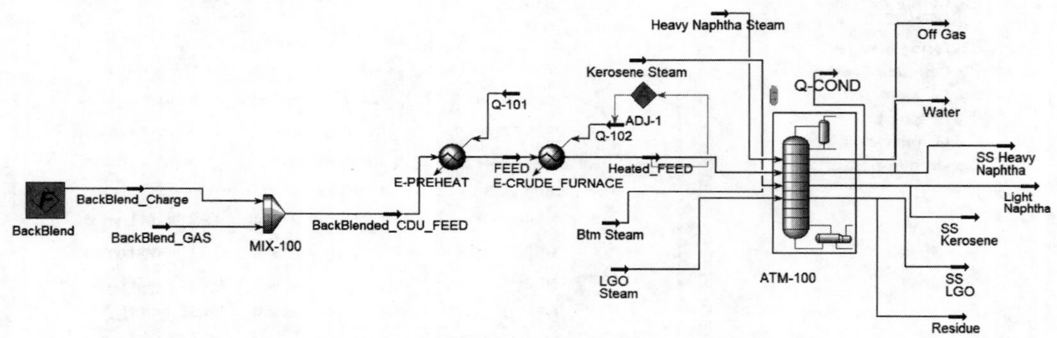

图 2.86　基于 BackBlended feed 的常压蒸馏流程图

2.11.4 精馏塔的收敛

当已更新的蒸馏塔模块收敛后，我们可能会观察到一些警告信息，如图 2.87 和图 2.88 所示。Aspen HYSYS 提示在蒸馏塔塔底可能存在双液相，这在给定的高温蒸汽和塔板压力下，显然是不可能的。我们在模型中添加一股自由水物流，强制 Aspen HYSYS 在塔底进行严格三相计算。自由水是为了脱除塔板上所有的冷凝水，使得蒸馏塔模型可以继续使用标准双迭代法。

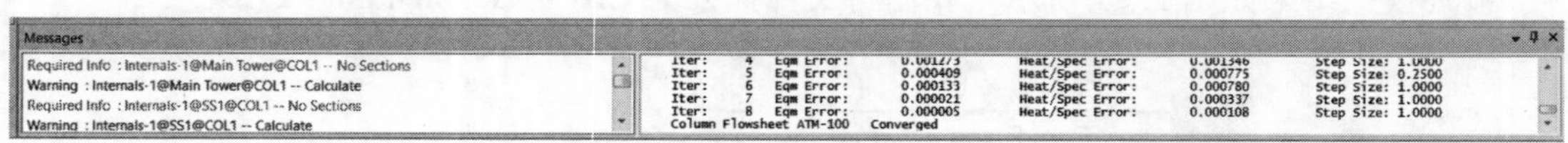

图 2.87　求解器输出信息提示存在两液相

在添加自由水物流时，首先进入常压塔的 Column Environment（见图 2.89），然后在流程中双击蒸馏塔图标并点击“Column Environment”按钮。Column Environment 实质是表示蒸馏塔内所有设备的子流程。在 Column Environment 中，我们可以看到所有连接物流、中段循环和侧线汽提等。

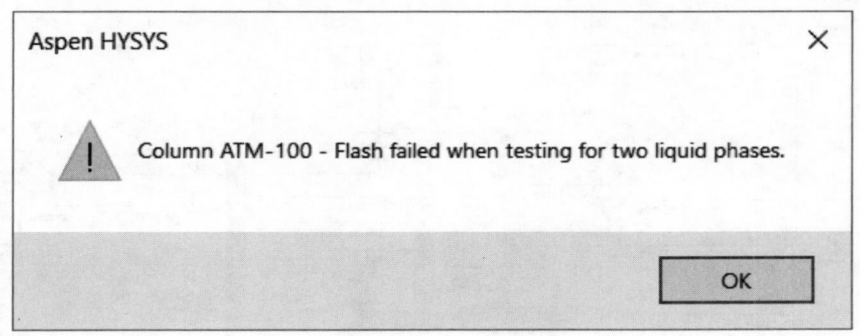

图 2.88 警告信息：存在两液相

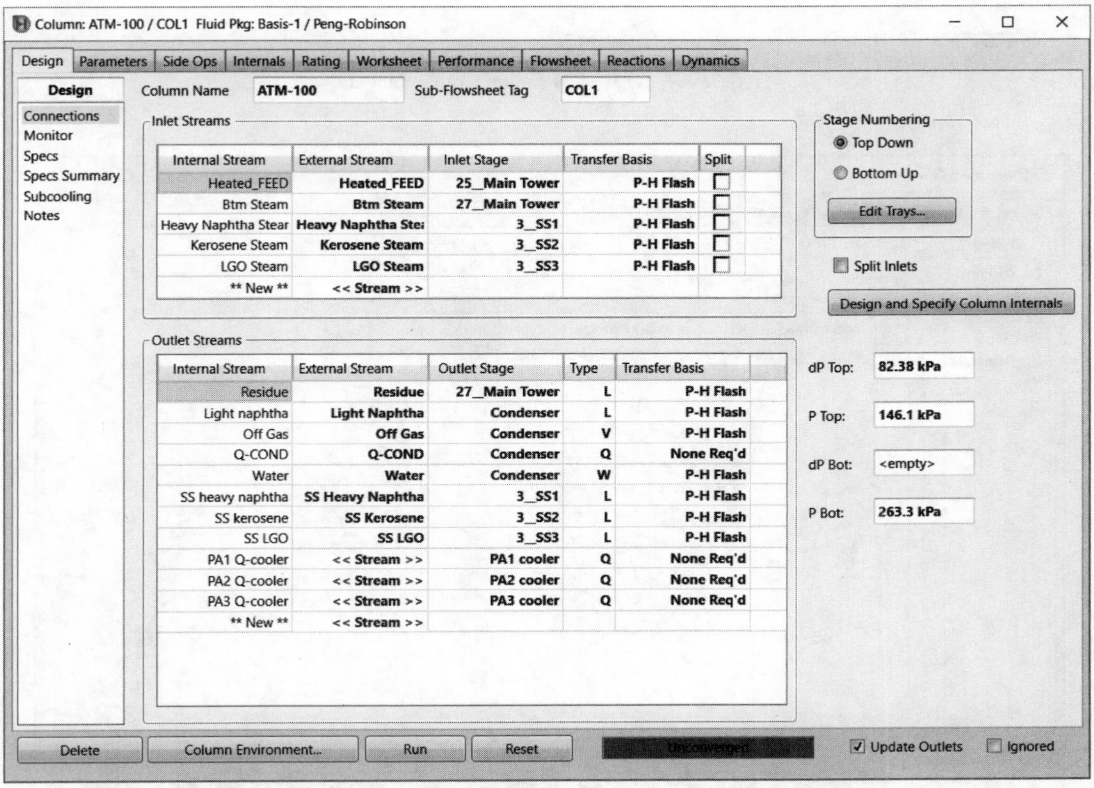

Column: ATM-100 / COL1 Fluid Pkg: Basis-1 / Peng-Robinson

Design | Parameters | Side Ops | Internals | Rating | Worksheet | Performance | Flowsheet | Reactions | Dynamics

Design: Connections, Monitor, Specs, Specs Summary, Subcooling, Notes

Column Name: ATM-100 Sub-Flowsheet Tag: COL1

Inlet Streams

Internal Stream	External Stream	Inlet Stage	Transfer Basis	Split
Heated_FEED	Heated_FEED	25__Main Tower	P-H Flash	☐
Btm Steam	Btm Steam	27__Main Tower	P-H Flash	☐
Heavy Naphtha Stear	Heavy Naphtha Ste:	3__SS1	P-H Flash	☐
Kerosene Steam	Kerosene Steam	3__SS2	P-H Flash	☐
LGO Steam	LGO Steam	3__SS3	P-H Flash	☐
** New **	<< Stream >>			

Stage Numbering: Top Down / Bottom Up; Edit Trays...; Split Inlets; Design and Specify Column Internals

Outlet Streams

Internal Stream	External Stream	Outlet Stage	Type	Transfer Basis
Residue	Residue	27__Main Tower	L	P-H Flash
Light naphtha	Light Naphtha	Condenser	L	P-H Flash
Off Gas	Off Gas	Condenser	V	P-H Flash
Q-COND	Q-COND	Condenser	Q	None Req'd
Water	Water	Condenser	W	P-H Flash
SS heavy naphtha	SS Heavy Naphtha	3__SS1	L	P-H Flash
SS kerosene	SS Kerosene	3__SS2	L	P-H Flash
SS LGO	SS LGO	3__SS3	L	P-H Flash
PA1 Q-cooler	<< Stream >>	PA1 cooler	Q	None Req'd
PA2 Q-cooler	<< Stream >>	PA2 cooler	Q	None Req'd
PA3 Q-cooler	<< Stream >>	PA3 cooler	Q	None Req'd
** New **	<< Stream >>			

dP Top: 82.38 kPa; P Top: 146.1 kPa; dP Bot: <empty>; P Bot: 263.3 kPa

Delete | Column Environment... | Run | Reset | Unconverged | Update Outlets | Ignored

图 2.89 Column Environment

首先进入 Column Environment，如图 2.90 所示。接着在 Column Environment 中双击并打开该蒸馏塔的高级配置。在该界面中，可以添加非标设备，例如热虹吸再沸器等，但是本案例主要介绍如何添加自由水物流。点击“Side Draws”选项，在第 27 块塔板（塔底）添加辅助物流（water draw），如图 2.91 所示。同样，可以选择“Total”选项采出自由水，即脱除所有塔板的自由水。标准精馏塔求解算法一般不支持部分自由水采出。

此时，要重新计算精馏塔并获得新解，并将文件保存为 CDU-backblending-5. hsc。该塔

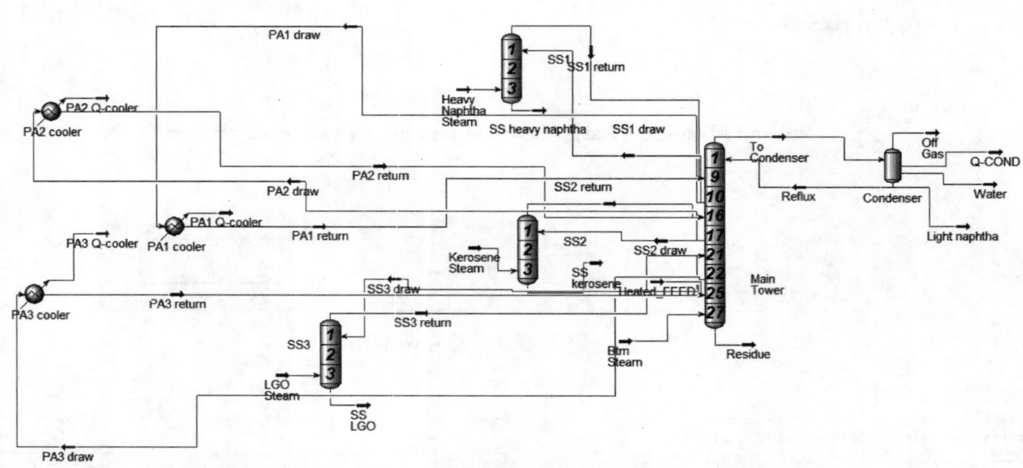

图 2.90　ATM-100 Column Environment

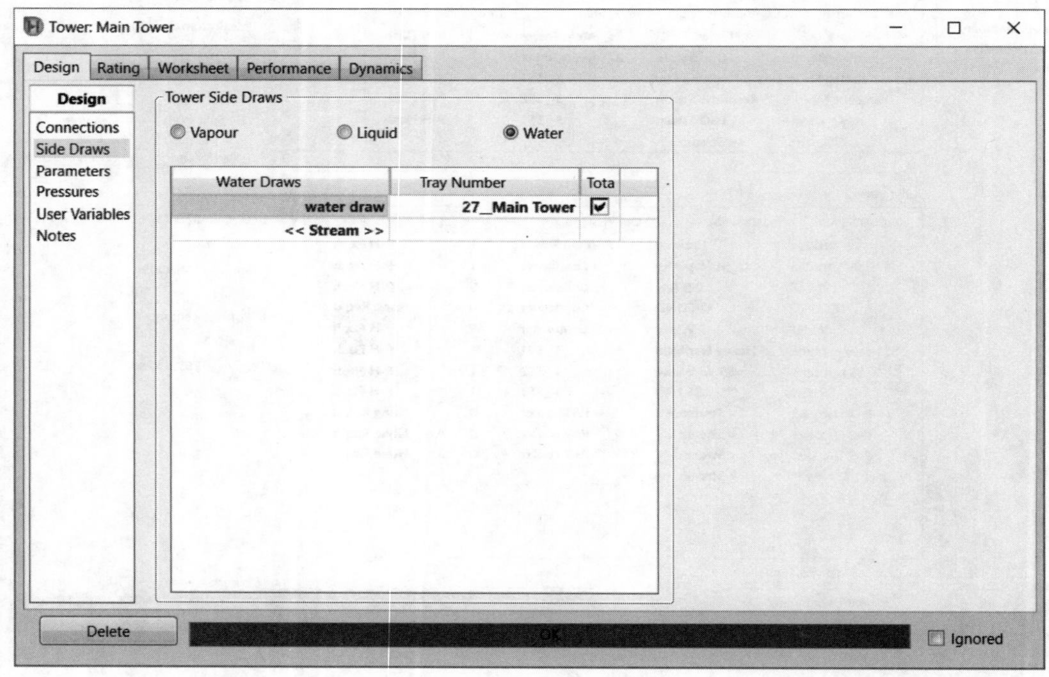

图 2.91　在第 27 块塔板上建立“water draw”物流

应该快速收敛(<10 次迭代)。现在必须证实我们的假设，即实际的水分在最后塔板上没有凝结。图 2.92 显示采出水的结果，其流量为零。计算结果表明，塔顶轻石脑油中存在少量水(该值可以忽略，对产品计算结果几乎没有影响)。在下文中，我们比较利用原始分析数据建模和“反推合成法”两种方法的结果，并讨论出现偏差的原因。

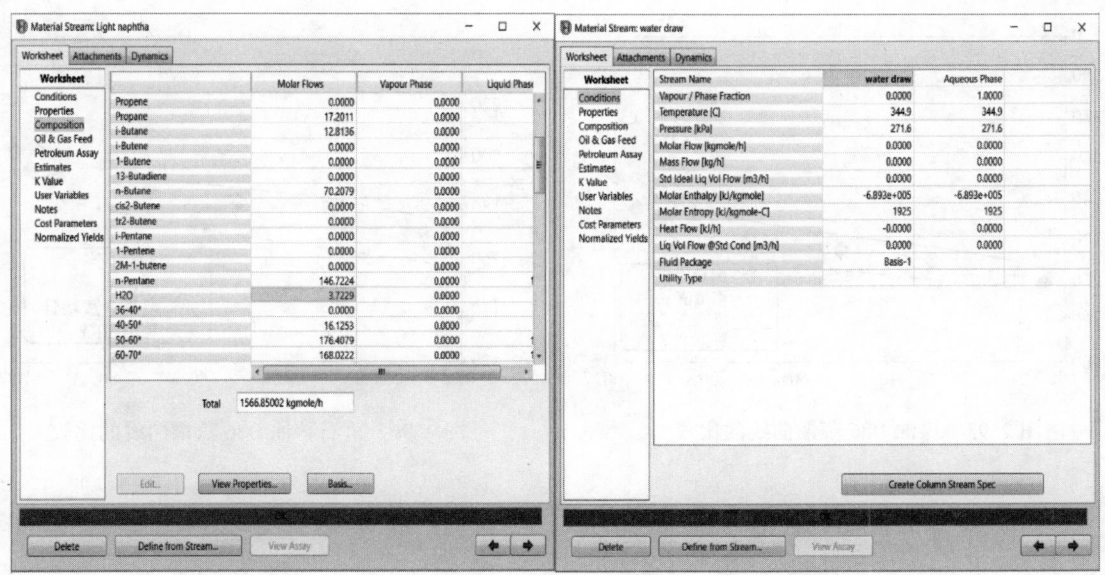

图 2.92 Light Naphtha 和 Water Draw 计算结果

2.11.5 结果比较

“反推合成法”与原始分析数据方法的计算结果比较，如图 2.93 所示。在两种工况下，热力学方法同为 PR EOS。两种方法的温度分布计算结果与测量值可以很好地吻合，印证前述章节的预测结果。但是，在“反推合成法”工况中，中间塔板温度始终比原始分析数据工况要低，这表明蒸馏曲线的温度也比原始分析数据方案的要低。蒸馏曲线和温差的比较如图 2.94～图 2.97 所示。在轻质馏分中，这些偏差逐渐减小。

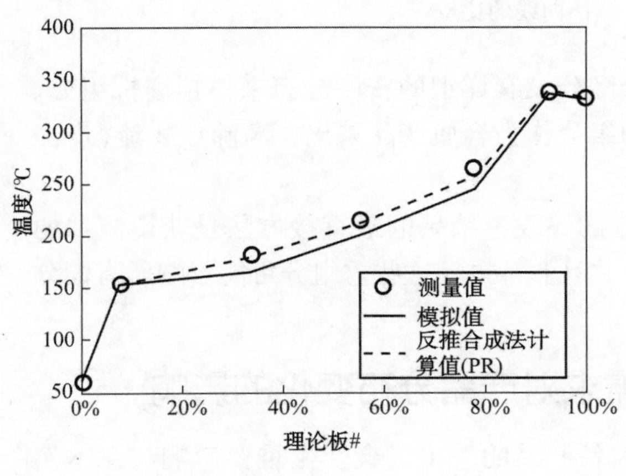

图 2.93 温度分布的比较

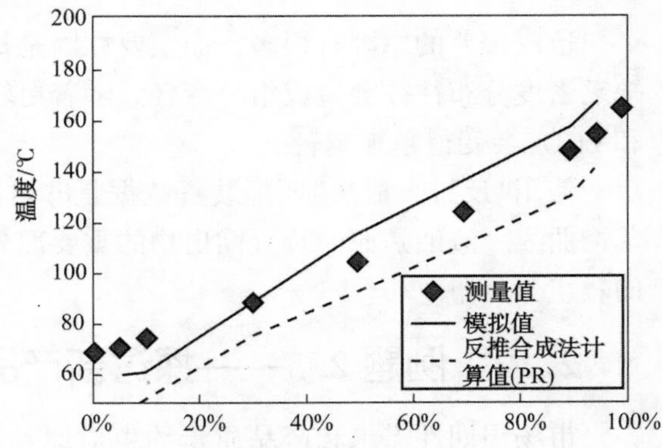

图 2.94 轻石脑油 D86 蒸馏曲线的比较

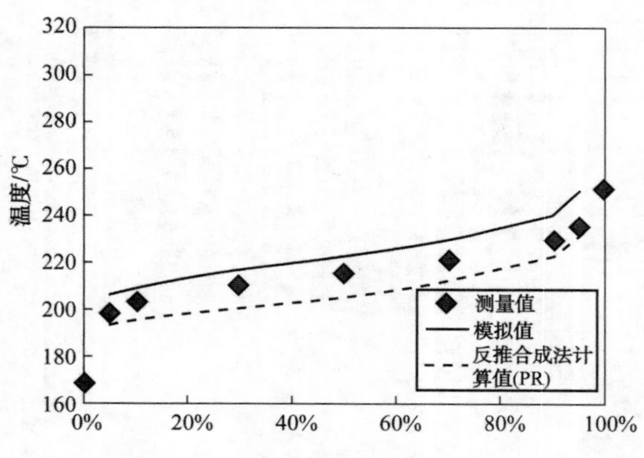

图 2.95　煤油 D86 蒸馏曲线的比较

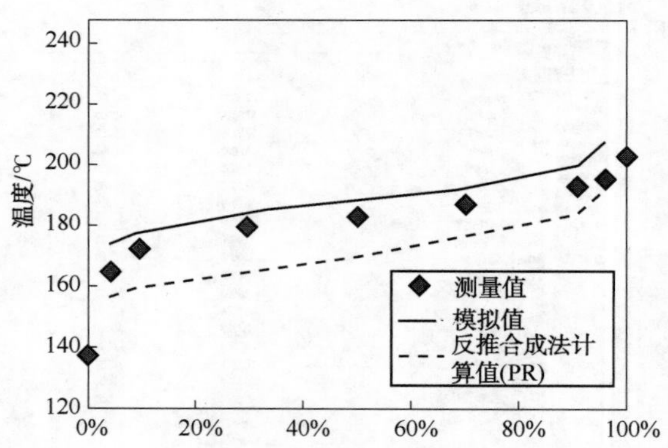

图 2.96　重石脑油 D86 蒸馏曲线的比较

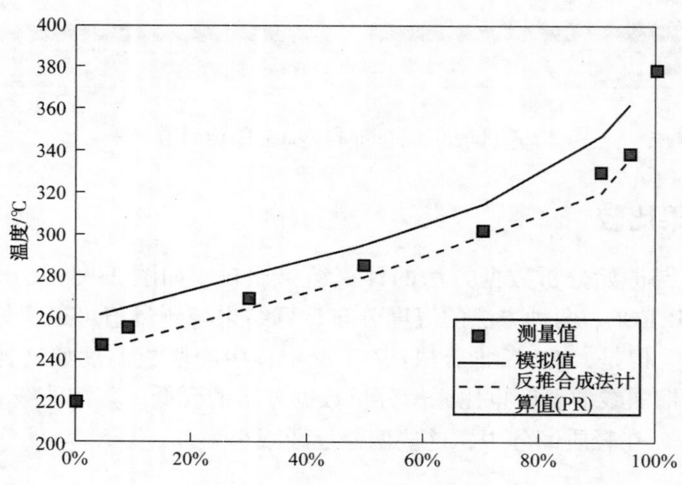

图 2.97　轻蜡油 D86 蒸馏曲线的比较

造成偏差的原因有很多，而主要原因是每个馏分没有详细的密度分布来模拟虚拟组分。缺乏密度分布往往会造成组分变轻。随着更轻的组分作为轻质产品采出，高沸点物流(煤油和 LGO)会变得越来越轻。

使用"反推合成法"匹配装置数据是非常困难的。改善结果的最直接方法是获得渣油的蒸馏曲线。渣油是原油装置馏出物的重要部分，并且非常重。这些重组分可能影响所有馏分的轻组分分布。

2.12　例题 2.3——探讨新产品需求对产品分布变化的影响

市场周期性需求和产品质量约束对原油蒸馏各产品的采出量会产生重要影响。在本例中，我们考虑采出量对不同产品分布的影响。当炼厂在夏季或冬季希望改变产品分布时，这类研究是特别有用的。我们考虑的一个重要因素是蒸馏的 D86 10%点温度，因其很好地关联了诸如闪点、倾点等性质。

2.12.1 调整蒸馏塔设计规定

打开第 2.8.8 节的收敛模拟文件 CDU EX-7.hsc，其中，我们已经为所有 CDU 产品添加了 D86 5%点温度和 95%点温度。我们将该文件保存为 Workshop 2.3.hsc。接下来，我们将使用 Aspen HYSYS Petroleum Refining 中的电子表格工具改变自变量来显示自定义物性。

首先必须修改设计规定，使得产品收率能够调整，因为当其他所有产品收率都不变时，我们是无法增加某一产品收率的(违反了蒸馏塔的总物料平衡原则)。对于本例而言，允许塔顶气相产品的流率改变并固定塔顶冷凝器的温度。在图 2.98 中，我们取消了塔顶气相产品流量的设计规定选项，同时将冷凝器的温度设计规定固定在 65℃(基本上确定了轻石脑油的初馏点)，模拟快速收敛。

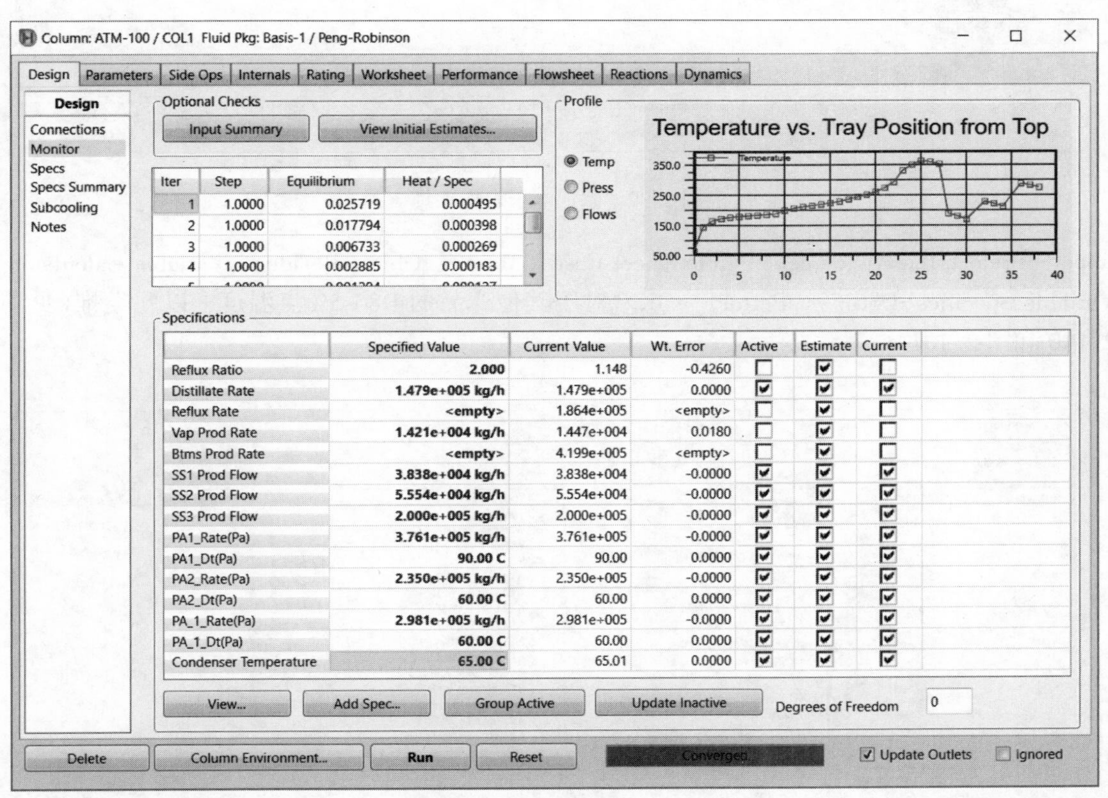

图 2.98　移除气相产品流量的设计规定以及添加冷凝器温度的设计规定

2.12.2 调整 LGO 的采出量

我们使用 Aspen HYSYS 模型面板中的电子表格(Spreadsheet)来简化数据采集过程。选择电子表格的过程如图 2.99 所示。

在电子表格中导入因变量，步骤如下：Spreadsheet：SPRDSHT-1→Parameters→Add

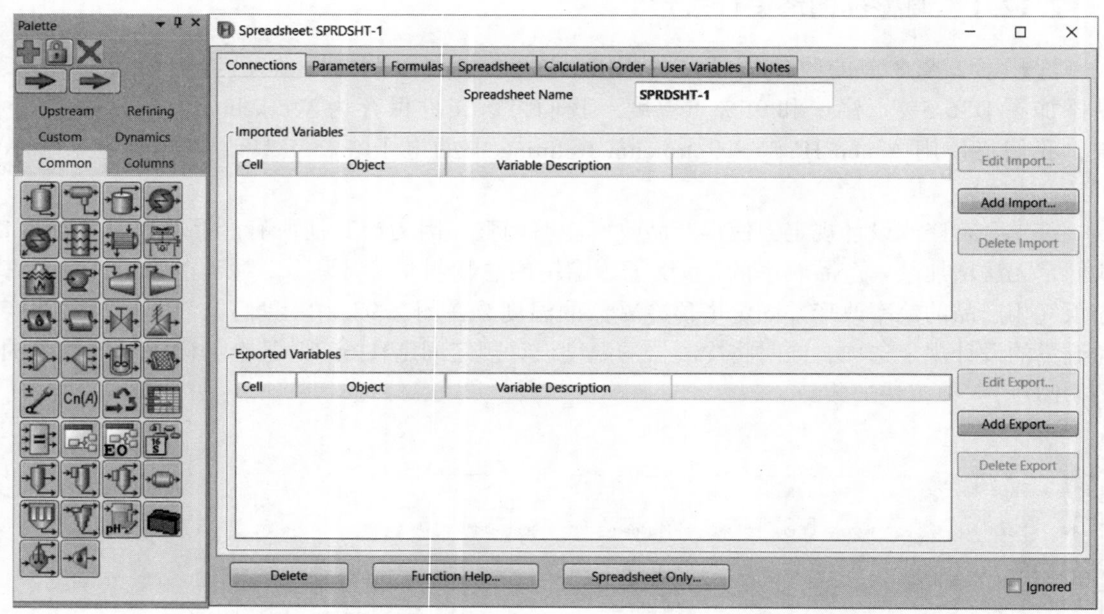

图 2.99　添加电子表格工具

Import→Select Import for cell → Flowsheet-Case（Main）; Object-Residue; Variable-Calculator; Variable Specifics-D86 5%(Petrol)→OK。对于其他产品的 D86 5%点温度，以此类推(见图 2.100 和图 2.101)。

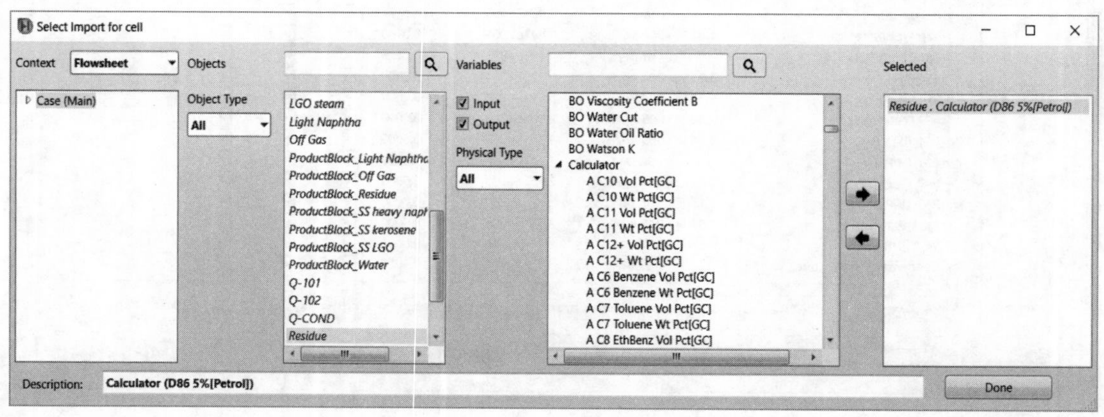

图 2.100　在电子表格中选择因变量

打开精馏塔 ATM-100 的 Monitor 界面，将 SS LGO 或“SS3 Product Flow”从当前值 1.617 E5 kg/h 改为 2 E5 kg/h。点击电子表格底部的“Spreadsheet Only”，D86 5%点温度计算值导出到单元格 A1—E1(见图 2.102)。

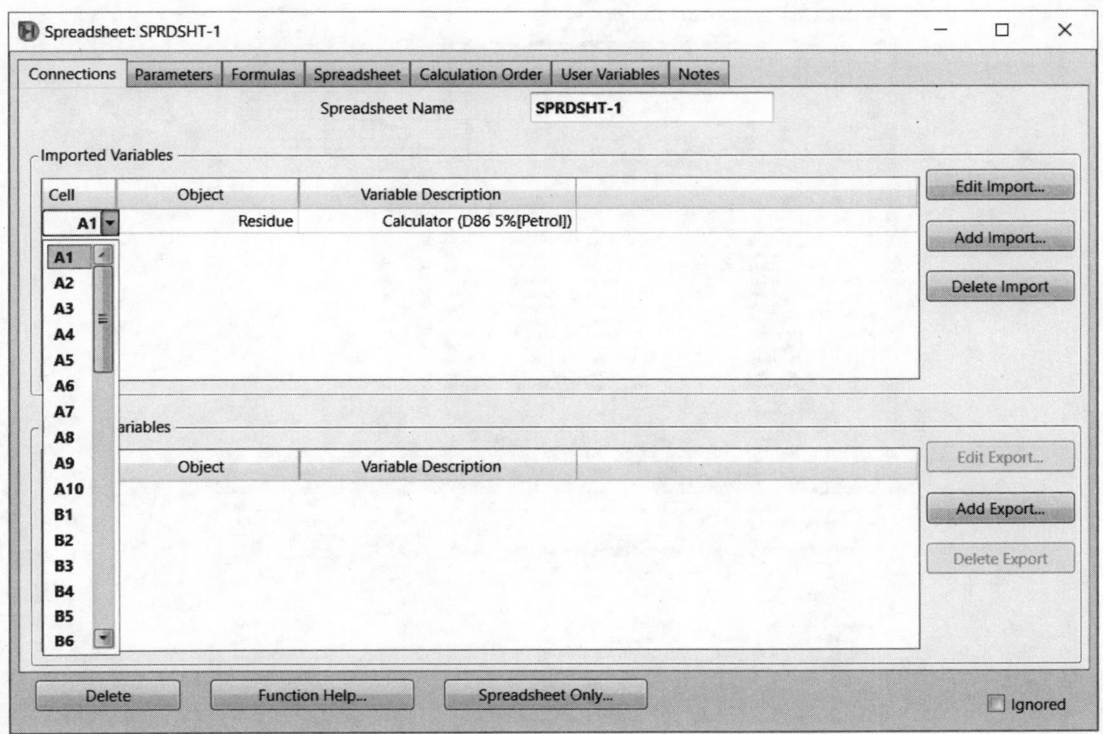

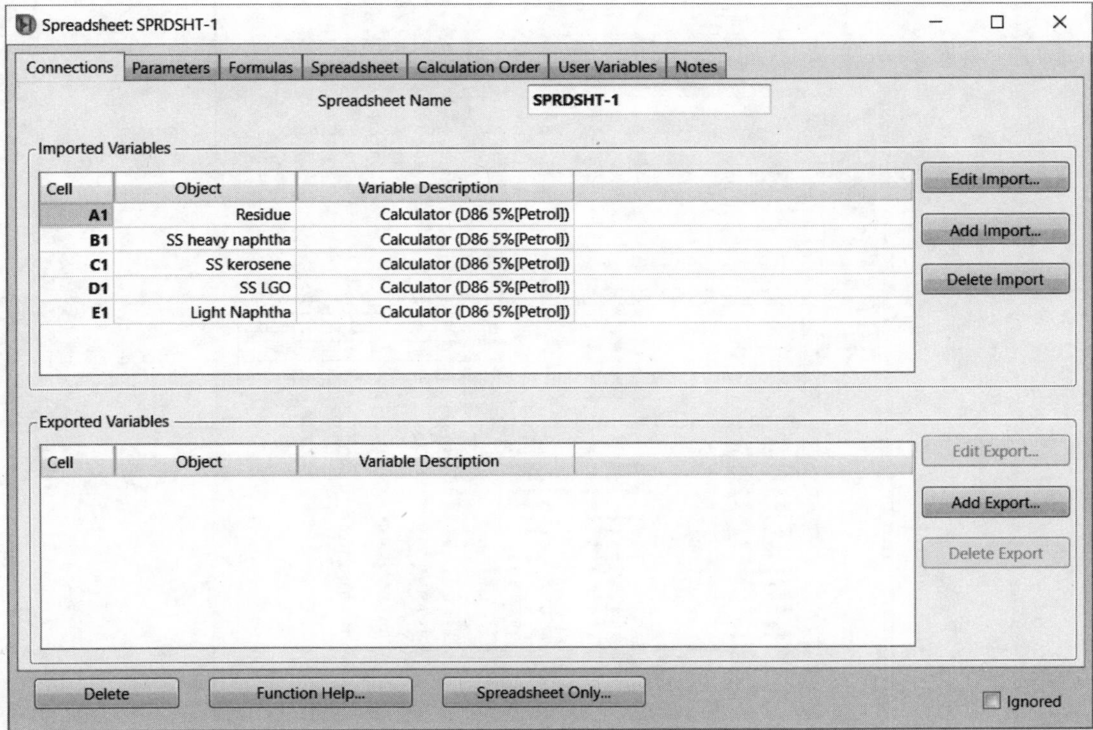

图 2.101　在电子表格的 5 个单元格中选择变量

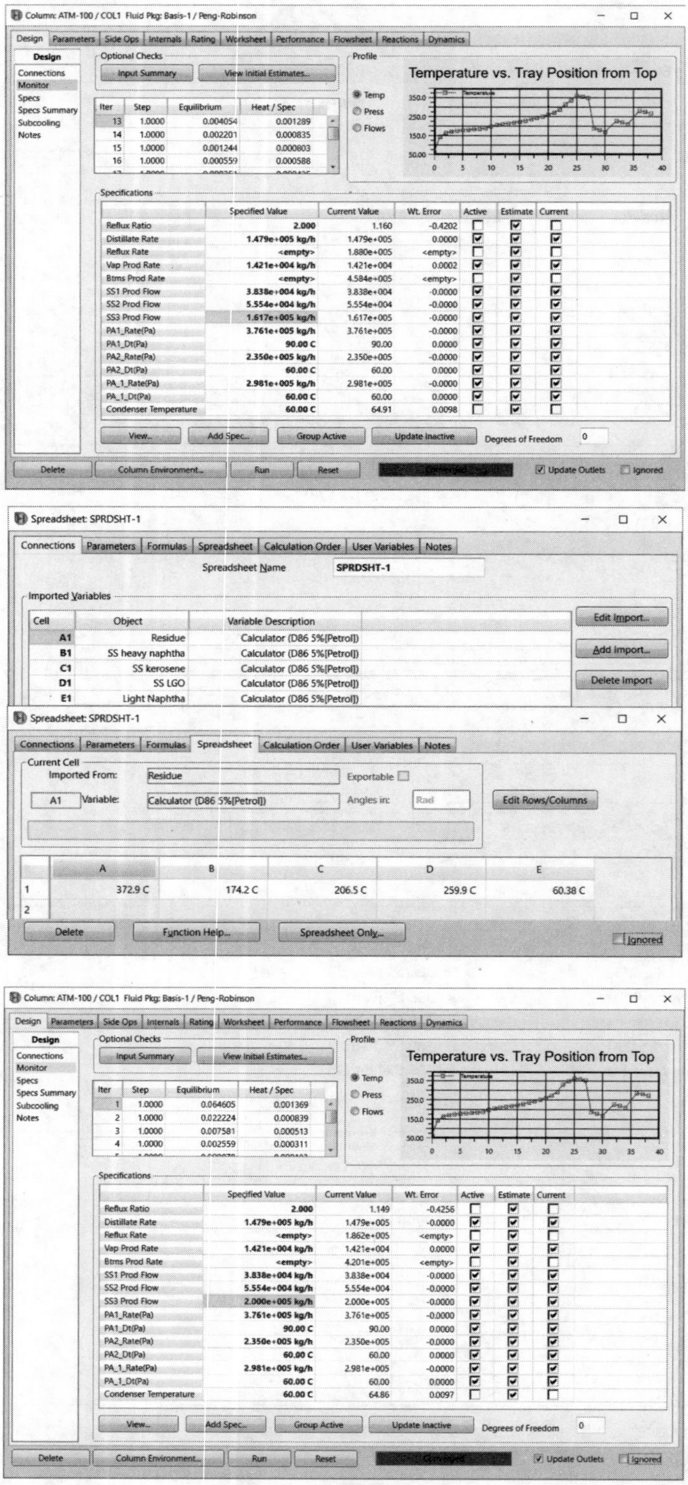

Column: ATM-100 / COL1 Fluid Pkg: Basis-1 / Peng-Robinson

Design | Parameters | Side Ops | Internals | Rating | Worksheet | Performance | Flowsheet | Reactions | Dynamics

Iter	Step	Equilibrium	Heat / Spec
13	1.0000	0.004054	0.001289
14	1.0000	0.002201	0.000835
15	1.0000	0.001244	0.000803
16	1.0000	0.000559	0.000588

Temperature vs. Tray Position from Top

Specifications

	Specified Value	Current Value	Wt. Error	Active	Estimate	Current
Reflux Ratio	2.000	1.160	-0.4202	☐	☑	☐
Distillate Rate	1.479e+005 kg/h	1.479e+005	0.0000	☑	☑	☑
Reflux Rate	<empty>	1.880e+005	<empty>	☐	☑	☐
Vap Prod Rate	1.421e+004 kg/h	1.421e+004	0.0002	☑	☑	☑
Btms Prod Rate	<empty>	4.584e+005	<empty>	☐	☑	☐
SS1 Prod Flow	3.838e+004 kg/h	3.838e+004	-0.0000	☑	☑	☑
SS2 Prod Flow	5.554e+004 kg/h	5.554e+004	-0.0000	☑	☑	☑
SS3 Prod Flow	1.617e+005 kg/h	1.617e+005	-0.0000	☑	☑	☑
PA1_Rate(Pa)	3.761e+005 kg/h	3.761e+005	-0.0000	☑	☑	☑
PA1_Dt(Pa)	90.00 C	90.00	0.0000	☑	☑	☑
PA2_Rate(Pa)	2.350e+005 kg/h	2.350e+005	-0.0000	☑	☑	☑
PA2_Dt(Pa)	60.00 C	60.00	0.0000	☑	☑	☑
PA_1_Rate(Pa)	2.981e+005 kg/h	2.981e+005	-0.0000	☑	☑	☑
PA_1_Dt(Pa)	60.00 C	60.00	0.0000	☑	☑	☑
Condenser Temperature	60.00 C	64.91	0.0098	☐	☑	☐

Degrees of Freedom 0

Spreadsheet: SPRDSHT-1

Spreadsheet Name SPRDSHT-1

Imported Variables

Cell	Object	Variable Description
A1	Residue	Calculator (D86 5%[Petrol])
B1	SS heavy naphtha	Calculator (D86 5%[Petrol])
C1	SS kerosene	Calculator (D86 5%[Petrol])
D1	SS LGO	Calculator (D86 5%[Petrol])
E1	Light Naphtha	Calculator (D86 5%[Petrol])

Spreadsheet: SPRDSHT-1

Current Cell — Imported From: Residue; A1 Variable: Calculator (D86 5%[Petrol])

	A	B	C	D	E
1	372.9 C	174.2 C	206.5 C	259.9 C	60.38 C
2					

Column: ATM-100 / COL1 Fluid Pkg: Basis-1 / Peng-Robinson

Iter	Step	Equilibrium	Heat / Spec
1	1.0000	0.064605	0.001369
2	1.0000	0.022224	0.000839
3	1.0000	0.007581	0.000513
4	1.0000	0.002559	0.000311

Temperature vs. Tray Position from Top

Specifications

	Specified Value	Current Value	Wt. Error	Active	Estimate	Current
Reflux Ratio	2.000	1.149	-0.4256	☐	☑	☐
Distillate Rate	1.479e+005 kg/h	1.479e+005	-0.0000	☑	☑	☑
Reflux Rate	<empty>	1.862e+005	<empty>	☐	☑	☐
Vap Prod Rate	1.421e+004 kg/h	1.421e+004	0.0000	☑	☑	☑
Btms Prod Rate	<empty>	4.201e+005	<empty>	☐	☑	☐
SS1 Prod Flow	3.838e+004 kg/h	3.838e+004	-0.0000	☑	☑	☑
SS2 Prod Flow	5.554e+004 kg/h	5.554e+004	-0.0000	☑	☑	☑
SS3 Prod Flow	2.000e+005 kg/h	2.000e+005	-0.0000	☑	☑	☑
PA1_Rate(Pa)	3.761e+005 kg/h	3.761e+005	-0.0000	☑	☑	☑
PA1_Dt(Pa)	90.00 C	90.00	0.0000	☑	☑	☑
PA2_Rate(Pa)	2.350e+005 kg/h	2.350e+005	-0.0000	☑	☑	☑
PA2_Dt(Pa)	60.00 C	60.00	0.0000	☑	☑	☑
PA_1_Rate(Pa)	2.981e+005 kg/h	2.981e+005	-0.0000	☑	☑	☑
PA_1_Dt(Pa)	60.00 C	60.00	0.0000	☑	☑	☑
Condenser Temperature	60.00 C	64.86	0.0097	☐	☑	☐

Degrees of Freedom 0

图 2.102　当 SS LGO 或 SS3 产品流量在 $1.617\times10^5 \sim 2.0\times10^5$kg/h 范围变化时，产品 D86 5%点温度计算结果

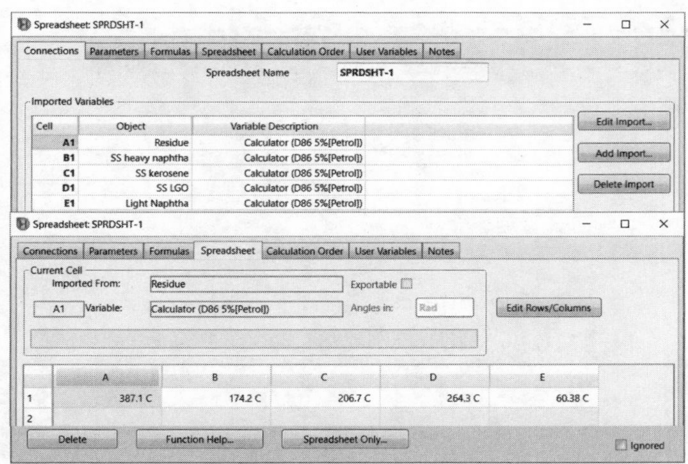

图 2.102　当 SS LGO 或 SS3 产品流量在 $1.617\times10^5\sim2.0\times10^5$kg/h 范围变化时，产品 D86 5%点温度计算结果(续)

由电子表格的计算结果可知，当 SS LGO 采出量增大时，SS Heavy Naphtha、SS Kerosene 和 Light Naphtha 的 D86 5%点温度基本不变。相反，SS LGO 和渣油的 D86 5%点温度分别从 259.9℃、372.9℃增加到 264.3℃和 387.1℃。这表示随着 LGO 采出量的增加，LGO 变得更重(部分渣油重组分进入 LGO 中)，但是，如果增加 LGO 轻组分的含量，需要增加 SS Kerosene 汽提蒸汽量。

2.13　例题 2.4——工艺变量对产品质量的影响

第 1 步：打开第 2.8.8 节的常压蒸馏收敛模拟文件 CDU EX-7.hsc，其中，我们已经为所有常压蒸馏产品添加了 D86 5%点温度和 D86 95%点温度。我们将该文件保存为 Workshop 2.4.hsc，点击 Case Study(见图 2.103)。

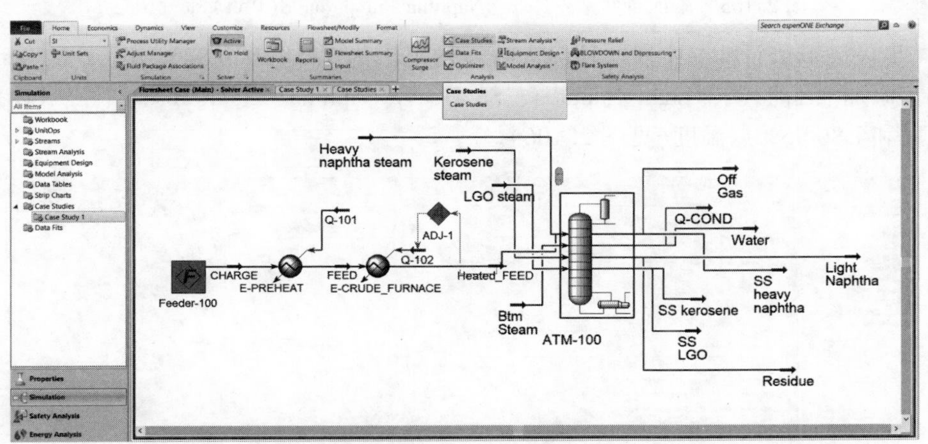

图 2.103　激活“Case Studies”

第 2 步：点击“Add”按钮，添加 Case Study(工况研究)(见图 2.104)。

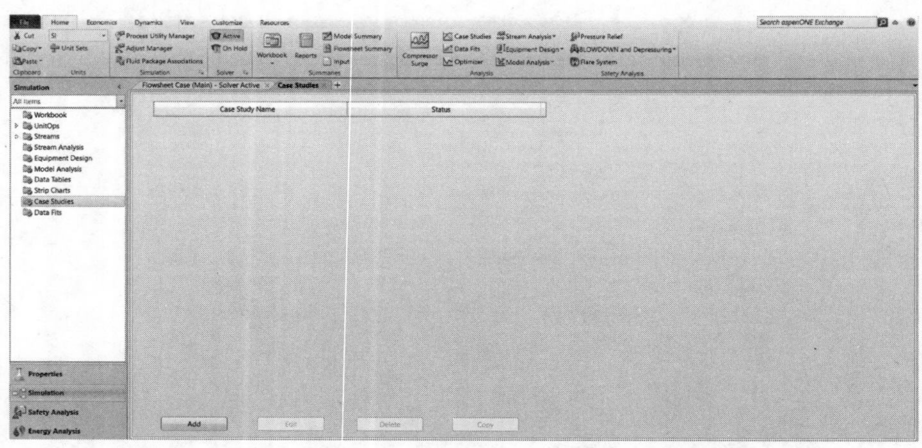

图 2.104 添加 Case Study

第 3 步：添加自变量，设定重石脑油中段循环（PA1）流量：Variable Navigator→Flowsheet-Case（Main）；Object-ATM-100；Variable-Spec Value；Variable Specifics-PA 1_Rate（Pa）→OK（见图 2.105）。

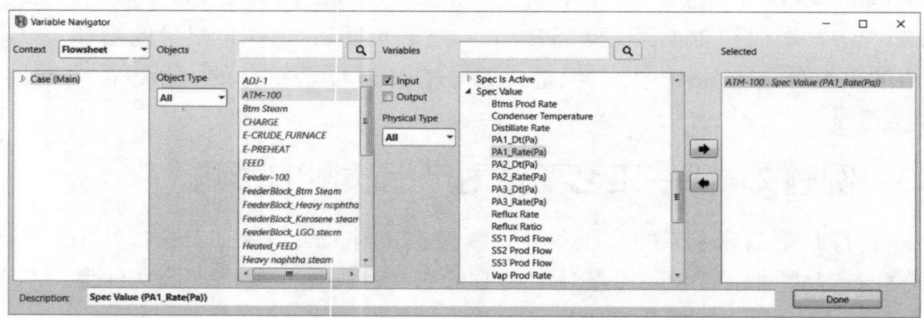

图 2.105 添加自变量：Heavy Naphtha Pumparound（PA1）Flow Rate

第 4 步：设置重石脑油中段循环（PA1）流量范围为 $7.5\times10^5\sim8.5\times10^5$ kg/h，步长为 2×10^4 kg/h。添加油品性质，Light Naphtha、SS Heavy Naphtha、SS Kerosene、SS LGO 的 D86 5%点温度和 D86 95%点温度（见图 2.106）。

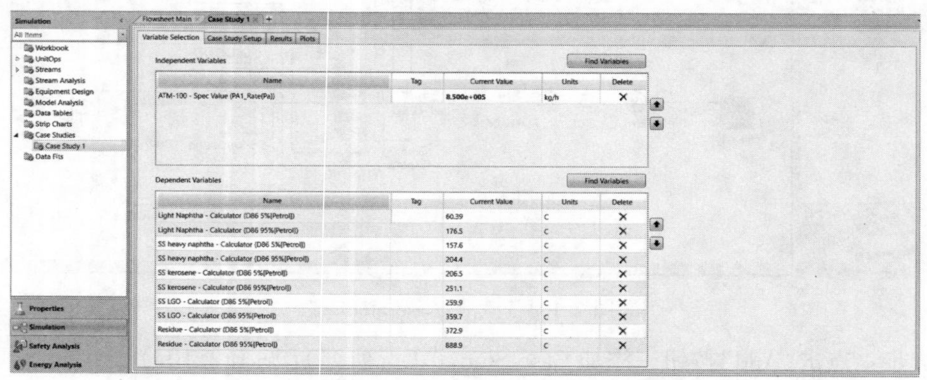

图 2.106 自变量及其范围、产品性质等参数的设置结果

第 5 步：运行 Case Study 并查看结果图表(见图 2.107 和图 2.108)。

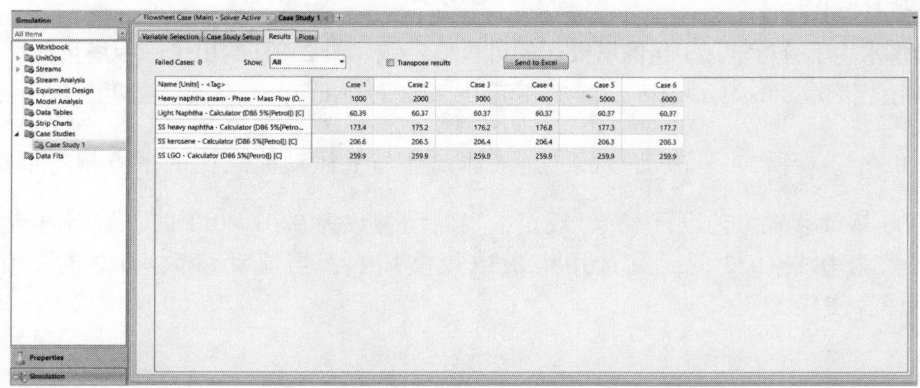

图 2.107 Case Study 计算结果表格

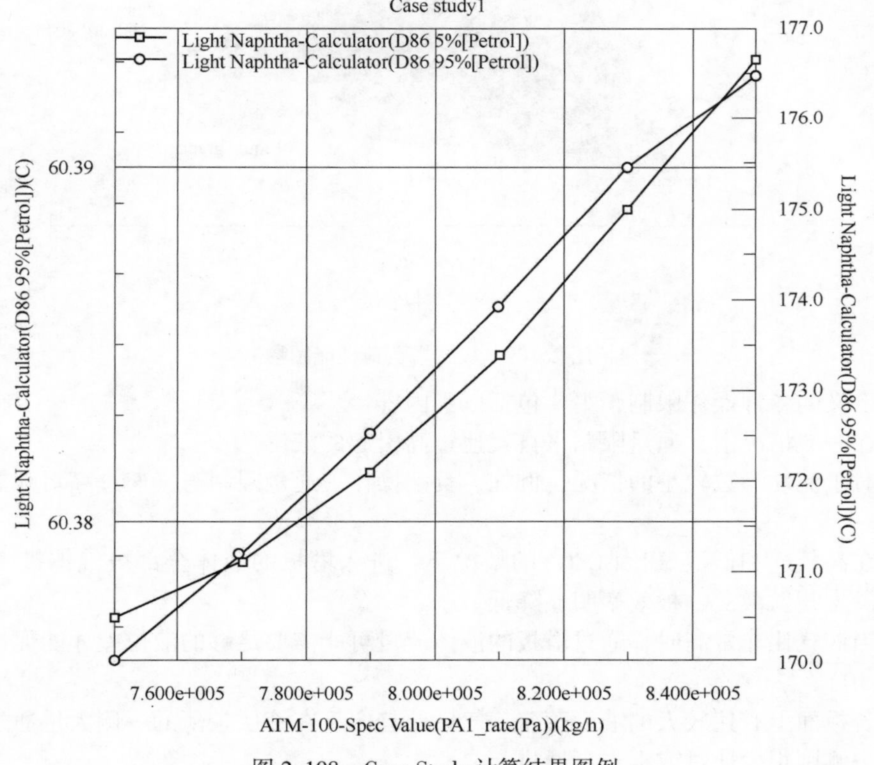

图 2.108 Case Study 计算结果图例

第 6 步：按照相同的方法，并尝试自己做一些工况研究。

2.14 例题 2.5——Column Internal 工具应用(精馏塔水力学分析)

打开模拟文件 cdu-blackblending-5. hsc，并将其保存为 cdu-blackblending-internals. hsc，

目的是熟悉精馏塔内件设计(精馏塔的分段设计、塔径设计等)和校核(现有精馏塔的性能评估)以及水力学分析。

精馏塔水力学分析定义了精馏塔操作的可行稳定域。图 2.109 给出了筛板塔负荷性能图[16]。其中，L=液相流量，lb /(h・ft²)，G=气相流量，lb /(h・ft²)，ρ_G=气体密度，lb/ft³，ρ_L=液体密度，lb/ft³。($\frac{L}{G}\sqrt{\frac{\rho_G}{\rho_L}}$=流动参数，是液体动能与气体动能之比的平方根。根据《SH/T 3121—2000 炼油装置工艺设计规范》规定，当流动参数为 0.01~0.1 时，宜首选规整填料；当流动参数为 0.1~0.2 时，宜选用塔板或规整填料；当流动参数>0.2 时，宜首选塔板。——译者注)

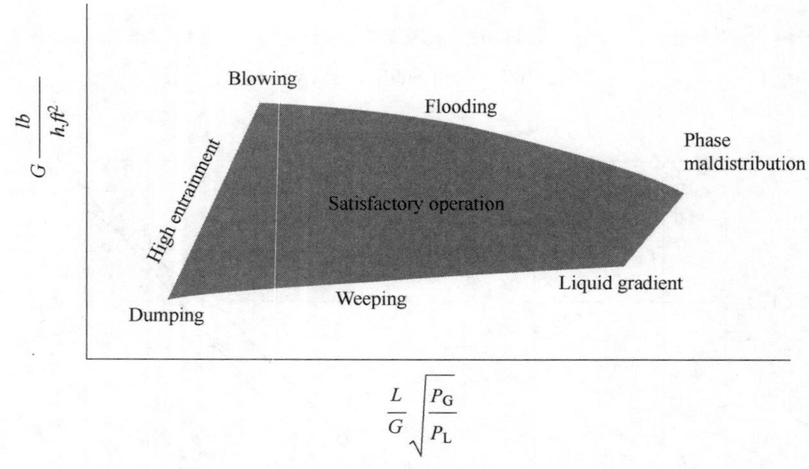

图 2.109　板式塔负荷性能图❶

图中定义的各种操作限制，主要包括以下内容：

(1) 在一般情况下，通量限制来自气速过高引起的液泛。

(2) 对于流动参数较小的情况，例如，真空操作，通量限制与气速过高引起雾沫夹带相对应。

(3) 在高气速和低液气比(L/G)的情况下，进入塔板的液体全部被气体携带到上层塔板，塔内发生喷射液泛，板效率明显降低。

(4) 当液气比非常高时，通过塔板的液体流量可能需要足够的液位差才能促进流体流动(见图 2.110)。

(5) 若板面上有比较大的液面落差，气体便趋向于在液层较薄的一侧大量通过，而在液层较厚的一侧则很少通过或根本不通过。

(6) 液体向下优先穿孔流动而没有穿过降液管的情况，称为泄漏。当穿孔中的气体流量

❶Blowing：喷射液泛，相当于 100%雾沫夹带，发生淹塔。(气相极限) Dumping：液噻点，低于液噻点气速的操作，塔板处于倾漏状态，塔板上存在着严重的压力波动。一旦波动频率与自然频率相等，将发生机械破坏。(气相最低极限) Liquid Gradient：降液管液泛，当降液管持液高度超过降液管口时，将阻噻液体在降液管内的流动，引起淹塔。Phase Maldistribution：降液管液封，降液管液封高度不足，将引起降液管气体短路。(气液相下限) Flooding：降液管口液泛，诱导降液管液泛提前发生。Weeping：泄漏，塔板间返混的形式之一，过量泄漏将降低传质推动力，降低塔板效率。High Entrainment：雾沫夹带，塔板间返混的形式之一，过量雾沫夹带将降低传质推动力，降低塔板效率。

不足时会发生泄漏。大量的液体泄漏被称为倾漏(溢流堰上无液体流动的100%泄漏点)，倾漏将导致严重的液层分布不均。

(7) 在可行稳定域操作范围内，上部是喷雾接触状态，下部是泡沫接触状态。

图2.110给出了塔板处于泡沫状态的动态示意图。在该图中，液面落差表示塔板上的清液高度、上一层板降液管外侧的液面高 h_{li}(入口位置AB)和本层板降液管顶部溢流堰处的液面高 h_{lo}(出口位置CD)之间的高度差。

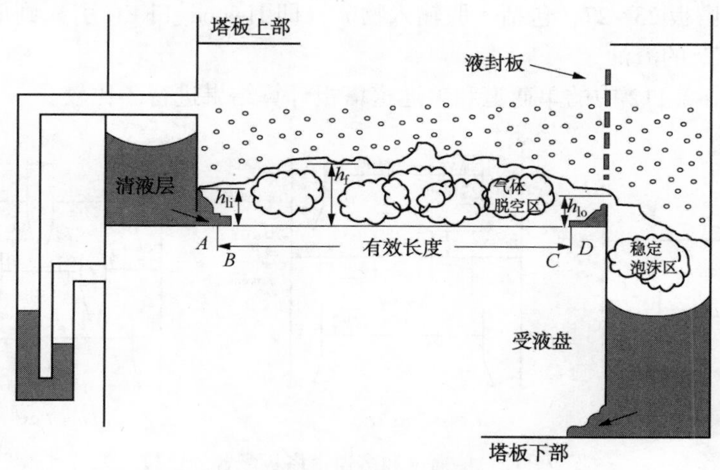

图2.110 塔板上气液流动状况示意图

现在打开收敛的常压蒸馏模拟文件CDU-backblending-5.hsc，并将其保存为CDU-backblending-internals.hsc。第2.11.4节中的图2.86显示了常压蒸馏流程图，双击打开T-100塔，选择"Internals"文件夹(见图2.111)。

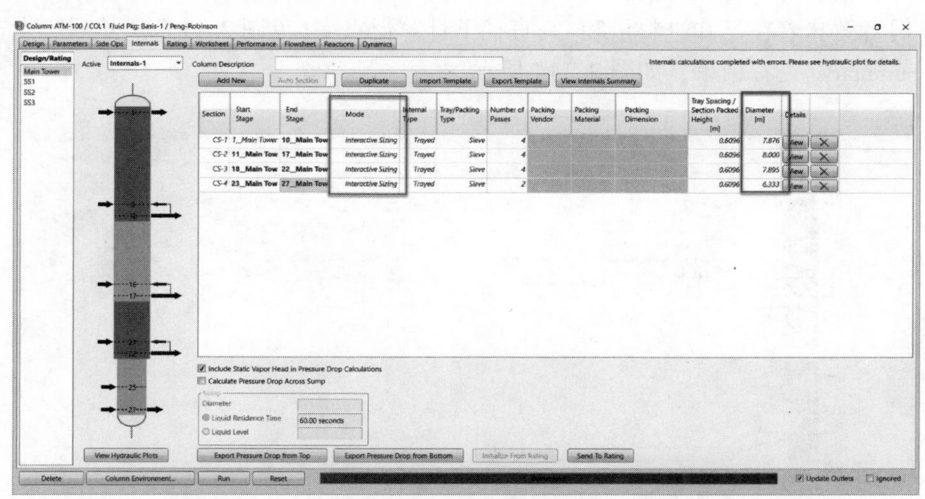

图2.111 精馏塔分段和尺寸设计

首先解释CS图。每段CS通常包括至少一股进料——侧线汽提塔返回物流或中段循环返回物流；以及至少一股产品——侧线汽提抽出物流或中段循环抽出物流。我们以常压蒸馏为例：

（1）CS-1：塔板1~10，包括两个输入物流，即SS HN返回物流和PA-1返回物流，两者都进入塔板9；两个输出物流为SS HN抽出物流和PA-1抽出物流，均来自塔板10。

（2）CS-2：塔板11~17，包括两股输入物流，即煤油返回物流和PA-2返回物流，两者都进入塔板16；两股输出物流，即煤油抽出物流和PA-2抽出物流，均来自塔板17。

（3）CS-3：塔板18~22，包括两股输入物流：SS LGO返回物流和PA-3返回物流，二者都进入塔板21；两股输出物流：SS LGO抽出物流和PA-3抽出物流，均来自塔板22。

（4）CS-4：塔板23~27，包括一股输入物流，即Heated_FEED引入到塔板25；一股输物流，来自塔板27的渣油。

图2.111对图2.112中的单通道和多通道塔板计算结果进行了比较。

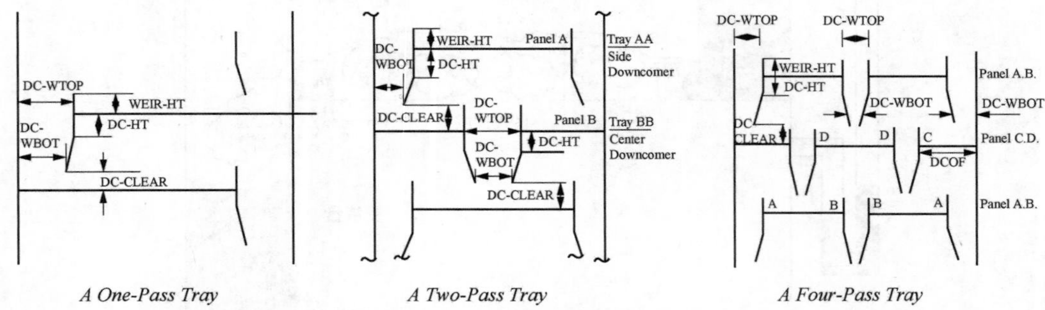

图2.112 单通道和多通道塔板配置的比较

在图2.111中，我们选择“Interactive Sizing”并根据泛点气速的80%计算所需的CS直径。本例选择筛板塔，板间距为2 ft。

由图2.111可知，四个CSs的直径为6.333~8.0 ft不等。

接下来，我们可以将计算模式从“Interactive Sizing”更改为“Rating”或“Performance Evaluation”，后者意味着在已知进料量和CS直径下计算泛点率(见图2.113)。然后，点击“View Internals Summary”查看结果，如图2.114所示。

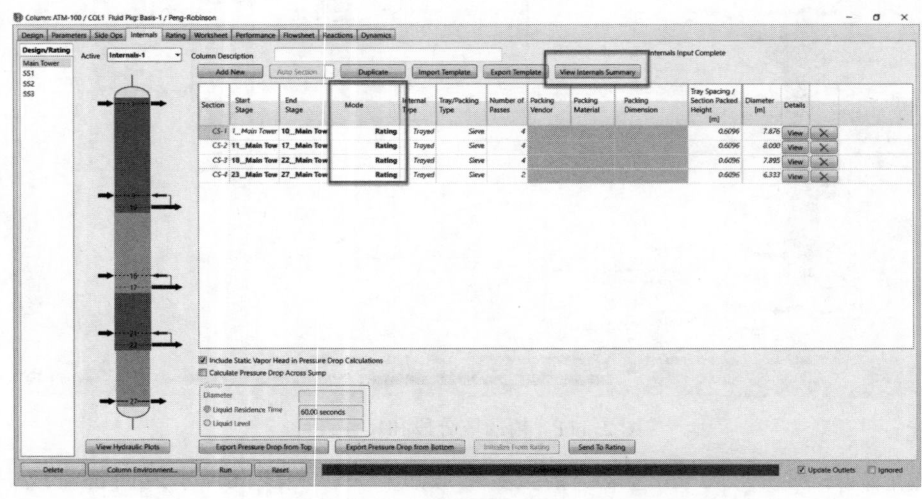

图2.113 校核模型的交互设计

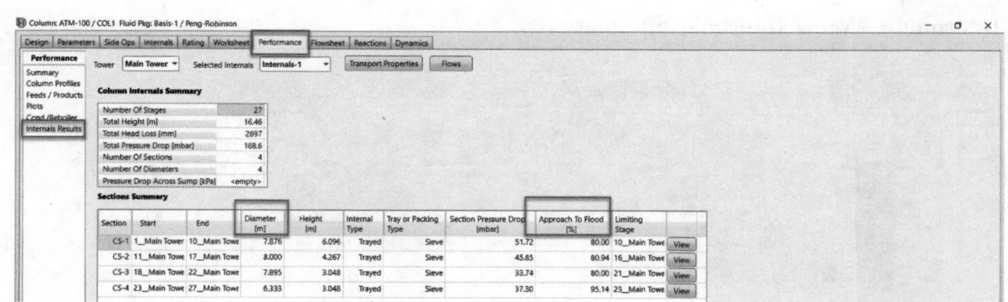

图 2.114　精馏塔水力学分析汇总

我们注意到 CS-4(第 23~27 块塔板)的泛点率为 95.14%。换句话说，在已知进进料量和计算的 CS 直径为 6.333 m 的情况下，气相线速度为泛点率下最大气速的 95.1%。

Aspen HYSYS 精馏塔水力学分析工具有一个新功能，即通过可视化图形阐述精馏塔是否在可行稳定域内操作运行，类似于图 2.109 的水力学图。点击图 2.114 中的“Internals”选项返回到塔内件窗口，然后点击 CS 图下方的“View Hydraulic Plots”。注意 CS-4，特别是第 23 块塔板(见图 2.115)。

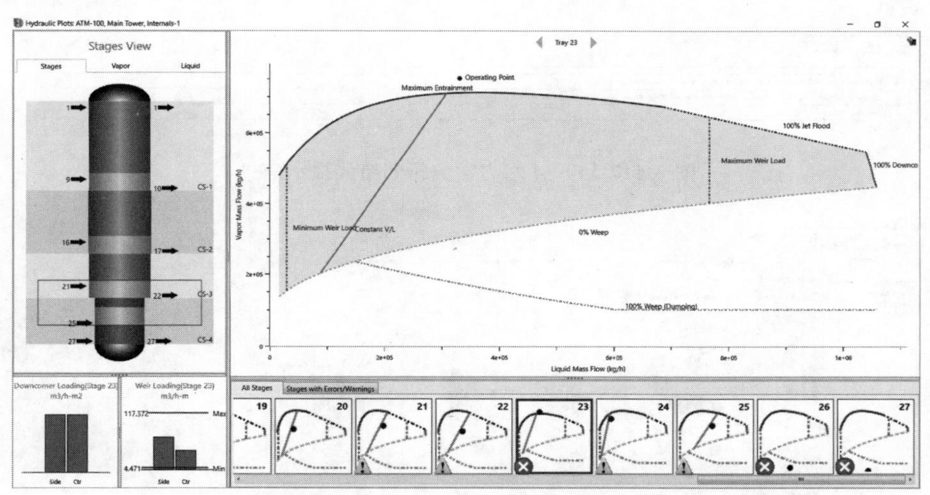

图 2.115　CS-4 第 23 号塔板的操作性能图

为了解决 CS-4 塔段中的问题，我们返回到“Internals”表单并单击 CS-4“View”查看详细信息(见图 2.116)。

打开“View”详细内容时，我们看到红色提示消息：“Errors in Hydraulics Calculations. Please Check the Messages tab”，如图 2.117 所示。

图 2.114 给出了前两个误差和泛点率为 95.14% 的情况警告。我们将 CS 塔径增加到 7.4m，降液管宽度和溢流堰高度增加到 44mm，可以轻松地解决掉该类错误和警告。为了消除塔底两块塔板(26 和 27)存在的漏液情况，我们需要将 Heated_FEED 进料板从塔板 25 调整为塔板 27(Column ATM-100→Design→Connections→Inlet Streams→Heated_FEED→Inlet Stage)，为什么？因为对于液相流量过大(Heated_FEED，进入塔板 25)和气相流量过小(Btm Steam，进入塔板 27)的情况而言，精馏塔 CS-4 段因没有足够的气相将导致塔板 26 至塔板 27 出现泄漏。图 2.118 显示了这些变化，并且 CS-4 列不再显示任何错误，最终的泛点率为

61.66%（Internals →View Internals Summary）。

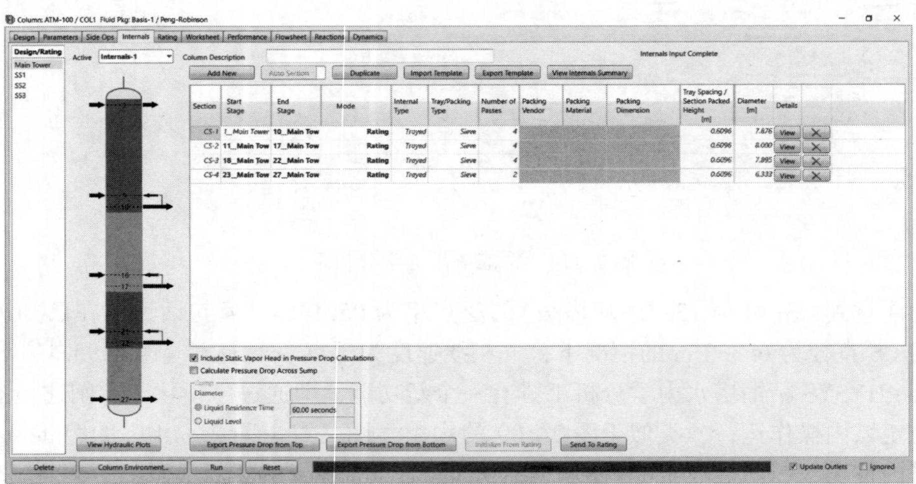

图 2.116　查看 CS-4 详细信息

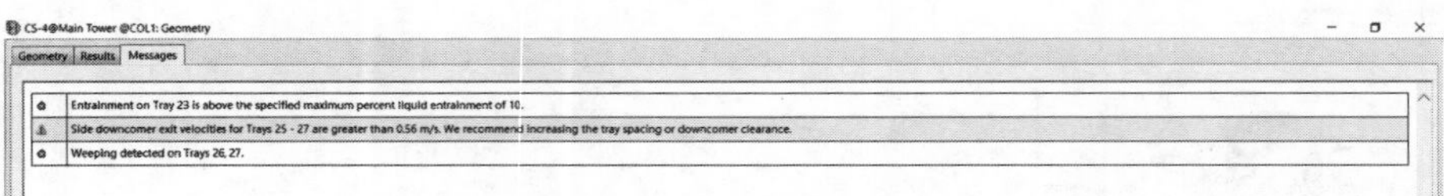

图 2.117　CS-4 水力学分析的错误提示信息

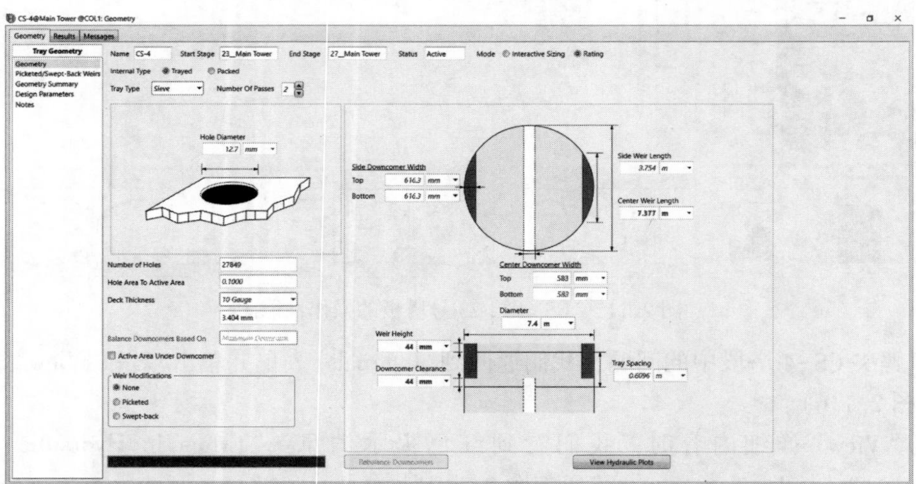

图 2.118　修改 CS-4 的操作条件

图 2.119 和图 2.120 显示了水力分析误差和修正后的塔截面 CS-1，其中，我们将侧降液管溢流堰长增加到 4m，并将降液管间隙增加到 48 mm。

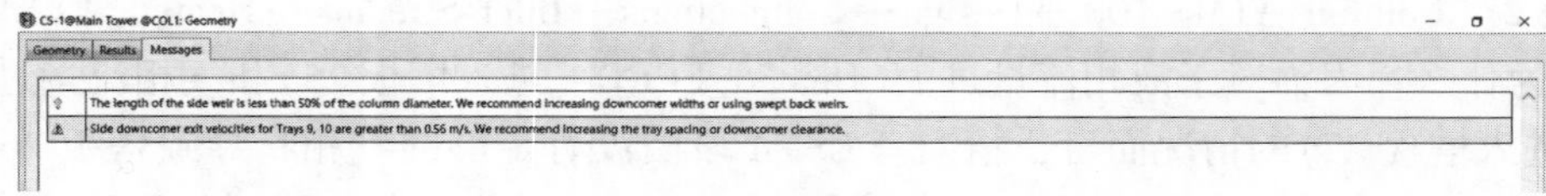

图 2.119　CS-1 水力学分析的错误提示信息

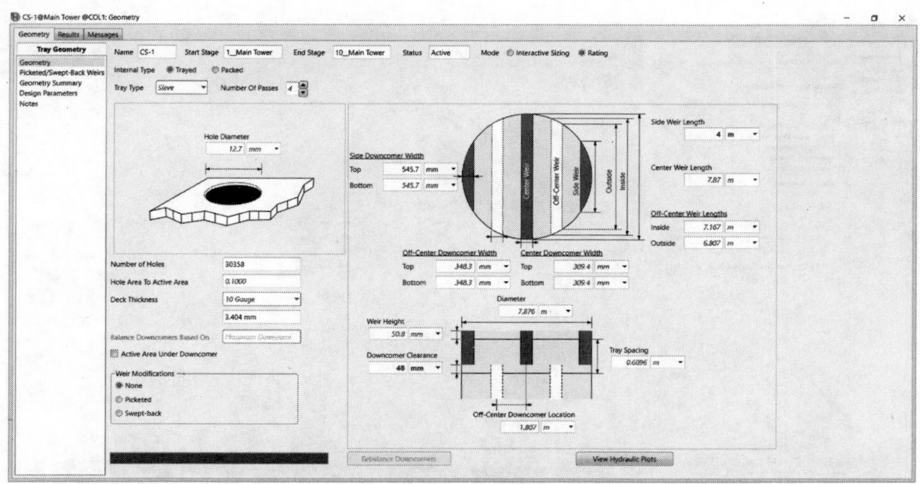

图 2.120 修正 CS-1 的操作条件

对于 CS-2 段，我们对错误信息进行了调整，一并修改了 CS-2(见图 2.121)的参数。

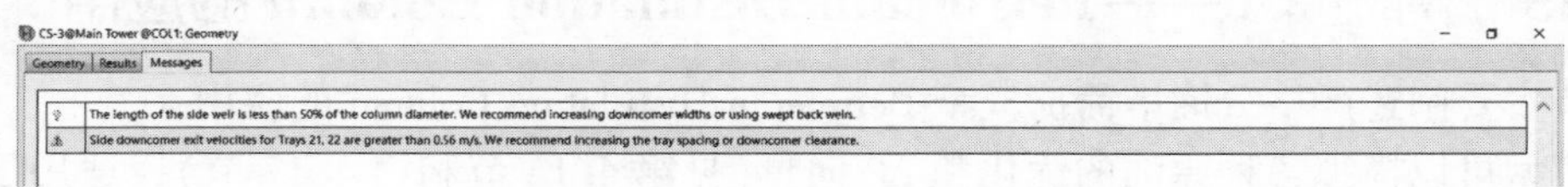
CS-3@Main Tower @COL1: Geometry

Geometry | Results | Messages

The length of the side weir is less than 50% of the column diameter. We recommend increasing downcomer widths or using swept back weirs.

Side downcomer exit velocities for Trays 21, 22 are greater than 0.56 m/s. We recommend increasing the tray spacing or downcomer clearance.

图 2.121 CS-3 水力学分析错误提示信息

最后，对于 CS-3 段，图 2.122 报告了相关错误信息。我们将侧降液管溢流堰长增加到 4m，塔径增加到 8m，降液管间隙增加到 50mm 对其进行修正(见图 2.122)。

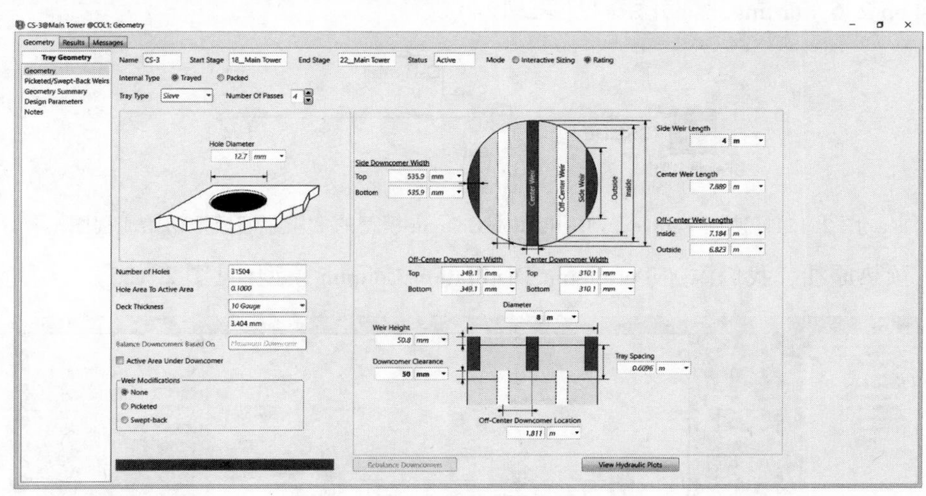

图 2.122 修正 CS-3 的操作条件

图 2.123 总结了精馏塔校核(性能评估)和改造的水力学分析结果。本文推荐读者使用 Aspen HYSYS V9 强大的水力学分析工具。

最后，作为练习，读者可以将所有塔径(以 CS-1 到 CS-4)都增加到 8m，并进行水力学分析。

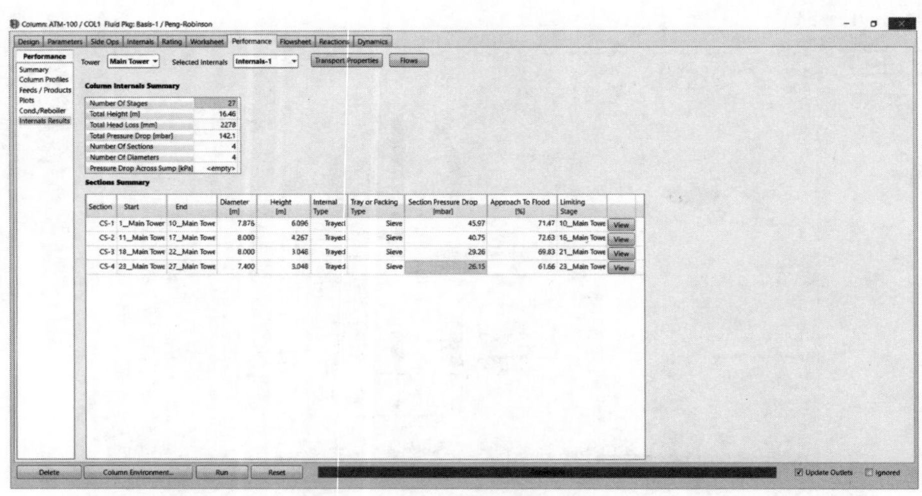

图 2.123 精馏塔校核和改造的结果

2.15 例题 2.6——Petroleum Distillation Column 的应用

本节主要阐述严格分馏塔简捷模型 Petroleum Distillation Column 的应用。

该模型可以模拟各种原油的优化和 LP 向量(见第 4.12 节和第 4.17 节)，适用于需要重复模拟精馏塔且精馏塔在所有情况下需要快速并且一致的收敛情况。我们也可以利用 Petroleum Distillation Column 简捷模型的进行全炼厂模型的利润分析。

本例使用 Aspen HYSYS 在线案例的模拟文件，并阐述部分新概念。我们从打开模拟文件 Workshop 2.6_Starting.hsc 开始(见图 2.124)。

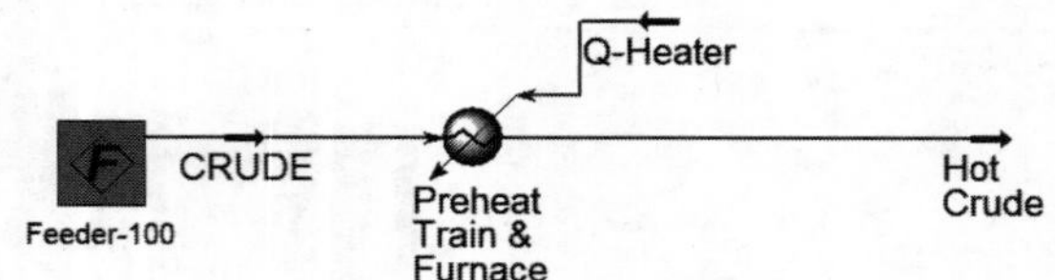

图 2.124 使用 Petroleum Distillation Column 模型的常压蒸馏模拟初始流程图

为了预热原油，我们添加 Petroleum Distillation Column 模型(见图 2.125)。

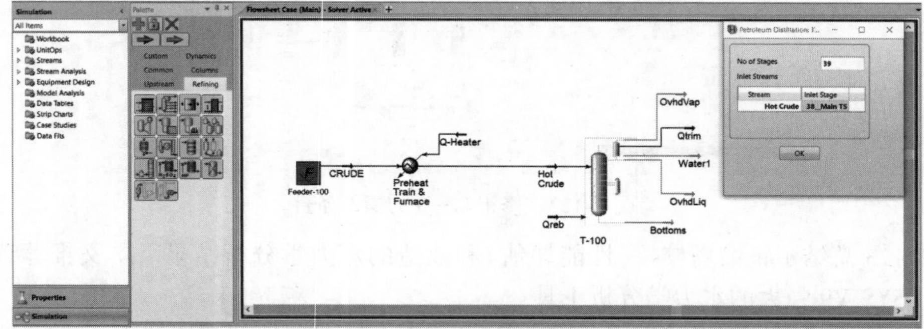

图 2.125 添加 Petroleum Distillation Column 模块

接下来，继续设定精馏塔工艺参数，初始输入数据如图 2.126 所示。需要修改的产品包括粗塔顶气(Off Gas)、石脑油(Unstabilized Naphtha)、煤油(Kerosene)、轻质蜡油(LGO)、重质蜡油(HGO)和常压渣物(AR)。在精馏塔"Cuts"中输入新产品名称，覆盖现有产品或添加新产品，如图 2.127 所示，相应流程图如图 2.128 所示。

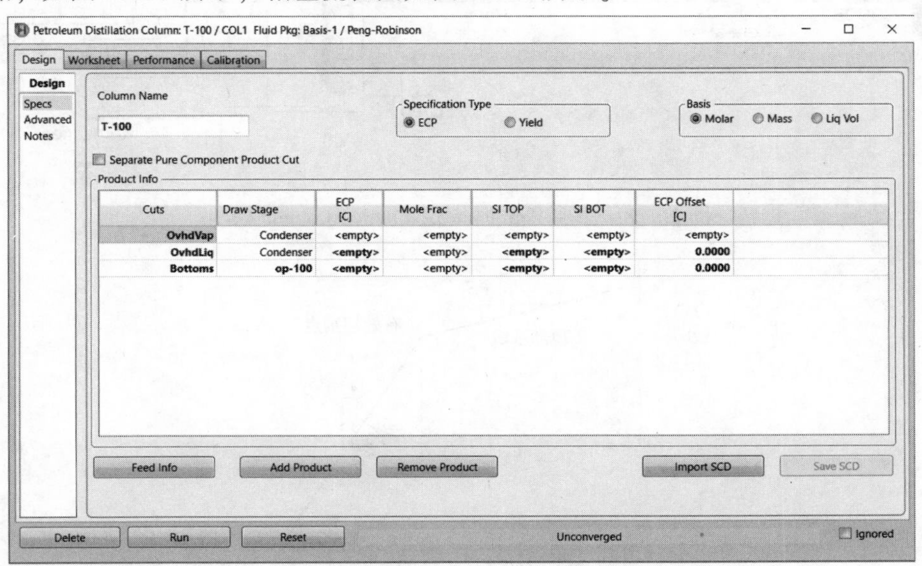

图 2.126　产品规格初值

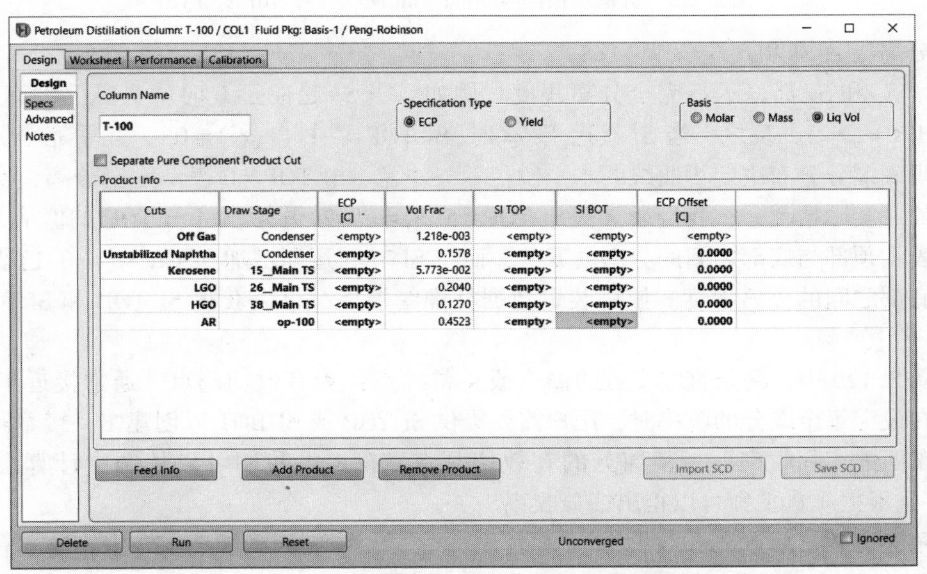

图 2.127　修正与原油蒸馏装置相对应的数据

为了掌握有效切割点(ECP)、顶部分离指数(SI TOP)和底部分离指数(SI BOT)的含义，我们以所有组分 Ln(D_i/B_i)与正常沸点(NBP)的关系图进行阐述。其中，D_i 是顶部产物中组分 i 的质量流量，B_i是底部产物中组分 i 的质量流量，并且 $i=1$，2，…，n。在 Petroleum Distillation Column 中，此图通常是具有两个斜率的线段组成，如图 2.129 所示。

在图 2.129 中，将顶部斜率定义为 S_1，底部斜率定义为 S_2，分离指数 SI TOP 定义为

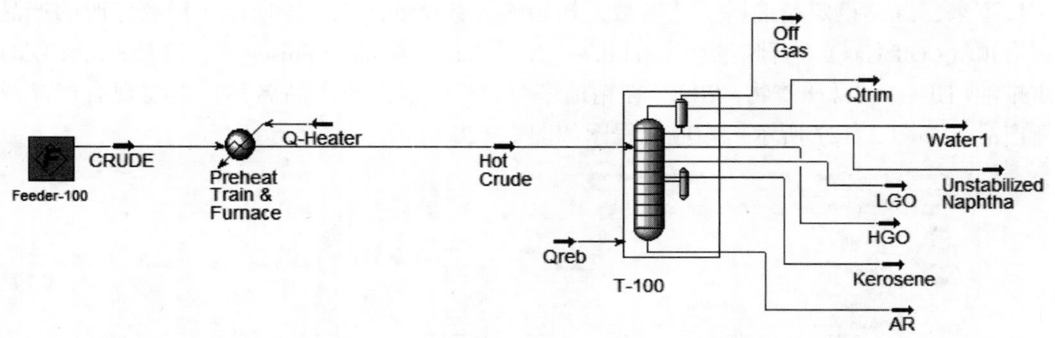

图 2.128　添加 Petroleum Distillation Column 模块

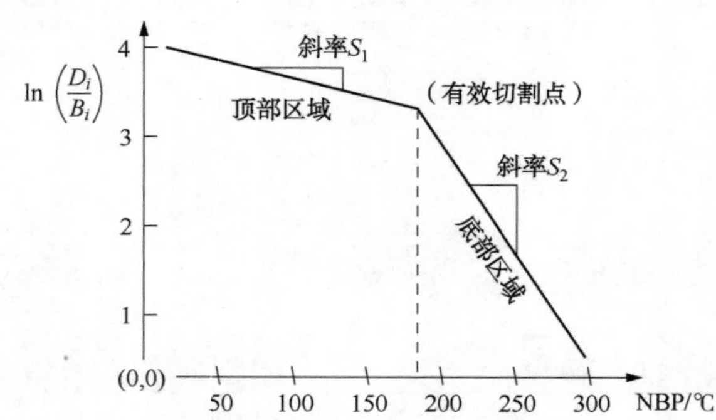

图 2.129　分馏塔顶部与底部的 $\ln(D_i/B_i)$ 与 NBP 关系图

$-1/S_1$，分离指数 SI BOT 定义为$-1/S_2$。

斜率 S_1 和 S_2 都表示不完全分离程度。例如，当 S_1 趋向于 0 时，实际上没有分离（SI TOP$=-1/0=-\infty$），反之，当 S_1 接近于$-\infty$时［SI TOP$=-1/(-\infty)=0$］，几乎完全分离。总馏分和塔底馏分分布决定了曲线的水平段位置。注意，SI TOP=0 表示完全分离，实际上是达不到的。实际情况是，我们通常从 SI TOP=5（$S_1=-0.2$）开始。将 SI TOP 的值从 5 逐渐降低到 0 表示顶部与底部之间的分离度变差，而将 SI TOP 逐渐增加到 10（$S_1=-0.1$）表示提高顶部和底部之间的分离程度。使用装置数据校准精馏塔，可以获得 SI TOP 和 SI BOT 的实际值。

在图 2.129 中，两条直线交点的温度或正常沸点称为有效切割点，通常接近于 TBP 切割点。在设定每个馏分的收率时，用户需要提供 SI TOP 或 SI BOT 以创建图，接着调整有效切割点来匹配实际收率。当某馏分的有效切割点准确时，我们可以从图中计算出 $\ln(D_i/B_i)$，并且根据质量平衡可以得出馏分收率。

在阐述有效切割点、SI TOP 和 SI BOT 概念之后，我们回到图 2.127 中，输入有效切割点、SI TOP 和 SI BOT 所需的数据并进行计算，如图 2.130 所示。至此，我们可以掌握有效切割点的输入值。

图 2.131 给出了精馏塔的模拟结果，以及每个产品的温度。表 2.18 比较了不同有效切割点条件下的产品温度。我们发现，有效切割点接近于对应产品的温度，这意味着如果已知产品温度装置数据，可以输入相应的温度值作为有效切割点的初值。

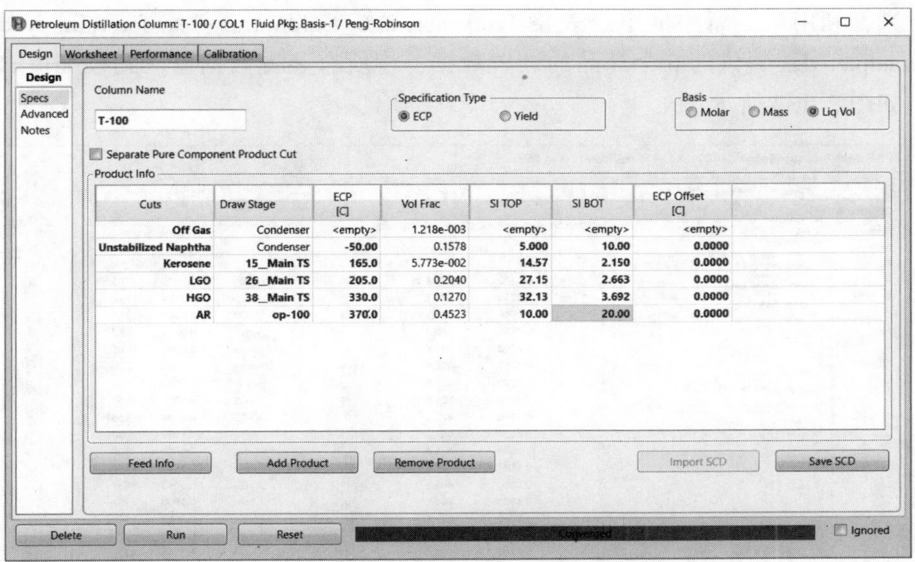

图 2.130 初步模拟结果

Petroleum Distillation Column: T-100 / COL1 Fluid Pkg: Basis-1 / Peng-Robinson

Design | Worksheet | Performance | Calibration

Worksheet: Conditions, Properties, Composition

Name	Hot Crude	Off Gas	Unstabilized Napht	Water1	AR
Vapour	0.7375	1.0000	0.0000	1.0000	0.0000
Temperature [C]	364.0	-15.77	86.78	133.2	529.0
Pressure [kPa]	200.0	248.4	248.4	248.4	297.5
Molar Flow [kgmole/h]	3680	12.98	1137	0.0000	909.0
Mass Flow [kg/h]	8.124e+005	550.2	1.032e+005	0.0000	4.081e+005
Std Ideal Liq Vol Flow [m3/h]	935.0	1.139	147.5	0.0000	422.9
Molar Enthalpy [kJ/kgmole]	-2.643e+005	-1.052e+005	-1.927e+005	-2.375e+005	-3.476e+005
Molar Entropy [kJ/kgmole-C]	906.6	156.0	214.8	176.5	2011
Heat Flow [kJ/h]	-9.725e+008	-1.366e+006	-2.192e+008	0.0000	-3.159e+008

Name	Kerosene	LGO	HGO
Vapour	0.0000	0.0000	0.0000
Temperature [C]	212.7	273.6	374.9
Pressure [kPa]	266.7	276.9	288.1
Molar Flow [kgmole/h]	333.7	890.1	396.6
Mass Flow [kg/h]	4.206e+004	1.565e+005	1.020e+005
Std Ideal Liq Vol Flow [m3/h]	53.98	190.7	118.8
Molar Enthalpy [kJ/kgmole]	-2.210e+005	-2.762e+005	-3.179e+005
Molar Entropy [kJ/kgmole-C]	372.2	608.8	1080
Heat Flow [kJ/h]	-7.375e+007	-2.458e+008	-1.261e+008

Delete | Run | Reset | Converged | Ignored

图 2.131 Petroleum Distillation Column 物流表

表 2.18 比较产品温度和有效切割点

产品物流	温度/℃	有效切割点/℃
Off gas	-15.77	
Unstabilized naphtha	86.78	-50
Kerosene	212.7	165
LGO	273.6	205
HGO	374.9	330
AR	529	370

接下来，利用第 2 章中的电子表格 Workshop 2. 6_Calibration data for refinery distillation column example. xlsx 提供的 6 个产品的装置数据，将所有装置数据输入到校准(Calibration)页面中，如图 2. 132 所示。

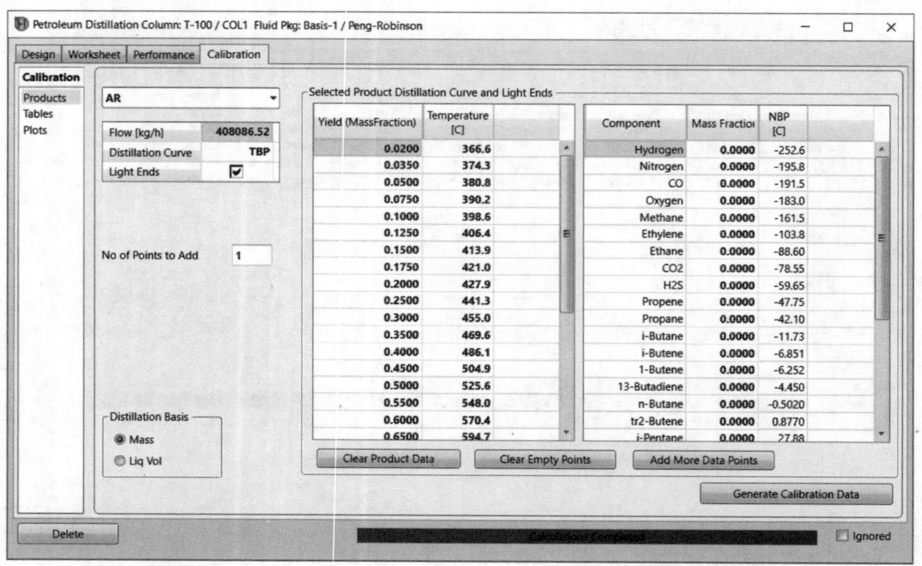

图 2. 132　在 Calibration 中输入装置数据

接下来，我们运行校准并查看校准模型参数，如图 2. 133 所示。

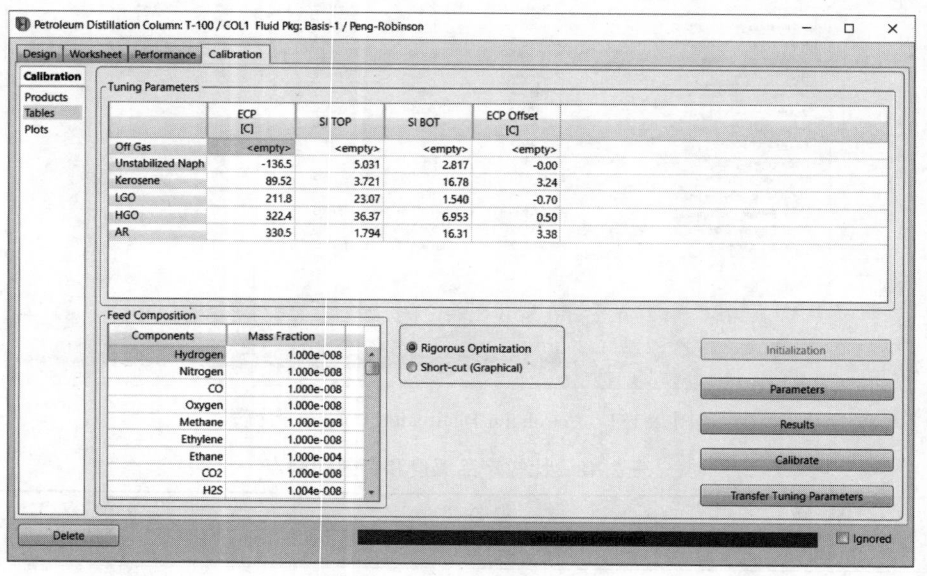

图 2. 133　校准模型参数

注意：如果要获得精馏塔的内部数据，例如与装置数据密切关联的汽、液相流量和温度分布，或者更加灵活的设计规定，或者其他参数，我们应使用标准严格精馏模型。

2.16 小结

本章为模拟原油蒸馏装置的常压蒸馏部分提供了指导，并提供了常压塔工艺、操作和建模的细节；讨论了模型搭建估算数据的方法，并提供了 Aspen HYSYS 中模拟蒸馏塔的详细步骤；讨论了如何使用装置数据验证模型预测值和如何使用模型进行有效的工况研究。

专业术语

T	温度	x_i	离开塔板液相组成
P	压力	y_i	离开塔板气相组成
F_i	塔板 i 的进料流量	H_{Fi}	进料摩尔焓值
L_i	离开塔板 i 的流量	H_{Vi}	气相摩尔焓值
U_i	离开塔板 i 的侧线采出液相流量	H_{Li}	液相摩尔焓值
V_i	离开塔板 i 的气相流量	K_i	相平衡系数
W_i	离开塔板 i 的侧线产出气相流量	K_w	Watson K 因子

参考文献

1 Hsu, C.S. and Robinson, P.R. (2006) *Practical Advances in Petroleum Processing. Volume 1 &2*, Springer.

2 Daubert, T.E. and Danner, R.P. (1997) *APITechnical Data Book – Petroleum Refining*, 6th edn, American Petroleum Institute, Washington DC.

3 Kaes, G.L. (2000) *Refinery Process Modeling. A Practical Guide to Steady State Modeling of Petroleum Processes*, The Athens Printing Company, Athens, GA.

4 Riazi, M.R. (2005) *Characterization and Properties of Petroleum Fractions*, 1st edn, American Society for Testing and Materials, West Conshohocken, PA.

5 Kister, H.Z. (1992) *Distillation Design*, McGraw-Hill, Inc., New York, NY.

6 Bazaraa, M.S., Jarvis, J.J., and Sherali, H.D. (2009) *Linear Programming and Network Flows*, John Wiley and Sons.

7 Boston, J.F. (1980) *Inside-Out Algorithms for Multicomponent Separation Process Calculations*, ACS Symposium Series, vol. **124**, pp. 135–151.

8 Seader, J.D., Henley, E.J., and Roper, D.K. (2010) *Separation Process Principles*, 3rd edn, John Wiley and Sons, New York.

9 Watkins, R.N. (1979) *Petroleum Refinery Distillation*, 2nd edn, Gulf Publishing Company, Houston.

10 Gary, J.H., Handwerk, G.E., and Kaiser, M.J. (2007) *Petroleum Refining. Technology and Economics*, 5th edn, CRC Press, Boca Raton, FL.

11 Sanchez, S., Ancheyta, J., and McCaffrey, W.C. (2007) *Energy & Fuels*, **21**, 2955–2963.

12 Floudas, C.A. (1995) *Nonlinear and Mixed-Integer Programming.Fundamentals and Applications*, Oxford University Press.

13 Aspen Tech. (2017) *Aspen HYSYS User Guide*.

14 Favennec, J.P. (1998) *Fractionation Systems*, 5th edn, IFP, Paris, France.

15 Nelson, W.L. (1974) *Petroleum Refinery Engineering*, 4th edn, McGraw-Hill, New York.

16 King, C.J. (1980) *Separation Processes*, 2nd edn, McGraw-Hill, New York, pp. 591–603.
17 Shankar, N., Sivasubramanian, V., and Arunachalam, K. (2016) Steady state optimization and characterization of crude oil by Aspen HYSS. *Petroleum Science and Technology*, **34**, 1187–1194.
18 Waheed, M.A. and Oni, A.O. (2015) Performance improvement of a crude oil fractionation unit. *Applied Thermal Engineering*, **75**, 315–324.
19 Al-Mayyahi, M.A. (2014) Energy optimization of crude oil distillation using different designs of pre-flash drums. *Applied Thermal Engineering*, **73**, 1204–1210.
20 Bashir, D.M., Mohamed, S.A., and Rabah, A.A. (2014) Effect of naphtha and residue yield through different operating and design variables in atmospheric distillation column. *Journal of Petroleum Technology and Alternative Fuels*, **5**, 31–37.
21 Mittal, V., Zhang, J., Yang, X., and Xu, Q. (2011) E3 (energy, emission and economic) analysis for crude and vacuum distillation system. *Chemical Engineering and Technology*, **34**, 1854–1963.
22 Goncalves, D.D., Martins, F.G. and Azevedo, S.F.D. (2010) Dynamic Simulation and Control: Application to Atmospheric Distillation of Crude Oil Refinery. *20th European Symposium on Computer-Aided Processing Engineering- ESCAPE20*, 1–6.
23 Kim, Y.H. (2017) An energy-efficient crude distillation unit with a prefractionator. *Chemical Engineering and Technology*, **40**, 588–597.
24 Menezes, B.C., Kelly, J.D., and Grosmann, I.E. (2013) Improved swing-cut modeling for planning and scheduling of oil-refinery distillation units. *Industrial & Engineering Chemistry Research*, **52**, 18324–18333.
25 Ali, S.F. and Yusoff, N. (2012) Determination of optimal cut point temperatures at crude distillation unit using the Taguchi method. *International Journal of Engineering and Technology, IJET-IJHNS*, **12**, 36–46.
26 Ochoa-Estopier, L.M. and Jacobson, M. (2015) Optimization of heat-integrated crude oil distillation systems. Part III: Optimization framework. *Industrial & Engineering Chemistry Research*, **54**, 5018–5036.
27 Yela, S. (2009) Framework for Operability Assessment of Production Facilities: Application to a Primary Unit of a Crude Oil Refinery. M.S. thesis, Louisian State University, Chemical Engineering, https://etd.lsu.edu/docs/available/etd-11042009-012159/unrestricted/Yela_Thesis.pdf.
28 Parthlban, R., Nagarajan, N., Kumaran, V.M., and Kumar, D.S. (2013) Dynamic modelling and simulation of crude fractionation column with three side strippers using Aspen HYSYS dynamics. *Journal of Petroleum and Gas Exploration Research*, **3** (3), 31–39.
29 Fu, G. and Mahalec, V. (2015) Comparison of methods for computing crude distillation product properties in production planning and scheduling. *Industrial & Engineering Chemistry Research*, **54**, 11371–11382.
30 Lopea, D.C., Hoyos, L.J., Mahecha, C.A., Ayellano-Garcia, H., and Wozony, G. (2013) Optimization model of crude oil distillation units for optimal crude oil blending and operating conditions. *Industrial & Engineering Chemistry Research*, **52**, 12993–13005.

第3章 减压蒸馏

（汤磊　何顺德　译）

本章主要介绍基于装置实际生产数据的减压蒸馏模型的开发和应用方法。本章首先讲述了典型减压蒸馏装置（第3.1节）和减压蒸馏装置模拟的数据需求和数据整定方法（第3.2节）。第3.3.1节给出了典型减压蒸馏装置的装置数据，第3.3.2~3.3.3节演示了如何开发和验证减压蒸馏装置的简捷模型和严格模型。第3.4节讨论了利用减压蒸馏装置的已验证模型进行减压深拔操作优化的应用，其目的是通过提高重减压蜡油（HVGO）的切割点高于1050℉（565℃），为下游装置（如催化裂化装置）生产更多蜡油，从而提高重质原料加工并改善工艺经济性。第3.5节介绍了减压深拔的案例，本章末尾是参考文献。

3.1　工艺概述

常压蒸馏装置（也称为原油蒸馏装置）的产品是350℃前的馏分，例如汽油和柴油。因为油品在常压高温下易发生热裂解，为了从原油中回收更多的中间馏分油和蜡油，所以炼厂在常压蒸馏装置后配置了减压蒸馏装置，减压蒸馏装置由于操作压力低，可以从常压渣油中回收560℃以上的重质馏分。

现代炼厂中减压蒸馏装置主要有两种操作方案——原料制备生产方案和润滑油基础油生产方案。原料制备方案是最常规的操作模式，可以从常压渣油中回收蜡油，作为下游装置的原料（例如催化裂化装置和加氢裂化装置），并可将蜡油转化为更有价值的液体产品（如汽油和柴油）。润滑油生产方案是指从常压渣油中分离具有特定黏度和相关性质的馏分油作为生产润滑油的基础油。

本章介绍减压蒸馏装置最常规的操作方案“原料制备方案”的模拟方法，但是，该方法同样适用于“润滑油生产”方案的模拟。

图3.1给出了生产轻、中、重三种减压蜡油（LVGO、MVGO和HVGO）的湿式减压蒸馏典型工艺流程图。减压炉出口温度在380~420℃范围，温度范围主要取决于原料类型，特别是沥青基原料比非沥青基原料的出口温度要高。转油线的压降约20kPa，温降为10~15℃。在湿式操作中，我们将过热蒸汽引入塔底汽提段，通过降低烃分压来提高蜡油的汽化率。因此，对于同样的装置，湿法操作比干法操作的闪蒸段温度更低，闪蒸段压力通常控制在2.6~13.3 kPa（20~100 mmHg）的范围内。在图3.1所示的工艺过程中，洗涤段侧线采出油返回转油线。部分减压蒸馏装置将洗涤段采出油送至炉前循环，而另一部分减压蒸馏装置将其与减压渣油（VR）混合后送入汽提段。

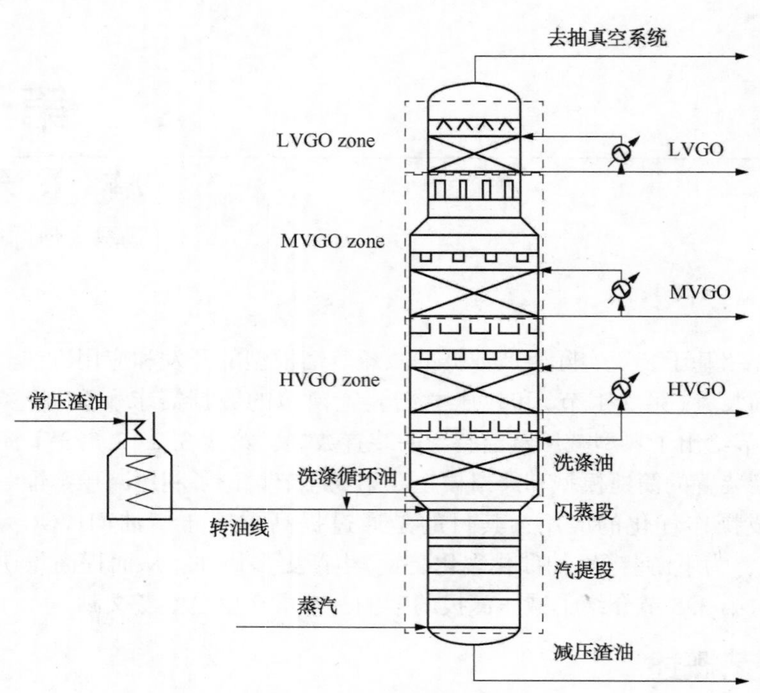

图 3.1　减压蒸馏装置典型工艺流程图

3.2　装置数据整定

3.2.1　数据需求

减压蒸馏装置模拟从数据采集开始，我们应尽可能收集操作数据和分析数据(见表 3.1)。

表 3.1　减压蒸馏装置模型的数据需求

流量	塔顶
进料和产品物流(塔顶产品是裂解产物)	塔底
所有中段循环物流	侧线产品采出位置
所有中段循环冷却物流	加热炉进出口温度
加热蒸汽和汽提蒸汽	转油线温度
压力	所有中段循环采出和返回温度
闪蒸段	所有中段循环冷却物流的进出口温度
塔顶	化验分析
塔底	常压渣油的蒸馏曲线和比重(进料)
温度	所有产品物流的蒸馏曲线和比重
闪蒸段	塔顶气体的组成

对于建模而言，收集一段时间内的长期数据(1~3 个月)是非常有益的，特别是工业化装置。由于缺少数据或仪表故障，通常需要对短期收集数据(1~3 天)进行平均处理，或者通过相邻时间段收集的数据进行外推或内插来补充缺失的数据，以确保建模数据的完整性。

向现场装置工程师咨询数据一致性也非常重要，并要确保每个完整的数据集不包含异常操作和重大操作调整。此外，重新对原始数据进行测试是很有必要的，因此，我们通常需要调整试运行数据来完美匹配物料平衡和能量平衡[1]。

3.2.2 常压渣油的表示方法

为了合理地表示减压蒸馏模型的原料，我们需要关注两点要求：(1)足够数量的虚拟组分表示常压渣油；(2)高质量的常压渣油分析数据。

商业模拟软件通常使用虚拟组分表示切割馏分，在高沸点区域中设定少量虚拟组分。表3.2列出了不同馏程内虚拟组分的典型数量，重减压蜡油和减压渣油之间每个馏分(50℉)是800℉以上馏分(25℉)切割点数的两倍。使用少量虚拟组分定义主要馏分可能不能准确地反映实际操作和生产情况，特别是减压深拔改造的模拟结果。

表3.2 模拟软件中各馏分的典型虚拟组分数

馏　程	每个馏分的温度间隔	每100℉的虚拟组分数量
初馏点~800℉(425℃)	25℉(15℃)	4
800~1200℉(650℃)	50℉(30℃)	2
1200~1650℉(900℃)	100℉(55℃)	1

图3.2阐述了商业模拟软件基于默认虚拟组分切割方法表示常压渣油虚拟组分的过程。对于800℉以上的虚拟组分的切割宽度为25℉，以便更准确地表示常压渣油。总体而言，我们应做一个敏感性分析实验，获取侧线采出量与侧线采出温度之间的关联式以及相应的蒸馏曲线，确保基于馏程的虚拟组分能提供合理的结果[1]。如果生成的关联式是间断的而不是连续的，应根据馏程重新定义虚拟组分的数量(见图3.3)。

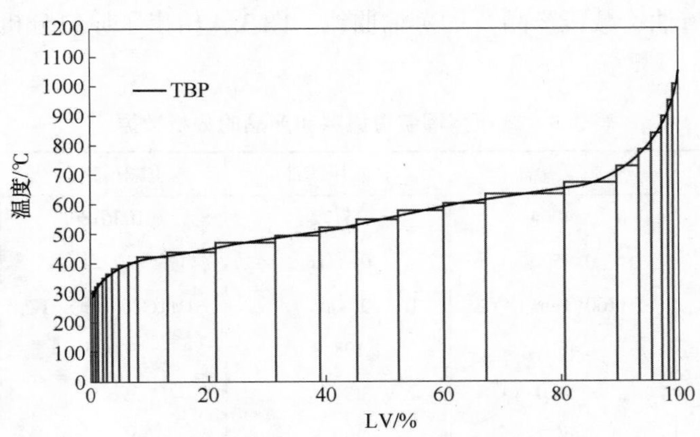

图3.2 模拟软件生成的虚拟组分

减压蒸馏模型往往需要高质量的常压渣油分析数据。对于减压蒸馏模型而言，获得常压渣油的分析数据有三种方法：(1)如果同时构建常压蒸馏模型和减压蒸馏模型，可以使用常压蒸馏的模拟结果；(2)常压渣油的分析数据；(3)如果减压蒸馏产品分析数据可用，可反推减压蒸馏的进料分析数据。

对于模拟而言，在使用每种方法表示进料时，我们应考虑一系列问题。具体而言，在同

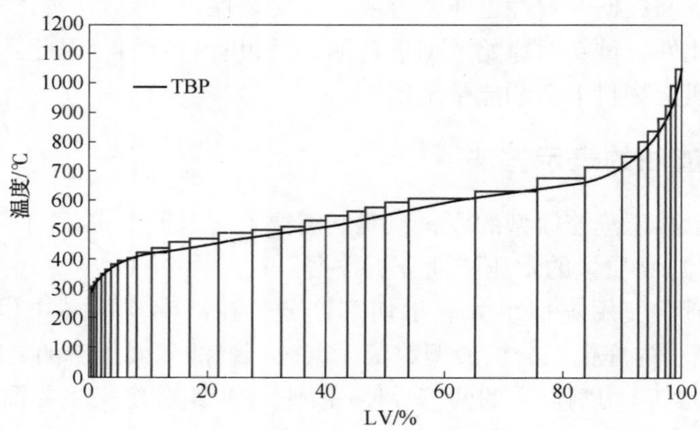

图 3.3　800℉以上馏分每隔 25℉切割虚拟组分

时构建常压蒸馏模型和减压蒸馏模型时，如果有详细的原料分析数据(通过原油评价或产品分析数据反推)，并且常压蒸馏的模拟结果正确，则使用常压蒸馏模拟结果表示常压渣油是可靠的。

但是，在使用减压蒸馏模型的操作数据和生产数据建模时，我们必须更加注意常压渣油的正确表示方法，因为常压渣油只是一种中间产物而不是最终产品，通常是不提供详细的产品分析数据的。最可能的情况是，分析结果只能得到540℃前的蒸馏曲线和常压渣油密度。需要注意的是，当商业模拟软件根据不完整的分析数据构建常压渣油时，由此生成的虚拟组分可能不能很好地表示常压渣油，因为商业模拟软件通常通过统计函数外推蒸馏曲线，并假设在全馏程范围内 Waston *K* 因子是常数。Kaes[1]认为，当原料详细分析数据不可用时，通过产品分析数据表示常压渣油进行建模是可靠的。表 3.3 列出了一组数据集，包括质量流量、比重以及常压渣油、减压产品[3]的蒸馏曲线。图 3.4 给出了原料分析数据和产品分析数据反推结果的比较。

表 3.3　减压蒸馏装置原料和产品的分析数据[3]

	常压渣油	轻减压蜡油	重减压蜡油	减压渣油
质量流量/(kg/h)	234004	35172	103618	94600
SG	0.9593	0.8718	0.9321	1.0366
液体蒸发率(LV)/%	D1160(1atm)/℃	D1160(1atm)/℃	D1160(1atm)/℃	D1160(1atm)/℃
0	246.1	198.8	360.0	421.1
5	335.0	254.4	393.3	513.8
10	368.3	290.5	405.5	543.3
30	448.8	331.1	446.6	
50	506.1	351.6	475.5	
70		376.6	507.2	
90		407.2	553.3	
95		429.4		
100		475.0		

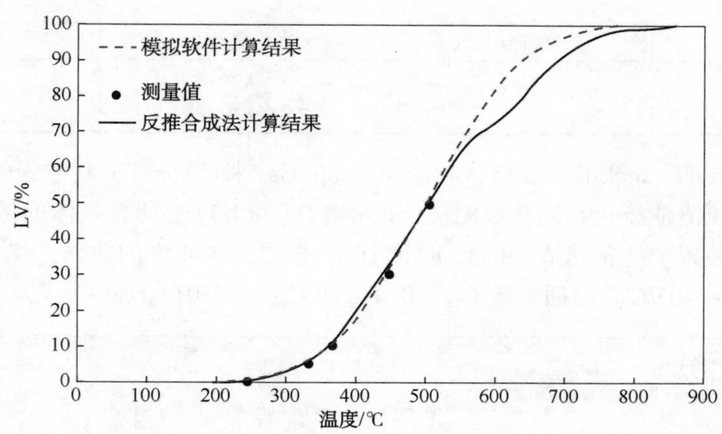

图 3.4 进料分析数据和产品分析数据反推结果的比较

3.2.3 气体的组成

减压蒸馏装置在高温下操作时，常压渣油的一小部分转化成轻质气体和轻质油品。另外，在负压条件下，一定量的空气泄漏至减压蒸馏装置中。当轻质气体和轻质油品的量很大时，我们必须在常压渣油中考虑这些组分。Kaes[1]认为，减压蒸馏装置每1000桶进料必须扣除15~50lb(1~3.5 kg/m^3)的不凝气。轻质气体主要有五个来源：溶解的轻质气体、馏分固有轻组分、裂解气、馏分裂解的轻质馏分、泄漏空气。Kaes给出了气体物料的估算方法和调整常压渣油对应组成的通用指南。

(1) 溶解的轻质气体。原料中溶解的轻质气体组分。

$$气体流量(lb/h) = 11.5 \times 进料率(bbl/d)/1000 \tag{3.1}$$

(2) 裂解气体。加热炉内原料热裂解而产生的低分子量气体。

$$气体流量(lb/h) = C_1 \times 进料率(bbl/d)/24 \tag{3.2}$$

(3) 馏分固有轻组分。油品中固有的低沸点组分(一般占总液相量的0.5%)。

$$气体流量(lb/h) = 50 \times 进料率(bbl/d)/1000 \tag{3.3}$$

(4) 裂解产生的轻质馏分。加热炉内常压渣油热裂解产生的气体成分。

$$气体流量(lb/h) = C_2 \times 进料率(bbl/d)/24 \tag{3.4}$$

其中，C_2 取决于闪蒸段温度，其值见表3.4。对于模拟而言，可以通过正十一烷($n-C_{11}$)和正十二烷($n-C_{12}$)等比例混合物表示馏分固有轻组分和馏分裂解轻组分。

(5) 塔顶系统中混入的空气。

$$气体流量(lb/h) = [6.0 \times 进料率(bbl/d)/1000]^{1/2} \tag{3.5}$$

为了达到模拟的目的，我们可以用纯氮气表示混入的空气量。

表 3.4 式(3.2)和式(3.4)中 C_1 和 C_2 的数值

闪蒸段温度/℉	闪蒸段温度/℃	C_1	C_2
800	427	1.2	67
775	413	0.6	35
750	399	0.3	20

续表

闪蒸段温度/℉	闪蒸段温度/℃	C_1	C_2
725	385	0.15	12
700	371	0.08	5

本文通过开发的 Excel 电子表格(Gases makeup. xls)来计算式(3.1)~式(3.5)，如图 3.5 所示。它根据常压渣油流量和闪蒸段温度(单元格 B2 和 B3)来计算气体的流量。Excel 数据与本章减压蒸馏装置中的常压渣油的数据相对应，根据表 3.4 中的数据，单元格 B21 和 E21 表示闪蒸段温度为 407℃时内插参数 C_1(=0.44)和 C_2(=27.01)的值。

	A	B	C	D	E	F	G
1	Feed Flow Rate (bbl/day)	79704					
2	Feed Flow Rate (m³/h)	528					
3	Flash Zone Temperature (℃)	407					
4		Dissolved Gas	Front end tail (Native)	Front end tail (Cracking)	Cracking Gas	Air Leak	
5	Flow Rate (lb/hr)	917	3985	2153	1470	54	
6	Flow Rate (kg/hr)	416	1808	977	667	24	
7	Molar fraction						
8	N2	0.00	0.00	0.00	0.00	1.00	
9	C1	0.00	0.00	0.00	0.00	0.00	
10	C2	0.75	0.00	0.00	0.75	0.00	
11	C3	0.25	0.00	0.00	0.25	0.00	
12	n-C11	0.00	0.50	0.50	0.00	0.00	
13	n-C12	0.00	0.50	0.50	0.00	0.00	
14							
15		Cracking as	FZ Temp (℃)	FZ Temp (℃)	Front end tail (Cracking)		
16		1.2	427	427	67		
17		0.6	413	413	35		
18		0.3	399	399	20		
19		0.15	385	385	12		
20		0.08	371	371	5		
21		0.44			27.01		
22							

图 3.5　与图 3.14 相对应的估算气体流量的电子表格

3.3　模型搭建

与常压蒸馏模拟类似，我们通过将实际塔板转化为理论塔板来模拟减压蒸馏。减压塔塔板上高气速和低液位使得减压蒸馏装置的性能偏离理想汽液平衡的预测值，而且，减压蒸馏装置的填料段用于传热而不是分离，因此分离性能更差。减压蒸馏装置的产品分布高度依赖于常压渣油的组成，而不是分馏程度。因此，具有两个侧线产品的减压蒸馏装置模拟通常需要至少 10 块理论板。在构建减压蒸馏模型时，由于塔内液体流量较小，通常会出现收敛问题。Kaes[1] 推荐使用两步法来模拟减压蒸馏——简捷法和严格法。简捷模型可以快速而翔实地掌握减压蒸馏装置的性能参数，特别是改造的初步研究。另外，如果收敛困难，那么使用简捷模型可以为严格模型提供很好的初值。下文将利用 Aspen HYSYS 软件来演示对亚太区某减压蒸馏装置的数据进行简捷模拟和严格模拟的过程。

3.3.1　装置数据和建模方法

在 Aspen HYSYS 中创建工艺流程之前(其他商业模拟软件类似)，需要完成两个重要步骤——定义进料和选择合适的热力学模型。表 3.5 和图 3.6 给出了亚太区某减压蒸馏装置的关键工艺数据和简化工艺流程图。该湿式减压蒸馏装置生产减压蜡油和三种高价值产品——减压馏分油(VD)、LVGO 和 HVGO。表 3.5 中“VGO”的 D1160 分析数据表示的是减压馏分油、轻减压蜡油、重减压蜡油混合物的蒸馏数据。原料表征始终是减压蒸馏建模的第一步。如第 3.2.2 节所述，获得常压渣油的分析数据有三种方法，但是，对于本例而言，原料分析数据是唯一的选择，因为本例是单独模拟减压蒸馏装置，并且没有 VR 分析数据。

表 3.5 减压蒸馏装置模拟的关键操作数据和分析数据

			常压渣油	减压蜡油
闪蒸段温度/℃	407	密度/(kg/m^3)	971	
塔顶压力/mmHg	76	功率/MW	533	
VD 采出塔板压力/mmHg	79		D1160(760mmHg)	
LVGO 采出塔板压力/mmHg	83	初馏点	319℃	304℃
HVGO 采出塔板压力/mmHg	90	5%	368℃	341℃
闪蒸段压力/mmHg	100	10%	381℃	359℃
塔底压力/mmHg	190	30%	454℃	404℃
		50%	533℃	443℃
		55%	560℃	—
		70%		489℃
		90%		543℃
		95%		

对于简捷模拟和严格模拟而言，Kaes[1] 推荐使用 2~3 块理论板来模拟每个分离区域，以及使用 3 块理论板来模拟洗涤段。此外，Kaes[1] 建议在简捷模拟中使用单个吸收塔来模拟每个分离区域。因此，我们使用 4 个吸收塔来表示图 3.6 中的减压蒸馏装置。简捷模型的理论配置如图 3.7 所示。简捷模型将减压塔分成 4 个吸收塔，每个吸收塔具有 2 块理论板，洗涤段具有 3 块理论板。4 个吸收塔分别表示(1)汽提段和闪蒸段，(2)洗涤段和 HVGO 段，(3)LVGO 段和(4)VD 段。在简捷模拟中，炉前循环油(slop wax)包括过汽化油和汽提段夹带油。Aspen HYSYS 构建的减压蒸馏简捷模型流程如图 3.8 所示。下文例题将讨论逐步建模的细节。

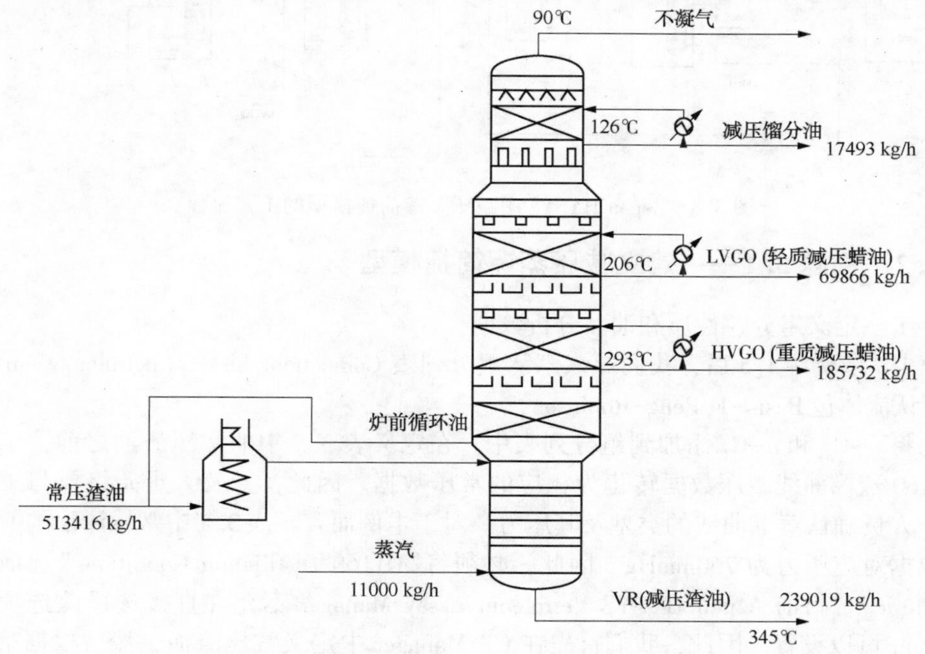

图 3.6 东南亚某减压蒸馏装置的操作和生产数据

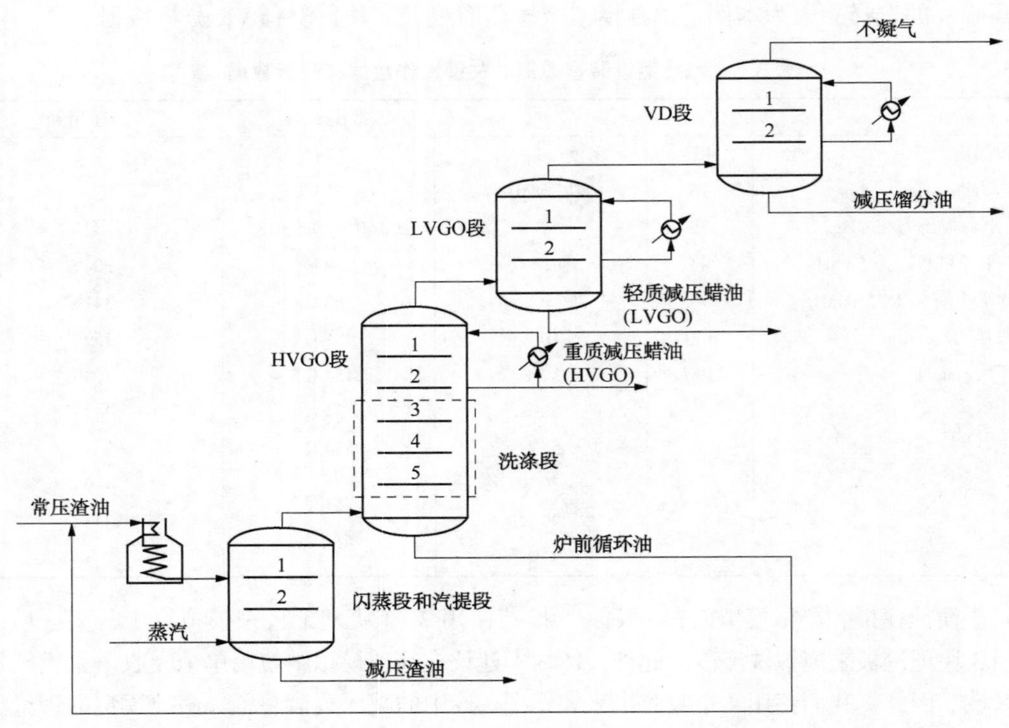

图 3.7　简捷模型的配置

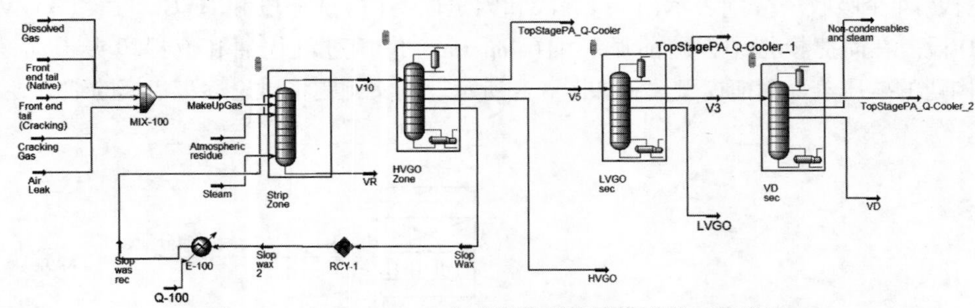

图 3.8　Aspen HYSYS 中减压蒸馏简捷模型的工艺流程

3.3.2　例题 3.1——建立减压蒸馏简捷模型

第 1 步：定义组分、性质和油品分析数据。

在第 1.7 节例题 1.5 后，我们导入默认组分列表 Component List-1(petroleumCom1.cml)，并选择默认流体包 Basis-1(Peng-Robinson)。

确保将 n-C_{11} 和 n-C_{12} 添加到组分列表中。在定义表 3.5 中的常压渣油之前，工程师常会将 D1160 蒸馏曲线减压数据转化为相应的常压数据。因此，开发人员始终要与工厂工程师和操作人员确认蒸馏曲线的类型及其压力。对于本例而言，表 3.5 中常压渣油的 D1160 蒸馏曲线数据对应压力为 760mmHg。因此，必须将“D1160 Distillation Conditions”选项设置为“Atmospheric”。目前 Aspen HYSYS Petroleum Assay Manager 不允许直接选择此选项，但是 Oil Manager 可以设置。因此，我们首先在 Oil Manager 中定义常压渣油，然后根据第 1.8 节例题 1.6(见图 3.9~图 3.13)转化为 Petroleum Assay Manager。

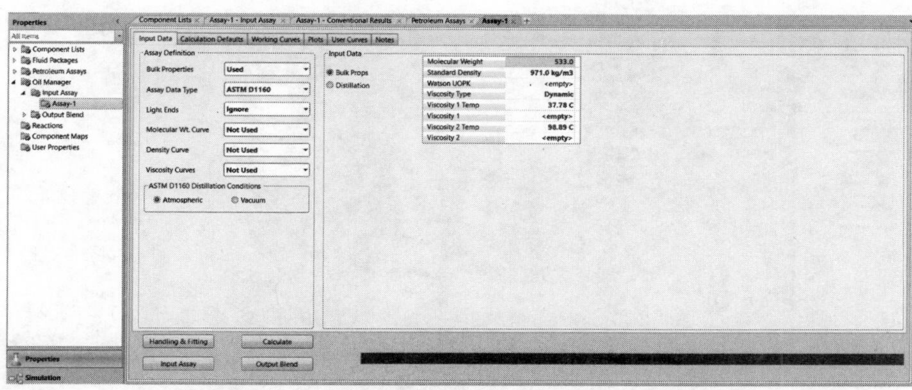

图 3.9 输入整体性质和选择常压渣油 D1160 蒸馏压力

第 2 步：定义 AR 进料、各股气体物流(makeup gas streams)和汽提蒸汽；绘制图 3.14 的工艺流程图；蒸汽参数请参阅表 3.6 中的数据；将模拟文件保存为 Workshop 3.1-1.hsc。

表 3.6 图 3.14 中的原料参数

物　流	溶解气体	馏分固有轻组分	裂解产生的轻质馏分	裂解气体	泄漏空气	蒸汽(160℃, 343.2 kPa)
质量流量/(kg/h)	423	1837	933	678	54	1.1×10^4
摩尔分率	0.75 C_2 0.25 C_3	0.5 n-C_{11} 0.5 n-C_{12}	0.5 n-C_{11} 0.5 n-C_{12}	0.75 C_2 0.25 C_3	1.0N_2	1.0H_2O

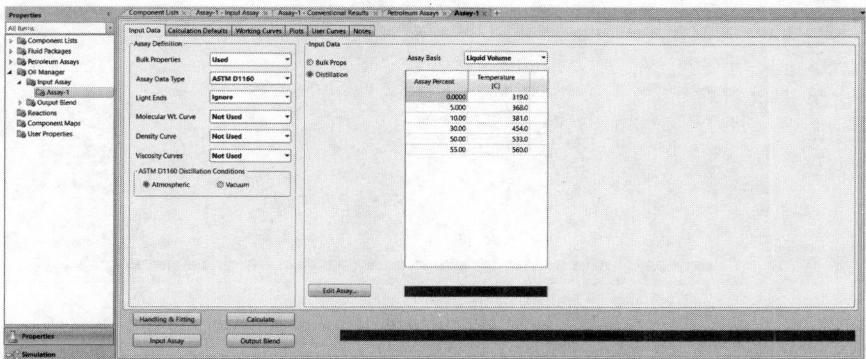

图 3.10 输入 D1160 蒸馏数据进行物性表征计算以及 Oil Manager 转化为 Petroleum Assay Manager

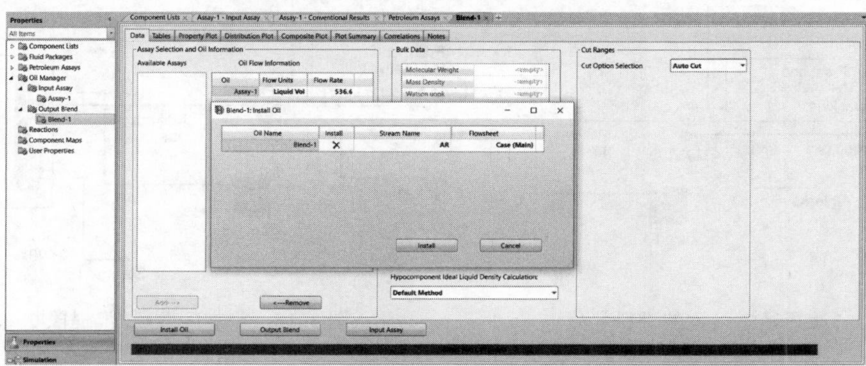

图 3.11 设置 AR 物流

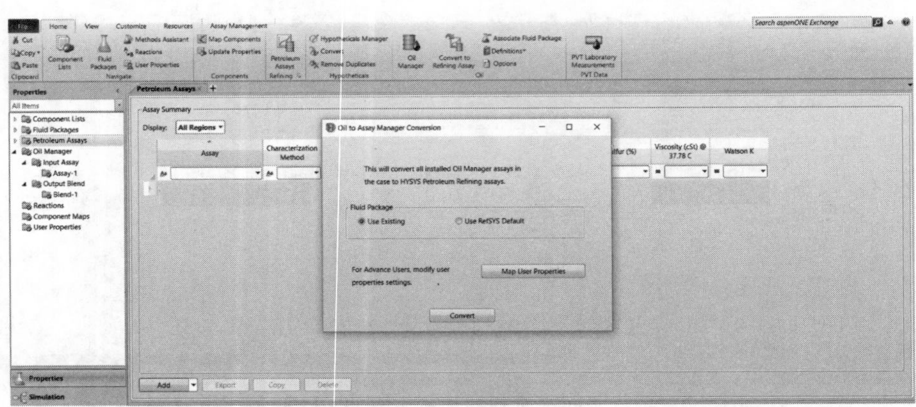

图 3. 12　选择“Convert to Refinery Assay”

第 3 步：模拟闪蒸段和汽提段，设定闪蒸段温度为 407℃(见图 3. 15~图 3. 17)。将模拟文件保存为 Workshop 3. 1-2. hsc。

第 4 步：添加 HVGO 段，炉前循环油选择具有中段回流的吸收塔模型，请参阅图 3. 18~图 3. 20中的流程图和工艺参数。我们将收敛的模拟文件保存为 Workshop 3. 1-3. hsc。

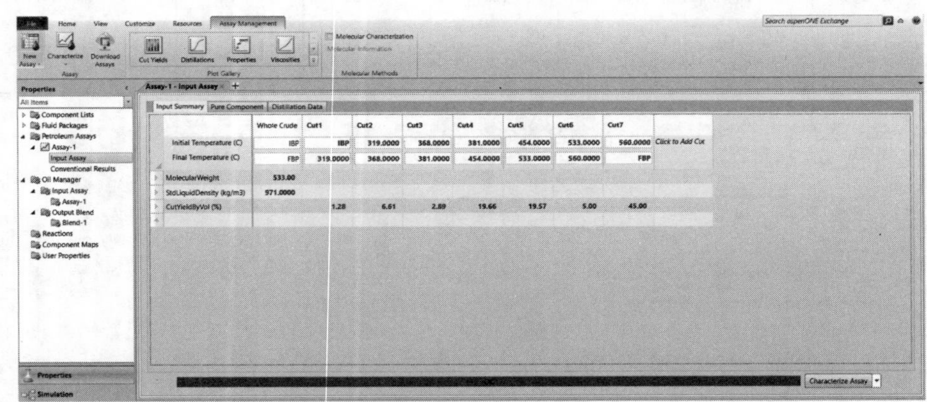

图 3. 13　转化为 Petroleum Refinery Manager

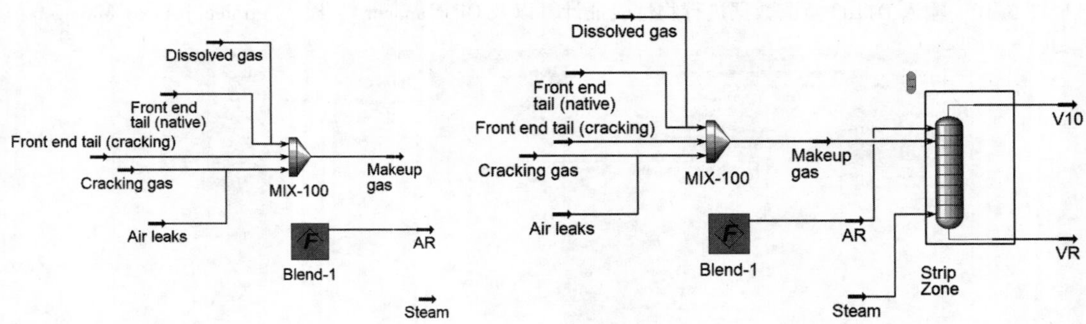

图 3. 14　减压蒸馏装置的进料部分　　　　图 3. 15　添加闪蒸段/汽提段

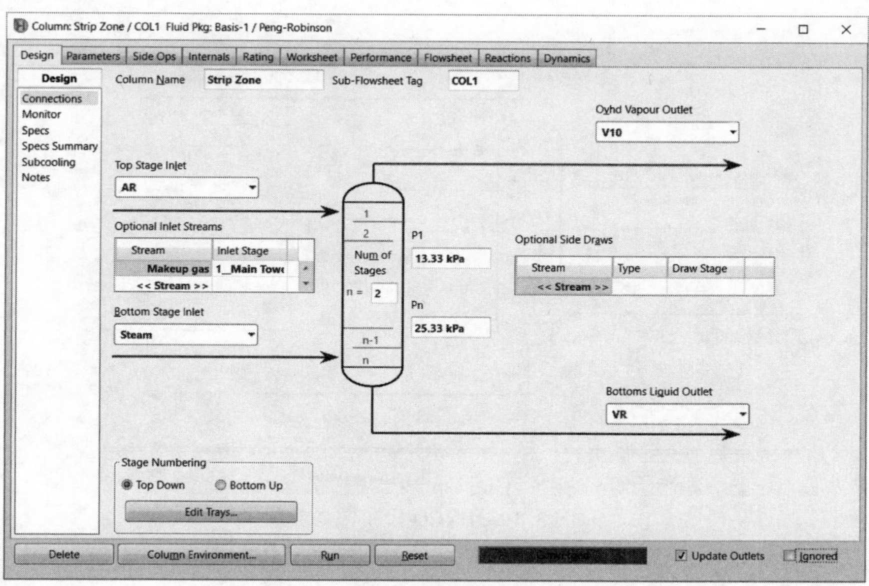

图 3.16 闪蒸段/汽提段工艺参数

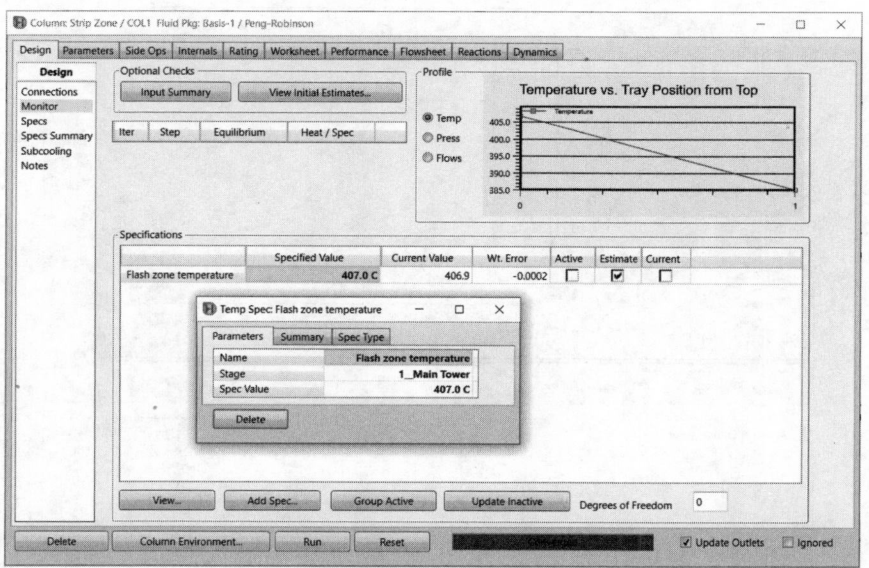

图 3.17 设定闪蒸段温度

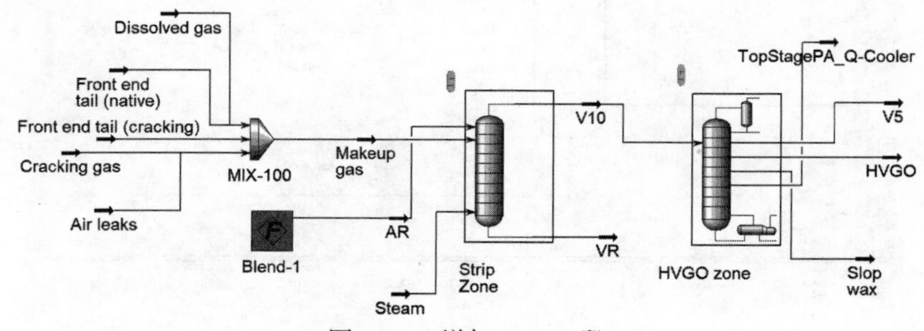

图 3.18 增加 HVGO 段

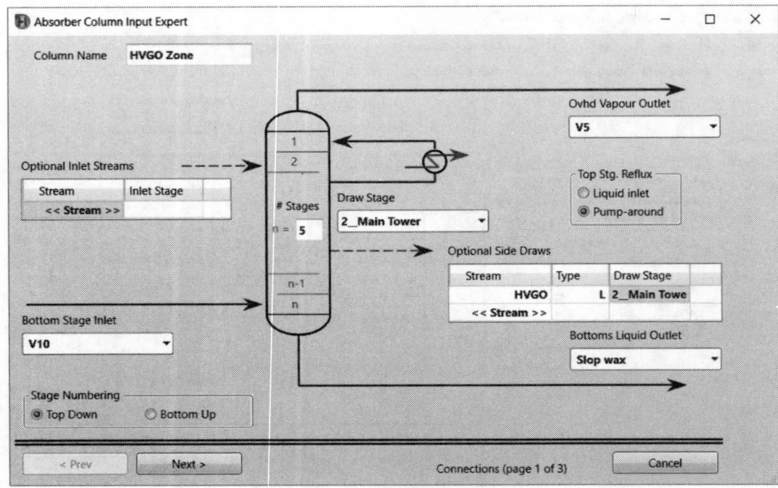

图 3.19　HVGO 段工艺参数

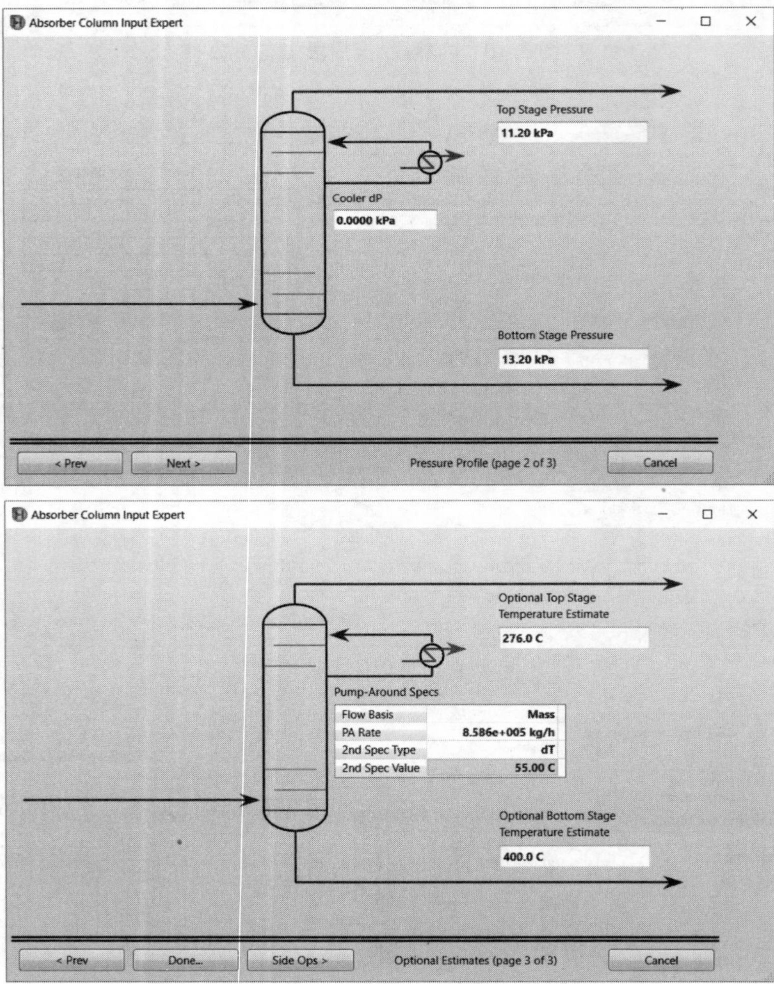

图 3.20　HVGO 段工艺参数

实际上，炉前循环油有两个来源：过汽化油和汽提段夹带油。按照 Kaes 的建议[1]，图 3.19~图 3.21 给出 HVGO 段参数，包括循环流量和中段循环的温差以及 HVGO 流量。该模型预测炉前循环油的流量为 14 m^3/h，是常压渣油流量 536.6 m^3/h 的 2.6%。考虑到炉前循环油包括过汽化油和汽提段夹带油，炉前循环油与进料体积流量比为 0.2%~5%[4]，简捷模型能够较为准确地估算出炉前循环油流量。

第 5 步：完成炉前循环油引入汽提段第 1 块塔板的循环。炉前循环油经加热器 E-100 被加热到 411℃，如图 3.22 所示。无须设置其他参数，模拟可以快速收敛。将收敛的模拟文件保存为 Workshop 3.1-4.hsc。

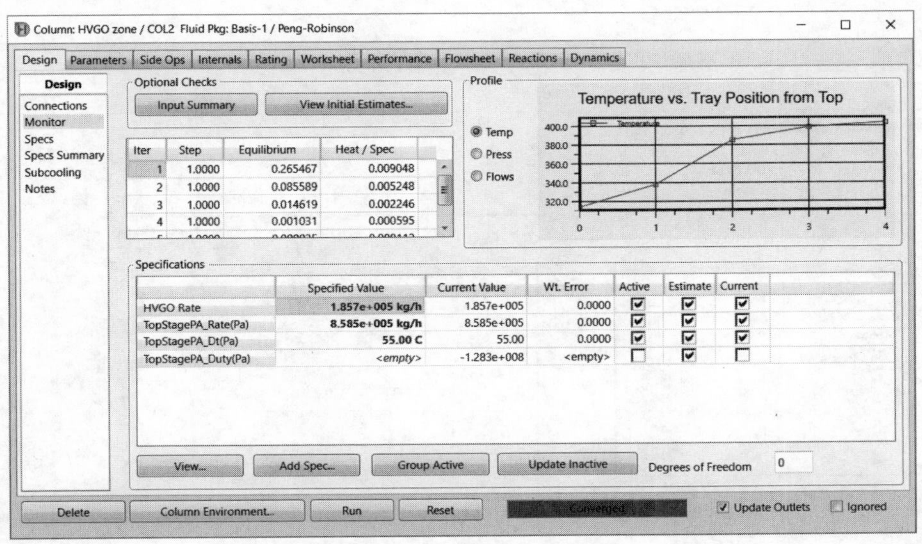

图 3.21　HVGO 段工艺参数

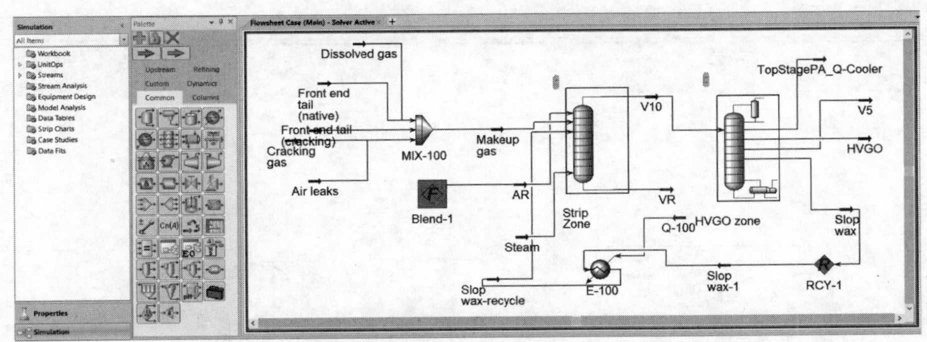

图 3.22　汽提段第 1 块塔板增加炉前循环油循环

第 6 步：添加 LVGO 段，选择具有塔顶回流的吸收塔模型，请参考图 3.23~图 3.26 的流程图和工艺参数。将 LVGO 采出量规定为 6.987×10^4 kg/h 作为初值，在图 3.26 中进行如下操作：Add Spec→Column Specification Types→Column Draw Rate→Draw Spec→Name-LVGO Draw Rate；Draw-LVGO；Flow Basis-Mass；Spec Value-6.987E4 kg/h。将收敛的模拟文件保存为 Workshop 3.1-5.hsc。

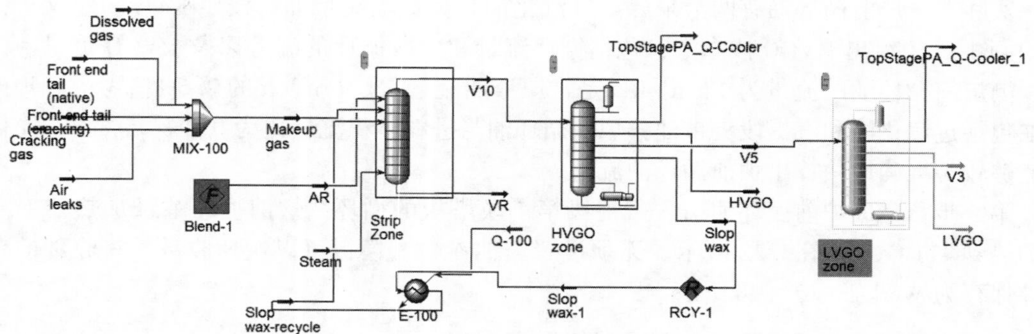

图 3.23　增加 LVGO 段

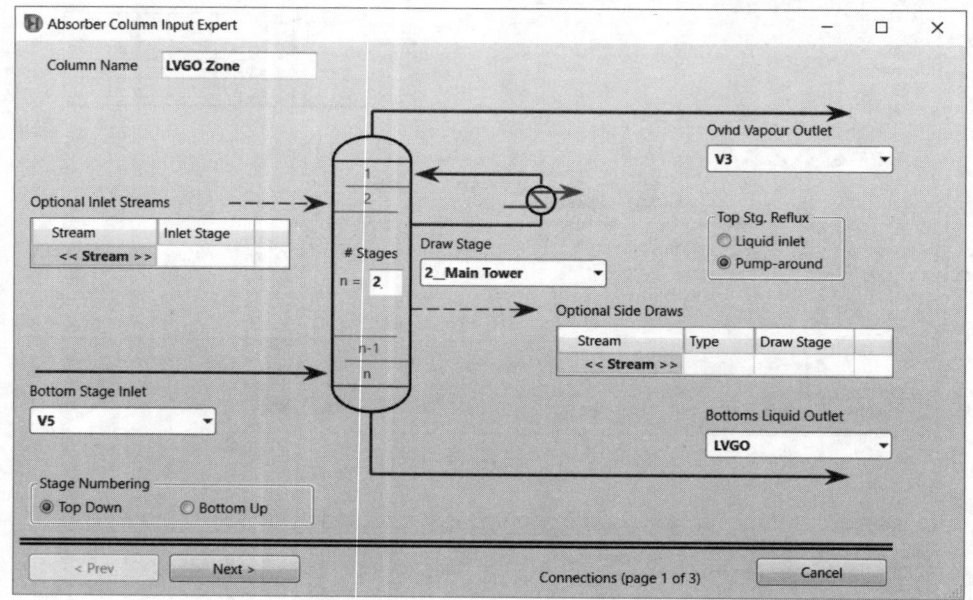

图 3.24　LVGO 段工艺参数

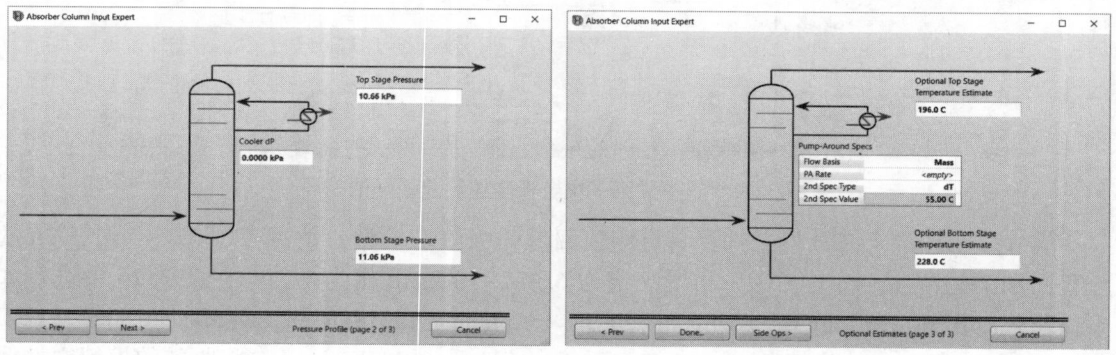

图 3.25　LVGO 段工艺参数

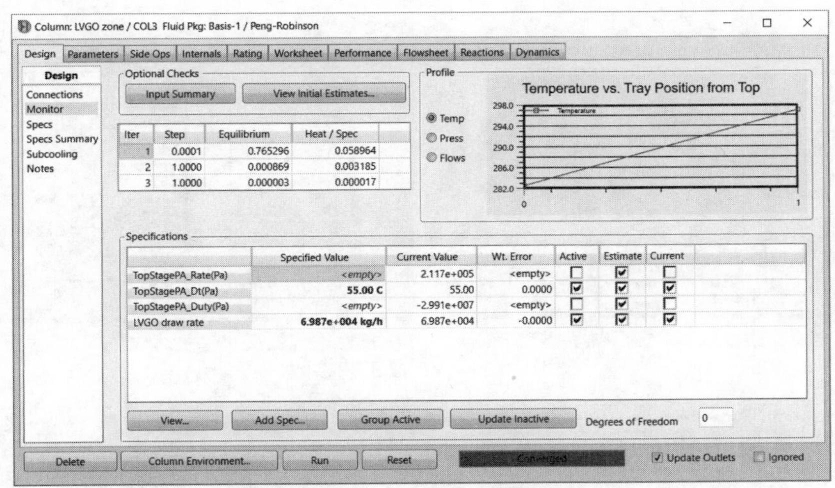

图 3.26 LVGO 段工艺参数

第 7 步：添加减压蒸馏段，工艺流程和操作数据如图 3.27～图 3.30 所示。增加设计规定(第 1 块塔板的温度为 90℃)。将收敛的模拟文件保存为 VDU-Simplified. hsc。

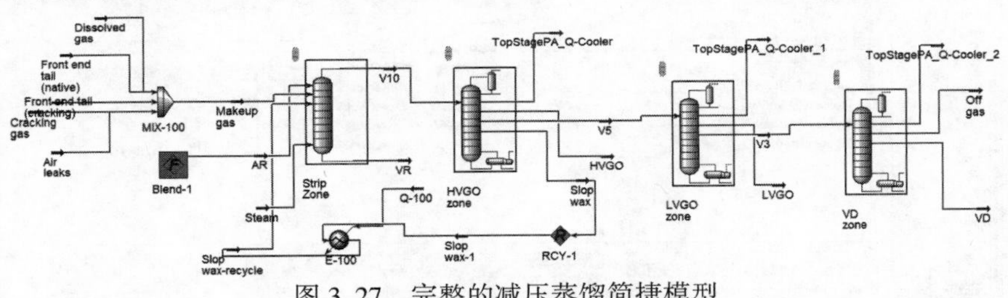

图 3.27 完整的减压蒸馏简捷模型

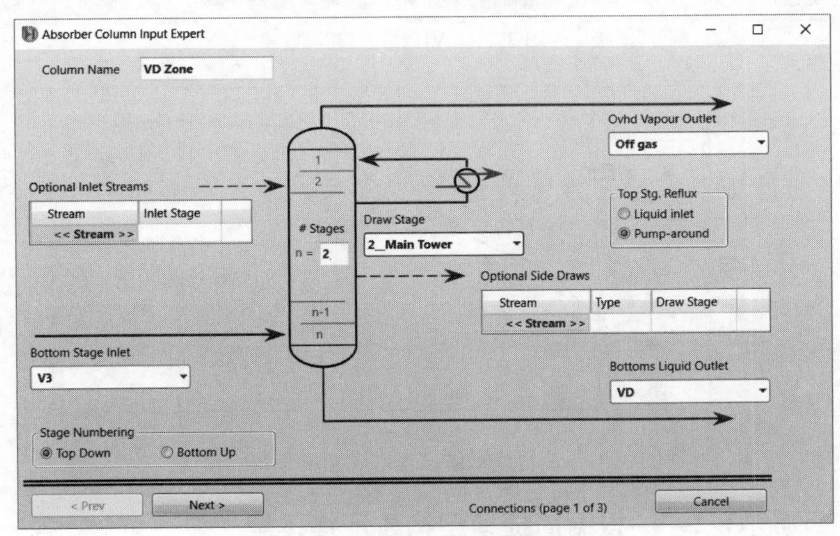

图 3.28 VD 段工艺参数

图 3.31～图 3.33 比较了减压塔温度分布、VGO D1160 蒸馏曲线和产品收率的简捷模型模拟数据和实际装置数据。值得注意的是，简捷模型提供了较好的初值，不仅可以快速地掌握减压蒸馏装置的性能参数，还可以作为检查装置数据一致性的便利平台。

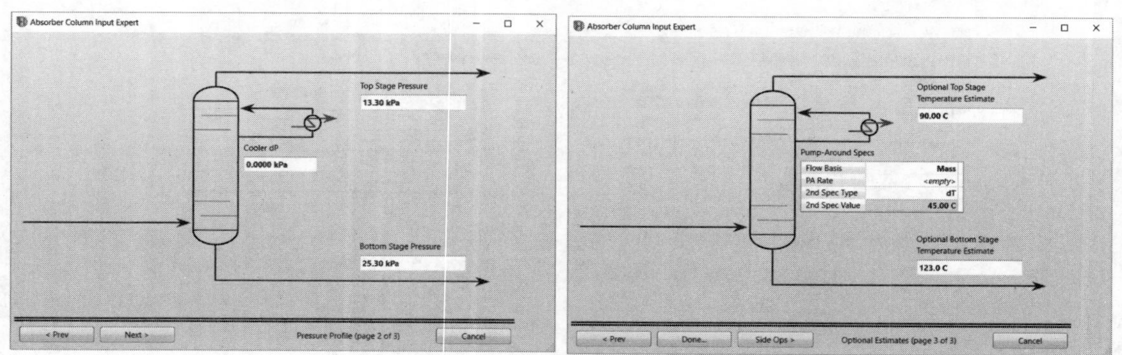

图 3.29　VD 段工艺参数

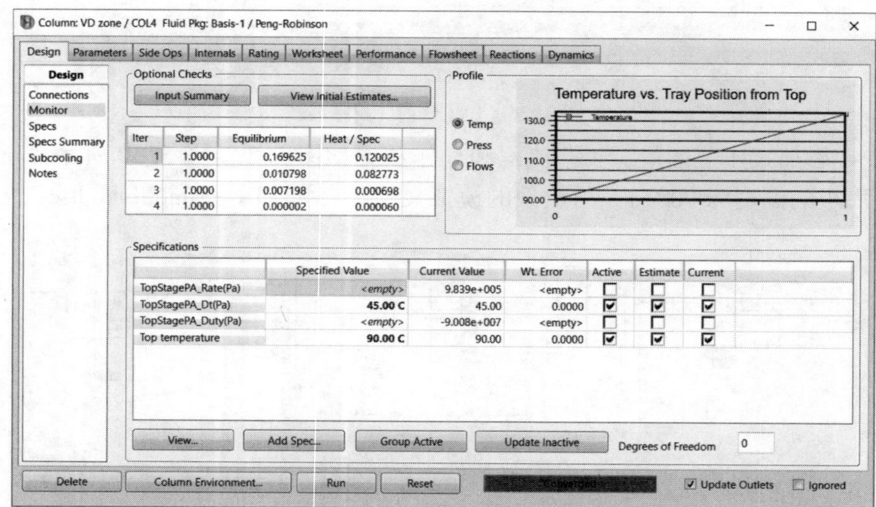

图 3.30　VD 段工艺参数

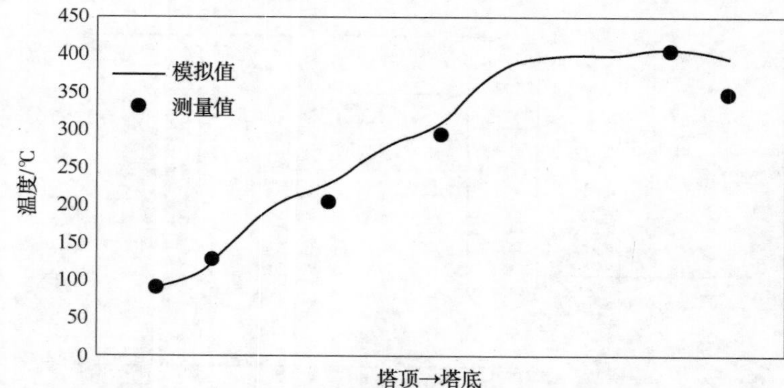

图 3.31　简捷模型塔顶至塔底温度分布的预测

3.3.3　例题 3.2——根据简捷模型构建严格模型

第 1 步：打开模拟文件 Workshop 3.1-1.hsc 的 Feed 部分，并保存为 Workshop 3.2-1.hsc，流程如图 3.14 所示。

第 2 步：添加吸收塔模型表示减压蒸馏严格模型(见图 3.34～图 3.42)。减压蒸馏严格模型的参数与减压蒸馏简捷模型类似，包括每个中段循环的流量和温差，塔顶温度和闪蒸段温度[1]。根据简捷模型的计算结果，严格模型可以快速收敛(见图 3.43)。

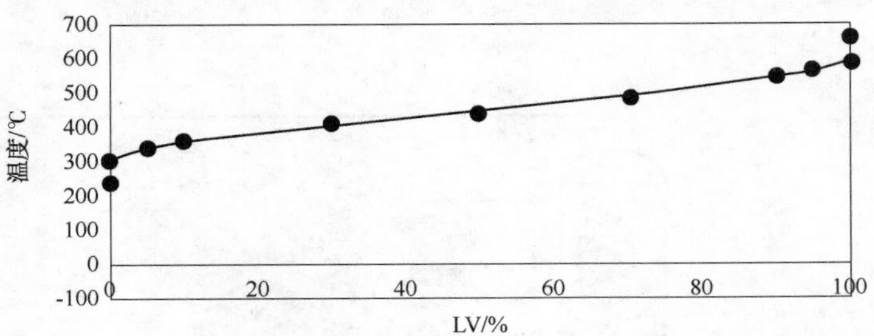

图 3.32 简捷模型 VGO D1160 曲线的预测

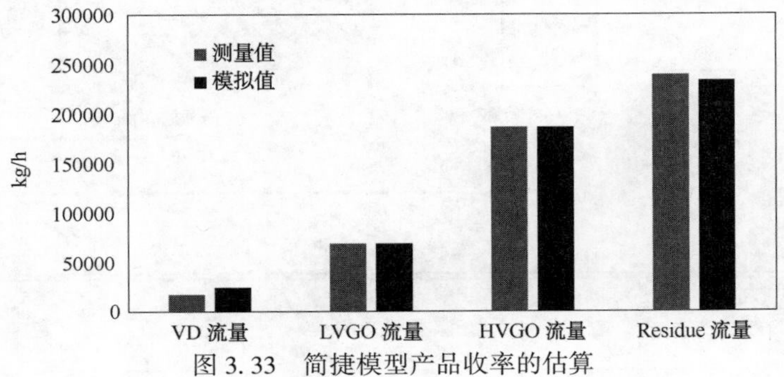

图 3.33 简捷模型产品收率的估算

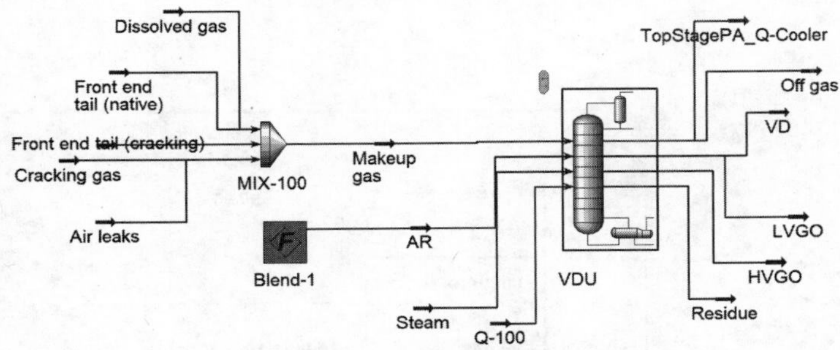

图 3.34 VDU 严格模型流程图

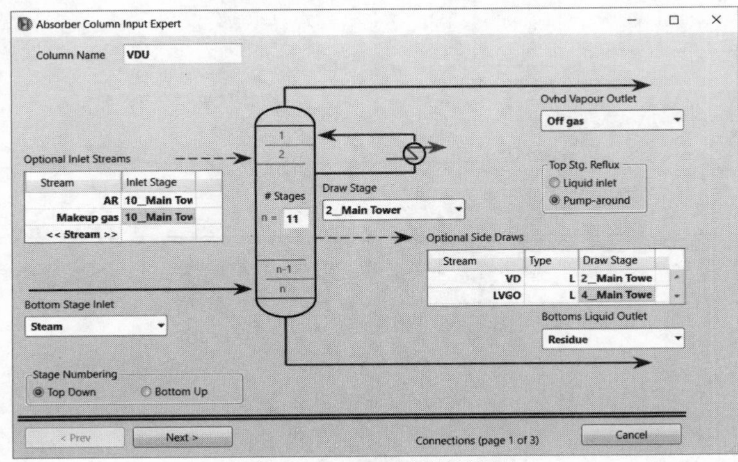

图 3.35 VDU 模型的设置

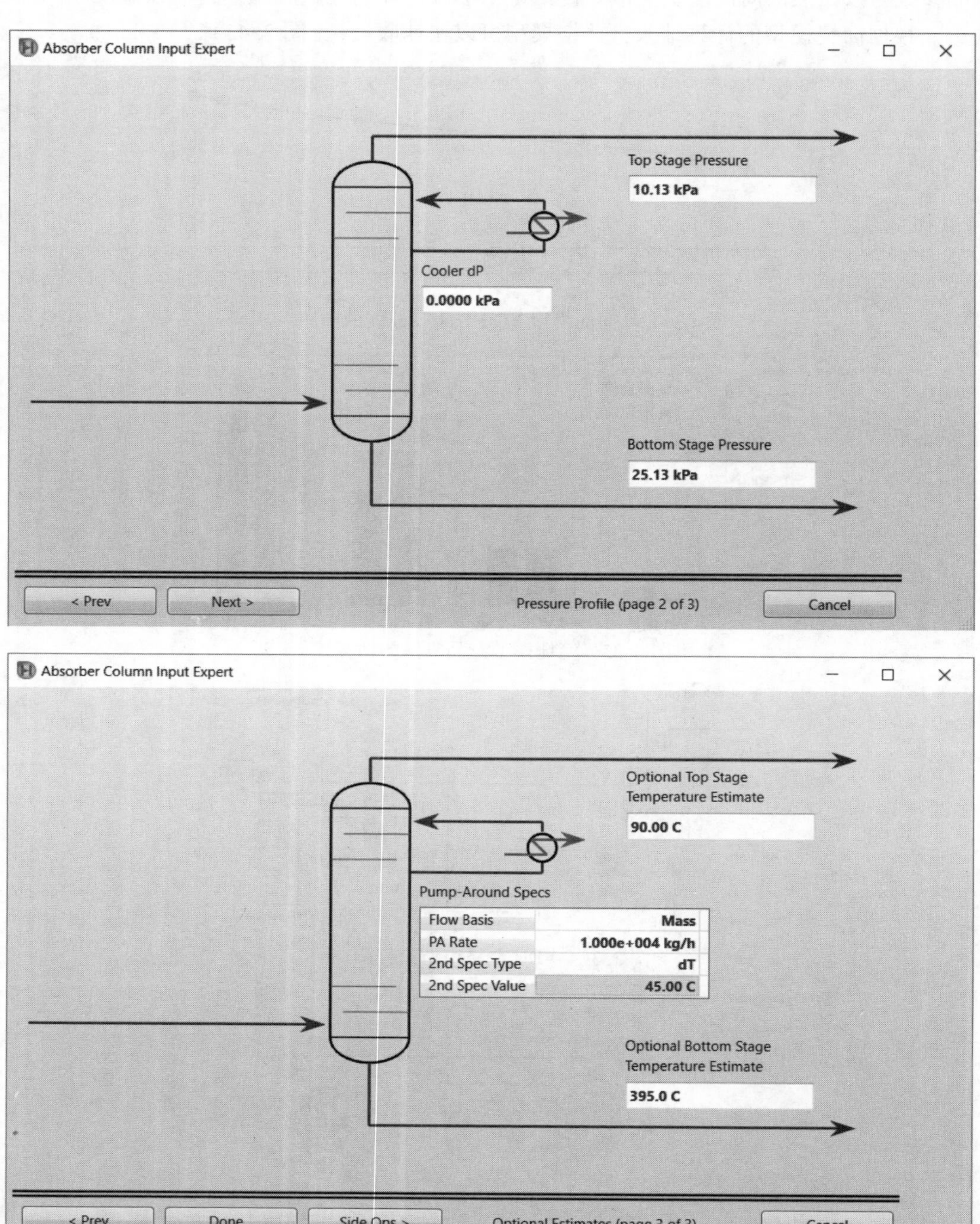

图 3.36 VDU 模型的设置

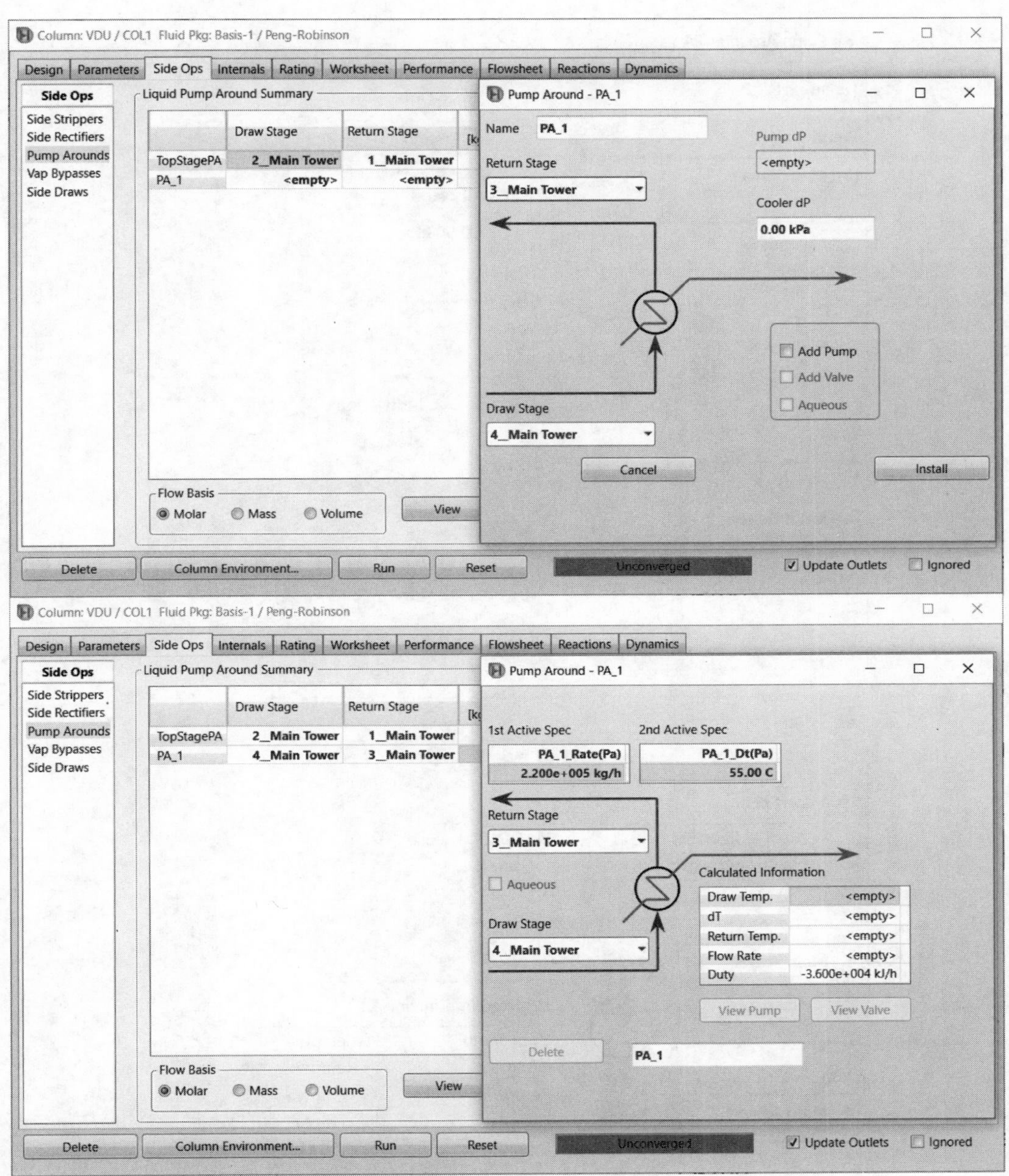

图 3.37　VDU 模型的设置：添加中段循环 PA_1

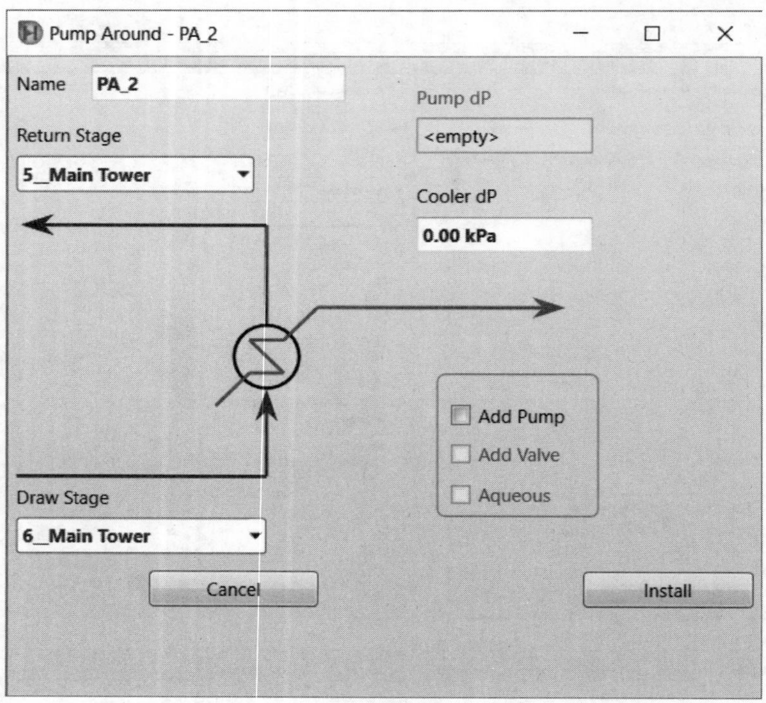

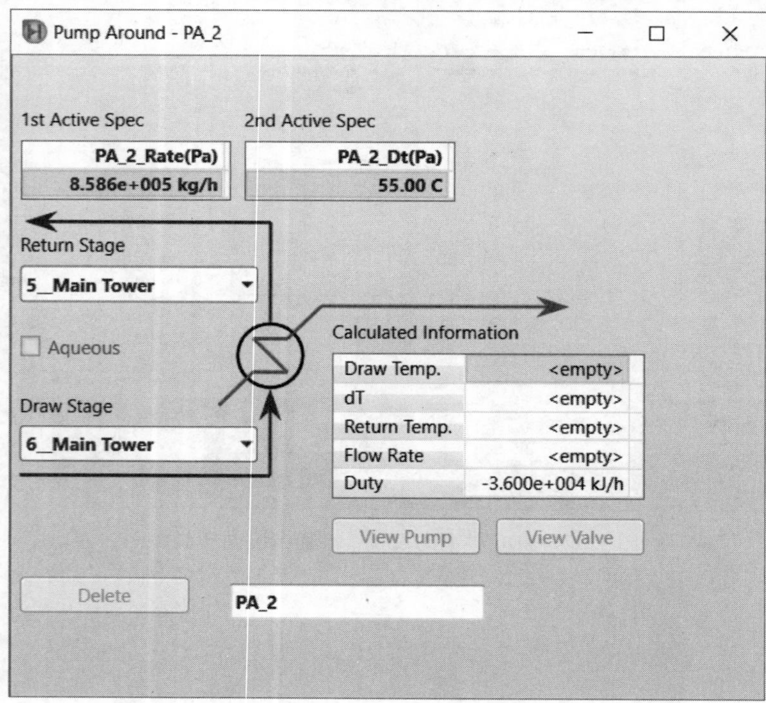

图 3.38　添加中段循环 PA_2

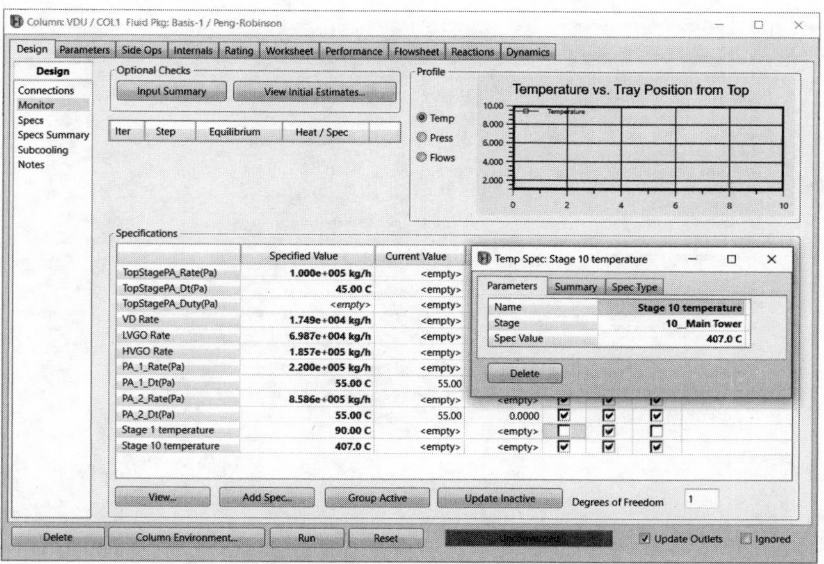

图 3.39 添加 VDU 设计规定

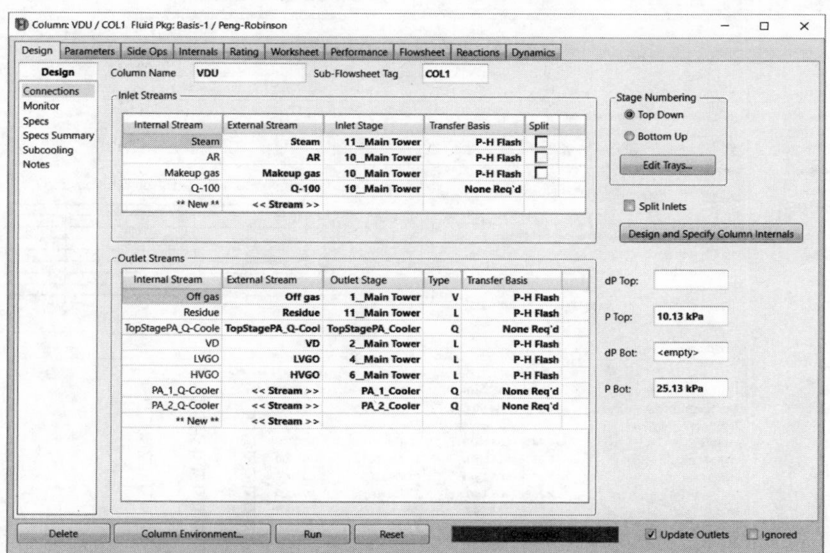

图 3.40 添加能量流 Q-100

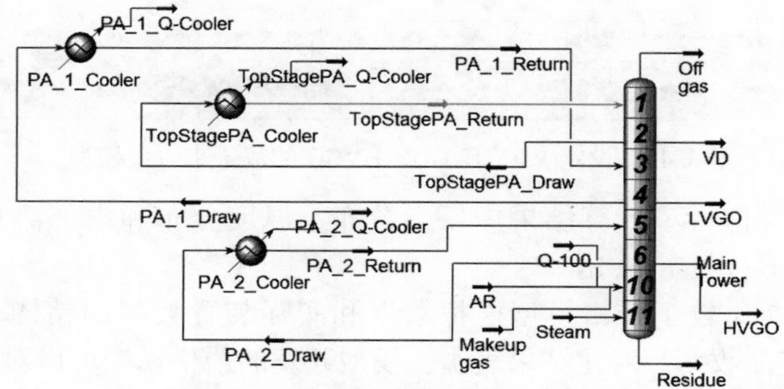

图 3.41 减压蒸馏严格模型的塔环境

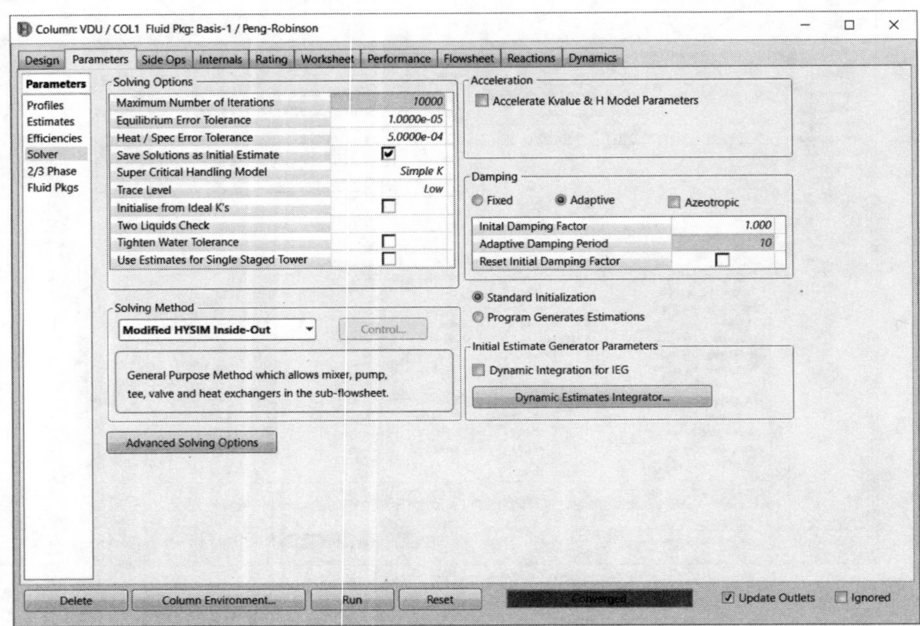

图 3.42 修改迭代算法和阻尼因子

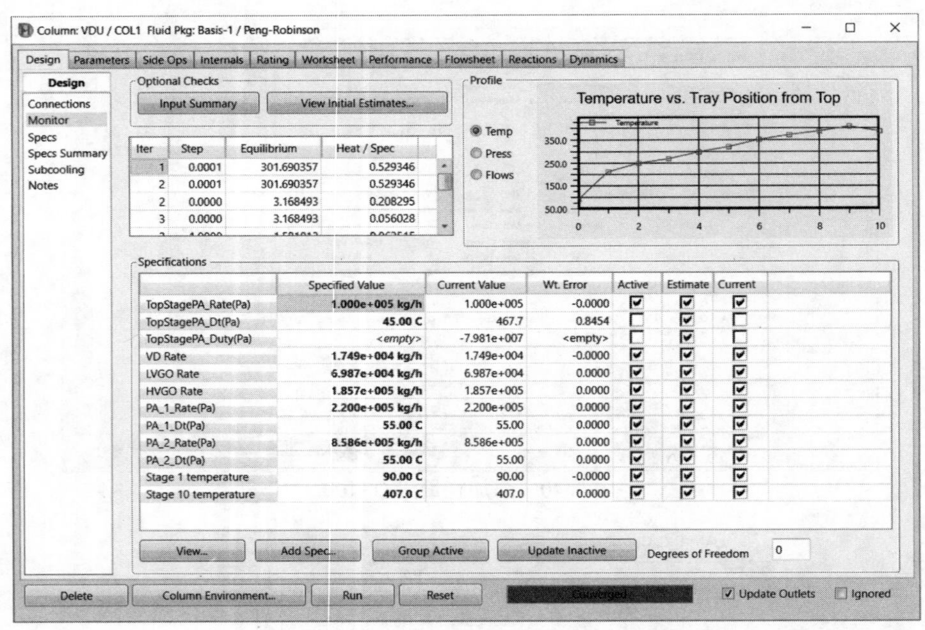

图 3.43 设定 VD，LVGO，HVGO 的流量来收敛模型

图 3.44 列出了严格模型计算结果中压力分布、温度分布和内部流量分布。将收敛的 VDU 模型保存为 VDU-Rigorous. hsc。

图 3.45~图 3.47 比较了严格模型模拟数据和实际装置数据的精馏塔温度分布、VGO D1160 蒸馏曲线和产品收率。对比结果表明，模型开发的严格模型可以对减压蒸馏装置的关键操作和生产变量进行准确预测。

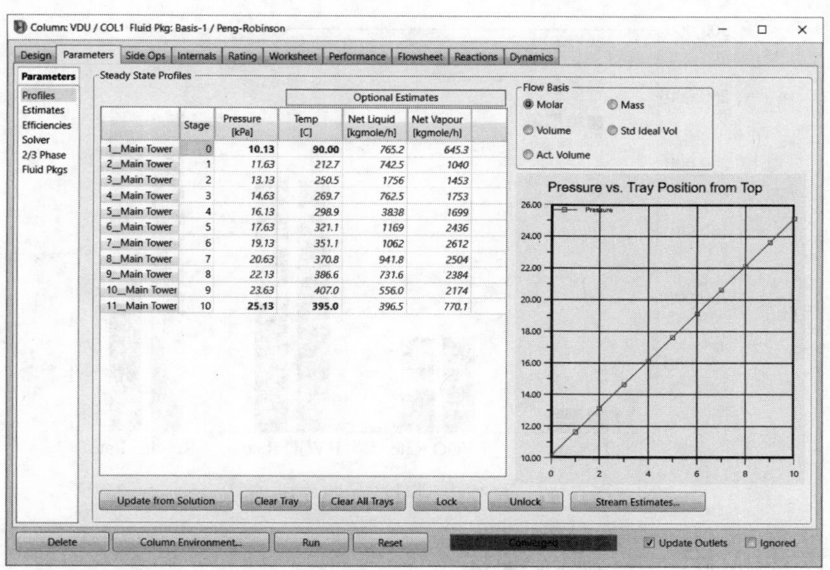

图 3.44 严格模型的压力分布、温度分布和内部流量分布

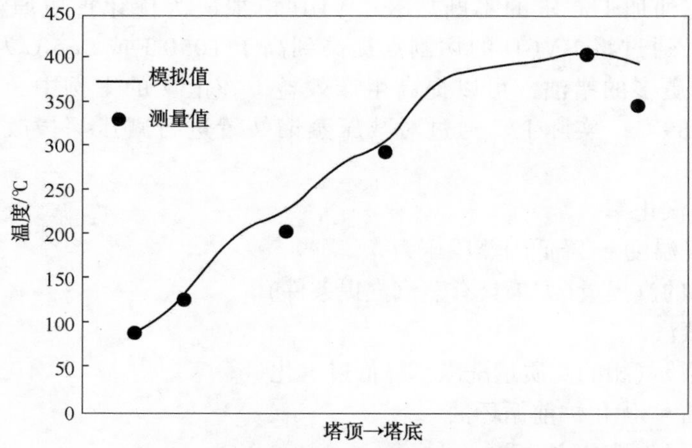

图 3.45 严格模型的温度分布预测

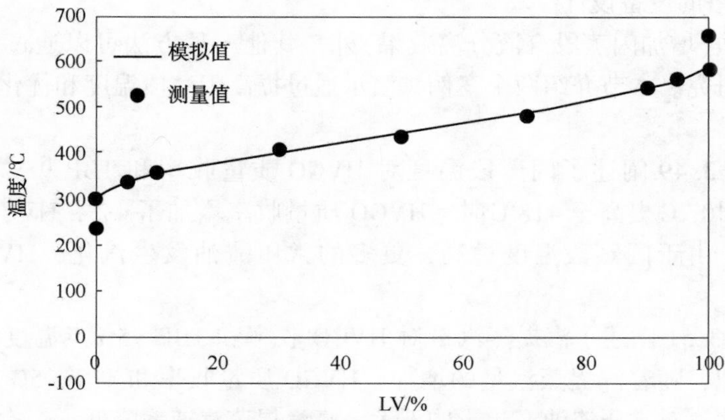

图 3.46 严格模型中 VGO D1160 蒸馏曲线预测

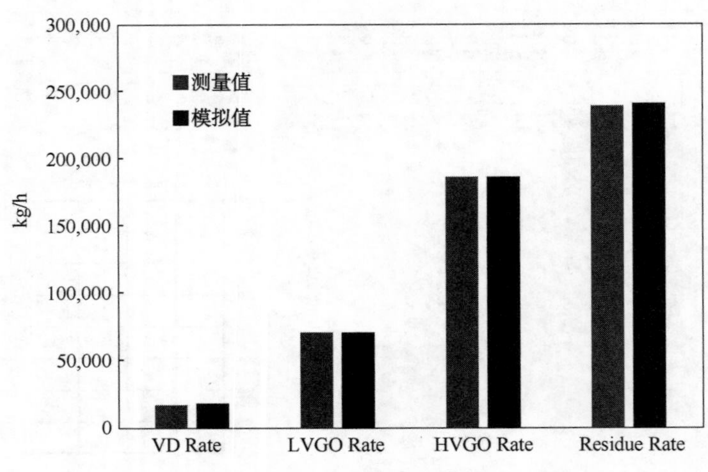

图 3.47　严格模型对产品收率的估算

3.4　模型应用——减压深拔

随着炼厂对重油加工需求的不断增长，VDU 模拟成为优化重质原油减压深拔加工的重要工业应用。通过将 HVGO 的切割点提高到高于 1050℉或 565℃为下游装置(如催化裂化装置)生产更多的蜡油，可以提高生产效益。在上文的案例中，HVGO D86 95%点只有 883℉或 489℃。实际上，通过对减压蒸馏装置进行减压深拔改造，提高 HVGO 收率有四种方法：

(1) 提高进料汽化率。

- 提高闪蒸段温度 • 降低闪蒸段压力。

(2) 增加渣油的汽提量(如果具有蒸汽汽提条件)。

- 优化汽提蒸汽

(3) 维持闪蒸段气相的高质量洗涤，降低过汽化量。

- 减少冲洗油 • 优化炉前循环油

(4) 增加闪蒸段汽液分离效果。

- 优化蒸馏塔的设备设计

除第四种方法(增加闪蒸段汽液分离效果)外，其他三种方法可以通过调整工艺操作和模拟优化来进行研究。本节介绍两个案例，演示通过提高闪蒸段温度和优化汽提蒸汽来优化减压深拔。

图 3.48 和图 3.49 阐述了闪蒸段温度对 HVGO 质量收率和 TBP 95%点温度的影响。当闪蒸段温度从 407℃提高至 418℃时，HVGO 质量收率增加了 4%，HVGO TBP 95%点温度增加到 567℃。由于闪蒸段温度过高，更多的常压渣油发生汽化，HVGO 收率也随之增加。

图 3.50 和图 3.51 阐述了汽提蒸汽量对 HVGO 收率和 TBP 95%点温度的影响。与闪蒸段温度的影响类似，随着汽提蒸汽量的增加，HVGO 质量收率和 TBP 95%点温度均显著增加。注意，汽提蒸汽对常压渣油汽化影响不大，高汽提蒸汽速率降低了烃类的蒸气压，从而促进了常压渣油的汽化。两个案例均给出了现代炼厂进行减压深拔优化的操作调整。

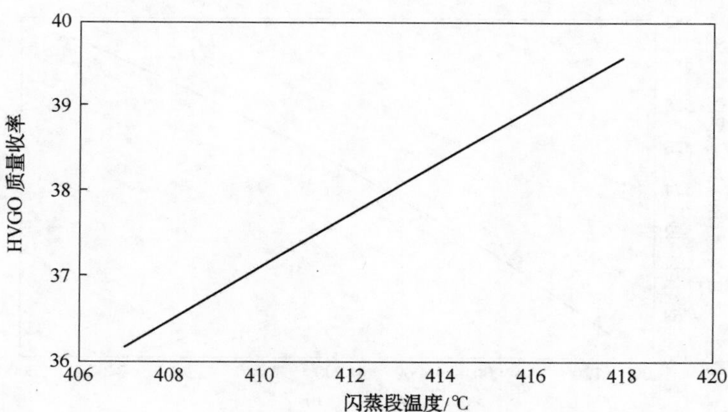

图 3.48 闪蒸段温度对 HVGO 收率的影响

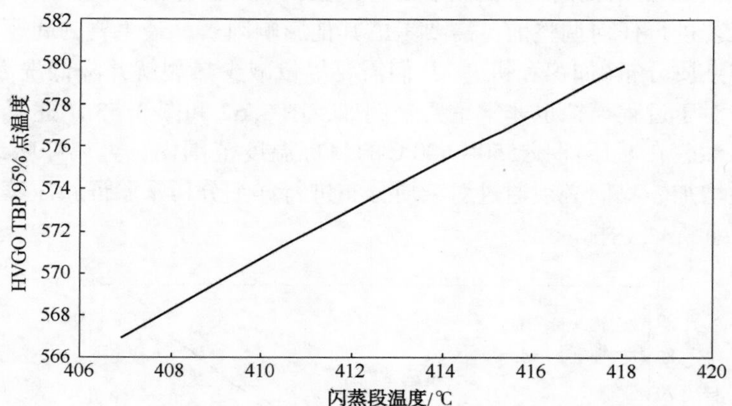

图 3.49 闪蒸段温度对 HVGO 切割点的影响

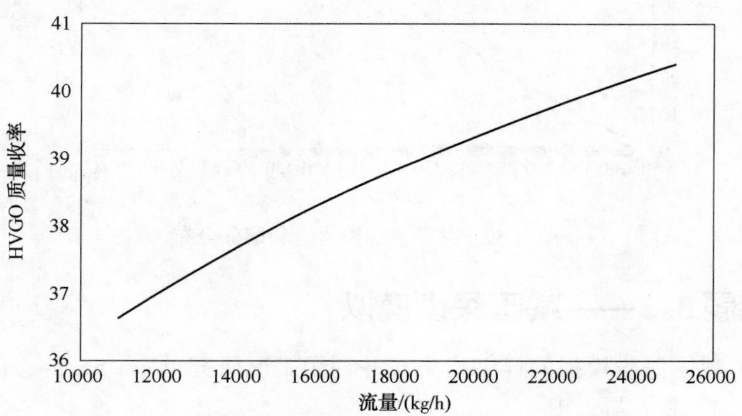

图 3.50 汽提蒸汽量对 HVGO 收率的影响

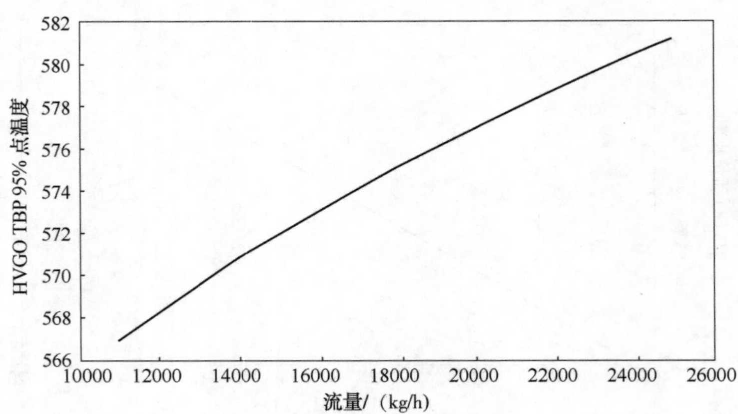

图 3.51　汽提蒸汽量对 HVGO 切割点的影响

尽管过程模拟为减压深拔操作提供了指导，但我们需要谨记，模拟结果通常是最好的情况，在对实际工艺进行任何调整前，需要考虑其他影响因素。最主要的问题是原料质量，特别是裂解能力和杂质分布(如镍和钒)。我们需要尽量减少热裂解并降低洗涤段结焦。另外，原料的杂质分布对于过程模拟也非常重要，例如，图 3.52 和图 3.53 阐述了一些原油的镍和钒分布[8]。很显然，在减压深拔 550～600℃的目标温度范围内，金属卟啉组分[9]使得镍含量和钒含量明显增加。我们必须通过对杂质分布进行详细分析来验证减压蒸馏模型，便于确定 HVGO 产品质量是否达标。

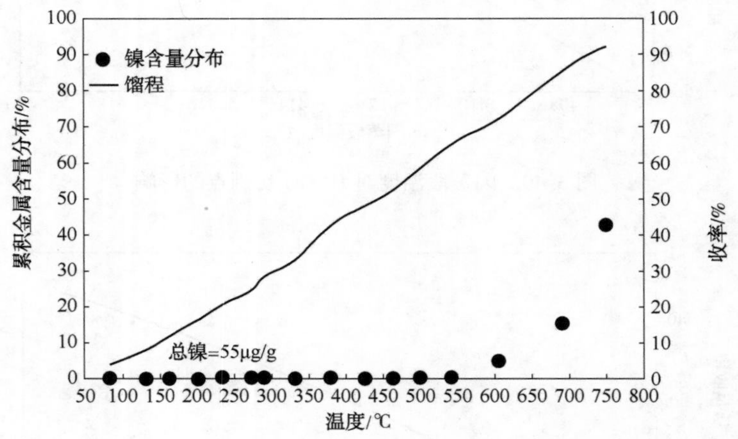

图 3.52　某原油的镍含量和馏分分布

3.5　例题 3.3——减压深拔模拟

本例介绍了减压深拔模拟的详细指南，并利用工况研究(Case Studies)演示了第 2.10.3 例题 2.1 和第 2.13 节例题 2.4。

第 1 步：打开减压蒸馏完整模拟文件 VDU Deep Cut-Start.hsc，将文件另存为 Workshop 3.3-1.hsc(见图 3.54)。

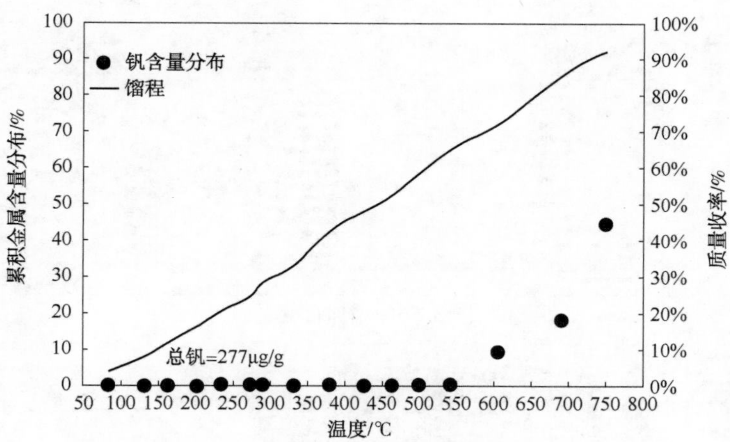

图 3.53 某原油的钒含量和馏分分布

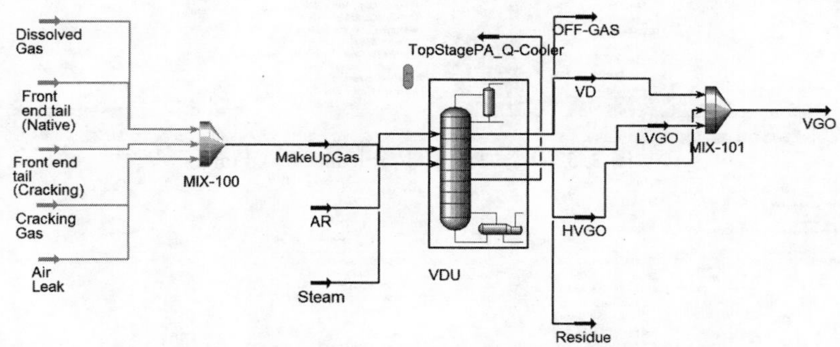

图 3.54 Aspen HSYSY 中 VDU 模型

第 2 步：激活工况研究。

第 3 步：添加两个自变量：蒸汽质量流率(1.1~2.5×10^4kg/h，步长为 0.1×10^4kg/h)和闪蒸温度(第 10 块塔板)(407~418℃，步长为 1℃)(见图 3.55~图 3.57)。

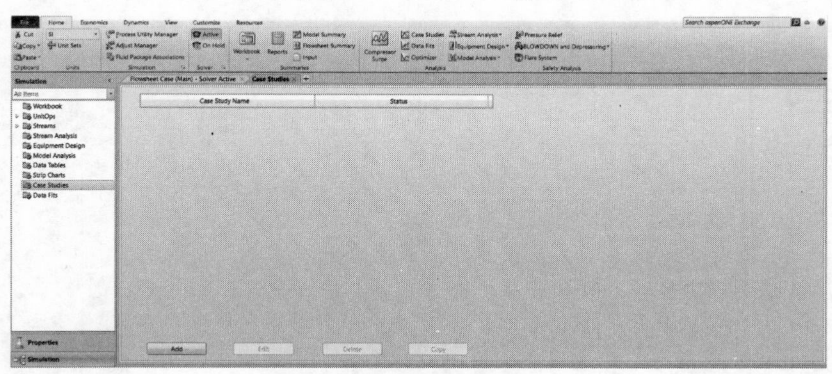

图 3.55 激活工况研究

第 4 步：定义因变量：HVGO 质量流量和 TBP 95%点温度以及轻减压蜡油质量流量和 TBP 95%点温度(见图 3.58 和图 3.59)。

第 5 步：设置闪蒸段(第 10 块塔板)温度的下限和上限以及步长，并运行工况研究(见图 3.59 和图 3.60)。将该文件保存为 Workshop 3.3-2.hsc。

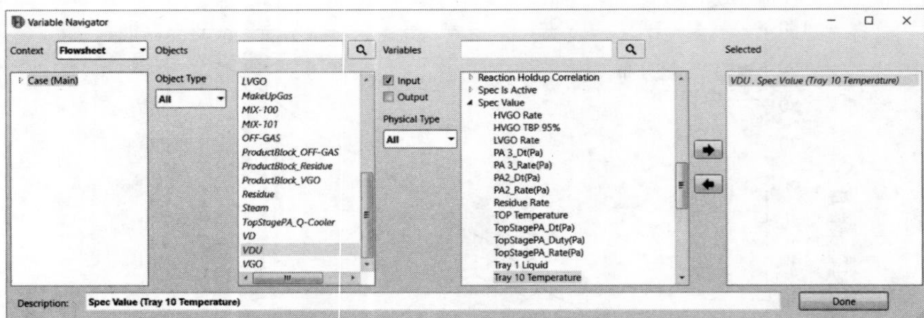

图 3.56　添加自变量

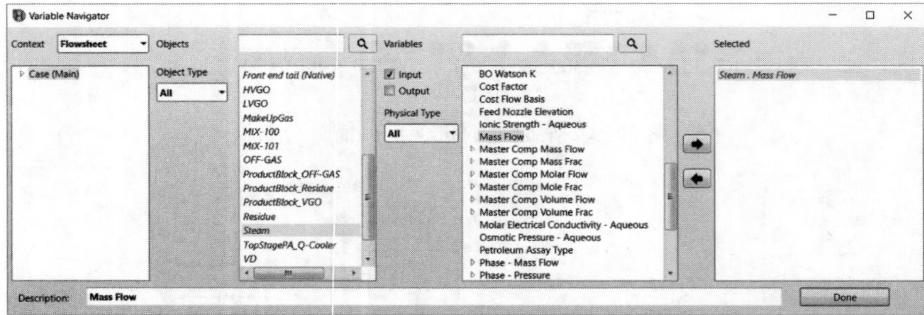

图 3.57　添加自变量：Steam Mass Flow

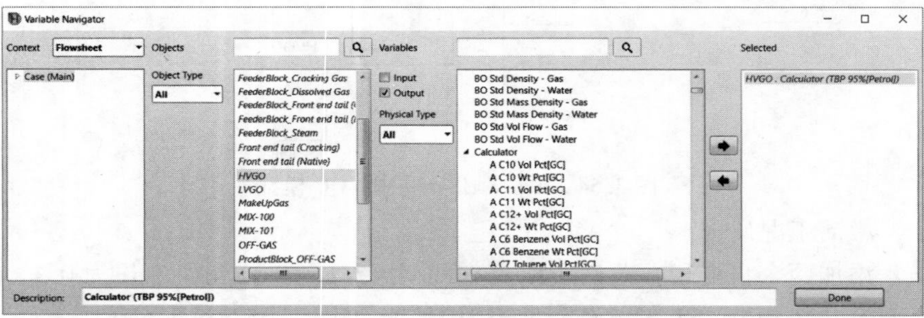

图 3.58　定义因变量：HVGO 的 TBP 95%

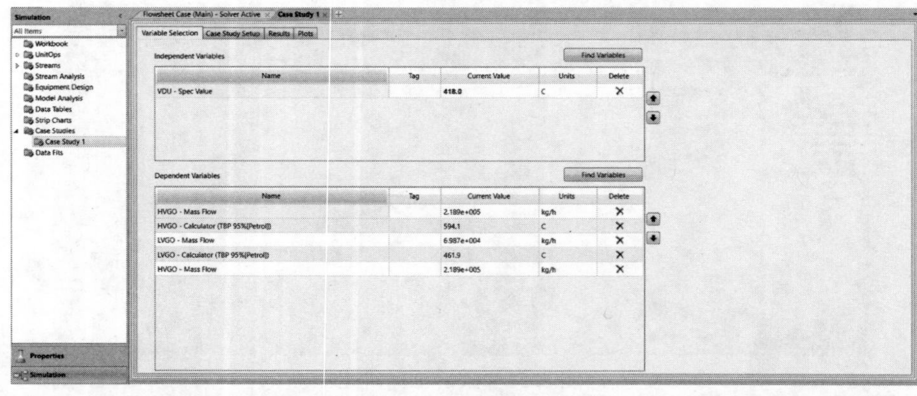

图 3.59　运行工况研究

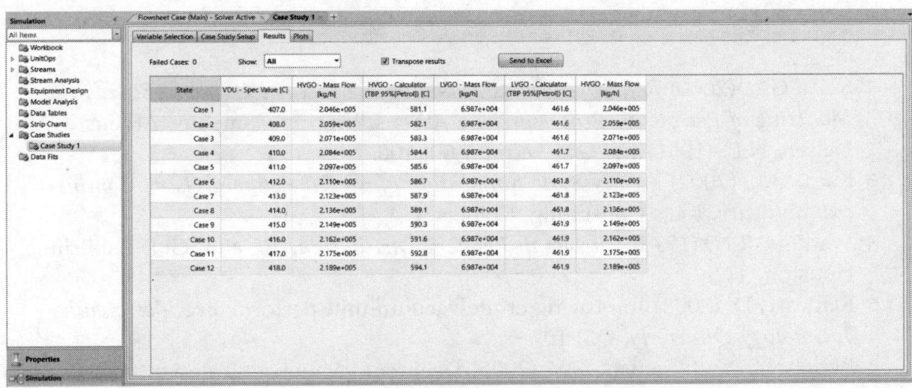

State	VDU - Spec Value [C]	HVGO - Mass Flow [kg/h]	HVGO - Calculator (TBP 95%[Petrol]) [C]	LVGO - Mass Flow [kg/h]	LVGO - Calculator (TBP 95%[Petrol]) [C]	HVGO - Mass Flow [kg/h]
Case 1	407.0	2.046e+005	581.1	6.987e+004	461.6	2.046e+005
Case 2	408.0	2.059e+005	582.1	6.987e+004	461.6	2.059e+005
Case 3	409.0	2.071e+005	583.3	6.987e+004	461.6	2.071e+005
Case 4	410.0	2.084e+005	584.4	6.987e+004	461.7	2.084e+005
Case 5	411.0	2.097e+005	585.6	6.987e+004	461.7	2.097e+005
Case 6	412.0	2.110e+005	586.7	6.987e+004	461.8	2.110e+005
Case 7	413.0	2.123e+005	587.9	6.987e+004	461.8	2.123e+005
Case 8	414.0	2.136e+005	589.1	6.987e+004	461.8	2.136e+005
Case 9	415.0	2.149e+005	590.3	6.987e+004	461.9	2.149e+005
Case 10	416.0	2.162e+005	591.6	6.987e+004	461.9	2.162e+005
Case 11	417.0	2.175e+005	592.8	6.987e+004	461.9	2.175e+005
Case 12	418.0	2.189e+005	594.1	6.987e+004	461.9	2.189e+005

图 3.60　HVGO 质量收率随闪蒸段温度增加而增加

第 6 步：设定蒸汽质量流量的下限和上限，并运行工况研究(见图 3.61 和图 3.62)。将该文件保存为 Workshop 3.3-3.hsc。

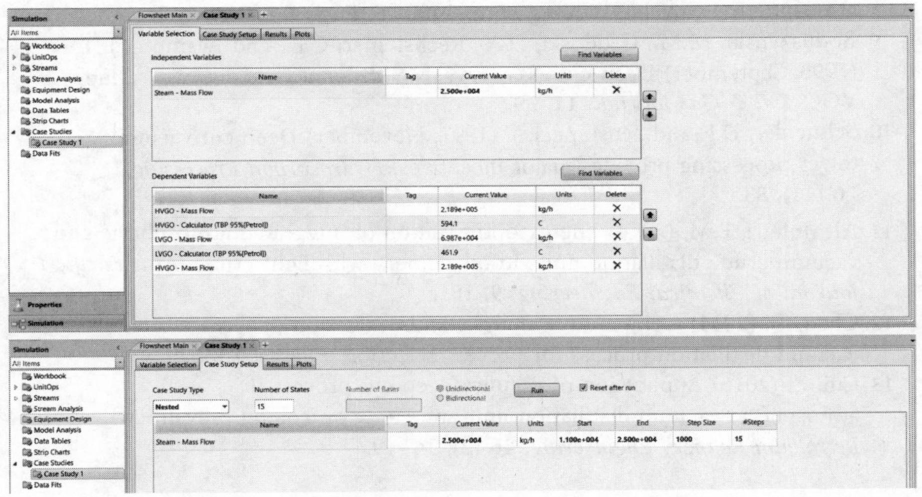

图 3.61　改变 Steam Mass Flow.，运行工况研究

State	Steam - Mass Flow [kg/h]	HVGO - Mass Flow [kg/h]	HVGO - Calculator (TBP 95%[Petrol]) [C]	LVGO - Mass Flow [kg/h]	LVGO - Calculator (TBP 95%[Petrol]) [C]	HVGO - Mass Flow [kg/h]
Case 1	1.100e+004	2.010e+005	579.9	6.986e+004	464.0	2.010e+005
Case 2	1.200e+004	2.027e+005	581.0	6.987e+004	463.8	2.027e+005
Case 3	1.300e+004	2.043e+005	582.2	6.987e+004	463.7	2.043e+005
Case 4	1.400e+004	2.058e+005	583.3	6.987e+004	463.6	2.058e+005
Case 5	1.500e+004	2.073e+005	584.4	6.987e+004	463.4	2.073e+005
Case 6	1.600e+004	2.086e+005	585.4	6.987e+004	463.2	2.086e+005
Case 7	1.700e+004	2.099e+005	586.5	6.987e+004	463.1	2.099e+005
Case 8	1.800e+004	2.112e+005	587.5	6.987e+004	462.9	2.112e+005
Case 9	1.900e+004	2.124e+005	588.5	6.987e+004	462.8	2.124e+005
Case 10	2.000e+004	2.136e+005	589.4	6.987e+004	462.6	2.136e+005
Case 11	2.100e+004	2.147e+005	590.5	6.987e+004	462.5	2.147e+005
Case 12	2.200e+004	2.158e+005	591.4	6.987e+004	462.4	2.158e+005
Case 13	2.300e+004	2.168e+005	592.3	6.987e+004	462.2	2.168e+005
Case 14	2.400e+004	2.179e+005	593.2	6.987e+004	462.1	2.179e+005
Case 15	2.500e+004	2.189e+005	594.1	6.987e+004	461.9	2.189e+005

图 3.62　HVGO 收率随蒸汽流量增加而增加

参 考 文 献

1 Kaes, G.L. (2000) *Refinery Process Modeling A Practical Guide to Steady State Modeling of Petroleum Processes*, The Athens Printing Company, Athens, GA.
2 Nelsen, N.L. (1951) *Oil Gas Journal*, **50**, 100.
3 Kaes, G.L. (2007) *Steady State Simulation of an Oil Refinery Using Commercial Software*, Kaes Consulting, Colbert, GA.
4 Watkins, R.N. (1979) *Petroleum Refinery Distillation*, 2nd edn, Gulf Publishing, Houston, TX.
5 Remesat, D. (2008) Improving crude vacuum unit performance. *Petroleum Technology Quarterly*, **Q3**, 107.
6 Barletta, T. and Golden, S.W. (2005) Deep-cut vacuum unit design. *Petroleum Technology Quarterly*, **Q4**, 91.
7 Yahyaabadi, R. (2009 March) Consider practical conditions for vacuum unit modeling. *Hydrocarbon Processing*, **69**.
8 Boduszynski, M.M. (1987) Composition of heavy petroleum 1. Molecular weight, hydrogen deficiency, and heteroatom concentration as a function of atmospheric equivalent boiling up to 1400 °F. *Energy & Fuel*, **1**, 2.
9 Boduszynski, M.M., Grudoski, D.A., Rechsteiner, C.E., and Iwamoto, J.D. (1995, September) Deep-cut assay reveals additional yields of high-value VGO. *Oil & Gas Journal*, **11**, 39.
10 Schneider, D.F. and Musumeci, J. (1997, November) Deep cut vacuum tower processing provides major incentives. *Hydrocarbon Processing*, **76** (11), 83.
11 Al-Mutairi, E.M. (2014) Energy optimization of integrated atmospheric and vacuum crude distillation units in oil refinery with light crude. *Asia-Pacific Journal of Chemical Engineering*, **9**, 181.
12 Chen, Q. (2014) Comparative analysis and evaluation of three crude oil vacuum distillation process for process selection. *Energy*, **76**, 559.
13 Cui, Z. (2016) Application of vacuum deep-cut process in atmospheric-vacuum distillation unit and study on coking prevention. *Petroleum Refinery Engineering*, **46** (3), 14–19.

第4章 流化催化裂化装置

（马建民　何顺德　译）

本章介绍了流化催化裂化(FCC)工艺预测集成模型建立、验证及应用的方法，并以亚太地区一套800kt/a的催化裂化工业装置运行数据作为演示案例，采用21-集总动力学模型来处理反再系统中复杂的裂解动力学问题。通过使用Microsoft Excel电子表格和Aspen HYSYS Petroleum Refining商业软件工具实现了这个模型，该方法同样适用于其他商业软件工具。本模型能够基于给定的进料性质及操作条件，准确地预测出关键产品的收率和性质。此外，我们首次提出了与气体分馏单元模型相结合的FCC集总动力学全流程模型，并使用了6个月的装置数据来验证这个模型的实用性。同时，我们还进行了几个案例研究，以说明炼厂工程师如何应用本模型来提高汽油收率和提高装置的处理量。

FCC集成模型的一个关键应用是为基于线性规划的生产计划生成Delta-base向量，以帮助炼厂工程师选择最佳的进料原料。Delta-base向量是根据进料和操作条件的变化来量化FCC产品收率及性质的变化的。通常，炼厂工程师使用历史数据和经验关联式的组合来生成Delta-base向量，而集成模型可以通过对产品收率及质量提供更加可靠的预测来削减猜测的成分。

本章所讲述的内容与其他研究文献相比，重点突出了以下几个方面：(1)详细的FCC全流程模型，包括塔顶富气压缩机、主分馏塔、吸收塔、再吸收塔、解吸塔和稳定塔；(2)使用常规能收集到的原料整体性质来推测动力学模型所需的分子组成；(3)预测了关键液相产品的性质(密度、ASTM D86蒸馏曲线和闪点)，这是之前催化装置模拟文献中没有提及的；(4)通过案例研究演示了预测模型在工业上的有效应用；(5)动力学模型与现有LP的生产计划工具的结合使用。

具体来说，第4.1节说明了本章的目的；第4.2节描述了典型的FCC工艺流程，包括复杂的反再系统和分馏单元；第4.3节概括了FCC工艺化学过程，以及其所包含的五种主要的反应类型，包括裂化反应、异构化反应、氢转移反应、脱氢及脱烷基化反应和芳环缩合反应；第4.4节介绍了与FCC工艺过程预测建模有关的文献综述，包括动力学模型和单元级模型；第4.5节描述了Aspen HYSYS Petroleum Refining中FCC模型的特点，包括21-集总动力学模型；第4.6节介绍了根据装置数据逐步建立集总动力学模型的过程，即模型校正；第4.7节讨论了建立分馏单元模型的实际工况；第4.8节介绍了进料信息映射集总动力学的准则，涵盖了拟合蒸馏曲线、推测分子组成以及将动力学集总组分转为分馏集总组分(虚拟组分)；第4.9节介绍了建立模型的总体策略；第4.10节比较了模型预测结果与装置数据；第4.11节演示了应用模型来提高汽油收率和提高FCC装置处理量；第4.12节演示了模型在炼厂生产计划中的应用；第4.13节~第4.17节介绍了5个实用案例，包括根据装置数据来建立和验证 FCC 反应器和分馏系统，以及工艺过程优化及生产计划的模型应用；第 4.18 节是本章小结；最后，本章末尾提供了相关专业术语和参考文献。

4.1 引言

当前经济环境、政策法规以及环保形势对炼厂优化和炼油过程整合造成很大的压力。FCC 装置是炼厂中汽油及轻质产品最大的生产装置[1]，在所有炼厂的经营过程中发挥着关键作用。炼厂操作工可以根据经验对装置进行微调以提高 FCC 装置的收率及效率。然而，对装置进行重大改进则必须通过掌握装置的化学反应、进料特性及设备性能等多方面的共同努力来实现。在此基础上，使用严格模型至关重要。特别是经过装置数据验证过的严格模型可以确定出工艺改进的关键位置。

前人的基础工作解决了 FCC 装置在动态过程和控制方面的问题，特别是 Arbel[2] 及 McFarlane[3] 等在这方面的努力，随后的研究者[4,5] 使用了相似的技术和模型来确定控制方案和收率特性。然而，大部分早期的工作都使用非常简化的化学反应(收率模型)来表示过程动力学；此外，据我们所知，文献中的早期工作并没有将 FCC 反应模型与其复杂分馏系统相集成。本项工作填补了大型炼厂开发严格动力学模型和工业应用之间的空白。

4.2 工艺简介

FCC 装置是炼厂生产汽油及烯烃的主要生产装置。目前，FCC 装置设计是基于自 1940 年以来对装置及催化剂的持续改进和进步。当今有很多流行的 FCC 工艺设计在被使用，而我们主要关注于 UOP FCC 装置，UOP 的设计包括了许多能够突出 FCC 工艺独特性的特点。图 4.1 为 FCC 装置工艺简图。下文中将讨论该工艺流程和装置设计。

4.2.1 反再系统

热流化催化剂(1000℉+或 538℃+)通过立管进入提升管底部，与预热的蜡油进料相接触。蜡油进料通常是由来自减压塔的减压蜡油(VGO)、延迟焦化的焦化蜡油(CGO)以及 FCC 主分馏塔的循环产品所组成(见图 4.2)。来自热催化剂(以及添加到立管中的任何额外的蒸汽或燃料气)的热量足以汽化蜡油原料。汽化的蜡油组分在催化剂表面经历了若干反应：裂化反应、异构化反应、加氢/脱氢反应、烷基化/脱烷基化反应、环化/开环和缩合反应。这些反应生成了构成产品分布的组分，产品通常包括干气(氢气、甲烷、乙烷)、液化石油气(丙烷、丙烯、丁烷、丁烯)、汽油(终馏点~430℉)、轻循环油(LCO)、重循环油(HCO)、催化油浆(或澄清油)和焦炭。原料性质和存在于催化剂表面的杂质显著影响了提升管中的产品分布及其操作状况。

催化剂移动到提升管顶部时会携带上述反应所生成的重组分和焦炭沉积物。催化剂进入汽提段时会注入部分蒸汽以促使进一步的裂化，并移除催化剂表面的重质烃。接着催化剂进入到反应器中，在旋风分离器中将催化剂从气相产品中分离开来。分离出来的气相产品被送至主分馏塔中(见图 4.2)，再被分离为气相产品和液相产品；待生催化剂输送至再生器中进行催化剂烧焦。

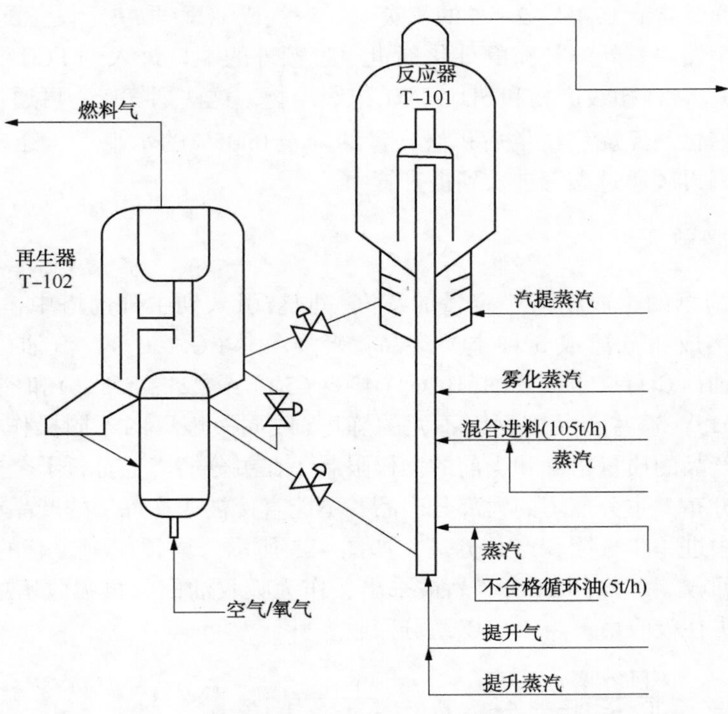

图 4.1 典型 FCC 反应——再生单元示意图

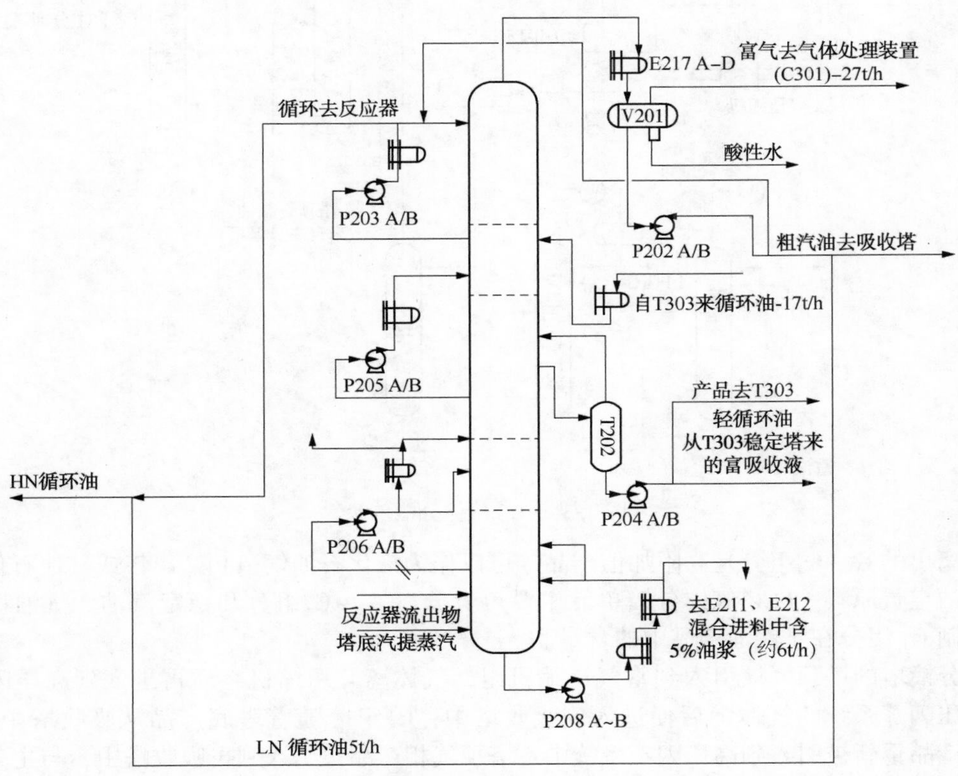

图 4.2 分馏单元(主分馏塔)

待生催化剂通常含有0.4%~2.5%的积炭[1]。空气或纯氧(取决于设备配置)通过额外的端口被引入到再生器中。新鲜补充的催化剂也通过额外的端口进入到FCC装置中。积炭燃烧后主要生成CO_2、CO初级产物和SO_x、NO_x二级产物。这些烟气产物可通过热集成设计为装置提供蒸汽。催化剂经烧焦再生后积炭含量约降至0.05%的水平[1]。经燃烧氧化反应后的这部分热催化剂再次通过立管进入到提升管中。

4.2.2 分馏单元

来自FCC反应器的生成物与一定量的蒸汽一同被引入到主分馏塔中，如图4.2所示。主分馏塔将反应生成物分离成5种主要产品：轻质气体(C_1~C_4)、汽油(C_5+至430℉或221℃)、轻循环油(LCO)、重循环油(HCO)(430~650℉或221~343℃)和催化油浆/澄清油(650+℉或343+℃)。这些产品馏程因不同的炼厂(或同一炼厂的不同操作方案)而存在差异，具体取决于产品的质量指标和当前的操作限制。在主分馏塔上有若干个中段回流以促进产品分布及温度分布。主分馏塔的大部分产品并不能直接被送往炼厂的产品调和罐中，需送至气体分馏单元中进一步分馏和产品分离，如图4.3所示。塔顶气中含有的一些C_5组分必须在汽油产品中回收。一部分LCO产品被采出，作为吸收油回收再吸收塔中的汽油。塔顶冷凝罐的液相则去往吸收塔，将C_3~C_4组分回收。

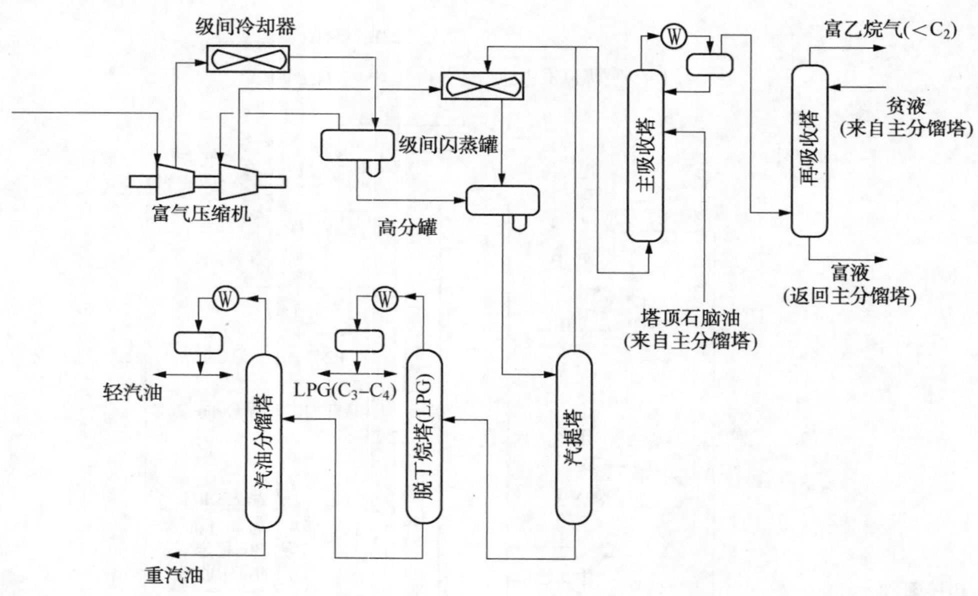

图4.3 FCC气体分馏单元

分离出的C_3~C_4组分是高附加值产品，可以作为液化石油气(LPG)出售或其他石化加工过程中的宝贵原料。FCC气体分馏单元主要负责分离C_3~C_4组分和稳定汽油。汽油稳定性是指控制C_4组分在于汽油产品中的含量。

主分馏塔的塔顶气被引入到富气压缩机组，气体离开压缩机组后再进入到高压闪蒸系统，高压闪蒸系统的气体随后便进入到吸收塔中，C_5^+组分随着塔底产品从吸收塔中离开，该塔底产品重新被引入到高压闪蒸系统中。塔顶气相产品被引入到再吸收塔中，与主分馏塔侧线采出的LCO物流相接触。再吸收塔的塔顶产品有H_2、C_1及C_2组分，它们将被用作燃料气以满足炼厂燃料需求；再吸收塔的塔底产品循环返回至主分馏塔中。

高压闪蒸系统的液相产品被引入到解吸塔中。解吸塔的塔顶产品主要是 C_{2-} 组分，该产品被循环返回至高压闪蒸系统中；解吸塔的塔底产品则主要是由 $C_3\sim C_4$ 组分和汽油组成，该产品进入到稳定塔(有时也被称之为脱丁烷塔)中；塔顶液相产品分离出绝大多数 $C_3\sim C_4$ 组分；塔底产品为稳定汽油(含有规定含量的 C_4)。

有些 FCC 气体分馏单元会将稳定塔的汽油产品进一步分离成轻、重汽油，本模型中暂不包括这个额外的汽油分离单元。此外，大多数装置均含有水洗涤系统或注水系统，以控制导致腐蚀的酸性化合物的存在；注水位置通常是在塔顶富气体压缩机的级间。在进入气体分馏单元塔设备之前，大部分的注入水会离开工艺物流。这些洗涤水对本工艺的整个模拟影响甚微，所以本模型暂不涉及。

4.3 化学工艺

FCC 装置的进料原料是由长链烷烃、单环及多环环烷烃和大量的芳烃化合物所构成的复杂混合物。模型中不可能列出每个分子在 FCC 装置提升管中所有的反应，但是可以根据反应物和产物的类型、催化剂活性的影响和产品分布的贡献，将反应分为五种不同的反应类型。一般地，催化裂化反应是烃分子与催化剂的酸性位点结合形成正碳离子而发生的，然后该正碳离子再经历裂化反应(产生更小的分子)、异构化反应(分子重新排列)和氢转移反应(以生成芳烃化合物)。表 4.1 给出了关键反应类型简要描述及反应通式。

最重要的反应类型是裂化反应(反应类型 1)、异构化反应(反应类型 2)和氢转移反应(反应类型 3)[1,6,7]。

表 4.1 关键反应类型及简要描述

简要描述	关键反应的反应通式
反应类型 1：裂化反应	
烷烃裂解为烯烃和更小的烷烃	$C_{m+n}H_{2[(m+n)+2]}\rightarrow C_mH_{2m+2}+C_nH_{2n+2}$
烯烃裂解为更小的烯烃	$C_{m+n}H_{2(m+n)}\rightarrow C_mH_{2m}+C_nH_{2n}$
芳烃侧链断裂	$Ar-C_{(m+n)}H_{2(m+n)+1}\rightarrow Ar-C_mH_{2m-1}+C_nH_{2n+2}$
环烷烃裂解为烯烃和更小的环烷烃	$C_{m+n}H_{2(m+n)}$(环烷烃)$\rightarrow C_mH_{2m}$(环烷烃)$+C_nH_{2n}$(烯烃)
反应类型 2：异构化反应	
烯烃双键转移	$x-C_nH_{2n}\rightarrow y-C_nH_{2n}$($x$ 和 y 表示不同烯烃)
烯烃异构化	$n-C_nH_{2n}\rightarrow i-C_nH_{2n}$
烷烃异构化	$n-C_nH_{2n+2}\rightarrow i-C_nH_{2n+2}$
环己烷转为环戊烷	C_6H_{12}(环烷烃)$\rightarrow C_5H_9-CH_3$(环烷烃)
反应类型 3：氢转移反应	
烷烃和烯烃转为芳烃和烷烃	C_nH_{2n}(环烷烃)$+C_mH_{2m}$(烯烃)$\rightarrow ArC_xH_{2x+1}$(芳烃)$+C_pH_{2p+2}$(烷烃) (其中，$x=m+n-6-p$)

续表

简要描述	关键反应的反应通式
反应类型 4：脱氢和脱烷基化反应(催化剂被污染)	
金属催化生成芳烃和轻烃❶	$i\text{-}C_nH_{2n-1}+C_mH_{m-1}\rightarrow Ar+C_{(n+m-6)}H_{2(n+m-6)}$ $n\text{-}C_{2n}H_{2n+2}\rightarrow C_nH_{2n}+H_2$
反应类型 5：芳环缩合反应	
单核芳烃缩合为多核芳烃	$Ar\text{-}CHCH_2+R_1CH\text{-}CHR_2\rightarrow Ar\text{-}Ar+H_2$

反应类型 4 和反应类型 5 是人们不愿看到的，因为它们主要生成了氢气或焦炭。裂化反应(反应类型 1)是生成轻质气体、液化石油气(LPG)($C_3\sim C_4$)和柴油中长链烷烃化合物的主要路径。反应类型 1 也生成了一些存在于产品中的较轻的芳烃组分。当催化条件不存在时(例如，催化剂污染、堵塞或高温条件)，热裂解过程将占主导作用，其促使了低级裂化反应，其反应趋向于产生大量的干气组分(C_1、C_2)并会导致更多的焦炭产物[1,6]。此外，过度的热裂解反应是一个不经济的操作方案。

异构化反应(反应类型 2)是生产汽油中的高辛烷值组分的重要途径。这类反应对于生产汽油产品中的高辛烷值组分至关重要。此外，由于丁烷的异构化反应，我们发现了更有价值的异丁烯组分。异构化反应类型生成异构烷烃还降低了柴油产品的浊点[1]。

氢转移反应(反应类型 3)是可以提高汽油收率和稳定性(通过降低烯烃含量)的一类反应，但也降低了产品的整体辛烷值。这类反应产生了具有低辛烷值的烷烃和芳烃。另外，氢转移反应会消耗液化石油气或汽油轻端组分中的烯烃，而且是不可逆的[8]。

脱氢反应(反应类型 4)是催化剂上存在如镍、钒等金属的结果。催化剂上的金属位点促进了脱氢反应和脱烷基化反应，这些反应趋向于产生大量的 H_2 和具有低辛烷值的烷烃组分。

结焦过程是一系列复杂的反应，包括烯烃聚合反应和芳环缩合反应(反应类型 5)。当装置操作处于非最佳温度(通常小于 850℉或 454℃，或大于 1050℉或 566℃)或进料原料中含有大量的渣油、循环焦炭或烯烃时，积炭反应将占主导地位[8]。

4.4 文献综述

本文将 FCC 建模相关文献分为两大类：动力学模型和单元级模型。动力学模型关注在 FCC 装置提升管或反应器部分所发生的化学反应，并且试图将进料原料量化为由化合物组成的混合物，以描述从一种化合物到另一种化合物的反应速率。相比较而言，单元级模型则包含了若干个子模型，以考虑现代 FCC 装置的集成特性。基本的单元级模型包括提升管(或反应器)、再生器及催化剂输送部分子模型。提升管需要一个动力学模型来描述化合物间的转化，再生器包含另一个动力学模型来描述催化剂烧焦过程。单元级模型同时考虑了提升管与再生器之间的热平衡。

4.4.1 动力学模型

根据构成模型的化合物对动力学模型进行分类。在通常情况下，这些化合物或者“集总

❶ 原著有误，译者注。

组分"是馏分集总(或收率集总)、分组的化学集总和完整的化学集总。早期的动力学模型完全是由收率集总组成，表示的是从 FCC 单元后续主分馏塔所收集的产品。图 4.4 展示了 Takatsuka 等[9]基于收率集总的典型动力学模型。相关文献已报道许多类似的模型，主要区别是集总数目的不同。这些模型包含了少则 2[10]~3[11]种集总，多则 50 种集总[12]。注意，有更多集总模型并不一定比有较少集总模型预测能力强。

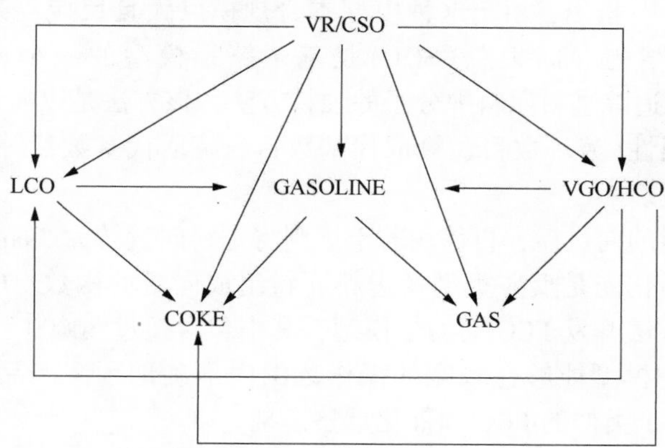

图 4.4 Takatsuka 集总模型[9]

第二类动力学模型考虑了化学类型集总和馏分集总(或收率集总)。例如，Jacob 等[13]提出了一种流行的 10-集总模型(见图 4.5)，包括了焦炭及轻端组分(C)、汽油(G，C_5~221℃)、轻烷烃 P_I、重烷烃 P_h、轻环烷烃 N_I、重环烷烃 N_h、轻芳烃 P_I、重芳烃 A_h、带支链的轻芳烃 CA_I及带支链的重芳烃 CA_h。下标"I"表示馏程为 221~343℃的"轻"集总，下标"h"表示沸点在 343℃以上的"重"集总。

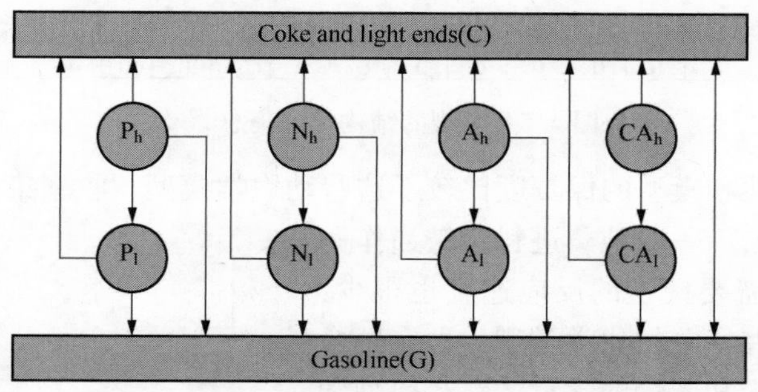

图 4.5 Jacob 等[13]提出的 10-集总模型

这种集总动力学模型的主要优势是可以用各种实验技术来测量集总的组成。此外，使用这种模型所产生的速率常数对进料和工艺条件的变化较不敏感[14]。该模型已成为包含更多化学类型模型的基础。Pitault 等[15,16]开发了包括若干个烯烃集总的 19-集总模型，Saleh 等[61]利用 6-集总收率模型来研究 FCC 装置的优化，徐春明等[62]提出了 8-集总动力学模型来研究 VGO 的催化裂化。在 2014 年，徐春明等[63]提出了一个 22-集总动力学模型来研究催化裂化石脑油的加氢异构化和加氢芳构化反应，AspenTech[17,18]开发了 21-集总模型以处理更重和具有更多芳烃的原料。本文将用此模型来建立 FCC 装置中的反应单元，在第 4.5.2 节中详细讨论该 21-集总模型。

许重盛等[6]指出"通过自上而下的路径所开发的集总动力学模型的外推能力是有限的"。为了解决这个问题，许多研究者基于涉及数千种化学物质的化学第一原理开发了复杂反应的方案。我们可以将它们分为机理模型和路径模型。机理模型可以追踪在 FCC 过程中出现的化学中间体，如离子和自由基。过渡态理论有助于量化催化剂表面的反应物与生成物的吸附、反应及解吸的速率常数。Froment 等[19]率先在炼油厂使用了这种模型，并开发了减压蜡油催化模型。许重盛等[6]指出，由于这种模型本身规模巨大且反应复杂，因此使用该模型具有一定的挑战性。结构导向集总(SOL)是基于路径模型的一个典型案例。Quann 和 Jaffe[20,21,22]开发了一种追踪进料原料中分子的独特方法，该方法是以向量形式追踪每个分子的不同组成及其结构属性(芳环数目、氮取代基数目、硫取代基数目等)。图 4.6 展示了一些样本分子的典型向量。

当开发完进料原料的向量后，再使用若干规则将进料向量转为产品向量的反应路径。这些反应的速率常数和活化能是反应类型及进料原料组成向量的函数。Christensen 等[23]讨论了运用结构导向集总方法开发 FCC 动力学模型，其中包含超过 30000 种化学反应和 3000 个分子种类。由此得到的模型能够在较宽的操作范围内准确地预测产品收率、组成及质量。Klein 及同事[24]也开发了类似的 FCC 和催化重整模型。

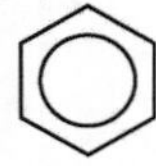

A6	A4	A2	N6	N5	N4	N3	N2	N1	R	br	me	IH	AA	NS	RS	AN	NN	RN	NO	RO	KO
1	0	0	0	0	0	0	0	0	0	0	0	0	0	0	0	0	0	0	0	0	0

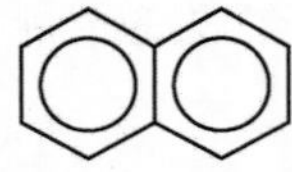

A6	A4	A2	N6	N5	N4	N3	N2	N1	R	br	me	IH	AA	NS	RS	AN	NN	RN	NO	RO	KO
1	1	0	0	0	0	0	0	0	0	0	0	0	0	0	0	0	0	0	0	0	0

图 4.6 典型的结构导向集总[20]

图 4.7 基于复杂性和模型的保真度比较了这些动力学模型。收率集总模型具有最低的复杂度和需要最少的数据，一般地，进料会被当作一个单独的集总，并且需要校正的反应速度也很少；化学集总模型需要掌握集总的化学类型，即在每个馏分中的烷烃、环烷烃和芳烃的含量；路径模型和机理模型均需要进料原料的详细分析数据，以便进行分子表征。此外，路径模型和机理模型都需要更多的数据来校正众多的动力学参数[6]。

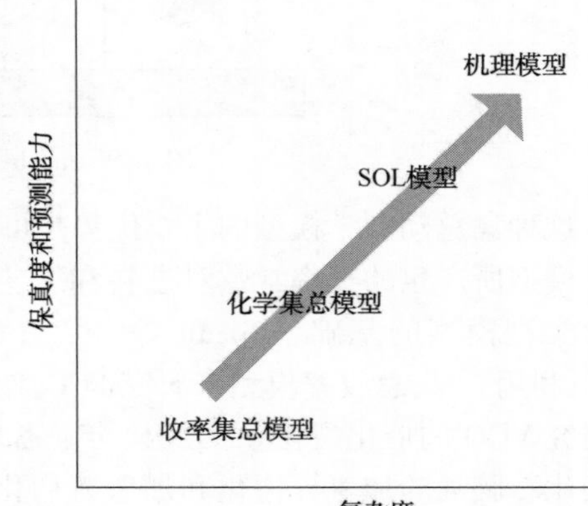

图 4.7 动力学模型概括

4.4.2 单元级模型

表 4.2 比较了 FCC 全流程建模的一系列已发表的文献资料(自 1985 年以后)，该表并不包括将提升管性能与实验数据(或装置数据)进行比较的内容，但包括那些作者使用已发表的数据、实验数

据(或装置数据)与 FCC 全流程模型的预测结果进行对比的工作。Lee[10]、McFarlane[3]及 Arbel[2]等的工作为后来的学者提供了许多动态模型和过程控制相关模型的基础。这些研究集中于 FCC 装置的最佳控制策略和动态响应。很少有文献使用数据将 FCC 装置的稳态操作与收率及产品性质的详细预测结果进行对比。值得注意的是，Fernandes 等[33]用三年时间研究了一套工业化 FCC 装置，并对装置的性能给出了很好的预测。然而，这项工作并不包括对产品质量及组成的任何详细预测。Fernandes 等[35]的另一项研究工作表明了进料和操作条件[如焦炭组成、剂油比、进料残炭(CCR)、空油比及再生器烧焦方式等]是如何诱发多个稳态并影响一般装置的控制策略的。

表 4.2 已发表的与集成 FCC 建模相关文献

Reference	Application	Kinetics	Property predictions	Fractionation modeling	Validation data	Integration with production planning
Lee et al. [10]	Dynamic/ process control	3-Lump	None	None	None	None
McFarlane et al. [3]	Dynamic/ process control	2-Lump	None	None	None	None
Arbel et al. [2]	Dynamic/ process control	10-Lump	None	None	Literature	None
Khandalekar et al. [5]	Dynamic/ process control	3-Lump	None	None	Literature	None
Kumar et al. [25]	Steady state	10-Lump	None	None	Literature	None
Chitnis et al. [1]	Dynamic/ online optimization	4-Lump	None	None	Literature	None
Ellis et al. [26]	Dynamic/ process control	10-Lump	Light gas composition (C_1~C_4), RON/MON of gasoline products	None	Literature	None
Secchi et al. [27]	Dynamic	10-Lump	None	None	Industrial(dynamic)	None
Mo et al. [28]	Steady state/ online optimization	NA	Extensive properties of all key products	None	Industrial, pilot plant, and experimental	None
Elnashaie et al. [29]	Steady state	3-Lump	None	None	Industrial	None
Rao et al. [30]	Steady state	11-Lump	None	None	Industrial	None
Arajuo-Monroy et al. [31]	Steady state	6-Lump	Light gas composition	None	Industrial	None
Bollas et al. [32]	Dynamic/pilot plant process control	2-Lump	None	None	Pilot plant	None
Fernandes et al. [33]	Steady state/ dynamic	6-Lump	None	None	Industrial	None
Shaikh et al. [34]	Steady state	4-Lump	None	None	Pilot plant	None
This work	Steady state	21-Lump	Light gas composition, flash point, density of key products, and RON/MON	Main fractionator and associated gas plant	Industrial	Export model to LP-based planning tool

注：RON/MON=研究法辛烷值/马达法辛烷值。

FCC 装置的完整单元级模型包括几个不同颗粒度的子模型。现代 FCC 装置涉及复杂的动力学、热集成和流体动力学问题。研究人员必须研究开发关注于 FCC 操作特点方面的模型。采用计算流体动力学(CFD)研究提升管和再生器部分的复杂流体动力学是一个重要的专题。Zhang 等[65]采用计算流体动力学方法对带有底部提升环路混合器的重油提升管进行了建模，这些模型通常需要一些工艺的专利信息。本章的重点是开发一个可以预测关键输出变量的模型，例如 FCC 装置及其附属气体分馏单元的产品收率、产品性质及操作情况。据了解，流体力学和复杂的动力学对这些输出变量有着显著的影响[1]。然而，我们的目标是开发一个工程师可以根据有限的工艺数据进行使用和修改的模型。

Arandes[37]和 Han[38]等概括了单元级模型所需的关键子模型，使其能够为本项工作提供必要的模拟保真度。本章在表 4.3 中简要地概括这些子模型，并向读者介绍这两个文献中的详细方程和其他参考文献。

表 4.3　一个完整 FCC 单元进行基本模拟时所需的子模型

子　模　型	目　　的	单 元 操 作
提升管反应器	裂化原料，生产产品	假定稳态条件下的平推流反应器(PFR)操作 由于运行时间、催化剂焦炭及催化剂类型而造成积炭，使得催化剂活性减弱
汽提塔	移除吸附在催化剂上的烃类	充分混合的连续搅拌釜式反应器(CSTR)
再生器	燃烧存在于催化剂上的焦炭	焦炭的完全或部分燃烧反应 具有密相和稀相的鼓泡床反应器
进料汽化器	将进料汽化并送入提升管模型	具有两相闪蒸的加热器
阀门	控制由提升管(或反应器)到再生器的流量或压降	基于阀门压降的典型阀门方程
旋风分离器	从烃类和反应生成气体中分离出固体	简单的组分分离器

现代 FCC 装置及催化剂能够使提升管部分具有很高的转化率。由于原料转化为产品过程在提升管内即可完成，所以我们无须额外的位置进行原料转化。有些装置的原料转化可能会发生在提升管以外的其他位置[39,40]，但本文的讨论范围仅限于最常见的装置类型。

4.5　Aspen HYSYS Petroleum Refining FCC 模型

Aspen HYSYS Petroleum Refining FCC 模型依赖于一系列子模型来模拟完整的操作单元，并同时满足提升管与再生器之间的热平衡。需要注意的是其配置与表 4.3 所列出的基本模型类似。本章在表 4.4 中概括了 Aspen HYSYS Petroleum Refining 子模型，并在下文中着重介绍了一些主要特性(见图 4.8)。

表 4.4　Aspen HYSYS Petroleum Refining FCC 子模型概括[6]

子　模　型	目　　的	单 元 操 作	注 意 事 项
提升管 (可以存在多个)	使用 21-集总将原料转为产品	平推流反应器修正模型	允许任何倾斜角度 由于存在固相和气相，压降为组合压降 由于催化剂上存在动力学焦和金属焦，催化剂活性减弱 利用滑移系数关联式(气相与固相间的速度之差)来估算混合物密度
反应器/汽提塔	进料完全转化及移除吸附的碳氢化合物	具有两相的鼓泡床反应器	对于低催化剂停留的装置，切换到流化床反应器模型

续表

子 模 型	目 的	单 元 操 作	注 意 事 项
再生器	燃烧催化剂表面的焦炭	具有两相的鼓泡床反应器	空气或富氧下焦炭燃烧的动力学模型[41]
再生器稀相区	焦炭完全燃烧	平推流反应器简捷模型	额外的动力学用以匹配工业装置性能[42]
旋风分离器	从烃类和反应生成气体中分离出固体	两相压降计算	压降是由固相和气相压降的组合
离散组分	将集总组成转为基于实沸点的虚拟组分，以适用于分馏单元	—	将动力学集总的化学信息作为虚拟组分的属性 使用已知的动力学将轻质气体集总额外的离散为 $C_1 \sim C_4$ 组分

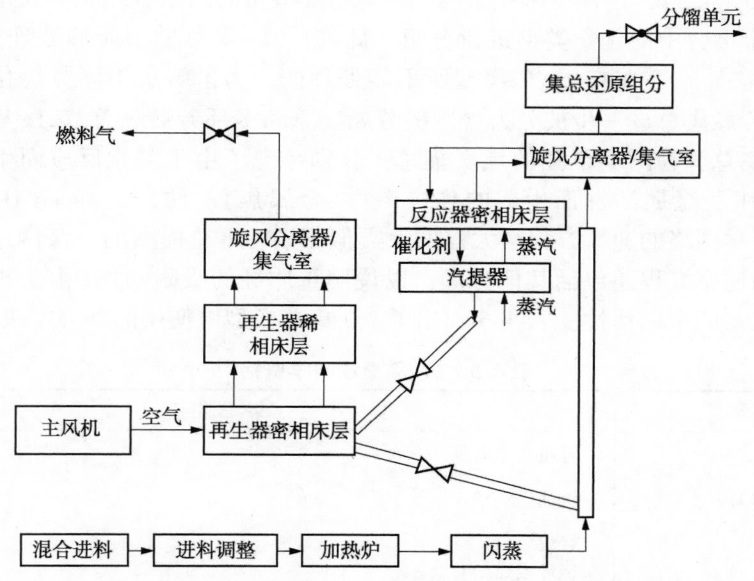

图 4.8 构成 Aspen HYSYS Petroleum Refining FCC 模型的主要子模型[6]

4.5.1 滑动系数及平均空隙率

在 FCC 提升管模型中，一个重要的问题是如何计算提升管中的滑动系数 ϕ 和平均空隙率 ε。滑移系数简单地定义为气体速度与催化剂颗粒速度之比。滑动系数在确定反应停留时间方面起着重要作用，因此它会影响提升管的总转化率。Harriot 描述了大多数 FCC 提升管的滑动系数范围为 1.2~4.0，但同时也表示并没有可靠的关联式可用来预测[44]。前人使用了多种方法，包括恒定滑动系数法[45]、多滑动系数法[46]和关联式法[47]。另一种方法是包括气相和催化剂相的附加动量平衡方程法[48]。该方法允许使用者直接计算每个相的速率分布和提升管中的整体压降。

Aspen HYSYS 使用了一个基于充分流动(远离催化剂颗粒加速区)的自定义关联式，其考虑了提升管倾斜的各种角度。本文提出与 Bolkan-Kenny 等[47]相似的关联式——式(4.1)，使用了无因次的弗劳德数(Fr)，见式(4.2)、式(4.3)。该关联式本质上是提升管直径 D、重力常数 g、表观气体速度 u_0 及催化剂颗粒末端沉降速度u_t的函数。

$$\varphi = 1 + \frac{5.6}{Fr} + 0.47 Fr_t^{0.41} \tag{4.1}$$

$$Fr = \frac{u_0}{\sqrt{gD}} \tag{4.2}$$

$$Fr_t = \frac{u_t}{\sqrt{gD}} \tag{4.3}$$

4.5.2 21-集总动力学模型

Aspen HYSYS Petroleum Refining 的 21-集总动力学模型与 Jacob 等[13]开发的的 10-集总模型相类似(见图 4.5)，该模型采用了与 10-集总模型相同的基本结构和反应路径，将集总按照馏程和每个馏分中的化学类型进行分组。此外，21-集总模型能够处理重质原料(沸点高于 510℃)，这是原始的 10-集总模型所不能处理的。为了解决不同芳烃化合物在反应活性上的差异，芳烃集总进一步被分为含侧链芳烃集总和多环芳烃集总。21-集总模型还把原始的单一焦炭集总分为两个单独的焦炭集总，分别考虑了由于裂化反应而生成的焦炭产物(动力学焦)和由于金属活性而生成的焦炭产物(金属焦)。注意，Aspen HYSYS Petroleum Refining 中动力学网络的速率方程很大程度上类似于 10-集总模型的一级网络中的方程，而 21-集总模型的速率方程还包括其他方面，以说明重质烃的吸附功能(由于扩展了集总的沸点范围)和催化剂的金属活性。表 4.5 列出了 21-集总模型中使用的动力学集总。

表 4.5 21-集总动力学概括[6]

馏 分	集总组分
<C_5	轻质气体集总
C_5~221℃	汽油
221~343℃(减压蜡油)	轻烷烃(PL) 轻环烷烃(NL) 带侧链的轻芳烃(ALs) 单环轻芳烃(ALr1) 双环重芳烃(ALr2)
343~510℃(重减压蜡油)	重烷烃(PH) 重环烷烃(NH) 带侧链的重芳烃(AHs) 单环重芳烃(AHr1) 双环重芳烃(AHr2) 三环重芳烃(AHr3)
510+℃(渣油)	渣油烷烃(PR) 渣油环烷烃(NR) 带侧链的渣油芳烃(ARs) 单环渣油芳烃(ARr1) 双环渣油芳烃(ARr2) 三环渣油芳烃(ARr3)
焦炭	动力学焦(由裂化反应产生) 金属焦(由催化剂表面金属活性产生)

我们可以通过 GC/MS、^{1}H NMR、^{13}C NMR、HPLC 和 ASTM 等方法直接获得进料的集总组成。然而，考虑到原料性质的不断变化，这些方法对于炼厂来说并不实用。Aspen HYSYS Petroleum Refining 包含了一种能够通过使用常规采集的数据，并根据现有的原料分析推断出进料组成的方法。进而，我们开发了一种替代的方法来推断进料组成，并在第 4.8 节中详细介绍了此方法。

4.5.3　催化剂失活

FCC 单元级模型中另一个重要的考虑因素是催化剂的失活，因为催化剂在 FCC 装置中不断地被循环使用。以前的研究工作采用了两种不同的方法来模拟催化剂活性：运行时间和催化剂表面焦炭[49]。由于 21-集总包括了动力学焦和金属焦两个集总，所以本文使用催化剂表面焦炭的方法来模拟催化剂的失活。此外，本次模拟还给出了在动力学网络中催化剂上焦炭平衡的速率方程。由于结焦，一般的催化剂失活方程 ϕ_{COKE}见式(4.4)。

$$\phi_{COKE}=\phi_{KCOKE}\phi_{MCOKE}=\exp(-\alpha_{KCOKE}C_{KCOKE})\exp[-\alpha_{MCOKE}C_{MCOKE}f(C_{METALS})] \tag{4.4}$$

式中　α_{KCOKE}——动力学焦的活性因子；

C_{KCOKE}——催化剂上动力学焦的浓度；

α_{MCOKE}——金属焦的活性；

C_{MCOKE}——催化剂上金属焦的浓度；

C_{METALS}——催化剂上金属的浓度。

4.6　Aspen HYSYS Petroleum Refining FCC 模型校正

鉴于 FCC 装置加工原料的多样性，只采用单套组动力学参数在工业上不可能提供准确、有用的收率及性质预测。此外，催化剂的变化也可能会显著地改变收率分布。因此，有必要对基础模型进行模型校正。表 4.6 列出了 FCC 模型的关键校正参数。本文根据它们对模型预测的影响进行了分组。

表 4.6　FCC 模型关键校正参数

参数类型	校正参数
整体反应选择性	生成 C(焦炭集总)的选择性 生成 G(汽油集总)的选择性 生成 L(蜡油集总)的选择性
轻质气体组分(C_1~C_4)的分布	生成 C_1~C_4 轻质气体的选择性
失活	考虑平衡催化剂(ECAT)的金属含量和活性因子
设备和工艺条件	再生器焦炭燃烧生成 CO/CO_2 的活性

Aspen HYSYS Petroleum Refining 包括一套基本的动力学数据和校正参数，适用于各种进料原料和催化剂类型。本文以此为基础，将模型校正到特定的操作方案中。由于进料集总的化学性质基本确定，校正过程仅会使校正参数的值产生微小的变化。如果基础值发生了显著的改变，则可能会导致“过度校正”，并将模型限制在一个特定的操作范围内。即使对输入变量进行细微修改，“过度校正”模型也会给出较差的预测结果。跟踪校正因子的这些变化

并确保它们合理是至关重要的。校正过程中的关键步骤如下：

(1) 获得一组能够完整定义 FCC 装置操作及其相关产品收率的基础数据或参考数据。表 4.12 列出了本次模拟用于校正的相关数据。

(2) 使用实验测得的液相产品化学组成(或使用第 4.8 节中给出的方法进行估算)来计算 FCC 单元预期生成物的动力学集总组成。

(3) 改变生成焦炭集总(动力学焦和金属焦)、汽油(G 集总)和 VGO(PH，NH，AHs，AHr1，AHr2 及 AHr2 集总)反应路径(3 个参数)的反应选择性、失活活性因子(2 个参数)及焦炭燃烧活性(1 个参数)，使得模型对动力学集总组成的预测值与步骤(2)中的动力学集总组成测量值(或估值)相一致。

(4) 改变轻质气体的分布选择性(最少 2 个参数——C_1 与 C_2 的比值以及 C_3 与 C_4 的比值)以匹配炼厂干气和液化气的总轻质气体组成的测量值。

(5) 在校正完成后，确认总物料平衡和能量平衡保持不变。

在 Aspen HYSYS 中，我们可以同时修改步骤(3)和步骤(4)中的参数，以便简化校正过程。注意，如果初始动力学参数已经从多种来源得到了回归，那只需要稍微调整校正参数便足以匹配典型的工厂操作。在本次模拟中，校正参数的范围是初始校正参数值的 0.5~1.5 倍。

4.7 分馏单元

分馏单元采用包括 Aspen HYSYS 在内的主流模拟软件所使用的标准双迭代法[50]计算(如第 2.4.4 节所述)，该方法具有收敛鲁棒性和设计规定的灵活性。在建立分馏模型的过程中，所面临的一个重要问题是是否使用单独的塔板效率，如第 2.4.2 节中式(2.9)和式(2.10)中所定义的默弗里效率。读者应该注意避免混淆一个与之相关的概念——全塔效率。全塔效率是指模拟中使用的理论塔板数与实际塔板数之间的比值。例如，对一个具有 20 块实际板数的精馏塔，我们使用只有 10 块理论塔板数的模型去模拟它，此时该塔的全塔效率即为 10/20=0.50。需要注意的是，在模拟时我们假设操作中的每一块塔板均处于理想的热力学汽液平衡状态。

第 2.4.3 节详细讨论了精馏塔模拟时采用默弗里效率违反了汽液平衡约束，并会对逐板模型给出不正常且非真实的预测结果。Kister[50]和 Kaes[51]都不建议使用板效率模型，并警告：使用这些效率系数可能会使模型丧失预测能力，并且可能会使模型无法正常收敛。本次模拟将采用全塔效率概念建立所有精馏塔的严格模型。Kaes[51]已经证明了 FCC 气体分馏单元中的精馏塔采用全塔效率进行模拟是合理的。表 4.7 给出了 FCC 精馏塔的理论塔板数及其效率。我们通过理论塔板数与实际塔板数之比得到了塔的全塔效率。例如，主分馏塔一般有 30~40 块实际塔板，我们发现使用 12~16 块理论塔板数便能满足建模的目的，因此，其全塔效率的范围为 40%~50%。本文使用多套工艺设计数据中的典型实际塔板数范围计算出了其他塔的全塔效率，并列于表 4.7 中。

实际上，我们可以先建立与 FCC 模型并不相连的分馏塔初步模型。在此，本文按照图 4.9 所示的“反推合成法”(第 2.8 节中的演示案例)过程从已知的一组产品收率数据中反推得到反应器生成物(或主分馏塔进料)[51]。这个过程要求掌握FCC装置所有关键产品的收率及其组成、反应器的原料进料量及其他额外进料量(如蒸汽)。另外，我们使用轻端产品的组成和液相产品的蒸馏曲线来重构反应器生成物，以此作为主分馏塔的进料。本文将该生成物作为初步分馏模型的进料，并获得“反推合成法”产品。这个过程有两个优势。首先，可以验证分馏模型准确地反映了装置操作。我们通过准确预测产品收率、装置与模型液相产品蒸馏曲线较好的重叠、装置与模型气体组成(干气、液化气)的一致性以及装置与模型塔的温度分布具有较小偏差来验证分馏模型。其次，该过程可以缩短建模的时间，因为它可以同时对催化裂化反应单元和分馏单元进行建模。

在本次模拟中，分馏单元校正是指调整每一段(在主分馏塔中)的理论塔板数或是与进料位置间理论塔板数的过程。本文使用了表4.7中所给出的一组初始规定和效率来计算塔模型。在通常情况下，只需要通过增加或删除几块塔板来校正塔模型，便可实现与工厂操作情况相一致。一旦使用初始规定收敛了塔模型，便可以基于切割点和塔板温度来改变塔的规定(尤其是对主分馏塔)。Kaes[51]描述了一个类似的过程。表4.8概括了初始规定和最终规定。

表4.7 FCC分馏单元的理论塔板数及其效率

分馏单元	理论塔板数/块	全塔效率/%
主分馏塔	13~17	40~50
主吸收塔	6~10	20~30
主汽提塔	12~15	40~50
再吸收塔	3~8	20~25
汽油稳定塔	25~30	75~80
液化石油气(C_3/C_4)分离塔	25~30	75~80

资料来源：由G. L. Kaes提供。

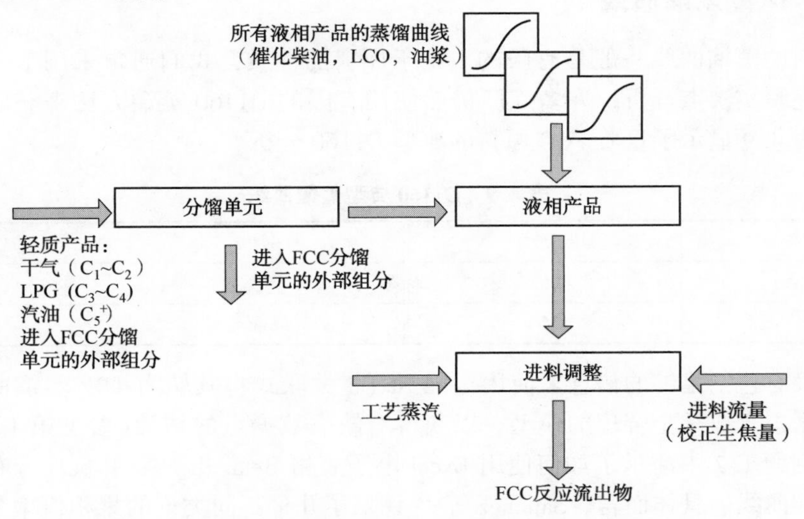

图4.9 通过“反推合成法”产品来重构FCC反应生成物

表 4.8 初始规定和最终规定

分馏单元	初始规定	最终规定
主分馏塔	所有中段回流的采出量和返回温度(或是温度变化值) 所有产品的采出量 塔底温度 冷凝器温度	塔顶温度 石脑油产品采出的切割点温度 中段回流的热负荷 塔底温度 冷凝器温度
主吸收塔	无	无
主汽提塔	无	无
再吸收塔	无	无
汽油稳定塔	回流比(约 2.0) 塔顶采出流量	汽油产品中正丁烷的百分含量或雷德蒸汽压(RVP) 塔顶温度或塔顶 C_5^+ 含量
液化石油气稳定塔	回流比(3.0 左右) 塔顶采出流量	再沸器温度或塔底温度 塔顶 C_4 百分含量

4.8 映射进料信息为动力学集总

Aspen HYSYS Petroleum Refining 具有将有限的进料信息(蒸馏曲线、密度、黏度、折光率等)转为单元级 FCC 模型所需的动力学集总的方法。在本节中，我们基于已发表的文献所提供的数据和方法提出了一种替代方法，扩展了 Bollas 等[52]的工作，从有限的工艺数据中推断出动力学集总组分。该方法使用一定的技术来归一化蒸馏曲线，再将蒸馏曲线切割为馏分集总，并推断出每个馏分集总的组成。本文使用 Microsoft Excel 电子表格开发了所有的这些技术，这些电子表格可在 Wiley 官方网站下载(关注微信公众号“马后炮化工”或“智能炼厂”下载)。

4.8.1 拟合蒸馏曲线

FCC 进料的蒸馏曲线一般是有限的。鉴于原料的性质，我们通常采用 D-2887/SimDist 方法来获得完整实沸点分析。许多炼厂仍然使用有限的 D1160 蒸馏方法来获取蒸馏曲线的一些信息。表 4.9 显示了重质 FCC 原料的典型 D1160 分析。

表 4.9 D1160 典型蒸馏曲线

收率/%	温度/℃	收率/%	温度/℃
0(初馏点)	253	50	453
10	355	73(终馏点)	600

该曲线没有包括足够的信息来使用标准 ASTM 关联式将其转为 TBP 蒸馏曲线。我们必须将这些数据拟合成一个合理的模型，以获得对缺失数据点的估计(参见第 1.4 节)。前文在第 1.4 节例题 1.2 中演示了如何使用 Excel 电子表格 Beta.xls，采用 beta 分布函数来推断不完整的蒸馏曲线。具体而言，Sanchez 等[53]评估了几种不同类型的累积概率分布函数来拟合原油和石油产品的蒸馏曲线，结论是具有 4 个参数的累积 beta 函数能够表示广泛的石油

产品[53]。本文便采用此方法来扩展测量的部分蒸馏曲线。

Beta 累积密度函数在式(1.7)中已给出，现重新编号为式(4.5)：

$$f(x,\ \alpha,\ \beta,\ A,\ B) = \int_{A}^{x\leqslant B}\left(\frac{1}{B-A}\right)\frac{\Gamma(\alpha+\beta)}{\Gamma(\alpha)\Gamma(\beta)}\left(\frac{x-A}{B-A}\right)^{\alpha-1}\left(\frac{B-x}{B-A}\right)^{\beta-1} \tag{4.5}$$

式中 α 和 β——控制蒸馏曲线形状的正值参数；

Γ——标准 Gamma 函数；

A 和 B——参数设置馏程分布上的下限和上限；

x——归一化参数。

我们采用以下公式将所有温度在 0 和 1 之间归一化：

$$\theta_i = \frac{T_i - T_0}{T_1 - T_0} \tag{4.6}$$

式中 T_0 和 T_1——参考温度。在本次模拟中，选择 $T_0=250℃$，$T_1=650℃$。然后，我们使用每个归一化参数 x_i 及 α、β、A 和 B 四个参数的初值来应用累积 Beta 函数。如果估值准确，那么 β 函数的输出值一定接近于每个相应的 x_i。我们定义了如下误差计算公式：

$$RSS = \sum_{i=1}^{n}(x_{\exp,\ i} - x_i)^2 \tag{4.7}$$

$$AAD = \frac{1}{n}\sum_{i=1}^{n}\text{abs}(x_{\exp,\ i} - x_i) \tag{4.8}$$

式中 $x_{\exp,i}$——在蒸馏曲线中回收率测量值；

x_i——β 函数的输出值；

RSS——最小二乘之和；

AAD——平均绝对偏差。

我们现在使用 Microsoft Excel 电子表格中的规划求解方法来获取 α、β、A 和 B 的优化值。图 4.10 显示了这种拟合与使用对数正态分布[53]（有两个拟合参数）而不是 β 函数的对比结果。使用 β 函数，我们可以生成采用标准 ASTM 方法转为 TBP 时所需的温度和收率。

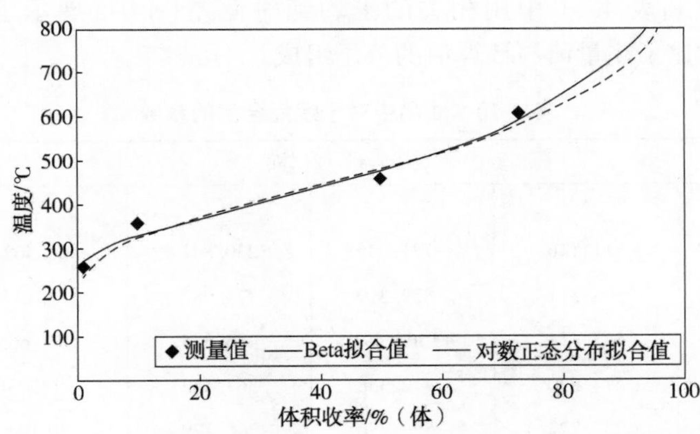

图 4.10 同一蒸馏数据采用 beta 分布和对数正态分布拟合结果的比较

4.8.2 推测分子组成

正如上文所述，我们必须通过给定的整体测量性质来推断出每个切割馏分中的烷烃、环烷烃和芳烃组成，以便将进料信息完全地映射为动力学集总。API(Riazi-Daubert)[54,55]是一种流行的化学组成关联式，见式(1.69)。在此将其重新编号为式(4.9)：

$$\%X_P(\text{或}\%X_N,\ \text{或}\%X_A)=a+b\cdot R_i+c\cdot VGC' \tag{4.9}$$

式中 X_P、X_N 和 X_A——烷烃(P)、环烷烃(N)和芳烃(A)的摩尔组成；

R_i——折光率；

VGC'——黏度重力常数(VGC)或是黏度重力因子(VGF′)；

参数 a、b、c——对每种不同分子类型(烷烃、环烷烃或芳烃)具有不同的值。

使用Riazi[55]关联式并不能为本模型提供足够准确的分子组成预测值，因为该关联式所涵盖的分子质量范围为200~600[55]。

本文提出了另一种关联式，式(4.10)及式(4.11)，通过将密度(SG)作为补充参数并为不同馏程提供不同的相关系数(a、b、c 和 d)，扩展了原始的Riazi[54,55]关联式。

$$\%X_P(\text{或}\%X_A)=a+b\cdot SG+c\cdot R_i+d\cdot VGC' \tag{4.10}$$

$$\%X_N=1-(X_P+X_A) \tag{4.11}$$

式中 X_P、X_N 和 X_A——分别代表烷烃(P)、环烷烃(N)和芳烃(A)的摩尔组成；

R_i——折光率；

VGC'——黏度重力常数(VGC)或是黏度重力因子(VGF)；

参数 a、b、c 和 d 对不同分子类型和馏程取不同的值。

对于轻石脑油、重石脑油、煤油、柴油和减压蜡油，本文总共使用了233个不同的数据点，其中包含实验室测得的化学组成和整体性质信息(蒸馏曲线、密度、折光率和黏度)。这些数据来自本研究项目6个月时间内各种装置测量值，以及炼厂可获得的各种轻、重原油分析数据(跨越数年)。

本文使用Microsoft Excel电子表格和规划求解方法来拟合参数 a、b、c、d 的值，使$\%X_P$和$\%X_A$的测量值与计算值之间的残差平方和最小。再通过求差来计算$\%X_N$，如式(4.11)所示。我们在表4.10和表4.11中用相关的平均绝对偏差(*AAD*)展示了数据回归的结果。图4.11~图4.13对比了测量值与计算值的分子组成。

表4.10 油品中对于烷烃含量的系数

	烷烃含量/%(体)				
	A	B	C	D	*AAD*
轻石脑油	311.146	-771.335	230.841	66.462	2.63
重石脑油	364.311	-829.319	278.982	15.137	4.96
煤油	543.314	-1560.493	486.345	257.665	3.68
煤油	274.530	-712.356	367.453	-14.736	4.01
蜡油	237.773	-550.796	206.779	80.058	3.41

表 4.11 油品中对于芳烃含量的系数

	芳烃含量/%(体)				
	A	B	C	D	*AAD*
轻石脑油	-713.659	-32.391	693.799	1.822	0.51
重石脑油	118.612	-447.589	66.894	185.216	3.08
煤油	400.103	-1500.360	313.252	515.396	1.96
煤油	228.590	-686.828	12.262	372.209	4.27
蜡油	-159.751	380.894	-150.907	11.439	2.70

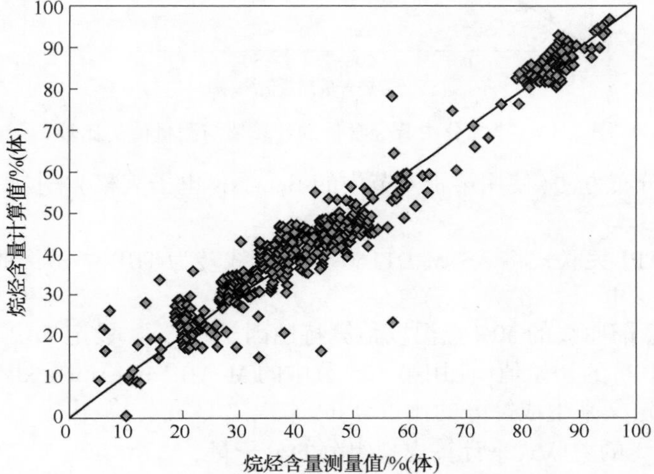

图 4.11 全馏分中烷烃含量的计算值与测量值的比较

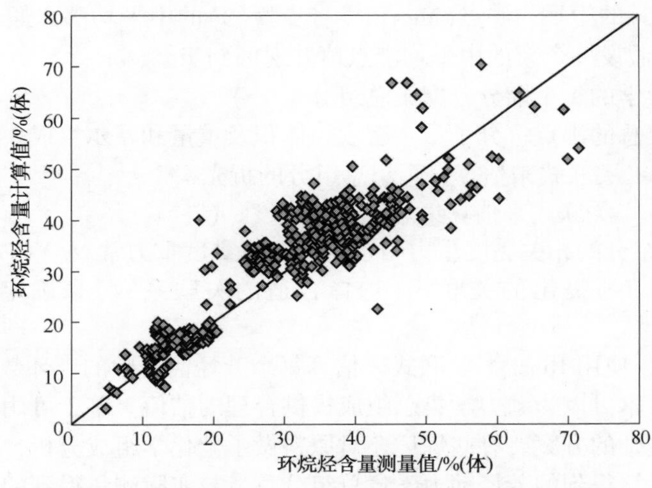

图 4.12 全馏分中环烷烃含量的计算值与测量值的比较

现在我们可以使用上述两种方法形成了一种使用有限的进料信息推断出集总组成的方法。该方法与 Bollas 等[52]的方法相似，但是，它对有限的数据集进行了一些修改。本文列出了该方法的一些关键技术(由 Bollas 等[52]方法发展而来的用＊标注)：

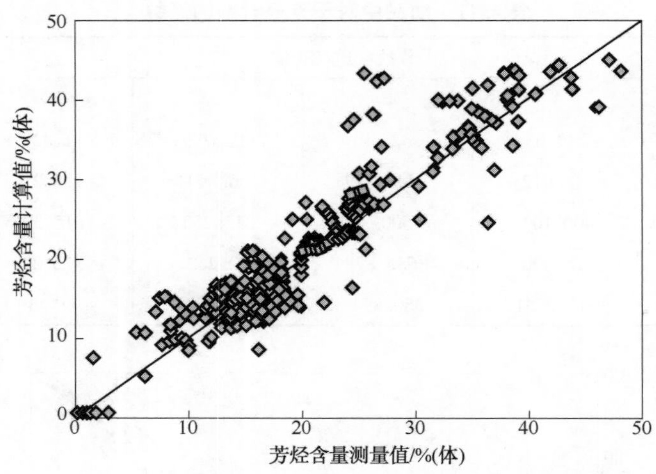

图 4.13　全馏分中芳烃含量的计算值与测量值的比较

(1) 使用 Beta 分布方法(使用第 1.4 节中的 Beta. xls 电子表格)来扩展部分 ASTM D1160 蒸馏曲线。(*)

(2) 使用标准 API 关联式将 ASTM D1160 蒸馏曲线转为 TBP[54]蒸馏曲线(使用第 1.3 节中的 ASTMConvert. xls 电子表格)。(*)

(3) 使用 TBP 蒸馏曲线的 50%点温度估算特性因子(K_W)。设定 TBP 的 50%点温度值作为中平均沸点(MeABP)的初始值(使用第 1.5 节中的 MeABP Interation. xls 电子表格)。

(4) 使用 K_W 的定义来生成馏分的比重分布。

(5) 使用 Riazi[55]的关联式来计算虚拟组分的分子量。

(6) 使用密度和分子量计算总馏分的体积平均沸点、立方平均沸点、摩尔平均沸点及中平均沸点(MeABP)[55]。

(7) 如果步骤(6)的中平均沸点(MeABP)与步骤(3)的中平均沸点假设值接近，则进入到步骤(8)。否则，假设一个新的中平均沸点值并返回到步骤(4)。

(8) 在集总动力学的每个馏分分配集总组分。(*)

(9) 计算每个集总的沸点、分子量、密度、体积及重量和摩尔组成。

(10) 使用 Goosen 关联式来估算每个集总组分的折光率[56]。

(11) 使用 Riazi[55]关联式来估算集总组分的黏度。(*)

(12) 计算集总组分的相关黏度重力因子(VGF)或黏度重力常数(VGC)[55]。(*)

(13) 使用上一节所提出的关联式(选择合适的关联系数)来确定集总组分的 PNA 组成。(*)

(14) 如果需要，使用 Riazi[55]关联式来估算每个芳烃馏分中的芳环数量。(*)

我们发现这项技术可以为动力学集总组成提供合理的估值。鉴于可用的数据有限，很难证明是否适用于更复杂的方案。有些炼厂还对原料做了全化学组成分析，包括对总芳烃含量的测量。通过上述计算得到的芳烃动力学集总组分总量与实际测量得到的芳烃含量通常是一致的。

4.8.3　动力学集总转化为分馏集总

将动力学集总组分再转化为建立严格分馏模型所需的分馏集总组分是一个重要问题。对于我们的模型，Aspen HYSYS 提供了一种将动力学集总组分转为用于建立分馏模型并基于沸点划分虚拟组分的方法。我们同样提出了一种替代技术，该方法与前文所述的开发方法具有相似的结果。从本质上来讲，我们必须将动力学集总组分转回 TBP 蒸馏曲线。将动力学集总组分转为基于沸点的虚拟组分的关键步骤如下：

（1）使用前文“反推合成法”概念，参考一组产品收率组成以形成催化裂化生成物的 TBP 蒸馏曲线。这些收率组成包括所有的液相产品，例如轻、重石脑油，轻、重循环油或柴油，催化油浆或澄清油。

（2）将累积 β 分布拟合到这个“反推合成法”参考的 TBP 蒸馏曲线上，并获得累积 β 分布拟合的最佳值。我们只计算一次这些初始参数值。

（3）运行模型以获得动力学集总组分的产品分布。

（4）以相反的方式应用第 4.8.2 节中的步骤(3)~步骤(13)。也就是说，我们从所涉及的动力学集总组分的已知 PNA 分布来获得每个馏分的 TBP 50%点温度。

（5）由于我们知道所有动力学集总组分的初馏点和终馏点(根据定义)，将这些点与计算的 50%点温度的 TBP 值相结合使用，以得到更新的 FCC 生成物的 TBP 蒸馏曲线。

（6）使用初始的累积分布参数集作为初始值，将新的累积 β 分布拟合至更新的 FCC 生成物的 TBP 蒸馏曲线。

（7）使用过程模拟软件中常用的方法将这个新的 TBP 蒸馏曲线切割为石油虚拟组分。此外，Riazi [55] 讨论了几种将 TBP 蒸馏曲线切割成适用于分馏模型的虚拟组分的策略。

4.9 整体建模策略

本模型主要依赖于炼厂正常运行时所收集的数据。FCC 联合装置建模的相关工作通常依赖于小试装置和实验数据。单独使用工厂运行数据来建立一个预测模型会更加困难，因为实际工厂生产过程中的进料质量或操作参数可能会发生突然改变，另外仪表精度不良或是仪表故障会导致测量结果的不准确或数据的不一致。Fernandes 等[33] 在他们工作的验证阶段遇到了类似的问题。图 4.14 概述了以下策略和具体实施方法。

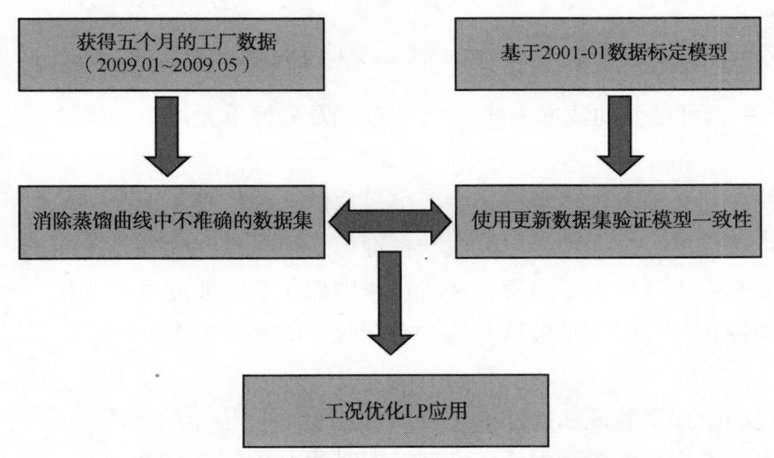

图 4.14 整体建模策略的具体实施过程

（1）获取装置数月内的连续运行数据。

① 整定多方面[分布式控制系统(DCS)、台账等]来源的数据(见表4.12)。

表4.12 用于建模及校正的常规监测性质

进　料	产　品	反应-再生部分	分馏单元
进料流量 蒸馏曲线 比重 康氏残炭(CCR) 硫含量(S) 金属含量(铁、钠、镍、钒) 饱和分、胶质、芳香分和沥青质(SARA)	收率 组成(对于轻端产品) 密度 RON/MON 闪点 硫含量	温度(进料、提升管出口、再生床层及烟道气) 压力 提升管/反应器和再生器间的压差 蒸汽用量 主鼓风机进风流量	温度分布 压力分布 采出量 中段回流流量及热负荷 规定点(通常是温度)

② 确保质量平衡及能量平衡来检查数据的一致性。

③ 当数据满足一致性时，接受数据。

④ 追踪数据的变化，以确保有多个操作方案(见图4.15)。

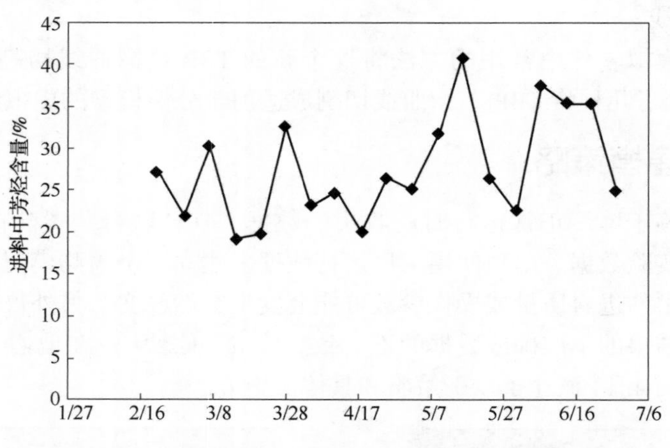

图4.15 追踪进料中芳烃含量以考察多个操作工况

(2) 使用第一套可接受的数据来建立FCC单元及分馏单元的初始模型。

(3) 校正。

① 最基本的校正是引入动力学网络中各类反应的选择性校正因子。

② 第一套可接受的数据通常足以改变选择性校正因子以匹配装置性能。

③ 用户可能会引入其他因子来解释装置操作中催化剂性能的显著变化。

④ 初始模型校正的收率结果应该与装置实际收率的偏差为1%~2%。

(4) 验证。

① 使用接受的数据来验证和追踪FCC单元及分馏单元模型的性能。

② 务必检查不考虑分馏单元中的塔模型精度时的FCC单元的收率。

③ 关键产品的预测收率通常是在以进料量归一化的基础上使得平均绝对偏差(AAD)保持在2%~3%。

（5）案例研究。

① 反应模型是用有限的装置数据校正的，因此在很宽范围内改变 FCC 装置的操作参数可能没有意义。然而，分馏单元可以在很宽的范围进行案例研究。

② 当工艺过程出现显著的变化时，需重新校正模型。

4.10 结果

我们根据亚太地区一套 800kt/a 催化裂化工业装置超过 6 个月的运行数据来评价这个模型，以最大化生产柴油和汽油为加工方案。图 4.16 显示了整个工艺的工艺流程图(PFD)。该模型的评价包括对整个反应器的收率，轻、重产品的组成以及气体分馏单元中关键设备的运行情况的比较。在一般情况下，该模型可以准确地预测各种进料条件下的产品收率和组成。

最重要的预测参数是反应器的所有产品收率。对所有产品收率的有效预测可使炼厂使用该模型研究不同种类的原料和操作条件，表 4.13 列出了产品收率的结果。最重要和最有价值的产品是液化气、汽油和柴油。本文使用基础工况的操作数据来校正模型。从整体收率来看，基础工况下的最大误差出现在对液化石油气和催化油浆的预测上。产品在所有验证工况(工况 1~工况 6)中的 AAD = 0.96%，该平均绝对偏差远远低于此前工厂收率预测 5%的水平。

另一组关键指标是 FCC 液体产品的燃料性质。炼厂关注的燃料性质包括密度、闪点(挥发性)、RON/MON(对汽油)、硫含量及芳烃含量。这是我们的模型与其他之前所发表的著作有所区别的一个方面。第 4.8 节中讨论了一种将动力学集总组分转为分馏集总组分的方法，该方法不仅可以让用户直接观察到结果，而且还可以看到反应条件对分馏性能的影响。使用分馏模型可以计算出液相产品的蒸馏曲线。图 4.17、图 4.18 展示了验证工况 1 的蒸馏曲线。在一般情况下，该模型预测的 D86 曲线的关键点(5%、95%)在装置允许的误差范围内。该预测需要进一步改进的是精确测量主分馏塔中的每个中段回流量和中段回流的热负荷，但这些数据日常并不测量。

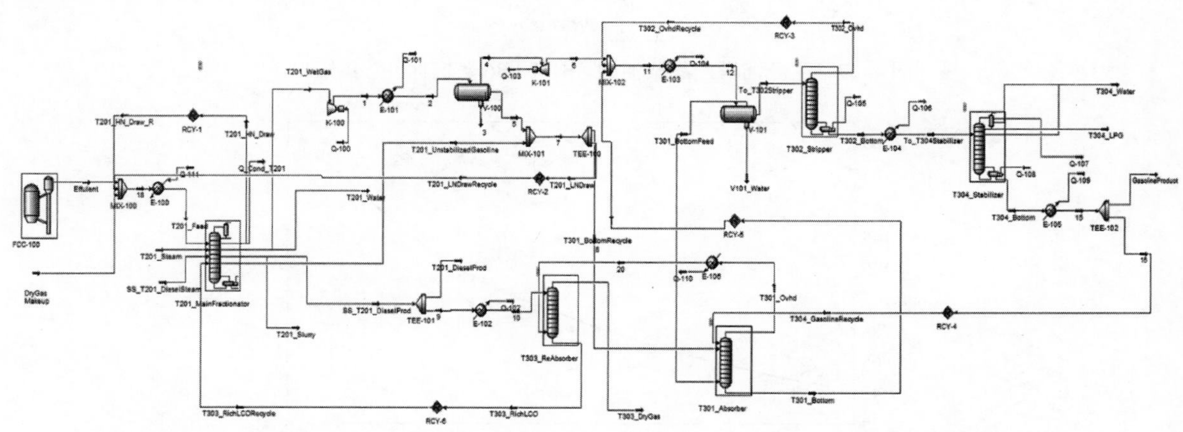

图 4.16 Aspen HYSYS 全流程模型——FCC 反应单元及相关气体分馏单元

表 4.13　产品收率结果(AAD=0.96%)

质量收率/%	工况 1		工况 2		工况 3	
	模型	装置	模型	装置	模型	装置
汽油	43.3%	41.9%	43.3%	44.2%	40.1%	39.5%
柴油	24.6%	23.7%	21.6%	22.0%	25.6%	25.2%
LPG	18.5%	20.1%	17.9%	19.9%	19.1%	21.1%
干气	4.9%	4.4%	5.0%	4.2%	4.7%	4.1%
催化油浆	1.4%	4.0%	5.5%	3.8%	4.5%	3.9%
焦炭	7.3%	5.9%	6.7%	6.0%	6.0%	6.3%
质量收率/%	工况 4		工况 5		工况 6	
	模型	装置	模型	装置	模型	装置
汽油	41.5%	41.2%	44.1%	44.2%	40.8%	41.2%
柴油	24.7%	24.6%	20.8%	20.9%	24.3%	24.5%
LPG	19.3%	21.6%	17.8%	20.6%	18.6%	20.2%
干气	4.8%	3.8%	4.7%	4.3%	5.3%	4.4%
催化油浆	3.9%	3.9%	6.5%	3.9%	5.1%	4.0%
焦炭	5.7%	4.8%	6.0%	6.2%	5.9%	5.6%

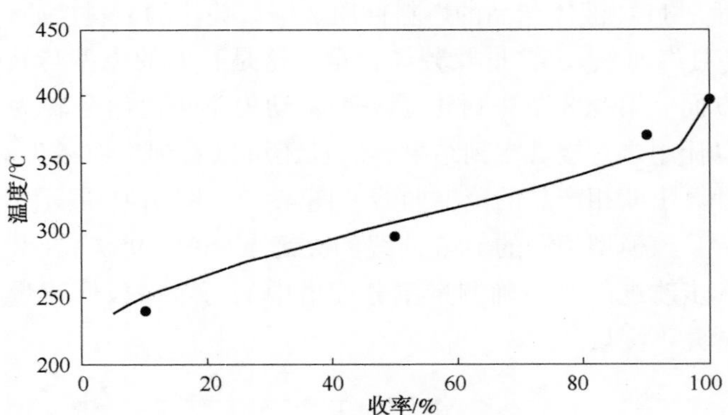

图 4.17　主分馏塔产品柴油的 ASTM D86 蒸馏曲线(工况 1)

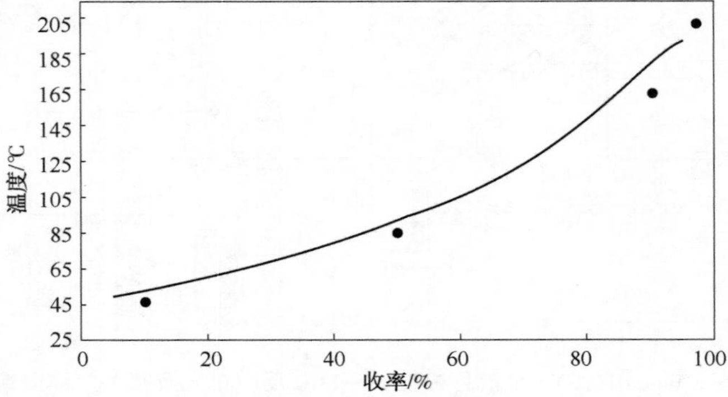

图 4.18　稳定塔汽油产品的 ASTM D86 蒸馏曲线(工况 1)

我们可以使用预测的 D86 曲线去计算其他关心的性质。通过使用蒸馏曲线和密度，有多种方法可以计算闪点和其他挥发性性质。图 4.19、图 4.20 显示了对汽油和柴油密度的预测，同样可以看到密度的实测值和模拟值之间具有很好的一致性。在图 4.21 中，使用 API 闪点关联式[54]对与实测值进行了对比，对闪点的预测也有很好的一致性。

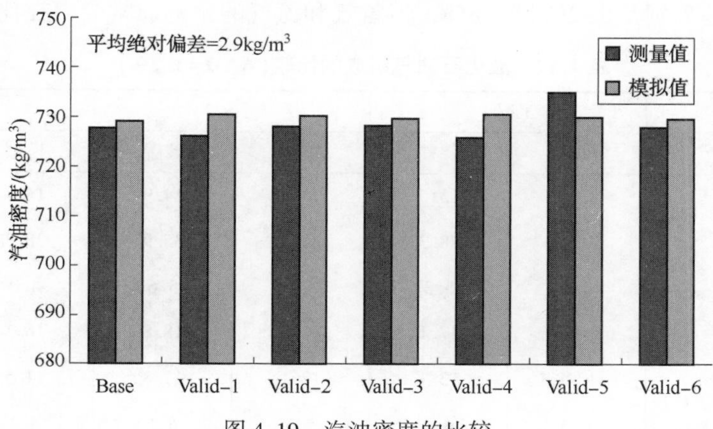

图 4.19 汽油密度的比较

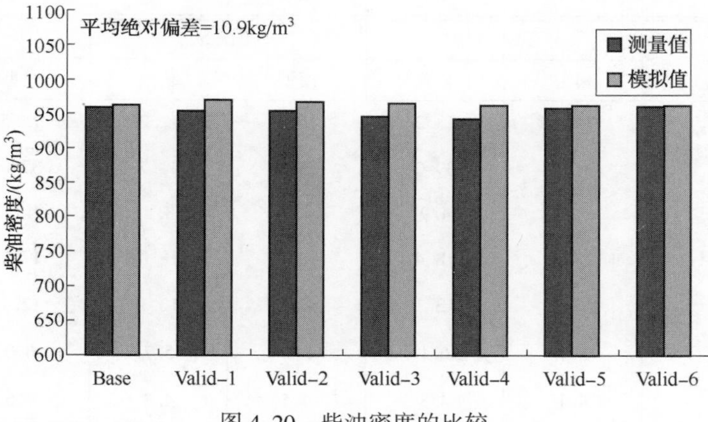

图 4.20 柴油密度的比较

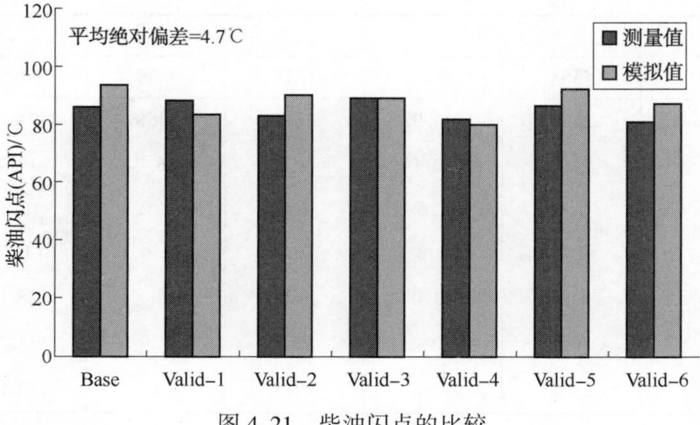

图 4.21 柴油闪点的比较

本 FCC 装置中的 20%~25%的产品是液化气，其主要由丙烷、丙烯、丁烷和丁烯组成。液化气中有大量的(超过 0.5%)C_5^+产物存在，表明分馏过程未能很好地运行。因此，预测所有气体和液化石油气产品的组成对于验证模型是必不可少的。表 4.14 和表 4.15 对液化石油气和干气的操作数据和模型预测的结果进行了对比。液化石油气和干气的摩尔组成预测结果的平均绝对偏差分别是 1.2%和 1.8%，但氢气和氮气的预测通常会存在比较大的误差。

表 4.14 液化石油气组成的比较(AAD=1.2%)

摩尔含量/%	工况 1		工况 2		工况 3	
	模型	装置	模型	装置	模型	装置
C_3	13.9	15.5	13.9	14.9	14.7	13.3
$C_3^=$	36.6	38.3	35.1	35.9	38.3	38.4
NC_4	4.5	5.3	4.1	5.6	4.0	5.6
IC_4	17.5	17.1	16.9	18.8	16.1	18.0
$IC_4^=$	12.8	13.1	12.1	12.8	11.5	13.4
T-2-$C_4^=$	6.0	6.0	5.5	6.1	5.3	6.1
C-2-$C_4^=$	4.4	4.7	4.0	5.0	3.9	4.7
摩尔含量/%	工况 4		工况 5		工况 6	
	模型	装置	模型	装置	模型	装置
C_3	14.2	13.2	15.6	12.2	15.5	13.0
$C_3^=$	34.5	39.0	35.9	41.7	37:0	39.4
NC_4	4.3	4.9	4.5	3.4	4.5	4.5
IC_4	16.6	18.4	18.2	18.0	17.5	18.6
$IC_4^=$	12.3	13.1	13.1	13.1	12.7	13.2
T-2-$C_4^=$	5.7	6.1	6.0	5.7	6.0	6.3
C-2-$C_4^=$	4.1	4.8	4.5	4.8	4.5	4.6

表 4.15 干气组成的比较(AAD=1.2%)

摩尔含量/%	工况 1		工况 2		工况 3	
	模型	装置	模型	装置	模型	装置
H_2	24.3	29.9	23.1	31.8	24.7	29.3
N_2	21.0	20.1	19.5	16.7	19.7	19.1
CO	1.6	1.6	1.5	2.0	1.6	1.8
CO_2	1.8	1.8	2.2	1.6	1.1	1.8
C_1	24.8	23.0	24.5	24.8	25.6	23.1
C_2	10.9	10.2	12.1	9.9	11.2	10.3
$C_2^=$	11.7	10.5	12.3	10.5	13.0	11.8

续表

摩尔含量/%	工况 4		工况 5		工况 6	
	模型	装置	模型	装置	模型	装置
H_2	20.5	28.2	21.6	27.5	20.8	28.1
N_2	19.7	22.5	19.7	20.3	18.9	19.8
CO	1.6	1.7	1.6	1.7	1.5	1.4
CO_2	1.7	2.0	1.8	2.0	3.6	1.6
C_1	27.7	21.4	26.6	23.1	24.5	23.6
C_2	10.6	10.5	11.7	10.1	11.7	10.3
$C_2^=$	13.8	11.6	12.9	11.2	11.9	11.2

本文还应用该模型预测了每个工况中所有塔的温度分布，并将预测结果与工厂操作数据进行了比较。除稳定塔(T302)以外，所有塔的预测结果都能与测量值很好地吻合(见图4.24)。在模型中，精馏塔对液化气组成非常敏感。在上文的基础工况校正过程中，匹配工厂液化气收率时出现了误差。其实我们可以改善预测结果包括在动力学模型中调整催化剂特定参数去匹配工厂性能。但是，为了这个模型具有更可更广泛的预测性，我们并没有这样去做。图4.22~图4.26对比了对单个工况(工况4)温度分布的模拟值与实测值。

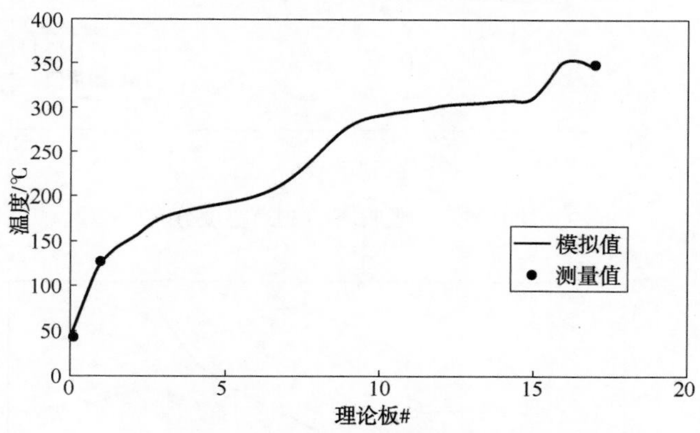

图 4.22 主分馏塔温度分布

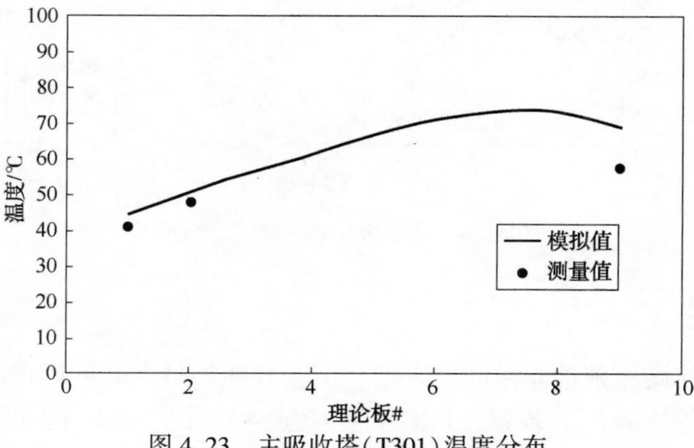

图 4.23 主吸收塔(T301)温度分布

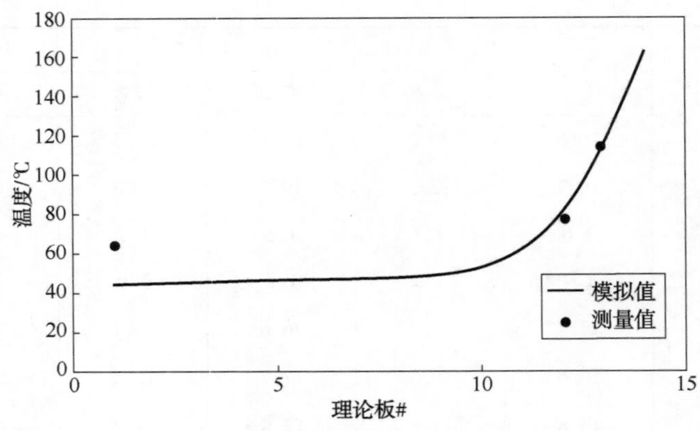

图 4.24　稳定塔(T302)温度分布

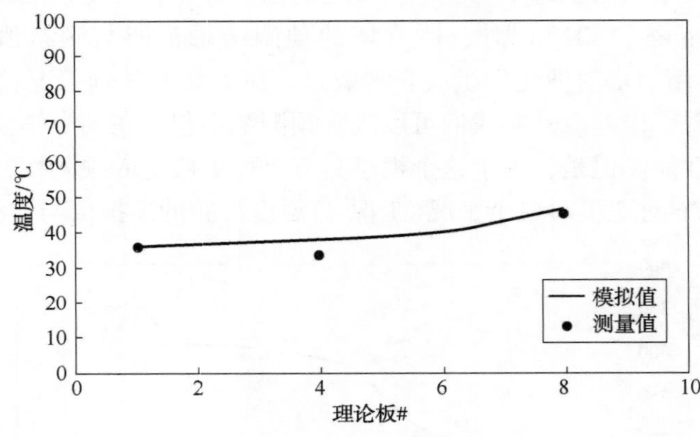

图 4.25　再吸收塔(T303)温度分布

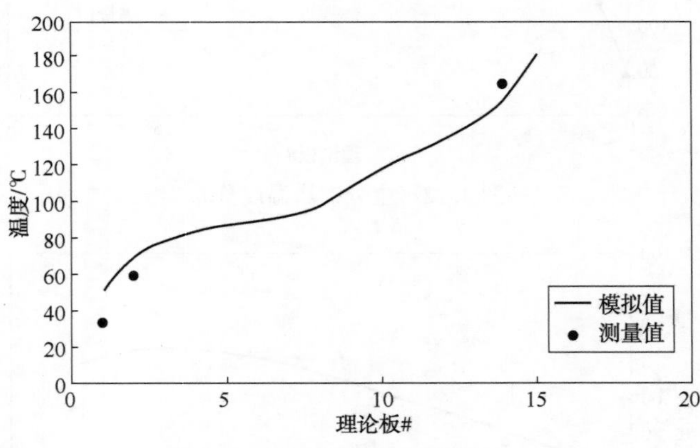

图 4.26　主解吸塔(T304)温度分布

4.11　应用

炼厂对获得最佳操作条件非常的感兴趣，因为其能够最大限度地提高高附加值产品的收率。然而，不同于传统的化工装置，FCC 装置能够生产多种具有不同利润率的产品。更复杂的情况是，这些利润率可能会随着炼厂的限制因素、市场行情以及政策法规而发生变化。因此，了解如何在不同的操作方案下运行 FCC 装置至关重要。本文考虑了 FCC 操作的两个常见方案：提高汽油收率和增加装置处理量。

4.11.1 提高汽油收率

汽油收率是典型的与温度、压力、进料质量及剂油比有关的复杂函数[8]。保持装置进料量不变，一个相对容易操纵的操作变量是提升管出口温度(ROT)。提高 ROT，增加了进料中 C_5^+组分的裂解和芳烃断链反应，使得汽油收率提高。本文计算了在不同温度下的汽油收率，结果如图 4.27 所示。当前的 ROT 为 510℃，而汽油收率最高的 ROT 大约为 530℃，这是否意味着我们可以允许 ROT 提高到 530℃？为了回答这个问题，我们在图 4.28 中绘制了 FCC 其他有价值产品的收率。

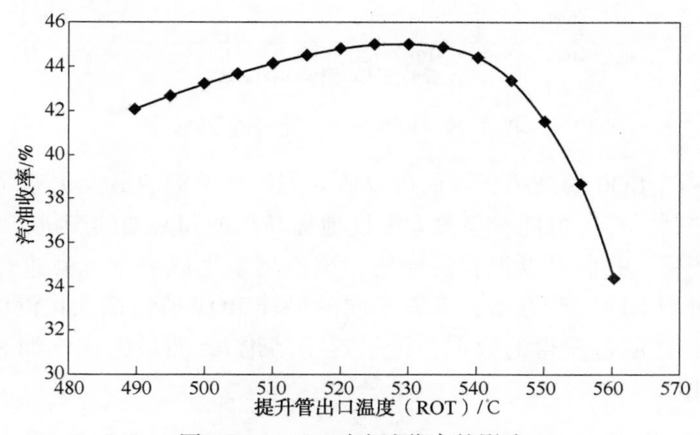

图 4.27 ROT 对汽油收率的影响

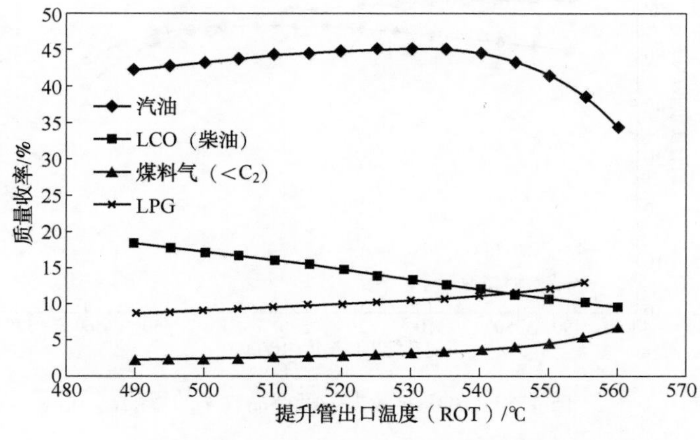

图 4.28 ROT 对关键产品收率的影响

图 4.28 显示，虽然汽油收率在 ROT 为 530℃ 时达到最大值，但其他有价值产品(如柴油)的收率却显著下降了。同时，燃料气/干气(轻质气体)的收率会迅速提高，这表明进料“过度裂解”了。通过催化裂解和热裂解反应路径，高温加速了 $C_1 \sim C_2$ 组分(如燃料气/干气)的生成，这显然不是一个理想的结果。干气并没有很大的价值，而且还容易使塔顶富气

压缩机超负荷。此外，图 4.29 显示了催化剂上的焦炭收率与 ROT 的关系，离开提升管的催化剂上的焦炭量与 ROT 存在强相关性。具有较高焦炭沉积物的待生催化剂提高了焦炭再生所需的公用工程用量，这些副作用因素会缩小 ROT 值的可接受范围。

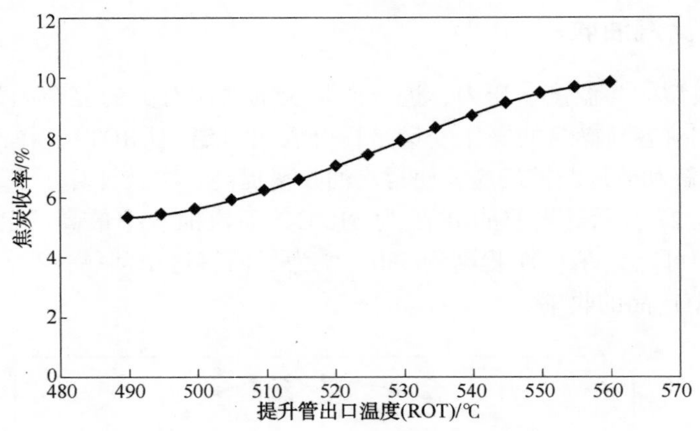

图 4.29 ROT 对焦炭收率的影响

结合图 4.27～图 4.30 的结果，我们可以研究炼厂所希望的最大化不同产品的生产方案。例如，根据外部限制，炼厂可能希望最大限度地提高汽油和柴油的产量，或最大限度地提高汽油和液化气的产量。我们可以很容易地使用该模型来生成一个方案进行研究，如图 4.30 所示。该图表明对于不同生产方案，有着不同的最佳 ROT 值：最大化汽油和柴油产量是在 505～510℃的范围内(通过获得的数据验证了这个结论)，而最大化汽油和液化气产量是在 530～540℃的范围内。

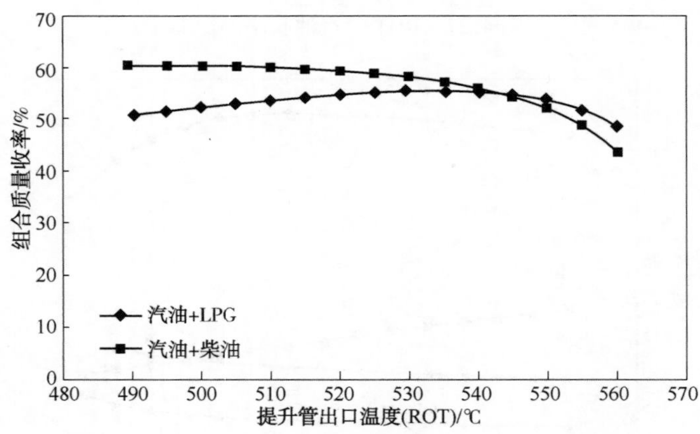

图 4.30 ROT 对最大关键产品收率的影响

本例展示了考虑所有产品模型的重要性，包括把轻质气体作为一个单独的集总。此外，提升管与再生器之间集成的热平衡使我们能够合理地估算焦炭收率。在本项研究中，我们没有考虑这些工艺过程变化对分馏单元的影响。然而，我们注意到，经常会有重要设备和工艺约束(一个最好的例子就是富气压缩机)限制了 ROT 的可接受范围。

4.11.2 提高装置处理量

接下来，考虑另一种生产方案——提高装置处理量。炼厂通常想尽可能处理更多的进料，在理想的情况下，希望FCC高附加值产品(如汽油)质量收率始终稳定在一定的水平上。图4.31显示了汽油质量收率与装置进料量的函数关系。随着进料量的增加，质量收率几乎呈线性下降。我们该如何解释这种现象？图4.31同样显示了剂油比随进料量的增加而变化的函数关系，剂油比也呈线性下降。

降低剂油比意味着催化剂与进料之间的接触时间更短，较短的接触时间将导致较少组分的裂解，进而降低了汽油收率。但是，我们一定不能将这种影响与前面案例研究中所描述的“过度裂解”相混淆。图4.31也说明了“过度裂解”和降低剂油比之间的不同。我们注意到轻端产品(干气和液化气)的收率并没有增加，这表明没有发生高温热裂解或催化裂解。

现在我们来考虑一个相对于基础装置处理量而言的能够增加或稳定汽油收率的生产方案。我们将ROT提高，同时也增加装置进料量。图4.32显示了提高进料量和ROT时的影响。我们注意到，汽油收率随着ROT的提高而增加。然而，一旦ROT达到540℃时，汽油收率就会迅速下降。发生这种情况是因为当ROT=540℃时，这个特定进料的“过度裂解”达到峰值。

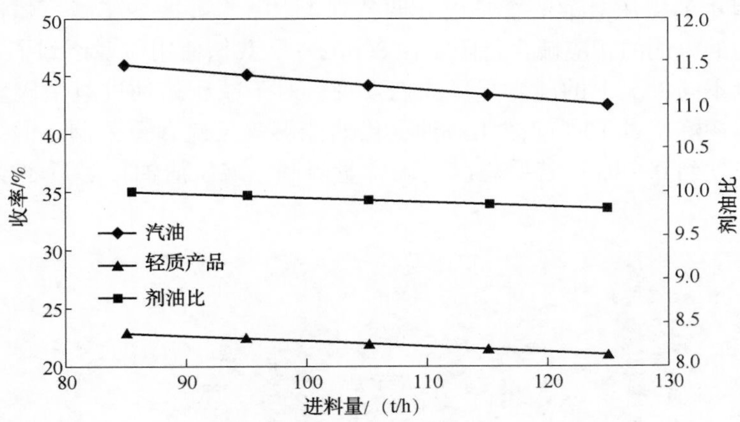

图4.31 进料量对质量收率与剂油比的影响

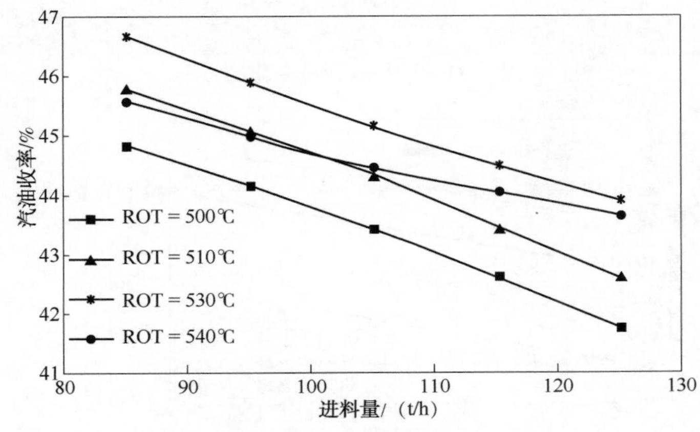

图4.32 进料量对汽油收率的影响

4.11.3 汽油的硫含量

汽油的硫含量是炼厂的一个重要监控指标。许多加工方案正是被用于降低炼厂产品中的硫含量的。对于 FCC 装置而言，进料中的大部分硫随干气离开；然而，剩余的硫则留在关键液相产品中离开。

Sadeghbeigi[1] 和 Gary(加里)等[7] 指出，通过对 FCC 装置的进料进行加氢精制能够显著降低非油浆产品中的硫含量。然而，加氢精制 FCC 装置的进料可能存在经济上的劣势。此外，低硫限制可能会导致炼厂使用过量的低价值渣油原料。通常，炼厂会寻找方法将这种高硫渣油原料掺炼到可允许较高硫含量的加工装置中。在这两种情况下，我们都需要了解进料中硫的变化是如何影响产品中硫分布的。

让我们考虑一个更经济的原料——减压渣油的加工方案。炼厂可能会通过混合减压渣油与现有的减压蜡油来最大化提高该装置的盈利能力。目前，FCC 装置进料的 5.7%(质量含量)是减压渣油。我们考察在满足稳定汽油的限制条件下，减压蜡油可以掺炼多少减压渣油。

为了研究这个问题，我们同样必须考虑减压蜡油进料中硫含量也在变化，因此，我们改变了减压蜡油进料中的硫含量和掺炼减压渣油的量。图 4.33 显示了该案例研究过程的概要。

我们将进料中的减压渣油的含量由 0 调整到 11.3%，并改变了减压蜡油中相关的硫含量。FCC 装置中的汽油的相应硫含量限制在 800μg/g。我们使用模型预测了在进料比值和减压蜡油中硫含量不同工况下的硫含量。我们发现，对于减压蜡油进料中硫含量为 0.71%的基本工况，可以掺炼超过 10%的减压渣油，仍然能够满足硫含量限制。但是，如果减压蜡油中的硫含量增加到 0.78%，若要想满足硫含量限制，减压渣油掺炼量不能超过 4.5%(见图 4.34)。

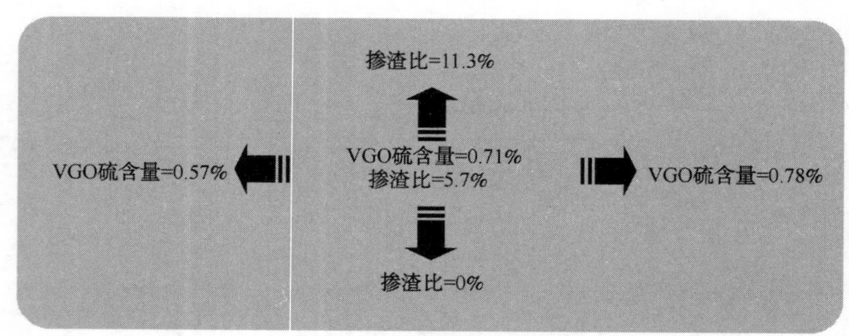

图 4.33 进料硫含量变化的方案

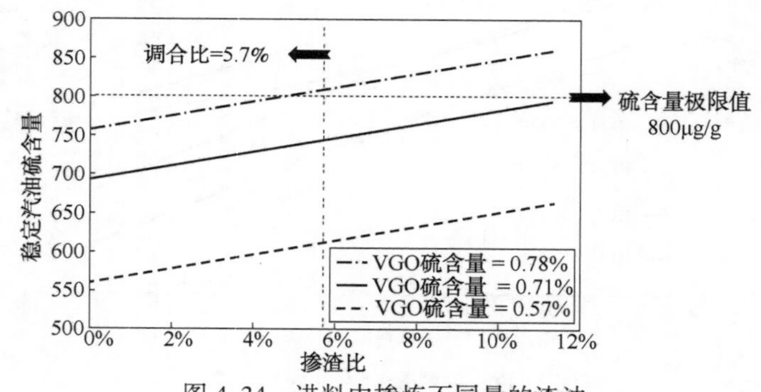

图 4.34 进料中掺炼不同量的渣油

注意，上述所有案例研究和方案均仅限于 FCC 装置和相关的分馏系统。现代炼油厂高度整合，对某一装置看来是有利的变化可能会对另一装置不利。在更宽的范围内(在现有炼厂流程下)应用这些模型的一个方法是通过线性规划进行炼厂生产计划优化。

4.12 炼厂生产计划

上文简要地提到了管理 FCC 装置的复杂性。典型的炼厂除了 FCC 装置之外还有很多其他装置(例如催化重整和加氢处理装置)，这些装置都有自己的产品分布和相关的利润率。当炼厂的加工过程高度一体化时，单独考虑每个装置很难产生较高的利润率。炼厂工程师需要一个可以在整个炼厂范围内能够优化每个装置原料和相关产品的方法。

炼厂工程师通常使用线性规划(LP)方法来解决这个问题，自 1950 年以来该方法已被广泛地用于炼油厂。Gary 等[7]指出“为了正确确定炼油厂的经济效益，通常需要炼油厂的全厂模型”。

线性规划涉及许多变量的线性目标函数最大化，其受每个变量的线性约束[57]。在炼油厂中，目标函数可以是处理特定原油组合而产生的总体利润。影响此目标函数的变量通常是不同原油的购买量。线性规划法的目标是确定一组最优的原油，使炼厂获得最大的利润率。该方法是原油评估的一个典型方法。炼厂通常在其他情况下也使用线性规划的方法。典型案例是产品调和(将来自不同装置的两到多种产品混合成一种产品)和生产计划(在满足装置约束的情况下确定最有经济效益的产品分布)。

使用 LP 方法的关键点是变量之间的关联必须是线性的。换句话说，模型中使用的所有方程式必须与所涉及的变量成线性关系。显然，这个要求显得非常具有局限性。实际上，上文中所开发的 FCC 模型和气体分馏模型是高度非线性的。然而，值得注意的是，炼厂中的许多装置的操作条件只有很窄的范围，这使我们能够在炼厂常规操作范围内对高度非线性过程进行线性化。

例如，像 Aspen PIMS 这样的现代 LP 软件包含许多处理非线性关系的工具。Aspen PIMS 采用诸如“递归”技术(一种连续线性规划的形式，其中线性模型使用不同的系数来多次运行以逼近非线性行为)和非线性规划(NLP)技术。这些技术可以缓解在使用线性化模型时经常出现的许多问题，尤其是在产品调和和性质估算时。我们研究的重点是仅改进 FCC 装置现有的 LP 模型，因此我们不考虑更复杂的技术来处理非线性行为。

图 4.35 表示一个高度简化的 FCC 装置示意图。我们可以考虑将 FCC 装置视为一个黑箱，它可以将不同类型的进料转为具有不同利润率的产品。LP 模型能够较为准确地预测产品的利润或价格。如果考虑装置原料只有减压蜡油且在固定操作条件(提升管温度、剂油比等)下运行，可以将装置收率(R)表示为：

$$R = \sum_{i=1}^{N} \mathrm{Yield}_i \tag{4.12}$$

式中，右侧的所有项都是固定的常数。收率系数 Yield_i，对应于 FCC 装置测量的每一个产品。

我们考虑用上面的等式来表示装置的基础收率。在 Aspen PIMS 和其他相似的 LP 软件中，基础收率被称之为基础向量。通常用表 4.16 所示的形式对基础向量编码[出现负号是由于将所有项从等式(4.12)的右边移到了左边]。

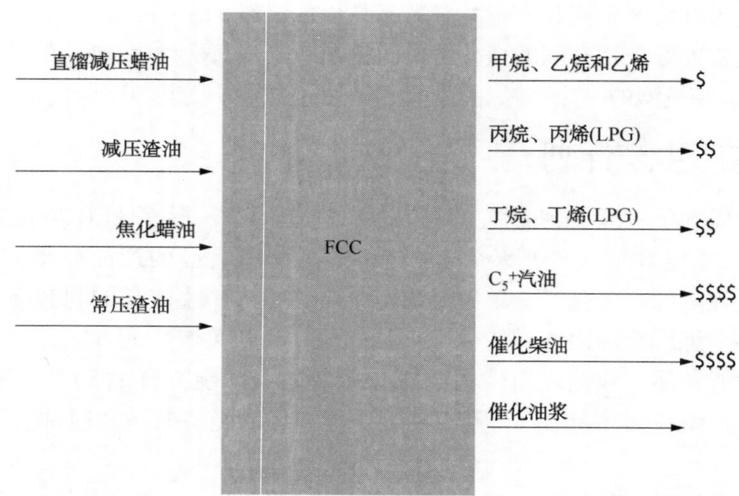

图 4.35　FCC 装置 LP 应用简化示意图

表 4.16　汽油产品最大化方案下 FCC 装置典型产品收率的基础向量示例

行	产　品	基　础　值	行	产　品	基　础　值
1	进料	1.00	4	汽油	−0.40
2	干气	−0.04	5	柴油	−0.30
3	LPG	−0.18	6	加工损失和焦炭	−0.08

该基础向量足以模拟在固定操作条件下处理单一进料类型的 FCC 装置。但是，大多数 FCC 装置并不采用这种方式。它们接受具有不同组成的多种进料，并可能在不同的条件下运行。为了考虑进料组成的变化，所以引入 DELTA 向量的概念。进料中可能影响收率的每个性质(比重、残炭、硫含量等)都有自己的 DELTA 向量。

DELTA 向量被认为是一个可以修改每个产品基本收率的斜率。如果我们考虑将进料的比重(SPG)作为可以改变产品收率的性质，那收率方程可改写为：

$$1.0 = \sum_{i=1}^{N} \text{yield}_i + \sum_{i=1}^{N} (\text{yield modifer or delta})_i * SPG \tag{4.13}$$

式中，进料的 SPG 是已知量，对每个产品 i 的收率和 DELTA 系数也都已知。这些产品通常是干气、LPG、汽油，柴油、渣油(或焦炭、损耗成分)。注意，DELTA 系数的单位对应于具体进料性质的测量单位(本例中为 SPG)。表 4.17 给出了对于汽油产品最大化方案下 FCC 装置典型的基础和 DELTA 向量的示例。

表 4.17　汽油产品最大化方案下 FCC 装置典型产品的 BASE 及 DELTA 向量

行	产品	基础值	比重	行	产品	基础值	比重
1	进料	1.00	—	4	汽油	−0.40	0.01
2	干气	−0.04	−0.01	5	柴油	−0.30	−0.01
3	LPG	−0.18	0.02	6	加工损失和焦炭	−0.08	−0.02

炼厂通常可以通过测量一段时间内的平均收率来获得 FCC 装置的基础收率。DELTA 向

量通常由炼厂内部的关联式或公开发表的关联式估算而得[7,58,59]。Li 等[60]的早期工作中使用来自 Gary 等[7]关联式生成了 FCC 装置的 Δ-基础向量，然后将这些向量与调和模型和原油蒸馏装置模型相结合。这个过程导致了两个重要问题：第一个问题是 FCC 装置的真实收率并不适用于 LP 模型(仅平均了收率)，这将导致 LP 模型在优化产品分布时只是基于较差的收率信息之上；第二个问题是 DELTA 向量被固定为特定的关联式或估值，当进料组成发生变化时，这些关联式可能无法准确地预测收率的变化。

我们通过使用本文所开发的详细 FCC 模型来克服这些问题，上文已经表明 FCC 模型可以准确地预测了不同工艺条件下的收率。为了将 FCC 模型应用到炼厂 LP 模型中，首先，我们必须将大型非线性模型转换为线性收率模型；然后可以直接在炼厂的 LP 模型中使用线性收率模型中的系数。图 4.36 中展示了生成线性收率系数的过程。我们发现，对于 FCC 工艺中的大部分重要进料性质，变化百分数(变量扰动)为 4%~5%是合理的值。例如，为了生成硫含量(SUL)的 DELTA 向量，首先在基础工况下运行模型，并记录这些收率作为 BASE 向量。然后，我们将 SUL 扰动变量确定为 5%，并记录下扰动后的产品收率，再将基础收率和扰动收率间的差值除以扰动值的变化以获得对应 SUL 变量的 DELTA 向量。

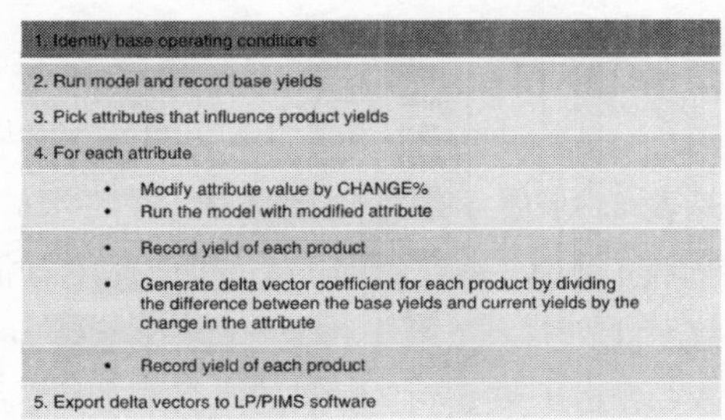

图 4.36 生成 DELTA-BASE 向量的步骤

注意，图 4.33 中的过程本质上产生了非线性 FCC 单元模型的雅可比近似值。如果向量 y 表示模型输出量，那么向量 y 表示在计划方案中的基础工况，Δx 向量表示来自基本工况下模型输入的变化。那么，$\Delta y/\Delta x$ 的矩阵表示以基础状况的变化作为所选进料性质(或可能是工艺条件)的函数。式(4.14)说明了雅可比矩阵与 DELTA-BASE 向量之间的关系：

$$\begin{bmatrix} y_1 \\ y_2 \\ \vdots \\ y_m \end{bmatrix}(\text{Predicion}) = \begin{bmatrix} \bar{y}_1 \\ \bar{y}_2 \\ \vdots \\ \bar{y}_m \end{bmatrix}(\text{Base}) + \begin{bmatrix} \dfrac{\Delta y_1}{\Delta x_1} & \cdots & \dfrac{\Delta y_1}{\Delta x_n} \\ \vdots & \cdots & \vdots \\ \dfrac{\Delta y_m}{\Delta x_1} & \cdots & \dfrac{\Delta y_m}{\Delta x_n} \end{bmatrix}(\text{Delta-base}) \cdot \begin{bmatrix} \Delta x_1 \\ \vdots \\ \Delta x_n \end{bmatrix}(\text{Delta}) \tag{4.14}$$

表 4.18 展示了 FCC 装置现有的基础收率和 DELTA 向量。基础向量来自上一季度(截至 2008 年 12 月)的 FCC 装置平均收率，DELTA 向量来自与炼厂内部关联式。DELTA 向量涉及进料比重(SPG)、进料中的残炭值(CON)和硫含量(SUL)。注意，这组特定的 BASE 和 DELTA 向量并不能准确地反映装置操作。如前文所示，FCC 装置汽油收率的实际范围为 42%~46%，该 LP 模型低估了汽油收率。此外，由于 FCC 装置是炼厂中汽油产品最重要的生产装置，因此原油可导致非最佳的原油选择。

表 4.18 FCC 装置现有的 DELTA-BASE 向量(进料量为基础归一化为 1.0)

行	原料/产品	Base	SPG	CON	SUL
1	原料	1.00	—	—	—
2	酸性气	-0.0065	-0.0003	-0.0004	-0.0082

续表

行	原料/产品	Base	SPG	CON	SUL
3	干气	-0.0394	-0.0011	-0.0014	0.0000
3	LPG	-0.1740	0.0025	0.0041	0.0000
4	汽油	-0.3929	0.0098	0.0081	0.0000
5	柴油	-0.2899	-0.0057	-0.0033	0.0000
6	催化油浆	-0.0381	-0.0032	-0.0038	0.0082
7	焦炭	-0.0544	-0.0020	-0.0034	0.0000
8	加工损失	-0.0048	0.0000	0.0000	0.0000

表 4.19 展示了使用图 4.36 中的步骤生成的 DELTA-BASE 向量，新的 BASE 向量准确地反映了 FCC 装置当前的汽油和液化石油气基础收率。此外，通过一致性检查，发现 SUL 系数对于酸性气(第 1 行)是负值，这表明酸性气体随着进料中硫含量的增加而增加。CON 系数与焦炭(第 5 行)相似的一致性测试显现了相同的结果。在了解 LP 模型不会低估关键产品收率的前提下，我们可以更好地使用 LP 模型。

表 4.19　采用严格模型生成 DELTA-BASE 向量

行	原料/产品	Base	SPG	CON	SUL
1	酸性气	1.00	—	—	—
2	干气	-0.00439	0.00068	0.0001	-0.0057
3	LPG	-0.02527	0.00069	0.00033	0.00025
4	汽油	-0.19386	0.02213	0.00271	0.00164
5	焦炭	-0.4421	0.09480	0.00621	0.00330

该方法的优势在于 LP 模型可以反映装置的实际性能，而非基于历史数据或关联式的预估能力。另外，如果严格模拟与工厂改造一起更新，我们可以快速修改 LP 模型以追踪这些改造。图 4.36 描述的工作流程可以很容易地集成现有流程模拟和 LP 软件。Aspen HYSYS Petroleum Refining 包含了自动化实现这一工作流程的工具，并将更新后的 DELTA-BASE 向量直接导入 Aspen PIMS(LP 软件)中，这种自动化功能允许快速更新 LP 模型以准确地反映装置性能。

4.13　例题 4.1——Aspen HYSYS Petroleum RefiningFCC 建模指南

4.13.1　引言

在第 4.13~4.17 节中，我们演示了如何组织数据并使用 Aspen HYSYS Petroleum Refining 软件建立和校正一套 FCC 装置模型。我们将讨论模型开发中的一些关键问题以及如何估算 Aspen HYSYS Petroleum Refining 所需的缺失数据。本节分为五个专题部分：

(1) 例题 4. 1——建立 FCC 基础模型。

(2) 例题 4. 2——校正 FCC 基础模型。

(3) 例题 4. 3——建立主分馏塔和气体分馏系统。

(4) 例题 4. 4——进行案例研究以确定不同的汽油生产方案。

(5) 例题 4. 5——为线性规划生成 DELTA-BASE。

4. 13. 2 工艺简述

图 4. 37~图 4. 39 展示了用于建立 FCC 单元和分馏单元模型的工艺流程图，上文中广泛讨论了此类装置的特性和操作问题。图 4. 40 展示了例题 4. 1~4. 3 中开发的 FCC 和分馏单元的模拟流程图。在图 4. 40 中，我们展示了图 4. 38 和图 4. 39 中所标注的四个塔间物流走向，包括：(1)标记为 A 的不稳定汽油从主分馏塔 T201_MainFractionator 到主吸收塔 T301_Absorber；(2)标记为 B 的富吸收油从再吸收塔 T303_ReAbsorber 到主分馏塔 T201_MainFractionator；(3)标记为 C 的轻循环油 LCO 产品从主分馏塔 T201_MainFractionator 到再吸收塔 T303_ReAbsorber；(4)标记为 D 的富气从主分馏塔 T201_MainFractionator 到富气压缩机和解吸塔 T302_Stripper。

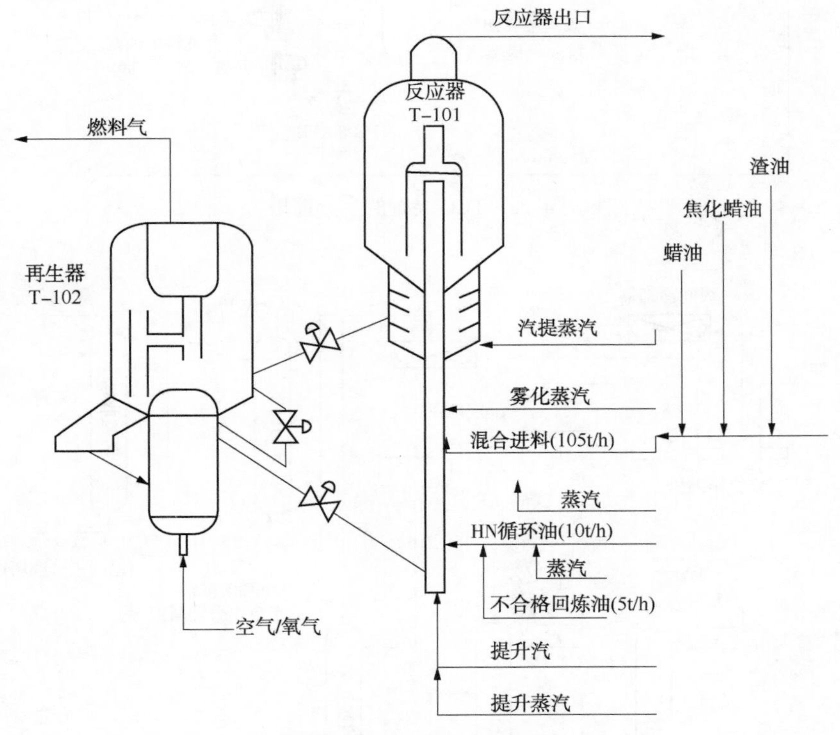

图 4. 37 FCC 装置反应单元

4. 13. 3 工艺数据

表 4. 20~表 4. 23 给出了典型 UOP FCC 工艺的详细进料、产品及操作数据。分馏单元的操作条件很大程度上取决于 FCC 装置的生成物，并且相对稳定，所以在此不再列出。

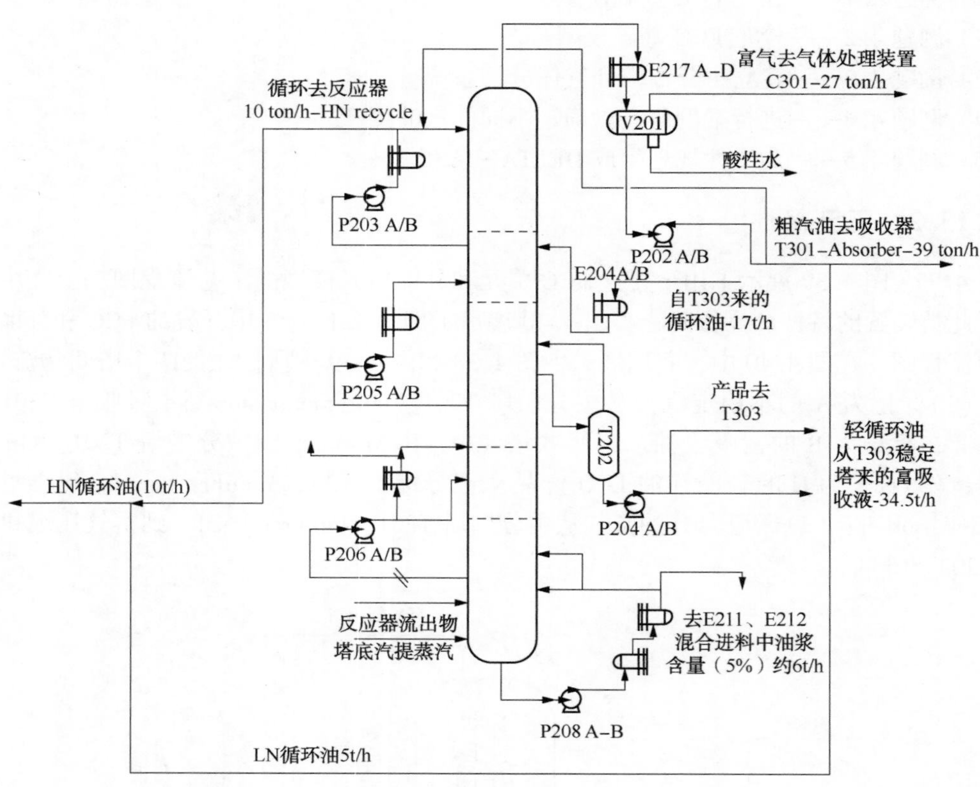

图 4.38　FCC 装置的主分馏塔

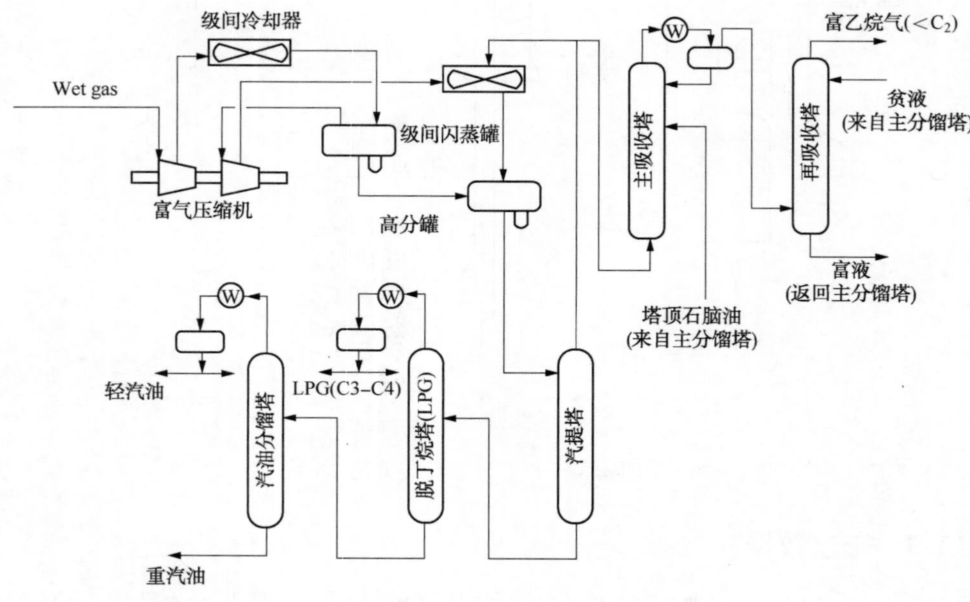

图 4.39　FCC 装置气体分馏单元

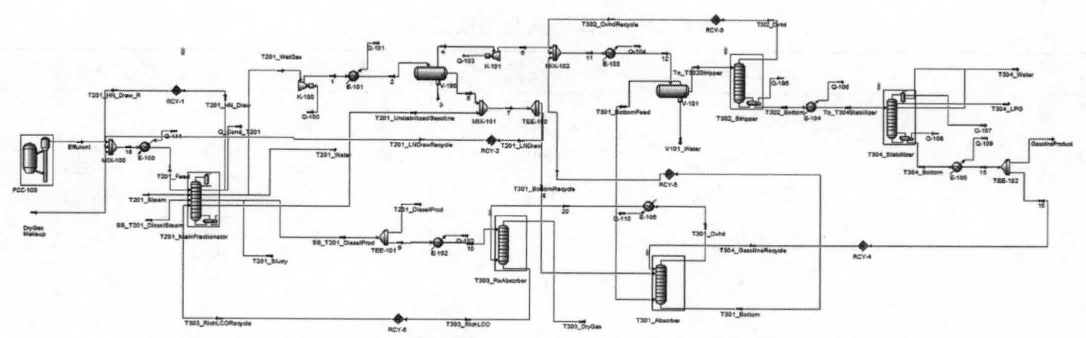

图 4.40 FCC 装置反再单元和分馏单元的模拟流程图(见例题 4.3)

表 4.20 液相进料及产品汇总表

原料/产品	原料	石脑油	轻循环油	塔底油
进料量/(kg/h)	108 208	46 583	24 333	4125
SG	0.9	0.7	1.0	1.0
蒸馏曲线类型	D1160	D86	D86	TBP
初馏点/℃	269.0	35.7	217.9	221
5%/℃	358.6	40.8	235.9	314
10%/℃	376.4	45.6	246.6	343.3
30%/℃	419.0	64.7	275.7	382.2
50%/℃	452.3	86.4	300.3	426.7
70%/℃	488.0	115.0	326.9	468.3
90%/℃	541.8	165.4	365.4	496.1
95%/℃	567.9	191.4	382.5	545.1
终馏点/℃	665.8	255.4	418.9	649
氮含量/(μg/g)	2409.0	9.0	127.8	324.3
硫含量/%	0.56	0.06	0.91	1.96
残炭/%	1.86	0.01	0.11	0.38
钒含量/(μg/g)	0.3	—	—	—
镍含量/(μg/g)	3	—	—	—
钠含量/(μg/g)	0.3	—	—	—
铁含量/(μg/g)	2.1	—	—	—
铜含量/(μg/g)	0.1	—	—	—
RON/MON	—	92/82	—	—
烷烃含量/%(体)	28.5	—	—	—
环烷烃含量/%(体)	8.529	—	—	—
芳烃含量/%(体)	23.6	—	—	—
浊点/℃	—	—	-10	—

表 4.21 气体流量及组成汇总表

项　　目	干气	酸性气	液化石油气	再生烟道气
进料量/(kg/h)	4833	667	19 542	—
组成	mol%	mol%	vol%	mol%
N_2	22.5	0.6	—	NA
CO	1.7	—	—	NA
CO_2	1.8	30.5	—	NA
O_2	—	—	—	2.8
H_2S	0.0	68.5	—	NA
H_2	25.5	—	—	NA
C1	23.3	0.2	—	NA
C_2	11.2	0.2	—	NA
$C_2^=$	11.3	—	—	—
C_3	0.3	—	13.5	—
$C_3^=$	1.0	—	41.5	—
nC_4	0.2	—	4.7	—
iC_4	0.4	—	18.0	—
$iC_4^=$	0.4	—	12.5	—
$1-C_4^=$	—	—	—	—
$c2-C_4^=$	—	—	4.0	—
$t2-C_4^=$	—	—	5.7	—
$c2-C_5^=$	0.2	—	—	—
$t2-C_5^=$	0.2	—	—	—

表 4.22 提升管及再生器操作条件

项　　目	流量/(kg/h)	温度/℃	压力/kPa
提升管进料预热温度	—	175	—
提升管进料蒸汽	5000	200	1301
提升管出口温度	—	518	—
汽提蒸汽	5000	200	1301
再生器密相床层温度	—	680	—
再生器压力	—	—	—

表 4.23 平衡催化剂性质

金属含量(钒、镍、钠、铁、铜)/(μg/g)	5000、4044、3103、5553、57
平衡活性/%	66
藏量	150000

4.13.4 Aspen HYSYS 及其初始组分和热力学设置

首先，启动 Aspen HYSYS。Aspen HYSYS 典型启动路径是 Start→Programs→AspenTech→Aspen Engineering Suite→Aspen HYSYS。关闭“Tip”对话框并选择 File→New→Case 创建新案例。我们希望模拟分馏单元，因此在此并不选择“FCC”模板。我们将文件保存为 FCC Components and Properties. hsc。

建立模型的第一步是选择一组标准的组分包和模拟这些组分物性的热力学基础物性包。当创建一个新的模拟时，我们必须使用 Simulation Basis Manager 选择适合于该工艺的组分和热力学方法。Simulation Basis Manager 允许在 Aspen HYSYS 中定义组分和相关热力学方法，可以通过导入按钮添加组分。然而，对于 FCC 模型，我们有一套预设的组分包(见图 4.41)。

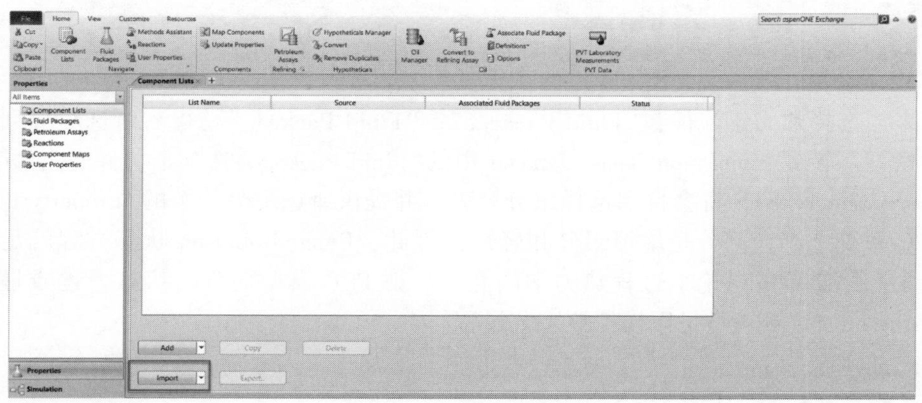

图 4.41 添加组分列表

若要导入该组分包，我们点击“Import”按钮，浏览“C. \ Program Files \ AspenTech \ Aspen HYSYS V9.0 \ Paks”路径，选择“FCC Components Celsius. cml”到组分列表中(见图 4.42)。图中所示路径反映了 Aspen HYSYS Petroleum Refining 软件的默认安装路径。

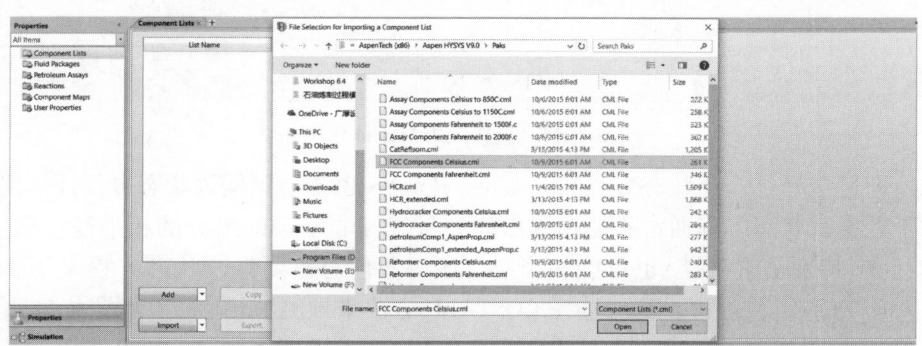

图 4.42 添加 FCC 组分列表

在组分包导入完成后，HYSYS 将会创建一个命名为“Component List-1”的新的组分列表。通过选择“Component List-1”并点击 Simulation Basis Manager 中的“View”，可以查看这个组分列表的组分(见图 4.43)，也可以添加其他组分或者修改组分列表中组分的排序。注意，该标准 FCC 组分包相当完整，并能够模拟绝大部分炼油过程。严格的 FCC 模型并不能预测“FCC Components Celsius. cml”列表中不存在的组分。然而，这些额外添加的组分可能会用于与 FCC 模型相关的产品分馏模型中。对于本例而言，我们将添加 benzene(苯)组分(见图 4.43)。

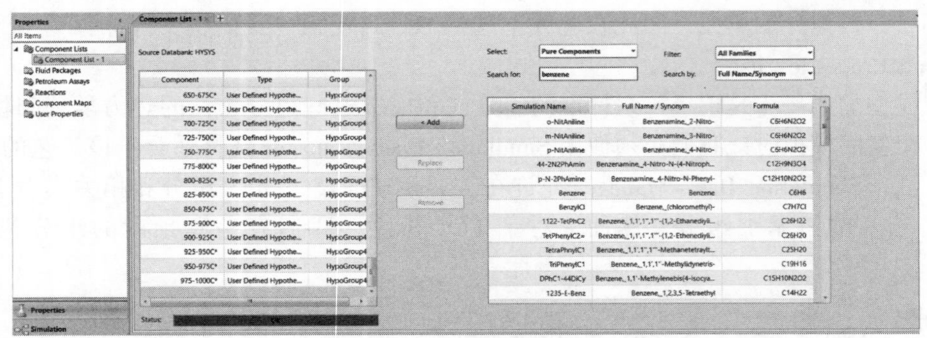

图 4.43　FCC 组分列表中添加其他组分

接下来，选择热力学流体包“Fluid Package”。“Fluid Package”是指与所选组分列表相关的热力学模型。转到 Simulation Basis Manager 中的“Fluid Package”选项卡，并点击“Add”(见图 4.44)。Aspen HYSYS 将会自动选择组分列表，并提供所选组分相关的“Property Package”选项。FCC 系统中绝大部分是虚拟组分和轻烃，因此，Peng-Robinson 状态方程就足够满足模型需求了。第 2 章中讨论了过程热力学的意义。就 FCC 模型而言，状态方程或是烃类相关方法(Grayson-Streed 等)足以模拟该工艺过程。

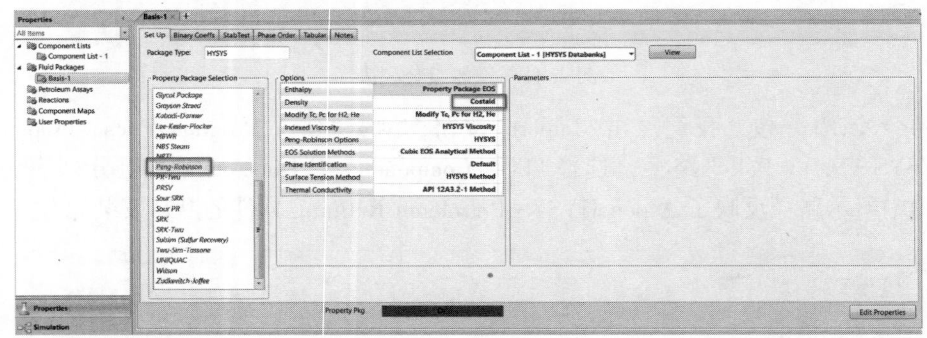

图 4.44　选择热力学流体包

注意，即使选择了一个状态方程法，Aspen HYSYS 也不会根据该状态方程计算出所有的物性。对于烃类，状态方程通常不能预测出诸如氢气等非常轻的组分的相平衡性质。另外，对密度的预测(特别是重质烃)也可能相当差，所以我们总是要修改状态方程来解决这些不足之处。对于 FCC 工艺过程，我们选择 COSTALD 方法来预测液相密度(见图 4.44)。

建立 FCC 流程之前的最后一步是验证交互作用参数(见图 4.45)。如果选择了基于关联式的方法(Grayson-Streed 等)，便不再去检查交互作用参数。当选择状态方程法时，我们必须确保状态方程的二元交互作用参数是有意义的。在 Aspen HYSYS 中，所定义组分(如甲烷、乙烷等)的交互作用参数是来自基于实验数据的内部数据库。对于虚拟石油组分，可以设置交互作用参数为 0 或根据关联式来估算这些值。注意，对于集总组分的交互作用参数是设为0还是进行估算，这在实践中通常没有什么区别。特别是对于FCC工艺过程，两种方法的结果几乎相同。一旦选择了交互作用参数选项，我们便可以返回到 Simulation Basis Manager 并点击“Enter Simulation Environment”开始建立模型。

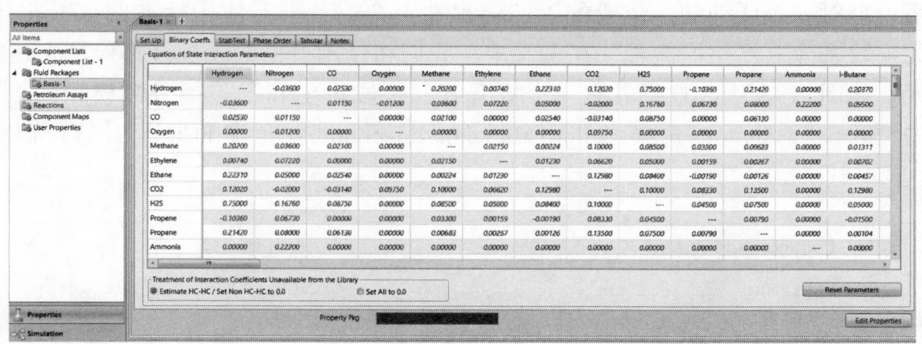

	Hydrogen	Nitrogen	CO	Oxygen	Methane	Ethylene	Ethane	CO2	H2S	Propene	Propane	Ammonia	i-Butane
Hydrogen	---	-0.03600	0.02530	0.00000	0.20200	0.00740	0.22310	0.12020	0.75000	-0.10360	0.21420	0.00000	0.20370
Nitrogen	-0.03600	---	0.01150	-0.01200	0.03600	0.07220	0.05000	-0.02000	0.16760	0.06730	0.08000	0.22200	0.09500
CO	0.02530	0.01150	---	0.00000	0.02100	0.00000	0.02540	-0.03140	0.08750	0.00000	0.06130	0.00000	0.00000
Oxygen	0.00000	-0.01200	0.00000	---	0.00000	0.00000	0.00000	0.09750	0.00000	0.00000	0.00000	0.00000	0.00000
Methane	0.20200	0.03600	0.02100	0.00000	---	0.02150	0.00224	0.10000	0.08500	0.03300	0.00683	0.00000	0.01311
Ethylene	0.00740	0.07220	0.00000	0.00000	0.02150	---	0.01230	0.06620	0.05000	0.00159	0.00267	0.00000	0.00702
Ethane	0.22310	0.05000	0.02540	0.00000	0.00224	0.01230	---	0.12980	0.08400	-0.00190	0.00126	0.00000	0.00457
CO2	0.12020	-0.02000	-0.03140	0.09750	0.10000	0.06620	0.12980	---	0.10000	0.08330	0.13500	0.00000	0.12980
H2S	0.75000	0.16760	0.08750	0.00000	0.08500	0.05000	0.08400	0.10000	---	0.04500	0.07500	0.00000	0.05000
Propene	-0.10360	0.06730	0.00000	0.00000	0.03300	0.00159	-0.00190	0.08330	0.04500	---	0.00790	0.00000	-0.01500
Propane	0.21420	0.08000	0.06130	0.00000	0.00683	0.00267	0.00126	0.13500	0.07500	0.00790	---	0.00000	0.00104
Ammonia	0.00000	0.22200	0.00000	0.00000	0.00000	0.00000	0.00000	0.00000	0.00000	0.00000	0.00000	---	0.00000

图4.45 流体包中的二元交互作用参数

4.13.5 例题4.1——FCC基础模型

在 FCC Components and Properties. hsc 文件上继续操作，并将其重命名为 Workshop 4.1-1. hsc 并保存。初始的流程界面提供了一个空的界面，可以从图4.46所示的对象面板中拖放不同的对象。

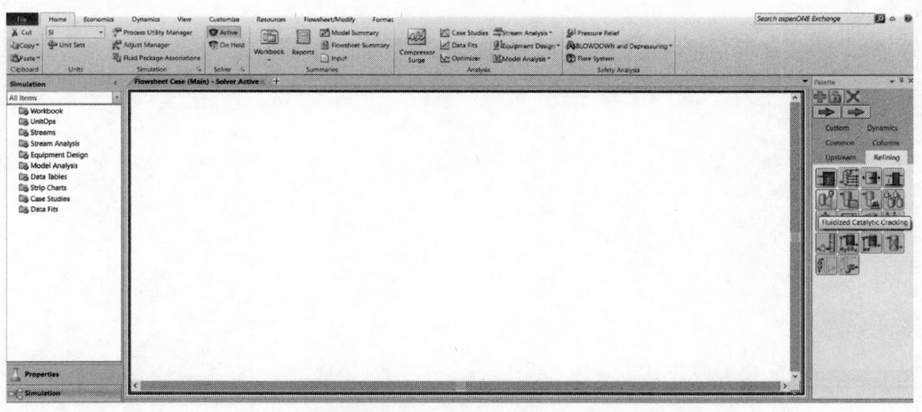

图4.46 Aspen HYSYS 初始流程界面

在炼油反应器面板中选择FCC图标，点击FCC图标后将其放置在流程图中。放置图标将调调用附属对象准备流程图的几个子模型，并在流程图中创建一个大的FCC对象示意图。

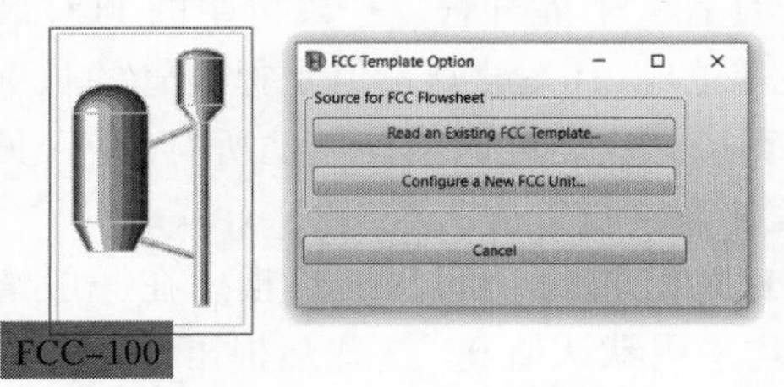

图4.47 添加FCC反应器

第一步是选择是否用一个FCC模板或配置一个新的单元模块。Aspen HYSYS 有几个FCC模板，其反映了几种常用类型的工业化FCC配置。图4.47展示了把FCC对象放置到流程图上时的初始对话框。如果选择一个模板，将不必再配置反应器尺寸和选择催化剂配置。然而，在本例中，将从头开始建立一个 FCC 装置，所以选择“Configure a New FCC Unit”。

FCC 的配置要求是选择提升管的配置、再生器的数量及类型以及催化剂的配置，也可以对 FCC 生成物用简化的主分馏塔形式来规定其附属的分馏单元。然而，我们注意到简化的分馏塔模型对一个详细的、集成的工艺流程并不合适，推荐使用标准的 Aspen HYSYS 精馏塔单元模块来建立严格的流程。在下文中，我们将使用严格的逐板计算模型来建立完整的分馏单元。在图 4.48 中，选择具有一个提升管、一段再生和不包括分馏模型的 FCC 装置，然后点击“Next>”。也可以选择“Allow Midpoint Injection”以允许 FCC 提升管可以有多个注入点。

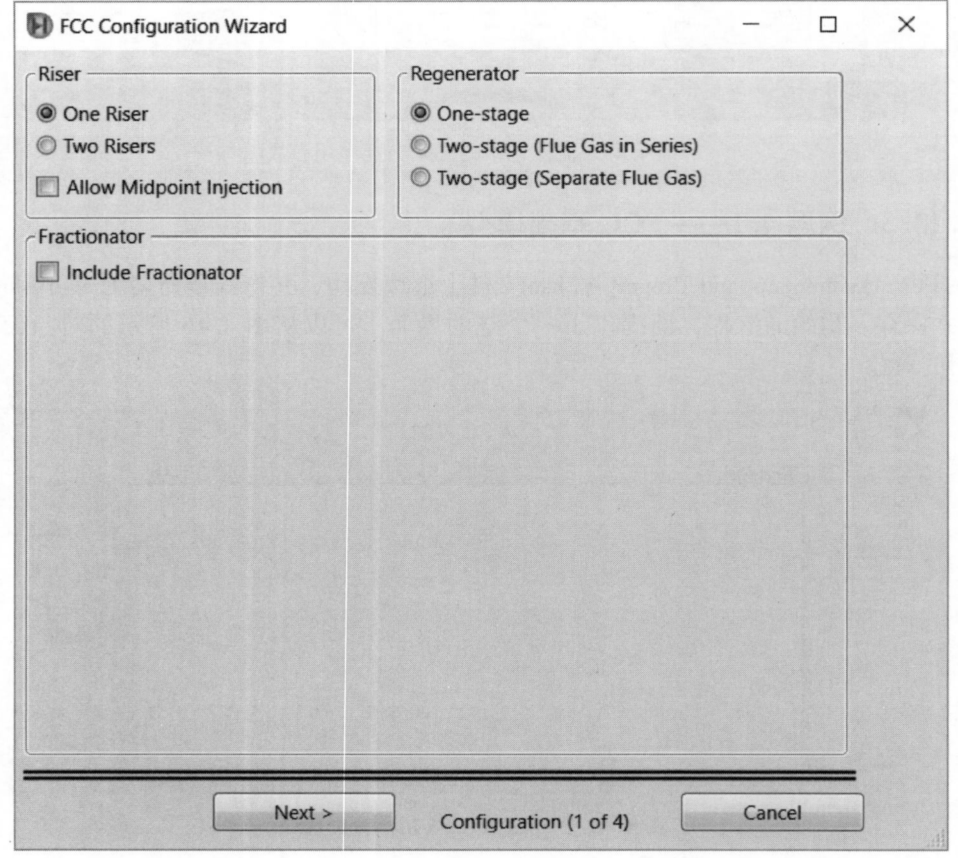

图 4.48　选择 FCC 配置

接下来，必须指定 FCC 装置的关键尺寸。对于具有一个提升管、一段再生的 FCC 装置的典型值如图 4.49 所示。尽管所有的测量值都是必需的，但关键测量值是提升管的长度和直径，以及再生器中密相床层和稀相床层的高度及直径。我们可以估计其他所有的值（见图 4.49），而不会对模型结果有显著的影响。当输入完所有测量值后，点击“Next>”。

如图 4.50 所示，Aspen HYSYS 现在要求输入 FCC 装置每个部分的热损。在一般情况下，并没有这些可用的值，所以推荐对所有的热损均采用默认值 0。这些热损可以解释由于装置周围的外部冷却或加热而导致的变化。点击“Next>”完成初始化单元配置。

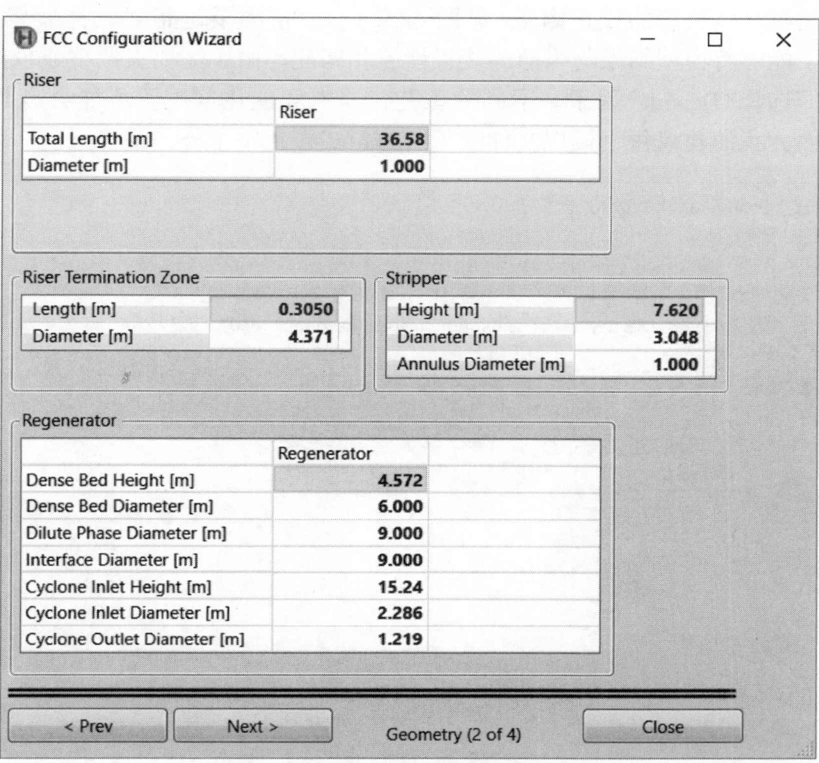

图 4.49 设定 FCC 装置几何尺寸

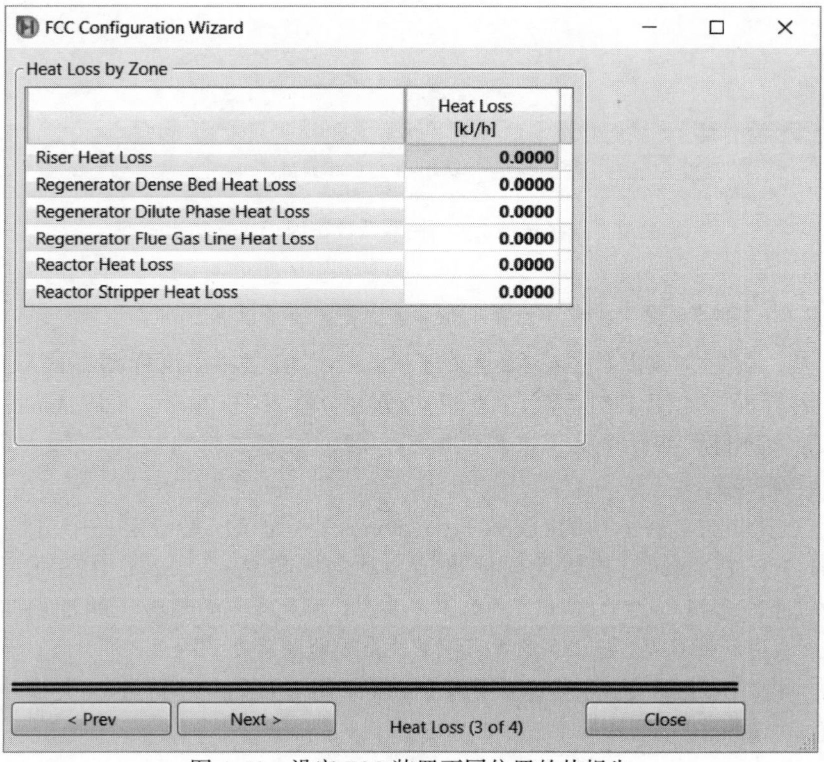

图 4.50 设定 FCC 装置不同位置的热损失

最后，配置具体装置的校正因子(见图 4.51)。校正因子是指对具体装置的调整因子，这些调整因子能够将模型结果与当前的装置性能相匹配。由于需要去调整或校正这些调整因子，因此我们选择“Default”因子。不同的工艺、原料和催化剂配置可能会有几套不同的调整因子。然而，我们建议每个模拟文件除了“Default”校正因子外，最多只有一组校正因子。

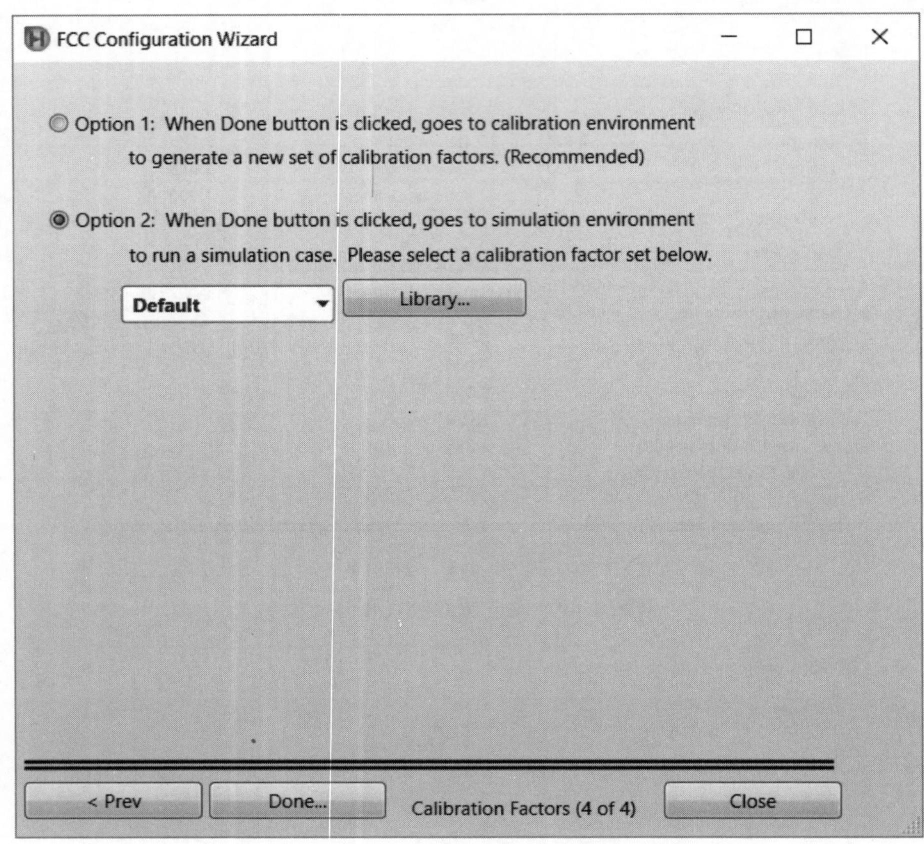

图 4.51　选择选项 2：使用默认校正因子建立初始模型

4.13.6　FCC 进料配置

在 FCC 基础配置完成以后，必须定义进料的详细信息。在流程图界面双击 FCC 图标，弹出 FCC 配置界面，如图 4.52 所示，在反应器出口输入“Effluent”。从 Aspen HYSYS 在线 FCC 进料库导入进料类型并定义了进料性质后，我们推迟了将“Feed-1”输入到提升管外部进料位置的后续步骤。

然后，点击图 4.52 右下角的“Feed Type Library”，为该模型设定一个进料类型(进料类型是指 Aspen HYSYS 如何将整体性质信息转为动力学集总)。Aspen HYSYS 为各种来源的 FCC 进料提供了许多进料类型模板，例如减压蜡油(VGO)，加氢减压蜡油(HTVGO)等。点击“Import”，从进料库中导入进料类型(进料库的本地路径如图 4.53 所示)。当选择了 VGO 进料类型后，将“Default”进料类型删除。在图 4.52 所示的进料连接类型中，我们也用“VGO”代替了“Default”。

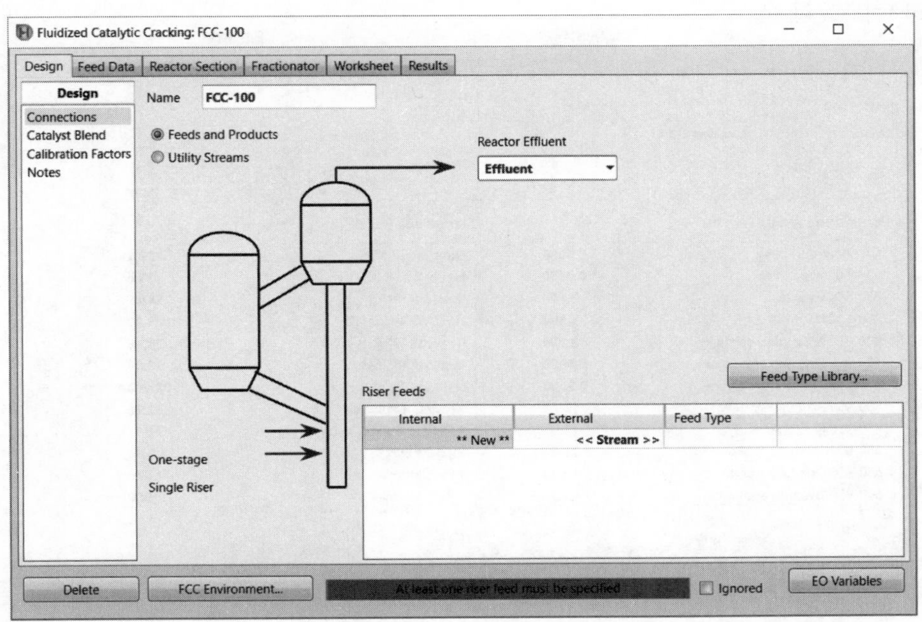

图 4.52　输入生成物物流 Effluent，并推迟到下一步中输入进料物流和进料类型

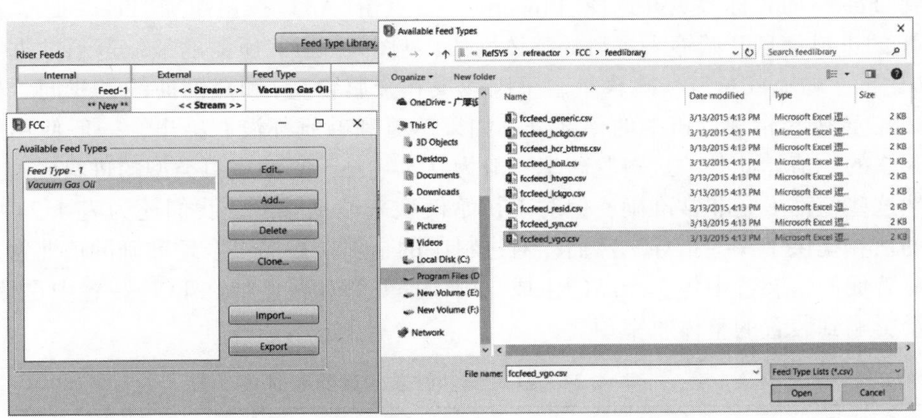

图 4.53　从 FCC 进料库中导入进料类型：C.→Program Files(×86)→AspenTech→Aspen HYSYS→RefSYS→refractor→FCC→feedlibrary→fccfeed_vgo.csv.

对于本模型而言，选择“fccfeed_vgo.csv”。注意，可以在同一个模型中包含多种进料类型。在大多数情况下，VGO 进料类型适合于大多数 FCC 配置。即便 FCC 进料是由不同来源的蜡油混合而成，我们也推荐使用 VGO 进料类型。如果 FCC 进料基本上是渣油类型，那么我们推荐使用“fccfeed_resid.csv”进料类型。

当导入进料类型完成后，Aspen HYSYS 将会显示该进料类型的详细信息，如图 4.54 所示。“Kinetic Lump Weight Percents”表示动力学集总的初始组成，“Methyls and Biases”表示不同的整体性质如何影响最终的集总组成。Aspen HYSYS 使用偏差来计算具有偏差向量的实际动力学集总。偏差向量实质上是通过参考进料类型的整体性质后，修正了所测量的整体性质(我们将要输入)的动力学集总组成。此处不会修改此窗口中的任何信息，只需关闭它即可继续进行配置过程。

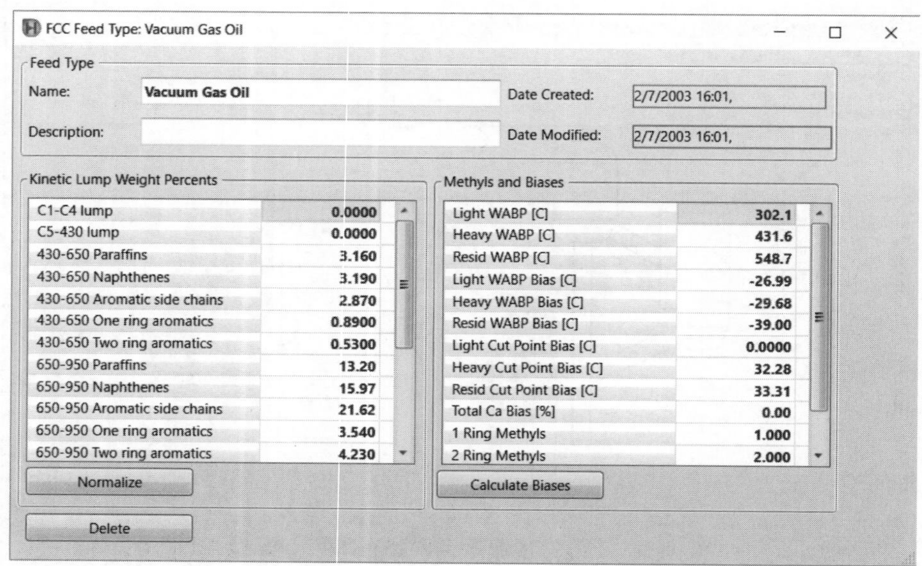

图 4.54　进料类型模板

转到“Feed Data”标签页并选择“Properties”。点击“Add”按钮添加“Feed-1”，并根据表4.20给出的进料信息开始输入进料的整体性质(见图4.55)。所需的最低进料数据要求是整体性质(比重、碱氮或总氮、硫含量、康氏残炭和金属含量)和蒸馏曲线，我们希望这些性质是FCC装置进料常规分析中的一部分。如果总氮和碱氮都没有给出，一般使用总氮与碱氮之比为3的比值。此外，进料脱硫率一般为0.5~0.6，渣油进料类型的进料脱硫率通常更低。虽然这些值都不是非常准确，但对于初始模型来说足够了。我们还为表4.24中相关进料信息的估算提供了一些指导。然而，对进料中的金属含量提供合理准确的值非常重要，金属含量显著促使了装置中焦炭产品的生成。由于提升管和再生器在FCC装置中是热集成的，因此它会影响到装置的整体收率预测。

表 4.24　FCC 进料性质的典型范围

整体性质	典型范围	整体性质	典型范围
比重	0.8~1.2	硫含量/(μg/g)	<2
残炭/%	1~3	脱硫率	0.5~0.6
碱氮/(μg/g)	500~1000	总芳烃含量/%	20~30(对于直馏蜡油而言)
总氮/碱氮比	3.0	镍含量及铁含量/(μg/g)	10~100x(钒+钠+铜)

现在返回到FCC-100→Design→Connections以输入进料类型VGO。由于在使用装置数据进行模型校正之前，初始模型使用了默认校正因子，因此我们忽略了Aspen HYSYS的在“New”内部物流下输入进料物流的建议(见图4.56)。

我们没有在图4.56中的“Utility Streams”中输入具体的公用工程物流，但会在后续的步骤中输入必要的公用工程所需的物流温度、压力和流量。

表4.24给出了直馏VGO的典型数据，它可以用于对所收集的分析数据进行合理性检

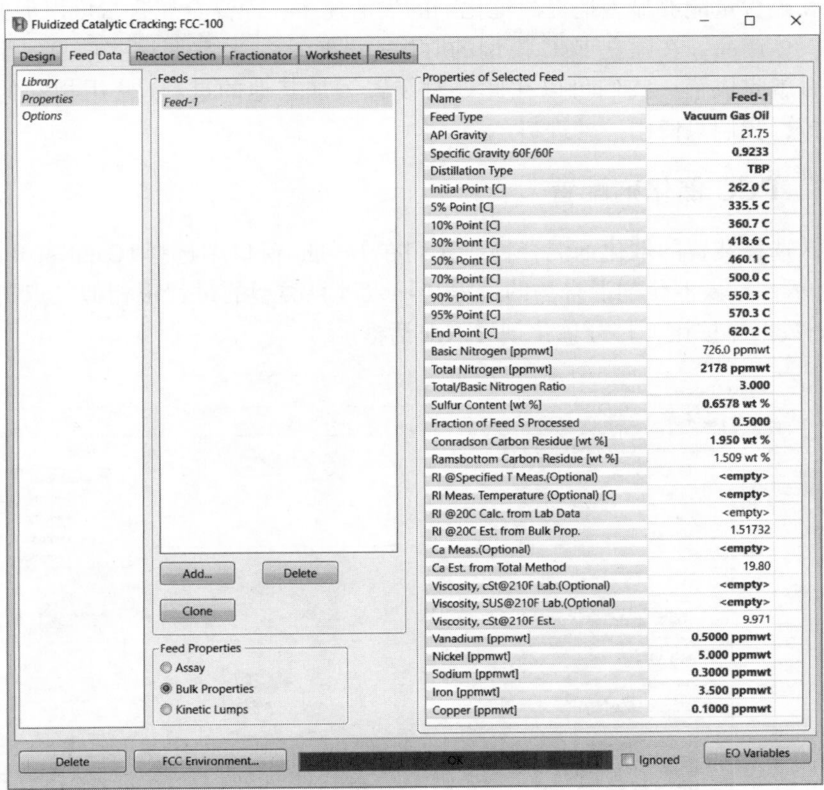

图 4.55　完成进料整体性质信息对话框：Feed Data→Properties→Add→Feed-1→Feed Properties→Bulk Properties→Properties of Selected Feed

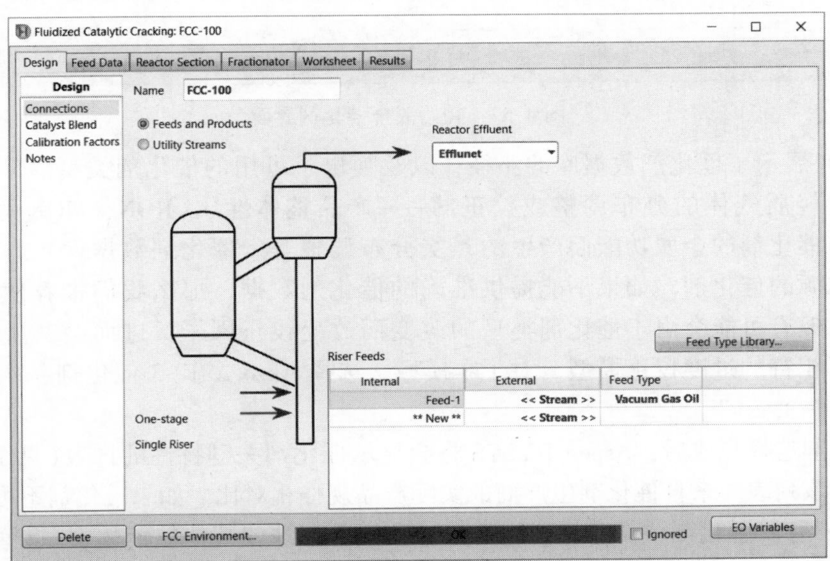

图 4.56　设定进料类型为 Vacuum Gas Oil(减压蜡油)。上文在图 4.55 介绍了内部提升管进料 Feed-1，而且没有输入外部提升管进料

查。氮含量和硫含量能够显著地提高催化剂的失活速率，而高金属含量可以促使产生过量的氢气和轻质气体产品。在建立 FCC 模型的时候，我们必须要掌握这些信息。至此，FCC 装置的进料配置就完成了。我们可以在此处对装置添加其他的进料(使用相同的进料类型)。但对于本模拟，我们只使用一种进料。

4.13.7 FCC 催化剂配置

接下来，选择装置的催化剂混合物。我们在 Design 窗口中选择“Catalyst Blend”标签页，如图 4.57 所示。导入催化剂混合物的过程与导入进料类型的过程很相似。点击“Catalyst Library”催化剂数据库按钮，打开催化剂导入对话框。

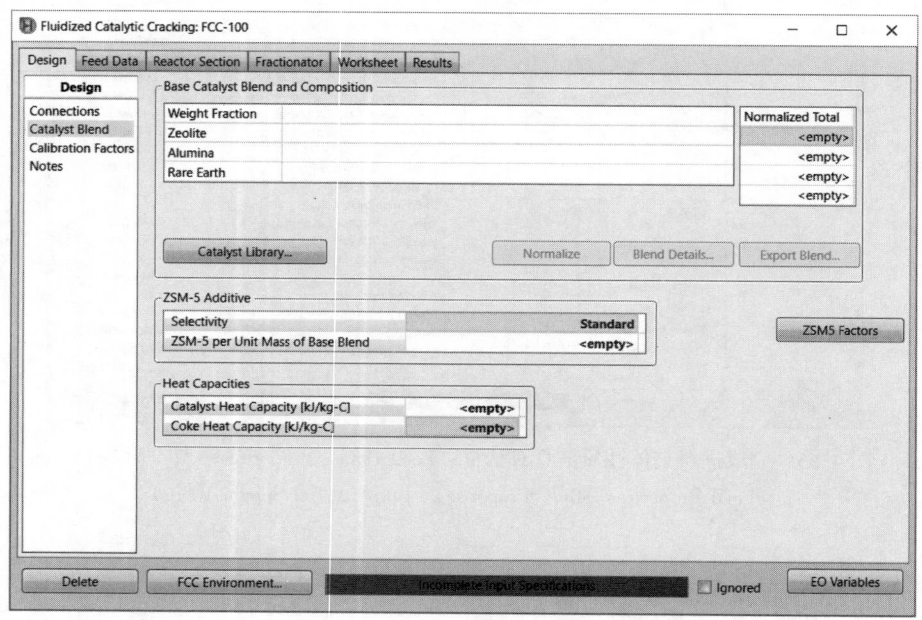

图 4.57 初始混合催化剂界面

图 4.58 展示了催化剂数据库的路径，以及列出了可用的催化剂类型。催化剂类型基本上是负责轻质气体的分布调整或校正的——产品整体性质(RON、MON 等)的微小调整，以及由催化剂的金属功能而产生的焦炭分布调整等。催化剂数据库包含了来自不同生产商及来源的催化剂。如果不能提供准确的催化剂数据，那么我们推荐使用相似催化剂的数据，但有可能会由于催化剂类型的改变而改变校正因子，进而会产生一个收率预测与实际不相符的过度校正模型。对于本模型，选择 Akzo A/F-3 催化剂，从催化剂数据库中选择“af-3. csv”。

在催化剂选择完成后，Aspen HYSYS 将会显示催化剂关键特性的详表(见图 4.59)。我们可以使用该列表与来自催化剂生产商的实际产品规格相对比。如果催化剂不可接受，可以点击“Delete”移除催化剂，尝试从催化剂数据库中再次添加其他的催化剂。正如上文所述，是否完全匹配并不要紧。一旦添加完成所有所需的催化剂后，可以关闭催化剂信息对话框并返回到“FCC Reactor Section”。

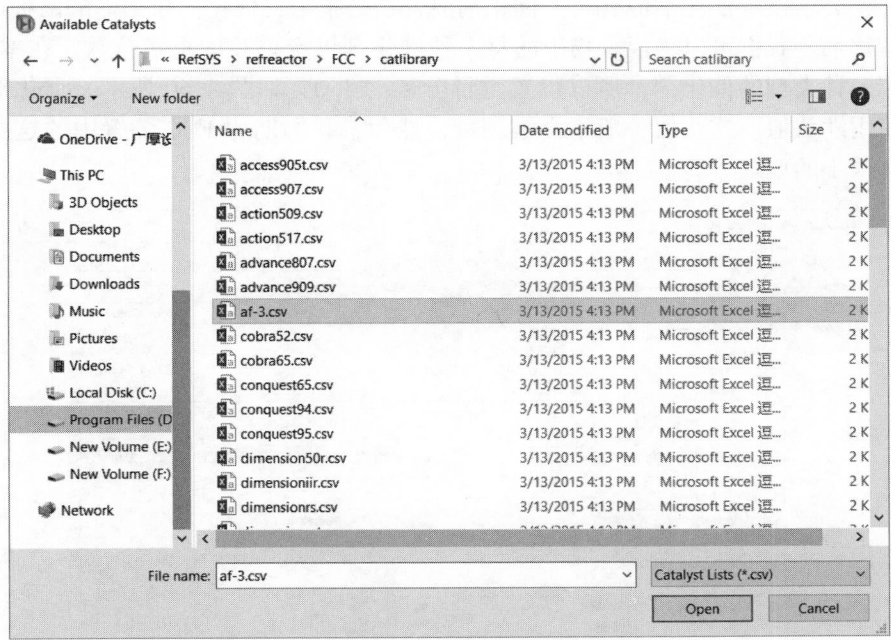

图 4.58　催化剂数据库：C. →Program Files →AspenTech→Aspen HYSYS→RefSYS→refractor→FCC→catlibrary→af-3. csv

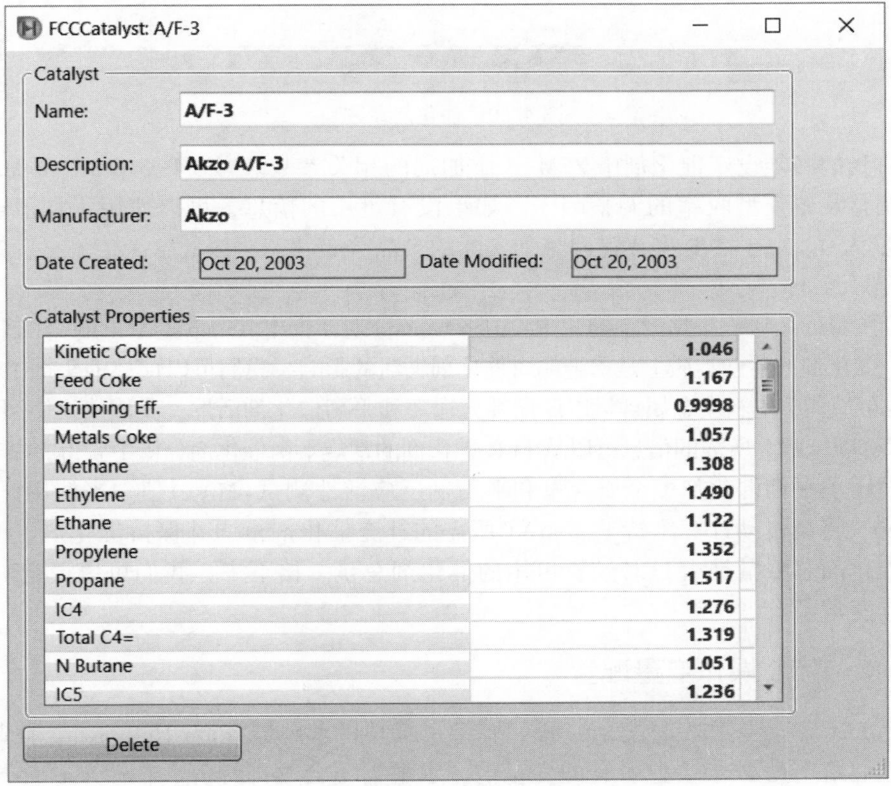

图 4.59　催化剂参数

接下来，必须设定催化剂混合物。催化剂混合物是指来自催化剂数据库的两种或多种不同类型的催化剂。我们可以为混合物中的每一种催化剂设定单独的重量分数。在本模型中，我们只使用一种类型的催化剂，所以设置重量分数为 1.0，如图 4.60 所示。催化剂热容和焦炭热容使用默认值。这些值一般不会被测量，然而，我们期望 FCC 装置中的这些参数与默认值只有很小的偏差。

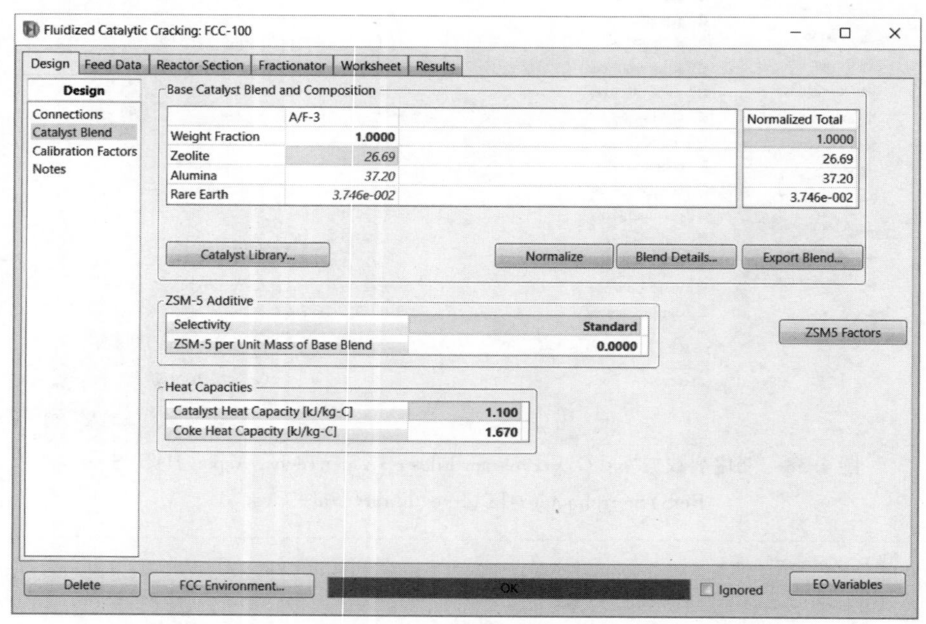

图 4.60　催化剂参数

另外，我们必须设定催化剂中 ZSM-5 添加剂的相关参数。“ZSM-5 per Unit Mass”变量是另一个调整装置模型收率的调整因子。如果没有可用的信息，可以使用平均值或是设置 ZSM-5 含量为 0。由于需要将装置调整到实际的产品分布状态，因此这个值不必一定要与实际装置完全一致。

催化剂配置的最后一步是设定 FCC Reaction Section 对话框中“Catalyst Activity”标签页，如图 4.61 所示。催化剂的活性本质上是指金属对催化剂失活的影响。我们可以保持催化剂中恒定的金属含量，也可以调整进料中金属含量以匹配补充速率和平衡催化剂活性。我们建议使用“Constant Ecat Metal”选项，因为所需的信息可以从 FCC 催化剂的常规平衡催化剂分析中获得。

我们设定了平衡催化剂中金属含量和平衡剂反应活性测试(MAT)值。当使用此选项时，Aspen HYSYS 将会自动计算维持平衡 MAT 所需的补充催化剂量，并保持催化剂上的固定金属含量。催化剂总藏量是指 FCC 装置可用的催化剂总量。接下来，我们可以设定 FCC 装置模型的操作变量了。

4.13.8　FCC 操作变量配置

在设定 FCC 装置操作变量之前，我们要将主工具栏求解器挂起(Holding)。挂起求解器以保证当我们给定完 FCC 装置所有的变量前，求解器不会立即计算。在改变许多操作变量之前挂起求解器通常是一个好主意，正如下文所做的那样。我们可以在主工具栏中点击红色

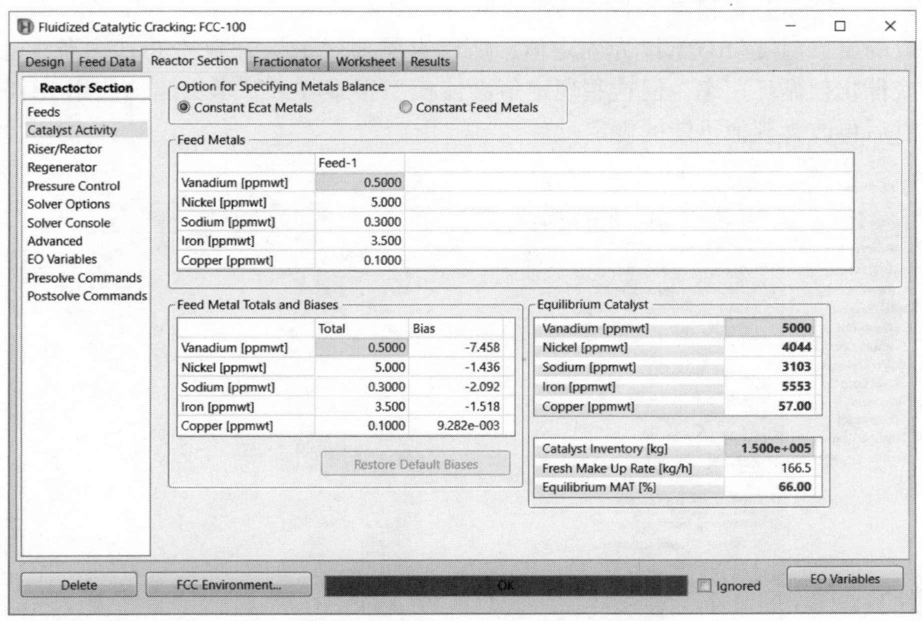

图 4.61 催化剂活性因子和平衡剂金属含量

停止图标挂起求解器，也可以在工具栏中点击绿色图标来激活求解器。

在进料被引入提升管之前，首先要设定进入预热器的进料流量、温度和压力，如图 4.62 所示。如果有多个注入点，也可以设定进料的注入点位置。若要设定进料进入提升管的实际温度，必须设置预热器的负荷或预热温度。由于只有一股进料，因此设定预热器出口温度为装置的实际值。此外，还必须设定与进入提升管入口进料相关的蒸汽的流量及其状态。雾化蒸汽流量通常为新鲜进料量的 1%～5%。

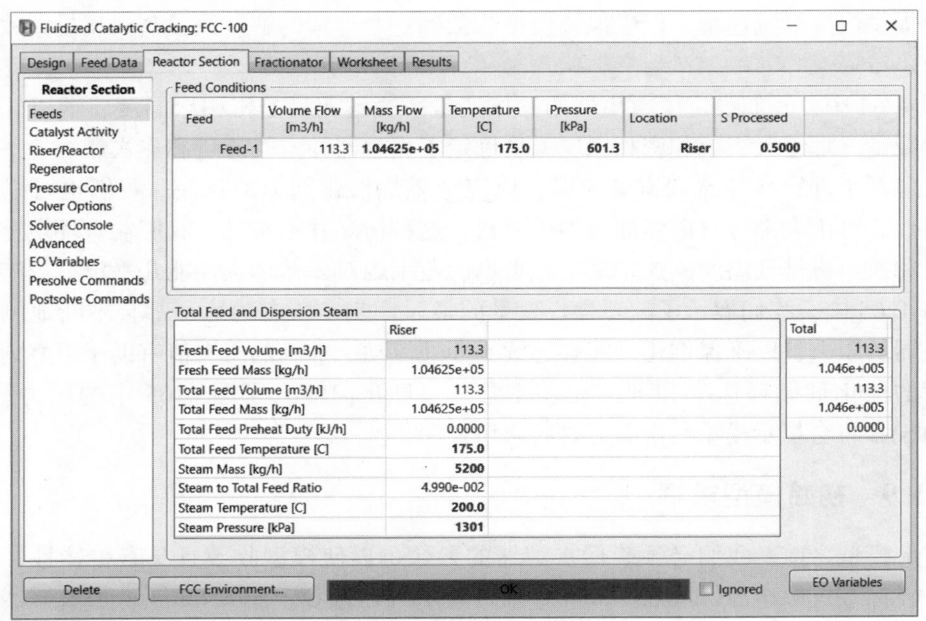

图 4.62 设定进料条件

接下来，设定提升管和再生器的操作变量，如图 4.63 所示。在大多数 FCC 装置中，通常将提升管的出口温度(ROT)设为固定值，所以自然要规定提升管的 ROT。当然也可以设定剂油比或催化剂循环速率，但这些规定值会使模型很难收敛。本文建议使用 ROT 作为初始规定，然后再改为其他可能的规定。

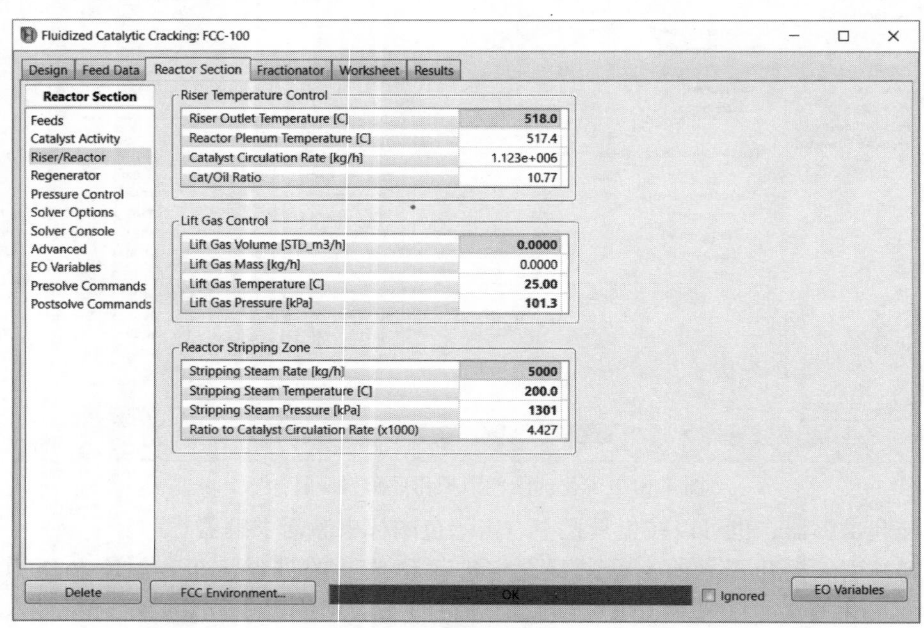

图 4.63　提升管操作条件及蒸汽注入

我们同样设定了提升气和反应器汽提蒸汽区域的流量和状态，如图 4.63 所示。提升气通常是裂解过程中的惰性气体，反应器汽提区域的蒸汽使由高温造成的热裂解最小化。我们必须至少提供汽提蒸汽速率，以确保该模型收敛到一个合理的解。汽提蒸汽流量大致是新鲜进料的 1%~5%。

在图 4.64 中，我们设定了再生器的操作变量。关键变量是密相床温度、烟道气氧含量和催化剂藏量。烟道气组成和密相床层温度确定了再生器的空气流量和焦炭燃烧速率。有些 FCC 装置包括了外置冷却器和富氧流股，以完全燃烧催化剂上的焦炭。我们也可以类似的设定，然而，对于大部分直馏蜡油类型的进料，这种情况并不常见。我们输入环境空气条件的标准值和鼓风机排气温度，这些变量在典型的范围内对工艺过程性能几乎没有影响。

在图 4.65 中，我们展示了配置操作变量的最后一步。所有的炼厂都会不断地测量反应器和再生器的压力，以确保催化剂能够连续不断地流动。准确的压力值有助于更好地预测通过提升管的催化剂循环速率和剂油比。注意，一旦我们输入了图 4.65 中的压力测量值，Aspen HYSYS 将会提示模型已准备好进行求解。

4.13.9　初始模型求解

在求解模型之前，我们必须确保求解器的参数可以使模型收敛且具有鲁棒性。我们在“Operation”标签页中选择“Solver Options”来打开求解器选项。图 4.66 展示了求解器选项的建议值。根据模型运行的经验，我们选择了这些数值。

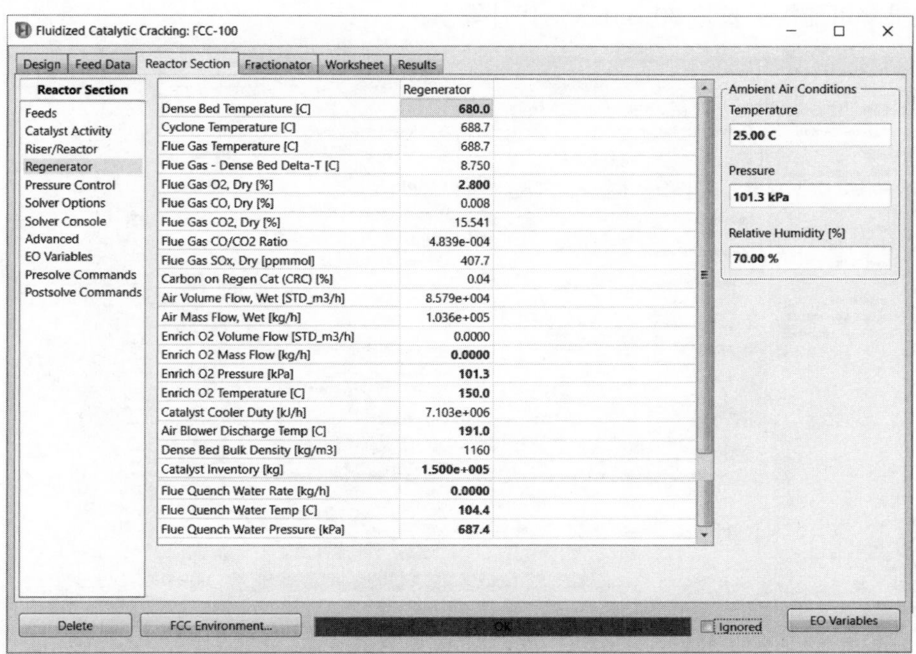

图 4.64 提升管操作参数

注：此图未显示所需的密相床层温度(608℃)。

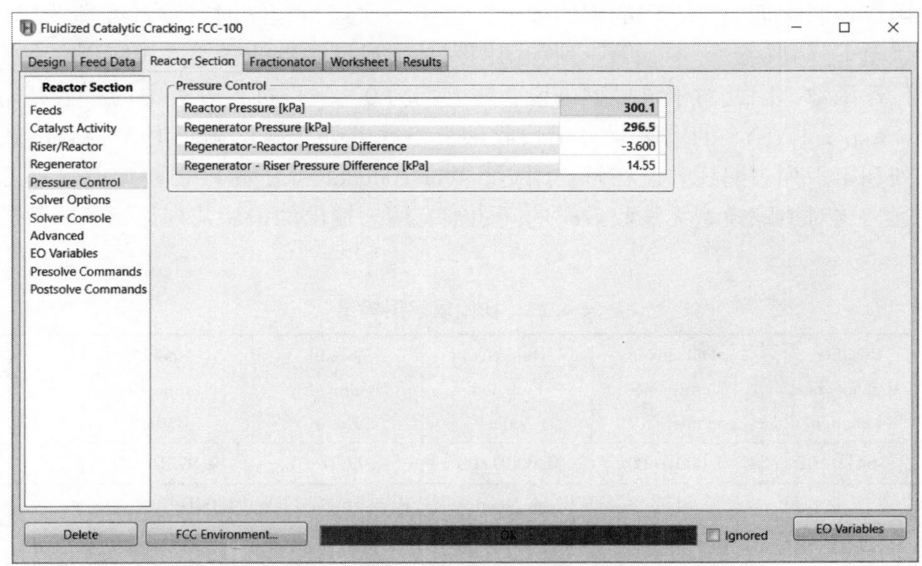

图 4.65 压力控制(反应器压力应高于再生器压力)

一般地，不推荐修改 Residual、Hessian Parameters 和 Line Search Parameters 的约束值。在第一次运行模型时，我们增大了 Creep Iterations 和 Maximum Iterations。Creep Iterations 是指过程参数在初始过程中发生微小的变化当初始值非常差时(雅可比矩阵并不能指出减小残值的方向)。Maximum Iterations 是指在停止之前求解器将对模型迭代多少次。根据工艺参数，初始求解可能需要长达 30~40 次迭代计算。

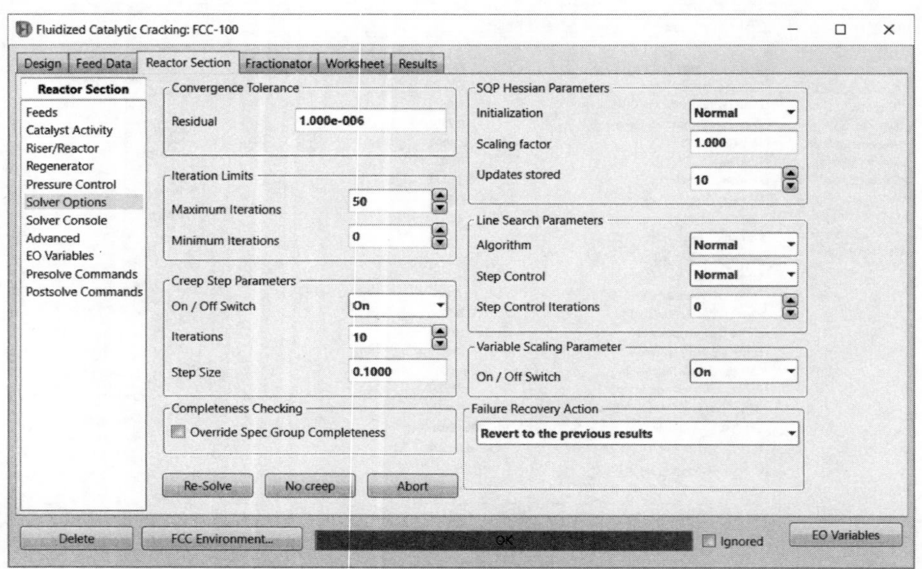

图 4.66　求解器收敛选项

点击主工具栏中的绿色图标激活求解器。求解器的输出将显示在 PFD 面板的右下方，表 4.25 展示了对所配置模型的输出值。表中第一列表示自开始求解以来所执行的迭代次数。残值收敛函数表明接近模型方程的解的程度。在第一次运行模型时，预计残差为 10^7。当接近解时，残差下降到接近于零。第三列和第四列是指目标函数的残差。我们只有在校正模型时会用到目标函数，因此对于该模型来说，残差均为 0。一旦过程方程中的参数开始呈现线性变化时，Aspen HYSYS 的求解器将很快收敛，当残差处于解的附近时，就会出现这种情况。第五列和第六列表明残差已在解的附近。Worst Model 列表明 FCC 模型的哪一部分残差距离解最远，这对追踪模型无法收敛时的问题很有用。输出的最后几列显示了求解器的运行统计信息。

表 4.25　初始求解器输出

Iteration	Residual Convergence Function	Objective Convergence Function	Objective Function Value	Overall Nonlinearity Ratio	Model Nonlinearity Ratio	Worst Model
0	1.641D+02	0.000D+00	0.000D+00	9.991D-01	9.973D-01	
	<Line Search Creep Mode ACTIVE>= = > Step taken 1.00D-01					
1	1.314D+02	0.000D+00	0.000D+00	9.761D-01	-9.852D+00	
	<Line Search Creep Mode ACTIVE>= = > Step taken 1.00D-01					
2	1.059D+02	0.000D+00	0.000D+00	9.788D-01	-4.397D+00	
	<Line Search Creep Mode ACTIVE>= = > Step taken 1.00D-01					
3	8.563D+01	0.000D+00	0.000D+00	9.811D-01	-2.454D+00	
	<Line Search Creep Mode ACTIVE>= = > Step taken 1.00D-01					

续表

Iteration	Residual Convergence Function	Objective Convergence Function	Objective Function Value	Overall Nonlinearity Ratio	Model Nonlinearity Ratio	Worst Model
4	6.950D+01	0.000D+00	0.000D+00	9.831D-01	-1.460D+00	
	<Line Search Creep Mode ACTIVE>==> Step taken 1.00D-01					
5	5.654D+01	0.000D+00	0.000D+00	9.849D-01	-8.596D-01	
	<Line Search Creep Mode ACTIVE>==> Step taken 1.00D-01					
6	4.608D+01	0.000D+00	0.000D+00	9.865D-01	-4.611D-01	
	<Line Search Creep Mode ACTIVE>==> Step taken 1.00D-01					
7	3.760D+01	0.000D+00	0.000D+00	9.879D-01	-1.778D-01	
	<Line Search Creep Mode ACTIVE>==> Step taken 1.00D-01					
8	3.070D+01	0.000D+00	0.000D+00	9.891D-01	3.205D-02	
	<Line Search Creep Mode ACTIVE>==> Step taken 1.00D-01					
9	2.508D+01	0.000D+00	0.000D+00	9.902D-01	1.000D+0	
10	2.049D+01	0.000D+00	0.000D+00	8.772D-01	1.928D-01	
11	1.151D-01	0.000D+00	0.000D+00	9.974D-01	-1.091D+01	
12	2.523D-06	0.000D+00	0.000D+00	1.000D+00	9.853D-01	
13	1.325D-14	0.000D+00	0.000D+00			
Successful solution.						

Optimization Timing Statistics	time	Percent	
MODEL computations	0.88s	37.31%	
DMO computations	0.66s	49.67%	
Miscellaneous	0.23s	13.02%	
Total Optimization Time	1.77s	100.00%	
Problem converged			

一般来说，在当前计算机的硬件情况下，FCC 模型应该会在 20s 内收敛。如果求解超过 20s 了，那可能规定值之间存在冲突。

4.13.10 查看模拟结果

当 Aspen HYSYS 成功求解该模型后，图 4.67 展示了收敛的 FCC 装置操作对话框。打开 Design 标签页中的"Connections"项，在反应器生成物连接处输入出口物流"Effluent"。名为"Effluent"的物流将会出现在 PFD 上，我们可以使用这个物流去建立后续的分馏单元。

图 4.68 中的"Results"标签页概括了不同类别下的各种模型结果。图 4.69 中 Feed Blend 标签页显示了进入提升管的每个进料的整体性质信息和动力学集总。一项重要的参数是调整后的芳核组成的总和。在图 4.69 中，突出显示的单环、双环和三环芳核总和为 22.60%。这个值应该接近于图 4.68 中显示的"Ca Est. from Total Method"19.80%这一值(代表了进料中芳烃的含量)。如果这些值差异较大(>10%)，那可能是我们选择的进料类型并不能准确地反

映装置的实际进料。

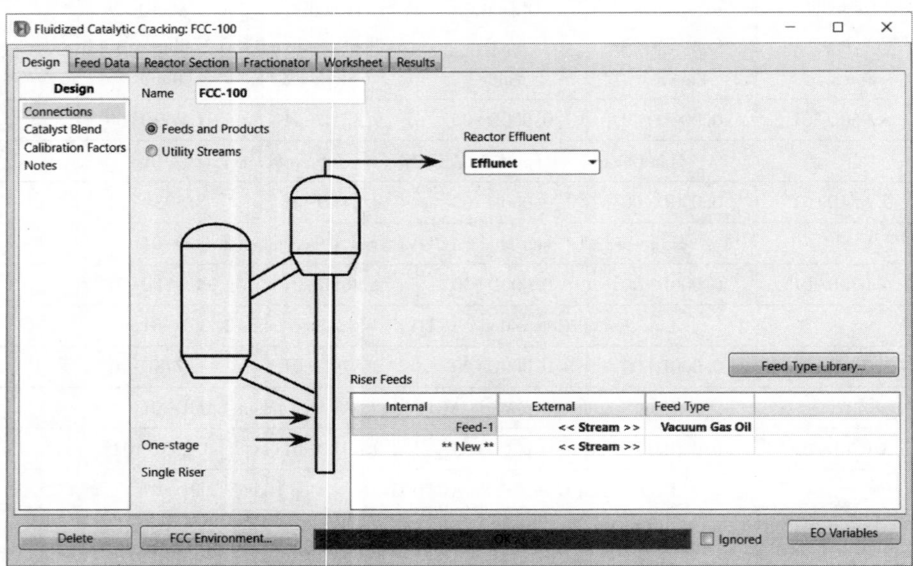

图 4.67　添加生成物流 Effluent 到 PFD 中

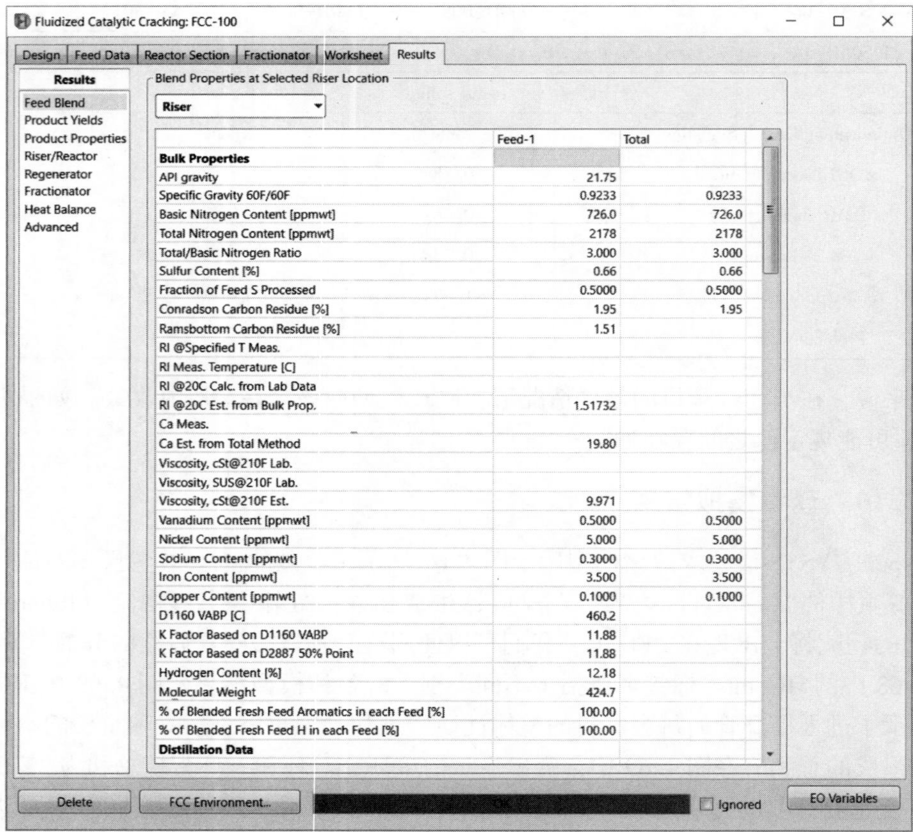

图 4.68　FCC 结果标签页

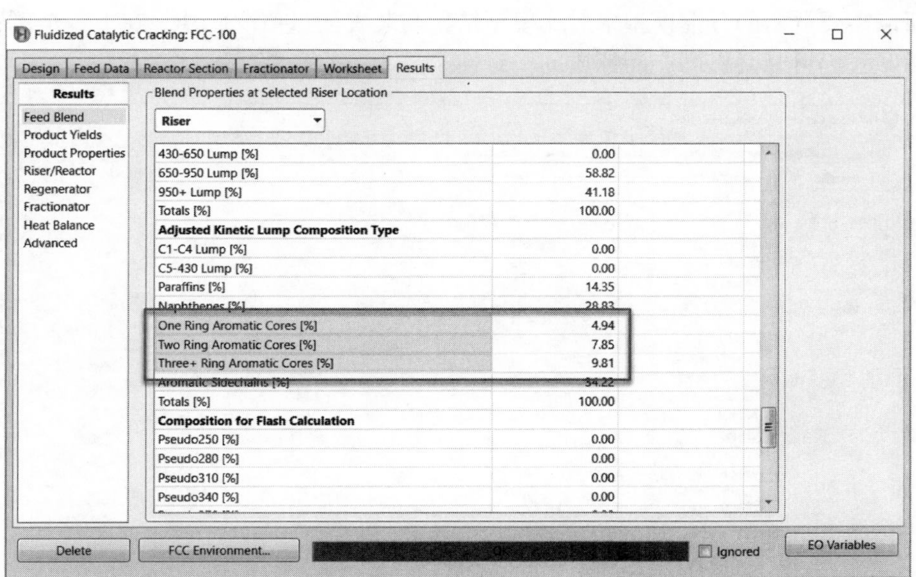

图 4.69　调整后的动力学集总[突出显示的单环、双环、三环及以上芳核(非侧链)的总和为 22.60%]

“Product Yields”页可以查看整体产品收率。图 4.70 显示的收率是所谓的标准切割分组收率，或整切割收率。这些收率是指具有固定终馏点的产品收率；典型的馏分包括 C_1～C_4 集总、C_5～430 集总(C_5 至 430℉或 221℃)、430～650 集总(430～650℉或 221～343℃)、650～950 集总(650～950℉或 343～510℃)和 950+集总(>950℉或 510℃)。石脑油切割的终馏点通常是比较低的，因此整切割收率一般会比装置收率高很多。在第 4.15 节例题 4.3 中，我们将使用严格的蒸馏模型来得到真实的装置切割馏分。

Fluidized Catalytic Cracking: FCC-100

Design | Feed Data | Reactor Section | Fractionator | Worksheet | Results

Results: Feed Blend, Product Yields, Product Properties, Riser/Reactor, Regenerator, Fractionator, Heat Balance, Advanced

Yields　◉ Standard cut grouped　○ Standard cut detailed

	Volume Flow [m3/h]	Mass Flow [kg/h]	Volume [%]	Weight [%]
H2S		378.4025		0.3617
Fuel Gas	5.6659	4747.5471	5.0000	4.5377
Propane	5.6325	2853.8793	4.9706	2.7277
Propylene	10.4227	5429.7326	9.1978	5.1897
nButane	2.9894	1743.4964	2.6381	1.6664
iButane	6.8082	3825.9806	6.0081	3.6569
Butenes	12.0049	7250.6285	10.5941	6.9301
Naphtha C5-430F	58.2744	44658.8693	51.4263	42.6848
LCO 430-650F	16.5824	14663.7169	14.6337	14.0155
Bottoms 650F+	11.2353	12165.3964	9.9150	11.6277
Coke Yield		6906.9904		6.6017
Total	123.9498	104624.6400	109.3839	100.0000
Conversion			75.4513	74.3568

Delete　FCC Environment...　OK　Ignored　EO Variables

图 4.70　“Standard cut grouped”产品收率

图 4.71 展示了模型中每个整切割馏分的“Product Properties”(产品性质)。由于整切割收率并不能直接反映装置的收率，因此每个产品性质的模型结果可能无法完全匹配实际工厂

的值，所以需要严格的分馏模型来对比模型结果与装置测量值。此外，在下一个例题中校正了模型后，我们可能会提高产品性质的一致性。

Fluidized Catalytic Cracking: FCC-100

Design | Feed Data | Reactor Section | Fractionator | Worksheet | Results

Results: Feed Blend, Product Yields, Product Properties, Riser/Reactor, Regenerator, Fractionator, Heat Balance, Advanced

Product Properties

	C5-265F	265-430F	430-650F	650F+
API Gravity	63.01	39.01	28.35	-0.9485
Specific Gravity	0.7275	0.8299	0.8852	1.084
Sulfur [%]	0.05	0.14	0.72	1.17
RON	93.83	91.53		
MON	84.41	79.78		
(R+M)/2	89.12	85.66		
Paraffins [vol %]	37.29	16.00	6.516	2.400
Olefins [vol %]	47.66	16.32	0.0000	0.0000
Naphthenes [vol %]	8.446	7.539	8.547	2.812
Aromatics [vol %]	6.602	60.15	84.94	94.79
Cloud Point [C]			-20.98	
Concarbon [%]	0.02	0.05	0.11	0.38
Basic Nitrogen [ppmwt]	3.010	12.22	106.6	218.0
Paraffins [wt %]	35.17	14.47	5.471	1.733
Olefins [wt %]	47.02	14.70	0.0000	0.0000
Naphthenes [wt %]	9.581	7.229	7.444	2.073
Aromatics [wt %]	8.237	63.61	87.09	96.19

Delete | FCC Environment... | OK | Ignored | EO Variables

图 4.71　整切割产品性质

最后一组重要的结果是图 4.72 中的“Heat Balance”部分。热平衡显示了工艺过程中的整体焦炭收率和 Delta Coke。Delta Coke 简单地说是在催化剂汽提区出口处的待再生催化剂(CSC)上的焦炭与再生催化剂上的焦炭(CRC)之间的差值，以催化剂的重量百分比表示。根据图 4.72 可知，0.65%和 0.04%之间的差值 0.61%即为 Delta Coke。

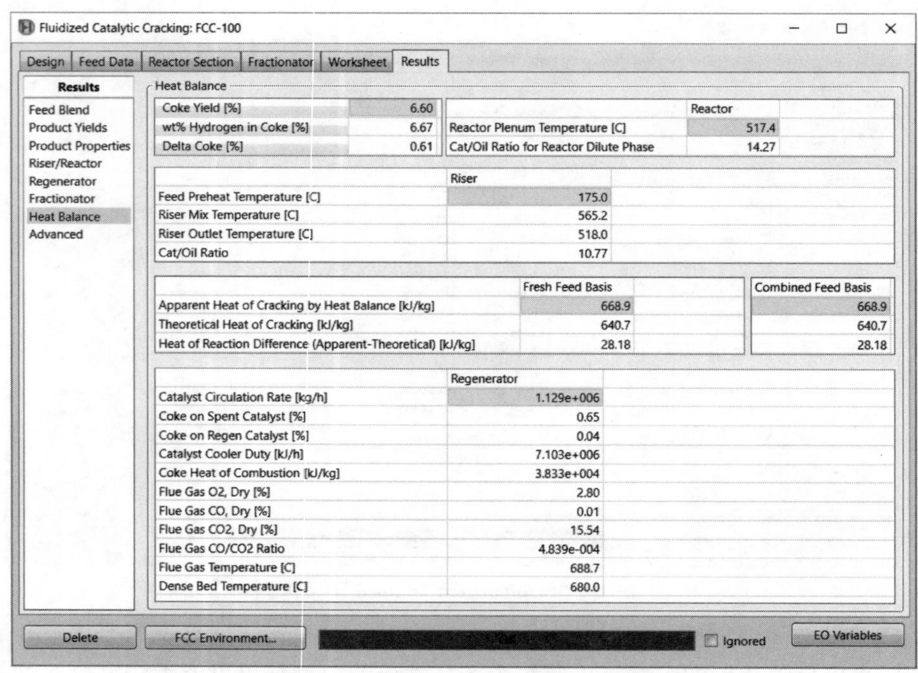

图 4.72　提升管与再生器间的整体热平衡

此外，模型计算了剂油比(C/O)和催化剂循环量。再生器的“Coke Balance”可以为 Delta Coke 提供有用的表达式[61]。焦炭收率必须等于进入和离开再生器的焦炭的差值。因此，可以得出：

$$\text{Coke yield} = (C/O)[\text{CSC}-\text{CRC}] \quad (4.15)$$

或

$$\text{CSC}-\text{CRC} = (\text{coke yield})/(C/O) = \text{delta coke} \quad (4.16)$$

式中 Coke yield——相比进料的质量百分数,%；

C/O——剂油比，每磅催化剂/每磅进料；

CSC——待生催化剂上的焦炭，催化剂的质量百分数；

CRC——再生催化剂上焦炭，催化剂的质量百分数。

注意，焦炭收率和 C/O 必须以相同的进料——新鲜进料或新鲜进料加上循环进料为基准来表示，以产生有意义的数字[61]。

Aspen HYSYS 使用 Delta Coke、催化剂循环量和动力学集总来计算裂解显热，该值表示来自所有裂解反应的整体放热量。此外，我们还可以单独计算总体质量和热平衡约束下的理论裂解热。

在大多数情况下，裂解的显热值和理论热值应该非常接近(相对误差<15%)。在图 4.72 中，该相对误差为 4%。裂解的理论热值(640kJ/kg)和显热值(668.9kJ/kg)之间 4%的误差表明，动力学模型满足在工厂测量容差内的热力学限制。另外，根据图 4.72 可知，当应用式(4.16)时，模拟结果在装置数据 5%的误差范围内。至此，我们将完成的模拟文件保存为 Workshop 4.1-done.hsc。

一旦确认模型做出了合理的初始预测，我们就可以进入校正阶段。在校正阶段，我们将调整来自进料选择和催化剂类型的调整因子。

4.14 例题 4.2——校正 FCC 基础模型

在本节中，我们将根据已知的产品收率和反应器性能对模型进行校正。校正包括四个不同的步骤：

(1) 从当前模拟环境提取数据；

(2) 基于当前模拟情况，输入测量工艺过程的收率和性能；

(3) 更新调整因子以匹配装置的收率和性能；

(4) 将校正数据推送到模拟环境。

我们使用一个已收敛的初始模型来开始模型校正过程的第一步，将 Workshop 4.1-done.hsc 模拟文件另存为 Workshop 4.2-1.hsc。已收敛的初始模型对调整因子提供了初始值，这大大简化了模型校正过程。首先进入 FCC 子流程中，然后在应用工具栏中选择“FCC >Calibration”菜单选项，进入校正环境(见图 4.73)。图 4.74 展示了 FCC 校正环境。

第一步，从模拟环境中提取数据(Pull data)。当 Aspen HYSYS 提取数据时，当前的操作条件、进料信息以及工艺参数均会输入 FCC 的校正环境中。校正是指基于当前模型状态下产生给定产品收率和反应器性能(我们提供给校正环境)的一组调整因子。通过点击“Pull Data from Simulation”按钮来提取数据(见图 4.75)。

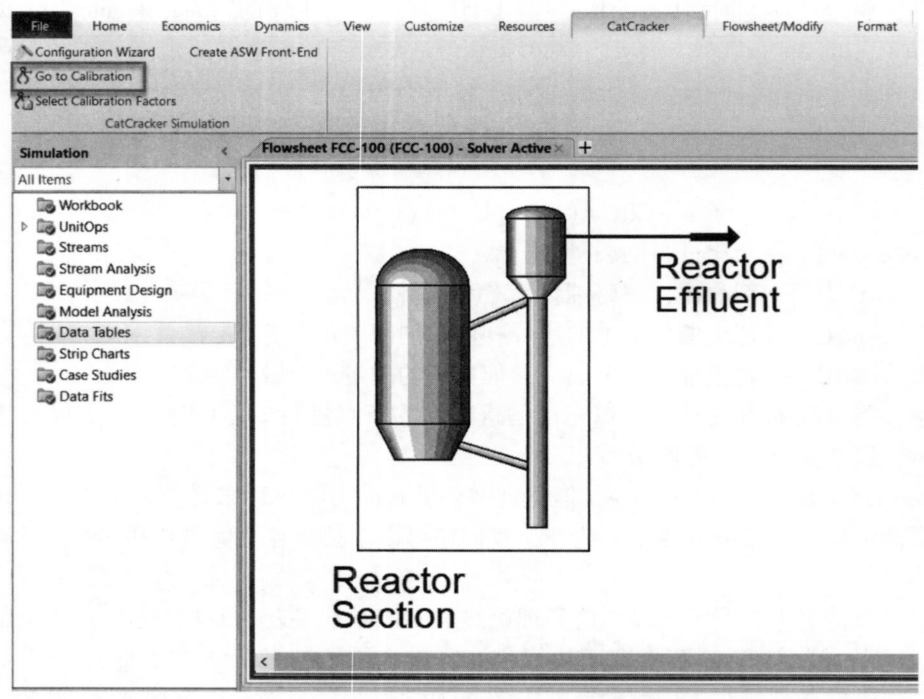

图 4.73　进入 FCC 校正环境

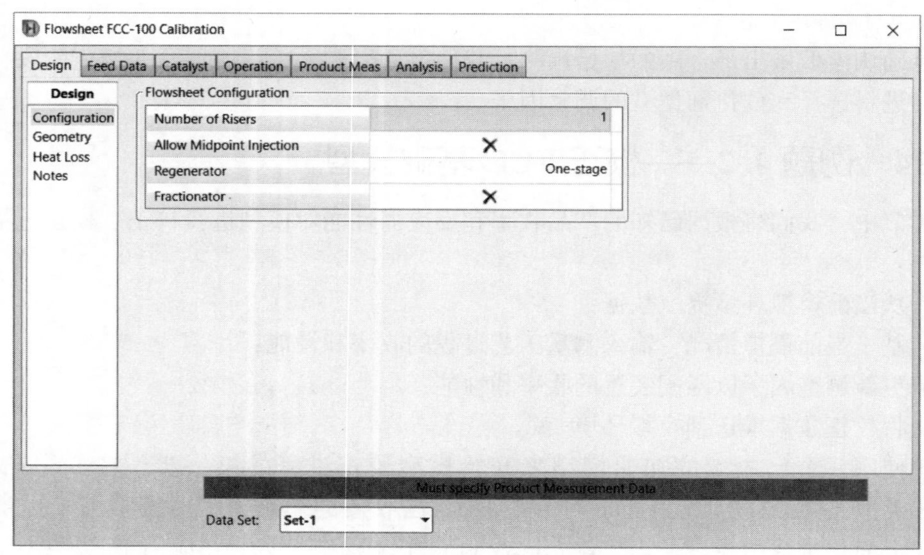

图 4.74　FCC 校正界面

当从模拟环境中提取数据时，Aspen HYSYS 会警告当前校正环境的数据将会被当前模型的结果所覆盖，如图 4.75 所示。我们也可以使用“Manage Data Sets”功能来允许多组校正数据集(如果工业 FCC 装置是在特殊情况下运行的，那么这个功能可能是有用的)。然而，对于本例而言，我们只使用一组校正数据。当确认校正数据可以被覆盖后，Aspen HYSYS 将会提取所有的进料信息和工艺操作参数。状态栏提示，必须设定产品测量数据以开始校正过

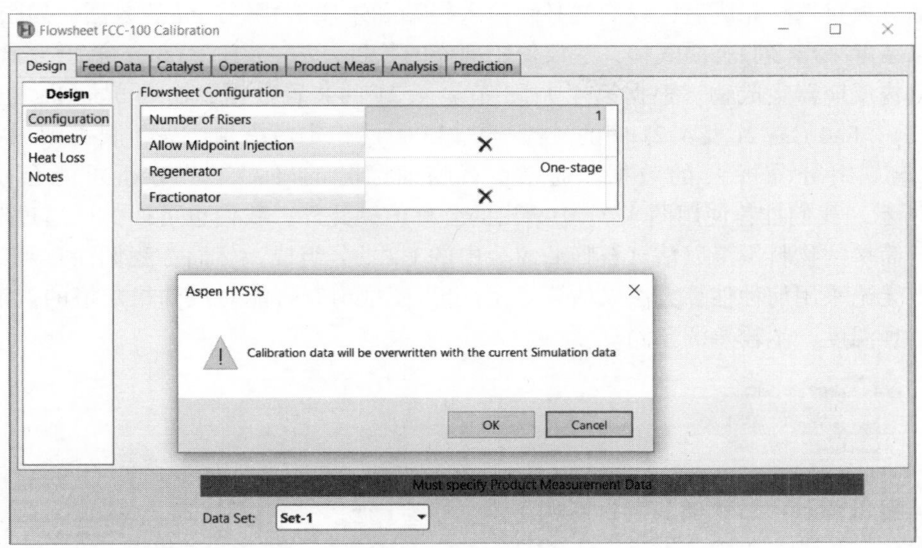

图 4.75 从当前模拟环境中提取数据到校正环境中

程。如果有必要，除了测量数据之外，还可以修改 FCC 装置的操作变量(如提升管出口温度等)。但是，如果操作方案变化非常大，建议创建一个新的模型文件。

第二步，设定测量的收率和工艺性能。点击"Prod Meas"标签页，打开 Cuts 界面(见图 4.76)。在 Cuts 界面，我们可以设定该 FCC 装置具体有多少轻质气体、液化气(LPG)、石脑油、轻循环油(LCO)或柴油和渣油切割产品。FCC 装置通常有两股轻质气体馏分产品：干气(C_1~C_2)和来自脱硫单元的产物(H_2S)。液化气(C_3~C_4)通常从汽油稳定塔分离，剩余的液相馏分是从主分馏塔分离。根据 FCC 装置的类型，可能会有两股石脑油馏分(轻石脑油和重石脑油)和两股循环油馏分(LCO 轻循环油和 HCO 重循环油)。

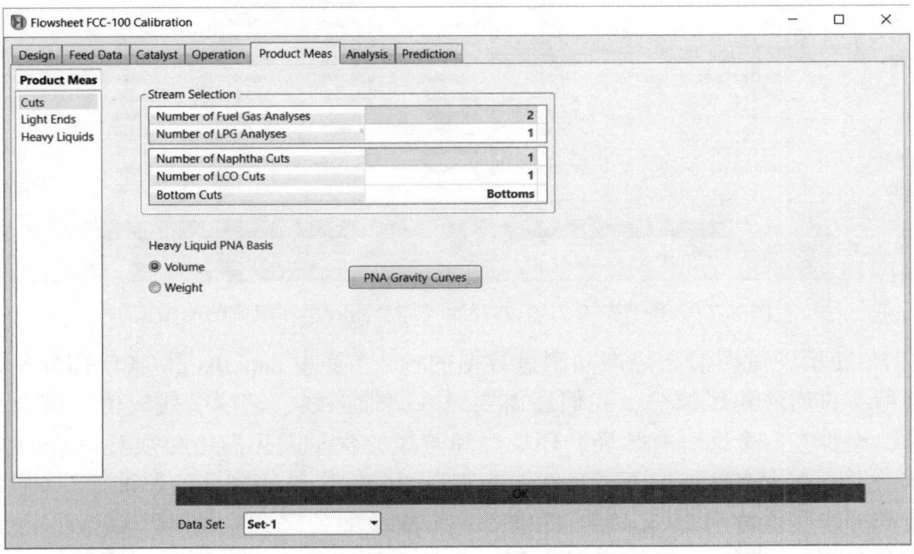

图 4.76 设定工厂测量数据的馏分

在馏分数目选择完成后，我们就必须输入轻端和重质液相烃产品的数据，如图 4.77 所示。如果装置采出多股轻质气体，建议使用同样的数目。Aspen HYSYS 会自动结合轻端分析数据来重构反应器生成物。根据第 4.13.3 节表 4.21 的装置数据，输入 fuel Gas 1(表 4.21 中的干气)、fuel Gas 2(表 4.21 中的酸性气)、LPG 1(稳定塔塔顶产品，表 4.21 中的 LPG、naphtha(轻端组分分析))的数据。通常，石脑油馏分的轻端组分分析可能会缺失，如表 4.21所示。我们推荐使用图 4.77 中给出的公称值。此外，我们也可以尝试通过对汽油稳定塔进行简单的物料平衡以估算石脑油馏分中的 C_4 组分组成。然而，我们注意到，在校正过程中，无论采用何种估算方法来估算 C_4 含量，模型均有可能对汽油稳定塔的汽油雷德蒸汽压和塔顶温度产生较差的预测。

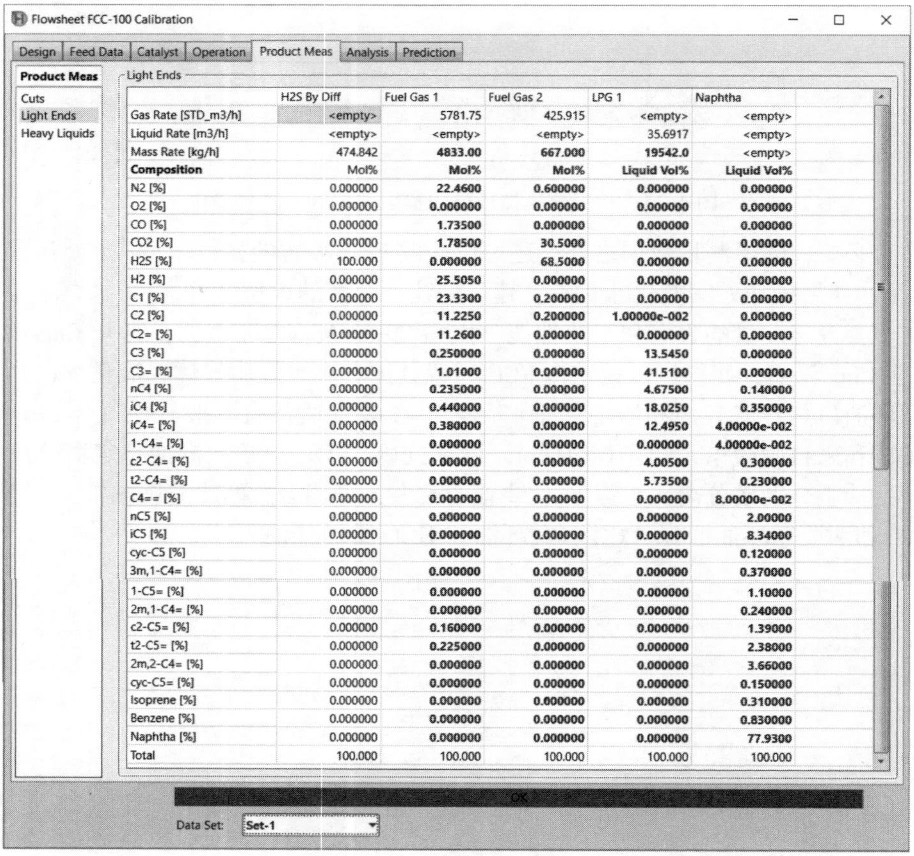

Flowsheet FCC-100 Calibration

Design | Feed Data | Catalyst | Operation | Product Meas | Analysis | Prediction

Product Meas: Cuts / Light Ends / Heavy Liquids

Light Ends

	H2S By Diff	Fuel Gas 1	Fuel Gas 2	LPG 1	Naphtha
Gas Rate [STD_m3/h]	<empty>	5781.75	425.915	<empty>	<empty>
Liquid Rate [m3/h]	<empty>	<empty>	<empty>	35.6917	<empty>
Mass Rate [kg/h]	474.842	4833.00	667.000	19542.0	<empty>
Composition	Mol%	**Mol%**	**Mol%**	**Liquid Vol%**	**Liquid Vol%**
N2 [%]	0.000000	22.4600	0.600000	0.000000	0.000000
O2 [%]	0.000000	0.000000	0.000000	0.000000	0.000000
CO [%]	0.000000	1.73500	0.000000	0.000000	0.000000
CO2 [%]	0.000000	1.78500	30.5000	0.000000	0.000000
H2S [%]	100.000	0.000000	68.5000	0.000000	0.000000
H2 [%]	0.000000	25.5050	0.000000	0.000000	0.000000
C1 [%]	0.000000	23.3300	0.200000	0.000000	0.000000
C2 [%]	0.000000	11.2250	0.200000	1.00000e-002	0.000000
C2= [%]	0.000000	11.2600	0.000000	0.000000	0.000000
C3 [%]	0.000000	0.250000	0.000000	13.5450	0.000000
C3= [%]	0.000000	1.01000	0.000000	41.5100	0.000000
nC4 [%]	0.000000	0.235000	0.000000	4.67500	0.140000
iC4 [%]	0.000000	0.440000	0.000000	18.0250	0.350000
iC4= [%]	0.000000	0.380000	0.000000	12.4950	4.00000e-002
1-C4= [%]	0.000000	0.000000	0.000000	0.000000	4.00000e-002
c2-C4= [%]	0.000000	0.000000	0.000000	4.00500	0.300000
t2-C4= [%]	0.000000	0.000000	0.000000	5.73500	0.230000
C4== [%]	0.000000	0.000000	0.000000	0.000000	8.00000e-002
nC5 [%]	0.000000	0.000000	0.000000	0.000000	2.00000
iC5 [%]	0.000000	0.000000	0.000000	0.000000	8.34000
cyc-C5 [%]	0.000000	0.000000	0.000000	0.000000	0.120000
3m,1-C4= [%]	0.000000	0.000000	0.000000	0.000000	0.370000
1-C5= [%]	0.000000	0.000000	0.000000	0.000000	1.10000
2m,1-C4= [%]	0.000000	0.000000	0.000000	0.000000	0.240000
c2-C5= [%]	0.000000	0.160000	0.000000	0.000000	1.39000
t2-C5= [%]	0.000000	0.225000	0.000000	0.000000	2.38000
2m,2-C4= [%]	0.000000	0.000000	0.000000	0.000000	3.66000
cyc-C5= [%]	0.000000	0.000000	0.000000	0.000000	0.150000
Isoprene [%]	0.000000	0.000000	0.000000	0.000000	0.310000
Benzene [%]	0.000000	0.000000	0.000000	0.000000	0.830000
Naphtha [%]	0.000000	0.000000	0.000000	0.000000	77.9300
Total	100.000	100.000	100.000	100.000	100.000

OK

Data Set: Set-1

图 4.77　基于表 4.21 中的轻质气体产品收率和组成的测量值

图 4.78 展示了重质液相烃产品测量数据的输入界面。naphtha 和 LCO 馏分是常规测量数据。对所有重质液相烃馏分，我们还需要输入蒸馏曲线、密度、残炭值、硫含量和氮含量。此外，至少有一个馏分有烯烃、环烷烃和芳烃的含量。我们还必须对所有 LCO 类型的馏分输入浊点。在大多数情况下，我们无法获得主分馏塔塔底馏分的蒸馏曲线(通常不测量或是只有部分测量点可用)。Kaes[51] 提供了一个简单的关联式来估计塔底馏分的 TBP 蒸馏曲线(它只是密度的函数)。在一般情况下，我们也并不需要塔底馏分准确的 TBP 蒸馏曲线值，因为它通常并不是重要的产品。

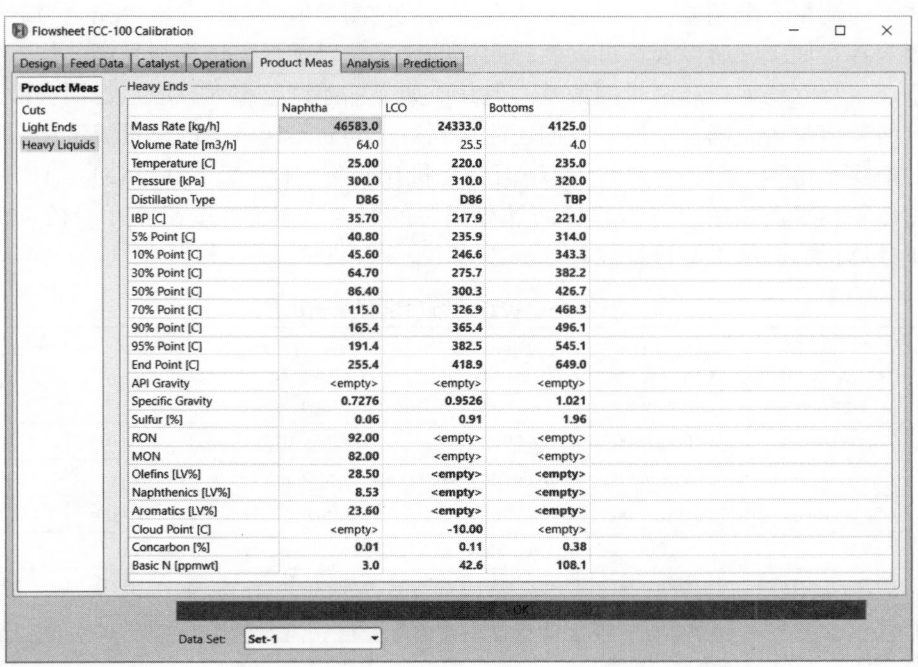

Flowsheet FCC-100 Calibration

Design | Feed Data | Catalyst | Operation | Product Meas | Analysis | Prediction

Product Meas: Cuts / Light Ends / Heavy Liquids

Heavy Ends

	Naphtha	LCO	Bottoms
Mass Rate [kg/h]	46583.0	24333.0	4125.0
Volume Rate [m3/h]	64.0	25.5	4.0
Temperature [C]	25.00	220.0	235.0
Pressure [kPa]	300.0	310.0	320.0
Distillation Type	D86	D86	TBP
IBP [C]	35.70	217.9	221.0
5% Point [C]	40.80	235.9	314.0
10% Point [C]	45.60	246.6	343.3
30% Point [C]	64.70	275.7	382.2
50% Point [C]	86.40	300.3	426.7
70% Point [C]	115.0	326.9	468.3
90% Point [C]	165.4	365.4	496.1
95% Point [C]	191.4	382.5	545.1
End Point [C]	255.4	418.9	649.0
API Gravity	<empty>	<empty>	<empty>
Specific Gravity	0.7276	0.9526	1.021
Sulfur [%]	0.06	0.91	1.96
RON	92.00	<empty>	<empty>
MON	82.00	<empty>	<empty>
Olefins [LV%]	28.50	<empty>	<empty>
Naphthenics [LV%]	8.53	<empty>	<empty>
Aromatics [LV%]	23.60	<empty>	<empty>
Cloud Point [C]	<empty>	-10.00	<empty>
Concarbon [%]	0.01	0.11	0.38
Basic N [ppmwt]	3.0	42.6	108.1

OK

Data Set: Set-1

表 4. 78　根据表 4. 20 中的液相产品收率及性质的测量值

一旦输入完成图 4. 78 中的重质液相烃产品的测量数据，底部状态栏将会变为黄色，表明该模型“Not Solved”。此时，开始校正过程的第三步。

点击“Run Calibration”，调起验证向导对话框，如图 4. 79 所示。验证向导界面允许为每

Flowsheet FCC-100 Calibration

Design | Feed Data | Catalyst | Operation | Product Meas | Analysis | Prediction

Product Meas: Cuts / Light Ends / Heavy Liquids

Heavy Ends

	Naphtha	LCO	Bottoms
Mass Rate [kg/h]	46583.0	24333.0	4125.0
Volume Rate [m3/h]	64.0	25.5	4.0
Temperature [C]	25.00	220.0	235.0
Pressure [kPa]	300.0	310.0	320.0
Distillation Type	D86	D86	TBP
IBP [C]	35.70	217.9	221.0
5% Point [C]	40.80	235.9	314.0
10% Point [C]	45.60	246.6	343.3
30% Point [C]	64.70	275.7	382.2
50% Point [C]	86.40	300.3	426.7
70% Point [C]	115.0	326.9	468.3
90% Point [C]	165.4	365.4	496.1
95% Point [C]	191.4	382.5	545.1
End Point [C]	255.4	418.9	649.0
API Gravity	<empty>	<empty>	<empty>
Specific Gravity	0.7276	0.9526	1.021
Sulfur [%]	0.06	0.91	1.96
RON	92.00	<empty>	<empty>
MON	82.00	<empty>	<empty>
Olefins [LV%]	28.50	<empty>	<empty>
Naphthenics [LV%]	8.53	<empty>	<empty>
Aromatics [LV%]	23.60	<empty>	<empty>
Cloud Point [C]	<empty>	-10.00	<empty>
Concarbon [%]	0.01	0.11	0.38
Basic N [ppmwt]	3.0	42.6	108.1

OK

Data Set: Set-1

图 4. 79　质量平衡验证向导

个测量物流的流量分配偏差，因为通常所有产品流量测量值的总和并不会完全与进料流量相匹配。因为存在偏差，所以我们可以微调测量的流量，以确保整体物料平衡。如果偏差调整很小，不建议移除任何产品测量的偏差。但是，如果偏差调整很大，应该返回去检查所有产品流量的测量值是否正确。最后，我们还注意到对于 Fuel Gas 馏分的质量流量比在轻端部分所输入的值要小得多(见图 4.77)。这是因为无机化合物(H_2、N_2、O_2、CO_2、H_2S 等)并未包括在整体物料平衡之中。点击验证向导界面中的“OK”(确认)按钮，开始校正。表 4.26 展示校正计算运行时的求解过程。

表 4.26 校正运行后求解器输出

Iteration	Residual Convergence Function	Objective Convergence Function	Objective Function Value	Overall Nonlinearity Ratio	Model Nonlinearity Ratio	Worst Model
0	5.039D+03	0.000D+00	0.000D+00	9.989D-01	-1.592D+01	REGEN
	<Line Search Creep Mode ACTIVE>==> Step taken 1.00D-01					
1	2.891D+03	0.000D+00	0.000D+00	9.536D-01	-8.333D+00	RISCOKE
	<Line Search Creep Mode ACTIVE>==> Step taken 1.00D-01					
2	1.600D+03	0.000D+00	0.000D+00	9.605D-01	-3.353D+00	RISCOKE
	<Line Search Creep Mode ACTIVE>==> Step taken 1.00D-01					
3	8.297D+02	0.000D+00	0.000D+00	9.811D-01	-1.579D+00	RISCOKE
	<Line Search Creep Mode ACTIVE>==> Step taken 1.00D-01					
4	3.764D+02	0.000D+00	0.000D+00	9.615D-01	-6.095D-01	RISCOKE
	<Line Search Creep Mode ACTIVE>==> Step taken 1.00D-01					
5	2.446D+02	0.000D+00	0.000D+00	9.619D-01	3.906D-02	RISCOKE
	<Line Search Creep Mode ACTIVE>==> Step taken 1.00D-01					
6	2.675D+02	0.000D+00	0.000D+00	9.631D-01	5.303D-01	RISCOKE
	<Line Search Creep Mode ACTIVE>==> Step taken 1.00D-01					
7	2.899D+02	0.000D+00	0.000D+00	9.693D-01	5.861D-01	RISER
	<Line Search Creep Mode ACTIVE>==> Step taken 1.00D-01					
8	3.088D+02	0.000D+00	0.000D+00	9.737D-01	6.337D-01	RISER
	<Line Search Creep Mode ACTIVE>==> Step taken 1.00D-01					
9	3.215D+02	0.000D+00	0.000D+00	9.760D-01	1.659D+00	RISCOKE
	<Line Search Creep Mode ACTIVE>==> Step taken 1.00D-01					
10	1.105D+02	0.000D+00	0.000D+00	9.326D-01	9.955D-01	RISCOKE
11	8.204D-02	0.000D+00	0.000D+00	9.994D-01	-9.358D+00	REGEN
12	3.265D+02	0.000D+00	0.000D+00	6.975D-01	-5.526D-01	PRTCALC
13	1.124D-08	0.000D+00	0.000D+00			

Successful solution Optimization Timing Statistics	Time	Percent	
MODEL computations	0.91 secs	53.42%	
DMO computations	0.63 secs	36.99%	
Miscellaneous	0.61 secs	9.59%	
Total Optimization Time Problem converged	1.71 secs	100.00%	

对 FCC 的校正过程即为“求根”。这意味着它并不像 Aspen HYSYS 的重整反应器或加氢裂化反应器模型，可以有用户调节的调整因子。换句话说，调整参数的数目就等于可用的测量数目，校正是一种更简单的求根过程。通常，校正过程会很快并且在 20 次迭代之内收敛。如果校正困难，则很可能是由产品测量数据不一致造成的。

校正过程的关键结果如图 4. 80 所示。反应器调整参数控制了每组动力学路径的活性和轻端组分分布。离散集总曲线将动力学集总转为适用于石油精馏产品分布的蒸馏集总。校正的一项重要检查如图 4. 81 所示。裂解的理论热和显热不应该相差过大(相对误差<5%)，这一点我们参考第 4. 13. 10 节图 4. 72 讨论过。如果满足这一误差阈值，那便可以认为校正过程是成功的。

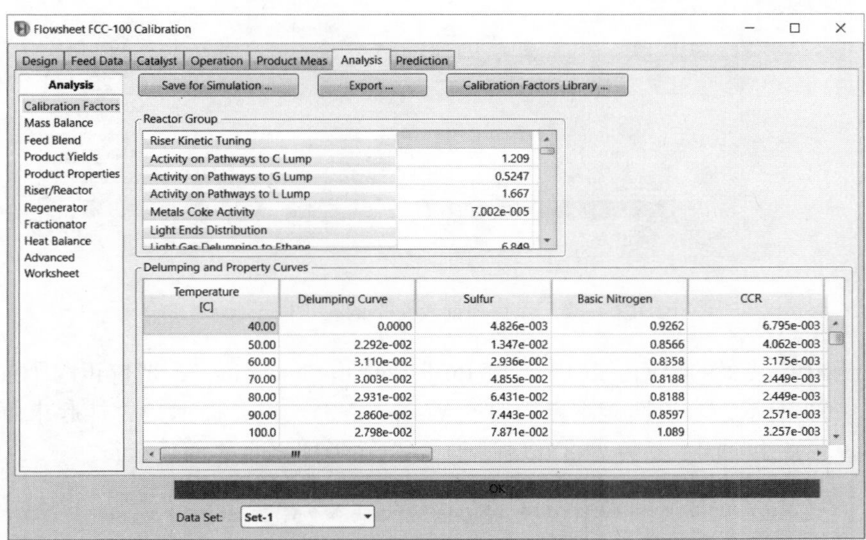

图 4. 80 校正活性因子

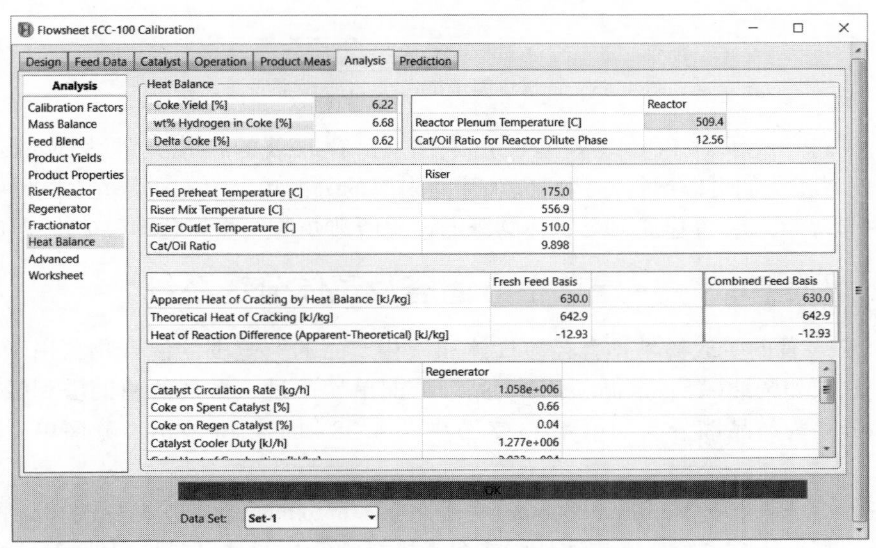

图 4. 81 提升管与再生器之间校正的热平衡

校准程序的最后一步是导出校正因子到主流程中。为此，我们在 Analysis 标签页中选择 Calibration factors。然后点击“Save for Simulation ……”按钮，将当前校正因子保存为 Set-1，如图 4.82 所示。

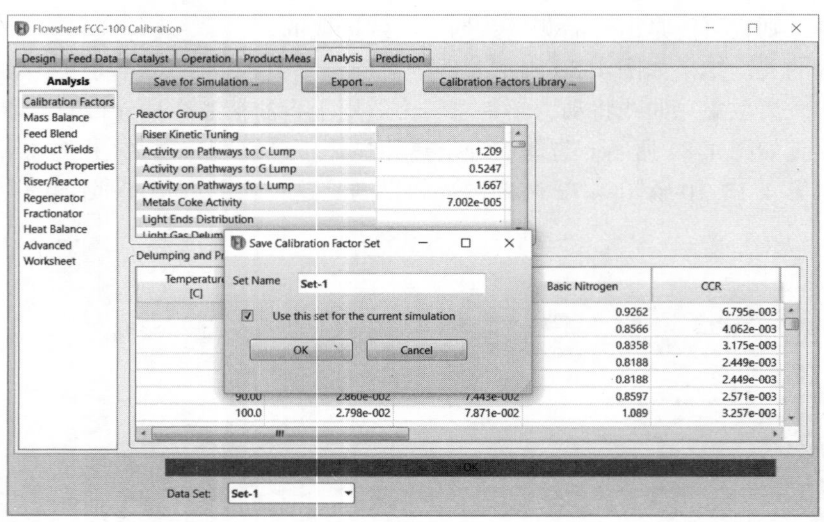

图 4.82 保存当前校正下的校正因子

为返回至 FCC 装置的界面，我们点击“Push Data to Simulation”，把校正因子推送至主界面中，如图 4.83 所示。当返回至主界面时，Aspen HYSYS 将会提示是否挂起求解器。由于 FCC 装置求解非常快，因此选择“No”以强制求解器在返回至主界面后运行。

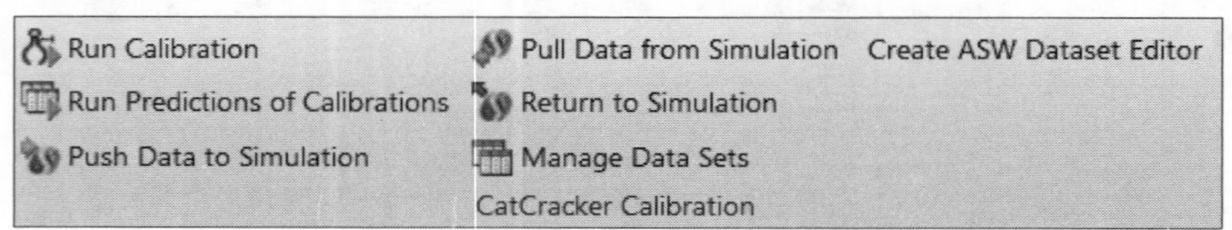

图 4.83 将校正因子推送至 FCC 模拟界面

到此，我们完成了对 FCC 装置的校正工作。保存收敛的模拟文件为 Workshop 4.2-done.hsc。此时，我们可以运行案例研究和建立附属的分馏单元。在下一个例题中，我们将简要讨论一下为 FCC 装置建立一个完整的分馏过程所涉及的一些问题。

4.15 例题 4.3——建立主分馏塔及气体分馏系统

来自 FCC 装置的生成物是具有轻质气体和液相产品的宽范围的混合物，用于回收液化气(LPG)、汽油和柴油(轻、重循环油)产品。分馏单元通过一系列的精馏塔和吸收塔将反应器生成物分离为产品馏分。如第 4.13.2 节中图 4.38 ~ 图 4.40 所示，分馏单元主要组成如下：

(1) 主分馏塔(T201_MainFractionator)——回收大部分的石脑油、循环油和塔底产品。

(2) 塔顶富气压缩系统——再次压缩主分馏塔塔顶气相产品以回收额外的石脑油。

(3) 吸收塔(T301_Absorber)——将轻石脑油返回至汽油物流中。

(4) 解吸塔(T302_Stripper)——脱除石脑油中的重组分，并将这些组分返回至主分馏塔的柴油或 LCO 部分。

(5) 再吸收塔(T303_ReAbsorber)——使用 LCO 采出物流将来自吸收塔塔顶气中的非常轻的组分(<C_2)脱除。

(6) 脱丁烷塔/汽油稳定塔(T304_Stabilizer)——从汽油产品中分离出液化气(C_3~C_4)。

例题 4.3 很重要，因为它是第一个详细逐步演示如何建立一个曾在教科书或相关文献中出现的 FCC 主分馏塔和气体分馏系统的模型。炼厂工程师可以采用相同的步骤为重整、加氢裂化、延迟焦化等装置的分馏系统建立模型，我们将在第 5~7 章中演示这些步骤。

4.15.1 主分馏塔 T201_MainFractionator

为建立主分馏塔，我们按照第 2 章描述建立原油蒸馏塔的相同的步骤进行。首先打开一个 FCC 反应器收敛的文件，Workshop 4.3－1.hsc(见图 4.84)。

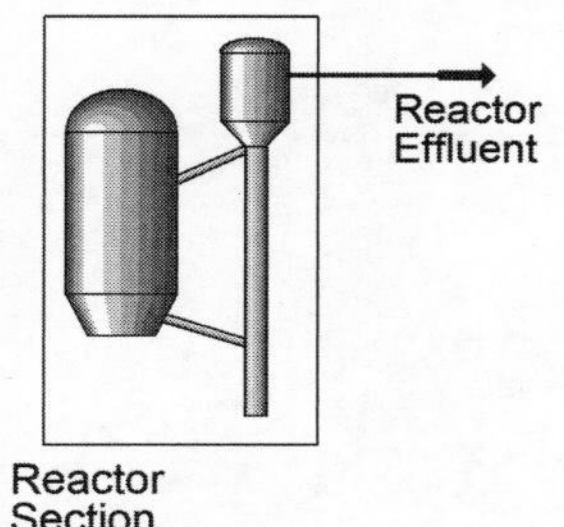

图 4.84 FCC 反应器部分

第 1 步：建立一股补充干气(Dry Gas Makeup)。连接干气物流和来自 FCC 反应器的生成物物流到一个混合器(MIX-100)，创建出口为主分馏塔进料的物流 T201_ Feed。物流需要的规定信息参见 Workshop 4.3-Additional Specifications.xlsx 和 Workshop 4.3-Dry Gas Makeup Specifcations.xlsx 文件。建立一个加热器模块，将进料物流预热至 510℃(见图 4.85)。保存文件为 Workshop 4.3-2.hsc。

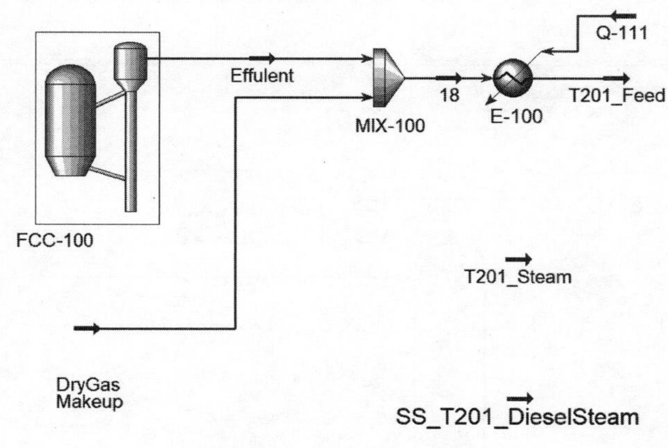

图 4.85 第 1 步的流程图

第 2 步：第 4.7 节表 4.7 推荐对 FCC 主分馏塔使用 17 块理论塔板。我们创建了一个具有 17 块理论塔板、带有塔顶回流的吸收塔作为主分馏塔 T201_MainFractionator(见图 4.86~图 4.89)。

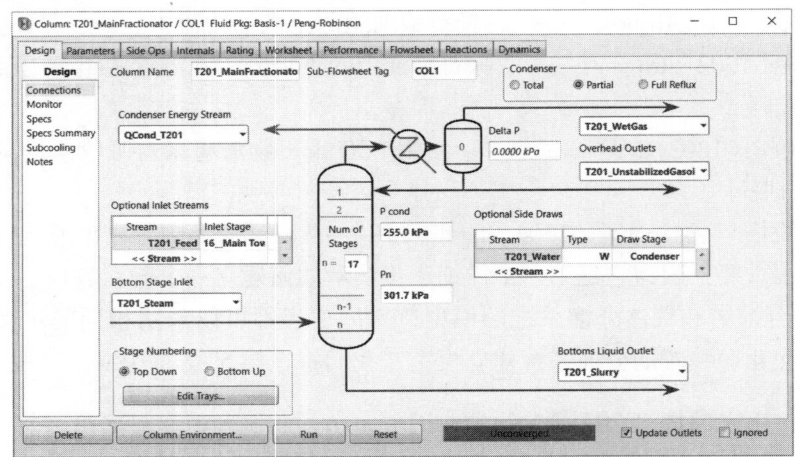

图 4.86　主分馏塔 T201_MainFractionator 的参数规定(1)

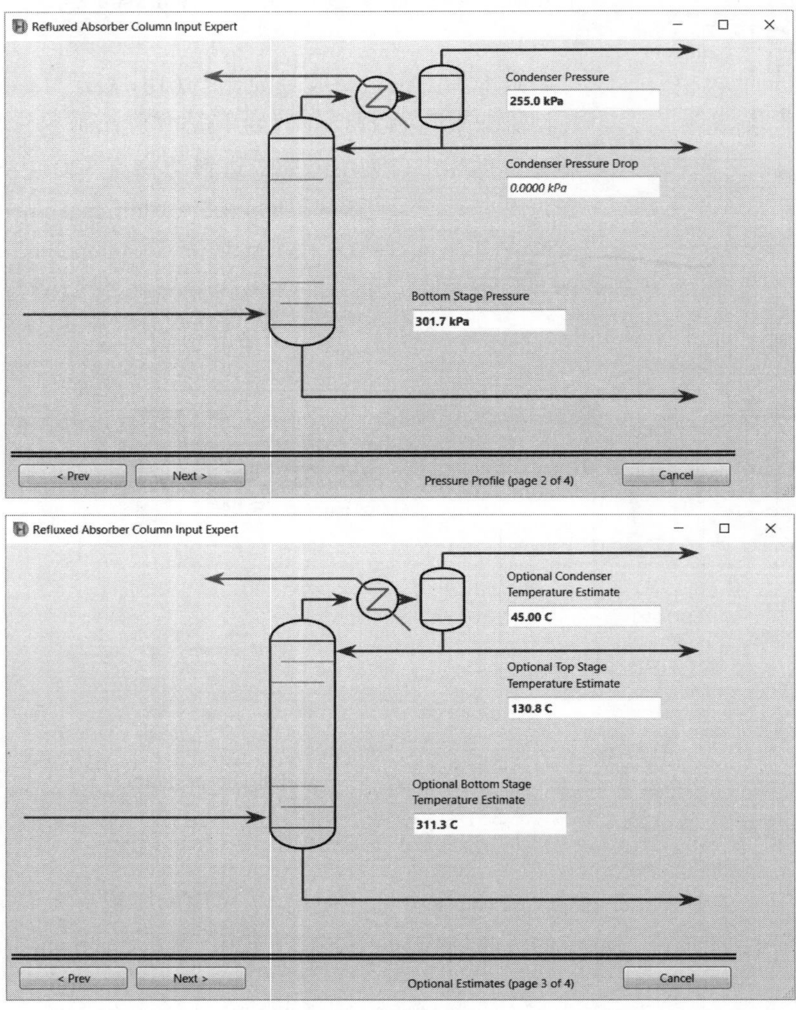

图 4.87　主分馏塔 T201_MainFractionator 的参数规定(2)

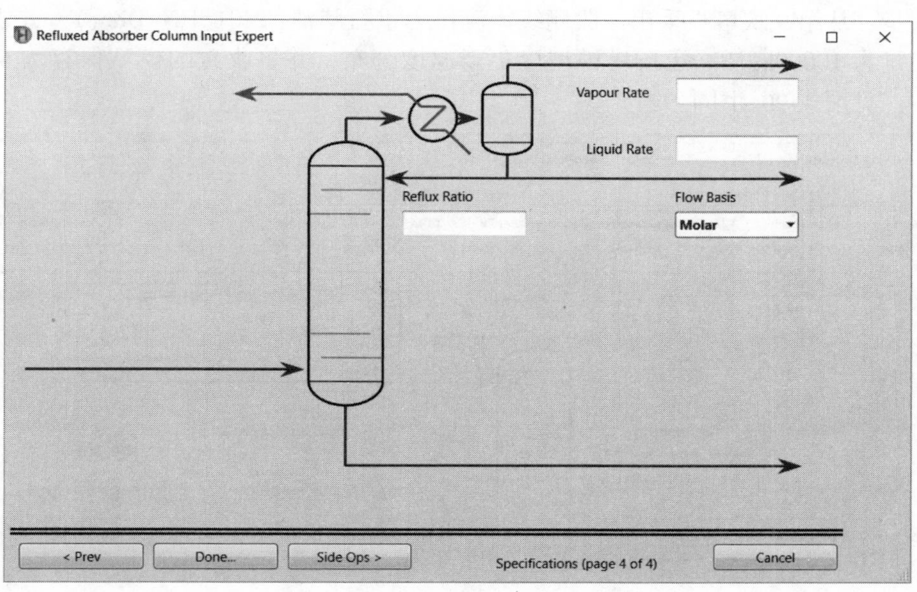

图 4.88 主分馏塔 T201_MainFractionator 的参数规定(3)

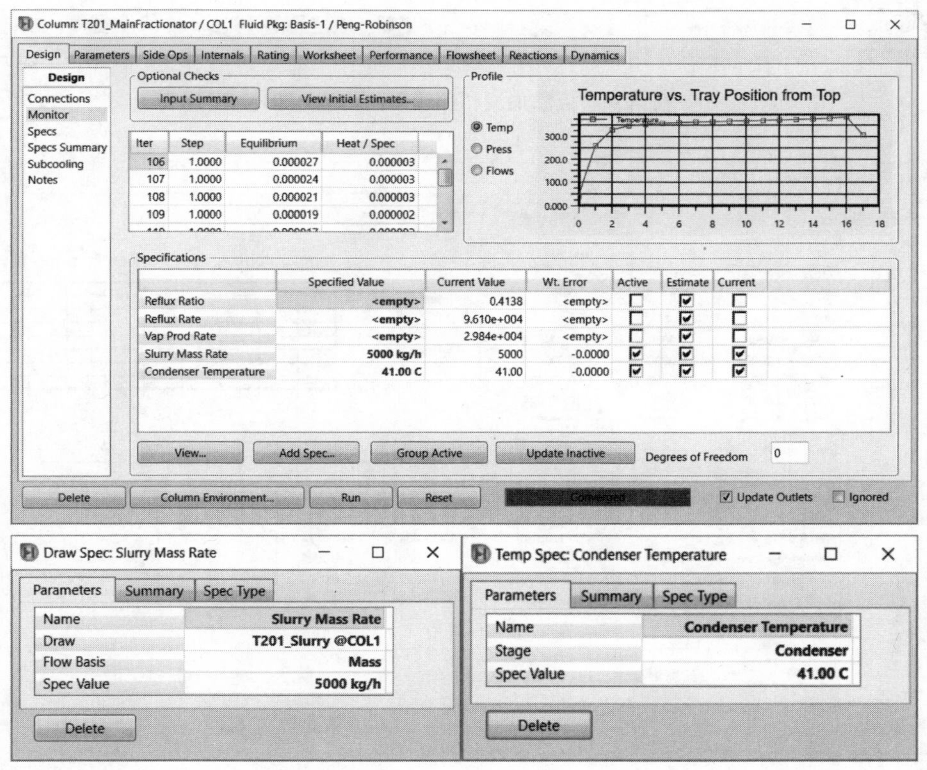

Iter	Step	Equilibrium	Heat / Spec
106	1.0000	0.000027	0.000003
107	1.0000	0.000024	0.000003
108	1.0000	0.000021	0.000003
109	1.0000	0.000019	0.000002

	Specified Value	Current Value	Wt. Error	Active	Estimate	Current
Reflux Ratio	<empty>	0.4138	<empty>	☐	☑	☐
Reflux Rate	<empty>	9.610e+004	<empty>	☐	☑	☐
Vap Prod Rate	<empty>	2.984e+004	<empty>	☐	☑	☐
Slurry Mass Rate	5000 kg/h	5000	-0.0000	☑	☑	☑
Condenser Temperature	41.00 C	41.00	-0.0000	☑	☑	☑

图 4.89 设定塔底油浆物流 T201_Slurry 的质量流量为 5000kg/h 和冷凝器温度为 41℃，使塔模型收敛

第 3 步：从第 9 块塔板采出一股侧线物流作为重石脑油(T201_HN_Draw)，并规定该侧线的采出量为 10000kg/h。运行塔模型以更新温度分布，并将收敛的模型保存为 Workshop 4. 3-3. hsc(见图 4. 90~图 4. 92)。

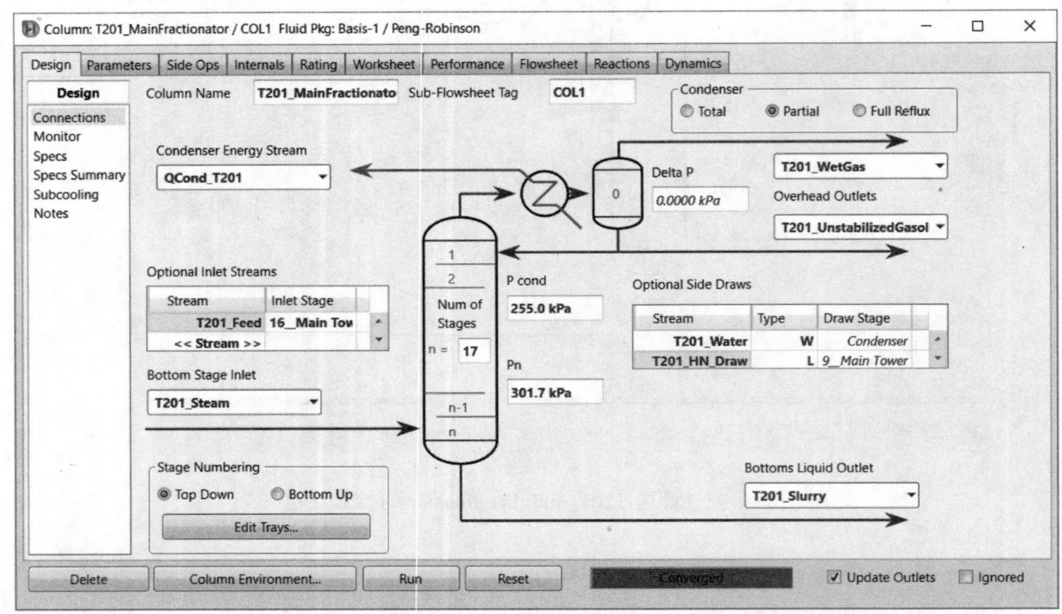

图 4. 90　在第 9 块板添加液相侧线采出物流 T201_HN_Draw

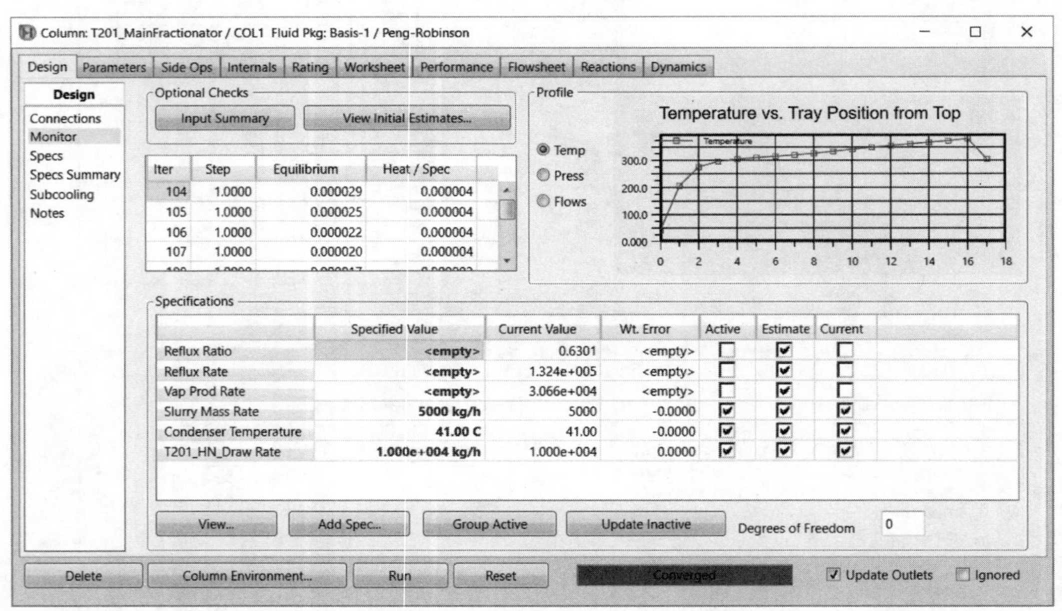

图 4. 91　设定物流 T201_HN_Draw 的质量流量为 10000kg/h，使塔模型收敛

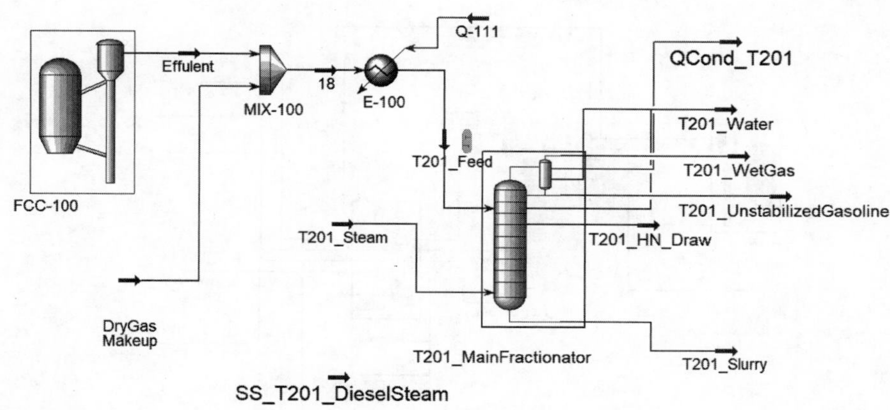

图 4.92 第 3 步的流程图

第 4 步：参考图 4.93～图 4.94。添加一个具有三块塔板和蒸汽汽提(T201_SS_DieselSteam，温度为 240℃、压力为 1351kPa、流量为 370kg/h 的蒸汽)的柴油侧线汽提塔(T201_SSDiesel)，并规定汽提塔采出物流 SS_T201_DieselProd 的采出量为 44000kg/h。将 T201_HN_Draw 连接至一个循环模块 RCY-1，并将其出口物流 T201_HN-HNRecycle 连接至 MIX-100。注意，我们已经添加了塔板第 1 块到第 17 块的温度估值。创建一股新的物流 T201_RichLCO，表示从 T303_ReAbsorber 返回至 T201_MainFractionator 的物流。定义该新建物流的温度、压力及组成与 SS_T201_DieselProd 一致，并固定其质量流量为 SS_T201_DieselProd 的 5%(0.05×44000kg/h＝2200kg/h)。所需的物流规定值参考 Workshop 4.3-Additional Specifications. xlsx。连接该物流至柴油侧线汽提塔的返回塔板，也就是主分馏塔的第 7 块塔板。

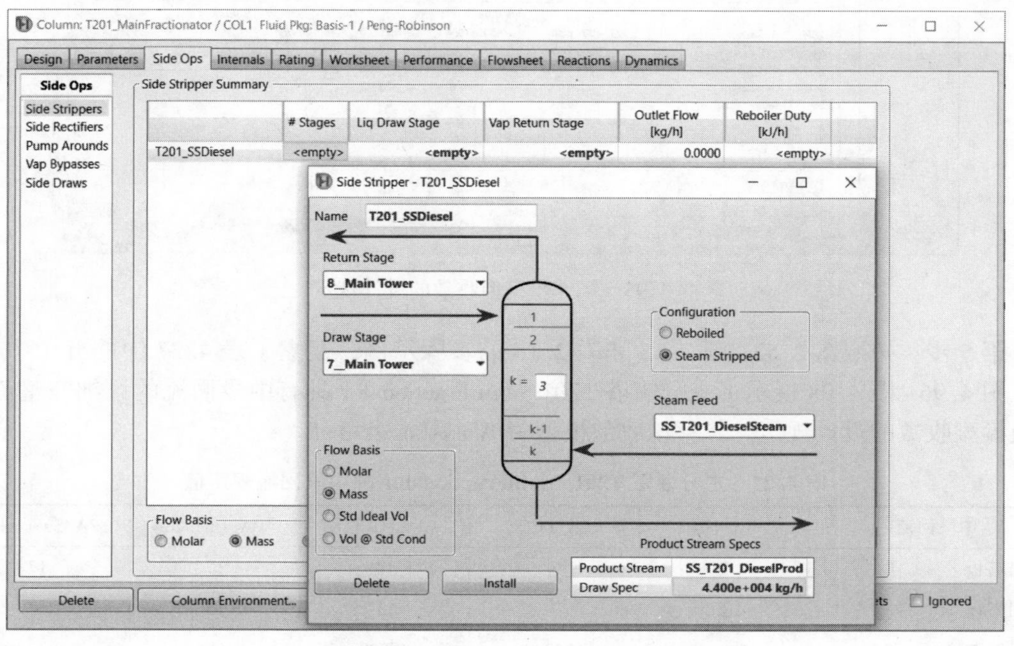

图 4.93 添加柴油侧线汽提塔

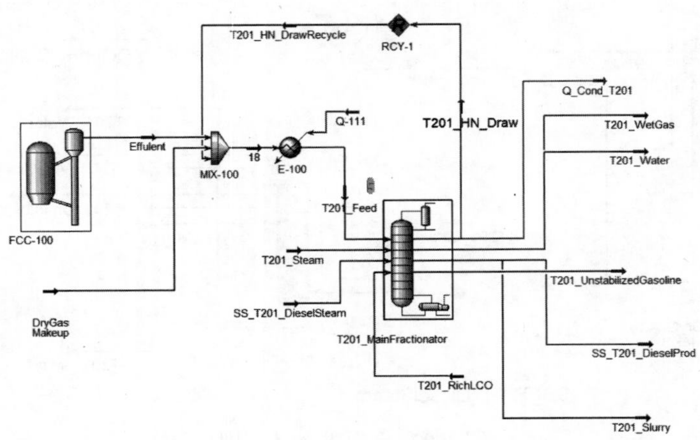

图 4.94 第 4 步的流程图

图 4.95 展示了塔收敛后的设计规定。注意，我们已经添加了第 1 块到第 17 块塔板的温度估值。保存该收敛模型为 Workshop 4.3-4。

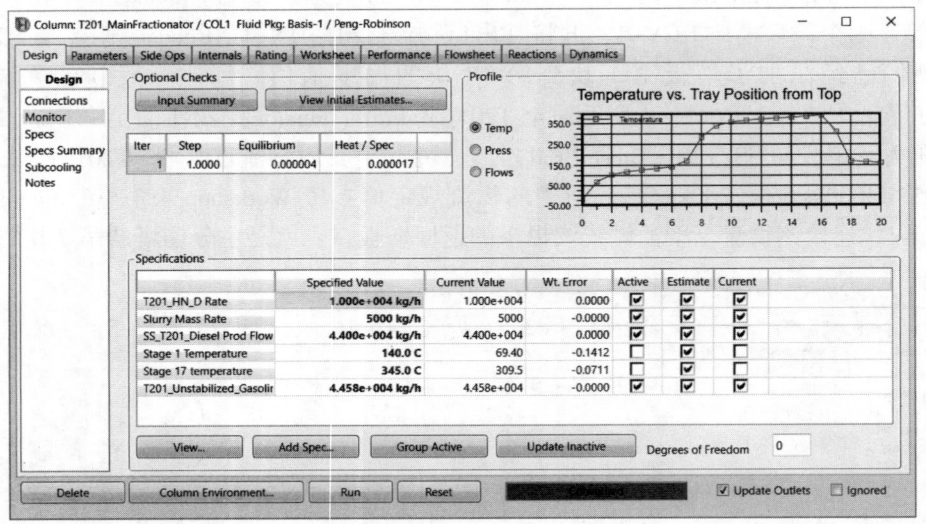

图 4.95 第 4 步模型收敛的设计规定

第 5 步：按照图 2.53~图 2.55 和表 2.15 的步骤示例，建立了表 4.27 中的五个中段回流。图 4.96~图 4.98 展示了主分馏塔 T201_MainFractionator 具有中段回流的详细完整流程，以及模型收敛的设计规定。保存该收敛模型为 Workshop 4.3-5。

表 4.27 主分馏塔 T201_MainFractionator 的中段回流规定值

中段回流	PA_HN	PA_LCO	PA_HCO	PA_Quench	PA_Subcooling
采出塔板	2	8	14	17	17
返回塔板	1	7	11	15	17
中段回流量/(kg/h)	10000	100000	46000	240000	8330
返回温度/℃	82	182	272	257	257

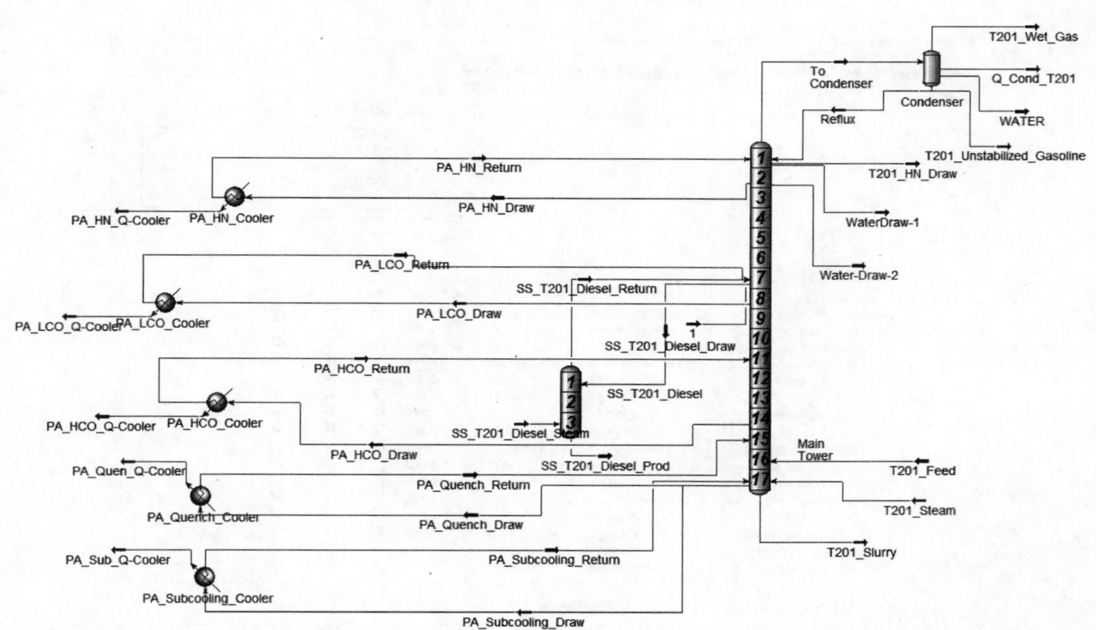

图 4.96 主分馏塔 T201_MainFractionator 中段回流的详细设置

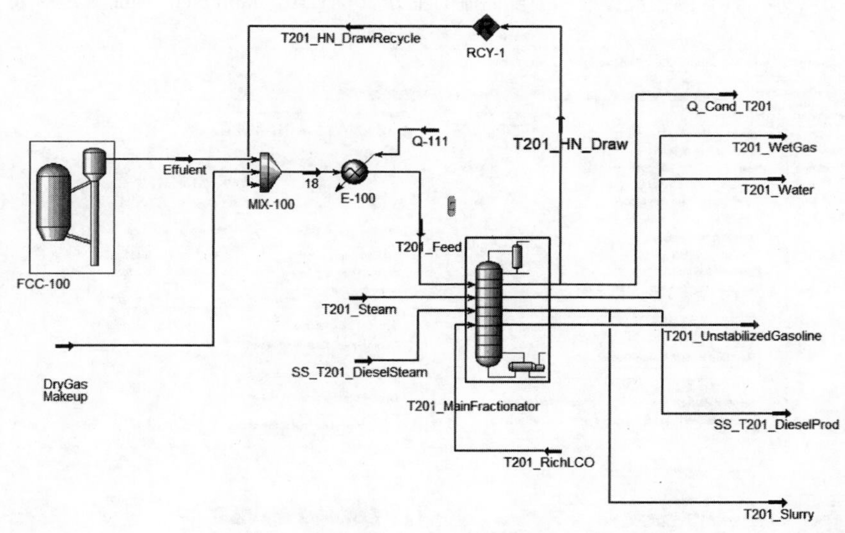

图 4.97 第 5 步的流程图

在遵循上述步骤的情况下，我们使用标准的双迭代法(见 2.4.4 节)可以轻松地收敛主分馏塔。然而，平坦的馏程或非常严格的规定可能无法让标准收敛方法稳健地收敛。我们建议进行以下调整以改善 Aspen HYSYS 中的收敛能力。

(1) 使用具有自适应阻尼因子的 Modified HYSIM Inside-Out 算法(参见 2.4.4 节中图 2.8、图 2.9 或图 4.99)，该方法在严格的产品规定下能够更好地实现收敛。

(2) Heat/Spec 的容差值由 0.00001(默认值)改为 0.00005(见图 4.99)。该方法可以在整体分馏模型完成收敛循环物流后显著地提高收敛性。

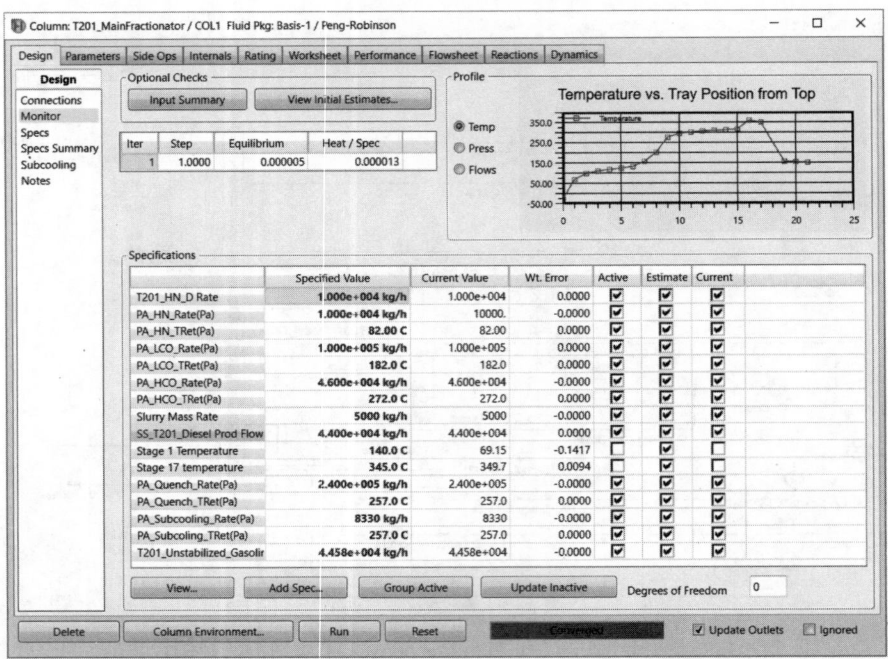

图 4.98　具有侧线汽提塔和中段回流的主分馏塔 T201_MainFractionator 规定参数

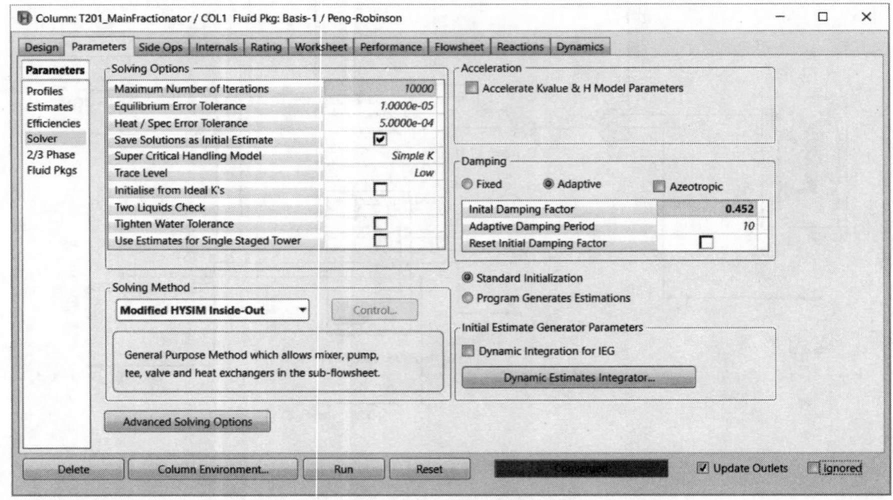

图 4.99　Aspen HYSYS 中双迭代法的收敛参数

在使用以上步骤完成塔的求解后，我们可以使用替代设计规定让塔模型具有更强的灵活性。当塔的流量发生显著变化时，这一点尤其重要。表 4.28 列出了对初始规定可能的替代规定项。

表 4.28　对主分馏塔的有效规定

初始规定	灵活规定	初始规定	灵活规定
塔顶液相采出量	冷凝器温度	中段回流温差	中段回流热负荷(较宽松规定)
重石脑油采出量	重石脑油 D86 95%点温度		中段返回温度(较苛刻规定)

4.15.2 塔顶富气压缩系统、主汽提塔 T302_Stripper、脱丁烷塔或汽油稳定塔 T304_Stabilizer

第 6 步：对塔顶富气压缩系统、主汽提塔 T302_Stripper 及稳定塔 T304_Stabilizer 的进料部分进行了建模(见图 4.100)。

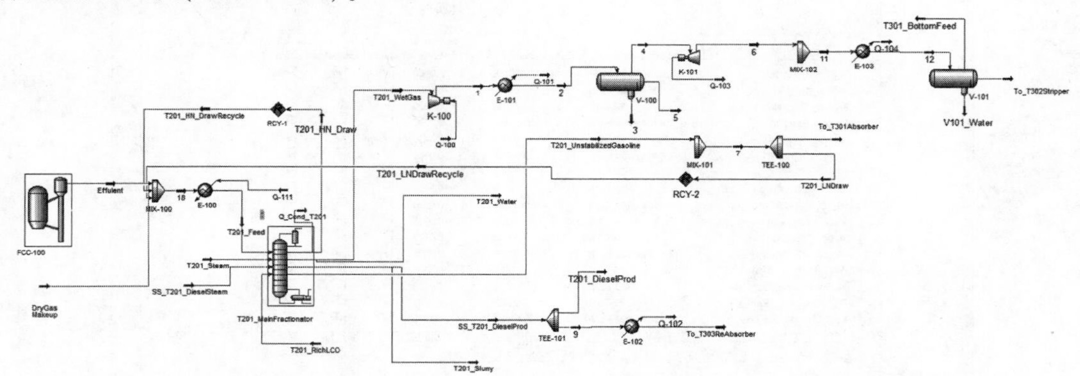

图 4.100 塔顶富气压缩系统及主吸收塔 T301_Absorber、主汽提塔 T302_Stripper 和再吸收塔 T303_ReAbsorber 进料部分的流程图

(1) 创建一个压缩机模块(K-100)，将来自主分馏塔的塔顶湿气物流压缩至 748kPa。

(2) 创建一个冷却器模型，将压缩气体物流冷却至 35℃(物流 2)。

(3) 连接物流 2 到一个三相闪蒸罐(V-100)上，其具有气相出口物流 4、轻液相出口物流 5 和重液相出口物流 3。

(4) 连接轻液相物流(物流 5)和来自主分馏塔的不稳定汽油物流(T201_UnstablilizedGasoline)到混合器 MIX-101 中，并创建一股混合出口物流(物流 7)。

(5) 连接来自 V-100、压力为 748.3kPa 的气相物流 4 到压缩机 K-101，将其升压至 1802kPa，出口为物流 6。然后，将物流 6 连接至混合器 MIX-102(它将在随后的步骤中与尚未定义的来自解吸塔 T302_Strpper 的循环物流混合)。MIX-102 的出口物流 11 经过一个冷却器 E-103 冷却至 40℃，出口为物流 12。将物流 12 连接至三相闪蒸罐 V-101，定义该闪蒸罐的三股出口物流分别是气相物流 T301_BottomFeed、轻液相物流 C101_Water 和重液相物流 To_T302Stripper。

(6) 连接物流 7 到一个三通(TEE-100)上，其有两股出口物流，To_T301Absorber 和 T201_LNDraw。定义其中一股出口物流 To_T301Absorber 的质量流量为物流 7 的 90.76%。

(7) 连接物流 SS_T201_DieselProd 到一个三通(TEE-101)上，其中一股出口物流 T201_DieeselProd 的质量流量为进料流量的 56.16%，剩余流量分配至出口物流 9 上。添加一个冷却器(E-102)，将物流 9 冷却至 35℃，出口为物流 To_T303ReAbsorber。

(8) 连接物流 T201_LNDraw 到循环模块 RCY-2 上，然后将其出口物流 T201_LNDrawRecycle 连接至 MIX-100，以作为主分馏塔 T201_MainFractionator 的进料(见图 4.101)。将收敛模型保存为 Workshop 4.3-6.hsc。

第 7 步：参考图 4.102 的流程图，按照以下步骤完成 T302_Stripper 和 T304_Stabilizer 的定义。

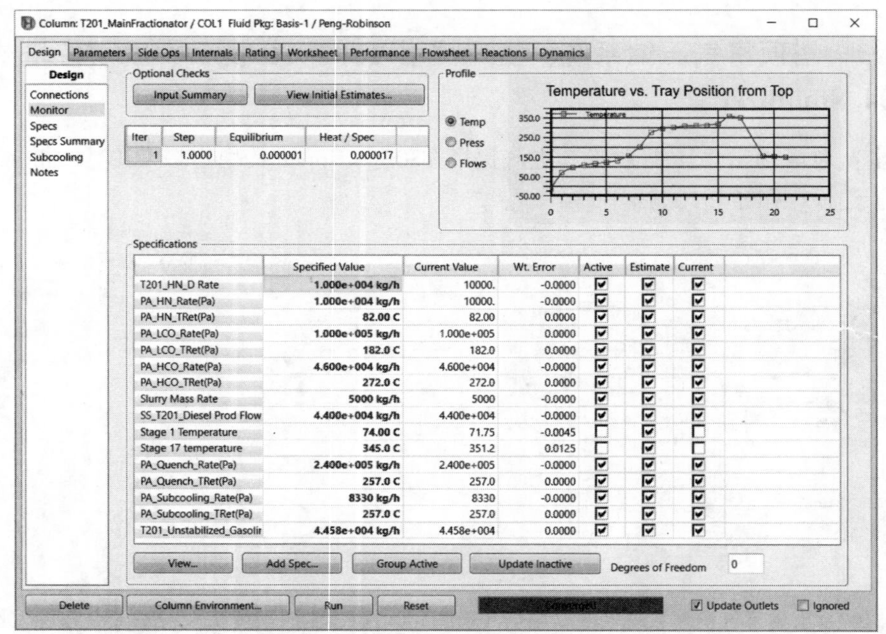

图 4.101 第 6 步中模型收敛的设计规定

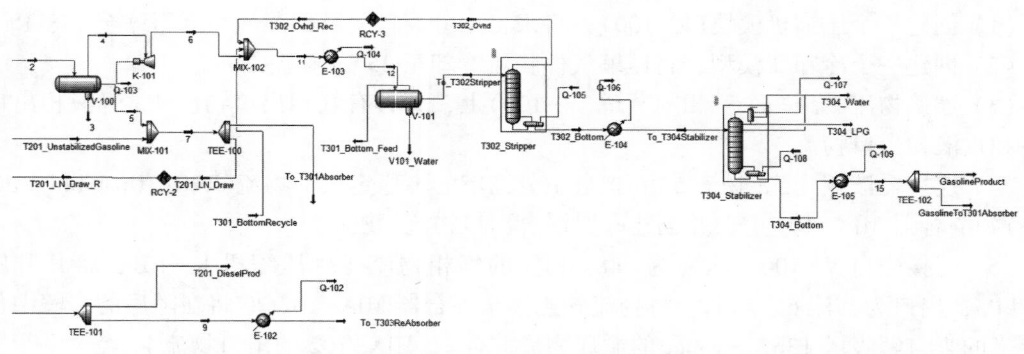

图 4.102 添加主汽提塔 T302_Stripper 和稳定塔 T304_Stabilizer

(1) 根据表 4.7，创建一个具有 13 块理论塔板的主汽提塔 T302_Stripper，并将来自 V-101 的轻液相物流 To_T302Stripper 作为其塔顶进料。具体规定参数见图 4.103~图 4.105。

(2) 根据图 4.102，将主汽提塔 T302_Stripper 的塔顶出口物流(T302_Ovhd)循环至 MIX-102。添加一个冷却器(E-104)，将 T302_Stripper 的塔底出口物流(T302_Bottom)冷却至 40℃，出口为物流 14。再次运行主汽提塔 T302_Stripper；保存收敛的模型为 Workshop 4.3-7a。

(3) 创建脱丁烷塔或汽油稳定塔 T304_Stabilizer，塔的规定参照图 4.106~图 4.109。保存收敛的模型为 Workshop 4.3-7b。

(4) 参考图 4.110 的流程图。创建一个冷却器(E-105)，将来自 T-304 的塔底物流冷却至 35℃，出口为物流 15。

(5) 创建一个三通(TEE-105)，将物流 15 分为物流 Gasoline_Product 和物流 To_T301Absorber，其中物流 Gasoline_Product 的质量流量为 43630kg/h。保存收敛的模型为 Workshop 4.3-7c。

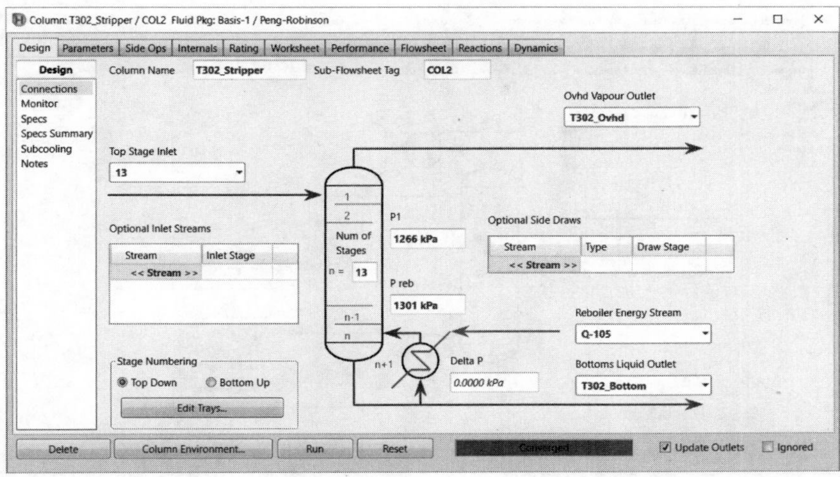

图 4.103　主汽提塔 T302_Stripper 的规定参数(1)

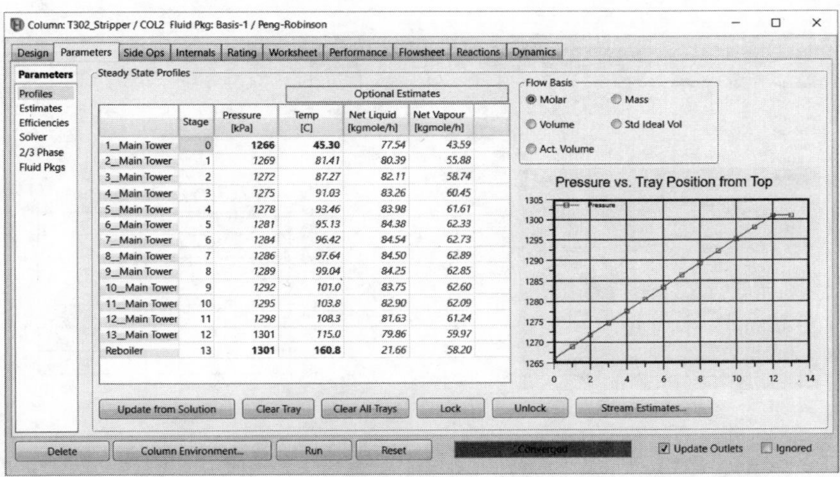

图 4.104　主汽提塔 T302_Stripper 的规定参数(2)：第 1 块塔板和再沸器的压力及温度

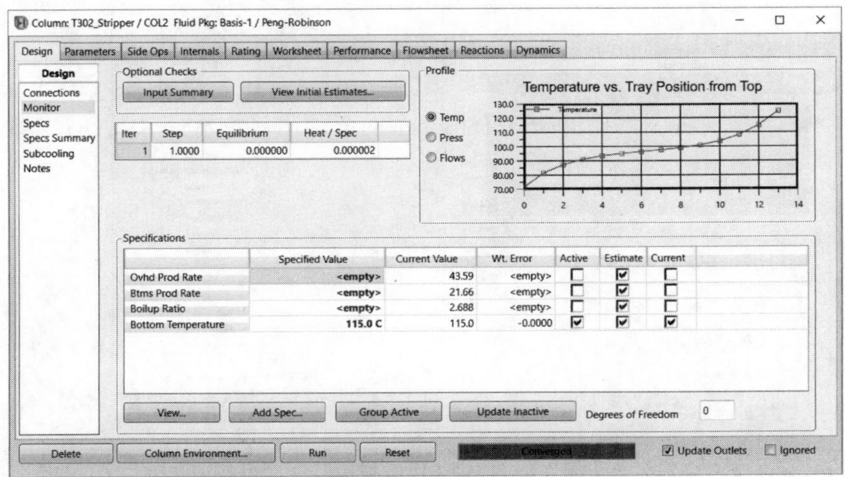

图 4.105　设计规定：塔底温度(第 13 块塔板)

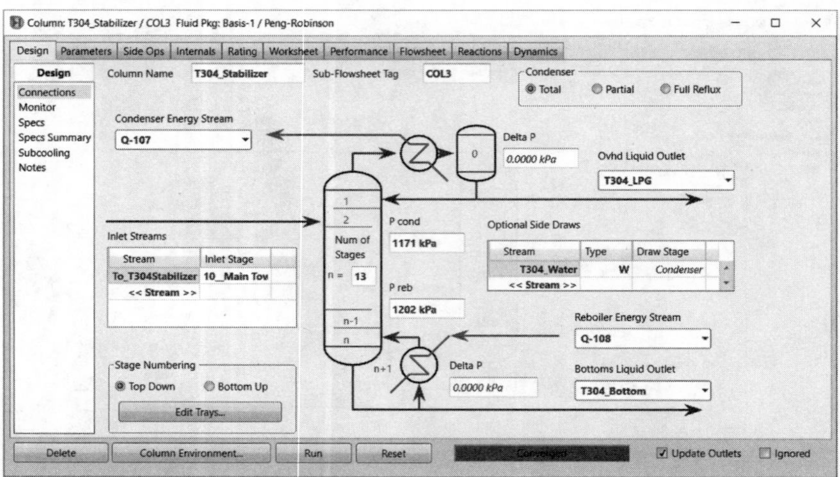

图 4.106　具有全冷凝和部分再沸器的稳定塔 T304_Stabilizer 的规定参数

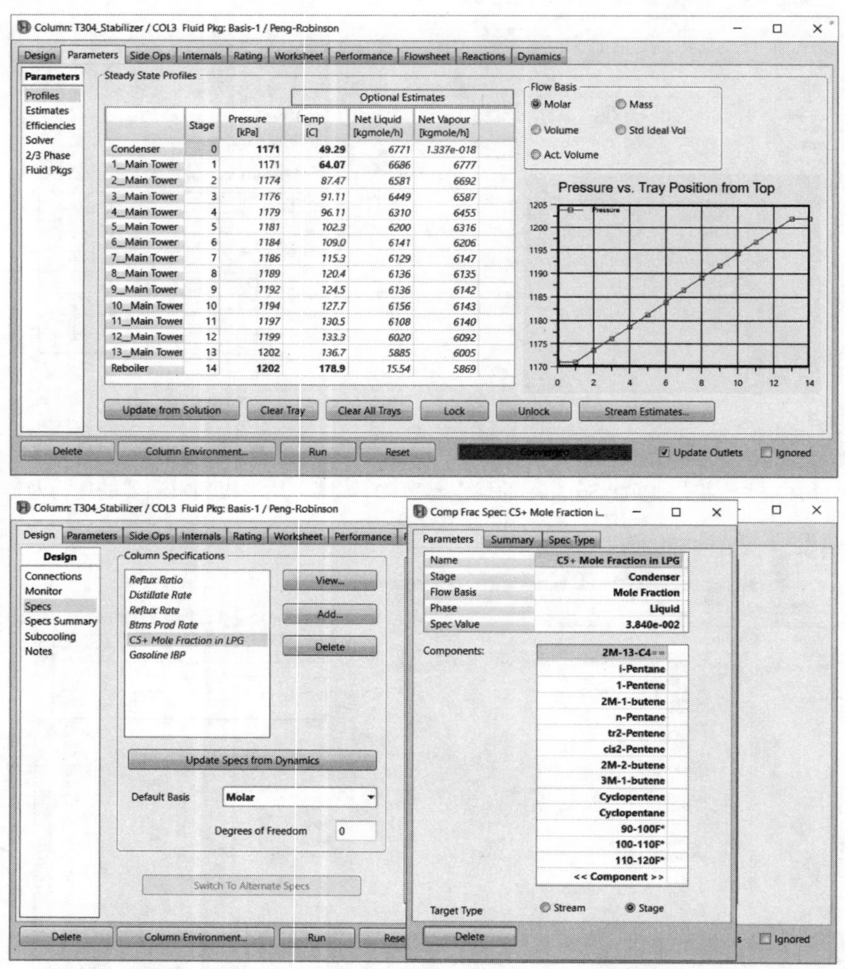

	Stage	Pressure [kPa]	Temp [C]	Net Liquid [kgmole/h]	Net Vapour [kgmole/h]
Condenser	0	1171	49.29	6771	1.337e-018
1__Main Tower	1	1171	64.07	6686	6777
2__Main Tower	2	1174	87.47	6581	6692
3__Main Tower	3	1176	91.11	6449	6587
4__Main Tower	4	1179	96.11	6310	6455
5__Main Tower	5	1181	102.3	6200	6316
6__Main Tower	6	1184	109.0	6141	6206
7__Main Tower	7	1186	115.3	6129	6147
8__Main Tower	8	1189	120.4	6136	6135
9__Main Tower	9	1192	124.5	6136	6142
10__Main Tower	10	1194	127.7	6156	6143
11__Main Tower	11	1197	130.5	6108	6140
12__Main Tower	12	1199	133.3	6020	6092
13__Main Tower	13	1202	136.7	5885	6005
Reboiler	14	1202	178.9	15.54	5869

图 4.107　设定冷凝器、第 1 块塔板和第 13 块塔板的温度，以及液化气中 C_{5+} 的摩尔分数

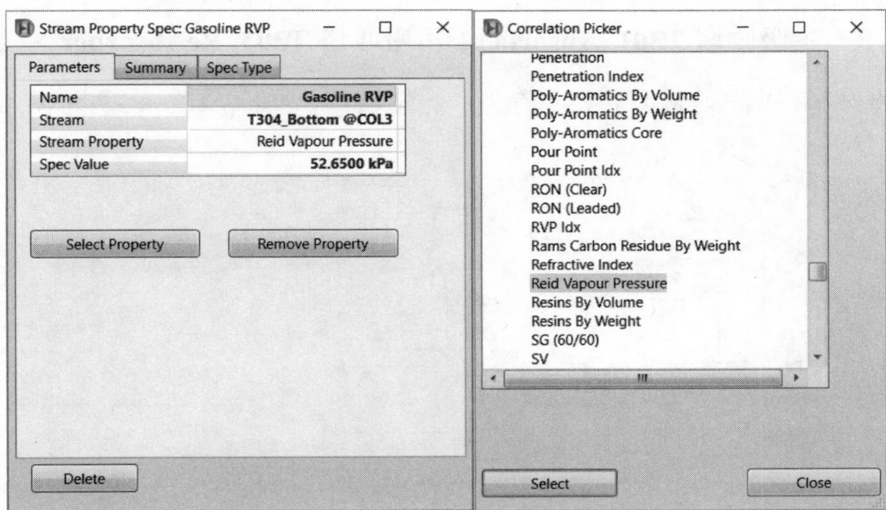

图 4.108 设计规定：Design→Specs→Add→Column Stream Property Spec→Name：Gasoline RVP；Stream-T304_Bottom@ COL3；Stream Property→Select Property→Correlation Picker-Petroleum-Reid Vapor Pressure→Select；Spec Value→52.65 kPa(采用同样的步骤设置汽油的初馏点)

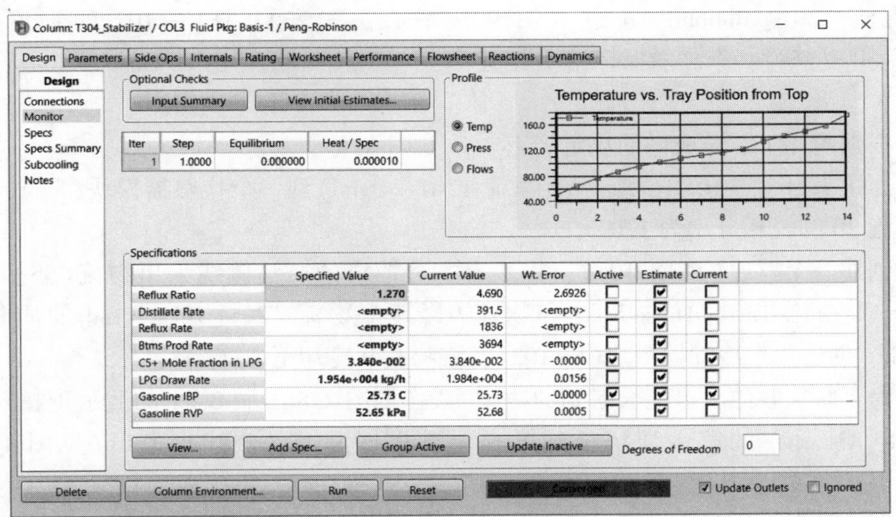

图 4.109 吸收塔 T304_Absorber 收敛的设计规定

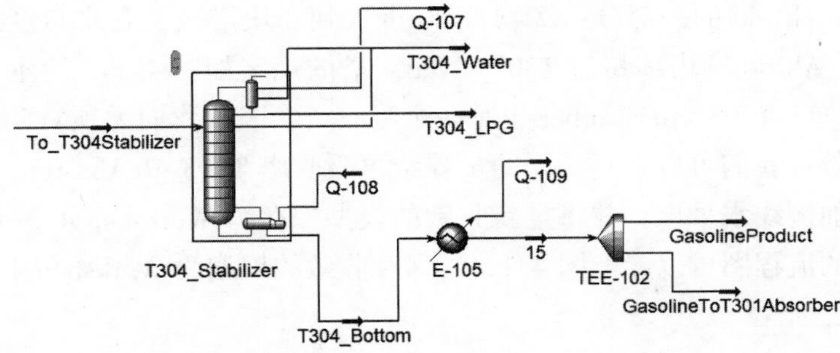

图 4.110 稳定塔 T304_Stabilizer 产品物流的流程图

4.15.3　主吸收塔 T301_Absorber、再吸收塔 T303_ReAbsorber

我们将保存的 Workshop 4.3-7c 另存为一个新文件 Workshop 4.3-8。参考图 4.111 所示的流程图。

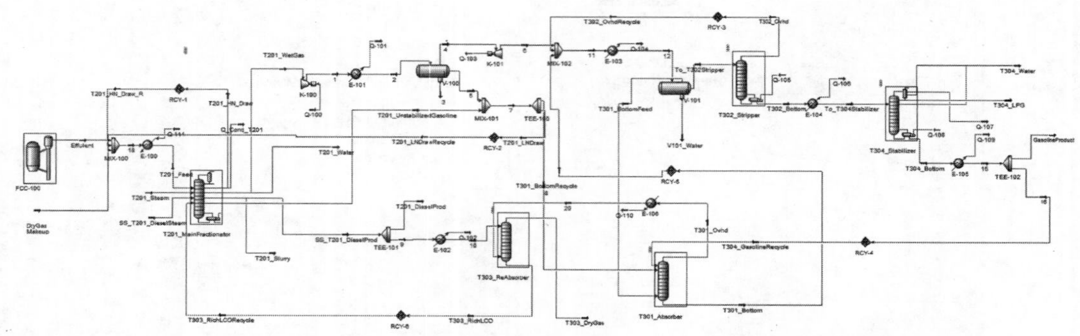

图 4.111　FCC 装置及相关气体分馏单元的 Aspen HYSYS 全流程模型

（1）根据表 4.7 创建一个具有 9 块理论塔板的主吸收塔 T301_Absorber。其具有三股进料：①来自 TEE-100 的物流 To_T301Absorber 进入第 1 块塔板；②来自三相闪蒸罐 V-101 的气相物流 T301_BottomFeed 进入第 9 块塔板；③来自 TEE-102 的物流 GasolineToT301Absorber 经过一个新的循环模块 RCY-4 后，其出口物流 T304_GasolineRecycle 进入第 1 块塔板。

（2）根据图 4.112 完成塔的规定。

（3）连接来自 T-301 的塔顶物流（物流 T301_ Ovhd）到一个换热器模块（E-106），规定其出口物流 20 的气相分率为 1.0。

（4）创建一个三通（TEE-105），将来自主分馏塔的柴油侧线采出物流（SS_T201_DieselProd）分为物流 T201_DieselProd 和物流 9，其中物流 T201_DieselProd 的质量流量为 24710kg/h。创建一个冷却器模块（E-102），将物流 9 冷却至 50℃。

（5）为了解决收敛时可能会遇到的两相问题（见图 2.88～图 2.91 的演示步骤），对主吸收塔 T301_Absorber 的第 1 块塔板到第 9 块塔板均添加了侧线水采出（见图 4.113、图 4.114）。

（6）创建具有 9 块理论塔板的再吸收塔 T303_ReAbsorber（见表 4.7），其具有两股进料：①物流 To_T303ReAbsorber 进入到第 1 块塔板，它是经过三通 TEE-101 与换热器 E-102 的物流 SS_T201_DieselProd 的一部分；②物流 20 进入到 8 块塔板，它来自经过换热器 E106❶的主吸收塔 T301_Absorber 塔顶物流 T301_Ovhd。塔的规定如图 4.115 所示。如同主吸收塔 T301_Absorber 一样，T303_ReAbsorber 也是一个吸收塔，因此我们无须对此添加任何其他规定项即可让塔收敛。我们可以重复相同的步骤给再吸收塔 T303_ReAbsorber 的第 1 块塔板到第 9 块塔板都添加侧线水采出，并将重新收敛的模型保存为 Workshop 4.3-8.hsc。例题 4.3 到此结束。最终的流程图可以参考图 4.111。保存收敛的模型为 Workshop 4.3-8。

❶原著有误，译者注。

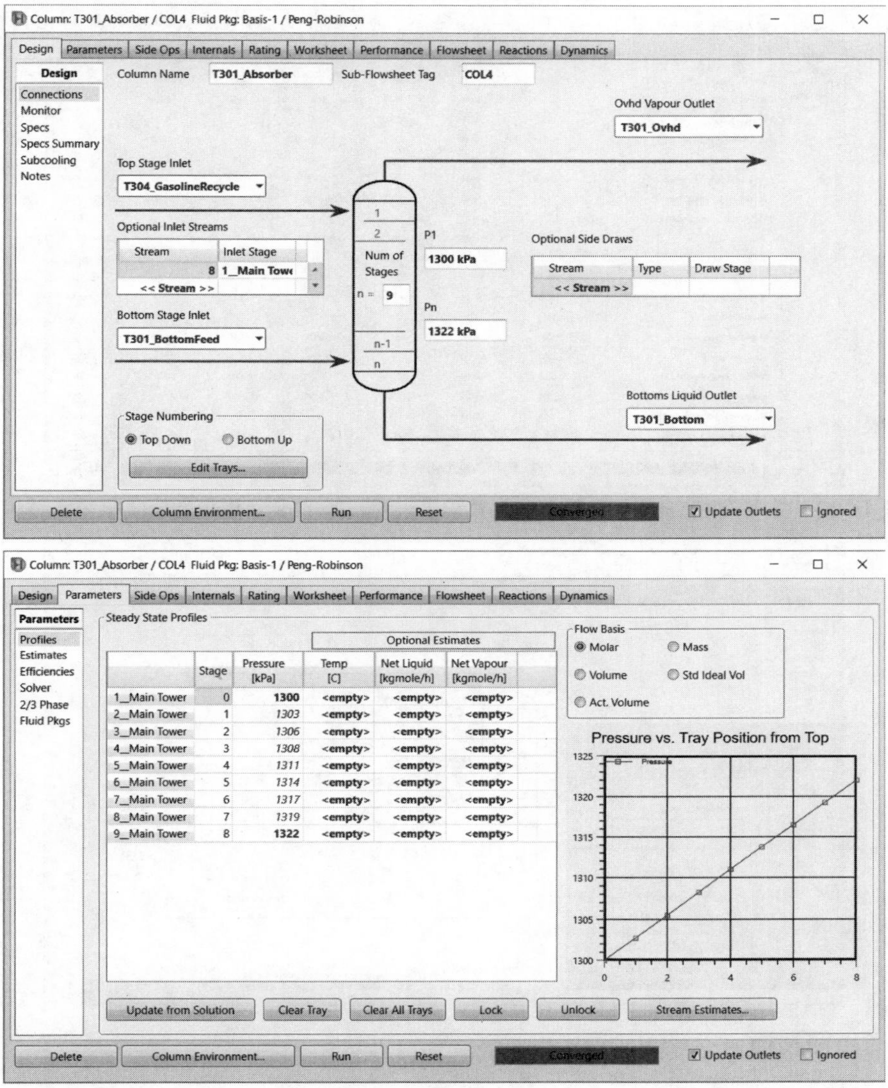

Column: T301_Absorber / COL4 Fluid Pkg: Basis-1 / Peng-Robinson

Design | Parameters | Side Ops | Internals | Rating | Worksheet | Performance | Flowsheet | Reactions | Dynamics

Design: Connections, Monitor, Specs, Specs Summary, Subcooling, Notes

Column Name: T301_Absorber　Sub-Flowsheet Tag: COL4

Top Stage Inlet: T304_GasolineRecycle

Optional Inlet Streams

Stream	Inlet Stage
8	1__Main Tower
<< Stream >>	

Bottom Stage Inlet: T301_BottomFeed

Num of Stages n = 9

P1: 1300 kPa　Pn: 1322 kPa

Ovhd Vapour Outlet: T301_Ovhd

Optional Side Draws

Stream	Type	Draw Stage
<< Stream >>		

Bottoms Liquid Outlet: T301_Bottom

Stage Numbering: Top Down / Bottom Up　Edit Trays...

Delete | Column Environment... | Run | Reset | Converged | Update Outlets | Ignored

Column: T301_Absorber / COL4 Fluid Pkg: Basis-1 / Peng-Robinson

Parameters: Profiles, Estimates, Efficiencies, Solver, 2/3 Phase, Fluid Pkgs

Steady State Profiles

	Stage	Pressure [kPa]	Temp [C]	Net Liquid [kgmole/h]	Net Vapour [kgmole/h]
1__Main Tower	0	1300	<empty>	<empty>	<empty>
2__Main Tower	1	1303	<empty>	<empty>	<empty>
3__Main Tower	2	1306	<empty>	<empty>	<empty>
4__Main Tower	3	1308	<empty>	<empty>	<empty>
5__Main Tower	4	1311	<empty>	<empty>	<empty>
6__Main Tower	5	1314	<empty>	<empty>	<empty>
7__Main Tower	6	1317	<empty>	<empty>	<empty>
8__Main Tower	7	1319	<empty>	<empty>	<empty>
9__Main Tower	8	1322	<empty>	<empty>	<empty>

Flow Basis: Molar / Mass / Volume / Std Ideal Vol / Act. Volume

Pressure vs. Tray Position from Top

Update from Solution | Clear Tray | Clear All Trays | Lock | Unlock | Stream Estimates...

Delete | Column Environment... | Run | Reset | Converged | Update Outlets | Ignored

图 4.112　主吸收塔 T301_Absorber 的规定参数

注：只需要设定进料物流和产品物流，以及给定温度和压力的估值以使模型收敛。

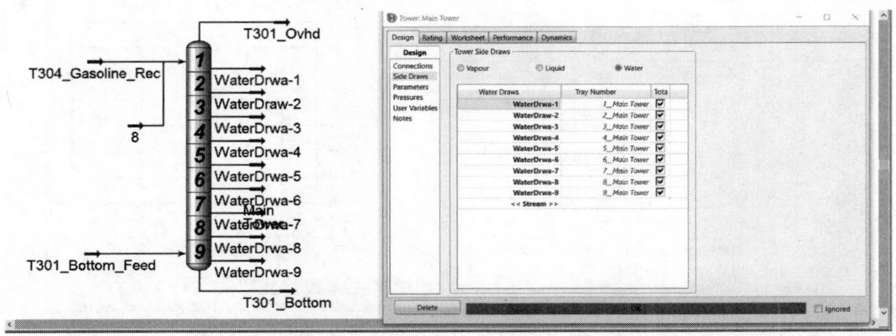

图 4.113　对主吸收塔 T301_Absorber 的第 1～9 块塔板创建侧线水采出

Tower: Main Tower

Design | Rating | Worksheet | Performance | Dynamics

Name	T304_Gasoline...	T301_Bottom_...	8	T301_Bottom	T301_Ovhd	WaterDrwa-1	WaterDraw-2
Vapour	0.0000	1.0000	0.0284	0.0000	1.0000	0.0000	0.0000
Temperature [C]	50.00	40.00	36.29	72.83	52.09	52.09	54.90
Pressure [kPa]	1202	1266	255.0	1322	1300	1300	1303
Molar Flow [kgmole/h]	3229	2144	619.5	5666	311.9	4.898	7.043
Mass Flow [kg/h]	2.974e+005	8.360e+004	5.072e+004	4.227e+005	7988	374.2	501.1
Std Ideal Liq Vol Flow [m3/h]	412.8	160.4	73.50	627.9	17.32	0.5280	0.7135
Molar Enthalpy [kJ/kgmole]	-1.858e+005	-9041	-1.581e+005	-1.236e+005	-4.527e+004	-1.788e+005	-1.737e+005
Molar Entropy [kJ/kgmole-C]	161.4	112.7	143.8	143.0	163.9	158.0	157.0
Heat Flow [kJ/h]	-5.999e+008	-1.938e+007	-9.791e+007	-7.006e+008	-1.412e+007	-8.760e+005	-1.224e+006
Name	WaterDrwa-3	WaterDrwa-4	WaterDrwa-5	WaterDrwa-6	WaterDrwa-7	WaterDrwa-8	WaterDrwa-9
Vapour	0.0000	0.0000	0.0000	0.0000	0.0000	0.0000	0.0000
Temperature [C]	58.88	63.72	69.48	74.52	77.59	77.94	72.83
Pressure [kPa]	1306	1308	1311	1314	1317	1319	1322
Molar Flow [kgmole/h]	0.0000	0.0000	0.0000	0.0000	0.0000	0.0000	0.0000
Mass Flow [kg/h]	0.0000	0.0000	0.0000	0.0000	0.0000	0.0000	0.0000
Std Ideal Liq Vol Flow [m3/h]	0.0000	0.0000	0.0000	0.0000	0.0000	0.0000	0.0000
Molar Enthalpy [kJ/kgmole]	-1.528e+005	-1.476e+005	-1.436e+005	-1.401e+005	-1.364e+005	-1.317e+005	-1.236e+005
Molar Entropy [kJ/kgmole-C]	160.6	160.1	159.7	158.7	156.5	152.4	143.0
Heat Flow [kJ/h]	-0.0000	-0.0000	-0.0000	-0.0000	-0.0000	-0.0000	-0.0000

图 4.114　主吸收塔 T301_Absorber 的收敛结果表明：第 1~9 块塔板的侧线水采出量为 0

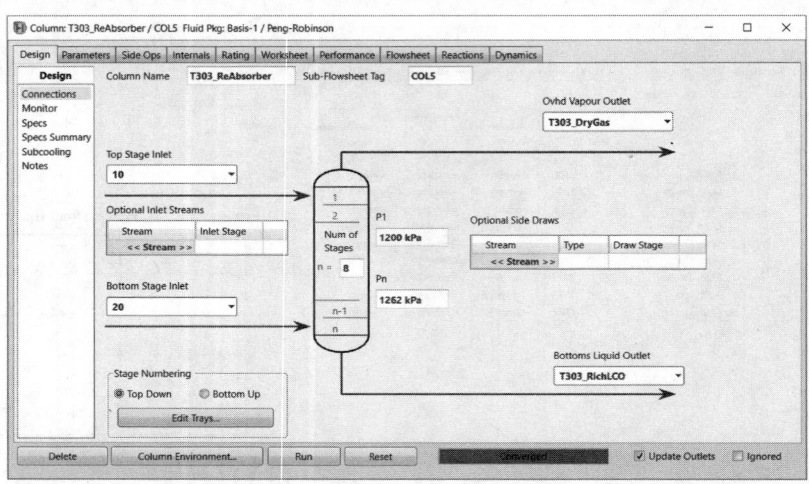

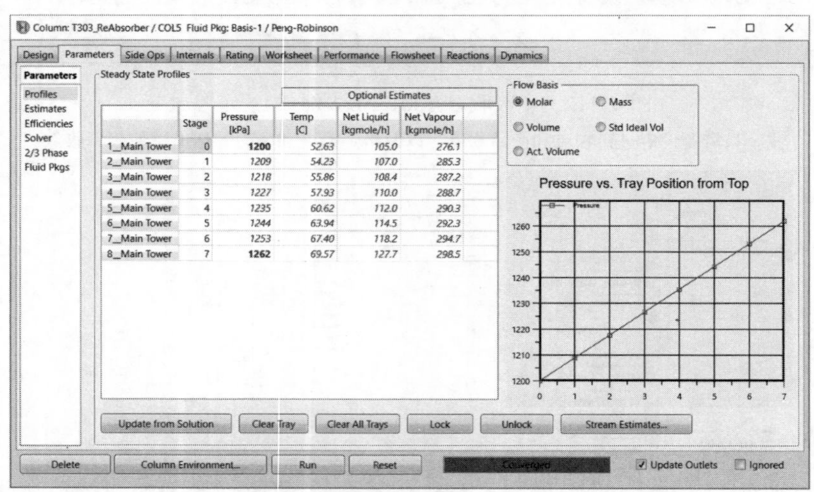

图 4.115　再吸收塔 T303_ReAbsorber 的规定参数

注：只需要设定进料物流和产品物流，以及给定压力和温度的估值使其收敛。

4.16 例题 4.4——使用工况研究量化 FCC 关键操作变量的影响

本节着重于使用校正模型来运行多种工况研究，通常不需要严格的分馏模型来进行许多与收率相关类型的工况研究。FCC 操作中的一个重要的流程是提高具体关键产品的收率。由于 FCC 是生产汽油的主要装置，因此我们通常希望最大化装置处理量和汽油转化率。在关于 FCC 建模和动力学的第 4.11 节中，我们广泛讨论了进料量和操作温度的变化是如何影响装置产品收率的。接下来，我们将用 Aspen HYSYS 运行两个工况研究来说明在实践中进料量和提升管温度的影响。

打开校正模型文件(Workshop 4.2-done.hsc)，将其另存为 Workshop 4.4-1。本例操作过程参考第 2.1 节例题 2.1 图 2.69~图 2.75，我们从图 4.116 开始一个新的工况研究。

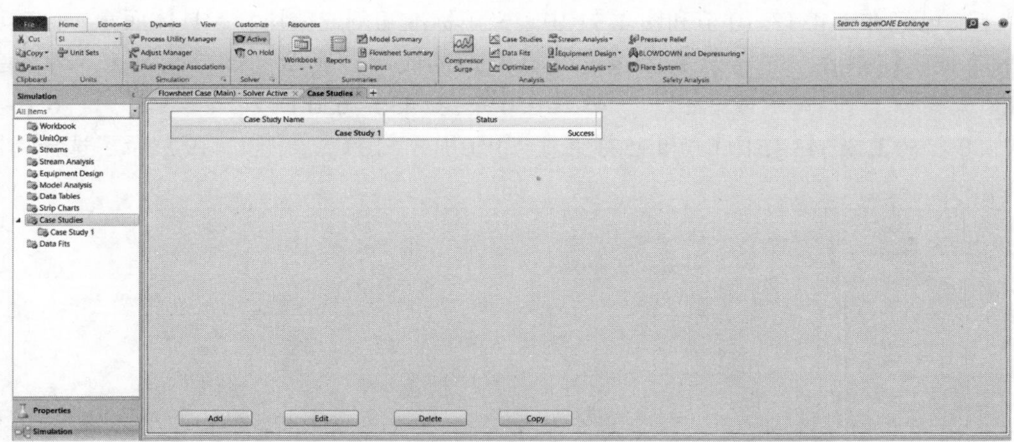

图 4.116 初始化一个新的工况研究：Case Studies→Add→Case Study 1→Edit

我们在图 4.117 和图 4.118 中定义自变量。

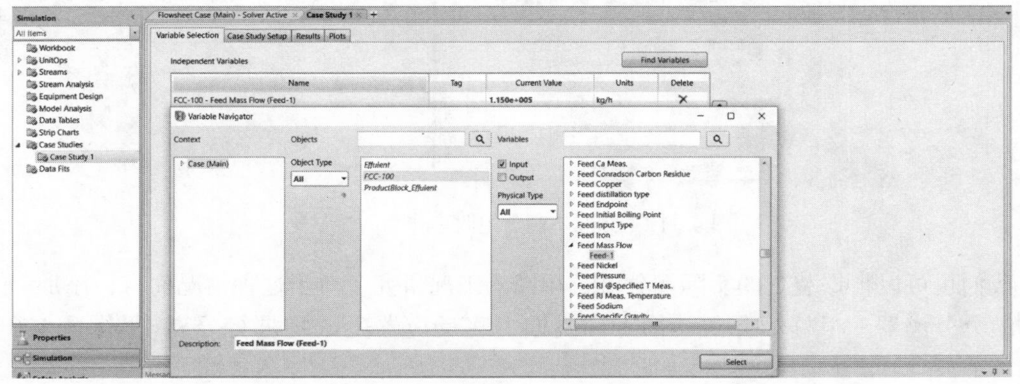

图 4.117 定义自变量——进料质量流量(Feed-1)和提升管(Riser)的出口温度

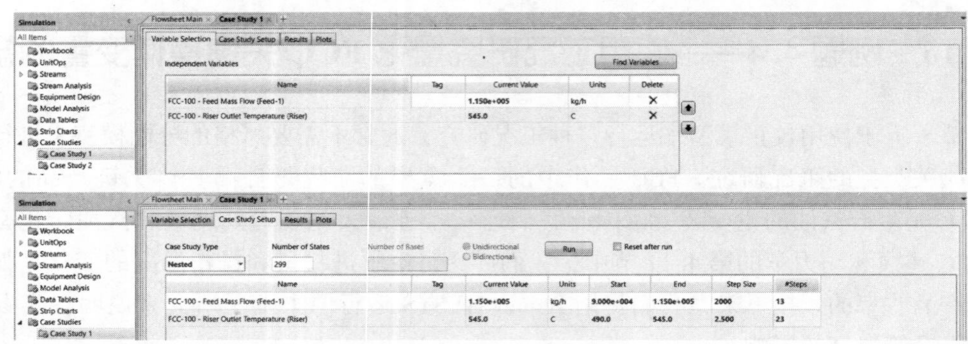

图 4.118　设定自变量的上下限和步长

由于我们只关注产品收率，因此直接使用模型中的“standard cuts grouped”(标准切割分组)。上文已经在第 4.13.10 节和图 4.71 中定义了标准切割或整切割。具体而言，标准切割分组收率或整切割收率是指具有固定终馏点的产品收率；典型的馏分包括 $C_1 \sim C_4$ 集总，$C_5 \sim 430$ 集总(C_5 至 430℉或 221℃)、430～650 集总(430～650℉或 221～343℃)、650～950 集总(650～950℉或 343～510℃)和 950+集总(>950℉或 510℃)。图 4.119 展示了选择的切割收率因变量。

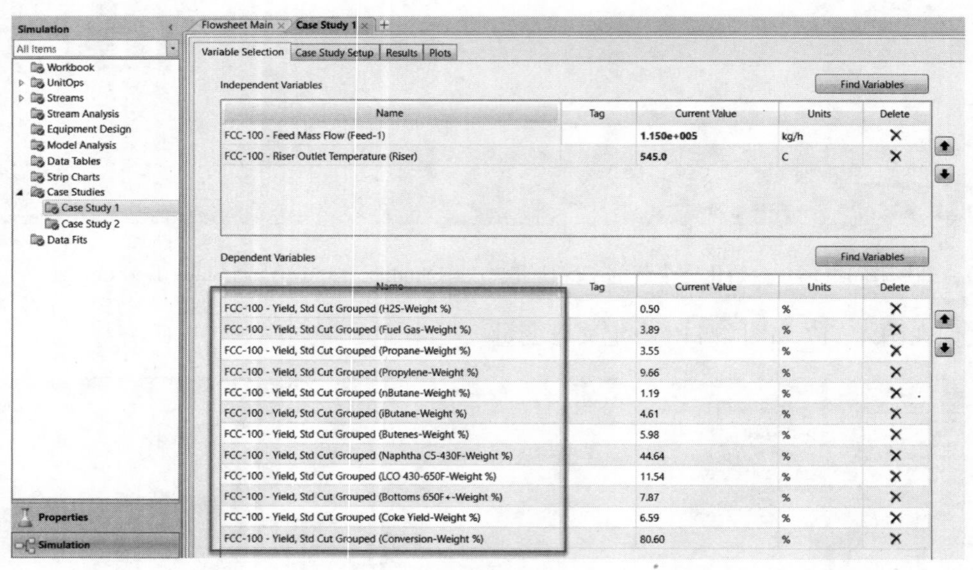

图 4.119　标准切割分组收率作为因变量❶

我们也可以根据装置的实际馏分进行相同的工况研究。对于这种情况而言，添加一个简单的组分分离器，根据馏分的初馏点和终馏点将反应器生成物进行分离(见图 4.120、图 4.121)。

❶译者更新。

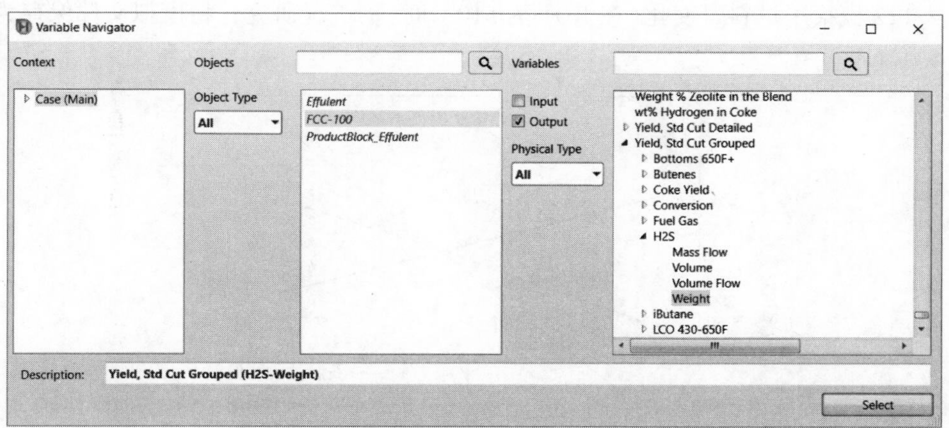

图 4.120 选择自变量的一个示例

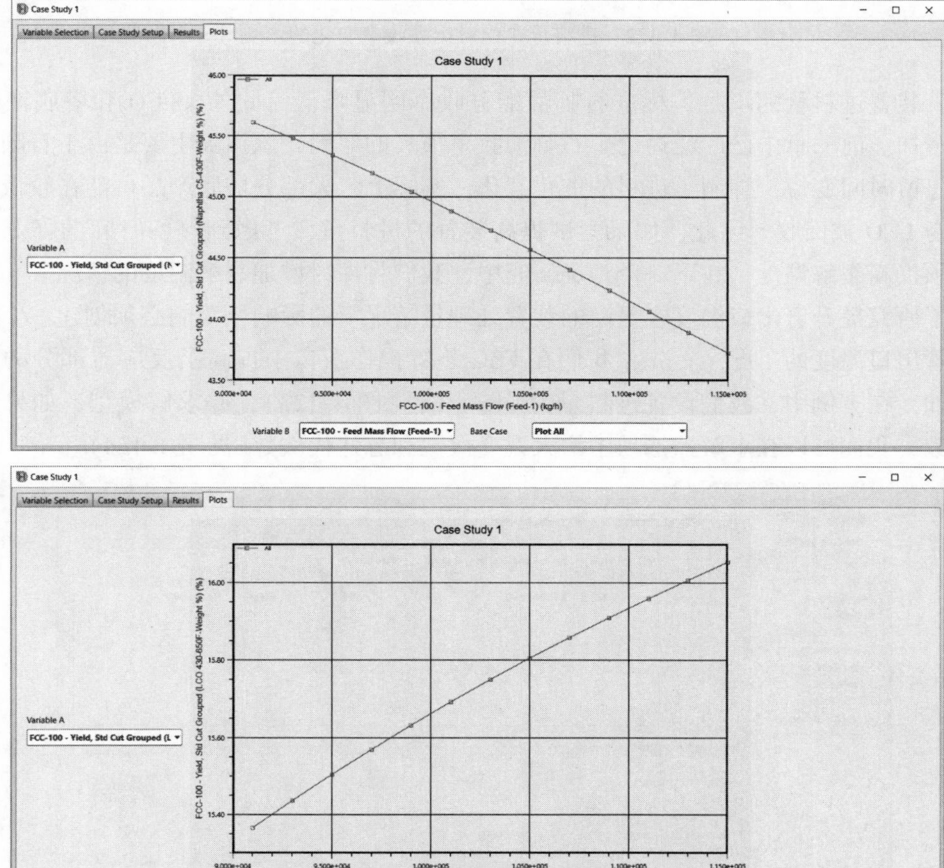

图 4.121 FCC 进料质量流量对标准石脑油和 LCO 馏分收率的影响❶

❶译者更新。

图 4.122 概括了进料量变化(在 ROT 为 510℃时)的工况研究，将模拟文件保存为 Workshop 4.4-1.hsc。

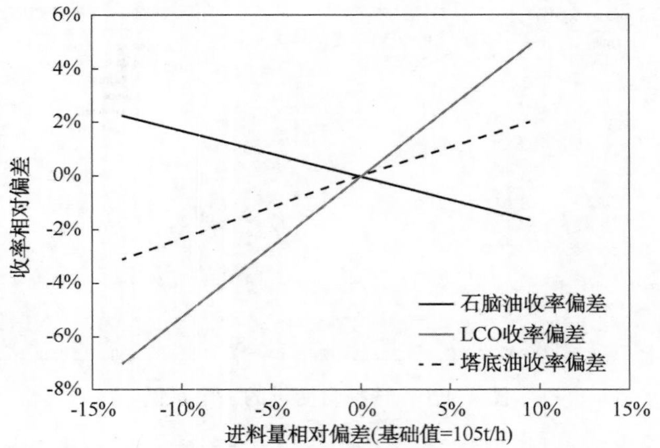

图 4.122　进料量变化对产品收率变化的影响

随着装置进料量的增加，标准石脑油馏分收率明显降低。此外，LCO 和塔底油浆收率均显著增加。前一章中已广泛讨论了石脑油收率损失的原因，该损失主要是由于石脑油在提升管中停留时间变短，抑制了进料的催化裂化。实际上，大部分塔底产品可能在较低的进料量下作为 LCO 被回收。因此，如果尝试提高装置的进料量，考虑到停留时间的降低，那么我们必须提高裂解温度。在下一个工况研究中，我们将探讨增加裂解温度的情况。

为了研究提升管出口温度在更高的装置处理量情况下的影响，我们必须创建一个能够改变提升管出口温度的工况。首先，我们在 FCC 装置操作窗口中提高了反应器部分的进料流量。例如，在本例中，我们设置进料量为 115 t/h(见图 4.123)，并求解模型。如果该模型没有收敛，我们可以在求解器选项中增大蠕变次数和总迭代次数(见图 4.124)。

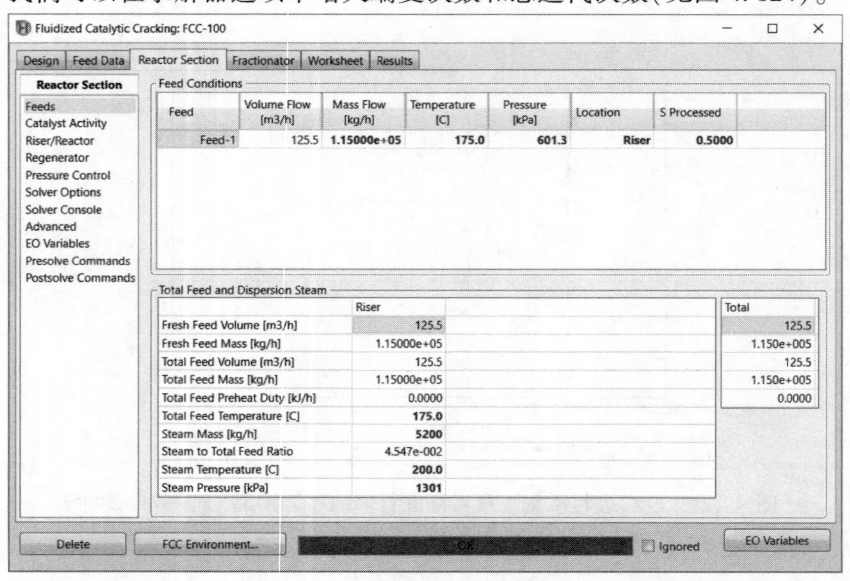

图 4.123　工况研究：提高进料量对提升管出口温度的影响

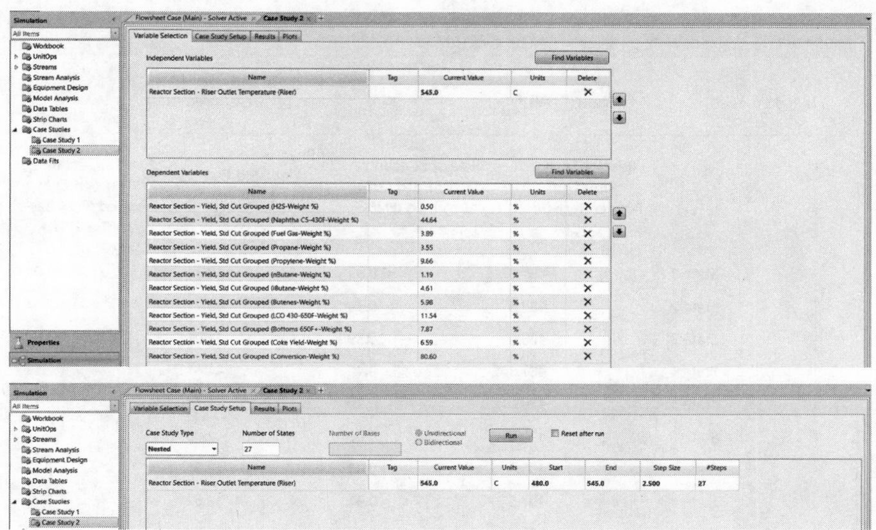

图 4.124　工况研究的设置：提升管出口温度❶

工况研究 2 的结果见图 4.125 和图 4.126。图 4.127 总结了工况研究的结果。我们将模拟文件保存为 Workshop 4.4-2. hsc。

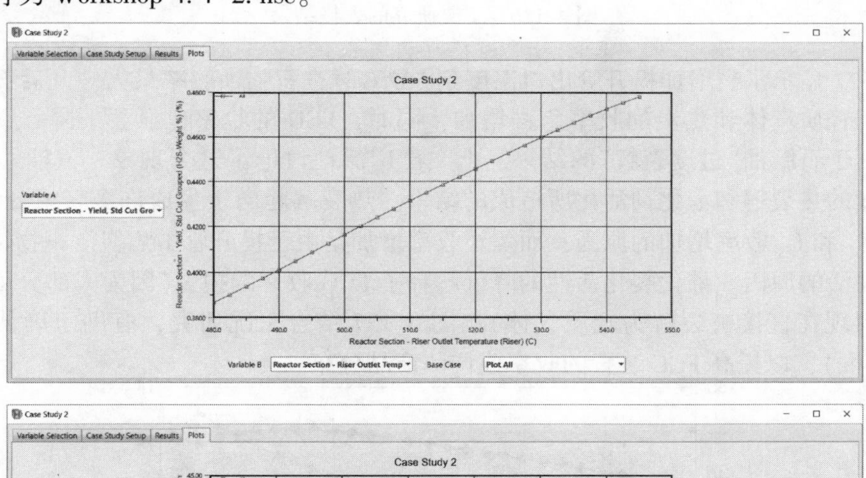

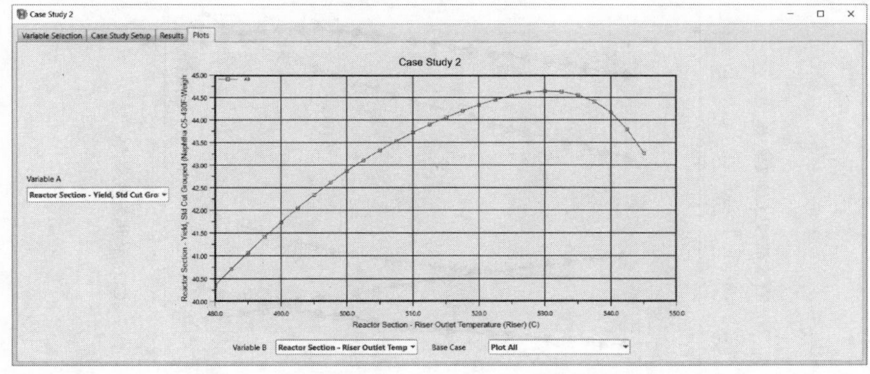

图 4.125　工况研究结果的趋势图❷

❶译者更新。

❷译者更新。

Variable Selection | Case Study Setup | Results | Plots

Failed Cases: 0　　Show: All　　☑ Transpose results

State	Reactor Section - Riser Outlet Temperature (Riser) [C]	Reactor Section - Yield, Std Cut Grouped (H2S-Weight %) [%]	Reactor Section - Yield, Std Cut Grouped (Naphtha C5-430F-Weight %) [%]	Reactor Section - Yield, Std Cut Grouped (Fuel Gas-Weight %) [%]
State 1	480.0	0.39	40.34	2.01
State 2	482.5	0.39	40.71	2.04
State 3	485.0	0.39	41.07	2.07
State 4	487.5	0.40	41.41	2.11
State 5	490.0	0.40	41.74	2.14
State 6	492.5	0.40	42.05	2.18
State 7	495.0	0.41	42.34	2.22
State 8	497.5	0.41	42.62	2.26
State 9	500.0	0.42	42.87	2.30
State 10	502.5	0.42	43.11	2.35
State 11	505.0	0.42	43.33	2.39
State 12	507.5	0.43	43.53	2.44

图 4.126　工况研究的表格结果

图 4.127 显示了当增加提升管出口温度到 532℃时，石脑油收率最大。此后石脑油收率开始下降，轻质气体和焦炭的收率急剧增加，同时，LCO 的收率也显著下降。所有的这些趋势都是由于石脑油“过度裂解”的结果，上文已广泛地讨论了这个现象。汽油“过度裂解”是由于过度的热裂解和催化剂活化所造成的结果。热裂解趋向于生成许多轻组分($C_1 \sim C_4$)，这解释了 C_2 和 C_3 收率增加的原因；而焦炭收率增加是由于提升管中焦炭沉积物增多以及随后催化剂失活的原因。催化裂化活性的降低解释了 LCO 收率的损失(因为大部分可能裂解成 LCO 的原料现在直接被裂解为轻质气体)。图 4.127 结合工况研究，有助于确认操作方案(流量和温度)，以提高 FCC 装置的收率或调节产品分布。

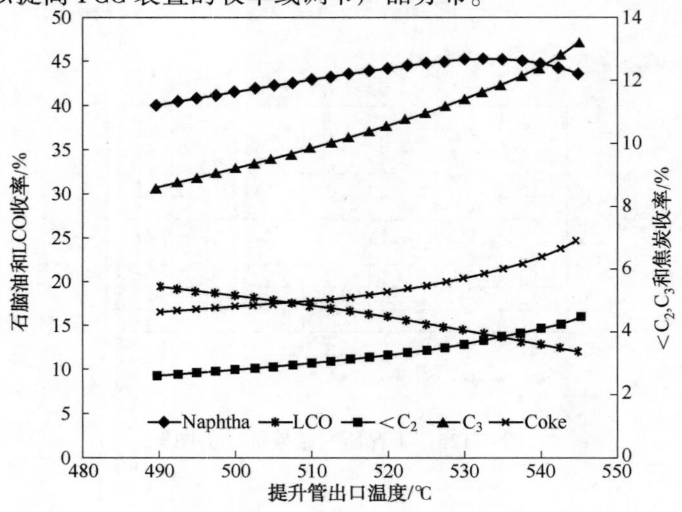

图 4.127　提升管出口温度对产品收率的影响

4.17 例题 4.5——为基于线性规划技术的生产计划生成 DELTA-Base 向量

校正模型的一个重要应用是为炼厂生产计划生成 DELTA-Base 向量。DELTA-Base 向量本质上是用几个关键变量的函数来代表 FCC 装置线性化的模型。上文已经广泛地讨论了线性模型。在本例中，我们将演示如何使用校正后的 FCC 模型生成 DELTA-Base 向量，以便与专门的计划软件——Aspen PIMS 结合使用。

打开校正模型 Workshop 4.2-done，将其另存为 Workshop 4.5.hsc。

我们可以尝试确认关键操作参数来建立线性化模型，并为每个所选择的操作参数手动运行模型。但是，Aspen HYSYS 提供了一个实用程序来自动执行此过程。我们可以通过在主应用菜单中的 Analysis→Model Analysis→PIMS Support 来访问这个工具，如图 4.128 所示。

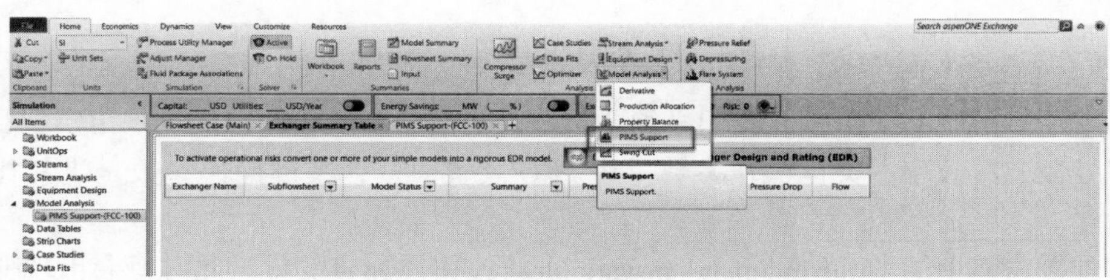

图 4.128 从主应用菜单栏中创建 delta-base 工具

图 4.129 显示了 Delta-Base 工具配置界面。我们必须要确定 Delta-Base 工具的使用范围，该范围是指在研究过程中将会修改的对象。我们选择整个 FCC 装置作为工具的范围，如图 4.130 所示。

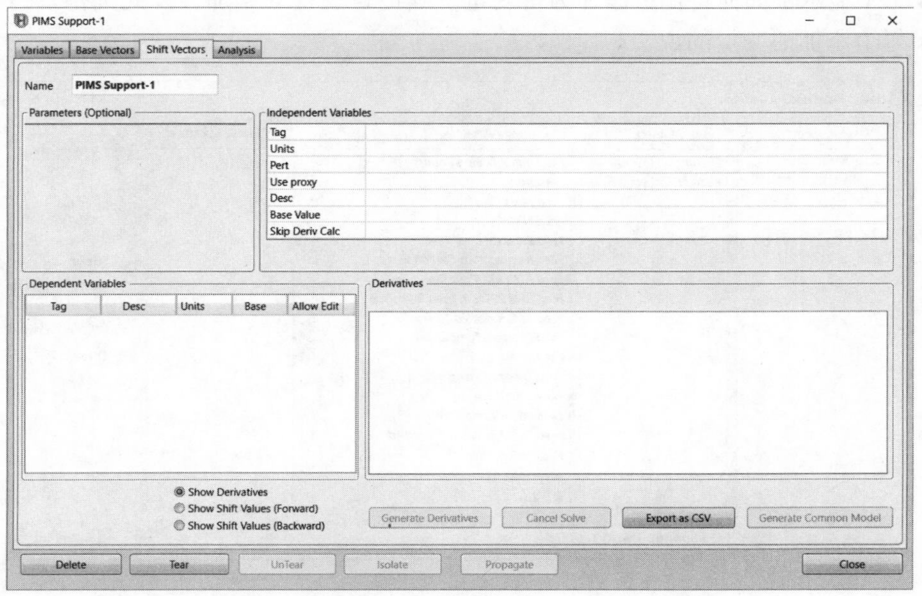

图 4.129 Delta-base 工具配置界面

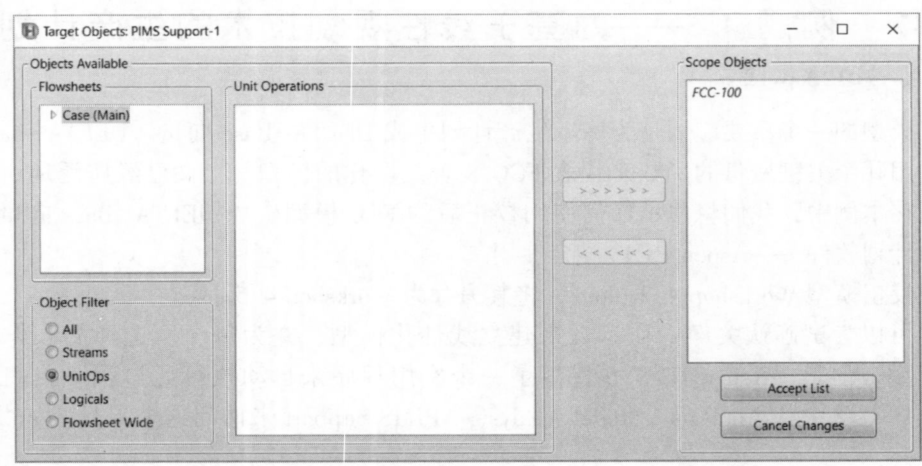

图 4.130　delta-base 工具的范围

为了使用 Delta-Base 工具，我们必须要选择自变量和因变量。自变量是指模型驱动参数或是可以控制装置收率的关键操作参数。对 FCC 装置而言，关键操作参数是进料比重、残炭和硫含量。

单击配置窗口上的"Add Independent variables"按钮添加自变量。此时将会出现变量导航（在先前的例题中已使用过），选择如下变量：

- FCC-100>Reactor Section>Feed Specific Gravity>Feed-1
- FCC-100>Reactor Section>Feed Conradson Carbon>Feed-1
- FCC-100>Reactor Section>Feed Sulfur Content>Feed-1

图 4.131 显示了如何将比重添加为自变量。其他自变量的添加，以此类推。"Desc."部分显示了每个添加的变量的说明。

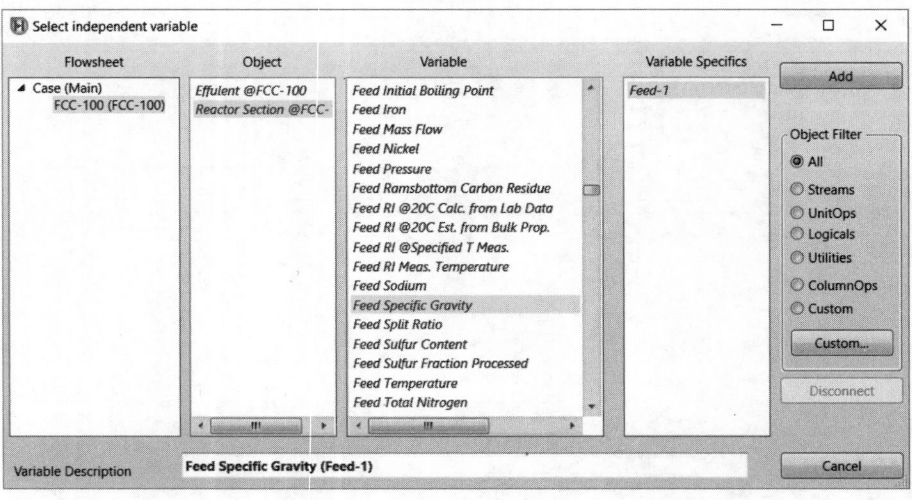

图 4.131　添加自变量：比重（Feed Specific Gravity）

当所有的自变量添加完成后(见图 4.132)，我们必须添加因变量。在炼厂生产计划中，因变量是 FCC 装置的关键产品收率。在本例中，我们使用产品的整切割收率。但是，若希望使用装置的切割收率，可以使用一个简单的组分分割器，根据 TBP 切割点重新映射来自 FCC 装置的馏分。

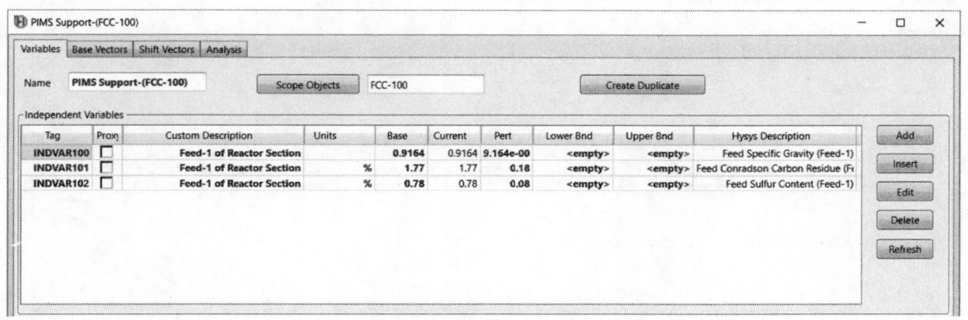

图 4.132　添加所有的自变量到 delta-base 工具中

通过点击“Add dependent variables”按钮来添加因变量。此时将出现变量导航，然后选择所有产品的分组收率作为因变量。图 4.133 展示了一个添加 H_2S 收率到因变量列表中的例子。

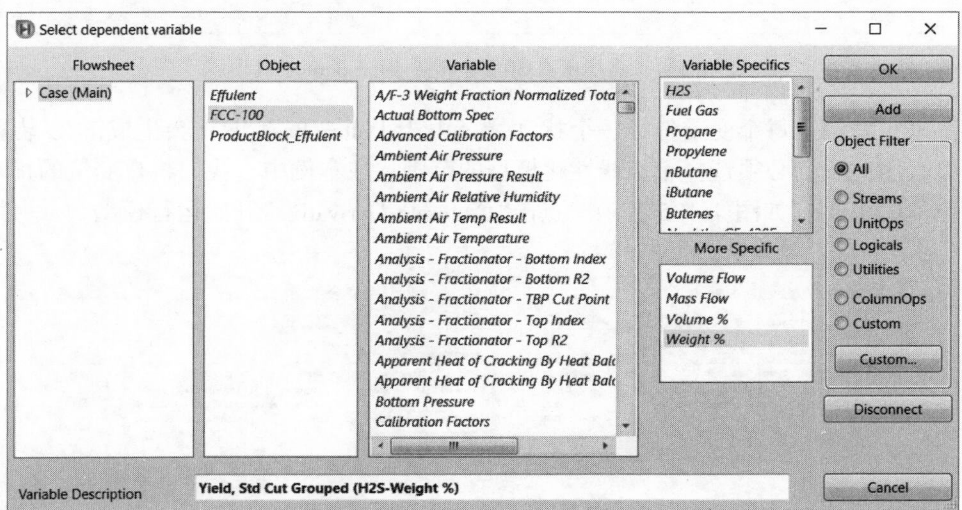

图 4.133　添加因变量：H_2S 收率

我们使用变量导航器将以下变量添加为因变量(见图 4.134)：

- Case>FCC-100>Yield，Std. Cut. Grouped>H2S
- Case>FCC-100>Yield，Std. Cut. Grouped>Fuel Gas
- Case>FCC-100>Yield，Std. Cut. Grouped>Propane
- Case>FCC-100>Yield，Std. Cut. Grouped>Propylene
- Case>FCC-100>Yield，Std. Cut. Grouped>nButane
- Case>FCC-100>Yield，Std. Cut. Grouped>iButane

- Case>FCC-100>Yield, Std. Cut. Grouped>Butenes
- Case>FCC-100>Yield, Std. Cut. Grouped>Naphtha C5-430℉
- Case>FCC-100>Yield, Std. Cut. Grouped>LCO 430F-650℉
- Case>FCC-100>Yield, Std. Cut. Grouped>Bottoms 650+℉
- Case>FCC-100>Yield, Std. Cut. Grouped>Coke

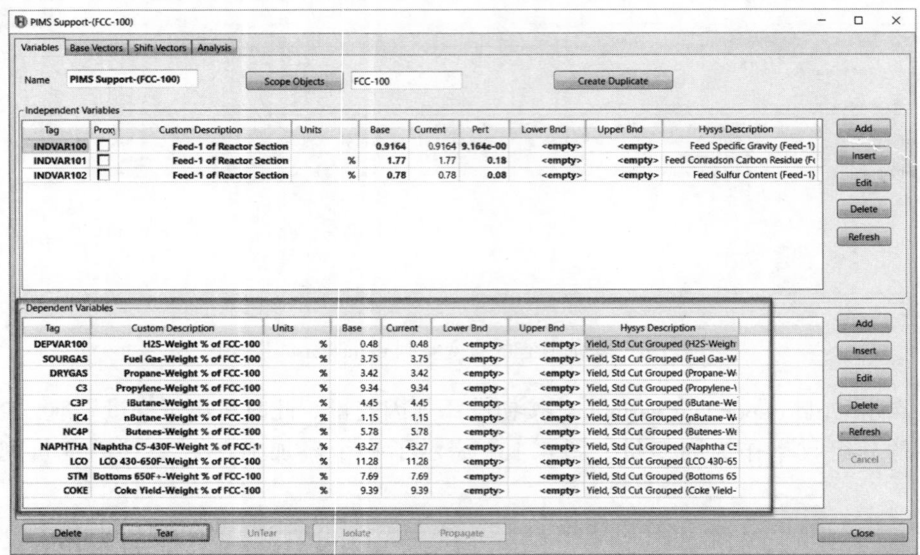

图 4.134　添加所有的因变量到 delta-base 工具中

接下来，我们为每个变量选择一个扰动量。由于 Delta-Base 工具会生成 FCC 装置的线性化模型，因此我们必须选择希望线性化模型的范围。在本例中，我们将自变量的扰动值确定为基础值的 10%，如图 4.135 所示。点击“Generate Derivative”开始运行模型。

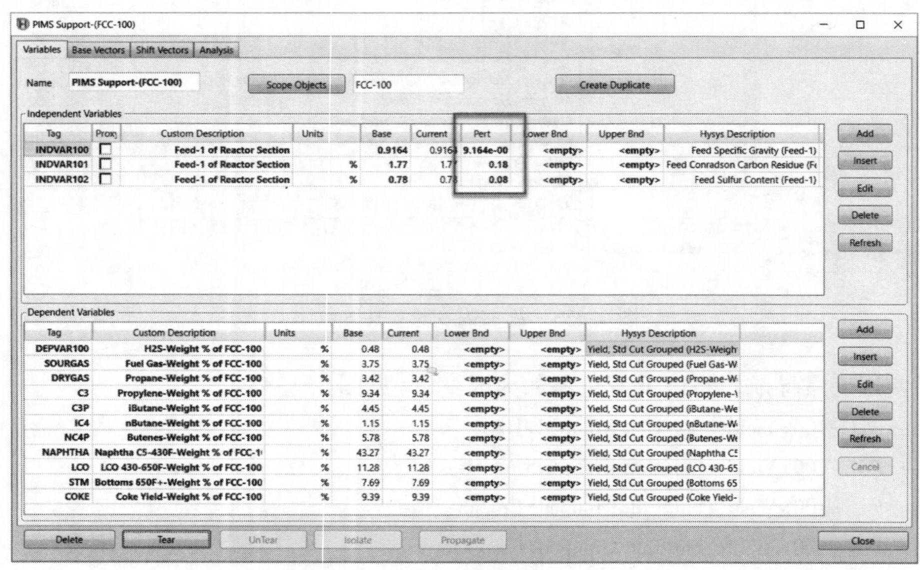

图 4.135　自变量扰动值

一旦点击“Generate Derivative”按钮，模型将会在自变量的基础值和扰动值下运行若干次。DELTA-BASE 值出现在图 4.136 所示的表格中。这些值可以直接被复制到 Aspen PIMS 的 Excel 电子表格中，或导出以供进一步研究。我们可以点击“Export Data”将该表格导出为 PIMS 的数据形式。导出的数据如图 4.137 所示。

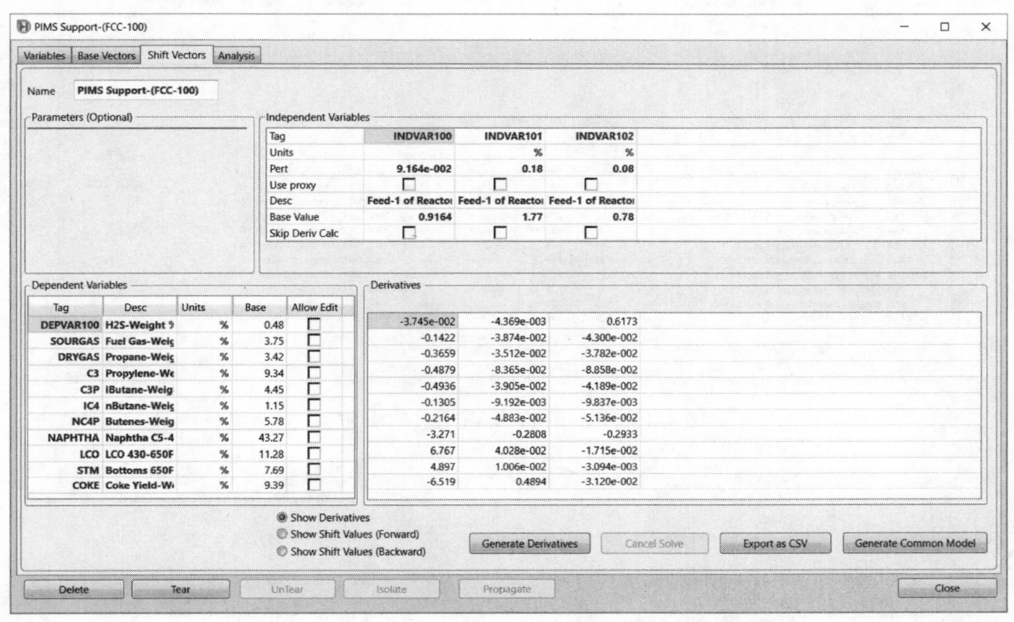

图 4.136　delta-base 工具计算结果

	A	B	C	D	E	F	G
1		TEXT	BAS	IndVar100	IndVar101	IndVar102	***
2	*	Units			%	%	
3	*	Base Perturbation		0.09164	0.177	0.078	
4	*						
5	DepVar100	H2S-Weight % of FCC-100 %	-0.47791	0.03745	0.00437	-0.61727	
6	SOURGAS	Fuel Gas-Weight % of FCC-100 %	-3.74881	0.14215	0.03874	0.043	
7	DRYGAS	Propane-Weight % of FCC-100 %	-3.42432	0.36591	0.03512	0.03782	
8	C3	Propylene-Weight % of FCC-100 %	-9.339	0.48788	0.08365	0.08858	
9	C3P	iButane-Weight % of FCC-100 %	-4.45333	0.49363	0.03905	0.04189	
10	IC4	nButane-Weight % of FCC-100 %	-1.14871	0.13053	0.00919	0.00984	
11	NC4P	Butenes-Weight % of FCC-100 %	-5.78458	0.21641	0.04883	0.05136	
12	NAPHTHA	Naphtha C5-430F-Weight % of FCC-100 %	-43.26827	3.271	0.28077	0.29333	
13	LCO	LCO 430-650F-Weight % of FCC-100 %	-11.27554	-6.76671	-0.04028	0.01715	
14	STM	Bottoms 650F+-Weight % of FCC-100 %	-7.68896	-4.89723	-0.01006	0.00309	
15	COKE	Coke Yield-Weight % of FCC-100 %	-9.39057	6.51897	-0.48937	0.0312	
16	*						
17		Feed-1 of Reactor Section	0.9164	1			
18		Feed-1 of Reactor Section	1.77		1		
19		Feed-1 of Reactor Section	0.7761			1	

图 4.137　delta-base 向量的 PIMS 格式输出

如有必要，我们也可以将所有变量重命名与 PIMS 的 DELTA-BASE 向量一致。为了重命名变量，我们在相应的“Tag”框中输入每个变量新的名称，如图 4.138 所示。当再次导出 delta-base 表格时，所有的变量名都会被新的标签名所替换，如图 4.139 所示。

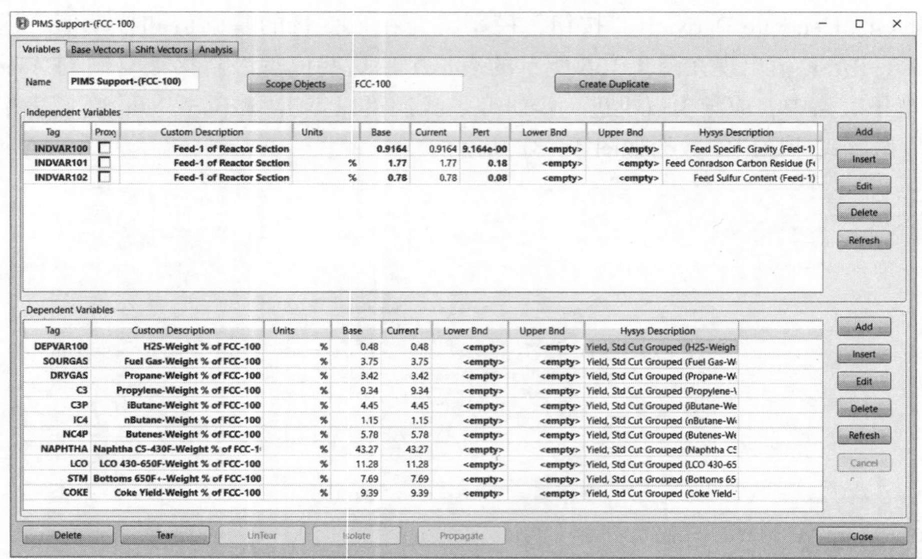

图 4.138　在 delta-base 工具中重命名

	A	B	C	D	E	F	G
1		TEXT	BAS	IndVar100	IndVar101	IndVar102	***
2	*	Units			%	%	
3	*	Base Perturbation		0.09164	0.177	0.078	
4	*						
5	DepVar100	H2S-Weight % of FCC-100 %	-0.47791	0.03745	0.00437	-0.61727	
6	SOURGAS	Fuel Gas-Weight % of FCC-100 %	-3.74881	0.14215	0.03874	0.043	
7	DRYGAS	Propane-Weight % of FCC-100 %	-3.42432	0.36591	0.03512	0.03782	
8	C3	Propylene-Weight % of FCC-100 %	-9.339	0.48788	0.08365	0.08858	
9	C3P	iButane-Weight % of FCC-100 %	-4.45333	0.49363	0.03905	0.04189	
10	IC4	nButane-Weight % of FCC-100 %	-1.14871	0.13053	0.00919	0.00984	
11	NC4P	Butenes-Weight % of FCC-100 %	-5.78458	0.21641	0.04883	0.05136	
12	NAPHTHA	Naphtha C5-430F-Weight % of FCC-100 %	-43.26827	3.271	0.28077	0.29333	
13	LCO	LCO 430-650F-Weight % of FCC-100 %	-11.27554	-6.76671	-0.04028	0.01715	
14	STM	Bottoms 650F+-Weight % of FCC-100 %	-7.68896	-4.89723	-0.01006	0.00309	
15	COKE	Coke Yield-Weight % of FCC-100 %	-9.39057	6.51897	-0.48937	0.0312	
16	*						
17		Feed-1 of Reactor Section	0.9164	1			
18		Feed-1 of Reactor Section	1.77		1		
19		Feed-1 of Reactor Section	0.7761			1	
20	*						

图 4.139　在 PIMS 界面中重命名的变量和标签

4.18　小结

本章中，我们使用 Aspen HYSYS 为 FCC 装置开发了一套模型，其中包括附属的气体分馏重要设备。本项工作的主要亮点如下：

（1）简要概括了典型 FCC 装置建模的现有文献；

（2）描述了 Aspen HYSYS FCC 模型和 21-集总动力学；

（3）使用统计函数技术补充了部分蒸馏曲线；

（4）对石油馏分采用新的 PNA 关联式进行参数回归；

（5）使用一定的技术，根据常规分析数据推断出 FCC 原料的分子组成；

（6）根据一定的策略，通过工业装置数据建立了合理的工艺模型；

（7）通过对大型炼油过程进行模型应用，显示其关键产品收率的平均绝对偏差低于

2.0%，以及对产品组成和质量(组成数据、蒸馏数据、密度和闪点)的预测结果令人满意；

(8) 使用模型探讨了有利于工业操作的工况研究；

(9) 演示了将模型的结果转化为基于 LP 模型的炼厂计划工具的策略。

在这个领域，早期的工作主要集中在 FCC 工艺过程中某一单独的部分(动力学模型、提升管/再生器、气体分馏单元)。而在本项工作中，我们演示了如何使用常规装置数据和主流商业软件来完成一个包含了反应和分馏系统集成的工艺模型。集成模型能够让用户找到提高收率的潜力、增加盈利能力和监控设备的可预测性操作。这种方法对工艺流程日益复杂的现代化炼厂至关重要，并且需要工程师全面检查炼厂装置的性能。

专业术语

VGO	减压蜡油	E	默弗里塔板效率
CGO	焦化蜡油	x_n	离开第 n 块塔板的液相摩尔分率
LCO	轻循环油	y_n	离开第 n 块塔板的气相摩尔分率
HCO	重循环油	X	归一化液相回收率
TBP	实沸点曲线	x_{exp}	归一化实验液相回收率
C_1	甲烷	RSS	最小二乘之和
C_2	乙烷	AAD	平均绝对偏差
C_3	丙烷和丙烯	A，B，α，β	累积 beta 分布的拟合参数
C_4	丁烷和丁烯	θ	归一化温度参数
C_5	戊烷和戊烯	T_0	参考温度下限
PNA	烷烃、环烷烃和芳烃	T_1	参考温度上限
φ	滑动系数，无量纲	$\%X_P$	烷烃摩尔组成
ε	空隙率	$\%X_N$	环烷烃摩尔组成
D	提升管直径	$\%X_A$	芳烃摩尔组成
G	重力加速度	R_i	折光率
u_o	表观气体速度	VGC	黏度重力常数
u_t	末端催化剂颗粒的沉降速度	VGF	黏度重力因子
F_r	弗劳德数	a，b，c，d	PNA 关联式拟合参数
Fr_t	颗粒弗劳德数	SG，SPG	相对密度
ϕ_{COKE}	总焦失活函数	K_W	Watson K 因子
ϕ_{KCOKE}	动力学焦失活函数	MeABP	中平均沸点温度
ϕ_{MCOKE}	金属焦失活函数	RON	研究法辛烷值
C_{KCOKE}	催化剂上动力学焦的浓度	MON	马达法辛烷值
C_{MCOKE}	催化剂上金属焦的浓度	CCR，CON	残炭值
C_{METALS}	催化剂上金属的浓度	$Yield_i$	LP 模型收率系数
α_{KCOKE}	动力学焦活性因子	SUL	硫含量
α_{MCOKE}	金属焦活性因子		

参考文献

1 Sadeghbeigi, R. (2000) *Fluid Catalytic Cracking Handbook. Design, Operation and Troubleshooting of FCC Facilities*, Gulf Publishing Company, Houston, TX.

2 Arbel, A., Huang, Z., Rinard, I.H., Shinnar, R., and Sapre, A.V. (1995) *Industrial and Engineering Chemistry Research*, **34**, 1228–1243.

3 McFarlane, R.C., Reineman, R.C., Bartee, J.F., and Georgakis, C. (1993) *Computers and Chemical Engineering*, **3**, 275–300.

4 Chitnis, U.K. and Corripio, A.B. (1998) *ISA Transactions*, **37**, 215–226.

5 Khandalekar, P.D. and Riggs, J.B. (1995) *Computers and Chemical Engineering*, **19**, 1153–1168.

6 Hsu, C.S. and Robinson, P.R. (2006) *Practical Advances in Petroleum Processing. Volume 1 &2*, Springer, New York.

7 Gary, J.H. and Handwerk, G.E. (2001) *Petroleum Refining Technology and Economics*, 4th edn, Marcel-Dekker, New York.

8 Raseev, S.D. (2003) *Thermal and Catalytic Processing in Petroleum Refining*, CRC Press, Boca Raton, FL.

9 Takatsuka, T., Sato, S., Morimoto, Y., and Hashimoto, H. (1987) *International Chemical Engineering*, **27**, 107–116.

10 Lee, E. and Groves, F.R. Jr. (1985) *Transactions of the Society for Computer Simulation International*, **2**, 219–236.

11 Blanding, F.H. (1953) *Industrial and Engineering Chemistry*, **45**, 1193–1197.

12 Gupta, R.K., Kumar, V., and Srivastava, V.K. (2007) *Chemical Engineering Science*, **62**, 4510–4528.

13 Jacob, S.M., Gross, B., Voltz, S.E., and Weekman, V.W. (1976) *AIChE Journal*, **22**, 701–713.

14 Oliviera, L.L. and Biscasia, E.C. Jr. (1989) *Industrial and Engineering Chemistry Research*, **28**, 264–271.

15 Pitault, I., Nevicato, D., Forissier, M., and Bernard, J.R. (1994) *Chemical Engineering Science*, **49**, 4249–4262.

16 Van Landeghem, F., Nevicato, D., Pitault, I., Forissier, M., Turlier, P., Derouin, C., and Bernard, J.R. (1996) *Applied Catalysis A*, **138**, 381–405.

17 Aspen RefSYS Option Guide (2006) AspenTech, Cambridge, MA.

18 Aspen Plus FCC User's Guide (2006) AspenTech, Cambridge, MA.

19 Froment, G.F. (2005) *Catalysis Reviews – Science and Engineering*, **47**, 83.

20 Quann, R.J. and Jaffe, S.B. (1992) *Industrial and Engineering Chemistry Research*, **31**, 2483.

21 Quann, R.J. and Jaffe, S.B. (1996) *Chemical Engineering Science*, **51**, 1615.

22 Quann, R. (1998) *Environmental Health Perspectives Supplements*, **106**, 1501.

23 Christensen, G., Apelian, M.R., Hickey, K.J., and Jaffe, S.B. (1999) *Chemical Engineering Science*, **54**, 2753–2764.

24 Klein, M.T. (2006) *Molecular Modeling in Heavy Hydrocarbon Conversions*, CRC Press, Boca Raton, FL.

25 Kumar, S., Chadha, A., Gupta, R., and Sharma, R. (1995) *Industrial and Engineering Chemistry Research*, **34**, 3737–3748.

26 Ellis, R.C., Li, X., and Riggs, J.B. (1998) *AIChE Journal*, **44**, 2068–2079.

27 Secchi, A.R., Santos, M.G., Neumann, G.A., and Trierwiler, J.O. (2001) *Computers and Chemical Engineering*, **25**, 851–858.

28 Mo, W., Hadjigeorge, G., Khouw, F.H.H., van der Werf, R.P., and Muller, F. (October 2002) *Hydrocarbon Asia*, 30–42.

29 Elnashaie, S.S.E.H., Mohamed, N.F., and Kamal, M. (2004) *Chemical Engineering Communications*, **191**, 813–831.

30 Rao, R.M., Rengaswamy, R., Suresh, A.K., and Balaraman, K.S. (2004) *Trans IChemE: Part A*, **82**, 527–552.

31 Araujo-Monroy, C. and Lopez-Isunza, F. (2006) *Industrial and Engineering Chemistry Research*, **45**, 120–128.

32 Bollas, G.M., Vasalos, I.A., Lappas, A.A., Iatridis, D.K., Voutetakis, S.S., and Papadopoulou, S.A. (2007) *Chemical Engineering Science*, **62**, 1887–1904.

33 Fernandes, J.L., Pinheiro, C.I.C., Oliveira, N.M.C., Inverno, J., and Ribeiro, F.R. (2008) *Industrial & Engineering Chemistry Research*, **47**, 850–866.

34 Shaikh, A.A., Al-Mutairi, E.M., and Ino, T. (2008) *Industrial & Engineering Chemistry Research*, **47**, 9018–9024.

35 Fernandes, J.L., Pinheiro, C.I.C., Oliveira, N.M.C., Neto, A.I., and F. Ramôa, R. (2007) *Chemical Engineering Science*, **62**, 6308–6322.

36 Chang, S.L. and Zhou, C.Q. (2003) *Computational Mechanics*, **31**, 519–532.

37 Arandes, J.M., Azkoti, M.J., Bilbao, J., and de Lasa, H.I. (2000) *The Canadian Journal of Chemical Engineering*, **78**, 111–123.

38 Han, I.S., Riggs, J.B., and Chung, C.B. (2004) *Chemical Engineering and Processing*, **43**, 1063–1084.

39 Paraskos, J.A., Shah, Y.T., McKinney, J.D., and Carr, N.L. (1976) *Industrial and Engineering Chemistry Process Design and Development*, **15**, 165–169.

40 Shah, Y.T., Huling, G.P., Paraskos, J.A., and McKinney, J.D. (1977) *Industrial and Engineering Chemistry Process Design and Development*, **16**, 89–94.

41 Arandes, J.M., Abajo, I., Fernandez, I., Lopez, D., and Bilbao, J. (1999) *Industrial and Engineering Chemistry Research*, **38**, 3255–3260.

42 De Lasa, H.I. and Grace, J.R. (1979) *The Canadian Journal of Chemical Engineering*, **25**, 984–990.

43 Rice, N.M. and Wojciechowski, B.W. (1991) *The Canadian Journal of Chemical Engineering*, **69**, 1100–1105.

44 Harriot, P. (2003) *Chemical Reactor Design*, Marcel Dekker, New York, NY.

45 Malay, P., Milne, B.J., and Rohani, S. (1999) *The Canadian Journal of Chemical Engineering*, 77, 169–179.

46 Corella, J. and Frances, E. (1991) *Fluid Catalytic Cracking-II. Concepts in Catalyst Design*, ACS Symposium Series, vol. **452**, American Chemical Society, Washington, DC, pp. 165–182.

47 Bolkan-Kenny, Y.G., Pugsley, T.S., and Berutti, F. (1994) *Industrial and Engineering Chemistry Research*, **33**, 3043–3052.

48 Han, I.S. and Chung, C.B. (2001) *Chemical Engineering Science*, **56**, 1951–1971.

49 Froment, G.F., Bischoff, K.B., and Wilde, J.D. (2010) *Chemical Reaction Analysis and Design*, 3rd edn, Wiley.

50 Kister, H.Z. (1992) *Distillation Design*, McGraw-Hill, Inc., New York, NY.

51 Kaes, G.L. (2000) *Refinery Process Modeling A Practical Guide to Steady State Modeling of Petroleum Processes*, The Athens Printing Company, Athens, GA.

52 Bollas, G.M., Vasalos, I.A., Lappas, A.A., Iatridis, D.K., and Tsioni, G.K. (2004) *Industrial and Engineering Chemistry Research*, **43**, 370–3281.

53 Sanchez, S., Ancheyta, J., and McCaffrey, W.C. (2007) *Energy & Fuels*, **21**, 2955–2963.

54 Daubert, T.E. and Danner, R.P. (1997) *API Technical Data Book – Petroleum Refining*, 6th edn, American Petroleum Institute, Washington DC.

55 Riazi, M.R. (2005) *Characterization and Properties of Petroleum Fractions*, 1st edn, American Society for Testing and Materials, West Conshohocken, PA.

56 Goosens, A.G. (1997) *Industrial and Engineering Chemistry Research*, **36**, 2500.

57 Bazaraa, M.S., Jarvis, J.J., and Sherali, H.D. (2009) *Linear Programming and Network Flows*, John Wiley and Sons, Hoboken, NJ.

58 Xu, C., Gao, J., Zhao, S., and Lin, S. (2005) *Fuel*, **84**, 669–674.

59 Ancheyta-Juarez, J. and Murillo-Hernandez, J.A. (2000) *Energy & Fuels*, **14**, 373–379.

60 Li, W., Chi-Wai, H., and An-Xue, L. (2005) *Computers and Chemical Engineering*, **29**, 2010–2028.

61 Davision, G. (1993) *Guide to Fluid Catalytic Cracking*, W.R. Grace & Co., Columbia, MD, pp. 65–66.

62 Saleh, K., Ibrahim, H., Jayyousi, M. and Diabat, A. (2013) A Novel Optimization Formulation of Fluid Catalytic Cracking Unit. *5th International Conference on Industrial Engineering and Systems Management (IESM)*, Rabat, Morocco, October.

63 Gao, H., Wang, G., Li, R., Xu, C., and Gao, J. (2012) *Energy and Fuels*, **26**, 1880–1891.

64 Xu, J., Chen, Z., Fan, Y., Shi, G., and Bao, X. (2015) *Fuel Processing Technology*, **130**, 117–126.

65 Zhang, J., Chang, J., Chen, H., Yang, Y., Meng, F., and Wang, L. (2012) *Chemical Engineering Science*, **78**, 128–143.

66 Pashikanti, K. and Liu, Y.A. (2011) Predictive modeling of large-scale integrated refinery reaction and fractionation systems from plant data: 2. Fluid catalytic cracking (FCC) process. *Energy and Fuels*, **25**, 5298–5319.

67 Lancu, M. and Agachi, P.S. (2010) Optimal process control and operation of an industrial heat integrated fluid catalytic cracking plant using model predictive control (MPC). *Computer Aided Chemical Engineering*, **28**, 505–510.

68 Lancu, M., Criestea, M.V., and Agachi, P.S. (2013) Retrofit design of heat exchanger network of a fluid catalytic cracking plant and control based on MPC. *Computers and Chemical Engineering*, **49**, 205–216.

69 Radu, S.; Ciuparu, D., Modeling and simulation of an industrial fluid catalytic cracking unit, *Revista de Chimie*, 2014, **65**, 113–119. http://www.revistadechimie.ro/pdf/RADU%20S.pdf%201%2014.pdf.

70 Kumar, S., Lange, J.-P., and Rossum, G.V. (2015) Liquefaction of lignocellulose in fluid catalytic cracker feed: A process concept study. *ChemSusChem*, **8**, 4086–4094.

71 Khandeparker, A. (2012) Study of Different Operating Parameters of FCC Unit with Aspen-HYSYS, National Institute of Technology, Rourkela, http://ethesis.nitrkl.ac.in/3436/.

72 Yusuf, R.O., El-Nafaty, V.A., and Jibril, M. (2012) Effects of operating variables on fluid catalytic cracking unit (FCCU) using HYSYS. *International Journal of Computer Applications*, **3** (2), 1–9.

73 Azubuike, L. C.; Okonkwo, E.; Egbujuo, W.; Chilke-Onyegbula, C. Optimization of propylene production process from fluid catalytic cracking unit, European Journal of Advances in Engineering and Technology, 2016, **3**, No. 9, 81–87. http://www.ejaet.com/PDF/3-9/EJAET-3-9-81-87.pdf.

74 Rajeev, N., Prasad, R.K., and Ragula, U.B.R. (2015) Process simulation and modeling of fluidized catalytic cracker performance in crude refinery. *Petroleum Science and Technology*, **33**, 110–117.

75 Takeda, K. (2011) Refinery Margin Improvement, Taiyo Oil Company Ltd., AspenTech Global Conference: OPTIMIZE 2011, Washington, DC, May 2011.

第5章 连续催化重整工艺

（汤磊　何顺德　译）

本章介绍使用 Aspen HYSYS Petroleum Refining 软件对连续催化重整(CCR)工艺校核和优化预测模型的开发方法。该模型依赖于常规监测数据，如 ASTM 蒸馏曲线，烷烃-环烷烃-芳烃(PNA)分析数据和操作条件。本章在 $C_1 \sim C_{14}$ 范围内建立 64 集总动力学模型，可以表示原料中的关键反应：脱氢反应、脱氢环化反应、异构化反应和加氢裂化反应。集总动力学可以准确地预测苯、甲苯、乙苯和二甲苯(BTEX)收率。此外，本章还阐述了催化剂积炭以及催化剂再生的相关内容。我们在 CCR 模型中单独建立循环氢和产品再接触单元，以及包括产品回收的严格分馏模型。

我们建立了亚太区某 140 万/年 CCR 装置的模型，并用 6 个月的装置运行数据进行模型验证，结果表明该模型预测关键工艺参数和芳烃收率的平均绝对偏差(AAD)在 1%范围内。此外，该模型预测液化气的组成 AAD 在 2.0%范围内。本章还提供了几个工业案例来研究工艺变量之间的相互作用，如进料组成、反应温度、空速和氢油比(H2HC)。这些案例准确地量化了关键工艺变量对装置性能的影响，并演示了模型在提高能源效率和用于化工原料生产的重整装置的性能优化。

本章内容与文献研究存在以下不同：(1)阐述了催化剂积炭和失活的详细动力学模型；(2)有完整的再接触和主产品分馏；(3)原料集总组成来自有限的进料信息；(4)有详细动力学模型校准过程；(5)有工业相关的案例研究，突出关键过程变量的变化的影响；(6)在全厂生产计划上的应用。

本章具体内容如下：第 5.1 节介绍了模型开发和应用现状；第 5.2 节介绍了典型连续再生催化重整装置工艺；第 5.3 节讨论了催化重整工艺的化学反应，第 5.4 节介绍了与催化重整工艺预测模型的相关文献综述，涵盖集总动力学模型和单元模型；第 5.5 节介绍了 Aspen HYSYS Petroleum Refining CatReform 模型的特点；第 5.6 节讨论了模型开发所需的热力学性质以及估算方法；第 5.7 节讨论了分馏单元的建模；第 5.8 节介绍了原料表征模型开发的重要内容；第 5.9 节概述了模型实施的总体策略，包括数据一致性、原料表征和使用装置数据进行模型校准；第 5.10 节描述了总体建模策略；第 5.11 节比较了模型预测和装置数据；第 5.12 节介绍了反应温度、进料量和原料质量对产品收率、化工原料生产操作优化以及能源利用和装置性能影响的工况研究；第 5.13 节展示了在炼厂生产计划模型的应用；第 5.14~5.17 节阐述了根据装置数据建立催化重整反应系统和分馏系统模型的开发和验证，以及结合工艺优化和生产计划的模型应用的四个案例；第 5.18 节是本章小结，本章末尾是专业术语和参考文献。

5.1 引言

催化重整一直是生产高辛烷值汽油和芳烃原料的重要化学工艺。近年来，人们开始重新关注加工非常规原料，如合成油、生物制油等。即使通过这些生产类似烷烃原料的技术，炼厂仍然需要重整装置将烷烃转化为高辛烷值组分。由于这些因素的相互作用，定量掌握工业化重整工艺就变得至关重要。催化重整工艺的要点不仅包括催化剂自身，还包括相关的重整技术和分馏设备。

在这种背景下，本章提出了 CCR 工艺集成建模的研究工作。前人已经做出了大量的研究工作，特别是 Ancheyta-Juarez 等[1~3]和 Taskar 等[4,5]的研究报道。虽然前人已经报道了反应动力学的重要内容，但关于分馏系统和使用严格动力学模型的工业应用案例的信息并不多。本项工作缩小了严格动力学模型和大规模炼油装置工业应用之间的差距。

5.2 工艺概述

催化重整装置主要用于炼厂生产高辛烷值汽油或为石化厂提供富含芳烃的原料。

现代催化重整工艺于 1940 年 UOP 公司首次引入[6]。从那时起，许多不同类型的改进工艺被研发出来。一般来说，主要的催化重整工艺分为三种类型：

（1）半再生重整；

（2）循环再生重整；

（3）移动床重整或 CCR。

半再生重整工艺通常包含一台反应器。随着反应时间的增加，催化剂活性逐渐降低，直至某一点(通常是催化剂生命周期的中点附近)，反应器停工离线、催化剂再生。该工艺的优点是资金投入少，工艺配置简单。但是，根据炼厂加工原料的类型，再生周期过长可能不能维持预期的生产水平。

循环再生重整工艺包含一系列用于轮换再生的反应器，反应器一般有 5~6 台，但是，只有 3~4 台处于运行状态。当一台反应器的催化剂活性低于一定值时，该反应器需要停车并将进料切换到催化剂已再生的反应器中[6]。

移动床重整工艺或 CCR 工艺包括催化剂连续再生单元，可以通过构建特殊的反应器来实现在运行时连续排出催化剂并被送入再生单元[6]。图 5.1 给出了这些工艺的代表性反应器。

UOP CCR 工艺是迄今为止最流行的重整工艺，目前超过 50%的重整采用该工艺。该工艺依赖于催化剂的连续再生，这种类型的装置是本章研究的要点和下文工艺流程的重点。

亚太区工业化 CCR 重整工艺流程图，如图 5.2 所示。该装置将 140 万吨/年的直馏石脑油转化为高辛烷值汽油和用于生产化学工业用的芳烃原料。CCR 装置一般被划分为几个反应区域，每个反应区域装载不同重量的催化剂。通常，第一台反应器的催化剂装填量最少，最后一台反应器的装填量最多。催化剂装填量的分布是所有重整反应器的共同特点，并且反映了在反应初始阶段强吸热反应占主导地位，从而影响反应速率，因此，我们采用中间加热炉加热每台反应器流出物。

重石脑油(来自图 5.2 中#200 单元)与反应流出物经进料换热器预热后进入第一加热炉，

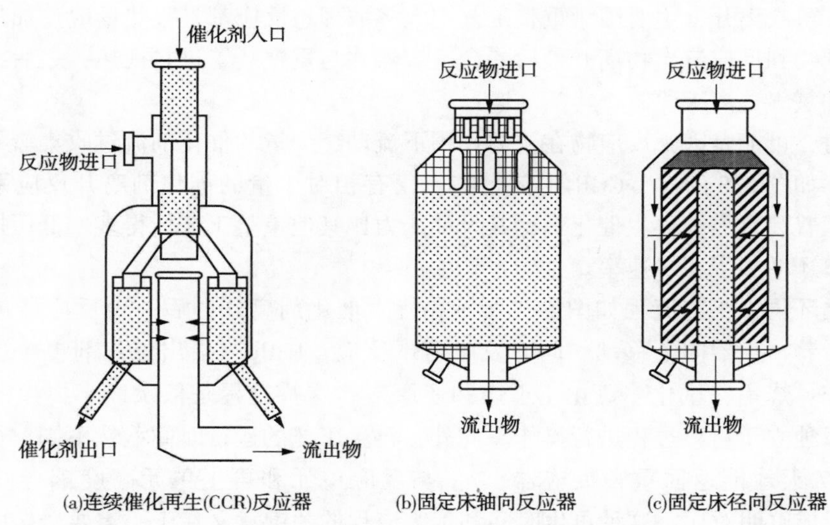

图 5.1 重整工艺中使用的不同类型的反应器[6]

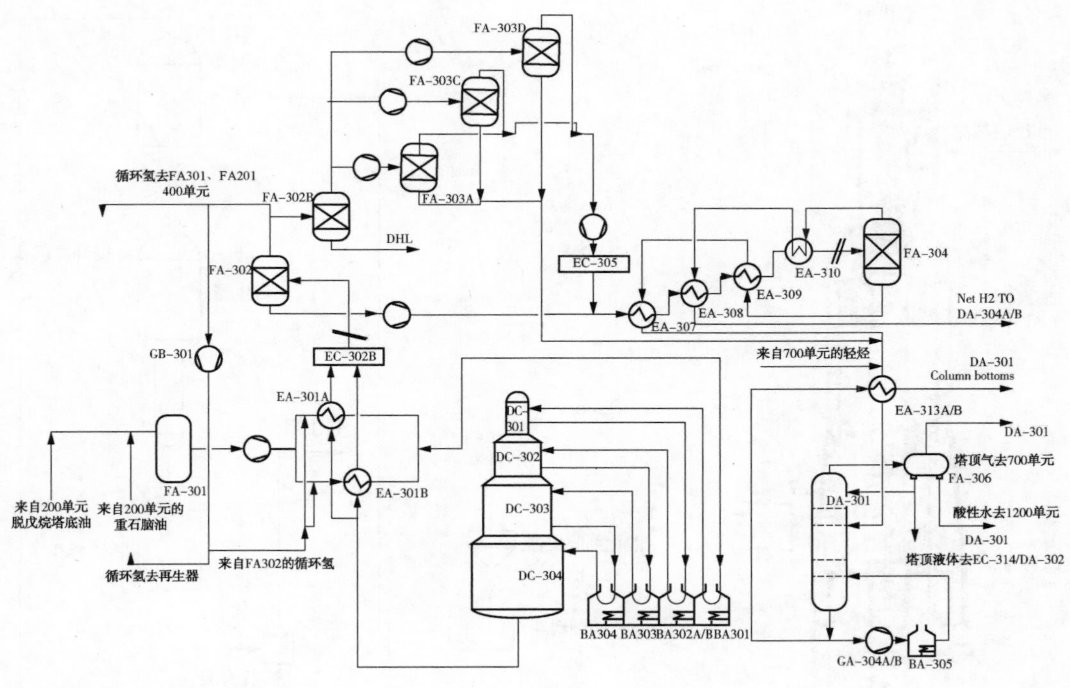

图 5.2 CCR 重整工艺流程图

温度提高至反应温度，原料与移动床催化剂接触。原料中组分发生一系列化学反应，例如脱氢反应、脱氢环化反应、异构化反应和加氢裂化反应等。但是，对于典型的重整进料，当反应物径向流过催化剂床层时，主要发生吸热反应(脱氢反应)，反应温度明显下降，第一反应器流出物进入第二中间加热炉。每个反应区域的关键工艺变量是进料温度。加热炉通常用于使反应流出物在固定温度下返回反应器。第一反应器流出物进入第二中间加热炉并在一定的反应温度下再次离开，主要因为重整工艺中大多数理想反应都是吸热反应。加热过程和反应过程一直延续到反应流出物离开最后一台反应器并与重整装置进料换热，之后，流出物被引入再接触和氢气分离工段。

与此同时，可能是因为反应物在重力作用下流动，少量的催化剂流过收集篮并进入下一个反应区域，如图 5.3 所示。CCR 工艺是唯一仅有相对少量的催化剂离开反应系统进行再生的工艺。随着装置连续再生催化剂，其设计压力比其他重整工艺低得多。低压操作不仅提高了苛刻度，还增加了积炭速率。

典型的循环再生工艺流程如图 5.4 所示。待生催化剂离开最后一台反应器进入再生单元。催化剂沿着再生器向下移动，同时发生若干反应。Little[6] 指出催化剂再生过程中必须进行五次操作：烧焦、氧化、氯化、干燥和还原[7]。这些过程是依次以半再生的方式进行的，并且可以独立于重整过程进行操作。此外，再生工艺的运行时间截然不同。待生催化剂通常需要 5~7 天才能返回重整反应器[7,8]。与反应单元和再生单元高度耦合的催化裂化(FCC)工艺形成鲜明对比，这种再生时间和工艺流程的关键意义在于不需要严格的再生周期模型来有效地模拟重整过程。

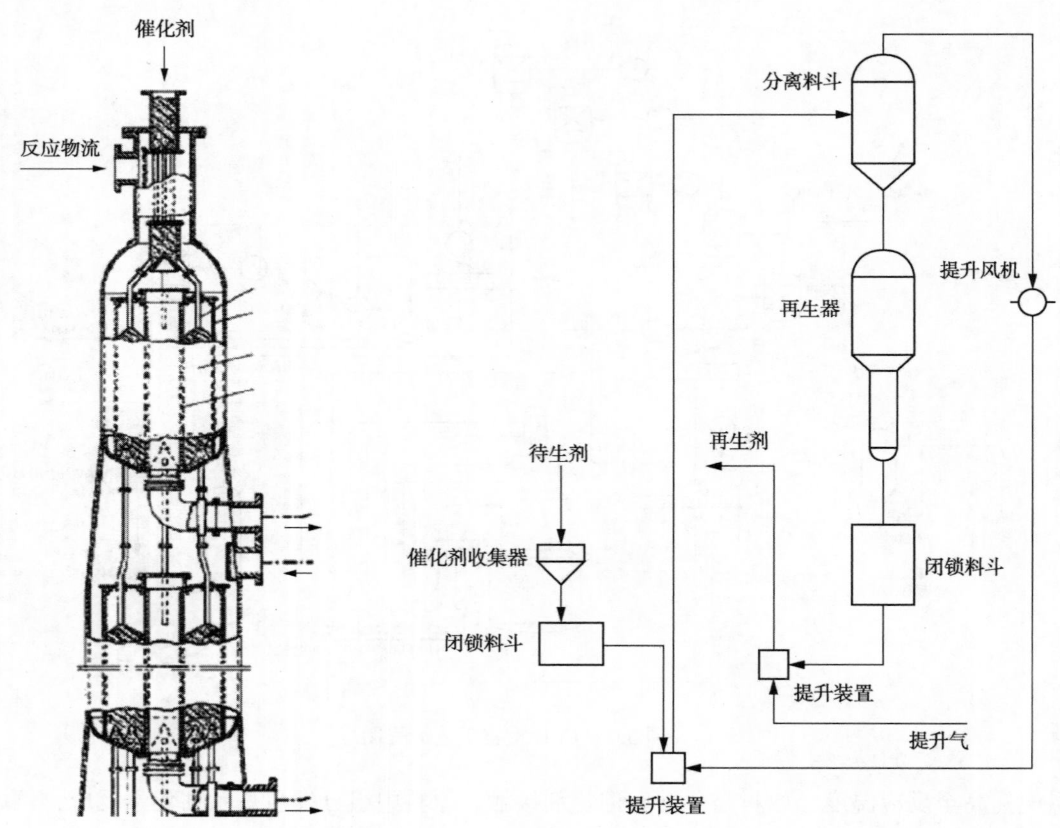

图 5.3　重力辅助反应器剖面图[9]

图 5.4　催化剂再生过程示意图[6]

反应流出物冷却后进入一系列分离器(见图 5.2 中的 FA302 至 FA304)并在加压条件下操作，该工艺说明连续催化重整装置通常比其他重整装置的压力低得多，目的是提高液化气组分(C_3~C_4)和部分 C_5 组分的回收率。随后在几台绕管换热器中冷却来自每台分离器的液相产物以回收大量的热量并冷凝液相产物中的轻组分。混合的液相产物进入压力明显变化的终端分离器，气相产物为重整氢(94mol%~95mol%)。一般地，重整氢可以外供加氢处理和加氢裂化装置，与其他产品(富含芳烃)结合的液相产物进入分馏单元。

根据重整产品(重整生成油)的用途，有两种可能的分离方法：如果以生产汽油为目的，重整生成油进入稳定塔，主要分离出液化气作为塔顶产物，塔底产物为高辛烷值汽油进入炼厂汽油池。但是，如果该装置以生产芳烃为目的，那么稳定塔与脱戊烷塔的操作不同(见图5.2 中 DA-301)。脱戊烷塔分离出所有的 C_5 和轻组分作为塔顶产物，塔底产物主要包括所有的芳烃，大于 C_6 的烷烃和环烷烃，然后进入(BTX)分离装置。

芳烃分馏取决于炼厂配置，该工艺可能非常庞大和复杂，特别是当石化厂为了最大限度地回收不同来源的芳烃时。通常，通过特殊溶剂(例如环丁砜或聚乙二醇)分离出 BTX 分离装置原料中的苯和甲苯组分，二甲苯分离需要其他工艺。

邻二甲苯(OX)和乙苯(EB)同分异构体可以通过分馏塔分离，但是，间二甲苯(MX)和对二甲苯(PX)同分异构体通常需要结晶分离或吸附分离[例如 IFP ELUXYL 工艺和 UOP Parex 工艺][8]。由于 BTX 分离工艺复杂，本文暂不涉及 BTX 分离，但是，我们另外的教科书涵盖了 UOP Parex 工艺，用于二甲苯分离的模拟移动床的设计、模拟和优化[56]。

重整装置原料是重要的工艺考虑因素。重整装置的原料通常是直馏石脑油或来自 FCC 装置的加氢精制汽油。一般地，进料终馏点不高于 205~210℃，终馏点过高会促进加氢裂化反应和积炭反应。重整进料通常需要加氢预处理脱除硫化物、氮化物和其他导致催化剂失活的痕量组分。实际上，许多工艺可能包括几个“保护反应器”防止硫化物进入重整装置。表5.1 给出了重整原料的典型蒸馏曲线和基本组成分析数据。

表 5.1 典型的重整原料

ASTM D86/%(体)	℃	族组分	烷烃含量/%	环烷烃含量/%	芳烃含量/%
初馏点	76	C_5	1.00	0.47	—
5%	90	C_6	6.85	6.66	0.88
10%	94	C_7	11.25	13.17	2.31
30%	104	C_8	9.42	14.02	3.02
50%	116	C_9	7.35	10.79	3.04
70%	131	C_{10}	4.45	5.31	0.00
90%	152	Total	40.32	50.42	9.25
95%	160	SG			0.745
终馏点	170	硫含量/氮含量/卤化物含量/(μg/g)			0.5/0.5/—

炼厂通常将原料中的环烷烃(N)和芳烃(A)的总含量作为可产生辛烷值的指标，采用 N+A或者 N+2A 表示。有许多关联式通够衡量这些指标与重整收率之间的关系。但是，Little[6]指出，这些关联式往往有强烈的内在假设，如催化剂类型和操作条件。虽然这些指标可用于原料的简单筛选，但检测单元性能并且仅有这些指标。

催化剂是实现最佳运行工况的最重要的考虑因素。Little[6]定义了重整催化剂的三个关键特征：活性、选择性和稳定性。活性是衡量催化剂如何有效地将反应物转化为产物的指标。通常，当反应物流量增加时，重整催化剂需要在更高的反应温度下维持高转化率。选择性是指生产更多的高附加产品(芳烃)的能力。稳定性是指催化剂长时间保持高活性和选择性的能力。现代重整装置的催化剂每1~2年需要更换一次[7]。

现代重整催化剂由氧化铝载体负载铂金属和铼金属颗粒组成以实现催化反应。当前研究表明，铂金属位点促进脱氢反应，氧化铝酸性位点促进环化反应、异构化反应和脱氢环化反应[7,10~12]，这种类型催化剂称为双金属催化剂(双功能催化剂)。随着催化剂运行时间增加，积炭和酸性位点抑制了其他副反应。积炭速率是生成多环芳烃的烯烃前体物的函数[13]。此时，将催化剂卸出并通过再生单元恢复活性。催化剂上的化学反应可能非常复杂，并且公开的实验研究通常不能反映催化剂在工业过程中运行的条件。本章将简要介绍一些关键的化学工艺和操作参数。

5.3 化学工艺

表5.2列出了重整反应过程中的主要反应，但绝对不是详细的反应清单。一般而言，反应路径如下：(1)原料中的正构烷烃转化为异构烷烃或脱氢环化为环烷烃；(2)环烷烃转化为芳烃基团；(3)烯烃加氢转化为烷烃[14]。

表5.2 关键反应类型的反应案例

甲基环己烷脱氢环化反应生成芳烃	$MCH \rightarrow TOL+H_2$	甲基环戊烷异构化反应生成甲基环己烷	$MCP \rightarrow MCH$
甲基环戊烷脱氢异构化反应	$MCP \rightarrow MCH$	加氢裂化反应	$P_X \rightarrow P_Y+P_Z$
正构烷烃脱氢环化反应生成芳烃	$NP7 \rightarrow TOL+H_2$	氢解反应	$P7+6H2 \rightarrow 7P1$
正构烷烃异构化反应生成异构烷烃	$NP \rightarrow IP$		

对众多反应的深入研究超出本文的工作范围，本文引用Froment等[10~12]详细的实验结果和研究机理。这些研究在详细的催化剂设计和构建动力学网络过程中非常有用[15~18]。但是，这些议题都不是当前的研究主题，本文只在工艺集成模型的背景下研究这些反应。正如上文所述，重整过程的典型反应包括脱氢反应、脱氢环化反应、异构化反应和加氢裂化反应。表5.2给出了这些反应的案例。

催化剂的酸性功能和金属功能与反应类型之间的关系如图5.5所示。酸性功能促进异构化反应，即将烷烃转化为环烷烃和异构烷烃的反应(异构烷烃是高辛烷值的重要贡献者)。金属功能是促进环烷烃脱氢反应生成芳烃，同时也是催化剂表面积炭(或多环芳烃)的重要来源。另外，烯烃加氢生成的烷烃可以进一步参加反应。

每个反应的深度是温度和压力的函数。高温和高压有利于加氢裂化反应和氢解副反应。压力对氢解反应的影响是非常重要的，而现代重整装置倾向于低压操作。表5.3总结了关键操作变量对收率的影响，在所有工况下，提高反应温度都会提高反应速率。

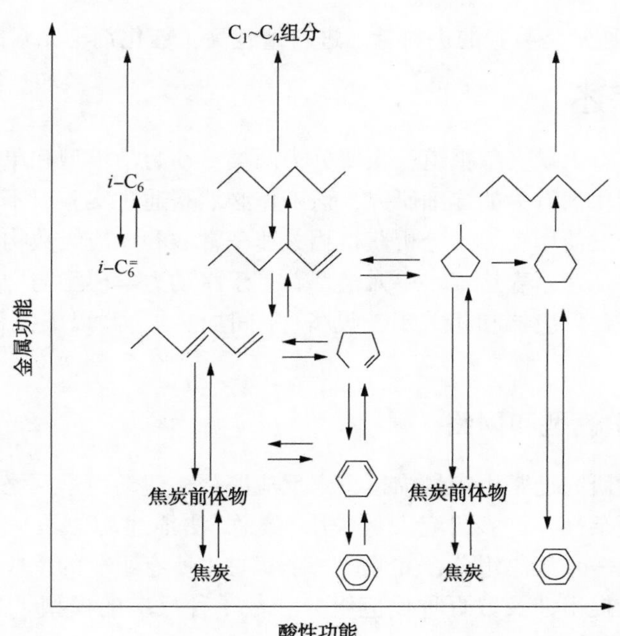

图 5.5 催化剂特征与反应类型之间的关系[13,14]

表 5.3 关键反应类型行为汇总

反 应	反应速率	放热/吸热	压力	产氢/耗氢
脱氢反应(环烷烃)	非常快	吸热	反作用	产氢
异构化反应(环烷烃)	快	放热(中)	无	无
异构化反应(烷烃)	快	放热(中)	无	无
环化反应	慢	放热(中)	反作用	产氢
裂化反应	非常慢	放热	正作用	耗氢
氢解反应	非常慢	放热(强)	正作用	耗氢

除了反应器的操作变量外，进料组成对产品分布也起着重要作用。工业化经验和重整化学反应的实验研究表明了几个关键趋势[7~19]。

(1) 产品中苯的主要来源是甲基环戊烷(MCP)。

(2) 二甲基环戊烷和环庚烷是生产甲苯的关键来源。

(3) 二甲基环己烷和甲基环己烷是生产二甲苯的关键来源。

在工业操作中，很难控制众多工艺变量来实现最佳的产品分布。重整工艺有四个主要控制变量：反应器入口温度、反应压力、氢纯度和进料量。还包括其他变量，如原料性质和催化剂类型，但这些变量通常在一定时间内是固定的。

炼厂通常控制每台反应器的入口温度。入口温度通常取加权平均温度(各反应器催化剂重量分数与反应器入口温度乘积之和)，并用加权平均入口温度(WAIT)表示。反应压力通常设定为固定值，并且在操作期间不会明显变化，特别当重整装置通过压力平衡驱动催化剂流动时。另一个重要变量是新鲜原料进料量和循环氢量。目前的重整反应器通常在高转化率下操作，并且需要大量的氢气来抑制积炭反应。在正常操作过程中，H2HC(氢油摩尔比)为

3~4。最终控制变量通常是装置的进料量。进料量越高，催化剂与原料的接触时间越短。

5.4 文献综述

催化重整模拟已有大量文献报道，主要分为两类：动力学模型和单元模型。动力学分析是指对反应机理和催化剂行为的详细研究，该工作必然是通过实验以不同进料组分的实验室研究为基础。模型开发使用动力学分析获得相关速率常数和反应级数构建的动力学网络，通常通过小试装置来验证速率表达式。单元模型着重于将动力学模型与中试装置或工业化装置相结合，通常包括多台反应器和相关工艺设备(中间加热炉)。以下我们对每个模型进行简要概述。

5.4.1 动力学模型和网络

反应机理和实验研究通常由定量描述特定反应路径构建动力学网络所得。鉴于重整反应和涉及组分数量的复杂性，许多研究人员采用“集总”法描述动力学。在集总法中，许多不同分子归类为一组或一个集总组分，并假设一个集总中所有组分的反应动力学是相同的。近年来，一些研究人员提出涉及数百种反应组分和数千种反应的模型[16,18]，然而，这些复杂动力学模型经过工业验证的少之又少。

最早的重整动力学模型是 Smith[20] 模型，该模型假设进料是三个集总组分：烷烃(P)、环烷烃(N)和芳烃(A)。动力学网络基本方案如图 5.6 所示，该网络阐述了脱氢环化反应(P→N)，脱氢反应(N→A)和加氢裂化反应(A→P)。加氢裂化反应主要影响烷烃的平衡分布，该模型不包括反应参数(如压力和过剩氢气)的影响。此外，由于存在积炭或重烃吸附，所以不存在失活因子。Krane 等[21] 通过将每个 P、N 和 A 集总与碳数相对应进一步完善模型[21]，该模型包含 20 个集总组分和 53 个集总反应。式(5.1)给出了每个速率表达式的基本形式。

$$\frac{\mathrm{d}N_i}{\mathrm{d}\left(\frac{A_c}{W}\right)}=-k_iN_i \tag{5.1}$$

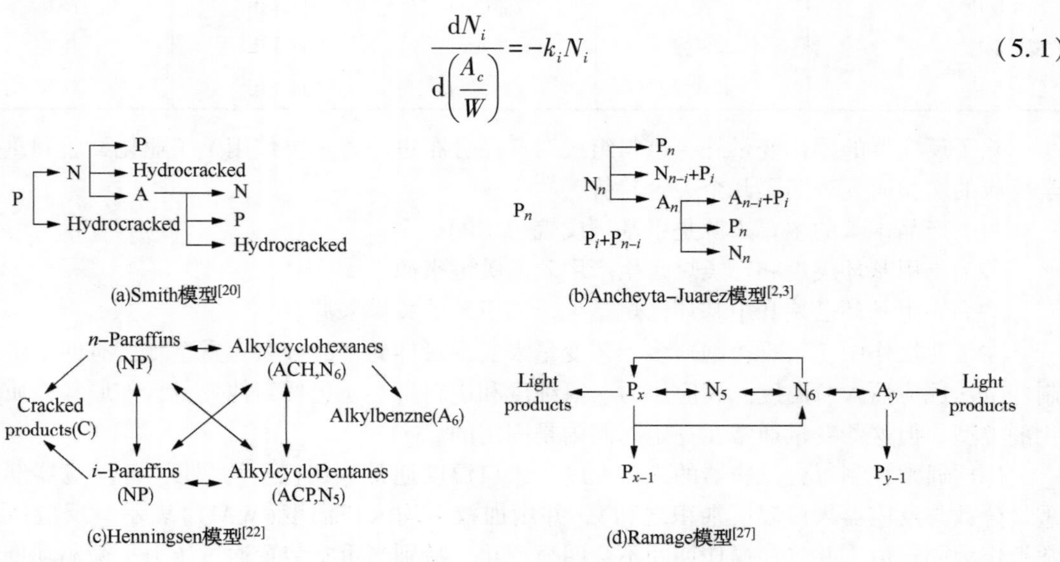

图 5.6 基本集总动力学网络

Krane 模型的主要缺点是缺乏催化剂活性和反应压力的影响。Henningsen 模型[22]引入一个新网络，该网络考虑了 C_5 和 C_6 环烷烃之间不同的反应速率和催化剂失活的活性因子。Jenkins 模型[23]中速率表达式包含了酸性中心和反应压力的经验校正因子。Ancheyta-Juarez 模型[2,3]也引入了修正压力来拓展 Krane 模型超过 300psig(1psig≈6.895kPa)压力的情况。Ancheyta 及其同事的后续研究将甲基环己烷(MCH)考虑为苯的前体物[19]以及处理非等温操作。Krane 模型[21]和 Ancheyta 模型[19]已被用于模拟各种重整工艺过程，从小试装置到工业化运营装置。Hu 等[24]也使用类似的方法来产生动力学网络。Ancheyta 对 Krane 原始模型的修正模型仍然在使用中，最近公布的研究显示，测量数据和模型预测有很好的一致性[19,25,26]。

$$\frac{\mathrm{d}N_i}{\mathrm{d}\left(\frac{A_c}{W}\right)}=-k_i\mathrm{e}^{(E_i/R)\left(\frac{1}{T_0}-\frac{1}{T}\right)}\left(\frac{P}{P_0}\right)^{\alpha}P_i \tag{5.2}$$

Krane 原始模型和 Ancheyta 改进模型不考虑非均相催化反应过程以及环戊烷和环已烷反应性的差异。图 5.6(c)给出了包含环戊烷和环已烷反应路径的 Henningsen 模型[22]动力学网络。Henningsen 等结合热量平衡将该模型应用于非等温反应器中，与工业化装置和中试装置的运行数据呈现较好的一致性。

$$\frac{\mathrm{d}C_i}{\mathrm{d}t}=\sum k_i\,\mathrm{e}^{(E_i/R)}\,P_i \tag{5.3}$$

Krane 模型和 Henningsen 模型的一个关键的限制因素是反应网络不能处理催化反应过程。催化反应动力学网络必须包括调整抑制反应和活性降低的各项因子。Raseev 等[14]提出了最早的应用于催化体系的反应网络模型，但是，由于缺乏实验数据，这项研究存在一定局限性。Ramage 模型[27]的动力学网络如图 5.6(d)所示，除了吸附效应和压力影响外，还包括环戊烷和环已烷反应路径。但是，这种模型只适用于 C_{5-} 和 C_{5+} 集总组分。Kmak 模型[28]提出了包含 C_7 集总组分的扩展模型。

$$\frac{\mathrm{d}w_i}{\mathrm{d}v}=\frac{\left(\frac{PV}{FRT}\right)k_\phi}{1+K_\mathrm{H}P_\mathrm{H}+(PF_\mathrm{C}/F)\sum K_{w_i}w_i}\sum k_i\,w_i \tag{5.4}$$

Froment 等[7,10~12]已经为重整原料的 $C_5 \sim C_9$ 组分(以及 $C_1 \sim C_5$ 烷烃)形成了近乎完整的集总反应网络，该模型包括基于实验研究的几个要点。他们认为，催化剂的金属位点只促进脱氢反应，而酸性位点促进环化反应、异构化反应和加氢裂化反应。反应网络如图 5.7 所示。

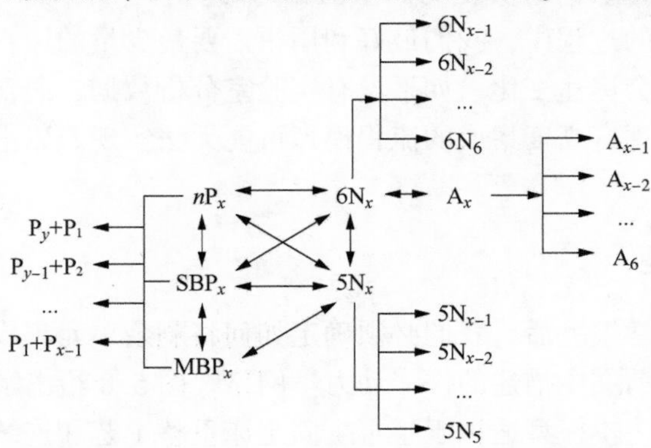

图 5.7 Froment 集总动力学网络，其中 $5<x<9$[12]

图 5.7 中的动力学网络包含了 N_5 和 N_6 组分的单独反应路径，并显示了轻组分的形成($C_1 \sim C_5$)，这对于工业模型预测轻组分非常重要。另外，吸附因子考虑了氢纯度、总压和烃类吸附等各项因子。Taskar 模型[4,5]针对催化剂失活的影响改进了反应网络。表 5.4 给出了 Taskar 模型的关键速率方程和失活因子。

表 5.4　Taskar 模型的关键速率方程[4,5]

烷烃异构化反应	$\phi \cdot A_0 e^{-E/RT}(P_A - P_B/K_{AB})/\Gamma$	(5.5)
烷烃裂解反应	$\phi \cdot A_0 e^{-E/RT}(P_A P_B)/\Gamma$	(5.6)
烷烃环化反应	$\phi \cdot A_0 e^{-E/RT}(P_A - P_B P_H/K_{AB})/\Gamma$	(5.7)
$C_5 \sim C_6$ 异构化反应	$\phi \cdot A_0 e^{-E/RT}(P_A - P_B)/\Gamma$	(5.8)
脱氢反应	$\phi \cdot A_0 e^{-E/RT}(P_A - P_B {P_H}^3/K_{AB})/(P_H \theta)^3$	(5.9)
酸性功能的吸附作用	$\Gamma = (P_H + K_{C6-} P_{C6-} + K_{P7} P_{P7} + K_{N7} P_{N7} + K_{TOL} P_{TOL})$	(5.10)
金属功能的吸附作用	$\theta = 1 + K_{MCH1} P_{MCH} + K_{MCH2}(P_{MCH}/P_H^2)$	(5.11)
失活项	$\phi = e^{-\alpha C_c}$	(5.12)

资料来源：摘自 Taskar(1996 年)[4]和 Taskar(1997 年)[5]。

计算处理能力和理论认识的最新进展推动了反应机理的形成，该模型可涉及数千个反应和数百个组分。Froment 的方法[15~17]被称为单粒子法，主要根据负氢离子转移(hydride shifts)和 β 迁移(beta scission)的机理算法生成反应网络。结构关联式(如 Evans-Polanyi)的使用明显减少了建模所需的参数数量。实验数据可用于剩余参数(30~50)的拟合。该方法已成功用于各种工艺，包括与催化重整类似的甲醇制烯烃(MTO)和催化裂化工艺。由于原料分析的局限性，该方法提出了几个假设，将原料中的组分划分成集总组分并给出了速率方程(这些速率方程来自基础化学中得出的众多速率方程的总和)。

另一种方法是 Klein 分子模型[18]。在研究中，Klein 等通过数百个进料组分建立一系列化学反应路径，提出路径建模技术，然后构建一组仅包含允许的化学反应路径。Klein 等也简化了通过线性自由能关联式(LFER)估算动力学参数的过程。石脑油重整的最终反应网络涉及 116 个集总组分和 546 个集总反应。几个中试装置研究报告验证了模型的成功。原料表征是关键点，Klein 等[29]采用随机方法，挑选数千种组分的组合，尝试将特定组合的整体性质(比重、分子量、硫含量等)计算值与测量值相匹配。

在工业化装置应用的过程中，我们最好利用只需要最少量的原料参数和校准因子的动力学模型。重整原料可能会迅速变化，如果没有实验室分析数据，通常只能利用组分集总。此外，大型复杂模型纳入现有高度集成的流程模拟可能无法实现。以上因素促使开发人员选择集总动力学网络。

5.4.2　单元模型

选择代表性的动力学模型后，我们必须确定如何将剩余单元集成到一个模型中。研究人员在集成模型中应用了前文中描述的许多动力学网络。图 5.8 给出了含有三个操作单元的重整集成模型的主要特点。本模型适用于半再生固定床重整工艺和连续重整工艺。

首先，模型必须能够使用整体性质的测量值，并将其转化为动力学网络的集总模型。如

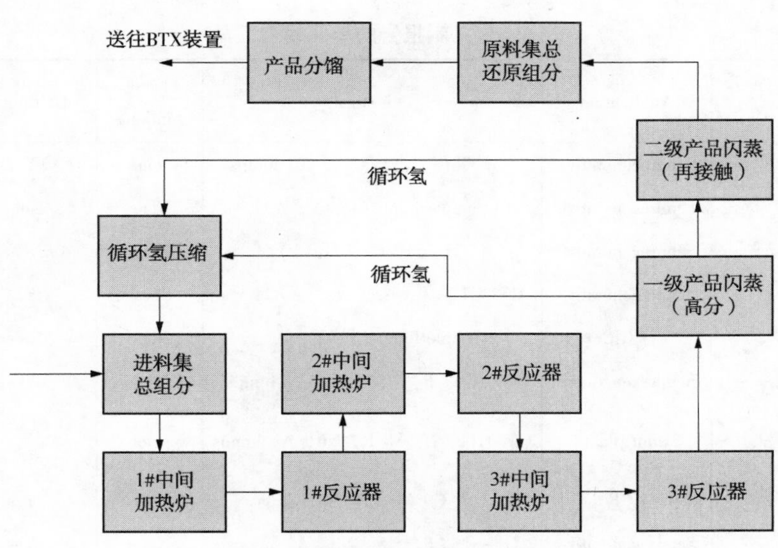

图 5.8 重整集成模型的基本流程图

果选择的动力学模型仅包括 PNA 组成的总占比，那么这一步可能非常简单。但是，如果集总动力学需要详细的组分参数，则需要提供某种方法利用有限的组分参数估算集总组分。Taskar 等[4,5]讨论了一种基于比重和蒸馏曲线等特定整体性质测量值的可能方法。本文在第 5.9节和第 5.9.3 节中讨论使用方法。

第二个考虑因素是中间加热炉、产品分离和压缩机。为了有效地模拟这些装置，必须对模型的关键热力学性质进行合理的估算。对于重整模型而言，必须合理地预测反应物浓度(系统压力)、K 值(产品分离性能参数)和比热(精确模拟反应温降和产品温度)。理想气体定律适用于重整工艺中反应单元的烃类物质的温度和压力的操作条件。Ancheyta-Juarez 等[1,2]假设使用理想气体来计算反应物浓度。另外，使用比热多项式来近似混合物的比热。Bommannan 等[30]和 Padmavathi 等[31]使用比热和 K 值关联式的固定值来预测初始产品分离器中的组分。

大多数反应器建模采用固定长度的平推流反应器(PFR)，该长度通常是固定床半再生重整工艺中固定床反应器的长度。该假设适用于上面提到的所有动力学网络。与 CCR 装置建模略有不同的是，PFR 中的反应物流过催化剂颗粒的移动床。Hou 等[32]描述了如何修改标准平推流反应器来考虑径向流动装置。Szczygiel[33]研究了重整反应器中的传质阻力和扩散阻力。但是，这些类型的研究难以应用于工业化装置，许多集成模型都忽略了这些影响。

模型集成的最后一步是将动力学集总“集总还原”，为的是得到适合分馏模型的整体性质和集总组分。许多研究因为不包括严格的分馏单元，所以未考虑集总还原过程。通常，许多研究只报告 RON 和 MON 等参数。如果使用的动力学集总方法跨度很大，则分馏模型可以直接与动力学集总相结合。Hou 等[32]和 Li 等[34]直接使用了集总动力学。

表 5.5 总结了重整模型(使用集总动力学)应用于重整工艺过程中的关键特点。本文研究只包括模拟结果与中试装置或工业数据进行比较。此外，本文还利用模型进行工况研究和装置优化的研究。

表 5.5 文献报告的单元模型汇总

Reference	Application	Kinetics	Feed lumping	Calibration	Planning (LP)
Ramage et al.[27]	Semiregenerative	C5~C8(P, N5, N6, A) lumps	None	Yes	Yes
Bommannan et al.[30]	Semiregenerative	Simple lumps(P, N, A)	None	None	None
Ancheyta et al.[1,2]	Semiregenerative	C5~C10 (P, N, A)	None	None	None
Taskar[45]	Semiregenerative	C5~C10 (P, N5, N6, A) lumps	Yes	Yes	None
Lee et al.[35]	CCR	Simple lumps(P, N, A)	None	None	None
Padmavathi et al.[31]	Semiregenerative	C6~C9 (P, N5, N6, A) lumps	None	Yes	None
Ancheyta-Juarez et al.[19]	Pilot plant	C5~C11 (P, MCP, N6, A) lumps	None	Yes (kinetic regression)	None
Hu et al.[36]	CCR	C6~C9 (P, N, A)lumps	None	Yes	None
Li et al.[34]	Semiregenerative	C1~C9 (P, N5, N5, A) lumps	None	Yes	None
Hou et al.[32]	CCR	C1~C9 (P, N, A)lumps	None	Yes	None
Stijepovic et al.[25,37]	Semiregenerative	C6~C9 (P, N, A)lumps	No	No	None
This work	CCR	C1~C14 (P, N5, N6, A) lumps	Yes	Yes	Yes

5.5 Aspen HYSYS Petroleum Refining Catalytic Reformer 模型

本节讨论 Aspen HYSYS Petroleum Refining 模型的主要特点。虽然讨论的是基于 Aspen HYSYS Petroleum Refining 的特点，但它同样适用于其他模拟软件。本节目的是讨论模拟软件的主要特点以及开发反应系统和分馏系统的集成模型。

图 5.9 给出了 Aspen HYSYS Petroleum Refining 中主要子模型的基本框架，该模型适合前文中的所有主要子模型。本文提出的模型包括分馏单元，主要用于液化气($<C_4$)分离以及重整生成油分离出汽油和高辛烷值组分用于调合及化工过程。

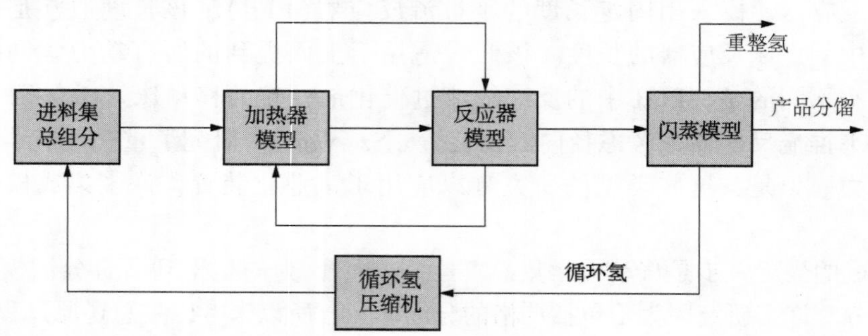

图 5.9 Aspen HYSYS Petroleum Refining CatReform 模型结构

Aspen HYSYS Petroleum Refining 模型中的原料集总技术依赖于一套基础组分和整体性质测量值的修正方法，原料被划分为许多集总组分(4~14)。通常，这些测量的性质是蒸馏曲线和 PNA 组成。在本文研究中，我们可以获得详细的进料组成，所以未使用这种方法。但

是，本文已经开发出基于最低基本组分数据和整体性质需求的替代技术（将在第 5.9 中节讨论）。

反应模型中的反应网络类似于 Froment 等[12]和 Taskar[4]提出的反应网络。但是，反应网络最高只支持 C_{14}芳烃。虽然这些重组分不会包含在常规的重整进料范围内，但是动力学模型同样可以处理它们。另外，反应模型包括氢解反应的副反应路径。这些强放热反应在稳定的重整装置中不会大量发生。但是，旧反应器可能会表现出这种现象，因此对其建模显得非常重要（见表 5.6）。

表 5.6 Aspen HYSYS Petroleum Refining 催化重整模型中的关键反应类型

烷烃异构化反应	$a_{\text{class}}a_{\text{reaction}}A_0\text{e}^{-E/RT}(P_\text{A}-P_\text{B}/K_{\text{AB}})/\Gamma$	(5.13)
烷烃裂解反应	$a_{\text{class}}a_{\text{reaction}}A_0\text{e}^{-E/RT}(P_\text{A}P_\text{B})/\Gamma$	(5.14)
烷烃环化反应	$a_{\text{class}}a_{\text{reaction}}A_0\text{e}^{-E/RT}(P_\text{A}-P_\text{B}P_\text{H}/K_{\text{AB}})/\Gamma$	(5.15)
C_5~C_6 异构化反应	$a_{\text{class}}a_{\text{reaction}}A_0\text{e}^{-E/RT}(P_\text{A}-P_\text{B})/\Gamma$	(5.16)
脱氢反应	$a_{\text{class}}a_{\text{reaction}}A_0\text{e}^{-E/RT}(P_\text{A}-P_\text{B}P_\text{H}{}^3/K_{\text{AB}})/(P_\text{H}\theta)^3$	(5.17)

式(5.13)~式(5.17)给出了动力学速率表达式的一般形式。需要注意的是，每个速率关联式含有两个活性校正因子。第一个校正因子(a_{class})是固定值，表示反应类型，例如，所有的异构化反应速率常数可能都是 1.0；第二个校正因子(a_{reaction})表示单独路径的校正，例如，C_6 烷烃异构化的活性校正因子可能是 0.5。这两个因子的乘积表示该反应的总体活性校正。单个速率常数和活化能保持不变。这些因子来自各种催化剂的实验数据，但是，实际上，重大的单元操作的变更不需要这些反应活性因子发生显著的变化。

Aspen HYSYS Petroleum Refining 模型的另一个重要特点是，含有严格的积炭模型以及每个反应都包括失活因子和吸附因子。失活因子是反应压力、吸附烃类、催化剂积炭以及酸性功能/金属功能的函数（该函数可以对各种操作条件和催化剂行为进行校准）。在本文的研究中，CCR 的原料为加氢精制产物，因此，由于催化剂酸性组分的变化，不包含催化剂活性的明显变化。

反应模型基于移动床的平推流反应器修正模型计算 CCR 系统中催化剂流动。反应模型中一个关键考虑因素是 CCR 装置中"贴壁（Pinning）"现象[38,39]。"贴壁"是指由于反应物的穿流使得催化剂在器壁上不流动。模拟贴壁效应非常重要，因为贴壁使得反应物流量加大。反应模型还准确地模拟了由于放热反应和吸热反应引起的温降。其他关键变量是第 5.4 节定义的 WAIT（加权平均入口温度）和 WABT（加权平均床层温度）以及 WHSV（加权平均质量空速）。

正如上文所述，CCR 集成模型还必须包括中间加热炉的严格模型，以便准确地预测设备的能耗。我们可以采用严格加热炉模型或基本换热器模型进行模拟，或者采用包含粗产品闪蒸气相再压缩模型。本例还包括产品再接触单元的完整模型，以便准确地预测重整装置循环物料的组成。所有操作单元均需要热力学物性和方法来预测相平衡。本文采用 Peng-Robinson（PR）修正模型（可以处理富氢体系）。接下来，我们来阐述如何获得第 5.7 节中每个集总组分的相关热力学性质。

集成模型中分馏单元前的最后一步是对产品划分虚拟组分和整体性质预测。由于集总组分范围非常宽泛，因此我们可以计算出重整反应流出物的关键性质，并将其作为各个集总组分的独立性质的组合。

$$\mathrm{RON_{MIX}} = \sum w_i \, \mathrm{RON}_i \tag{5.18}$$

$$\mathrm{MON_{MIX}} = \sum w_i \, \mathrm{MON}_i \tag{5.19}$$

式中 $\mathrm{RON_{MIX}}$和$\mathrm{MON_{MIX}}$——产品的 RON 和 MON；

w_i——每个集总组分的质量分数；

RON_i和MON_i——每个集总组分的 RON 和 MON。

出于利用模型模拟 BTX 生产工艺的需要，该模型能同时预测 A8(乙苯、邻二甲苯、对二甲苯、间二甲苯)的所有同分异构体的组成。在模型中，我们假设四种异构体的固定平衡比仅是温度的函数。图 5.10 给出了四种异构体在不同温度下的平衡分布[40,41](平衡分布与重整工艺的温度相对应)。图 5.11 给出了 A8 异构体分布的装置测量数据。值得注意的是，在较长运行期间(6 个月)和各种进料工况下，该测量数据均非常稳定。

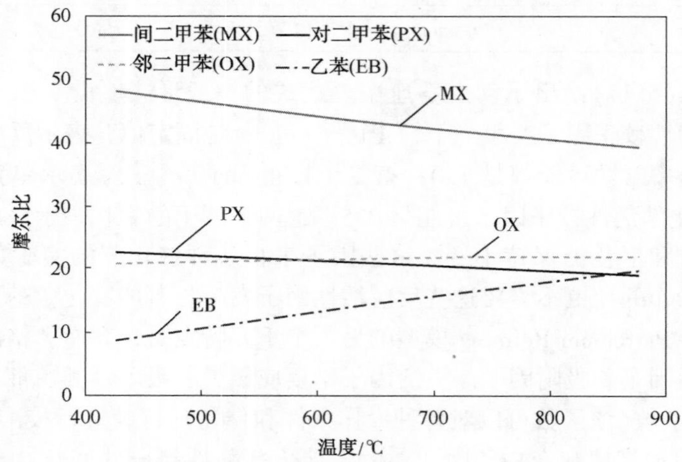

图 5.10 A8 异构体的平衡组成(假设理想气体条件)

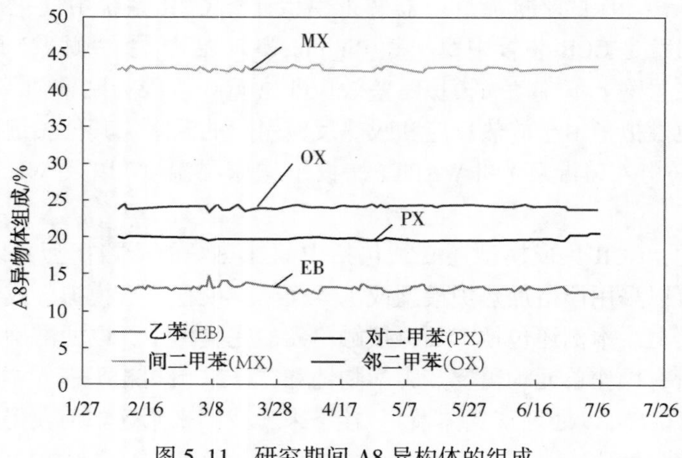

图 5.11 研究期间 A8 异构体的组成

以上，我们完成了 Aspen HYSYS Petroleum Refining 模型的描述。后续章节将讨论热力学性质、分馏和原料的集总组分问题。这些问题并不是针对特定模拟软件的，而适用于任何重整工艺的模拟。

5.6　热力学性质

热力学性质的选择取决于集总动力学的需求。在一般情况下，反应模型仅需要比热和分子量。当使用状态方程时，分馏单元可能需要预测 K 值或临界参数的关联式(一种方法是反应模型使用一套集总组分，分馏模型使用一套集总组分)。但是，当循环物料返回反应器时难以生成完整的模型，所以这种方法存在一定的问题。本文推荐在反应和分馏模型中使用同一套集总组分。

如果反应集总组分与实际产物(如 A8)的分析数据接近，则集总组分的已知性质满足整体性质的要求。本文中集总动力学组分与实际组分相似，所以可以使用已知化合物的性质。如果相关参数不可用，那么我们可以使用 Riazi 关联式估算给定分子量的不同类型(烷烃、环烷烃和芳烃)的集总组分相关临界性质。

$$\theta = a\,(MW)^{b}\,(CH)^{c} \tag{5.20}$$

式中　θ——临界温度(T_c)、临界压力(P_c)、临界体积(V_c)、比重(SG)或折光率(I)；

CH——碳与氢的重量比。

Riazi[42] 为不同类别的化合物提供了 a、b 和 c 值。

5.7　分馏单元

本文使用第 2.4.4 节讨论的双迭代法[43]。本例仅将脱丁烷塔和脱庚烷塔作为 BTX 装置中芳烃抽提的预处理单元。

请读者回顾第 2.4.2 节和第 2.4.3 节中讨论的板效率和全塔效率的概念。我们推荐使用 Kister[43] 和 Kaes[44] 的建议，而不建议使用第 2.4.2 节定义的 Murphree 效率。

本文建议使用全塔效率，即理论板与实际板的比值，其范围为 30%~90%。例如，对于 20 块实际板和全塔效率 0.5 的蒸馏塔，我们将其模型化为 10 块理论板的蒸馏塔。在采用该方法时，每块塔盘都处于热力学平衡并且对偏离基本运行工况的预测也是合理的。本章对 DA301(重整油分离塔)和 DA302(脱庚烷塔)进行模拟，表 5.7 给出了这些分馏塔的全塔效率[44]。

表 5.7　CCR 产品分馏塔全塔效率汇总

分馏塔	理论板/块	全塔效率/%
重整油分馏塔(脱丁烷塔)	27	60~70
脱戊烷塔	36	60~70

一个重要的考虑因素是选择设计规定。现代模拟软件可以轻易地选择多种设计规定。但是，软件通常不会指明如何合理地选择设计规定。在本例中，我们将选择设计规定分为两个阶段。首先，我们选择已知的设计规定，以便快速收敛分馏塔。对于简单精馏塔，通常选择回流比和塔顶采出量。其次，我们提供了温度估算值。当获得初步解决方案后，我们可以引

入更多的设计规定，如温度、摩尔回收率和控制温度。表 5.8 给出了 CCR 分馏模拟中的相关设计规定。

表 5.8 分馏单元的主要设计规定

分馏塔	初始设计规定	最终设计规定
重整油分馏塔(脱丁烷塔)	回流比 塔顶/塔底采出量 灵敏板温度	回流比 塔顶/塔底采出量 灵敏板温度
脱戊烷塔	回流比 塔顶采出量	回流比 灵敏板温度

另外一个重要的考虑因素是，在对现有装置建模时，模型开发人员应掌握精馏塔的关键控制变量。精馏塔的最终设计规定必须反映实际的装置控制变量，例如，当实际装置采用塔顶采出量控制时，在模拟中不应固定冷凝器的温度。

5.8 原料表征

反应模型最重要的考虑因素是进料组成的准确测量，这在模拟炼厂反应过程时尤其麻烦。装置进料组成可能会迅速变化，无法预测。虽然进料组成的在线分析技术得到极大改进，但不能满足复杂动力学模型所需的详细分子组成分析数据。如果没有准确的进料组成，动力学模型无法对产品收率和装置性能做出合理预测。

目前有几种方法可以解决这个问题：一种方法是根据一套标准进料来生成一组基本组成；另外，标准进料的大型数据库可以提供生成组成偏移向量，与第 4.12 节讨论的炼厂生成 Delta-Base 向量的过程非常相似。本文试图量化简单易得的整体性质(如 TBP 曲线、比重、分子量和黏度等)变化对进料组成变化的影响。Aspen HYSYS Petroleum Refining 提供了一种基于进料类型的方法。进料类型指的是重整装置原料的来源。根据用于生成偏移向量的数据库大小，这种方法在实践中可能非常准确。

另一种方法是仅仅基于整体性质来尝试和估算反应组成。整体性质参数通常是指常规测量数据，如密度和蒸馏曲线。Klein[29]已经使用了这种方法的升级版对候选分子进行概率取样，并生成了一个非常大的分子组合，其性质与测量的整体性质相匹配。Hu 等[24]使用概率分布法来估算炼油反应器建模的 PNA 组成。本文描述的方法与这种方法非常类似，但使用起来更简单，因为它只针对重整原料。

该方法的关键假设是每类分子(烷烃、环烷烃和芳烃)统计分布在某个平均值附近。对于重整原料而言，关键组分(80%以上)位于 $C_6 \sim C_9$ 范围内。因此，我们假设每个分类都在 $C_6 \sim C_9$ 范围内统计分布。Sanchez 等[45]应用各种统计分布来拟合各种蒸馏曲线，他们推荐使用 beta 统计函数来准确地表示蒸馏曲线。

一个关键指标是统计函数可以归一化和分布化，但是不对称，因为某一类化合物可能存在的范围很窄。另外，我们希望借助软件工具(例如 Microsoft Excel)的函数功能，并使用尽可能少的参数。根据 Sanchez 等[45]的研究和我们的标准，我们发现每个分子类别的双参数归一化 Beta 统计分布足以表征重整原料。在第 1.2 节式(1.7)和第 1.4 节例题 1.2 中我们已经讨论了 Beta 统计函数，现将该方程重新编号为式(5.21)：

$$f(x,\ \alpha,\ \beta,\ A,\ B) = \int_A^{x \leqslant B} \left(\frac{1}{B - A}\right) \frac{\Gamma(\alpha + \beta)}{\Gamma(\alpha)\Gamma(\beta)} \left(\frac{x - A}{B - A}\right)^{\alpha - 1} \left(\frac{B - x}{B - A}\right)^{\beta - 1} \tag{5.21}$$

式中 α, β, A, B——控制分布形状的正值参数；

Γ——标准 gamma 函数；

x——给定的集总组分。

该方法的使用步骤如下：

(1) 选择集总组分范围。在本例中，我们选择 $C_5 \sim C_{11}$ 范围内的 PNA 集总组分。

(2) 预先计算每个集总组分的性质(如正常沸点、标准液体密度和分子量)。Riazi[42] 关联式可以用来计算每个性质。

(3) 尽可能获取进料有关的数据，至少包含比重和 TBP 蒸馏曲线。

(4) 如果 TBP 蒸馏曲线不可用，则使用 API 关联式将 D86 蒸馏曲线转化为 TBP 蒸馏曲线(见第 1.3 节)。

(5) 该方法中的 PNA 组成采用质量百分比、体积百分比或摩尔百分比表示。如果此参数不可用，那么 API 关联式[42](需求黏度)可以提供这些数值。

(6) 估算每个分布的平均值和标准偏差值，以便计算 $C_5 \sim C_{11}$(共 6 个参数)中每个组分的占比。根据 PNA 组成[来自第(5)步]，我们可以对每个分布进行归一化处理，确保每类集总组分之和与 PNA 组成相匹配。

(7) 使用集总组分组成计算整体性质。

(8) 按照沸点升高顺序排列所有集总组分来生成 TBP 蒸馏曲线。

(9) 计算第(7)步中的计算测量值或整体性质已知数据与整体性质计算值的残差。

(10) 除非计算出残差值最小值，否则返回第(6)步。

根据笔者经验，能够满足整体性质最低要求的候选性质至少含有 5 点的 TBP 蒸馏曲线(终馏点 EBP、90%点、70%点)、分子量(测量值或 API 关联式计算值)和比重。这是一个基本优化问题，我们在 Microsoft Excel 中使用规划求解(SOLVER)取得了相当大的成功。需要注意的是，在基础进料达到最优化求解后，通过调整统计分布函数来拟合新的进料类型变得非常简单(甚至是手动)。表 5.9 和图 5.12 给出了拟合参数的最优值。

表 5.9 PNA beta 分布函数的优化参数

Group	α	β
P	3.9145	6.6190
N	1.2454	4.5050
A	3.0402	6.9700

本文使用表 5.1 中 ASTM D86 蒸馏曲线、比重和 PNA 组成的方法设置进料。我们将 ASTM D86 蒸馏曲线转换成 TBP 蒸馏曲线并估算分子量(使用标准 API 关联式)，通过优化相关参数来匹配 TBP 蒸馏曲线的 EBP、90%点、70%点、分子量和比重。图 5.12 和表 5.10 比较了计算值与测量值。有关计算的详细内容，请参考本文附属材料的 Excel 文件 Alternate_Feed_Lump.xlsm。

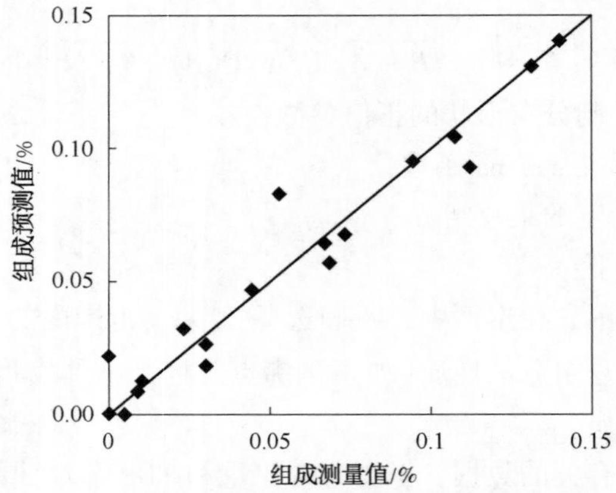

图 5.12　组成的预测值与测量值之间的相关性

表 5.10　根据参数估计预测 PNA 组成

项目	预测值			测量值		
	P	N	A	P	N	A
C_5	1.36%	0.00%	—	1.00%	0.47%	—
C_6	5.70%	6.43%	0.85%	6.85%	6.66%	0.88%
C_7	9.29%	13.09%	3.26%	11.25%	13.17%	2.31%
C_8	9.46%	14.01%	2.57%	9.42%	14.02%	3.02%
C_9	6.74%	10.38%	1.78%	7.35%	10.79%	3.04%
C_{10}	4.64%	8.27%	2.17%	4.45%	5.31%	0.00%

TBP 测量值(根据 ASTM D86 数据转换)与 TBP 蒸馏曲线计算值呈现很好的一致性。值得注意的是，优化程序中未包含所有的 TBP 数据点，但求解结果也能较好地预测 TBP 下限点(见图 5.13)。

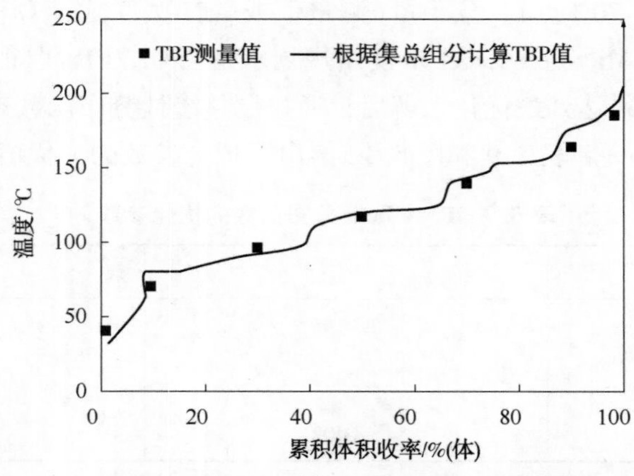

图 5.13　基于 PNA 集总组分的 TBP 测量值和计算值的比较

图 5.14 给出了原料的 PNA 优化分布。由于分布函数预测了 A5 集总组分(实际是无解的)，因此我们在计算集总组分时忽略了该组分。需要注意的是，每个分布都有不同的形状，反映了具体组分的不同特性。如果使用简单的正态分布函数，可能不能够表示许多不同类型的原料。

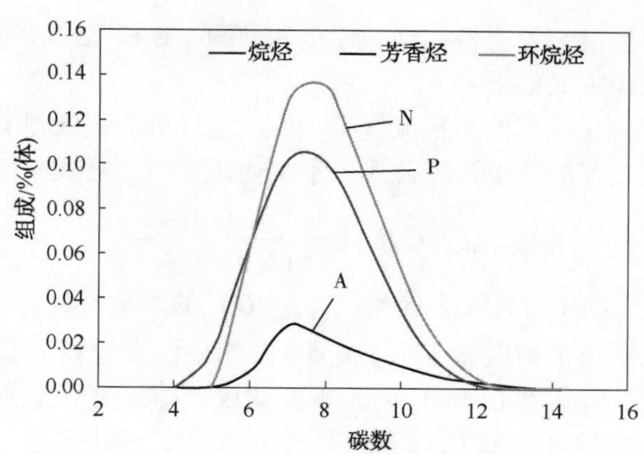

图 5.14 给定进料类型的烷烃、环烷烃和芳烃的优化分布

5.9 模型实施

根据装置数据建立反应模型，需要考虑三个因素：

(1) 通过精确的质量平衡确保数据的一致性。

(2) 根据有限的信息来表征原料。

(3) 将反应模型校准到合理的精度水平。

在下文中，我们将讨论模型实施的具体步骤和工具。相关工具参考本书附属材料。最后，我们将讨论现有重整装置的全模型的建模策略。

5.9.1 数据一致性

数据采集和模型校准过程中的一项重要任务是重整装置的质量平衡和氢气平衡。质量平衡是装置所有“入方”的总和与所有“出方”总和之差。尽管概念非常简单，但在实际生产中很难实现。许多重整装置还包括其他装置的进料，这些进料只能进入分馏单元——炼厂通过其他装置最大化地生产芳烃便属于这种典型情况。

本文附属材料提供了电子表格 Hydrogen_Balance. xls(见图 5.15)，便于计算进入重整装置反应单元和分馏单元的进料。我们可以调整装置的进料来确保总体平衡。本文质量平衡已成功地收敛在 0.2%~0.3%范围内，以确保将所有产品考虑在内。物料平衡收敛的优势不仅限于动力学建模过程本身，炼厂其他建模(例如生产计划)通常也依赖于精确的质量平衡。

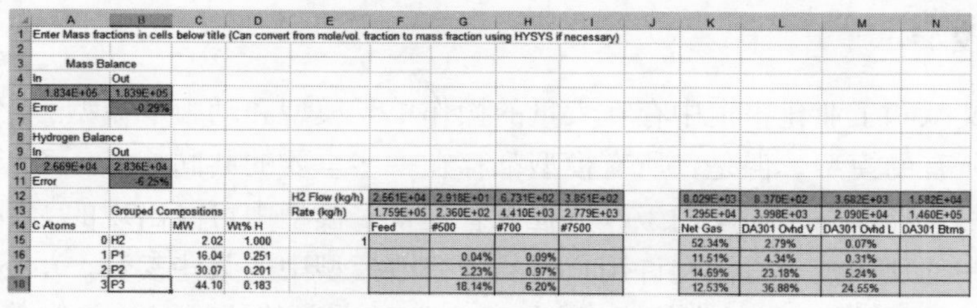

	A	B	C	D	E	F	G	H	I	J	K	L	M	N
1	Enter Mass fractions in cells below title (Can convert from mole/vol. fraction to mass fraction using HYSYS if necessary)													
2														
3	Mass Balance													
4	In	Out												
5	1.834E+05	1.839E+05												
6	Error	-0.29%												
7														
8	Hydrogen Balance													
9	In	Out												
10	2.669E+04	2.836E+04												
11	Error	-6.25%												
12					H2 Flow (kg/h)	2.561E+04	2.918E+01	6.731E+02	3.851E+02		8.029E+03	8.370E+02	3.682E+03	1.582E+04
13		Grouped Compositions			Rate (kg/h)	1.759E+05	2.360E+02	4.410E+03	2.779E+03		1.295E+04	3.998E+03	2.090E+04	1.460E+05
14	C Atoms		MW	Wt% H		Feed	#500	#700	#7500		Net Gas	DA301 Ovhd V	DA301 Ovhd L	DA301 Btms
15	0	H2	2.02	1.000	1						52.34%	2.79%	0.07%	
16	1	P1	16.04	0.251			0.04%	0.09%			11.51%	4.34%	0.31%	
17	2	P2	30.07	0.201			2.23%	0.97%			14.69%	23.18%	5.24%	
18	3	P3	44.10	0.183			18.14%	6.20%			12.53%	36.88%	24.55%	

图 5.15 用于质量平衡和氢气平衡计算的 Microsoft Excel 电子表格工具

(参见本文附属材料中的 Hydrogen_Balance. xls)

第二项重要任务是重整装置严格模型的校正和预测。在模型开发前，确保氢气平衡收敛是至关重要的。氢气平衡定义如下：

$$入方(氢气的质量流量) = 出方(氢气的质量流量) \tag{5.22}$$

Turpin[46]提供了氢纯度的简单计算公式。本文使用类似的公式来验证装置的平衡。

$$H_{\mathrm{FACTOR}_{ij}}(C_iH_j) = \frac{j\times 1.01}{i\times 12.01 + j\times 1.01} \tag{5.23}$$

$$C_iH_j 的氢气流量 = H_{\mathrm{FACTOR}_{ij}} \times C_iH_j 的质量流量 \tag{5.24}$$

Turpin[46]建议氢气质量平衡误差应小于0.5%。如果没有流量测量值的详细数据，那么氢气质量平衡误差将很难控制在0.5%以内。本文建议，即使氢气平衡无法收敛，校准可以照样进行。但是，其结果是可能无法进行微调。

5.9.2 原料表征

第5.8节讨论了在有限的原料物性数据(蒸馏曲线和密度)的情况下获得原料组成的估算方法。虽然该方法可以很好地估算原料组成，但可能无法准确地预测进料中N_5和N_6的含量。N_5和N_6的准确估算对校准是非常有意义的，因为这些组分是重整生成油中苯的主要来源。

本文建议，在重整反应模型校准之前先分析、确定N_5和N_6组成。当进料中N_5和N_6含量确认后，校准可以更准确地反映反应器的操作情况。图5.16给出了加氢精制的重整进料的N_5和N_6含量的变化。N_6含量有明显变化，证明了模型校准之前已进行详细的进料分析。

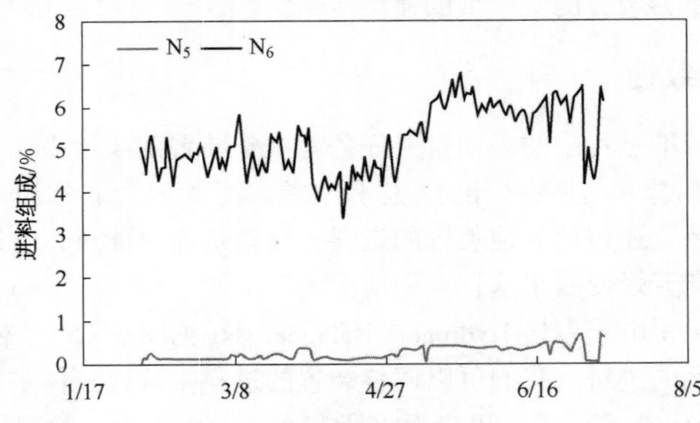

图5.16　进料中N_5和N_6含量的变化

5.9.3 校准

因为相关文献和工业化报道中存在大量的操作单元模型和动力学模型，因此一种校准方法不能适用于所有的模型。但是，所有模型都存在一些重要的共同特点，可以作为一般性参考。这些参考信息形成一个简单的工作流程来管理众多模型中可能出现的大量参数。

当前软件中的现代校准方法允许用户轻易地修改模型中的某些参数。虽然这是一个简单的过程，但是容易导致模型“过度校准”并忽略化学反应和其他问题的校准值。最好的方法是逐步调整参数，一次只修改少量参数(同一类型及边界值)。

本例进行两次校准，第一次是模型的粗略校准，第二次是精确校准。模型校准的质量取决于数据的一致性和可靠性。如果无法获得这些数据，可能难以对模型进行精确校准。实际上，使用低质量数据进行精确校准可能会导致模型“过度校准”，因此，本文提出逐步校准过程。

使用 Aspen HYSYS Petroleum Refining 校准的主要步骤如下：

（1）验证物料平衡和氢气平衡已收敛。

① 如果物料平衡误差超过 1%~2%，则该数据集不能用于校准。

② 如果氢气平衡误差超过 2%~3%，反应模型微调可能会失败。

（2）获得进料组成。

① 尽可能使用详细的 PNA 数据。

② 如果 PNA 详细数据不可用，请使用前面描述的 PNA 组成和原料表征方法。

③ 如果 PNA 组成不可用，则可以使用整体性质测量值(如黏度、密度和蒸馏数据)来估算所需的 PNA 组成(这些估算的关联式来自前文和 Riazi[42])。在这种情况下，反应模型的微调可能变得困难。

（3）选择目标函数。

① 定义目标函数最小值为 $\sum w_i$(测量值$_i$ - 预测值$_i$)^2。

② 表 5.11 给出了粗略校准和精确校准的项目和相关权重因子。加权因子中的“0.0”表示该项不是目标函数的一部分。

③ 如果反应流出物的详细分析数据可用，则目标函数中不必包括每个组分。

（4）粗调。

① 仅选择 Overall Reactor Selectivity。

② 使用表 5.11 选择目标函数粗调的项目。

（5）第二次校准。

① 选择 Overall Reactor Selectivity 和 Overall Reaction Activity。

② 使用表 5.12 选择目标函数微调的项目。

③ 校准模型。

④ 校准的最后一步，调整轻组分的选择性(P_1~P_3)。

表 5.11 校准重整模型目标函数中的主要项目及其推荐的权重因子

项目	粗校	精校
反应温差/s	1.0	1.5~2.0
芳烃总含量/%	5.0	10.0
苯/%	5.0	10.0
甲苯/%	5.0	10.0
二甲苯/%	1.0	10.0
A_{9+}芳烃/%	0.0	5.0
烷烃(P_1~P_3)	0.0	0.5 (last)
烷烃(P_{4+})	0.0	1.0
烷烃(P_{8+})	0.0	1.0
环烷烃(N_5、N_6)	1.0	10.0
正构烷烃异构比	0.0	0.5 (may not be predicted)
气体净流量	1.0	1.0
重组分含量/%	0.0	1.0

表 5.12 校准重整模型的典型调整因子

参 数	偏差范围	参 数	偏差范围
总反应活性	0.1~10	环化反应	0.1~1.1
反应类型		异构环化反应	0.1~1.1
脱氢反应	0.1~1.1	轻端组分整定	
裂解反应	0.1~1.1	$C_1/C_2/C_3$	0.1~5.0
异构化反应	0.1~1.1		

不包含每个重要组分的收率是重要的，因为在校准过程中计算每个可能的测量值往往导致优化结果较差，意味着模型几乎固定在某个点上，其生成的模型对于输入变量的微小变化也能产生广泛的影响。即使装置测量数据不足，也要避免较差的校准。当装置测量数据不足时，表示原料和产品测量值中可能存在质量不平衡或氢气不平衡，在进一步校准之前，最好重新检查模型输入值。

本文使用调节因子的范围和残差的权重为优化过程生成约束条件。由于模型是基于联立方程法开发的，所以使用优化程序为调节因子生成最优值并不困难。当目标函数值小于 250 时(使用粗略加权)，即可进行粗略调整，以避免重要的原料参数(如组成)丢失或估算。准确预测芳烃组成需要进行微调，目标函数值需要小于 200(使用精确加权)。使用微调获得合理的校准值需要准确的组成、进料量、氢气收率和反应操作条件(温度和压力)的测量值。

表 5.12 中的调节因子足以表示各种操作工况。模型可能允许用户单独调整动力学网络中的每个反应。指定反应的调整可能会使装置数据非常一致，但模型可能会失去预测功能。指定反应的调整基本是固定在一个操作点上。另外，模型可能包括主要产品分离的调节因子，作为校准的一部分。我们通常不会调整这些参数。

值得注意的是，我们可能无法在前期将模型微调到合适的范围内。全厂质量平衡误差、较差的测量结果和意外的工艺变化可能会限制模型与装置数据的一致性。但是，通过遵循上述校准步骤，可以确保不会“过度”校准模型以及不会产生不良的结果。

5.10 总体建模策略

图 5.17 概述了本研究中使用的总体建模策略。当炼厂在正常运行过程中实施和校准模型时，许多因素(如进料质量、操作参数以及仪表测量误差)的变化都会影响这一过程。Fernandes[47] 等记录了对催化裂化装置进行建模时的相同困难。在本研究工作中，数据集是指短期(低于 1 天)装置运行工况的测量值的集合。我们推荐采用以下步骤确保校准结果可预测且不固定于单一操作工况。

(1) 装置持续记录数据。

① 整定多个来源(DCS 等)的数据。

② 计算物料平衡和氢气平衡来检查数据集的一致性。

(2) 使用上一节中的标准来接受或拒绝某些数据。

① 接受数据集(或有条件地接受和预测可能存在的重大错误)。

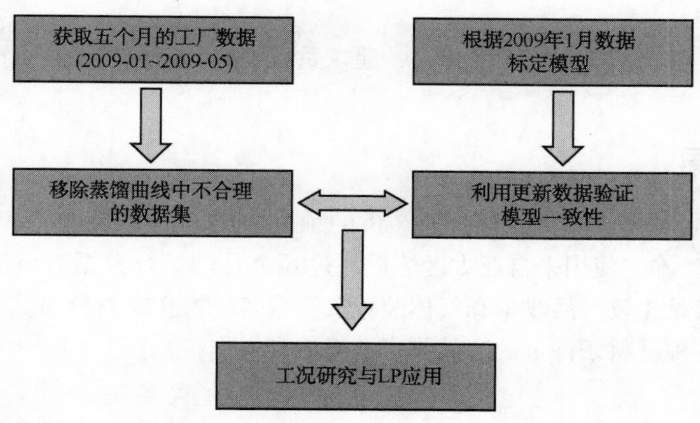

图 5.17 总体建模策略

② 跟踪数据的变化，利用操作参数的显著变化来验证我们的模型。图 5.18 显示了进料质量的显著变化。

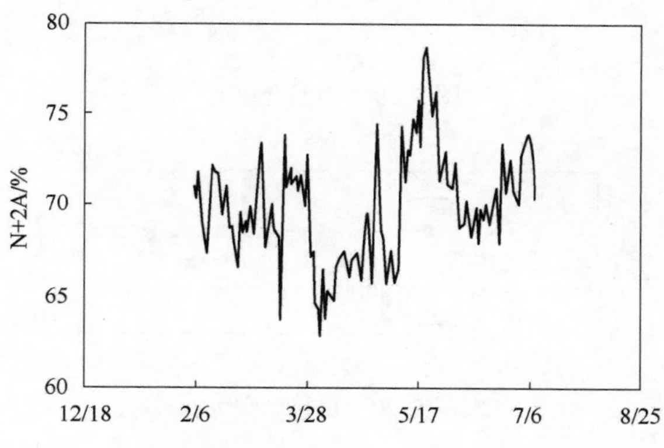

图 5.18 研究期间进料质量的变化

(3) 通过反应产品的测量值反推分馏模型，并验证模型是否与装置的实际测量结果一致(第 5.37 节例题 5.17 提供了分馏系统的开发导则)。

(4) 校准反应模型。

① 使用校准方法来完成模型的初步校准与精确校准。

② 精确校准模型的产品收率与实际装置收率相比，偏差在 1%以内。如果情况并非如此，物料平衡和氢气平衡可能没有充分收敛。

③ 精确校准模型的出口温度与测量值的偏差为 3~5℃。

(5) 验证。

① 使用已接受的数据集跟踪模型中重整反应单元和分馏单元的性能。

② 如有可能，直接用产品测量值检查反应流出物的收率。我们可以确定反应器模型或分馏单元是否出现错误，并将该部分隔离以进行进一步的验证或校准。

③ 通常可以在进料归一化质量基础上预测关键产品(BTX)的收率，其平均偏差(AAD)小于 2%~3%。

（6）重新校准。

当催化剂或再生单元发生重大变化时，建议重新校准。该模型通常可以解决原料和操作参数的显著变化。

5.11 结果

图 5.19～图 5.21 给出了所研究的 CCR 的 HYSYS/Refining 完整模型，参见模拟文件 Workshop 5.3.hsc。本文使用来自亚太区炼厂超过 6 个月的运行数据对该模型进行评估。评估模型的关键因素是比较产品收率和气体装置关键设备的操作参数分布。一般来说，该模型能够准确地预测各种进料条件下的产品收率、组成和操作特性。

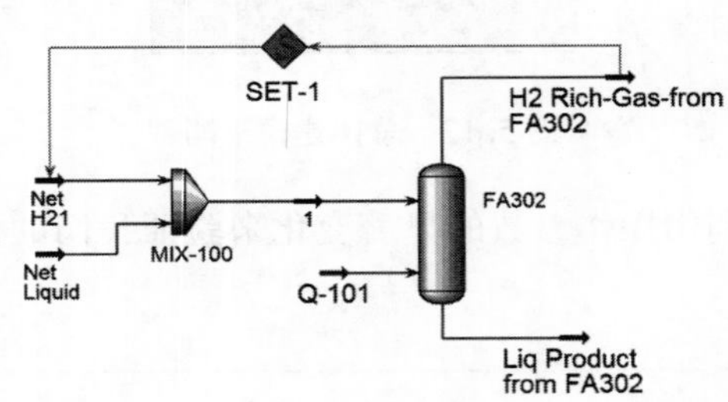

图 5.19　再混合单元

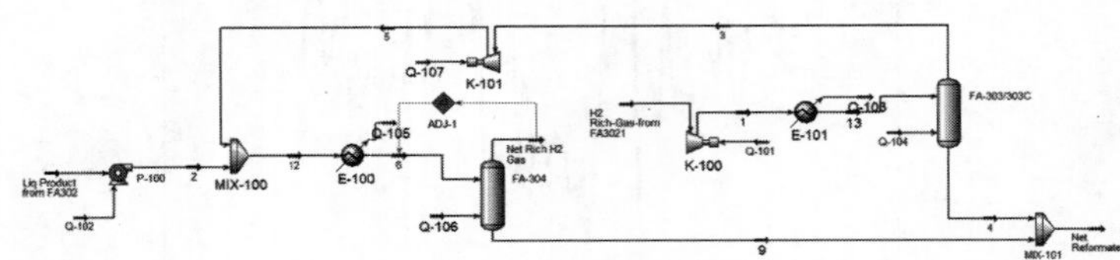

图 5.20　再接触单元

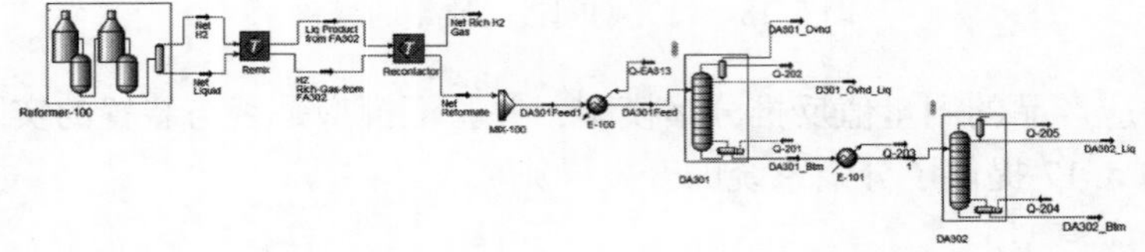

图 5.21　重整反应单元和分离单元的组合

分馏单元模型使用 PR 状态方程，并且动力学集总组分直接作为分馏集总组分。

由于反应器模型氢气产品 Net H21 和液体产品 Net Liquid 是单独流股，因此 Remixing 单元是重新构建反应流出物的简单方法。物流再混合可以模拟再接触单元来预测实际重整氢和液相产品的组成。在图 5.19 中，Net Liquid 是重整反应器液体流出物，实际上，来自闪蒸单元 FA302 的所有气相产物"H2 Rich-Gas-from FA302"是循环物流，并与进入 MIX-100 模块的 Net Liquid 再混合。来自闪蒸单元 FA302 的液体产品"Liq Product from FA302"被引入图 5.20 中的再接触单元，作为压缩机 K100 的物流"H2 Rich-Gas-from FA3021"。

在图 5.20 中，FA303/303C 是低压分离罐，操作压力为 21.62bar，FA304 是高压分离罐，操作压力为56.81bar。再接触单元的目的是将物流“H2 Rich-Gas-from FA3021”和物流4一起引入混合器MIX-101中冷凝回收更多的液相产品Net Reformate，同时希望回收更多的氢气(来自低压分离罐的物流3)，通过混合器MIX-100和换热器E-100将更高纯度的氢气物流3再循环到高压分离罐FA304，作为高纯度的氢气物流Net Rich H2 Gas。ADJ-1模块调节物流6的温度，以确保物流Net Rich H2 Gas中氢气的摩尔分数为0.9406。来自高压分离罐FA304的液体产品物流9与来自低压分离罐FA303/303C的物流4通过混合器MIX-101混合后作为物流Net Reformate被引入分馏单元。

图5.20中再接触单元与图5.2中装置PFD中工艺流程不同，我们不需要像实际工艺那样用尽可能多的闪蒸单元来获得与装置相似的结果。正如预料之中，装置PFD中的每个分离罐可能在非平衡状态下运行，与精馏逐板模型使用的全塔效率类似。我们承认，再接触单元的简化模型未能准确地反映能耗(特别是再压缩的能耗)，实际上，模型报告的总能耗与装置相近。

一个精确校准的模型可以在较宽范围的操作条件下进行重复预测。表5.13~表5.16总结了根据前述章节开发和校准的模型预测结果。每个评估结果表示大约1个月的运行时间。

表5.13 反应全模型和装置收率的比较(AAD=0.85%)

质量收率/%	工况1		工况2		工况3		工况4		工况5		工况6	
	模型	装置	模型	装置	模型	装置	模型	装置	模型	装置	模型	装置
Rich H_2	6.1	6.9	6.4	7.2	6.5	7.0	6.3	7.0	6.5	6.7	6.6	6.8
DA301 Ovhd. vapor	1.2	1.8	1.9	1.9	1.5	1.5	1.7	1.7	1.8	1.8	1.8	1.7
DA301 Ovhd. liquid	13.0	12.0	14.2	12.4	12.6	12.4	13.6	12.2	11.2	12.0	11.1	12.3
DA301 Bttm. liquid	79.6	79.3	77.5	78.6	79.4	79.1	78.3	79.1	80.5	79.5	80.5	79.2
DA301 Ovhd. liquid	43.4	45.1	43.4	44.1	42.6	44.6	45.9	45.3	45.4	46.2	45.4	43.2
DA301 Bttm. liquid	56.6	54.9	56.6	55.9	57.4	55.4	54.1	54.7	54.6	53.8	54.6	56.3

表5.14 反应温降的计算值与实际值的比较(AAD= 1.7℃)

反应温降/℃	工况1		工况2		工况3		工况4		工况5		工况6	
	模型	装置	模型	装置	模型	装置	模型	装置	模型	装置	模型	装置
Reactor #1	108.2	109.9	107.3	106.0	114.1	111.5	107.4	107.6	113.9	112.8	113.3	111.7
Reactor #2	61.6	63.1	60.6	59.9	67.8	64.9	60.7	61.9	66.7	67.0	66.1	66.2
Reactor #3	33.7	35.2	32.1	33.9	38.0	37.0	32.8	34.9	37.0	37.1	36.4	37.0
Reactor #4	20.5	23.3	18.7	22.3	22.7	25.5	19.6	23.3	22.1	24.2	21.7	24.6

表5.15 重整生成油的计算值和装置收率的比较[AAD(total)=1.05；AAD(Aromatics)=0.85]

重整生成油收率/%	工况1		工况2		工况3		工况4		工况5		工况6	
	模型	装置	模型	装置	模型	装置	模型	装置	模型	装置	模型	装置
Benzene (B)	7.5	7.9	7.7	7.1	7.0	6.4	8.4	7.7	8.0	8.1	8.0	8.0
Toluene (T)	21.3	20.7	22.0	21.1	20.9	19.9	22.7	21.5	23.2	20.8	23.2	20.5

续表

重整生成油收率/%	工况 1		工况 2		工况 3		工况 4		工况 5		工况 6	
	模型	装置	模型	装置	模型	装置	模型	装置	模型	装置	模型	装置
Ethylbenzene (EB)	3.6	3.5	3.6	3.4	3.5	3.4	3.6	3.3	3.6	3.4	3.6	3.4
para-Xylene (PX)	5.5	5.1	5.6	5.3	5.5	5.1	5.5	5.3	5.6	5.0	5.6	4.9
meta-Xylene (MX)	11.9	11.1	12.1	11.7	11.8	11.2	11.9	11.4	12.1	11.0	12.1	10.7
ortho-Xylene (OX)	6.7	6.3	6.8	6.5	6.6	6.3	6.7	6.4	6.8	6.3	6.8	6.1
Higher aromatics (A9+)	40.5	38.1	39.2	41.6	41.5	43.3	35.8	38.0	34.5	41.2	34.5	40.1
Paraffins (P)	1.4	2.0	1.2	1.0	1.3	1.1	1.4	1.2	1.5	1.4	1.5	1.4
Naphthenes (N)	12.5	14.5	11.9	14.0	12.7	14.5	12.6	14.6	12.1	13.7	12.1	14.7

表 5.16 LPG 组成的计算值和实际值的比较(AAD=2.0mol%)

DA301 塔顶液体/mol%	工况 1		工况 2		工况 3		工况 4		工况 5		工况 6	
	模型	装置	模型	装置	模型	装置	模型	装置	模型	装置	模型	装置
Ethane (C_2)	8.7	8.3	8.3	8.1	7.5	9.5	8.4	9.4	7.1	7.4	7.0	8.0
Propane (C_3)	25.4	28.3	24.9	26.8	23.6	28.0	26.0	29.5	25.1	28.5	25.0	26.9
Isobutane (iC_4)	23.4	20.3	23.9	19.3	23.6	19.2	23.5	20.6	23.6	20.7	23.6	19.6
n-Butane (nC_4)	19.6	18.0	19.4	18.4	20.1	17.5	19.2	17.1	19.5	18.6	19.6	18.1
Isopentane (iC_5)	14.1	16.0	14.6	17.7	16.0	15.9	13.9	15.3	15.1	16.4	15.1	17.3
n-Pentane (nC_5)	6.2	7.6	6.2	8.5	6.7	7.8	5.9	6.4	6.4	7.1	6.5	8.5

反应模型最重要的预测是装置的所有关键产品的收率。对于重整装置而言，产品收率指的是气体产品、液化气(DA301Ovhd. liquid)和重整生成油(DA301 Bttm. liquid)的净收率。表5.13和表5.15中的收率来自严格逐板分馏单元模型，因此，下游分馏单元的影响也包括在预测之中。值得注意的是，预测值与装置数据匹配度很好，AAD(计算所有产品)小于1.0%。

反应器性能也是模型校准和预测的关键指标。需要注意的是，反应模型中的1#至3#反应器的精度大致相同，而4#反应器的误差较大(因为我们不能对单独反应进行重要调整)。在4#反应器中，放热反应开始占据主导地位，并将反应引入烷烃裂解反应区域。但是，出口温度与装置的预期偏差仍较大。

由于重整装置是芳烃联合装置的一部分，所以重整生成油的组成预测非常重要。准确预测苯、甲苯、乙苯和二甲苯(统称为 BTEX)的组成来验证的我们的模型，为下游 BTX 分离单元模型提供了进料组成。表5.15比较了预测值和装置数据，所有组分的 AAD 为1.05%，其中芳烃的 AAD 仅为0.85%。

开发分馏单元(重整生成油与 A6 的分离)是本文研究工作的重要组成部分。我们比较 LPG 塔 DA301 和重整油分离塔 DA302 的温度分布的模型预测结果，发现该结果与装置测量结果非常吻合(见图5.22、图5.23)。

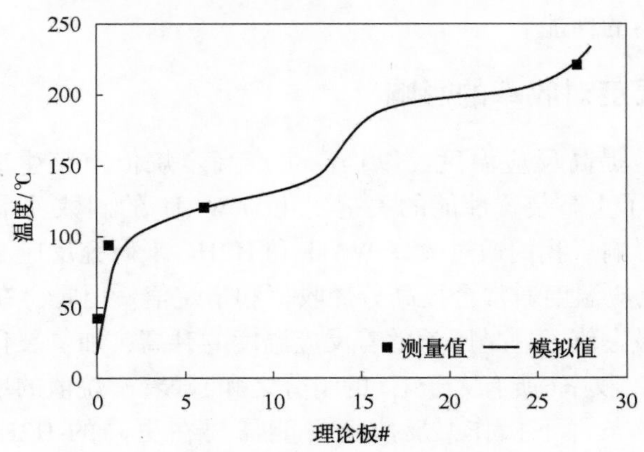

图 5.22 DA301 的温度分布

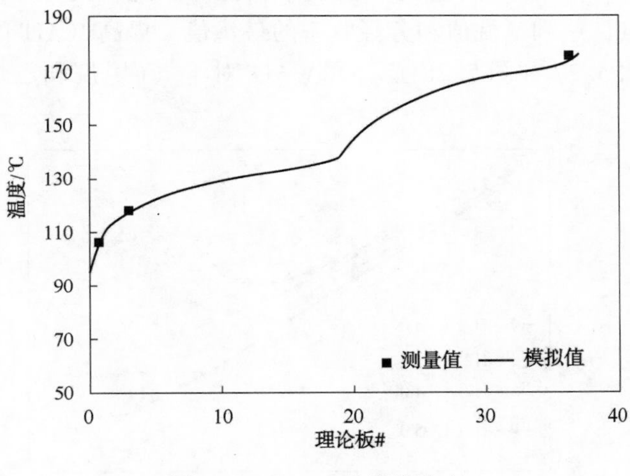

图 5.23 DA302 的温度分布

5.12 应用

炼厂重整装置有两种操作模式。第一种是“what-if”模式，该模式在关键工艺变量变化时能够预测工艺性能。对于 CCR 装置而言，典型的操作变量是反应温度、进料量(或空速)、反应压力、氢油比(H2HC)以及催化剂活性。通过调整工艺变量，炼厂可以在产品分销方面做出重要调整。

第二种是“how-to”模式。现代重整装置可能面临不断变化的产品需求而加工不同类型的原料。由于具有高度一体化的特点，炼厂最重要的考量因素是上下游装置对重整装置性能的影响。几个典型的问题构成了“how-to”模式：如何降低重整反应器出口的苯含量？如何掺炼外部原料？如何计算重整工艺变化时的经济效益？

炼厂通常依靠装置性能图、经验关联式和历史数据来研究操作模式。Gary 等[8] 和 Little[6] 给出了几种类型的关联式示例。这些方法可能不可靠，因为它们假设原料和操作条件是固定的。另外，这些方法通常忽略工艺变量之间的相互作用，即可能会忽略最佳操作条件。因此，本文考虑使用严格模型研究各种操作模式。严格模型可以阐述工艺变量的复杂变化，并详细预测反应器的性能。

5.12.1 反应温度对收率的影响

典型的操作方案是提高反应温度，以提高生产高辛烷值重整生成油和芳烃的苛刻度。图5.24~图5.31给出了重整装置性能的关键变化与WAIT的函数关系。另外，我们必须考虑反应器中氢分压的影响。我们通过改变WAIT和H2HC来研究反应温度对收率的影响。

提高WAIT增加反应温度通常会提高芳烃收率和辛烷值。但是，在一定的H2HC下，芳烃收率和辛烷值存在最大值。这是因为随着反应温度的升高，加氢裂化反应的程度逐渐超过脱氢反应。同样地，C_{5+}收率(所有大于C_4的组分之和)随着辛烷值的增加而降低。

考虑到在高WAIT条件下操作，反应器可能需要在更高的H2HC下运行。图5.24~图5.26给出了在高WAIT条件下达到的最大辛烷值。但是，当WAIT较低时(与辛烷值峰值相比)，图5.25和图5.26显示对应的芳烃收率较低。因此，我们必须在H2HC和WAIT之间寻找一个平衡点，达到辛烷值和芳烃收率的最优值。提高WAIT的另外一个考虑是副产物增多和积炭，图5.27和图5.28显示了WAIT对干气(甲烷和乙烷)收率和积炭率的影响。

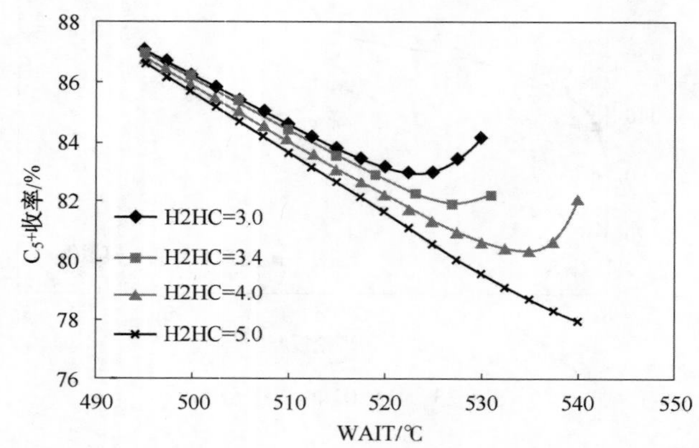

图5.24　C_{5+}收率随WAIT和H2HC(WHSV=1.37)的变化趋势

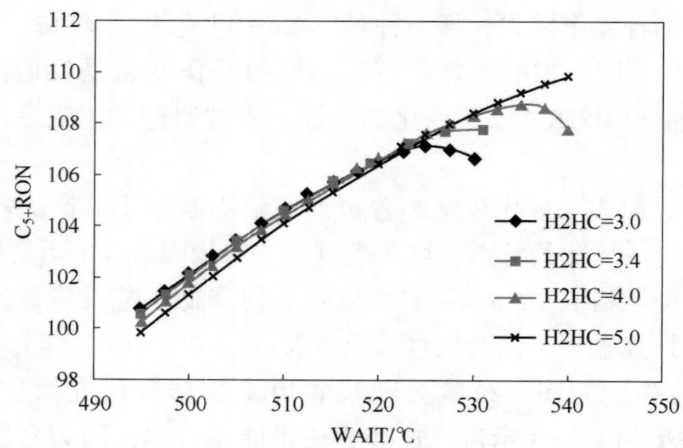

图5.25　C_{5+}RON随WAIT和H2HC的变化趋势(WHSV=1.37)

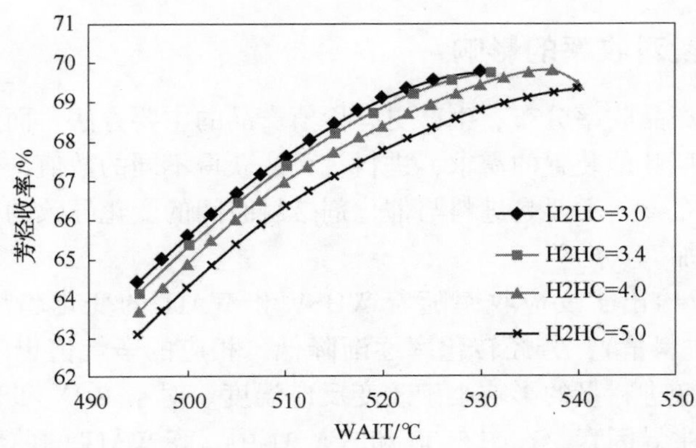

图 5.26 芳烃总收率(%)随 WAIT 和 H2HC 的变化趋势(WHSV=1.37)

在靠近图 5.25 中的最大辛烷值前，提高反应温度会增加轻烃收率和积炭速率，如图 5.27 和图 5.28 所示。轻烃收率增加可能会产生问题，因为轻烃通常没有经济价值，并会造成产品分离单元的循环氢压缩机的运行瓶颈。因为反应器中氢分压较高，促进了加氢裂化反应，提高了轻烃收率，所以增加 H2HC 通常不利于降低轻烃收率(见图 5.27)。此外，随着反应温度的升高，积炭速率呈指数增长(见图 5.28)，可能对 CCR 再生单元产生明显压力。在高温操作条件下，我们可能需要补充大量新鲜催化剂来保持催化剂活性。

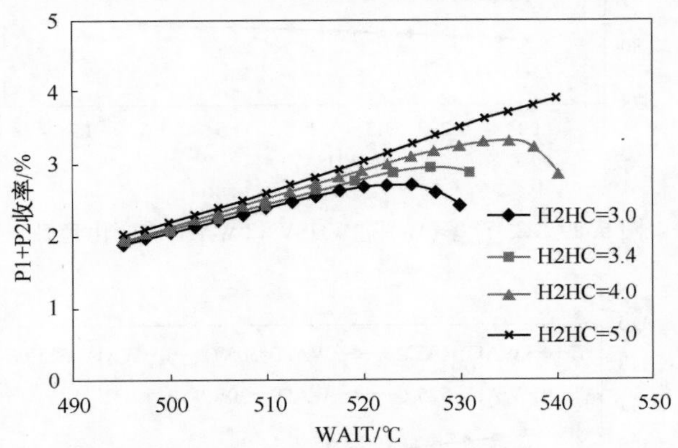

图 5.27 轻组分收率随 WAIT 和 H2HC 的变化趋势(WHSV=1.37)

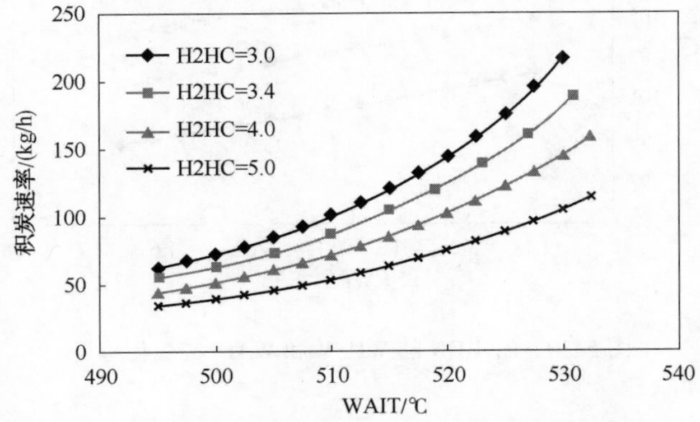

图 5.28 积炭速率(kg/h)随 WAIT 和 H2HC(WHSV=1.37)的变化趋势

5.12.2 进料量对收率的影响

反应温度是改变产品收率分布、生产更有价值产品的主要方法，而另一个工艺变量是装置的进料量。由于炼厂其他装置的需求，进料量无法获得不同的数值，但是，进料量的小范围变化会影响产品分布，这主要是进料与催化剂接触时间的变化导致的。随着接触时间的增加，转化率也随着增加。

图 5.29~图 5.31 给出了反应收率随着 WHSV 和 WAIT 的变化趋势。由图可知，随着 WHSV 的增加(增加进料量)，芳烃转化率逐渐降低，相应的辛烷值也降低，符合低接触时间的预测。通常，改变进料量的影响小于改变反应温度。对于 RON 和芳烃收率显著变化而言，反应温度仍然是主导因素。在图 5.30 和图 5.31 中，高 WAIT 的曲线斜率最小，主要是其正接近于 H2HC 基线的辛烷值峰值。

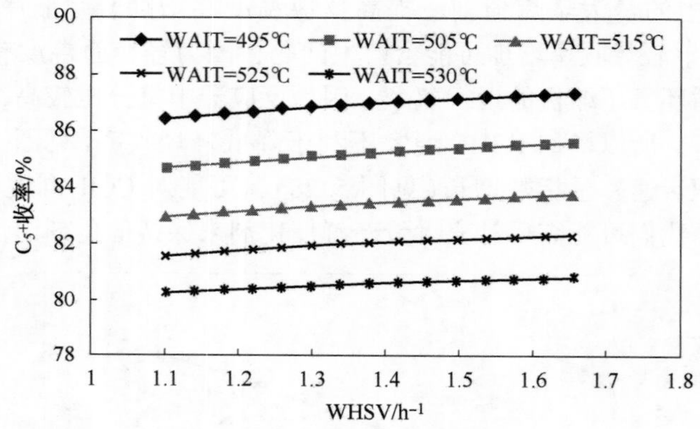

图 5.29　C_{5+}产率(%)随 WHSV 和 WAIT 的变化趋势

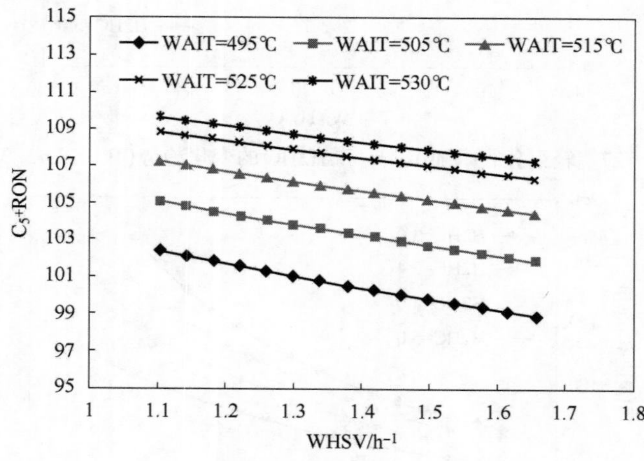

图 5.30　C_{5+}RON 随 WHSV 和 WAIT 的变化趋势

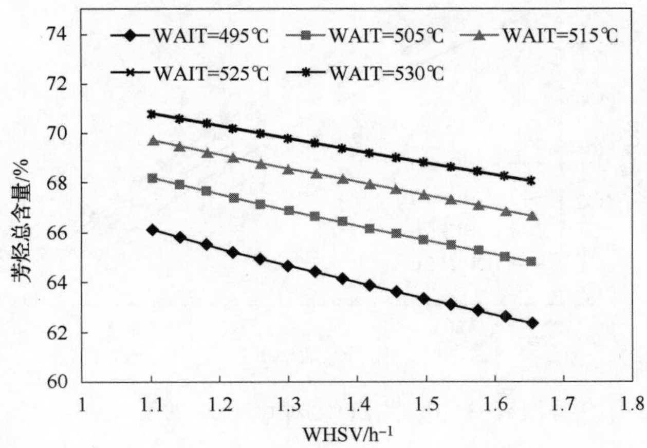

图 5.31 芳烃总收率随 WHSV 和 WAIT 的变化趋势

5.12.3 收率的综合影响

因此，辛烷值和芳烃收率的变化反映了进料量和反应温度的耦合效应。我们可以通过模型提供在 RON 固定值下不同进料量对应的反应温度。图 5.32 给出了在 C_{5+}RON 一定值情况下对应的 WAIT 和 WSHV。需要注意的是，在高 C_{5+}RON 和高 WHSV 操作条件下，所需的反应温度显著增加。如图 5.27 和图 5.28 所示，这同样会增加干气收率和积炭。图 5.32 可以确定如何改变工艺变量获得所需的 C_{5+}RON。

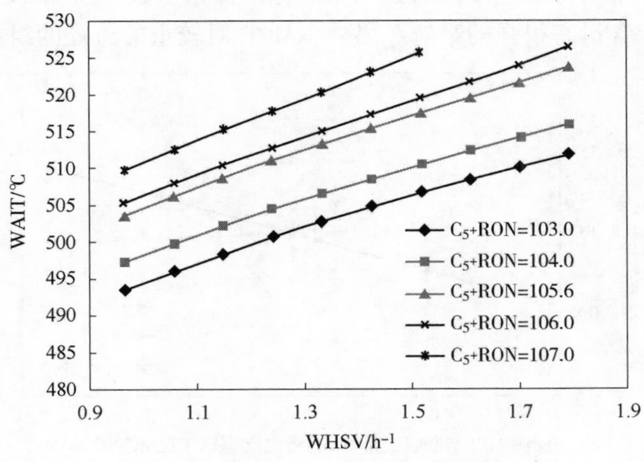

图 5.32 各种反应产物 C_{5+}RON 对应的 WAIT 和 WHSV

本文展示一个案例研究(见图 5.33)，阐述 C_{5+}收率随着 C_{5+}RON 增加的变化趋势。图 5.33 有助于炼厂获得相同 C_{5+}RON 情况下寻找一定范围内的 H2HC。结合图 5.32，我们可以确定一定进料组成的可能操作条件 WAIT、H2HC 和 WHSV。

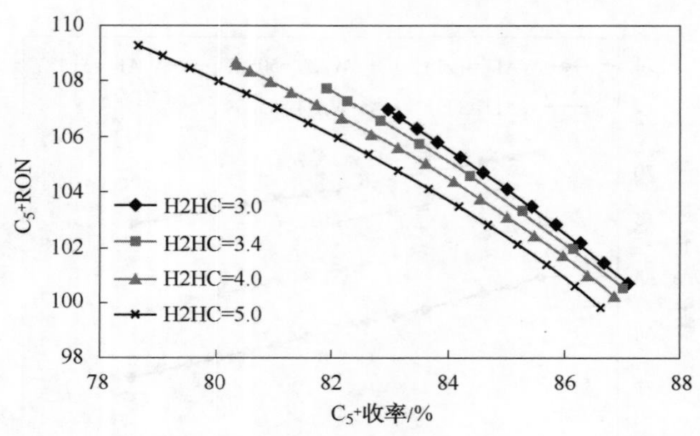

图 5.33　C_{5+}收率(%)对 C_{5+}RON 的影响

5.12.4　原料质量对收率的影响

上文研究涉及的原料组成是固定的。但是，在实际生产中，炼厂常规操作过程中进料组成可能会发生显著变化(见图 5.18)，因此，研究进料组成变化对产品分布的影响是非常重要的。近年来，政策法规对汽油中苯含量提出了严格限制，因此，重整生成油中苯含量对炼厂非常重要。由于重整装置是苯的主要来源，我们需要寻找降低重整生成油中苯含量的方法。

苯和甲苯的主要贡献者是甲基环戊烷(MCP)和甲基环己烷(MCH)。多位作者讨论了该方法生产芳烃的重要性[48,49]。本文在图 5.34 中给出了进料中 MCP 对苯、甲苯和二甲苯收率的影响。本项工作采用与其他工况研究一致的标准操作参数。图 5.34 给出了增加 MCP 浓度对重整生成油中苯含量有很强的影响。另外，MCP 对较重的芳烃的组成影响很小。

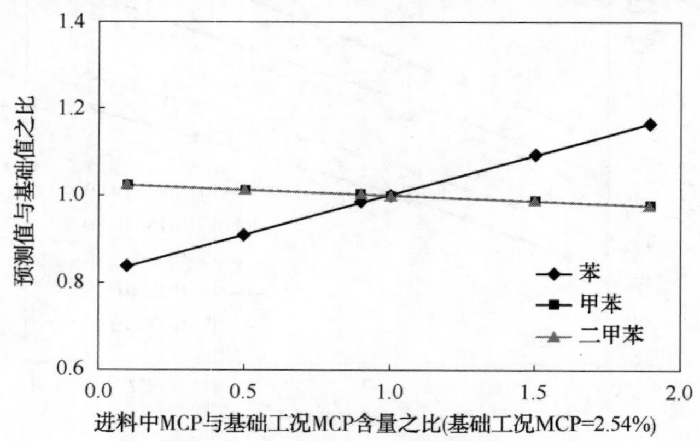

图 5.34　改变进料 MCP 组成对芳烃收率的影响

实际上，炼厂并不是直接控制装置进料中 MCP 的含量。在一般情况下，我们将 IBP 大于 95~100℃的物料单独掺炼。IBP 大于 95~100℃的进料含有少量 MCP，并且该比例可用于控制装置的苯产量。相比之下，炼厂若要增加苯产量可能需要增加 MCP 的进料量，而不是增加重整装置反应苛刻度将反应产物转化为苯。使用严格模型有利于寻找和掌握平衡点。

5.12.5　化工原料生产

许多重整装置是炼化一体化的一部分，生产芳烃(苯、甲苯和二甲苯或BTX)供应聚苯乙烯、聚酯和其他大宗化学品。因此，考虑模型如何帮助优化BTX操作是非常重要的。模型开发人员和用户必须意识到，完整的BTX操作可能不是最佳的重整操作条件。我们需要进行经济评估，验证生产汽油工况向生产BTX工况的转化。

总体而言，前述章节中许多工况研究(与高辛烷值操作有关)适用于BTX工况。图5.25和图5.26显示了辛烷值和芳烃收率之间的关系。我们重复前文的一些工况研究，阐述工艺变量对BTX收率的影响。在图5.35和图5.36中，我们将WHSV=1.34，H2HC=3.41的芳烃收率作为基础收率。表5.17给出了不同温度下的基本收率。

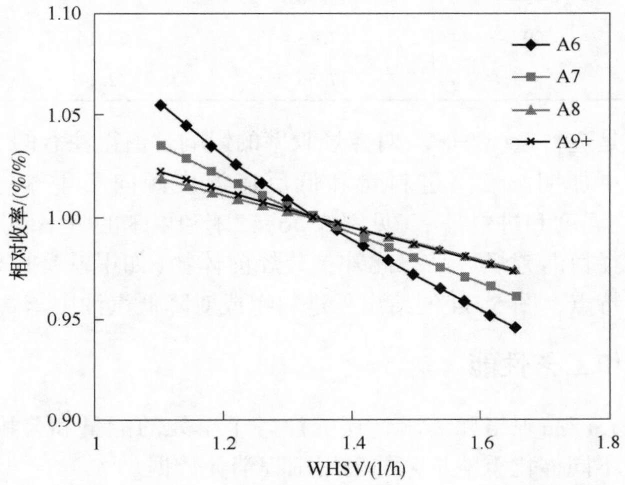

图5.35　芳烃组分(其中A6=苯，A7=甲苯，A8=二甲苯)的相对收率随WHSV和WAIT=495℃的变化趋势

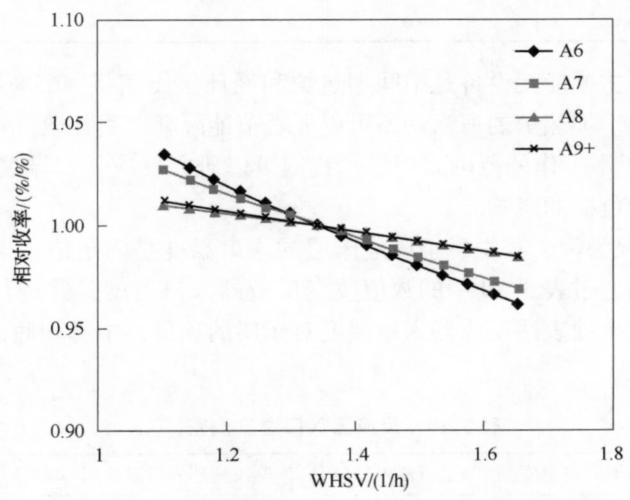

图5.36　芳烃组分(A6=苯，A7=甲苯，A8=二甲苯)的相对收率随WHSV和WAIT=525℃的变化趋势

随着反应温度(WAIT)的增加，芳烃收率明显增加。但是，在更高的反应温度(大于520℃)下，H2HC不能抑制加氢裂化反应。这些反应会降低芳烃收率并提高轻烃收率。表5.17表明，A7以上组分的增长率迅速下降。对于A9+收率而言，即使反应器在较高温度下运行，实际上收率也是下降的。因此，炼厂可能会提高H2HC来维持芳烃收率，但是该操作会增加循环氢压缩机的负荷，并增加催化剂再生单元的苛刻度。如果循环氢压缩机已经接近设计工况极限值，则炼厂可能需要进行技术改造来增产芳烃。在这种情况下，使用模型来预测候选方案可能具有相当的经济效益。

表5.17　在不同的WAIT和H2HC=3.4条件下，芳烃组分的基础收率

WAIT	A6收率/%	A7收率/%	A8收率/%	A9+收率/%
495℃	4.15	15.90	21.70	22.63
515℃	6.09	17.13	22.16	23.01
525℃	6.88	17.56	22.17	22.94

另一个重要问题是进料量(WHSV)对芳烃收率的影响。值得注意的是，在较低的反应温度下，WHSV的影响更加明显。高进料量和低反应温度倾向于甲苯选择性的过程(见图5.35)。在较高的反应温度和进料量下(见图5.36)，苯和甲苯的收率差别不大，炼厂可能利用选择性的差异来选择目的芳烃产品。此外，芳烃前体物(如甲基环戊烷)的变化也可以显著地改变芳烃的生产特点，图5.34便给出了进料组成对降低汽油中苯含量的影响。

5.12.6　能耗和工艺性能

现代炼厂不仅关心产品规格和需求，还关注各个单元的能量和公用工程消耗(冷却水、电)。表5.18列出了不同催化重整工艺的公用工程消耗数据。

表5.18　催化重整的公用工程消耗数据[6,14]

燃料(BTU/barrel of feed)	200000~350000	冷却水(gal/barrel of feed)	40~200
电(kW-h/barrel of feed)	0.6~6		

在重整工艺中，主要能耗设备是中间加热炉和循环氢压缩机。65%~80%的能量用于重整装置的中间加热炉。加热炉的适当调整可以显著节能降耗。直接改进加热炉的运行是一项重大任务[50]，超出了本工作的范围。但是，我们可以研究反应入口温度(加热炉出口温度)对产品收率和加热炉负荷的影响。

以表5.19的工况为例，其中每个反应床层的入口温度是固定值。括号中的值表示对基本工况的变化。我们通过表5.19中的数值改变反应器入口温度，并进行四次模型运算。我们选择这些参数值来单独表达反应器入口温度对床层的顶部、中部和底部的影响。工况研究结果见表5.20。

表5.19　反应器入口温度偏差(℃)

工况	1#反应器入口温度	2#反应器入口温度	3#反应器入口温度	4#反应器入口温度	WAIT
Base	515.9	513.6	513.6	515.0	514.5
Case-1	510.9 (-5.0)	513.6 (0.0)	513.6 (0.0)	515.0 (0.0)	514.0

续表

工况	1#反应器入口温度	2#反应器入口温度	3#反应器入口温度	4#反应器入口温度	WAIT
Case-2	510.9 (-5.0)	513.6 (0.0)	513.6 (0.0)	510.0 (-5.0)	511.6
Case-3	515.9 (0.0)	508.6 (-5.0)	508.6 (-5.0)	515.0 (0.0)	512.5
Case-4	515.9 (0.0)	513.6 (0.0)	513.6 (0.0)	515.0 (-5.0)	512.2

表 5.20　不同收率的加热炉负荷工况研究

工况	总加热负荷/(kJ/kg)	芳烃收率/%	C_5+RON	C_5+收率/%	加热炉负荷偏差/%
Base	1001.4	66.26	101.1	91.52	0.00
Case-1	996.0	66.08	100.9	91.59	-0.54
Case-2	987.0	65.76	100.4	91.74	-1.92
Case-3	987.8	65.82	100.5	91.74	-1.35
Case-4	987.5	65.94	100.7	91.67	-1.39

尽管最初的加热炉负荷下降幅度很小(0.5%~1.4%)，但是加热炉的燃料成本明显降低了。Vinayagam[51]表示，即使燃料消耗减少1%也可以节省大量成本。需要注意的是，节能效果体现为辛烷值损失和芳烃收率损失的减少。如果重整装置在高苛刻度下运行，能量分析对于装置操作成本具有一定的灵活性。此外，这种类型的分析可作为全装置进行更大的热集成分析和节能降耗的出发点。

5.13　炼厂生产计划

生产计划是现代炼厂的一项重要任务。现代炼厂由催化重整、催化裂化和加氢处理等许多复杂单元构成。虽然可以调整每套装置获得最佳收率，但由于炼厂所生产的各种产品的价格和需求的不同，单套装置的收率最佳并不能反映实际的操作工况。因此，从全厂角度来考虑每套装置是非常重要的。生产计划是指为炼厂(及其配套装置)选择原料，在满足设备、销售和政策法规的条件下实现最大经济效益。

炼厂生产计划一般采用线性规划技术(LP)。LP是一种数学方法，可以是许多变量在线性约束条件下实现目标函数的最大化。Bazaraa等[51]广泛描述了LP技术的理论和应用。众所周知，LP技术有几个缺陷，其中，固定非线性过程行为的线性化通常会导致局部最优而不是全局最优。虽然许多作者已经在炼油生产计划中使用了几种不同技术的非线性编程，但是，LP仍然很受欢迎，因为它们易于使用并融入现有炼厂。

炼厂LP和线性单元模型代表了一组线性关联式，可以在给定平均收率和某些操作变量的变化情况下预测收率。本节讨论如何在线性单元模型的背景下应用严格的重整单元模型。非线性过程的线性模型关键参数是Delta-Base向量。

$$\begin{bmatrix} y_1 \\ y_2 \\ \vdots \\ y_n \end{bmatrix}(\text{PREDICTION})=\begin{bmatrix} \overline{y_1} \\ \overline{y_2} \\ \vdots \\ \overline{y_n} \end{bmatrix}(\text{BASE})+\begin{bmatrix} \dfrac{\Delta y_1}{\Delta x_1} & \cdots & \dfrac{\Delta y_1}{\Delta x_n} \\ \vdots & \ddots & \vdots \\ \dfrac{\Delta y_m}{\Delta x_1} & \cdots & \dfrac{\Delta y_m}{\Delta x_m} \end{bmatrix}(\text{DELTA-BASE})\begin{bmatrix} \Delta x_1 \\ \vdots \\ \Delta x_n \end{bmatrix}(\text{DELTA})$$

Delta-Base 与新反应器在给定平均初始预测值(BASE，y_m)和操作变量(DELTA，Δx_n)条件下的收率预测有关。需要注意的是，Delta-Base 矩阵基本上是以给定工作点为中心的非线性过程模型的 Jacobian 矩阵。

炼厂通常以简单的方式为 LP 开发收率线性关联式。在相当长的一段时间内(如一个生产季度)，装置的历史收率平均值构成该装置的基本收率。我们可以根据已公开或内部关联式来计算装置的 Delta-Base，或者，根据装置操作条件变化时记录的收率变换生成 Delta-Base 向量。在任何一种方法中，Base 收率和 Delta-Base 矩阵均表示平均值(在固定操作条件下)，可能无法准确地反映装置的实际操作情况。本文使用严格的非线性模型来提供 Base 和 Delta-Base 值。图 5.37 阐述了 Delta-Base 向量的生成过程。

1.识别基本操作工况

2.模拟计算并记录基本收率

3.提取影响产品收率的贡献项

4.针对每个贡献项

　　修正贡献值

　　执行模拟计算

　　记录每股产品收率

　　为每股产品生成delta向量系数

　　记录每股产品收率

5.导出delta向量至LP/PIMS软件

图 5.37　从严格模型生成 delta-Base 向量的过程

另一个重要考虑因素是选择操作变量来调整 Delta-Base 向量，将非线性模型及其所有变量映射到 LP 中。我们必须选择可以在 LP 全过程中跟踪的关键操作变量。通常，每个单元模型仅包括原料特性。对于催化重整而言，操作变量选取取决于炼厂如何处理重整生成油。如果重整装置主要用于生产高辛烷值汽油，那么仅提供少量的原料质量参数[如 N+2A 和 IBP(初馏点)就足够了]。但是，如果重整装置用于生产芳烃，则可能需要增加其他的原料质量参数，例如环戊烷(CP)和甲基环戊烷(MCP)的含量。

本文中，仅限于汽油型重整装置。我们选择原料 N+2A 作为单一输入变量，输出变量为氢气收率、干气收率和重整生成油收率。同时还为几种不同的 C_{5+} 重整生成油 RON 生成 Base 和 Delta-Base 向量。表 5.21 给出了反应模型的相关收率，进料组成的 N+2A 与装置测量数据一致。我们固定重整生成油 C_{5+}RON 来计算所需的(WAIT)。

表 5.21　根据严格模型计算的不同 N+2A 和 C_{5+}RON 的重整收率

WAIT /℃	501.1	500.8	508.5	508.1	517.2	516.5
N+2A	64	72	64	72	64	72
产品	收率/%					
氢气	2.96	3.13	3.03	3.23	3.10	3.31
甲烷	0.59	0.47	0.66	0.53	0.75	0.61
乙烷	1.76	1.41	1.98	1.59	2.25	1.82

续表

丙烷	3.38	2.86	3.87	3.27	4.46	3.77
异丁烷	3.36	2.63	3.81	2.99	4.35	3.43
正丁烷	3.10	2.46	3.24	2.58	3.36	2.70
102 RON 生成油	84.82	87.00	—	—	—	—
104 RON 生成油	—	—	83.37	85.78	—	—
106 RON 生成油	—	—	—	—	81.69	84.34
其他	0.03	0.02	0.03	0.03	0.04	0.03

我们使用表 5.21 中严格模型的收率参数来构建 LP 收率向量。Base 向量是每个 RON 条件下的平均收率。我们选择 N+2A 的平均值(64)来计算 Δx_n，然后使用 N+2A 数据中的一个点来计算 Delta-Base 向量。表 5.22 列出了 RON102 工况的计算步骤和结果。表 5.23 比较了 N+2A 为 66.6 的线性收率向量预测结果和模型预测结果。表 5.24 列出了所有 RON 工况计算的 Delta-Base 向量。

表 5.22 计算 C_{5^+}RON=102 情况下的 delta-Base 向量

项目		Dev. to N+2A=72	Dev. to N+2A=64
N+2A(平均值)	68	4	-4
	(%)	Delta-Base	Prediction
氢气	3.05	0.022	2.96
甲烷	0.53	-0.014	0.59
乙烷	1.59	-0.043	1.76
丙烷	3.12	-0.066	3.38
异丁烷	3.00	-0.091	3.36
正丁烷	2.78	-0.079	3.10
重整生成油	85.91	0.273	84.82

表 5.23 严格模型和 LP 收率模型对收率预测比较

项目	严格模型预测值	LP 向量预测值	AAD
N+2A(平均值)	66.6	66.6	
	(%)	(%)	
氢气	3.18	3.17	0.01
甲烷	0.73	0.71	0.02
乙烷	2.17	2.11	0.06
丙烷	4.45	4.24	0.21
异丁烷	4.14	4.05	0.09
正丁烷	3.16	3.14	0.02
重整生成油	82.13	82.55	0.41

对于任何进料组成变化的情况，可以重复图 5.37 和表 5.24 中概述的过程。一般而言，对于进料质量(10%~15%)的典型过程变化，LP 收率向量可以提供合理的收率预测。潜在的问题是当接近于工艺最小值或最大值操作工况时(例如在固定 H2HC 条件下的辛烷值)，LP 收率预测可能较差。另外，N+2A 可能不能详细地描述原料组成的变化。如果这些问题在实践中出现，则 LP 可能需要频繁更新来反映实际的操作运行情况。

表 5.24 不同 RON 工况下的 Delta-Base 向量

项目	RON=102	N+2A=68	RON=104	N+2A=68	RON=106	N+2A=68
	Base	Delta-Base	Base	Delta-Base	Base	Delta-Base
氢气	3.05	0.022	3.13	0.024	3.20	0.027
甲烷	0.53	-0.014	0.60	-0.016	0.68	-0.018
乙烷	1.59	-0.043	1.79	-0.049	2.04	-0.055
丙烷	3.12	-0.066	3.57	-0.075	4.12	-0.086
异丁烷	3.00	-0.091	3.40	-0.103	3.89	-0.116
正丁烷	2.78	-0.079	2.91	-0.081	3.03	-0.082
重整生成油	85.91	0.273	84.57	0.301	83.01	0.331

5.14 例题 5.1——Aspen HYSYS Petroleum Refining CCR 装置建模指南

5.14.1 引言

在第 5.14~5.17 节中，我们将阐述如何使用 Aspen HYSYS Petroleum Refining 组织数据，构建和校准催化重整模型。我们将讨论模型开发中的一些关键问题，特别是如何估算 Aspen HYSYS Petroleum Refining 所需的缺失数据。我们将这个任务划分为四个例题：

(1) 例题 5.1——建立一个基本的催化重整模型；

(2) 例题 5.2——校准基本催化重整模型；

(3) 例题 5.3——建立下游分馏系统；

(4) 例题 5.4——利用工况研究来识别不同的 RON 情况。

5.14.2 工艺概述和相关数据

第 5.3 节中的图 5.2 给出了我们用来构建典型 CCR 装置的相关模型，还为该流程图的再混合和再接触单元建立了模型。表 5.25~表 5.29 列出装置的典型操作参数。

表 5.25 原料性质

ASTM D86		(%)	P	N	A
IBP	78	C_2		—	—
5%	90	C_3		—	—
10%	96	C_4	0	—	—

续表

ASTM D86		(%)	P	N	A
30%	108	C_5	0. 78	0. 18	—
50%	119	C_6	5. 4	5. 01	0. 91
70%	133	C_7	10. 72	12. 05	2. 56
90%	152	C_8	9. 62	13. 68	0. 93/0. 67/1. 74/0. 71
95%	160	C_9	8. 13	11. 14	2. 61
EBP	170	C_{10+}	6. 42	6. 74	—
S. G.	0. 745	Sum	41. 07	48. 8	10. 13

表 5. 26 产品组成分布

组分/%(体)	循环氢	重整氢	DA301 塔顶气相	DA301 塔顶液相
H_2	86. 72	94. 06	36. 89	0. 66
CH_4	2. 61	2. 40	5. 64	0. 44
C_2H_6	2. 86	1. 78	18. 50	8. 29
C_3H_8	3. 33	1. 10	22. 04	28. 32
C_3H_6	0. 01	0. 00	0. 00	0. 12
iC_4H_{10}	1. 56	0. 31	7. 82	20. 32
nC_4H_{10}	1. 24	0. 19	5. 53	18. 02
iC_5H_{12}	1. 08	0. 11	2. 56	15. 95
nC_5H_{12}	0. 59	0. 05	0. 95	7. 62
$C_4^=$			0. 07	0. 26

表 5. 27 DA301 液体产品组成

ASTM D86		(%)	P	N	A
IBP	74	C2		—	—
5%	85	C3		—	—
10%	94	C4	0	—	—
30%	112	C5	0	0. 27	—
50%	128	C6	0. 2	0. 53	7. 925
70%	145	C7	7. 22	0. 65	20. 72
90%	165	C8	5. 87	0. 54	3. 4/5. 11/11. 1/6. 3
95%	173	C9	1. 17	—	20. 62
EBP	208	C10+	—	—	8. 75
S. G.	0. 83	Sum	14. 46	1. 99	83. 55

表 5. 28 产品流量和收率

物流	流量/(t/h)	物流	流量/(t/h)
Feed	175. 9	DA301 Ovhd. liquid	21. 7
Net rich H_2	12. 4	DA301 Bttm. liquid	138. 5
DA301 Ovhd. vapor	3. 3		

表 5.29　反应器配置

反应器	长度/m	催化剂装填量/kg	入口温度/℃	ΔT/℃
1#	0.54	1.275e4	516.0	110.4
2#	0.69	1.913e4	513.6	64.2
3#	0.96	3.188e4	513.1	36.4
4#	1.41	6.375e4	515.0	23.1

5.14.3　Aspen HYSYS 和初始组分以及热力学设置

首先，启动 Aspen HYSYS。Aspen HYSYS 的典型路径是 Start→Programs→AspenTech→Aspen Process Modeling v9.0→Aspen HYSYS（见图 5.38）。我们将模拟文件保存为 Workshop 5.1.hsc。

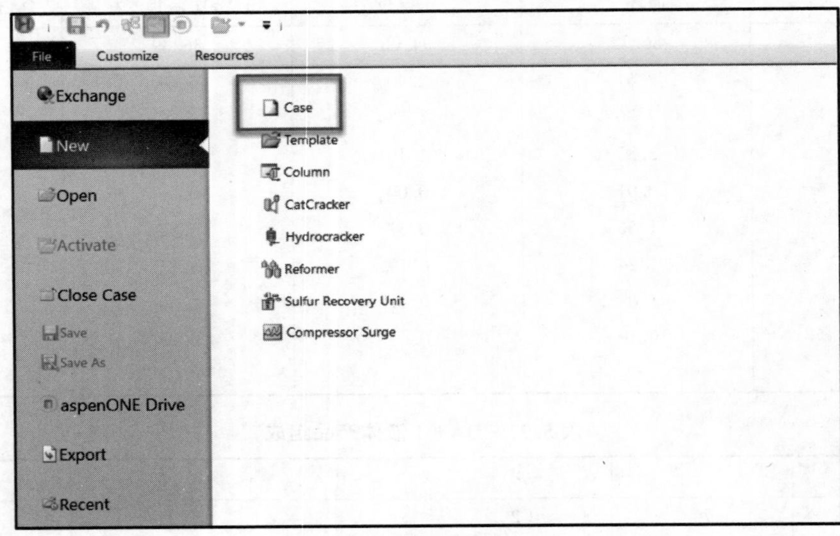

图 5.38　Aspen HYSYS 的初次启动

建模的第一步是选择一套标准组分和一个热力学模型来模拟这些组分的物理性质。在进行一次新的模拟时，我们必须选择组分和合适的热力学模型。我们可以通过图 5.39 中 Add 按钮手动添加组分。这样，我们就能预定义一套重整模型组分。

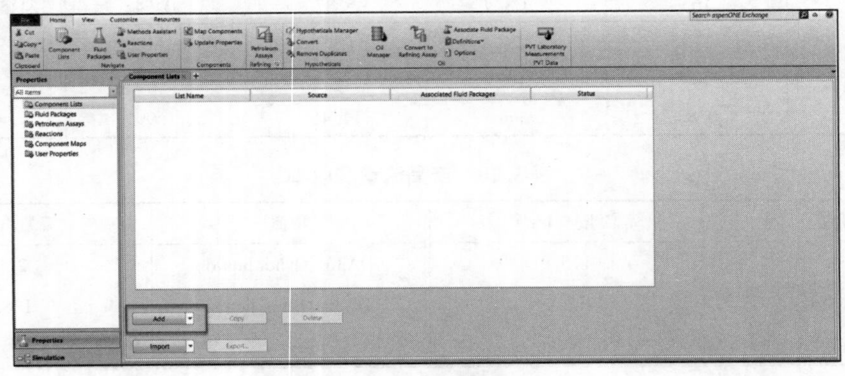

图 5.39　添加组分列表

为了导入这些组分，单击“Import”并导航到目录位置“C. \ Program Files \ AspenTech \ Aspen HYSYS V9. 0 \ Paks”，选择“CatRefIsom. cml”作为组分列表(见图 5. 40)。该路径反映了 Aspen HYSYS Petroleum Refining 的标准安装路径。

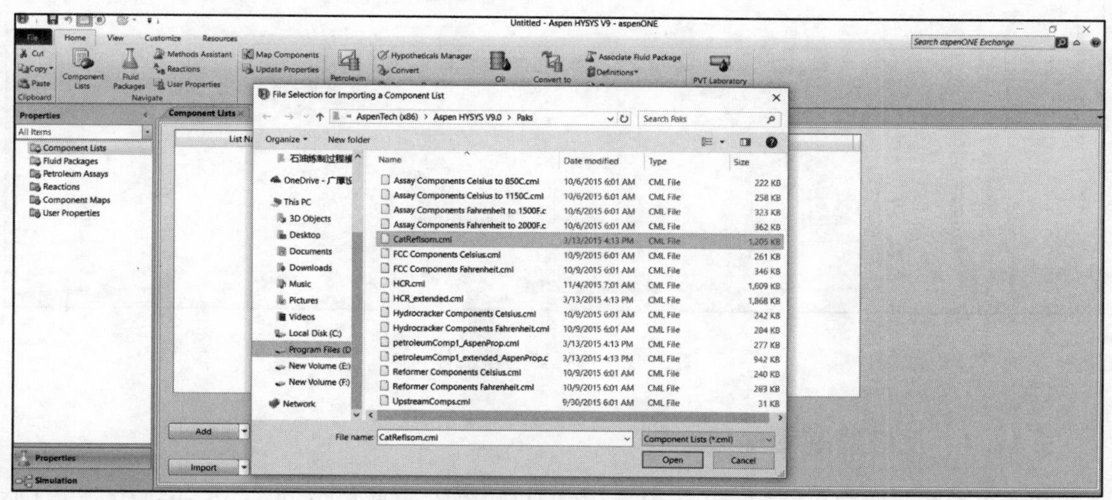

图 5. 40 导入重整组分列表

在组分列表导入完成后，HYSYS 自动创建名为“Component List-1”的新组分列表。选择“Component List-1”并点击 Simulation Basis Manager(见图 5. 41)中的“View”，可以查看组分列表的属性，另外可以添加更多组分或者修改组分排序。需要注意的是，标准重整组分列表非常完整，并适用于大多数炼油过程模拟。重整严格模型不能预测不属于“CatReform. cml”列表的组分，但是，这些附加组分可用于与重整单元模型相关的分馏模型。

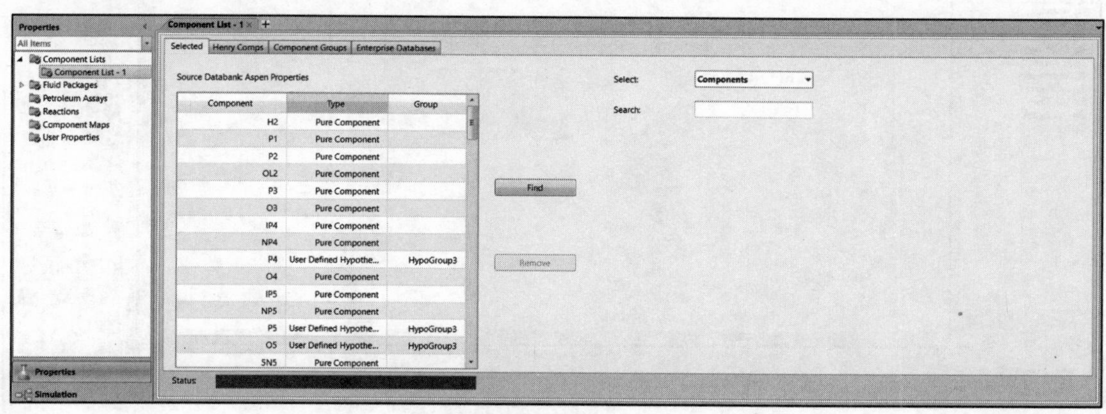

图 5. 41 重整模型的初始组分列表

接下来是设置“Fluid Package”。“Fluid Package”是指与所选组分列表相关的热力学方法。在组分列表导入后，HYSYS 自动创建名为“REFSRK”的流体包(见图 5. 42)。重整系统主要是烃类组分，因此，利用 Soave-Redich-Kwong 状态方程对其进行模拟就足够了。本书在第 1. 9 节讨论了过程热力学的含义。对于重整模型而言，状态方程法或烃类关联式(Grayson-Streed 等)都可以对其充分模拟。

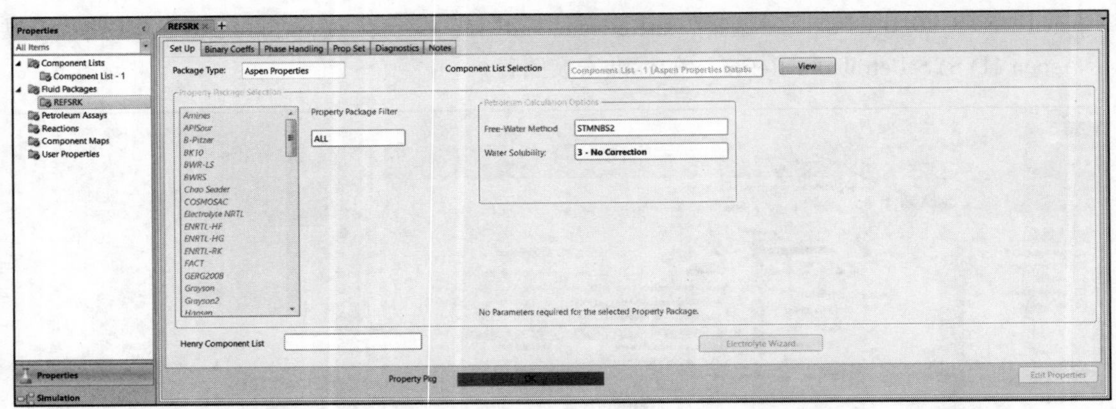

图 5.42　选择热力学流体包

5.14.4　反应器基本配置

初始流程图是空白界面(见图 5.43)，我们可以在对象面板(Object Palette)中放置不同的模块。初始工具面板只显示典型的操作单元模型，并不显示 Aspen HYSYS Petroleum Refining 高级面板。我们使用这两个工具栏来构建完整的重整模型，另外可以通过 F6 快捷键调出高级面板。

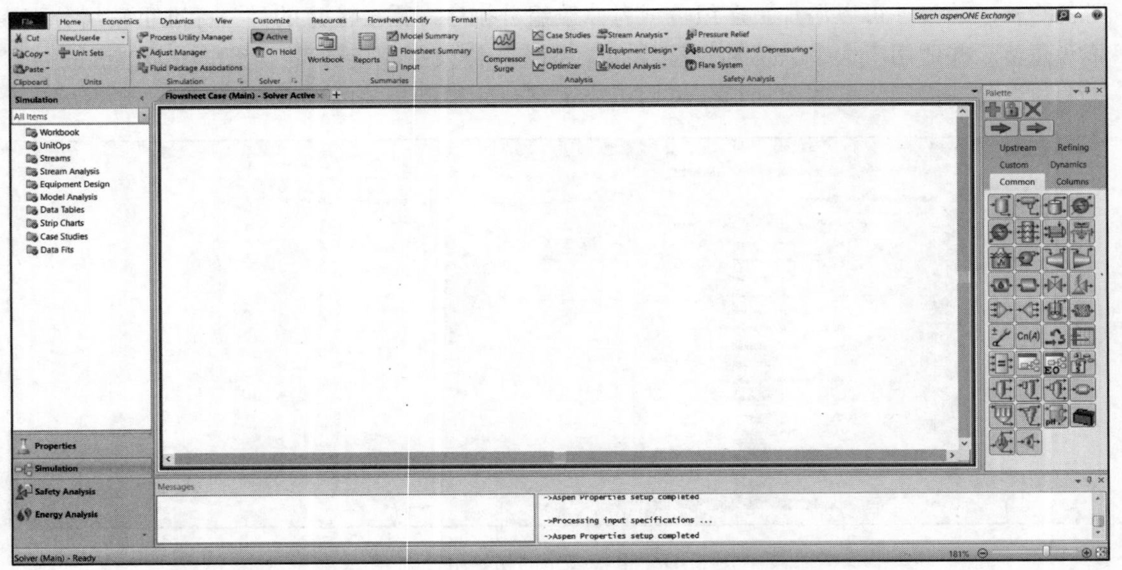

图 5.43　炼油反应器工具面板

在 Refining Reactors 面板中选择 Reformer 图标，单击 Reformer 图标，并将图标放置于流程图中。放置的图标将调用几个子模型，为其他对象准备流程图，并在流程图上创建重整反应器(见图 5.44)。

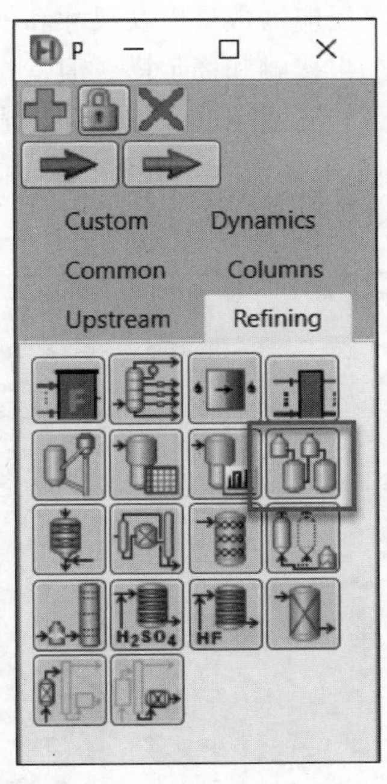

图 5.44 炼油反应器工具面板中的 Reformer 图标

第一步是选择使用重整反应器模板还是配置新单元模型。Aspen HYSYS 内置了几种重整反应器模型来表示流行的工业重整装置配置类型。图 5.45 给出了流程图中放置 Reformer 对象时的初始窗口。如果选择一个模板，则不必配置反应器尺寸和催化剂装填量。但是，在本例中，我们从头开始构建了一台重整反应器，所以选择“Configure a New Reformer Unit”。

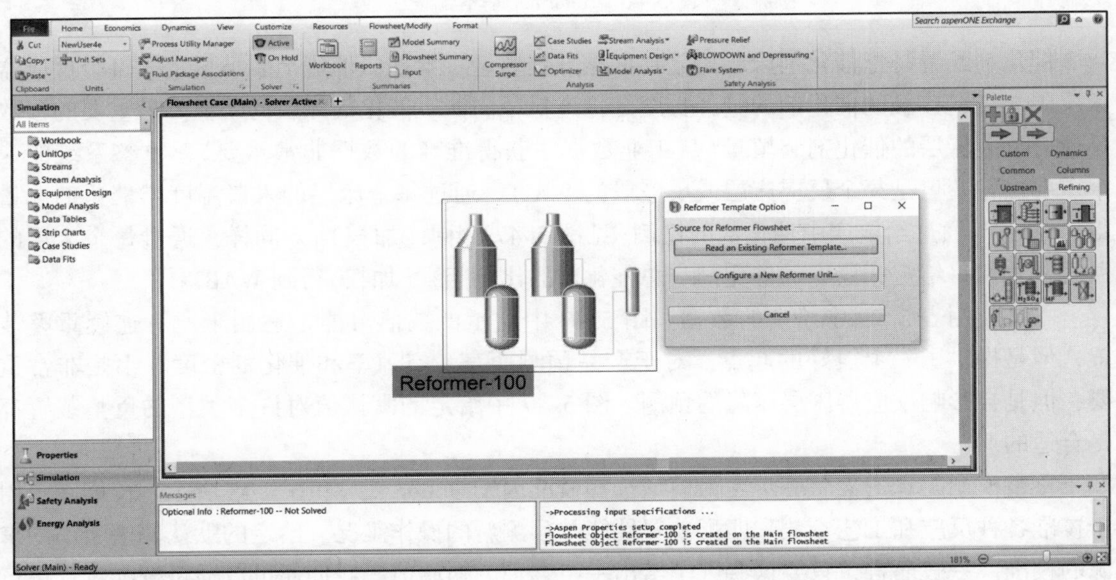

图 5.45 Reformer 初始窗口

重整模型需要选择重整类型、反应器数量以及尺寸和催化剂装填量。另外，我们可能需要设定更多的下游分馏设备，例如再接触和稳定塔。但是，需要注意的是，稳定塔选项实际上对应于分馏单元的简化模型，可能不适用于详细的和集成的工艺流程。本文推荐根据标准 Aspen HYSYS 分馏模型构建严格的工艺流程，在图 5.46 中，我们选择具有四台反应器的 CCR 重整模型，然后单击“Next >”。

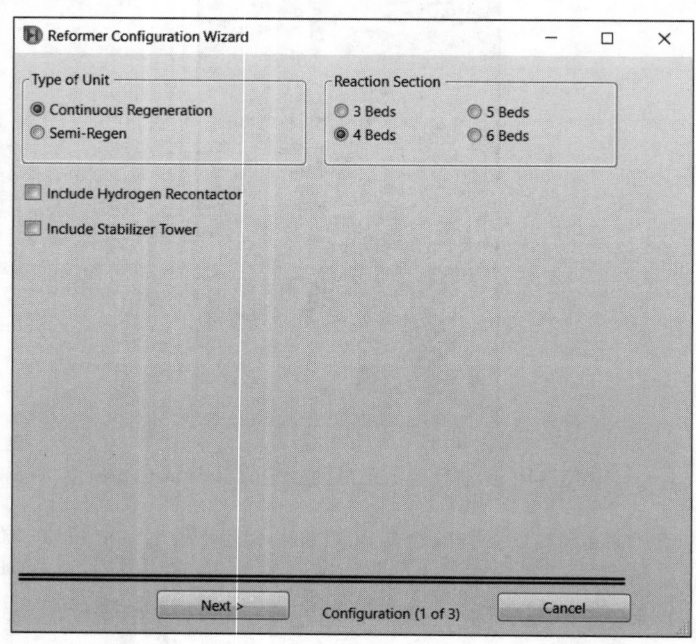

图 5.46 Reformer 基本配置

催化剂配置是指催化剂床层尺寸和催化剂装填量。此处，催化剂装填量是指每个反应器床层中与进料接触的催化剂的量，长度是指进料径向流过催化剂床层的距离。最重要的参数是所有反应床层的催化剂装填量(从工业数据中获得准确的数据非常重要)。重整系统的一个重要操作变量是每个反应床层或反应段的 WAIT。通过每个床层的入口温度与催化剂总量得出 WAIT[通过给定床中催化剂的比例(见图 5.47)相乘(加权)]。同样，通过每个床层的温度，我们将给定床层中的催化剂与总催化剂的比例相乘(加权)得到 WABT。

本文使用表 5.29 中给出的数据。图 5.47 中显示的数值可能不适用于所有连续重整装置，但是提供了一个很好的起点。对于产品预测而言，空隙率和催化剂密度并不是非常重要，但是会影响反应器床层压降的预测。图 5.47 中给定的默认值对许多类型的重整装置都是合适的。

重整模型配置的最后一步是为模型选择校准因子 Option 2，如图 5.48 所示。校准因子用于校准各种反应和工艺参数来匹配装置性能并预测新的操作工况。给定的默认值基于不同来源的校准。一般而言，只要这些因子给出一组合理的初始值，我们便可以通过校准过程进行改进。对于运行初始模型，我们选择默认值并单击“Done”。

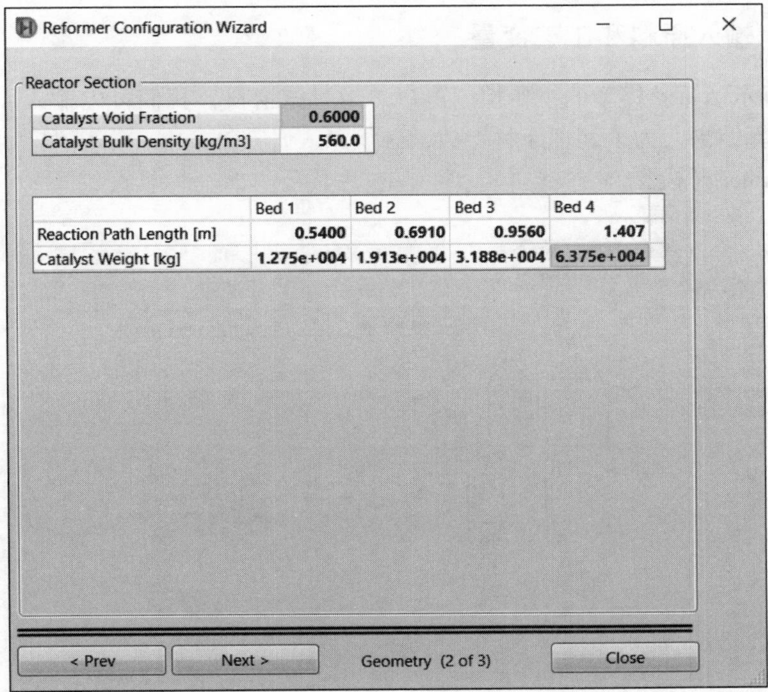

图 5.47 反应器尺寸和催化剂装填量

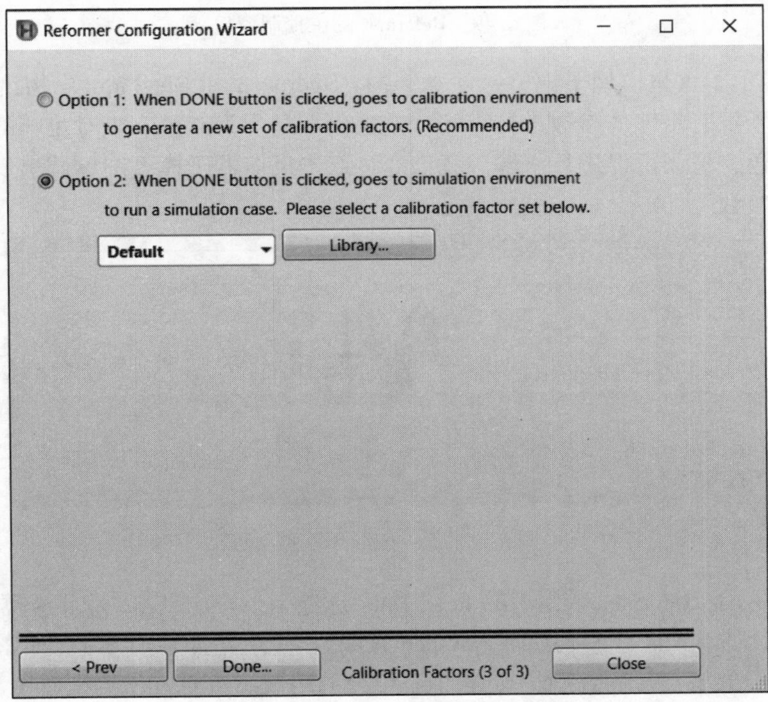

图 5.48 选择校准因子

5.14.5 输入原料和工艺变量

图 5.49 显示了重整模型的主要控制窗口。通过该窗口，我们可以输入原料和工艺参数并查看模型计算结果。为了处理原料参数，必须深入研究 Reformer 子模型。点击"Reformer"环境进入 Reformer 子模型。

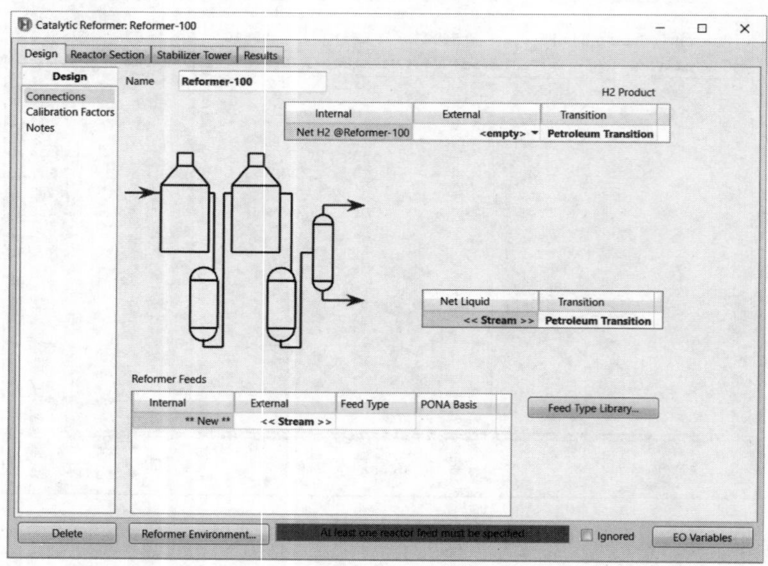

图 5.49　Reformer 的主控制窗口

图 5.50 显示了重整模型子模型。注意，Net Hydrogen 和 Net Liquids 物流已经连接到重整模型中。由于没有足够的参数进行求解，重整模型显示为红色。当有足够的参数时，重整模型显示为黄色，进而可以进行求解。我们通过双击反应器子模型图标调出反应器子模型窗口来调整原料参数。

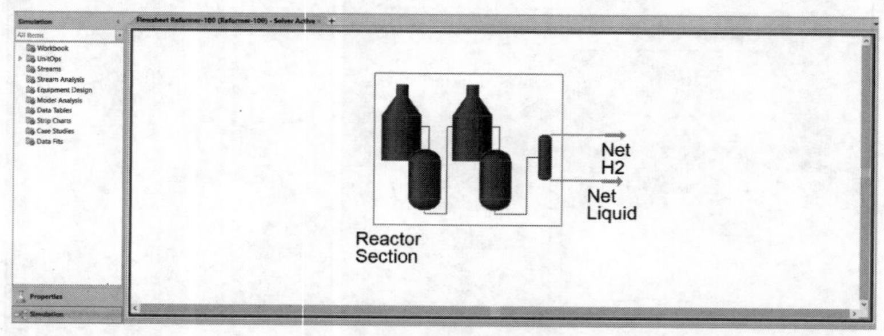

图 5.50　Reformer 子模型流程

图 5.51 显示了 Reformer 子模型的 Feed Data 选项卡。Feed Type 是反应器模型中所有集总动力学的一套基本关联式和初始值。Aspen HYSYS 使用整体性质参数(如密度、蒸馏曲线和 PNA 以及进料类型)来预测模型中进料集总组分的组成。"Default"类型适用于轻石脑油-重石脑油。但是，我们不能保证特定的原料类型能够准确地表示实际进料。Aspen HYSYS 将尝试调整进料组成来满足给定的整体性质测量值。一般而言，我们推荐用户开发多套组成分析来验证 Aspen HYSYS 计算的集总动力学。本文在第 5.15 节讨论了验证集总动力学的过程。

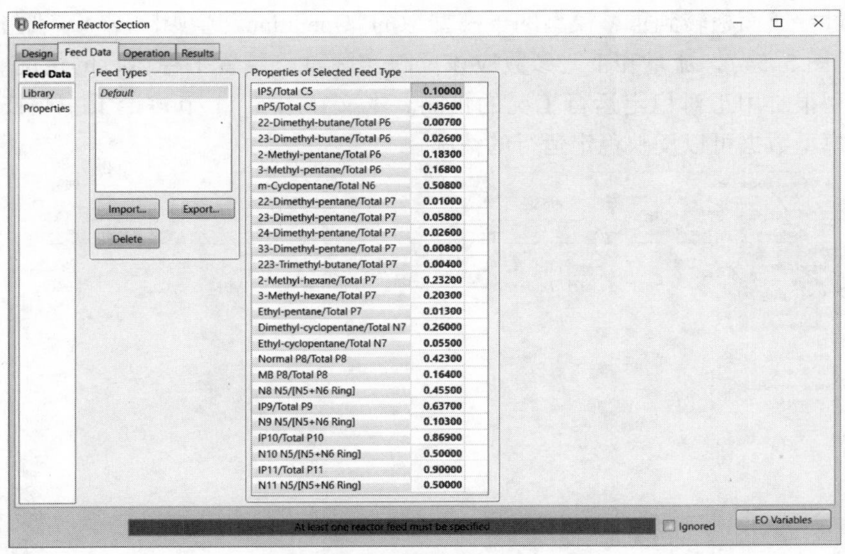

图 5.51 Feed Data 选项卡

在 Feed Data 选项卡“Properties”部分输入整体性质测量参数，如图 5.52 所示。这些数据来自表 5.25 给出的工艺数据。在整体性质参数输入完成前，求解器务必处于“Hold(挂起)”状态。从软件设计角度来看，Aspen HYSYS 将在修改参数后立即尝试计算模型，当我们修改许多变量时，这可能是不方便的，并且可能导致收敛问题。设置求解器“Hold(挂起)”状态，只需要在流程图窗口顶部工具栏选择红色 Stop 符号即可(见图 5.53)。

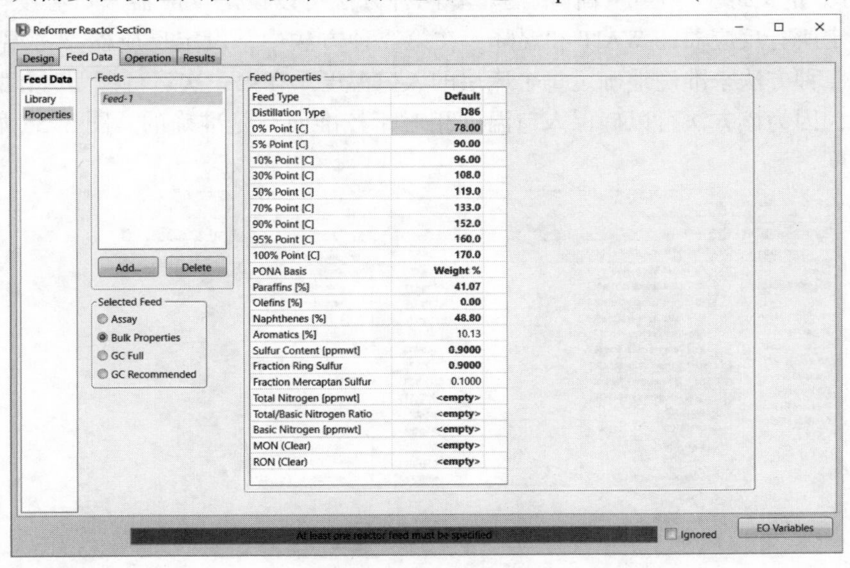

图 5.52 整体性质参数

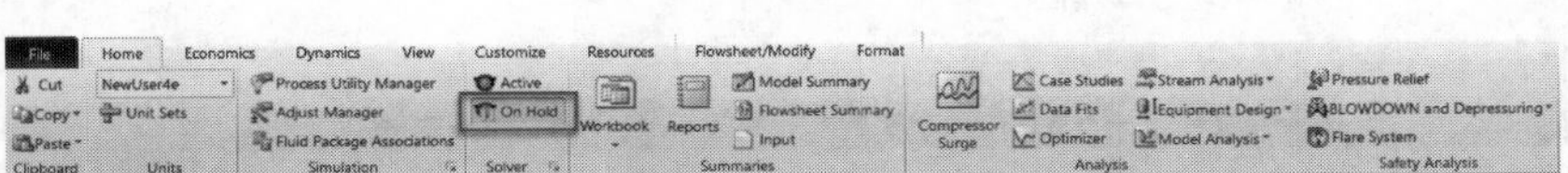

图 5.53 Aspen HYSYS 求解器“Hold(挂起)”模式

我们通过导航面板转到重整模型的子模型中的“Operation”选项卡“Feeds”部分输入其他操作参数(见图 5.54)。流量和工艺参数应该反映实际重整装置平稳运行的情况。基于不稳定数据的模型很难用于对稳定运行工况的预测。本文在第 5.11 节讨论了一些技巧和方法,确保收集的模型数据可以反映稳定运行的情况。

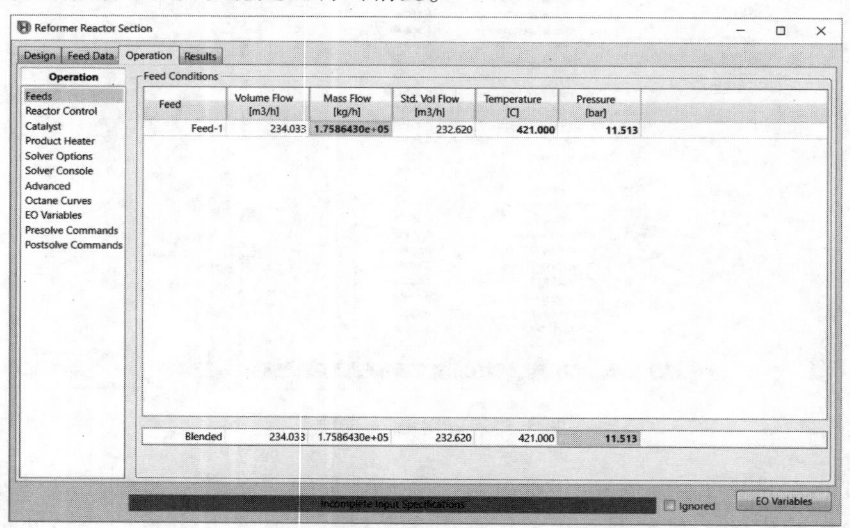

图 5.54　进料量的设定

在进料参数输入完成后,我们必须定义操作温度和相关的工艺变量。我们进入“Reactor Control”部分并定义每个床层的操作温度。有两种方法可以设定反应器入口温度:在第一种方法中,设定所有反应器的 WAIT 和温降;在第二种方法中,设定反应器参考温度和温降。本文使用第二种方法来准确地确定每个床层的入口温度。在第一次运行模型时,我们推荐使用这种方法,因为该方法可以确保入口温度相对于校准而言是准确的。图 5.55 显示了如何输入反应温度。

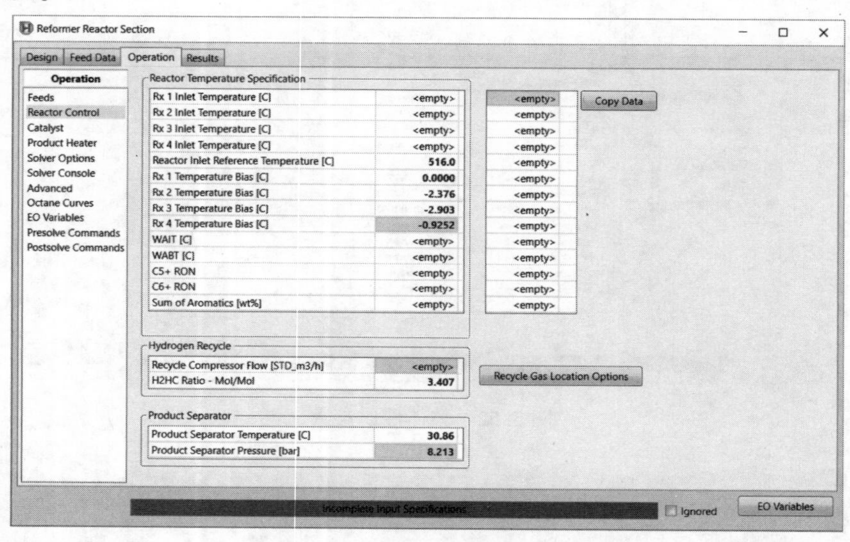

图 5.55　反应温度的设定

重整联立方程模型在技术上可以输入产品的辛烷值并反算达到指定辛烷值所需的入口温度。但是，未经校正的模型不可能很好地收敛于设定值。本文推荐直接输入反应温度。

此外，还必须在重整模型中输入 H2HC(CCR 装置的典型值为 3～4)。重整装置通常会测量这个数值，我们期望该输入值越精确越好。产品分离器是指离开最后一台反应器后的第一分离器的操作条件。如果不打算建立下游分馏模型，需要输入准确值。

进入"Operation"选项卡"Catalyst"部分，如图 5.56 所示。模拟 CCR 装置必须输入催化剂循环速率的估算值。注意，可以在"Catalyst"部分输入其他参数，但是只有循环速率能够确保收率的鲁棒性。

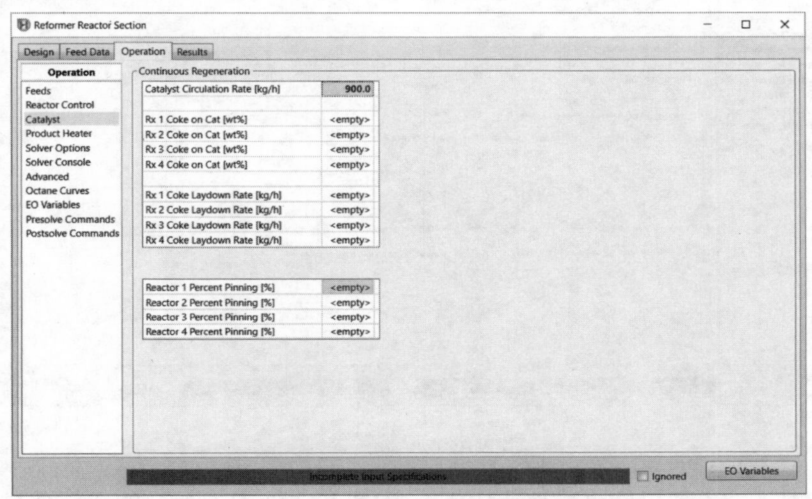

图 5.56　催化剂的设定

最后的步骤是产品加热器的参数设置。由于本文构建了严格的分馏单元，因此只需要输入估算值。如果没有打算添加分馏模型，可以输入汽油稳定塔前加热炉的测量值。在图 5.57 中，一旦输入产品加热器参数，有提示的黄条出现，那么则表示模型求解已具备条件。在下一节中，我们将讨论如何求解模型并保证收敛鲁棒性。

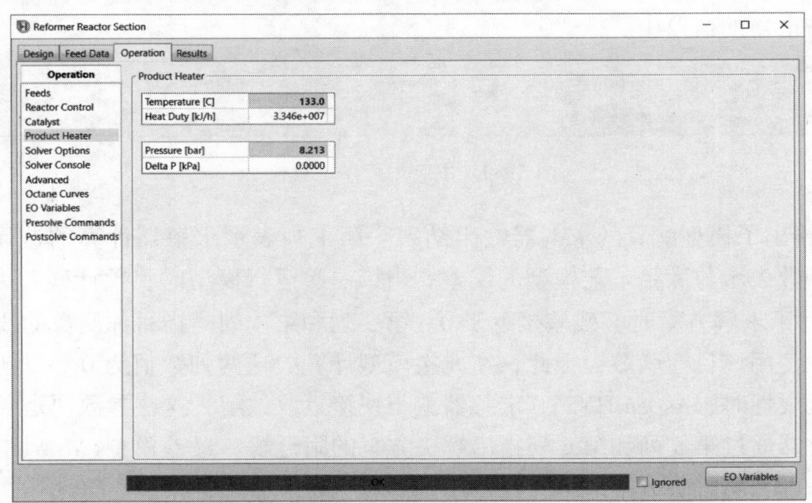

图 5.57　产品加热器的设定

5.14.6 求解器参数和运行初始模型

在求解模型之前，必须确保求解器参数能够实现鲁棒收敛。在“Operation”选项卡中选择“Solver Options”部分来调出求解器选项。图 5.58 显示了求解器选项的推荐值。我们根据炼厂模型的经验参数选择了这些数值。

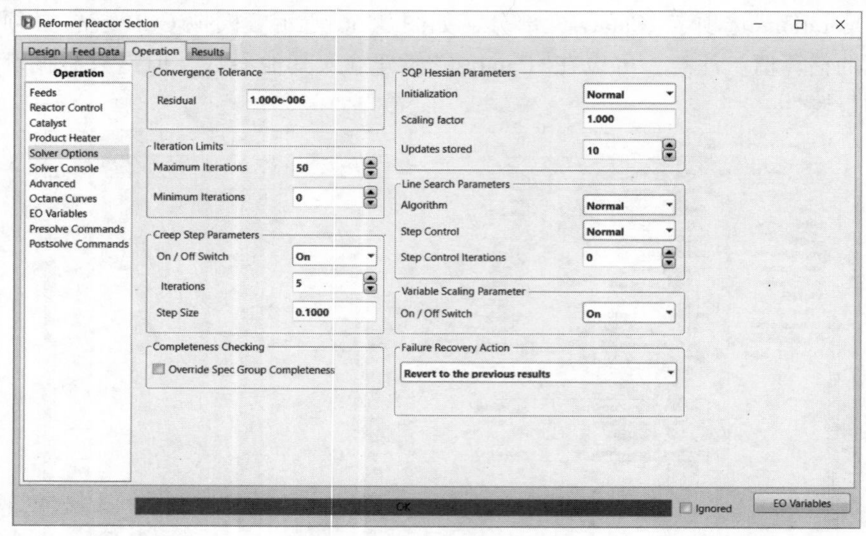

图 5.58　求解器参数

在一般情况下，不建议修改残差、Hessian 参数和线性搜索参数的约束条件。在第一次运行模型时，增加蠕变迭代次数和最大迭代次数。当初始值非常差时，蠕变迭代指的是工艺变量的初期微弱的变化。最大迭代次数是指求解器退出整个模型之前的迭代次数。根据工艺参数，初始解决方案可能需要 30~40 次迭代。

当开始求解模型时，选择 Flowsheet 工具栏中绿色 Start 图标，如图 5.59 所示。几个初始化步骤将出现在应用程序的右下角窗口中。求解过程可能需要几分钟时间，而求解器状态消息将出现在右下角的窗口中。

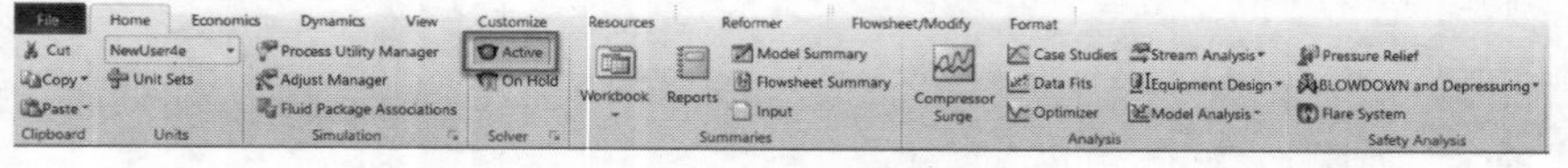

图 5.59　主应用程序工具栏

表 5.30 给出了模型配置的求解器输出结果。第 1 列表示求解器计算的迭代次数；第 2 列残差收敛函数表示与满足工艺模型的偏差。当第一次运行模型时，预计残差为 1×10^9 和 1×10^{10}。当接近于求解方案时，残差接近于 0。第 3 列和第 4 列是指目标函数的残差。我们只在校准过程中使用该目标函数，因此，在此次模型计算中这两列数值为 0。一旦处理方程的参数开始接近线性时，Aspen HYSYS 求解器就很快接近收敛解，这些参数便是我们寻找的解决方案。求解器通过第 5 列和第 6 列指出解决方案的附近解。最差模型(Worst 模型)表示重整模型的哪一部分离解决方案最远，这对于追踪模型无法收敛时是非常有用的。表 5.30 的最后一行表示求解器的几个计算统计信息。

表 5.30 初始求解器输出

Iteration	Residual Convergence Function	Objective Convergence Function	Objective Function Value	Overall Nonlinearity Ratio	Modle Nonlinearity Ratio	Worst Model
0	7.223D+08	0.000D+00	0.000D+00	1.000D+00	-4.404D+00	PRODHTR
	<Line Search Creep Mode ACTIVE>= =>Step taken 1.00D-01					
1	5.835D+08	0.000D+00	0.000D+00	9.895D-01	-8.761D+00	RXR3.RXHTR
	<Line Search Creep Mode ACTIVE>= =>Step taken 1.00D-01					
2	4.712D+08	0.000D+00	0.000D+00	9.903D-01	-3.505D+00	CCRDMO
	<Line Search Creep Mode ACTIVE>= =>Step taken 1.00D-01					
3	3.806D+08	0.000D+00	0.000D+00	9.898D-01	-1.947D+00	RXR4.RXACT
	<Line Search Creep Mode ACTIVE>= =>Step taken 1.00D-01					
4	3.076D+08	0.000D+00	0.000D+00	9.907D-01	-4.639D+00	XR2.RXHTR
	<Line Search Creep Mode ACTIVE>= =>Step taken 1.00D-01					
5	2.487D+08	0.000D+00	0.000D+00	9.022D-01	-3.586D+01	RXR2.RXHTR
6	5.236D+04	0.000D+00	0.000D+00	9.901D-01	9.310D-01	RXR2.RXHTR
7	5.204D+02	0.000D+00	0.000D+00	9.640D-01	-9.009D-01	RXR4.RXACT
8	1.165D-02	0.000D+00	0.000D+00	1.000D+00	9.999D-01	RXR2.RXR
9	1.066D-10	0.000D+00	0.000D+00			
Successful solution.						
Optimization Timing Statistics		Time	Percent			
Model computations		1.56 secs	19.36 %			
DMO computations		6.05 secs	75.11 %			
Miscellaneous		0.45 secs	5.53 %			
Total Optimization Time		8.05 secs	100.00 %			
Problem converged<invoke postsolve.ebs>						

5.14.7 查看模型结果

在初始模型求解完成后，我们可以通过导航面板转到“Results”选项卡“Summary”部分来查看模拟结果。“Summary”部分给出了许多与重整工艺相关的产品收率。图 5.60 显示了初始模型运行的结果。注意，计算结果大部分接近于装置测量值，这表明不需要进行大量的校准来匹配模型预测值与设备性能和收率。转到“Product Yields”部分查看每个集总组分的详细收率结果，并选择 Grouped or Detailed yields，如图 5.61 所示。

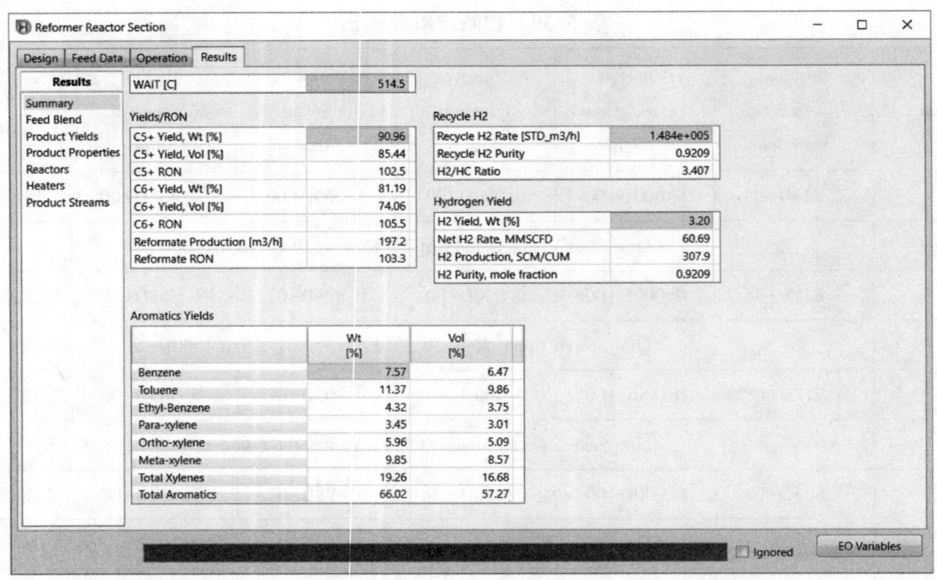

图 5.60　Reformer 结果汇总

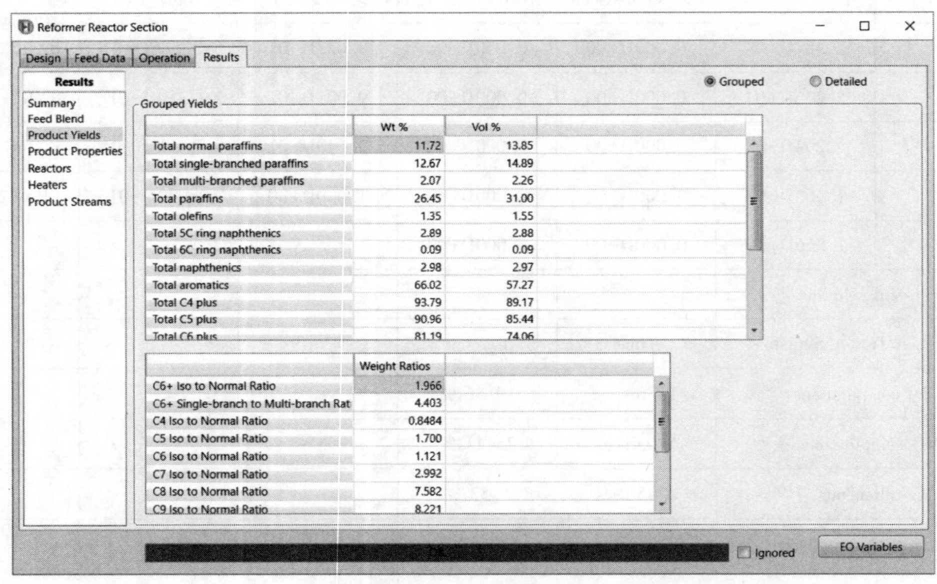

图 5.61　Reformer 收率结果

我们还可以通过“Results 选项卡 “Reactors”部分查看反应温度和流量分布，如图 5.62 所示。我们注意到，每个反应床层的温降预测值与实际值相当，大部分温度变化基于环烷烃脱氢反应。由于该模型对芳烃组成进行了合理的预测，我们预计反应温度也会一致。

基于整体性质的初始模型求解基本完成，我们将模拟文件另存为 Workshop 5.1-1.hsc。通过单击 Flowsheet 工具栏上的绿色向上箭头返回到主流程图(Parent Flowsheet，见图 5.63)。在返回主流程图后，我们通过输入 Net H2 和 Net Liquid 物流的名称并选择 Basic Transition (见图 5.64)来附着真正的产品物流。

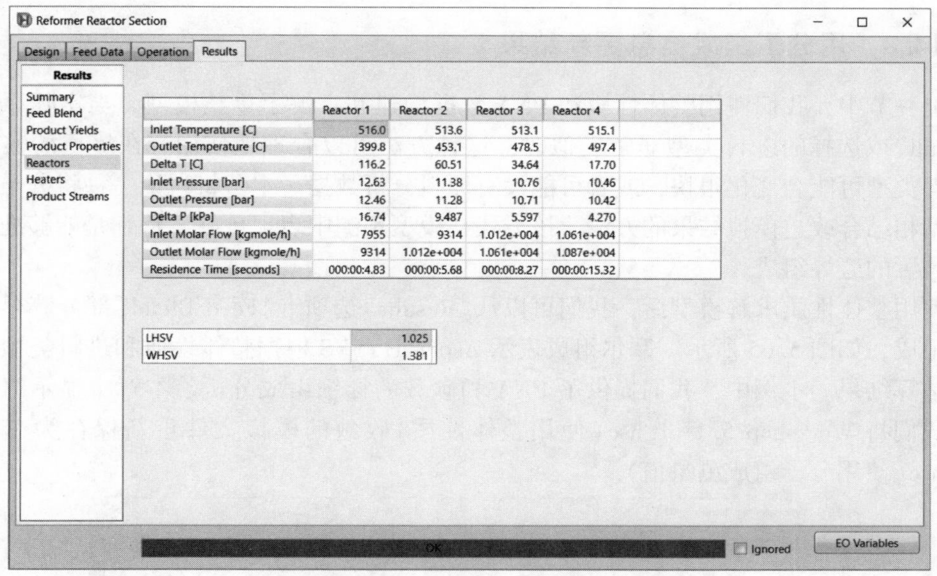

图 5.62 反应器性能结果

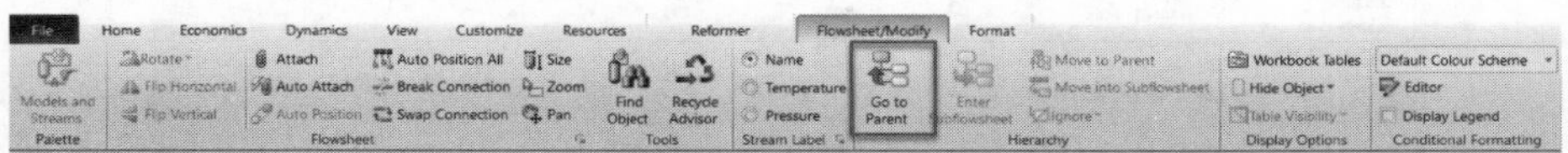

图 5.63 返回到主流程

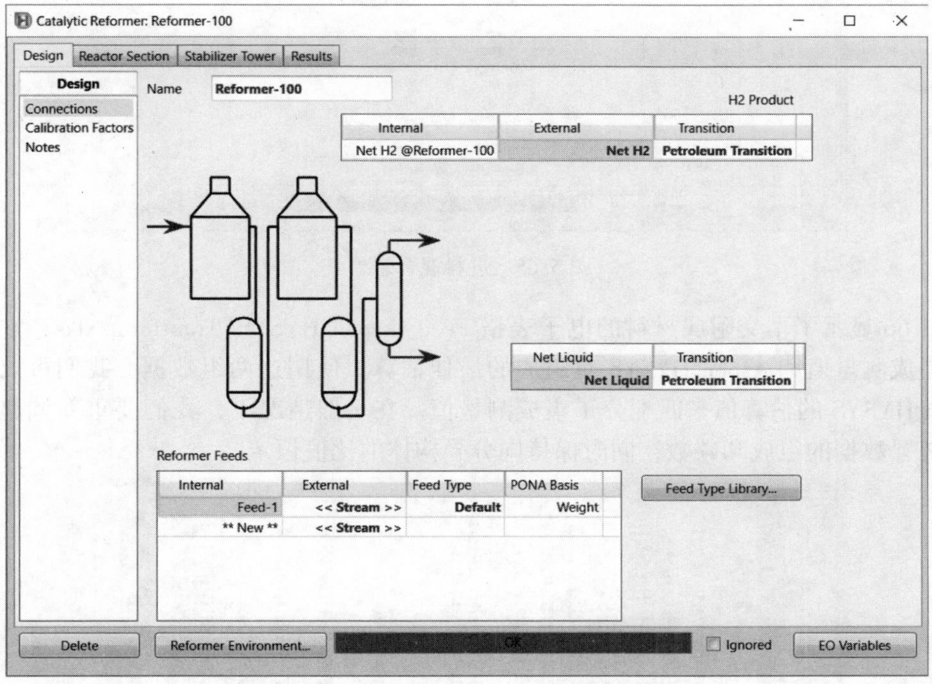

图 5.64 将外部物流连接到 Reformer 的流程图

5.14.8 用分子组成信息更新结果

在上一节中，我们使用整体性质和 PNA 数据构建并求解了重整模型。当实际原料非常与“Default”或选择的进料类型非常类似时，这种方法可以合理地使用。在炼厂的实际操作中，进料类型可能会变化很快，或者可能没有原料分析数据。本节将讨论一种将分子组成与进料类型相结合改进模拟结果的方法。该方法在模型预测中表现良好，特别是能够准确地预测重整装置的芳烃组成。

当使用整体性质求解模型后，我们可以从“Results”选项卡“Feed Blend”部分获得进料集总组分组成，如图 5.65 所示。摩尔组成表示 Aspen HYSYS 根据整体性质和进料类型对组成的最佳估算结果。本例中，我们提供了 PNA 和碳数的详细组成分析。本章中显示组成的测量值。我们将 Workshop 5.1-1.hsc（使用整体性质）收敛的模拟文件重新保存为 Workshop 5.1-2.hsc（使用分子组成测量值）。

Catalytic Reformer: Reformer-100

Design | Reactor Section | Stabilizer Tower | Results

Results: Summary, Feed Blend, Product Yields, Product Properties, Reactors, Heaters, Product Streams

	Feed-1	Blend
Mass Flow [kg/h]	1.759e+005	1.759e+005
Volume Flow [m3/h]	234.0	234.0
Std. Vol Flow [m3/h]	232.6	232.6
Molar Flow [kgmole/h]	1693	1693
Molecular Weight	103.9	103.9
Specific Gravity (60F/60F)	0.7522	0.7522
API Gravity	56.61	56.61
Composition, Mol Frac		
H2	0.0000	0.0000
P1	0.0000	0.0000
P2	0.0000	0.0000
OL2	0.0000	0.0000
P3	0.0000	0.0000
O3	0.0000	0.0000
IP4	0.0000	0.0000
NP4	0.0000	0.0000
P4	0.0000	0.0000
O4	0.0000	0.0000
IP5	1.241e-002	1.241e-002
NP5	5.413e-002	5.413e-002
P5	0.0000	0.0000
O5	0.0000	0.0000
5N5	5.926e-002	5.926e-002
22DMC4	3.029e-004	3.029e-004
23DMC4	1.125e-003	1.125e-003
MBP6	0.0000	0.0000

Delete | Reformer Environment... | Ignored | EO Variables

图 5.65 进料混合结果

图 5.66 显示了本文附属材料的电子表格 Feed_Aspen HYSYS_Transform.xlxs，它可以接受分子组成测量值和 Aspen HYSYS 对组成的最佳估算。使用这两组数据，我们可以重新调整 Aspen HYSYS 的估算值来匹配分子组成测量值。在一般情况下，我们要重新调整估算值来匹配装置数据的组成和碳数，同时保持同分异构体的比值恒定。

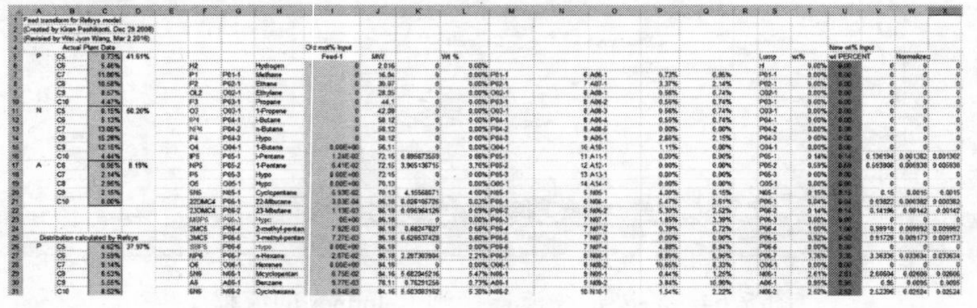

图 5.66 Feed 重新调整的电子表格（Feed_AspenHYSYS_Transform.xlxs）

我们通过将 Aspen HYSYS 的“Feed Blend”(见图 5.65)结果复制到电子表格中 I 列(见图 5.66)来进行重新缩放。同时在 C 列输入组成测量值，单元格 C5～C21 和单元格 C26～C42 表示第 5.14.3 节中表 5.25 给出的装置数据 PNA(烷烃-环烷烃-芳烃)。重新缩放的结果显示在 U 列中。我们现在必须将重新调整后的 Feed 参数输入重整模型中，还必须重新进入 Reformer 子流程表及进入 Feed Data 选项卡。

Feed Data 选项卡如图 5.67 所示。选择 GC Full(Kinetic Lump)而不是 Bulk Properties。Aspen HYSYS 此时提示缺少整体性质参数。点击确定并直接编辑 GC Full。我们将电子表格 U 列的结果复制到 Edit Lumps 对话框中，如图 5.68 所示。按照质量基准输入新的集总组分组成，并进行归一化，确保所有集总组分的总和为 1。求解器将自动计算新的进料集总组分组成。一般而言，初始残差应该在 $1\times10^3\sim1\times10^4$ 的数量级上，这表明模型唯一的变化是进料集总组分组成。

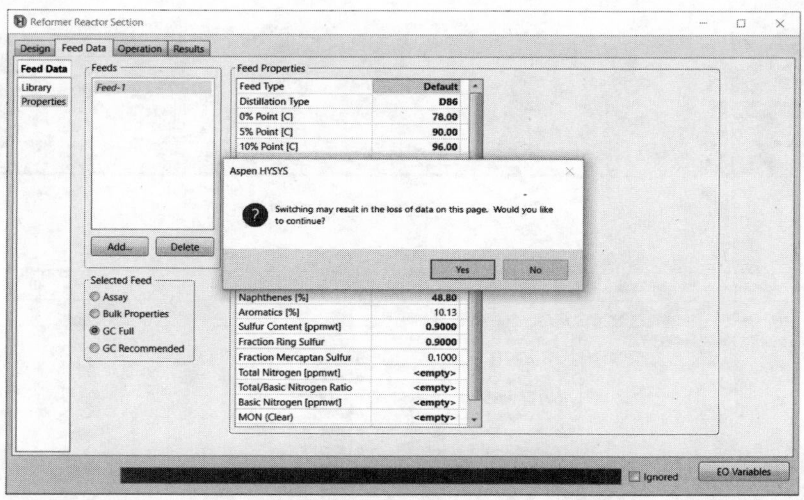

图 5.67　从整体性质数据更改为 GC Full(集总动力学)

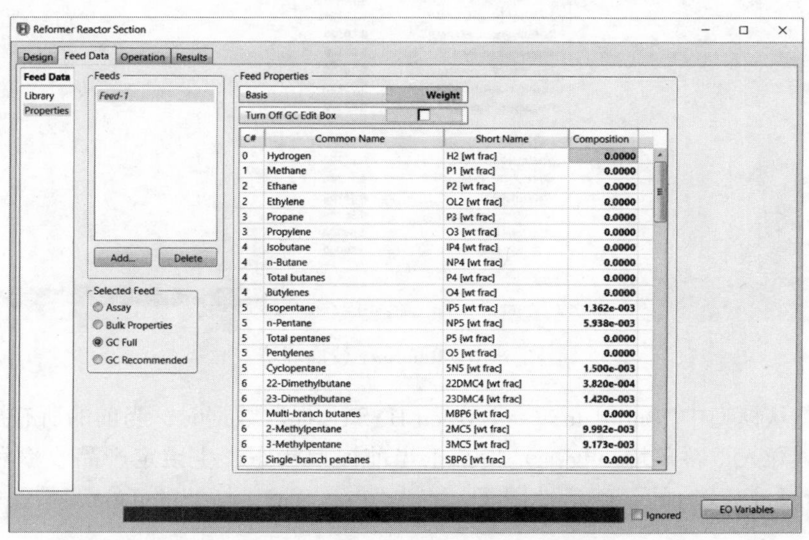

图 5.68　集总动力学组分组成输入窗口

5.15 例题 5.2——模型校准

本节根据已知产品收率和反应器性能进行模型校准，主要包括四个不同的步骤：

(1) 从当前模型中提取数据。

(2) 对当前模型输入实际收率和性能的测量值。

(3) 更新活性因子以匹配装置收率和性能。

(4) 将校准数据返回到模型中。

模型校准的第一步是使用分子组成测量值收敛的初始模型 Workshop 5.1-2.hsc。我们将模拟文件重新保存为 Workshop 5.2.hsc。收敛的初始模型提供了活性因子的初始值，这大大简化了模型校准程序。进入模型校准环境的第一步是进入重整模型子流程并选择“Reformer>Go to Calibration”选项(见图 5.69)。图 5.70 显示了重整模型校准环境。

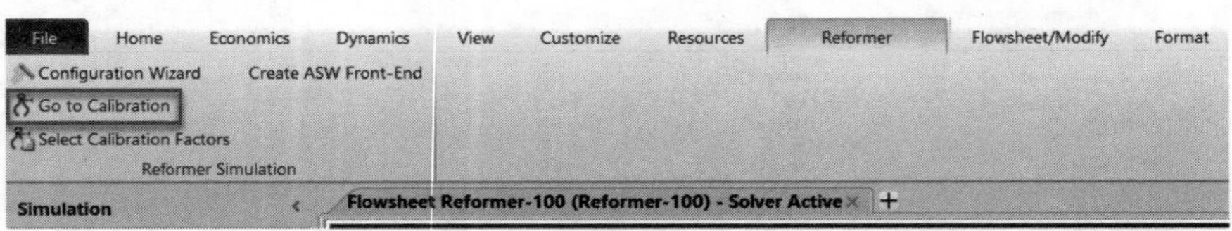

图 5.69 启动重整校准环境

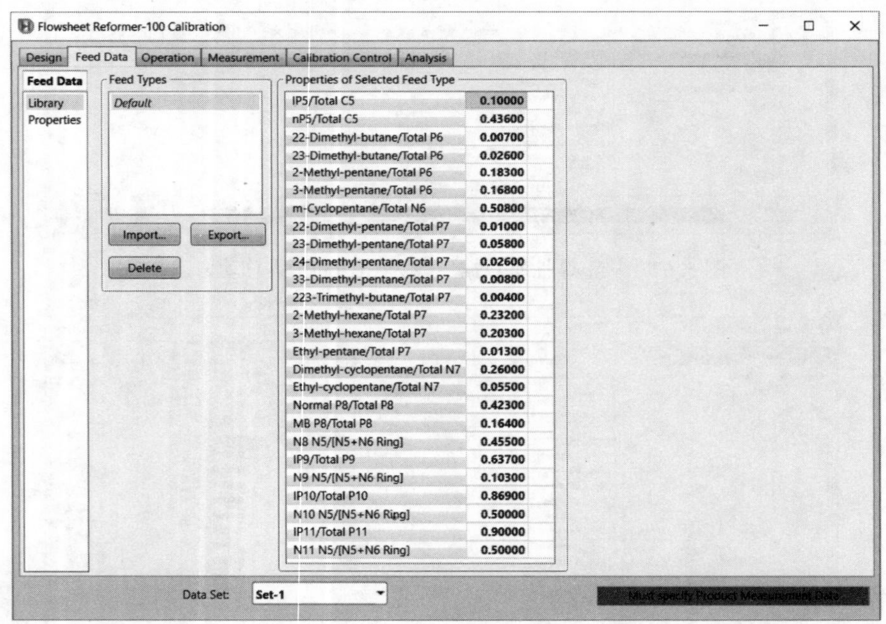

图 5.70 Reformer 校准环境

第一步是从模型中“Pull data”。当 Aspen HYSYS 提取数据时，当前的所有操作条件、原料和工艺参数导入重整环境。校准是指基于当前模型状态产生给定产品收率和反应器性能(我们提供给校准环境)的一组活性因子。点击“Pull Data from Simulation”按钮提取数据(见图 5.71)。

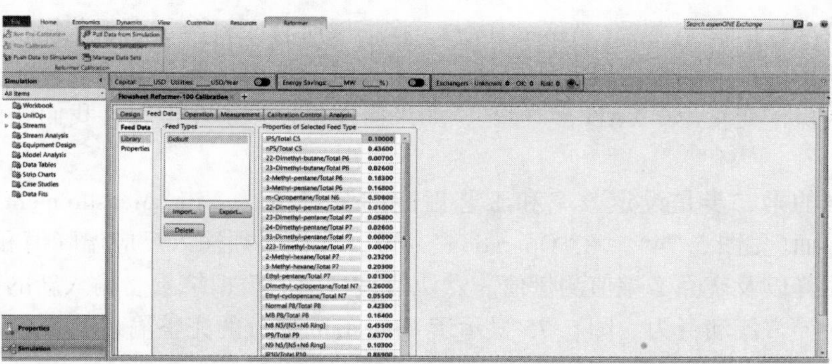

图 5.71 从模拟结果中提取数据

当从模型中提取数据时，Aspen HYSYS 会警告当前的校准数据将被当前的模型结果覆盖，如图 5.72 所示。我们还可以使用数据集(Data Set)功能(见图 5.73)来使用多套校准数据。如果重整装置在不同的操作条件下运行时，那么将作用显著。但是，对于本例而言，我们只使用一个校准数据集。

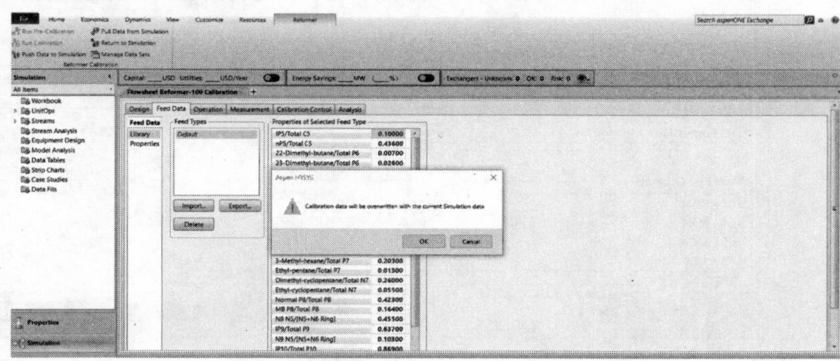

图 5.72 导入模型初始解

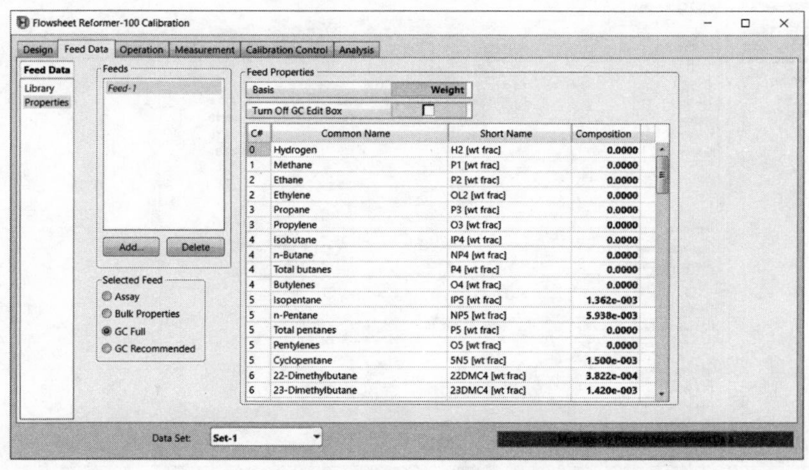

图 5.73 进料组成(质量基准)❶

❶原著有误，译者注。

在确认校准数据覆盖之后，Aspen HYSYS 将提取所有原料参数和工艺操作条件。状态栏现在显示必须指定产品测量值以开始校准过程。如果有必要，除测量值之外，我们还可以修改重整模型的操作变量(如 WAIT)。但是，如果操作条件差别非常大，我们建议创建一个新的模拟文件。

模型校准的第二步是设定收率和工艺性能的测量值。点击"Measurement"选项卡打开"Operation"界面(见图 5.74)。在"Operation"部分，我们必须输入反应温降值和循环氢纯度，也可以输入压降以及产品辛烷值测量值。默认值是当前的模拟结果。输入新的压降可以考察重整反应器中异常流动行为。图 5.75 显示了 Operation 部分的完整输入窗口。

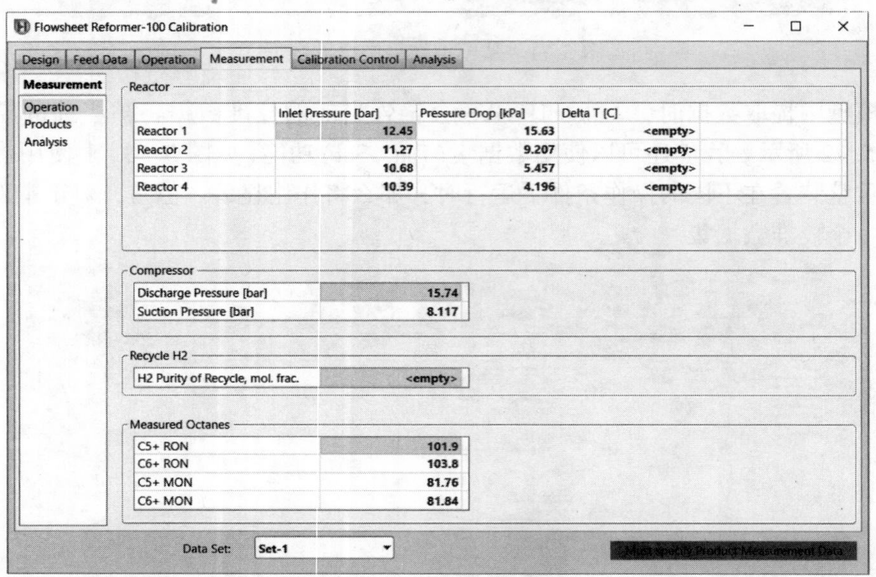

图 5.74　反应器性能选项卡

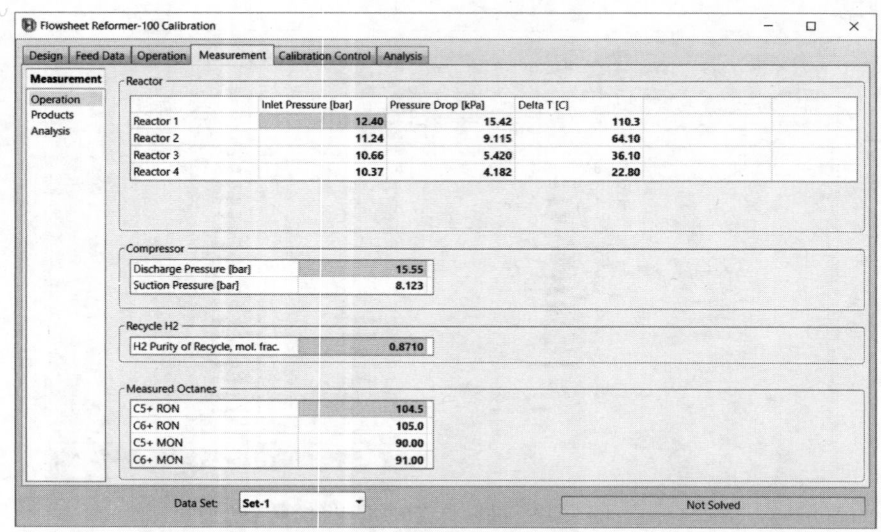

图 5.75　完整的反应器性能选项卡

接下来，设定重整模型的所有关键物流的流量、收率和组成(见图 5.76)。为了确保对关键反应路径进行准确建模，组成分析是必要的。我们建议用户输入气体物流的所有组成信息(以 mol%表示)和液体物流的所有组成信息(以%(体)或%表示)。根据现有数据，我们可以输入每个物流的流量、气体流量或质量基准。注意，Aspen HYSYS 内部将所有测量结果都转换成摩尔百分比，在模型结果中实现了总体物料平衡。

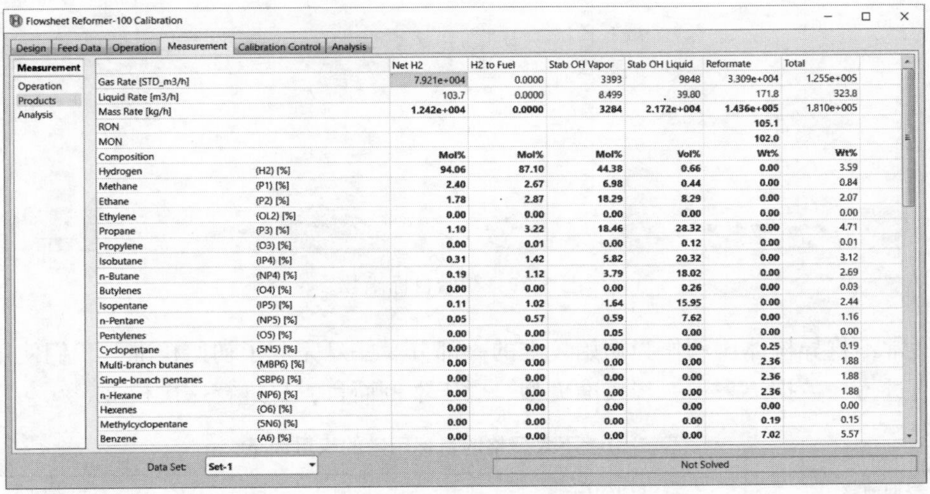

Flowsheet Reformer-100 Calibration

Design | Feed Data | Operation | Measurement | Calibration Control | Analysis

Measurement: Operation / Products / Analysis

		Net H2	H2 to Fuel	Stab OH Vapor	Stab OH Liquid	Reformate	Total
Gas Rate [STD_m3/h]		7.921e+004	0.0000	3393	9848	3.309e+004	1.255e+005
Liquid Rate [m3/h]		103.7	0.0000	8.499	39.80	171.8	323.8
Mass Rate [kg/h]		1.242e+004	0.0000	3284	2.172e+004	1.436e+005	1.810e+005
RON						105.1	
MON						102.0	
Composition		Mol%	Mol%	Mol%	Vol%	Wt%	Wt%
Hydrogen	(H2) [%]	94.06	87.10	44.38	0.66	0.00	3.59
Methane	(P1) [%]	2.40	2.67	6.98	0.44	0.00	0.84
Ethane	(P2) [%]	1.78	2.87	18.29	8.29	0.00	2.07
Ethylene	(OL2) [%]	0.00	0.00	0.00	0.00	0.00	0.00
Propane	(P3) [%]	1.10	3.22	18.46	28.32	0.00	4.71
Propylene	(O3) [%]	0.00	0.01	0.00	0.12	0.00	0.01
Isobutane	(IP4) [%]	0.31	1.42	5.82	20.32	0.00	3.12
n-Butane	(NP4) [%]	0.19	1.12	3.79	18.02	0.00	2.69
Butylenes	(O4) [%]	0.00	0.00	0.00	0.26	0.00	0.03
Isopentane	(IP5) [%]	0.11	1.02	1.64	15.95	0.00	2.44
n-Pentane	(NP5) [%]	0.05	0.57	0.59	7.62	0.00	1.16
Pentylenes	(O5) [%]	0.00	0.00	0.05	0.00	0.00	0.00
Cyclopentane	(5N5) [%]	0.00	0.00	0.00	0.00	0.25	0.19
Multi-branch butanes	(MBP6) [%]	0.00	0.00	0.00	0.00	2.36	1.88
Single-branch pentanes	(SBP6) [%]	0.00	0.00	0.00	0.00	2.36	1.88
n-Hexane	(NP6) [%]	0.00	0.00	0.00	0.00	2.36	1.88
Hexenes	(O6) [%]	0.00	0.00	0.00	0.00	0.00	0.00
Methylcyclopentane	(5N6) [%]	0.00	0.00	0.00	0.00	0.19	0.15
Benzene	(A6) [%]	0.00	0.00	0.00	0.00	7.02	5.57

Data Set: Set-1　　Not Solved

图 5.76　产品测量数据选项卡

在输入组成数据时，推荐使用以下原则：

(1) 如果 H_2 至干气的分析数据不可用，可以输入 85~87mol%H_2 作为物流的组成。

(2) 稳定塔塔顶液相物流的测量值经常会令人困惑。如果原始数据选择 mol%或%(体)，模型结果通常没有差异。这些轻组分的摩尔体积大致相似，所以由 mol%或%(体)错误导致的误差通常较小。

(3) 如果没有给定集总组分的所有异构体(例如 P8、SBP8 和 MBP8)，那么可以将集总组分测量值分配在三个组分上。但是，必须确保不要将异构体比例作为校准活性因子。该方法不适用于二甲苯，因为二甲苯异构体必须使用比值进行校准。

(4) 可以将高于 A9 的芳烃集总为 A10。这是可以接受的，因为我们不会对高于 A9 的芳烃进行校准，并且允许模型自由计算高于 A9 的芳烃组成。

在正确输入组成参数完成后，状态栏就会变成黄色(见图 5.76)，表明已经准备好开始调整活性因子了。

校准的第三步是使用 Aspen HYSYS 来改变多个活性因子，以便将目标函数最小化。目标函数定义为模型预测值和测量值绝对偏差的加权和。转到“Calibration Control”选项卡“Objective”部分来选择目标函数中的项目，如图 5.77 所示。

最初的目标函数非常严格，需要进行详细分析才能达到校准目的。当组成分析数据有限时，我们建议使用替代的目标函数，该目标函数也能起到非常好的效果。另外，较不严格的目标函数有助于确保模型不会被固定或过度地校准为单个数据集。

表 5.31 未给出的项目不是初始校准的一部分；较低的权重表示给定项目比其他项目更

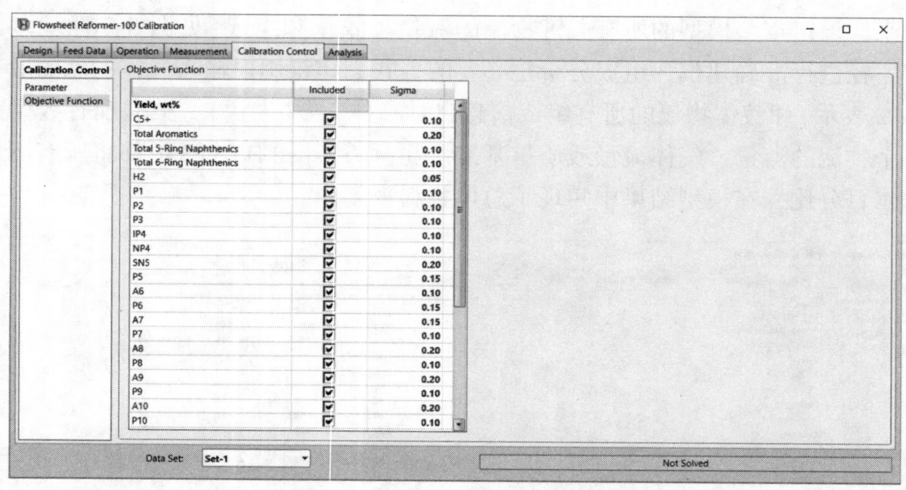

图 5.77　初始目标函数

重要，通常不将异构体比例作为初始校准的一部分。一旦完成了初始校准，我们使用原始目标函数通过另一数据集来进一步校准模型。对于本例而言，只进行一次校准。

表 5.31　不太严格的目标函数的权重因子

模型预测	权重因子	模型预测	权重因子
C_5+yield	0.10	A7 yield	0.15
Total aromatic yield	0.20	P7 yield	0.10
H_2 yield	0.05	A8 yield	0.20
P1 yield	0.10	P8 yield	0.10
P2 yield	0.10	A9 yield	0.20
P3 yield	0.10	A10 yield	0.20
IP4 yield	0.10	P10 yield	0.10
NP4 yield	0.10	Recycle gas purity	0.01
5N5 yield	0.20	Reactor 1 ΔT	0.75
P5 yield	0.15	Reactor 2 ΔT	0.75
A6 yield	0.10	Reactor 3 ΔT	0.75
P6 yield	0.15	Reactor 4 ΔT	0.75

在目标函数选择完成后进行模型预校准是一个良好的习惯，因为模型预校准可以确保在可行的区域启动模拟，并表示校准过程是否成功。我们通过点击校准环境中的“Pre-Calibration”按钮来运行预校准(见图 5.78)。

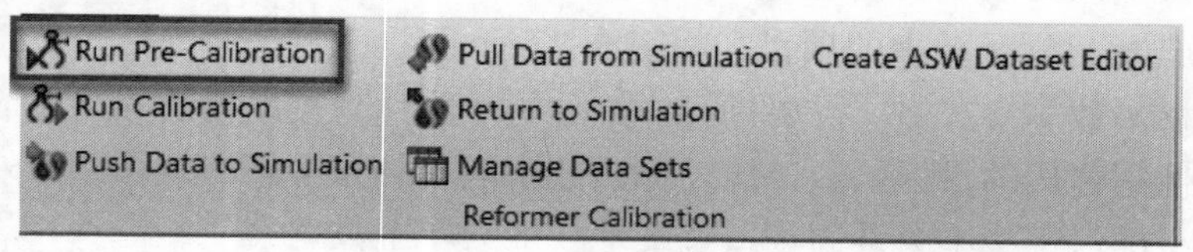

图 5.78　Reformer Calibration 中的 Pre-calibration

当使用模型的预校准时，Aspen HYSYS 为该数据集提供了验证向导。该向导的关键结果是该数据集的质量平衡和氢气平衡收敛。我们可以尝试通过修改每个物流的偏差来纠正误差。偏差指的是如何调节物流流量以确保质量平衡和氢气平衡收敛，分配偏差见图 5.79。图 5.80 显示，可以通过不选择重整生成油的偏差来改善不平衡状况。

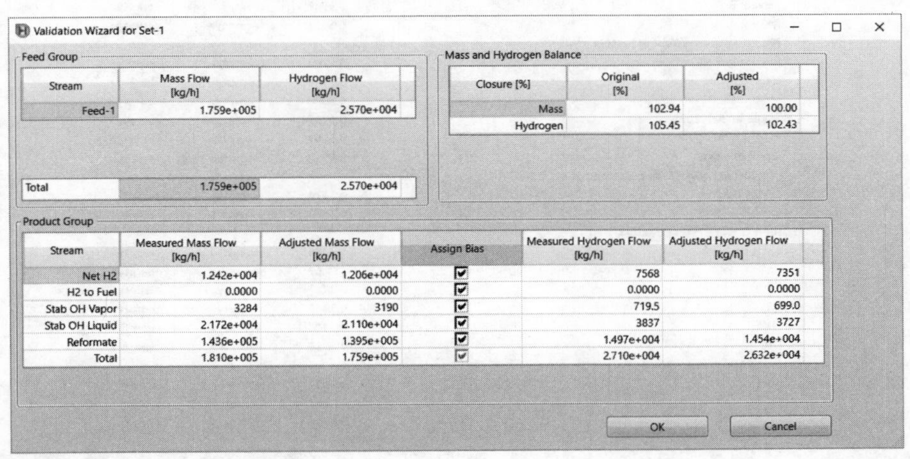

图 5.79　分配偏差

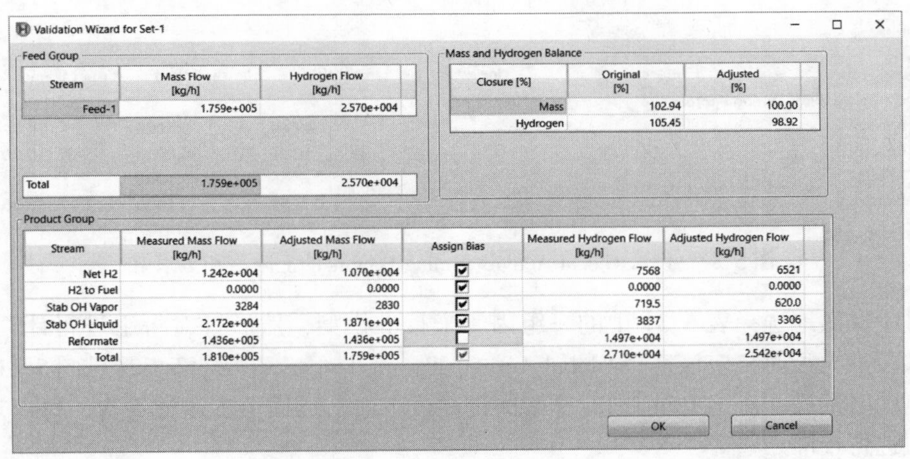

图 5.80　Assign bias-选择 Reformate

修改 Assign Bias 可能无法改善校准。明显的质量不平衡和氢气不平衡表明数据集可能不一致。第一步是验证测量数据并在必要时获取更新的测量数据。如果无法收敛质量平衡，我们可以继续进行校准，但是，必须认识到，收敛校准是不可能的，并且必须慎重查看模型预测结果。

下一步是在校准期间选择改变模型活性因子。我们通过导航面板转到 Calibration Control 选项卡 Parameter 部分来选择活性因子(见图 5.81)。若在校准中包含某个因子，我们必须选择该因子的“Included box”，如图 5.82 所示。上限值和下限值的范围必须合理，以避免过度校准模型。表 5.32 讨论了调整因子的上限值和下限值，还给出了最常见的活性因子的一些合理的上限值和下限值。

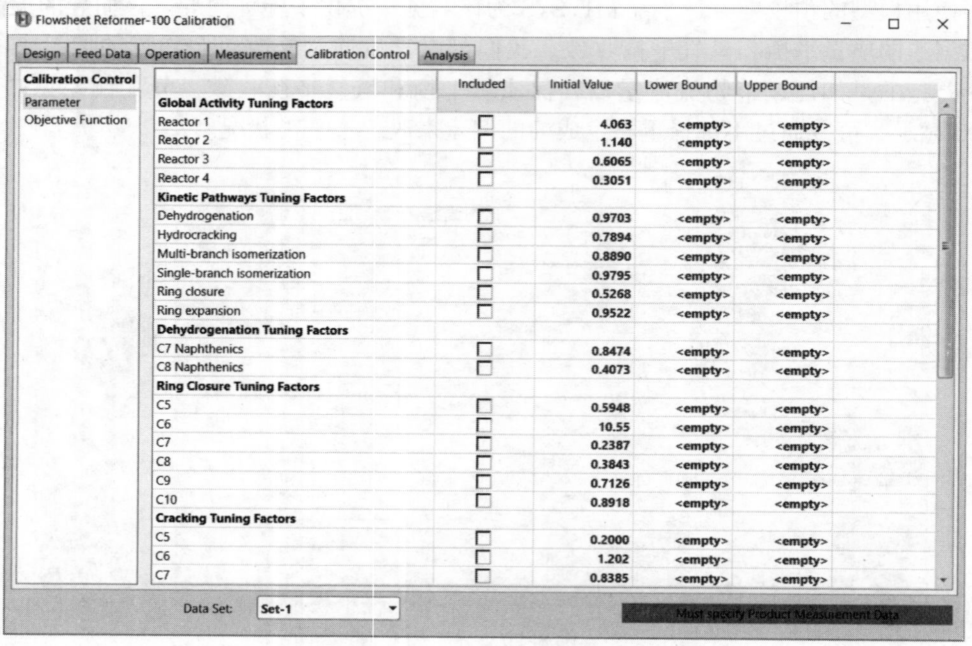

Flowsheet Reformer-100 Calibration

Design | Feed Data | Operation | Measurement | Calibration Control | Analysis

Calibration Control
Parameter
Objective Function

	Included	Initial Value	Lower Bound	Upper Bound
Global Activity Tuning Factors				
Reactor 1	☐	4.063	<empty>	<empty>
Reactor 2	☐	1.140	<empty>	<empty>
Reactor 3	☐	0.6065	<empty>	<empty>
Reactor 4	☐	0.3051	<empty>	<empty>
Kinetic Pathways Tuning Factors				
Dehydrogenation	☐	0.9703	<empty>	<empty>
Hydrocracking	☐	0.7894	<empty>	<empty>
Multi-branch isomerization	☐	0.8890	<empty>	<empty>
Single-branch isomerization	☐	0.9795	<empty>	<empty>
Ring closure	☐	0.5268	<empty>	<empty>
Ring expansion	☐	0.9522	<empty>	<empty>
Dehydrogenation Tuning Factors				
C7 Naphthenics	☐	0.8474	<empty>	<empty>
C8 Naphthenics	☐	0.4073	<empty>	<empty>
Ring Closure Tuning Factors				
C5	☐	0.5948	<empty>	<empty>
C6	☐	10.55	<empty>	<empty>
C7	☐	0.2387	<empty>	<empty>
C8	☐	0.3843	<empty>	<empty>
C9	☐	0.7126	<empty>	<empty>
C10	☐	0.8918	<empty>	<empty>
Cracking Tuning Factors				
C5	☐	0.2000	<empty>	<empty>
C6	☐	1.202	<empty>	<empty>
C7	☐	0.8385	<empty>	<empty>

Data Set: Set-1

Must specify Product Measurement Data

图 5.81 校准参数

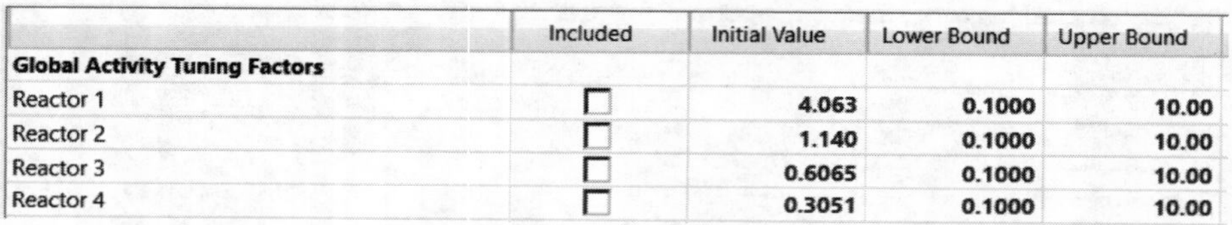

	Included	Initial Value	Lower Bound	Upper Bound
Global Activity Tuning Factors				
Reactor 1	☐	4.063	0.1000	10.00
Reactor 2	☐	1.140	0.1000	10.00
Reactor 3	☐	0.6065	0.1000	10.00
Reactor 4	☐	0.3051	0.1000	10.00

图 5.82 设置 Global Activity Tuning Factors 的上限值和下限值

通过一次次地选择表 5.31 中的每组因子来校准模型，然后针对每组进行计算。例如，当第一次校准模型时，应该选择 Global Activity Tuning Factors 并从表 5.32(见图 5.81)中输入适当的范围。然后，点击 Run Calib 开始优化过程。这个过程至少运行 5 次，每次选择一个不同的组进行校准。

表 5.32 推荐的校准活性因子

类别	项目	范围
1	总活性校正因子	1~20
2	脱氢反应和加氢裂化反应校正因子	0.1~1
3	异构化环化和脱烷基反应校正因子	0.1~1
4	C7 和 C8 校正因子	0.1~1
5	C1 和 C2 收率校正因子	0.1~10

求解器的输出结果见表 5.33。目标是将第 4 列"Objective Function Value"的最终值降低到一个较小值。对于精确校准而言，使用表 5.31 给出的权重，目标函数应该低于 250~300。

表 5.33　校准过程中的求解器输出结果

Iteration	Residual Convergence Function	Objective Convergence Function	Objective Function Value	Overall Nonlinearity Ratio	Model Nonlinearity Ratio	Worst Model
0	1.332D-02	9.878D-03	1.247D+05	7.076D-01	8.211D-01	RXR2. RXR
	<Line Search Creep Mode ACTIVE>==>Step taken 3.00D-01					
1	9.110D-03	7.029D-03	1.250D+05	9.739D-01	-6.060D-01	NETCALV
	<Line Search Creep Mode ACTIVE>==>Step taken 3.00D-01					
2	6.273D-03	4.953D-03	1.253D+05	9.813D-01	3.392D-01	NETCALV
	<Line Search Creep Mode ACTIVE>==>Step taken 3.00D-01					
3	4.340D-03	3.478D-03	1.255D+05	9.866D-01	6.410D-01	NETCALV
	<Line Search Creep Mode ACTIVE>==>Step taken 3.00D-01					
4	3.014D-03	2.438D-03	1.256D+05	9.904D-01	7.827D-01	NETCALV
	<Line Search Creep Mode ACTIVE>==>Step taken 3.00D-01					
5	2.098D-03	1.707D-03	1.259D+05	9.652D-01	5.367D-01	NETCALV
6	1.191D-05	1.186D-05	1.257D+05	9.999D-01	9.997D-01	ISOMP4
7	2.669D-09	1.338D-09	1.259D+05			
Successful solution.						
Optimization Timing Statistics		Time	Percent			
Model computations		1.60 secs	24.17 %			
DMO computations		4.57 secs	69.15 %			
Miscellaneous		0.44 secs	6.68 %			
Total Optimization Time		6.61 secs	100.00 %			
Problem converged						

在成功运行一次校准时，我们可以验证模型预测值与 Aspen HYSYS 的测量输入值的偏差。进入校准环境 Analysis 选项卡中的 Calibration Factors 部分(见图 5.83)，“Delta”列表示目标函数给定项的测量值和模型值之间的偏差。“Contribution”列表示给定项对目标函数(Delta /Weighting)的贡献。使用表 5.32 中的步骤，我们可以将目标函数值减小到 180，低于的合理模型的 250~300 标准。

当模型校准到较小的残差后(<250~300)，我们应该将结果导回到主流程重整模型中。这就是模型校准的第四步，即最后一步。

在 Reformer Calibration 环境中 Analysis 选项卡点击“Save for Simulation …”保存已校准的模型。Aspen HYSYS 会提示我们(见图 5.84)将此校准值保存为“Set-1”。我们可以对同一重整模型进行多次校准，针对不同的操作工况使用不同的校准进行组合。本文建议对每个重整模型只设置一套校准。

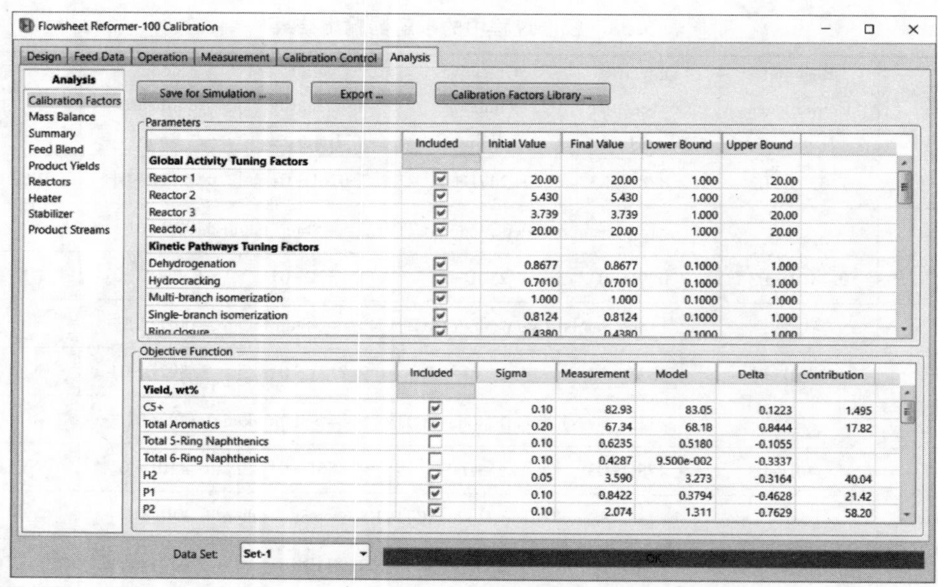

图 5.83　校准因子分析

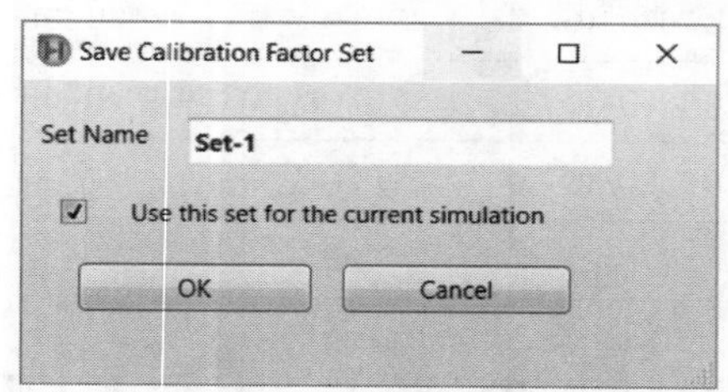

图 5.84　保存校准因子集

在保存校准文件后，应将求解器置于“Hold(挂起)”模式，以确保 Aspen HYSYS 正确导出校准因子(见图 5.85)。接下来返回到 Reformer Subflowsheet 环境，我们建议用户浏览 Reformer Subflowsheet 环境中的每个选项卡，以确保输入数据没有变化。确保进料集总组分的基准与最初选择的相同也同样重要(在本文中，我们始终使用%，见图 5.86)。接着激活 Aspen HYSYS 求解模型中的求解器，如图 5.86 所示。

之后，我们返回主流程，完成重整模型的校正过程。

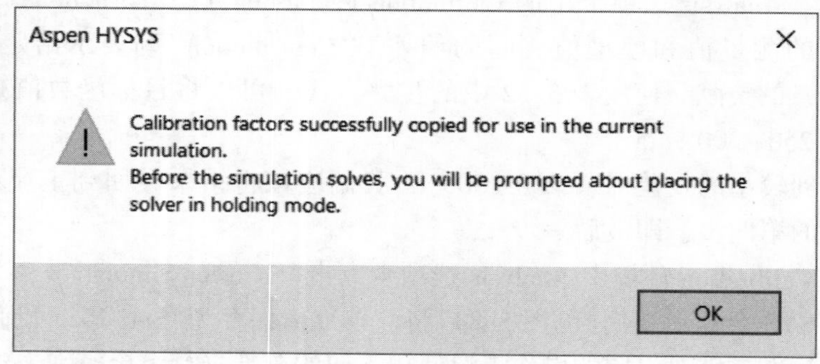

图 5.85　提示 Aspen HYSYS 求解器处于“Hold(挂起)”模式

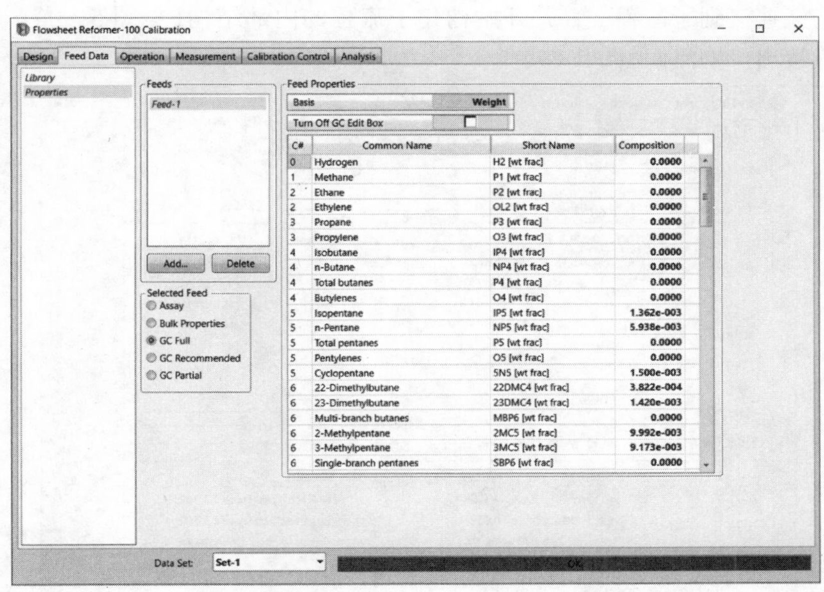

图 5.86 验证 Feed Data 的进料基准

5.16 例题 5.3——建立分馏系统

下一步是建立分馏系统。CCR 重整模型的分馏系统有三个不同的部分：

（1）反应产物再混合。

（2）再接触单元。

（3）汽油/LPG 稳定和芳烃回收。

在第 5.12 节的图 5.19～图 5.21 中，我们已经解释了这三部分。打开模拟文件 Workshop 5.2.hsc，并保存为 Workshop 5.3.hsc，这是当前例题的开始文件。

返回主流程并创建子流程，为反应产物再混合单元创建子流程环境。使用图 5.87 所示的 Aspen HYSYS 工具面板中的"Sub-Flowsheet"图标创建一个子流程。新的子流程在主流程图上显示为带有"T"标记的大图标(见图 5.88)。可以双击该图标，弹出子流程连接窗口(见图 5.89)。

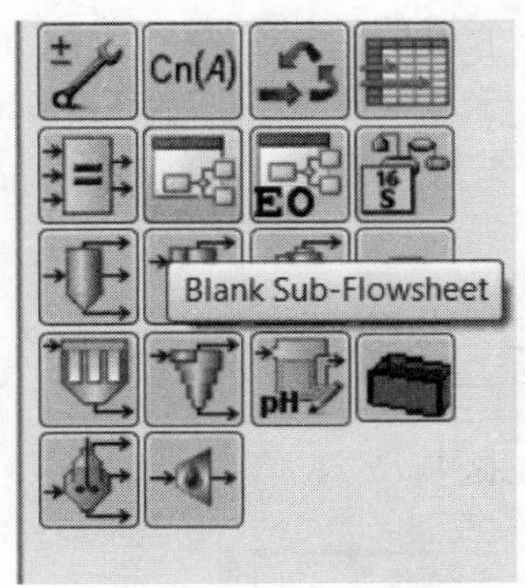

图 5.87 Aspen HYSYS 模型面板中的单元操作模块

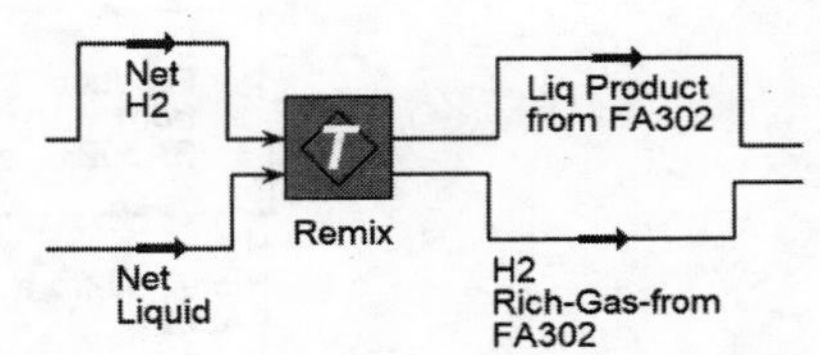

图 5.88 Remixer 子流程配置

将入口物流连接到子流程上，并开始构建子流程的内部结构(见图 5.90)。在流程图构建完成后，连接出口物流(见图 5.89)。

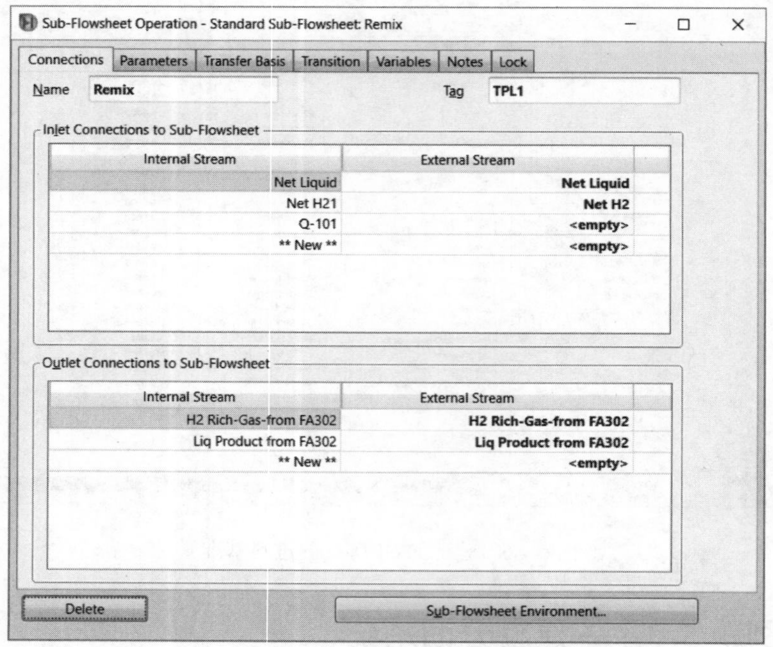

图 5.89　Remixer 子流程的入口-出口连接

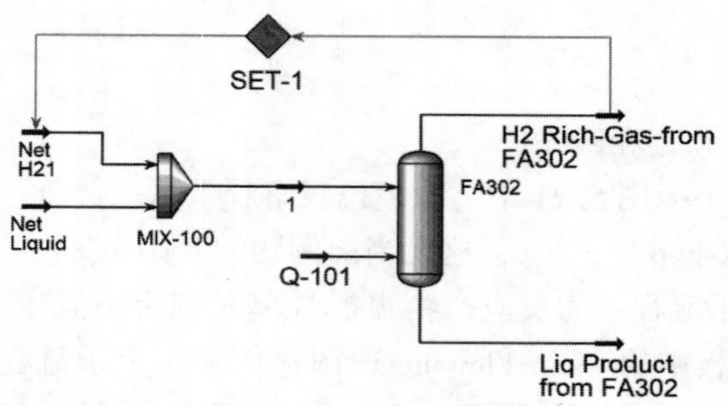

图 5.90　Remixer 子流程

我们使用标准的 Aspen HYSYS 模块，建立了一个简单的混合器和分离器，用于重新混合产品物流，并在主产品分离器的温度和压力下进行闪蒸分离。来自 FA302 的出口气体代表 Net Gas 的初始值。使用 Set 模块确保闪蒸的温度与重整模型的 Net H2 产品相同。在子流程构建完成后，我们可以连接出口物流，如图 5.91 所示。

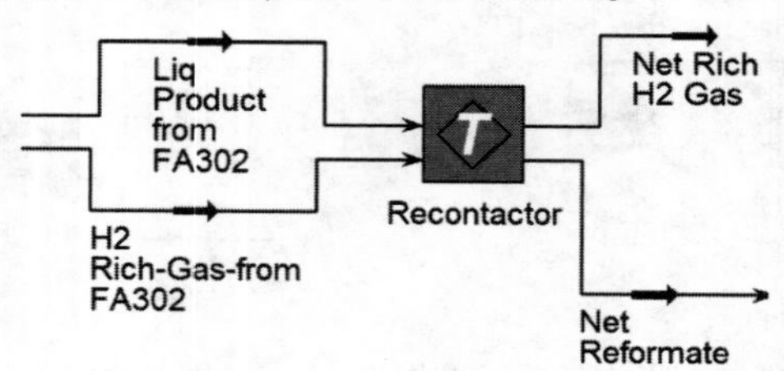

图 5.91　再接触子流程

我们现在着手建立分馏系统的再接触单元。与之前步骤相同，我们为再接触单元创建子流程。再接触的目的是提高轻组分的分离和芳烃回收率。图 5.92 显示了子流程的相关入口和出口物流名称和变量。

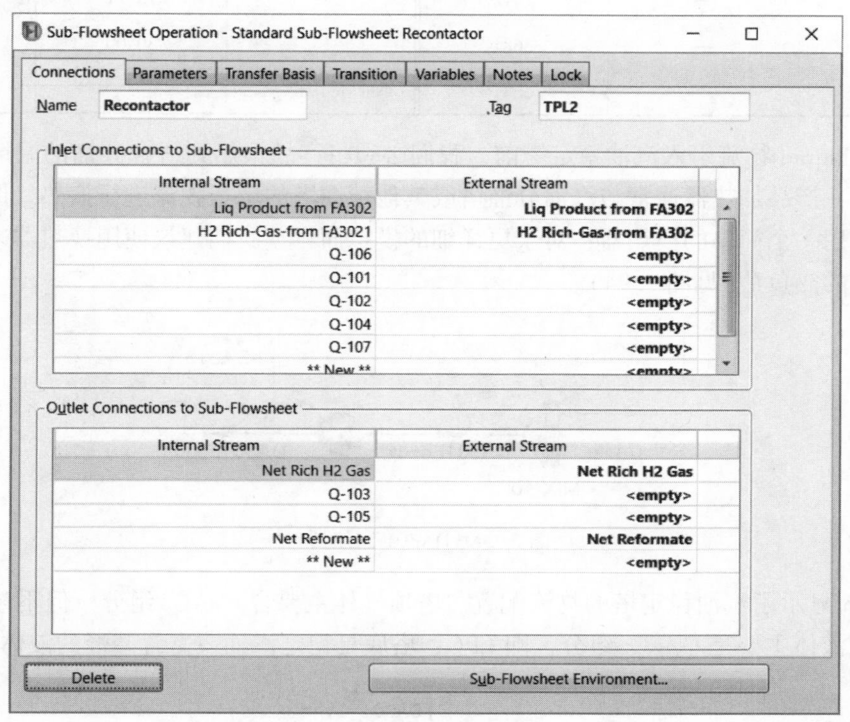

图 5.92 再接触子流程

我们使用标准的 Aspen HYSYS 模块象来重建再接触单元(见图 5.93)。通常，真正的再接触单元可能有多个分离罐来提高产品分离；两个理想分离器可以模拟多个实际分离器，因为实际分离器通常在非热力学平衡条件下运行。另外，我们还使用了一个 Adjust 模块，确保 Net H2 Rich Gas 的温度与装置测量数据相匹配。这通常是精确建模装置性能所需的唯一校准。表 5.34 显示了为子流程中的每个物流输入的操作参数。注意，这些数值并不是确定的，而是各种来源的近似值。在开发工业模型时，我们必须使用实际装置数据。表 5.34 显示了每个物流的操作参数。表 5.34 中“-”给出的值表示不应设定该值。

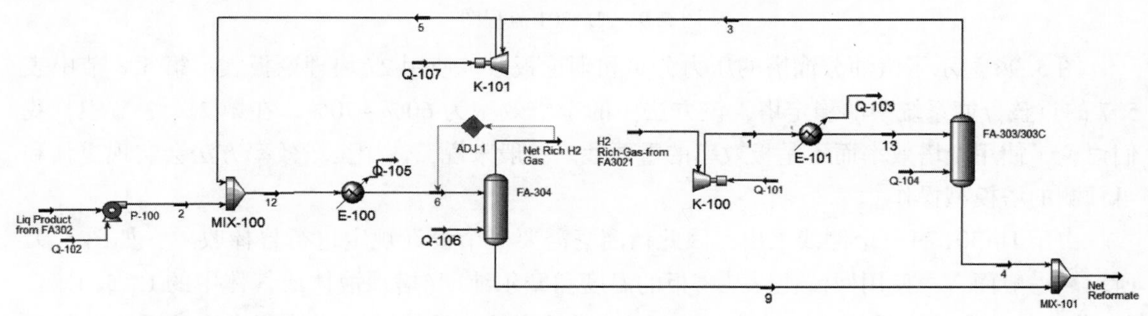

图 5.93 再接触单元的流程图

表 5.34　再接触单元的物流操作条件

物流	温度/℃	压力/kPa	物流	温度/℃	压力/kPa
1	—	2612	6	10.11	—
2	—	5681	13	30.00	—
5	—	5681	Net rich H2 gas	—	5681

在 Net Liquid 物流引入汽油稳定塔前，我们必须将产品预热到适合分馏的温度。在实际炼油过程中，产品加热器通常与汽油分馏塔或其他精馏塔的塔釜物流进行换热。但是，本模拟案例仅使用一个简单的换热器；对于更详细的模拟而言，我们建议使用换热器来准确地模拟分馏所需的热负荷(见图 5.94)。

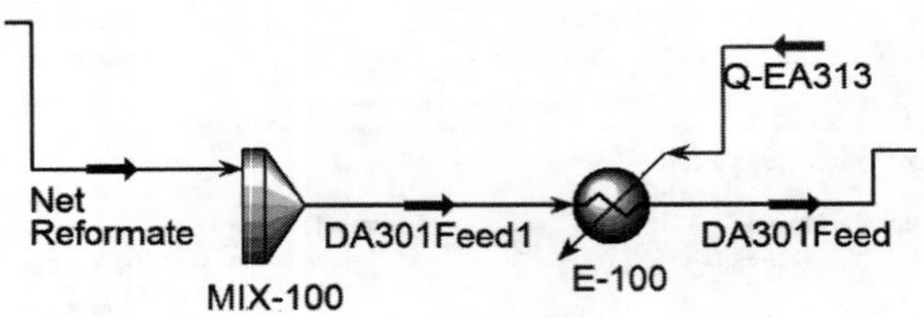

图 5.94　DA301 预热器

图 5.95 显示了汽油稳定塔的物流配置。塔顶气体主要含 $C_1 \sim C_2$ 组分，但不包含 Net H2 物流；塔顶液体主要是 $C_3 \sim C_4$ 组分，即 LPG；塔底是稳定汽油或富含芳烃的液体产品。

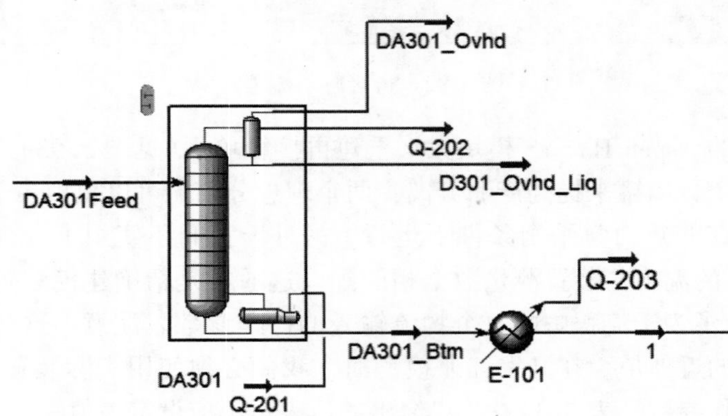

图 5.95　DA301 流程图

图 5.96 显示了汽油分馏塔的压力分布和理论板数。使用 27 块理论板表示第 5.8 节中表 5.7 的重整分馏系统中的稳定塔，该方法中的全塔效率为 60%～70%。在第 2.4.3 节中，我们讨论了使用全塔效率而不是板效率的重要性。一般来说，使用全塔效率方法会实现更强和可预测的塔模型操作。

由于 DA301 有三个侧线采出，因此精馏塔需要三个设计规定进行鲁棒收敛，如图 5.97 所示。一般而言，使用回流比、某塔板的温度和摩尔纯度(塔顶液体或气体中的 C_4 或 C_5 含量)作为精馏塔的设计规定(见图 5.98)。如果是汽油分馏塔，可能使用塔底的雷氏蒸气压(RVP)作为性能指标。如果精馏塔不收敛，可以使用塔顶采出量、回流比和塔底采出量作为设计规定，以确保精馏塔收敛到合理解。一旦有了收敛解，我们就可以很容易地收敛性能指标的设计规定。

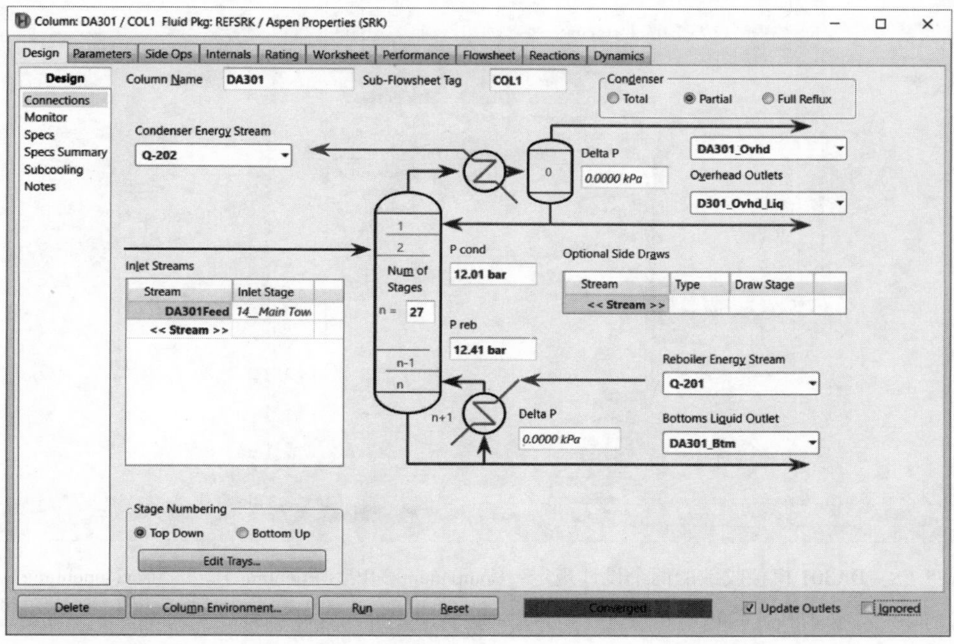

图 5.96　DA301 配置

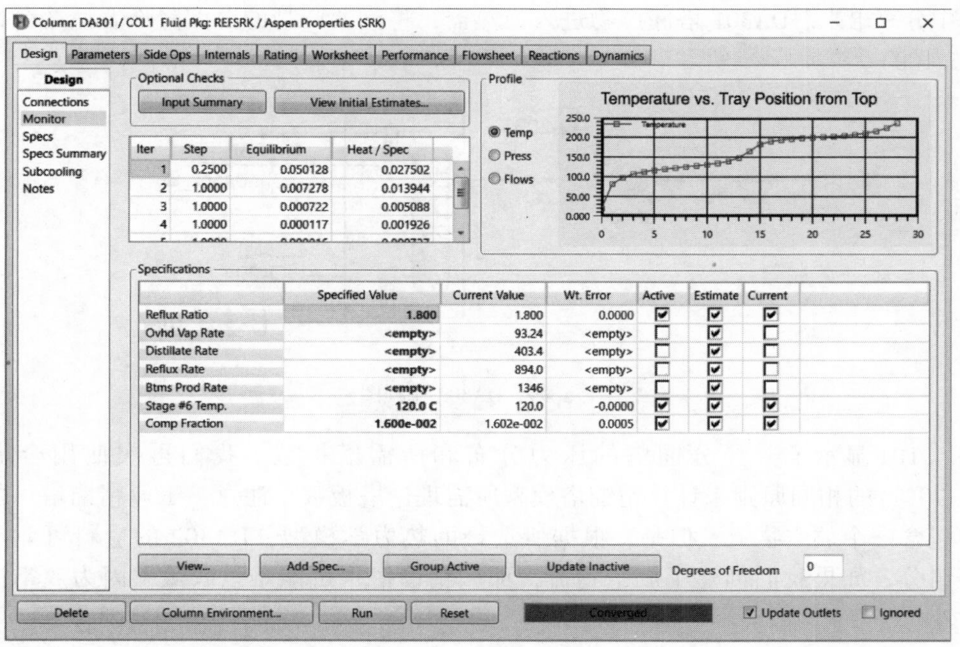

图 5.97　DA301 设计规定

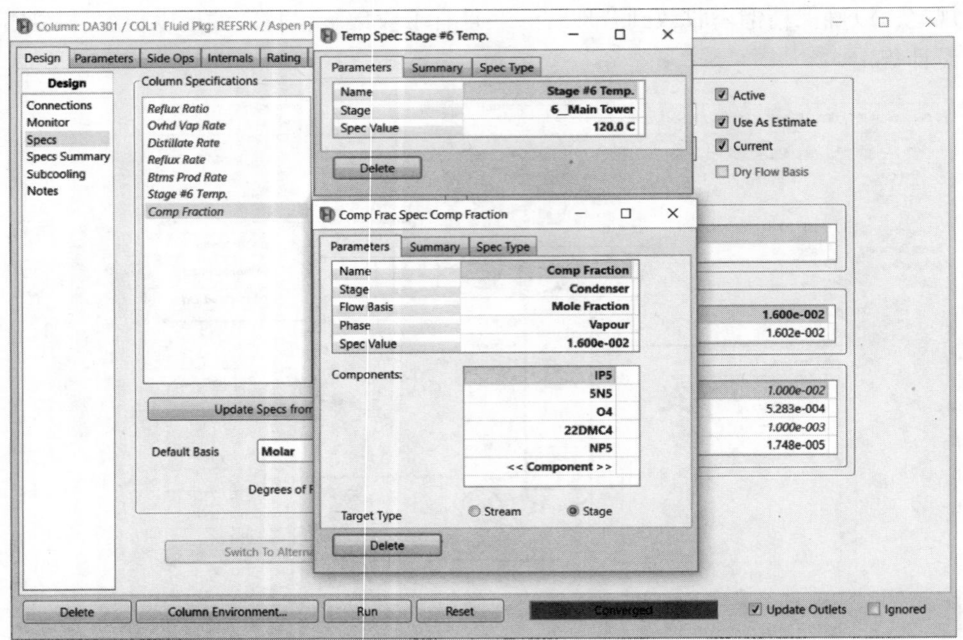

图 5.98　DA301 模拟收敛的两个设计规定：Components-IP5(i-pentane)，5N5(cyclopentane)，O4 (1-butene)，22DMC4(22-methyl-butane)，NP5 (1-pentane)

由于重整装置是炼化一体化的一部分，汽油分馏塔的产品将引入芳烃分馏塔。根据第 5.8 节中表 5.7，DA302 有 36 块理论板(见图 5.99)，将甲苯和较轻的组分从二甲苯和较重的组分中分离出来。DA301 塔底产物进入换热器，将汽油产品的温度降至合适的分馏温度(见图 5.100)。

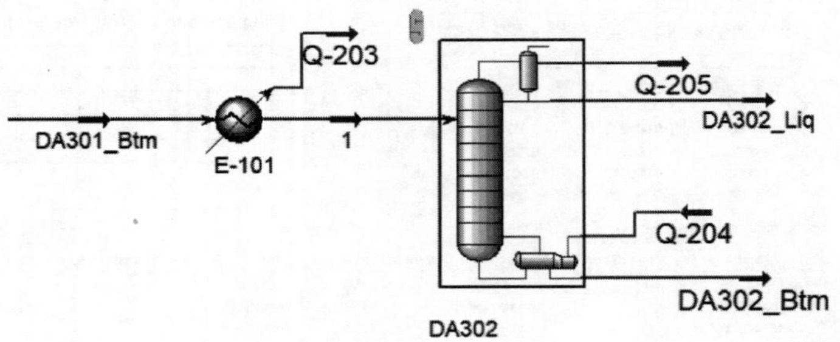

图 5.99　DA302 流程图

图 5.101 显示了芳烃分馏塔的压力分布和所需塔板数。我们再次使用全塔效率(60%~70%)的相同原则来计算精馏塔模型所需理论塔板数。注意，工业精馏塔可能在冷凝器中包含一个放空物流，但是，根据所选择的热力学模型，DA302 的进料可能不包含任何轻组分。如果我们创建了放空物流，那么精馏塔很可能难以收敛，因为放空流量估计非常小。

由于 DA302 具有两个侧线采出，因此需要两个设计规定。通常使用塔顶采出量和回流比作为初始设计规定来计算精馏塔(见图 5.101)。一旦有收敛解，我们可以使用塔板温度作为性能指标来匹配装置操作。我们将收敛的模拟保存为 Workshop 5. 3. hsc。

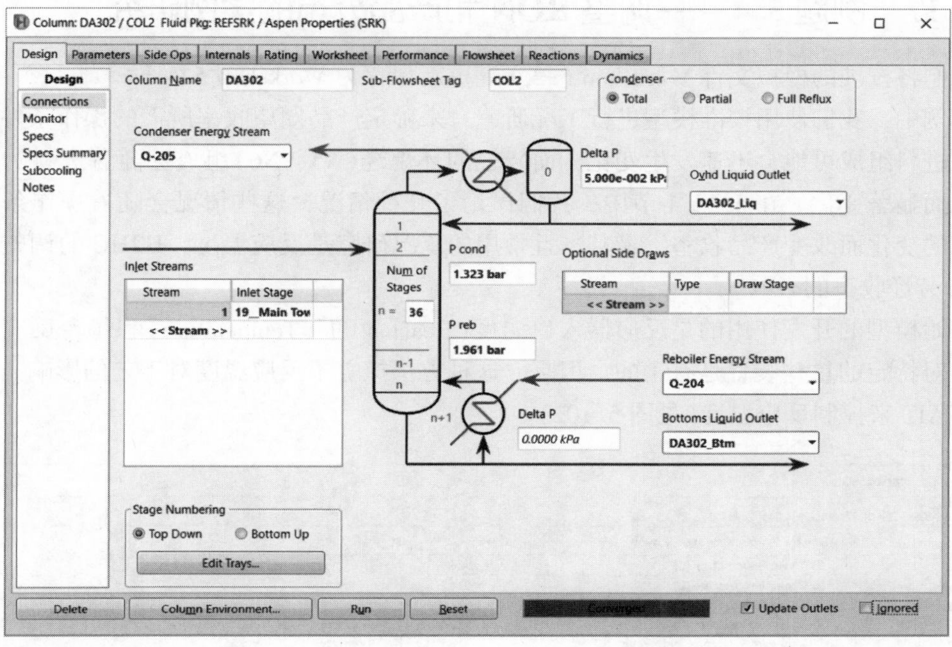

图 5.100 DA302 精馏塔配置

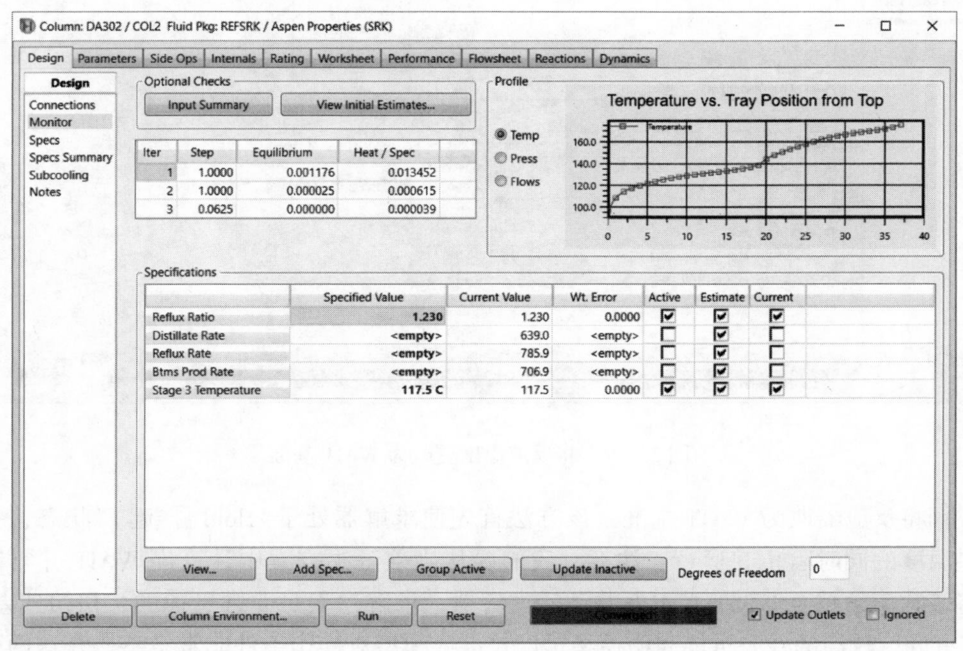

Iter	Step	Equilibrium	Heat / Spec
1	1.0000	0.001176	0.013452
2	1.0000	0.000025	0.000615
3	0.0625	0.000000	0.000039

	Specified Value	Current Value	Wt. Error	Active	Estimate	Current
Reflux Ratio	1.230	1.230	0.0000	☑	☑	☑
Distillate Rate	<empty>	639.0	<empty>	☐	☑	☐
Reflux Rate	<empty>	785.9	<empty>	☐	☑	☐
Btms Prod Rate	<empty>	706.9	<empty>	☐	☑	☐
Stage 3 Temperature	117.5 C	117.5	0.0000	☑	☑	☑

图 5.101 芳烃分馏塔 DA302 的设计规定

5.17 例题 5.4——调整 RON 和产品分布的案例研究

我们将校准的模拟文件 Workshop 5.2.hsc 重新保存为 Workshop 5.4.hsc。

本例中，我们使用校准模型进行工况研究，来确定产品期望收率所需的操作条件。重整装置的进料组成可能会迅速发生变化，而较轻的环烷烃(N5、N6)组成会随着进料的初馏点的变化而显著变化。在 5.12.1 节中，我们讨论了几种情况，这些情况会随着操作条件和原料组成的变化而改变产品收率。最基本且常用的工况研究是反应温度、H2HC 的调整对产品 RON 和芳烃收率的影响。

初始模型的开发使用的是反应器入口温度(Reactor Inlet Temperature)和每台反应器的温差。这对特定的重整装置是有用的，但是，这种方法掩盖了反应温度对工艺的影响。我们将使用 WAIT 来控制反应温度(见图 5.102)。

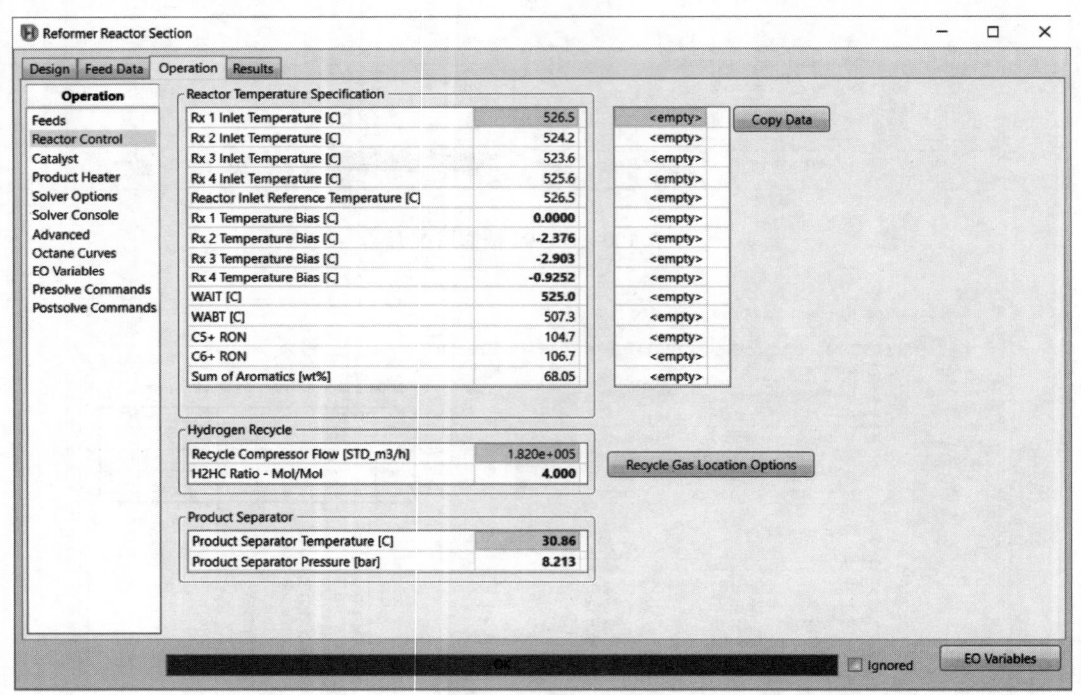

图 5.102 将反应温度更改为 WAIT 基准

我们将反应器改为 WAIT 基准，该方法首先使求解器处于“Hold(挂起)”状态，并在改变反应温度的同时阻止其运行。注意，我们要从当前解决方案中计算出 WAIT 并复制该数值，将该数值粘贴至 WAIT 文本框并激活求解器。求解过程是非常迅速的，初始残差为 1×10^{-3} 或更低。较高的残差可能表明模型过度校准或模型对操作条件非常敏感。在这两种情况下，我们都可能不得不使用更新的数据重新校准模型。

我们按照第 2.10.3 节中图 2.69~图 2.73 所述的工况研究步骤进行操作，目的是考察产品收率与 WAIT 和 H2HC 的关系。我们可以手动更改每个 WAIT 和 H2HC 并每次重新运

行模型。但是，考虑到重整模型求解器的计算时间，这个过程将变得乏味。因此，最好使用 Aspen HYSYS 的工况研究(Case Study)功能来自动执行此过程。此外，由于工况研究功能将在各种条件下运行模型，如果我们成功地求解模型，那么便可确保模型没有过度校准。

从 Reformer 模块中添加变量，并在 Flowsheet List 中选择 Reformer 对象。Variable List 显示属于 Reformer 模块的所有变量。我们可以滚动浏览此列表，然后单击“Add”将特定变量添加到工况研究中。表 5.35 显示了本例工况研究中所需的变量。图 5.103 显示了工况研究的自变量和因变量。

表 5.35 RON 工况研究的变量

变　量	类型	变　量	类型
WAIT，495-525℃（an increment of 5℃）	自变量	Detailed yields（total aromatics，total C8 aromatics）	因变量
C5+ RON and C6+ RON	因变量	Detailed yields（A6，A7）	因变量
H2HC Ratio，3-4（an increment of 0.25）	自变量	Detailed yields（H2，P1，P2，and P3）	因变量

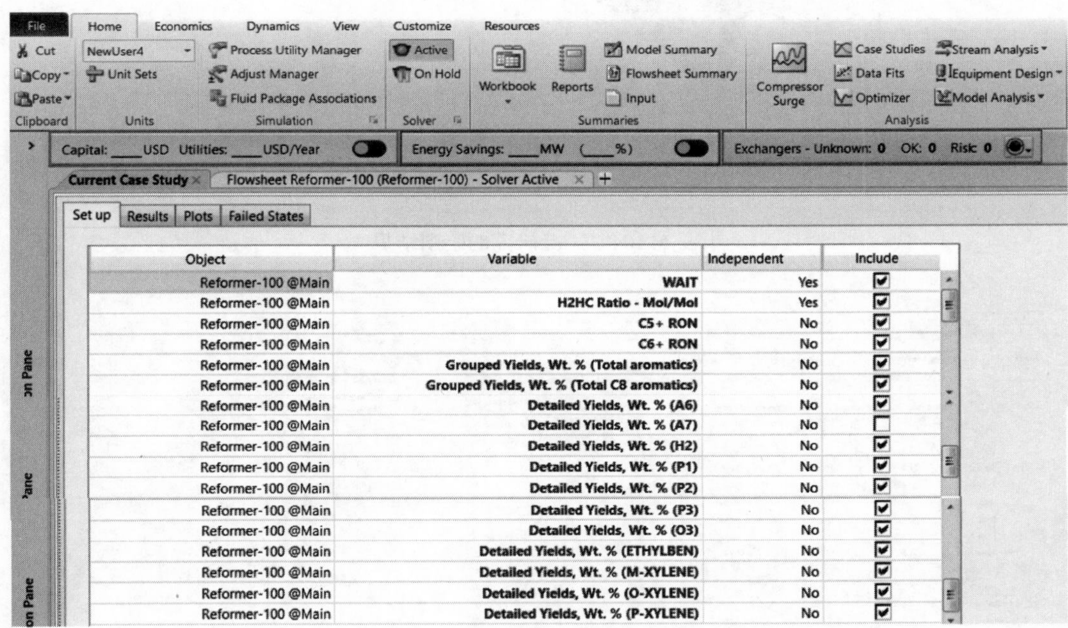

图 5.103 工况研究的自变量和因变量

点击 View 来设置工况研究的上限值和下限值。WAIT 的范围为 495～525℃，步长为 5℃；H2HC 的范围为 3.0～4.0，步长为 0.25。状态栏的数字表示重整模型在不同运行条件的次数。由于 50 次计算时间可能相当长，我们通常建议不要一次计算超过 40～50 个点。在大多数情况下，重整模型的正常运行温度不超过 10°C。点击“Start”开始运行工况研究，观察在流程图右下角运行的求解器。

工况研究的结果如图 5.104 所示。可以通过单击“Results…”按钮来查看此图。默认设置是工况研究的结果显示图。总体而言，我们可以看到高反应温度和低 H2HC 增加了产品的 RON。通过选择“Transpose Table”选项，我们可以查看工况研究的数值结果，其结果以 WAIT 和 H2HC 升序进行呈现。图 5.105 显示了工况研究的结果。我们将这些结果复制到 Microsoft Excel 中，并在图 5.105～图 5.109 中创建图表。

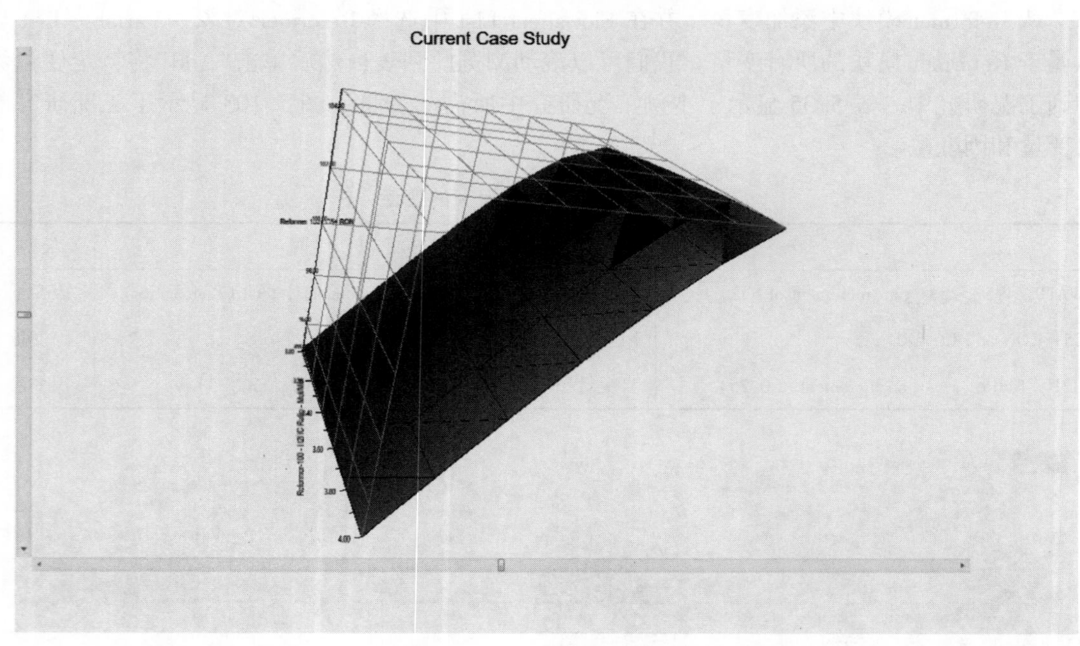

图 5.104　工况研究的绘图结果

Current Case Study

Set up | Results | Plots | Failed States

Table　Transpose Table　Results Plot　Save Results to File　Text Filename

State	Reformer-100 - WAIT [C]	Reformer-100 - H2HC Ratio - Mol/Mol	Reformer-100 - C5+ RON	Reformer-100 - C6+ RON	Reformer-100 - Grouped Yields, Wt. % (Total aromatics) [%]	Reformer-100 - Grouped Yields, Wt. % (Total C8 aromatics) [%]	Reformer-100 - Detailed Yields, Wt. % (A6) [%]	Reformer-100 - Detailed Yields, Wt. % (H2) [%]	Reformer-100 - Detailed Yields, Wt. % (P1) [%]	Reformer-100 - Detailed Yields, Wt. % (P2) [%]	Reformer-100 - Detailed Yields, Wt. % (P3) [%]
State 1	495.0	3.000	95.01	96.31	66.07	21.41	3.44	15.90	3.22	0.22	0.76
State 2	495.0	3.250	94.97	96.27	65.96	21.36	3.48	15.88	3.21	0.22	0.77
State 3	495.0	3.500	94.93	96.23	65.85	21.31	3.51	15.86	3.20	0.22	0.77
State 4	495.0	3.750	94.88	96.18	65.75	21.26	3.55	15.84	3.20	0.23	0.78
State 5	495.0	4.000	94.84	96.13	65.64	21.21	3.58	15.82	3.19	0.23	0.79
State 6	500.0	3.000	96.89	98.30	66.96	21.62	3.71	16.14	3.26	0.25	0.88
State 7	500.0	3.250	96.86	98.27	66.85	21.57	3.75	16.11	3.25	0.26	0.89
State 8	500.0	3.500	96.82	98.23	66.73	21.51	3.78	16.09	3.24	0.26	0.90
State 9	500.0	3.750	96.78	98.20	66.62	21.46	3.82	16.06	3.23	0.26	0.91
State 10	500.0	4.000	96.74	98.15	66.50	21.41	3.86	16.03	3.22	0.26	0.91
State 11	505.0	3.000	98.74	100.3	67.65	21.73	4.00	16.37	3.29	0.29	1.01
State 12	505.0	3.250	98.71	100.2	67.52	21.67	4.05	16.33	3.27	0.30	1.02
State 13	505.0	3.500	98.68	100.2	67.39	21.62	4.08	16.30	3.26	0.30	1.03
State 14	505.0	3.750	98.65	100.2	67.26	21.56	4.12	16.27	3.25	0.30	1.05
State 15	505.0	4.000	98.61	100.1	67.14	21.51	4.16	16.24	3.24	0.30	1.06
State 16	510.0	3.000	100.5	102.2	68.14	21.76	4.32	16.57	3.30	0.33	1.15
State 17	510.0	3.250	100.5	102.1	67.99	21.69	4.37	16.54	3.28	0.34	1.17
State 18	510.0	3.500	100.5	102.1	67.85	21.63	4.41	16.50	3.27	0.34	1.18
State 19	510.0	3.750	100.4	102.1	67.71	21.57	4.44	16.46	3.26	0.35	1.20
State 20	510.0	4.000	100.4	102.1	67.57	21.51	4.48	16.43	3.24	0.35	1.21
State 21	515.0	3.000	102.1	103.8	68.48	21.73	4.65	16.76	3.30	0.37	1.29
State 22	515.0	3.250	102.1	103.9	68.31	21.65	4.70	16.71	3.28	0.38	1.31

Run　Success

图 5.105　工况研究的数值结果

当使用 Microsoft Excel 绘制结果图时，我们发现，数据中的一些有趣趋势在最初的结果图和数值结果中是看不出来的：工况研究表明，随着温度的升高，RON 和芳烃收率也会增加(见图 5.106 和图 5.107)。然而，当 H2HC = 3.0 时，在 520℃左右，我们发现收率开始下降，这是由于在高温和低 H2HC 下催化剂的活性降低了。我们观察到，可以通过提高 H2HC 来缓解这种情况。

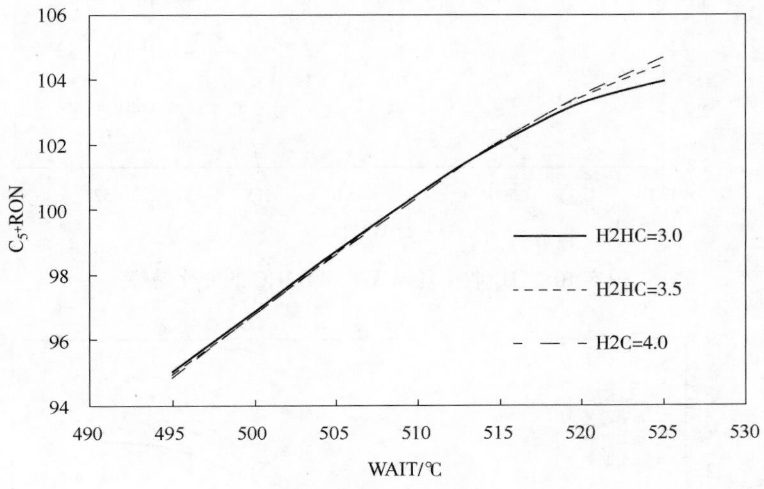

图 5.106 RON 与 WAIT 和 H2HC 的变化趋势

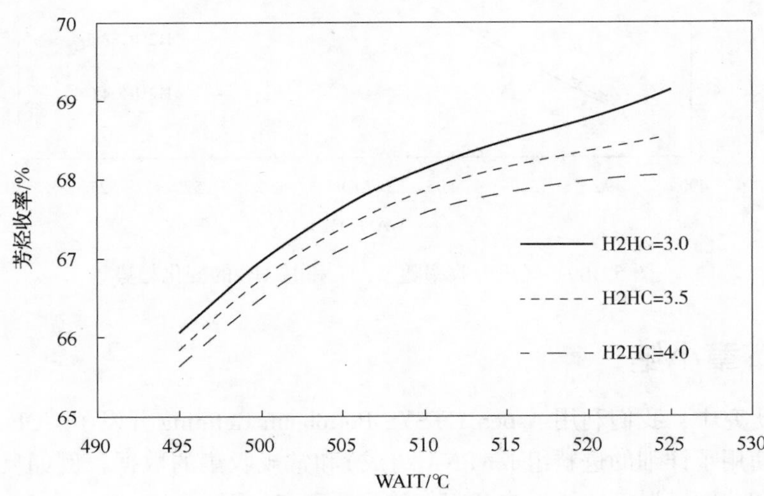

图 5.107 芳烃收率与 WAIT 和 H2HC 的变化趋势

提高 H2HC 的一个明显反作用是：在 520℃左右，开始出现轻组分收率和产氢量显著增加(见图 5.108、图 5.109)。虽然最初这些增加看起来很小，但它们可能对下游分馏产生显著影响。过量的轻组分会使循环氢压缩机过载并增加稳定塔的冷凝器负荷要求。

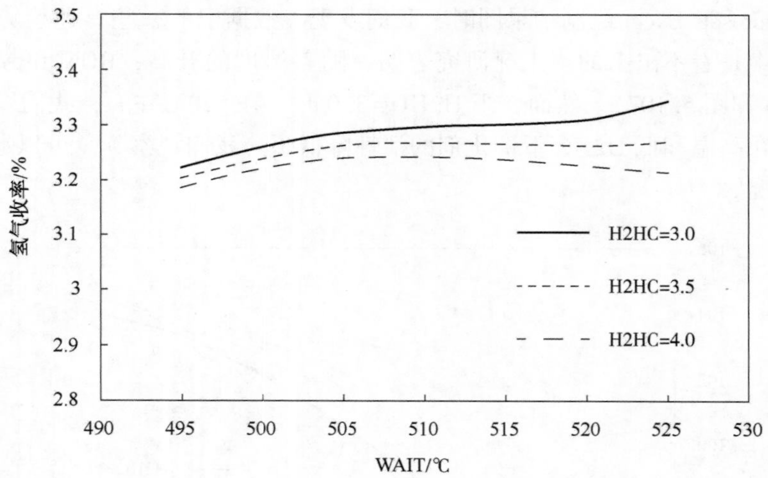

图 5.108　H_2 收率随 WAIT 和 H2HC 的变化趋势

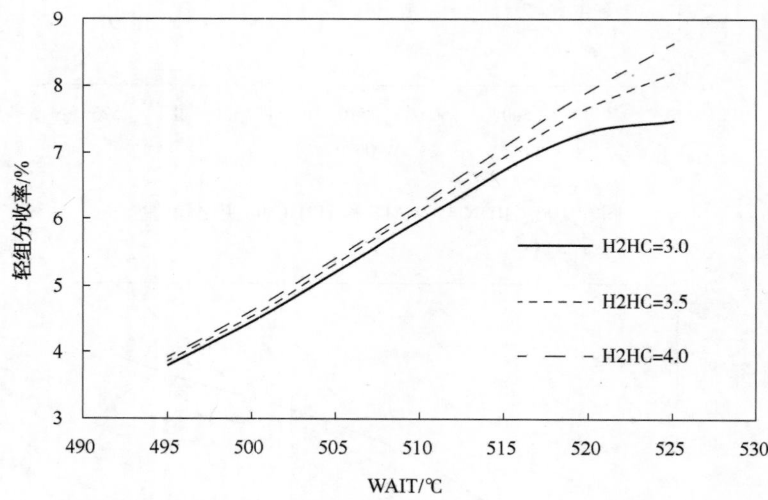

图 5.109　轻组分收率随 WAIT 和 H2HC 的变化趋势

5.18　本章小结

在本章的研究中，我们利用 Aspen HYSYS Petroleum Refining 开发了 UOP CCR 装置的集成模型。我们使用了详细的进料组成（PNA 组成）和常规收集的数据，例如反应器的操作参数、产品收率和分馏塔温度曲线。本章工作的主要亮点如下：

（1）详细的工艺描述和与反应器建模相关的化学工艺概述。

（2）简要总结了重整工艺的现有动力学和单元模型。

（3）讨论了 Aspen HYSYS Petroleum Refining 中的动力学和反应模型。

（4）指导如何分析径向反应器和分馏塔的集总动力学组分的物理性质。

（5）利用少量化验分析数据来估算进料分子组成的详细过程。

（6）确定与校准相关的关键参数以及如何防止反应器模型过度校准。

(7) 使用工业装置数据来获得合理模型的工作流程。

(8) 应用工业装置数据进行建模，结果显示，关键产品的收率与组成与装置实际测量数据有很好的一致性。

(9) 研究各种工艺参数对产品收率和组成的影响。

(10) 将严格非线性模型的结果转换为炼厂的 LP 模型。

专业术语

α	Beta 函数形状因子	MON	马达法辛烷值
α_j	压力影响因子	MON_i	组分 i 的马达法辛烷值
A_c	催化剂活性因子	MW	分子量
A_i	芳烃集总组分	N_i	环烷烃集总组分
A_o	指前因子	N_i	集总组分 i 的质量含量或摩尔含量
a_x	活性因子	$5N_i$	五元环集总组分
β	Beta 函数形状因子	$6N_i$	六元环集总组分
BEN	苯	NP_x	正构烷烃含量
CH	CH 质量比	P	压力
C_i	浓度	P_i	分压
CP	环戊烷	P_o	参考压力
E	板效率因子	P_x	烷烃含量
EBP	终馏点	θ	金属功能组合吸附因子
E_i	活化能	R	气体常数
ϕ	结焦失活系数	RON	研究法辛烷值
F	总摩尔流量	RON_i	组分 i 的研究法辛烷值
F_i	组分摩尔流量	SBP_x	单支链烷烃的含量
Γ	酸性功能组合吸附因子	T	温度
H2HC	氢油比	TBP	实沸点曲线
$H_{FACTORij}$	烃分子的氢碳比	T_o	参考温度
IBP	初馏点	TOL	甲苯
IP_x	异构烷烃比	W	空速
k_i	速率常数	WAIT	加权入口温度
K_i	吸附因子	WHSV	加权空速
MBP_x	支链烷烃含量	w_i	质量分率
MCH	甲基环己烷	x_n	离开塔板液相摩尔组成
MCP	甲基环戊烷	y_n	离开塔板气相摩尔组成

参考文献

1 Ancheyta-Juarez, J. and Villafuerte-Macias, E. (2000) *Energy & Fuels*, **14**, 1032–1037.
2 Aguilar-Rodriguez, E. and Ancheyta-Juarez, J. (1994) *Oil & Gas Journal*, **92**, 80–83.
3 Ancheyta-Juarez, J. and Aguilar-Rodriguez, E. (1994) *Oil & Gas Journal*, **92**, 93–95.
4 Taskar, U.M. (1996) Ph.D. Dissertation. Texas Tech University, Lubbock, TX.
5 Taskar, U.M. and Riggs, J.B. (1997) *AIChE Journal*, **43**, 740–753.
6 Little, D. (1985) *Catalytic Reforming*, Penwell Books, Tulsa, OK.
7 Antos, G.J. and Aitaini, A.M. (2004) *Catalytic Naphtha Reforming*, 2nd edn, Marcel Dekker, New York, NY.
8 Gary, J.H., Handwerk, G.E., and Kaiser, M.J. (2007) *Petroleum Refining. Technology and Economics*, 5th edn, CRC Press, Boca Raton, FL.
9 UOP. (1971) US Patent 3,706,536 (A. R. Greenwood *et al.*).
10 Hosten, L.H. and Froment, G.F. (1971) *Industrial & Engineering Chemistry Process Design and Development*, **10**, 280–287.
11 Selman, D.M. and Voorhies, A. (1975) *Industrial & Engineering Chemistry Process Design and Development*, **14**, 118–123.
12 Froment, G.F. (1987) *Chemical Engineering Science*, **42**, 1073–1087.
13 Menon, P.G. and Paal, Z. (1997) *Industrial & Engineering Chemistry Research*, **36**, 3282–3291.
14 Raseev, S. (2003) *Thermal and Catalytic Processes in Petroleum Refining*, Marcel Dekker, New York, NY.
15 Svoboda, G.D., Vynckier, E., Debrabandere, B., and Froment, G.F. (1995) *Industrial & Engineering Chemistry Research*, **34**, 3793–3800.
16 Froment, G.F. (2005) *Catalysis Reviews*, **47**, 83–124.
17 Sotelo-Boyas, R. and Froment, G.F. (2009) *Industrial & Engineering Chemistry Research*, **48**, 1107–1119.
18 Wei, W., Bennet, C.A., Tanaka, R., Hou, G., and Klein, M.T. (2008) *Fuel Process Technology*, **89**, 344–349.
19 Ancheyta-Juarez, J., Macias-Villafuerte, E., Schachat, P., Aguilar-Rodriguez, E., and Gonzales-Arredondo, E. (2002) *Chemical Engineering & Technology*, **25**, 541–546.
20 Smith, R.B. (1959) *Chemical Engineering Progress*, **55**, 76–80.
21 Krane, H.G., Groth, B.A., Schulman, L.B., and Sinfelt, H.J. (1959) *Fifth World Petroleum Congress Section III*, World Petroleum Council, London, New York, p. 39.
22 Henningsen, J. and Bundgaard-Nielson, M. (1970) *British Chemical Engineering*, **15**, 1433–1436.
23 Jenkins, H. and Stephens, T.W. (1980) *Hydrocarbon processing* November, 163 – 167.
24 Hu, S. and Zhu, X.X. (2004) *Chemical Engineering Communications*, **191**, 500–512.
25 Stijepovic, M.Z., Vojvodic-Ostojic, A., Milenkovic, I., and Linke, P. (2009) *Energy & Fuels*, **23**, 979–983.
26 Tailleur, R.G. and Davila, Y. (2008) *Energy & Fuels*, 2892–2901.
27 Ramage, M.P., Graziani, K.R., Schipper, P.H., Krambeck, F.J., and Choi, B.C. (1987) *Advances in Chemical Engineering*, **13**, 193–266.

28 Kmak, W.S. (1972) *AIChE National Meeting*, Houston, TX.

29 Klein, M.T. (2006) *Molecular Modeling in Heavy Hydrocarbon Conversions*, CRC Press, Boca Raton, FL.

30 Bommannan, D., Srivastava, R.D., and Saraf, D.N. (1989) *The Canadian Journal of Chemical Engineering*, **67**, 405–411.

31 Padmavathi, G. and Chaudhuri, K.K. (1997) *The Canadian Journal of Chemical Engineering*, **75**, 930–937.

32 Hou, W., Su, H., Hu, Y., and Chu, J. (2006) *Chinese Journal of Chemical Engineering*, **14**, 584–591.

33 Szczygiel, J. (2005) *Energy & Fuels*, **19**, 7–21.

34 Li, J., Tan, Y., and Liao, L. (2005) *IEEE Conference on Control Applications*, **2005**, 867–872.

35 Lee, J.W., Ko, Y.C., Lee, K.S., and Yoon, E.S. (1997) *Computers & Chemical Engineering*, **21**, S1105–S1110.

36 Hu, Y., Su, H. and Chu, J. (December 2003) Proceedings of the 42nd IEEE, pp. 6206-6211.

37 Stijepovic, M.Z., Linke, P., and Kijevcannin, M. (2010) *Energy & Fuels*, **24**, 1908–1916.

38 Ginestra, J.C. and Jackson, R. (1985) *Industrial and Engineering Chemistry Fundamentals*, **24**, 121–128.

39 Doyle, F.J. III, Jackson, R., and Ginestra, J.C. (1986) *Chemical Engineering Science*, **41**, 1485–1495.

40 Bhatia, S., Chandra, S., and Das, T. (1989) *Industrial & Engineering Chemistry Research*, **28**, 1185–1190.

41 Chirico, R.D. and Steele, W.V. (1997) *Journal of Chemical & Engineering Data*, **42**, 784–790.

42 Riazi, M.R. (2005) *Characterization and Properties of Petroleum Fractions*, 1st edn, American Society for Testing and Materials, West Conshohocken, PA.

43 Kister, H.Z. (1992) *Distillation Design*, McGraw-Hill, Inc., New York, NY.

44 Kaes, G.L. (2000) *Refinery Process Modeling. A Practical Guide to Steady State Modeling of Petroleum Processes*, The Athens Printing Company, Athens, GA.

45 Sanchez, S., Ancheyta, J., and McCaffrey, W.C. (2007) *Energy & Fuels*, **21**, 2955–2963.

46 Aitani, G.M. and Parera, J.M. (1995) *Catalytic Naphtha Reforming (Science and Technology)*, 1st edn, Marcel Dekker, New York.

47 Fernandes, J.L., Pinheiro, C.I.C., Oliviera, N.M.C., Inverno, J., and Ribiero, F.R. (2008) *Ind. Eng. Chem. Res.*, **47**, 850–866.

48 Van Trimpont, P.A., Marin, G.B., and Froment, G.F. (1986) *Industrial and Engineering Chemistry Fundamentals*, **25**, 544–553.

49 Van Trimpont, P.A., Marin, G.B., and Froment, G.F. (1988) *Industrial & Engineering Chemistry Research*, **27**, 51–57.

50 Garg, A. (June 1997) *Hydrocarbon processing*, pp. 97 – 105.

51 Vinayagam, K. (October 2007) *Hydrocarbon processing*, 95–104.

52 Bazaraa, M.S., Jarvis, J.J., and Sherali, H.D. (2009) *Linear Programming and Network Flows*, John Wiley and Sons, Hoboken, NJ.

53 Pashikanti, K. and Liu, Y.A. (2011) Predictive modeling of large-scale integrated refinery reaction and fractionation systems from plant data: 3. Continuous catalyst regeneration (CCR) reforming process. *Energy and Fuels*, **25**, 5320–5344.

54 Ayodele, B. and Cheng, C.K. (2015) Process modelling, thermodynamic analysis and optimization of dry reforming, partial oxidation and auto-thermal methane reforming for hydrogen and syngas production. *Chemical Product and Process Modeling*, **10**, 211–220.

55 Taghavi, B. and Fatemi, S. (2014) Modeling and application of response surface methodology in optimization of a commercial continuous catalytic reforming process. *Chemical Engineering Communications*, **201**, 171–190.

56 Wood, K.R., Liu, Y.A., and Yu, Y. (2018) *Design, Simulation and Optimization of Adsorptive and Chromatographic Separations: A Hands-on Approach*, Wiley-VCH, Weinheim, Germany.

第6章 加氢裂化

（汤磊　何顺德　译）

本章介绍了根据实际工厂数据对大型加氢裂化（HCR）的反应和分馏系统进行的校核、预测、优化模型的开发、验证和应用的工作流程。实际上，HCR工艺包括加氢裂化原料加氢脱硫（HDS）和加氢脱氮（HDN）的加氢精制反应器（HT）和加氢裂化反应器。因此，本章实际上涵盖了两种重要类型的加氢工艺操作：加氢精制和加氢裂化。

第6.1节阐述了典型的HCR工艺，并总结了以前在开发HCR的反应动力学、反应器和工艺模型方面的工作；第6.2节介绍了Aspen HYSYS Petroleum Refining HCR模拟工具的特点，并详细讨论了HCR模型中涉及的集总动力学和反应网络；第6.3节描述了亚太地区两个加氢裂化的商业流程：100万吨/年中压加氢裂化（MP HCR）装置和200万吨/年高压加氢裂化（HP HCR）装置，这两套装置包括反应单元、分馏单元和循环氢系统。在催化剂和氢气条件下，该工艺可将重质原料[如减压蜡油（VGO）]转化为高价值的轻质产品，如汽油和柴油。

第6.4节详细介绍了HCR反应和分馏系统预测模型开发的工作流程。本节提供了详细的数据采集程序，以确保准确的质量平衡，以及使用Excel电子表格和商业软件工具Aspen Petroleum Refining的实施工作流程，该方法同样适用于其他商业软件工具。该工作流程包括了反应集总组分向分馏系统传递所需的基于馏程的虚拟组分专业工具。

在第6.5节和第6.6节中，我们使用了2~3月工厂数据验证了MP HCR和HP HCR模型，并且准确地预测了装置性能、产品收率和燃料性质。

第6.7节阐述了校准模型的定量分析应用，讨论了氢油比对产品分布和催化剂寿命的影响以及HCR反应温度和进料量对产品分布的影响。模拟结果与文献报道的实验测量结果一致。本文开发的模型只需要典型的操作条件以及原料和产品的常规分析数据，并且似乎是唯一报道的HCR集成模型。该模型可以定量模拟反应器操作、分馏性能、氢耗、产品收率和燃料性质等所有关键指标。

第6.8节介绍了应用已开发的模型来生成用于生产计划的Delta-Base向量。第6.9~6.12节介绍了四个实践案例，包括建立HCR反应器初步模型、使用工厂数据校准的反应器模型、将校准模型应用于关键操作变量的工况研究以及HCR分馏系统，最后是本章的专业术语和参考文献。

6.1 引言

加氢工艺是在一定氢分压和反应苛刻度下对油品改质升级的工艺。HCR是现代炼油厂中最重要的加氢工艺装置之一，广泛应用于VGO等重质油品改质升级。在催化剂和过剩氢气的条件下，HCR将常压蒸馏装置（CDU）等重油馏分（如VGO）转化为各种高附加值的轻质产品，如汽油和柴油。具有两台反应器的单段HCR装置的工艺流程图如图6.1所示。第一反应器通常装载加氢精制(HT)催化剂来脱除原料中大部分含氮化合物和含硫化合物，此外，在第一反应器中发生微量的HCR反应。第一反应器流出物流入装载HCR催化剂的第二反应器，完成HCR主要反应。

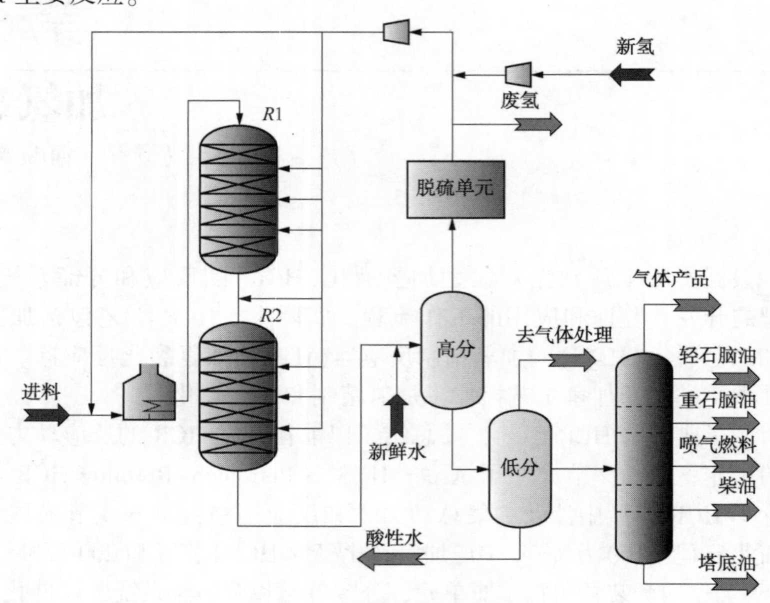

图 6.1　典型单段 HCR 工艺流程图

石油是含有大量烃类的复杂混合物，其组成的复杂程度如图6.2所示，随着沸点(BP)和碳数的增加，直链烷烃的同分异构体数量迅速增加[1]。因此，很难识别其油品的分子组成，所以根据原料的“真实组成”研究HCR反应动力学则更是困难。为了克服这一困难，炼油厂应用集总组分技术，根据分子结构或沸点将烃类划分为多个集总组分(或模拟组分)，并假设每个集总组分具有相同的反应来建立HCR反应动力学。自Qader和Hill[2]提出了第一个HCR二集总动力学模型以来，相关文献中出现了大量的HCR集总动力学模型。

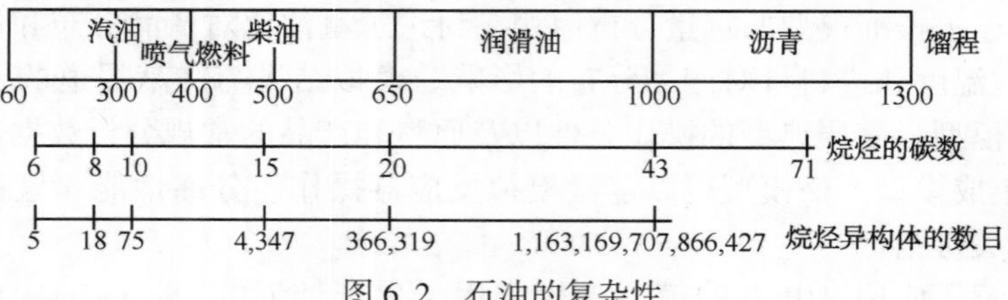

图 6.2　石油的复杂性

图6.3给出了已公开报道的HCR模型的三层洋葱图。洋葱模型的核心是动力学模型(Kinetic model)，侧重于反应机理的动力学分析，可以研究催化剂类型、原料和反应条件的影响。反应器模型(Reactor model)是在不同操作条件下量化反应器性能(如反应产物收率和燃料性质)，如处理量、温度分布和氢分压，该模型有助于炼厂确定装置最佳操作条件。工艺模型(Process model)有助于优化全厂运行条件来实现利润最大化、成本最小化并提供安全性。然而，在建模文献中很少关注在开发HCR工艺模型。另一方面，动力学模型的集总技术是HCR建模工作的核心，已有文献广泛报道。大多数建模文献都关注开发详细的动力学集总模型来识别HCR过程的化学反应。主要分为两种集总技术：(1)基于非分子组成的集总模型，(2)基于分子组成的集总模型。

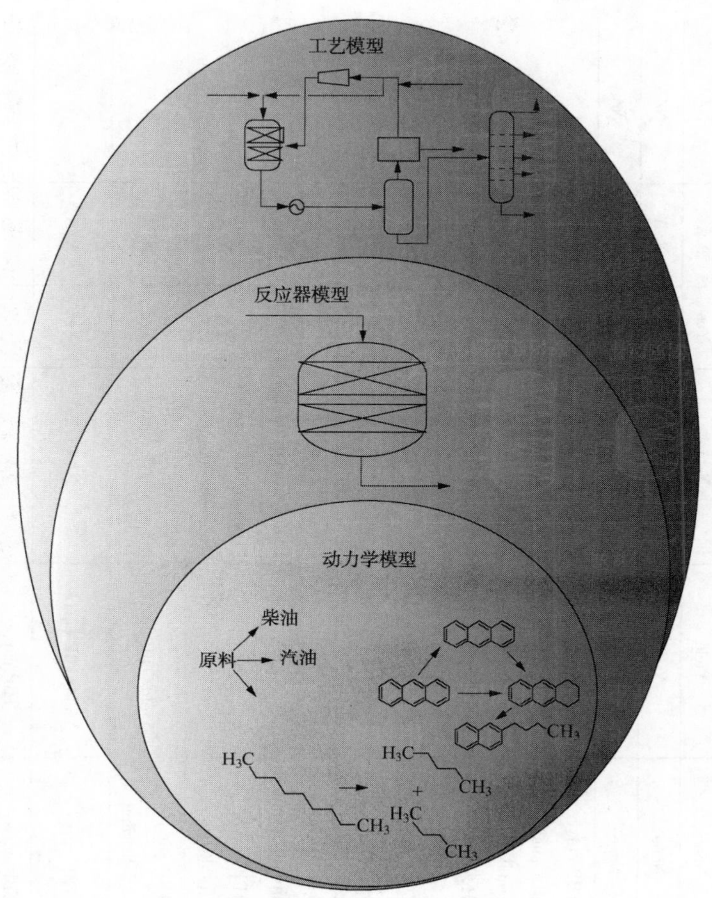

图 6.3 建模范围的三层洋葱图

基于分子组成的集总组分定义了根据烃类的分子结构和反应特性划分的集总动力学，并研究了大量集总动力学和反应的相互作用。集总组分可用于表征原料、建立反应网络以及表示产品组成。相反，基于非分子组成的集总组分考虑了不同族组成的分子。例如，根据沸点划分的集总组分假设在一定馏程范围内的烃类具有相同的反应，并且不能在相同馏程内区分不同类型的烃类。当使用基于分子组成的集总组分方案时，原料组成对动力学方案影响很小或者无影响，并且可以根据分子组成预测燃料性质。最著名的基于分子组成的集总技术是结构导向集总动力学模型[Structure-Oriented Lumping (SOL)][3~5]和单粒子模型(Single-Event Model)[6]。SOL 技术已广泛应用于全流程模型，如 HDS[7]和 FCC 装置[8]。此外，还存在 1266 集总 HCR 动力学的单粒子模型[9]。基于分子组成的集总组分通常需要更多的计算时间，并且难以与设备计算相结合，例如反应器流体力学模拟，并且需要提供比炼油厂常规化验分析更多的数据，限制了在动力学和催化剂研究中的应用，也难以适用于全厂工艺模型。但是，除了 SOL 和单粒子模型外，还有其他基于分子组成的简化集总组分技术，例如将在第 6.2 节中讨论的 Aspen HYSYS Petroleum Refining HCR 装置模型的方法。表 6.1 总结了基于非分子组成集总组分的 HCR 模型的关键点。HCR 反应器模型的相关综述和比较，请参阅 Ancheyta 等[10]的研究；通过集总组分对大型反应系统动力学建模的综述，请参考 Ho[11]的研究。

表 6.1 基于非分子组成的 HCR 集总模型的关键特点

	Nature of the model					Model capability			
	Modeling scope	Lumping technique	Data source	Data requirement (feed)	Data requirement② (product)	Reactor operation	Product yield	Column simulation	Fuel quality estimation
Qader and Hill[2]	Kinetic model	2 Lumps	Laboratory	None	Yield	N/A	Yes	N/A	N/A
Valavarasu et al.[12]	Kinetic model	4 Lumps	Laboratory	None	Yield	N/A	Yes	N/A	N/A
Sánchez et al.[13]	Kinetic model	5 Lumps	Pilot	None	Yield	N/A	Yes	N/A	N/A
Verstraete et al.[14]	Kinetic model	37 Lumps	Laboratory	TBP curve/SARA analysis/elemental analysis-C, H, S, N, O, Ni, V	Yield/TBP curve/SARA analysis/Elemental analysis-C, H, S, N, O, Ni, V	N/A	Yes	N/A	N/A
Stangeland[15]	Kinetic model	Discrete lumps①	Pilot/commercial	TBP curve	Yield/TBP curve	N/A	Yes	N/A	TBP curve
Mohanty et al.[16]	Reactor model	Discrete lumps	Commercial	TBP curve/density distribution	Yield/TBP curve	Temperature profile/Hydrogen consumption	Yes	N/A	N/A
Pacheco and Dassori[17]	Reactor model	Discrete lumps	Commercial	TBP curve/density distribution	Yield/TBP curve	Temperature profile/Hydrogen consumption	Yes	N/A	N/A
Bhutani et al.[18]	Reactor model	Discrete lumps	Commercial	TBP curve/density distribution	Yield/TBP curve	Temperature profile/Hydrogen consumption	Yes	N/A	N/A
Laxminarasimhan et al.[19]	Kinetic model	Continuous lumping①	Pilot	TBP curve	Yield/TBP curve	N/A	Yes	N/A	N/A
Basak et al.[20]	Reactor model	Continuous lumping	Commercial	TBP curve/PNA distribution along with TBP curve	TBP curve/PNA distribution along with TBP curve	Temperature profile/hydrogen consumption	Yes	N/A	PNA composition of product
Fukuyama and Terai[21]	Kinetic model	Seven lumps	Laboratory	SARA analysis	Yield/SARA analysis	N/A	Yes	N/A	N/A

① 根据馏程划分的离散集总组分和连续集总组分。

② TBP=实沸点曲线；SARA=饱和分、芳香分、胶质、沥青质；PNA=烷烃、环烷烃和芳烃。

本章旨在根据工厂数据对大型炼油反应和分馏集成系统的工艺预测模型进行开发、验证和应用，特别是模拟了亚太区的两套商业 HCR 装置。一套是 100 万吨/年中压加氢裂化装置(MP HCR)，反应压力为 11.5～12.5MPa；另外一套是 200 万吨/年高压加氢裂化装置(HP HCR)，反应压力为 14.5～15.0MPa。

6.2 Aspen HYSYS Petroleum Refining HCR 模型

本章采用 Aspen HYSYS Petroleum Refining HCR 模拟 HCR 反应器以及使用 Aspen HYSYS 进行全装置严格模拟(含分馏单元)。

Aspen HYSYS Petroleum Refining HCR 模拟单段 HCR 装置的工艺流程图如图 6.4 所示，可以模拟进料换热器、反应器、高分(HPS)、循环氢系统、脱硫系统(可选)和分馏系统(可选)。为了保证模拟结果与实际情况一致，用户需要配置工艺类型(单段或两段)、反应器数量、每台反应器的床层数量以及每个单元的操作条件。脱硫模型采用简捷模型，从 HPS 的气相产品中脱除 H_2S，而分馏塔采用 2.15 节中讨论的 Petroleum Distillation Column 模型进行模拟。另外，在使用严格热力学模拟 HPS 前，脱除反应器流出物中由 HDN 反应生成的氨(NH_3)。

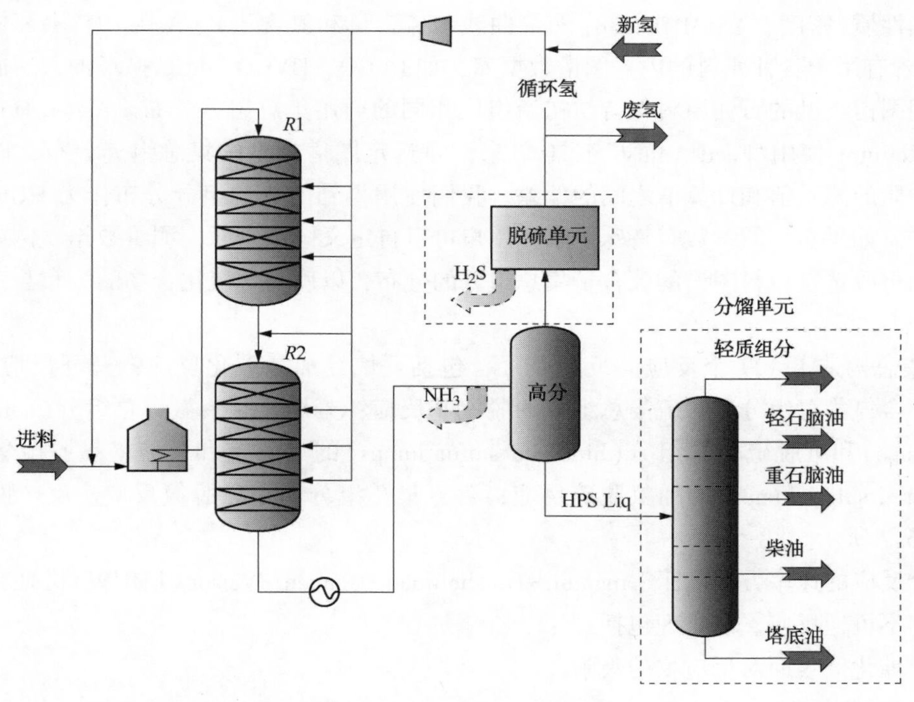

图 6.4 Aspen HYSYS Petroleum Refining HCR 工艺流程图

Aspen HYSYS Petroleum Refining HCR 的反应器模型采用了 97 集总反应动力学。97 种集总组分的选择是基于碳数和结构特征，并与早期文献一致[14,23~26]。97 种集总组分划分为六类——轻烃、烷烃、环烷烃、芳烃、含硫化合物和含氮化合物。此外，含硫化合物被分成 8 组：噻吩(Thiophene)、硫化物(Sulfide)、苯并噻吩(Benzothiophene)、萘并苯并噻吩(Naphthobenzothiophene)、二苯并噻吩(Dibenzothiophene)、四氢苯并噻吩(Tetrahydr-obenzothiophene)、四氢二苯并噻吩(Tetrahydrodibenzothiophene)和四氢萘并苯并噻吩(Tetrahydronaphthobenzothiophene)[22]。

相关文献对原料的集总动力学组分提出了两种方法：正向法(Forward Approaches)和逆向法(Backward Approaches)。正向法需要对原料进行全面分析以获得详细的组成和结构信息，但是，由于炼厂的常规分析不包括所需的详细结构分析，因而很少采用这种先进方法。因而炼厂大多采用逆向法，该方法参考数据库以及有限的常规分析数据来估计集总动力学组分，如密度和硫含量。Brown 等[27]提出了一种 SOL-based 模型来估算详细组成的方法，Gomez-Prado 等[28]开发并使用分子类型(MTHS)表征重质馏分的方法。

在 Aspen HYSYS Petroleum Refining 中，正向法需要对原料进行全面分析，包括 SG、ASTM D-2887 蒸馏曲线、折光率、黏度、溴指数、总硫、总氮和碱性氮(Basic Nitrogen)、荧光指示剂吸附法[FIA、总芳烃含量(%(体))]、核磁共振(NMR)(芳族碳)、紫外法(UV)[单环、双环、三环和四环芳烃的质量百分比(%)]，高效液相色谱法(HPLC)和气相色谱/质谱法(GC/MS)。通过详细的组成和结构信息，Aspen HYSYS Petroleum Refining 根据 97 个集总组分[29]对原料进行分子表征。另外，Aspen HYSYS Petroleum Refining 逆向法仅需要原料的整体性质(密度、ASTM D-2887 蒸馏曲线、硫含量和氮含量)。Aspen HYSYS Petroleum Refining 含有用于各种原料的内置图谱数据库，如 LVGO、HVGO、FCC 循环油。逆向法假设具有相同图谱类型的石油原料保持与初始组成相同的通用集总组分分布。Aspen HYSYS Petroleum Refining 使用“Feed Adjust”工具[29]来调整选定图谱类型的集总组分分布，以降低原料整体性质的测量值和计算值之间的偏差。我们使用得到的集总组分分布作为 HCR 模型的进料条件。如果对构图参数有特殊要求，用户可以自定义图谱来匹配测量数据。例如，用户可以手动更改选定原料图谱的硫含量集总组分的分布，以确保含硫化合物的分布与工厂测量值相匹配。

97 集总构造了 177 个反应的反应路径，包括：烷烃加氢裂化反应；开环反应；芳烃、环烷烃、含氮集总组分和含硫集总组分的脱烷基反应；芳烃、剩余氮集总组分(nonbasic nitrogen lumps)和难脱硫集总组分(hindered sulfur lumps)的加氢饱和反应；易脱硫集总组分(unhindered sulfur lumps)的加氢脱硫反应；含氮集总组分的加氢脱氮反应。反应网络如图 6.5~图 6.7 所示。

每个反应的速率方程基于 Langmuir-Hinshelwood-Hougen-Watson(LHHW)机理，包括可逆反应和不可逆反应。该机理包括[30]：

(1) 催化剂表面对反应物的吸附。

(2) 抑制吸附。

(3) 吸附分子的反应。

(4) 产品解吸。

动力学方案还包括由 H_2S、NH_3 和有机含氮化合物产生的抑制作用[30]：

(1) H_2S 抑制 HDS 反应。

(2) 通过 NH_3 和有机含氮化合物抑制烷烃加氢裂化反应、开环反应和脱烷基化反应。

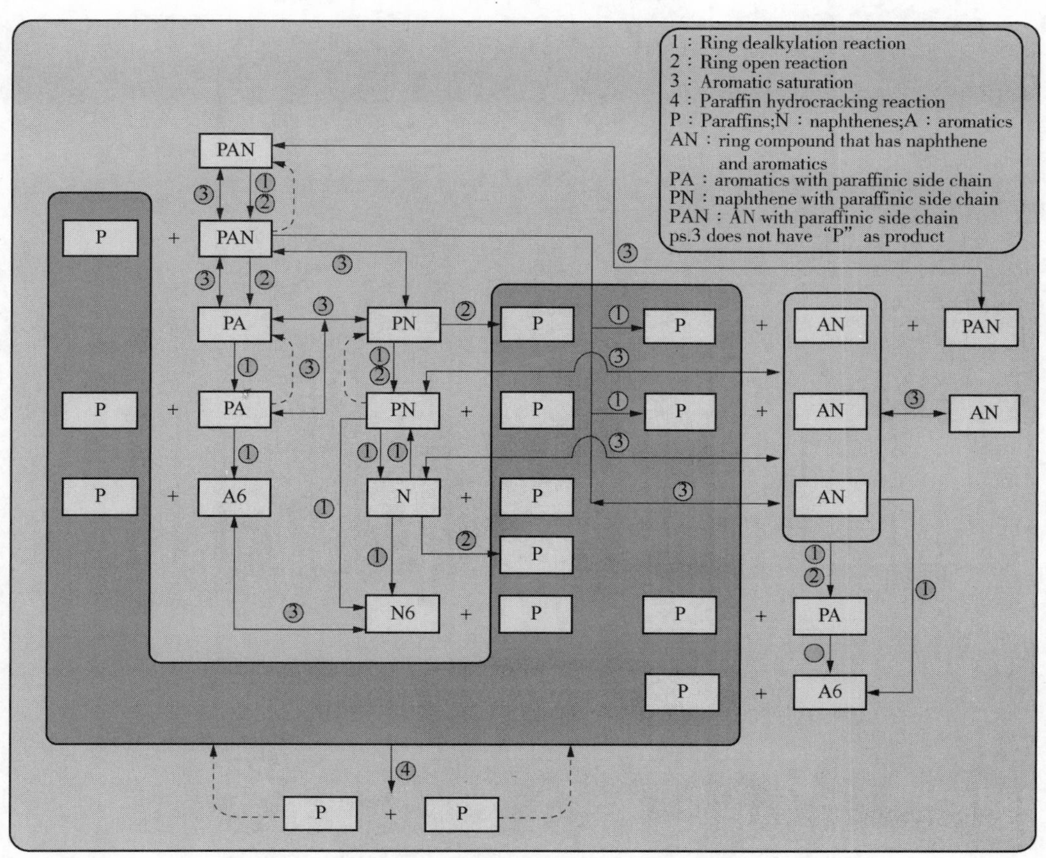

图 6.5 Aspen HYSYS Petroleum Refining HCR 反应网络——烷烃加氢裂化反应、环烷烃开环反应、环烷烃脱烷基反应和芳烃饱和反应

式(6.1)和式(6.2)分别表示可逆反应和不可逆反应的 LHHW 的速率方程[22]。

$$\text{Rate}=K_{\text{total}}\times k\times\frac{[K_{\text{ADS},i}C_i\times K_{\text{ADS,H}_2}(P_{\text{H}_2})^x/K_{\text{eq}}]-K_{\text{ADS},j}C_j}{\text{ADS}}\cdots \tag{6.1}$$

$$\text{Rate}=K_{\text{total}}\times k\times\frac{K_{\text{ADS},i}C_i\times K_{\text{ADS,H}_2}(P_{\text{H}_2})^x}{\text{ADS}} \tag{6.2}$$

式中 K_{total}——总活性；

k——速率常数，由基础研究[22]得到；

$K_{\text{ADS},i}$和$K_{\text{ADS},j}$——烃类 i 和 j 的吸附常数，由基础研究[22]得到；

C_i和C_j——烃类 i 和 j 的浓度；

P_{H_2}——氢分压；

K_{eq}——反应平衡常数，由基础研究[22]得到；

ADS——LHHW 吸附项，表示不同的抑制剂(包括芳烃、H_2S、NH_3 和有机含氮化合物)的竞争吸附。

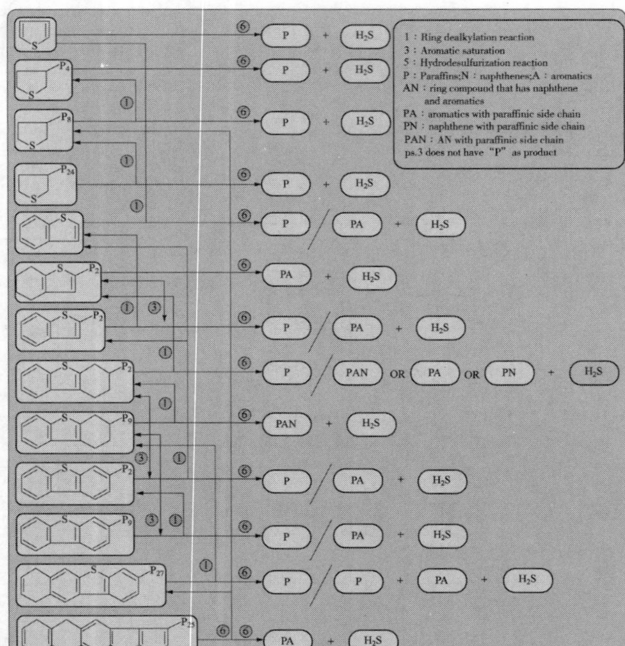

图 6.6　Aspen HYSYS Petroleum Refining HCR 中 HDS 反应网络

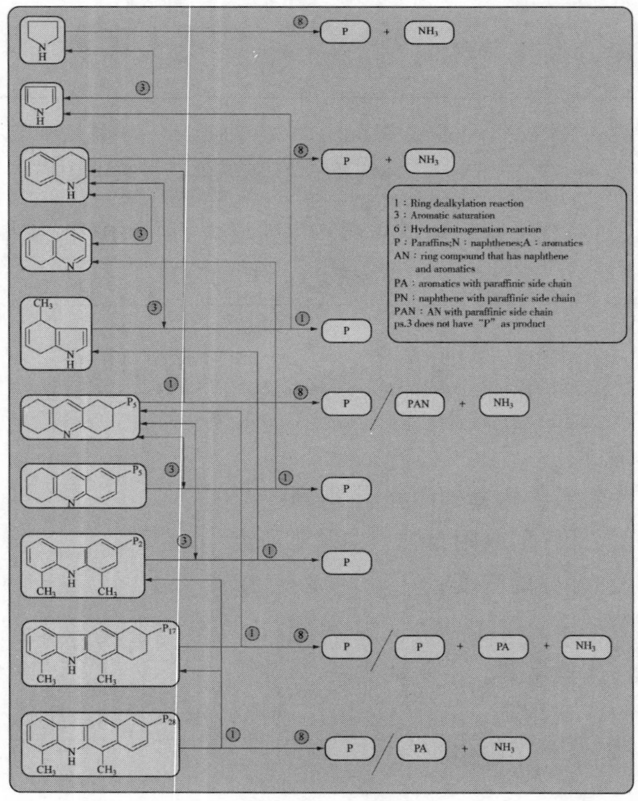

图 6.7　Aspen HYSYS Petroleum Refining HCR 中 HDN 反应网络

表 6.2 列出了 Aspen HYSYS Petroleum Refining 中每种反应类型的抑制剂。

表 6.2 反应类型及其抑制剂

反应类型	抑制剂	反应类型	抑制剂
裂化反应①(酸性功能)	NH_3、有机氮化物和芳烃	HDS 反应(金属功能)	有机氮化物、H_2S 和芳烃
芳烃饱和反应(金属功能)	有机氮化物、H_2S 和芳烃	HDN(金属功能)	有机氮化物、H_2S 和芳烃

① 裂化反应包括加氢裂化反应、环烷烃开环反应和环烷烃脱烷基反应。

在式(6.1)和式(6.2)的速率表达式中，K_{total} 是一系列活性因子的组合，表示不同反应集的表观反应速率。例如，轻质芳烃的加氢反应 K_{total} 是反应产物 K_{global}、$K_{hdg,overall}$ 和 $K_{hdg,light}$ 的组合。K_{global} 表示分配给每个催化剂床层的总活性因子，$K_{hdg,overall}$ 表示所有加氢反应的组活性因子，$K_{hdg,light}$ 表示轻质馏分的加氢反应活性因子(低于 430℉)。第 6.4.4 节包含了关于反应集和活性因子的更多细节，并给出了 Aspen HYSYS Petroleum Refining 中反应活性的细节。对于反应器设计和流体动力学，Aspen HYSYS Petroleum Refining HCR 采用理想滴流床的设计方程和 Satterfield 描述的流体力学[31]，并且每个催化剂床层被建模为单独的反应器。

6.3 工艺简介

6.3.1 中压加氢裂化工艺(MP HCR)

亚太区大型炼油厂的中压加氢裂化装置(MP HCR)的工艺流程图如图 6.8 所示，将来自常压蒸馏装置(CDU)的 VGO 通过加氢改质为高附加值的石脑油、柴油和尾油(乙烯装置的原料)。来自 CDU 单元的 VGO 与富氢混合预热后被送入第一反应器。第一个反应器使用 HT

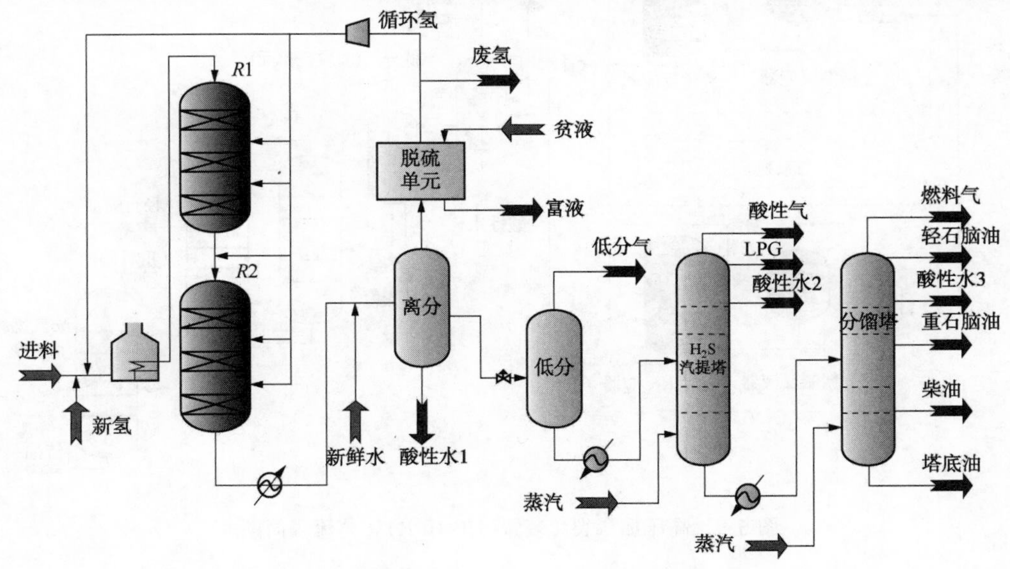

图 6.8 中压加氢裂化装置(MP HCR)工艺流程简图

催化剂来降低氮含量和硫含量；第二个反应器使用 HCR 催化剂将重质烃类裂解成轻质油品——石脑油、柴油和尾油。在两个反应器之后，通过高分 HPS 回收未反应的氢气以及低分(LPS)将 HPS 的液相产品分离出轻烃。脱硫单元洗涤 HPS 气相产物的酸性气和提浓循环氢的浓度。为了平衡系统中的氢气，从脱硫单元中脱除废氢。在分馏单元中，H_2S 汽提塔从轻烃中除去溶解的 H_2S，而带有两个侧线的分馏塔生产主要产物：轻石脑油、重石脑油、柴油和尾油。

6.3.2 高压加氢裂化工艺(HP HCR)

亚太区大型炼油厂的高压加氢裂化装置的工艺流程图如图 6.9 所示，该装置将 200 万吨/年的 VGO 加氢改质为石脑油、喷气燃料和渣油。与典型的 HCR 装置不同的是，该工艺采用双系列配置，每个系列包含一台 HT 反应器和一台 HCR 反应器。VGO 和富氢混合预热后进入第一反应器，第一反应器装载 HT 催化剂以降低氮含量和硫含量，第二台反应器装载 HCR 催化剂，将重质油品裂解成高价值的液体产品：液化气(LPG)、轻石脑油、重石脑油和喷气燃料。紧接着，通过 HPS 回收未反应的氢气，LPS 分离出 HPS 液相产品中的轻烃。为了保持系统中的氢分压，通过 HPS 气相排放废氢。在分馏单元中，第一分馏塔将轻烃和 LPG 分离，第二分馏塔生产高附加值产品——轻石脑油、重石脑油，第三分馏塔进一步生产喷气燃料和渣油。

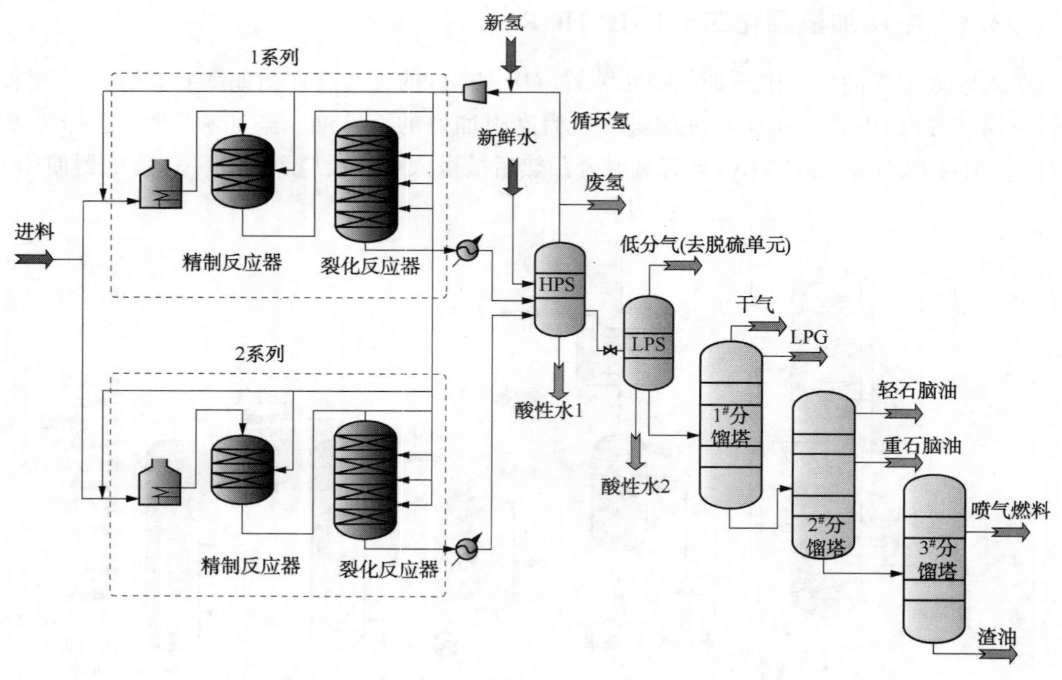

图 6.9　高压加氢裂化装置(HP HPR)工艺流程简图

6.4 模型开发

6.4.1 HCR 工艺模型的开发思路

使用 Aspen HYSYS Petroleum Refining 软件工具开发 HCR 集成模型的工作流程如图 6.10 所示。我们建议开发所有的 HCR 模型遵循相同的工作流程，根据动力学模型的选择，每个模块的细节只有很小的变化。例如，宽沸程集总组分(蒸馏曲线)和 SOL 模型[傅立叶变换红外光谱(FTIR)、API 比重、蒸馏曲线、黏度等]对原料分析数据需求的不同，使得数据采集也截然不同。本文将在使用 Aspen HYSYS Petroleum Refining 建立 HCR 集成模型时讨论每个模块的细节。

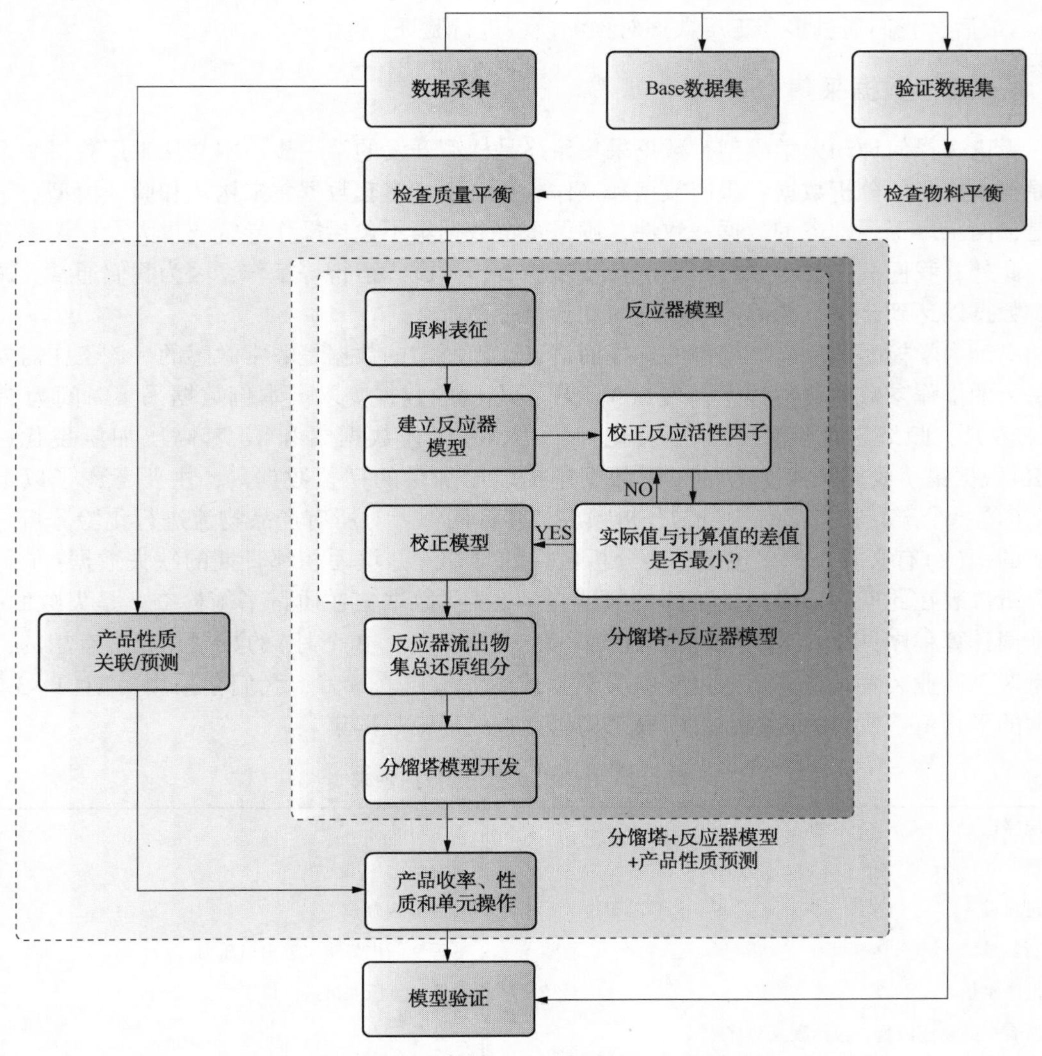

图 6.10 加氢裂化工艺集成模型建模流程

模型开发的第一步是数据采集，即收集建模所需的数据，然后组织数据并将其分为基础数据集和验证数据集。基础数据集用于开发工艺模型，验证数据集用于测试工艺模型的预测准确性。在建立模型之前，进行精确的质量平衡非常重要。该平衡包括新鲜原料和产品物料。如果入方和出方的总质量流量偏差超过2%或3%，则必须查找不平衡的原因[32]。接下来是反应器模型的开发，该步骤主要取决于反应动力学模型的选择。图 6.10 所示的方法与 Aspen HYSYS Petroleum Refining 相对应。HCR 工艺中分馏塔模型的开发类似于 CDU 模型，唯一的区别是 HCR 分馏塔进料的表示方法，因为 HCR 反应器流出物的特点是采用集总组分，而不是在 CDL1 模型中广泛应用的基于馏程划分的虚拟组分。因此，当选择的集总组分不能合理地表征 HCR 分馏塔进料时，我们应采用集总还原法(delumping)。集总还原是 HCR 全流程建模最重要的步骤，因为需要将反应器流出物转换为用于分馏塔模拟所需的关键性质。在分馏塔模型建立完成后，油品相关性质被纳入工艺模型以计算燃料性质(如柴油的闪点)。最后，我们通过多套工厂数据对预测模型进行验证。

6.4.2 数据采集

无论选择何种动力学模型，数据采集始终是模型开发的第一步。本文从工厂获得 2 个月的原料及产品的分析数据、生产数据和操作参数，组成多套数据集来构建和验证模型。重要的是，向工厂工程师咨询数据一致性，确保每个数据集不包括操作异常或重大操作调整的参数。此外，我们有必要对原始数据进行重新检查、测试、运行等工作，因为我们通常会调整测试数据以达到合理且精确的质量平衡和热量平衡[32]。

对动力学模型和反应器模型的选择而言，建模所需的数据是非常敏感的。该工作需要测算每天的操作参数和分数数据，表 6.3 给出了本例的数据需求。本例数据采集时间为 2009 年 3 ~6 月，归纳出 8 套中压加氢裂化(MP HCR)工艺数据集和 10 套高压加氢裂化(HP HCR)数据集。我们从 4 个月的工厂数据中提取出少量的完整数据集，主要考虑了以下几点：(1)每个产品物流都有自身的分析频次，并且同一天对所有产品物流进行化验分析是不现实的；(2)有必要查找出包括主要分析数据的日期，并填写相邻日期的缺失数据；(3)部分分析仪表在此期间未能记录正确的数值；(4)某些数据集在质量平衡检查上是失败的(质量平衡计算程序见第 6.4.3 节)。因此，采集一段时间(1 ~3 个月)的数据是非常有用的，特别是对于商业装置来说。通常由于缺失数据或者计量仪表故障，我们会采用短期(1 ~3 天)数据的平均值，或者通过相邻时间段来构建完整的建模数据集。

表 6.3 HCR 工艺模型数据需求

反应器模型	贫胺液量
流量	压力
进料量	进料压力
新氢量	每个催化剂床层进出口压力
洗涤水量	循环氢压缩机进出口压力
所有产品物流流量，包括废氢和富胺液	高分压力
循环氢量(压缩机前)	低分压力
每个床层急冷氢量	温度

续表

每个催化剂床层进出口温度	进料温度
循环氢压缩机进出口温度	所有中段循环物流流量
高分温度	压力
低分温度	主分馏塔进料压力
实验分析数据	主分馏塔汽提蒸汽压力
原料油分析数据（密度、蒸馏曲线、总硫、总氮和碱氮）	主分馏塔冷凝器压力
所有气体产品以及废氢分析数据（组成分析）	主分馏塔塔顶压力
轻石脑油组成分析数据	主分馏塔塔釜压力
分馏塔所有液体产品分析数据（密度、蒸馏曲线和元素分析——C、H、S、N）	主分馏塔进料压力
酸性水组成分析	温度
贫胺液和富胺液组成分析	主分馏塔进料温度
新氢组成分析	主分馏塔汽提蒸汽温度
循环氢组成分析	中段循环进出口温度
废氢组成分析	侧线汽提塔再沸器进出口温度
低分气组成分析	冷凝器温度
其他	塔顶温度
催化剂供应商提供反应初期床层温度	塔釜温度
催化剂供应商提供反应末期床层温度	进料温度
分馏模型	产品采出温度
流量	侧采温度
蒸汽流量	主分馏塔和侧线汽提塔的塔釜温度

6.4.3 质量平衡

采集数据的检查对准确开发模型是至关重要的，特别是质量平衡。质量平衡的计算包括所有的入方（如 MP HCR 工艺中的原料油、新氢、洗涤水、贫胺液和蒸汽）和出方（如 LPS 气相、酸性气、LPG、燃料气、轻石脑油、重石脑油、柴油、尾油、废氢、酸性水和 MP HCR 工艺中的富胺液）。但是，脱硫单元相关的物流（如洗涤水和酸性水）是不定期测量的，在物料平衡计算中可以不包括这些物料。因为这些物料只影响硫平衡和氮平衡，因此，我们假设所有硫元素和氮元素经脱除单元后都转化为 H_2S 和 NH_3，以此来计算硫平衡和氮平衡。

质量平衡计算如下：(1)根据 HDS 和 HDN 反应苛刻度计算 H_2S 和 NH_3 收率；(2)确定“净化”干气产品和“净化”液化气的收率，这表示需要除去所有干气产品和液化气中的 H_2S 和 NH_3；(3)根据“净化”干气产品、“净化”液化气、所有液体产品、H_2S 和 NH_3 的总和计算反应器流出物收率；(4)根据原料油和新氢的流量计算反应器总进料量；(5)计算反应器流出物与总进料量的比值。

本文开发了质量平衡计算的 Ecexl 电子表格（Mass Balance. xls），如图 6.11 所示。虽然该电子表格和计算公式是针对特定的 HCR 工艺开发的，但是读者可以根据上文描述的步骤，只需略微调整即可应用电子表格并计算任意 HCR 工艺的质量平衡。

	A	B	C	D	E	F	G	H	I	J	K	L
1												
2												
3			Feed Oil	S in Feed Oil	N in Feed Oil	Make Up H_2						
4		kg/h	92200	1844	83	4020						
5		S wt%	2									
6		N wt%	0.09									
7			Total Feed	Total Sulfur Feed	Total Nitrogen Feed							
8		kg/h	96220	1844	83							
9												
10												
11			Purge Gas	LPS Vap	Sour Gas	LPG	Light Naphtha	Heavy Naphtha	Diesel	Bottom		
12		kg/h	1660	1130	1740	3940	3480	20900	32670	29170		
13		H_2S wt%	0	7.95	11.81	2.03						
14		H_2S kg/h	0	90	205	80						
15		S wt%					0	0.0002333	0.00198	0.0015		
16		S kg/h					0	0.05	0.65	0.43		
17		N wt%					0	0	0	0		
18		N kg/h					0	0	0	0		
19			Sweet PG	Sweet LV	Sweet SG	Sweet LPG					H_2S	NH_3
20		kg/h	1660	1040	1535	3860					1958	101
21			Sweet Gas products+Liquid Products	Total H_2S	Total NH_3							
22		kg/h	94315	1958	101							
23												
24		Material Balance Deviation										
25		0.16%										

图 6.11 HCR 工艺物料平衡表——Mass Balance. xls

6.4.4 反应器模型开发

反应器模型开发是构建 HCR 工艺模型的核心。虽然反应器建模方法取决于反应动力学的选择，但是对于大多数商业 HCR 工艺模型开发来说，我们需要完成下列任务：(1)根据反应动力学模型对原料进行分析；(2)采用集总组分表示原料，也可以根据馏程建立虚拟组分；(3)建立反应网络、定义速率方程以及估算速率常数和反应热；(4)通过操作参数(如反应温度和进料量)同步求解速率方程和反应器设计方程；(5)通过调整反应活性参数来最优化目标函数(自定义参数表示模型预测值与工厂数据的偏差)。

6.4.4.1 中压加氢裂化(MP HCR)反应器模型

第 6.2 节描述了使用 Aspen HYSYS Petroleum Refining 逆向法表征原料的概念。由于炼油厂不能对常规 HCR 原料进行全面分析，因此本例采用逆向法表征原料。两个 HCR 工艺都选择“LVGO”图谱类型，因为这两个装置原料主要来自 CDU 的 VGO，并且所选图谱类型应尽可能接近实际进料。本节是使用 Aspen HYSYS Petroleum Refining 建立反应器模型的最后一步，该步骤通过调整相关参数使得模型的预测值与工厂数据的偏差最小化，使得模型与工厂操作相匹配。

尽管 Aspen HYSYS Petroleum Refining 根据基础研究为 177 个反应分配了速率常数，但是由于不同炼油厂的反应器配置、催化剂活性以及操作条件的不同，我们需要通过调整反应活性因子来匹配工厂的操作。在 Aspen HYSYS Petroleum Refining 中，使预测值与工厂数据之间偏差最小化的方法称为“校准”，即通过调整模型参数使得模型预测值与工厂数据一致。

表 6.4 列出了 31 个可选的目标函数，表 6.5 列出了 48 个可选的反应活性因子。Aspen HYSYS Petroleum Refining 结合工厂产品分布来构建反应器流出物，将反应器流出物划分为 C_1、C_2、C_3、C_4、C_5 及其他四种馏分：石脑油(C_6 至 430℉馏分)、柴油(430~700℉馏分)、尾油(700~1000℉馏分)和渣油(1000℉+馏分)，如表 6.4 所示。表 6.4 列出的目标函数或是与 HCR 工艺关键操作的预测误差相关，或是与 HCR 工艺的产品收率相关。Aspen HYSYS Petroleum Refining 允许我们先选择所需的目标函数，再进行校准。在选定目标函数后，我们

选择合适的反应活性因子来校准反应器模型。反应活性因子、催化剂床层数量和反应器类型之间的关系如图 6.12 所示，每个反应活性因子对模型性能的影响如表 6.5 所示，例如总活性因子(Kglobal)与床层温度分布的影响，有助于选择活性因子的选择。

表 6.4 Aspen HYSYS Petroleum Refining 中目标函数

项目	备注	符号说明
床层温升预测误差	每一个床层	OBJ_{TR_i} $i=1-6$
急冷氢量预测误差	每一个床层	OBJ_{HQ_i} $i=1-6$
废氢量预测误差		OBJ_{PGF}
新氢量预测误差		OBJ_{MHF}
化学氢耗预测误差		OBJ_{HC}
C_6~430℉馏分(石脑油)体积流量预测误差		OBJ_{NVF}
430~700℉馏分(柴油)体积流量预测误差		OBJ_{DVF}
700~1000℉馏分(塔底油)体积流量预测误差		OBJ_{BVF}
1000℉+馏分(渣油)体积流量预测误差		OBJ_{RVF}
C_6~430℉馏分(石脑油)质量流量预测误差		OBJ_{NMF}
430~700℉馏分(柴油)质量流量预测误差		OBJ_{DMF}
700~1000℉馏分(塔底油)质量流量预测误差		OBJ_{BMF}
1000℉+馏分渣油质量流量预测误差		OBJ_{RMF}
C_1~C_2 质量收率预测误差		$OBJ_{C_1C_2}$
C_3 质量收率预测误差		OBJ_{C_3}
C_4 质量收率预测误差		OBJ_{C_4}
430~700℉馏分硫含量预测误差		OBJ_{SD}
700~1000℉馏分硫含量预测误差		OBJ_{SB}
430~700℉馏分氮含量预测误差		OBJ_{ND}
400~1000℉馏分氮含量预测误差		OBJ_{NB}
#1 反应器流出的氮含量预测误差		OBJ_{NR1}

表 6.5 Aspen HYSYS Petroleum Refining 中反应活性因子

符号说明	描述	考察对象	活性因子数量	备注
Kglobal_*i* *i*=1-6	每个床层的总活性	床层温度分布	6①	6 个床层的 6 个总活性因子
Ksul_*i*_*j* *i*=HT，HCR *j*=O，L，M，H	HDS 活性	硫含量	8	加氢精制反应总 HDS 活性因子，1 个 加氢精制反应宽馏分因子，3 个 HCR 反应总 HDS 活性因子，1 个 HCR 反应宽馏分因子，3 个

续表

符号说明	描述	考察对象	活性因子数量	备注
Knit_*i*_*j* *i*=HT，HCR *j*=O，L，H	HDN 活性	氮含量	6	精制反应 HDN 活性因子，1 个 精制反应宽馏分因子，2 个 HCR 反应 HDN 活性因子，1 个 HCR 反应宽馏分因子，2 个
Kcrc_*i*_*j* *i*=HT，HCR *j*=O，L，M，H	HCR 反应活性和脱烷基反应活性	产品收率	8	精制反应总 HCR 活性因子，1 个 精制反应宽馏分因子，3 个 HCR 反应总 HCR 活性因子，1 个 HCR 反应宽馏分因子，3 个
Khdg_*i*_*j* *i*=HT，HCR *j*= O，L，M，H	氢化反应活性	氢耗/反应温度	8	精制反应总 HDG 活性因子，1 个 精制反应宽馏分因子，3 个 HCR 反应总 HDG 活性因子，1 个 HCR 反应宽馏分因子，3 个
Kro_*i*_*j* *i*=HT，HCR *j*=O，L，M，H	开环反应活性	P/N 比	8	精制反应总 RO 活性因子，1 个 精制反应宽馏分因子，3 个 HCR 反应点 RO 活性因子，1 个 HCR 反应宽馏分因子，3 个
Klight_*i* *i*=1，2，3，4	轻组分校正因子	$C_1 \sim C_4$ 分配	4	每个轻组分($C_1 \sim C_4$)因子，1 个

①总活性因子数取决于反应床层数

②三个宽馏分指<430℉(L)430~950℉(M)>950℉(H)馏分。

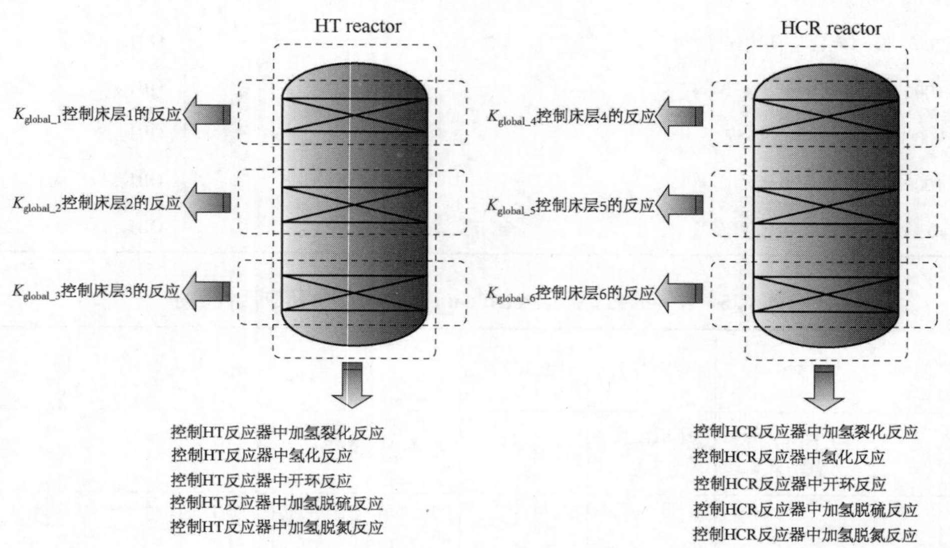

图 6.12　HT 和 HCR 相关活性因子、催化剂床层和反应器类型

模型校准过程依赖于操作模式、产品收率和工厂数据精度。例如，氢气不足的炼厂可能会更多地关注氢耗和新氢量。另外，如果希望精确预测轻烃收率，那么就必须有高精度的轻端组成(C_1~C_5)分析数据。对于中压加氢裂化装置(MP HCR)，炼厂首要考虑因素是产品收率、新氢量、反应温度和液体产品性质。需要注意的是，反应器模型不能计算某些燃料的性质，如柴油和喷气燃料的闪点和凝点，主要是因为 Aspen HYSYS Petroleum Refining 定义的馏分与工厂馏分的馏程不一致，因此，我们需要开发关联式来估算燃料性质(详见第 6.4.6 节)。

图 6.13 阐述了本例中识别活性因子的步骤，主要分为两个阶段：第一阶段适用于任意 Aspen HYSYS Petroleum Refining HCR 模型，第二阶段取决于炼厂建模的优先级。为了确保 Aspen HYSYS Petroleum Refining 的初步收敛性，我们将K_{global}设定的很小的值。所有催化剂床层的性能在开始时都处于“失活”状态，表示反应转化率很小。因此，第一项任务是调整每个催化剂床层的总活性因子来“激活”反应器。当反应器被激活后，反应转化率必须提高到一定程度。另外，我们通过调整裂化反应活性因子来最小化模型预测值与实际液体产品收率之间的偏差。

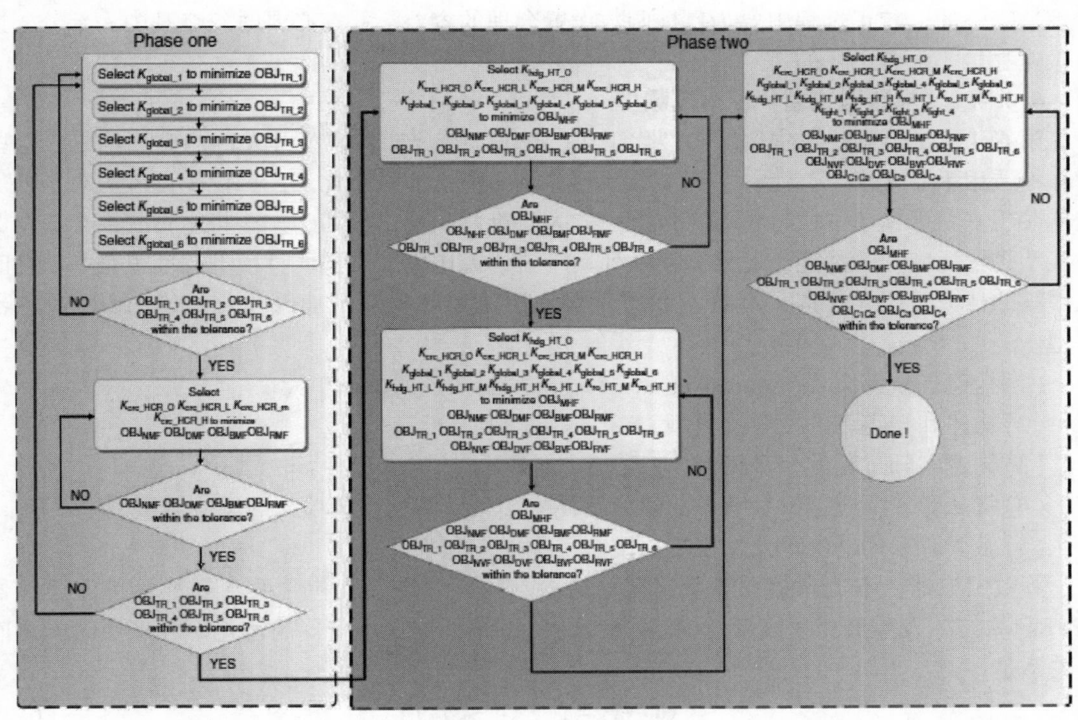

图 6.13 模型校准步骤

由于加氢裂化是放热反应，前述步骤计算的反应器温度分布将显示与实际装置数据有所偏差。我们要再次调整总活性因子使得反应温度预测的偏差在容差范围内。重复多次校准“反应器温度分布”与“液体产品收率”，直到模型预测误差在可接受的范围内。这些步骤构成了图 6.13 所示的第一阶段。该图呈现了 Aspen HYSYS Petroleum Refining HCR 模型初始校准的操作指南反应器温度分布和主要液体产品收率的准确性始终是任一加氢裂化装置的关键考虑因素。

校准过程的第二阶段(见图 6.13)，调整反应器模型的参数，使得模型的预测值与炼厂的实际工艺操作结果相符合。在这种情况下，新氢量、液体产品的体积流量(关键是密度的计算)和轻烃收率对中压加氢裂化工艺(MP HCR)非常重要。由于缺少液体产品的氮含量和硫含量的分析数据，本例不包括 HDN 和 HDS 活性的校正(见图 6.13)。

尽管第二阶段涉及的步骤取决于炼厂管理层的建模优先级，但是本文可以提供一些共同的指导原则：(1)始终检查反应器温度分布和液体产品收率；(2)根据模拟经验，全模型对 K_{global} 最为敏感，对 K_{light} 最不敏感，敏感度按降序排列为 $K_{global} \to K_{crc} \to K_{hdg} \to K_{hds} \to K_{hdn} \to K_{ro} \to K_{light}$；(3) K_{global} 对所有目标函数均有最显著的影响；(4) K_{crc} 对产品收率、反应器温度分布、氢耗和新氢量有显著影响；(5) K_{hdg} 影响产品收率、反应器温度分布、氢耗和新氢量；(6) K_{hds} 对硫含量有显著影响，对氢耗和新氢量有一定影响，对产品收率影响不大；(7) K_{hdn} 对氮含量有显著影响；(8) K_{light} 只影响轻烃的分配比例；(9)由于轻烃总收率由裂化反应决定，最后通过调整 K_{light} 来匹配轻烃收率($C_1 \sim C_4$)(K_{light} 只重新分配轻烃，对全模型性能几乎没有影响)。

模型校准的目的是寻找反应器模型预测值与实际操作相符的最佳解决方案，该解决方案并不是唯一的。校正过程中要为目标函数设置合理的容差，并在必要时忽略其中一部分，这些操作都是非常有必要的。

6.4.4.2 高压加氢裂化反应器模型

第 6.4.4.1 节阐述了中压加氢裂化工艺(MP HCR)反应器模型开发的步骤。但是，这些步骤不适用于非常规工艺流程，例如双系列并联的高压加氢裂化工艺(HP HCR)。双系列反应器共用一套分馏单位使得将生产数据一分为二难以实现，例如，无法将重石脑油分成两股来表示每台反应器的性能。此外，双系列反应器建模比较困难，而且模型校准也是一项耗时且困难的任务。因此，本文定制了下列步骤来构建和匹配高压加氢裂化(HP HCR)反应器模型。

(1)构建等效反应器(Equivalent Reactor)来表示双系列反应单元。

(2)构建和整定等效反应器模型。

(3)构建实际过程的初步模型(双系列反应单元)。

(4)将从等效反应器模型获得的反应活性应用到双系列反应单元的反应器模型中。

(5)微调双系列反应单元的模型以配合实际操作和生产。

等效反应器：本节介绍等效反应器的概念。我们假设一个包含两台等温平推流反应器(PFRs)系统，发生液相一级反应(见图 6.14)，每个平推流反应器的转化率和停留时间之间的关系是：

$$\mathrm{CONV}_1 = 1 - \exp(-k\,\tau_1) \tag{6.3}$$

$$\mathrm{CONV}_2 = 1 - \exp(-k\,\tau_2) \tag{6.4}$$

式中 CONV——转化率；

τ——停留时间；

k——速率常数[33]。

等效反应器定义为可将相同总进料量转化为相同产品量的反应器。对于等效反应器，反应转化率表示为：

$$\mathrm{CONV}_{\bar{e}} = 1 - \exp(-k\,\tau_{\bar{e}}) \tag{6.5}$$

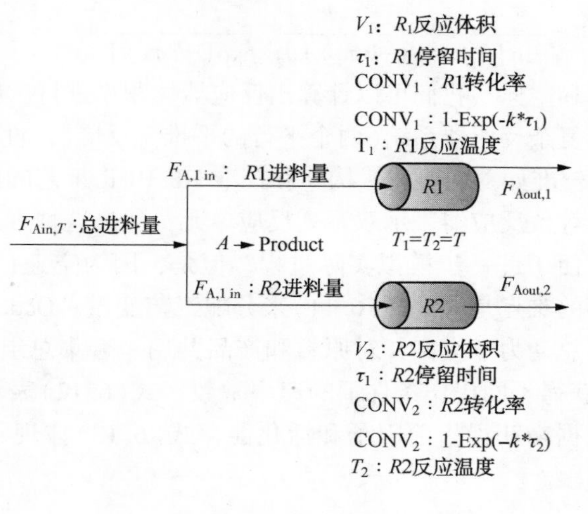

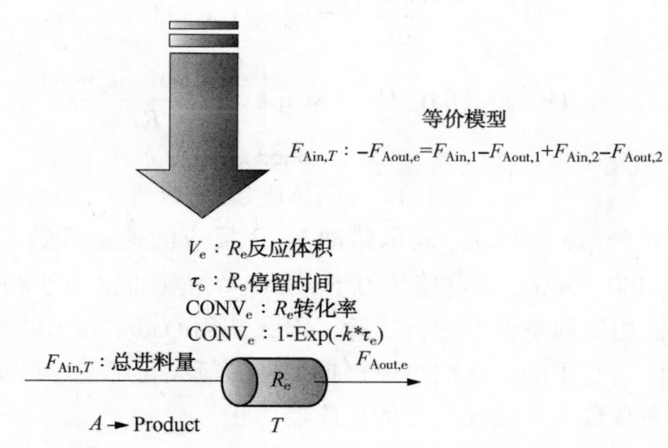

图 6.14 等效反应器概念

由于等效反应器定义为与两个平行等温平推流反应器具有相同的总收率，可以得到以下等式：

$$F_{Ain,T}-F_{Aout,e}=F_{Ain,1}-F_{Aout,1}+F_{Ain,2}-F_{Aout,2} \tag{6.6}$$

摩尔流量与转化率之间的关系：

$$\mathrm{CONV}_e=\frac{F_{Ain,1}-F_{Aout,1}+F_{Ain,2}-F_{Aout,2}}{F_{Ain,1}} \tag{6.7}$$

令$\theta_1=F_{Ain,1}/F_{Ain,T}$和$\theta_2=F_{Ain,2}/F_{Ain,T}$，可得：

$$\mathrm{CONV}_e=\theta_1\times\mathrm{CONV}_1+\theta_2\times\mathrm{CONV}_2 \tag{6.8}$$

将式(6.3)~式(6.5)代入式(6.8)：

$$1-\exp(-k\,\tau_e)=\theta_1\times[1-\exp(-k\,\tau_1)]+\theta_2\times[1-\exp(-k\,\tau_2)] \tag{6.9}$$

合并可得：

$$\tau_e=\frac{-\ln[\theta_1\times\exp(-k\,\tau_1)+\theta_2\times\exp(-k\,\tau_2)]}{k} \tag{6.10}$$

我们可以用空速项(SV)的形式将式(6.10)改写成式(6.11)。

$$SV=\frac{k}{-\ln\left[\theta_1\times\exp(-k\,\tau_1)+\theta_2\times\exp(-k\,\tau_2)\right]} \tag{6.11}$$

通过摩尔流量、转化率和空速，我们可以计算出反应器体积来进行反应器设计。等效反应器的概念提供了一种理解复杂反应器系统(两个平行的平推流反应器)性能的便利方法。

HP HCR 反应器模型的校准如上文所述，构建和校准 HP HCR 工艺的反应器模型分为五个步骤。第一步是建立一个等效反应器表示双系列反应单元，通过这种方法，可以获得较好的反应活性因子初始值，以便于进一步模拟实际过程。但是，因为空速(*SV*)是速率常数的函数，建立等效反应器模型的难点是通过式(6.11)来分配工艺变量。Qader 和 Hill(希尔)[2]提出了加氢裂化工艺的 2 集总动力学模型，对原料和产品共用一套集总组分进行表征(见图 6.15)，并使用一级动力学获得不同操作条件下的速率常数。式(6.12)表示速率方程，使用阿能尼乌斯方程关联实验数据来获得指前因子和活化能，式(6.13)体现了速率常数的温度依赖性。

$$-\frac{\mathrm{d}[\text{Gasoil}]}{\mathrm{d}t}=k_{\text{GO}}\times[\text{Gasoil}] \tag{6.12}$$

$$k_{\text{GO}}(\text{h}^{-1})=1\times10^{7}(\text{h}^{-1})\times\exp\left[\frac{-21100(\text{cal/mol})}{RT}\right] \tag{6.13}$$

Gas oil→Product

图 6.15 2 集总动力学模型

在式(6.12)、式(6.13)中，k_{GO}表示蜡油 HCR 反应的速率常数。实验数据是在压力为 10.34MPa，温度为 400～500℃，空速为 0.5～3.0h^{-1}，氢油比为 500m^3/m^3 条件下获得的。由于在与工业反应器相似的条件下进行实验，因此使用 Qader 和 Hill[2]的动力学数据研究等效反应器模型的设计是实用的。我们可以根据高压加氢裂化工艺中的进料量、反应器体积和空速，计算不同速率常数下等效反应器的反应器体积。

图 6.16 说明了 HCR 速率常数是如何影响等效反应器的体积的，纵坐标表示等效反应器的体积与双系列反应器体积之和的比值[$V_e/(V_1+V_2)$]。当 k 接近零时，[$V_e/(V_1+V_2)$]达到 100%的上限，意味着没有反应发生时的物理极限。另外，$V_e/(V_1+V_2)$随着 k 值增加而减少。根据 Qader 和 Hill[2]的动力学数据，在工业操作条件下，k 值范围为 0.5～3h(对应的反应温度为 360～430℃)，因此，$V_e/(V_1+V_2)$的典型值应始终大于 90%。

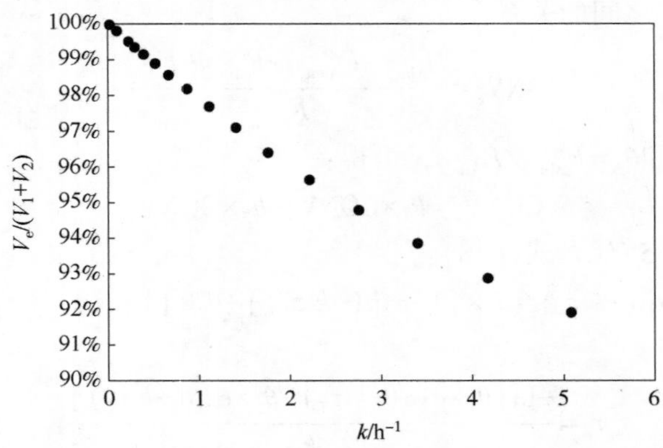

图 6.16 HCR 反应速率常数与等效反应器体积的关系

在上文中，我们仅仅为了获得反应活性的初始值而构建等效反应器模型，接下来，我们将使用实际过程的催化剂装载量来构建等效反应器，我们还汇总了所有物料流股，包括进料量和冷氢量，以确保等效反应器的质量平衡。另外，本文利用反应温度等操作条件的算术平均值开发等效反应器(详见图 6.17)。在对等效反应器模型对比的过程中，我们以反应器温度分布、新氢量、液体产品的质量收率和体积收率以及轻烃收率作为目标函数，因为它们是 HP HCR 的主要工艺指标。HP HCR 工艺的目标函数与 MP HCR 工艺模型相同，因此，我们可以按照图 6.13 所示的步骤进行等效反应器模型的校准。

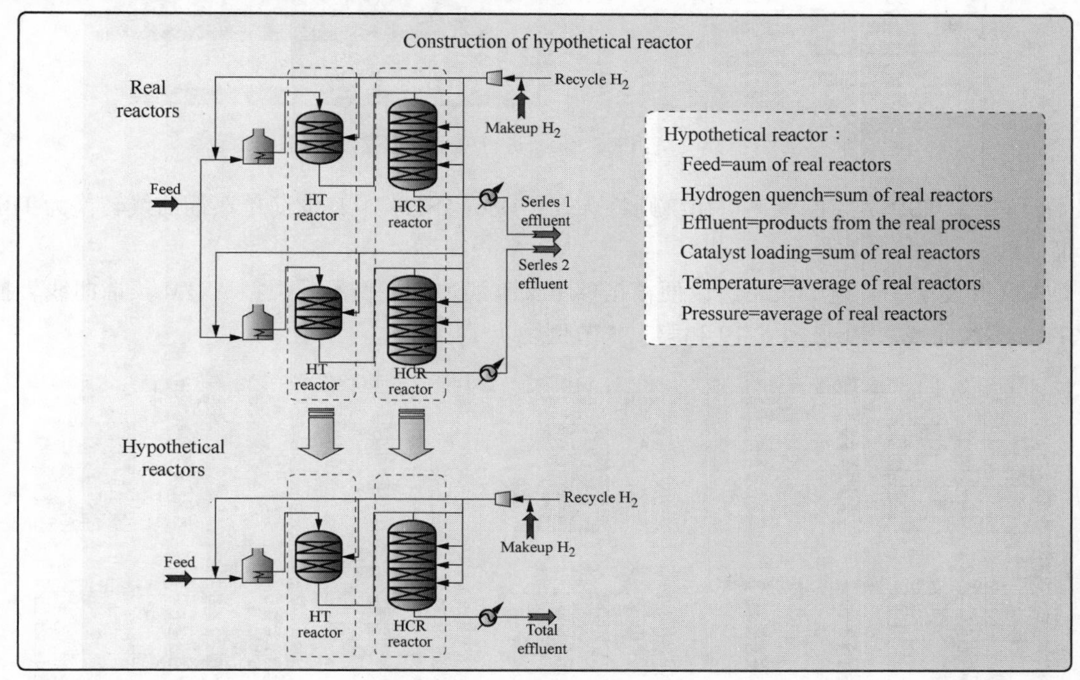

图 6.17 等效反应器的构造

在等效反应器模型校准完成后，我们使用实际运行数据对实际 HP HCR 反应器构建初步模型，将等效反应器模型的反应活性应用到初步模型中，还需要对初步模型进行细微调整。在 Aspen Simulation Workbook 中，我们创建了一个 MS Excel 电子表格(见图 6.18)，以便同时微调双系列反应单元的反应器模型。在 HP HCR 模型中，我们只将 HCR 选择性从 4.5 调整到 3.9，使得所得模型与实际操作和生产一致。等效反应器模型的开发使得 HP HCR 双系列反应器模型的开发成为了可能，并节省了开发时间。

6.4.5 反应器流出物和分馏塔模型的开发

采用离散集总组分(Delumping)表示反应器流出物是将反应器模型与分馏塔模型组合的关键步骤，因为反应器模型中使用的是基于分子结构和碳数的集总组分，并且不能精确表示分馏塔模型的热力学行为。由于 BP(挥发度)是蒸馏操作的最重要属性，工艺建模者通常使用基于实沸点蒸馏曲线(TBP)的虚拟组分表示 HCR 分馏塔的原料油。本文提出五个步骤来开发基于馏程划分的虚拟组分以表示石油馏分[32,34]。

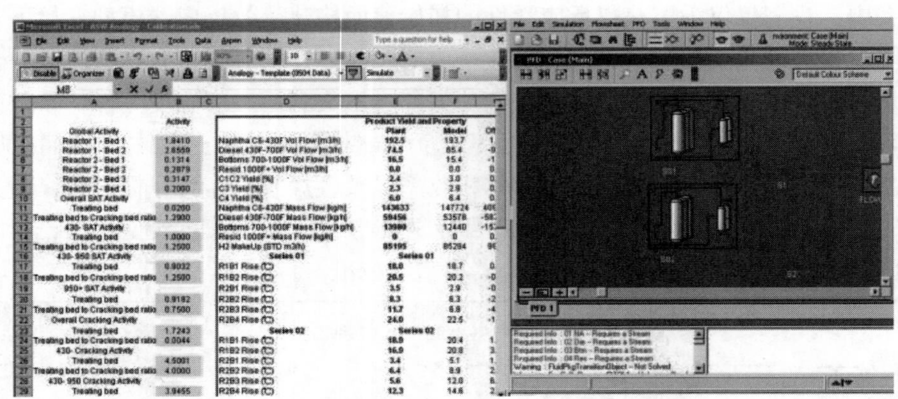

图 6.18 使用 MS Excel 进行模型数据整定❶

(1)如果 TBP 蒸馏曲线不可用，则将 ASTM D86/ASTM D1160/简单蒸馏曲线转换为 TBP 蒸馏曲线。

本文开发了一个电子表格，以便根据参考文献的关联式将不同类型 ASTM 蒸馏曲线转换为 TBP 蒸馏曲线。[35](见图 6.19 和第 1.3 节例题 1.1)。

	A	B	C	D	E	F	G	H	I	J
4	760 mmHg		760 mmHg	760 mmHg	760 mmHg		760 mmHg	760 mmHg	760 mmHg	760 mmHg
5	ASTM-D86 (C)	Vol. %	ASTM-D86 (F)	TBP (F)	TBP (C)		TBP (C)	TBP (F)	ASTM-D86 (F)	ASTM-D86 (C)
6	160.0	0%	320	259.1	126.2		126.2	259.1	320	160.0
7	176.7	10%	350	316.5	158.1		158.1	316.5	350	176.7
8	193.3	30%	380	372.6	189.2		189.2	372.6	380	193.3
9	206.7	50%	404	411.2	210.7		210.7	411.2	404	206.7
10	222.8	70%	433	451.2	232.9		232.9	451.2	433	222.8
11	242.8	90%	469	496.7	258.2		258.2	496.7	469	242.8
12	248.9	100%	480	503.0	261.7		261.7	503.0	480	248.9
13										
14										
15				760 mmHg	760 mmHg		760 mmHg	760 mmHg		
16	ASTM-D2887(C)	Wt%/Vol%	ASTM-D2887(F)	TBP (F)	TBP (C)		TBP (C)	TBP (F)	ASTM-D2887 (F)	ASTM-D2887(C)
17	145.0	5%	293	322.2	161.2		348.0	658.4	639.1711023	337.3
18	151.7	10%	305	327.7	164.3		369.0	696.2	685.3443333	363.0
19	162.2	30%	324	332.4	166.9		406.0	762.8	756.2204757	402.3
20	168.9	50%	336	336.0	168.9		433.0	811.4	811.4	433.0
21	173.3	70%	344	339.6	170.9		459.0	858.2	861.2301007	460.7
22	181.7	90%	359	350.1	176.7		495.0	923.0	922.5542047	494.8
23	187.2	95%	369	357.4	180.8		512.0	953.6	974.5478925	523.6
24	198.9	100%	390	366.2	185.7		556.0	1032.8	1038.378625	559.1
25										
26										
27				760 mmHg	760 mmHg		760 mmHg	760 mmHg		
28	ASTM-D2287 (C)	Wt%/Vol. %	ASTM-D2287 (F)	ASTM-D86 (F)	ASTM-D86 (C)		ASTM-D86 (C)	ASTM-D86 (F)	ASTM-D2887 (F)	ASTM-D2287 (C)
29	25.0	0%	77	121.3	49.6		298.8	569.9	446.4892018	230.3
30	33.9	10%	93	128.2	53.5		349.7	661.5	605.3731877	318.5
31	64.4	30%	148	154.8	68.2		392.0	737.5	715.3377437	379.6
32	101.7	50%	215	206.3	96.8		424.2	795.5	787.7262099	419.8
33	140.6	70%	285	270.6	132.5		459.0	858.2	856.5298061	458.1
34	182.2	90%	360	334.0	167.8		514.5	958.0	964.7774337	518.2
35	208.9	100%	408	367.5	186.4		577.9	1072.2	1273.441992	689.7
36										
37	760 mmHg		760 mmHg	760 mmHg	760 mmHg		760 mmHg	760 mmHg	760 mmHg	760 mmHg
38	ASTM-D1160 (C)	Vol%	ASTM-D1160 (F)	TBP (F)	TBP (C)		TBP (C)	TBP (F)	ASTM-D1160 (F)	ASTM-D1160 (C)
39	280.8	10%	537.3541391	527.3	275.2		143.1	289.5	300.1	149.0
40	350.6	30%	663.1131895	657.8	347.7		201.5	394.7	400.1	204.5
41	402.7	50%	756.9327522	756.9	402.7		246.1	475.0	475.0	246.1
42	450.5	70%	842.8909373	842.9	450.5		287.7	549.9	550.0	287.8
43	513.0	90%	955.4507826	955.6	513.1		343.3	650.0	650.0	343.4
44										
45										
46	Convert distillation curve at subatmospheric pressure to distillation curve at 1 atm. (by Ai-Fu, Jan. 04, 2009)									
47	Pressure =	10	mmHg	2 =< P =< 760						
48	X	0.00195599			760 mmHg	760 mmHg	760 mmHg			
49	TBP/D1160 (C)	Vol%	TBP/D1160 (F)	TBP/D1160 (R)	TBP/D1160 (R)	TBP/D1160 (F)	TBP/D1160 (C)			
50	143.1	10%	289.5	749.2	997.0	537.4	280.8			
51	201.5	30%	394.7	854.4	1122.8	663.1	350.6			
52	246.1	50%	475.0	934.7	1216.6	756.9	402.7			
53	287.7	70%	549.9	1009.6	1302.6	842.9	450.5			
54	343.3	90%	650.0	1109.7	1415.1	955.5	513.0			

图 6.19 ASTM 蒸馏曲线转化表(见第 1.3 节)

❶译者注：Aspen HYSYS 2006.5

(2)将全馏程切割为多组馏分，以便根据沸程定义虚拟组分(见图 6.20)。

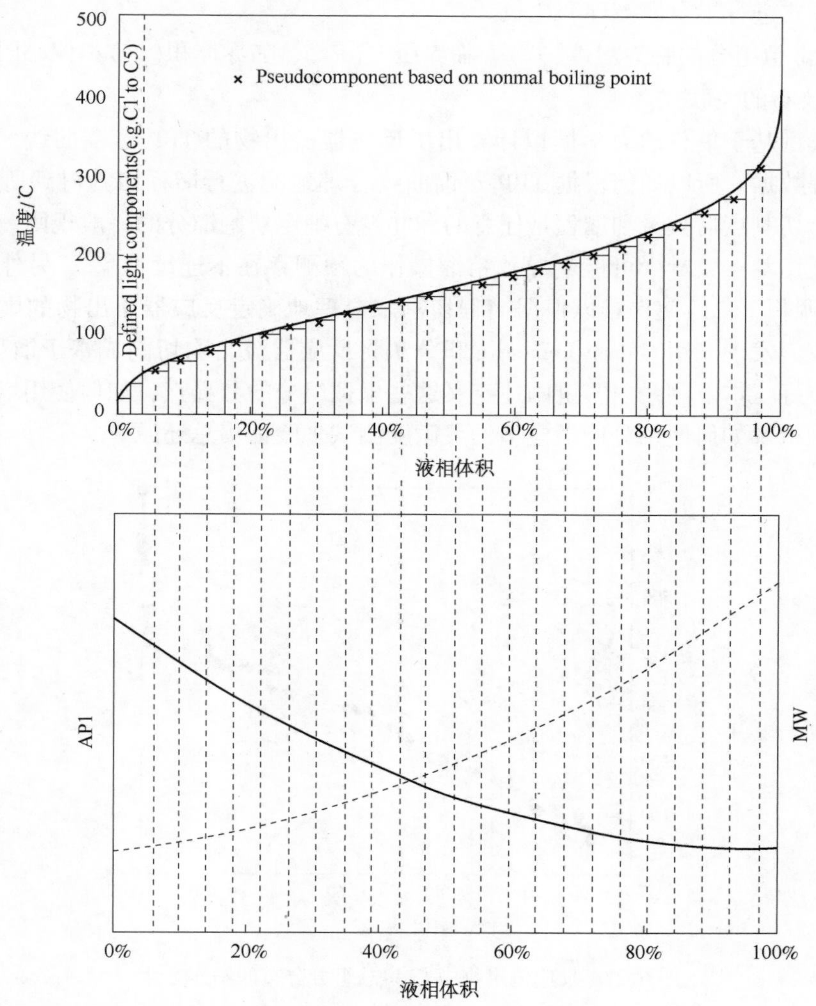

图 6.20 虚拟组分性质与 TBP 蒸馏曲线的关系[32]

(3)如果密度可用，则开发虚拟组分的密度分布。

①假设 Watson K 因子在全馏程内都是恒定的，并计算平均沸点(MeABP)。本文开发了一个电子表格工具(参见第 1.2 节和第 1.5 节例题 1.3)，以 Bollas 等[36]提出的方法为基础进行 MeABP 迭代计算。

$$K_{avg} = [\text{MeABP}]^{0.333}/\text{SG}_{avg} \tag{6.14}$$

②计算全馏程的密度分布。

$$\text{SG}_i = [T_{i,b}]^{0.333}/K_{avg} \tag{6.15}$$

式中 SG_i——虚拟组分 i 的比重，60℉/60℉；

$T_{i,b}$——虚拟组分 i 的 TBP。

(4)如果分子量不可用，则估算全馏程的分子量分布。

许多关联式根据标准液体密度和 TBP 蒸馏曲线来估算虚拟组分的分子量，Riazi[37]对这些发表的关联式进行了全面梳理和比较。

(5)估计虚拟组分的临界温度(T_c)、临界压力(P_c)、临界体积(V_c)和偏心因子(ω)。请参阅 Riaz[37]公布的关联式。

反应器模型基于集总动力学模拟计算出了反应器流出物的 TBP 蒸馏曲线、API 比重和分子量分布等数据。所以如何根据 TBP 蒸馏曲线合理地的进行馏程切割得到所需的虚拟组分是个问题。切割点的数量和馏程是任意的，并没有确定切割馏分的一般规则。切割点不是越多越好，但切割点数量少可能会导致精馏操作的预测存在不连续性[32]。另外，集总动力学的离散性(见图 6.21)使得难以根据馏程切割来合理地确定反应器流出物的虚拟组分。在该研究中，我们发现应用 Gauss-Legendre 积分法将反应器流出物切割成基于馏程的 20 个虚拟组分效果较好。本节剩余内容讲阐述定义这些虚拟组分的分界点，如何使用塔效率模型建立分馏塔模型以及如何使用分馏塔模型的灵敏度测试来验证集总还原。

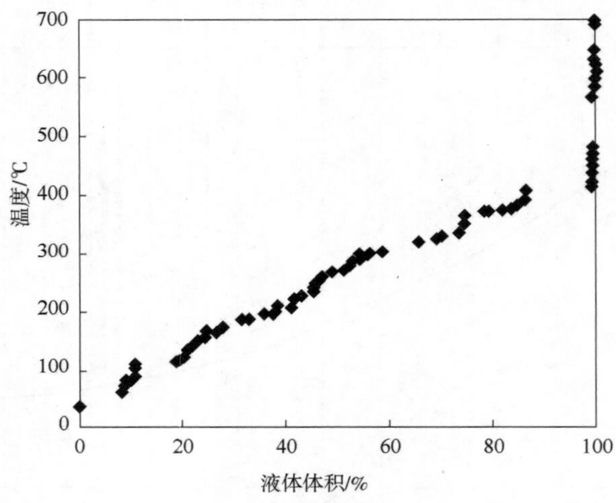

图 6.21　反应流出物中 C_6^+集总组分分布的不连续性

6.4.5.1　使用 Gauss-Legendre 积分法预测反应器流出物

Haynes 和 Matthews[38]应用 Gauss-Legendre 积分法预测了 Cotterman[39]等开发状态方程法得到的烃类混合物的汽液平衡(VLE)。之后，Mani 等[40]对 Haynes 和 Matthews[38]的工作进行了延伸，将石油馏分的 TBP 蒸馏曲线的切割馏分转化为基于馏程划分的虚拟组分，并且预测的汽液平衡数据与实验数据的相当匹配。因此，本文扩展了 Mani 等[40]的方法，根据馏程将反应器流出物离散成虚拟组分。

在该研究中，开发了一种方法，即通过 Gauss-Legendre 积分法，根据馏程将反应器流出物转化为虚拟组分，主要分为 6 个步骤：

(1)将反应器流出物划分为 C_{6-} 和 C_{6+}，因为 C_6 以下的组分是明确的轻端组分。

(2)获取反应器流出物 C_{6+}的 TBP 蒸馏曲线、API 度和分子量分布。

(3)确定离散的虚拟组分的数量(n)。

在本研究中，根据馏程将反应器流出物划分成 20 个虚拟组分。

(4)本文提供了 Gauss-Legendre 积分法计算积分点和权重因子的 Excel 电子表格 GL_Quad Pt. xls，用于在 TBP 蒸馏曲线上划分切割点。

①使用式(6.16)计算出在 C_{6+} 的 TBP 蒸馏曲线上划分切割点(F_{vi})。

$$F_{vi}=\frac{1}{2}\times[q_i+1] \tag{6.16}$$

在 TBP 蒸馏曲线中利用插值法以获得与每个切割点相关的 TBP(F_{vi})。图 6.22 显示了 $n=6$ 的情况。

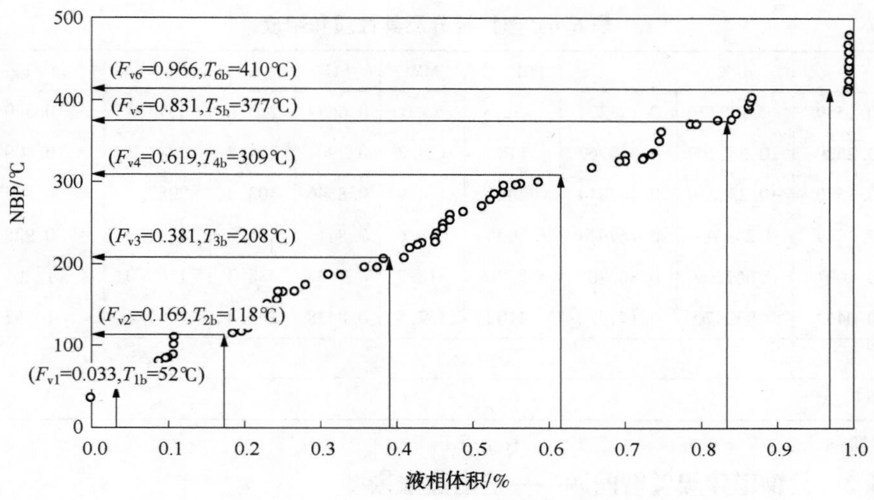

图 6.22 TBP 蒸馏曲线上切割点的分配

②使用相同的插值方法获取相关切割点(F_{vi})的 API 比重和分子量。

(5)使用分子量和 SG60℉/60℉ 估算每个虚拟组分的T_c、P_c、V_c和 ω，可以根据 API 度进行转换。

①对 T_c 和 P_c 而言，Haynes 和 Matthews[38] 推荐使用由 Riazi 和 Daubert[41] 开发的关联式。

$$T_c(K)=19.0627\times T_b^{0.58848}\times SG^{0.3596} \tag{6.17}$$

$$P_c(atm)=5.458\times10^7\times T_b^{-2.3125}\times SG^{2.3201} \tag{6.18}$$

②对偏心因子 ω 而言，Haynes 和 Matthews[38] 推荐使用 Lee 和 Kesler[42] 提出的关联式。

$$\omega=\frac{-\ln\left(\frac{P_c}{1.01325}\right)-5.92714+\frac{6.09648}{T_{br}}+1.28862\ln(T_{br})-0.169347\,T_{br}{}^6}{15.2518-\frac{15.6875}{T_{br}}-13.4721\ln(T_{br})+0.43577\,T_{br}{}^6} \tag{6.19}$$

③对V_c而言，为了与T_c和P_c的估算一致，本文也应用了 Riazi 和 Daubert[41] 开发的关联式。

$$V_c(cm^3/mol)=1.7428\times10^{-4}\times T_b^{2.3829}\times SG^{-1.683} \tag{6.20}$$

(6)集总还原法最后一步是计算每个虚拟组分的摩尔分数(x_i)。

使用式(6.21)计算每个虚拟组分的摩尔分数。

$$x_i = \frac{w_i \times SG_i \times MW_{avg}}{2 \times MW_{avg} \times SG_i} \qquad (6.21)$$

式中　w_i——Gauss-Legendre 积分法的权重因子；

SG_i和MW_i——分别是虚拟组分 i 的 SG 和分子量，其通过对反应器流出物的 SG 和分子量分布来内插法计算；

SG_{avg}和MW_{avg}——分别是从反应器模型获得的平均密度和分子量。

表 6.6 列出了 $n=6$ 时生成的虚拟组分及其性质和组成。

表 6.6　虚拟组分及其性质和组成

项目	x_i	q_i①	w_i	TBP/℃	MW	SG	T_c/℃	P_c/kPa	V_c(m³/kg mol)	ω
Pseudo 1	0.1559	−0.932470	0.171324	52	84.0	0.6694	223.6	3373.3	0.340	0.2326
Pseudo 2	0.2529	−0.661209	0.360762	118	128.8	0.7904	314.8	3233.3	0.400	0.2789
Pseudo 3	0.2550	−0.238619	0.467914	208	174.9	0.8346	403.3	2282.8	0.595	0.4286
Pseudo 4	0.1809	0.238619	0.467914	309	248.6	0.8411	486.3	1491.6	0.928	0.6792
Pseudo 5	0.1091	0.661209	0.360762	377	318.7	0.8438	538.3	1163.0	1.201	0.8968
Pseudo 6	0.0462	0.932470	0.171324	410	357.5	0.8438	562.3	1037.4	1.352	1.0252
$MW_{avg}=175$										
$SG_{avg}=0.8084$										

①q_i 是 n 阶勒让德多项式的零点，m_i 是相关的权重因子。

6.4.5.2　分馏塔建模关键问题——全塔效率模型

在分馏塔建模中，模拟软件用户经常对“板效率”的概念存在误解[32]。基于严格热力学理论的塔模型是假设每个理论级都处于理想的汽液平衡状态，但是，实际精馏塔均不是理想情况。“全塔效率”指的是理论塔板数与实际塔板数的比值，表示实际塔与理论塔之间的差异，全塔效率可应用于全塔或特定的分离区域。例如，采用 20 块理论塔板来模拟具有 40 块实际塔板和全塔效率为 50%的精馏塔。请记住，本例中的所有塔板计算都基于理想的汽液平衡。

第 2.4.2 节讨论了全塔效率和 Murphree 板效率的概念。第 2.4.3 节给出了如何正确处理板效率的问题，特别是在炼油厂蒸馏塔建模中，我们推荐使用全塔效率将实际塔板数转化为理论塔板数。典型的炼油厂蒸馏塔全塔效率推荐值参见第 2.4.3 节表 2.3。在第 6.13 节，我们将阐述例题 6.4 中 HCR 装置的分馏塔模型的开发。

6.4.5.3　集中还原法的验证—— Gaussian-Legendre 积分法

如前所述，切割馏分的数量是任意定义的。Kaes[32]指出，有必要应用灵敏度分析方法对采出量、采出温度及蒸馏曲线的相关性进行研究，以确保基于馏程划分的虚拟组分提供的结果是合理的。如果相关性是间断的而不是连续的，我们需要根据馏程重新定义虚拟组分的数量。在本研究中，我们将反应器流出物切割成 20 个 TBP 虚拟组分来表示分馏塔的进料。为了进行灵敏度分析，我们通过调整柴油的采出量，研究产品的采出量、采出温度和蒸馏曲线之间的关系。

为了验证基于馏程的 20 个虚拟组分的 Gauss-Legendre 积分集总还原法能够满足精馏塔模型，我们进行另一组灵敏度分析以作为对比，该分析方法使用等馏分法将反应器流出物切割成46个虚拟组分。等馏分法是Aspen HYSYS Petroleum Refining中的一种内置方法，基于馏程划分的等馏分法将反应器模型转化为虚拟组分。

等馏分法和Gauss-Legendre积分法的灵敏度分析结果如图6.23～图6.26所示。这些数据不包括初馏点、终馏点、90%点和95%点，因为模拟的初馏点和终馏点通常是不可靠的[32]，90%点和95%点的变化不明显以致无法提供准确的结果（均小于1%）。显而易见，这两种方法都可以描述采出量与采出温度之间的关系（见图6.23和图6.24），但是，图6.25和图6.26表明这两种方法在预测采出量和蒸馏曲线之间的关系时具有不同的性能。Gauss-Legendre积分法能够预测采出量和蒸馏曲线之间的关系，而等馏分法则不能。使用Gauss-Legendre积分法来离散反应器流出物，便可以基于馏程划分少量虚拟组分来建立效果很好的塔模型。

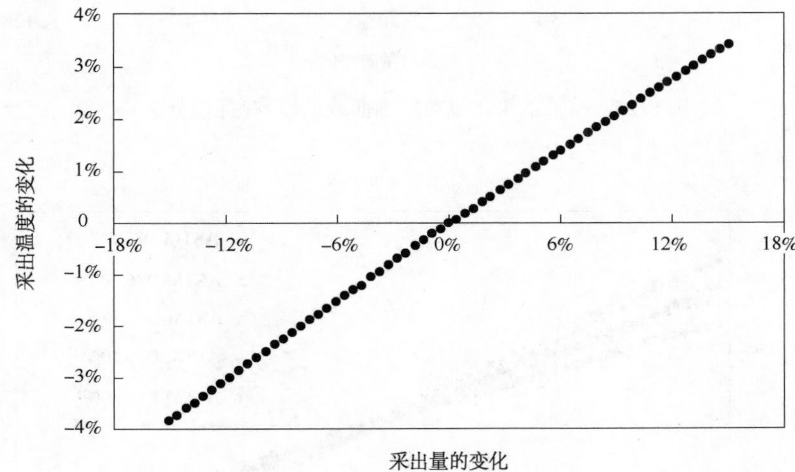

图6.23 重石脑油的采出量对侧采温度的影响（等馏分法）

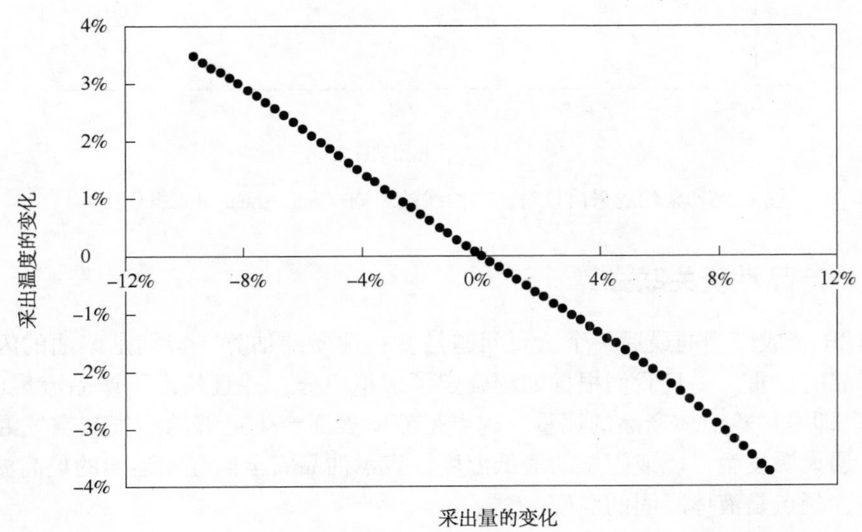

图6.24 柴油的采出量对侧采温度的影响（Gauss-Legendre积分法）

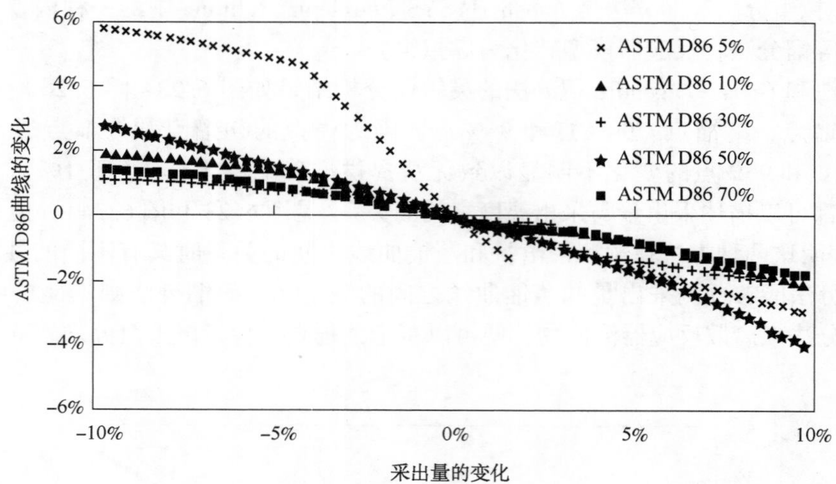

图 6. 25 柴油的采出量对蒸馏曲线的影响(等馏分法)

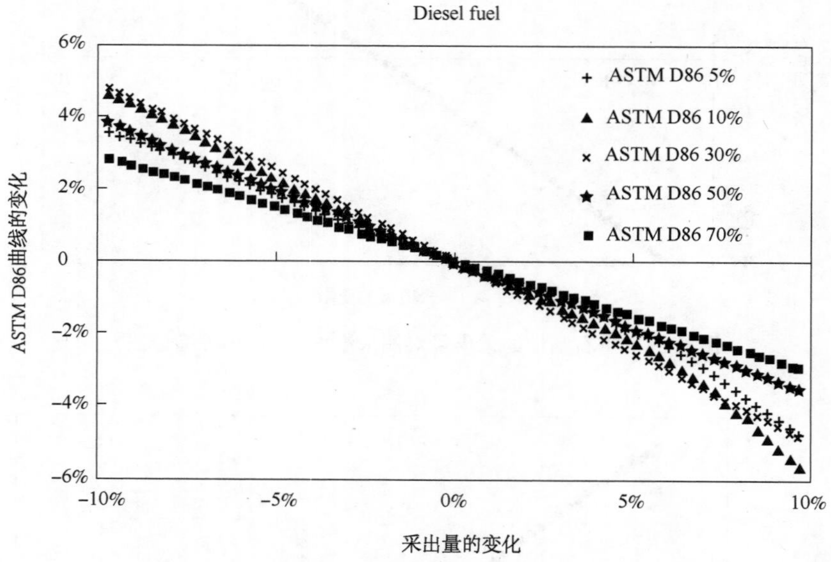

图 6. 26 柴油的采出量对蒸馏曲线的影响(Gauss-Legendre 积分法)

6. 4. 6 产品性质关联式

建立 HCR 集成模型的最后一个重要问题是燃料性质的估算，特别是柴油的闪点和凝点以及液体产品的比重。一旦我们根据馏程确定了虚拟组分，并且校准了产品流量(质量和体积)的模型，即可估算液体产品的比重。闪点是液体表面产生足够的蒸气与空气混合形成可燃性气体，遇火源发生自燃或闪燃的最低温度，表示油品安全储存和运输的最高温度。对于纯物质而言，凝点是液体凝固的温度。

对于烃类混合物组成的石油馏分，凝点定义为温度升高时冷却后形成的固体晶体消失的温度[35]。对于这两个性质，本文更新了 API 关联式[35]的参数，见式(6. 22)和式(6. 23)：

$$闪点(^{\circ}F)=A\times 10\%ASTM\ D86\ 10\%(^{\circ}F)+B \tag{6.22}$$

$$凝点(R)=A+B\times SG+C\times\frac{MeABP^{1/3}}{SG}+D\times MeABP \tag{6.23}$$

对于中压加氢裂化工艺而言，我们使用从工厂收集的130和115数据点来修正式(6.22)和式(6.23)。闪点和凝点的新关联式的平均绝对偏差分别是2.7℃和2.3℃，所得新的关联式为：

$$闪点(^{\circ}F)=0.677\times 10\%ASTM\ D86\ 10\%(^{\circ}F)-118.2 \tag{6.24}$$

$$凝点(R)=A+B\times SG+C\times\frac{MeABP^{1/3}}{SG}+D\times MeABP \tag{6.25}$$

对于高压加氢裂化工艺而言，我们使用从工厂142和63数据点来修正式(6.22)和式(6.23)。闪点和凝点的新关联式的平均绝对偏差分别是2.2℃和1.6℃，所得新的关联式为：

$$闪点(^{\circ}F)=0.51\times 10\%ASTM\ D86\ 10\%(^{\circ}F)-57.7 \tag{6.26}$$

$$凝点(R)=-857.63+437.16\times SG+41.68\times\frac{MeABP^{\frac{1}{3}}}{SG}-0.483\times MeABP \tag{6.27}$$

通过对蒸馏曲线、比重和MeABP的预测，我们可以使用式(6.24)~式(6.27)来估算中压加氢裂化工艺中的柴油和高压加氢裂化工艺中的喷气燃料的闪点和凝点。

6.5 MP HCR模拟结果

6.5.1 反应器和循环氢系统的性能

MP HCR模型包括商业HCR工艺的三个主要部分：反应器、分馏塔和循环氢系统。图6.27和图6.28给出了HT反应器和HCR反应器的加权平均反应温度(WARTs)的模型预测。在反应器模型中，我们定义了每个催化剂床层的入口温度，模型将计算每个床层的出口温度。HCR反应器催化剂床层出口温度的平均绝对偏差为1.9℃，该模型对HCR反应器的温度分布做出了良好的预测，对产品收率的估算是非常重要的。然而，HT反应器的温度分布的预测不如HCR反应器那样准确，主要因为模型未考虑HDS和HDN反应，所以该模型不能很好地估算HT反应器的反应活性。

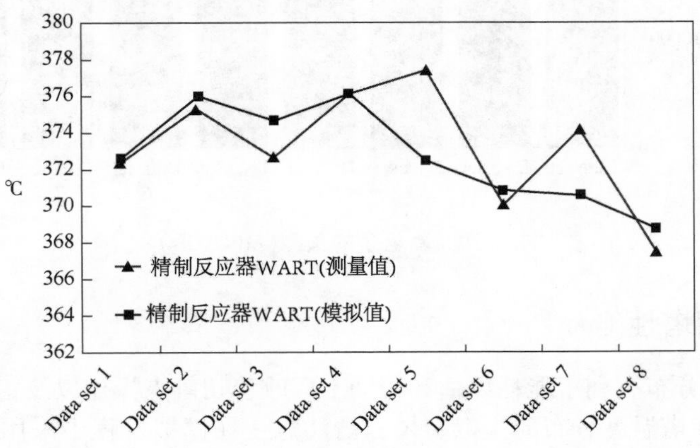

图6.27 HT反应器的WARTs预测结果(MP HCR)

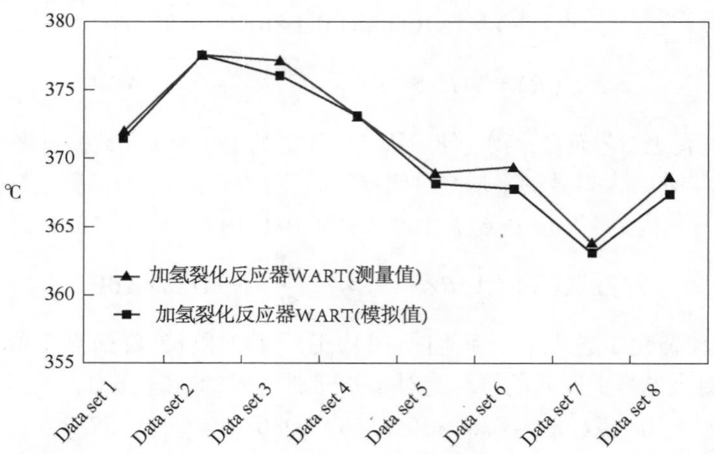

图 6.28 HCR 反应器的 WARTs 的预测结果(MP HCR)

图 6.29 表示新氢量的模拟结果，平均相对偏差(ARD)约为 8%。结果不平衡的原因有两个方面：首先，该模型不能很好地预测 HDS 和 HDN 的活性，影响氢耗的估算；其次，Aspen HYSYS Petroleum Refining 的循环氢系统(见图 6.4)的分配与 MP HCR 装置存在不同的地方(见图 6.8)。Aspen HYSYS Petroleum Refining 在循环氢系统入口考虑新氢与循环氢的混合，但是，在 MP HCR 装置中，新氢直接与原料油混合，不会影响循环氢系统，这使得反应器模型在计算反应器的氢分压方面不够精确，在估算氢耗时会产生偏差。

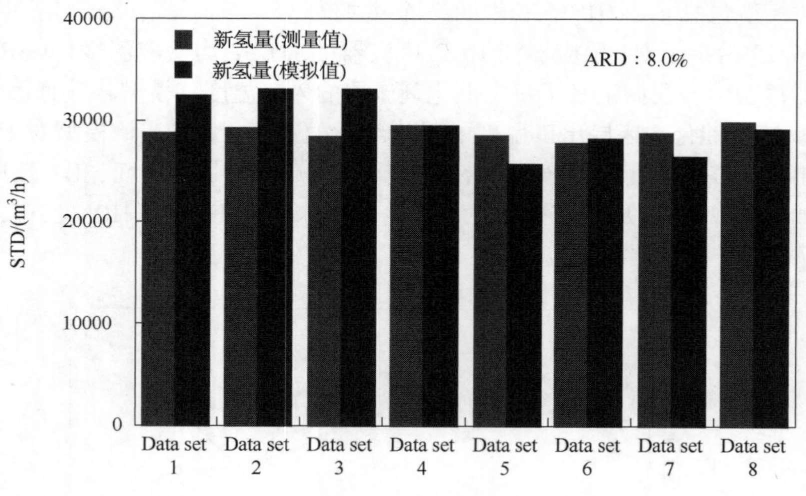

图 6.29 新氢量的预测(MP HCR)

6.5.2 分馏塔性能

精馏塔的温度分布有利于能耗评估和帮助工厂改善切割点操作以及工艺优化。图 6.30~图 6.33 给出了精馏塔温度分布的模拟结果，请注意，在模拟过程中采用了全塔效率，并且塔模型的塔板编号与实际塔板变化不是一一对应的。因此，使用图 6.30 ~图 6.33 中的“顶部→底部”表示从冷凝器到塔底的温度分布的塔板编号。显然，该模型能够对精馏塔温度分布提供很好的预测。

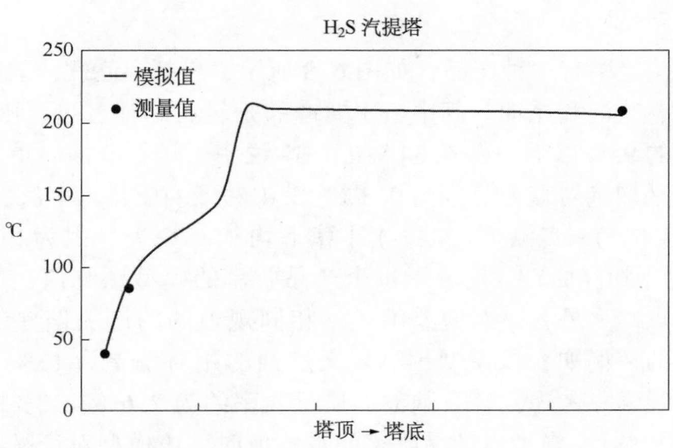

图 6.30 H_2S 汽提塔的温度分布预测
（基于 MP HCR 数据集 1）

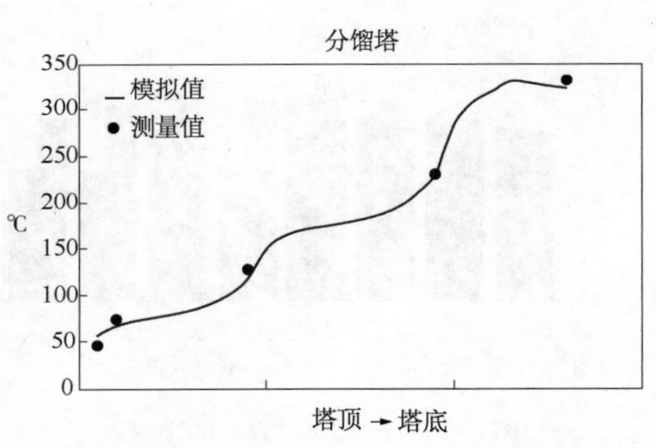

图 6.31 主分馏塔的温度分布预测
（基于 MP HCR 数据集 1）

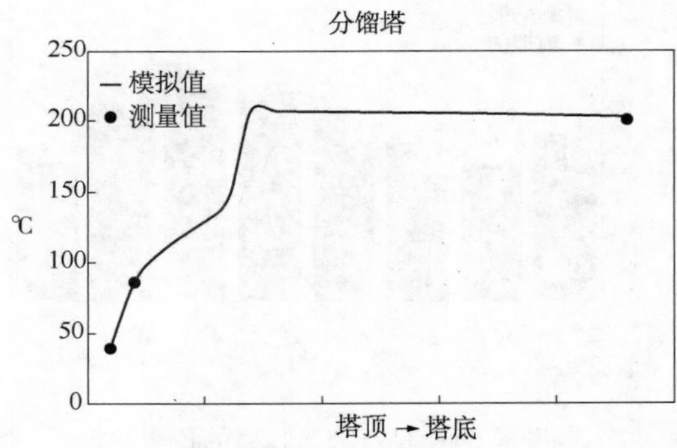

图 6.32 H_2S 汽提塔的温度分布的预测
（基于 MP HCR 数据集 5）

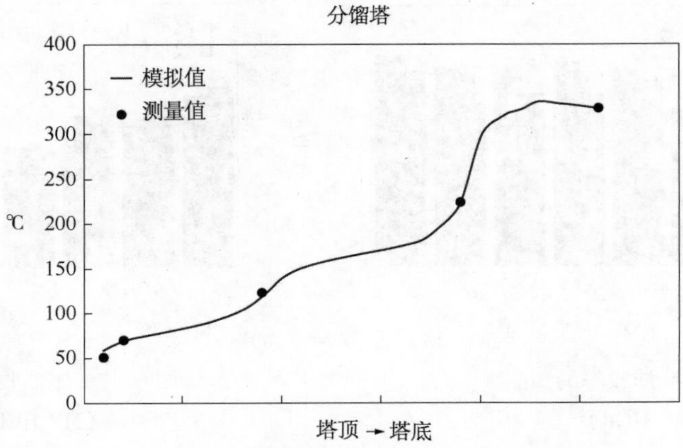

图 6.33 主分馏塔的温度分布的预测（基于 MP HCR 数据集 5）

6.5.3 产品收率

中压加氢裂化装置中有 7 种产品，如图 6.8 所示，包括(LPS)、酸性气、液化气、轻石脑油、重石脑油、柴油和尾油。其中，主要产品是轻石脑油、重石脑油、柴油和尾油，因为它们占总收率的95%以上。图 6.34 ~图 6.37 说明了轻石脑油、重石脑油、柴油和尾油的模型预测值；平均绝对偏差分别为0.3%、3.4%、2.4%和2.4%，通过8 个数据集的绝对偏差(|预测值(%)-实测值(%)|)计算平均绝对偏差。因为相对偏差(|预测值(%)-实测值|/|实测值(%)|)仅表示每个产品收率的模型预测值，而总收率才是炼油厂关注的关键利润点。另外，绝对偏差阐述了相同规模的的产品偏差的模型是如何影响炼油厂的利润估算的。例如，该模型预测轻石脑油的相对偏差为13%，但没有提供模型如何影响总收率的线索。考虑到轻石脑油的质量收率约为 2.6%，13%的相对偏差对总收率的影响非常小(0.3%)。当考虑产品收率的平均值时，该模型对产品收率给出了很好的预测结果。

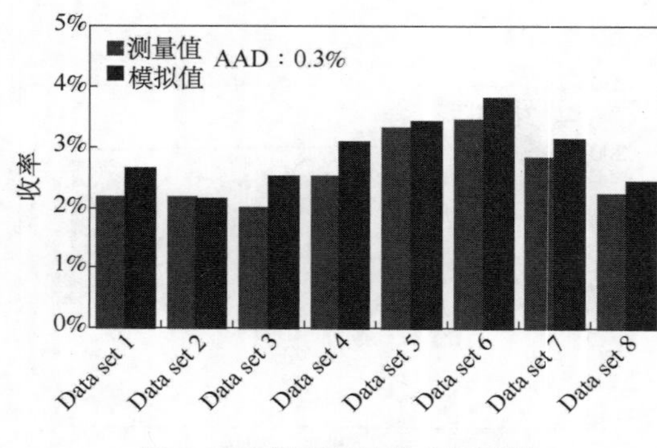

图 6.34 轻石脑油收率的预测
(MP HCR)

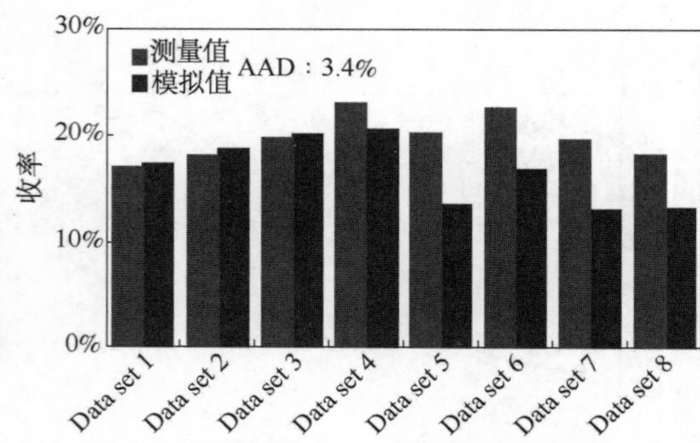

图 6.35 重石脑油收率的预测
(MP HCR)

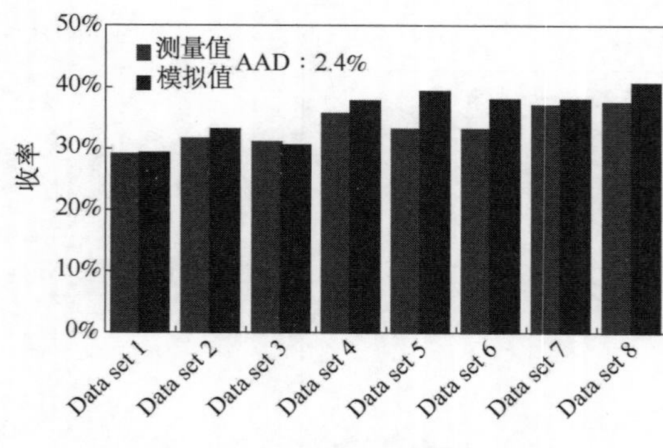

图 6.36 柴油收率的预测
(MP HCR)

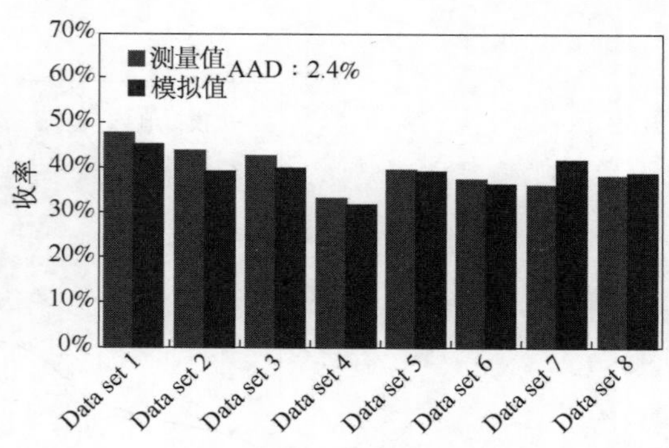

图 6.37 尾油收率的预测
(MP HCR)

6.5.4 液体产品的蒸馏曲线

蒸馏曲线是一定量的油品蒸发后的蒸发温度。图 6.38 和图 6.39 给出了轻石脑油、重石脑油、柴油和尾油的蒸馏曲线预测值。蒸馏曲线预测偏差主要有两个因素，一是分馏塔模拟不能提供可靠的液体产品初馏点和终馏点[32]，二是反应器模型不能准确地预测反应器流出物的 BP 分布(蒸馏曲线)。虽然该模型在校准后能准确地预测产品收率，但是不能以相同的精度预测液体产品的 BP 分布，这是集总组分转化为 BP 分布的本质。图 6.40 ~图 6.42 给出了工厂反应器流出物的 C_{5+}分布与模型预测之间的差异。

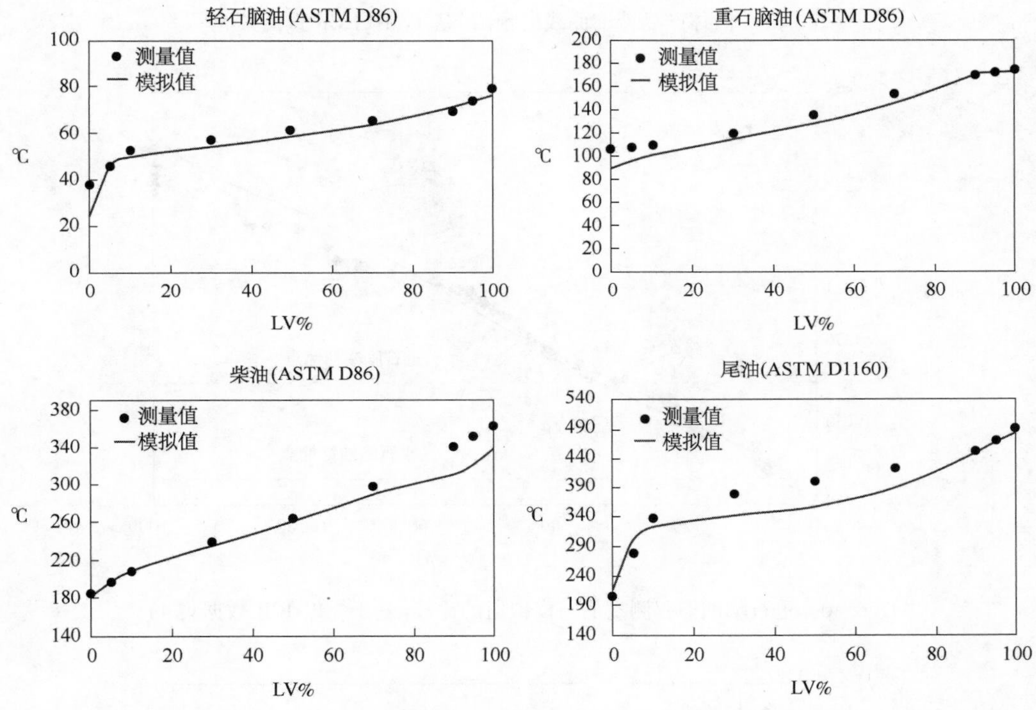

图 6.38 液体产品蒸馏曲线的预测(基于 MP HCR 数据集 1)

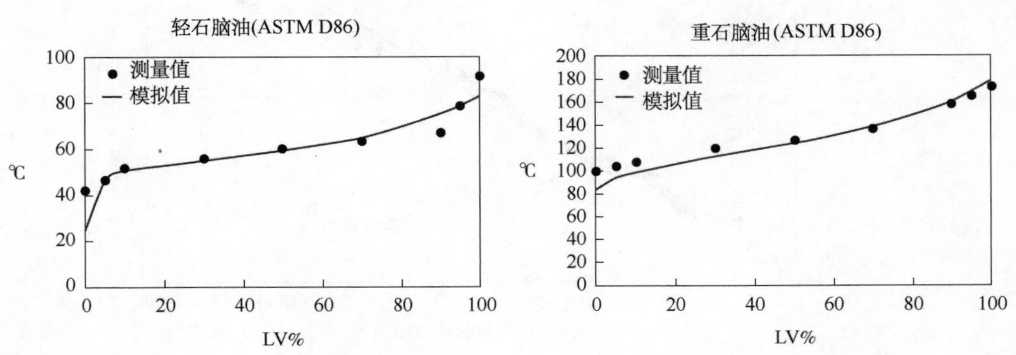

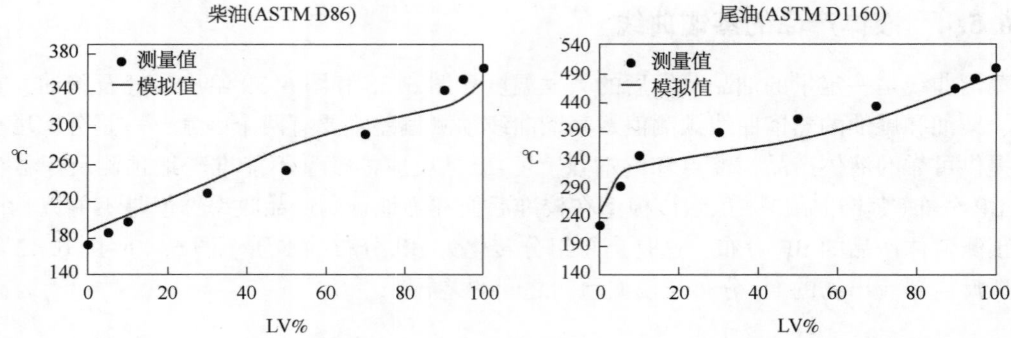

图 6.39　液体产品蒸馏曲线的预测(基于 MP HCR 数据集 5)

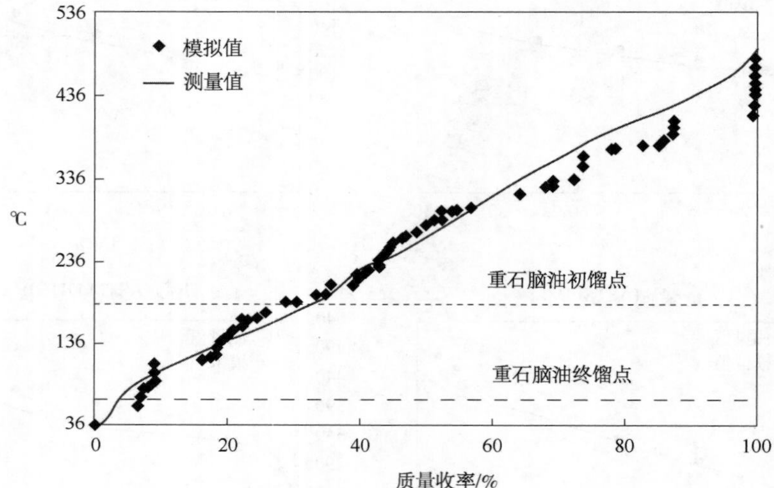

图 6.40　重石脑油馏程测量值与模拟值的比较(基于 MP HCR 数据集 4)

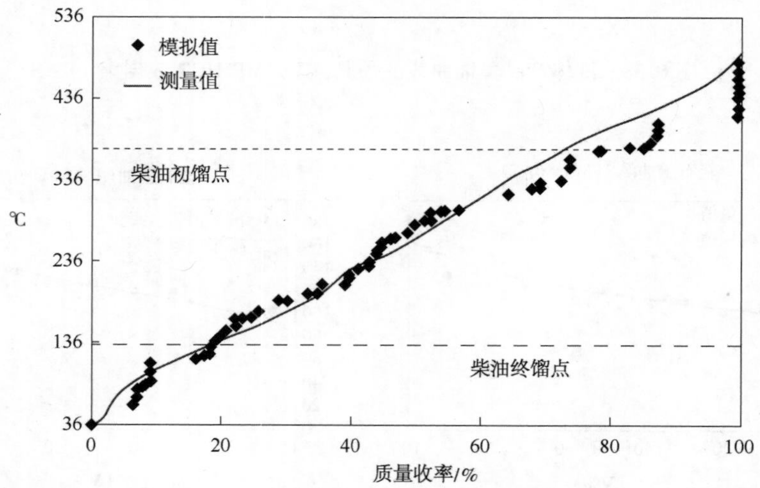

图 6.41　柴油馏程的测量值与模拟值的比较(基于 MP HCR 数据集 4)

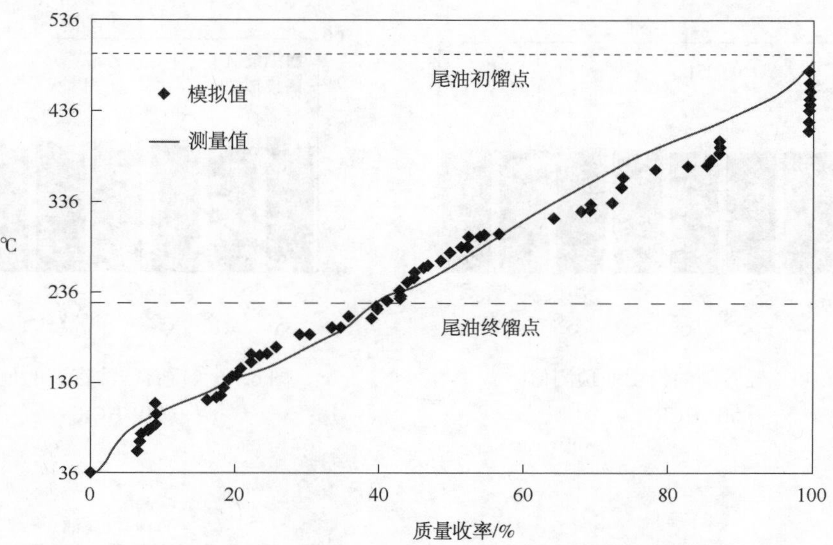

图 6.42　分馏塔底油馏程的测量值与模拟值比较(基于 MP HCR 数据集 4)

6.5.5　产品性质

第 6.4.6 节阐述了柴油闪点和凝点的预测关联式。图 6.43 和图 6.44 给出了柴油的闪点和凝点的模型预测，平均绝对偏差 AAD 分别为 3.6℃和 4.1℃，与工厂数据几乎一致。使用第 6.4.6 节中的新关联式可以很好地预测柴油的闪点和凝点。图 6.45 ~图 6.48 给出了 Aspen HYSYS Petroleum Refining 计算的液体产品的比重预测，精确的预测反映了模型预测液体产品比重的准确性，并证明了第 6.4.5 节中描述的集中还原法能够根据馏程将虚拟密度分布传递给虚拟组分。

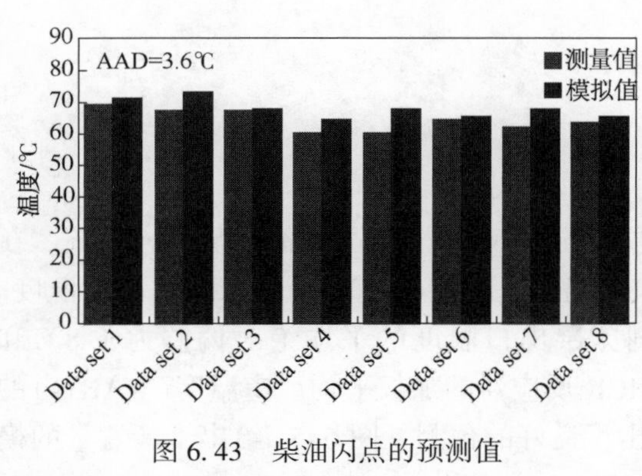

图 6.43　柴油闪点的预测值（MP HCR）

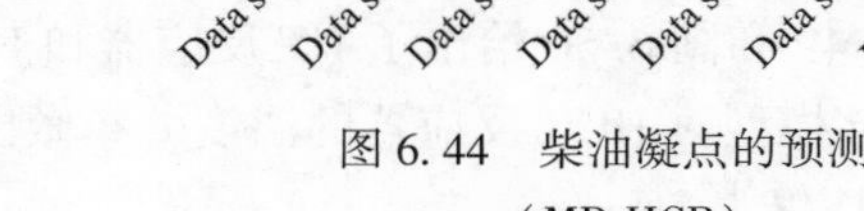

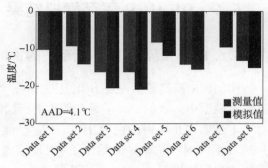

图 6.44　柴油凝点的预测值（MP HCR）

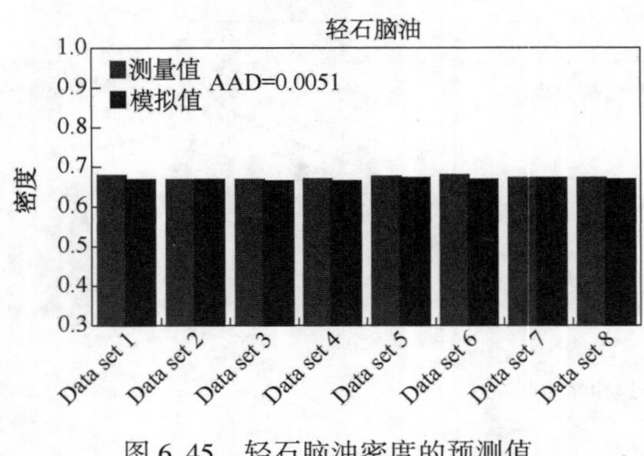

图 6.45 轻石脑油密度的预测值（MP HCR）

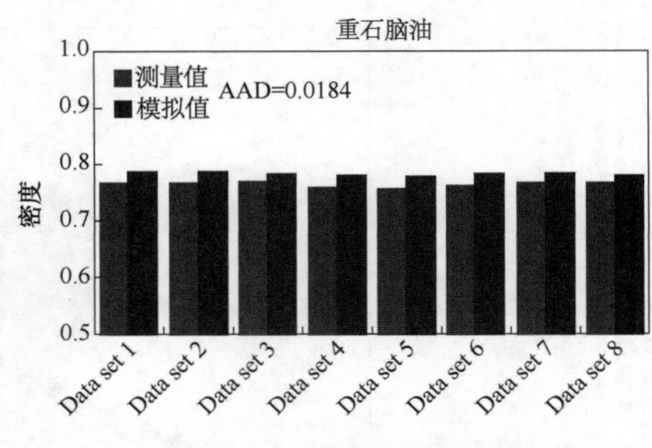

图 6.46 重石脑油密度的预测值（MP HCR）

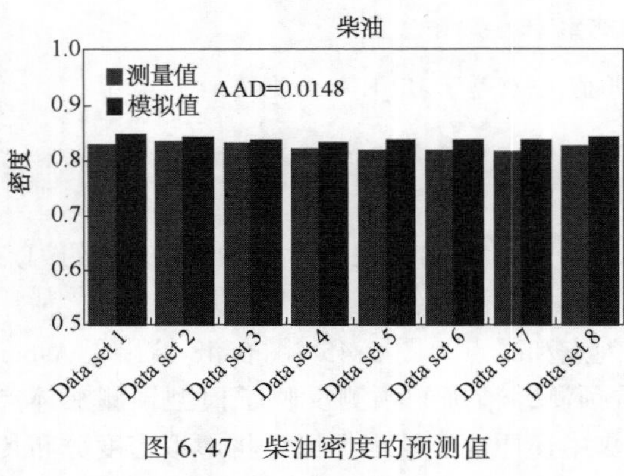

图 6.47 柴油密度的预测值（MP HCR）

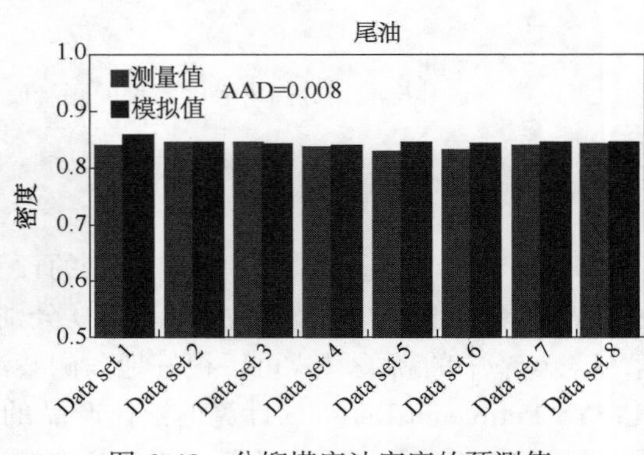

图 6.48 分馏塔底油密度的预测值（MP HCR）

6.6 HP HCR 工艺模拟结果

6.6.1 反应器和循环氢系统的性能

HP HCR 模型包括商业 HCR 工艺的三个主要部分：反应器、分馏塔和循环氢系统。在反应器模型中，我们定义了每个催化剂床层的入口温度，模型将计算每个床层的出口温度。对于Ⅰ系列和Ⅱ系列的两台 HCR 反应器催化剂床层出口温度的平均绝对偏差为 1.8℃和 3.2℃。图 6.49 和图 6.50 给出了 HT 反应器和 HCR 反应器的加权平均反应温度（WARTs）的模型预测，该模型对 HCR 反应器的温度分布做出了良好的预测。图 6.51 给出了新氢量的模拟结果，ARD 仅为 2%。

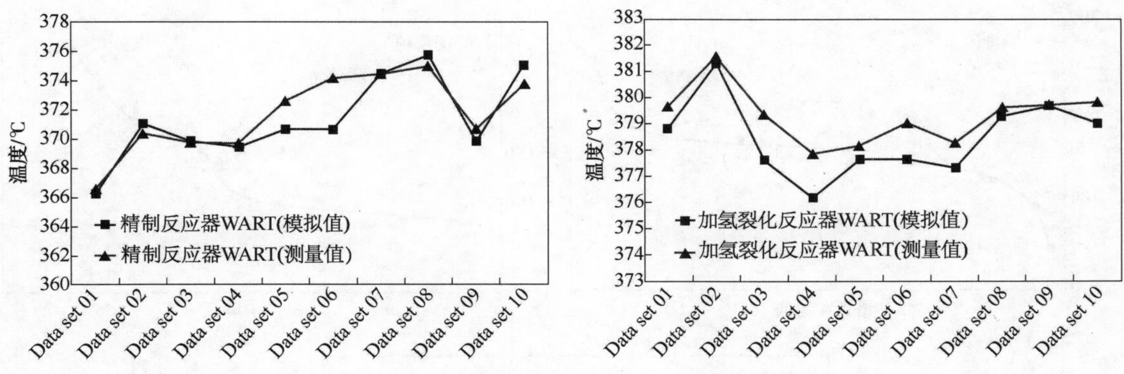

图 6.49　HT 和 HCR 反应器的 WARTs 预测值(HP HCR I 系列)

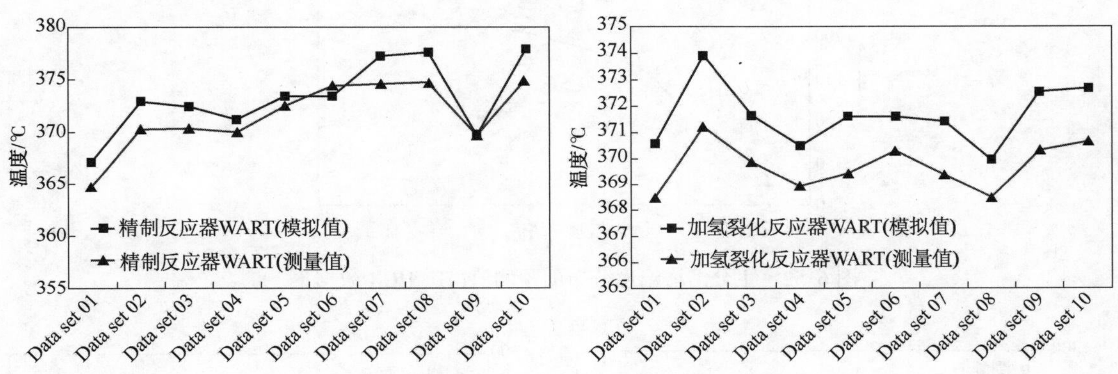

图 6.50　HT 和 HCR 反应器的 WARTs 预测值(HP HCR II 系列)

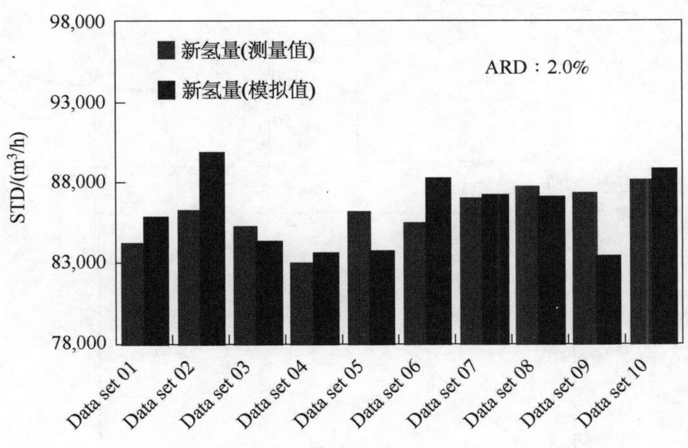

图 6.51　新氢量的预测值(HP HCR)

6.6.2　分馏塔性能

图 6.52 和图 6.53 给出了精馏塔温度分布的模拟结果，这些数值与 MP HCR 的图 6.30～图 6.33 相似。

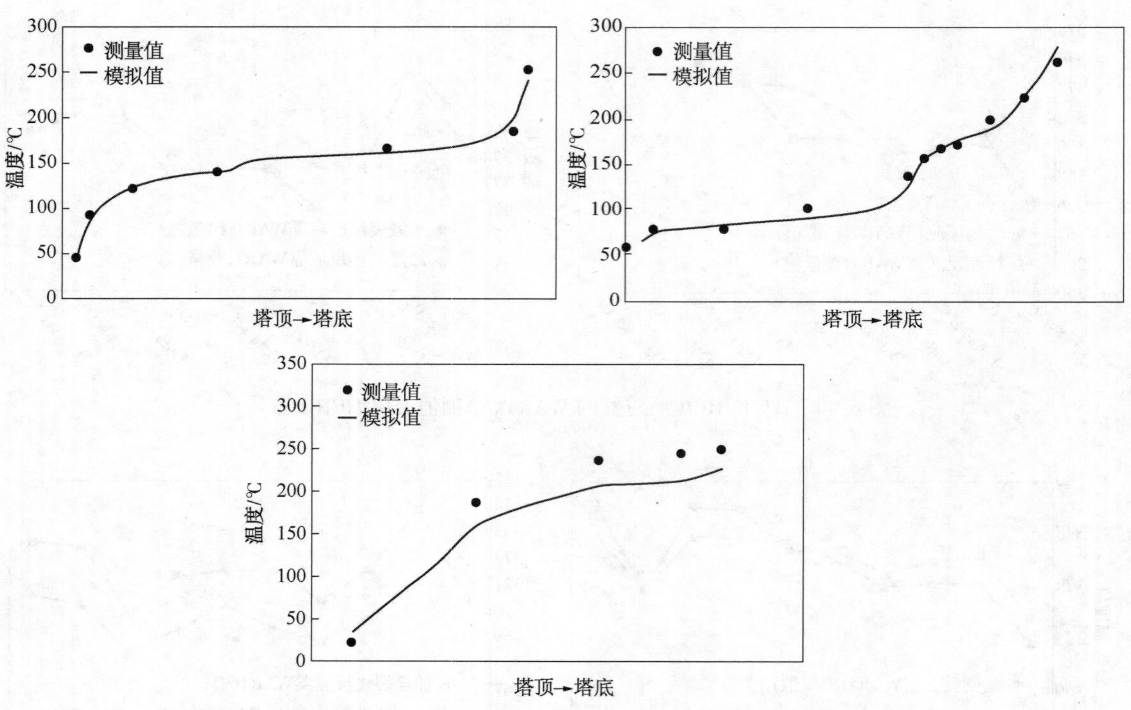

图 6.52　主分馏塔温度分布的预测值（HP HCR 数据集 1）

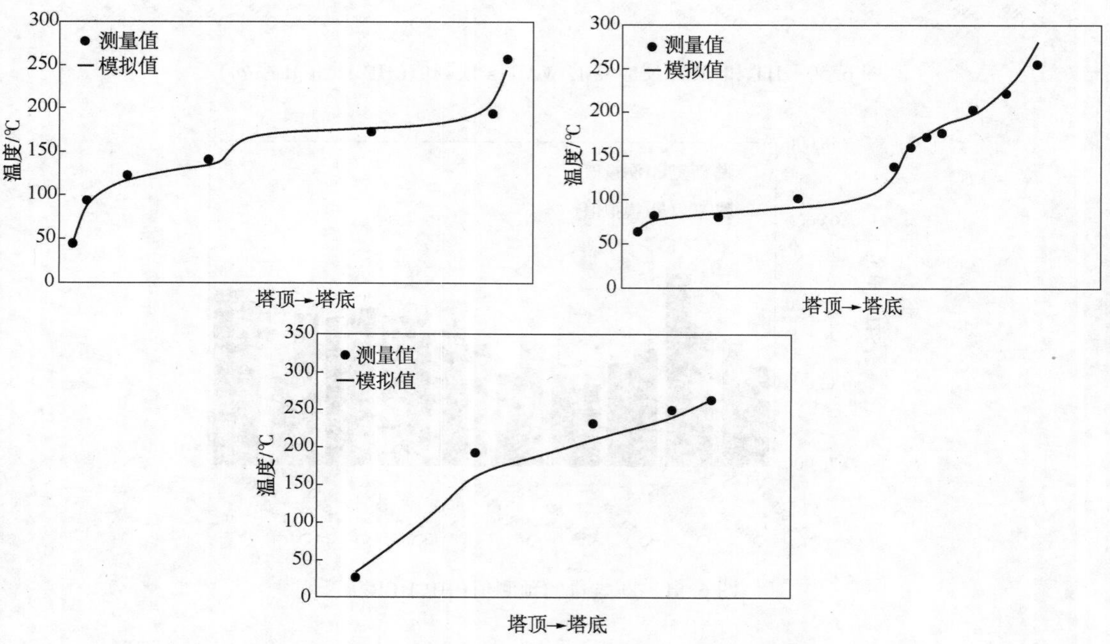

图 6.53　主分馏塔温度分布的预测值（HP HCR 数据集 7）

6.6.3 产品收率

HP HCR 装置中有 7 种产品，即低分气、干气、液化气、轻石脑油、重石脑油、喷气燃料和渣油。其中，主要产品是液化气、轻石脑油、重石脑油、喷气燃料和渣油，因为它们占整体收率的 95%以上。图 6.54 ~图 6.58 给出了液化气、轻石脑油、重石脑油、喷气燃料和渣油的模型预测，AAD 分别为 0.4%、0.2%、0.5%、0.4%和 1.7%。在考虑整体生产时，该模型提供了良好的产品收率预测结果。

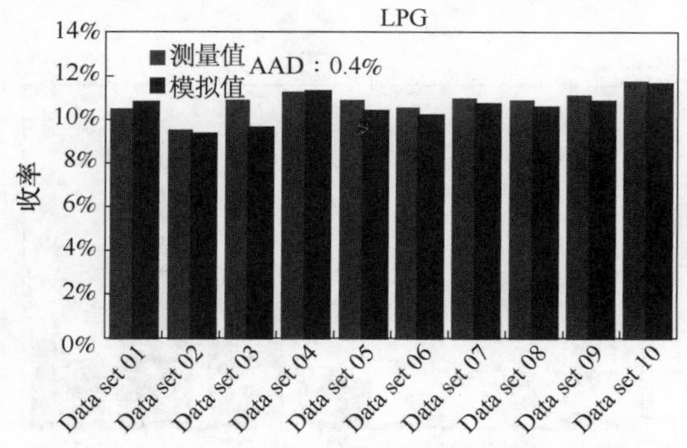

图 6.54 LPG 收率的预测值(HP HCR)

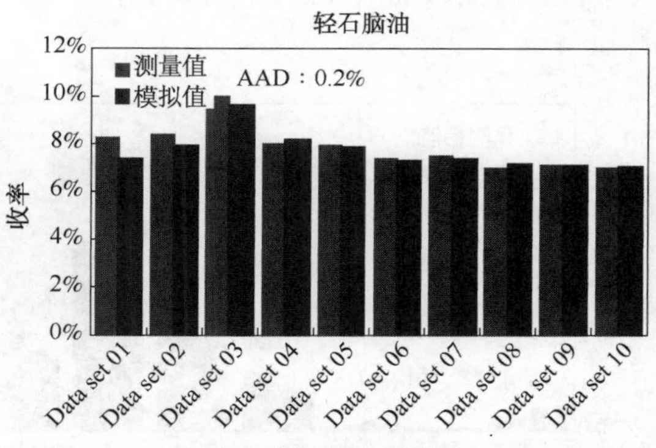

图 6.55 轻石脑油收率的预测值(HP HCR)

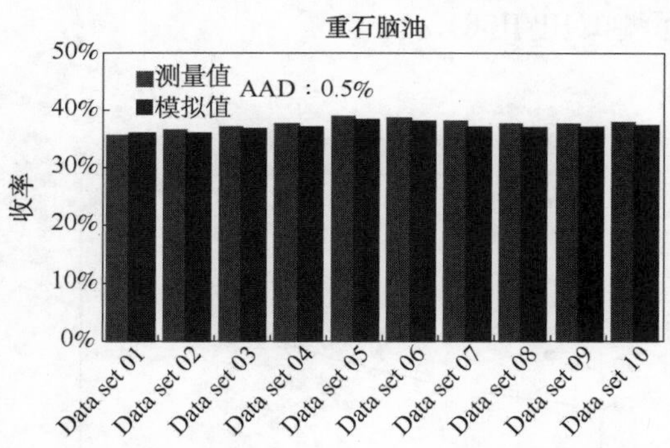

图 6.56 重石脑油收率的预测值(HP HCR)

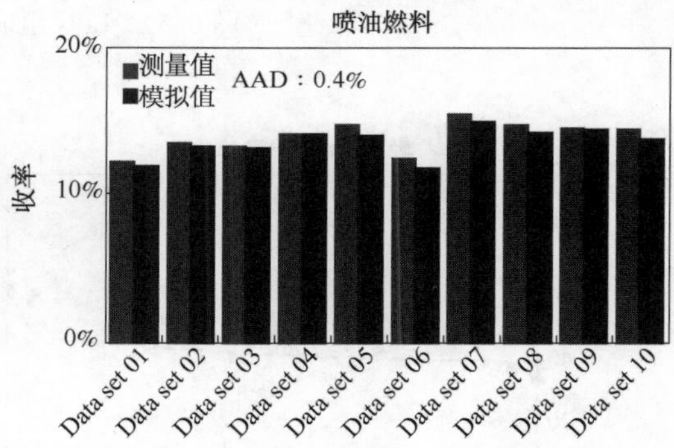

图 6.57 喷油燃料收率的预测值(HP HCR)

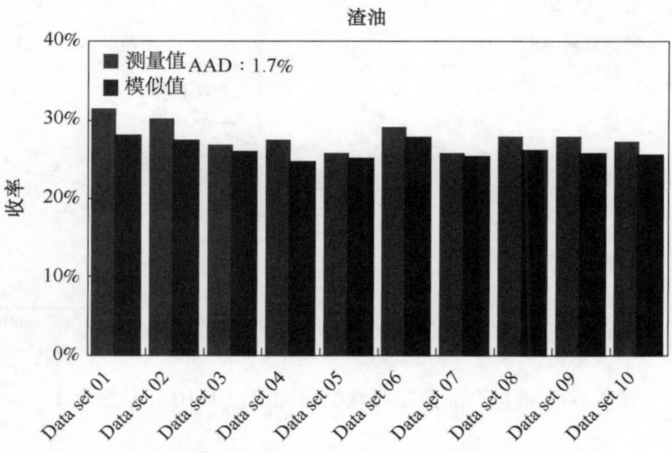

图 6.58 尾油收率的预测值(HP HCR)

6.6.4 LPG 组成和液体产品的蒸馏曲线

组成是评估 LPG 产品质量的最重要的指标(特别是 C_3 和 C_4)。图 6.59 给出了 LPG 组成的预测值以及每种组分的 ARD，对于最重要的组分 C_3 和 C_4，该模型分别仅显示 AAD 为 0.021 和 0.058(以摩尔分数预测)。对于其他液体产品，蒸馏曲线是最常用的分析方法，用于指示蒸发一定量的油品后的蒸发温度。图 6.60 和图 6.61 给出对轻石脑油、重石脑油、喷气燃料和渣油蒸馏曲线的模型预测值。

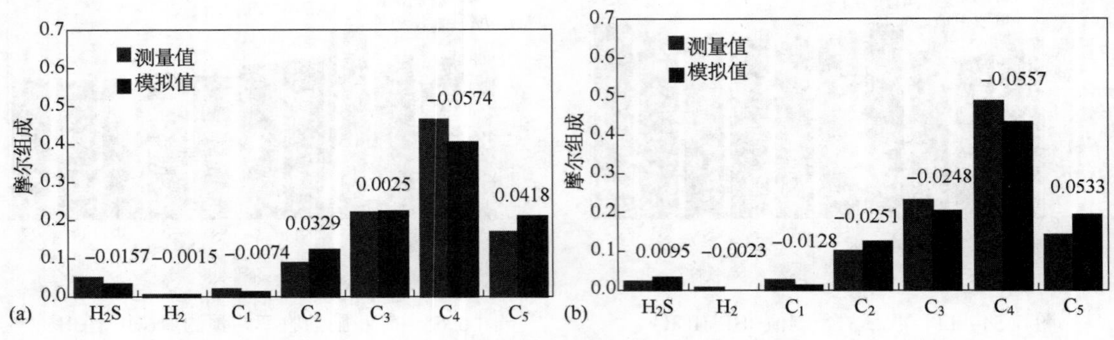

图 6.59 LPG 组成的预测值(HP HCR)

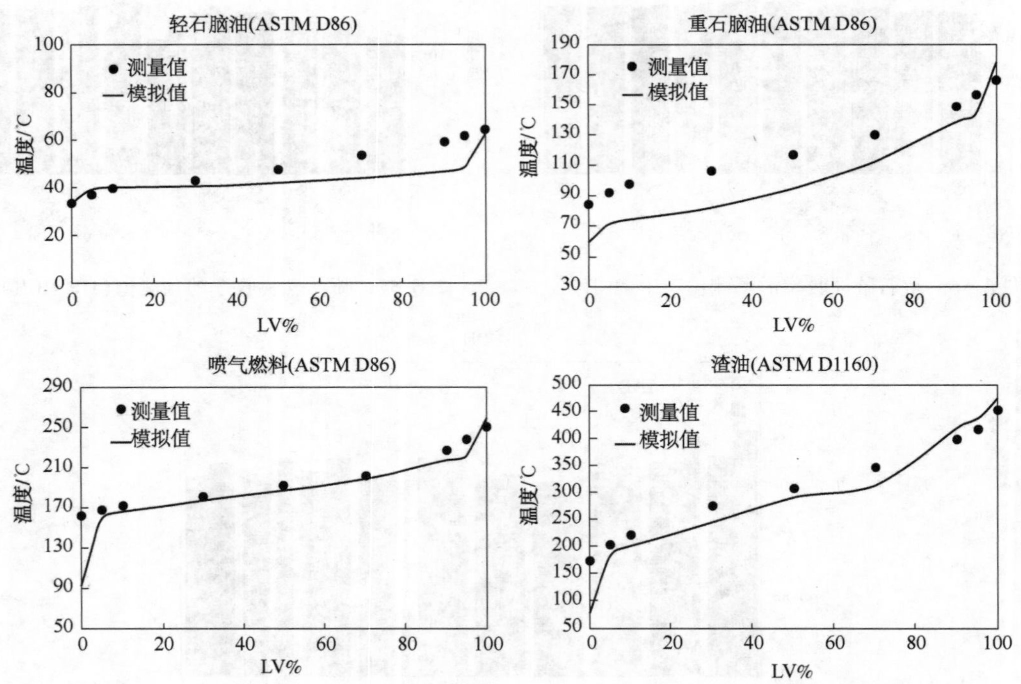

图 6.60 液体产品蒸馏曲线的预测值(HP HCR 数据集 1)

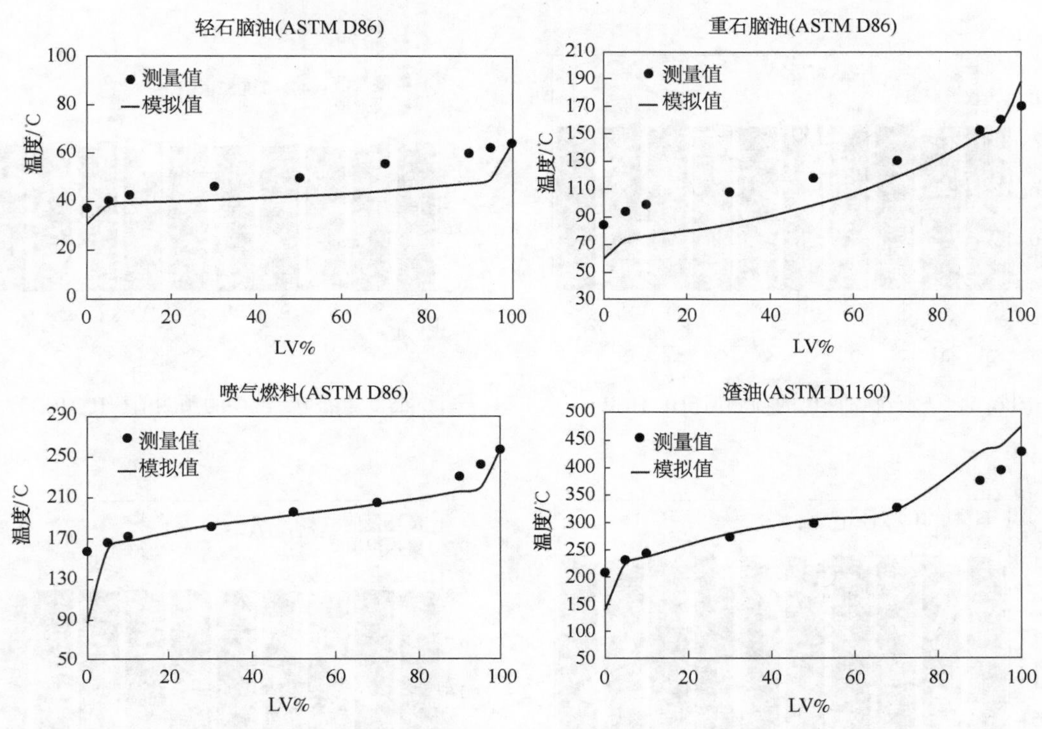

图 6.61 液体产品蒸馏曲线的预测(HP HCR 数据集 7)

6.6.5 产品性质

我们用第 6.4.6 节中开发的新关联式来估算喷气燃料的闪点和凝点。图 6.62 和图 6.63 给出了喷气燃料的闪点和凝点的模型预测，AAD 分别为 1.6℃和 2.3℃，与工厂校正数据基本一致。集成模型与新关联式的组合，可以提供令人满意的喷气燃料闪点和凝点预测值。图 6.64 ~图 6.67 给出了 Aspen HYSYS Petroleum Refining 计算的液体产品比重预测值。轻石脑油、重石脑油、喷气燃料和渣油的比重预测的 AAD 分别为 0.0049、0.0062、0.0134 和 0.0045。

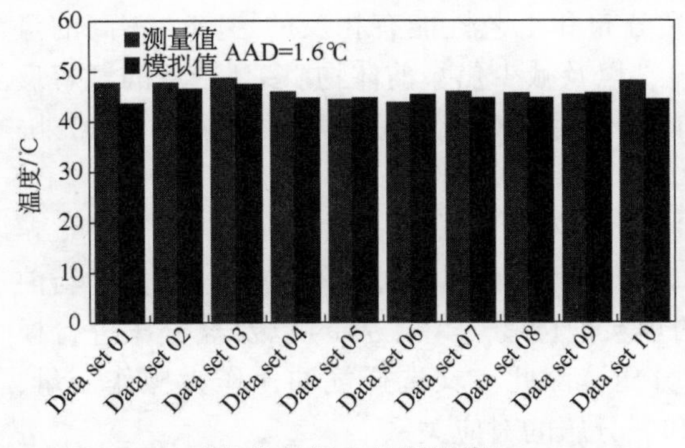

图 6.62 喷气燃料闪点的预测值(HP HCR)

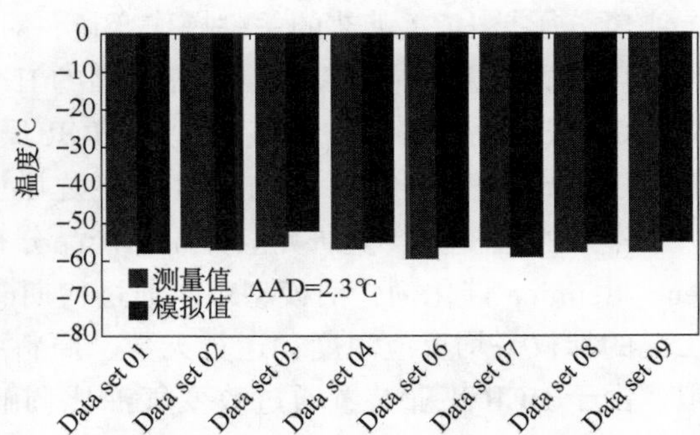

图 6.63 煤油凝点的预测值(HP HCR)

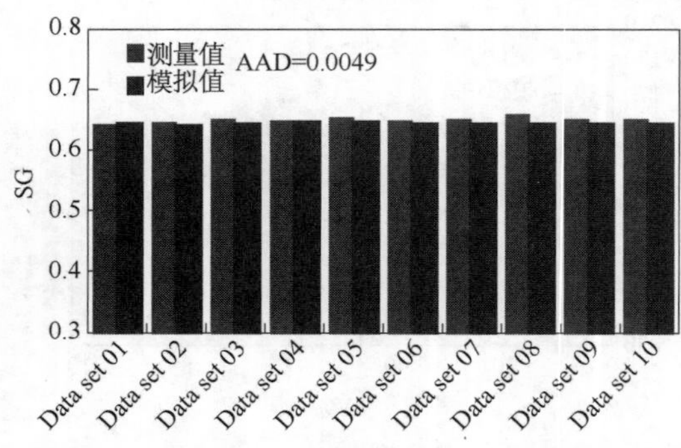

图 6.64 轻石脑油 SG 的预测值(HP HCR)

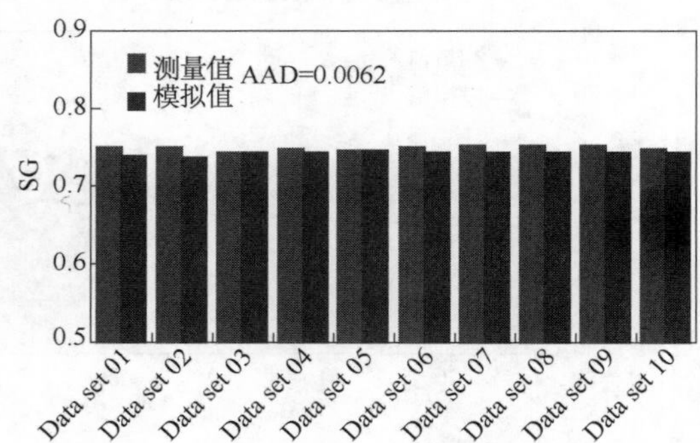

图 6.65 重石脑油 SG 的预测值(HP HCR)

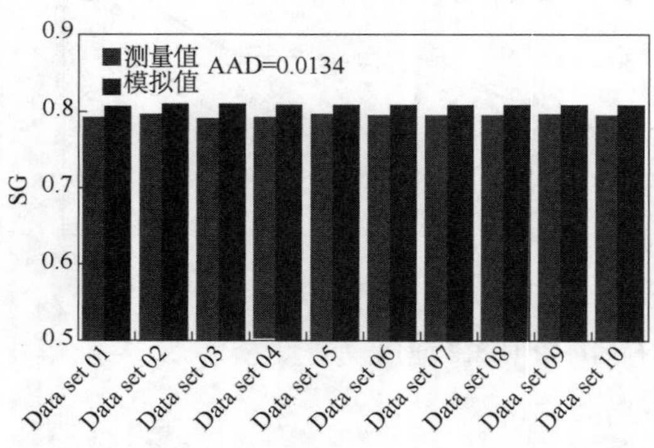

图 6.66 喷气燃料 SG 的预测值(HP HCR)

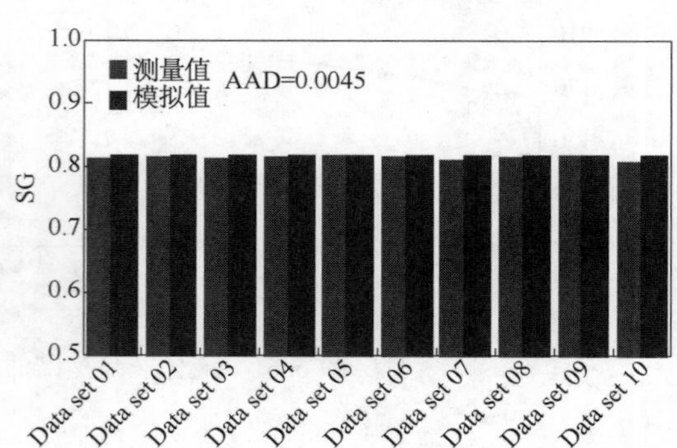

图 6.67 尾油 SG 的预测值(HP HCR)

6.7 模型应用

影响 HCR 工艺产品分布(收率)的主要操作变量是反应温度、氢分压、注氨量和停留时间。本节使用 MP HCR 模型来说明操作变量对工艺性能的影响。

6.7.1 氢油比 vs 产品分布、催化剂剩余寿命和氢耗的类别

氢分压是 HCR 工艺的关键操作变量，对产品分布和工艺性能有相反的影响。较高的氢分压可以提高芳烃饱和反应、增加产品的 H/C 比，以及减少焦炭前体物(多环芳烃的氢解反应)和延长催化剂寿命。氢气对烷烃 HCR 反应有反作用，对产品分布至关重要[44]。另外，氢分压越高，氢耗越高，加工成本也随之增加。

本节通过模拟实验研究氢分压、产品分布和催化剂寿命的关系。在 Aspen HYSYS Petroleum Refining 催化剂失活模型中，通过初期(SOC)和末期(EOC)的加权平均反应温度、当前工况的加权平均反应温度、运行天数、原料中的焦炭前体物(多环芳烃)以及氢分压进行模拟。由于 HCR 工业装置通过改变气油比调解氢分压，因此本文选择气油比作为操作变量，而不是氢分压。图 6.68 表示模拟实验中氢油比和氢分压的对应关系。

图 6.69 表明了氢油比(氢分压)对产品分布几乎没有影响。各种氢油比(氢分压)下的产品分布与文献报道的结果一致[45-47]，表明当前工况处于最大转化率附近，氢分压进一步增

加或减少不会改变产品收率(如重石脑油和柴油)。即便如此,氢油比仍然是一把双刃剑,因为它影响氢耗和催化剂的寿命。图 6.70 表示氢油比如何影响氢耗和催化剂的剩余寿命,显然,氢油比对这两个变量都有正作用。但是,这两个变量对工艺性能有反作用,可以利用模型来研究最佳操作工况。

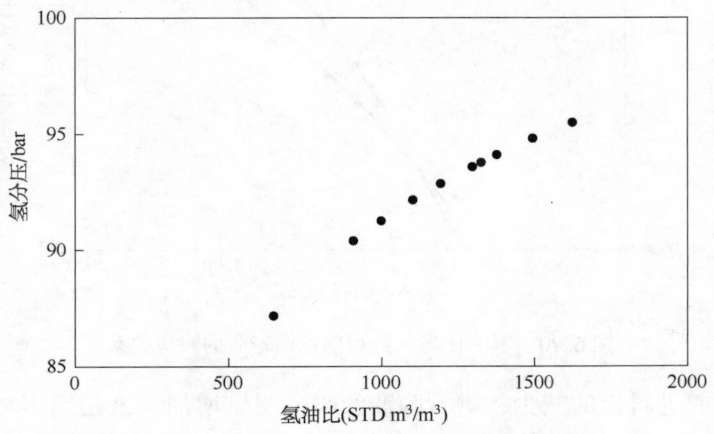

图 6.68 氢油比与氢分压的对应关系

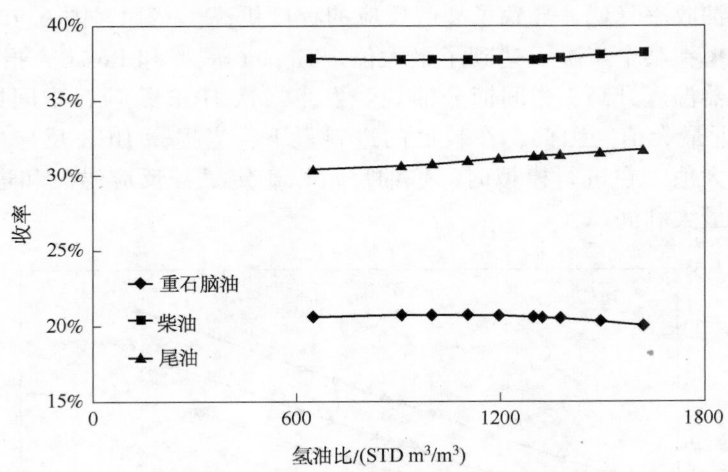

图 6.69 氢油比与质量收率的对应关系

6.7.2 WART 和进料量对产品分布的影响

HCR 工艺最重要的操作变量是反应温度,提高反应温度会增加转化率,同时也会改变产品分布(重质产品转移到轻质产品)。但是,提高反应温度并不总是有利于炼油厂的,有时可能会带来工艺安全问题。因为反应温度高会增加积炭速率,而中间馏分油(如汽油和柴油)二次裂解反应会提高 LPG 的收率,这些产品的附加值较低。因此,炼油厂是通过逐渐提高反应温度来实现理想的产品分布的,例如,MP HCR 装置的 2 个月运行数据表明,HCR 反应器的 WART 与基准数据的偏差为±8℃。

图 6.71~图 6.73 给出了进料量和 WART(HCR 反应器)对产品分布(收率)的影响。

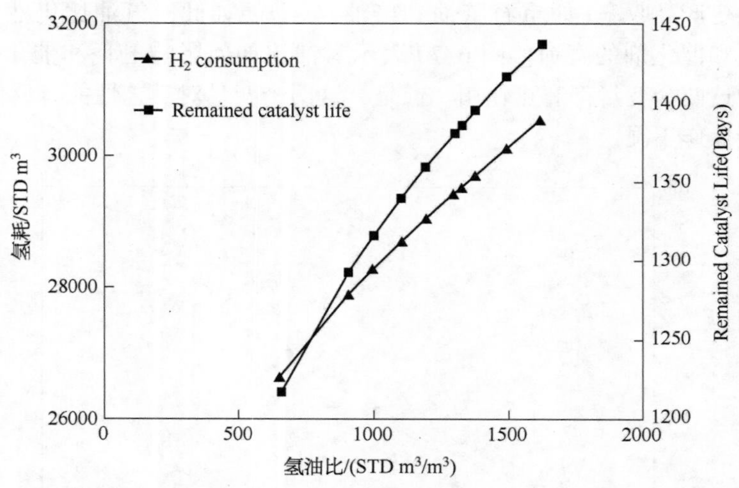

图 6.70　氢油比与氢耗和催化剂寿命的对应关系

随着 WART 增加或进料量的减少，重石脑油的收率明显增加。这是因为增加 HCR 反应温度时增加了 HCR 反应，降低进料量意味着停留时间增长，也增加了 HCR 反应。另外，尾油收率与重石脑油收率的趋势相反，因为尾油是最重的产品，由于的 WART 增加或进料量的减少以及尾油收率降低，导致了裂解反应的程度更高。然而，图 6.72 给出了最有趣的结果，柴油收率在某个工况下达到了最大值。Tippett 等[48]和 Rossi[49]报道，在 HCR 工艺中，由于反应器温度升高，中间馏分油烷烃发生二次 HCR 反应，中间馏分(本例为柴油)的收率将接近最大值。因此，在较低的进料量下，当提高 HCR 反应器的 WART 时，柴油收率趋于最大值。在进行模拟时，炼油厂可以确定最佳反应温度和进料量，实现各种供需情况下的最大利润。

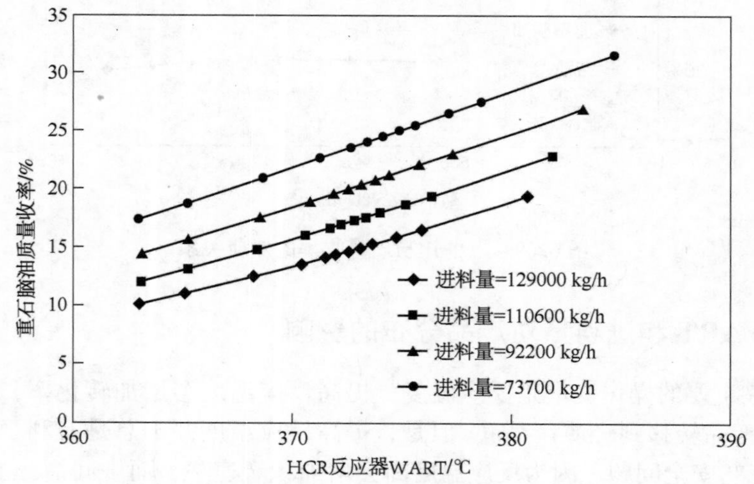

图 6.71　在不同处理量下，HCR 反应器的 WART 对重石脑油收率的影响

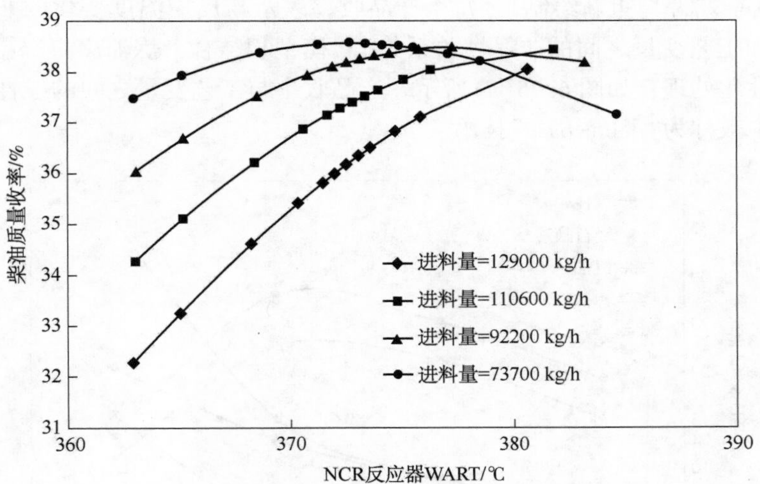

图 6.72 在不同处理量下，HCR 反应器的 WART 对柴油收率的影响

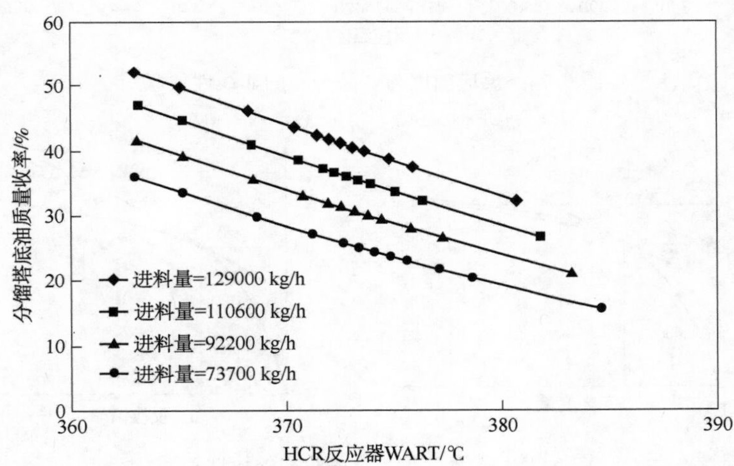

图 6.73 在不同处理量下，HCR 反应器的 WART 对分馏塔底油收率的影响

6.8 模型应用——Delta-base

自 20 世纪 50 年代以来，炼油行业开始研究线性规划(LP)模型的应用[50]。目前，LP 模型是计划调度、原料评价、研究新工艺配置和生产计划调整的最重要的优化工具。对于一个炼油厂而言，LP 模型是经济和技术数据库的结合。经济数据需要原料的供应和价格、产品的需求和价格以及加工装置的运营成本；技术数据库需要产品收率、产品性质、产品规格、操作约束条件以及公用工程消耗情况。

现代炼油咨询师能够收集并更新市场调研、政策法规、设计数据和历史数据中的大部分信息，但产品收率除外。炼油厂不采用历史收率数据而是应用工艺模型生成 LP 模型所需的产品收率参数。但是，实际炼油反应过程是高度非线性的，并且产品收率对工艺变量(如操作条件和原料性质)的响应是复杂的。图 6.74 说明了 HCR 反应温度和产品分布之间的非线性关系(根据参考文献[51]重新绘制)。每个产品收率表示与反应温度变化的非线性变化。为了将产品收率和工艺变量之间的非线性关系与LP模型相结合，炼油厂将产品收率与一小部分工艺变量线性化处理，如图6.75(a)所示。产品收率与工艺变量之间的线性关系在现代炼油厂生产计划中被称为“delta-base”技术。

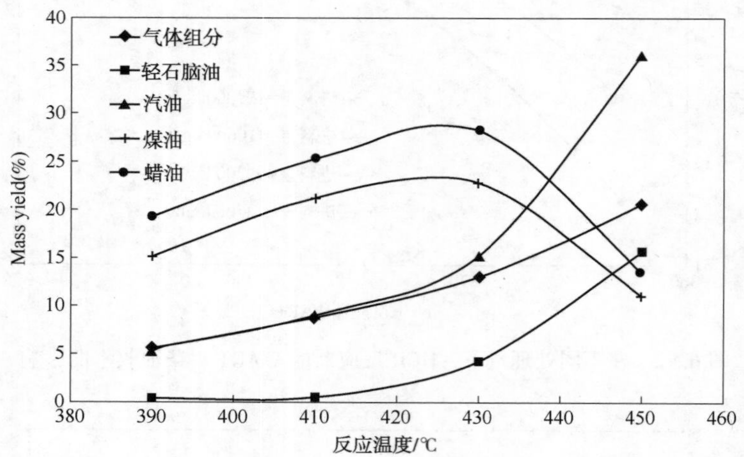

图6.74　反应温度与产品分布的非线性关联

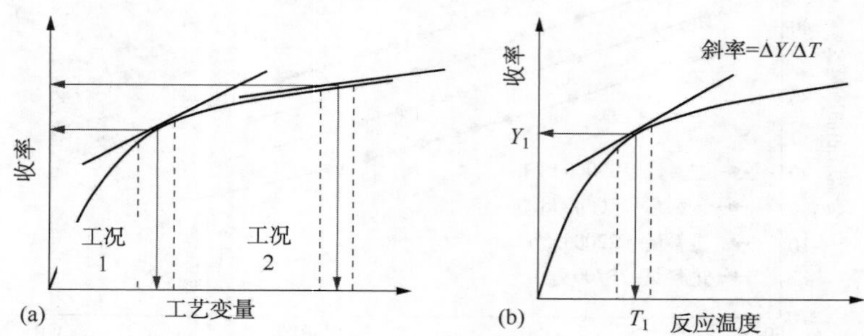

图6.75　工艺变量与产品收率的线性关系

如式(6.28)所示，炼油厂使用delta-base技术构建产品收率(Y)与工艺变量($X-\bar{X}=\Delta X$)变化响应的线性关联式，即delta向量。base向量($\bar{Y}$)表示在选定操作条件和原料质量($\bar{X}$)下的产品收率，Delta-base向量($\Delta Y/\Delta X$)表示与工艺变量(ΔX)的单位变化相对应的收率(ΔY)与base向量(Y)的偏差。delta-base技术简化了炼油过程的非线性关系，并可以根据LP模型的产品计划考虑产品收率。但是，由此产生的LP模型只能在小范围的操作条件和原料质量下提供较好的产品收率预测。为了拓展LP模型的使用范围，炼油厂生成不同的delta-base向量来表示各种生产工况，如图6.75(b)所示。通过这种方法，LP模型生产计划可以根据生产工况切换delta-base向量。图6.76表示在Aspen PIMS中使用的催化重整的多方案delta-base向量。每个delta-base向量表示不同苛刻度的情况[汽油产品的研究法辛烷值(RON)]。

$$
\begin{bmatrix} Y_1 \\ Y_2 \\ \vdots \\ \vdots \\ Y_m \end{bmatrix} = \begin{bmatrix} \bar{Y}_1 \\ \bar{Y}_2 \\ \vdots \\ \vdots \\ \bar{Y}_m \end{bmatrix} + \begin{bmatrix} \vdots \\ \vdots \\ \bar{Y}_m \end{bmatrix} + \begin{bmatrix} \dfrac{\Delta Y_1}{\Delta X_1} & \dfrac{\Delta Y_1}{\Delta X_2} & \cdots & \dfrac{\Delta Y_1}{\Delta X_n} \\ \dfrac{\Delta Y_2}{\Delta X_1} & \dfrac{\Delta Y_2}{\Delta X_2} & \cdots & \dfrac{\Delta Y_2}{\Delta X_n} \\ \vdots & & & \vdots \\ \vdots & & & \vdots \\ \dfrac{\Delta Y_m}{\Delta X_1} & \dfrac{\Delta Y_m}{\Delta X_2} & \cdots & \dfrac{\Delta Y_m}{\Delta X_n} \end{bmatrix} \begin{bmatrix} X_1 - \bar{X}_1 \\ X_2 - \bar{X}_2 \\ \vdots \\ \vdots \\ X_n - \bar{X}_n \end{bmatrix} \tag{6.28}
$$

	TEXT	R90	NA1	RF1	R94	NA2	RF2	R98	NA3	RF3	R02	NA4	RF4
*													
FREE	Free up Adjustors		1			1			1			1	
*													
WBALRFF	Reformer Feed			1.0			1.0			1.0			1.0
*													
WBALHYL	Low-Purity H2	-0.0173	-0.0007		-0.0194	-0.000		-0.0214	-0.000		-0.0230	-0.0007	
WBALNC1	Methane	-0.0074	0.001		-0.0093	0.001		-0.0118	0.0013		-0.0150	0.0013	
WBALNC2	Ethane	-0.0136	0.002		-0.0171	0.002		-0.0216	0.0025		-0.0275	0.0025	
WBALNC3	Propane	-0.0192	0.003		-0.0241	0.003		-0.0304	0.0035		-0.0387	0.0035	
WBALIC4	Iso-Butane	-0.0087	0.001		-0.0109	0.001		-0.0137	0.0016		-0.0175	0.0016	
WBALNC4	N- Butane	-0.0129	0.002		-0.0163	0.002		-0.0206	0.0023		-0.0263	0.0023	
WBALR90	90 RONC Reformate	-0.9209	-0.010										
WBALR94	94 RONC Reformate				-0.9029	-0.010							
WBALR98	98 RONC Reformate							-0.8805	-0.0105				
WBALR02	102 RONC Reformate										-0.8520	-0.0105	

图 6.76 催化重整工艺中不同操作工况下的 delta-base 向量

炼油厂通过在不同原料和操作条件下运行工艺模型生成 delta-base 向量，工况研究的步骤如下：

(1)运行工艺模型。

(2)选择工况研究的工艺变量。

在实际操作中，我们选择原料质量(比如 SG、Watson K 和 PNA 含量)而不是操作条件。

(3)记录 base 收率(base 向量)[式(6.28)中的 Y]，以及在工艺模型中所选工艺变量的值[式(6.28)中的 X]。

(4)通过改变选定的工艺变量来运行工艺模型并生成工况研究。

(5)记录工艺变量的变化值[式(6.28)中的 ΔX]和相应的收率[式(6.28)中 Y]。

(6)对式(6.28)进行线性回归以获得基于 Delta-Base 向量。

在本节中，我们使用 HP HCR 模型来演示如何利用计算机模拟生成 Delta-Base 向量。选择硫含量、Watson K 因子和原料的 API 值作为工况研究的工艺变量并生成 Delta-Base 向量。根据 HP HCR 模型的 base 工况计算的产品收率定义为 base 向量[式(6.28)中的 Y]。然后，将炼油厂获得的不同原料分析输入 HP HCR 模型中来生成工况研究。我们回归具有 base 向量的式(6.28)[式(6.28)中的 Y]，记录产品收率[式(6.28)中的 Y]以及工艺变量的响应变化量[式(6.28)中的 ΔX，$X-\bar{X}$]，根据 15 个工况研究获得 Delta-Base 向量。图 6.77 给出了 HP HCR 工艺最终的 Delta-Base 向量。我们根据基于同一生产工况构建的 HP HCR 模型收集的工厂数据，生成了一套 Delta-Base 向量。

Delta-Base 向量结果表明，原料的硫含量对轻质产品的收率有明显影响，并且对重质液

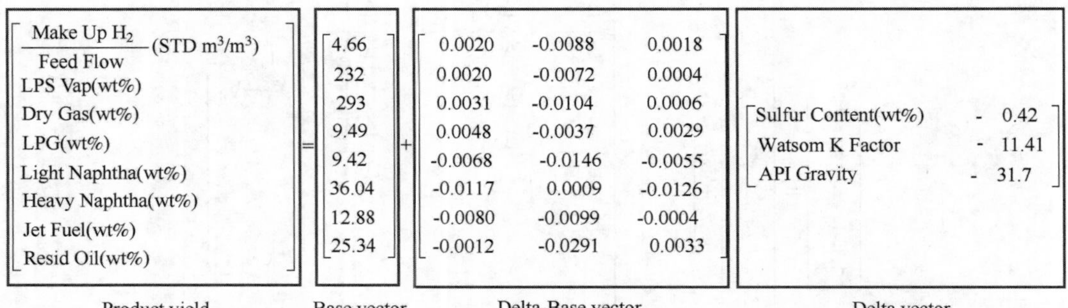

图 6.77　本文中 HP HCR 的 Delta-Base 向量

体产品有反作用，因为原料中硫含量的增加会产生更多的 H_2S。Hu 等[52]也报道了原料的硫含量对轻质和重质产品有反作用。但是，API 和 Watson *K* 因子对产品收率的趋势是不规则的，因为 API 和 Watson *K* 因子不是独立变量，所得到的 delta-base 向量表明了这两个工艺变量对产品收率是相互影响的。需要注意的是，API 和 Watson *K* 因子不足以生成 HCR 工艺的 delta-base 向量，因为它们几乎不能提供 HCR 建模很重要的原料组成信息，例如 PNA 含量。因为只有包含与原料组成相关的性质，才能获得更准确的 Delta-Base 向量。尽管受到工厂数据的限制，我们只使用 API 和 Watson *K* 因子生产 Delta-Base 向量，但 HP HCR 模型对两个半月工厂数据中的良好预测为 delta-base 应用提供了良好的证明。

6.9　例题 6.1——建立 HCR 工艺的初步反应器模型

首先启动 Aspen HYSYS 创建一个新案例，然后进入 Properties 环境(见图 6.78)，将模拟文件保存为 Workshop6. 1. hsc。

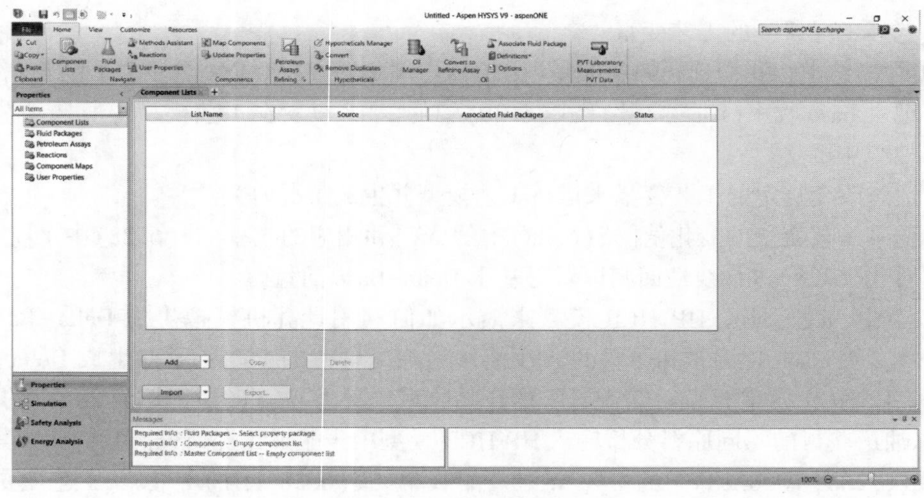

图 6.78　启动 Aspen HYSYS

建模第一步是选择一套标准组分和热力学方法来模拟相关物料性质。本例为加氢裂化装置模型导入一组预定的组分(见图 6.79)。

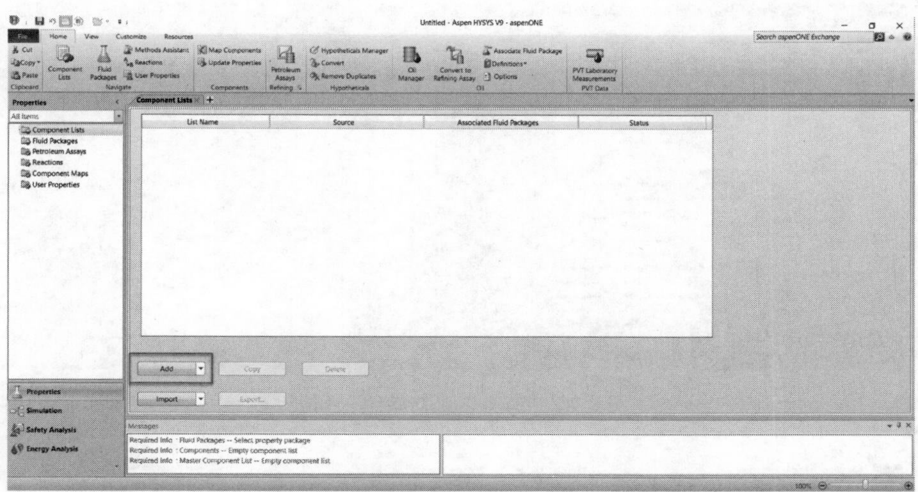

图 6.79 添加组分列表

为了导入这些组分，单击“Import”，跳转到目录位置“C: \ Program Files \ AspenTech \ Aspen HYSYS V9.0 \ Paks”，选择“Hydrocracker Components Celsius. cml”作为组分列表(见图 6.80)。该路径也是 Aspen HYSYS Petroleum Refining 标准的安装路径。

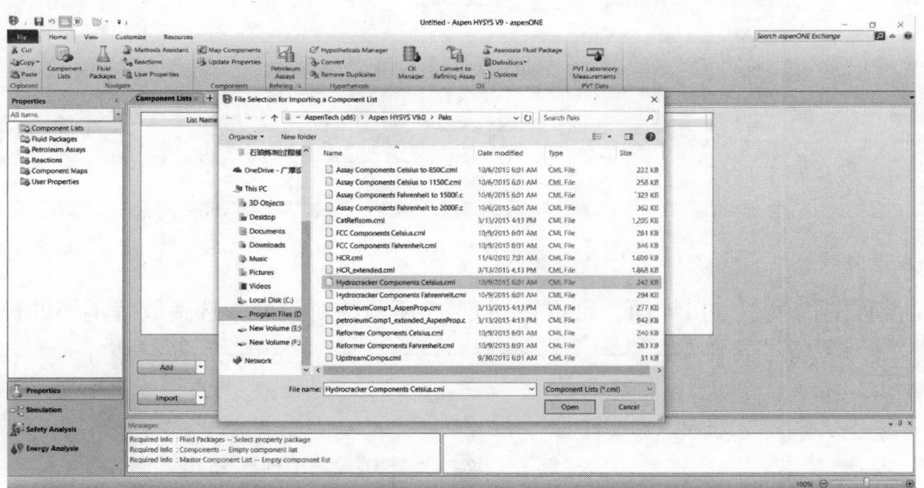

图 6.80 导入加氢裂化组分列表

在组分列表导入完成后，HYSYS 创建一个名为“Component List-1”的新组分列表。在 Simulation Basis Manager 中点击“View”并选择“Component List-1”组分列表来查看各组分的相关参数(见图 6.81)。也可以向组分列表中添加组分或修改组分顺序。值得注意的是，标准的 HCR 组分列表是非常完整的，适合大多数的炼油过程模拟。

接下来，设置模型的“流体包(Fluid Package)”，流体包是指与所选组分列表关联的热力学方法。本例选择 SRK(Soave-Redlich-Kwong)热力学模型(见图 6.82)，HCR 系统主要物料是烃类，因此(Soave-Redlich-Kwong) SRK 状态方程可以满足使用。过程热力学的含义在第 1.9 节中已讨论，不再赘述。

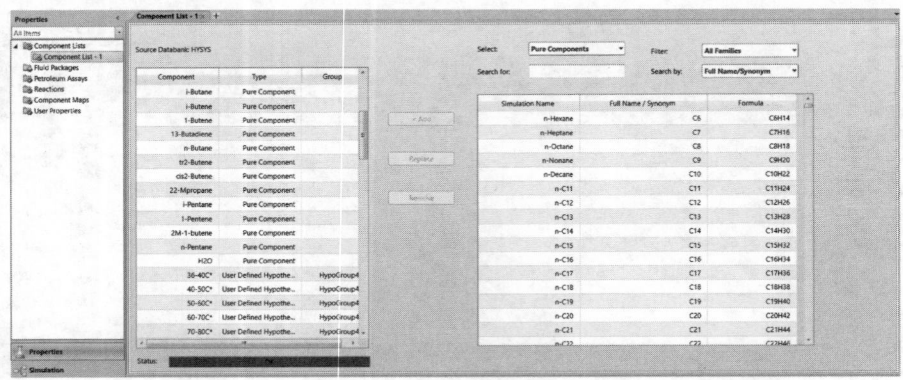

图 6.81 加氢裂化初始组分列表

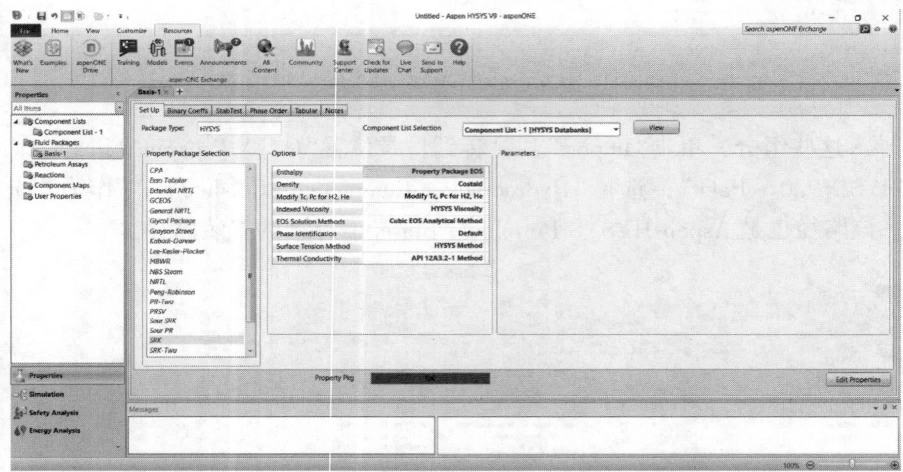

图 6.82 选择热力学方法：SRK

初始流程图提供了空白界面，可以在图 6.83 所示的对象面板选择放置不同的模块。

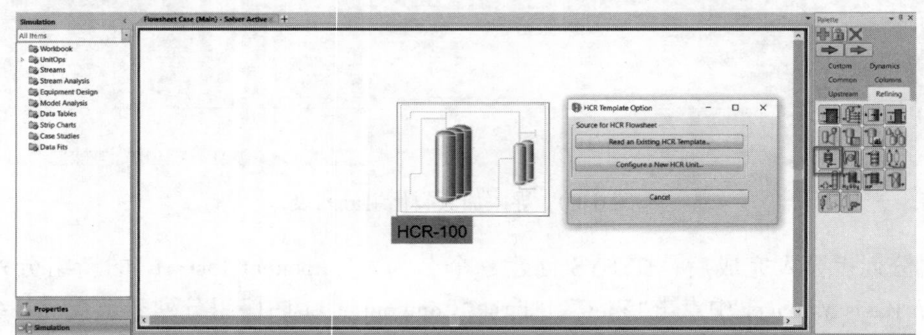

图 6.83 添加 HCR 反应器模型：F4→Refining→Hydrocracker model→Configure a New HCR Unit→HCR configurationwizard

接下来，我们通过分步演示来建立一个 HCR 工艺的初始反应器模型。

第 1 步：定义工艺类型(单段或两段)，每段的反应器数量以及对应的床层数量、HPS 的数量以及是否包含脱硫单元(见图 6.84)。

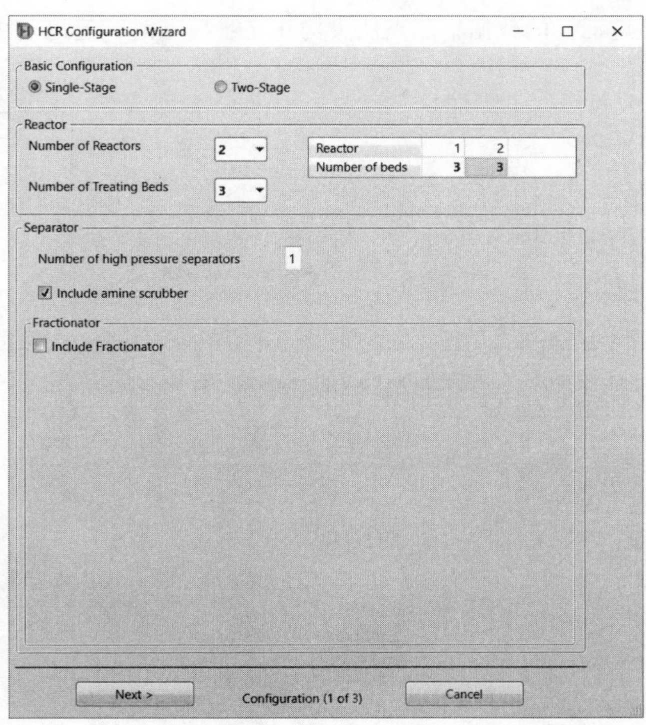

图 6.84 HCR 配置向导——定义反应器

第 2 步：设置每个反应床层的尺寸和催化剂装填量(见图 6.85)。

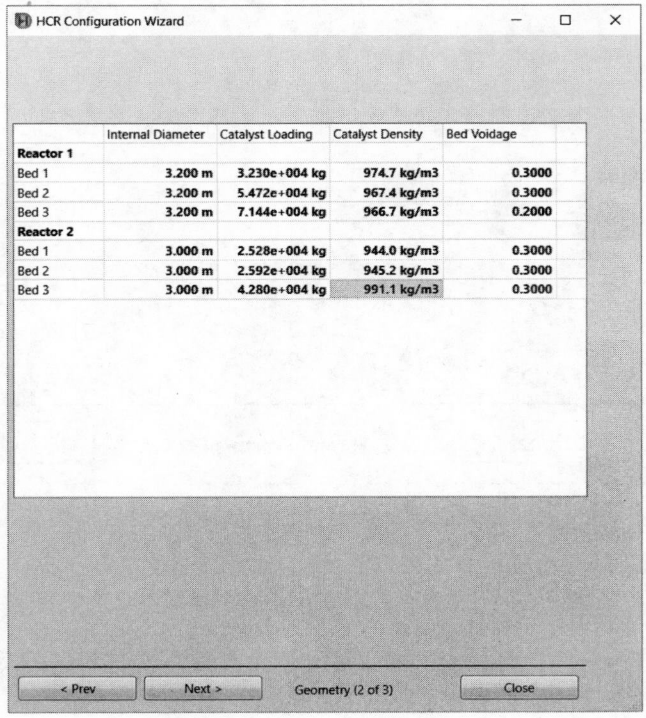

	Internal Diameter	Catalyst Loading	Catalyst Density	Bed Voidage
Reactor 1				
Bed 1	**3.200 m**	**3.230e+004 kg**	**974.7 kg/m3**	**0.3000**
Bed 2	**3.200 m**	**5.472e+004 kg**	**967.4 kg/m3**	**0.3000**
Bed 3	**3.200 m**	**7.144e+004 kg**	**966.7 kg/m3**	**0.2000**
Reactor 2				
Bed 1	**3.000 m**	**2.528e+004 kg**	**944.0 kg/m3**	**0.3000**
Bed 2	**3.000 m**	**2.592e+004 kg**	**945.2 kg/m3**	**0.3000**
Bed 3	**3.000 m**	**4.280e+004 kg**	**991.1 kg/m3**	**0.3000**

图 6.85 定义催化剂床层

第 3 步：选择反应活性的数据集。当从头构建初步模型时，建议使用"Default"选项(见图 6.86)。

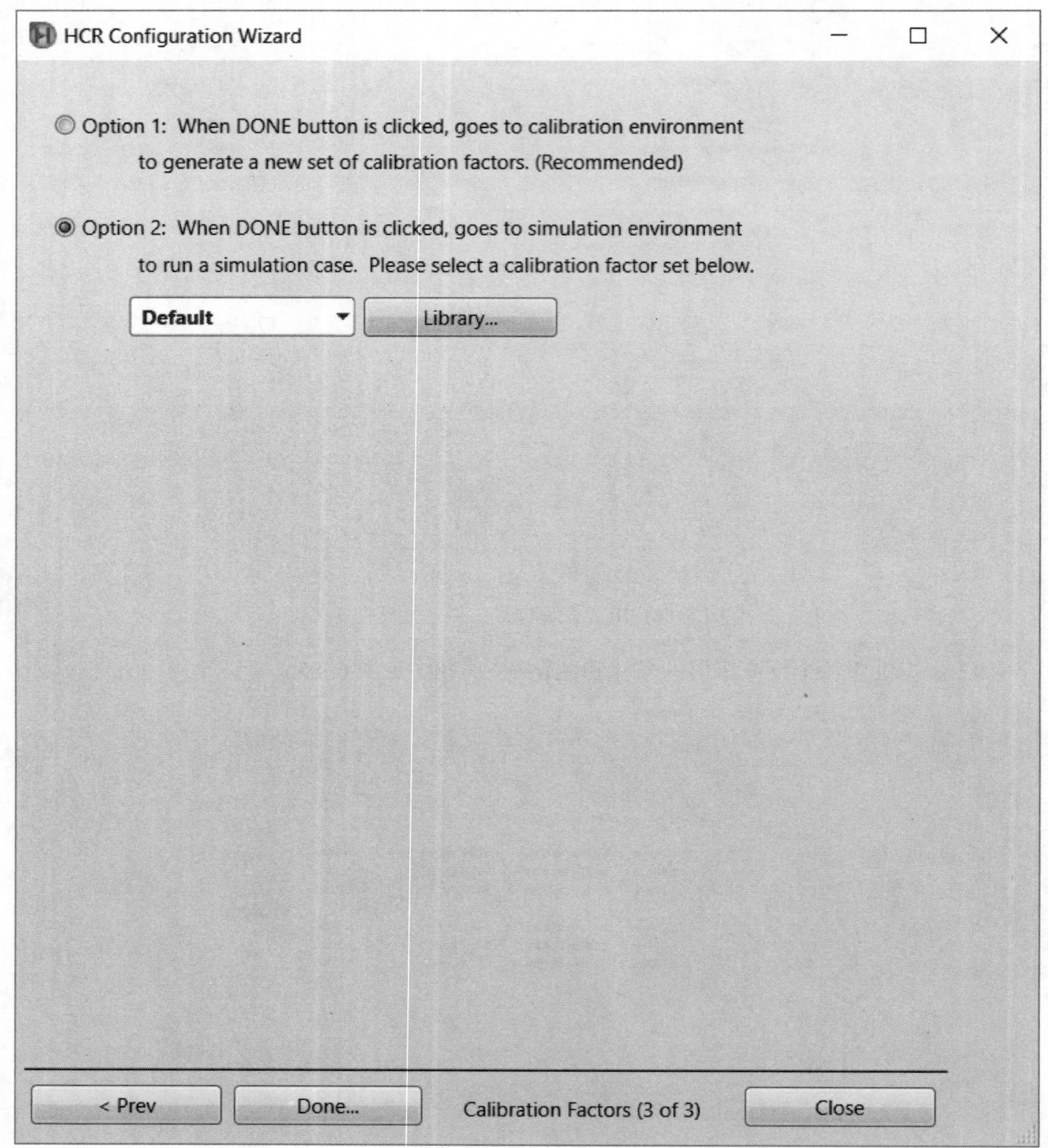

图 6.86　选择反应活性因子集

第 4 步：输入原料分析数据(见图 6.87)。

第 5 步：选择合适的原料图谱(见图 6.88)。

第 6 步：输入进料条件。此处输入的温度和压力仅仅影响进料的闪蒸计算，但不影响反应条件。但是，氢气流量的输入数据必须准确(见图 6.89)。

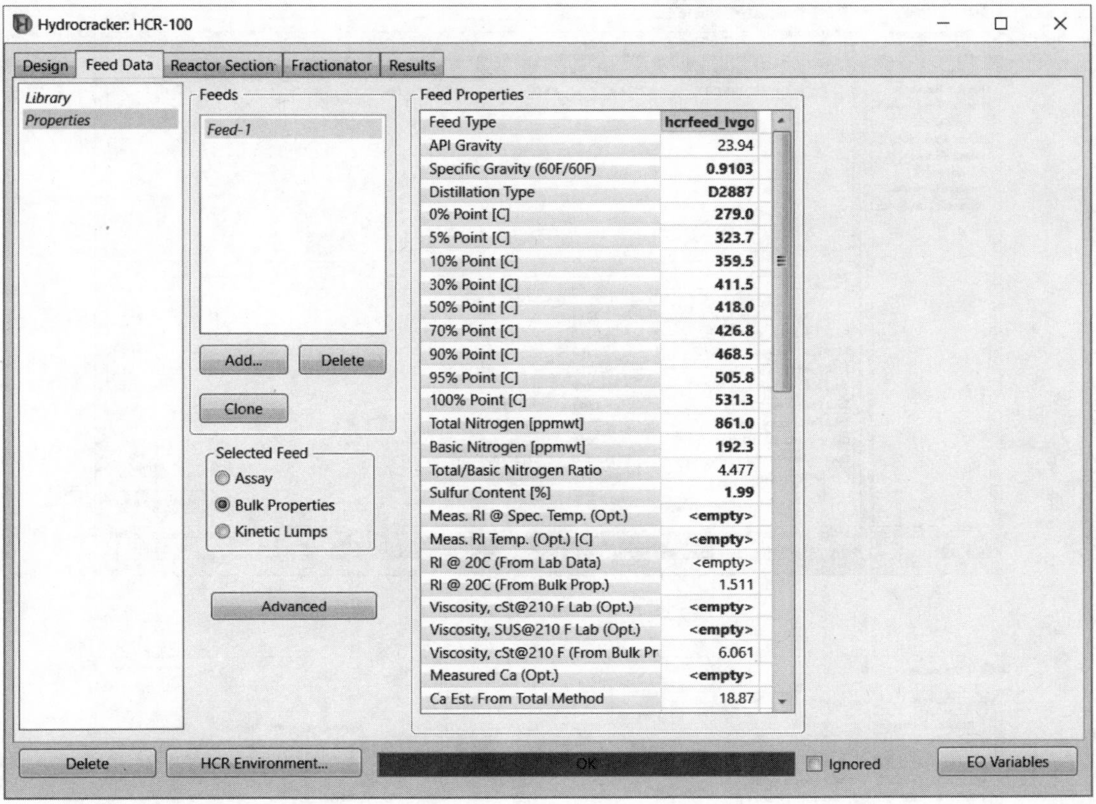

Hydrocracker: HCR-100

Design | Feed Data | Reactor Section | Fractionator | Results

Library
Properties

Feeds
Feed-1
Add... Delete
Clone

Selected Feed
Assay
Bulk Properties
Kinetic Lumps

Advanced

Feed Properties

Feed Type	hcrfeed_lvgo
API Gravity	23.94
Specific Gravity (60F/60F)	0.9103
Distillation Type	D2887
0% Point [C]	279.0
5% Point [C]	323.7
10% Point [C]	359.5
30% Point [C]	411.5
50% Point [C]	418.0
70% Point [C]	426.8
90% Point [C]	468.5
95% Point [C]	505.8
100% Point [C]	531.3
Total Nitrogen [ppmwt]	861.0
Basic Nitrogen [ppmwt]	192.3
Total/Basic Nitrogen Ratio	4.477
Sulfur Content [%]	1.99
Meas. RI @ Spec. Temp. (Opt.)	<empty>
Meas. RI Temp. (Opt.) [C]	<empty>
RI @ 20C (From Lab Data)	<empty>
RI @ 20C (From Bulk Prop.)	1.511
Viscosity, cSt@210 F Lab (Opt.)	<empty>
Viscosity, SUS@210 F Lab (Opt.)	<empty>
Viscosity, cSt@210 F (From Bulk Pr	6.061
Measured Ca (Opt.)	<empty>
Ca Est. From Total Method	18.87

Delete | HCR Environment... | OK | Ignored | EO Variables

图 6.87 进料分析数据

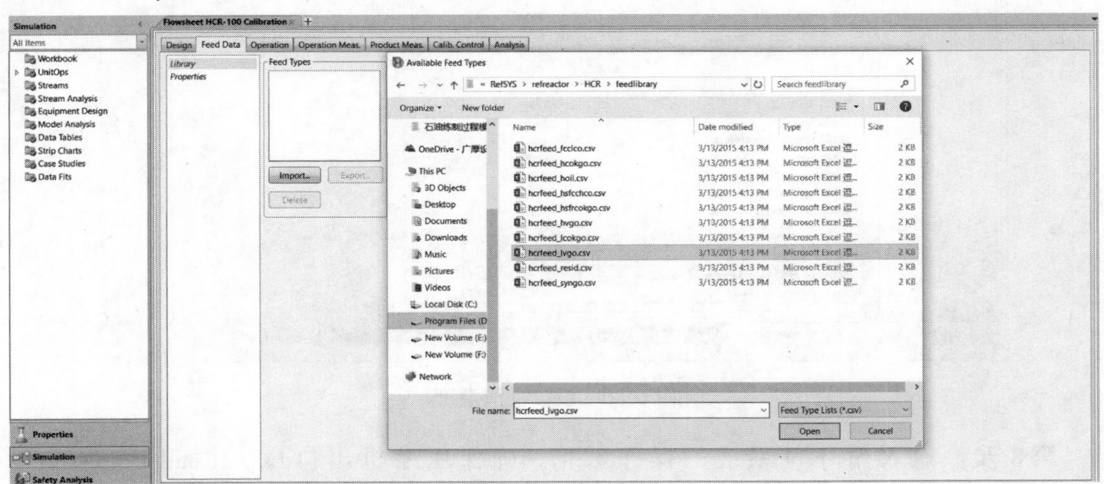

图 6.88 导入 HCR 原料库：C→Program Files→AspenTech→Aspen HYSYS 9.0→RefSYS→refreactor→HCR→feedlibrary→hcrfeed_lvgo. csv

第 7 步：输入每个床层的入口温度(见图 6.90)。

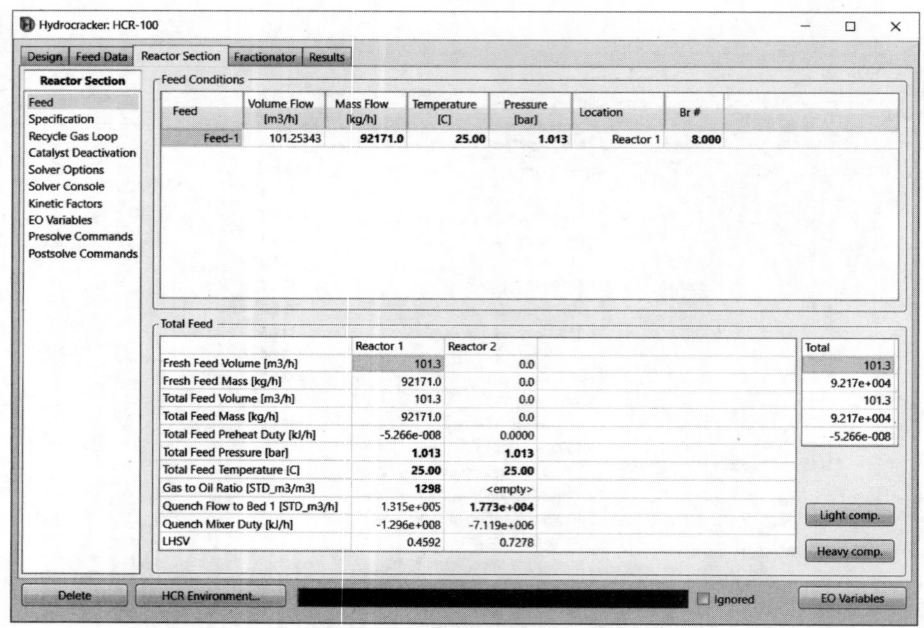

图 6.89　定义进料条件

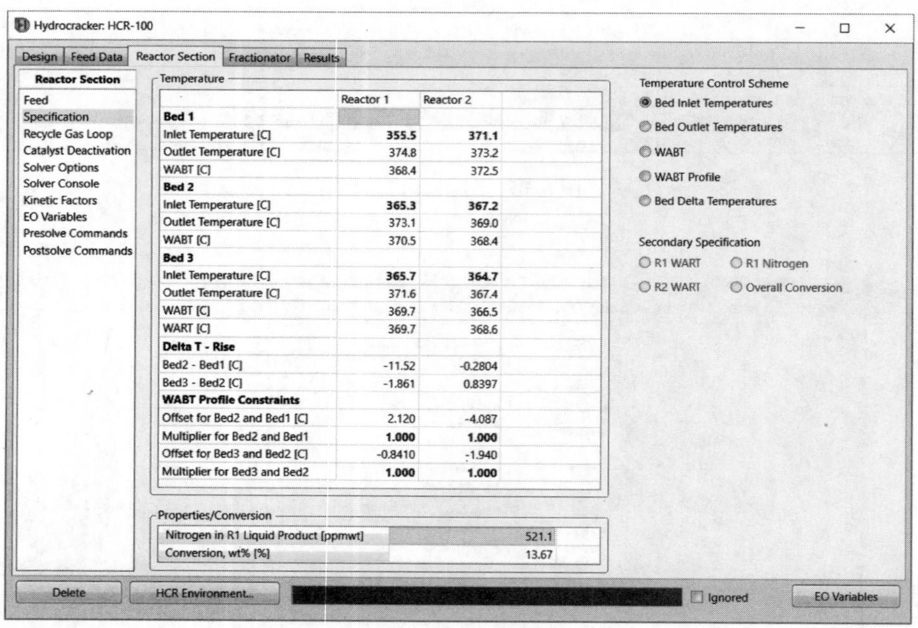

图 6.90　设置反应温度

第 8 步：输入循环氢系统的操作数据。确保压缩机出口压力(outlet pressure of compressor)和到反应器入口的压降(Delta P to Reactor Inlet)的数据准确，因为它们是用来计算反应器的入口压力的(见图 6.91)。

第 9 步：输入专利商提供的催化剂参数。当这一步完成后，Aspen HYSYS Petroleum Refining 将自动求解模型(见图 6.92)。

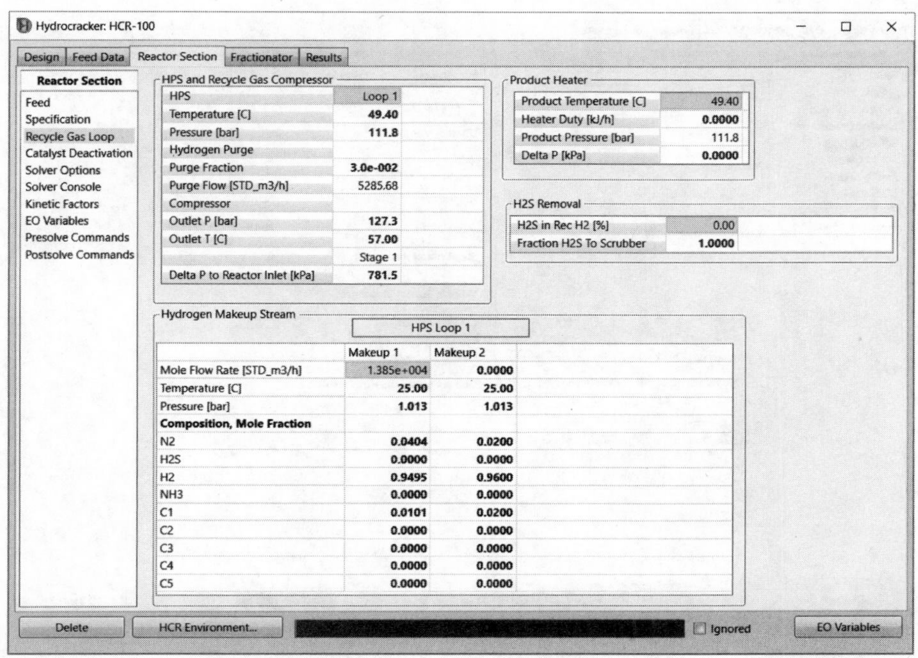

图 6.91 定义循环氢系统

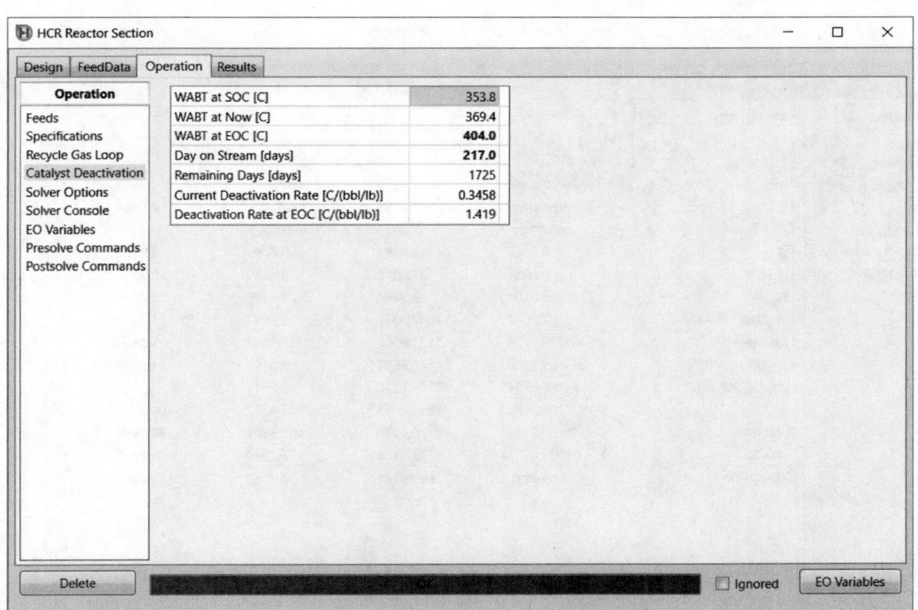

图 6.92 催化剂失活参数

第 10 步：增加迭代次数和减少步长可以改善模型收敛性(见图 6.93)。

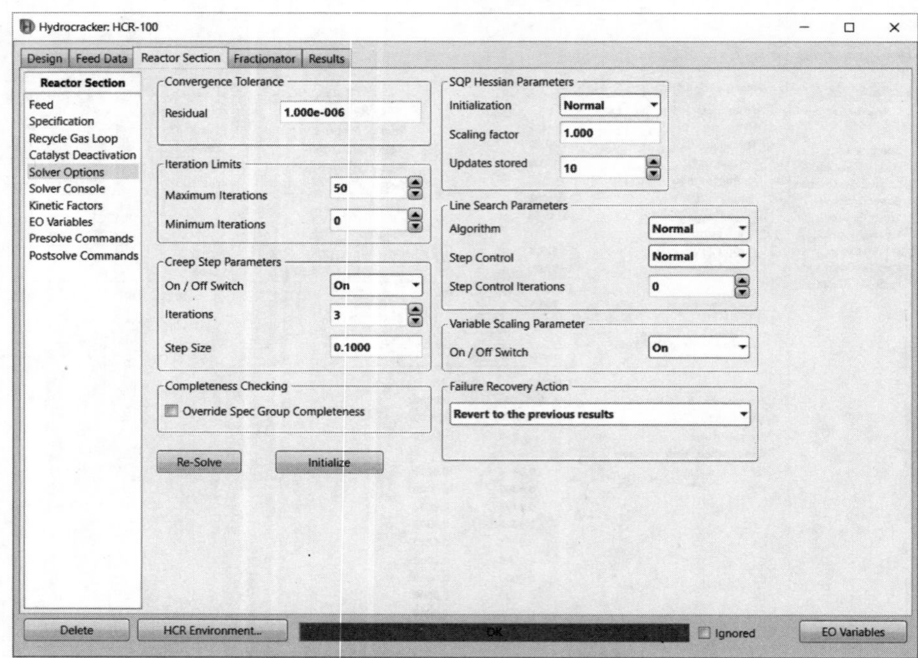

图 6.93 选择收敛算法

第 11 步：检查模拟结果，如产品收率和反应器温度分布。将收敛的模拟文件保存为 Workshop 6.1.hsc(见图 6.94 和图 6.95)。

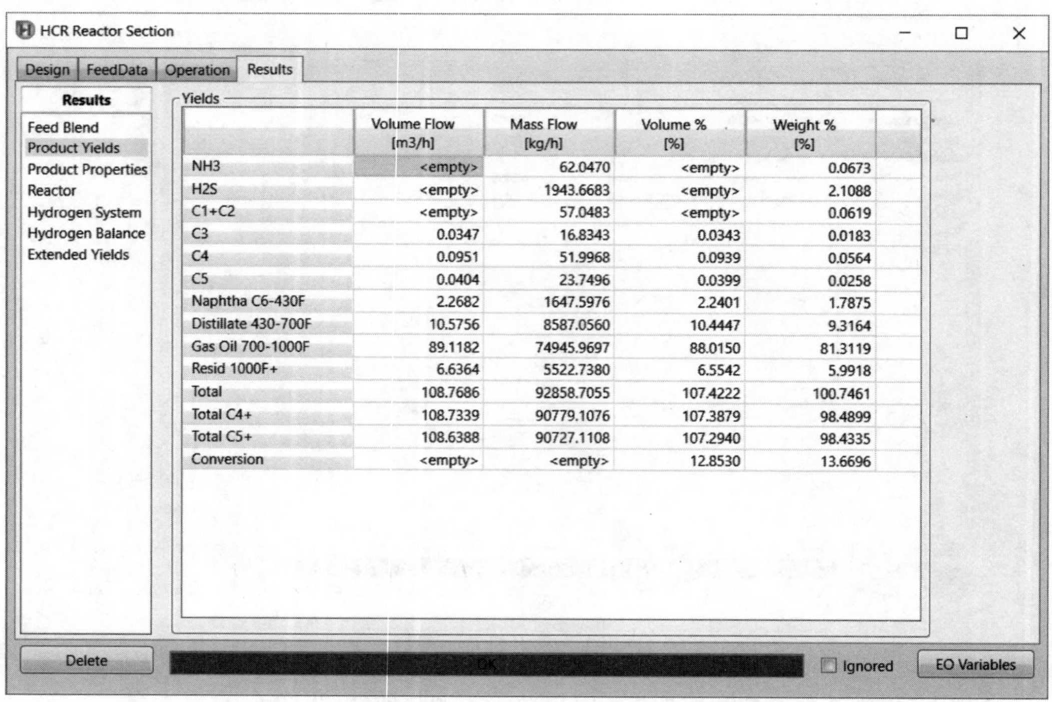

图 6.94 计算结果——产品收率

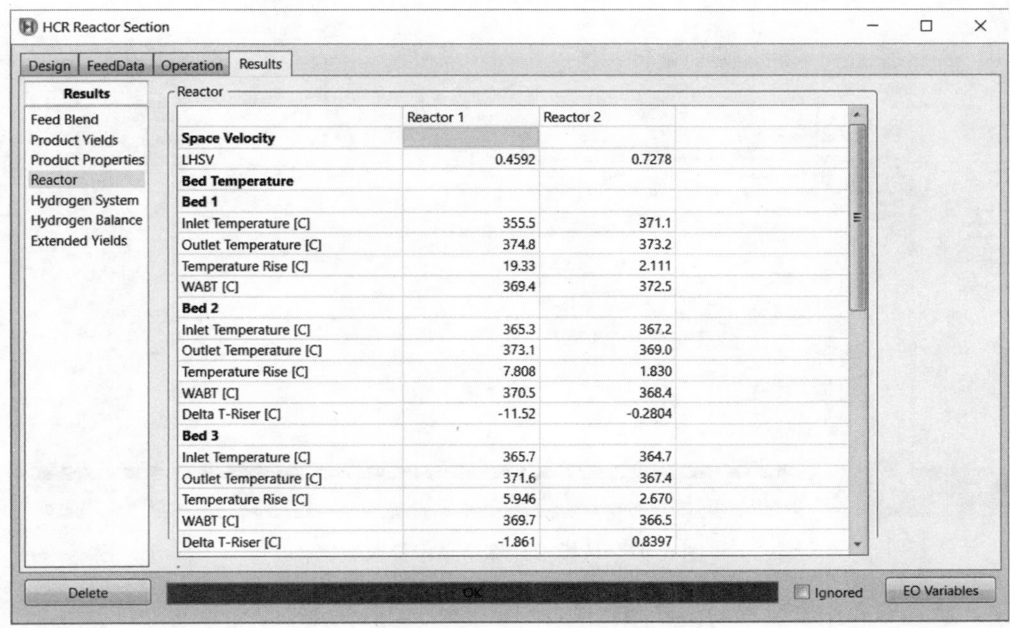

	Reactor 1	Reactor 2
Space Velocity		
LHSV	0.4592	0.7278
Bed Temperature		
Bed 1		
Inlet Temperature [C]	355.5	371.1
Outlet Temperature [C]	374.8	373.2
Temperature Rise [C]	19.33	2.111
WABT [C]	369.4	372.5
Bed 2		
Inlet Temperature [C]	365.3	367.2
Outlet Temperature [C]	373.1	369.0
Temperature Rise [C]	7.808	1.830
WABT [C]	370.5	368.4
Delta T-Riser [C]	-11.52	-0.2804
Bed 3		
Inlet Temperature [C]	365.7	364.7
Outlet Temperature [C]	371.6	367.4
Temperature Rise [C]	5.946	2.670
WABT [C]	369.7	366.5
Delta T-Riser [C]	-1.861	0.8397

图 6.95　计算结果——反应器性能

6.10　例题 6.2——使用工厂数据校准反应器初步模型

在初步模型完成后，我们需要校准模型来匹配工程测量数据。以下内容是使用工厂测量数据校准初步模型来匹配反应器温度分布和产品收率的操作指南。继续使用模拟文件 Workshop 6.1.hsc，并将其另存为 Workshop 6.2-starts.hsc。

第 1 步：进入"校准(Calibration)"环境(见图 6.96)。

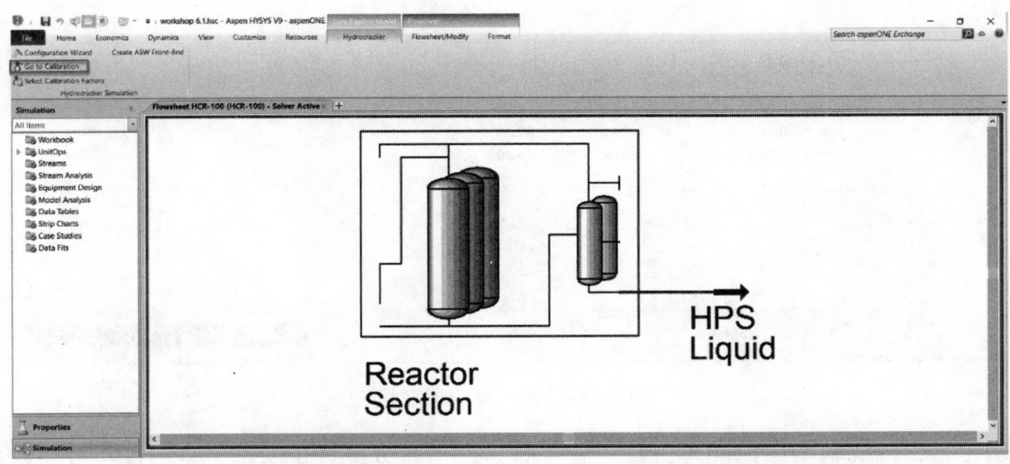

图 6.96　进入校准环境

第 2 步：点击“Pull Data from Simulation”按钮，导入初步模型的结果(见图 6.97)。

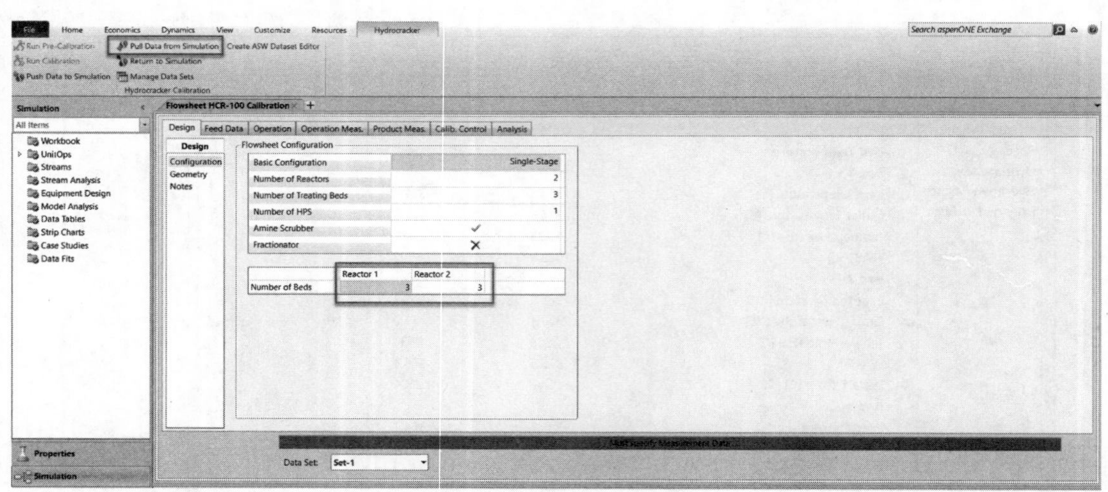

图 6.97　从模拟计算结果中提取数据

第 3 步：输入每个床层的温升和压降(见图 6.98)。

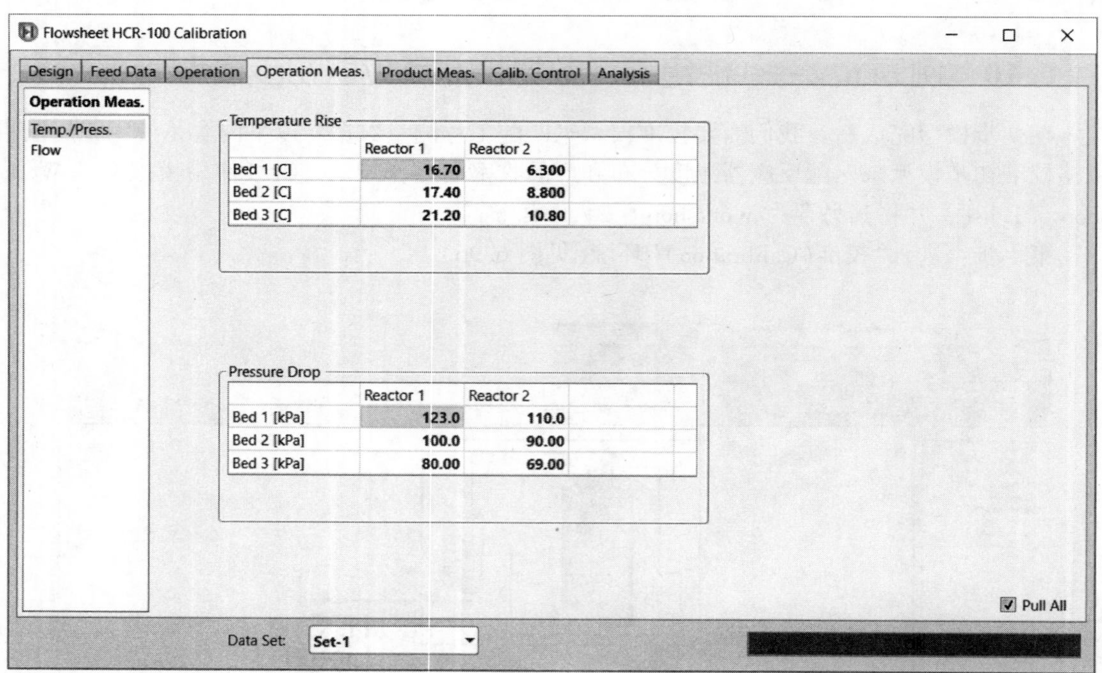

图 6.98　输入反应器变量

第 4 步：输入每个床层的冷氢量、酸气脱除量、新氢量、化学耗氢量、第一反应器流出物的氮含量和废氢的组成(见图 6.99)。

第 5 步：定义每个馏分的切割馏分数量(见图 6.100)。

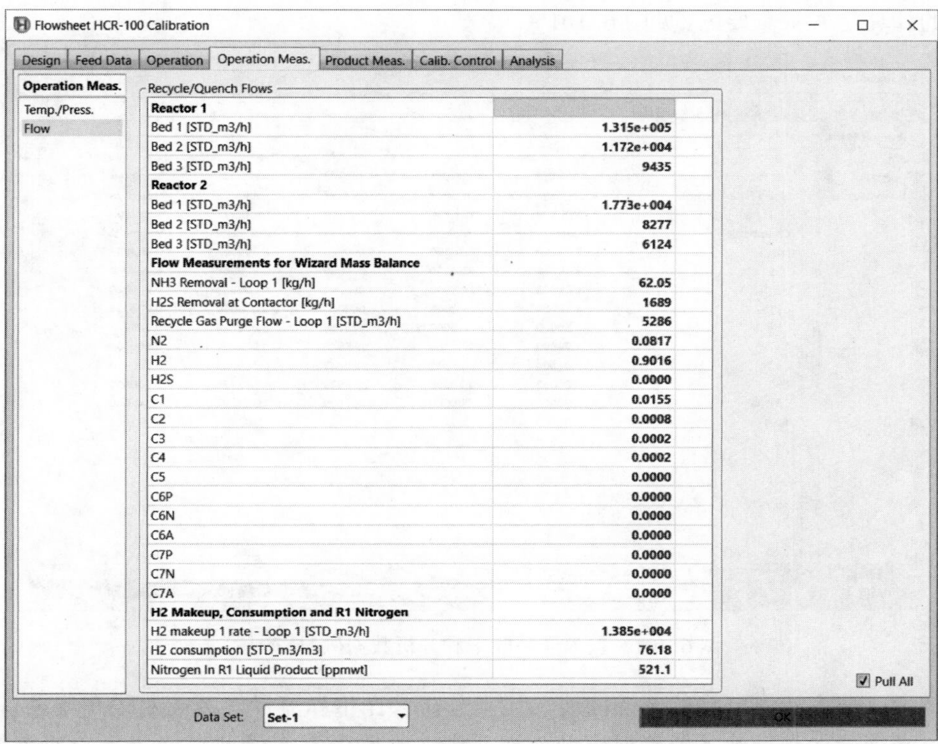

图 6.99　输入工艺变量

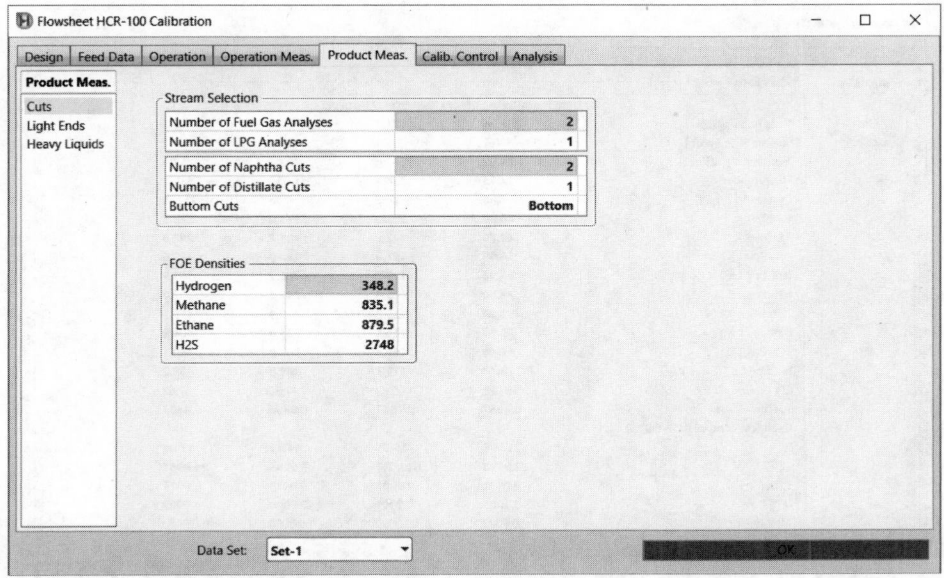

图 6.100　定义切割馏分

第 6 步：输入轻端组分的组成分析和流量(Fuel Gas 1、Fuel Gas 2 和 LPG1)，对于石脑油馏分的计算是非常重要的(见图 6. 101)。

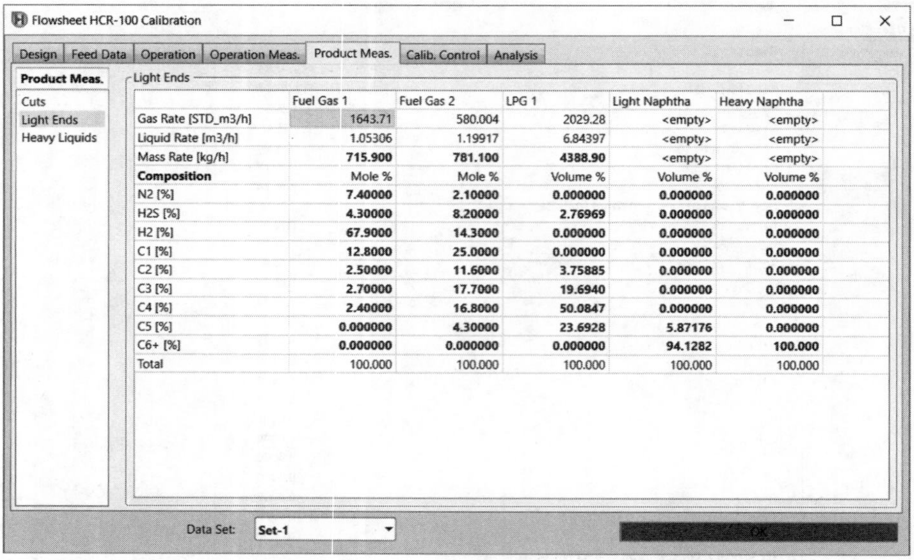

Flowsheet HCR-100 Calibration

Design | Feed Data | Operation | Operation Meas. | Product Meas. | Calib. Control | Analysis

Product Meas.: Cuts / Light Ends / Heavy Liquids

Light Ends

	Fuel Gas 1	Fuel Gas 2	LPG 1	Light Naphtha	Heavy Naphtha
Gas Rate [STD_m3/h]	1643.71	580.004	2029.28	<empty>	<empty>
Liquid Rate [m3/h]	1.05306	1.19917	6.84397	<empty>	<empty>
Mass Rate [kg/h]	715.900	781.100	4388.90	<empty>	<empty>
Composition	Mole %	Mole %	Volume %	Volume %	Volume %
N2 [%]	7.40000	2.10000	0.000000	0.000000	0.000000
H2S [%]	4.30000	8.20000	2.76969	0.000000	0.000000
H2 [%]	67.9000	14.3000	0.000000	0.000000	0.000000
C1 [%]	12.8000	25.0000	0.000000	0.000000	0.000000
C2 [%]	2.50000	11.6000	3.75885	0.000000	0.000000
C3 [%]	2.70000	17.7000	19.6940	0.000000	0.000000
C4 [%]	2.40000	16.8000	50.0847	0.000000	0.000000
C5 [%]	0.000000	4.30000	23.6928	5.87176	0.000000
C6+ [%]	0.000000	0.000000	0.000000	94.1282	100.000
Total	100.000	100.000	100.000	100.000	100.000

Data Set: Set-1　　OK

图 6. 101　输入产品收率和分析数据(轻质产品)

第 7 步：输入液体产品的蒸馏曲线、元素分析、比重和流量。蒸馏曲线和流量是最重要的性质，必须确保其准确才能确保模型正常工作。比重会影响模型对加氢反应速率的预测，元素分析仅仅影响 HDN 和 HDS 反应的苛刻度和氢平衡，对 HCR 模型的收率预测影响不大(见图 6. 102)。

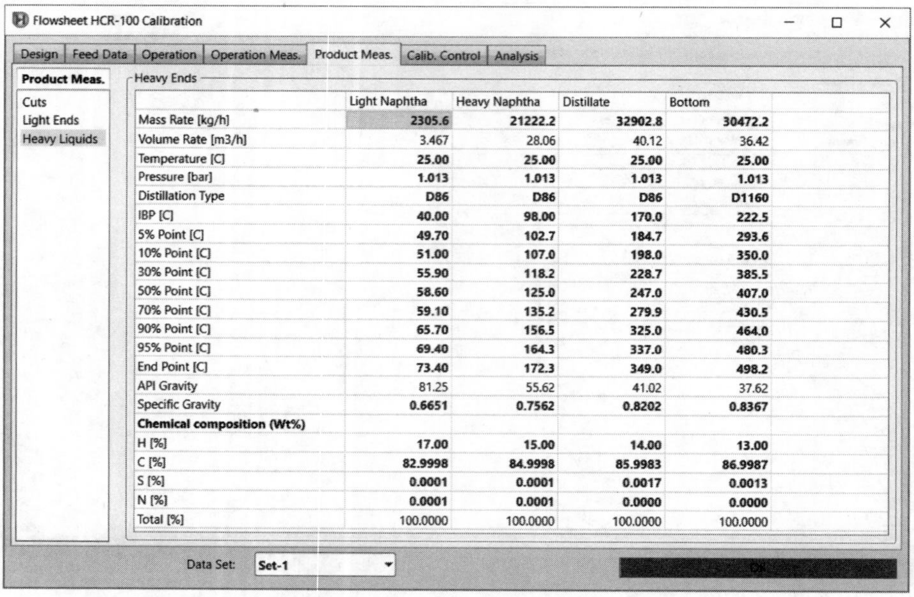

Flowsheet HCR-100 Calibration

Design | Feed Data | Operation | Operation Meas. | Product Meas. | Calib. Control | Analysis

Product Meas.: Cuts / Light Ends / Heavy Liquids

Heavy Ends

	Light Naphtha	Heavy Naphtha	Distillate	Bottom
Mass Rate [kg/h]	2305.6	21222.2	32902.8	30472.2
Volume Rate [m3/h]	3.467	28.06	40.12	36.42
Temperature [C]	25.00	25.00	25.00	25.00
Pressure [bar]	1.013	1.013	1.013	1.013
Distillation Type	D86	D86	D86	D1160
IBP [C]	40.00	98.00	170.0	222.5
5% Point [C]	49.70	102.7	184.7	293.6
10% Point [C]	51.00	107.0	198.0	350.0
30% Point [C]	55.90	118.2	228.7	385.5
50% Point [C]	58.60	125.0	247.0	407.0
70% Point [C]	59.10	135.2	279.9	430.5
90% Point [C]	65.70	156.5	325.0	464.0
95% Point [C]	69.40	164.3	337.0	480.3
End Point [C]	73.40	172.3	349.0	498.2
API Gravity	81.25	55.62	41.02	37.62
Specific Gravity	0.6651	0.7562	0.8202	0.8367
Chemical composition (Wt%)				
H [%]	17.00	15.00	14.00	13.00
C [%]	82.9998	84.9998	85.9983	86.9987
S [%]	0.0001	0.0001	0.0017	0.0013
N [%]	0.0001	0.0001	0.0000	0.0000
Total [%]	100.0000	100.0000	100.0000	100.0000

Data Set: Set-1　　OK

图 6. 102　输入产品收率和分析数据(重质产品)

第 8 步：修改迭代方法，改善模型收敛性（见图 6.103）。

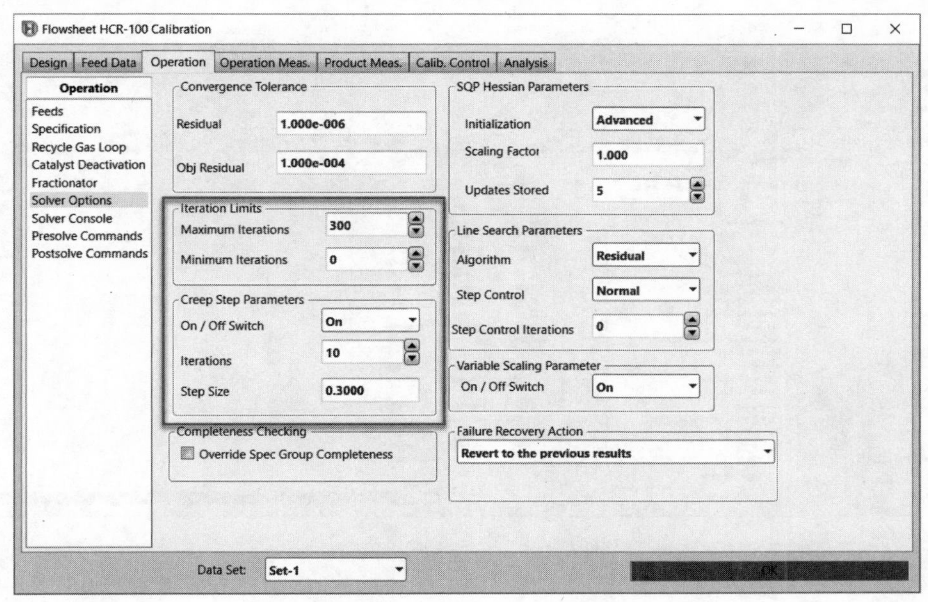

图 6.103　模型收敛的迭代算法

第 9 步：检查“Object Function”工作表中的所有单元格，以便我们能够探究所有模拟结果与工厂数据的偏差（见图 6.104）。

Flowsheet HCR-100 Calibration

Design | Feed Data | Operation | Operation Meas. | Product Meas. | Calib. Control | Analysis

Calib. Control

Parameters

Obj Function

Reset

	Included	Sigma
Temperature Rise		
R1B1 Temperature Rise [C]	☑	1.000
R1B2 Temperature Rise [C]	☑	1.000
R1B3 Temperature Rise [C]	☑	1.000
R2B1 Temperature Rise [C]	☑	1.000
R2B2 Temperature Rise [C]	☑	1.000
R2B3 Temperature Rise [C]	☑	1.000
Recycle/Quench Flows		
Reactor 1		
Bed 1 [STD_m3/h]	☑	720.0
Bed 2 [STD_m3/h]	☑	720.0
Bed 3 [STD_m3/h]	☑	720.0
Reactor 2		
Bed 1 [STD_m3/h]	☑	720.0
Bed 2 [STD_m3/h]	☑	720.0
Bed 3 [STD_m3/h]	☑	720.0
Purge gas flow - Loop 1 [STD_m3/h]	☑	36.00
H2makeup 1 rate - Loop 1 [STD_m3/h]	☑	36.00
H2 Consumption [STD_m3/m3]	☑	1.000
Product Flow and Properties		

Data Set: Set-1

OK

图 6.104　目标函数表

第 10 步：使用电子表格选择反应活性，点击“Run calibration”按钮和调整所选反应活性的上限值和下限值，实现自动校准。在本步骤中，点击“Run Pre-Calibration”按钮运行当前反应活性的模型，即默认值（见图 6.105）。在点击“Run Pre-Calibration”后，Apen HYSYS 弹出“Validation Wizard for Set-1”窗口（见图 6.106），比较了质量流量的测量值和调整值以及质量平衡。点击“OK”进入下一步。

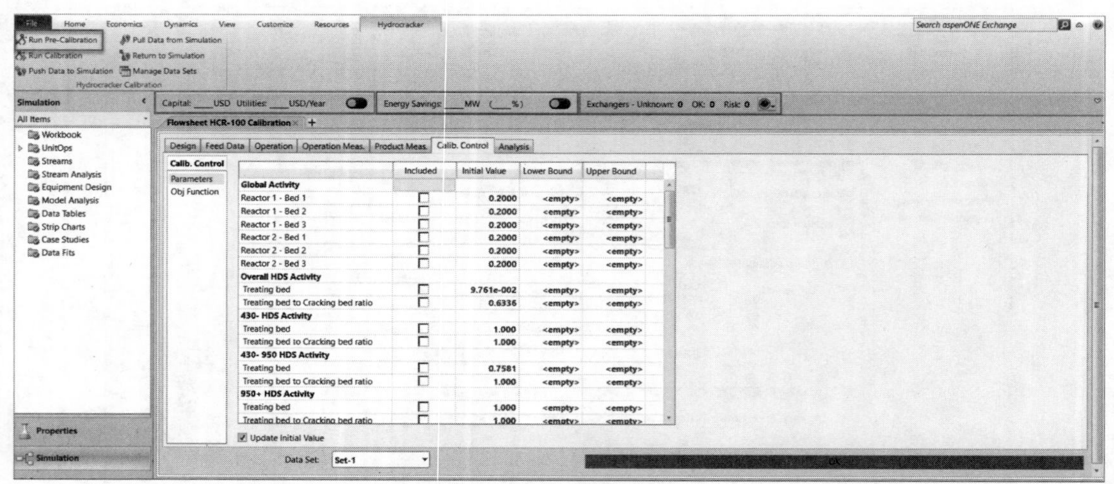

图 6.105　反应活性因子表

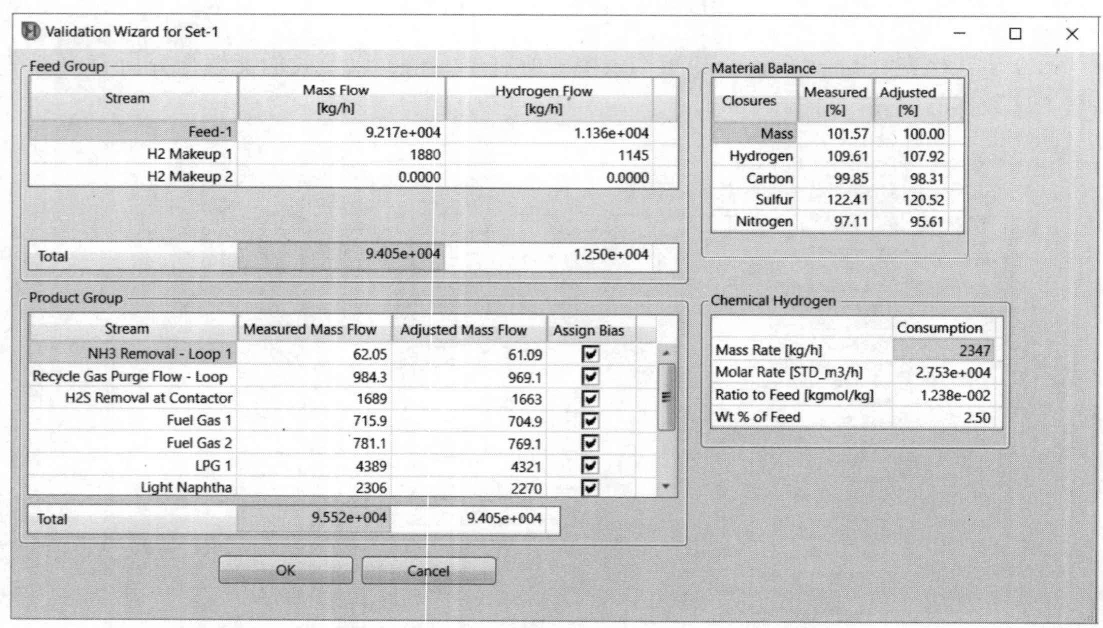

图 6.106　Set-1 验证向导

第 11 步：分析校准结果并进行当前反应活性的模拟结果与工厂数据之间的比较。将模拟文件保存为 Workshop 6.2-1.hsc(见图 6.107)。

第 12 步：在“Obj. Function”工作表中选择“R1B1 Temperature Rise”(见图 6.108)。

第 13 步：选择“Global activity-Reactor 1-Bed1”并合理设置上限值和下限值。推荐设置为当前值(初始值)的±25%左右。执行第 12 步和第 13 步，模型将在设定范围内调整“Global

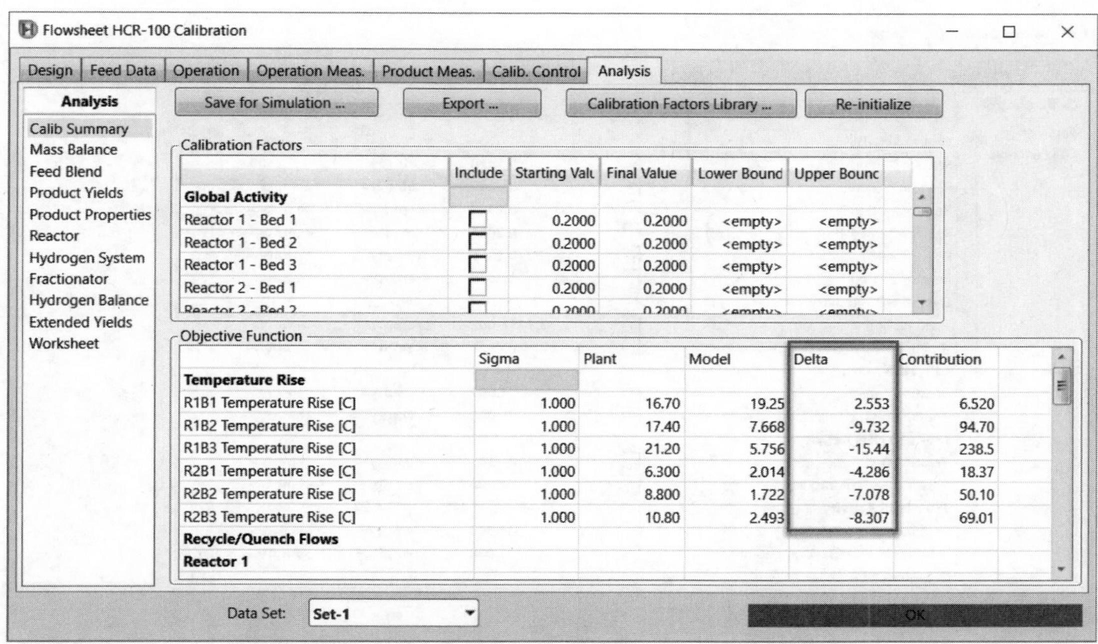

	Include	Starting Valu	Final Value	Lower Bound	Upper Bounc
Global Activity					
Reactor 1 - Bed 1	☐	0.2000	0.2000	<empty>	<empty>
Reactor 1 - Bed 2	☐	0.2000	0.2000	<empty>	<empty>
Reactor 1 - Bed 3	☐	0.2000	0.2000	<empty>	<empty>
Reactor 2 - Bed 1	☐	0.2000	0.2000	<empty>	<empty>

	Sigma	Plant	Model	Delta	Contribution
Temperature Rise					
R1B1 Temperature Rise [C]	1.000	16.70	19.25	2.553	6.520
R1B2 Temperature Rise [C]	1.000	17.40	7.668	-9.732	94.70
R1B3 Temperature Rise [C]	1.000	21.20	5.756	-15.44	238.5
R2B1 Temperature Rise [C]	1.000	6.300	2.014	-4.286	18.37
R2B2 Temperature Rise [C]	1.000	8.800	1.722	-7.078	50.10
R2B3 Temperature Rise [C]	1.000	10.80	2.493	-8.307	69.01
Recycle/Quench Flows					
Reactor 1					

图 6.107　校准结果表

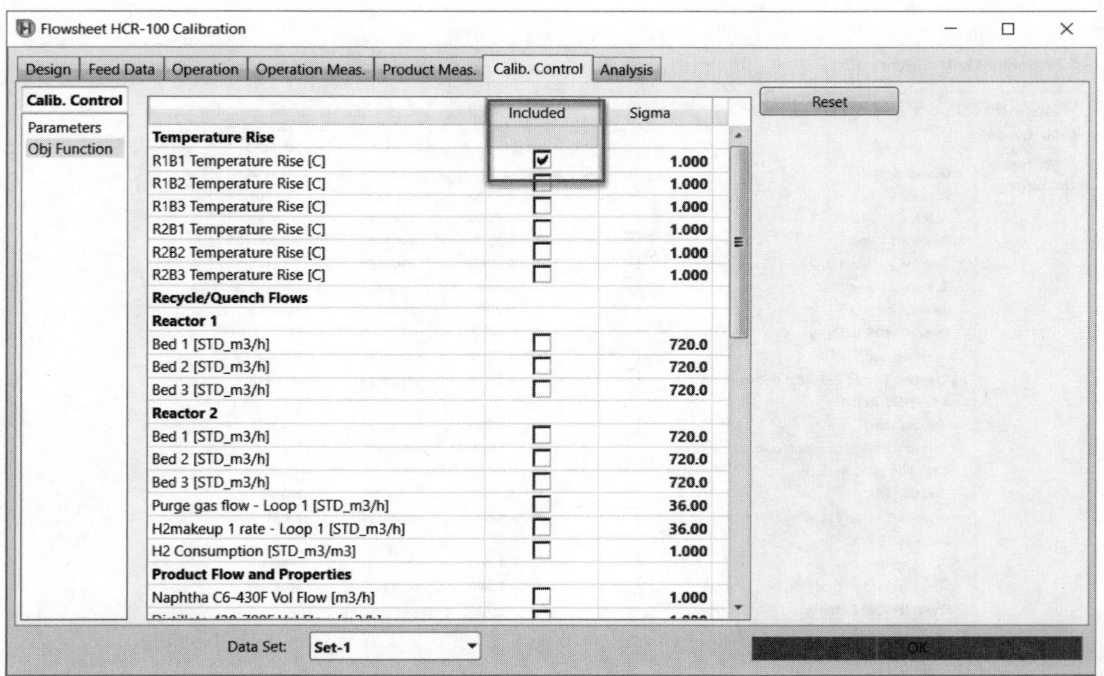

	Included	Sigma
Temperature Rise		
R1B1 Temperature Rise [C]	☑	1.000
R1B2 Temperature Rise [C]	☐	1.000
R1B3 Temperature Rise [C]	☐	1.000
R2B1 Temperature Rise [C]	☐	1.000
R2B2 Temperature Rise [C]	☐	1.000
R2B3 Temperature Rise [C]	☐	1.000
Recycle/Quench Flows		
Reactor 1		
Bed 1 [STD_m3/h]	☐	720.0
Bed 2 [STD_m3/h]	☐	720.0
Bed 3 [STD_m3/h]	☐	720.0
Reactor 2		
Bed 1 [STD_m3/h]	☐	720.0
Bed 2 [STD_m3/h]	☐	720.0
Bed 3 [STD_m3/h]	☐	720.0
Purge gas flow - Loop 1 [STD_m3/h]	☐	36.00
H2makeup 1 rate - Loop 1 [STD_m3/h]	☐	36.00
H2 Consumption [STD_m3/m3]	☐	1.000
Product Flow and Properties		
Naphtha C6-430F Vol Flow [m3/h]	☐	1.000

图 6.108　定义目标函数(R1B1)

activity-Reactor 1-Bed1”来最小化“R1B1 Temperature Rise”模拟结果与工程测量数据的偏差(见图 6.109 和图 6.110)。

Flowsheet HCR-100 Calibration

Design | Feed Data | Operation | Operation Meas. | Product Meas. | Calib. Control | Analysis

Calib. Control: Parameters, Obj Function

	Included	Initial Value	Lower Bound	Upper Bound
Global Activity				
Reactor 1 - Bed 1	☑	0.1420	0.1250	0.2500
Reactor 1 - Bed 2	☐	0.2000	<empty>	<empty>
Reactor 1 - Bed 3	☐	0.2000	<empty>	<empty>
Reactor 2 - Bed 1	☐	0.2000	<empty>	<empty>
Reactor 2 - Bed 2	☐	0.2000	<empty>	<empty>
Reactor 2 - Bed 3	☐	0.2000	<empty>	<empty>
Overall HDS Activity				
Treating bed	☐	9.761e-002	<empty>	<empty>
Treating bed to Cracking bed ratio	☐	0.6336	<empty>	<empty>
430- HDS Activity				
Treating bed	☐	1.000	<empty>	<empty>
Treating bed to Cracking bed ratio	☐	1.000	<empty>	<empty>
430- 950 HDS Activity				
Treating bed	☐	0.7581	<empty>	<empty>
Treating bed to Cracking bed ratio	☐	1.000	<empty>	<empty>
950+ HDS Activity				
Treating bed	☐	1.000	<empty>	<empty>
Treating bed to Cracking bed ratio	☐	1.000	<empty>	<empty>
Overall HDN Activity				

☑ Update Initial Value

Data Set: Set-1　OK

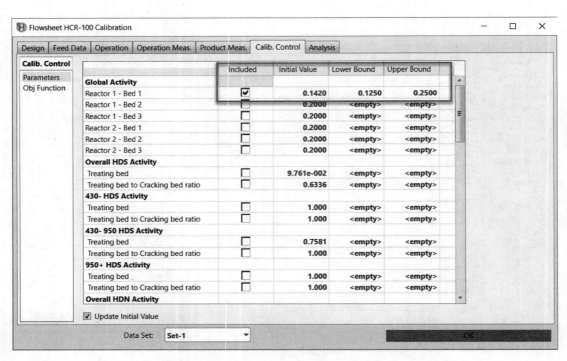

图 6.109　在校准计算前，选择待整定活性因子(R1B1 Global Activity)

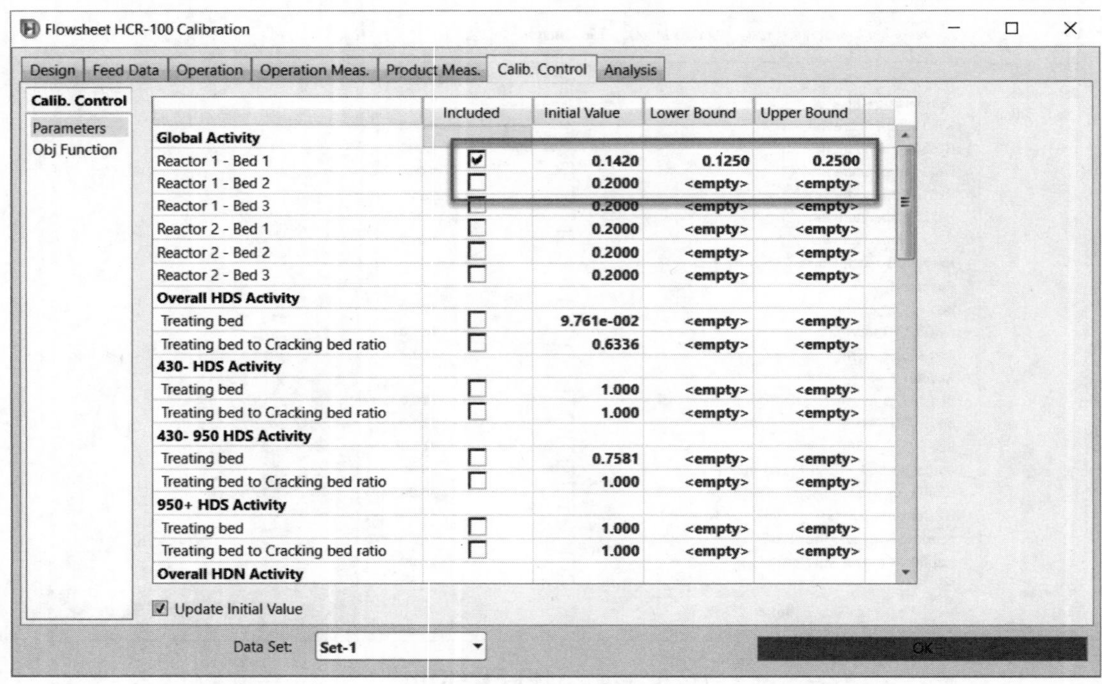

Flowsheet HCR-100 Calibration

Design | Feed Data | Operation | Operation Meas. | Product Meas. | Calib. Control | Analysis

Calib. Control: Parameters, Obj Function

	Included	Initial Value	Lower Bound	Upper Bound
Global Activity				
Reactor 1 - Bed 1	☑	0.1420	0.1250	0.2500
Reactor 1 - Bed 2	☐	0.2000	<empty>	<empty>
Reactor 1 - Bed 3	☐	0.2000	<empty>	<empty>
Reactor 2 - Bed 1	☐	0.2000	<empty>	<empty>
Reactor 2 - Bed 2	☐	0.2000	<empty>	<empty>
Reactor 2 - Bed 3	☐	0.2000	<empty>	<empty>
Overall HDS Activity				
Treating bed	☐	9.761e-002	<empty>	<empty>
Treating bed to Cracking bed ratio	☐	0.6336	<empty>	<empty>
430- HDS Activity				
Treating bed	☐	1.000	<empty>	<empty>
Treating bed to Cracking bed ratio	☐	1.000	<empty>	<empty>
430- 950 HDS Activity				
Treating bed	☐	0.7581	<empty>	<empty>
Treating bed to Cracking bed ratio	☐	1.000	<empty>	<empty>
950+ HDS Activity				
Treating bed	☐	1.000	<empty>	<empty>
Treating bed to Cracking bed ratio	☐	1.000	<empty>	<empty>
Overall HDN Activity				

☑ Update Initial Value

Data Set: Set-1　OK

图 6.110　在校准计算前，收敛待整定活性因子(R1B1 Global Activity)

第 14 步：检查“Analysis”工作表的结果。如果模拟结果不好，请重复第 13 步设定新的上限值和下限值，再次校准模型。将收敛的模拟文件保存为 Workshop6. 2-2(见图 6. 111)。

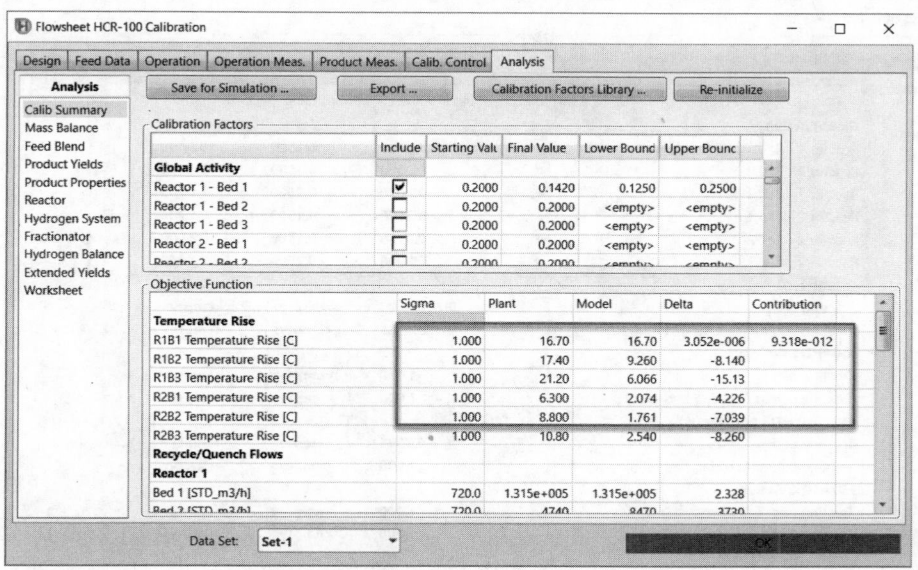

图 6. 111 反应器温升校准结果良好(Bed-1)

第 15 步：获得“R1B1 Temperature Rise”的满意结果后，取消选择“R1B1 Temperature Rise”和“Global activity-Reactor1-Bed1”，重复第 12～14 步，逐一调整其他床层的温升和总活性(R1B2、R1B3、R2B1、R2B2 和 R2B3)。

第 16 步：在大多数情况下，第 15 步得到的反应器温度分布与工厂测量值的趋势不是完全一致的。为了实现反应器温度分布的预测值与工厂测量值相匹配，我们选择所有的“Temperature Rise”作为目标函数，设置所有“global reaction activities”新的初始值、上限值和下限值(见图 6. 112～图 6. 115)。

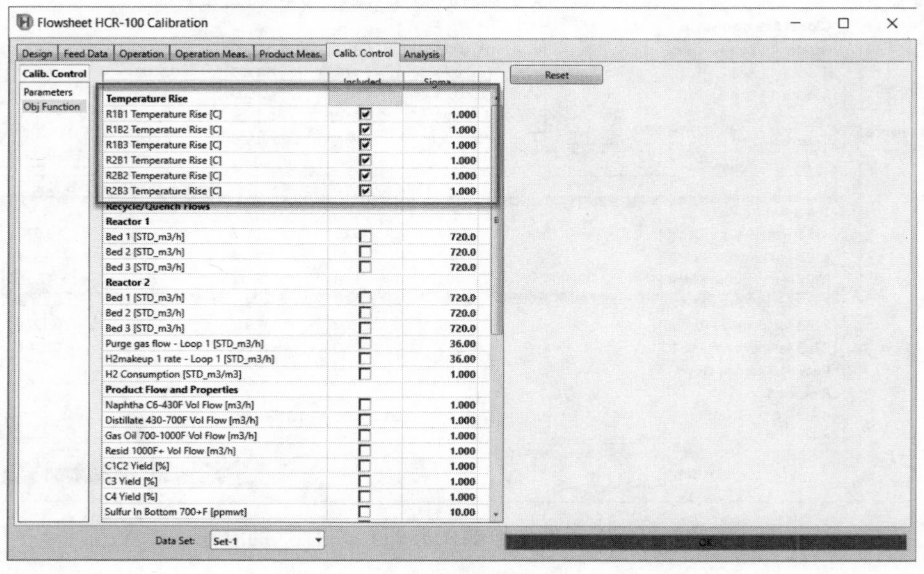

图 6. 112 定义目标函数(R1B1～R2B3)

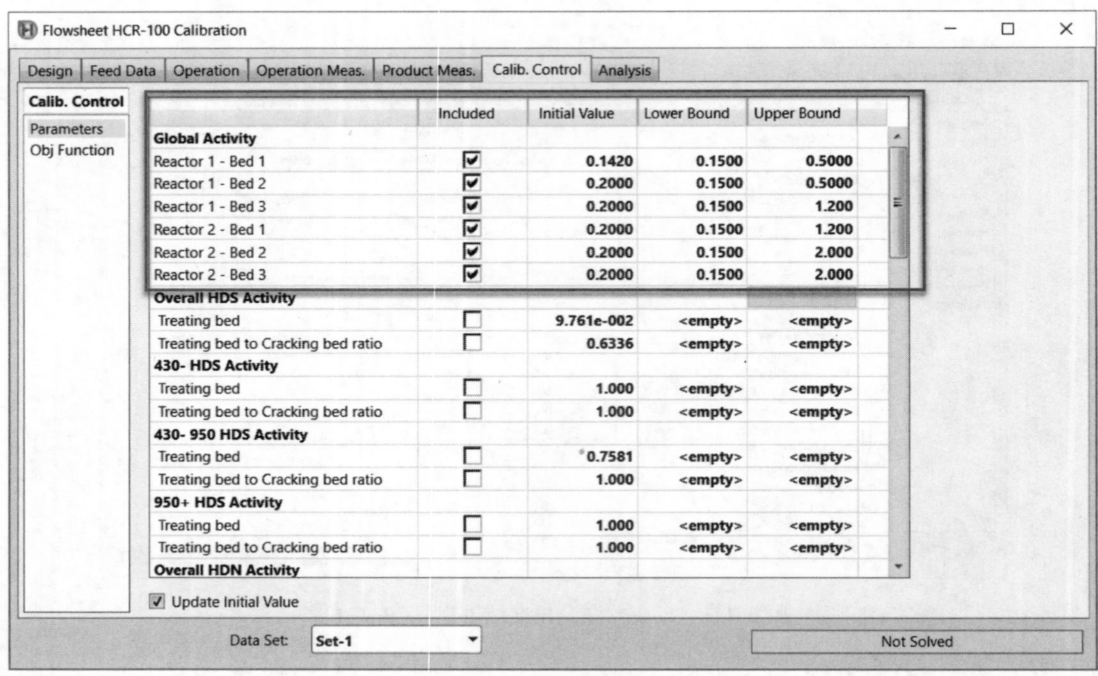

图 6.113　选择待整定因子(Global Activities)

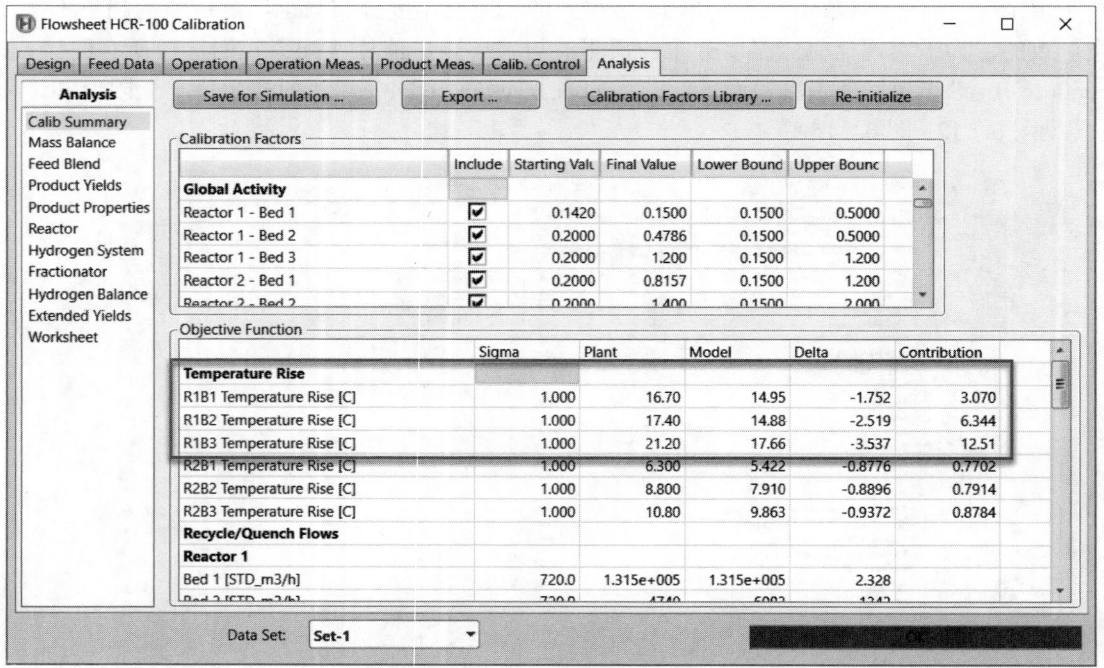

图 6.114　进一步校准 R1B1、R1B2、R1B3 的温升

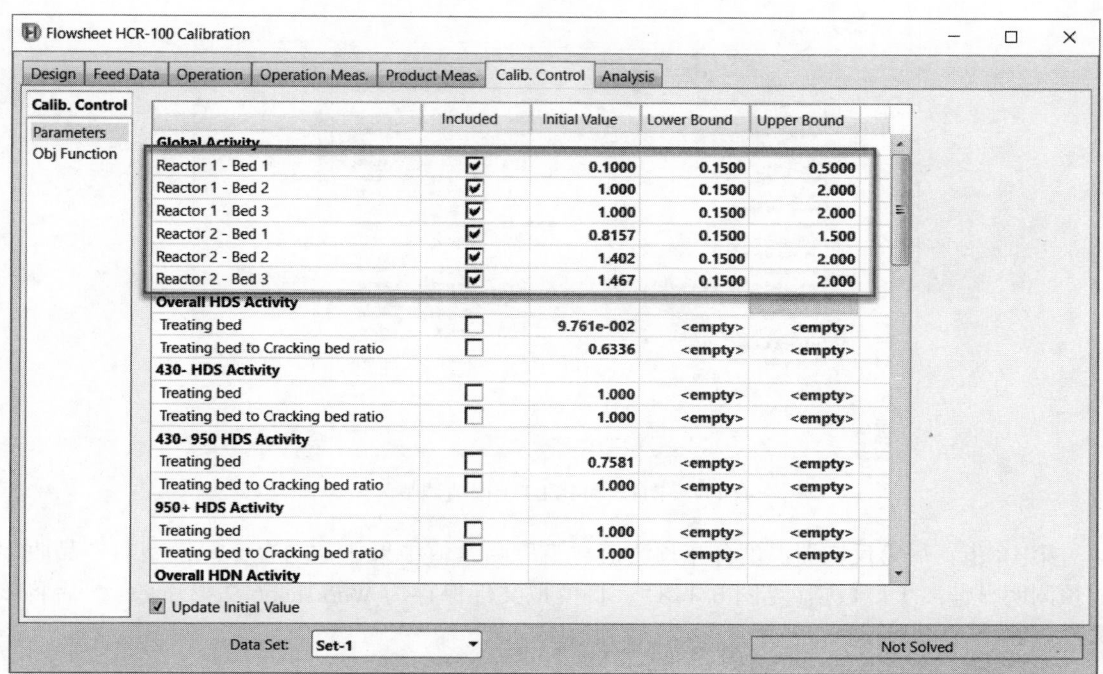

图 6.115 更新图 6.113 中的校准参数

第 17 步：重复第 16 步，直至反应器温度分布的预测值与工程测量值结果一致（见图 6.116 和图 6.117）。

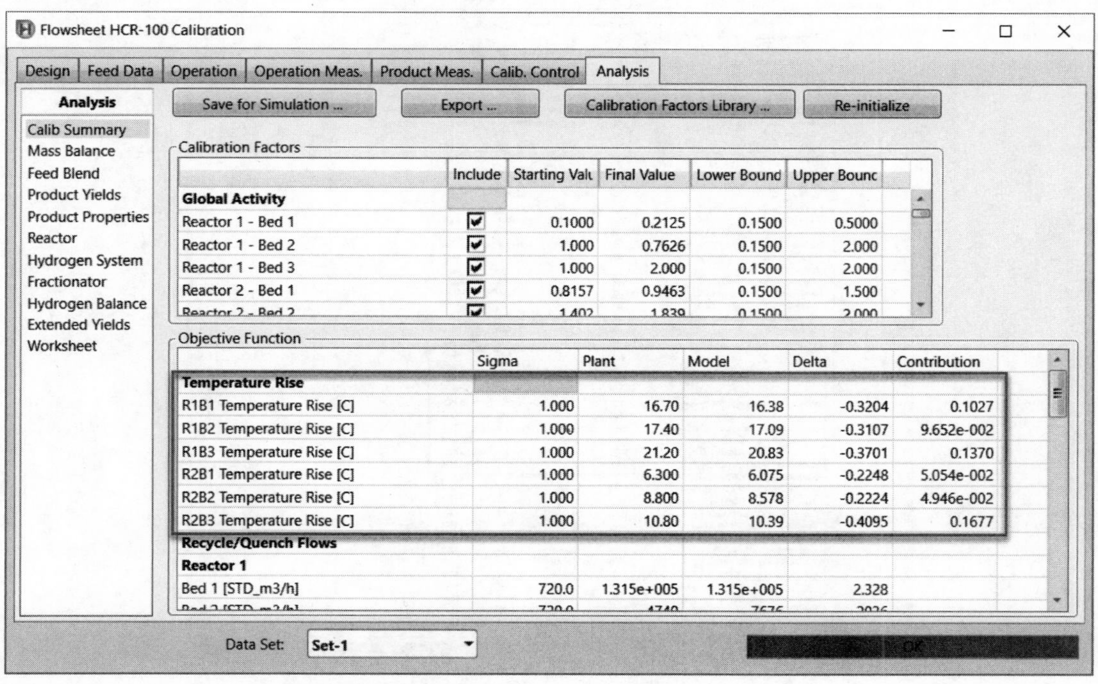

图 6.116 提高 R1B3 和 R2B3 温升上限值（Upper Bonds）

Flowsheet HCR-100 Calibration

Design | Feed Data | Operation | Operation Meas. | Product Meas. | Calib. Control | Analysis

Calib. Control: Parameters, Obj Function

	Included	Initial Value	Lower Bound	Upper Bound
Global Activity				
Reactor 1 - Bed 1	☑	0.2301	0.1500	0.5000
Reactor 1 - Bed 2	☑	0.8310	0.1500	2.000
Reactor 1 - Bed 3	☑	2.167	0.1500	4.000
Reactor 2 - Bed 1	☑	1.016	0.1500	1.500
Reactor 2 - Bed 2	☑	1.991	0.1500	2.000
Reactor 2 - Bed 3	☑	2.171	0.1500	4.000
Overall HDS Activity				
Treating bed	☐	9.761e-002	<empty>	<empty>
Treating bed to Cracking bed ratio	☐	0.6336	<empty>	<empty>
430- HDS Activity				
Treating bed	☐	1.000	<empty>	<empty>
Treating bed to Cracking bed ratio	☐	1.000	<empty>	<empty>
430- 950 HDS Activity				
Treating bed	☐	0.7581	<empty>	<empty>
Treating bed to Cracking bed ratio	☐	1.000	<empty>	<empty>
950+ HDS Activity				
Treating bed	☐	1.000	<empty>	<empty>
Treating bed to Cracking bed ratio	☐	1.000	<empty>	<empty>
Overall HDN Activity				

☑ Update Initial Value

Data Set: Set-1　　Not Solved

图 6.117　R1B3 和 R2B3 上限值调整为 4.0

第 18 步：尽管反应器温度分布预测值与工厂测量值结果非常吻合，但模型对产品收率的预测明显偏离工厂数据(见图 6.118)。将模拟文件保存为 Workshop6.2-3.hsc，然后将该文件重新保存为 Workshop6.2-4.hsc，转到第 19 步。

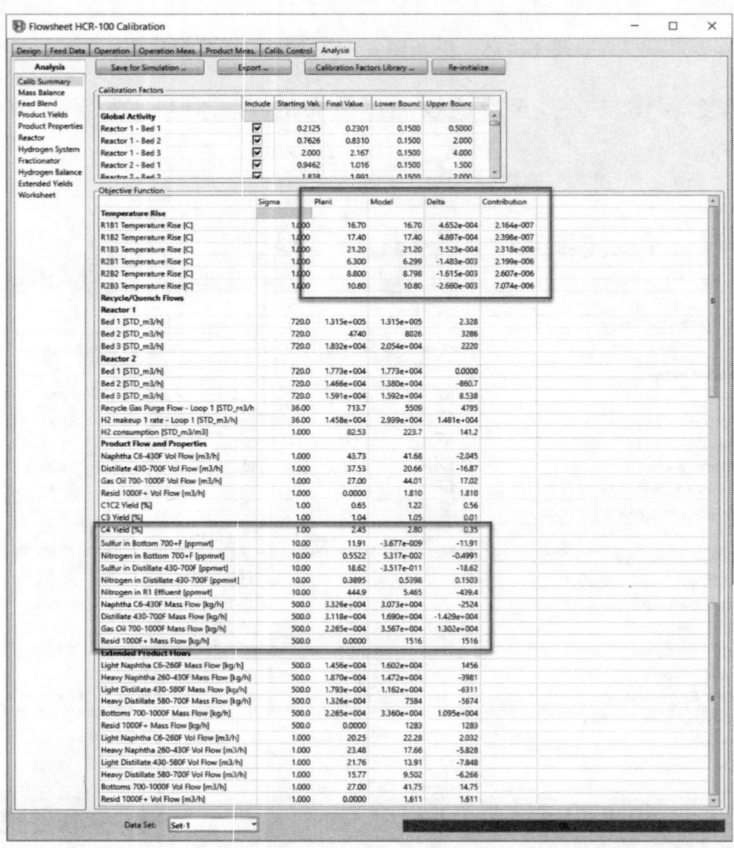

Calibration Factors

	Include	Starting Val.	Final Value	Lower Bound	Upper Bound
Global Activity					
Reactor 1 - Bed 1	☑	0.2125	0.2301	0.1500	0.5000
Reactor 1 - Bed 2	☑	0.7626	0.8310	0.1500	2.000
Reactor 1 - Bed 3	☑	2.000	2.167	0.1500	4.000
Reactor 2 - Bed 1	☑	0.9462	1.016	0.1500	1.500
Reactor 2 - Bed 2	☑	1.838	1.991	0.1500	2.000

Objective Function

	Sigma	Plant	Model	Delta	Contribution
Temperature Rise					
R1B1 Temperature Rise [C]	1.000	16.70	16.70	4.652e-004	2.164e-007
R1B2 Temperature Rise [C]	1.000	17.40	17.40	4.897e-004	2.398e-007
R1B3 Temperature Rise [C]	1.000	21.20	21.20	1.523e-004	2.318e-008
R2B1 Temperature Rise [C]	1.000	6.300	6.299	-1.483e-003	2.199e-006
R2B2 Temperature Rise [C]	1.000	8.800	8.798	-1.615e-003	2.607e-006
R2B3 Temperature Rise [C]	1.000	10.80	10.80	-2.660e-003	7.074e-006
Recycle/Quench Flows					
Reactor 1					
Bed 1 [STD_m3/h]	720.0	1.315e+005	1.315e+005	2.328	
Bed 2 [STD_m3/h]	720.0	4740	8026	3286	
Bed 3 [STD_m3/h]	720.0	1.832e+004	2.054e+004	2220	
Reactor 2					
Bed 1 [STD_m3/h]	720.0	1.773e+004	1.773e+004	0.0000	
Bed 2 [STD_m3/h]	720.0	1.466e+004	1.380e+004	-860.7	
Bed 3 [STD_m3/h]	720.0	1.591e+004	1.592e+004	8.538	
Recycle Gas Purge Flow - Loop 1 [STD_m3/h	36.00	713.7	5509	4795	
H2 makeup 1 rate - Loop 1 [STD_m3/h]	36.00	1.458e+004	2.939e+004	1.481e+004	
H2 consumption [STD_m3/m3]	1.000	82.53	223.7	141.2	
Product Flow and Properties					
Naphtha C6-430F Vol Flow [m3/h]	1.000	43.73	41.68	-2.045	
Distillate 430-700F Vol Flow [m3/h]	1.000	37.53	20.66	-16.87	
Gas Oil 700-1000F Vol Flow [m3/h]	1.000	27.00	44.01	17.02	
Resid 1000F+ Vol Flow [m3/h]	1.000	0.0000	1.810	1.810	
C1C2 Yield [%]	1.00	0.65	1.22	0.56	
C3 Yield [%]	1.00	1.04	1.05	0.01	
C4 Yield [%]	1.00	2.45	2.80	0.35	
Sulfur in Bottom 700+F [ppmwt]	10.00	11.91	-3.677e-009	-11.91	
Nitrogen in Bottom 700+F [ppmwt]	10.00	0.5522	5.317e-002	-0.4991	
Sulfur in Distillate 430-700F [ppmwt]	10.00	18.62	-3.517e-011	-18.62	
Nitrogen in Distillate 430-700F [ppmwt]	10.00	0.3895	0.5398	0.1503	
Nitrogen in R1 Effluent [ppmwt]	10.00	444.9	5.465	-439.4	
Naphtha C6-430F Mass Flow [kg/h]	500.0	3.326e+004	3.073e+004	-2524	
Distillate 430-700F Mass Flow [kg/h]	500.0	3.118e+004	1.690e+004	-1.429e+004	
Gas Oil 700-1000F Mass Flow [kg/h]	500.0	2.265e+004	3.567e+004	1.302e+004	
Resid 1000F+ Mass Flow [kg/h]	500.0	0.0000	1516	1516	
Extended Product Flows					
Light Naphtha C6-260F Mass Flow [kg/h]	500.0	1.456e+004	1.602e+004	1456	
Heavy Naphtha 260-430F Mass Flow [kg/h]	500.0	1.870e+004	1.472e+004	-3981	
Light Distillate 430-580F Mass Flow [kg/h]	500.0	1.793e+004	1.162e+004	-6311	
Heavy Distillate 580-700F Mass Flow [kg/h]	500.0	1.326e+004	7584	-5674	
Bottoms 700-1000F Mass Flow [kg/h]	500.0	2.265e+004	3.360e+004	1.095e+004	
Resid 1000F+ Mass Flow [kg/h]	500.0	0.0000	1283	1283	
Light Naphtha C6-260F Vol Flow [m3/h]	1.000	20.25	22.28	2.032	
Heavy Naphtha 260-430F Vol Flow [m3/h]	1.000	23.48	17.66	-5.828	
Light Distillate 430-580F Vol Flow [m3/h]	1.000	21.76	13.91	-7.848	
Heavy Distillate 580-700F Vol Flow [m3/h]	1.000	15.77	9.502	-6.266	
Bottoms 700-1000F Vol Flow [m3/h]	1.000	27.00	41.75	14.75	
Resid 1000F+ Vol Flow [m3/h]	1.000	0.0000	1.611	1.611	

图 6.118　改善图 6.117 的温升校准结果，重点关注
石脑油、馏分油、柴油和尾油质量流量的实际值与计算值的偏差

第 19 步：选择下列目标函数和反应活性来校准模型的温升和循环量/冷氢量(点击“Run Calib”按钮)(见图 6.119~图 6.121)。重复该步骤，直到反应器温度分布和产品收率的预测值与工厂测量值结果相匹配。

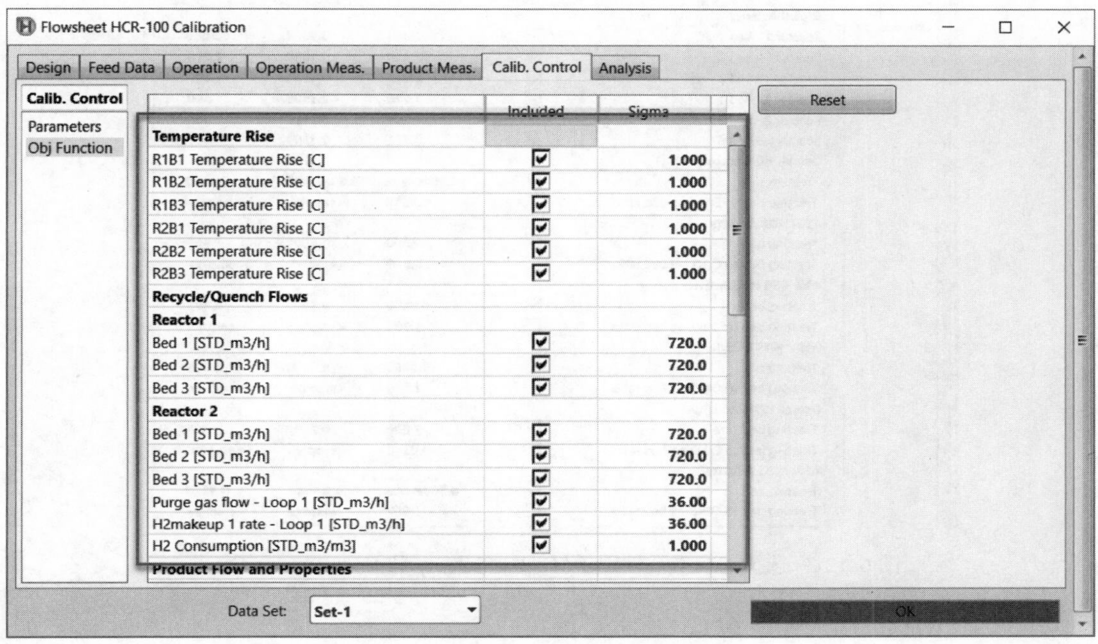

图 6.119　定义目标函数(R1~R3)

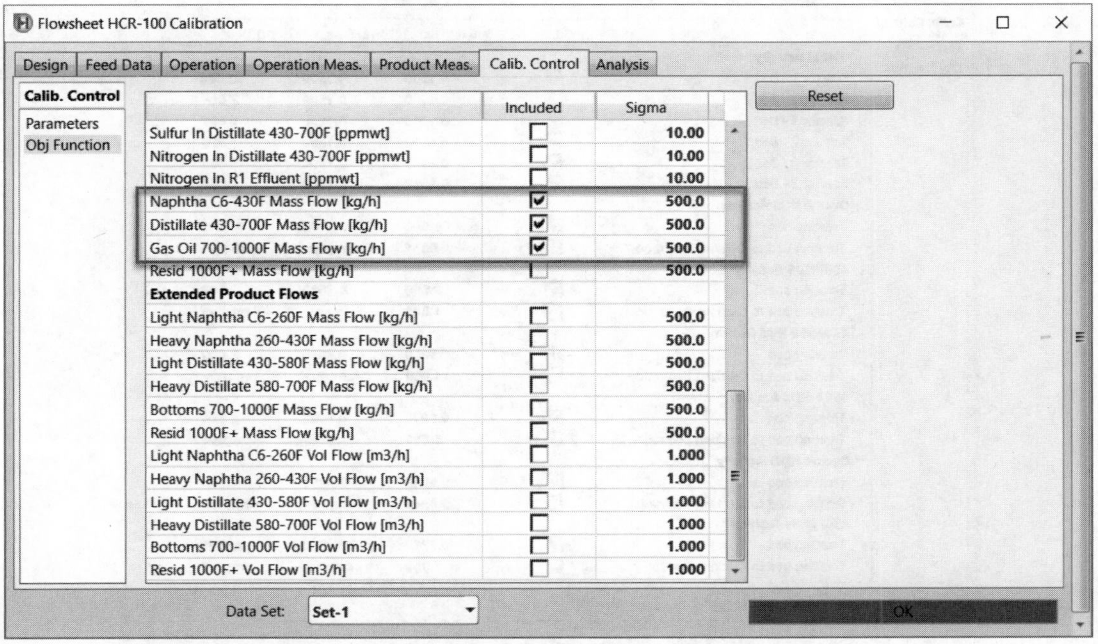

图 6.120　定义目标函数(除尾油外的所有质量收率)

Flowsheet HCR-100 Calibration

Design | Feed Data | Operation | Operation Meas. | Product Meas. | Calib. Control | Analysis

Calib. Control: Parameters, Obj Function

	Included	Initial Value	Lower Bound	Upper Bound
Global Activity				
Reactor 1 - Bed 1	☑	0.2301	0.1500	0.5000
Reactor 1 - Bed 2	☑	0.8310	0.1500	2.000
Reactor 1 - Bed 3	☑	2.167	0.1500	4.000
Reactor 2 - Bed 1	☑	1.016	0.1500	1.500
Reactor 2 - Bed 2	☑	1.991	0.1500	2.000
Reactor 2 - Bed 3	☑	2.171	0.1500	4.000
Overall HDS Activity				
Treating bed	☑	6.500e-002	6.500e-002	0.1220
Treating bed to Cracking bed ratio	☐	0.6336	<empty>	<empty>
430- HDS Activity				
Treating bed	☑	0.8000	0.8000	2.000
Treating bed to Cracking bed ratio	☐	1.000	<empty>	<empty>
430- 950 HDS Activity				
Treating bed	☑	0.8000	0.8000	2.000
Treating bed to Cracking bed ratio	☐	1.000	<empty>	<empty>
950+ HDS Activity				
Treating bed	☑	0.9000	0.9000	2.000
Treating bed to Cracking bed ratio	☐	1.000	<empty>	<empty>
Overall HDN Activity				
Treating bed	☑	2.000	0.2500	2.000
Treating bed to Cracking bed ratio	☐	0.8342	<empty>	<empty>
430- HDN Activity				
Treating bed	☑	6.500e-002	6.500e-002	0.1220
Treating bed to Cracking bed ratio	☐	1.000	<empty>	<empty>

图 6.121　选择待校准活性因子(Global Activity 和 Cracking Activity)

活性因子的校准结果如图 6.122 所示。

Flowsheet HCR-100 Calibration

Design | Feed Data | Operation | Operation Meas. | Product Meas. | Calib. Control | Analysis

Calib. Control: Parameters, Obj Function

	Included	Initial Value	Lower Bound	Upper Bound
Global Activity				
Reactor 1 - Bed 1	☑	0.1500	0.1500	0.5000
Reactor 1 - Bed 2	☑	0.1500	0.1500	2.000
Reactor 1 - Bed 3	☑	0.1961	0.1500	4.000
Reactor 2 - Bed 1	☑	0.1500	0.1500	1.500
Reactor 2 - Bed 2	☑	0.1500	0.1500	2.000
Reactor 2 - Bed 3	☑	0.5652	0.1500	4.000
Overall HDS Activity				
Treating bed	☑	6.500e-002	6.500e-002	0.1220
Treating bed to Cracking bed ratio	☐	0.6336	<empty>	<empty>
430- HDS Activity				
Treating bed	☑	2.000	0.8000	2.000
Treating bed to Cracking bed ratio	☐	1.000	<empty>	<empty>
430- 950 HDS Activity				
Treating bed	☑	0.8000	0.8000	2.000
Treating bed to Cracking bed ratio	☐	1.000	<empty>	<empty>
950+ HDS Activity				
Treating bed	☑	0.9000	0.9000	2.000
Treating bed to Cracking bed ratio	☐	1.000	<empty>	<empty>
Overall HDN Activity				
Treating bed	☑	0.9560	0.2500	2.000
Treating bed to Cracking bed ratio	☐	0.8342	<empty>	<empty>
430- HDN Activity				
Treating bed	☑	0.1220	6.500e-002	0.1220
Treating bed to Cracking bed ratio	☐	1.000	<empty>	<empty>

☑ Update Initial Value

Data Set: Set-1

图 6.122　活性因子校准结果

第 20 步：在某些情况下，除了一两个工艺变量外，模型的预测值与大多数工厂测量值相匹配。此时建议不使用自动校准，而使用手动校准模型，在每一次运行中进行微调。例如，图 6.123 给出了该模型只能预测第一反应器的第三床层温度(R1B3)。

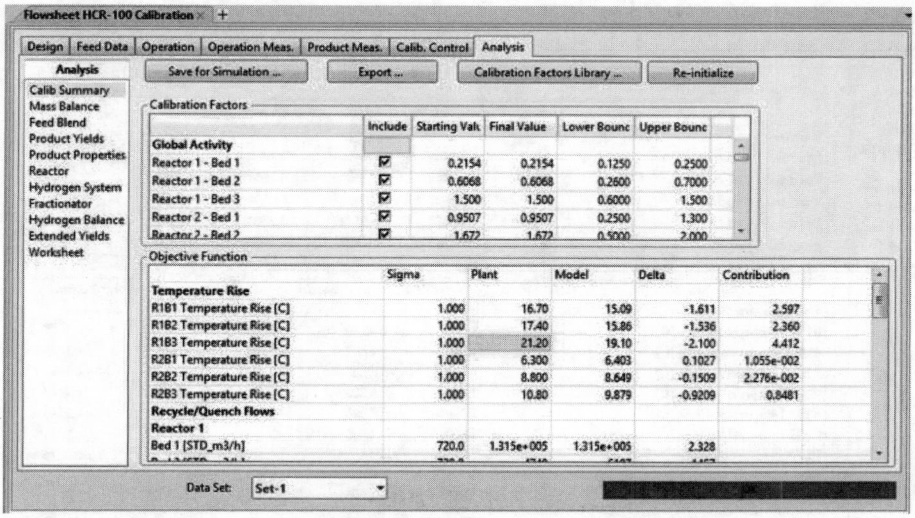

Flowsheet HCR-100 Calibration

Design | Feed Data | Operation | Operation Meas. | Product Meas. | Calib. Control | Analysis

Analysis: Calib Summary, Mass Balance, Feed Blend, Product Yields, Product Properties, Reactor, Hydrogen System, Fractionator, Hydrogen Balance, Extended Yields, Worksheet

Save for Simulation ... | Export ... | Calibration Factors Library ... | Re-initialize

Calibration Factors

	Include	Starting Valu	Final Value	Lower Bounc	Upper Bounc
Global Activity					
Reactor 1 - Bed 1	☑	0.2154	0.2154	0.1250	0.2500
Reactor 1 - Bed 2	☑	0.6068	0.6068	0.2600	0.7000
Reactor 1 - Bed 3	☑	1.500	1.500	0.6000	1.500
Reactor 2 - Bed 1	☑	0.9507	0.9507	0.2500	1.300
Reactor 2 - Bed 2	☑	1.672	1.672	0.5000	2.000

Objective Function

	Sigma	Plant	Model	Delta	Contribution
Temperature Rise					
R1B1 Temperature Rise [C]	1.000	16.70	15.09	-1.611	2.597
R1B2 Temperature Rise [C]	1.000	17.40	15.86	-1.536	2.360
R1B3 Temperature Rise [C]	1.000	21.20	19.10	-2.100	4.412
R2B1 Temperature Rise [C]	1.000	6.300	6.403	0.1027	1.055e-002
R2B2 Temperature Rise [C]	1.000	8.800	8.649	-0.1509	2.276e-002
R2B3 Temperature Rise [C]	1.000	10.80	9.879	-0.9209	0.8481
Recycle/Quench Flows					
Reactor 1					
Bed 1 [STD_m3/h]	720.0	1.315e+005	1.315e+005	2.328	

Data Set: Set-1

图 6.123　R1B3 温升校准结果存在明显偏差

第 21 步：采用手动校准模式，为相关反应活性设置新值。在这种情况下，预测温度低于工厂测量值，并且相关反应活性的预测值更大。因此，将“Global Activity Reactor1-Bed 3”从当前值 1.944 更改为 2.0，然后单击“pre-calib”按钮使用反应活性当前值运行模型(见图 6.124)。

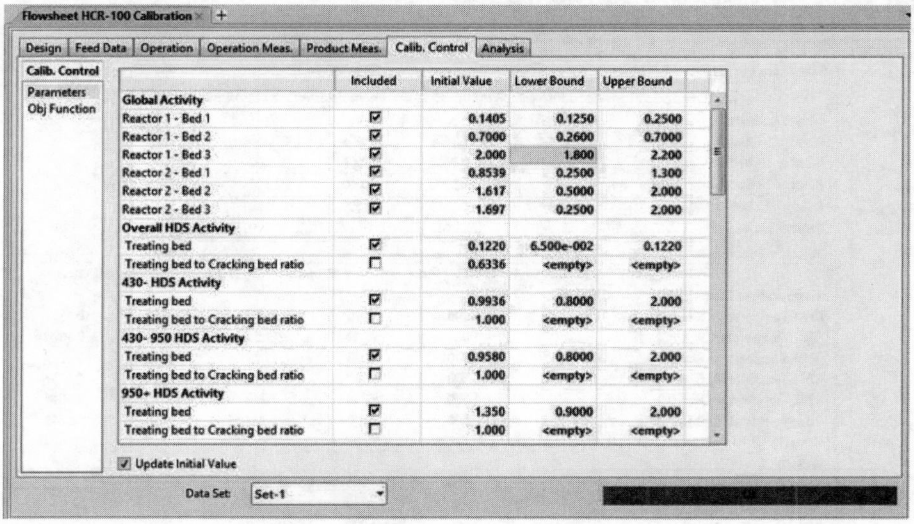

Flowsheet HCR-100 Calibration

Design | Feed Data | Operation | Operation Meas. | Product Meas. | Calib. Control | Analysis

Calib. Control: Parameters, Obj Function

	Included	Initial Value	Lower Bound	Upper Bound
Global Activity				
Reactor 1 - Bed 1	☑	0.1405	0.1250	0.2500
Reactor 1 - Bed 2	☑	0.7000	0.2600	0.7000
Reactor 1 - Bed 3	☑	2.000	1.800	2.200
Reactor 2 - Bed 1	☑	0.8539	0.2500	1.300
Reactor 2 - Bed 2	☑	1.617	0.5000	2.000
Reactor 2 - Bed 3	☑	1.697	0.2500	2.000
Overall HDS Activity				
Treating bed	☑	0.1220	6.500e-002	0.1220
Treating bed to Cracking bed ratio	☐	0.6336	<empty>	<empty>
430- HDS Activity				
Treating bed	☑	0.9936	0.8000	2.000
Treating bed to Cracking bed ratio	☐	1.000	<empty>	<empty>
430- 950 HDS Activity				
Treating bed	☑	0.9580	0.8000	2.000
Treating bed to Cracking bed ratio	☐	1.000	<empty>	<empty>
950+ HDS Activity				
Treating bed	☑	1.350	0.9000	2.000
Treating bed to Cracking bed ratio	☐	1.000	<empty>	<empty>

☑ Update Initial Value

Data Set: Set-1

图 6.124　手动校准 R1B3 温升因子

第 22 步：考察模拟结果，R1B3 的温度更接近工厂测量值。为了获得更好的模拟结果，重复第 21 步直到温度分布在容差范围内。同时，注意考察其他目标工艺变量——其他床层温度和产品收率。如果在手动校准过程中其他目标工艺变量不收敛(见图 6.125)，则可能需要重复第 16 步至第 21 步。

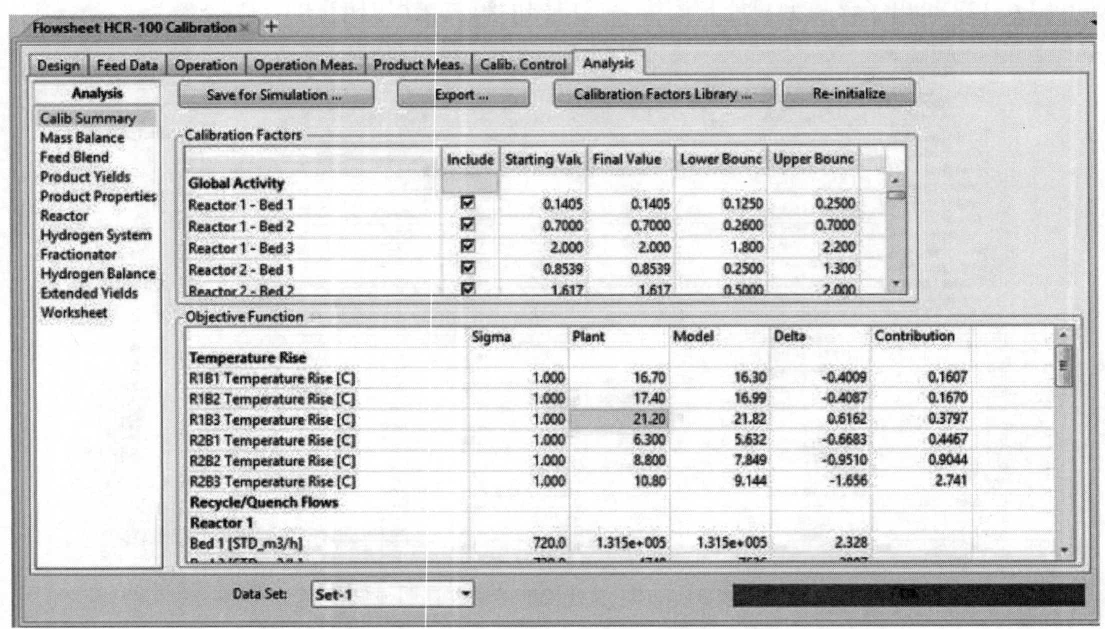

图 6.125　手动校准后，校准结果得到改善

第 23 步：本例的校准结果如图 6.126 所示。

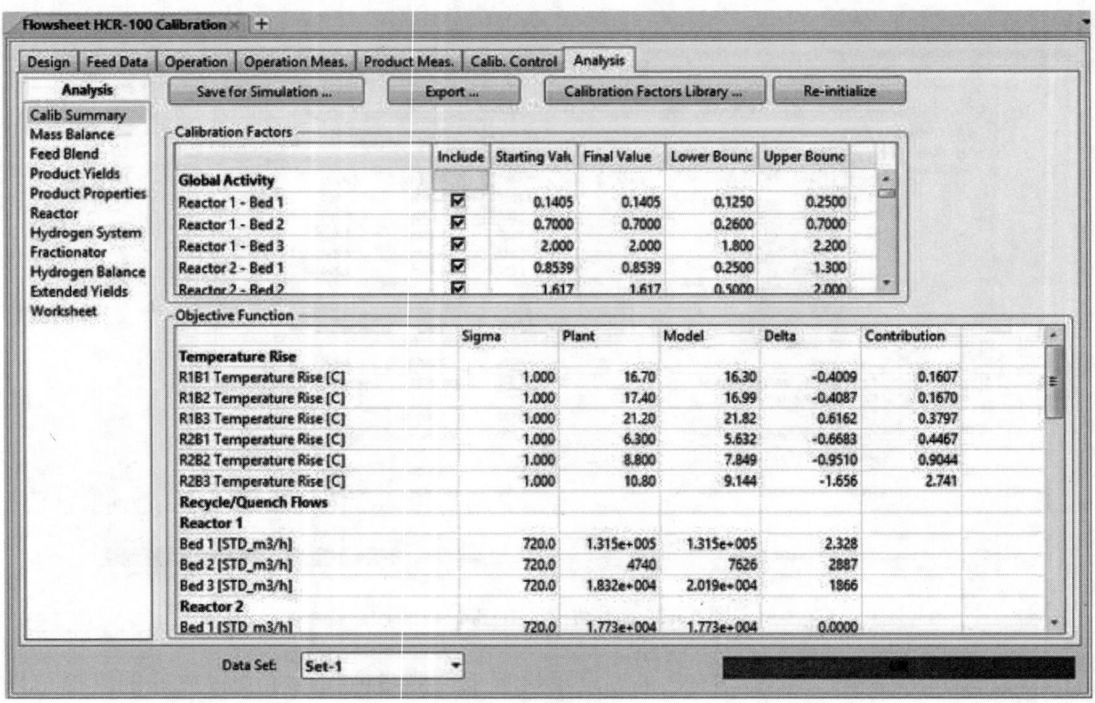

图 6.126　校准结果表

第 24 步：在模型校准完成后，点击“Push Data To Simulation”按钮更新反应活性并导出至 HCR 模拟环境中(见图 6. 127)。

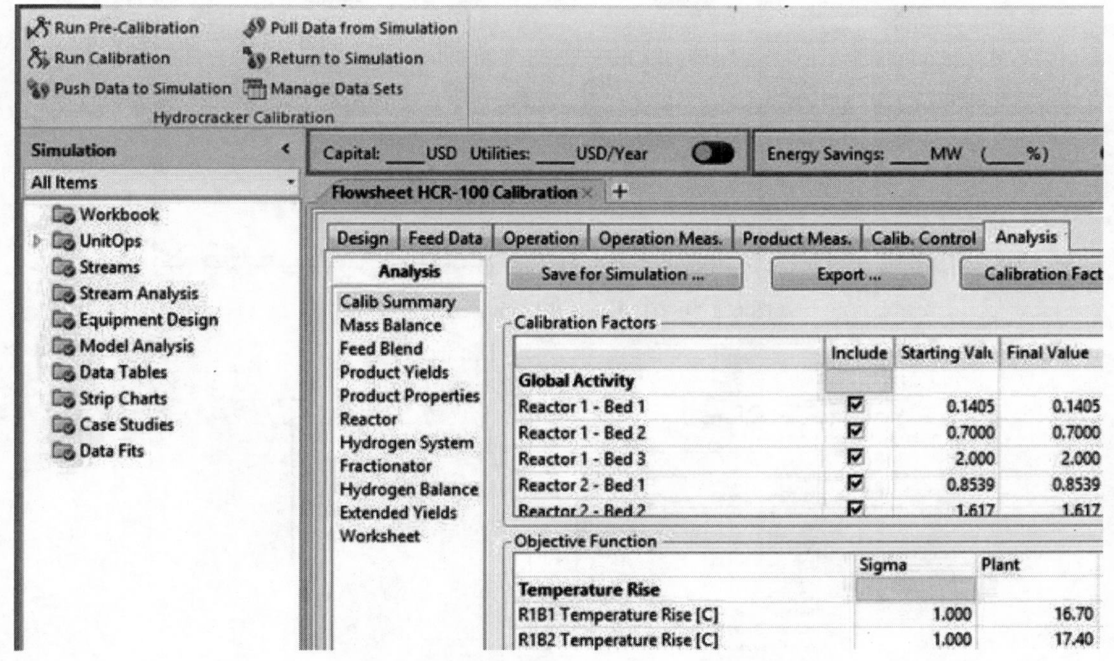

图 6. 127 将校准活性因子和结果导出至模拟流程中

6. 11 例题 6. 3——工况研究

探讨不同操作工况是 HCR 模型的应用之一，通过工况分析帮助回答假设分析(what-if)问题。本例演示了如何开发 Aspen HYSYS Petroleum Refining HCR 模型来研究 HCR 反应器的 WART 和进料量对产品分布的影响。在实际操作中，调整 WART 的唯一途径是改变床层入口温度。本例将同时调整三个 HCR 床层入口温度进行工况研究，我们从模拟文件 Workshop6. 3-starts. hsc 开始。

第 1 步：切换至撬起模式，避免自动计算，同时定义模拟实验的变量(见图 6. 128)。

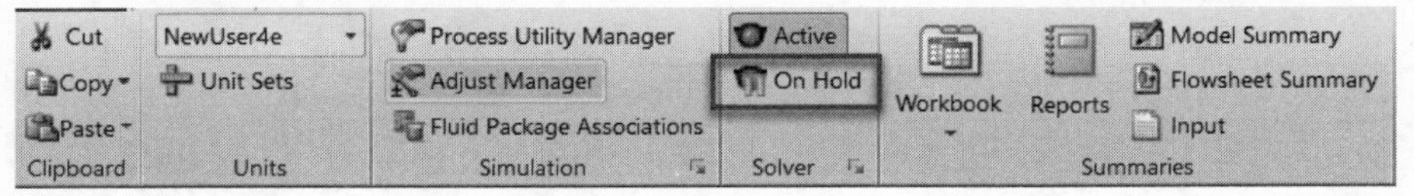

图 6. 128 On Hold 按钮

第 2 步：在 Aspen HYSYS Petroleum Refining 中添加一个“电子表格(spreadsheet)”便于调节三个入口温度。点击“模型面板(Model Palette)(F4)”→“添加电子表格(add spreadsheet)”(见图 6. 129)。打开反应器模型，注意第二反应器的三个床层入口温度 R2B1、R2B2 和 R2B3(见图 6. 130)。

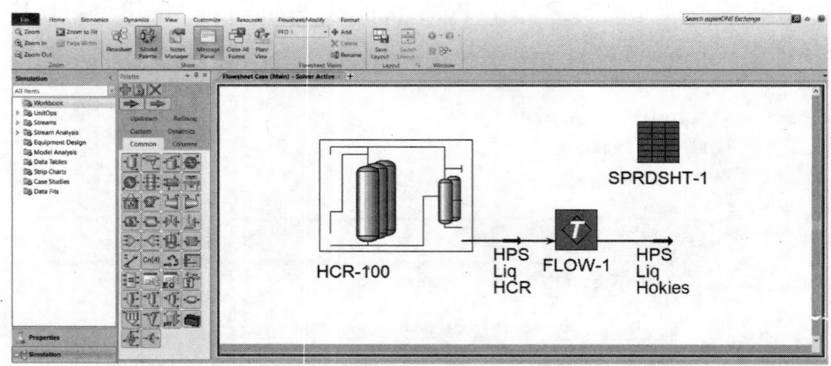

图 6.129　在 Aspen HSYSY 添加电子表格

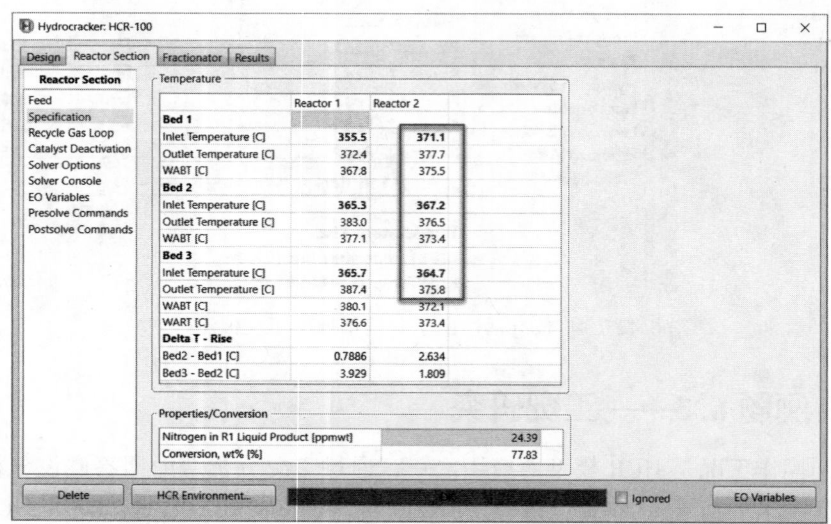

图 6.130　R2 反应器三个床层入口温度

第 3 步：打开 spreadsheet 选项卡，输入三个 HCR 床层入口温度的当前值。在单元格 A1～A3 中，输入三个床层名称 R2B1、R2B2 和 R2B3(见图 6.131)。将三个温度导出至电子表格中(见图 6.131～图 6.133)。

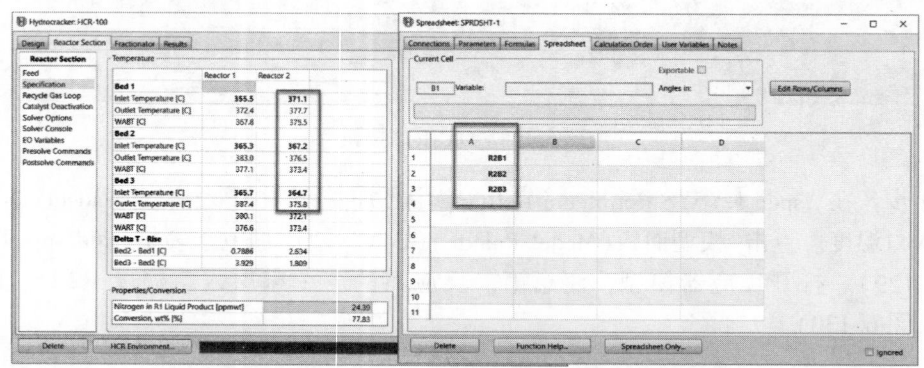

图 6.131　输入 R2 反应器三个床层名称：R2B1、R2B2、R2B3

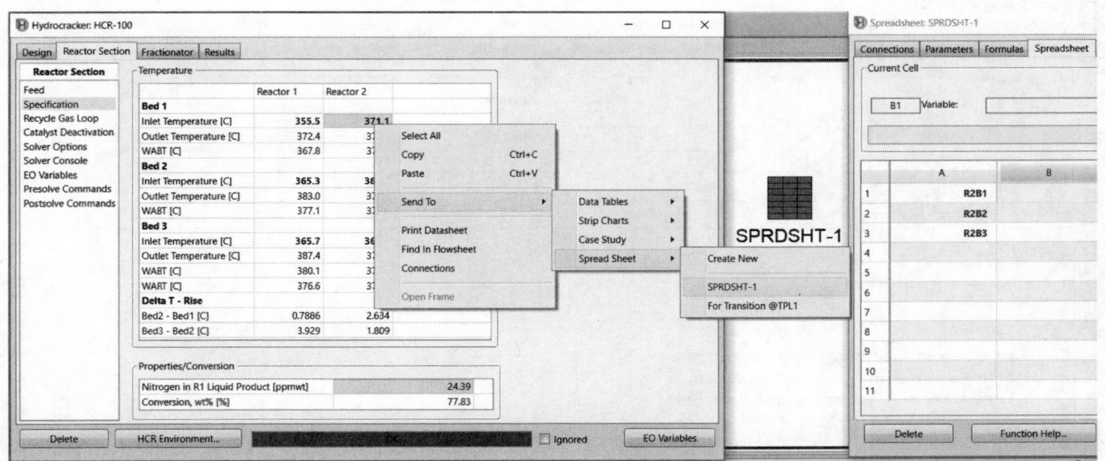

图 6.132 将 R2B1、R2B2、R2B3 的温度导出至 B1、B2、B3 单元格中

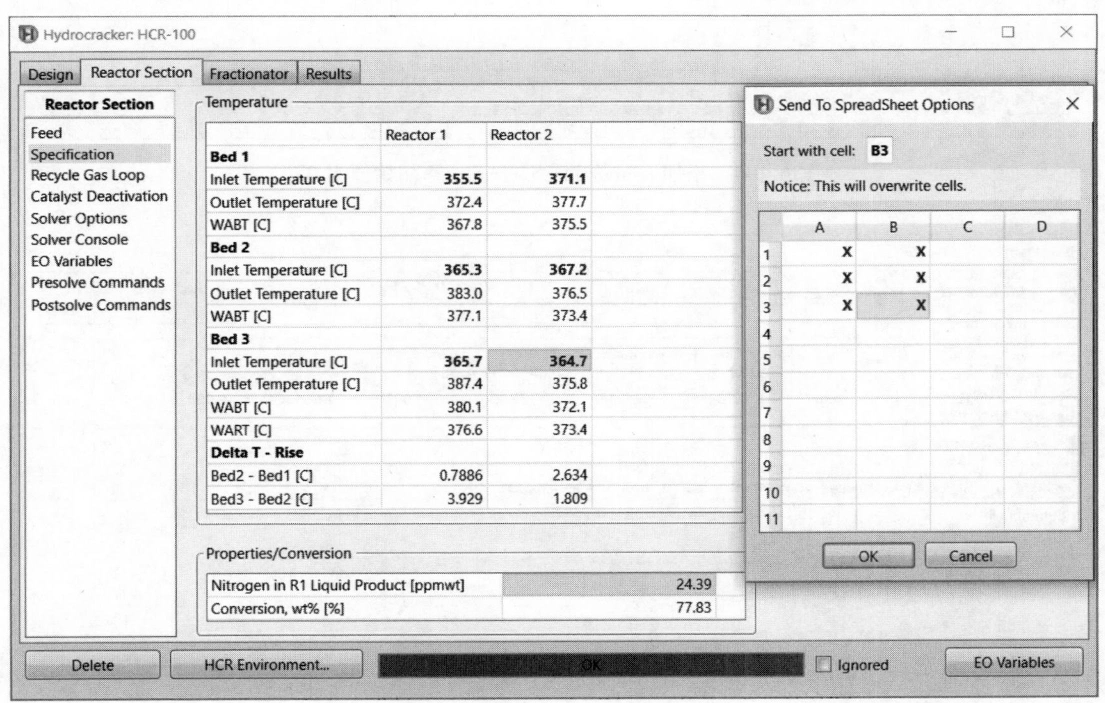

图 6.133 R2 床层温度传递至电子表格中 B1~B3 单元格

第 4 步：添加"temp increment"单元格，以便实现在模拟期间改变入口温度，设置初始值为 0℃（见图 6.134）。

第 5 步：将"Feed Mass Flow"输入到单元格 D1，并将进料质量流量的当前值发送到电子表格的单元格 E1。在单元格 D2 中输入"Feed Increment"，并在单元格 E2 中输入初始值 0kg/h（见图 6.135）。

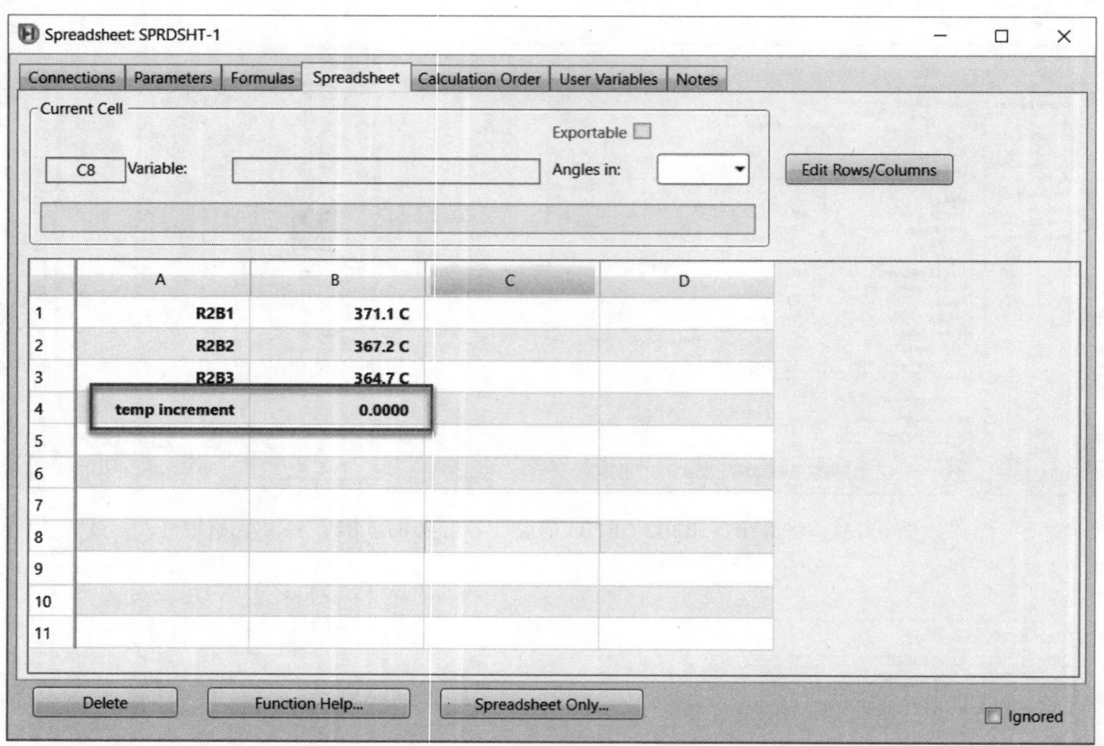

图 6.134　添加 temperature increment，初始值为 0℃

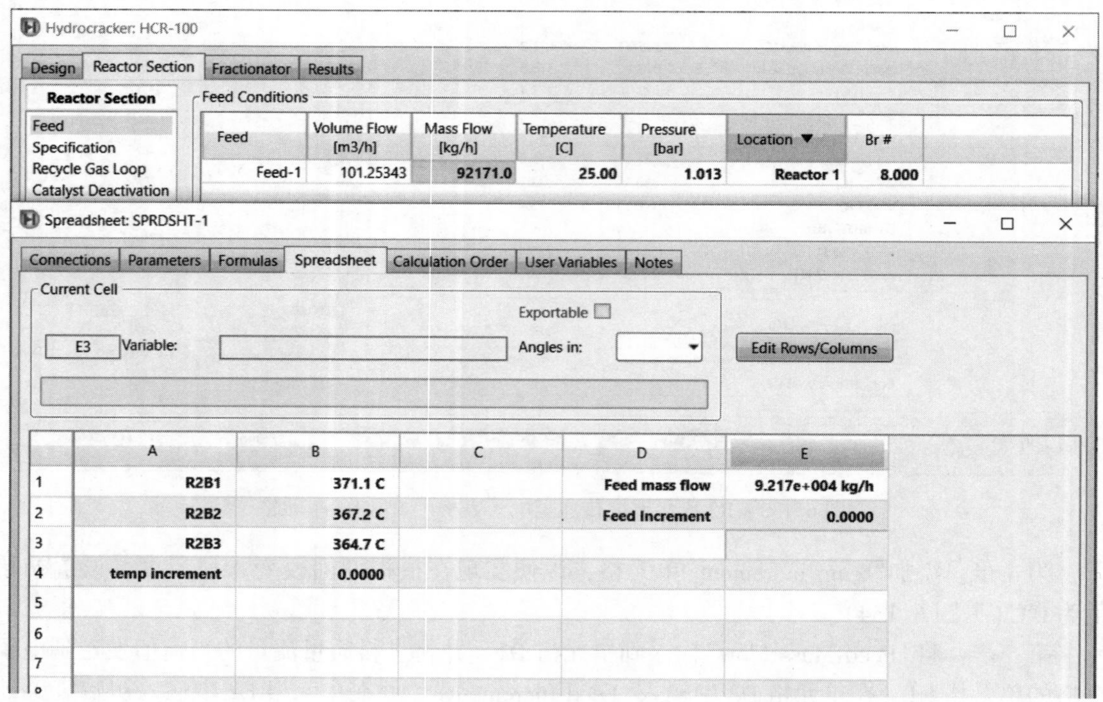

图 6.135　将进料量导出至电子表格中

第 6 步：当运行工况研究时，设置单元格 C1、C2、C3 和 F1 的公式来计算新的工艺变量(HCR 床层入口温度和进料质量流量)：C1＝B1+B4，C2＝B2+B4，C3＝B3+B4，F1＝E1+E2(见图 6.136)。

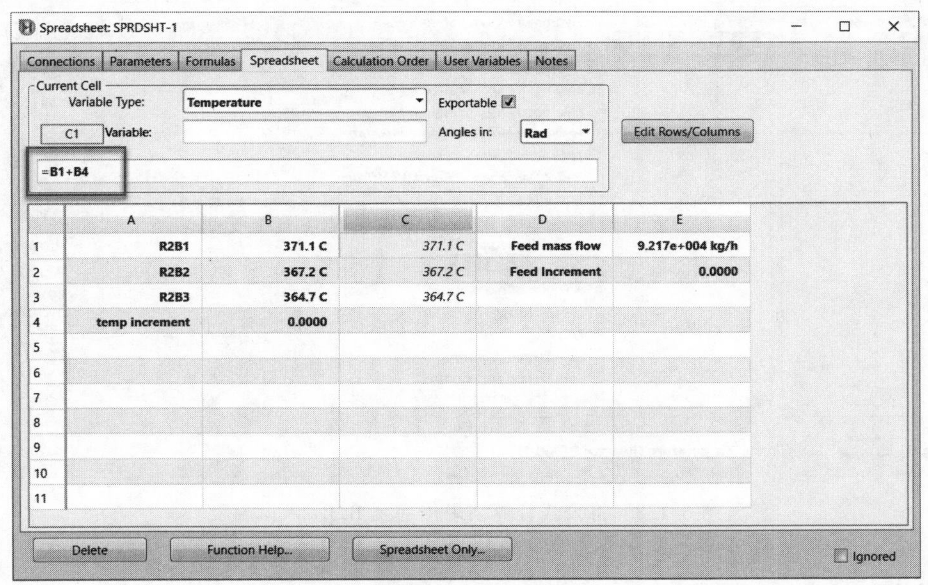

图 6.136 添加用于整定反应器入口温度的方程

第 7 步：为了将电子表格中的单元格计算结果与工况研究相关联，右键单击所选单元格并单击"Export Formula Result"，目的是导出第 2 反应器 1～3 床层温度(R2B1、R2B2 和 R2B3 对应的单元格 C1～C3)[见图 6.125～图 6.127(图 6.137)]。

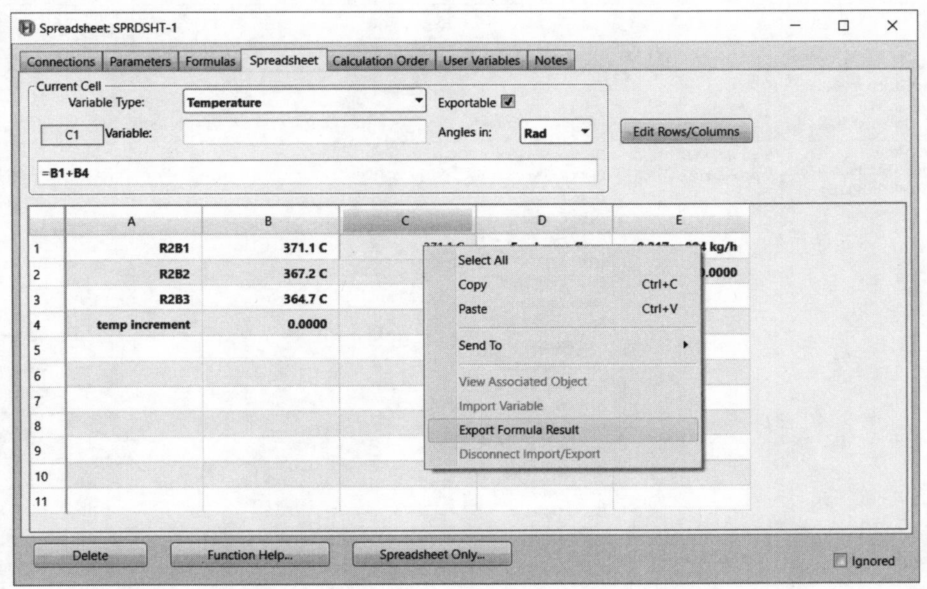

图 6.137 导出公式计算结果

第 8 步：选择入口温度 R2B1 并导出温度计算值(见图 6. 138、图 6. 139)。

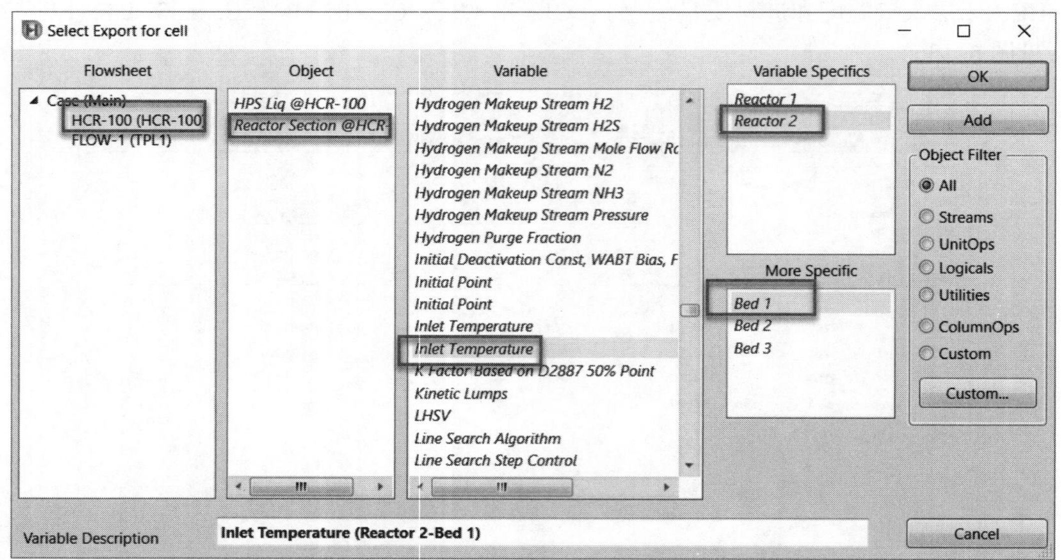

图 6. 138　将公式计算结果传递至 R2B1 入口温度

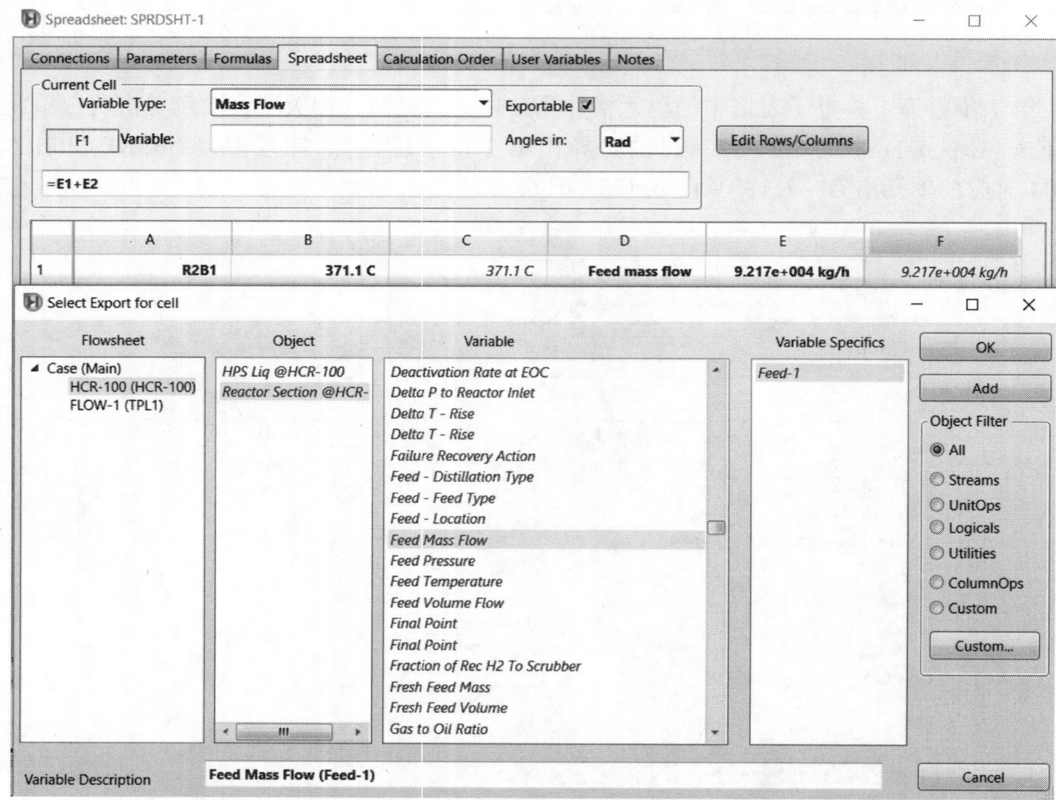

图 6. 139　将公式计算结果传递至进料质量流量

第 9 步：将温度增量(temperature increment)修改为 7°C，并将进料质量流量增量(feed mass flow increment)修改为 23000kg/h(见图 6. 140)。

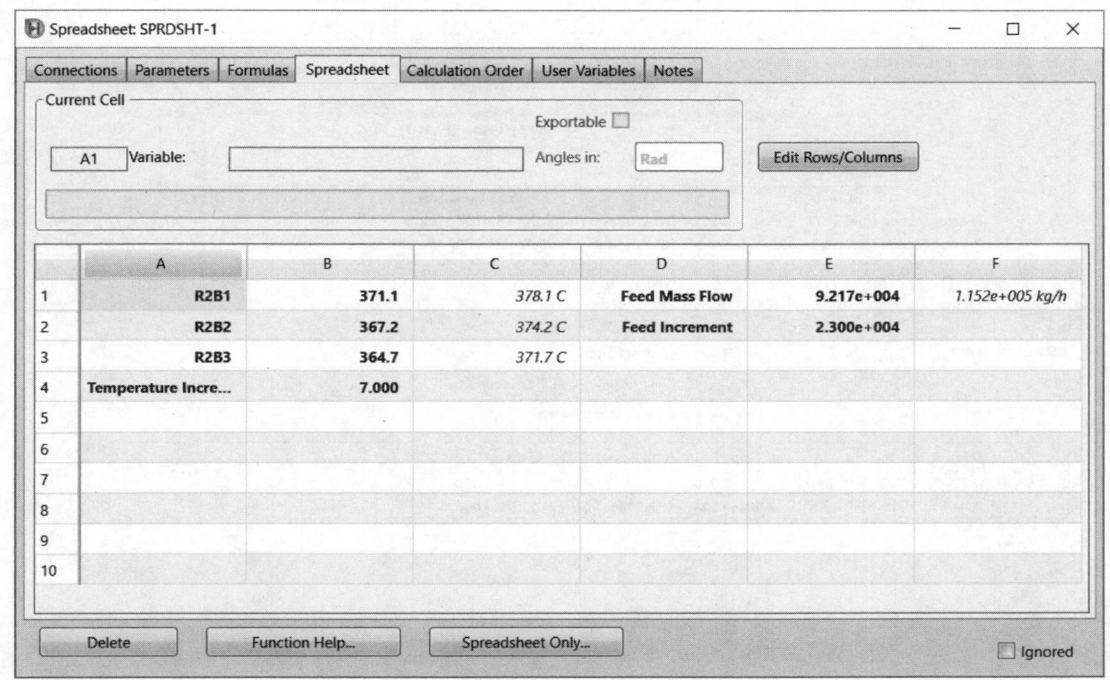

图 6. 140　将公式计算结果传递至电子表格

第 10 步：激活工况研究(见图 6. 141)。

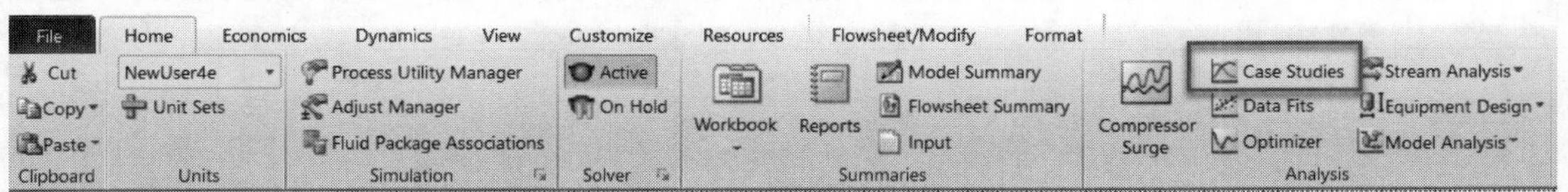

图 6. 141　新建工况研究

第 11 步：工况研究的步骤参考第 2. 10. 3 节图 2. 69 ~ 图 2. 73 以及第 5. 17 节例题 5. 4。导入进料质量流量(feed mass flow)、电子表格单元格 B4(温度增量，temperature increment)和 E2(进料质量流量增量，feed mass flow increment)，第 2 反应器的 WART(HCR 反应器)以及石脑油、馏分油和蜡油的产品收率。同时设定电子表格单元格 B4(温度增量，temperature increment)和 E2(进料质量流量增量，feed mass flow increment)的上限值和下限值以及步长(见图 6. 142 ~ 图 6. 144)。

第 12 步：单击“View”打开一个新窗口，设置上限值和下限值，以便在模拟运行中改变 WART 和进料质量流量，点击“Start”运行工况研究。

第 13 步：点击“Start”运行工况研究并点击“Results”检查模拟结果(见图 6. 145)。将模拟文件保存为 Workshop 6. 3-done. hsc。

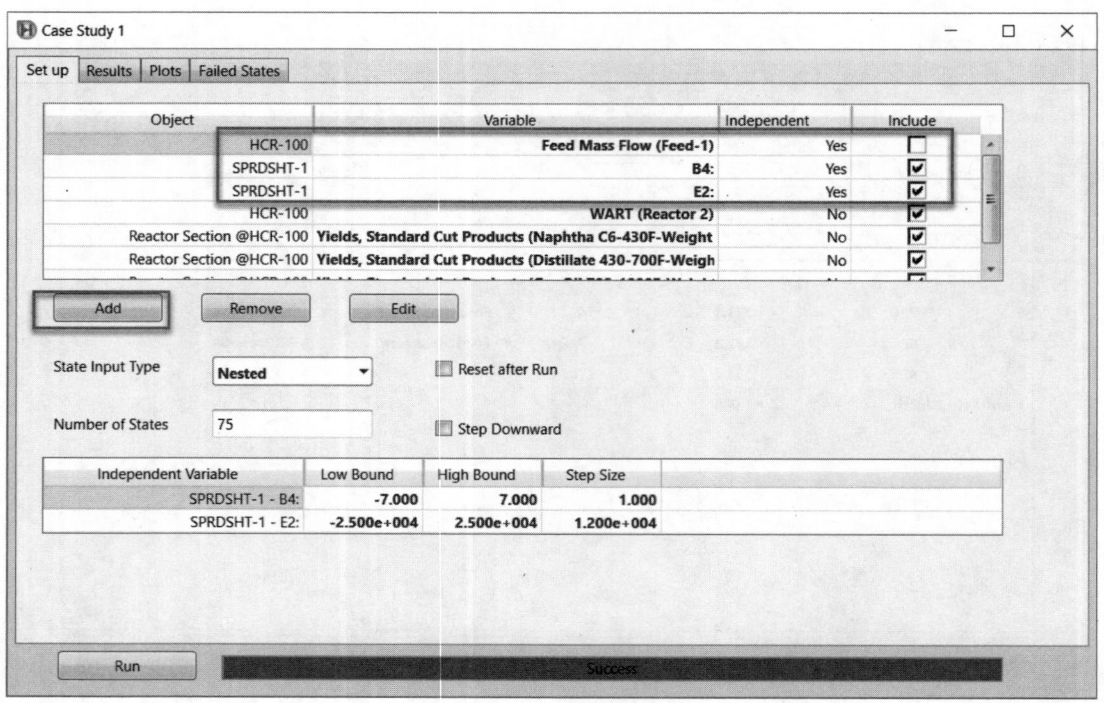

图 6. 142　在 Case Study 中添加自变量

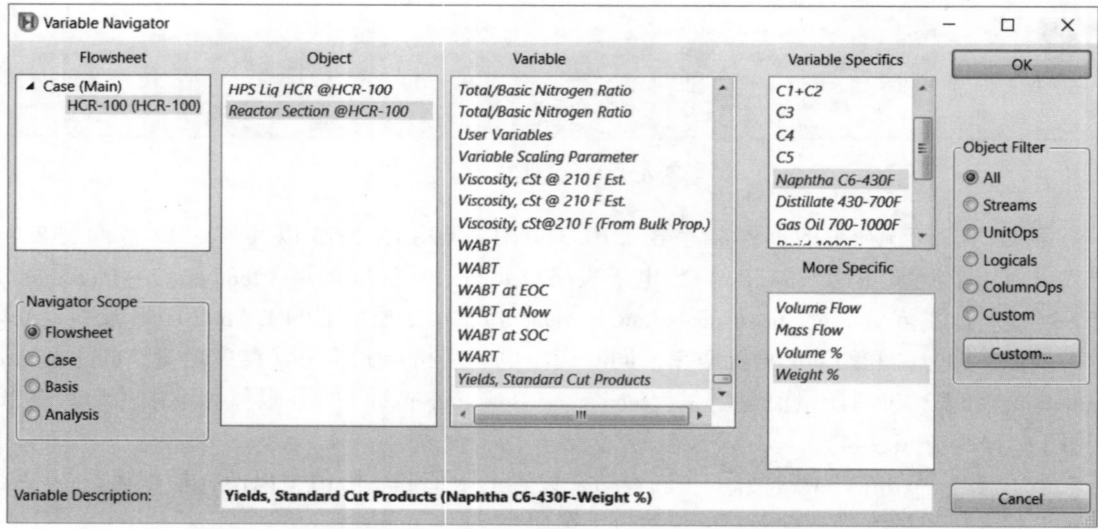

图 6. 143　在 Case Study 中添加产品收率

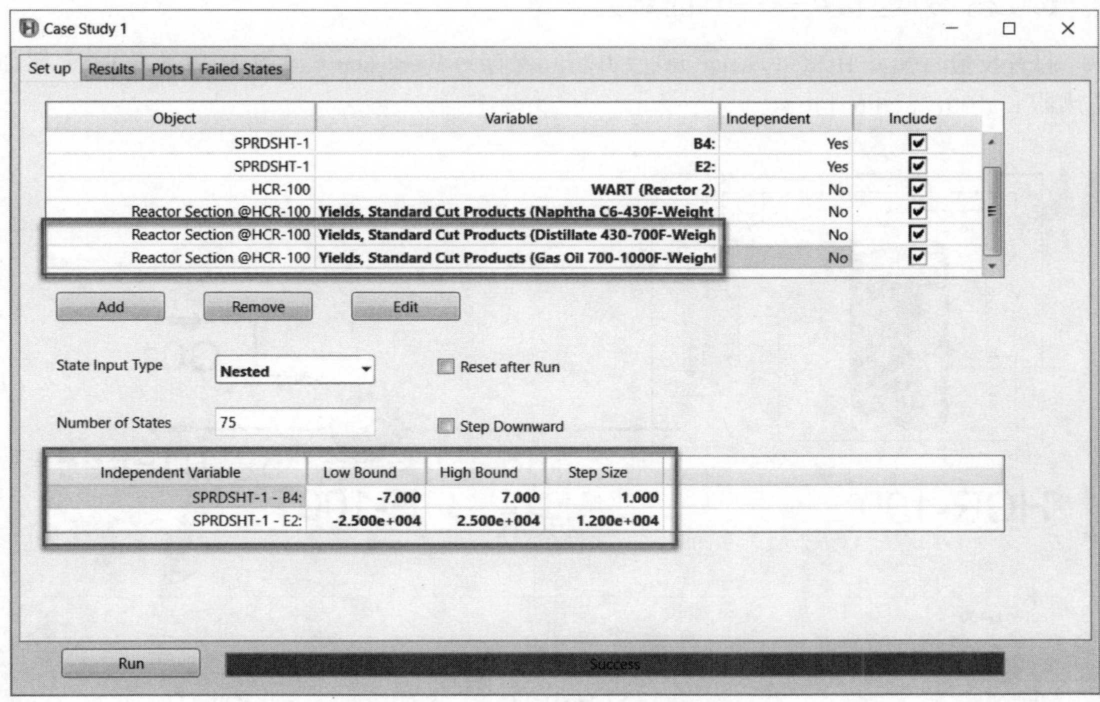

图 6. 144 在 Case Study 中添加因变量

Case Study 1

Set up | Results | Plots | Failed States

Table　　Transpose Table　　Results Plot　　Save Results to File　　Text Filename

State	SPRDSHT-1 - B4:	SPRDSHT-1 - E2:	HCR-100 - WART (Reactor 2) [C]	Reactor Section - Yields, Standard Cut Products (Naphtha C6-430F-Weight %) [%]	Reactor Section - Yields, Standard Cut Products (Distillate 430-700F-Weight %) [%]	Reactor Section - Yields, Standard Cut Products (Gas Oil 700-1000F-Weight %) [%]
State 1	-7.000	-2.500e+004	364.7	28.13	19.21	44.23
State 2	-7.000	-1.300e+004	364.7	24.91	19.32	47.81
State 3	-7.000	-1000	364.5	22.12	19.25	51.01
State 4	-7.000	1.100e+004	364.4	19.62	19.03	53.99
State 5	-7.000	2.300e+004	364.3	17.32	18.68	56.84
State 6	-6.000	-2.500e+004	365.9	29.12	19.10	43.17
State 7	-6.000	-1.300e+004	365.8	25.83	19.28	46.78
State 8	-6.000	-1000	365.6	22.97	19.26	50.03
State 9	-6.000	1.100e+004	365.5	20.39	19.09	53.06
State 10	-6.000	2.300e+004	365.3	18.02	18.78	55.96
State 11	-5.000	-2.500e+004	367.0	30.11	18.97	42.10
State 12	-5.000	-1.300e+004	366.9	26.76	19.21	45.75

Run　　Success

图 6. 145 Case Study 计算结果

6.12 例题 6.4——分馏单元

打开反应器模型 HCR-Reactor. hsc，并将其保存为 Workshop 6.4-fractionation. hsc。添加换热器 E-100(见图 6.146)。

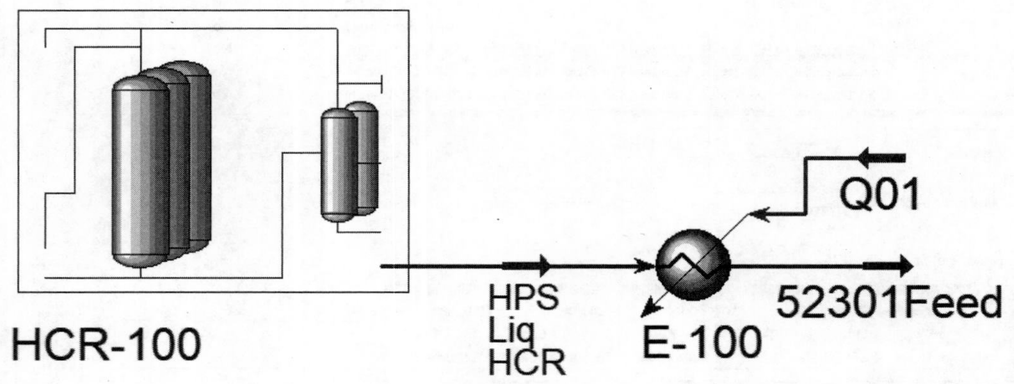

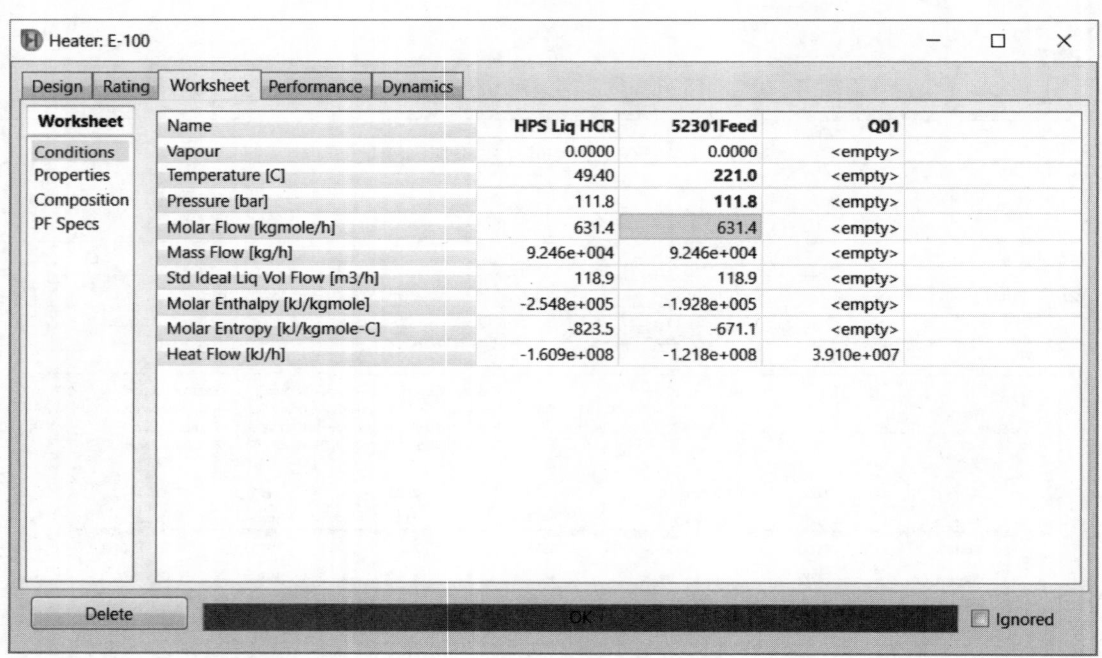

Name	HPS Liq HCR	52301Feed	Q01
Vapour	0.0000	0.0000	<empty>
Temperature [C]	49.40	**221.0**	<empty>
Pressure [bar]	111.8	**111.8**	<empty>
Molar Flow [kgmole/h]	631.4	631.4	<empty>
Mass Flow [kg/h]	9.246e+004	9.246e+004	<empty>
Std Ideal Liq Vol Flow [m3/h]	118.9	118.9	<empty>
Molar Enthalpy [kJ/kgmole]	-2.548e+005	-1.928e+005	<empty>
Molar Entropy [kJ/kgmole-C]	-823.5	-671.1	<empty>
Heat Flow [kJ/h]	-1.609e+008	-1.218e+008	3.910e+007

图 6.146　添加换热器 E-100

添加 52301 塔，参见图 6.147 和图 6.148。

继续添加换热器 E-101(见图 6.149)。

接着添加 52302 塔，具有 43 块理论板的再沸吸收塔。

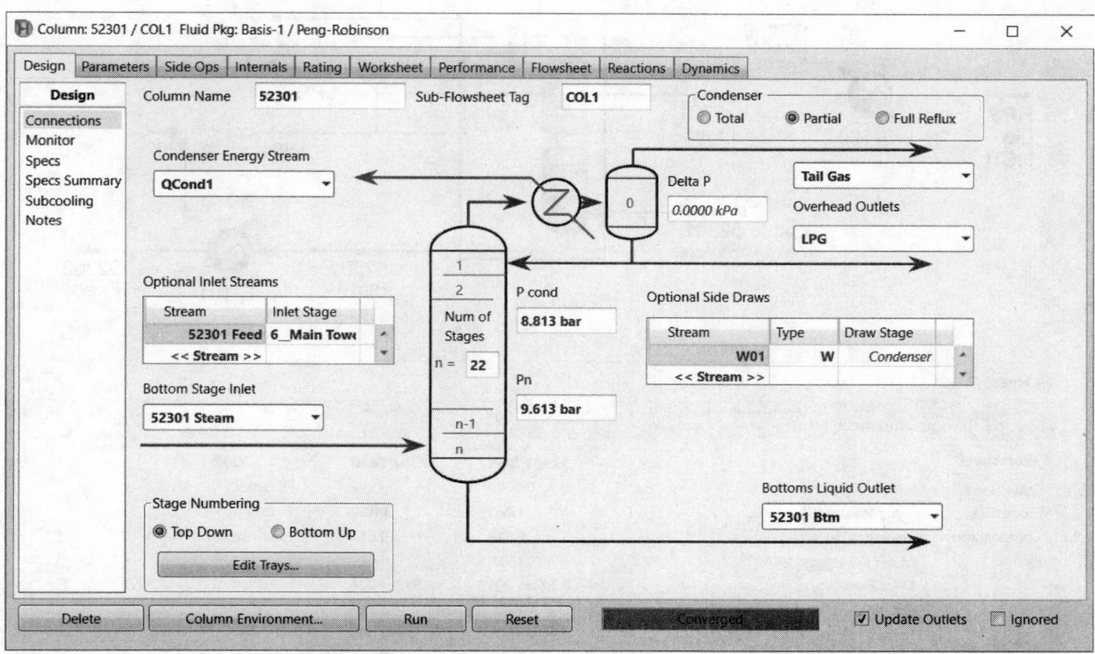

图 6. 147　设置 52301 塔、52301 物流温度为 345℃，压力为 11. 01bar，流量为 680kg/h

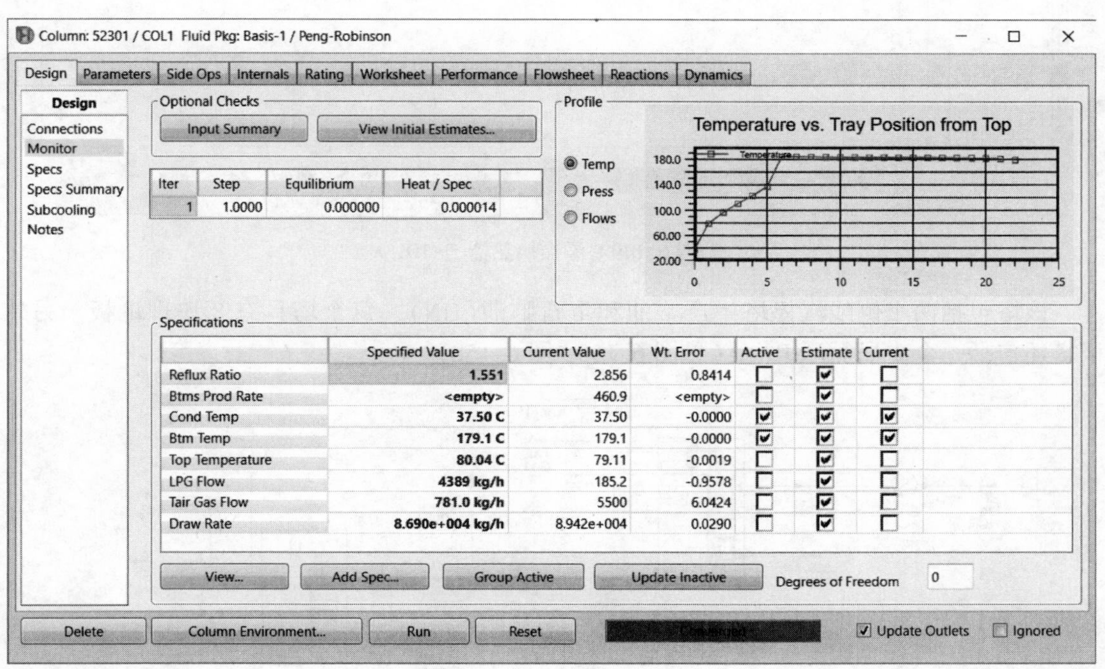

	Specified Value	Current Value	Wt. Error	Active	Estimate	Current
Reflux Ratio	1.551	2.856	0.8414	☐	☑	☐
Btms Prod Rate	<empty>	460.9	<empty>	☐	☑	☐
Cond Temp	37.50 C	37.50	-0.0000	☑	☑	☑
Btm Temp	179.1 C	179.1	-0.0000	☑	☑	☑
Top Temperature	80.04 C	79.11	-0.0019	☐	☑	☐
LPG Flow	4389 kg/h	185.2	-0.9578	☐	☑	☐
Tair Gas Flow	781.0 kg/h	5500	6.0424	☐	☑	☐
Draw Rate	8.690e+004 kg/h	8.942e+004	0.0290	☐	☑	☐

图 6. 148　52301 塔设计规定

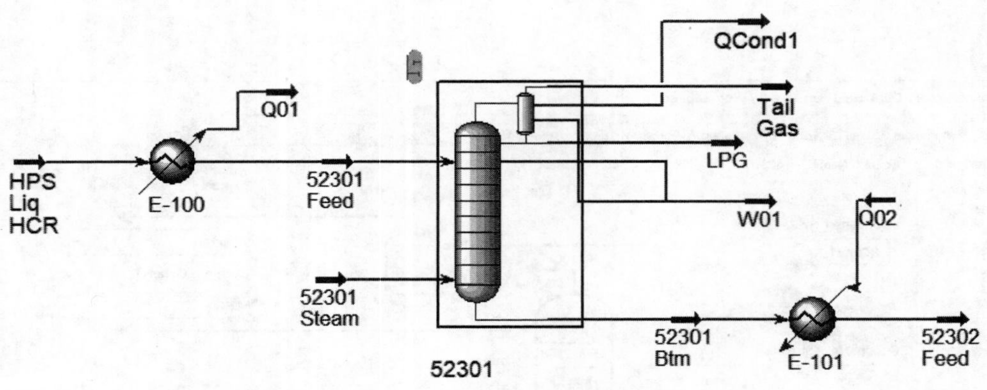

Heater: E-101

Design | Rating | Worksheet | Performance | Dynamics

Worksheet
Conditions
Properties
Composition
PF Specs

Name	52301 Btm	52302 Feed	Q02
Vapour	0.0000	0.4898	<empty>
Temperature [C]	179.1	**340.0**	<empty>
Pressure [bar]	9.613	9.613	<empty>
Molar Flow [kgmole/h]	460.9	460.9	<empty>
Mass Flow [kg/h]	8.942e+004	8.942e+004	<empty>
Std Ideal Liq Vol Flow [m3/h]	106.7	106.7	<empty>
Molar Enthalpy [kJ/kgmole]	-3.556e+005	-2.569e+005	<empty>
Molar Entropy [kJ/kgmole-C]	592.6	777.9	<empty>
Heat Flow [kJ/h]	-1.639e+008	-1.184e+008	4.548e+007

Delete | OK | Ignored

图 6.149　添加换热器 E-101

该塔包括两个侧线汽提塔生产柴油和重石脑油(HN)，每个塔具有 8 块理论板。另外，该塔还包括一个中段循环 PA-1(见图 6.150~图 6.158)。

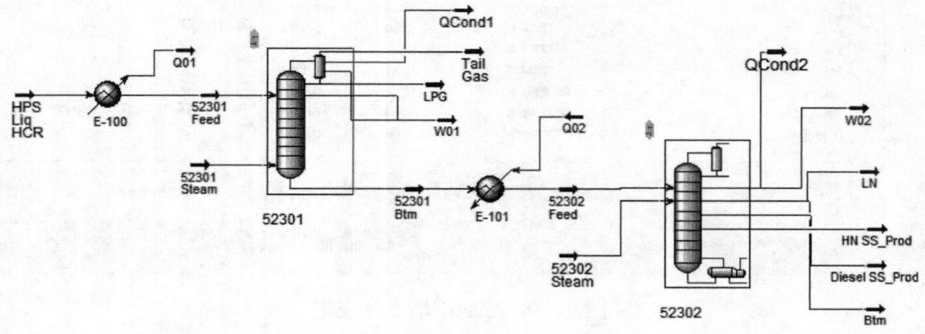

图 6.150　添加塔 52302

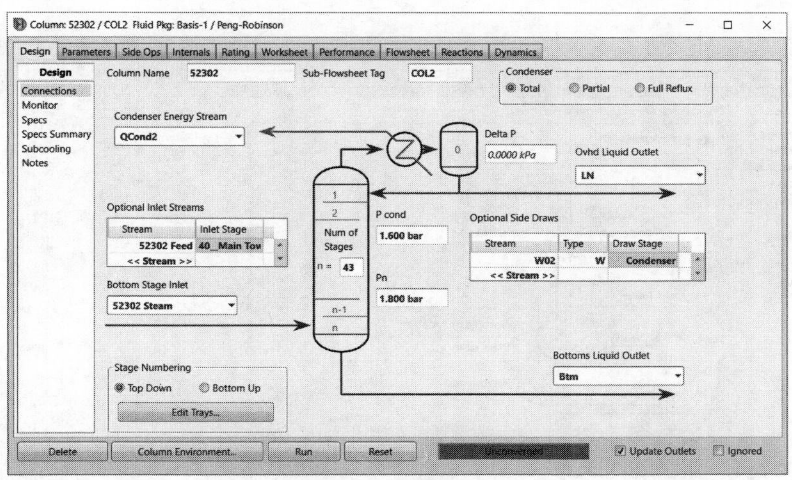

图 6.151 配置 52302 塔、52302 物流温度为 345℃，压力为 11.01bar，流量为 200kg/h

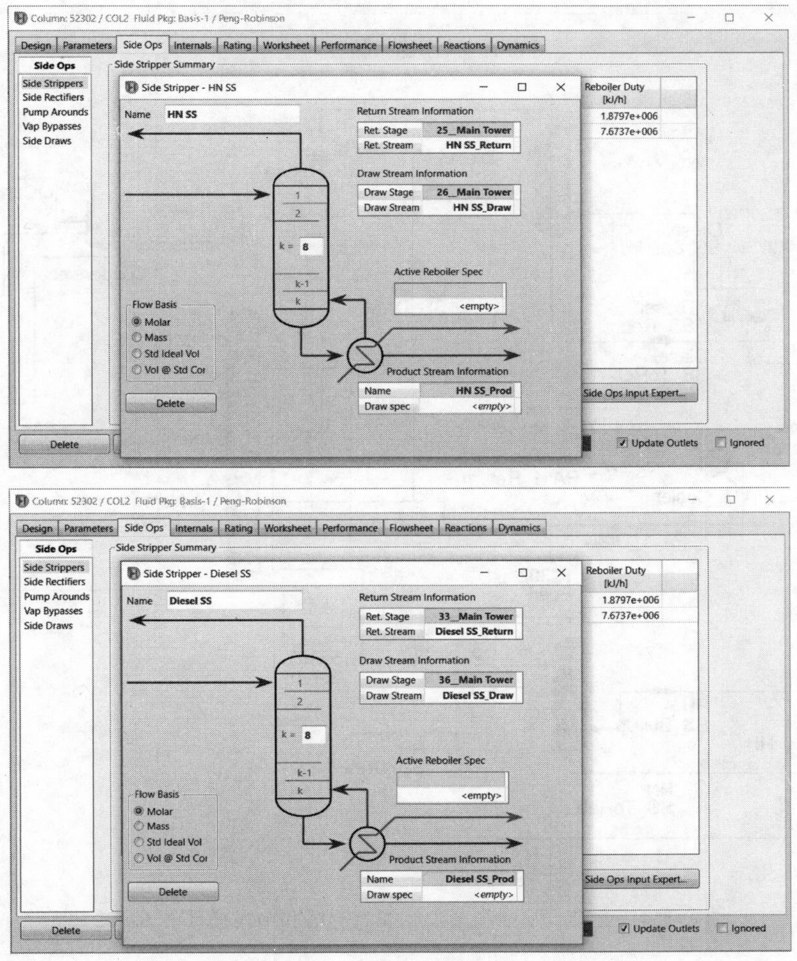

图 6.152 添加重石脑油和柴油侧线汽提塔

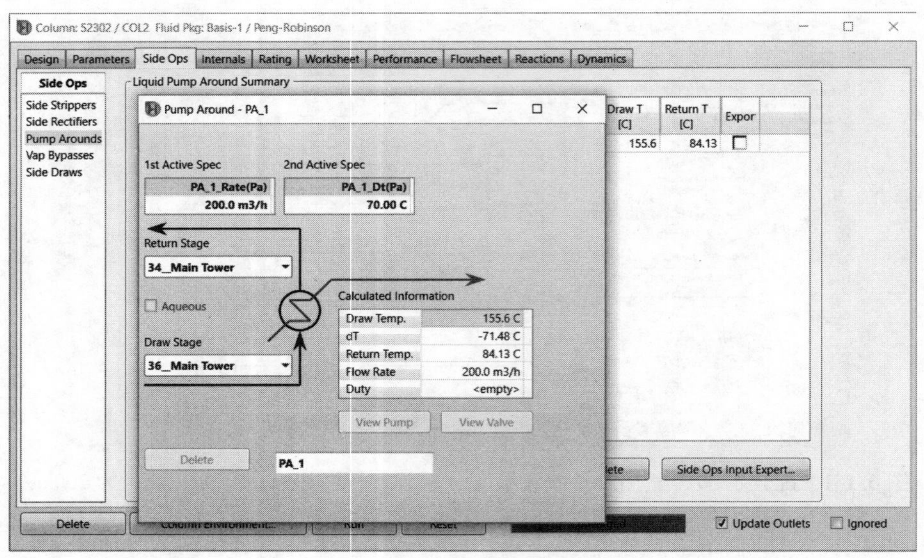

图 6.153　添加中段循环 PA-1

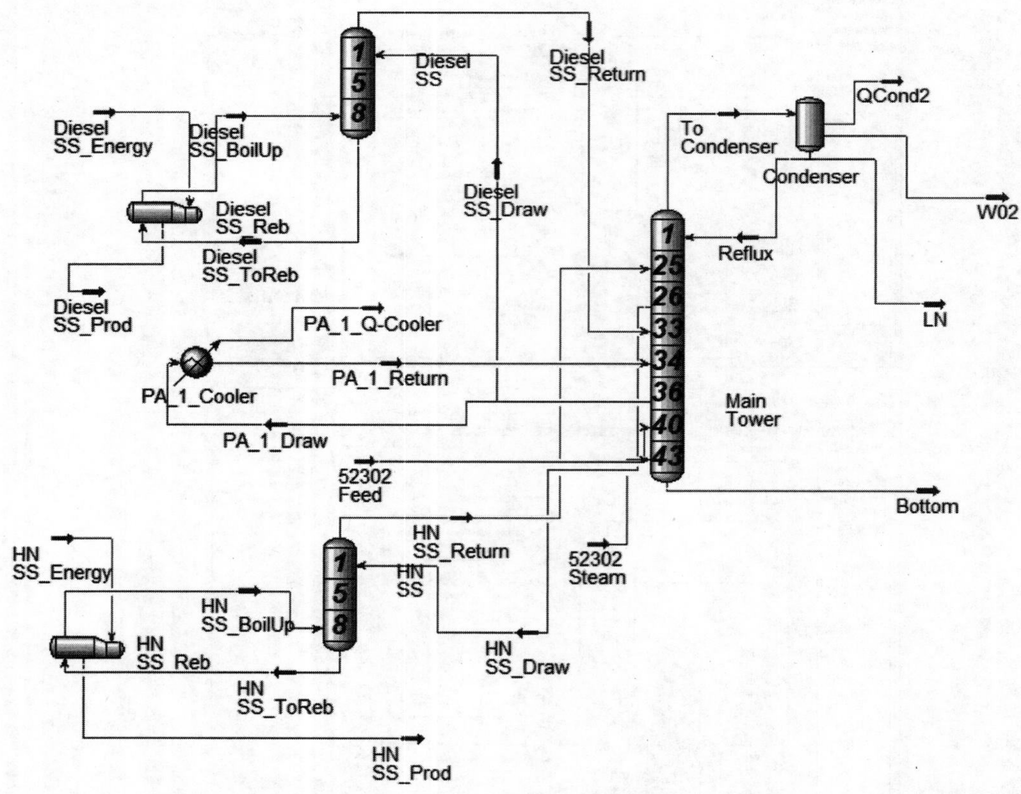

图 6.154　含有石脑油和柴油侧线汽提塔和中段循环的 52302 塔

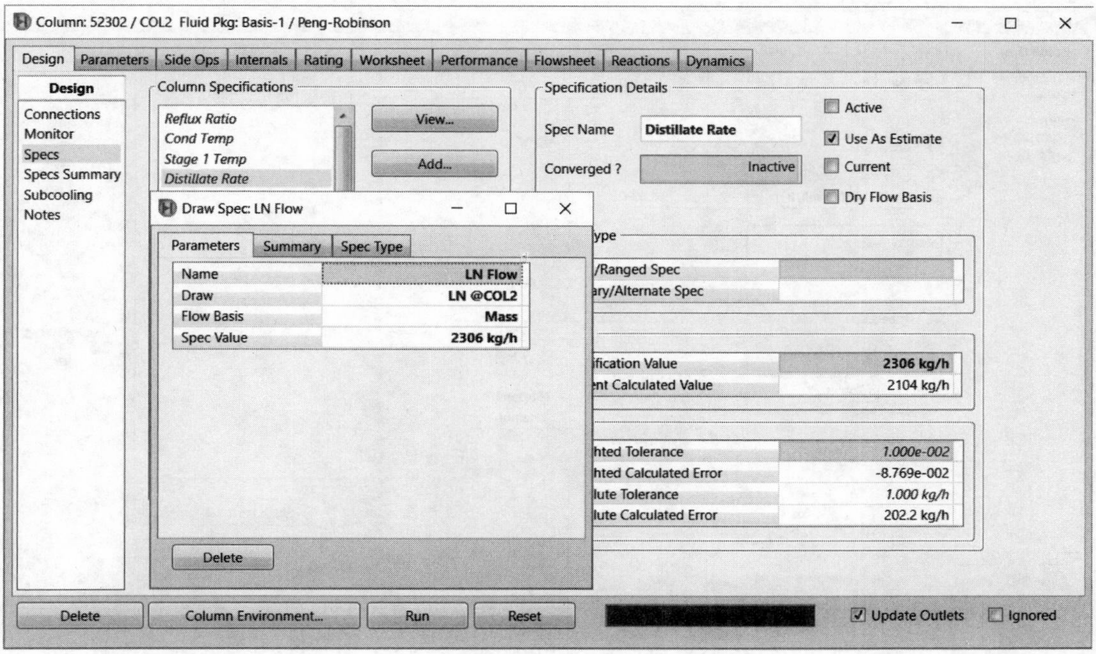

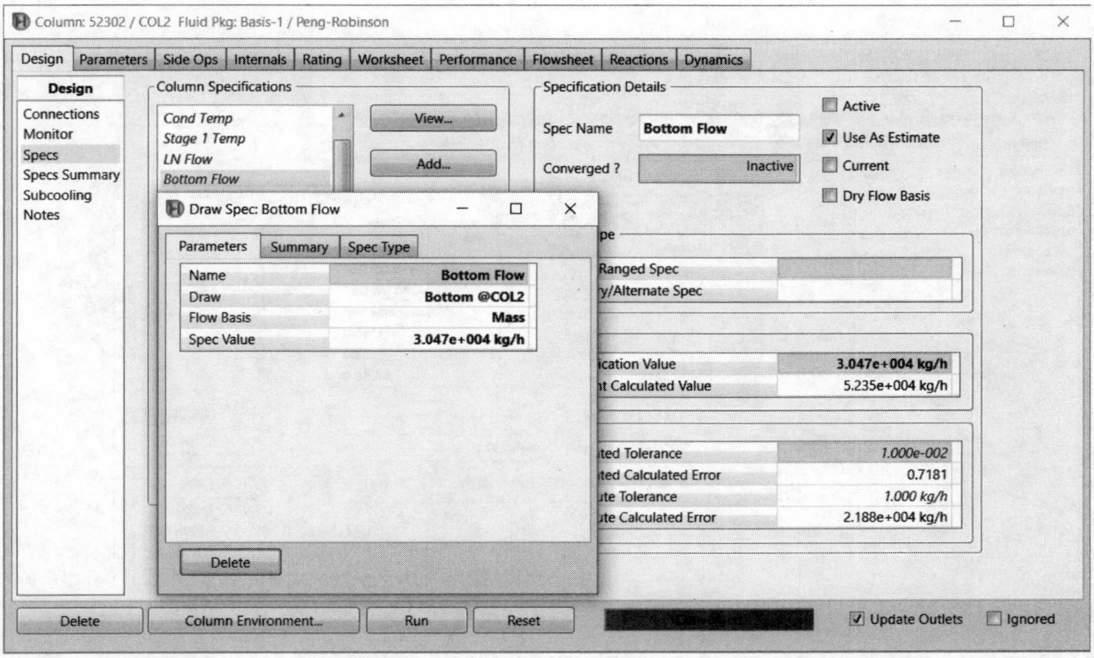

图 6.155 将“Distillate Rate”重命名为将“LN Flow”，流量设定为 2306 kg/h；将“Btms Prod Rate”重命名为“Bottom Flow”，流量设定为 3.047E4 kg/h

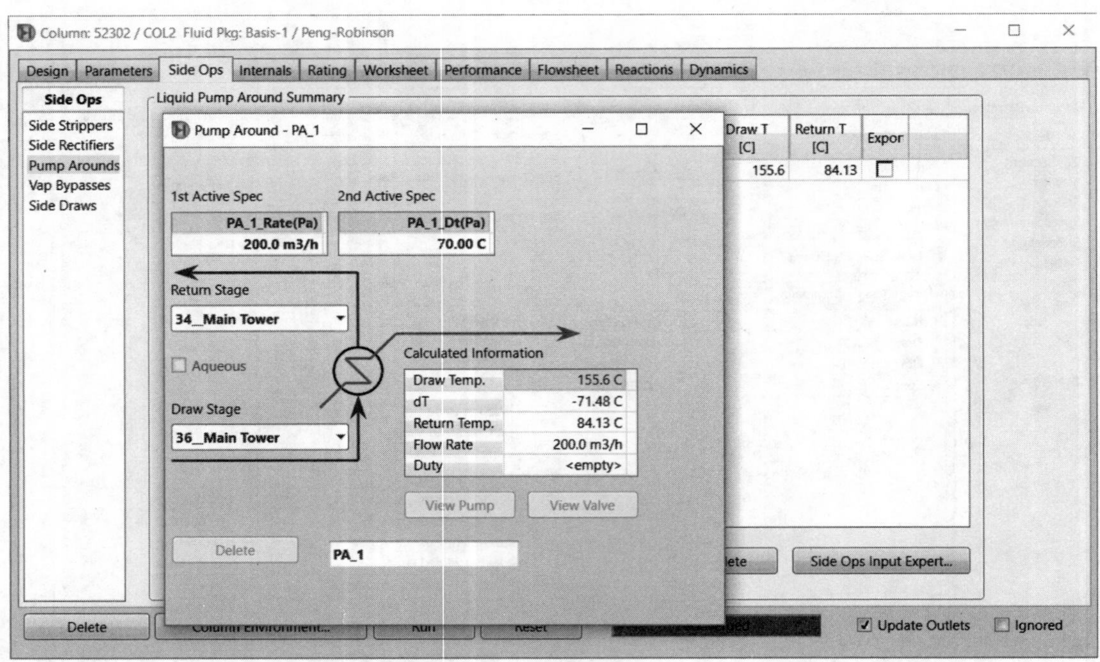

图 6.156 设定冷凝器、塔顶和塔釜温度：52℃，64℃和 316℃

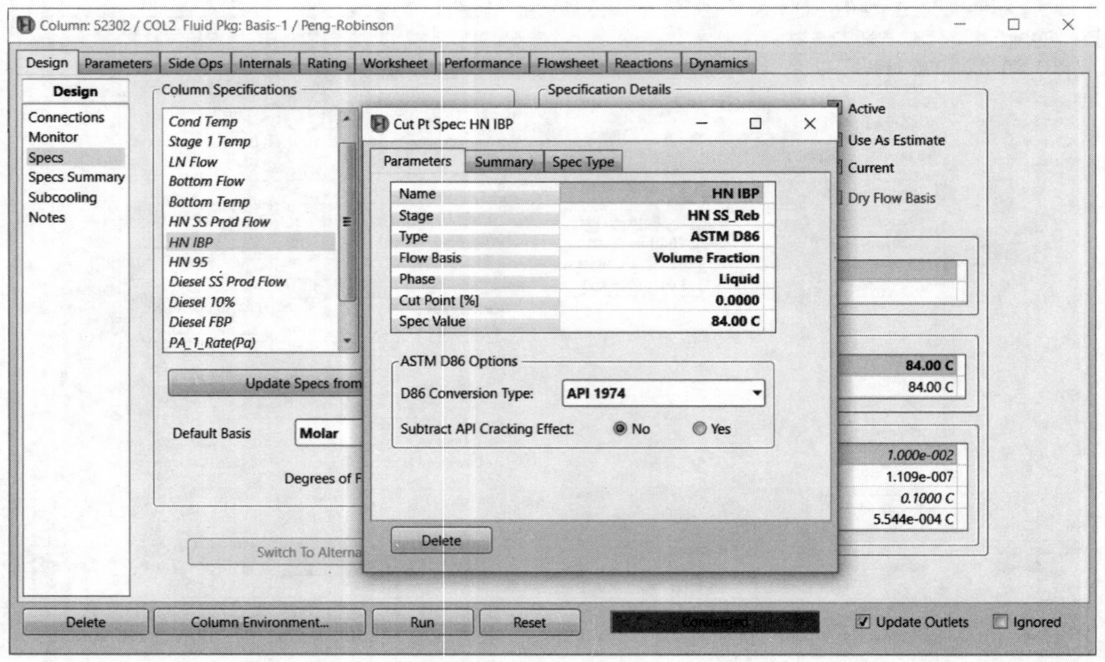

图 6.157 增加设计规定：HN IBP（cut point 0%）= 84℃，
HN 95（95%）= 170℃，Diesel 10% = 200℃，Diesel FBP（100%）= 338℃

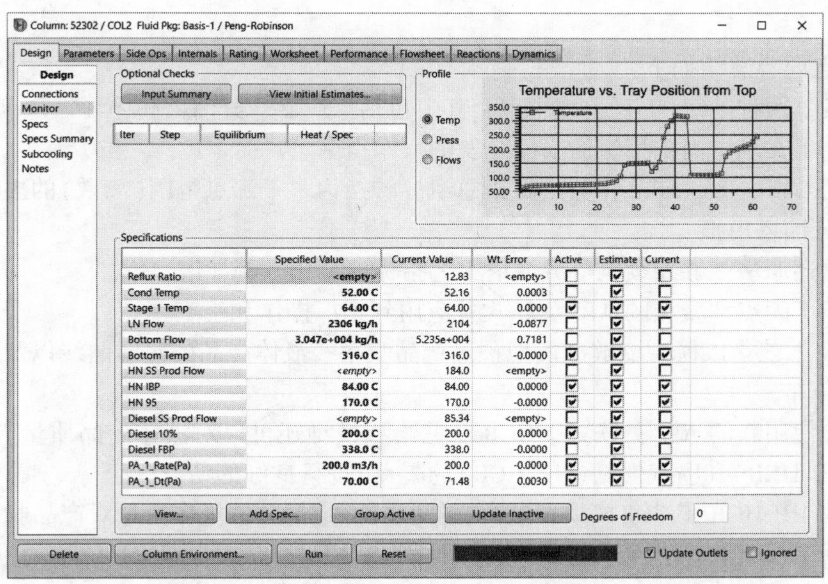

图 6.158 模型计算收敛结果

将收敛文件保存为 Workshop 6.4-fractionation.hsc。52302 塔的物流结果如图 6.159 所示。

Column: 52302 / COL2 Fluid Pkg: Basis-1 / Peng-Robinson

Design | Parameters | Side Ops | Internals | Rating | Worksheet | Performance | Flowsheet | Reactions | Dynamics

Worksheet: Conditions | Properties | Compositions | PF Specs

Name	52302 Feed @COL2	52302 Steam @COL2	LN @COL2	W02 @COL2	Bottom @COL2
Vapour	0.4898	1.0000	0.0000	0.0000	0.0000
Temperature [C]	340.0	345.0	52.16	52.16	316.0
Pressure [bar]	9.613	11.01	1.600	1.600	1.880
Molar Flow [kgmole/h]	460.9	11.10	27.71	24.71	150.2
Mass Flow [kg/h]	8.942e+004	200.0	2104	445.2	5.235e+004
Std Ideal Liq Vol Flow [m3/h]	106.7	0.2004	3.210	0.4461	57.67
Molar Enthalpy [kJ/kgmole]	-2.569e+005	-2.310e+005	-1.694e+005	-2.841e+005	-4.972e+005
Molar Entropy [kJ/kgmole-C]	777.9	178.8	147.0	60.48	1282
Heat Flow [kJ/h]	-1.184e+008	-2.564e+006	-4.694e+006	-7.021e+006	-7.468e+007

Name	HN SS_Prod @COL2	Diesel SS_Prod @COL2
Vapour	0.0000	0.0000
Temperature [C]	115.5	244.9
Pressure [bar]	1.767	1.833
Molar Flow [kgmole/h]	184.0	85.34
Mass Flow [kg/h]	1.917e+004	1.555e+004
Std Ideal Liq Vol Flow [m3/h]	26.46	19.06
Molar Enthalpy [kJ/kgmole]	-2.060e+005	-2.983e+005
Molar Entropy [kJ/kgmole-C]	285.3	601.7
Heat Flow [kJ/h]	-3.790e+007	-2.545e+007

Delete | Column Environment... | Run | Reset | Update Outlets | Ignored

图 6.159 52302 塔物流数据表

6.13 本章小结

HCR 工艺模型由于其复杂的原料和高度耦合的反应机理使得构建 HCR 集成模型变得非常困难，然而，炼油企业最关心的是稳定生产下的利润最大化，意味着工艺操作条件和原料类型变化较少。因此，一个好的操作模型只需要匹配关键产品的收率、产品质量和工艺操作细微变化。

本章重点内容总结如下：

(1)开发了两种 HCR 工艺集成模型，其中包括反应器、分馏塔和循环氢系统。

(2)提供了文献中尚未报道的模型开发的操作指南。

(3)应用 Gauss-Legendre 积分法将集总组分转换为基于沸点范围(离散)的虚拟组分，以进行严格的分馏塔模拟。

(4)集总还原法能够连续响应分馏塔工艺指标的变化，例如馏出率。

(5)更新了闪点和凝点的 API 关联式并应用到工厂操作和生产中。

(6)HCR 工艺集成模型能够准确地预测产品收率、液体产品的蒸馏曲线以及反应器和分馏塔的温度分布。

(7)通过使用新的 API 关联式，HCR 工艺集成模型还可以对液体产品质量[密度、闪点以及柴油(MP HCR)和喷气燃料(HP HCR)的凝点]进行良好的估算。

(8)应用 MP HCR 工艺集成模型进行模拟实验，定量分析操作变量对产品收率的影响。

(9)应用 HP HCR 工艺集成模型为生产计划 LP 模型生成基于 delta-base 向量。

本章介绍了使用 Aspen HYSYS Petroleum Refining 和炼油厂常规测量数据构建 HCR 工艺集成模型的工作流程。我们只使用常规原料分析(ASTM D86、比重、总硫和氮含量)建立了初步模型，此外，还使用产品的常规分析数据(气体产品的组分分析和液体产品的蒸馏曲线以及比重)来校准模型。虽然最终的模型能够对两个月的工艺和生产数据提供良好的预测，但还有几个值得进一步研究的方面：

(1)如果有条件，应使用 SimDist 分析。

(2)目前，原料集总组分分布是通过常规测量数据开发的，通过使用馏程来精确估算油品的分子信息(例如 PNA 含量、多环芳烃分布以及硫含量)对于任何模拟技术都是不可能的。因此，所得到的模型对原料是敏感的，并且当原料发生变化时需要重新校准。如果原料的详细分子信息可用，则可以定制原料集总组分分布以便于更好地表征原料。

(3)如果产品的详细分子信息可用，则用户也可以定制包括产品性质和产品组成作为目标函数的校准环境。

专业术语

CONV	转化率	OBJ_{DMF}	柴油质量流量预测误差
F	摩尔流量	OBJ_{BMF}	塔底油质量流量预测误差
F_{vi}	集总组分 i	OBJ_{RMF}	渣油质量流量预测误差
I_m	LHHW 机理反应抑制因子	$OBJ_{C_1C_2}$	C_1C_2 质量收率预测误差
K_{avg}	Watson K 因子	OBJ_{C_3}	C_3 质量收率预测误差
K_{ADS}	LHHW 吸附常数	OBJ_{C_4}	C_4 质量收率预测误差
K_{eq}	可逆反应平衡常数	OBJ_{SD}	硫含量预测误差
K_{total}	总活性	OBJ_{SB}	硫含量预测误差

续表

K_{global_i}	催化剂床层总活性	OBJ_{ND}	氮含量预测误差
$K_{sul\_i\_j}$	脱硫反应活性	OBJ_{NB}	氮含量预测误差
$K_{crc\_i\_j}$	加氢裂化反应活性	OBJ_{NR1}	氮含量预测误差
$K_{hdg\_i\_j}$	芳烃氢解反应活性	P_c	临界压力
$K_{ro\_i\_j}$	开环反应活性	P_{H_2}	氢分压
K_{light_i}	轻质气体分配因子	q_i	
k	逆反应速率常数	SG	比重
MeABP	平均沸点	SV	空速
MW	分子量	T	温度
OBJ_{TR}	反应床层温升预测误差	T_b	正常沸点
OBJ_{HQ}	急冷氢预测误差	T_c	临界温度
OBJ_{PGF}	废氢预测误差	T_r	对比温度
OBJ_{MHF}	新氢预测误差	V	体积
OBJ_{HC}	氢耗预测误差	V_c	临界体积
OBJ_{NVF}	石脑油体积流量预测误差	w_i	权重因子
OBJ_{DVF}	柴油体积流量预测误差	ω	偏心因子
OBJ_{BVF}	塔底油体积流量预测误差	θ	进料比
OBJ_{RVF}	渣油体积流量预测误差	τ	停留时间
OBJ_{NMF}	石脑油质量流量预测误差		

参 考 文 献

1 Aye, M.M.S. and Zhang, N. (2005) *Chemical Engineering Science*, **60**, 6702.

2 Qader, S.A. and Hill, G.R. (1969) *Industrial & Engineering Chemistry Process Design and Development*, **8**, 98.

3 Quann, R.J. and Jaffe, S.B. (1992) *Industrial & Engineering Chemistry Research*, **31**, 2483.

4 Quann, R.J. and Jaffe, S.B. (1996) *Chemical Engineering Science*, **51**, 1615.

5 Quann, R.R. (1998) *Environmental Health Perspectives Supplements*, **106**, 1501.

6 Froment, G.F. (2005) *Catalysis Reviews – Science and Engineering*, **47**, 83.

7 Ghosh, P., Andrews, A.T., Quann, R.J., and Halbert, T.R. (2009) *Energy & Fuels*, **23**, 5743.

8 Christensen, G., Apelian, M.R., Karlton, J.H., and Jaffe, S.B. (1999) *Chemical Engineering Science*, **54**, 2753.

9 Kumar, H. and Froment, G.F. (2007) *Industrial & Engineering Chemistry Research*, **46**, 5881.

10 Ancheyta, J., Sánchez, S., and Rodríguez, M.A. (2005) *Catalysis Today*, **109**, 76.

11 Ho, T.C. (2008) *Catalysis Reviews: Science and Engineering*, **50**, 287.

12 Valavarasu, G., Bhaskar, M., and Sairam, B. (2005) *Petroleum Science and Technology*, **23**, 1323.

13 Sánchez, S., Rodríguez, M.A., and Ancheyta, J. (2005) *Industrial & Engineering Chemistry Research*, **44**, 9409.

14 Verstraete, J.J., Le Lannic, K., and Guibard, I. (2007) *Chemical Engineering Science*, **62**, 5402.
15 Stangeland, B.E. (1974) *Industrial & Engineering Chemistry Process Design and Development*, **13**, 71.
16 Mohanty, S., Saraf, D.N., and Kunzru, D. (1991) *Fuel Processing Technology*, **29**, 1.
17 Pacheco, M.A. and Dassori, C.G. (2002) *Chemical Engineering Communications*, **189**, 1684.
18 Bhutani, N., Ray, A.K., and Rangaiah, G.P. (2006) *Industrial & Engineering Chemistry Research*, **45**, 1354.
19 Laxminarasimhan, C.S., Verma, R.P., and Ramachandran, P.A. (1996) *AIChE Journal*, **42**, 2645.
20 Basak, K., Sau, M., Manna, U., and Verma, R.P. (2004) *Catalysis Today*, **98**, 253.
21 Fukuyama, H. and Terai, S. (2007) *Petroleum Science and Technology*, **25**, 277.
22 Aspen HYSYS Petroleum Refining Option Guide (2006) AspenTech, Cambridge, MA.
23 Korre, S.C., Klein, M.T., and Quann, R. (1997) *Industrial & Engineering Chemistry Research*, **36**, 2041.
24 Jacob, S.M., Quann, R.J., Sanchez, E., and Wells, M.E. (1998, July) *Oil & Gas Journal*, **6**, 51.
25 Filimonov, V.A., Popov, A.A., Khavkin, V.A., Perezhigina, I.Y., Osipov, L.N., Rogov, S.P., and Agafonov, A.V. (1972) *International Chemical Engineering*, **12**, 21.
26 Jacobs, P.A. (1997) *Industrial & Engineering Chemistry Research*, **36**, 3242.
27 Brown, J.M., Sundaram, A., Saeger, R.B., Wellons, H.S., Kennedy, H.S., and Jaffe, S.B. (2009) WO2009051742.
28 Gomez-Prado, J., Zhang, N., and Theodoropoulos, C. (2008) *Energy*, **33**, 974.
29 Aspen Plus Hydrocracker User's Guide (2006) , AspenTech, Cambridge, MA.
30 Mudt, D.R., Pedersen, C.C., Jett, M.D., Karur, S., McIntyre, B., and Robinson, P.R. (2006) Refinery-wide optimization with rigorous models, in *Practical Advances in Petroleum Processing* (eds C.S. Hsu and P.R. Robinson), Springer, New York, NY.
31 Satterfield, C.N. (1975) *AIChE Journal*, **21**, 209.
32 Kaes, G.L. (2000) *Refinery Process Modeling: A Practical Guide to Steady State Modeling of Petroleum Processes*, The Athens Printing Company, Athens, GA.
33 Fogler, H.S. (2005) *Elements of Chemical Reaction Engineering*, 4th edn, Prentice Hall, Upper Saddle River, NJ.
34 Aspen HYSYS Simulation Basis (2006) , AspenTech, Cambridge, MA.
35 Daubert, T.E. and Danner, R.P. (1997) *API Technical Data Book – Petroleum Refining*, 6th edn, American Petroleum Institute, Washington, DC.
36 Bollas, G.M., Vasalos, I.A., Lappas, A.A., Iatridis, D.K., and Tsioni, G.K. (2004) *Industrial & Engineering Chemistry Research*, **43**, 3270.
37 Riazi, M.R. (2005) *Characterization and Properties of Petroleum Fractions*, 1st edn, American Society for Testing and Materials, West Conshohocken, PA.
38 Haynes, H.W. Jr. and Matthews, M.A. (1991) *Industrial & Engineering Chemistry Research*, **30**, 1911.
39 Cotterman, R.L., Bender, R., and Prausnitz, J.M. (1985) *Industrial & Engineering Chemistry Process Design and Development*, **24**, 194.

40 Mani, K.C., Mathews, M.A., and Haynes, H.W. Jr. (1993, Feb) *Oil & Gas Journal*, **15**, 76.
41 Riazi, M.R. and Daubert, T.E. (1980) *Hydrocarbon Processing*, **59** (3), 115.
42 Lee, B.I. and Kesler, M.A. (1985) *AIChE Journal*, **31**, 1136.
43 Kister, H.Z. (1992) *Distillation Design*, McGraw-Hill, Inc., New York, NY.
44 Roussel, M., Norsica, S., Lemberton, J.L., Guinet, M., Cseri, T., and Benazzi, E. (2005) *Applied Catalysis*, **279**, 53.
45 Dufresne, P., Bigeard, P.H., and Bilon, A. (1987) *Catalysis Today*, **1**, 367.
46 Scherzer, J. and Gruia, A.J. (1996) *Hydrocracking Science and Technology*, Marcel Dekker, New York, NY.
47 Hu, Z.H., Xiong, Z.L., Shi, Y.H., and Li, D.D. (2005) *Petroleum Processing and Petrochemicals*, **36**, 35.
48 Tippett, T.W. and Ward, J.W. (1985) National Petroleum Refiners Association (NPRA) Annual Meeting, 24 Mar 1985, AM-85-43.
49 Rossi, V.J., Mayer, J.F., and Powell, B.E. (1978, October) *Hydrocarbon Processing*, **15**, 123.
50 Bodington, C.E. and Baker, T.E. (1990) *Interfaces*, **20**, 117.
51 El-Kady, F.Y. (1979) *Indian Journal of Technology*, **17**, 176.
52 Hu, M.C., Powell, R.T., and Kidd, N.F. (1997) *Hydrocarbon Processing*, **76** (6), 81.
53 Chang, A.F. and Liu, Y.A. (2011) Predictive modeling of large-scale integrated refinery reaction and fractionation systems from plant data: 1. Hydrocracking (HCR) processes. *Energy and Fuels*, **25**, 5264–5397.
54 Briggs, B. January 2012 "Hydrocracking Model to Support Crude Selection Process", BP Refining Technology, AspenTech Global Conference: OPTIMIZE 2011, Washington, DC, May 2011; AspenTech Webinar: Improve Refinery Margins with Hydroprocessing Models.

第 7 章
烷基化、延迟焦化和全炼厂模拟

（汤磊　何顺德　译）

本章介绍了在炼厂工艺建模和优化中日益受到重视的三个新工艺。第 7.1 节讨论了通过异丁烷与轻质烯烃反应生成高辛烷值汽油调合组分的烷基化工艺；第 7.2 节介绍了将渣油（如减压渣油）改质并转化为有价值的液体和气体产品（燃料气、LPG、焦化石脑油和焦化蜡油）和石油焦的延迟焦化工艺；第 7.3 节展示了如何通过炼厂工艺模拟模型来提高利润率；第 7.4 节是本章小结；最后是本章的参考文献。

7.1　烷基化

7.1.1　工艺简介

Kaes[2]、Gary 等[1]和 Kranz [4]对烷基化工艺及其化学反应、产品分离和技术经济给予了高度评价。本文总结了这些参考文献的主要特点，主要侧重于与过程模拟和优化相关的内容。

在一般情况下，烷基化反应在强酸和催化剂条件下进行，$C_3 \sim C_5$ 轻烯烃与异丁烷反应结合。烷基化也可以在高温和无催化剂条件下发生反应，但是所有低温工业化装置均采用硫酸或氢氟酸作为催化剂。催化反应能够实现原料 100%转化为异构烷烃和副产物。

烷基化反应通常生成 75～150 种不同的异构烷烃同分异构体，在适当的操作条件下，烷基化生成油能够达到 MON＝85～95 和 RON＝90～98 的汽油馏程范围内[4]。因此，烷基化装置是炼厂生产高辛烷值汽油调合组分的重要工艺。

烷基化工艺[2]示意图如图 7.1 所示。轻质 $C_3 \sim C_5$ 烯烃与循环异丁烷和补充异丁烷混合进料被送入反应器，以 HF 或 H_2SO_4 作为催化剂，反应产物被引入酸沉降罐中沉淀分离，酸循环回反应器中。沉降罐的烃相被送至产品分离单元，回收丙烷、正丁烷和烷基油，大循环中的异丁烷同样进行回收并作为循环异丁烷物料。

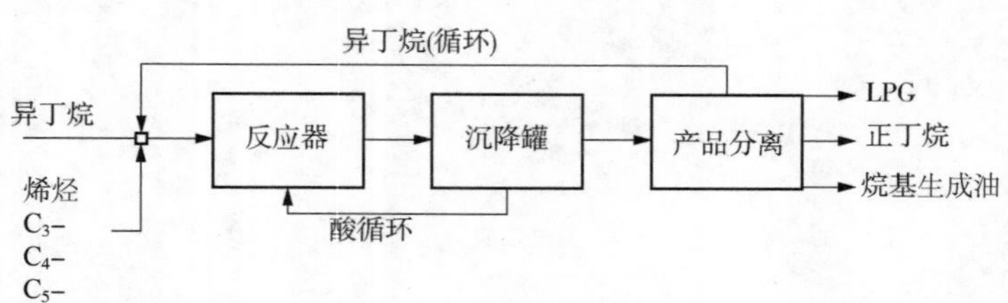

图 7.1　烷基化工艺示意图

本文引用参考文献[1，2]中 HF 或 H_2SO_4 烷基化工艺流程图，其操作条件不同点有：

（1）反应温度：18～45°C（HF），2～15°C（H_2SO_4）；

（2）酸强度：80%～95%（HF），88%～95%（H_2SO_4）；

（3）异丁烯浓度（体积）：30%～80%（HF），40%～80%（H_2SO_4）；

（4）停留时间：8～20 min（HF），20～30 min（H_2SO_4）。

7.1.2 进料组分和烷基反应动力学

Aspen HYSYS 烷基化模型含有 45 个纯组分和 57 个反应，本书附属材料提供了 Excel 文件 *Alkyation components and reactions. xlxs*，其列出了反应组分和化学反应。

具体而言，烷基化工艺包含三种类型的化学反应。第一，烷基化主反应包括所有的 C_3～C_5 烯烃与异丁烷反应生成 C_7～C_{13} 支链烷烃（BP），即 C_7BP～$C_{13}BP$；第二，氢转移反应，C_3～C_5 烯烃与异丁烷反应生产 C_3～C_5 支链烷烃和异丁烯；第三，烷基化副反应，C_7BP～C_9BP 与 C_3～C_5 烯烃反应生成 $C_{10}BP$～$C_{14}BP$。每个反应动力学使用一级反应表示，其反应速率常数可以利用阿伦尼乌斯公式（Arrhenius equation）求得。在"Calibration"选项卡"Advanced"页面中，可以设定高级动力学和合适的参数来微调动力学模型，便于更好地匹配装置数据。图 7.2是"Kinetic Factors"文件夹的一部分，其中 E_a 表示活化能，R 表示理想气体常数，A 表示阿伦尼乌斯公式的指前因子。

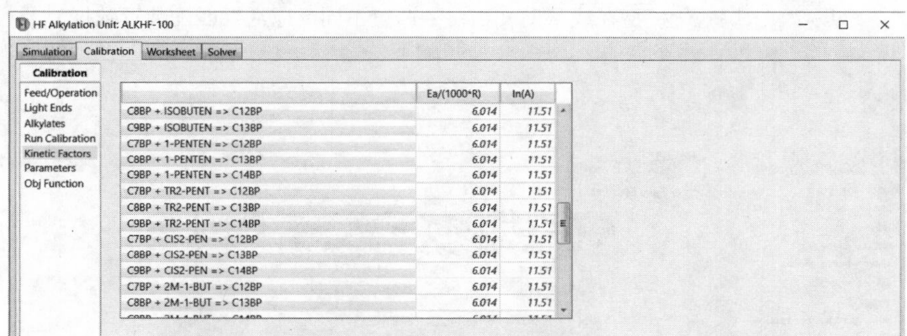

图 7.2 烷基化反应中部分动力学因子

烷基化模型还包括不同类型反应的调节因子（见图 7.3），详细内容请参考 Aspen HYSYS V9 帮助文档（通过功能键 F1 访问）。例如，使用功能键 F1 还可以查询 C_6～C_9 分配因子和活性因子的含义（见图 7.4、图 7.5）。

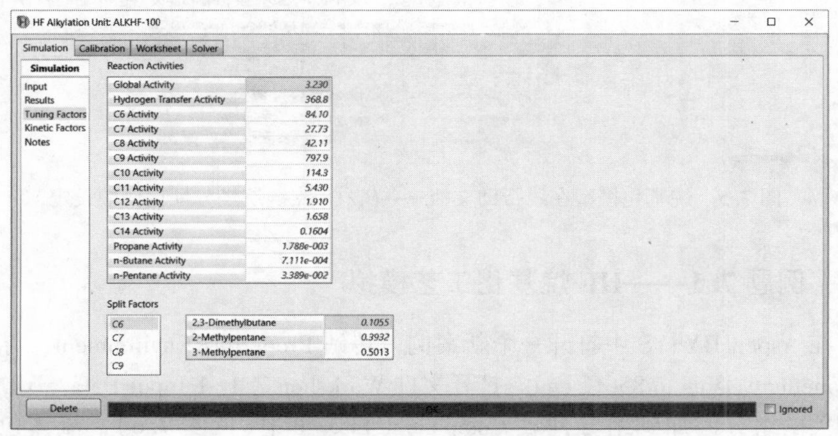

图 7.3 烷基化模型中不同类型反应的调节因子

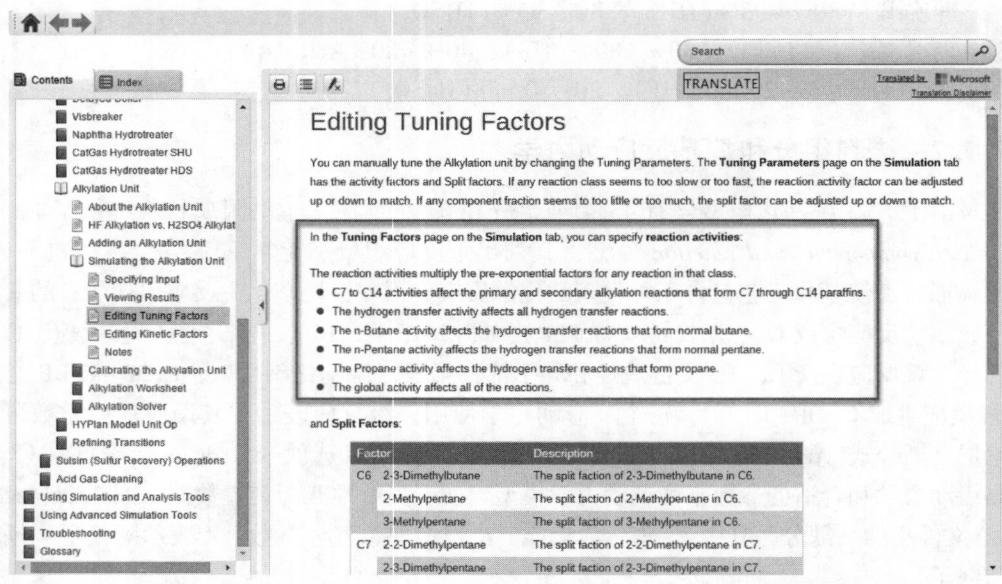

图 7.4　烷基化模型在线帮助文档——调整不同反应活性匹配装置数据

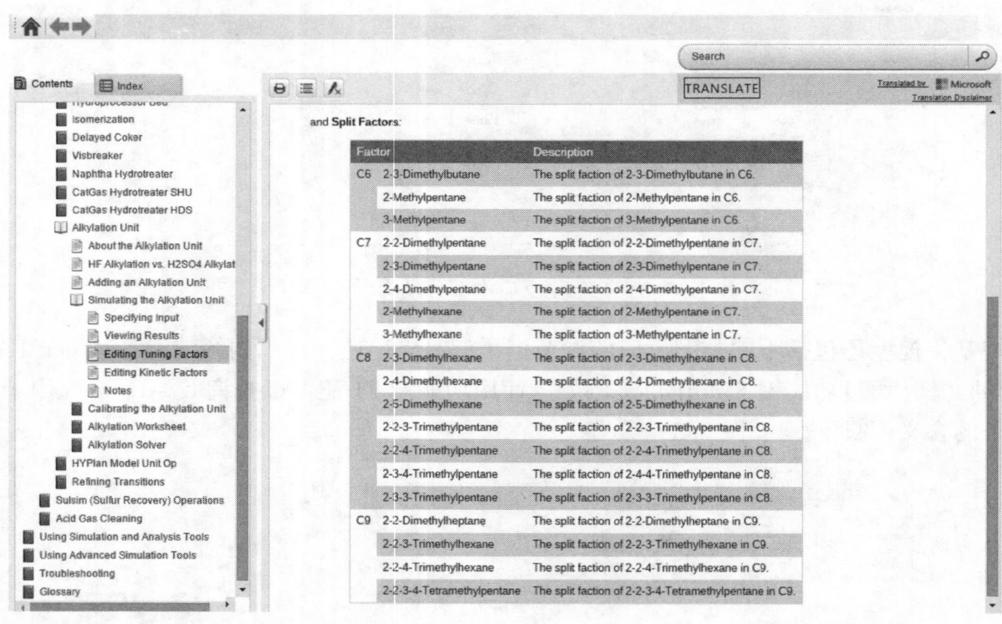

图 7.5　烷基化模型在线帮助文档——C_6/C_7 支链烷烃分配比例的设定

7.1.3　例题 7.1——HF 烷基化工艺模拟

首先，在 Aspen HYSYS 中打开一个新案例，转到 Properties Environment，导入组分列表 Assay Components Celsius to 850C. cml。打开文件 Workshop 7.1-1 Input Data. xlxs，将 Excel 中与烷基化相关的组分添加到组分列表 Component List-1 中(见图 7.6)，流体包选择 Peng-

Robinson 状态方程。

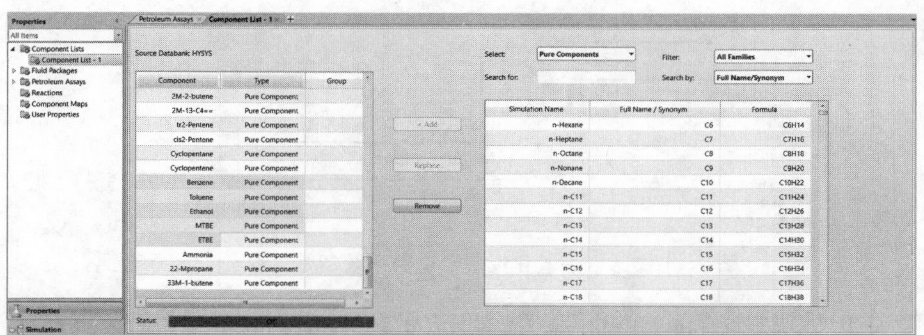

图 7.6　在组分列表 Component List-1 中添加 5 个真实组分

继续从 Aspen Assay Library 中导入油品 Arab Light －1983，表示装置进料(见图 7.7、图 7.8)。

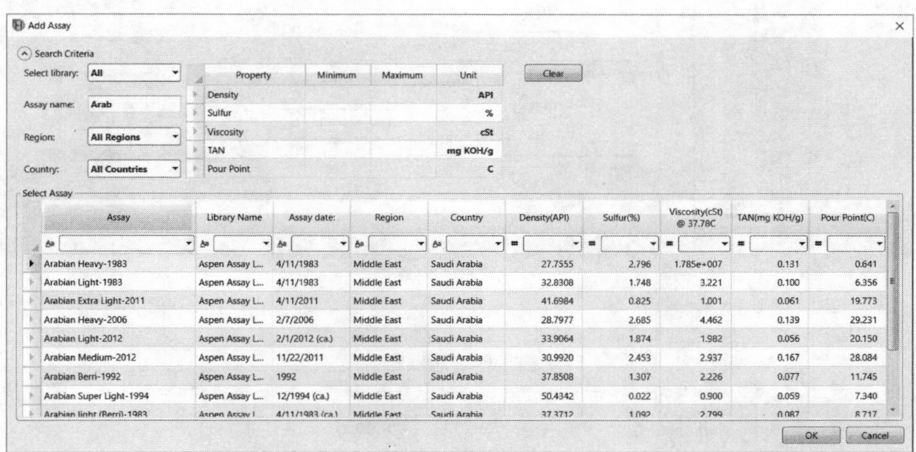

图 7.7　导入油品分析数据 Arab Light-1983

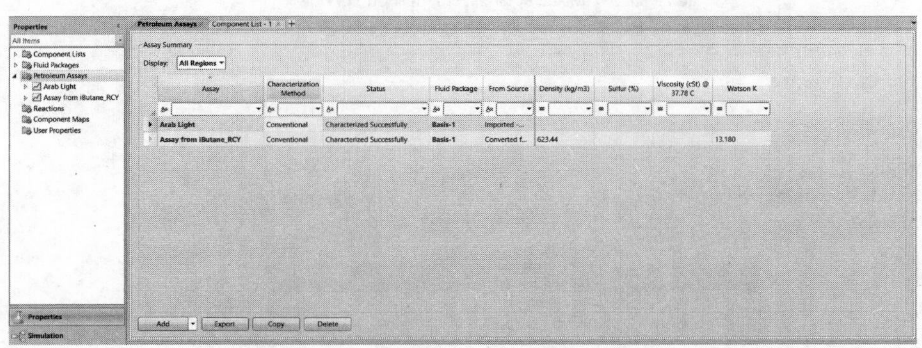

图 7.8　已添加 Arab Light 油品分析数据

接下来，绘制烷基化反应器的进料系统流程图(见图 7.9)。然后，根据 Excel 电子表格 Workshop 7.1-1 Alkylation Input Data.xlsx 数据定义两股进料物流：Fresh_iButane 和 ALKY_

Feed，以及设置循环物流(iButane_ RCY)初始参数。

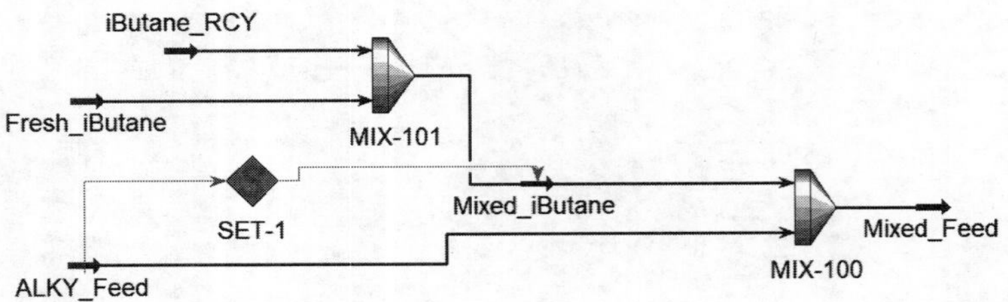

图 7.9　烷基化反应器进料系统初始流程

使用“SET”模块定义 Mixed_iButane 的体积流量是 ALKF_Feed 的 8 倍，根据异丁烷循环物流 iButane_RCY 的初始流量，“SET”模块可以计算出 Fresh_iButane 的流量(见图 7.10)。

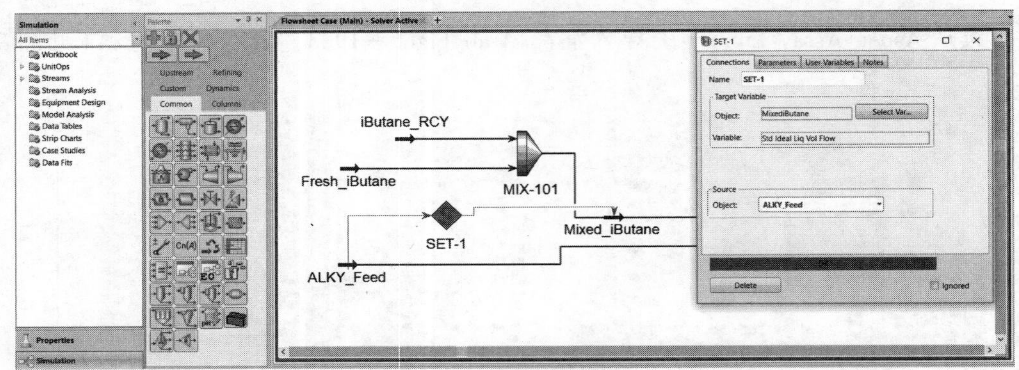

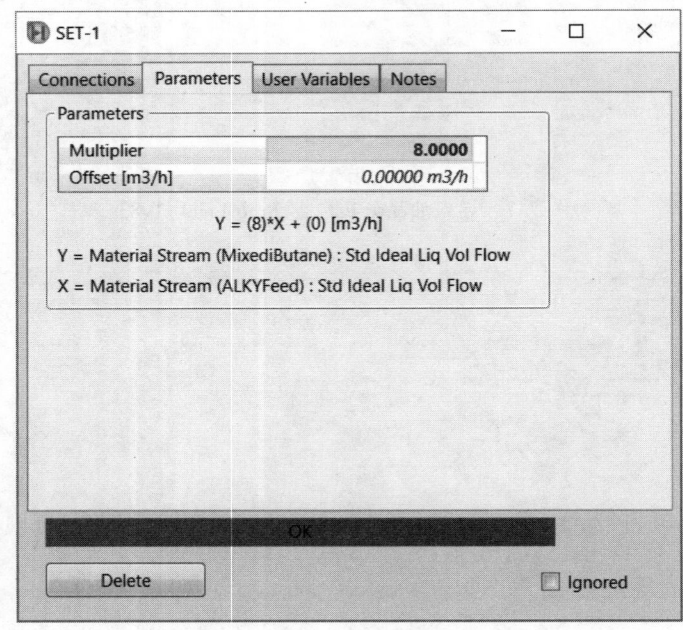

图 7.10　“SET”模块定义流量关联式

接下来，在流程中添加一台烷基化反应器并设置烷基化工艺参数(见图 7.11、图 7.12)。

烷基化反应器计算结果如图 7.13 所示。

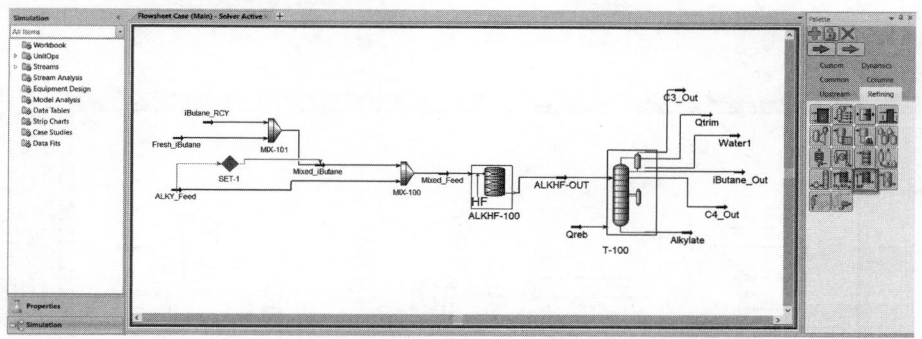

图 7.11　添加烷基化反应器模型

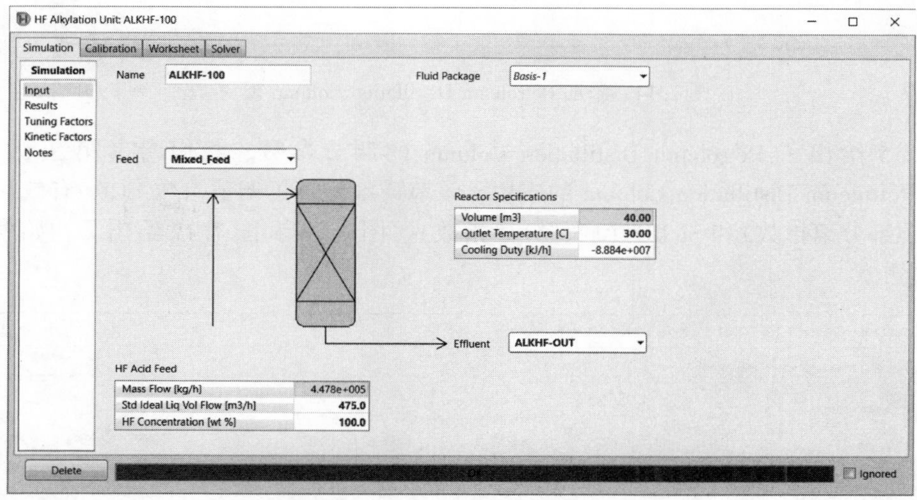

图 7.12　烷基化反应模型的设置

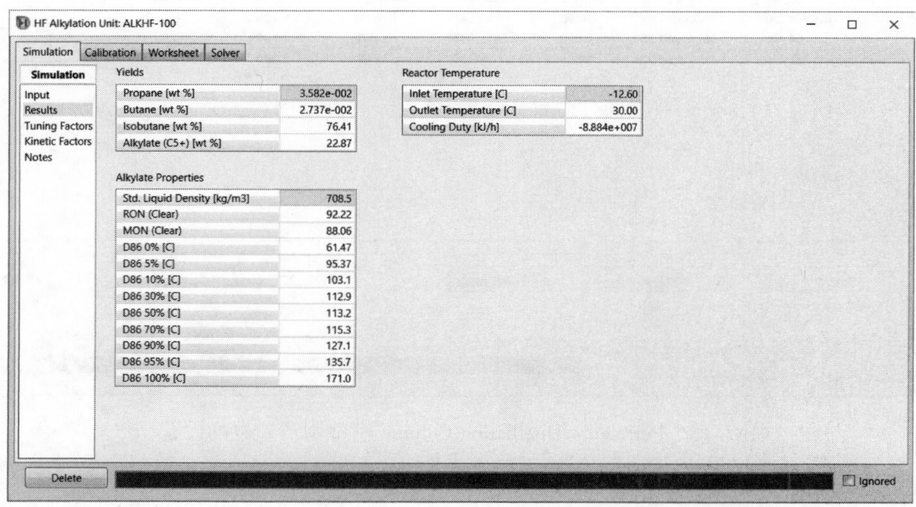

图 7.13　烷基化反应器模型计算结果

现在添加模拟烷基化产品分离单元的模块——Petroleum Distillation Column，如图 7.14 所示。

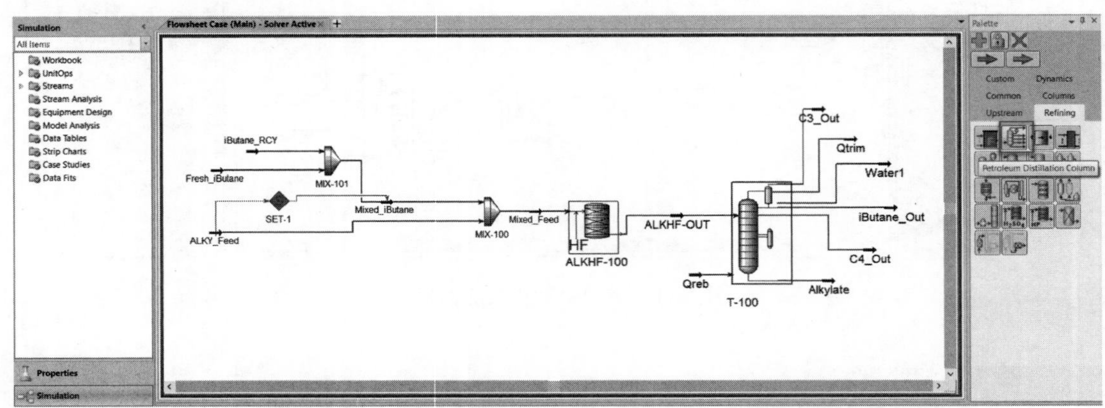

图 7.14　添加 Petroleum Distillation Column 模块

图 7.15 给出了 Petroleum Distillation Column 的调节参数。我们参考第 2.15 节例题 2.6—— Petroleum Distillation Column 的应用，该节详细阐述了调节参数 ECP(有效切割点)、SI TOP(顶部分离指数)和 SI BOT(底部分离指数)。图 7.16 和图 7.17 给出了初始模型产品物流的预测值。

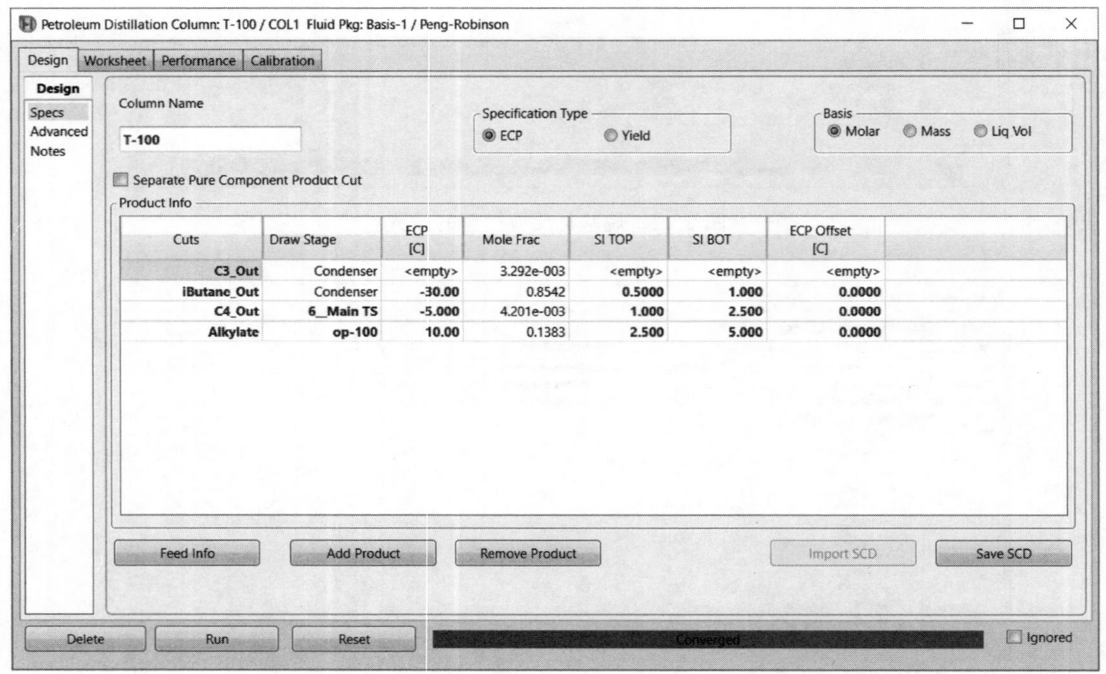

图 7.15　Petroleum Distillation Column 模型调节参数的设置

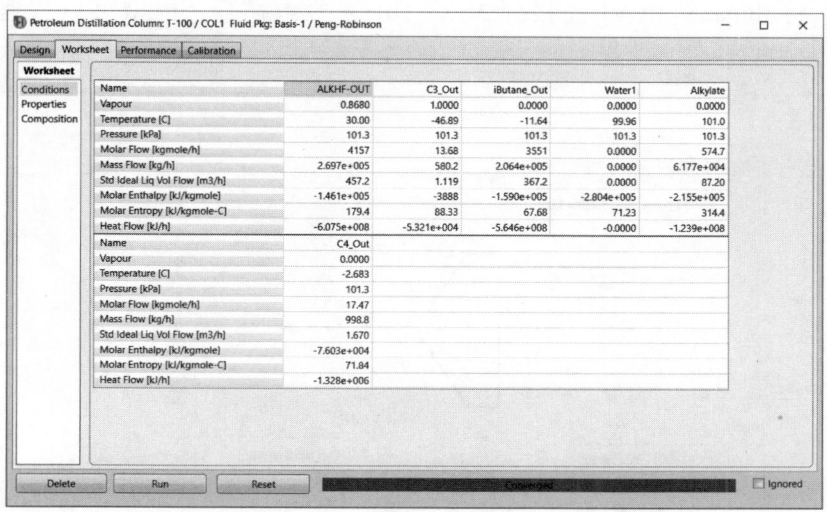

Petroleum Distillation Column: T-100 / COL1 Fluid Pkg: Basis-1 / Peng-Robinson

Name	ALKHF-OUT	C3_Out	iButane_Out	Water1	Alkylate
Vapour	0.8680	1.0000	0.0000	0.0000	0.0000
Temperature [C]	30.00	-46.89	-11.64	99.96	101.0
Pressure [kPa]	101.3	101.3	101.3	101.3	101.3
Molar Flow [kgmole/h]	4157	13.68	3551	0.0000	574.7
Mass Flow [kg/h]	2.697e+005	580.2	2.064e+005	0.0000	6.177e+004
Std Ideal Liq Vol Flow [m3/h]	457.2	1.119	367.2	0.0000	87.20
Molar Enthalpy [kJ/kgmole]	-1.461e+005	-3888	-1.590e+005	-2.804e+005	-2.155e+005
Molar Entropy [kJ/kgmole-C]	179.4	88.33	67.68	71.23	314.4
Heat Flow [kJ/h]	-6.075e+008	-5.321e+004	-5.646e+008	-0.0000	-1.239e+008

Name	C4_Out
Vapour	0.0000
Temperature [C]	-2.683
Pressure [kPa]	101.3
Molar Flow [kgmole/h]	17.47
Mass Flow [kg/h]	998.8
Std Ideal Liq Vol Flow [m3/h]	1.670
Molar Enthalpy [kJ/kgmole]	-7.603e+004
Molar Entropy [kJ/kgmole-C]	71.84
Heat Flow [kJ/h]	-1.328e+006

图 7.16 初始模型的产物预测值

Petroleum Distillation Column: T-100 / COL1 Fluid Pkg: Basis-1 / Peng-Robinson

	C3_Out	iButane_Out	C4_Out	Alkylate
Yield by Volume [%]	0.24	80.32	0.37	19.07
Yield by Weight [%]	0.22	76.51	0.37	22.90
TBP 5% [C]	-53.76	-24.25	-16.84	79.21
TBP 95% [C]	-46.39	-15.00	3.323	133.0
D86 5% [C]	<empty>	<empty>	-5.355	97.11
D86 95% [C]	<empty>	<empty>	4.143	127.7
Gap (D86) [C]	-----	-----	92.96	
RON (Clear)	104.2	101.4	96.59	90.07
MON (Clear)	86.97	97.57	84.99	85.92
Freeze Point [C]	-185.7	-159.1	-138.1	<empty>
Smoke Point [mm]	<empty>	<empty>	<empty>	<empty>
Cetane Idx D976	<empty>	<empty>	-63.81	36.62
API	141.1	120.0	104.8	68.06
SG (60/60)	0.5190	0.5626	0.5986	0.7091
Sulfur Wt Pct [%]	0.00	0.00	0.00	<empty>
Nitrogen Content [ppmwt]	3.825	1.081e-005	9.793e-013	<empty>
Basic Nitrogen Content [ppmwt]	3.825	1.081e-005	9.793e-013	<empty>
Paraffins by Volume [%]	17.04	99.74	36.07	<empty>
Naphthenes by Volume [%]	0.00	0.00	0.00	<empty>
Aromatics by Volume [%]	0.00	0.00	0.00	<empty>
Paraffins by Wt [%]	16.65	99.72	34.47	<empty>
Naphthenes by Weight [%]	0.00	0.00	0.00	<empty>
Aromatics by Weight [%]	0.00	0.00	0.00	<empty>
Flash Point [C]	-107.5	-82.99	-74.31	-5.477
Cloud Point [C]	-199.5	-176.4	-170.4	-97.13
Pour Point [C]	-185.5	-159.1	-124.7	<empty>
Nickel Content [ppmwt]	0.0000	0.0000	0.0000	<empty>
Vanadium Content [ppmwt]	0.0000	0.0000	0.0000	<empty>
Conradson Carbon Content [%]	0.00	0.00	0.00	<empty>
Asphaltene Content [%]	0.00	0.00	0.00	<empty>
Wax Content [%]	0.00	0.00	0.00	<empty>

图 7.17 产品物流性质的预测值

现在收敛异丁烷循环，如图 7.18 所示。首先，将 MIX-101 连接物流 iButane_RCY 删除，添加 Recycle 模块(RCY-1)，新循环物流为 iButane_ RCY1。

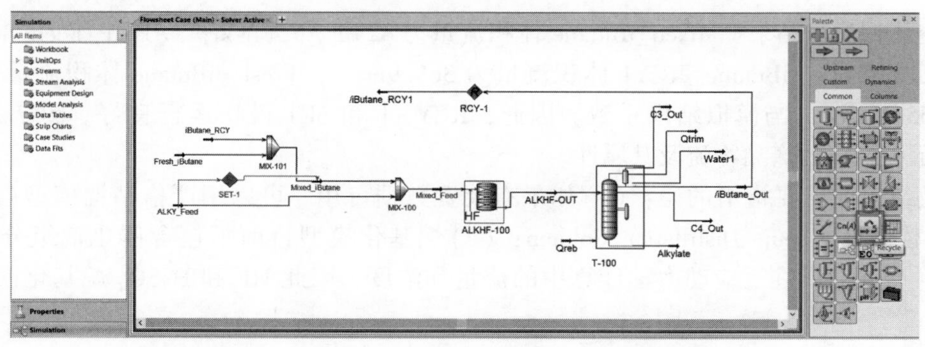

图 7.18 添加 Recycle 模块

接下来，将 iButane_RCY1 连接到 MIX-101 来收敛循环，模型可以快速收敛。(见图 7.19、图 7.20)

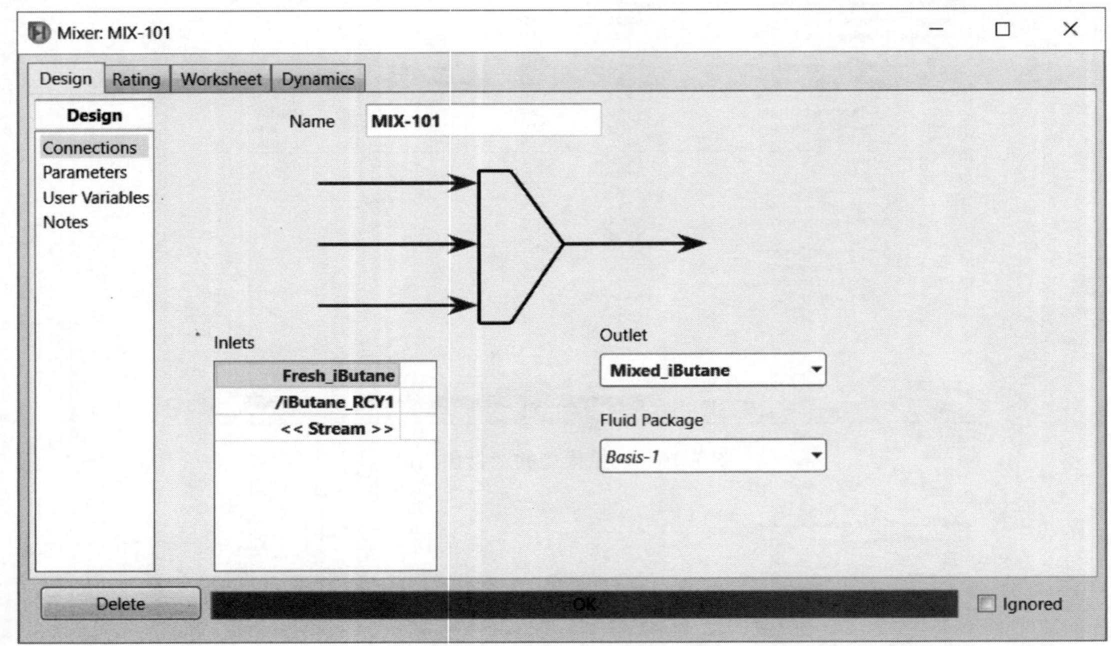

图 7.19 收敛异丁烷循环

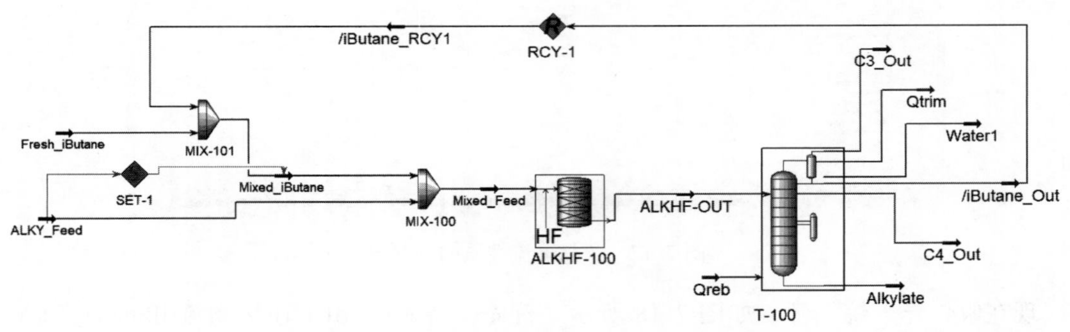

图 7.20 具有异丁烷循环的 HF 烷基化工艺流程图

检查体积流量结果：Mixed_iButane 体积流量为 $424m^3/h$，正好是 ALKY_Feed 体积流量($53m^3/h$)的 8 倍，iButane_RCY1 体积流量为 $368.9m^3/h$。Fresh-iButane 体积流量为 424-368.9=$55.1m^3/h$，与模拟结果一致。因此，RCY-1 和 SET 模块运行良好。图 7.21 和图 7.22 显示了最终的产品物流及其属性。

本例结束前需要指出的是：(1)如果有装置数据可用，可以用严格精馏模型(Rigorous Column)替代 Petroleum Distillation Column；(2)烷基化模型目前不包含催化剂组分(HF 或 H_2SO_4)，仅包含其在反应动力学计算中的流量和浓度，因此 HF 和 H_2SO_4 烷基化模型非常相似。

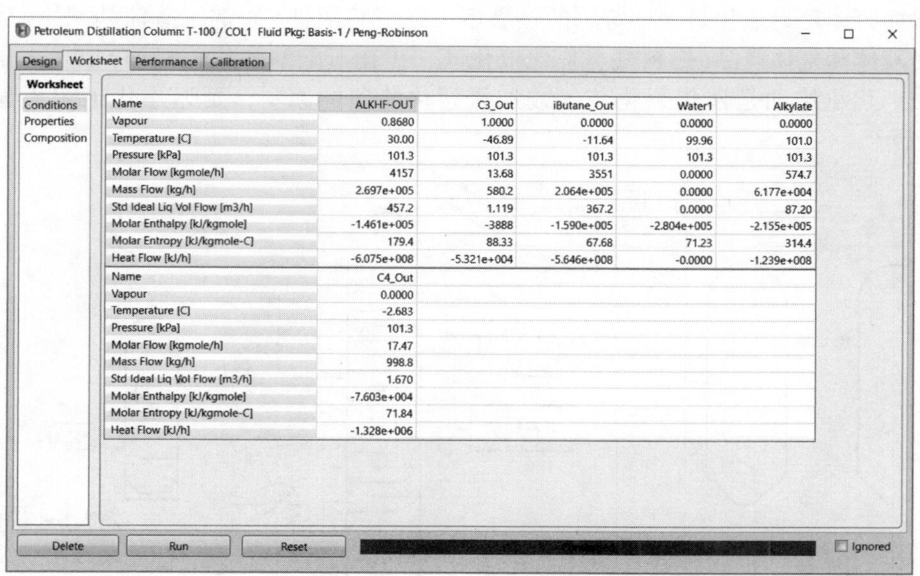

Name	ALKHF-OUT	C3_Out	iButane_Out	Water1	Alkylate
Vapour	0.8680	1.0000	0.0000	0.0000	0.0000
Temperature [C]	30.00	-46.89	-11.64	99.96	101.0
Pressure [kPa]	101.3	101.3	101.3	101.3	101.3
Molar Flow [kgmole/h]	4157	13.68	3551	0.0000	574.7
Mass Flow [kg/h]	2.697e+005	580.2	2.064e+005	0.0000	6.177e+004
Std Ideal Liq Vol Flow [m3/h]	457.2	1.119	367.2	0.0000	87.20
Molar Enthalpy [kJ/kgmole]	-1.461e+005	-3888	-1.590e+005	-2.804e+005	-2.155e+005
Molar Entropy [kJ/kgmole-C]	179.4	88.33	67.68	71.23	314.4
Heat Flow [kJ/h]	-6.075e+008	-5.321e+004	-5.646e+008	-0.0000	-1.239e+008

Name	C4_Out
Vapour	0.0000
Temperature [C]	-2.683
Pressure [kPa]	101.3
Molar Flow [kgmole/h]	17.47
Mass Flow [kg/h]	998.8
Std Ideal Liq Vol Flow [m3/h]	1.670
Molar Enthalpy [kJ/kgmole]	-7.603e+004
Molar Entropy [kJ/kgmole-C]	71.84
Heat Flow [kJ/h]	-1.328e+006

图 7.21　HF 烷基化工艺的产品物流

Petroleum Distillation Column: T-100 / COL1 Fluid Pkg: Basis-1 / Peng-Robinson

Design　Worksheet　Performance　Calibration

Worksheet　Conditions　Properties　Composition

Name	ALKHF-OUT	Alkylate	C3_Out	iButane_Out	Water1	
Molecular Weight	64.89	107.5	42.40	58.12	18.02	
Molar Density [kgmole/m3]	4.754e-002	5.891	5.562e-002	10.22	52.62	
Mass Density [kg/m3]	3.084	633.2	2.358	593.9	947.9	
Act. Volume Flow [m3/h]	8.745e+004	97.56	246.0	347.5	0.0000	
Mass Enthalpy [kJ/kg]	-2252	-2006	-91.71	-2736	-1.556e+004	
Mass Entropy [kJ/kg-C]	2.765	2.925	2.083	1.165	3.954	
Heat Capacity [kJ/kgmole-C]	117.0	267.7	53.63	124.7	79.22	
Mass Heat Capacity [kJ/kg-C]	1.803	2.491	1.265	2.145	4.398	
LHV Molar Basis (Std) [kJ/kgmole]	<empty>	<empty>	1.946e+006	2.652e+006	0.0000	<e
HHV Molar Basis (Std) [kJ/kgmole]	<empty>	<empty>	2.076e+006	2.857e+006	4.101e+004	<e
HHV Mass Basis (Std) [kJ/kg]	<empty>	<empty>	4.895e+004	4.917e+004	2276	<e
CO2 Loading	<empty>	<empty>	<empty>	<empty>	<empty>	<e
CO2 Apparent Mole Conc. [kgmole/m3]	<empty>	3.110e-022	<empty>	0.0000	<empty>	
CO2 Apparent Wt. Conc. [kgmol/kg]	<empty>	4.911e-025	<empty>	0.0000	<empty>	
LHV Mass Basis (Std) [kJ/kg]	<empty>	<empty>	4.590e+004	4.564e+004	0.0000	<e
Phase Fraction [Vol. Basis]	0.8298	<empty>	1.000	<empty>	0.0000	<e
Phase Fraction [Mass Basis]	0.8023	0.0000	1.000	0.0000	0.0000	
Phase Fraction [Act. Vol. Basis]	0.9991	0.0000	1.000	0.0000	0.0000	
Mass Exergy [kJ/kg]	0.1436	19.57	14.11	54.90	35.22	
Partial Pressure of CO2 [kPa]	0.0000	0.0000	4.538e-004	0.0000	0.0000	
Cost Based on Flow [Cost/s]	0.0000	0.0000	0.0000	0.0000	0.0000	
Act. Gas Flow [ACT_m3/h]	8.737e+004	<empty>	246.0	<empty>	<empty>	

Delete　Run　Reset　Ignored

图 7.22　HF 烷基化工艺的产品性质

7.2　延迟焦化

7.2.1　工艺简介

Kaes[2]、Gary 等[1]以及 Ellis 和 Paul[7]详细描述了石油焦和延迟焦化装置的操作、焦化反应、产品分离和技术经济。本文总结了这些参考文献的主要特点，主要侧重于与过程模拟和优化相关的内容。

一般而言，延迟焦化是一种苛刻的热裂解工艺，将渣油(如常压渣油和减压渣油)升级或转化为液体和气体产品(燃料气、焦化液化气、焦化石脑油和焦化蜡油)以及大量的石油焦固体[7]。焦化蜡油是催化裂化装置或加氢裂化装置的原料，延迟焦化工艺流程简图如图 7.23所示。

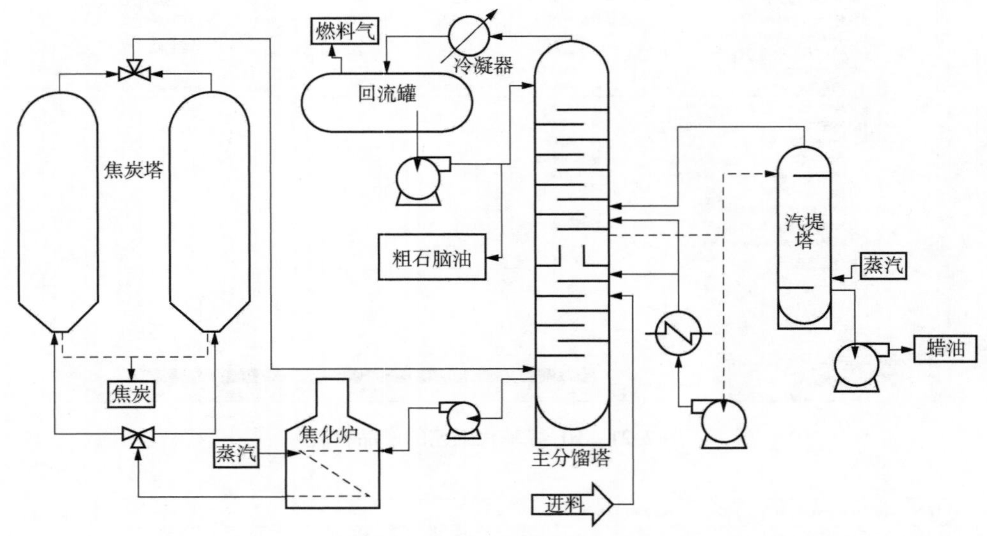

图 7.23　典型延迟焦化工艺示意图

延迟焦化装置的原料通常是减压渣油，与焦化分馏塔底循环油和蒸汽混合后，在进料加热炉(具有水平炉管的加热炉)中加热到热裂解温度 485～505℃。由于在炉管中停留时间短，结焦被"延迟"到加热炉下游的焦炭塔底部[7]。焦炭塔的停留时间长，重质组分发生聚合和脱氢形成焦炭，并在焦炭塔壁面上沉积，由下而上堆积在焦炭塔中。当焦炭积累到一定高度后，焦炭塔切换成离线状态，通过水力切焦钻取出焦炭。除焦过程会消耗大量的水，并且污水在回用前需要进行处理[2]。

生焦和除焦操作是循环的，因此至少需要两台焦炭塔。当一台焦炭塔生焦完成后，需要离线除焦并切换至另一台焦炭塔生焦[2]。

未携带焦炭的蒸汽和油气离开焦炭塔顶部，并在进入分馏单元前使用蜡油急冷来抑制反应。急冷塔气相被引入分馏塔底部的洗涤段，该区域使用重质蜡油进行洗涤，洗涤段液相落入分馏塔底，与新鲜渣油混合后作为进料[7]。

主分馏塔将洗涤段气相分离成燃料气、焦化液化气、焦化石脑油(或粗汽油)、轻焦化蜡油(LGO)、重焦化蜡油(HGO)和塔底循环油。塔底循环油作为原料循环回焦化装置入口，焦化蜡油可以进一步加氢精制或者作为其他裂解装置的原料。

7.2.2　原料表征、集总动力学和生焦反应动力学

延迟焦化装置包含三种反应：第一，在炉管、焦炭塔液相和焦炭塔气相中发生热裂解反应；第二，在焦炭塔液相中发生缩合反应生成焦炭；第三，焦炭塔中的沥青沉积形成焦炭。

为了使用 Aspen HYSYS 对延迟焦化进行反应动力学模拟，我们首先通过 SG、硫含量、

残炭(CCR)、氮含量和 D2887 蒸馏曲线(9 点)对焦化装置原料进行表征。随着延迟焦化工艺成为炼厂渣油改质的首选技术，基于焦化进料表征来预测产品收率是非常重要的。Ancheyta [8] 和 Gary [1] 总结了 1981~2006 年报道的焦化产品收率预测的经验关联式，其中大部分关联式是基于 CCR 和 API。参考文献[9，10]给出了这些关联式在延迟焦化工业装置的应用案例。

本章将向读者阐述如何使用 Aspen HYSYS 开发延迟焦化模型来预测操作条件以及进料性质的影响。

Aspen HYSYS 延迟焦化模型包含 37 个集总组分和 113 个反应。Aspen HYSYS 根据列出的进料性质和计算物性可以更直接地关联集总组分，特别是 Watson K 因子[见式(1.7)]。根据 Watson K 因子，Aspen HYSYS 可以估算烷烃、环烷和芳烃(PNA)的含量。模拟文件 Workshop 7.2-1 Closed Loop_Calibration.hsc 中阐述了进料性质和焦化进料的 PNA 组成的估算。打开文件并转至 COKER-100→Calibrate→Feed Summary(见图 7.24)。

Delayed Coker: COKER-100

Simulation | Calibrate | Worksheet | Solver

Calibrate

- Feed/Operation
- Feed Summary
- Cuts
- Light Ends
- Heavy Ends
- Calibration Targets
- Calibration Results
- Advanced
- Base Property Curves

Feed properties input from stream

Specific Gravity	0.9856
Sulfur [wt %]	6.026
ConCarbon [wt %]	8.206
Nitrogen [ppmwt]	7803
D2887 IBP [C]	390.0
D2887 5% [C]	432.3
D2887 10% [C]	474.7
D2887 30% [C]	533.6
D2887 50% [C]	589.0
D2887 70% [C]	641.7
D2887 90% [C]	715.7
D2887 95% [C]	825.3
D2887 FBP [C]	871.6

Feed properties calculated from stream

Watson K	11.28
Paraffins [wt %]	18.83
Naphthenics [wt %]	22.48
Aromatics [wt %]	58.69

Feed lump composition (wt %)

HP	0.9494
HPS	0.6536
HN	1.884
HAA1	3.480
HAA2	0.3809
HAA3	0.2777
HASA1	2.262
HASA2	0.2477
HASA3	0.1806
HDA2	8.200e-003
HDA3	8.200e-003
RP	10.44
RPS	6.786
RN	20.59
RAA1	24.08
RAA2	2.637
RAA3	1.922
RAA4	1.401
RASA1	15.66
RASA2	1.714
RASA3	1.250
RASA4	0.9111
RDA3	1.135
RDA4	1.135

Delete | Ignored

图 7.24 CokerFeed 进料性质输入，根据 Waston K 因子的进料性质计算 PNA 组成、进料集总组分组成

Aspen HYSYS 使用 PNA 组成、蒸馏曲线和 CCR 来计算焦化装置进料的集总组分组成。

为了解每个集总组分首字母缩写的含义，可以将鼠标放置在集总组分的上部，例如 HP，然后单击 F1，访问 Aspen HYSYS V9 帮助文档，可以查看相关解释，如图 7.25 所示。

除了图 7.24 所示的 24 个集总组分外，Aspen HYSYS 还包括另外 9 个真实组分和集总组分：H2S、C（Lights）、G（Gasoline）、GS（Gasoline S）、LP（Light Paraffins）、LPS（Light Paraffin S）、LN（Light Naphthenes）、Coke，Water。

33 个真实组分和集总组分组成了 133 个反应，每个反应动力学采用一级反应标准阿伦尼乌斯公式来表示。在“Calibration”选项卡“Advanced”页面中，我们可以设定高级动力学和合适参数来微调动力学模型，便于更好地匹配装置数据(见图 7.26)。

HP	Gas Oil Paraffin
HPS	Gas Oil Sulfides
HN	Gas Oil Naphthenes
HAA1	Gas Oil 1-Ring Alkyl Aromatics
HAA2	Gas Oil 2-Ring Alkyl Aromatics
HAA3	Gas Oil 3-Ring Alkyl Aromatics
HASA1	Gas Oil 1-Ring Sulfide Aromatics
HASA2	Gas Oil 2-Ring Sulfide Aromatics
HASA3	Gas Oil 3-Ring Sulfide Aromatics
HDA2	Gas Oil 2-Ring Denuded Aromatics (No more crackable sidechains)
HDA3	Gas Oil 3-Ring Denuded Aromatics
RP	Resid Paraffin
RPS	Resid Sulfides
RN	Resid Naphthenes
RAA1	Resid 1-Ring Alkyl Aromatics
RAA2	Resid 2-Ring Alkyl Aromatics
RAA3	Resid 3-Ring Alkyl Aromatics
RAA4	Resid 4-Ring Alkyl Aromatics
RASA1	Resid 1-Ring Sulfide Aromatics
RASA2	Resid 2-Ring Sulfide Aromatics
RASA3	Resid 3-Ring Sulfide Aromatics
RASA4	Resid 4-Ring Sulfide Aromatics
RDA3	Resid 3-Ring Denuded Aromatics
RDA4	Resid 4-Ring Denuded Aromatics

图 7.25　Aspen HYSYS V9 帮助文档——24 集总组分的含义

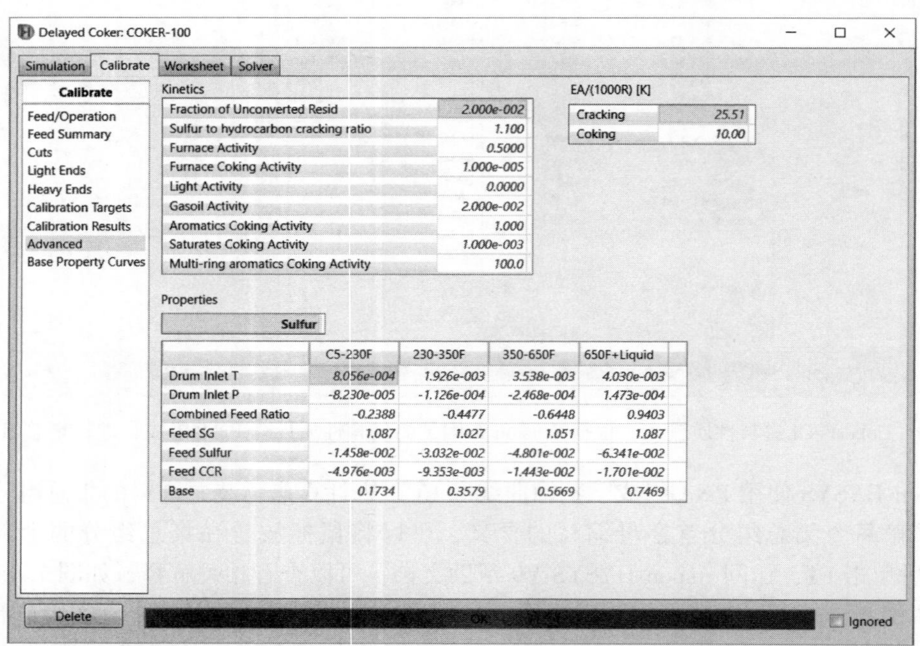

图 7.26　用于匹配装置数据的动力学模型微调的高级动力学和物性参数

更多详细内容请参阅 Aspen HYSYS V9 帮助文档（通过功能键 F1 访问），例如，“Fraction Of The Unconverted Resid”表示在生焦周期末期未转化而残留在焦炭塔中的渣油，对应于焦炭中的挥发分，其含量随着焦炭产量和生焦温度降低而增加。

7.2.3　例题 7.2——延迟焦化工艺的模拟和标定

在本例中，我们将指导读者如何从 Aspen HYSYS V9 安装目录下的 delayedcoker_ rigorouscolumn. hsc 文件中复制完整延迟焦化模型变量。

首先，在 Aspen HYSYS 中打开一个新案例，进入 Properties Environment，然后单击 Petroleum Assay，注意，Adding An Assay 包含三个选项：Import from Library，Import from File，Manually Enter(见图 7.27)。我们将模拟文件保存为 Workshop 7.2-1. hsc。

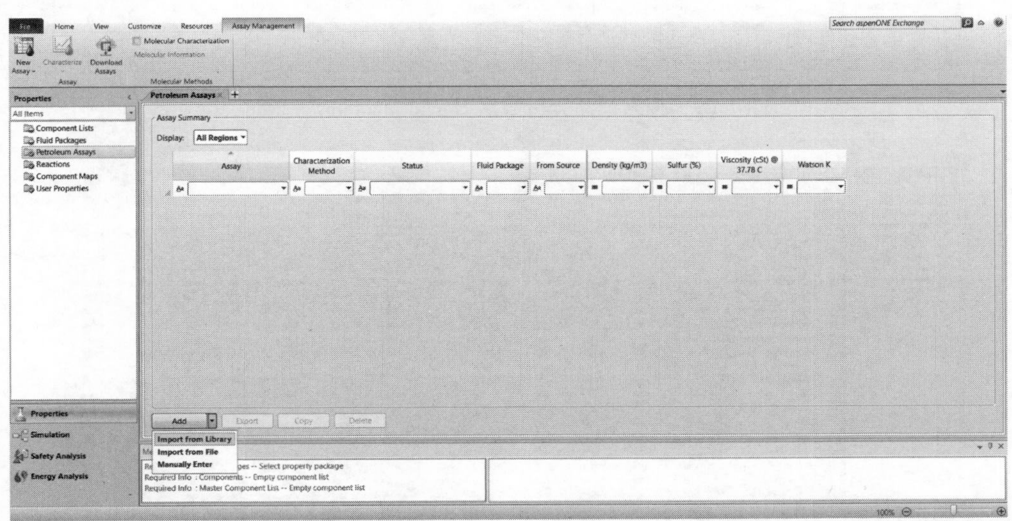

图 7.27　打开新案例，进入 Properties 环境，单击 Petroleum Assays，选择“Import from Library”添加油品分析数据

延迟焦化装置的典型原料是减压渣油。在本例中，我们选择 Aspen assay library 中现有油品 Hondo Monterrey—1983 来定义减压渣油。单击上图中“Import from Library”按钮，HYSYS 要求从列表中选择油品分析组分“Assay Component Celsius to 850C. cml”，然后，搜索油品 Hondo Monterey—1983 并导入其中(见图 7.28~图 7.31)。

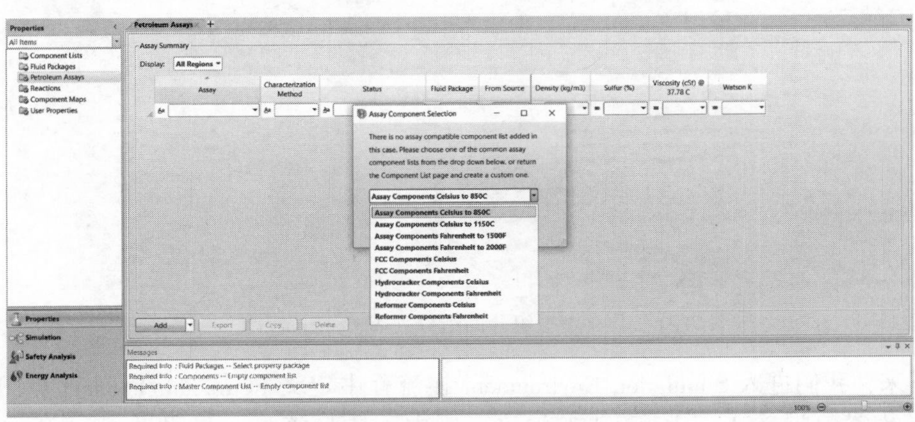

图 7.28　选择预定义组分列表

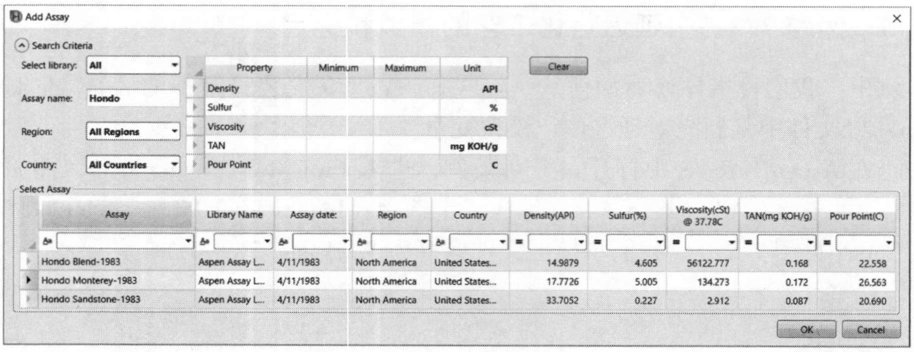

图 7.29　搜索油品分析数据 Hondo Monterey—1983

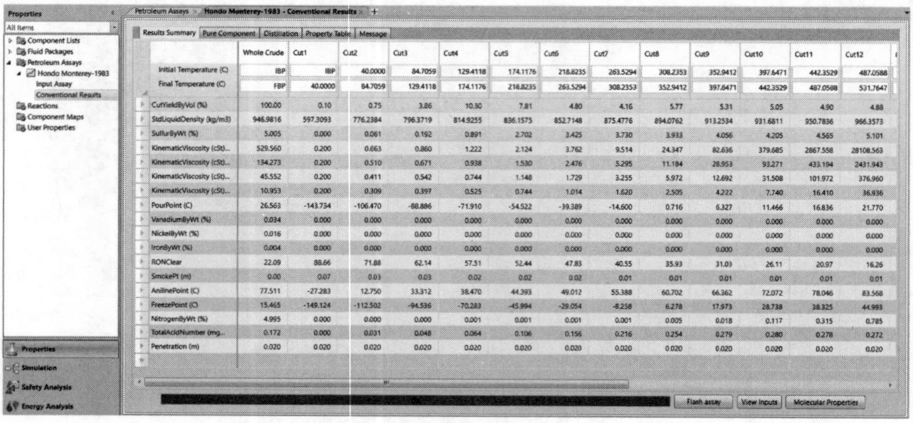

图 7.30　导入油品分析数据 Hondo Monterey—1983

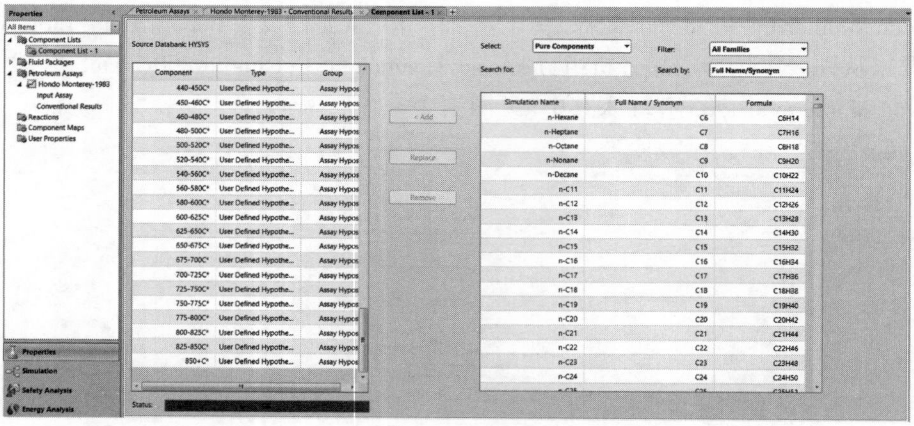

图 7.31　具有虚拟组分的组分列表 Component List-1

接下来，我们进入 Simulation Environment 在流程中定义 Petroleum Feeder(见图 7.32)。我们根据装置数据输入 CokerFeed 的温度、压力和质量流量，并假设 CokerFeed 最初与 Honod Monterey—1983 具有相同的组成和性质(见图 7.33)。

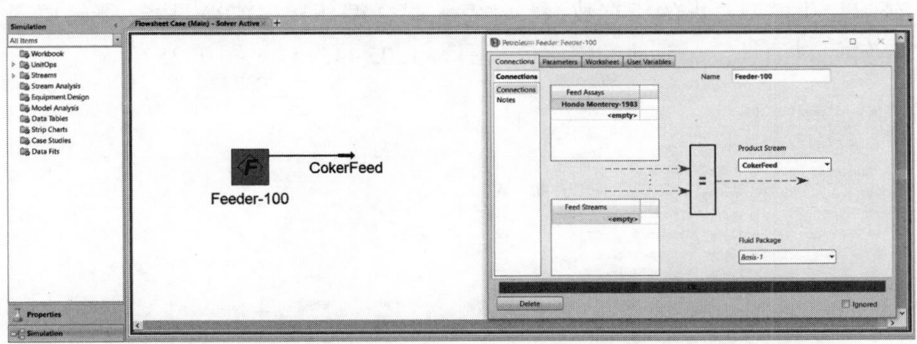

图 7.32　定义 Petroleum Feeder

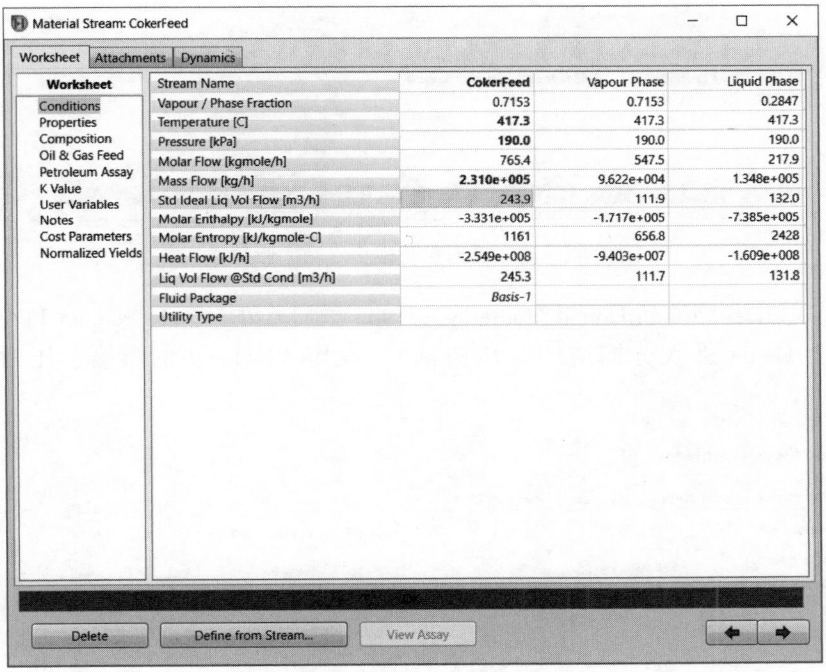

Material Stream: CokerFeed

Worksheet | Attachments | Dynamics

Worksheet: Conditions, Properties, Composition, Oil & Gas Feed, Petroleum Assay, K Value, User Variables, Notes, Cost Parameters, Normalized Yields

Stream Name	CokerFeed	Vapour Phase	Liquid Phase
Vapour / Phase Fraction	0.7153	0.7153	0.2847
Temperature [C]	**417.3**	417.3	417.3
Pressure [kPa]	**190.0**	190.0	190.0
Molar Flow [kgmole/h]	765.4	547.5	217.9
Mass Flow [kg/h]	**2.310e+005**	9.622e+004	1.348e+005
Std Ideal Liq Vol Flow [m3/h]	243.9	111.9	132.0
Molar Enthalpy [kJ/kgmole]	-3.331e+005	-1.717e+005	-7.385e+005
Molar Entropy [kJ/kgmole-C]	1161	656.8	2428
Heat Flow [kJ/h]	-2.549e+008	-9.403e+007	-1.609e+008
Liq Vol Flow @Std Cond [m3/h]	245.3	111.7	131.8
Fluid Package	*Basis-1*		
Utility Type			

OK

Delete | Define from Stream... | View Assay

图 7.33　CokerFeed 操作条件

接下来，在流程中添加延迟焦化模型并设定连接流股(见图 7.34)。

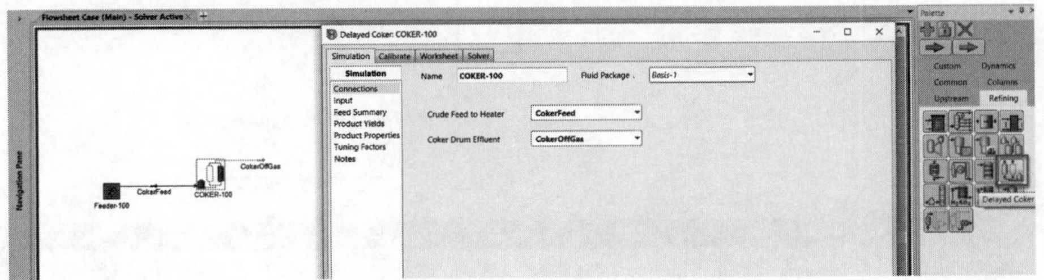

图 7.34　添加 Delayed Coker 模型

输入延迟焦化模型要求的所有数据，注意，联合循环比(CFR)是指(新鲜原料油量+循环油量)/新鲜原料油量，一般地，该比值范围为1.05~1.15(见图7.35)。

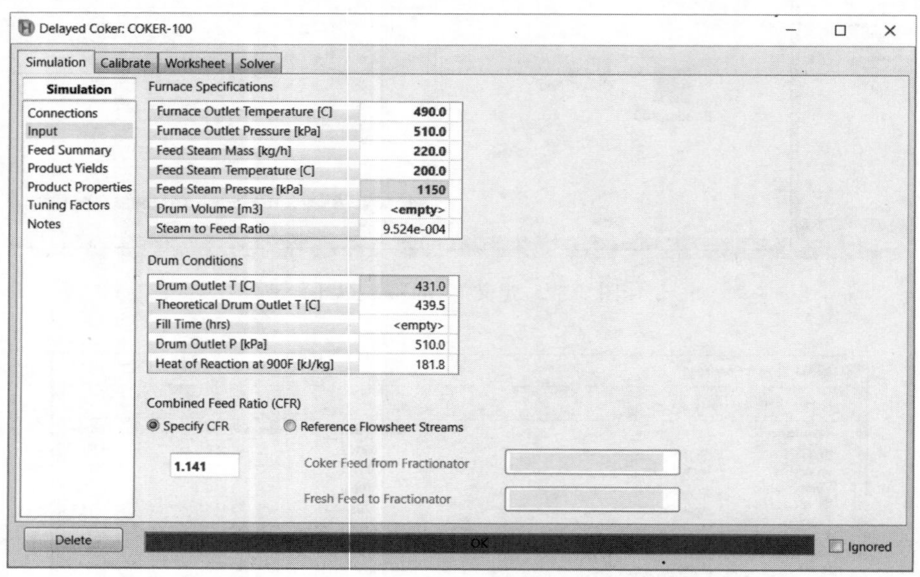

图7.35　输入延迟焦化模型参数并收敛模拟

接下来，基于相同油品Honod Monterey —1983添加另外一个Petroleum Feeder模块以及产品物流VR Feed(进入分馏塔的减压渣油)。设定VR Feed的温度、压力和流量(见图7.36)。

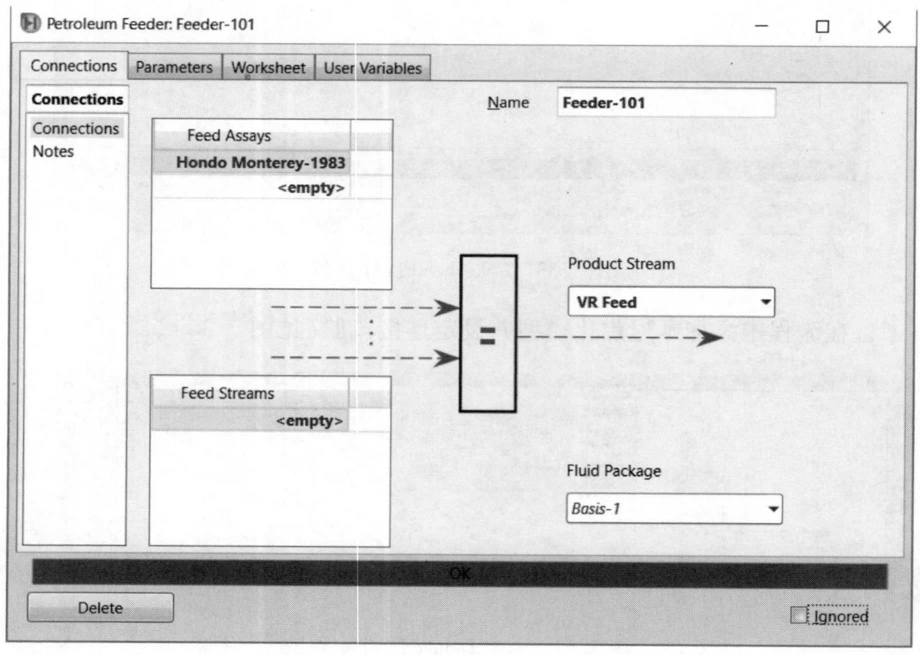

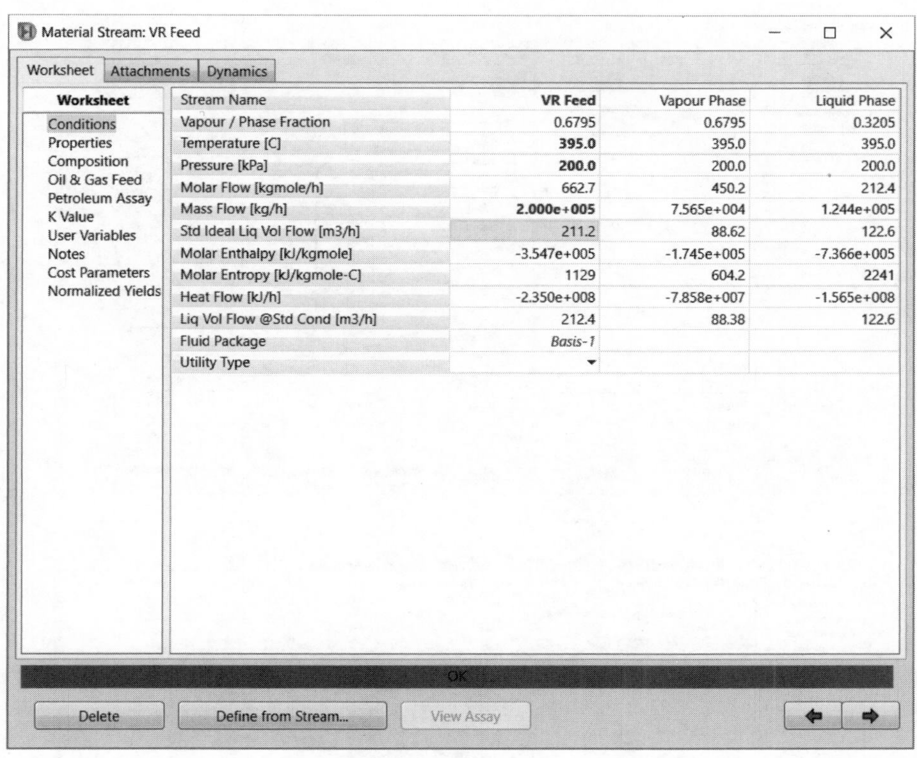

图 7.36　定义 Petroleum Feeder 的进料和产品物流 VR Feed

继续添加分馏塔模型，以 VR Feed 和 CokerOffGas 作为进料，以 Fuel Gas、LPG、Naphtha、LGO、HGO、Coker Feed 作为产品。该分馏塔包含一台侧线汽提塔和一个中段循环。本例使用 Refluxed Absorber(含有冷凝器但是不含有再沸器)模型表示分馏塔(见图 7.37~图 7.40)。

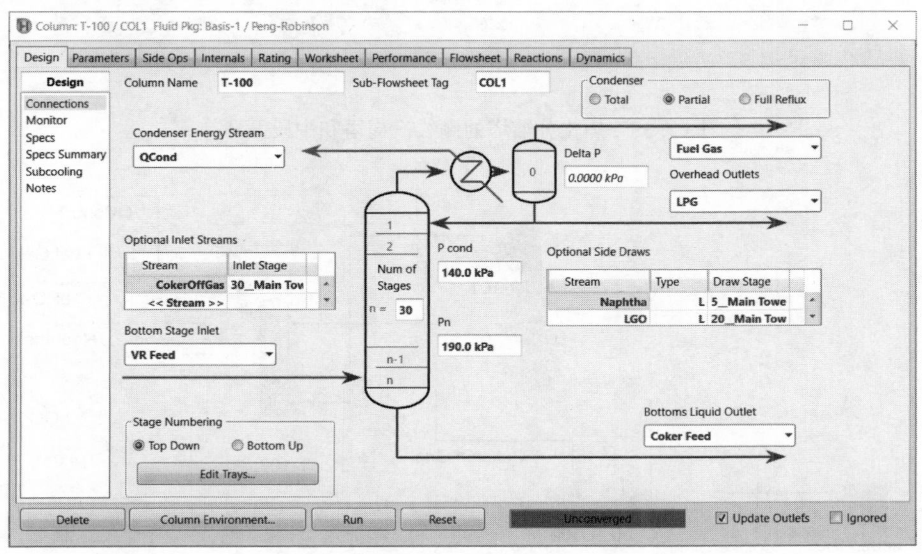

图 7.37　焦化分馏塔的配置

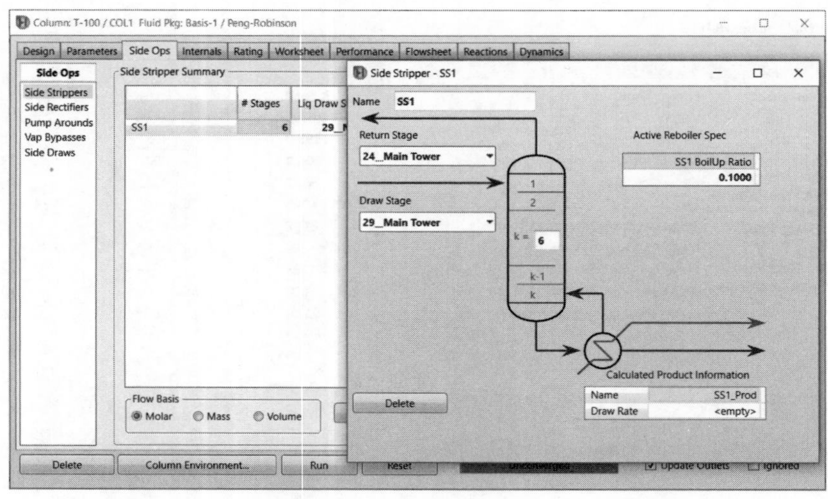

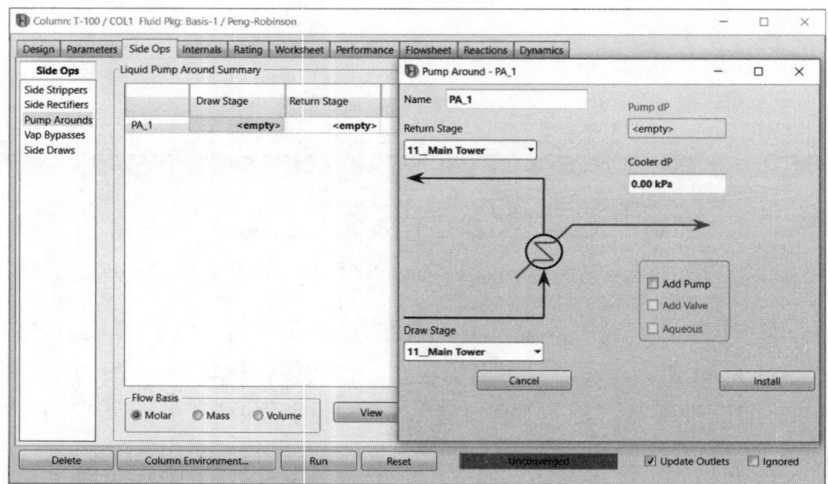

图 7.38　焦化分馏塔的侧线汽提塔和中段循环

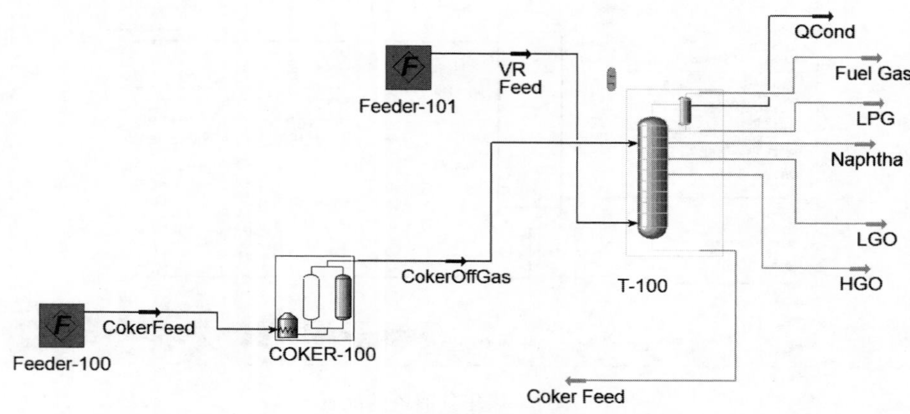

图 7.39　循环前的延迟焦化工艺流程

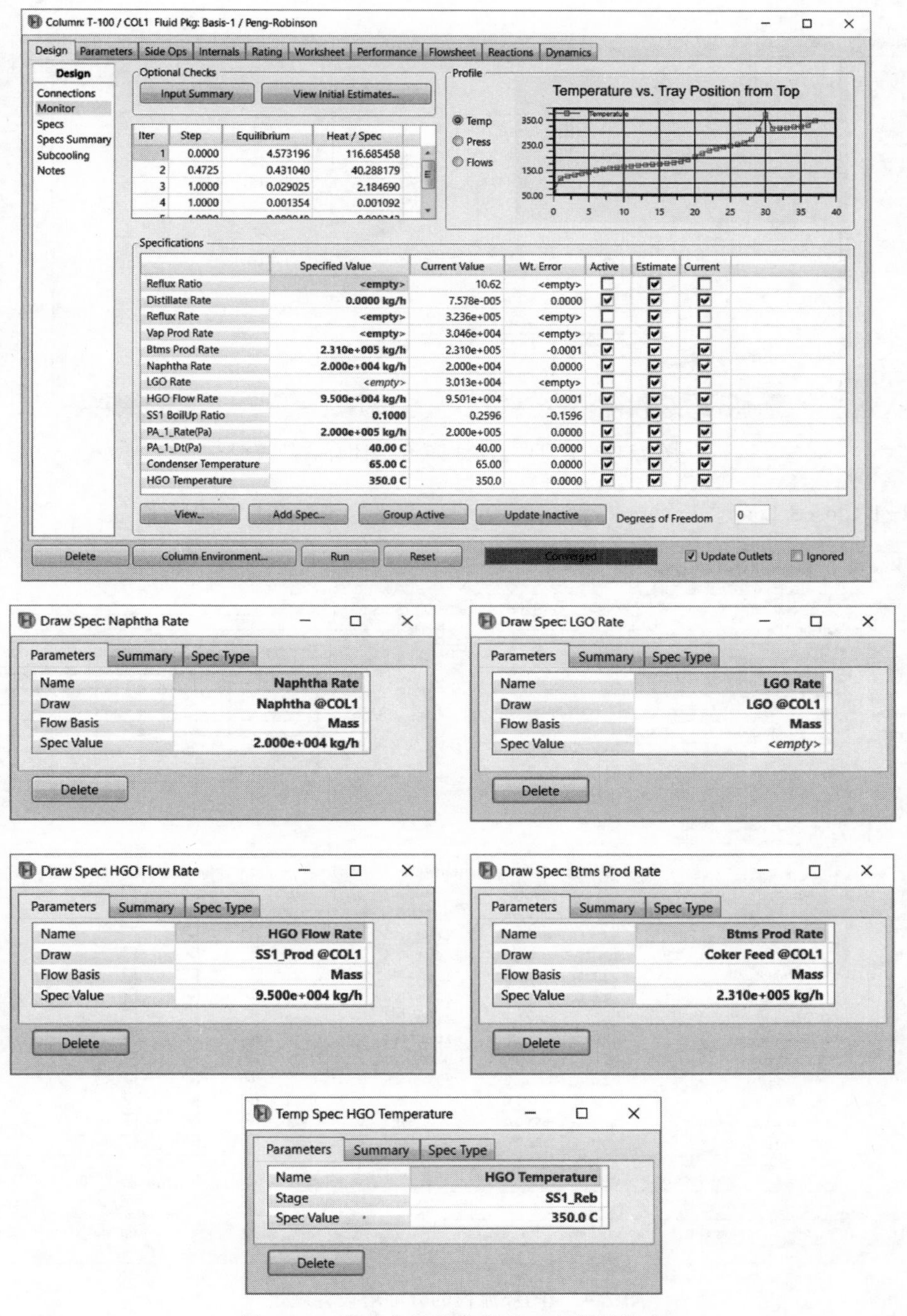

图 7.40　焦化分馏塔收敛的 8 个设计规定

图 7.41 给出了焦化分馏塔的 8 个设计规定，将收敛的开环模拟保存为 Workshop 7.2-1 Open Loop_Converged. hsc。

接下来，删除 Petroleum Feeder 模块 F-100，添加 Recycle 模块 RCY-1 并连接相应物流，如图 7.41 所示。图 7.42 给出了焦化分馏塔收敛的设计规定。我们将模拟文件保存为 Work-

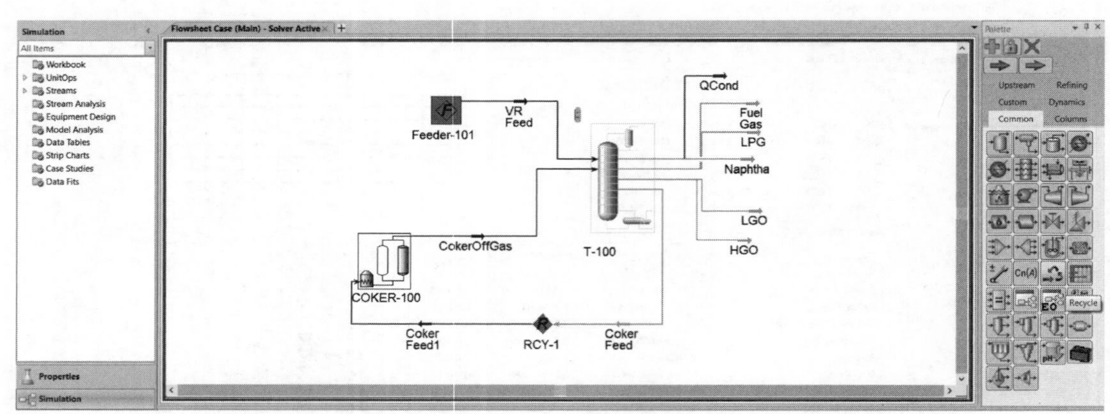

图 7.41　开环收敛流程转化为闭环收敛流程

shop 7.2-1 Closed Loop_Converged. hsc。

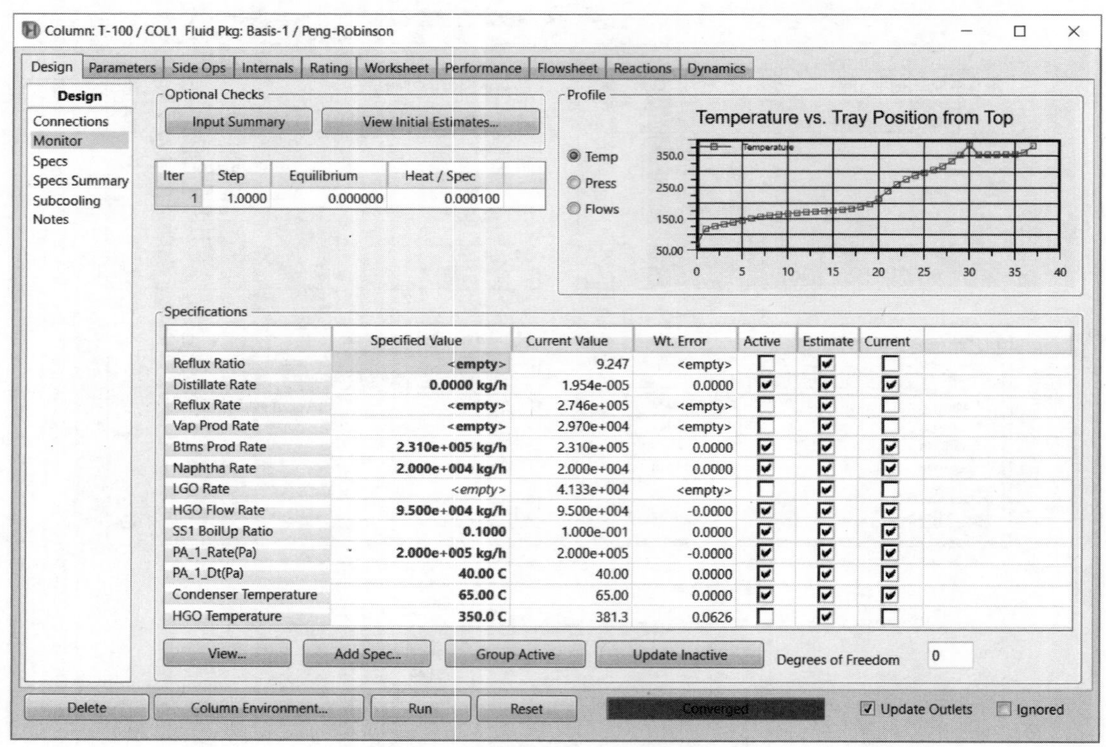

Iter	Step	Equilibrium	Heat / Spec
1	1.0000	0.000000	0.000100

	Specified Value	Current Value	Wt. Error	Active	Estimate	Current
Reflux Ratio	<empty>	9.247	<empty>	☐	☑	☐
Distillate Rate	0.0000 kg/h	1.954e-005	0.0000	☑	☑	☑
Reflux Rate	<empty>	2.746e+005	<empty>	☐	☑	☐
Vap Prod Rate	<empty>	2.970e+004	<empty>	☐	☑	☐
Btms Prod Rate	2.310e+005 kg/h	2.310e+005	0.0000	☑	☑	☑
Naphtha Rate	2.000e+004 kg/h	2.000e+004	0.0000	☑	☑	☑
LGO Rate	<empty>	4.133e+004	<empty>	☐	☑	☐
HGO Flow Rate	9.500e+004 kg/h	9.500e+004	-0.0000	☑	☑	☑
SS1 BoilUp Ratio	0.1000	1.000e-001	0.0000	☑	☑	☑
PA_1_Rate(Pa)	2.000e+005 kg/h	2.000e+005	-0.0000	☑	☑	☑
PA_1_Dt(Pa)	40.00 C	40.00	0.0000	☑	☑	☑
Condenser Temperature	65.00 C	65.00	0.0000	☑	☑	☑
HGO Temperature	350.0 C	381.3	0.0626	☐	☑	☐

图 7.42　闭环流程的分馏塔设计规定

我们继续使用装置数据校准延迟焦化模型。首先，将 Workshop 7.2-1 Closed Loop_Converged. hsc 文件重新保存为 Workshop 7.2-1 Closed Loop_Calibration. hsc。打开延迟焦化模型，进入“Calibration”，点击“Pull Data from Simulation”，结果如图 7.43 所示。

然后，我们输入可用的装置数据进行校准(见图 7.44～图 7.46)。为方便起见，可以从本书附属材料中 Workshop 7.2-1 Initial and Calibration Data. xlsx 文件中复制这些校准数据。

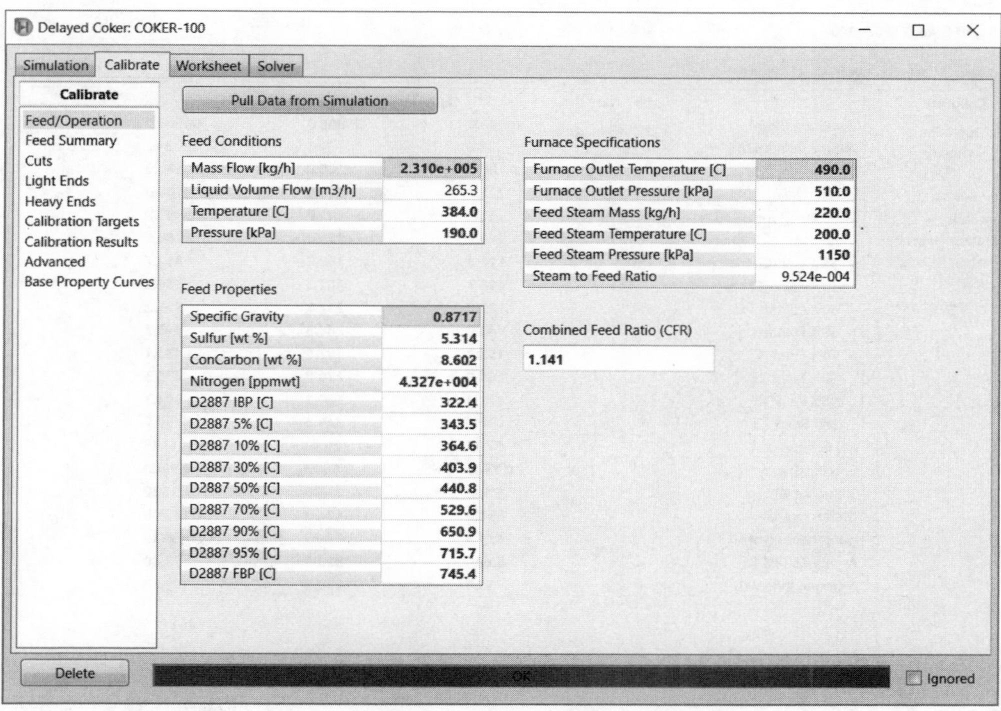

图 7.43 校准第 1 步是提取收敛数据

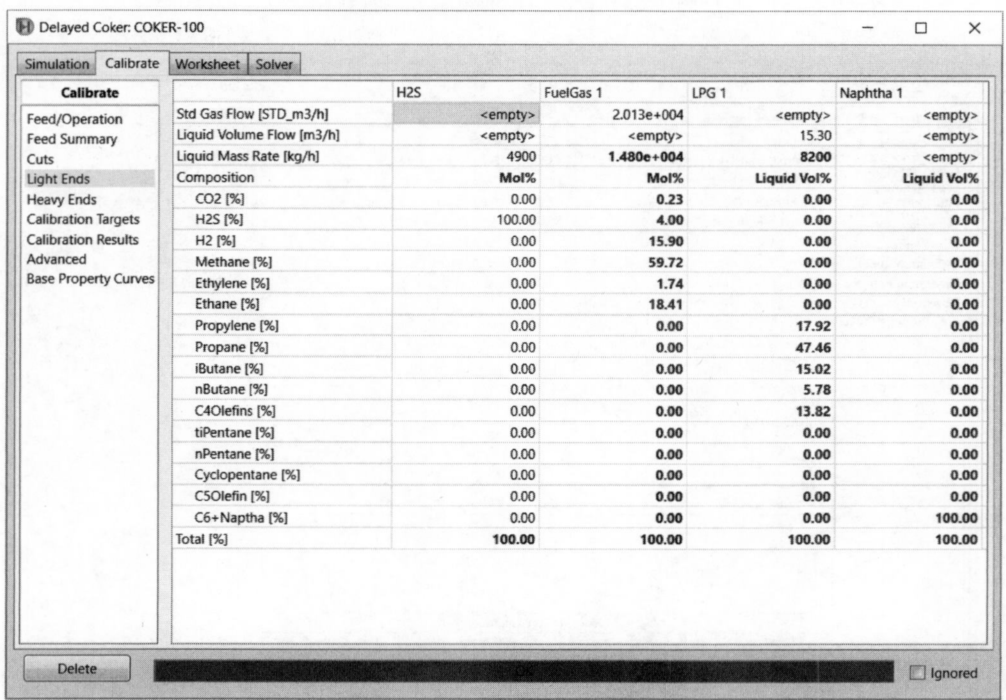

	H2S	FuelGas 1	LPG 1	Naphtha 1
Std Gas Flow [STD_m3/h]	<empty>	2.013e+004	<empty>	<empty>
Liquid Volume Flow [m3/h]	<empty>	<empty>	15.30	<empty>
Liquid Mass Rate [kg/h]	4900	1.480e+004	8200	<empty>
Composition	Mol%	Mol%	Liquid Vol%	Liquid Vol%
CO2 [%]	0.00	0.23	0.00	0.00
H2S [%]	100.00	4.00	0.00	0.00
H2 [%]	0.00	15.90	0.00	0.00
Methane [%]	0.00	59.72	0.00	0.00
Ethylene [%]	0.00	1.74	0.00	0.00
Ethane [%]	0.00	18.41	0.00	0.00
Propylene [%]	0.00	0.00	17.92	0.00
Propane [%]	0.00	0.00	47.46	0.00
iButane [%]	0.00	0.00	15.02	0.00
nButane [%]	0.00	0.00	5.78	0.00
C4Olefins [%]	0.00	0.00	13.82	0.00
tiPentane [%]	0.00	0.00	0.00	0.00
nPentane [%]	0.00	0.00	0.00	0.00
Cyclopentane [%]	0.00	0.00	0.00	0.00
C5Olefin [%]	0.00	0.00	0.00	0.00
C6+Naptha [%]	0.00	0.00	0.00	100.00
Total [%]	100.00	100.00	100.00	100.00

图 7.44 校准使用的轻组分装置数据

Delayed Coker: COKER-100

Simulation | Calibrate | Worksheet | Solver

Calibrate: Feed/Operation, Feed Summary, Cuts, Light Ends, Heavy Ends, Calibration Targets, Calibration Results, Advanced, Base Property Curves

	Naphtha 1	Light Gas Oil	Heavy Gas Oil
Mass Rate [kg/h]	20000.0	30000.0	80000.0
Volume Rate [m3/h]	26.7	34.1	84.2
Temperature [C]	100.0	100.0	100.0
Pressure [kPa]	100.0	100.0	100.0
Distillation Type	TBP	TBP	TBP
IBP [C]	106.2	159.0	286.5
5% Point [C]	111.4	183.2	311.7
10% Point [C]	116.7	207.3	336.8
30% Point [C]	129.4	232.7	375.2
50% Point [C]	142.0	244.8	398.5
70% Point [C]	153.3	252.6	433.1
90% Point [C]	166.8	270.8	475.3
95% Point [C]	171.2	280.2	504.3
End Point [C]	194.6	349.3	750.8
API Gravity	57.17	29.30	17.45
Specific Gravity	0.7500	0.8800	0.9500
Sulfur [wt %]	1.500	2.400	5.000
Olefins [vol %]	55.00	12.50	8.500
Naphthenes [vol %]	4.000	24.25	16.25
Aromatics [vol %]	5.000	39.00	59.00
Nitrogen [ppmwt]	50.0	250.0	1000.0

Delete | OK | Ignored

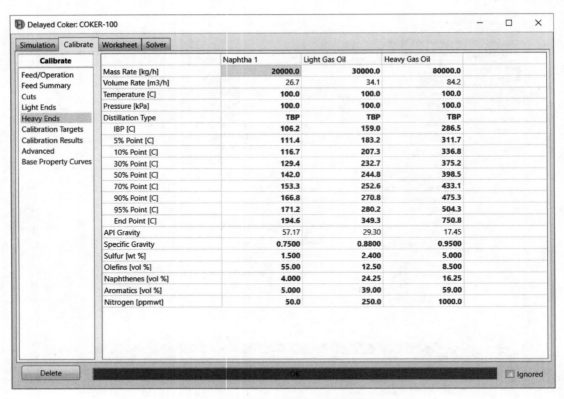

图 7.45　校准使用的重组分装置数据

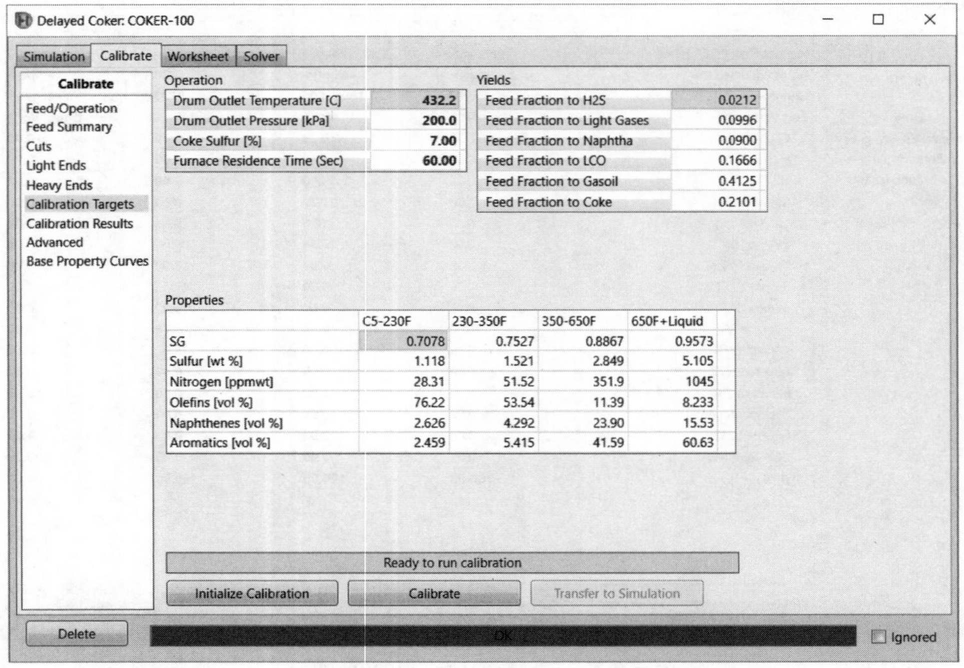

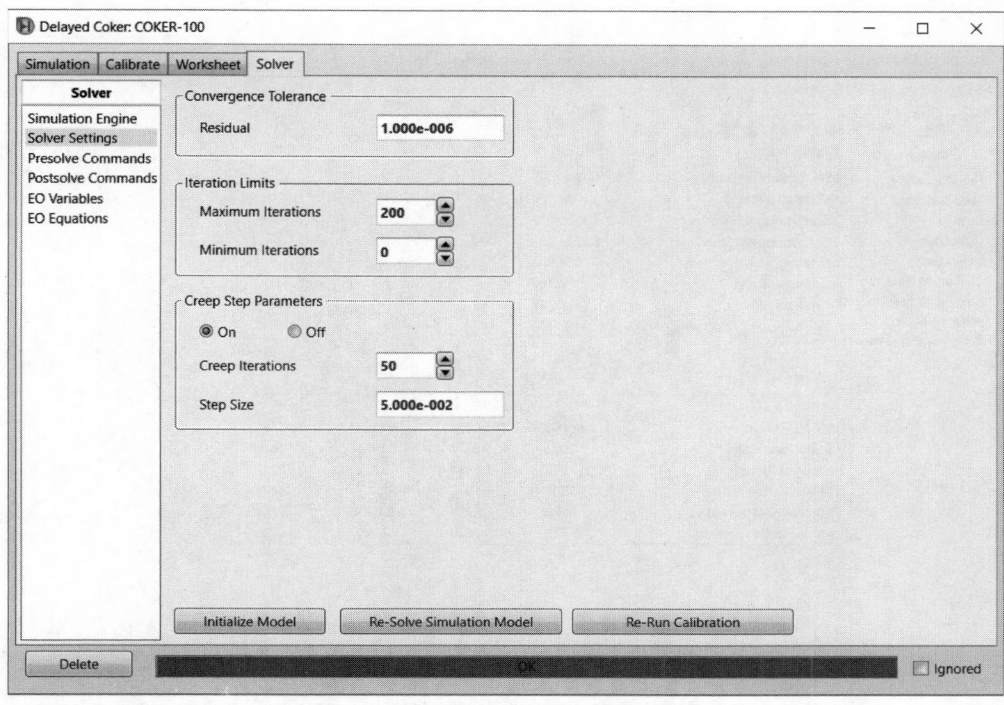

图 7.46　校准目标和求解器设置

校准包含三个步骤：初始化校准，校准，将得到的校准模型参数返回模拟文件(见图 7.47)。

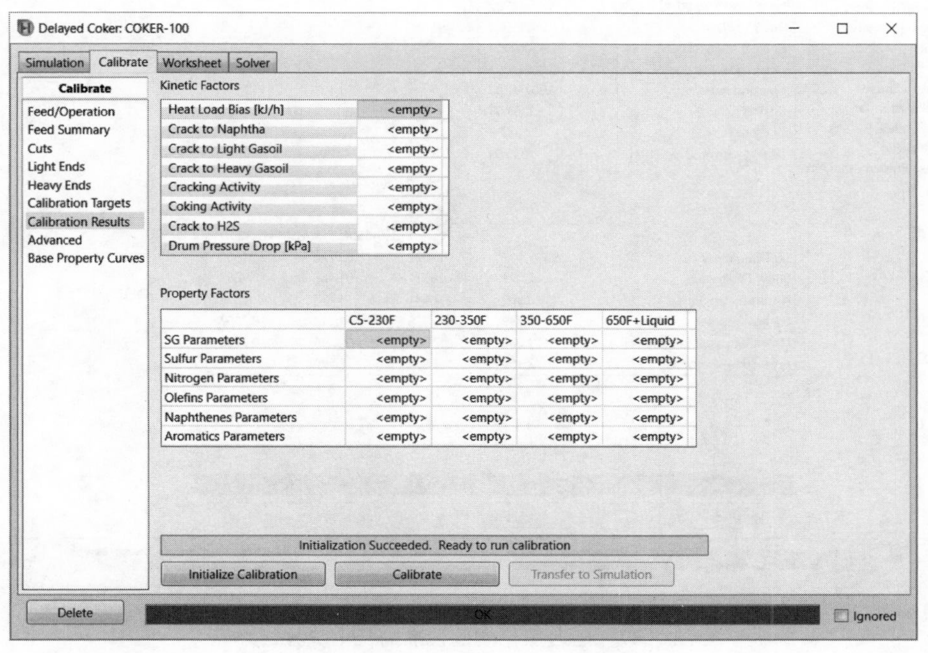

图 7.47　延迟焦压模型校准的三个步骤

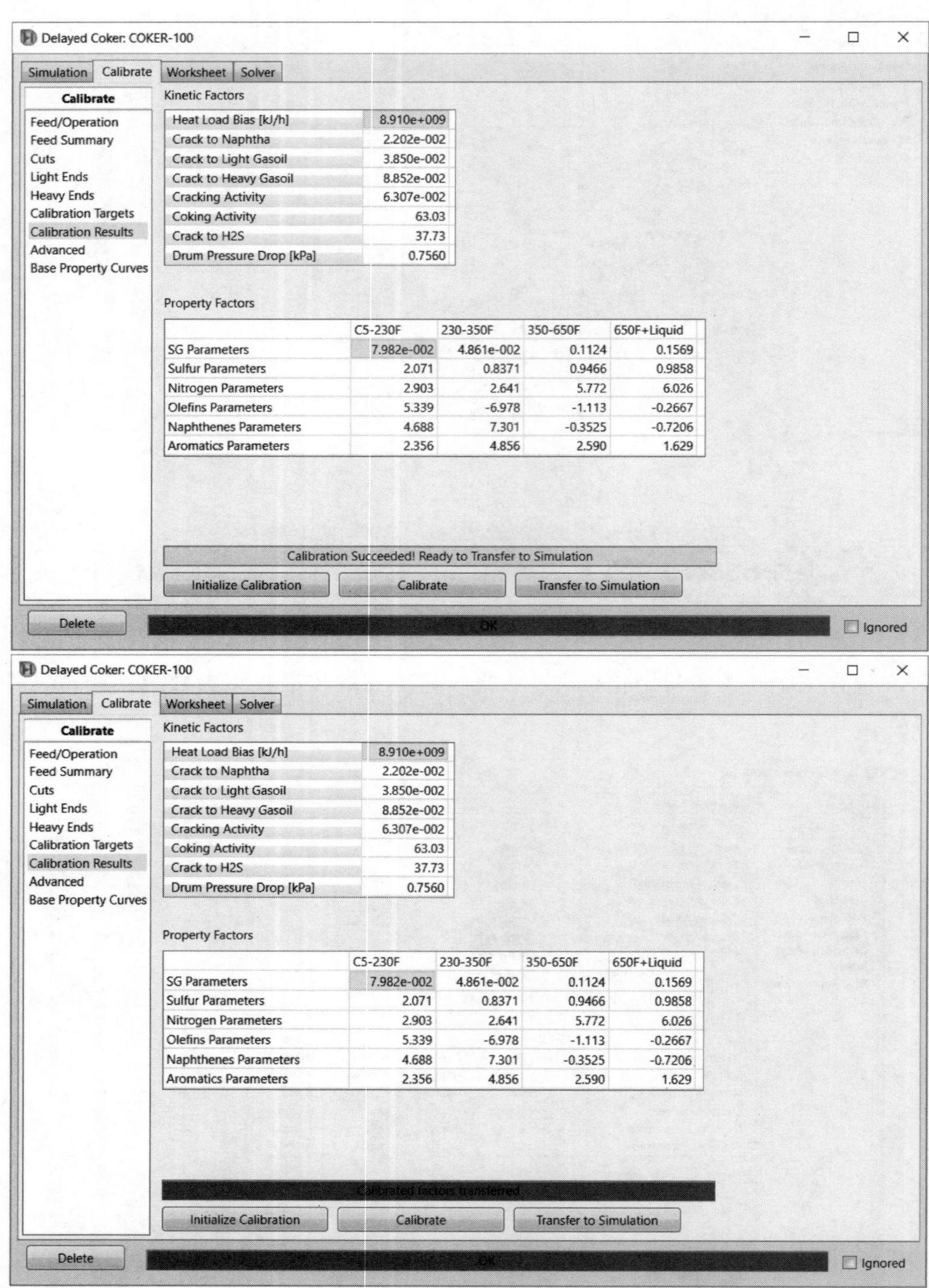

图 7.47　延迟焦化模型校准的三个步骤(续)

在本例结尾处，我们注意到，当装置数据可用时，读者可以继续添加更多的分馏单元(如稳定塔)至延迟焦化工艺流程中。通过参考第4.14.1~4.15.3节的例题4.3，我们可以容易地做到这一点，在这里我们详细地逐步演示如何建立催化裂化主分馏塔和气分装置的模型(包括图4.106~图4.110中的稳定塔)。我们可以使用相同的步骤来构建连续重整、加氢裂化、延迟焦化等装置的完整分馏模型。

7.2.4 例题7.3——通过 Petroleum Shift Reactor 简化延迟焦化模型以及在生产计划中的应用

本例介绍在生产计划中广泛应用的炼油反应器简化模型 Petroleum Shift Reactor。

Petroleum Shift Reactor 是基于第4.12节和第4.17节例题4.5讨论的原理开发的。一般地，Petroleum Shift Reactor 根据之前定义的 Delta-base 向量关联式[式(4.13)重新编号为式(7.1)]定量评估了自变量对产品收率和性质以及公用工程消耗的影响。

$$\begin{bmatrix} y_1 \\ y_2 \\ \vdots \\ y_n \end{bmatrix}(\text{Prediction}) = \begin{bmatrix} \bar{y}_1 \\ \bar{y}_2 \\ \vdots \\ \bar{y}_n \end{bmatrix}(\text{base}) + \begin{bmatrix} \frac{\Delta y_1}{\Delta x_1} & \cdots & \frac{\Delta y_1}{\Delta x_n} \\ \vdots & \ddots & \vdots \\ \frac{\Delta y_m}{\Delta x_1} & \cdots & \frac{\Delta y_m}{\Delta x_n} \end{bmatrix} \times (\text{Delta-base}) \cdot \begin{bmatrix} x_1 \\ x_2 \\ \vdots \\ x_n \end{bmatrix}(\text{Delta}) \tag{7.1}$$

在 Petroleum Shift Reactor 模型中，我们规定：

(1) x_i是第 i 个自变量的值，例如延迟焦化装置原料减压渣油的 API 度、CCR 或硫含量(%)。

(2) y_i是与产品，性质和公用工程有关的第 i 个因变量的值，例如焦化产品(轻组分、石脑油、中间馏分油、蜡油或焦炭)的质量收率(%)、液体密度或蒸汽流量。

(3)定义自变量($x_1 \sim x_n$) Delta 向量。

(4) base 向量给出了因变量$y_1 \sim y_m$的基值，表示产品收率、性质或公用工程消耗。

(5) Delta-base 矩阵或 Jacobian 矩阵由$\frac{\Delta y_m}{\Delta x_n}$组成，表示产品收率、性质的“偏移”或公用工程消耗“偏移”(y_m)，自变量“偏移”(x_n)。

Petroleum Shift Reactor 模型可以在建立大型炼厂流程的严格性和计算速度方面实现一定的折中。delta-base 概念也是生产计划和调度软件工具 Aspen PIMS 和 Aspen Petroleum Scheduler 在建模中使用的主要方法。因此，Petroleum Shift Reactor 模型可以更容易地将 Aspen HYSYS 的流程模拟和优化与生产和调度工具进行集成。

为了运行 Petroleum Shift Reactor 模型，我们必须确保流程中油品已附着流体包。由此可知该模型需要进料的一些油品性质，同样还可以计算产品所需的一些油品性质。

对于本例而言，我们打开第2章和第3章中详细讨论的 CDU(常压蒸馏)/VDU(减压蒸馏)模型文件，该文件为本书附属材料文件 Workshop 7.3-petroleum shift reactor for delayed coker_ starting file. hsc。CDU 和 VDU 初始流程图如图7.48所示，我们将 VDU 底部的减压渣油送至 Petroleum Shift Reactor 模型中。

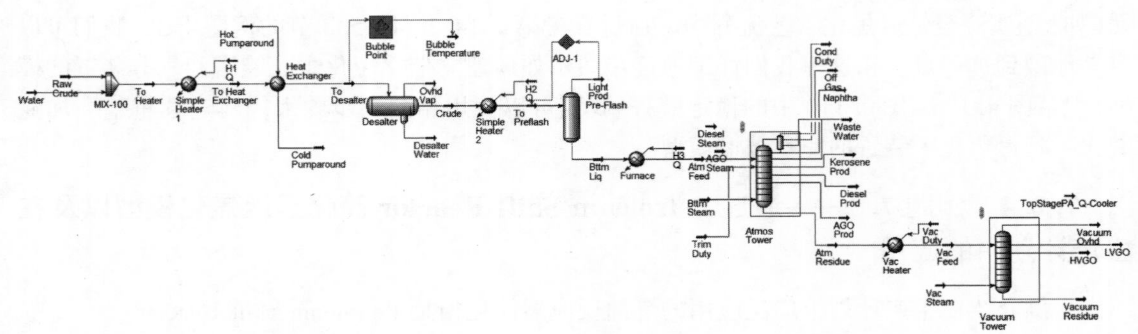

图 7.48 使用 CDU 和 VDU 初始流程的减压渣油送入使用 Petroleum Shift Reactor 替代的延迟焦化模型中

添加 Petroleum Shift Reactor 模块(见图 7.49)。

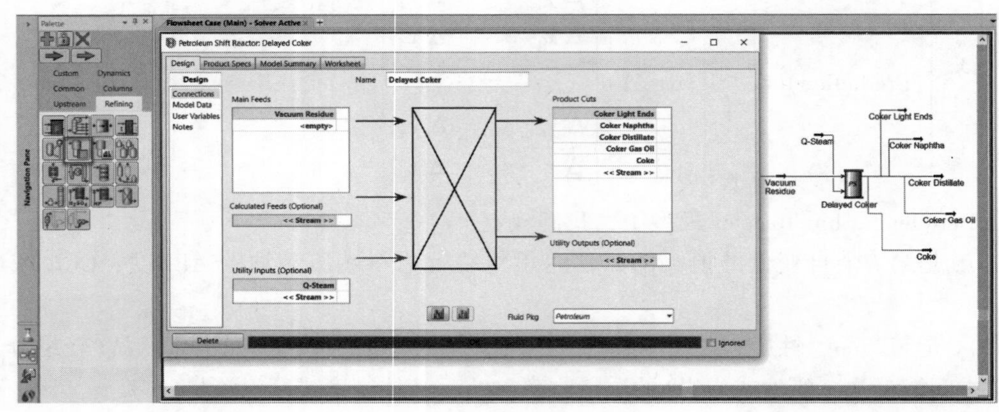

图 7.49 添加 Petroleum Shift Reactor 表示的延迟焦化模型

选择能量流(Q-steam)表示中压蒸汽(MP)(见图 7.50)。

根据本书附录 Excel 电子表格文件 Workshop 7.3-petroleum shift reactor for delayed coker_input data.xlsx 完成所有数据输入。为了完成图 7.51 中"Design"下的"Model Data"，我们采取如下步骤：Design→Model Data→Design Vars (variables)→Independent Vars→Petroleum Shift Reactor：Delayed Coker→Specify Independent Vars→Insert→Case (Main)→Vacuum Tower (COL2)→Vacuum Residue @ COL2→Calculator→Select：(1) Sulfur Wt Pct (petrol)；(2) Conradson Carbon Content (petrol)；(3) API (petrol)。然后，从电子表格中复制并粘贴输入数据[注意，Aspen HYSYS 首先列出最后选择的自变量，如 API (petrol)，最后列出需要选择的自变量 Sulfur Wt Pct (petrol)。匹配电子表格自变量输入数据的顺序需要格外小心]。

图 7.51 中的"Base Yield Fractions"列表示式(7.1)中的 Base shift 向量，第一行[-5.000E-4，5.5E3，1.1E-3]和第五行[-5E-4，5.5E-3，1.1E-3]构成的 5×3 矩阵是式(7.1)中 Delta base 或 Jacobian 矩阵，表示自变量 x_n 单位变化值时产品收率 y_m 的变化值。

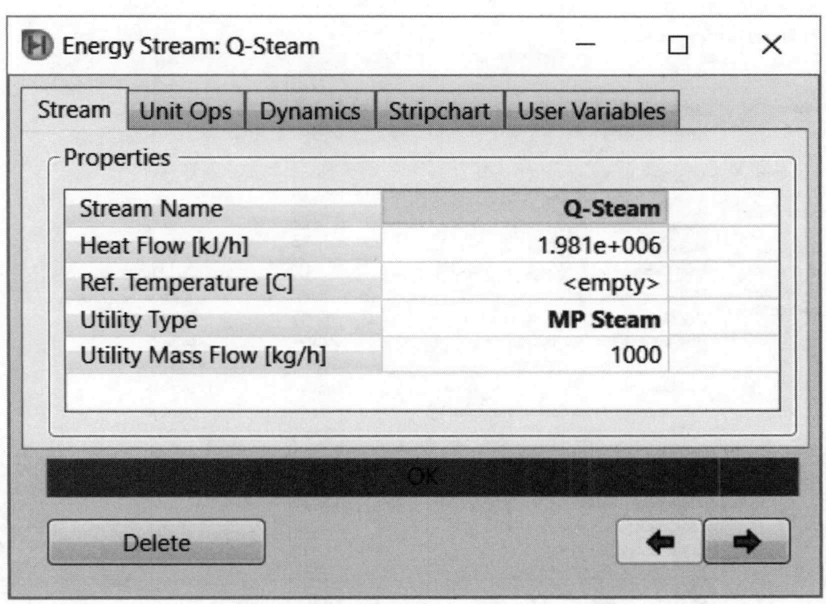

图 7.50　设定中压蒸汽(MP)作为能量流

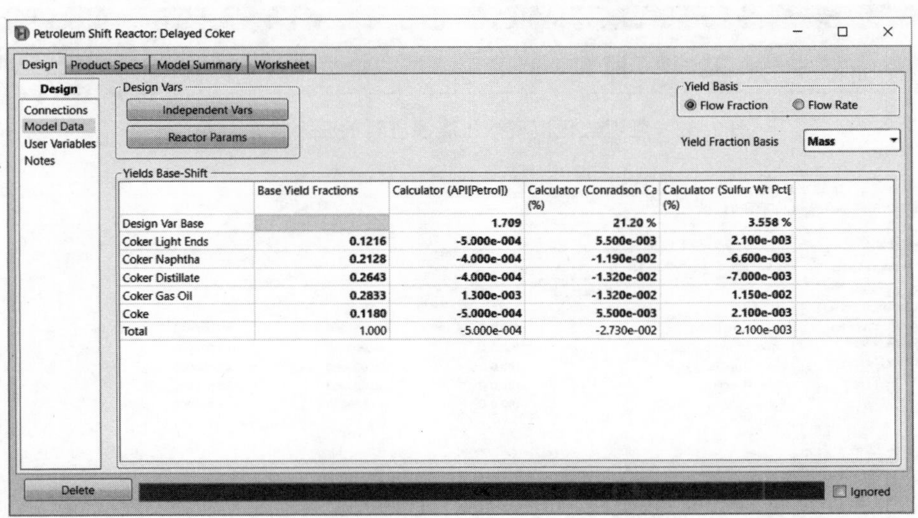

图 7.51　选择自变量并输入 Petroleum Shift Reactor 模型 Model Data 数据

将三个自变量(API 度= 1.709，CCR= 21.20%，S= 3.558%)的变化值与减压渣油进料进行比较(见图 7.52)。

继续完成其他表单的数据输入(见图 7.53~图 7.56)。

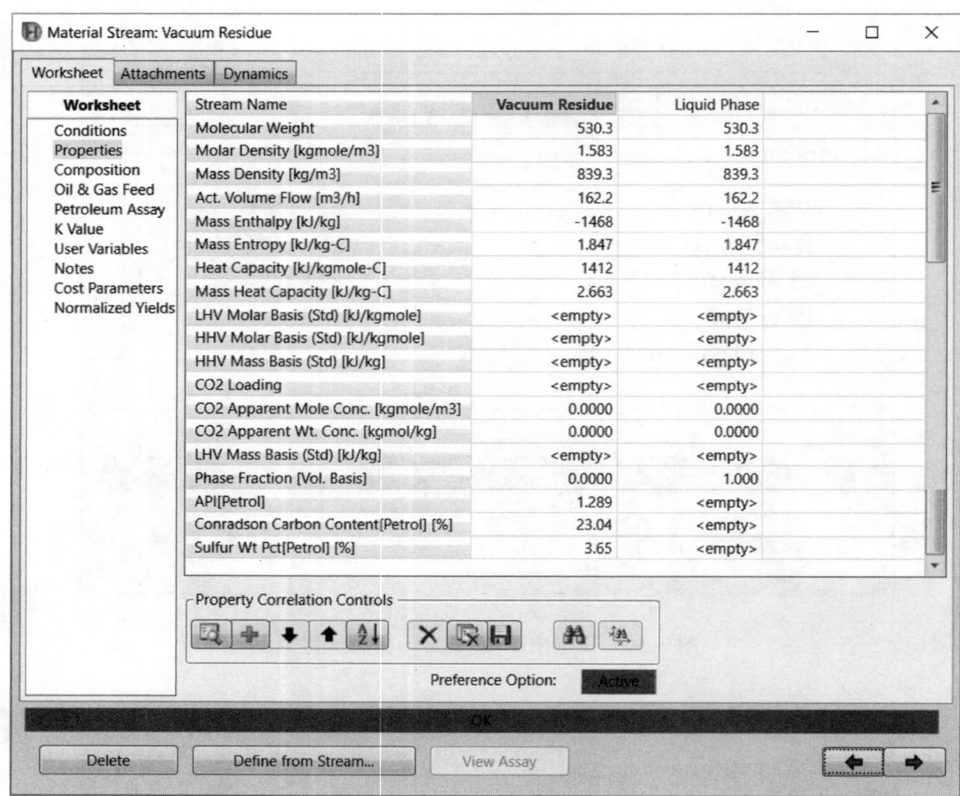

图 7.52　延迟焦化模型减压渣油进料的三个自变量的值

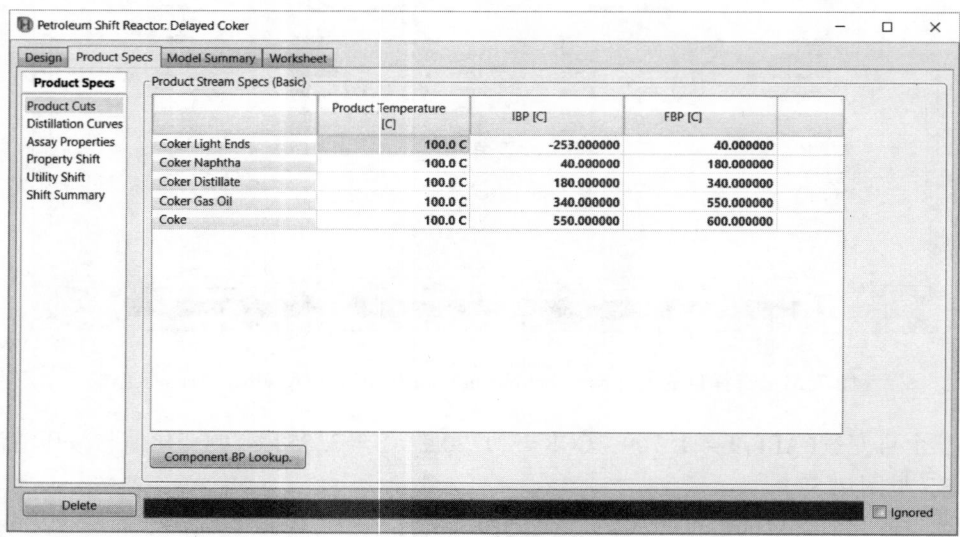

图 7.53　定义产品馏分切割

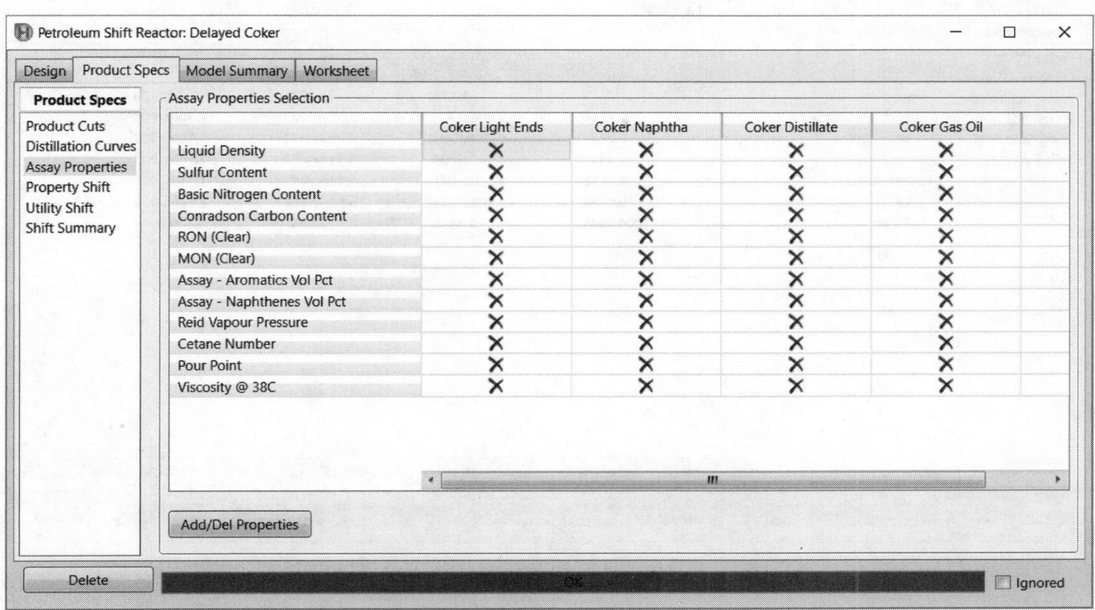

图 7.54　选择油品分析性质

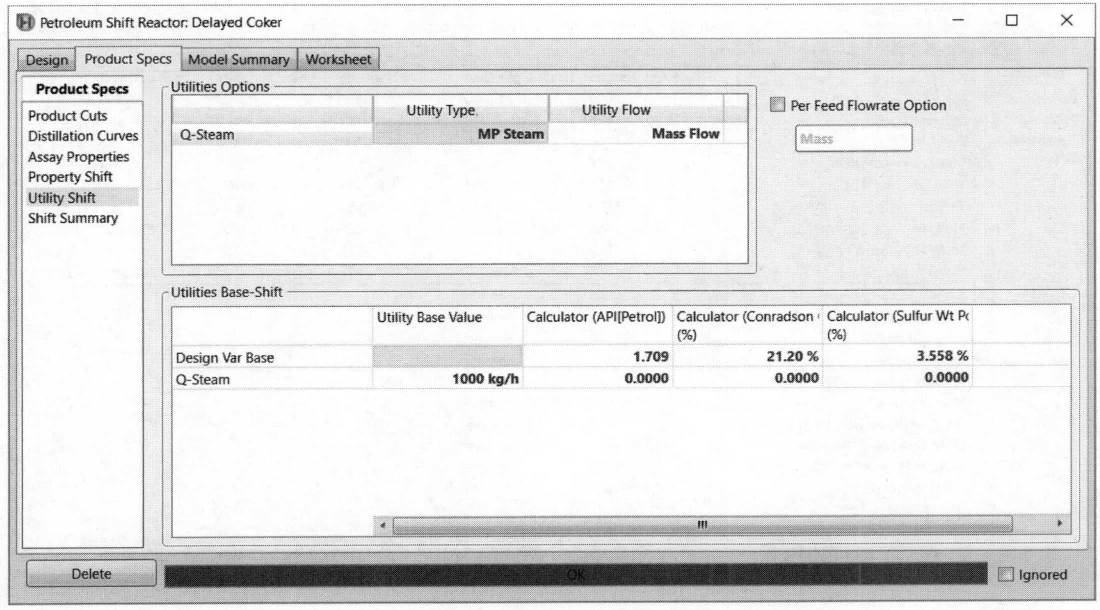

图 7.55　Utilities Base-Shift

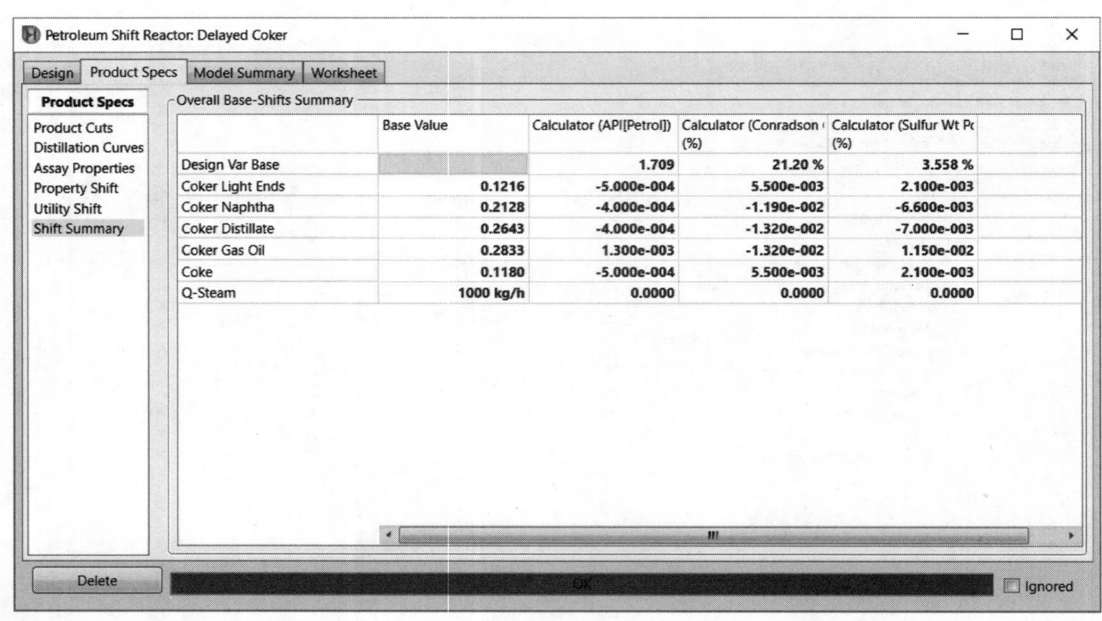

	Base Value	Calculator (API[Petrol])	Calculator (Conradson (%)	Calculator (Sulfur Wt Pc (%)
Design Var Base		1.709	21.20 %	3.558 %
Coker Light Ends	0.1216	-5.000e-004	5.500e-003	2.100e-003
Coker Naphtha	0.2128	-4.000e-004	-1.190e-002	-6.600e-003
Coker Distillate	0.2643	-4.000e-004	-1.320e-002	-7.000e-003
Coker Gas Oil	0.2833	1.300e-003	-1.320e-002	1.150e-002
Coke	0.1180	-5.000e-004	5.500e-003	2.100e-003
Q-Steam	1000 kg/h	0.0000	0.0000	0.0000

图 7.56　Shifts Summary

图 7.57 显示了产品物流的模拟结果。将模拟结果保存为 Workshop 7.3 – petroleum shift reactor for delayed coker–end file. hsc。

Petroleum Shift Reactor: Delayed Coker

Design | Product Specs | Model Summary | Worksheet

Worksheet: Conditions, Properties, Composition

Name	Vacuum Residue	Coker Light Ends	Coker Naphtha	Coker Distillate	Coker Gas Oil
Vapour	0.0000	1.0000	1.0000	0.0000	0.0000
Temperature [C]	341.6	100.0	100.0	100.0	100.0
Pressure [kPa]	13.00	13.00	13.00	13.00	13.00
Molar Flow [kgmole/h]	256.7	256.5	247.5	157.8	89.46
Mass Flow [kg/h]	1.361e+005	1.798e+004	2.593e+004	3.262e+004	3.533e+004
Std Ideal Liq Vol Flow [m3/h]	127.9	23.74	30.51	35.30	35.91
Molar Enthalpy [kJ/kgmole]	-7.784e+005	-1.205e+005	-1.814e+005	-4.154e+005	-7.876e+005
Molar Entropy [kJ/kgmole-C]	979.2	85.12	46.71	71.57	479.1
Heat Flow [kJ/h]	-1.998e+008	-3.092e+007	-4.490e+007	-6.555e+007	-7.046e+007

Name	Coke	Q-Steam
Vapour	0.0000	<empty>
Temperature [C]	100.0	<empty>
Pressure [kPa]	13.00	<empty>
Molar Flow [kgmole/h]	31.50	<empty>
Mass Flow [kg/h]	1.749e+004	1000
Std Ideal Liq Vol Flow [m3/h]	16.53	<empty>
Molar Enthalpy [kJ/kgmole]	-1.114e+006	<empty>
Molar Entropy [kJ/kgmole-C]	478.2	<empty>
Heat Flow [kJ/h]	-3.510e+007	1.981e+006

Delete　OK　Ignored

图 7.57　延迟焦化模型 Petroleum Shift Reactor 的模拟结果

总而言之，本节演示了如何使用 Petroleum Shift Reactor 模型高效模拟炼油反应器，实施 Delta-base 向量方法，定量分析自变量的变化对产品收率和性质变化的影响，以及公用工程消耗的变化和使用线性关联式关联调整产品收率和性质。

7.3 全炼厂模拟

本节得益于 Dziuk 和 Mohan 撰写的参考文献[11~13]，特别感谢参考文献的合作者 Sandeep Mohan 在编写本节时提供的帮助。

7.3.1 全炼厂模型：工艺模型与生产计划的结合

利润率分析对于在低利润率运营的炼油厂来说至关重要。工艺模拟软件能够实现炼厂过程模拟，可以极大地改善和促进炼厂工艺工程师和生产计划员的利润率分析。通过开发全炼厂模型，工艺工程师可以评估操作提升和意外事件对经济效益的影响，并帮助生产计划人员实现更精确的利润率评估。工艺工程师可以使用严格模型数据轻松分析利润率低的原因，提出整改措施并预测对利润率的影响。

开发全炼厂严格完整模型的关键点是烦琐的物性、可能非常长的开发周期，以及往往需要高水平的的专业知识才能运行，使炼厂不得不依赖于昂贵的第三方服务商来开发和使用模型。

开发全炼厂模型的一个实际方案是通过使用简捷模型和严格子模型的组合方案[11~13]。实际上，在过程模拟技术方面有三项新进展，可以更容易地开发用于集成过程工程和生产计划的炼厂工艺模型。例如，我们可以考虑过程模拟工具(Aspen HYSYS)和生产计划工具(Aspen PIMS)之间的集成。

第一个进步是 Petroleum Assay Manager，已经在第 1.5 节和第 1.6 节中讨论。Aspen HYSYS 和 Aspen PIMS 都使用同一个 Petroleum Assay Manager，因此，工艺模型和计划模型都使用相同的纯组分和虚拟组分，并通过相同的表征方法计算油品性质。油品分析工具的共享使得工程师和计划员能够轻松地传递油品信息，在过程模拟和生产计划模型中提高了准确度。

第二个进步是分馏模型。具体而言，Aspen HYSYS 和 Aspen PIMS 都使用了如下模型：(1)第 2 章和第 3 章讨论的严格分馏模型，如常压蒸馏装置(CDU)模型和减压蒸馏装置(VDU)模型；(2)第 2.6 节讨论的 petroleum Distillation Column 简捷模型。这种整合的好处是：可以通过使用 Aspen PIMS 与 Aspen HYSYS 共享的 Petroleum Distillation 模型，更好地校准 Aspen PIMS CDU 模型以匹配装置数据。

第三个进步是在 Aspen HYSYS 和 Aspen PIMS 中提供相同的反应器简捷模型，例如 Petroleum Shift Reactor 模型，这意味着工程师可以使用来自炼厂反应器严格模型(例如催化裂化装置、重整装置、加氢处理装置、加氢裂化装置、延迟焦化装置和烷基化装置)的模拟结果，来使用 Petroleum Shift Reactor 模型更新 PIMS 反应器子模型。这种集成为计划模型更新创建了一个简单且更高效的工作流程。

通过这些集成技术，工程师可以在 Aspen HYSYS 中快速开发 PIMS 炼厂模型的“克隆”模型。这为工程师提供了一个具有与 PIMS 计划模型相同可信度的简单炼厂工艺模型。通过在过程模拟环境中提供新型扩展的严格反应器模型，工程师可以选择性地将特定的简捷反应器子模型升级为 Aspen HYSYS 中严格模型，以提高全炼厂模型的严格性。这一功能使工程师能够轻松地管理和维护模型，同时确保炼厂利润精确分析所需的严格性。

7.3.2 全炼厂模型案例

图 7.58 给出了一个由九个子流程(subflowsheets)组成的全炼厂工艺模拟模型[11]。根据模型应用的目的,每个子模型中包含严格模型或简捷模型。这些应用包括但不限于以下内容:操作改进、炼厂装置配置、快速响应、新装置开车、停车计划、污染物排放分析等[11]。

表 7.1 总结了每个子模型中涉及的简捷模型和严格模型。

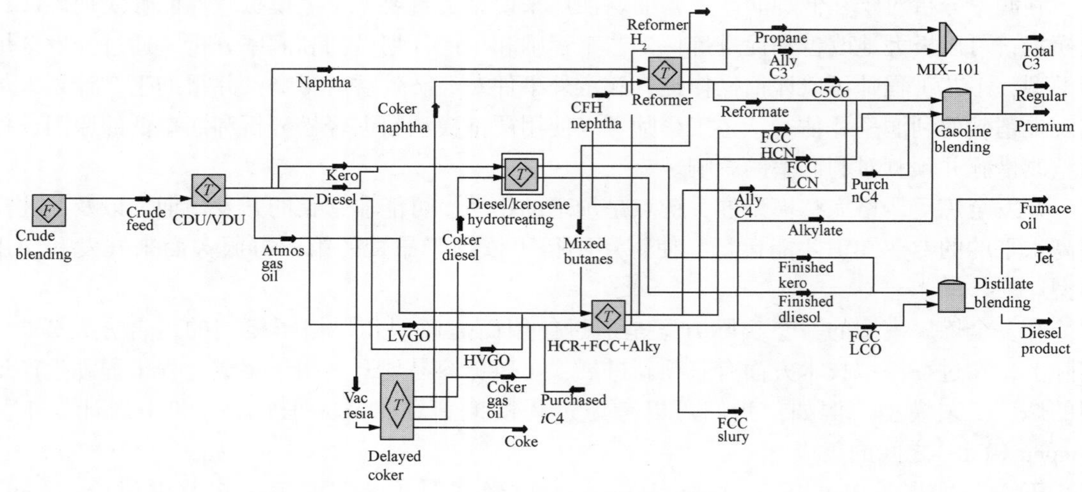

图 7.58 全炼厂模型案例

表 7.1 每个子模型(子流程)中包含的严格模型和简捷模型

子模型	严格模型	简捷模型
油品调合	Petroleum feeder	
常减压模型		常减压蒸馏(Petroleum distillation columns)
延迟焦化模型		用于延迟焦化反应 Petroleum shift reactor 模型;焦化分馏塔(petroleum distillation column)
柴油/煤油加氢精制模型		用于加氢精制的 Petroleum shift reactors 模型
加氢裂化/催化裂化/烷基化模型	加氢裂化和催化裂化反应器模型	烷基化转化率反应;产品分馏(petroleum distillation columns)
重整模型	石脑油加氢精制和催化重整反应器模型	产品分馏(petroleum distillation columns)
汽油调合模型	产品调合	
馏分油调合模型	产品调合	

以大型复杂炼厂工艺模型为例,在 Aspen HYSYS V9.0 中打开一个新案例:Examples→refinery cases→(1) Refinery-wide model.hsc,(2) RefineryWideModel_Gulf Coast.hsc。

7.3.3 全炼厂模型的开发工具

前例说明了开发全炼厂模型需要下列基本工具:

(1)Petroleum Assay Manager(第 1.5 节和第 1.6 节)。

(2)CDU 严格模型(第 2 章)，VDU 严格模型(第 3 章)，产品分馏装置和气体装置(第 4.15 节)。

(3)严格的炼油反应器模型(第 3 ~7 章)：减粘裂化装置和异构化装置除外。本文涵盖了图 7.59 所示的所有其他反应器模型[11]。

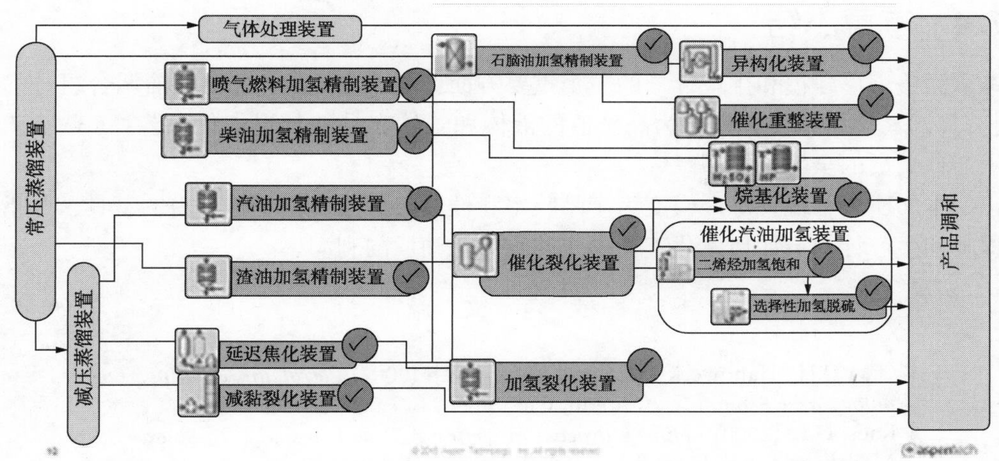

图 7.59　Aspen HYSYS 中严格炼油反应器模型

(4)Petroleum Shift Reactor 简捷模型(第 7.2.4 节)和 Petroleum Distillation Column 简捷模型(第 2.6 节)；

(5)Petroleum Product Blender[14]；

(6)Aspen HYSYS 中的 Excel 电子表格，用于轻松显示关键自变量和因变量以及利润函数的值。

7.3.4　过程工程和生产计划的全炼厂模型的开发与应用

全炼厂模型部署分为三个步骤[11]：

第 1 步：匹配 Aspen HYSYS 工艺模型和 Aspen PIMS 计划模型，这意味着在 Aspen HYSYS 中使用 Petroleum Shift Reactor 和 Petroleum Distillation Column 模型。定义第 2 步模型升级的范围。

第 2 步：使用严格的反应器和分馏子模型升级 Aspen HYSYS 模型，包括改进物性方法、将简捷的 Petroleum Shift Reactor 模型转换为严格的炼油反应器模型(如催化裂化模型和加氢裂化反应器模型)以及使用严格模型来取代 Petroleum Distillation 简捷模型。

第 3 步：全炼厂模型的应用。(1)炼厂装置配置——炼厂装置配置应对原油变化、产品结构变化和项目投资的战略规划；(2)操作——例如重新评估全厂的最佳切割点和反应器操作条件，评估反应单元催化剂的变化，减压深拔提高进料转化率，以及重整装置产氢与加氢装置耗氢的平衡；(3)突发事件的快速响应——在关键设备(如主进料泵)停车时，原料供应中断导致加工量降低以及物料运输问题导致生产负荷降低等；(4)改进开工策略——如新炼厂开工计划和调试期间的意外停车的响应；(5)停工计划——在大部分炼油厂每 3 ~5 年停工检修时，如何重新平衡炼油厂；(6)提高计划模型支持——改善工艺工程师和生产计划员之间的协作，提高计划模型的结果验证，采用更灵活和更强大的建模工具以支持生产计划[如油品分析及油品性质，以及严格炼油反应器模型以生成基于线性规划(LP) Delta-base 向量的 Aspen PIMS 模型(第 4. 17 节)]；(7)炼厂范围内排放物和公用工程评估——使用 Aspen HYSYS 炼油厂过程模型来评估空气质量报告中的温室气体排放量与全厂公用工程的状况。

7.4 本章小结

本章涵盖炼厂建模和生产计划的三个重要方面：(1)生产高辛烷值汽油调合组分的烷基化工艺；(2)将渣油改质并转化为高价值的液体和气体产品的延迟焦化工艺；(3)工艺工程师和生产计划员的全炼厂模型。

正如本文所言，现代炼厂模型为产品收率和性质的预测提供了强有力的工具，并指导工艺工程师和生产计划员如何优化工艺操作并维持炼油厂的利润率。

参 考 文 献

1 Gary, J.H., Handwerk, G.E., and Kaiser, M.J. (2007) *Petroleum Refining. Technology and Economics*, 5th edn, CRC Press, Boca Raton, FL.

2 Kaes, G.L. (2000) *Refinery Process Modeling A Practical Guide to Steady State Modeling of Petroleum Processes*, The Athens Printing Company, Athens, GA.

3 Luyben, W.L. (2009) Design and control of an auto refrigerated alkylation process. *Industrial & Engineering Chemistry Research*, **48**, 11081–11093.

4 Kranz, K. (2008) Introduction to alkylation chemistry: mechanisms, operating variables, and olefin interactions. *DuPont STRATCO Clean Fuel Technology*, http://www.dupont.com/content/dam/dupont/products-and-services/consulting-services-and-process-technologies/consulting-services-and-process-technologies-landing/documents/AlkylationChemistry_RU.pdf.

5 Sun, W., Shi, Y., Chen, J., Xi, Z., and Zhao, L. (2013) Alkylation kinetics of isobutane by C4 olefins using sulfuric acid as catalyst. *Industrial & Engineering Chemistry Research*, **52**, 15262–15269.

6 Esteves, P.M., Araujo, C.L., Horta, B.A.C., Alvarez, L.J., Zicovich-Wilson, C.M., and Ramirez-Solis, A. (2005) The isobutylene-isobutane alkylation processing liquid HF revisited. *The Journal of Physical Chemistry*, **109**, 12946–12955.

7 Ellis, P.J. and Paul, C.A. (1998) Delayed Coking Fundamentals. AIChE Spring National Meeting in New Orleans, LA, http://inside.mines.edu/~jjechura/Refining/DECOKTUT.pdf.

8 Ancheyta, J. (2013) *Modeling of Processes and Reactors for Upgrading of Heavy Petroleum*, CRC Press, Boca Raton, FL.

9 Akpabio, E.J. and Ekott, E.J. (2012) Integrating delayed coking process into Nigeria's refinery configuration. *Indian Journal of Science and Technology*, **5**, 2923–2927.

10 Alfeel, A.M.M., Mohamed, A.A.A., Ali, A., Lo-Lujo, E.O.Y. and Mhmound, L.A.M. (2016) *Simulation of Delayed Coking Unit in KRC*, http://repository.sustech.edu/handle/123456789/15098.

11 Dziuk, S. and Mohan, S. (2016) Rapidly Deploy a Refinery-Wide Process Model for Improved Profit Margin Analysis, AspenTech webinar, February 16.

12 Dziuk, S. and Mohan, S. (2016) Improve Profit Margins through a Refinery-wide Process Model. 114th American Fuel and Petrochemical Manufacturers Annual Meeting. AFAM_AM_2016<Day3<AspenTec.pdf, http://www.aspentech.com/resource-library/ → white papers → refining → Aspen HYSYS.

13 Dziuk, S. and Mohan, S. *Secure Your Refinery Profit Margins by Keeping Planning Models Up to Date*, http://www.aspentech.com/resource-library/ → white papers → refining → Aspen PIMS.

14 Aspen Technology, Inc. (2016) Aspen HYSYS Petroleum Refining Unit Operations and Reactor Models V9: Reference Guide, May, pp. 59–80, Chapter 5, "Product Blender".

关于马后炮化工

马后炮化工是一家专注于化工行业技术交流和信息共享的技术交流平台。作为化工行业的专业技术交流平台，马后炮化工汇聚了一批出色的化工行业人才，涵盖了化工高校、科研院所、行业协会、化工园区、工程公司、技术厂家、生产企业等相关行业与单位。实时从多方面，多角度关注化工行业资讯动态和技术发展趋势。马后炮化工论坛提供了开放性的技术讨论环境，包括工艺设计、工程设计、技改技措、生产运维等技术交流和探讨，同时包括石油化工、煤化工、精细化工、安全环保、生产管理、智能制造和智慧化工等多个领域的技术交流。

马后炮化工于2019年成为艾斯本技术有限公司(AspenTech)官方授权培训合作伙伴，由经验丰富的培训讲师提供注重应用的综合培训。我们的培训范围包括AspenTech产品解决方案的各个核心领域；我们的培训方案将提高用户使用AspenTech产品所需的技能，使用户能更高效地使用相关产品达到业务目标；我们提供综合、灵活的课程供用户选择；我们还有内容丰富的电子教学资源，可直接通过我们的产品进行访问。

马后炮化工培训平台由马后炮化工发起，建设一个化工行业创新的知识技能众筹平台。平台采用全新的众筹模式，包括初期种子用户的众筹以及平台上线后课程的众筹。通过众筹模式，吸引相同学习需求的用户，建设专属技能学习生态圈，匹配学有成效的学习需求，为讲师和学生搭建一个学习和社交平台。培训平台定位于“有效传递您的知识”，实现思想众筹、资源众筹、能力众筹。

扫码关注公众号

马后炮化工一直坚持不懈地为中国化工行业的成长作出每一份努力，以“让天下没有难学的化工技术”为宗旨，力争成为化工行业内首屈一指的化工技术聚焦平台，通过行业资源整合，为客户创造价值、创造利益，提供最佳、最具性价比的技术服务解决方案，引领中国化工行业走向更辉煌的未来。